神经干细胞研究技术与应用

主　编　梁国标　刘民培

副主编　于春泳　李　欣　陈　伟

陶英群　宋起滨

科学出版社

北　京

内 容 简 介

本书重点介绍神经干细胞的实验研究技术，以及对神经系统有关疾病移植治疗的应用研究。在实验技术部分主要包括神经干细胞的鉴定方法、神经嵴干细胞系永生化的建立、蛋白质组学和高通量基因表达的分子生物学分析、神经干细胞的标记、转基因和基因治疗、克隆性神经干细胞、iPS细胞技术与神经干细胞的研究等。在应用研究方面，除了对神经系统疾病的治疗研究外，并对其有关的问题和政策法规等进行介绍。

全书内容新颖系统和全面，突出前瞻性和实用性，注重实验技术的有关操作步骤，可供神经科学基础与临床专业人员、本科生和研究生，以及从事细胞生物学、细胞工程和干细胞研究等人员阅读和实验参考。

图书在版编目(CIP)数据

神经干细胞研究技术与应用/梁国标，刘民培主编. —北京：科学出版社，2016

（生命科学实验指南）

ISBN 978-7-03-048244-0

Ⅰ. ①神… Ⅱ. ①梁… ②刘… Ⅲ. ①神经生理学—干细胞—研究 Ⅳ. ①Q421

中国版本图书馆 CIP 数据核字（2016）第 098934 号

责任编辑：罗静 刘晶 / 责任校对：桂伟利 张凤琴 刘亚琦 张小霞
责任印制：徐晓晨 / 封面设计：刘新新

科学出版社 出版
北京东黄城根北街 16 号
邮政编码：100717
http://www.sciencep.com
北京凌奇印刷有限责任公司印刷
科学出版社发行 各地新华书店经销
*
2016 年 7 月第 一 版 开本：787×1092 1/16
2025 年 1 月第六次印刷 印张：46 5/8
字数：1 080 000

定价：218.00 元
（如有印装质量问题，我社负责调换）

《神经干细胞研究技术与应用》编写人员名单

主　编　梁国标　　中国人民解放军沈阳军区总医院全军神经医学研究所

刘民培　　中国人民解放军沈阳军区总医院全军神经医学研究所

副主编　于春泳　　中国人民解放军沈阳军区总医院全军神经医学研究所

李　欣　　沈阳药科大学生理教研室

陈　伟　　中国人民解放军沈阳军区总医院全军肿瘤诊治中心

陶英群　　中国人民解放军沈阳军区总医院全军神经医学研究所

宋起滨　　中国医科大学附属盛京医院整形美容外科

编　者（以汉语拼音排序）

曹　鹏　　芬兰赫尔辛基大学神经外科中心

陈　江　　中国人民解放军沈阳区总医院全军胆胰疾病及消化内镜诊治中心

董连生　　辽宁省鞍山钢铁集团公司总医院神经外科

董玉书　　中国人民解放军沈阳军区总医院全军神经医学研究所

段　阳　　中国人民解放军沈阳军区总医院放射诊断科

傅炜昕　　中国医科大学科学实验中心

高　旭　　美国加州大学洛杉矶分校神经外科

高丹丹　　中国人民解放军沈阳军区总医院全军神经医学研究所

高明宏　　中国人民解放军沈阳军区角膜眼表疾病治疗中心

韩　松　　中国人民解放军第三军医大学大坪医院神经外科

韩玉成　　中国石油天然气集团公司中心医院检验科

郝广志　　辽宁省锦州医科大学神经外科

侯　磊　　中国人民解放军总医院神经内科

黄带发　中国人民解放军沈阳军区总医院干部病房二科
蒋　为　辽宁省大连医科大学附属二院神经外科
焦明义　辽宁省锦州医科大学神经外科
李　冠　中国人民解放军沈阳军区总医院放射诊断科
李京伟　北京儿童医院顺义妇儿医院乳腺外科
李学彦　中国人民解放军沈阳军区总医院全军胆胰疾病及消化内镜诊治中心
李延锋　中国人民解放军沈阳军区总医院放射诊断科
李志清　中国人民解放军沈阳军区总医院全军神经医学研究所
廖艳艳　中国人民解放军沈阳军区总医院皮肤科
林　军　中国人民解放军沈阳军区总医院全军神经医学研究所
刘　洋　中国人民解放军第四军医大学西京医院神经医学研究所
潘冬生　日本奈良县立医科大学医院脑神经外科神经医学研究所
任丽楠　中国人民解放军沈阳军区总医院全军胆胰疾病及消化内镜诊治中心
宋丽新　中国人民解放军沈阳军区总医院浑南医院皮肤科
孙安科　中国人民解放军沈阳军区总医院耳鼻咽喉科
唐　涛　辽宁省肿瘤医院神经外科
王　维　中国医科大学附属第一医院神经外科
王聿杰　中国人民解放军沈阳军区总医院干部病房二科
闻　亮　辽宁省大连医科大学附属二院神经外科
武彩虹　中国石油天然气集团公司中心医院检验科
许炎竹　中国人民解放军沈阳军区总医院皮肤科
薛晓东　中国人民解放军沈阳军区总医院全军心血管病研究所
姚　健　沈阳医学院附属第二医院心胸外科
尤振宇　中国人民解放军第二〇二医院肿瘤介入科

袁冠前　中国人民解放军沈阳军区总医院全军神经医学研究所
张　龙　中国石油天然气集团公司中心医院检验科
张佑迁　辽宁省葫芦岛市中心医院神经外科
周　姝　吉林省肿瘤医院麻醉科

前 言

本书由我和刘民培教授共同负责主编。刘民培教授曾和他的恩师、我国干细胞研究的奠基人吴祖泽院士一起研究的“造血干细胞群的不均一性与动力学研究”于 1987 年获得国家自然科学奖二等奖。此后，他仍继续关注国内外干细胞的研究，并一直跟踪这方面的动态和信息，以及进行有关的探讨。1992 年起，获国务院政府特殊津贴终身享受奖励。他已主编学术专著 8 部大约 700 余万字，其中干细胞方面的有 3 部近 400 万字。2015 年，被国家出版基金管理委员会、国家出版基金规划管理办公室聘为国家出版基金评审专家。

在现代科学技术中，不管“阿尔法狗”等是怎样的智能、尖端、神奇和奥秘，这些都是人类智慧的结晶和大脑的产物。人脑的神经细胞数量超过千亿，相当于银河系星体的总数。其神经细胞连接点的“突触”数量又是神经细胞的 1000 倍，达到 10^{14}。这些细胞构成极端复杂而庞大的神经环路和网络，使人类得以产生感觉、形成意识、学习记忆，拥有思维和认知能力。这些环路每秒可完成高达千万次的动态链接，人类大脑储存的信息相当于美国国会图书馆藏书总量的 50 倍。因此，揭示人类大脑的奥秘已成为当代生命科学研究面临的最大挑战。

在 21 世纪“脑科学时代”的神经科学研究领域中，鉴于神经干细胞的特性、修复、再生与重建功能等现已成为当前研究的热点和前沿课题。此书是在即将由我国顶级的科学出版社出版的《神经干细胞基础与培养》的基础上编写的，共计两篇 31 章。其中全面系统地介绍了目前国内外在神经干细胞实验研究中的有关技术，以及在治疗应用方面的主要内容。在所编的内容中，力求做到新颖、实用和操作性强。而且，尽力把各方面有关内容的特点、现状、存在问题和研究前景等呈献给广大读者，力争为我国神经干细胞的研究贡献绵薄之力。

在本书的编写中，得到许多同仁的真诚鼓励、热心支持和大力帮助。参加编写的各位同道在十分繁忙的临床等工作中，克服各种困难认真撰稿，反复修改。值此，对这些关心、支持和厚爱此书，并对本书做出贡献的志士仁人，特别是对科学出版社的领导、责任编辑等一直给予的指点、帮助和辛勤付出表示衷心的感谢！

神经干细胞研究的发展十分迅速，有些方法和技术均在不断地更新和发展。由于编著者水平有限，加之时间关系，难免有不妥、遗漏及错误之处，祈望各位读者予以批评指正，以使本书更臻完善。

梁国标

中国人民解放军沈阳军区总医院神经外科 主任 主任医师

中国人民解放军沈阳军区总医院全军神经医学研究所 所长 博士生导师

2016 年 5 月

目　录

上　篇

神经干细胞的实验技术

第一章　神经干细胞研究的有关实验条件

第一节　实验室的基本要求

一、实验室的有关要求

神经干细胞（NSC）研究实验室设计的关键问题是要有长期的规划，这包括实验室的规模、功能设计、空间的利用和仪器设备的配置。其设计方面的特点与其他细胞培养的实验室相似，即实验室的物理空间需要以一种能有效地反映预期工作流程，并考虑到将要共享这一空间、设备和预期工作量的操作人员数量的方式进行设计。如果可能的话，实验室应由一个模块化的框架组成，这样有利于将来对实验室进行重新配置。

在实验室设计的方案中，应符合《实验室生物安全通用要求》、《医药工业洁净厂房设计规范》及《机关、团体、企业、事业单位消防安全管理规定》。实验室的设计应保证对生物、化学、辐射和物理等危险源的防护水平控制在经过评估的可接受程度，为关联的办公区和邻近的公共空间提供安全的工作环境及防止危害环境。

二、实验室的设置

NSC 研究实验室的布局应当包括基本实验室和辅助实验室两部分。基本实验室包含实验准备室、洗刷室、消毒室、无菌操作室和细胞培养室；辅助实验室一般包含细胞学实验室、分子生物学实验室、动物实验室、精密仪器室、储藏室（库房）、摄影室和暗室等，并且可以根据工作需要进行布局调整。

（一）基本实验室

1. 实验准备室

进行一切与实验有关的准备工作，包括实验耗材准备和包装、培养液及相关试剂的配制等。应配备实验台、冰箱、天平、酸度计、常用化学试剂及实验耗材等。

2. 洗刷室和消毒室

进行可重复使用耗材的洗涤和消毒，应配备水槽、清洗液浸泡缸、自动虹吸清洗器、超声波清洗器、干燥箱、高压灭菌器及干热灭菌器等。

3. 无菌操作室和细胞培养室

无菌操作和细胞培养室应处于整体环境洁净度不低于 1 万级的洁净室中，无菌操作区使用生物安全柜（高于 100 级）保护。洁净室设计应符合《医药工业洁净厂房设计规范》和《实验室生物安全通用要求》，最好能做到人流和物流分开，并固定走向。洁净室布局一般包括入口更衣间（洁净度 10 万级）、缓冲间 1 和缓冲间 2、洁净走廊、无菌操作与细胞培养间（根据需要可设置多个）、出口缓冲间和更衣间（洁净度 10 万级），以及污物传出间（洁净度 10 万级）等。采用集中 CO_2 供气系统，所有 CO_2 气瓶置于洁净室外，可以节省宝贵的实验室空间，并简化了气体水平的监控，同时免去更换气瓶后对培养空间的清洁。洁净室的清洁分为日清洁、周清洁和月清洁，采用臭氧进行空气和表面消毒。进入洁净室应穿戴防静电工作服、鞋套及口罩。

根据可用的空间，建议在功能上将人 NSC 无菌操作的细胞培养间与非人类细胞（如动物细胞）无菌操作的细胞培养间分开。

每个无菌操作与细胞培养间应当配备独立的仪器和设备，包括生物安全柜、CO_2 培养箱、离心机、倒置显微镜、恒温水浴箱、旋涡混合器、电动助吸器、微量移液器（2～1000μl）、刻度吸管、过滤器、注射器、培养容器（瓶、板、皿）及冻存用品等。CO_2 培养箱置于生物安全柜旁边，方便操作，能减少从生物安全柜到 CO_2 培养箱的移动距离和减少意外泄漏的机会。显微镜与离心机等振动设备应当进行物理隔离。

（二）辅助实验室

辅助实验室一般包含细胞学实验室、分子生物学实验室、动物实验室、精密仪器室、储藏室（库房）及摄影室和暗室，并且可以根据工作需要进行布局调整。

精密仪器室主要放置流式细胞仪、共聚焦显微镜、荧光显微镜、图像分析设备等，有利于减少灰尘沉积造成的损害，并且这些仪器应当置于隔振的实验台上。

设立一个配备有常用设备（如分析天平、离心机、分光光度计、凝胶成像设备，pH 酸度计、酶标仪、超速离心机和电泳的电源设备）的“公共区域”，便于进行实验。

符合安全标准的实验室，应当在其走廊的适当位置配备洗眼器、淋浴设备、急救箱、灭火器和化学品泄漏处理设施。水槽通常位于每个工作台的末端，理想情况下，用脚开关水龙头。

由于水的质量对于所有细胞培养是至关重要的，因此需要通过特定的 Milli-Q 系统或类似的系统为实验室提供高品质的水，并定期检测水质。

应当妥善安置冰箱、冰柜和超低温冰箱，建议尽可能地将这些设备分别安置在不同的房间，因为它们是实验室环境噪声的主要来源。

通常在液氮罐内长期储存细胞，液氮罐应当置于实验室外通风良好的空间内，一般可置于存放耗材的储藏间里，并安装低氧报警器以减少窒息的危险。

在实验室规划中，还应考虑需要根据当地的法律法规进行有害生物废物的处置。

三、实验室的管理

实验室是进行科研、教学和人才培养的重要基地。在加强实验室硬件建设的同时，必须注重实验室的软件建设，尤其是各项运行与规章制度管理，要根据实际情况制定具体的管理细则和技术操作规程等，推动实验室规范化、制度化和科学化的管理。要逐步采用计算机等现代化管理手段，对实验室的工作、人员、物资、经费和环境状态等信息进行记录、统计和分析，及时为所在单位或上级主管部门提供实验室情况的准确数据，做好实验室档案建设与管理工作。NSC 研究实验室常用的运行与管理规章制度，见表 1-1～表 1-4。

表 1-1　实验室的一般管理

序号	文件名称
	通用规程
1	各类人员职责
2	实验室一般性伤害的处理规程
3	有毒有害、易燃易爆及易制毒化学试剂管理规程
4	细胞库管理规程
5	细胞系引入（购入）、销售或赠予管理规程
6	生物危害物溢出清理消毒操作规程
7	实验人员职业暴露防护及处理操作规程
8	液氮罐的操作、清洁和维护保养规程
9	实验耗材准备、清洗和消毒操作规程
	文件管理
10	文件分类、编码管理规程
11	文件编制与审批管理规程
12	保密管理规定
	培训管理
13	人员培训及考核管理规程
	操作记录
14	设备运行、清洁及维护保养记录
15	空调净化系统检修保养记录
16	初效及中效过滤器清洁及更换记录
17	高效过滤器更换记录
18	空调净化系统运行及臭氧消毒记录
19	CO_2 供气系统压力观察记录
20	洁净室清洁及消毒记录
21	试剂和耗材入库及出库记录
22	其他记录

表 1-2　仪器设备管理

序号	文件名称
1	生物安全柜操作、清洁及维护保养规程
2	洁净工作台操作、清洁及维护保养规程
3	各种 CO_2 培养箱操作、清洁及维护保养规程
4	各种离心机操作、清洁及维护保养规程
5	各种显微镜操作、清洁及维护保养规程
6	各种天平操作、清洁及维护保养规程
7	酸度计操作、清洁和维护保养及校准规程
8	纯水仪操作、清洁及维护保养规程
9	微量移液器和电动助吸器操作、清洁及维护保养规程
10	各种电冰箱操作、清洁及维护保养规程
11	低温冰箱操作、清洁及维护保养规程
12	其他设备操作、清洁及维护保养规程

表 1-3　细胞培养洁净室管理

序号	文件名称
	洁净室房屋设施
1	洁净室照明及配电系统设施管理规程
2	洁净室房屋设施管理规程
3	洁净区臭氧消毒管理规程
4	洁净区紫外线消毒管理规程
5	洁净室防鼠防虫管理规程
6	人员和物料进出洁净室管理规程
7	空调净化系统管理规程
8	空调净化系统操作规程
9	空调净化系统维护和保养规程
10	空调净化系统过滤器清洁及更换规程
11	洁净区压差及温湿度监控规程
12	CO_2 供气系统安全使用操作规程
	卫生
13	洁净室卫生管理规程
14	实验用后物料管理规程
15	垃圾处理管理规程
16	洁净室工作服清洁消毒管理规程
17	人员进出洁净室卫生清洁及更衣程序
18	清洁剂、消毒剂配制操作规程
19	洁净室清洁消毒操作规程
20	洗手池卫生清洁规程
21	臭氧发生器操作、清洁及维护保养规程
22	紫外线灯辐照强度测定操作规程

表 1-4　实验技术管理

序号	文件名称
1	细胞培养指导原则
2	常用细胞系操作规程（冻存、复苏和传代）
3	干细胞分离、培养、分化及鉴定技术
4	常用免疫学技术
5	常用细胞生物学技术
6	常用分子生物学技术
7	其他技术
8	常用溶液配方、配制方法及储存

（一）实验技术方案和实验记录的管理

实验室应该建立一套关键实验技术的核心档案。然而，必须清楚地认识到，提供详细的技术方案并不能替代对实验人员的能力培训。

准确记录实验工作对于证明如何获得实验结果和能使结果重复是至关重要的。通常使用个人“实验记录本”（laboratory note book）记录所有的科学实验和结果。这些记录可以为重要发现提供证据，并且对于将来成功地提交专利可能是至关重要的。

对于一定范围内的实验项目，所采用的实验技术是相同，并未随着时间的推移而发生变化，如某些缓冲液和培养液的配制、实验室设备的操作。在这种情况下，建立标准操作规程（standard operation orocedure，SOP）对于任何实验室都是极其有益的，这样可满足下面三个方面的需要。

（1）准确地描述核心技术规程。

（2）实验室人员有能使他们可以重复某些实验技术方法的方案，因此，随着时间的推移，提高了所产生数据的可靠性和可比性。

（3）比较在改变某个特定的实验技术方案之前和之后的实验数据，可以分析该变化对数据的影响。

（二）试剂和耗材的管理

使用经过验证的试剂对于 NSC 研究是至关重要的。在一般情况下，主要供应商的试剂可以放心使用，然而一些试剂各批次间可能会存在较大的差异。出现这种情况的原因有很多，包括一些试剂是采用易于培养的细胞进行质量检测，而未使用 NSC。例如，KnockOut 血清替代品（KnockOut serum replacement, KSR，Invitrogen 公司，产品编号 10828-028）是专用于小鼠胚胎干细胞研究的一种可靠的产品。但是，用于人类胚胎干细胞研究时，不同批次间存在较大差异。因此，为了保证可靠试剂供给的连续性，重要的是建立如下系统。

1. 库存和试剂清单

为了确保试剂供应的连续性，必须保持一定水平的库存试剂，而库存量取决于实验室的使用率、订货与交货的周期、意外的延迟及试剂的有效期等因素。必须确保实验室的任何试剂不被用尽。

2. 新购入试剂检测系统

建立一个能及时检测新购入试剂的系统，以确保其与那些被替换试剂的相似性；对于 NSC 培养，应预先对一些关键试剂，包括胎牛血清（FBS）和血清替代品等进行测试，而其他常用试剂变化较小，通常不需要测试。

对于所有试剂，重要的是跟踪制造商的产品批号，这些应当作为实验室记录和库存记录的一部分进行保存，每位实验人员应该在其实验记录本上记录每个实验或操作过程的细节。如果所有的试剂均可以追溯，在实验出现问题时就能更有效地查找出原因，其所节省的时间和金钱将证明前期建立这样一个系统是明智的。

（三）实验室文书工作的管理

详细的记账是实验室必要的文书工作，报价单、采购订单、提货单、发票、分析证书、化学品安全说明书（material safety data sheet，MSDS）、材料转让协定（material transfer agreement，MTA）、研究协议及许可等都应存档，并建立一个明了的管理系统。

（四）实验室索引体系

除了在抽屉和柜子的外侧标记其内容外，给实验室的每个抽屉和柜子编号，并建立其内容数据库是十分有用的。实验室常常会有人员流动，这样做有利于盘点和查账。实验室管理者应确保定期更新这些清单，以便快速地找到一些不常用的物品。

第二节　主要的仪器设备

各自实验室可根据其具体条件和实际需求选购以下设备的具体型号及配置。

不同规格的架盘天平各 1 台，不同规格的电子分析天平各 1 台；普通台式和/或落地式离心机各 1 台，高速低温离心机 1 台，超高速低温离心机 1 台，落地式大容量低温离心机 1 台，微量高速低温离心机 1 台，多用途高性能离心机 1 台；电热恒温干燥箱 1 台，电热恒温鼓风干燥箱 1 台，真空干燥箱 1 台；中、小型三用恒温水箱各 1

台；CO_2培养箱，根据各实验室的实际使用情况和条件决定其台数；4℃冰箱 2 台，立式-20℃冰柜 1 台，立式-86℃超低温冰箱 1 台；台式和/或落地式恒温振荡器各 1 台；PCR 仪和杂交炉各 1 台；紫外（UV）交联仪和原位杂交仪各 1 台；加热式磁力搅拌器 1 台。

PCR 电泳仪 1 套，蛋白电泳及转印装置和通用电源 1 套，双向蛋白电泳仪 1 套；凝胶成像系统 1 套，常压蛋白层析系统 1 套；酶联检测仪及打印机 1 套，UV 分光光度仪 1 台，UV 透射仪 1 台，酸度计 1 台，超声波细胞粉碎机 1 台，超声波清洗机 1 台，旋涡混合器 1 台，微波炉 1 台；普通光学显微镜 1 台，荧光相差显微镜 1 台，荧光倒置显微镜或倒置显微镜 1 台。

双人洁净工作台或 A2 级生物安全柜 1 台，纯水仪 1 套，脱色水平摇床 1 台，离心涂片机 1 台，微量振荡器 1 台，颗粒制冰机 1 台，立式自动电热压力蒸汽灭菌器 1 台，浓缩仪 1 台，过滤装置 1 套；液氮储存罐 2 个，液氮运输罐 1 个，液氮储存系统（Thermo Scientific Cryplus）及程控降温仪（programmed cooling instrument）1 套；（1～1000μl）可调式移液器 5 套，电动助吸器 5 套。

台式和笔记本式计算机各 1 台，激光打印机、扫描仪及数码复印机各 1 台，相关数码照相和摄像机各 1 台，多媒体投影仪 1 台和升降或可卷式屏幕 1 个，X 光片、暗盒和显影罐或自动 X 光片显影仪，大号裁纸刀 1 台（可用来裁切大小 46cm×57cm Whatman 滤纸），橡胶或塑料的细胞刮刀、封口机、解剖刀和刀片等，pH 试纸、研钵和研杵，防护口罩和眼罩等。

第三节　常 用 试 剂

一、一般试剂

（一）培养液

用于人 NSC 的培养液种类较多，根据临床转化的要求，目前多采用无血清培养液（serum-free medium，SFM）。例如，StemPro® NSC SFM 是专用于人 NSC 贴壁培养物和神经球体悬浮培养物的长期生长和扩增培养液，能维持 NSC 的多能性和表型/核型，并保持其向神经元、星形胶质细胞和少突胶质细胞分化的潜能。培养液在 cGMP 条件下生产，且经 hNSC 性能试验测试合格。培养液试剂盒组成见表 1-5，具体使用方法详见产品说明书。

表 1-5　StemPro® NSC SFM 无血清培养液组成

英文名称	中文名称	规格
StemPro NSC SFM Contain	StemPro NSC 无血清培养液试剂盒	1 Kit
KnockOut™ DMEM/F12	KnockOut™ DMEM/F12 培养液	1×500ml
StemPro Neural Supplement	StemPro 神经添加物	1×10ml
FGF Basic REC HU	重组碱性人纤维母细胞生长因子	1×10μg
EGF Recombinant Human	重组人表皮生长因子	1×10μg

（二）血清

对于 NSC 培养，应预先对一些关键试剂，包括胎牛血清（fetal bovine serum，FBS）和血清替代品等进行测试。最好使用适用于胚胎干细胞培养（embryonic stem cell qualified）的胎牛血清，这样有利于维持 NSC 的未分化状态，如胎牛血清（Invitrogen）。血清不宜反复冻融，可将新购入的血清按需要进行分装，冻存。

（三）缓冲液

1. 无钙镁磷酸盐缓冲液（phosphate- buffered saline without calcium or magnesium，PBSA），pH7.2

KCl 0.20g/L，NaCl 8.00g/L，KH_2PO_4 0.20g/L，$Na_2HPO_4 \cdot 7H_2O$ 2.16g/L（或 $Na_2HPO_4 \cdot 12H_2O$ 2.89g/L）。过滤除菌，分装，4℃储存。

2. Hank 平衡盐溶液（Hank balanced salt solution，HBSS，1000ml）

称取 9.518 g HBSS 粉末，置于 1000ml 烧瓶中，加入 100ml 纯水调成糊状，再加 600ml 纯水磁力搅拌混匀，加入 0.35g $NaHCO_3$ 溶解混匀。缓慢磁力搅拌下用 0.5mol/L NaOH 或 1mol/L HCl 调节溶液 pH 至 7.1，再加纯水定容至 1000ml。封闭瓶口直至正压过滤除菌（溶液 pH 将上升 0.1～0.3 至 pH7.2～7.4），分装，4℃保存。

（四）其他

1. 0.5 mol/L EDTA（pH8.0，50ml）

（1）配制：称取 7.31g EDTA（ethylenediaminetetraacetic acid，EDTA，anhydrous，crystalline，cell culture tested，Mr.292.24，Sigma，E6758），置于 100ml 烧杯中，加入 20 ml 纯水充分搅拌，用 10mol/L NaOH 调节 pH 至 8.0。

（2）注意事项：pH 至 8.0 时，EDTA 才能完全溶解，再加纯水定容至 50ml。高压灭菌或过滤除菌，分装，室温保存。EDTA 溶液应储存于硬质玻璃瓶内，避免与橡皮塞接触。

2. 0.25%（*m*/*V*）胰蛋白酶/ 1mmol/L EDTA（500ml）

（1）称取胰蛋白酶粉 1.25g（1∶250）置烧杯中，用 50ml HBSS 调成糊状，再加 HBSS 定容至 500ml，然后加入 0.5 mol/L EDTA 1ml 搅拌混匀，于磁力搅拌下室温 4h 或冰箱过夜。

（2）次日，先用滤纸粗滤，再进行过滤除菌，分装，−20℃保存备用。

（3）胰蛋白酶溶液偏酸，使用前可用 7.5% $NaHCO_3$ 溶液调 pH 至 7.2 左右。

3. 0.4%（*m*/*V*）锥虫蓝（台盼蓝）染液

锥虫蓝 0.4g，0.85%氯化钠注射液加至 100ml。搅拌混匀，再分别用滤纸和 0.22μm 针头滤器过滤除渣，分装，4℃保存。

4. L-谷氨酰胺 200 mmol/L（29.22 g/L）溶液（100×）

（1）配制：称取 L-谷氨酰胺 2.922 g，加入 50ml 纯水，磁力搅拌下溶解后（加温至 30℃助溶），再加纯水定容至 100ml，过滤除菌，分装小瓶，−20℃保存。使用时每 100 ml 培养液中加入 0.5～2ml 谷氨酰胺浓缩液，终浓度为 1～4 mmol/ L。

（2）注意事项：由于谷氨酰胺在溶液中极易降解，4℃下放置 7 天即可分解约 50%，所以应当在使用前添加；配制好的培养液（含谷氨酰胺）在 4℃放置 2 周以上时，需要重新补加原来量的谷氨酰胺。

二、诱导试剂

目前，许多厂家都提供人 NSC 定向分化为神经元、星形胶质细胞和少突胶质细胞的专用试剂盒，具有操作简便和重复性好等优点。可根据实际需要选择不同厂家的产品。

（陈　伟　李　欣）

主要参考文献

病原微生物实验室生物安全管理条例（国务院令[2004]第 424 号）
放射性同位素与射线装置安全和防护条例（国务院令[2005]第 449 号）
废弃危险化学品污染环境防治办法（国家环境保护总局令[2005]第 27 号）
机关、团体、企业、事业单位消防安全管理规定（公安部令第 61 号）
缪德骅，王福国，吴天和，等. 2009. 医药工业洁净厂房设计规范（GB 50457—2008）. 北京：北京计划出版社：7-74
气瓶安全（国家质检总局令[2003]第 46 号）

实验动物管理条例（国家科委令[1988]第 2 号）
宋桂兰，吕京，武桂珍，等．2009．实验室生物安全通用要求（GB 19489-2008）．北京：中国标准出版社：1-40
危险化学品安全管理条例（国务院令[2011]第 591 号）
Coecke Inamdar M S, Healy L, Sinha A, et al. 2012. Global Solutions to the Challenges of Setting up and Managing a Stem Cell Laboratory. Stem Cell Rev and Rep, 8: 830-843
Coecke S, Balls M, Bowe G, et al. 2005. Guidance on good cell culture practice. A report of the second ECVAM task force on good cell culture practice. ATLA, 33: 1-27
StemPro® NSC SFM. http://products.invitrogen.com/ivgn/product/A1050901?ICID= search-a1050901

第二章　神经干细胞的鉴定

第一节　概　　述

一、鉴定的主要目的

神经干细胞（NSC）在神经损伤的修复与再生、神经退行性疾病、帕金森病（PD）和脑肿瘤等多种神经系统疾病中的细胞替代治疗，以及基因治疗中的潜在作用已日益受到国内外的广泛关注。在这些研究中，首先要对其相关的生物学特性等进行多方面的鉴定。而且，这是一项十分必要而有意义和繁杂的实验研究内容。这不仅是对 NSC 深入认识和探究的需要，更是为了明确其有关的性质，从而为临床 NSC 的移植治疗提供直接而可靠的依据，并有利于治疗效果的分析和评价。

二、鉴定的种类和方法

NSC 具有自我更新能力，并能分化为神经元、星形胶质细胞和少突胶质细胞。脑组织中 NSC 的数量很少，为圆形或椭圆形，有或无较短的突起，核质比大，核染色较深，形态上与其他种类的细胞没有明显的差异。目前，尚未找到一种细胞表面特异性标志物。鉴定 NSC 的方法主要有以下两个方面。

（一）相关神经抗原表达的分析

1. 巢蛋白

这是一种神经元中间丝状蛋白即神经上皮干细胞蛋白，分布在细胞质中，是哺乳动物的主要细胞骨架蛋白。巢蛋白是神经上皮干细胞的主要标志物，正式名称为 Rat.401，属第Ⅵ类中间丝蛋白。研究表明，其可参与神经突和生长锥的形成、生长及神经与靶细胞建立联系的过程。而且，其表达有特定的时序性，起始于神经板的形成，随着神经迁移及神经上皮的分化成熟逐渐消失。通过免疫组织化学和免疫荧光方法对其鉴定，发现并证实单个 NSC 和由干细胞增殖形成的神经球都表达巢蛋白。因此，可以用巢蛋白作为 NSC 的一种标志物。

2. Musashi-1

Musashi-1 是一种神经 RNA 结合蛋白，在胎儿和成体 NSC 中均有所表达。而且其表达时间也比较早，起始于神经迁移完成时。Musashi-1 通过靶标 mRNA 和 m-Num 增强穿膜受体信号，从而维持NSC的自我增殖能力。另外，在哺乳动物NSC中，Musashi-1 蛋白在表皮干细胞中也具有重要的作用。

3. 转录因子

转录因子是在 NSC 中表达的另外一种特殊标志物。SOX 家族的 HMG-box 转录因子在维持 NSC 多潜能方面扮演着重要的角色。SOX-1 可能是胚胎干细胞中最早的神经标志物，它只在神经系统中表达，并且可以标识神经管内增殖的 NSC 池。由此可知，SOX-1 较巢蛋白在鉴定 NSC 方面可能更具有特异性。SOX 家族的其他成员如 SOX-2 和 SOX-3 等在神经前体细胞中也有表达。

4. 细胞黏附因子

特殊的细胞黏附因子也可以鉴定 NSC，其中包括细胞的表面抗原，可被用于 NSC 的免疫筛选。Lewis X（LeX）是一种阶段特异性胚胎抗原-1（SSEA-1），CD15 是胚胎多潜能细胞的表面抗原，并在从中枢神经系统（CNS）获得的神经球内也有表达。从成体和胚胎小鼠的脑中分离 NSC 并培养成神经球后，通过荧光活化细胞分类术（FACS）检测发现，这些神经球可以同时表达 LeX 和 CXCR4 抗原。因此，当这两种表面蛋白能在同一细胞中同时表达时，则可初步鉴定为 NSC。但 LeX 的缺点是只在成体小鼠中表达，而在大鼠胚胎 CNS 的干细胞中无特异性的表达。

目前，应用 FACS 对 NSC 表面分子标志物的研究发现，NSC 选择性地表达 $CD133^+$/$CD34^-$/CD45，以及前脑表面胚胎抗原 1、A2B5、SSEA-1（CD15）、CD29、CD146、p75（CD271）、CD9、CD81 和 CD95 等表面标志物。CD133 在造血干细胞和祖细胞中表达，因此被看成是 NSC 免疫筛选的标志物。

（二）自我更新能力

1. 单细胞克隆分析

NSC 的自我更新能力的鉴定可采用有限稀释法，通过单细胞的克隆培养，直接观察原代及子代的克隆率。对单个细胞的生长及增殖的动态研究发现，培养 1～2 天后部分单细胞体积增大，进而分裂。随着培养时间延长，其逐渐形成大小不等的细胞球。

2. 5'-溴尿嘧啶（BrdU）标记细胞检测

为了进一步证实 NSC 的自我更新能力，可对其进行 BrdU 掺入细胞周期的 S 期实验。BrdU 是胸腺嘧啶的同源替代物，可以在细胞周期的 S 期掺入到细胞核 DNA 内，其生物利用度一般为 2h。NSC 在丝裂原的刺激下能够进行增殖，可把 BrdU 整合入细胞 DNA。DNA 链中只要有 0.5%的胸腺嘧啶被 BrdU 取代，就可以利用 BrdU 单克隆抗体标记技术进行检测。该方法简便、准确，无论是研究体内、体外 NSC 的增殖和自我更新，还是进行移植前的标记，BrdU 的应用都最为广泛。

3. 多向分化潜能分析

NSC 的多向分化潜能对于实际应用具有非常重要的意义。除具有多分化潜能外，NSC 还具有横向分化的能力。研究证实，成年小鼠的 NSC 注射到早期的鸡胚和小鼠胚后，能够形成全部生殖层的细胞，包括血细胞。

三、常用的鉴定技术

NSC 能够分化出 CNS 内主要的三种类型细胞：神经元、星形胶质细胞和少突胶质细胞。为了进一步证实 NSC 的多分化潜能，将其去除丝裂原并加入血清分化培养 1 周，可对分化细胞进行免疫细胞化学或者免疫组织化学等的鉴定。用胎牛血清（FBS）代替无血清培养液培养 NSC，可以观察到 NSC 神经球由中心朝外周呈放射状分化、迁移，类似太阳状。

（一）神经元的检测

神经元的细胞体积、数量及细胞突起均较少而长，常常有数个短小突起和一个较长的突起，胞体及突起具有较强的折光性。神经元特异性抗原标志物常用的有神经元特异性烯醇化酶、神经丝、NeuN、β-微管蛋白Ⅲ、微管相关蛋白-2。神经丝是一种中间丝蛋白，主要在中枢和外周神经细胞上表达，随神经细胞的分化其含量逐渐增加。β-微管蛋白Ⅲ是神经元及某些肿瘤细胞表达的微管蛋白，神经胶质细胞及大多数非神经元细胞均不能表达，而且可在最后有丝分裂之后短暂表达，并遍布于整个突起。微管相关蛋白在神经元极性获得上具有重要作用，并为神经元树突所必需，在成熟的神经元中有较高的表达水平；近年来的研究表明，这是神经元身份鉴定的特异性抗原之一。

（二）星形胶质细胞的检测

星形胶质细胞体积较大，由 NSC 自然分化所得的星形胶质细胞的数量及其突起的数目均较多而粗大，平铺在盖玻片上。神经胶质纤维酸性蛋白是星形胶质细胞的一种特异性抗原标志物。此类细胞的免疫细胞化学反应呈阳性，在细胞质中有棕黄色颗粒沉着，提示为星形胶质细胞。神经胶质纤维酸性蛋白一般在星形胶质细胞上特异性表达，在神经系统发育过程中，少突胶质细胞和施万细胞都可短暂表达。随着干细胞的分化，神经元中的中间丝和星形胶质细胞中的神经胶质纤维酸性蛋白取代 NSC 中的巢蛋白表达。

（三）少突胶质细胞的检测

少突胶质细胞的细胞体积和细胞突起短细而均较小，数量极少。常用的少突胶质细胞抗原标志有半乳糖脑苷脂、O4、2', 3'-环核苷酸 3'-磷酸二酯酶（2', 3'-cyclic nucleotide 3'-phosphodiesterase，CNPase）和髓鞘碱性蛋白（MBP）。少突胶质细胞表面膜上含有的半乳糖脑苷脂，也是髓鞘的一种主要类脂，用半乳糖脑苷脂单克隆抗体可鉴别少突胶质细胞。CNPase 也是少突胶质细胞的一种特异性抗原。

第二节　神经干细胞的电生理学测定

体内和体外两种不同神经元的电生理学研究表明，NSC 来源于神经元。而且，体外的研究结果与原代培养细胞的检测结果十分相似。

一、材料

（一）移植 NSC 电生理学的材料

（1）戊巴比妥（60mg/kg）和注射器。

（2）平衡盐溶液中的鹅膏蕈氨酸（5μg/μl）或人工脑脊液（ACSF）。

（3）立体定位器，倒角钻头的钻具，26 号计量仪，10μl 汉密尔顿注射器，90° 斜角规，正移位内芯。

（4）外径（outside diameter，OD）1.2mm 的硼硅酸盐微晶片，其内径（internal diameter，ID）拉斜 55°，长度为 50～100μm，其使用的玻璃微晶片要求有电极头、电极坡口机和普通真空管或类似物。

（5）NSC 在平衡盐溶液或 ACSF 液中混合，0.5×10^5～2×10^5 细胞/μl 共需 50μl 的 NSC。而且，细胞的最佳密度是在其容器内含 10～50 个细胞。

（二）细胞的制备及电生理学的记录

（1）细胞铲或振动细胞铲。

（2）三氟溴氯乙烷，滤纸，解剖器械（包括小的不锈钢刀，镊子、刀片）。

（3）浸没式的组织小室（chamber），连续灌流液。

（4）ACSF 液的成分：118mmol/L NaCl，3.0mmol/L KCl，1.0mmol/L NaH_2PO_4，0.81mmol/L $MgSO_4$，2.5mmol/L $CaCl_2$，10mmol/L 葡萄糖，24mmol/L$NaHCO_3$，室温下通入 95% O_2 /5% CO_2 助溶。

（5）孵化小室：小滤器和含 ACSF 的烧杯；硼硅酸盐玻璃微晶片管坯、离心管和微型针。

（6）电子显微镜金属网格和长 1～1.5mm 的铂金导丝，标准解剖显微镜及其反式照明灯。

（7）L-谷氨酸，4%多聚甲醛，低温恒温器或其他切片仪器，组织学免疫组化用品。

（三）培养 NSC 的电生理学

（1）24mm 标准组织培养板、13mm 的圆形组织培养盖玻片。

（2）ECL 细胞黏附基质处理的盖玻片。

（3）30mm 的圆形标准组织培养皿。

（4）15μg/ml 的聚-L-鸟氨酸和 1μg/ ml 的纤连蛋白，或 1.5μg/cm^2 小鼠层粘连蛋白。

（5）生长因子，包含选择性培养液和选择分化培养液。

（6）立式或倒置相差光学显微镜。

（7）记录小室或 30mm 的圆形培养皿。

（8）连接注射器，用 95%O_2 和 5%CO_2 轻轻吹到 30mm 的圆形培养皿以备静态记录。

（9）把电生理学仪与细胞内/整细胞放大器、数字化仪及数据采集系统连接。

（10）在显微镜上安装数字（视频）照相机等记录仪器，接着进行免疫组化处理和阳性细胞的识别记录。

二、方法

（一）NSC 的移植

（1）戊巴比妥麻醉 SD 大鼠，安装立体定向仪。

（2）在目标区域打开硬脑膜。

（3）用 10μl 的 HBSS 或含 5μg/μl 鹅膏蕈氨酸（ibotenic acid）的 ACSF 液，把（0.5～2.0）×10^4/μl 的 NSC 装入注射器中，将 2～4μl 的 NSC 注入到目标区域。

（4）术后给实验动物皮下注入 0.9%氯化钠 1ml，保温，直至恢复。

（二）移植细胞脑组织的切片及电生理学

（1）用 35mg/kg 氯胺酮注射到动物体内，并将其暴露于 1.5%氟烷和 98.5%氧气中，3min 后断头。

（2）迅速取出大脑冰冻和放入气态化的 ACSF 中。首先切除整个背面的头骨，再将大脑与皮质层和嗅球分离，也可从延髓和小脑分离。

（3）90s 后，把大脑移到蘸有冰凉和气态化的 ACSF 滤纸上并放到仪器的托盘上，再用刀片在大脑上做一记号。

（4）用胶氰基丙烯酸酯把组织块粘起并切成块状，浸泡在冰凉和气态化的 ACSF 中。

（5）切片 12～15 张，厚度 300～500μm，并于 33℃的孵化室中保温 30～60min。

（6）将含有移植组织的脑切片浸没在流动而气态化的 ACSF（1.5～3.0ml/min）中。

（7）把切片放在金属制成的电子显微镜的网格上，一小块铂丝也放在其上以固定切片底部。当切片被透照时，损伤的脑区不透明，而移植组织区域的外观呈半透明或花斑状。

（8）用充满 2mol/L 乙酸钾、120～200M 的暗玻璃微电极，把移植到目标区域的神经元通过微定值（micropositioner）法对其细胞内的变化进行记录。

（9）在记录电极的乙酸钾中也可加入 1%生物胞素标记神经元，这样有助于通过

500～800ms 的超极化电流对细胞内的变化进行更详细的记录。

（10）用 0.1mmol/L PBS 的 4%多聚甲醛 4℃固定切片 1h 后，在含 0.1mmol/L 的 10%蔗糖 PBS 中 4℃放置 48h。把切片速冻到肝组织样硬度时，再用恒冷切片机连续切片，其厚度为 14～20μm。在切片时，应用无任何缺失而完整的组织。细胞内记录的阳性细胞可用抗 1:100 的生蛋白链菌素-德克萨斯红（streptavidin-Texas red），在 37℃处理 1 h 后进行鉴别。而且，这还能呈双标记染色。

（三）移植神经元突触活性的检测

（1）将玻璃微电极下降到切片的表面，电极的斜面在 55℃到 ID 为 2～5μm 时是细胞内标准的电极检测法。

（2）其电极应浸没在含 0.9%盐水的 1mmol/L L-谷氨酸中，或者高 K^+ACSF 中均可以，其中 20mmol/L 或 40mmol/L KCl 可以取代 NaCl。

（3）通过短脉冲压力可直接把其液体喷射到记录神经元的细胞内，也可喷射到移植或宿主组织的附近。

（四）体外 NSC 的盖玻片培养法

（1）用标准的丝裂原技术培养制备 NSC。

（2）细胞传代第二代或克隆培养后，用 24 孔组织培养板每孔接种 1×10^4～2×10^4 的细胞。在贴壁有 ECL 细胞的 13mm 圆形盖玻片上培养细胞 3 天，或培养至约 50%的细胞汇合。对照培养液中加入丝裂原。

（3）把培养液调换成无丝裂原而含 2%FBS 的分化培养液，直至记录测量时。

（4）在室温下按 0.5ml/min 把盖玻片放到流动的 ACSF 中，记录小室放到倒置或立式光学显微镜的镜台上。这样既可记录整细胞，也可记录其电位箝。

（五）NSC 体外培养皿的培养法

（1）NSC 传到第二代或克隆培养后，用 1×10^4～2×10^4 个细胞/ cm^2 接种在直径 30mm 的圆形而贴壁有 ECL 细胞等预处理过的培养皿中。

（2）在含丝裂原的培养液中培养 3～4 天至 50%～60%的细胞汇合时，再换成含 FBS 的分化培养液。

（3）把培养皿放到显微镜镜台上，通过标准的整细胞电流或电位箝技术进行记录。这种记录尽量在静态的液体中进行。

第三节　LacZ 标记神经干细胞的电子显微镜检测

一、概述

分子遗传学技术一个巨大的优势是，可把一个或多个选定的基因转移到以前未表达过这种基因的细胞内。这种外源基因在体外转移 NSC 后，其蛋白质产物可作为一种“报告”的标记。当把 NSC 移植到一个无这种标记的宿主时，则可反映其“报告”蛋白。现已广泛应用的“报告”蛋白有氯霉素乙酰转移酶（chloramphenicol acetyltransferase，CAT）、荧光素酶（luciferase，Luc），特别是β-半乳糖苷酶（β-galactosidase，β-Gal）。但是，需要注意的是，这些基因可能出现不可预测的下调控，在一定程度上可能限制其作为“报告”蛋白的可信度。

大肠杆菌的 lac 操纵子由 3 个线性定位的基因 LacZ、LacY 和 LacA 组成。LacZ 基因编码的“报告”酶蛋白即β-Gal，在其末端是半乳糖残基β-1, 4-连接单糖、低聚糖或糖肽。

LacZ“报告”基因构建的环形载体包括 SV40 启动子，以及一种由氨苄青霉素盒构成的增强基因。外源细胞对载体的摄取可以通过电穿孔、暴露于阳性离子脂质体、磷酸钙、DEAE-葡聚糖等方法提高其效率。而且，这还与这种目标能否瞬时或稳定转染有关。一种合理有效且稳定的基因转移，是用磷酸钙与逆转录病毒转染细胞。用细菌“报告基因”转染的 NSC，可以通过组织化学和免疫组化技术检测及辨别这些哺乳动物移植的宿主细胞。在早期的研究中，是用酶组织化学法对组织切片中的酯酶通过靛蓝染色进行检测。随后不断的研究发现，5-溴-4-氯-3-吲哚基-β-D-吡喃半乳糖苷是检测哺乳动物β-Gal 活性的最好方法。

酶切割法可把β-Gal 底物的 D-半乳糖、主链残基和吲哚基氧化成吲哚酚，并自我偶联成非常细小的反应产物。这种产物可生成蓝绿的靛青色和靛青色，而且在组织切片中酶活性位点的扩散最小。β-Gal 除了要求最佳的 pH 外，还需要在培育液中加入氯化镁作为活化剂和辅助因子。

铁/铁氰化钾的混合物可加快吲哚酚的氧化速度，并有助于普鲁士蓝形成。此外，普鲁士蓝既可加深整个色彩的强度，又可使复合体不溶于水。铁/含铁离子的复合沉淀物，对电子束具有高的散射效应。电子的不透明度，可通过透射电子显微镜检测到β-Gal 的活性。但是，这种方法可能对移植 NSC 的分布和归宿估计不准。

免疫反应是一种抗原和抗体之间的高度特异性的反应。这种反应可由多种（如夹心-DAB 和荧光底物标记等）不同的技术使其微观可视化，这些方法都很容易检测到β-Gal。与 X-gal 的组织化学反应相比，免疫反应的最大优势是检测β-Gal 蛋白本身，而不是它的酶活性。因此，潜在下调控的酶活性是独立的，它可能发生在 NSC 进行分化时。同时，免疫反应比酶组织化学更为敏感。这种免疫反应显色的二氨基联苯胺（diaminobenzidine，DAB）显色技术已在电子显微镜中应用，因为锇酸染色的 DAB 可产生高电子密度的沉淀物。

在 NSC 移植前，其他试剂也可导入其中以区分宿主细胞和供体细胞。其中，常用的试剂是 BrdU。在细胞移植前，可将其掺入增殖干细胞 S 期的 DNA 中。BrdU 是抗原性的，免疫反应的抗体与之结合后通过光学和电子显微镜都可检测到这种 DNA，而且 BrdU 的这种免疫反应检测与β-Gal 的免疫反应检测非常相似。

二、材料

（一）细菌 LacZ“报告”基因转染细胞的材料

与细胞转染有关的所有物品必须灭菌处理，并在无菌条件下操作。玻璃器皿应分开处理，并仅用于组织培养，避免任何有毒化学品污染细胞。在器皿材料中所用的水都应优先选择双蒸馏水。

（1）35×10mm 培养皿、试管和移液管；含 LacZ 转基因的逆转录病毒载体；包装细胞系。

（2）NSC 靶细胞或其他细胞；7.2mmol/L 氯化钙。

（3）HBS（Hepes 缓冲盐水）：137mmol/L 氯化钠，5mmol/L 氯化钾，0.7mmol/L 的磷酸氢二钠，6mmol/L 葡萄糖，21 mmol/L 的 HEPES，pH 7.05。

（4）DMEM 培养液；G418 遗传霉素；高压灭菌的甘油。

（5）10%小牛血清+100U/ ml 的青霉素，100μg/ ml 的链霉素，2mmol/L 的 L-谷氨酰胺。

（6）丝裂霉素 C；2μg/ ml 的聚凝胺；过滤器。

（7）溶于双蒸馏水中的聚凝胺储存液（800 μg/ml），过滤灭菌后储存于−20℃。

（8）组织培养孵化器；组织培养罩。

（二）X-gal 的组织化学反应

（1）在组织化学染色时，X-gal 底物（5-溴-4-氯-3-吲哚酚-β-D-吡喃半乳糖苷）溶于 *N*, *N*-二甲基甲酰胺中，浓度为 50mg/ml，并用铝箔覆盖其容器以避光。存储 X-gal 底物液的浓度为 1mg/ml，−20℃保存。

（2）亚铁氰化钾，其为光敏感剂，用铝箔避光保存。

（3）1.0mmol/L 的氯化镁，0.5mmol/L 的 EGTA，10%的去氧胆酸盐，10%NP-40，0.1mmol/L 的 PIPES 缓冲液。

（4）冲洗液：PBS pH 7.6，2mmol/L 的 EGTA，2mmol/L 的 $MgCl_2$。

（5）X-gal 的洗涤液：PBS pH 7.6，2mmol/L 的 EGTA，2mmol/L 的 $MgCl_2$，0.01%的 Na-去氧胆酸盐，0.02% NP-40。

（6）X-gal 试剂溶液：PBS pH 7.6，5mmol/L 的 K-氰亚铁，5mmol/L 的 K-铁氰化钾，1mg/ml 的 X-gal 底物。

（7）箔、冰箱和染色盘。

（三）免疫组化反应

（1）分别溶于 0.1mmol/L PBS pH7.4 的 4%多聚甲醛和 30%蔗糖。

（2）干冰；用于恒冷切片机封装样品的 OCT；Triton X-100。

（3）3%H_2O_2，用浓缩液现用现配制。其浓缩液是一种强氧化剂，配制时戴手套。

（4）FBS，兔抗β-Gal 多克隆抗体。

（5）封闭液：10%FBS，5%驴血清（DS），0.3%的 Triton X-100 溶于 PBS 中。

（6）ABC 试剂盒，过氧化物酶用的 DAB 底物，复染用的中性红和苏木精染液。

（7）系列稀释的乙醇脱水剂；二甲苯，其是易燃和有毒物，应在防护罩内操作。

（四）电子显微镜（electron microscopy，EM）用的组织保存和处理

（1）2%多聚甲醛，2.5%戊二醛。

（2）1%锇（OsO_4）的配制，用 4%的原液溶于蒸馏水中，4℃冰箱中保存。OsO_4 是剧毒物，需在防护罩内进行操作。

（3）0.1mmol/L 磷酸缓冲液，pH7.4。环氧丙烷：环氧丙烷是易燃且有毒的物品，需在防护罩内并戴手套操作。

（4）Epon 是一种刺激剂，环氧树脂为促进剂，均有毒性，需在防护罩内进行操作。

（5）醋酸双氧铀粉在用尽时应按放射性物品处理。

（6）灌注泵、18 号针、网格、试管、玻璃棒、超薄切片机、电子显微镜等。

三、实验方法

（一）NSC 标记

磷酸钙沉淀 DNA，钙可促进水分子相互作用的疏水性。沉淀后的复合物可黏附到细胞膜上，并通过内吞作用进入细胞内。转染的基因可永久而有效地整合到染色体的 DNA。

1. 病毒产物的转染

（1）转染前 1 天，培养皿中的包装细胞应长至约 10%～20%的汇合。

（2）在层流罩中，取 10μg 的逆转录病毒载体 DNA 加到 0.5ml 过滤灭菌的 HBS。

（3）加入 32μl 氯化钙，同时轻轻摇动试管并轻击试管约 30s。

（4）在室温下孵育 45min，可显影出蓝色的沉淀。

（5）从细胞中取出其液体，并轻轻把 HBS-DNA 液加到中心盘中。

（6）暴露 DNA 20min，细胞换培养液后，放回到细胞培养箱内。

（7）4h 后，除去培养液，并在室温下加入含 15%甘油的 HBS 2.5ml，放置孵箱内 3.5min。

（8）迅速取出甘油-HBS，并用 5ml 的 DMEM 冲洗。

（9）用 DMEM 反复冲洗后，加入 5 mlDMEM+10%小牛血清。

（10）18～24h 后取出培养液，并用 0.45μm 滤器过滤。收获的病毒可以在-80℃存储，也可以立即用于感染实验，或者进行浓缩。在使用前，可以通过成纤维细胞测定其

滴定度。

（11）向细胞中加入 5ml 的培养液，继续培养 1～2 天。

（12）为了获得稳定转染的克隆细胞，可用 1:20 或 1:40 的选择药物 G418 加到培养液中处理转染细胞。

（13）每 2 天更换新的选择培养液一次。培养 7～10 天后，可见其抗性克隆存在。10～14 天后再进行亚克隆培养。

（14）检测克隆细胞的病毒滴度，或者用其他方法测定其表达水平。

（15）当一个好的克隆确定后，可分装冻存管后进行大量的冻存。

（16）在选择好产生克隆的细胞后，还应对其受感染细胞病毒基因组的完整性等进行测试。

2. 靶细胞感染的共培养法

（1）培养的病毒生成细胞（ψ2-BAG、CRIP-myc 基因）长满到接近汇合。

（2）在开始共培养后，受感染靶细胞的培养不应有生产细胞或病毒的污染，这样可抑制生产细胞的复制。10μg/ml 的丝裂霉素 C 可以阻止生产细胞的细胞分裂。

（3）把靶细胞接种到生产细胞上，在含 2μg/ ml 聚凝胺（polybrene）中培养数天。

（4）在非贴壁的细胞，这种生成的单层细胞可以洗掉，并在选择性培养液中进行亚克隆培养。

（二）LacZ 基因标记的 NSC 检测

1. 组织化学反应

插入 LacZ 基因可在 NSC 中表达，并编码β-Gal。检测组织切片中β-Gal 的组织化学程序简单，但需注意以下 5 个问题。

（1）除了保存组织的结构外，对酶活性有影响的β-Gal 蛋白也必须保持。

（2）异常细胞内位点的酶扩散必须降到最低限度。

（3）底物的选择应是一种有色反应强的产物，并通过肉眼或光学显微镜都能看到。

（4）反应产物的沉淀应在细胞内酶活性的位点中，且随后不能从位点中扩散。

（5）反应产物的沉淀应足以精确显示其酶蛋白在细胞内的位置。

2. 光学显微镜标本的制备

为防止移植细胞酶的扩散，最好的方法是在室温下通过心脏从血管灌注 PBS 冲出血液，紧接着用 4℃、含 2%多聚甲醛的 0.1mmol/L PIPES 缓冲液（其中含 2.5mmol/L $MgCl_2$ 和 2.5mmol/L EGTA）立即灌注，这对 X-gal 反应有显著的效果。

3. 电子显微镜标本的制备

为使神经组织的结构保持在超微结构的水平，其固定剂包含戊二醛和多聚甲醛。这两种试剂，特别是戊二醛可增加β-Gal 的反应。因此，戊二醛的浓度最好控制在 1%～2.5%。

4. β-Gal 的组织化学反应

该反应可在冷冻切片或振动切片上进行。在用于电子显微镜的研究时，应避免冷冻造成的人为假象，振动切片的厚度可在 100～200μm，并按以下流程操作。

（1）把切片置于漂洗液中 10 min，再用漂洗液重复洗涤 10min。

（2）在 X-gal 去垢剂溶液（X-gal detergent solution）中放置 10min。

（3）制备 X-gal 试剂溶液。

（4）切片在 X-gal 试剂溶液中 37℃孵育 4h。保持切片在潮湿的情况下，通过肉眼或通过光学显微镜观察其蓝色反应。如果反应仍在进行，可以终止。如果反应较弱，可以延长 2h 以上或者过夜，但这可增加切片的非特异性染色。

（5）漂洗液洗涤切片 3 次，每次 10min。需要时可用中性红复染切片。

（6）脱水，清洁切片，室温下空气干燥。

5. 抗β-gal 的免疫反应

（1）室温风干切片，用 PBS 洗 10 min 以去除 OCT。

（2）在室温下用含 0.3%Triton X-100 的 PBS 孵育 30min。

（3）用 0.3%H_2O_2 溶液处理 30min，以去除内源性过氧化物酶。

（4）在室温下用封闭液培孵育切片 30min。

（5）加入兔抗β-gal 后，在 4℃孵育过夜。用 PBS 洗涤切片 4 次，每次 10min。

（6）室温下加入驴抗兔 IgG 抗体孵育 3 h。用 PBS 洗片 4 次，每次 10min。

（7）配制 ABC 溶液，且 30min 之内使用；室温下加入 ABC 溶液培孵育切片 1h。

（8）用 PBS 洗 3 次，每次 10min。

（9）加入 DAB 溶液孵育 3～10min，并在显微镜下观察其呈色反应。

（10）PBS 洗涤，中性红复染，脱水，封片。

6. BrdU 的免疫组织化学反应

（1）在室温下用 1mol/L HCl 处理切片 1h。

（2）在 pH 8.3 硼酸盐缓冲液中孵育两次，每次 10min，以恢复切片的 pH。

（3）用 PBS 洗两次，每次 10min。

（4）抗体是抗 BrdU 抗体，在出现 DAB 的免疫反应时，其切片也可用于 EM 研究。

（三）EM 检测的组织处理

1. 组织固定和包埋

（1）切片在β-gal 组织化学反应后，选择其合适的切片以备 EM 研究。

（2）用 0.1mmol/L PBS 配制 1%锇酸溶液，固定 100～200μm 的切片。

（3）用 1%乙酸双氧铀染色后，进行常规的脱水和包埋。

2. 超薄切片法

常规 1μm 厚的切片经修剪后可作为检测需要的目标区域，用于 EM 的超薄切片。超薄切片应在无气流、无飞尘的标准条件下进行，其切片应浮在水的表面，收集在铜网上。

X-gal 反应的最终沉淀物是含有 Fe^{2+}/ Fe^{3+}重金属的普鲁士蓝络合物。由于 Fe 原子的电子密度，切片不需要与醋酸双氧铀或柠檬酸铅对比。若乙酸双氧铀或柠檬酸铅涂到这种切片上，将会使 X-gal 的反应产物变得隐蔽而难以检测。

（四）EM 检测程序

（1）固定剂：用 0.1mmol/L PIPES 缓冲液配制 2%多聚甲醛和 1%的戊二醛溶液。

（2）心脏的灌注：在室温下深度麻醉小鼠，用缓冲液灌注冲出血液，接着用 100～200ml 的 4℃固定液通过灌注泵在约 20～30min 内进行灌注。把小鼠头浸渍在固定液中过夜，然后打开颅骨取出大脑并用缓冲液冲洗。

（3）在选定的大脑区域，用振动切片机切片 100～200μm 厚。

（4）收集厚的部分，并通过 X-gal 的组织化学处理。4h 后，如果强烈的蓝染细胞出现，反应可停止。避免较长时间的孵育，以防非特异性沉淀出现。

（5）用缓冲液终止反应，并把各切片固定在用 0.1mmol/L PBS 配制的 1%四氧化锇溶液中，放在 4℃冰箱里 1h。再用 PBS 洗涤，且在 1%乙酸双氧铀中于 4℃冰箱中染色 30min，然后使用梯度乙醇和环氧丙烷（propylene oxide）系列脱水。

（6）把切片浸入 Epon 溶液或者 Araldite 溶液，或者 Epon-Araldite 的混合溶液中。

（7）把切片浸入 Epon 或 Araldite 溶液中放到包埋盒中。

（8）放到 60℃烘箱中 24h，使其固化变硬。

（9）切成 1μm 切片，用碱性甲苯胺蓝染色，在光学显微镜下观察。

（10）按超薄切片法切片，并放入铜网中。

（11）这种切片不用乙酸双氧铀和柠檬酸铅盐染色。

（12）透射电子显微镜观察结果。

（五）有效β-Gal 反应的 EM 标准

X-gal 反应的产物是一种致密的椭球形、细颗粒状的沉淀物，有时呈晶体状，可以观察到里面的沉淀物。反应产物通常出现在核周区域，而且有一个小囊状扩张。可在内质网内见到不规则形的囊状或管状的、呈致密细长的棒状析出。类似的沉淀物也可在树突、轴突和突触体发现。

（六）注意事项

（1）质量好的透明塑料管可见清晰的沉淀物，沉淀物如有大块时应重做。

（2）HBS 溶液的 pH 范围应在 7.05～7.12，β-Gal 酶反应的最佳 pH7.0～8.0 为好。

（3）培养液中丝裂霉素 C 的浓度应为 10μg/ml，温育时间 3h。

（4）一个好的克隆确定后，最好同时分别冻存数个以防意外或滴度丧失。

（5）X-gal 底物的常用浓度为 1 mg/ml、钾-亚铁-/铁氰化物（K-ferro-/ferricyanide）溶液的浓度在 30～35mmol/L 时，可加速吲哚酚的氧化。

第四节　神经干细胞的端粒酶分析

一、概述

NSC 染色体末端由 6 核苷酸 DNA 重复序列、DNA 结合蛋白及端粒相关蛋白所组成。通过 RNA 模板和逆转录酶，端粒酶的活性可以维持端粒的长度从而将 6 核苷酸序列结合到自由染色体末端。利用端粒重复序列结合因子（telomere repeat-binding factor，TRF）1 和 2，以及对 DNA 损伤反应发挥作用的蛋白质，如 ADP-核糖聚合酶-1、Werner 和 ATM 均可维持和改进端粒的结构。采用端粒重复序列扩增程序（telomere repeat amplification protocol，TRAP）可以量化端粒酶的活性，蛋白质印迹和免疫细胞化学法能评估逆转录酶（reverse transcriptase，TERT）水平和端粒相关蛋白。用病毒载体法可以过度表达或降低表达 TERT 及端粒相关蛋白的水平。多种方法的研究表明，端粒在调控 NSC 的增殖、神经元分化、神经胶质细胞衰老和凋亡及神经细胞的 DNA 损伤反应中都发挥着重要的作用。

包括干细胞和肿瘤细胞在内的高增殖细胞，均可表达高水平的端粒酶活性，即将 6 核苷酸 DNA 重复序列（TTA GGG）加入到染色体末端，可避免其在连续循环的有丝分裂期间变短。端粒酶活性的降低与细胞分化有关，一般在成人体细胞中不出现，而成人体细胞中的端粒缩短却可以引发 G_1 期细胞周期的抑制。在这种方式作用下，端粒缩短可有效地限制细胞的增殖，抑制肿瘤的发生并促进其老化。端粒酶由 RNA 模板（RNA template，TR）和具有逆转录酶活性的 TERT 蛋白构成。TRF1 蛋白是一种可以抑制端粒酶活性并促进端粒缩短的端粒重复序列结合因子，TRF2 能促进端粒维持并活化端粒损伤反应的途径。研究表明，端粒酶对细胞增殖、分化和存活的调控都发挥着重要的作用。在 hTERT 过度表达时，可使培养的成纤维细胞和上皮细胞永生化；在肌肉细胞分化期间下调端粒酶；TERT 能促进发育小鼠和大鼠脑组织神经元的细胞存活（阻止细胞凋亡）；与 TRF2 相关的端粒变化能调控有丝分裂后神经元的分化。

在胚胎干细胞、造血干细胞及神经祖细胞的干细胞中，TERT 和端粒酶活性很高。端粒酶活性的逐渐降低和进行性谱系限制与细胞的分化有关，这表明端粒酶具有控制细胞命运的作用。用成纤维细胞的细胞核注入成年克隆牛体内卵母细胞的研究表明，端粒酶活性和端粒长度的调控可以被重新编程。因此，只有从基础科学和临床研究的角度出发，才能更好地了解端粒酶调控细胞命运的机制。本章主要介绍在组织样本和培养细胞中，端粒酶活性和 TERT 表达的量化方法，以及抑制 TERT 表达和端粒酶活性的实验技术。

二、材料

（一）端粒酶活性测定的试剂和器材

（1）CHAPS 缓冲剂：0.5% CHAPS，pH 7.5 的 10 mmol/L Tris-HCl，1mmol/L $MgCl_2$，1 mmol/L EGTA，5 mmol/L β-巯基乙醇，1 mmol/L 苯甲磺酰氟，1U/μl 重组核糖核酸酶抑制剂，10%甘油。

（2）微型离心机，BCA 蛋白测定仪。

（3）TRAP 反应混合物：pH8.0 的 20mmol/L Tris-HCl，1mmol/L EGTA，0.005% Tween 20，1.5mmol/L $MgCl_2$，63mmol/L KCl，200μmmol/L dNTP 化合物，2U *Taq* 聚合酶，10pmol /L TS 引物（5′-AAT CCG TCG AGC AFA GTT-3′），10pmol/L CX-ext 引物（5′-GGT CCC TTA CCC TTA CCC TTA CCC TTA-3′），以及 135 碱基对的内扩增标准引物。

（4）PTC-20P，ROX-500，甲酰胺，ABI 毛细管电泳装置。

（二）TERP 及端粒相关蛋白 mRNA 的逆转录-聚合酶链反应（RT-PCR）分析的物品

（1）TRIzol 试剂盒，SuperScript 第一链合成系统。

（2）反应混合物：1～5μl 第一链 cDNA，PCR 缓冲液，200 mmol/L dNTP 混合物，2U *Taq* 聚合酶，1.5 mmol/L $MgCl_2$，10 pmol/L 引物。

（3）β-肌动蛋白，琼脂糖凝胶，溴化乙锭，FLA 3000 成像仪。

（三）TERT 蛋白的蛋白质印迹分析

（1）十二烷基硫酸钠-聚丙烯酰胺凝胶电泳（SDS-PAGE），10%丙烯酰胺。

（2）聚偏-2-氟乙烯膜，5%脱脂奶。

（3）三羟甲基氨基甲烷-吐温缓冲盐溶液（Tris-Tween-buffered saline，TTBS）：在 1L 水中溶解 80g/L NaCl、29.2g Tris 和 0.5ml 的 Tween 20（pH7.5）。

（4）过氧化物酶标记抗兔或抗小鼠的第二抗体，增强化学发光剂（enhanced chemiluminescence，ECL），薄膜。

（四）细胞 TERT 蛋白定位的免疫染色法

（1）4%多聚甲醛，PBS，2% Triton X-100，2%正常羊血清，生物素化的羊抗兔二抗。

（2）异硫氰酸荧光素（FITC）/抗生物素蛋白标记物。
（3）抗褪色溶液：10 μmol/L 没食子酸丙酯（propylgallate）水溶液，ABC 试剂盒。
（4）镍增强二氨基联苯胺（nickel-enhanced diaminobenzidine）溶液。
（5）兔抗人 TERT 的多克隆抗体。

（五）TERT 过度表达

（1）pBabest 12 逆转录病毒质粒，猴病毒 40（SV40）早期启动子。
（2）脂质体（lipofectamine），遗传霉素 G-418。

（六）TRF2 表达及活性抑制的分析

小鼠 TRF2 反义寡核苷酸引物（5′-GAG GAG CGC GGG TCA TTG T-3′）及对照寡核苷酸引物（5′-GGA GGA CGC TGC GAG TGT T-3′）。

（七）选择性端粒损伤的诱导

端粒蛋白（telomestatin）和二甲基亚砜（DMSO）。

（八）TRF2 功能的抑制

（1）DN-TRF2 引物，正向引物：5′-CAC CAG ATC TAC CAT GGA GGC ACG GCT GGA AGA GGC AGT CAA T-3′；反向引物：5′-GAA TTC TTA CTT CTG CTT TTT TGT TAT ATT GGT TGT-3′。
（2）TOPO 克隆载体，腺病毒的 pAD/CMV-V5-DEST 或 pAD/PL-DEST 载体。
（3）人体胚肾 293A 细胞，ViraPower 腺病毒表达系统。
（4）氯化铯梯度（1.50mg/ml、1.35mg/ml 和 1.25mg/ml）溶液，Vivaspin 20ml 层析柱。

（九）端粒损伤的检测

（1）溶于 PBS 中的 4%多聚甲醛。
（2）封闭液：在 PBS 中加入 2%脱脂奶粉、2%正常血清和 0.2% Triton X-100。
（3）TRF2 和抗γH2AX 的一抗，特异性的 Alexa 568 或者 Alexa 633 连接的二抗。
（4）在含 1%核糖核酸酶和 0.2% Triton X-100 的 PBS 中加入 4，6-二脒基-2-苯基吲哚（4，6-diamidino-2-phenylindole，DAPI）和碘化吡啶（propidium iodide，PI）。
（5）黄色荧光蛋白（yellow fluorescent protein，YFP）-TRF1 表达质粒。
（6）封片剂，63×油浸或 40×水浸接物镜的共聚焦激光扫描显微镜。

三、检测方法

（一）端粒酶活性的测定

TRAP 毛细管电泳法可用于端粒酶活性量化水平的测定，据此可对组织或者培养细胞的溶解产物进行测定。

（1）用 CHAPS 缓冲液把组织或培养细胞进行均匀化处理，在冰上孵育 30min。

（2）用微型离心机以最高速度离心样品 30min，取出上清液，取其 5μl 进行蛋白测定，剩余样品放在–80℃储存。

（3）在 TRAP 反应混合液中，加入 100ng 样品蛋白 30℃反应 30min，使端粒酶将端粒重复序列加入到 TS 引物上。

（4）用 PCR 进行 30 次循环扩增端粒酶产物，每次循环包括 30℃ 30min、94℃ 30s、50℃ 30s、72℃ 30s。

（5）取 2μl 的 PCR 产物与 1μl ROX-500 和 22μl 甲胺酰混合后，用 ABI 毛细管电泳装置进行分析。

（6）含有 5～10 个端粒 6 聚体重复序列的端粒酶产物每个样品应测 3 次，其实验数值通常用 100ng HeLa 细胞提取物数值的百分比表示。

（二）TERT 和端粒相关蛋白 mRNA 的 RT-PCR 分析

用 TRIzol 试剂盒从组织或者培养细胞中分离总 RNA 进行 mRNA 水平的分析，然后进行如下的 RT-PCR 检测。

（1）取 1～2μg 总 RNA 用 oligo （dT）引物，通过 SuperScript 第一链合成系统进行 RT-PCR，合成 cDNA 的第一链。

（2）在 94℃条件下，将含有 1～5μl 的第一链 cDNA、PCR 缓冲液、200μmol/L dNTP 混合物、2U *Taq* 聚合酶、1.5mmol/L $MgCl_2$ 和 10pmmol/L 引物的反应混合液变性 2min。

（3）对样品进行 33 次 PCR 循环，每次循环包括 94℃ 30s、50℃ 30s 及 72℃ 45s，然后 72℃延伸 10 min。在第 9 次循环 60℃时，把内参对照引物β-肌动蛋白加入其反应中。

（4）用 1.5%琼脂糖凝胶电泳分离 PCR 产物，然后进行溴化乙锭染色。

（5）用成像仪摄取染色的 DNA 凝胶图像，并用相关软件进行光密度分析，然后根据肌动蛋白 mRNA 的标准计算同一样品的数值。

（三）TERT 蛋白水平的蛋白质印迹分析

用 SDS-PAGE（10%聚丙烯酰胺）分离组织和培养细胞中的溶解蛋白质，用电泳转移到 PVDF 薄膜上。然后将这种薄膜进行 TERT 蛋白质的免疫测试，具体方法如下。

（1）室温下，将薄膜放入含有 5%脱脂奶的 TTBS 中孵育 1h。

（2）将薄膜放入含有 5%脱脂奶及 TERT 一抗的 TTBS 中，4℃孵育过夜。在开始测定时应稀释抗体，因为抗体稀释能产生充足信号和低水平的非特异性结合。

（3）每次用 5～10ml 的 TTBS 冲洗薄膜 4 次。

（4）把薄膜在含过氧化酶标记的抗兔或抗小鼠二抗的 TTBS 中，孵育 1h。

（5）每次用 5～10ml 的 TTBS 冲洗薄膜 4 次。

（6）室温下，把薄膜放到 ECL 试剂中 1min。

（7）将薄膜暴露于 Hyperfilm，产生最佳信号的一般暴露时间为 1～10min。

（四）细胞 TERT 蛋白定位的免疫染色法

将含有4%多聚甲醛的 PBS 灌注成年小鼠或大鼠并固定其组织，室温下在同一固定剂中过夜。用冷冻切片机把组织切成 30μm 的厚度，并把切片收集在盛有 PBS 的微孔板中。培养细胞用 4%多聚甲醛的 PBS 固定 30min。然后，对组织切片和培养细胞进行以下免疫染色。

（1）室温下，在含有 0.2% Triton X-100 和 2%正常羊血清的 PBS 中，分别对组织切片和细胞孵育 1h 和 5min。

（2）在含有 2%正常羊血清和 TERT 的一抗（根据一抗的效价一般做 1:1000 和 1:10 000 稀释）的 PBS 中，4℃孵育组织切片和细胞过夜。

（3）用 PBS 冲洗组织切片和细胞 3 次。

（4）在含有生物素标记的羊抗兔二抗的 PBS 中，孵育组织切片和细胞 1h。

（5）用 PBS 冲洗组织切片和细胞 3 次。

（6）在免疫荧光检测时，组织切片和细胞应在含 FITC/抗生物素蛋白结合物（4μl/ml）的 PBS 中孵育 30min。用 PBS 洗组织切片和细胞后，放入含 10μmol/L 没食子酸丙酯的抗褪色溶液中，再用常规或者共焦荧光显微镜进行图像分析。

（7）在用过氧化物酶标记物的检测时，组织切片和细胞应在 ABC 试剂中发育 1h，并通过镍增强二氨基联苯胺溶液检测过氧化物酶，其免疫反应性可以直接观察并拍照。

（五）TERT 过度表达的分析

稳定过度表达 hTERT 的细胞克隆已用常规转染和抗生素选择法建立，而且现已制备出过度表达 hTERT 的嗜铬细胞瘤（PC12）细胞系。

（1）用 pBabest 12 逆转录病毒质粒转染细胞，在这种质粒中含有 SV40 早期启动子对照的 hTERT cDNA。对照细胞用空载体转染，用脂质体介导法促进质粒的吸收。

（2）将转染细胞用含有抗生素 G-418 的培养液进行选择性培养，通过连续稀释法分离单个克隆。

（3）过度表达 hTERT 蛋白的克隆，可通过 TERT 抗体用端粒酶活性测定法、蛋白印迹和免疫细胞化学法进行鉴定。

（六）TERT 表达的抑制及活性测定

1. 一步实验法

研究端粒酶功能的方法，可用直接针对 TERT mRNA 反义寡核苷酸处理细胞而抑制 TERT 的产生。这种寡核苷酸进入细胞后可特异性地与 TERT mRNA 结合，因此抑制 TERT 蛋白的翻译，并降低 TERT 蛋白的表达水平。

（1）将培养细胞转入不含血清的培养液中培养。

（2）将 1mmol/L 原液的反义寡核苷酸最终稀释到 10～25μmol/L 加入培养液，对照培养液用相同浓度的错义寡核苷酸，而且加入的这种培养液只能用水代替。

（3）这种用反义寡核苷酸处理后的细胞，在研究开始时应建立 TERT 蛋白水平改变的时间过程，这可以通过蛋白印迹和免疫细胞化学分析进行。在后续的实验中，应选择 TERT 蛋白水平降到最低的暴露时间进行。

（4）在加入寡核苷酸处理的细胞后，对其最终的研究结果进行测定可确定 TERT 的表达是否抑制。研究显示，TERT 对发育小鼠脑未成熟的神经元具有促进其存活的作用。

2. 二步实验法

另一种方法是利用端粒酶活性的化学抑制剂进行。在癌症治疗中，这种抑制剂有潜在的利用价值。因此，已进行很多研究来确认那些能选择性抑制端粒酶的化学制剂。在研究端粒酶对神经发育的作用时，采用的抑制剂包括逆转录酶抑制剂 3'-叠氮基-3'-脱氧胸苷（3'-azido-3'-dideoxythymidine，AZT，一种与二聚发夹-四链体结合的试剂）、3，3'-diethyloxadicarbocyanine，以及寡聚脱氧核苷酸 TTA GGG，其可与端粒酶 RNA 组分结合而抑制端粒酶的活性。下面介绍的是通过化学抑制剂研究端粒酶对培养神经细胞在调控和分化中的作用。

（1）用剂量递增的抑制剂加入培养细胞中连续培养 48～72h，以建立化学品的毒性反应。

（2）将细胞放入亚毒性剂量的抑制剂中在递增的时限内进行培养，对照培养组不加抑制剂或有抑制剂活性的类似物。测定端粒酶的活性后，与对照培养组比较。在细胞增殖率或存活改变前，确立抑制剂对端粒酶活性的降低作用是重要的。

（3）抑制剂不同剂量的作用，以及端粒酶活性降低的时间都可决定其最终结果。

（七）选择性端粒损伤的诱导法

端粒蛋白是从环圈链霉菌属中提取的一种天然产品，可以选择性地与端粒中的 G-四链体 DNA 相互反应，用端粒蛋白处理培养细胞可以诱导端粒损伤。端粒蛋白通过端粒序列内的 DNA 环区形成分子内 G-四链体结构，S1 期的核酸酶可增加 DNA 分裂。

（1）用 DMSO 制备 500×端粒蛋白的储存液。

（2）将端粒蛋白直接稀释到培养液中，对照培养液中加入等量的 DMSO。

（八）TRF2 功能抑制的检测

TRF2 在端粒的维持和损伤反应的调控中，可通过阻断显性负性 TRF2（dominant negative，DN-TRF2）的过度表达抑制其正常功能。

（1）通过 PCR 可建立 DN-TRF2，其上游引物是 5′-CAC CAG ATC TAC CAT GGA GGC ACG GCT GGA AGA GGC AGT CAAT-3′，下游引物是 5′-GAA TTC TTA CTT CTG CTT TTT TGT TAT ATT GGT TGT- 3′，然后与 pENTER 定向 TOPO 克隆载体连接。

（2）用这种操作方法可修饰巨细胞病毒启动子 eGFP 报告基因的共表达，然后把 DN-TRF2 cDNA 亚克隆到腺病毒 Gateway Destiny 载体（pAD/CMV-V5-DEST 或者

pAD/PL-DEST）。

（3）腺病毒 DN-TRF2（含或不含 IRES-eGFP 报告基因的连接物）细胞转染的载体，可用 ViraPower 腺病毒表达系统包装到 293A 细胞中。腺病毒微粒的纯化可用梯度（1.50mg/ml、1.35mg/ml 及 1.25mg/ml）氯化铯通过超速离心法进行，先以 15 000*g* 离心 1h，然后在 1.35mg/ml 氯化铯溶液中以 15 000*g* 离心 18h。取出成熟病毒颗粒带，在 20ml Vivaspin 层析柱中，用 PBS 脱盐。转染的感染单位为 10～200 空斑形成单位/细胞。

（九）端粒损伤的测定

通过 TRF2 或 YFP-TRF1 表达抗体与 DNA 损伤标志物γH2AX 结合的抗体，对培养细胞进行染色，并用双标记共聚焦免疫荧光法测定培养细胞端粒的损伤。

（1）用 PBS 洗细胞一次，然后室温下用含 4%多聚甲醛的 PBS 固定 30min。

（2）在封闭液（在 PBS 中加入 2%脱脂奶粉、2%正常血清和 0.2% Triton X-100）中预培养 1h 后，细胞在封闭液中加一抗于 4℃孵育过夜。一抗包括抗 TRF2 的单克隆抗体和抗 H2AX 的多克隆抗体。

（3）彻底洗涤细胞后，用与一抗特异结合的 Alexa 568 或者 Alexa 633 连接的二抗和细胞一起孵育。在 PBS 中含 DAPI 或者含 1%核糖核酸酶和 0.2% Triton X-100 的 PI 进一步孵育细胞 10min，然后用 PermaFluor 水性包埋介质包埋。

（4）用配有 63×油浸或者 40×水浸接物镜的 LSM510 共聚焦激光扫描显微镜检查细胞。

（5）利用 YFP-TRF1 表达质粒转染细胞也可进行端粒的鉴定。

（十）注意事项

（1）在 RT-PCR 分析前，应对电泳胶中的条带切下测定其是否与目的 mRNA 符合并进行测序，以建立标准 RT-PCR 产物的大小。还需要进行期分析，从而确定在扩增水平线性范围内 PCR 的最佳条件。

（2）在蛋白质印迹和免疫组织化学反应时，其抗体不能反复冻融，可用等量的甘油稀释抗体后在–20℃储存，则可避免抗体的变性。

（3）为了降低蛋白质印迹中一抗与蛋白质的非特异性结合，可以通过降低一抗的浓度，并在孵育后用缓冲液反复、彻底地洗其薄膜。

（4）在用小鼠和大鼠组织及培养细胞进行 hTERT 肽抗体的反应时，为了避免交叉反应出现，在测定中应用 HeLa 细胞作为阳性对照，并用成年脑组织作为阴性对照。

第五节　神经干细胞的染色体分析

一、概述

NSC 和神经祖细胞位于胚脑增殖层，在此层表面可以观察到这两种细胞的有丝分裂。在细胞分裂中期和染色体的“伸展”相中，可以捕捉到有丝分裂的 NSC。小鼠和人的研究表明，在显著发育时的 NSC 呈非整倍，而其他染色体之间的易位和部分染色体缺失/插入的畸形是少见的。非整倍体为整个染色体数的丢失或增加，导致细胞染色体的数目偏离正常的二倍数（人为46，小鼠体为40）。在 NSC 中，由于移后染色体（lagging chromosome）、超数中心体（supernumerary centrosome）和对偶染色体（nondisjunction）等结果，使有丝分裂出现分离异常，从而造成非整倍体发生。

通过遗传学的手段删除参与 DNA 监控和修复的基因，在体内外生长的条件下可以改变非整倍体 NSC 的百分比。采用传统的细胞遗传学法，在 DNA 的 4，6 -二脒基-2 -苯基吲哚（4，6-diamidino-2-phenylindole）染色后，通过标准的光学或荧光显微镜可计算其染色体数目而进行非整倍体的检测。但这种方法对染色体的识别既不精确，又非常耗时。在小鼠中则更困难，因为小鼠的染色体核型不仅模糊，而且染色体常为近端着丝点。美国国立卫生研究院的研究人员在研究癌细胞时，研发出一种对小鼠体和人体染色体能明确鉴定的“光谱核型分析法”（spectral karyotyping，SKY）。这种较新的技术能够进行染色体的“染色（paints）”，并把这种染色杂交到染色体的分裂相中产生一种光谱而输到每个染色体上。SKY 法的速度和灵敏度高，并能够检测出多种类型的染色体异常，包括删除、插入、易位和非整倍体等。

SKY 的主要实验步骤是：首先分离培养和收集 NSC；其次是制备中期染色体分裂相；再是预处理载玻片；最后进行 SKY。在用 SKY 进行中期分裂细胞分析后，直接通过 SkyPaint（一种荧光标记的核苷酸探针结合物，其能识别每个染色体的特异性 DNA 序列）杂交到染色体中，并把产生的清晰光谱输到每个染色体。为了制备单个染色体的染色，首先用流式细胞仪分离各个染色体。然后，对每个染色体用荧光核苷酸特异性结合物进行简并寡核苷酸的 PCR。

单个体染色体与 SkyPaint 杂交后，通过荧光的激发作用能发射出“特有的光谱”。这种光谱用附在标准荧光显微镜的干涉仪和 SkyView 软件固定的假色程序进行检测。这种软件既能计算也能鉴定每个染色体的分裂相，而且还能对每个染色体进行二维光谱图像的分析，以及清楚地显示其分类颜色和染色体的核型。

二、实验材料

（一）NSC 的分离、培养和收集

（1）孕期母小鼠或者 NSC 细胞系，含有 10%FBS 的 DMEM 培养液。

（2）碱性成纤维细胞生长因子（bFGF），秋水仙胺。

（3）40μm 滤波器，新固定剂（3:1 甲醇:冰醋酸）。

（二）载玻片预处理

（1）磷酸盐缓冲液（PBS），含有 $MgCl_2$ 的 PBS，甲醛，100% 乙醇。
（2）10×标准柠檬酸盐水（standard saline citrate，SSC，1L 水中放入 87.7g 氯化钠和 44.1g 柠檬酸钠，pH 7.0）。

（三）SKY

（1）变性溶液（70%甲酰胺，2×SSC，pH 7.0），4×SSC，0.1% Tween 20。
（2）37℃载物片加温器或电热板，甲酰胺溶液 （50%甲酰胺，2×SSC，pH 7.0）
（3）浓缩抗体检测（concentrated antibody detection，CAD）试剂盒，VECTASHIELD 抗褪色剂，配有干扰仪和 SkyView 软件的显微镜。

三、实验方法

（一）大脑皮层 NSC 的分离、培养和收集

（1）解剖取出胚胎期为 12～14 天的胚胎大脑皮层，用巴氏吸管研磨细胞，得到单细胞悬液，然后将细胞放置在冰上。
（2）4℃ 300*g* 离心细胞悬液 5min。
（3）在含有 10% FBS、40ng/ml bFGF 及 0.1μg/ml 秋水酰胺的 3ml DMEM 中再次悬浮细胞，然后将细胞转移到 6 孔板的其中一个孔内。
（4）70～80r/min，37℃孵育细胞 3～5h。
（5）再次吹打细胞，使其成单细胞悬液。用 10ml PBS 洗细胞后，用 40μm 过滤器过滤细胞悬液。
（6）以 300*g* 离心 5min，吸出上清液，加入 10ml 的 0.075mmol/L KCl，吹打细胞使其成为悬液。
（7）在 37℃水浴中孵育细胞 15min。
（8）用移液吸管向细胞中加入 3 滴固定剂，并在每滴之间轻击试管。
（9）室温下 300g 离心 5min，吸出绝大部分的上清液，然后轻击试管使其成为悬液。
（10）缓慢旋转试管，逐滴加入 5ml 固定剂，放 4℃至使用。

（二）中期染色体分裂相的分析

（1）将细胞加热至室温，用固定剂洗 2 次，然后在 1ml 固定剂中重悬浮细胞。
（2）将平薄金属板平放在 80℃水浴中，高出水位大约 1.3cm。
（3）轻击细胞悬液使其再次悬浮。取 20μl 细胞悬液放在载玻片上，并保持其水平 15～20s。在固定剂蒸发后，使载玻片的细胞悬液在其中央变为颗粒状。

（4）快速翻转载玻片使细胞面朝下，然后非常短暂地将其暴露于水浴的蒸汽中，大约高出水浴水位 5cm。

（5）立刻将载玻片放在水浴中的金属加热板上，当载玻片上的液体变成珠状并几乎要消失时，拿出载玻片。

（6）用显微镜检查分裂相密度和染色体形态。

（7）制备 5～10 个好的载玻片/样品，在室温下老化（age）1～7 天。

（8）在剩余的细胞悬液中加入 5ml 固定剂，放 4℃储存可至 1 年。

（三）载玻片的预处理

（1）室温下，用 2×SSC 洗老化载玻片 5min。

（2）将 25μl 100mg/ml 的胃蛋白酶加到 50ml 预热至 37℃的 0.01mmol/L HCl 中，得到最终的 50μg/ml 胃蛋白酶浓缩液。37℃条件下，在胃蛋白酶溶液中孵育载玻片 5min。

（3）室温下，用 PBS 洗载玻片 2 次，每次 5 min。

（4）室温下，在含有 50mmol/L $MgCl_2$ 的 PBS 中孵育载玻片 5min。

（5）室温下，在含有 1%甲醛和 50 mmol/L $MgCl_2$ 的 PBS 中孵育载玻片 10min。

（6）室温下，用 PBS 洗载玻片 5min。

（7）分别用 70%、80%和 100%的乙醇溶液脱水载玻片各 1min，然后风干载玻片。

（四）SKY

（1）将 10μl SkyPaint 加入小型微量离心管，37℃孵育 10min。

（2）在 80℃变性 SkyPaint 10min（采用水浴或者热循环仪），然后 37℃孵育 60min。

（3）分别用 70%、80%和 100%的乙醇溶液脱水载玻片各 1min，然后风干载玻片。

（4）载玻片放入 73℃的变性溶液中变性 1.5min。

（5）分别用 70%、80%和 100%的乙醇溶液脱水载玻片各 1min，然后风干载玻片。

（6）在加入 SkyPaint 之前，在 37℃预热器中加热载玻片 5min。

（7）把 10μl SkyPaint 加到 24mm×24mm 盖玻片上，立即将盖玻片放在载玻片上，然后用橡胶粘固剂封边。

（8）将载玻片放入事先预热到 37℃的加湿器中，在暗处杂交孵育过夜。

（9）制备第二天要用的洗液，放 45℃至使用。

（10）用手术钳小心去除橡胶粘固剂，然后将载玻片放入 2×SSC 中直至盖玻片脱落。

（11）用 45℃的甲酰胺溶液洗载玻片 3 次，每次 5min。

（12）用 45℃的 1×SSC 洗载玻片 3 次，每次 5min。

（13）用 4× SSC+0.1% Tween 20 溶液洗载玻片 5min。

（14）准备染色溶液：将 10μl 试剂 3 和 5 μl 试剂 4（在 CAD 试剂盒内）放入 1ml 4×SSC 中，涡流混合 10s，然后用微量离心机离心 2min，以去除所有不必要的荧光聚集物。

（15）尽可能去除载玻片中的水分，同时还不能让载玻片变干，加 100μl 的染色溶液到载玻片上，然后用盖玻片覆盖。

（16）将载玻片放入事先预热 37℃的加湿暗箱中，孵育 30min。

（17）小心地将盖玻片从 4×SSC 取出，然后在 45℃用 4×SSC+0.1% Tween 20 溶液洗载玻片 3 次，每次 5min。

（18）室温下，用含有 0.5μg/ml DAPI 的 4×SSC 溶液孵育载玻片 5min。

（19）分别用 70%、80%和 100%的乙醇溶液脱水载玻片各 1min，然后风干载玻片。

（20）在暗处风干载玻片，并将 24mm×50mm 的盖玻片和抗褪色剂加到载玻片上。

（21）用配有干涉仪和 SKY 软件的显微镜观察并分析载玻片的实验结果，见图 2-1。

（22）每个样品至少分析 20 个中期分裂相，最好能分析 40 个。

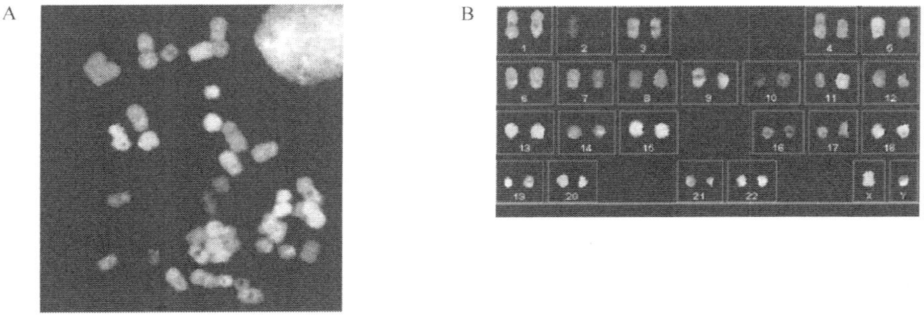

图 2-1　人神经干细胞系的 SKY 分析（Weiner 2008）

A．与 SKY Paint 杂交的染色体核型；B．与 A 对应的染色体核型，共计 23 对 46 条，其中的的 23 对为 X 和 Y 染色体

（五）注意事项

（1）必须从 12～14 天的胚胎脑皮质中取其组织，从而可获得足够数量的分离细胞。对培养 NSC 系进行染色体的核型分析，必须确保在收集细胞时能有大量的分裂细胞。用 0.1μg/ml 秋水仙胺处理细胞的时间为 3～5h，然后进行胰蛋白酶消化处理，以得到单细胞悬液。

（2）在用秋水仙胺捕捉中期分裂相细胞时，如果其分裂相细胞很少或是省略了秋水仙胺的处理，这可能没有足够的中期分裂相用于其核型分析。较长时间的秋水仙胺处理对细胞具有毒性，并可能引起染色体变短而导致分析更难。

（3）KCl 低渗溶液能够引起细胞膨胀，当其落在载玻片上时容易破裂。

（4）在加入固定剂时的细胞必须呈单细胞悬液，否则细胞将成团块，使得分析无法进行。

（5）通常在 4℃储存的细胞在一年以上也能使用。

（6）在加 1.0ml 固定剂使细胞重悬浮时，这只是一个估算量。实际应根据溶液中的细胞数量，可能加更多或更少的固定剂进行重新悬浮细胞。可以先用 1.0ml 进行实验，如果载玻片上的分裂相太少或者太密集，则可适当地增加和减少固定剂的用量。

（7）在制备染色体的中期分裂相时，其影响因素较多，其中主要包括中期分裂相细胞的多少、湿度、细胞分散的程度、载玻片放在加热金属板上的时间等，其固定剂也可采用甲醇:冰醋酸（1:1）进行。

（8）用胃蛋白酶处理载玻片是非常关键的，这与各种细胞的类型密切相关。在细胞质多的细胞中，则需要更长时间处理，否则反之。在胃蛋白酶处理时间过长时，可能导致染色体很难杂交。在用 SkyPaint 杂交时，若胃蛋白酶处理不当，可在载玻片上形成荧光绿色的背景。出现此种现象时，可以立即再进行杂交或者将载玻片放入–20℃的干燥箱中储存几个月。

（9）在 SkyPaint 首次融化时，应在 37℃孵育 30 min，每隔 3～5min 摇动一次，然后分装并在–20℃储存。另外，染色的染料属于光敏感物，因此尽可能地避光保存。

（10）SkyPaint 的杂交可以过夜或长达 2 天。

第六节　神经干细胞分化的鉴定

PD 是一种神经退行性疾病，特征是在黑质中的多巴胺能神经元损失，其主要症状包括震颤、强直、运动迟缓和不稳定。神经移植是一种对其治疗很有前途的手段，当细胞可再生并源源不断产生多巴胺能神经元时，可改善 PD 中的多巴胺能机能障碍。NSC 能自我更新，产生大量的子代细胞，并分化成神经系统的主要细胞类型。因此，通过干细胞移植这种新的途径，既可以了解参与细胞分化及组织发生的基本机制，也可把这些机制用于组织工程和生物医学中。体外分化实验研究在细胞特性的鉴定、新奇分子的测定，以及产生特定细胞的类型等方面都十分重要。NSC 分化的检测技术不仅可测试其多能性，还能通过与星形胶质细胞的共培养、条件培养液和碱性成纤维细胞生长因子（bFGF）的处理诱导 NSC 祖细胞多巴胺能的表型。

一、材料

（一）NSC 培养液

这是一种由 1:1 的 Dulbecco 改良 Eagle 培养液（DMEM）和含激素的 Ham F-12 营养培养液混合而成的无血清培养液（表 2-1），其中含有谷氨酰胺、胰岛素、腐胺、孕酮、碳酸氢钠、葡萄糖、转铁蛋白、HEPES 缓冲液、硒、表皮生长因子（EGF）、重组人 bFGF。

表 2-1　无血清生长液的成分（Weiner 2008）

成分	储存液	最终浓度	溶解液
葡萄糖	30%	0.6%	水
碳酸氢钠	7.5%	3mmol/L	水
谷氨酰胺	200mmol/L	2mmol/L	水
HEPE	1mol/L	5mmol/L	水
胰岛素	250μg/ml	25μg/ml	0.05mol/L
腐胺	60mmol/L	60μmol/L	水
孕酮	0.2μmol/L	20nmol/L	95%乙醇
转铁蛋白	1mg/ml	100μg/ml	DMEM/Ham F-12
硒	0.3μmol/L	30nmol/L	水
bFGF	10μg/ml	10ng/ml	PBS+0.1 牛血清白蛋白
EGF	20μg/ml	20ng/ml	激素混合液

（二）星形胶质细胞培养液

在 DMEM/Ham F-12 培养液中含 10%（*V*/*V*）的 FBS。

（三）干细胞祖细胞特性鉴别的抗体

（1）多克隆抗微管相关蛋白抗体 2、单克隆抗β-III 微管蛋白抗体、多克隆抗胶质纤维酸性蛋白（GFAP）抗体、多克隆抗酪氨酸羟化酶抗体、多克隆抗半乳糖脑苷脂抗体、单克隆抗 BrdU 抗体、多克隆抗 GABA 抗体。

（2）神经肽 Y、生长激素抑制蛋白、P 物质、甲硫脑啡肽和谷氨酸多克隆抗血清。

（3）羊抗小鼠和兔免疫球蛋白与荧光罗丹明异硫氰酸（1:200）或 FITC（1:100）结合的二抗。

（4）其他：4，6-二脒-2-苯茚二酮（4，6-diamidine-2-phenylindole，DAPI）和 FluorSave 试剂。

二、方法

（一）NSC 分离

NSC 的分离方法见前面有关章节。这里值得一提的是，在其悬浮培养液中，应含有 20ng/ml EGF 和/或 10ng/ml bFGF。在 DMEM/Ham F-12 培养液中的细胞密度应为 100 000 细胞/ml，在单层细胞培养时，以 25 000 细胞/cm^2 的密度加入多聚鸟氨酸（poly-L-ornitine，PLO；15μg/ml）培养液中。在 NSC 系建立时，为了确保其细胞供应的连续性，应对其进行冷冻保存和特性鉴定，并保证其无无支原体、细菌和真菌的污染。

（二）NSC 祖细胞的分化

在这种培养液中不加 EGF/bFGF，把细胞放入其中重悬以诱导 NSC 分化即可。重复此步骤一次或者多次，确保彻底除去培养液中的促有丝分裂因子。在对照培养液/激素混合的培养液中，将单细胞悬液以 2.5×10^5 细胞/cm^2 的密度加入 PLO 包被的盖玻片上，再把盖玻片放入 24 孔培养板中。为了其结果一致，可在盖玻片上涂上黏附剂。在诱导细胞分化时，可加入脑源性神经营养因子诱导其外生长（outgrowth），睫状神经营养因子可抑制其增殖并诱导星形细胞分化。在检测新神经递质表型的诱导时，可用与星形胶质细胞共培养的 NSC 或由神经胶质细胞衍化的条件培养液处理 NSC。

1. NSC 和星形胶质细胞的共培养

在检测 NSC 表达新神经递质的表型时，可通过其与星形胶质细胞微环境的直接相互作用的共培养进行。星形胶质细胞培养液的制备是：用出生后 1 天小鼠的纹状体组织机械分离后，在 10%的 DMEM/Ham F-12 培养液中悬浮细胞，然后以 1.25×10^4 细胞/cm^2 的密度加入培养瓶中。在单层细胞汇合后，用胰蛋白酶-EDTA 消化细胞，将细胞以 2×10^5 细胞/cm^2 的密度加入 24 孔培养板中经 PLO 包被的盖玻片上。3～4 天后细胞汇合，再把 NSC 重悬到新的培养液中，并接种在神经胶质细胞层的上面。为了能够鉴别从星形胶质细胞分化的 NSC 祖细胞，可在 S 期用 DNA 复制的标志物 BrdU 进行标记。其方法是把 1μmol/L BrdU 加到已培养 6 天的 NSC 中再培养 24h。在星形胶质细胞共培养前，把 NSC 衍化的克隆即球状的细胞用不含丝裂原和 BrdU 的培养液洗涤。体外培养 7 天后，按如下方法进行单标记或双标记的免疫细胞化学染色。

（1）用 4%多聚甲醛（含抗 GABA 或谷氨酸抗体的 0.1%戊二醛）固定所有的盖玻片 30 min。

（2）用 PBS 洗 3 次，每次 10min。

（3）加入含 PBS/10%正常羊血清/0.3% Triton X-100 的一抗 37℃孵育 2h，其中不含抗 BrdU 抗体。

（4）用 PBS 洗 3 次，每次 10min。

（5）加入用 PBS 配制含罗丹明和/或荧光素标记的二抗，室温下孵育 30min。

（6）用 PBS 洗盖玻片 3 次，每次 10min；用水冲洗后将其放在载玻片上。

（7）以 FluoroSave 封片，用大盖玻片覆盖载玻片。

（8）在显微镜下计数每个 NSC 克隆中神经元、星形胶质细胞及少突胶质细胞的数量，并用 BrdU 进行细胞核的免疫染色，以确定 NSC 的来源。而且，系统评价所有培养细胞及每次传代细胞的新神经递质表型的表达。

2. NSC TH 表达的诱导

这种生物测定法已用于测试接受多巴胺能干细胞系的分化潜能，因此其可用于 PD 治疗细胞系的首选标准。

（1）在对照培养液中悬浮已分裂的 NSC，然后用 2.5×10^5 细胞/cm^2 的密度加入 24 孔培养板中，每孔 0.5ml，孔中的盖玻片已用 PLO 包被处理。

（2）2h 后在培养液中加入分化诱导剂，其中含 20ng/ml 的 bFGF+75%（*V*/*V*）B49

神经胶质细胞条件培养液。

（3）24h 后固定培养细胞，并用免疫细胞化学染色检测诱导 TH 基因的表达。

（4）在体外培养的第 3 天和第 5 天，分别半换培养液各一次。第 7 天时对 TH 进行免疫细胞化学检测。

（5）在每次传代的培养时，都要测定活细胞核用 DAPI 染色的总数及神经元 TH 免疫反应的百分比。

（三）注意事项

（1）在培育稳定 NSC 系时的培养液至关重要，批次的不同、水的纯度等均可影响其培养的结果。因此，必须建立测试原材料的标准，量化培养液的每一组分（DMEM/Ham F-12、激素混合物及生长因子等），从而保持其在促生长过程中的一致性。

（2）细胞系特性的变化可能因为与其他细胞系的交叉污染、无菌性或常见的支原体感染。因此，对细胞系应进行常规染色体核型或物种的同工酶及支原体的检测。其中，对支原体污染检测的试剂盒既简单又快捷，是一种采用 DNA 特异性双苯酰亚胺荧光染料 Hoechst 33258 的染色法。

（3）在用 PLO 包被的盖玻片上，其分化 NSC 的接种和黏附性可能都不一致，这可能与盖玻片的质量、包被方法、包被剂和培养板的质量、衣原体污染等因素有关。

（4）在 NSC 培养的最后 24h 加入 BrdU，可能出现 NSC 祖细胞在有丝分裂期后的亚群细胞不能掺入 DNA 的标志物，且在培养后无法检测其结果。这可通过在 NSC 培养 2～4 天时早点加入 BrdU 的方法解决。BrdU 免疫细胞化学检测的最佳条件是，把抗体孵育过夜而且绝不能用酸处理。

（5）用神经胶质细胞系 B49 制备的条件培养液，对成功诱导干细胞祖细胞的 TH 基因表达十分关键。在收集条件培养液前，培养 B49 细胞的铺满程度要超过 95%，而且是健康的单层细胞且无集聚物形成。这种条件培养液在其细胞培养时的总体积可达 75%（*V*/*V*）。

第七节 神经干细胞体外迁移的测定

一、概述

对源于胚胎或出生后的神经前体细胞，其迁移分子影响因素的体外研究可以有三种快速的实验方法。①模拟细胞外基质的三维基质在外移植和埋入基质胶后，影响围产期小鼠前脑室下层（SVZ）的链式迁移因子。②影响贴壁神经球放射型迁移途径的可溶性因子，其中从胚胎小鼠纹状体原基（primordium）中扩增的贴壁神经球已经成功。③这些前体细胞的定向迁移可用趋化小室分析法进行，其中包括对照细胞出现的跨膜定向趋化性的测定。这三种测试方法有助于评价神经前体细胞在定向迁移时表面分子和环境因子的重要性，如多唾液酸形式的神经细胞黏附分子（NCAM）或包括 CXCL12 在内的趋化因子。

二、材料

（一）出生后脑 SVZ 干细胞的迁移实验

1. 动物及解剖

（1）3～10 日龄的 CD-1 小鼠，解剖用小剪刀、小钳及眼科手术刀。

（2）1×PBS 无菌液和 Hank 平衡盐液（HBSS），10% FBS 的 DMEM。

（3）用水溶解的 2%（*m*/*V*）琼脂糖溶液，用微波炉加热 2～3min 使其溶解，然后将溶液倒在小培养皿上，4℃保存至使用。

2. 培养液、试剂及器皿

（1）无血清培养液的制备：按 3:1 把 DMEM 和 Ham F-12 混合，再向其中加入 50μg/ml 人铁铁蛋白、5μg/ml 胰岛素、100μmol/L 腐胺、20mmol/L 孕酮、30mmol/L 硒及抗生素。抗生素采用青霉素-链霉素，可在 4℃保存 15 天。

（2）4 孔培养板，基质胶。

（二）胚胎纹状体干细胞的迁移实验

1. 动物及解剖

怀孕的 C57/BL6J 小鼠，虹膜切除术用小剪刀和解剖用小钳子。

2. 神经球的辐射型迁移实验

（1）100μg/ml 的 EGF 溶于 DMEM/Ham F-12 中，分装后–80℃储存。

（2）100μg/ml 的 FGF2 溶于 DMEM/Ham F-12 中，分装后–80℃储存。使用前用 DMEM/Ham F-12 双倍稀释制成工作液。

（3）2.5mg/ml 的胰岛素溶于 DMEM/Ham F-12 中，分装后–80℃储存。

（4）向 48ml DMEM/Ham F-12 的 B27 培养液中加入 50μl 庆大霉素、500μl B27 补充物、400μl 胰岛素原液和 715μl 葡萄糖（200g/L）。

（5）神经球培养液：6ml B27 培养液、1.2μl EGF 原液（20ng/ml），以及 1.2μl FGF2 工作液（10 ng/ml）。

（6）合成人 CXCL12 α及其删节（truncate）的 CXCL12（4-67）型，这种形式缺乏三种在淋巴细胞与 CXCR4 结合而具有重要作用的氨基酸。这些化合物以 1mg/ml 溶解在 DMEM/Ham F-12 中，分装后–80℃储存。

（7）400μl 蒸馏水中按 100μg/ml 加入聚 L-鸟氨酸包被 4 孔板或 12 孔板，然后室温下在防护罩中对整个板至少孵育 1h。使用前，用无菌蒸馏水对每孔冲洗两次。

3. 趋化实验

（1）用 20mg/ml 的多聚-L-赖氨酸（Mr300 000）溶于无菌水中，分装后–20℃储存。

（2）以 100μg/ml 的百日咳毒素 V 溶于无菌水中，分装后–80℃储存。

（3）用 1mmol/L PD-98059 溶解到 DMSO 中，分装后–20℃储存。

（4）抗 CXCL12 K15C 中和抗体。

（5）在蒸馏水中加入 4%甲醛制成甲醛溶液。

（6）将 20g 甲酚紫溶解在 200 ml 乙醇、100 ml 甲醛溶液及 700 ml 蒸馏水中为储存液，甲酚紫的最终浓度为 0.1%，其工作液按储存液和甲醛溶液各 1 份、蒸馏水 8 份配制。

（7）用 50μl/ml 的多聚-L-赖氨酸包被 8μm 孔径的无 PVP 聚碳酸酯滤膜两面。具体操作是：用 125μl 多聚-L-赖氨酸原液加入 50ml 无菌水中稀释，然后以 45μm 过滤。用夹子夹住聚碳酸酯滤膜浸入含有多聚-L-赖氨酸工作液的 10mm 器皿中，室温下保持 18h，使用前用无菌水冲洗两次。

（8）48 孔微趋化小室放在 100%乙醇中处理过夜，然后用无菌水冲洗两次。将小室倒置在吸纸上干燥后再用。

三、实验方法

（一）出生后脑 SVZ 干细胞的链式迁移实验

（1）通过低温使 3～10 日龄的 CD-1 小鼠麻木，快速断头处死，取出脑髓置冰冷的 HBSS 液中。

（2）取出小脑，将大脑定向并垂直固定在振动切片机上。用粘合剂固定大脑，再用一小块 2%琼脂糖垫在脑后以便于切片并避免切片时脑的变形。将粘合剂涂在振动切片机上，固定琼脂糖块，最后放置大脑并以 OB 朝上，脑的皮质面对着切片机的刀片，脑的底部抵着琼脂糖块，室温下干燥 1～2min。

（3）切片应在 4℃的无菌 PBS 中进行，其额切面可为 400μm。开始的 3 张切片通常只包括 RMS。在接下来的 3 张切片中，可以清晰地看到侧脑室的 SVZ。切片应放在冷 DMEM/10% FCS 中。

（4）在解剖显微镜下，用眼科手术刀切下侧脑室前角侧壁的 SVZ，并放入含有 DMEM/10%FCS 的小培养皿中。然后用精密手术刀将 SVZ 切成直径为 50～300μm 的切片（每个 SVZ 切成 4～6 片）。在包埋基质胶前，把从脑组织中取出的这种外植体（explant，图 2-2）的培养皿放在冰上。

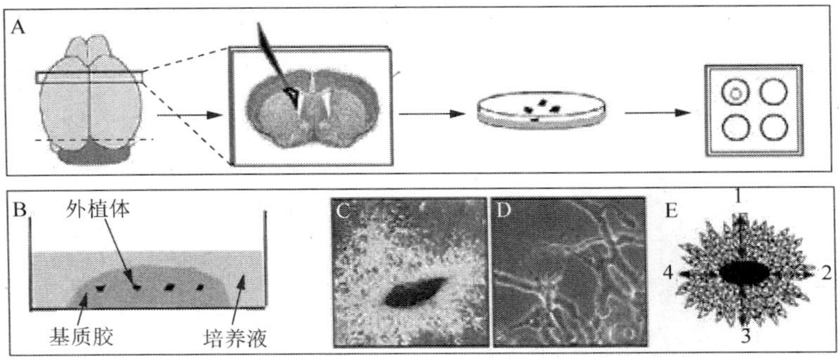

图 2-2　小鼠大脑 NSC 迁移的检测（Weiner 2008）

A. 取出大脑切片、SVZ 的额切片，切成 4 小块分别放入 4 孔板的基质胶上。B. 加入培养液将外植体和基质胶淹没覆盖。C.培养 48h 后，神经元前体细胞在外植体周围呈放射状迁出。D.像链的结构形成复杂的三维网。E.直接测量外植体周围迁出的细胞数量：从外植体边缘到迁出外缘，分别进行 4 个点的测量，取其平均数计算每个外植体的平均迁移距离

（5）把外植体与基质胶以 1:3 的比例混合后在 4 孔培养板中培养：将 3～4 个外植体放在 20μl 的无血清培养液中，并置于各孔中心的冰上。用滴头的尖端把外植体的培养液轻轻与 60μl 的基质胶混合。为了避免气泡的产生，此时不建议用移液管操作。

（6）用针尖把外植体拨到基质胶滴中的中心位置，外植体之间不得相互接触。把培养板放在冰上直至 4 个孔都全部准备完毕。

（7）从冰上拿出培养板，室温下让基质胶聚合 10 min 后，再用 0.5ml 含 B27 的无血清培养液盖住基质胶。此时，可把 1:1000 Endo-N 加到培养液中。

（8）放在 5%CO_2 饱和湿度的孵箱中培养。

（9）在低倍倒置显微镜下观察外植体周围整个放射形的迁移，以高倍镜观其察链结构。用摄像机采集每个外植体的影像，并用软件进行分析。每个外植体迁移距离测量值的计算是：在 24h 和 48h 对每个外植体进行 4 次测量，4 次的平均值即为每个外植体的迁移距离。

（二）胚胎纹状体干细胞的迁移实验

1. 纹状干细胞的解剖和制备

通过颈椎骨脱臼的方式处死怀孕的 C57/BL6 小鼠，从 14 天的胚胎（E14）中用机械分离法取出纹状体放在冰冷的 HBSS 中，然后制备成细胞悬液进行神经球形成的培养和放射型迁移分析，或者直接用于趋化实验。

2. 贴壁神经球的放射型迁移途径实验

（1）神经球的制备：在 DMEM/Ham F-12 中把 E14 纹状体进行机械分离后，用 20ng/ml EGF 和 10ng/ml FGF2 作为丝裂源，将细胞以 85 000 细胞/ml 接种在 25cm^2、含有 B27 培养液的平皿中。培养 6 天后，分化的神经球可贴壁在用 100μg/ml 多聚-L-鸟氨酸包被的 4 孔

板中。在 4 孔板加入含 N2 相同体积的培养液代替 B27 培养液，而且其中不含这两种丝裂源，亦即 N2 培养液。

（2）放射型迁移的分析：用硅酮锥体管取出直径为 80～100μm 的单个神经球，用 5μl 培养液轻轻放在每孔的中心位置。15min 后，神经球贴壁后加入 500μl 的 N2 培养液。在进行其剂量反应实验时，N2 培养液中可加或不加 CXCL12 的递增浓缩液。在其他实验时，可加入 200nmol/L 的 CXCL12。然后把培养板放在 37℃、含 10%CO_2 的加湿恒温箱中培养。

（3）在倒置显微镜下，分别在 0h、21h、48h 和 96 h 进行照相。

（4）用 MetaMorph 软件测定迁移细胞覆盖的平均最远距离，作为神经球生长平均表达的“等量外推的半径”。在这种实验中应进行 3 次独立的实验，每组数据点都要由 12～14 个神经球组成，而且通过 Prism 软件进行均值±SEM 和 *t* 检验的统计学显著性处理。

（三）趋化性实验

（1）将 29μl 含 CXCL12α，或者删节和非趋化型的 CXCL12、CXCL12/4-67（2～800nmol/L）培养液放到微趋化小室的下室。

（2）用夹子将聚碳酸酯膜盖在下室上，轻轻去除泡泡，然后放上趋化小室。

（3）取 50μl 的 10^6 细胞/ml 悬液加入每孔的上室中。在抑制性实验时，分别加入 20μg/ml 的 CXCL12 中和抗体 K15C；0.01μg/ml 未与 Gi 蛋白质结合的 PTX，或者 50μmol/L 的抑制丝裂原活化蛋白激酶路径的抑制剂。

（4）在 37℃、含 10%CO_2 加湿恒温箱中培养 4～18h，拆开小室从中取出滤膜。用 PBS 洗后，把附在滤膜上而没能迁移出孔的细胞刮下来。此操作要尽快进行，以避免细胞干燥并固定在滤膜的上表面。

（5）室温下，在化学洗槽中，将滤膜浸在含有 4%多聚甲醛和 0.1%戊二醛的 PBS 中 30 min 固定细胞。

（6）在 0.1%甲酚紫溶液中浸泡滤膜 30min 以对细胞染色。然后，用 PBS 洗滤膜两次，每次 5min。

（7）将滤膜放在载玻片上。

（8）利用 NIH 影像软件，对通过下室的孔迁移和附在滤膜下表面的细胞进行计数：在显微镜下用 400×的镜头，每个孔选择 5 个视野，然后用显微镜上的 CDD 相机照像以获得 TIFF 影像。

（9）通过 Prism 软件把每个孔中 5 个视野细胞迁移的结果进行均值±SE 和 *t* 检验，计算其显著性意义。

（四）注意事项

（1）用于本项研究小鼠的最适日龄是在出生后 3～10 天，在此之后的链式迁移仍可在体内发生，但从较大日龄小鼠获取的组织细胞，其成活及迁移率均很差。

（2）其他品系小鼠或者大鼠也可用于本实验。

（3）外植体放入恒温箱的整个过程不能超过 2～3h。

（4）对照条件下，在培养开始的 24h 后其细胞开始形成链式迁移，而且其外植体移出。在第 2 天末，迁移的距离是最长的。48h 后细胞开始分化，链开始萎陷。

（5）所有接触外植体操作的器具都要用硅酮包被，必要时，其解剖用具也得做同样处理。而且，在包被后将多余的液体排干，再风干，干燥物的表面应是中性的。

（6）可以用多聚甲醛固定细胞并对其进行免疫标记，但在细胞固定之前形成的链更佳，因此在固定前应该拍照。包埋基质胶的外植体可直接放到 4 孔板的塑料表面上，而且这些外植体可直接放到盖玻片上进行免疫标记和固定，然后移到载玻片上，再在直式显微镜下观察。但是，这种基质胶可能产生高本底并阻止抗体的渗入和固定。

（7）本实验可以测试影响细胞迁移、分离或引导的潜在因子，在外植体的培养液中加入含 Endo-N 酶的培养液则可以测试出 PSA-NCAM 的影响。通过体外加入对照 COS 细胞或 COS 细胞表达分泌 Reelin 的条件培养液，可以显示出 Reelin 的分离/分散作用。在这两种条件下，都可以观察到放射型迁移，而且总迁移距离不受影响。但是，这些细胞却不会形成在对照组中所观察到的典型链式迁移结构。另外，也可用来源于生成细胞的测试方法检测对链式迁移加入因子的吸引或排斥能力。

（8）有关神经球移出放射型迁移实验的问题。

① 神经球细胞移出的过程非常快，在培养的第 1h 内就可观察到。

② 最好采用塑料表面而不是玻璃表面的培养皿，这一点至关重要，因为塑料表面的培养皿容易黏附。

③ 在神经球从一个孔转移到另一个孔时，其大小尺寸的测定应尽量保持直径约为 100 μm 左右。因此，在目镜中设一有刻度标尺的装置很有必要。

④ 前体细胞在发育后期，可以用类似的方法对少突细胞祖细胞从球状少突细胞的移出进行测定。

（9）有关微小室趋化实验的问题。

① 在趋化小室实验时应设阴性对照：上室孔含细胞悬液，下室孔仅含不加任何化学引诱剂的细胞培养液。

② 在实验中还应设立化学增活对照（chemokinetic control）孔：在趋化小室的上室孔和下室孔中加入同一浓度的趋化因子，而且其化学引诱剂不产生任何的定向梯度作用。但是，其细胞可能出现化学运动增强效应。而且，在滤膜的两面都能得到大约等量的迁移细胞。

③ 为了去除上室孔中的泡沫，可用吸液管的尖头将其完全吸干后再放入。

④ 趋化小室在每次用后立即用蒸馏水冲洗清洁，以避免蛋白质干在其上。然后，这种小室还可以直接再用。

第八节　荧光金对神经元投射的解剖学示踪

一、概述

神经元连通性的研究需要对轴突从神经元细胞体至其轴突末端的顺行示踪，以及从末端返回细胞体的逆行示踪。由于神经元突触前或突触后的连接，通常都以神经解剖学示踪法进行。在神经系统的再生和修复方面，神经解剖学示踪法显得尤为重要。因为，其对损伤或神经退行性环境中的新生神经元、移植神经元，或者视神经切断后神经元轴突的投射都能进行识别。为了能用这种方式进一步研究所鉴定和标记的神经元，示踪剂与其他组织处理的相互兼容尤为重要，如与免疫细胞化学的结合。在常用的神经元标记和神经解剖学示踪中，荧光金（fluoro-gold，FG）则是一种高灵敏性的荧光逆行标志物。

像其他逆行标志物一样，轴突末端能够吸收 FG，或通过受伤神经轴突的逆行传送至神经元胞体。因此，特别标记的神经元能映射出其应用的区域。与其他逆行标志物相比，FG 的主要优势是无需其他的处理就能观察到结果。末梢树突的广泛标记及应用后，在各类固定及免疫细胞化学中都能保持相对长时间的稳定性。FG 可以被未损轴突末梢和受损轴突吸收，但是在非末端位置不能被未损轴突末梢吸收，因为未损轴突末梢的吸收是通过内噬作用发生在神经末梢的。逆行传送后，FG 可标记神经元胞体和树突。在胞体中，FG 与细胞质、质膜及核仁中的囊泡相结合。这种结合不会从标记的神经元中扩散出来，而且也不能跨突触传送。

由于 FG 的稳定性好，其可用于轴突末端或通过各种方法切割的神经中。通过压力注射法，可以直接把<1μl FG 注射到目标区域内。在标记前或者以结晶形式放置靶区时，可用小尖移液管的离子透入法（+5～+10μA/10min） 记录细胞的生理活性。通过腹膜内（intraperitoneal，ip）或静脉（intravenous，iv）注射后，FG 也可间接而非特异性地广泛标记周围神经系统的轴突末端，但不能穿过血脑屏障（BBB）。因此，它不能标记映射受 BBB 保护的 CNS 区域内的神经元。

FG 作为一种特异投射神经元的标志物，其可在神经或肌肉组织注射的部位扩散，这种扩散可导致投射靶区域周边部位神经元的非特异性标记。FG 通过轴突快速的运输，可传递到神经元的细胞体。逆行标记所需要的时间与距离及树突分布的程度有关，注射后 2h 就能检测到 FG 对细胞体的标记。在通常情况下，轴突和细胞质标记的最小存活期为 1～2 天。在达到超过胞体数百微米的高级别神经突的更加完全的标记时，可以实现更长时间的存活期。在注射后，FG 标记的稳定性可达数周，有的甚至能够持续 2 个月。FG 的应用浓度为 1%～10%（*m*/*V*），多数在 2%～4%的较低浓度。高浓度和大容量的注入能造成强烈的逆行标记，并引起注射部位的坏死。但是，在推荐的浓度范围内是无毒性的。

研究表明，FG 也可对体内无神经元细胞局部标记，而且几乎在注射部位的所有细胞都能够标记。在逆行标记的视神经切断的神经元变性后，可能由于吞食 FG 标记的濒死神经元，发现其中含有 FG 的吞噬小胶质细胞和其他巨噬细胞。同样在运动神经元中毒损伤后，发现有含 FG 的神经胶质细胞，但在无毒的对照中未见此类现象。把 FG 大量注入大鼠的侧脑室，可以标记脑室周围的星形细胞和室管膜细胞。通过紫外线过滤器（激发波长为 323nm；发射波长为 408nm），用荧光显微镜能直接观察到 FG，颜色随着 pH 的改变而轻微变化，从金色（中性和碱性 pH）变成蓝色（酸性 pH）。在紫外光的作用下，这种无需组织化学的处理就能鉴定和解剖 FG 标记的区域。虽然 FG 的耐光性远远超过常用的载色体，如氨甲基香豆素醋酸酯或 Cy3。但是，FG 对光漂白的作用可使荧光显微镜的观察受到限制。研究提示，这种光漂白作用主要是由于组织切片中含水。因此，通过替代其封固介质可以避免或者尽可能地减少水的含量。

目前，已经研发出几种能把 FG 的荧光转换成更稳定的电子致密产品用于电子显微镜（EM）观察的技术。FG 可以通过感光氧化作用，直接转换成电子致密二氨基联苯胺（DAB）反应产品用于 EM 的目测观察。现已制成的抗 FG 抗血清通过 DAB、免疫金银或免疫荧光法对 FG 进行检测。在这些实验中，FG 不仅在溶酶体中，即使在扩散到整个细胞质和末梢树突，甚至在超过胞体 2～3 个分支点时都能检测到。而且，FG 在各种固定剂中或没有固定的条件下也都能保持稳定。因此，这不受大多数标准免疫细胞化学程序的影响。目前，在体内已把 FG 用于标记成年及新生小鼠皮层内各种皮质的投射神经元。以下主要介绍成年小鼠皮质丘脑神经元的标记方法，以及不同投射神经元的逆行标记。

二、方法

在本实验中，通过后路途径将 FG 注入丘脑，以 30° 角将玻璃微量吸管从垂直轴插入以避免损伤更多的前皮质，这对这种特异性的实验非常重要。

（一）操作步骤

（1）按有关指南和常用的方法，麻醉小鼠并准备手术。

（2）在头皮上从耳间线后 2mm 处至眼后 1mm 做一中线切口，将人字缝及其侧面 5mm 的范围露出。

（3）用立体定向仪定位小鼠，重要的是要将颅骨定位在稳定的水平位置。在测量人字缝和前囟缝的高度确认其是相等的后，再确定颅骨的朝向。

（4）用外科手术刀（对于大鼠等颅骨较厚的动物可能采用钻）做一小型开颅术，通过如下坐标进行操作：中间边界，中线侧面 1mm 处；边线，中线侧面 2mm 处；后边界，人字缝前 1mm 处；前边界，人字缝前 2mm 处。小心操作避免损伤血管系统，使出血最小化。这种小型开颅术后，不必把取去的骨片放回原处。

（5）向丘脑进行 3 次注射，以 30° 角将玻璃微量吸管从垂直轴插入。

（6）注入 32nl FG 溶液并等待 1min。退出 100μm 玻璃微量吸管，再注入 32nl，然后再等 1min。在 FG 扩散后，慢慢退出吸管，把可能沿着微量吸管流出的 FG 量最小化，每个注射部位可以重复操作。

（7）缝合切口，使小鼠恢复健康。对成年动物神经元细胞体的 FG 逆向传输可在 7 天后进行。

（8）用 10U/ml 肝磷脂/PBS 经颈动脉灌注，然后用 4%多聚甲醛的 PBS 再灌注。取后脑放 4%多聚甲醛中 4℃过夜。用振动切片机切片脑组织 40μm 厚、用 Fluoromount（BDH）封固明胶包被的切片；用 350～380nm 激发波长的滤光片进行荧光显微镜检查。

（二）注意事项

（1）FG 可溶解于盐溶液，但在 PBS 中可出现沉淀而形成悬液。FG 溶液在 4℃暗处可储存 6 个月，FG 结晶在 4℃避光时可保持多年的稳定。

（2）颅的出血可用吸附性凝胶海绵止血。

（3）玻璃微量吸管的内直径应尽量的小，外直径 40μm 则可以，也可以用微量注射器注入 FG。但金属针头的大孔可能损伤脑部较大的区域，并可能导致 FG 沿注射途径再流。此外，用注射器和针头很难准确地将所需的小剂量注到啮齿动物大脑的靶部位。

（4）FG 可以短时间运输，长时间的运输可能造成标记细胞核更加明亮和增加树突的标记。

第九节　神经干细胞凋亡的测定

一、概述

当 CNS 受损时，在损伤区域的周围经常能出现细胞凋亡的现象。hESC 及其祖细胞可能成为治疗 CNS 疾病的细胞制剂。这种干细胞移植的成功不仅取决于这些细胞在移植 CNS 后是否能保持其功能，而且还与其能否抵抗原位环境因素可能导致的凋亡有关。虽然有多种方法可用于细胞凋亡的检测，但在初期干细胞及其祖细胞的贴壁培养时能对其凋亡进行评价的方法却为数不多。本节主要介绍对这些细胞凋亡评估的实验方法。

多发性硬化症（multiple sclerosis，MS）是一种自体感染并使神经脱髓鞘的疾病，其活动性病变不仅表现为大量少突胶质细胞增生和星形胶质细胞扩大，而且在疾病的早期阶段，少突胶质细胞凋亡现象已很严重。通过 MS 病变周围的发现，少突胶质前体细胞（oligodendrocyte precursor cell，OPC）不能完全修复这种已累积的损伤。而且，OPC 缺乏这种修复的能力是由于微环境对其生存能力和功能造成的影响。把 hESC 及其祖细胞、NSC 及 OPC 作为治疗包括 MS 在内的 CNS 疾病的治疗剂，已在脱髓鞘的治疗中显示其希望。干细胞移植成功与否，取决于这些细胞在移植人体 CNS 后在不利的环境中能否保持其功能性，其中包括是否能抵抗可能导致其凋亡的分子信号。目前，正在研究 CNS 产生的各种因子对诱发 hESC、NSC 和 OPC 凋亡的作用，以及规避这些配位体易感性的方法。因此，对 hESC 及其衍化细胞诱发的凋亡进行高质量、重复性好的评估方法对这一领域未来的发展至关重要。

通过形态学、生物化学和分子的变化，可以区分不同细胞的死亡模式。细胞凋亡的典型特征包括细胞皱缩、膜出泡、膜脂质配置的变化、细胞器收缩、染色质及 DNA 片段的广泛损伤。尽管有多种不同的方法可以用来测试细胞的凋亡，但其核断裂和染色质凝聚是凋亡细胞最确切的标志。目前，在测定细胞凋亡的结果中对核形态学的分析也是一种比较好的指标。在 hESC 及其衍化细胞的贴壁培养时，一般对其凋亡的测定都不采用流式细胞仪进行。本文介绍的这些技术，可能有助于诱发贴壁培养细胞凋亡的测定。而且，可以确定选择诱导 DNA 断裂、核形态学变化以及不同细胞凋亡途径的活化是否需要处理，最后明确这些测试因子在诱导凋亡中的作用。同时，通过细胞表型的测定也可分析 hESC 及其祖细胞的不同效应。而且，通过对处理细胞溶胞产物的分析，还可确定半胱天冬氨酸酶依赖的或半胱天冬氨酸酶非依赖的细胞凋亡途径。

二、材料

（一）细胞培养用的物品

（1）75cm^2 培养瓶或者适合细胞生长的 8 孔小室玻片。

（2）培养液，诱发细胞凋亡的因子，冲洗缓冲液和稀释液（PBS，pH 7.4）。

（3）十字孢碱（staurosporine）储存液：在 100% DMSO 中含 1mmol/L，–20℃保存，其最终的使用浓度为 100nmol/L，稀释于培养液中。

（4）固定液：新配制的、含 4%多聚甲醛的 PBS，pH 7.4。

（二）DNA 梯度检测物品

（1）0.05%胰岛素和 0.02%-EDTA 的 PBS，pH 7.4。中和缓冲液：10%FBS 的 PBS，pH 7.4。

（2）细胞凋亡 DNA 梯度提取试剂盒。

（3）异丙醇和乙醇，TBE 电泳缓冲液：45mmol/L Tris 硼酸及 1mmol/L EDTA，pH 8.0。

（4）琼脂糖，溴化乙锭（以 0.5μg/ml 的最终浓度使用）。

（5）琼脂糖凝胶电泳仪，紫外光照明器和成像系统（VWR）。

（三）末端脱氧核苷酸转移酶 dUTP 缺口末端标记（TUNEL）染色

（1）透析液：新制备的、含 0.1% Triton X-100 的 0.1%柠檬酸钠。

（2）抗体稀释缓冲液：PBS，pH 7.4，含 0.1% Tween-20；DAPI 封固剂。

（3）针对抗原的特异性单克隆或多克隆抗体，以及荧光标记的二抗和同型抗体。

（4）重组脱氧核糖核酸酶 I（DNase I）：在 50mmol/L Tris-HCl 中含 500 U/ml，pH 7.5，1mg/ml 牛血清蛋白。

（5）原位细胞死亡检测试剂盒，荧光素。该试剂盒包括 10×重组末端脱氧核苷酸转移酶及核苷酸混合标记液。

（四）Hoechst 染色

（1）Hoechst 33342 原液：含 3mg/ml 的水溶液，在暗处 4℃储存，最终使用浓度为 50 μg/ml。

（2）PI 原液：1mg/ml，在暗处 4℃储存，最终使用浓度为 20μg/ml；封固剂。

（五）半胱天冬酶特异性蛋白质印迹实验

（1）冰冷细胞裂解液：150mmol/L NaCl，50mmol/L Tris，pH 8.0，2% Triton X-100，0.5%去氧胆酸钠，0.1%十二烷基硫酸钠（sodium dodecyl sulfate ，SDS），1mmol/L EDTA，1mmol/L EGTA，2mmol/L Na_3VO_4，1mg/ml 亮肽蛋白（leupeptin，用前现加），20mg/ml 抑酞酶（aprotinin，用前现加），0.2mmol/L 苯甲基磺酰氟化物（phenylmethylsulfonyl fluoride，用前现加）。

（2）总蛋白质测试试剂盒，5×载样缓冲液：50%丙三醇，312.5mmol/L Tris-HCl，pH 6.8；10% SDS，0.05%溴酚蓝，β-ME。

（3）电热板，预制 SDS-聚丙烯酰胺凝胶及电泳仪，已知分子质量的预染蛋白标志。

（4）转移缓冲液：10 mmol/L Tris、100 mmol/L 甘氨酸和 20%甲醇。

（5）蛋白质印迹仪，硝化纤维膜，振荡器、摇动或搅拌器，蛋白质印迹洗涤液，封闭液。

（6）针对半胱天冬酶的特异性单克隆抗体或多克隆抗血清，以及对照物β-肌动蛋白或者甘油醛-3-磷酸脱氢酶（glyceraldehyde-3-phosphate dehydrogenase，GAPDH）。

（7）Alexa 荧光素 680 标记二抗及同型抗体，以及红外图像仪。

三、方法

（一）DNA 梯度检测

虽然用形态学的分析对凋亡细胞中 DNA 片段的确定很重要，但是 DNA 梯度的测量也是一种确认其片段广泛使用的测定方法。这种非常简单的程序包括从凋亡细胞分离 DNA，随后用琼脂糖凝胶电泳把其分开，最后得到一个大约 180 个碱基对的 DNA 碎片图形。

（1）在诱导细胞凋亡前，可用预定的最佳细胞数量再补种到培养瓶中，使其生长连片到适当的细胞密度。

（2）在要求的时限内，用理想方法诱导细胞凋亡，同时以 500nmol/L 十字孢碱设为阳性对照瓶和不加诱导剂的阴性对照瓶。

（3）用洗涤液洗每瓶 3 次，然后加入胰岛素-EDTA 37℃孵育 5min 分离贴壁细胞。

（4）用中和液中和胰岛素，以 500*g* 离心 5min 后取出所有的上清液。

（5）室温下，轻轻加入 50μl 的 DNA 梯度提取缓冲液作用沉淀细胞 10s。

（6）以 1600*g* 离心 5min，取上清液转移到新管中，然后再加 50μl DNA 梯度提取缓冲液到沉淀细胞中进行进一步提取。

（7）把每个样品两次提取的上清液混合，加入由试剂盒提供的酶 A 溶液 5μl 充分混合后，在 37℃孵育 10min。

（8）向每个样品加入由试剂盒提供酶溶液 B 5μl，然后在 50℃至少孵育 30min。

（9）向每个样品加入 5μl 乙酸铵溶液（由试剂盒提供），然后充分混合。

（10）加入 100μl 异丙醇充分混合，在−20℃孵育 10 min 后，以 1600*g* 离心 10min 沉淀 DNA。

（11）取出上清液，用 70%乙醇洗沉淀的 DNA，再次离心后室温下风干沉淀的 NDA 10min，最后加入 20μl DNA 悬浮缓冲液（由试剂盒提供）再悬浮。

（12）用含有 0.5μg/ml 溴化乙锭的 TBE 缓冲液配制 1.2%琼脂糖凝胶，并配制充足的、含有 0.5 μg/ml 溴化乙锭的电泳缓冲液。

（13）从每个 DNA 样品中取出 20μl 放在凝胶上，以 5V/cm 的速度电泳直至染料的前沿达到凝胶的边缘。然后，在紫外光灯下照相溴化乙锭染色的 DNA。

（二）TUNEL 染色

虽然在方法上 DNA 梯度测定是直接而可靠的，但并不能提供单个细胞水平的凋亡信息。这在评估 hESC 衍化的 NSC 及其祖细胞混合细胞培养中的细胞凋亡方面尤为重要。用 TUNEL 对细胞凋亡进行原位标记不仅是一种高敏感、极快速的方法，而且可对单个细胞早期的细胞凋亡进行评估。通过荧光显微镜还能同时计数凋亡细胞并确定其细胞表型，因此这可分析细胞凋亡对混合细胞刺激的不同作用。

（1）在 8 孔小室玻片中将细胞培养生长至 80%的铺满，然后进行细胞凋亡的诱导。其中留出 5 个未诱导的样品作为阴性对照和 TUNEL 的阳性对照，并在细胞凋亡阳性对照孔中加入 500 nmol/L 十字孢碱进行培养。各孔的标记处理是：①只加细胞，无需处理和染色；②加细胞和标记物，不加酶；③阴性对照，不用标记物和酶处理细胞；④阳性对照，用十字孢碱处理细胞；⑤TUNEL 阳性对照，用 DNase I 处理细胞；⑥测试处理的细胞。

（2）用洗涤液洗小室 3 次。

（3）用 200μl 新制备的固定液固定细胞，在 15～25℃的湿盒中放置 1h，然后用洗涤液洗各孔 3 次。

（4）用固定的细胞进行细胞表型评估；如果其表型不能测出，可按下面步骤（8）进行。

（5）用 4%与种系有关的二抗抗血清封闭固定细胞，用 0.1% Tween 20 的 pH 7.4 PBS 稀释血清，每个小室加入 200μl，15～25℃孵育 30 min。

（6）用洗涤液洗每个小室，然后加入 200 μl 特异性的一抗室温孵育 1 h，或者 4℃

过夜。

（7）洗涤小室 6～8 次，完全吸出洗涤液，然后加入 200μl 荧光标记二抗，15～25℃暗处孵育 30min。

（8）所有余下的步骤均应在暗处操作。

（9）彻底冲洗小室 6～8 次，用新配制的透析液在 2～8℃的冰上孵育细胞 2 min，然后用洗涤液再洗 2 次。

（10）在 TUNEL 阳性对照孔中，加入 500 U/ml DNase I 200μl，15～25℃孵育细胞 10min 以诱导 DNA 链断裂。

（11）用洗涤液洗孔 3 次，吸出洗涤液以确保去除所有残液，然后从每个小室玻片上移走小室及硅树脂垫。

（12）用洗涤液洗小室玻片，小心干燥每个样品的四周，并用疏水载玻片在每个样品的周围进行标识。

（13）用原位细胞死亡检测试剂盒配制足够的 TUNEL 反应混合液用于检测所有小室，每个小室加入 30～50μl 以确保所有细胞都能完全覆盖。这种反应混合液应在用前现用现配制，并放在冰上。

（14）按反应混合液瓶 1 和瓶 2 的顺序，从瓶 2 中取出 100μl 的标记溶液作为无酶阴性对照，然后从瓶 1 中取出 50μl 的酶溶液加入余下的 450μl 标记溶液中，配制成 500μl 的 TUNEL 反应混合液并充分混合均匀。

（15）加入 30～50μl 的 PBS 到每个未处理和未染色的阴性对照样品中。

（16）把 30～50μl 的标记溶液加入到每个无酶的阴性对照样品中。

（17）将 30～50μl 的 TUNEL 反应混合液加入到所有余下的阴性对照样品、实验样品及阳性对照样品中。

（18）将所有载玻片放入湿盒中，在 37℃孵育 1h，然后用洗涤液洗载玻片 3 次。

（19）用含有 DAPI 的封固载玻片，在小室玻片上加入大约 25μl 封固剂，然后轻轻地垂直盖上玻片使封固剂能够扩散到整个部分。载玻片上的封固剂 15 min 可以变干，4℃过夜变硬，但也可在未干和变硬时进行观察。

（20）在荧光显微镜下，用大约 488nm 的激发波长和 530nm 的检测波长分析评估 TUNEL 染色。在评估细胞表面染色时，也可用配有适当检测波长的次级互联，这种次级互联能与荧光 TUNEL 染色隔离。例如，藻红蛋白的激发波长为 488nm，检测波长为 575nm。在评估 DAPI 染色时，可用 360nm 激发波长和 460nm 的检测波长进行。

（21）在评估 TUNEL 反应混合液（TUNEL 阳性/DAPI 阳性）染色细胞的比例时，对每个小室玻片的样品至少观察 6 个不同的视野。

（三）Hoechst 染色

在进行 TUNEL 实验时，为了量化染色质凝聚，应同时或在平行实验中分析核的形态学。这一点非常重要，因为在某些特定条件下可能出现假阳性信号。在评价核形态学时，荧光显微镜可配置不同荧光 DNA 结合染料，这是一种既简单、快速又准确的常用方法。二苯并咪唑染料 Hoechst 33342 不仅可穿透细胞膜，而且能对无渗透性细胞的 DNA 染色。与未凋亡的细胞相比，凋亡细胞的细胞核有非常明亮的蓝色荧光染色。这些细胞核含有极高的凝聚染色质，这种染色质可在核周围显示为月牙形，或者是一个或一群明亮的细胞凋亡小体。其中非凝聚染色质的正常细胞呈暗蓝色荧光，高凝聚染色质的凋亡细胞呈明亮蓝色荧光。在用 PI 的细胞双染色时，其不能渗入活细胞的细胞膜，故可识别死亡细胞和凋亡细胞。

（1）在 8 孔小室玻片上将细胞培养铺满 80%后，进行细胞凋亡的诱导，同时加入 500nmol/L 十字孢碱设立阳性对照，未诱导的样品孔作为阴性对照。

（2）吸干孔中的培养液，然后用洗涤液洗 3 次。

（3）每个小室加入 50μg/ml 的 Hoechst 33342 大约 120μl，15～25℃的暗处孵育 8min，然后用洗涤液洗 3 次。

（4）最后一次洗后，每个小室加入 20μg/ml 的 PI 大约 120μl，在 15～25℃的暗处孵育 3min，然后用洗涤液洗 3 次。

（5）从每个小室取出玻片和硅树脂垫，用洗涤液再洗一次玻片，然后用 VECTASHIELD 封固液封固玻片。在玻片上加入 1 滴大约 25 μl 的封固剂，然后轻轻地垂直盖上玻片使封固剂扩散到整个部分。这种载玻片可当即观察，但始终要放在阴暗处。

（6）在荧光显微镜下，用 360nm 的激发波长和 420nm 的检测波长分析评估 Hoechst 33342 染色。在评价 PI 染色时，采用 488nm 激发波长和 575nm 的检测波长进行。

（7）在细胞计数时，至少任选 6 个视野。而且，其中的活细胞应计数为 PI 阴性，死亡细胞为 PI 阳性。然后，只在 PI 阴性的细胞中测定其凋亡水平。在细胞核的评定时，正常为非凝聚的染色质；凋亡为高凝聚的染色质，并有明亮蓝色荧光呈月牙形，或者断裂成分离的凋亡小体。

（四）半胱天冬酶特异性蛋白质印迹实验

在许多哺乳动物细胞中，细胞凋亡的发生需要一系列天冬氨酸特异性的半胱氨酸蛋白酶，即半胱天冬酶的协同作用。这种酶能够分解特异性底物，导致濒死细胞系统的解体。由于半胱天冬酶的依赖性和独立性途径都已确定，因此，在体内任何活化蛋白酶对凋亡刺激特性的鉴别都是重要的。通过特异性的半胱天冬酶抗体对整个细胞的溶解产物进行蛋白质印迹，能很容易地评估出是否存在有活性的半胱天冬酶。由于半胱天冬酶是由各自酶原的自溶或异质性蛋白的水解而活化，因此出现对应活性酶较低分子质量的条带可显示其活化作用。

（1）在 75cm^2 瓶中的培养细胞数尽量达到 2×10^6 个细胞。

（2）在要求的时限内进行细胞凋亡的诱导，同时设立加入 500nmol/L 十字孢碱为阳性对照瓶和不加诱导剂的阴性对照瓶。

（3）用冰冷的洗涤液洗细胞 3 次，最后 1 次洗后吸干所有液体。

（4）每瓶加入 300μl 冰冷的裂解液，然后用细胞刮刮出贴壁细胞，将得到的溶解产物转移至预冷的微型离心管中，再用 200μl 冰冷的溶裂解液冲洗培养瓶，最后把两次的细胞溶解产物液混合。

（5）在冰上把溶解产物孵育 30min，然后 4℃以 18 000r/min 离心 20min，取出上清液移到新预冷的微型离心管中并在冰中保存。

（6）可用总蛋白测定试剂盒测定细胞溶解产物中的蛋白质浓度。其中重要的是，必须把这种蛋白质浓度稀释在 50μl 的最终容积中为 500 μg。因此，可预先做 1/10 至 1/100 范围的稀释。

（7）用 1/5 体积的 5×载样缓冲液与各细胞溶解产物中 50μg 的总蛋白混合，然后加入 5%（*V*/*V*）β-ME。剩余的溶解产物按等分分装后，在–80℃冷藏。

（8）所有样品在 100℃加热 5min，然后把这些样品分别加到预制的聚丙烯酰胺凝胶中，并在参考泳道中加入 10μl 预染用的分子质量标志物。

（9）以 100～120V 进行电泳，直至凝胶中的染色前沿达到其凝胶的底部，通过冷却系统确保凝胶不会因过热而溢出。

（10）取出电泳凝胶，然后用冰冷的转移缓冲液平衡处理其凝胶和硝化纤维膜 5min。

（11）用印迹仪将蛋白质转移到硝化纤维膜上，在 15～25℃恒温下以 50～60V 转印 2h。

（12）在用丽春红溶液染色 5min 之前，用 TBST 在恒定搅动下洗硝化纤维膜 3 次，每次 5 min。

（13）通过大量的水洗硝化纤维膜后，转印到膜上的蛋白质条带出现并能观察到。

（14）用 TBST 反复洗膜直至其完全褪色，然后用封闭液在 15～25℃孵育 1h。

（15）用 TBST 洗膜 5min，然后用 TBST 以预定的最佳浓度稀释一抗的混合物在 4℃恒定搅动下孵育过夜。这种混合物包括特异性半胱天冬酶抗体或上样对照蛋白质的二抗（β-肌动蛋白或 GAPDH）。

（16）用 TBST 彻底洗膜 5 次，每次 5min。以 TBST 按预定的最佳浓度稀释 Alexa Fluor 680 交联的二抗，然后孵育 1h。

（17）用 TBST 充分洗膜至少 5 次，每次 5min，然后用红外成像仪观察其特异性染色。

（18）收集染色膜的电子图像，以标准的分子质量评估存在条带的适当分子质量。

（19）通过对未处理的、不同处理条件和阳性对照进行测定，并对每个样品半胱天冬酶的相对荧光强度进行比较，可获得其适当的表达水平。

（五）注意事项

（1）由于 hESC 及其祖细胞都是贴壁细胞，因此正式实验前应进行预实验以确定细胞最佳的生长密度，以避免细胞与细胞之间的接触对诱导或阻止细胞凋亡的潜在影响。而且，在诱导细胞凋亡之前，应对细胞的形态学及表型等所需的时限进行测定。

（2）十字孢碱包括蛋白激酶 C、蛋白激酶 A 和蛋白激酶 G 在内多种激酶的有效抑制剂，常用作诱导细胞凋亡的非特异性方法。

（3）100ml 多聚甲醛溶液的配制是，取 4g 多聚甲醛加入 90ml 水，再加 2 滴 5mol/L

NaOH 60℃加热 30min，然后加 10ml 10×PBS 并调整 pH7.4。

（4）DNA 梯度提取试剂盒是一种非常简单的操作程序，对大量细胞凋亡的 5×10^5 细胞和少量细胞凋亡而大于 10^7 个细胞的分析均适用。应该进行初步实验以确定您选择的处理方式实现诱导的细胞死亡程度，这样才能相应地调整反应量。

（5）在所有的裂解液都加有抑制剂，故在实验前应放在<4℃的条件下。

（6）贴壁细胞在诱导凋亡后可能变得松散，甚至脱离培养皿。因此，应对其测试因子的浓度、培养时间等的最佳条件进行测定，特别在取出和加入液体时不要移出细胞。

（7）标记反应的靶分子中，为了避免断裂 DNA 的丢失，进行适当的固定非常必要。但其固定液和所有其他液体必须是新鲜配制的。而且，要确保有关的溶液浸没覆盖整个的样品。为了避免溶液的蒸发损失，染色等过程均应在湿盒中进行。

（8）有些细胞凋亡的形态特征常与那些典型的坏死相重叠，因此最好采用影像学的方法进行细胞凋亡的检测。

（9）在蛋白质印迹法时，可能洗脱几次还能看到其他的半胱天冬酶，甚至是个别半胱天冬酶的底物。此过程的关键是采用能使抗体从抗原中释放的条件，从而不会造成有意义的靶抗原从膜中释放。

第十节　神经干细胞培养的克隆分析

一、概述

在成年 CNS 中发现，干细胞能持续不断地产生神经元和胶质细胞。而且，这些细胞有助于神经的可塑性及其修复，这为基础细胞生物学和再生医学的研究开辟了新而广阔的领域。这些探讨的成功有赖于体内对 NSC 的功能特征及其正常命运的研究，以及体外对“神经干细胞”的分离、扩增和有关特性的研究。

神经球的测定已为胚胎和成体 CNS 干细胞的分离及其生物学的研究提供了有用的工具。但是，此种测定方法可能选择和扩增一些异质性的干细胞/祖细胞。因此，严密的克隆和系列的亚克隆对测定和证实干细胞的活性，以及对真正意义干细胞的鉴定都是必要的。本节重点介绍 NSC 的分离、扩增、功能特性，及其克隆原细胞的能力（clonogenic capacity）。

二、材料

1. 有限稀释法

（1）玻璃器皿，湿盒，96 孔板，P200 自动移液器，锥虫蓝，血细胞计数器，层粘连蛋白或基质胶包被的盖玻片。

（2）培养液：水 375ml，10×DMEM/Ham F-12 混合液 50ml，30%葡萄糖 10ml，7.5% $NaHCO_3$ 7.5ml，HEPES 2.5ml，200mmol/L 谷氨酰胺 5ml，10×激素混合液 50ml，0.2%肝素 1ml，EGF 20μl，FGF2 储存液 10μl（终浓度: EGF 20 ng/ml，10ng/ml FGF2；均为人重组制剂）。

（3）10×激素混合储存液：10×DMEM/Ham F-12 混合液 40ml，30%葡萄糖 8ml，7.5% $NaHCO_3$ 6ml，HEPES 2ml，水 300ml，加脱辅基转铁蛋白（apo-transferrin）400mg。把 100 mg 胰岛素溶解在 4ml 无菌 0.05mol/L HCl 中与 36ml 水混合，然后把所有液体加在一起。取 38.6mg 腐胺溶解在 40ml 水中，并加入激素混合液。加 2mmol/L 黄体酮 40μl、3mmol/L 亚硒酸钠 40μl。混匀过滤除菌后，分装在无菌管中，–20℃保存。

2. 单个细胞培养

热抛光玻璃微吸管（内径 40～70μm），硅胶管，500μl 螺杆传动注射器。

3. 甲基纤维素检测

甲基纤维素凝胶基质的 DMEM/Ham F-12 培养液，EGF 和 FGF2 原溶液，5ml 注射器，60ml 的培养皿，数码相机或延时摄影，5ml 微量离心管。

4. 亚克隆培养

P200 自动移液器，多孔板，加湿小室，5ml 微量离心管。

三、方法

无论是原代的或连续传代的神经球，都可以作为实验材料。克隆和亚克隆的效率可能因其品种、年龄、CNS 的 NSC 来源，如小鼠与人、胚胎与出生后早期或成年期、脑室下层、海马体与嗅球等的不同而有所差异。

（一）有限稀释法

（1）预热培养液至 37℃，准备加湿小室。

（2）轻按培养瓶的两侧，用无菌吸管吸出瓶中培养物加到 15ml 无菌塑料锥形管中。

（3）110*g* 离心 10min，取出上清液，留下约 300μl 的沉淀再轻轻吹打成单细胞悬液。

（4）加 10ml 的新鲜培养液并用 15*g* 离心 15min。取出上清液，重悬在 0.5ml 培养液中。

（5）取 10μl 稀释在锥虫蓝染色液中，且用血细胞计数器计数。

（6）重悬细胞培养液并使其浓度为 5～10 个/ml，每孔中加入 100μl。一般可制备 3 块 96 孔板的细胞，大约需要 320 个细胞/32 ml 培养液。

（7）在 37℃加湿小室中培养细胞，每 4～5 天加一次预热的新鲜培养液，每次 100μl。

（8）在倒置显微镜下仔细观察细胞，确保每孔中只有一个细胞，并做一标记。对孔中有两个及两个以上细胞的不得换液和做进一步的克隆分析。

（9）每周在倒置显微镜下观察细胞一次，并确保其培养液的 pH 不能过分改变。此时可以看到有的细胞死亡，有的出现分化。而且，部分孔中的细胞可增殖形成单个克隆，对这样的克隆可进一步亚克隆或分化培养。这大约需要 10～20 天时间，主要与不同的细胞和培养的条件有关。对每个克隆的亚克隆，最好进行 2 次或者 3 次。

（10）在分化培养后，将完整的克隆细胞转移到用层粘连蛋白或基质胶包被的盖玻片上。在这种盖玻片上不能有表 EGF 和 FGF2，培养适当的时间后可进行亚克隆。

（二）单个细胞的克隆培养

（1）按上（一）中的步骤（2）～（5）进行。

（2）重悬细胞，用 2ml 含 50 个细胞/cm^2 接种到 33mm 的培养皿中。

（3）2～6h 后，挑选圆形、光亮、外观丰满和无突起的活性细胞（图 2-3A）。

（4）用热抛光的玻璃微吸管与硅管螺旋转动的 500μl 注射器连接，吸取单个细胞加到 96 孔板中，每孔一个细胞。

（5）在单个细胞出现增殖后（图 2-3B～D），可分化成克隆球并进一步亚克隆，或者重复此操作程序，或者进行甲基纤维素检测。

（三）甲基纤维素的检测

（1）预热培养液至 37℃，准备加湿小室。

（2）用 DMEM/Ham F-12 培养液制备甲基纤维素凝胶基质。

（3）按上（一）中的步骤（2）～（5）进行。

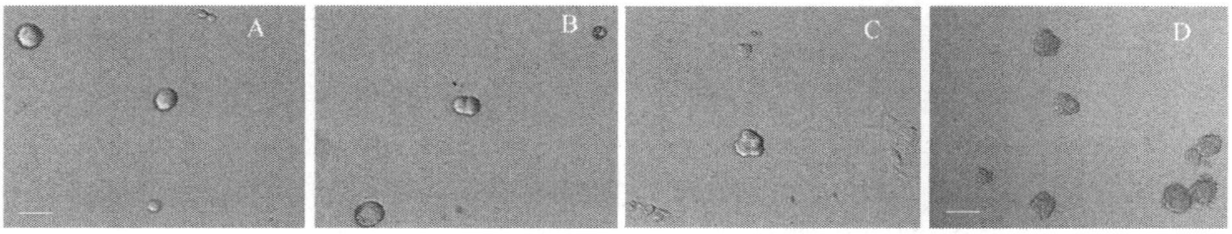

图 2-3　NSC 与丝裂原反应的增殖及克隆球（Weiner 2009）

成年小鼠的大脑和人胚胎 CNS 中未分化的前体细胞可以进行分离培养。A～D 均为人的前体细胞，其中 A 是在 EGF 和/或 FGF2 中接种的单个细胞，B 是这些细胞分裂的一个亚型，C 是细胞的增殖，D 是未分化细胞形成的克隆球。这种克隆球可进一步亚克隆或者收集冻存。A～C．标尺=25μm；D．标尺=200μm

（4）在倒置显微镜下，确保单个细胞的取出。

（5）在分别含 40ng/ml 和 20ng/ml 的 EGF 和 FGF2 生长培养液中，重悬单个细胞。最终细胞浓度应<200 个细胞/ml。

（6）用 5ml 注射器吸出 2.5 ml 细胞悬液。

（7）用同一注射器吸出 2.5ml 甲基纤维素凝胶基质。

（8）轻轻地将细胞悬液和甲基纤维素凝胶基质的混合物注入 60mm 的培养皿中，避免鼓泡和发泡。

（9）使用相同的注射器，重悬混合物多次，直到形成均匀的半固态凝胶且把单个细胞完全分散。

（10）接种的第 2 天，在倒置显微镜下观察培养皿中的单个细胞并标记其位置。此后，可视需要进行其显微照相。

（11）在克隆球形成后，可对各个克隆球用相同的程序进行亚克隆或直接进行亚克隆。

（四）亚克隆培养

（1）用无菌的 P20 自动移液器将各克隆球加到 5ml 微量离心管中，管中约有 300 μl 培养液，每管只能一个克隆球。在加前先用培养液冲洗移液器尖端，避免细胞黏附其上。

（2）把无菌 P200 自动移液器设置在 180μl 位置，通过来回施压把克隆球打散成单个细胞悬液。其中，人体细胞压 100～150 次，成年小鼠细胞压 50～60 次，小鼠胚胎细胞压 30～40 次。首先用培养液冲洗移液器顶端，避免细胞粘在其尖壁。而且，在施压时用力均匀可避免产生气泡。

（3）根据克隆球的大小，把细胞悬液接种到无菌的 96 孔或 48 孔板中，并在 37℃的加湿小室中培养。

（4）接种 1h 内，在倒置显微镜下计数每个克隆分离得到的单个细胞数。这些细胞增殖后，可形成继发性的克隆。这种克隆率可以通过在同一孔中总的细胞数形成继发克隆数的正态化计算，也可通过在克隆分离 1h 后直接进行观察评估。

（5）各继发克隆既可对其多能性做一评估，也能进行其亚克隆的评估。

（6）在克隆细胞系建立后，可把从单个原代衍化的继发克隆球体混合、机械分离成单个细胞悬液，且按在合适培养液中 10 000 细胞/cm^2 接种，直到大批培养后进行传代培养。

（五）注意事项

（1）细胞培养用的所有具器必须高压灭菌处理，其中使用的蒸馏水必须无菌，无任何热原物质存在。

（2）由于 96 孔板中小体积的培养液的蒸发非常显著，应始终将其置于饱和湿度的环境中。

（3）NSC 的培养对 pH 的变化非常敏感，其 pH 应在 7.4 左右，为暗橙色。在颜色接近紫色时，可把培养液放在 CO_2 培养箱中；颜色呈淡橙色/黄色时，可以换成新鲜的培养液。

（4）建立克隆细胞系时，可用有限稀释法把分离的单个克隆球直接接种 96 孔板。然后，将其细胞悬液转移到含新鲜培养液的另一孔中。

（5）在接种前，应避免甲基纤维素中的细胞聚集。

（6）由于干细胞和祖细胞都可产生神经球，球和干细胞之间没有一对一的关系。而且，根据神经球的频率评估干细胞的频率是错误而无效的。因此，克隆效率的计算应按在一个孔中接种总细胞数形成的继发克隆球数的正态化计算；也可通过接种前的细胞数或者在各克隆球分离后 1h 直接的计数进行评估。

第十一节　成体神经干细胞的标志物鉴定

一、概述

NSC 在体内、体外生物学行为的研究都是必需的，因为体内、体外系统都有其自身的优缺点。在体内，细胞的结构和形态学特征对其鉴定都极为重要。但是，对各类细胞微环境的鉴别都是很难。在体外，对 NSC 的标记和操控则比较容易。但是，对放射状胶质细胞与星形胶质细胞真实表型的确定仍很困难。

目前，尽管对 NSC 是如何发挥其功能，且如何将其用于治疗有所了解。但在对其识别鉴定时，许多问题仍待进一步解决。本节的目标之一是为成体 NSC 的测试提供相关的抗体，以及对其标志物的检测实验方法。

二、材料

（一）常用试剂和器材

（1）FACS 滤管，DNase，颗粒级的多聚甲醛，细胞增殖 ELISA，BrdU。

（2）抗- BrdU-过氧化物酶，Fab 片段。

（3）ELISA 用的 3,3',5,5'-四甲基联苯胺（3,3',5,5'-tetramethylbenzidine，TMB）液底物系统。

（4）1，4-二氮二环[2.2.2]辛烷（1，4-diazabicyclo [2.2.2] octane，DABCO），没食子酸丙酯（*N*-propyl gallate，NPG）。

（5）首选的抗褪色试剂：长效抗褪色试剂盒，含有 NPG 的聚乙丙醇封片剂，含有 DABCO（Gelvatol）的聚乙丙醇封片剂。

（6）亚乙基二醇-双-（琥珀酰亚胺基）琥珀酸（ethyleneglycol-bis-succinimidyl-succinate，EGS），EGTA，四硼氢化钠，用四环素筛选的 FBS，4～8μg/ml 凝聚胺。

（7）BIT9500 血清代用品，96 孔板，微量滴定板，所有采用的试剂。

（二）缓冲液

（1）用 0.1%叠氮钠 BIT9500 补充的 FACS 洗涤和分选缓冲液。

（2）DNase 工作液及缓冲液。

（3）非渗透染色液，含蔗糖的细胞骨架缓冲液（cytoskeleton buffer（CB）with sucrose，CBS）。Brinkley5×缓冲液: 80mmol/L PIPES，pH 6.8；1mmol/L $MgCl_2$ 和 1mmol/L EGTA，4℃保存。

（4）10%Triton X-100 原液: 取 2g Triton 放到 50ml 的圆锥管中加入 20ml 双蒸馏水（ddH_2O）反复翻转直至溶解。

（5）0.1%～2%TBS-Triton（TBST）：取 1～2ml Triton 原液加入 100ml 的 TBS 中。

（6）10%皂素（saponin）原液: 取 10g 皂素（皂素含量≥25%）加入 100ml 重馏水中，37℃轻轻搅拌溶解。用 0.22μl 无菌滤网过滤后，在 4℃储存。

（7）0.2%TBS-皂素（TBSS）：将 2ml Triton 原液加入 100ml TBS 中。

（8）0.2mol/L 磷酸缓冲液（1L）：5.52g 单碱无水磷酸钠（NaH_2PO_4）和 21.9g 双碱无水磷酸钠（Na_2HPO_4），溶于 1L 重馏水中。

（9）含 4% PFA 的 0.1mol/L PBS。

（10）100mmol/L EGS 原液: 取其 45mg 溶解在 1ml 的 DMSO。

（11）DAB：取 1ml 重配后的 DAB 加入 9ml TBS 中，仅在用前加入 60μl 过氧化氢，这可产生 10min 的反应。

（12）BrdU：体外用 10μmol/L 加入细胞培养 2～4h；体内每天按 50mg/kg 腹膜腔内注射一次，连续 6 天。

（13）不耐寒的抗褪色液：90%甘油，3%NPG，0.1mol/L 硼酸钠，pH9。

（14）DAPI 缓冲液: 10μg/ml DAPI 储存液 1μl 加到 50 ml 的 TBS 中。

（三）细胞的抗体标志物

1. 增殖性标志物

（1）BrdU 克隆 ICR1；大鼠 IgG；1:250～500；识别 5-氯-2'-脱氧尿嘧啶核苷（5-chloro-2'-deoxyuridine，CldU）+BrdU。

（2）BrdU 克隆 B441；小鼠 IgG1；体内 1:50；识别 5-碘-2'-脱氧尿嘧啶核苷（5-iodo-2'-deoxyuridine，IdU）+BrdU。

（3）BrdU 克隆 BU-33；小鼠 IgG1。

（4）PCNA 克隆 PC10（增殖细胞核抗原）；小鼠 IgG2a，1:100。

（5）磷酸化组蛋白 H3；兔；1:500。

（6）抗人 MCM2；山羊；1:200。

（7）泛特异性 Ki-67；兔；1:1000。

（8）Ki-67（MIB3，人特异性）；Ms IgG1a κ；1:100。

（9）Ki-67（TEC3；小鼠特异性）；大鼠 IgG2a；1:100。
（10）MCM2（抗人）；兔；1:300。

2. NSC 多能性及丝裂原的标志物

（1）巢蛋白（克隆大鼠-401；啮齿动物特异性）；小鼠 IgG1；1:100。
（2）巢蛋白（人特异性克隆 10C2）；兔；1:100。
（3）巢蛋白（人特异性）；小鼠 IgG1；1:100。
（4）Sox2；兔；1:1500 和 1:100。
（5）Pax6；小鼠 IgG；1:100。
（6）Prominin/$CD133^+$；小鼠；1:200。
（7）XCR4/CD184；小鼠；1:200。
（8）整联蛋白β1/CD29；小鼠；1:200。
（9）SSEA-1/LEX/CD1；小鼠；1:200。
（10）TAPA1/CD81；小鼠；1:200。
（11）CD34；小鼠；1:200。
（12）CD45；小鼠；1:200。
（13）CD24；小鼠；1:200。
（14）Musashi1；兔；1:200。
（15）碱性脂质结合蛋白（basic lipid binding protein，BLBP）；兔；1:3000。

3. 放射状胶质细胞的标志物

（1）谷氨酸天冬氨酸运载体（glutamate-aspartate transporter，GLAST）；豚鼠；1:1000。
（2）波形蛋白；兔 IgG；1:500。
（3）波形蛋白；小鼠 IgG；1:500。
（4）RC2；小鼠 IgM；体内：上清液 1:5；体内：腹水 1:150；体外：腹水 1:400。

4. 胶质细胞多能性及丝裂原的标志物

（1）NG2 硫酸软骨素多糖蛋白；兔；体内 1:200；体外 1:1000。
（2）A2B5；小鼠 IgM。
（3）血小板衍化生长因子受体α（platelet-derived growth factor receptor-α，PDGFR-α）；IgG2b κ；1:50。

5. 未成熟星形胶质细胞的标志物

S100β；兔 IgG；1:500～1:1000。

6. 成熟星形胶质细胞的标志物

（1）谷氨酰胺合成酶；小鼠 IgG；1:200。

（2）GFAP；豚鼠 IgG；1:500；体外 1:2500；体内 1:1000。兔 1∶1500。

7. 未成熟少突细胞的标志物

（1）O4；IgM；1:1000。
（2）NG2 在定向少突细胞祖细胞中表达，在成熟的寡核苷酸不表达。

8. 成熟少突细胞的标志物

（1）RIP；小鼠 IgG1；1:5。
（2）半乳糖脑苷脂（GalC）；兔：1:250。
（3）O1；IgM；1:500（在新鲜冷冻或活组织中可观性最好，用乙醇/丙酮固定后消失）。
（4）环核苷酸-3'磷酸水解酶（CNPase）；小鼠 IgG1；1:100。

9. 定向神经祖细胞谱系的标志物

（1）微管蛋白 IIIβ（Tuj-1）；小鼠：1:100～500。
（2）微管蛋白 IIIβ（Tuj-1）；兔：1:1500。
（3）PSA-神经细胞黏附因子（NCAM）；小鼠：IgM；1:400；NB: Ms，Hu。
（4）双皮质素（doublecortin，DCX）；山羊：1:100～1:500。

10. 分裂期后未成熟神经元的标志物

钙视网膜蛋白，兔；神经细胞特异性烯醇酶（NSE），兔；神经元 D1，兔或山羊；HuC/D，小鼠 IgG；NeuN（A60-E4），小鼠 IgG；NeuN，小鼠；Tuj-1、DCX 和 PSA-NCAM 可在有丝分裂后初期的神经细胞中表达。

11. 成熟神经元的标志物

Map2ab，兔；Map2abc 克隆 HM2，小鼠；MA P2ab 克隆 AP20，小鼠 IgG1；神经丝蛋白 200 kDa，兔；Tau，小鼠；钙结合蛋白，小鼠 IgG；钙结合蛋白，兔 IgG；钙结合蛋白；兔；酪氨酸羟化酶，绵羊；NF145，小鼠；VIP，兔；胆碱乙酰转移酶，山羊；色氨酸羟化酶，绵羊；细小白蛋白（parvalbumin），小鼠。

12. 血管标志物

大鼠内皮细胞抗原（RECA-1），小鼠 IgG；平滑肌 α-肌动蛋白，小鼠 IgG；纤维连接蛋白，兔 IgG；整联蛋白β3，兔 IgG；Von Willabrandt，兔 IgG；VEGF-A，兔 IgG；rVEGF，小鼠 IgG；Flk-1，兔 IgG；Flk-1，小鼠 IgG；RECA-1，小鼠 IgG；平滑肌α-肌动蛋白，小鼠 IgG2a；Von Willebrand，兔 IgG；内皮缩血管肽，兔 IgG。

13. 免疫细胞标志物

单核细胞和小神经胶质细胞（Ox42），小鼠 IgG；活化小神经胶质细胞（ED-1），小鼠 IgG；泛白细胞抗原，小鼠 IgG。

14. 其他标志物

人细胞核，小鼠 IgG1；抗绿色荧光蛋白（GFP），鸡；二抗：与 Alexa、350、488、594 和 633 交联的种系特异性二抗。

三、方法

（一）NSC 的鉴定法

1. 活 NSC 的标记和分选法

在 FACS 时，其难点是既要使细胞标识，还不能将其杀死。细胞质或者细胞核是大多数 NSC 标志物的表达位点，其中包括丝状体、合成酶或转录因子等，因此不能用于 FACS。下面主要介绍不同发育阶段人 NSC 表面抗原的分选方法，除有注明的外，这些方法的大多数也都适用于小鼠细胞的分选研究。

其中，几种主要细胞常用的标志物如下。ES 细胞：碱性磷酸酶，SSEA3，SSEA4；内皮细胞：CD31；NSC：prominin/$CD133^+$，CXCR4/$CD184^+$，整联蛋白β1/$CD29^+$，SSEA-1/LEX/$CD15^+$，TAPA1/$CD81^+$，$5E12^+$；阴性选择的细胞是 $CD34^-$、$CD45^-$和 $CD24^{-/lo}$；胶质祖细胞：A2B5，PDGFRα 9；成熟少突细胞：O1，O4，GalC；神经定向祖细胞：PSA-NCAM/CD56。

（1）首先根据选择/计算的细胞类型确定选择的标志物，如在选择人多能 NSC 时，可选择 CD133、Lex、CD34 和 CD45 等。

（2）根据 FACS 技术选择确定其荧光标记的有关抗体。

（3）用 0.05%胰蛋白酶消化分离细胞，用 15ml 圆锥管以 1500r/min 离心 2min。

（4）吸出上清液，用不含酚红的 BIT9500 神经基础（neurobasal）培养液再悬浮细胞，并使最终浓度达到 10^6 个细胞/ml。

（5）重复步骤（3），然后用 100μl 培养液再悬浮细胞并转移到 96 孔 V 形底的微量滴定板上。

（6）用不含酚红 L15+10% BIT9500 稀释一抗，其加入量为 0.1～10μg/ml。

（7）在冰上避光孵育 30min。

（8）离心 2min 使细胞沉淀，用 FACS 洗液再次悬浮细胞；然后再重复此步骤一次。

（9）分选在 30min 内进行。

2. NSC 的逆转录病毒标记法

逆转录酶病毒只感染分裂细胞，也能不可逆地整合到宿主的基因组中。这种性质使其成为标记 NSC 的最佳试剂，但其最大的不足是需要大量的病毒，尤其在体内实验时更是如此。现已建立的四环素调控细胞系 LZG293，可以稳定地产生疱疹性口炎病毒 G

蛋白（vesicular stomatitis virus G protein，VSV-G），并以假性莫洛尼（Moloney）小鼠白血病病毒逆转录病毒的形式，在启动子的有效调控下转导特别明亮而变异的 GFP 中。在这种转导的 LZG 细胞分化的前后，通过其中的荧光都可观察到 NSC。而且，通过对这种细胞选择的扩增能产生大量而高滴度的病毒。

3. 逆转录病毒-GFP 包装的 LZG 细胞系

（1）快速融化 LZG 细胞系。

（2）将细胞转移到 15ml 离心管中，加入 10 ml DMEM+10%FBS 的培养液。

（3）用离心机低速离心 2～5min，轻缓地使细胞沉淀。

（4）重复步骤（2）和（3）。

（5）完全取出上清液，用 5ml 无选择性生长培养液（growth medium without selection，GM^-）再次悬浮细胞。GM^-中含有：DMEM/谷氨酰胺/高糖/HEPES/10%热灭活 FBS/青链霉素-两性霉素 B/+2～5μg/ml 四环素。

（6）接种 1～2 个 T25 培养瓶中。

（7）在第 24h，去除瓶中 95%的培养液，将细胞转移到离心管中使其沉淀；用 5ml 培养液再次悬浮后，接种于另一 T25 培养瓶中。

（8）用 5ml 新 GM^-加入最初的培养瓶中。

（9）此时的细胞在数天或者数周内处于无生长状态，但不死亡。因此，其中的四环素应保持在高的水平以维持细胞的生长。然后，这些细胞将出现自发而快速的生长。

（10）一旦细胞开始快速生长时，应该每隔 1 天用 GM^+培养液培养。在 GM^+中含：DMEM/谷氨酰胺/高糖/HEPES/10%热灭活 FBS/青链霉素-两性霉素 B + 2～5μg/ml 四环素，2μg/ml 嘌呤霉素，300～500μg/ml 的遗传霉素 G-418。

（11）在细胞约有 90%的融合时（一般是无选择培养细胞为 2～3 天、选择培养 3～5 天），应按 1:5 传代细胞。在最初融化及快速生长后，这些细胞可选择性培养传代数次（2～3 周），因为 G-418 的选择性培养需要耗时 2 周。然后，再继续用 GM^+培养液培养细胞直至病毒的制备完成。

4. 实验病毒的大量制备

（1）用 $GM^{+/-}$培养液扩增被感染细胞的稳定增殖。

（2）在多数培养皿中出现 70%的细胞融合时，用病毒培养液替代 GM 培养液。病毒培养液包含 DMEM/谷氨酰胺/高糖/HEPES/10%热灭活 FBS/青链霉素-两性霉素 B。

（3）把细胞转到 32℃恒温箱内培养，以提高滴度。

（4）在第 48h 收集上清液。

（5）加入 4～8μg/ml 的聚凝胺（polybrene）。

（6）1500r/min 离心 5min，以沉淀细胞碎片。

（7）用 GM 预封闭的 0.45μm 低蛋白结合（聚偏氟乙烯或醋酸纤维素）滤网过滤。

（8）4℃储存以用于滴定。

（9）在最后 1 天，悬浮所有细胞并混合上清液。涡旋直至混浊，其中的一半可以冻存；另一半转移到 15ml 离心管中，离心并过滤。

5. 滴定度测定

（1）把人胚胎肾脏 293 细胞或者 NPC 接种 12 孔板，至铺满 50%～75%的孔底部。

（2）在 2～12 孔中，每孔放入 1 ml DMEM/10% FBS/4μg/ml 凝聚胺。

（3）将 1ml 原病毒上清液加入到第 1 个孔中。由于 VSV-G 包膜蛋白基因（env）有毒，因此最前面两个孔中的细胞可能死掉。在实际实验中，一般对原病毒的稀释至少为 100 倍。

（4）从孔中取出 100μl 加到下一个孔中，依此类推，然后轻移培养板以避免分离。

（5）一周后，计算感染的菌落数。有效的滴度，即感染的细菌数/ml 是最低的稀释度，而且也是能获得已感染的菌落数。

6. 体外逆转录病毒标记成体 NSC 的实验

（1）在用多鸟氨酸/层粘连蛋白涂层的 10cm 组织培养皿上，把 5×10^4 细胞/cm^2 的人 NSC 接种到无血清培养液（DMEM/Ham F-12+N2 补充物+20ng/ml FGF2+20ng/ml EGF）中。

（2）在细胞贴壁 24h 后，将大约 1000U 的 1μl 病毒上清原液加入 10ml 无血清培养液。

（3）3～4 天就能观察到 GFP 荧光。在进行克隆分析时，每个培养皿中可含大约 50 个感染细胞。在需要较多或者较少的感染细胞时，可以通过感染病毒的上清液用量进行调整。

（4）在培养皿的底部，用耐乙醇的记号笔标识出每个绿色菌落。

（5）停用 FGF2 和 EGF 丝裂原，加入 Wnt11 等分化因子。

（6）分化 1 周后，用细胞类型特异性的标志物进行标记。

7. 体内用病毒的超速离心浓缩法

（1）LZG 细胞产生的滴度大约为 10^6 感染单位/ml，在体内用时常需要至少 5×10^8 感染单位/ml 的逆转录病毒滴度。因此，最有效的方法是利用超速离心浓缩 500～1000 倍。

（2）收集 4℃储存的上清液。根据需要调换离心机转头和离心管，并于 4℃预冷超速离心 1～2 h。

（3）4℃、50 000g 离心 90min。在管底部，可看到 1～2mm 白色沉淀物即病毒。

（4）用含 4μg/ml 凝聚胺的 DMEM 或 PBS 再次悬浮细胞，以减少凝集。

（5）分装成每份 40μl 后，–80℃冷冻。

（二）NSC 增殖的高通量测定

1. BrdU 标记细胞的 FACS 测定法

（1）用 10μmol/L BrdU 预标记培养细胞 2h。

（2）用 500μl 的冷 PBS 洗涤细胞，然后进行离心沉淀。

（3）用不含清洁剂的封闭液孵育细胞 15min，然后再次离心沉淀。

（4）对细胞表面抗原决定簇进行染色，然后离心沉淀细胞，并转移到位于冰上的 FACS 管中。

（5）加入 500μl PBS，然后以 1/3 的速度离心。

（6）用吸液管以每秒 1 滴的速度加入乙醇，注意不能加得太快。

（7）放在冰上孵育 30min。在 4℃离心沉淀细胞后，倒出液体。

（8）向每个管加入 1ml 不含清洁剂的封闭液，然后离心沉淀细胞并倒出液体。

（9）在 PBS 中加入 1ml 1%～2% PFA+0.2%皂素，室温孵育 15～30min。

（10）加入 1ml DNase 缓冲液，然后室温快速离心并孵育 13～30min，因为固定后的细胞比未固定的对照细胞更容易漂浮。

（11）用不含清洁剂的封闭液孵育 15min，然后离心沉淀细胞。

（12）加入抗 BrdU 荧光素异硫氰酸抗体。

（13）用吸管上下抽吸以再次悬浮细胞，然后 4℃孵育至少 30min 或放置过夜。

（14）用 500μl 冰冷的 PBS 洗涤细胞，然后离心沉淀细胞并将其转移到 FACS 滤管中。

（15）在 FACS 计数之前，这种实验方案一般可用于标识任何一种细胞内的抗原。

2. BrdU 标记细胞的 ELISA 测定法

（1）准备 BrdU 测试的 ELISA 试剂盒。

（2）用 10^4～$10^5/cm^2$ 的细胞接种 96 孔平底培养板。

（3）用 10μmol/L BrdU 加入贴壁细胞 2～4h，并设立 BrdU 掺入的对照等不同的实验条件。

（4）向每孔加入 50μl 4% PFA，室温孵育 5min。

（5）把培养板倒置并在纸巾上轻轻扣击以去除孔中的液体，而且在所有后续的步骤中都可采用此法进行。

（6）用 100～200μl 的 100 mmol/L PBS-甘氨酸冲洗 3 次。

（7）室温下，用含 0.5% Triton X-100 的 PBS 孵育处理 10min。

（8）用 100～200μl 的 PBS 冲洗 3 次。

（9）室温下，用 3% BSA+PBS 封闭 30min，然后倒出液体。

（10）把抗 BrdU Fab 片段稀释到 100μl DNase 溶液中，也可选用 10mg/ml BSA 补充。

（11）37℃孵育 1h。冲洗 3 次，然后加入 TMB 溶液。

（12）等待 5～15min 直到染料开始显色。

（13）用全自动定量绘图酶标仪在 370nm、620nm 或 655nm 处测定其反应结果。

（三）细胞命运分析

1. BrdU 标记 NSC 内特异性抗原的免疫组化检测

（1）在心内灌注实验后，用恒冷切片机进行组织切片；然后将其切片放到多孔板中，用冷冻保护剂–20℃储存。24 孔板适合大鼠大脑切片的储存，48 孔板或 96 孔板可用于小鼠大脑切片的储存。

（2）从冰箱中取出切片，用 P10 末端弯曲的滴定管尖将切片转移到新孔中，再用 TBS 洗 3 次，每次 5min 以去除冷冻保护剂，然后进入步骤（6）。

（3）在用培养细胞检测时，向组织培养液直接加入等量的 4% PFA-PBS 并固定 5min。其中绝不能用含 Tris 或甘氨酸的缓冲液，因为这可灭活固定剂。

（4）用 TBS 或含有 100mmol/L 甘氨酸的 TBS 洗细胞，以结合游离醛。

（5）在组织切片染色时进行抗原恢复，用 TBST 或 TBSS 处理细胞。

（6）在 BrdU 标记细胞染色时，用 DNase 工作液 37℃孵育 30min 以暴露 BrdU 抗原决定簇。

（7）用含 3%正常驴血清（NDS）的 TBS/Triton 或皂素，封闭非特异性结合位点 30min 至 1h（TBSD-T/S）。

（8）在用 DNase 处理切片后，将其转移到含抗 BrdU 一抗的 TBSD-T 或 TBSD-S 中。

（9）吸出并保存一抗混合液，可重复用 2 次。

（10）用 TBS 或 TBSS 冲洗切片 3 次，去除去残留而未结合的一抗。

（11）在 TBSDT 或 TBSD-S 中，加入含荧光标记的二抗，室温避光孵育切片 1～2h。

（12）吸出并保存二抗混合液，可重复用 2 次。

（13）用 TBS 或 TBSS 冲洗切片 3 次，去除去残留而未结合的二抗。

（14）用 TBS 洗涤 2 次，每次 10min，然后观察背景。

（15）最后用 DAPI（用荧光显微镜时）或 TOPRO-3（用共焦显微镜时）洗标记细胞核。

（16）用封片液固定封片。

2. 心内灌注法

（1）通过腹膜腔内按 30mg/kg 注射戊巴比妥钠，麻醉/杀死动物。

（2）让动物平躺，在横隔膜下方的肋骨底部水平切开。然后，切开胸部，穿过胸腔，垂直经过心脏。

（3）找到左心室，小鼠用 21～23 号、大鼠用 18～21 号的钝针与蠕动泵相连并插入心室，用夹钳原位夹紧。剪去右心房，使血液和灌注液排出循环系统。

（4）用 pH7.0～7.5 的冰冷 PBS（50～100ml/小鼠、150～200 ml/大鼠）灌注动物，流量为 3～5ml/min，以冲去红细胞，否则在显微照片中到处都是明亮荧光的红细胞。

（5）通过在冰上灌注新的 pH 为 7.3～7.4 的 4% PFA-PBS 固定动物，直至动物变得僵硬。然后按 100ml/小鼠、400～500ml/大鼠继续灌注 5～10min。

（6）封闭大脑，并用 4% PFA 在 4℃过夜。

（7）转移到 30%无菌过滤的蔗糖溶液中，直至大脑下沉。

（8）用冷冻滑动切片机切片 40μm 厚。用 TCS –20℃保存切片。

3. 培养细胞或组织切片的抗原修复

（1）常规处理细胞或游离浮动的切片，然后放在 24 孔板中。

（2）用 0.5～1ml pH9 的 10 mmol/L 柠檬酸钠代替每孔中的培养液。

（3）把培养板漂浮在 80℃水浴中，培养细胞的板处理 5～10min，切片的板处理 30min。

（4）从水浴中取出培养板，放在工作台上冷却到室温。

（5）用 0.1mol/L PBS、pH 7.4 洗涤切片 3 次，每次 5min，接下来用抗体标记。

4. 自发荧光的四氢硼酸钠猝灭法

（1）在通风橱内用冷 PBS 制备 1mg/ml 的四氢硼酸钠溶液，其溶液会像苏打水一样冒泡。

（2）当溶液还在冒泡时，也可加到切片的组织上。

（3）盖上培养皿盖并用箔片覆盖避光。

（4）室温下在通风橱内，用回转式振荡器处理 15min。

（5）废弃溶液，用新溶液代替，然后重复处理 2～4 次。

（6）室温下，用 pH7.4 的 PBS 最后冲洗 3 次，每次 15min。

5. 代替荧光的 DAB 底物染色法

（1）用 TBS 冲洗 2 次。

（2）配制过氧化氢 1ml 加 49ml 蒸馏水，分装后–20℃或者 4℃储存，1 个月内都可用；用过氧化氢处理 30min。

（3）用 0.9%盐水冲洗 2 次。

（4）用 2～3mol/L HCl 在 37℃条处理 1h。

（5）用 pH7.4 的 TBS 快速冲洗。

（6）用 TBS+3% NDS+0.3% Triton 液封闭 30min。

（7）加入一抗 4℃孵育过夜。

（8）在用抗 BrdU 时，则需要孵育 48 h（在 1:500 的 TBS 中，DNS 的浓度可降至 1%）。

（9）在使用大鼠抗 BrdU 抗体时，对大鼠组织 TB0030CX 的染色可用腹水，小鼠组织 OT0030F 可用纯化制剂。用 TBS 冲洗 3 次。

（10）用生物素化的抗大鼠 IgG 孵育 2～4h。用 TBS 冲洗 3 次。

（11）室温下用前 30 min 配制 AB 试剂，加入后孵育 2 h。用 TBS 冲洗 3 次。

（12）与 DAB 反应，时间大约 10min。用 TBS 或自来水冲洗。
（13）干燥过夜，用封片液固定封片。

（四）免疫荧光标记问题的处理

1. 非特异性荧光

（1）在大脑组织各处都有明亮、光滑、规则和点状的荧光点的原因是：在固定前用盐水灌注动物不完全，其红细胞可能会滞留在血管中。解决的办法是增加初始 PBS 灌注的时间。

（2）整个组织都有不规则形状亮块的原因是：一抗和二抗混合的聚积物或二抗沉淀的凝块。解决办法是，短时间离心分离二抗以拆开任何抗体凝块；在用一抗孵育后再次冲洗以去除所有未结合的一抗，则可避免未结合一抗二抗的混合物沉淀。

（3）弥漫性组织自发荧光有两种，一是天然荧光，组织成分包括脂褐质、红细胞和弹性蛋白；二是固定诱导的荧光，主要是因为存在游离醛基。其原因是在使用石蜡包埋组织或总是用戊二醛固定时，存在许多未反应的醛基。解决的办法是，不用或尽量少用含醛基的制剂。

（4）盖玻片上出现弥漫性标记的原因是：在免疫标记分泌性的小分子时能看到这种现象，这种小分子如氨基酸神经递质能固定在贴壁生长细胞的下层。解决的办法是，在固定前用 PBS 洗细胞。

2. 染色弱的问题

（1）NeuN 染色无扩散，甚至在海马细胞层中都没有的原因是：在局部缺血 30 min 或更短的时间后，NeuN 抗原的反应性降低。解决的方案是：改善心脏灌注技术，尽可能缩短麻醉动物及灌注固定大脑的时间，而且确保缓冲液是冰冷的，这样才能降低细胞酶的活性。

（2）石蜡包埋组织增殖细胞核抗原（PCNA）的染色效果好，但冷冻切片或培养细胞的效果差。其原因是对冷冻的切片不应加变性的步骤，在加变性步骤后的抗原决定簇通常不易接近。解决的方案是：进行两次抗原修复，或者对新鲜组织/细胞采用二步固定法，即在室温下先用 4% PFA 固定 5min，冲洗后，再用乙醇-醋酸（2:1，*V/V*）固定 5min。但是，用 DNase 处理 PCNA 抗原决定簇的暴露效果不如 BrdU 标记的效果好。

（3）微管或膜蛋白的染色不充分，解决办法是用 EGS/Sulfo-EGS 替代多聚甲醛进行固定。

3. FACS 的问题

（1）虽然 BrdU 标记的效果不错，但在两种抗体标记时的未标记或个别标记的颗粒，在 FACS 的计数中可出现严重的数据偏差。其原因是在 HCl 变性处理时，使细胞受到机械性的损伤所致。解决的办法是，用 DNase 的方法进行处理。

（2）在离心分离或振动、甚至在无 HCl 处理的分选时出现的细胞碎裂。原因是 Triton X-100 等清洁剂可使细胞膜溶解和使细胞易碎。解决办法是用皂素等更柔性的可逆清洁剂。

（3）在 FACS 计数时，多种组织学的处理方式和条件都能诱导细胞凝块，而且含乙醇的固定和不完全的组织消化/分离都可能导致其问题出现。因此，在旋转细胞或把细胞转入 2% PFA 中固定时可以逐滴加入乙醇；在 37℃孵育时采用新鲜酶以确保辅助因子在反应的需要（例如，有的酶需要半胱氨酸或镁离子作为辅助因子），然后用无钙、镁的培养液促进分解；用配有 70μm 滤盖的 FACS 滤管。

4. 荧光丢失

（1）数天后荧光量子点丢失的原因是：量子点的金属盐核是用聚合物涂料覆盖，这种涂料很容易被多种类型的封片剂溶解。一旦溶解，荧光就失去。解决方案是：用纯甘油/PBS（1:1）封固，然后用指甲油密封。

（2）明亮鲜艳的细胞只短暂出现，然后消失的原因是光褪色。解决的办法是：用共聚焦显微镜可降低激光功率；在用标准的荧光显微镜时，可把中性密度滤网插到照明路径；采用更稳定的荧光团（例如，Alexa 488 的漂白作用比荧光素要慢）；使用含抗褪色化合物的封片剂。

（五）注意事项

（1）在固定细胞骨架和微管时，含 Mg^{2+}/Ca^{2+}的 PBS 效果可能不佳，则可用 PEM 或 CB 缓冲液进行固定。

（2）在溶解 PFA 时，不应将溶液加热超过 60℃，因为多聚甲醛会快速转变成蚁酸。

（3）在灌注前，配制的溶液不要超过 24 h 并要保持溶液冰冷。

（4）绝不要使用 Tris 或其他含胺的缓冲液，因其能与醛结合，从而灭活固定剂。

（5）PFA 是有毒而可挥发的试剂，在对其操作时要在通风橱中而不是组织培养罩进行，以避免吸入 PFA 粉末或烟雾。

（6）根据最适合你所选择的特定荧光团的 pH 范围，缓冲你的样品。

（7）在使用这些抗体时，需要注意的问题有：①在生产的两种抗体中，虽然都能用于同一动物相同肽抗原决定簇的检测，但其特异性、亲和力、使用的稀释度等都有很大的差别；②对任何未成熟的细胞类型，没有一种标志物是特异性的，这就是为什么在使用时需要用一组标志物；③识别跨物种抗原决定簇的抗体，不必一定是能标记相同发育阶段内的相同细胞；④对轻微固定的培养细胞，应选择比规定略低的抗体浓度。

（8）在不包括 G_0 的 G_1-S-G_2/M 的细胞周期中，PCNA 都有表达，其抗体也都能识别。

（9）HH3 的表达仅限于细胞周期的 G_2/M 期。

（10）MCM2 在细胞各处都有表达，但 G_0 期的表达可能有限。

（11）Ki-67 的表达在 G_1 后期才开始，然后在细胞周期的剩余期都是高表达，但在进入 G_0 期的 2 h 后几乎检测不到。

（12）人培养细胞的抗体虽是特异的，但不完全敏感，有时仅能标记50%的细胞。

（13）Cy2、Cy-3、Cy-5、Cy-7 染料，FITC 或罗丹明这些染料更抗褪色，而且对 pH 的改变相对不敏感。Alexa 350 虽可快速褪色，但没有 7-氨基-4-甲基香豆素-3-醋酸的褪色快。

（14）SSEA2/3 不识别小鼠的 ES 细胞。

（15）SSEA1 在人细胞的 NSC 中仅是特异性抗体；在小鼠体内，SSEA1 在 ES 细胞表达，一旦分化，其表达下调。

（16）过去认为，PDGFR-α是多能神经胶质祖细胞（O-2A 细胞）的特异性标志物。但近来的研究表明，在啮齿动物 SVZ 中能形成神经细胞和胶质细胞的细胞也是阳性。这是否对人祖细胞有意义还待进一步研究。

（17）NSC 对生长因子的停用非常敏感，在不含胰岛素的培养液中培养 15min，其糖原合成酶激酶-3 的活性可以降至 75%以上。因此，应尽量将 NSC 加入含胰岛素的培养液中，并尽量减少换液。

（18）当 FACS 不能处理 96 孔板时，可以在聚丙烯管内进行染色。

（19）LZG 细胞系是从 293 GPG 细胞建立的，在无四环素的条件下，293 GPG 细胞系能产生高滴度、双向性、VSV-G 假性的逆转录酶病毒。

（20）由于多数乳牛都用四环素，因此，小牛血清中含有高浓度的四环素。最安全的方法是，选用无四环素筛选的 FCS。

（21）Tet 的有效半衰期仅为 24h。

（22）在每次传代时，都应冻存一点新筛选的细胞。在冻存时，要用 DMEM + 10% FCS +10% DMSO + 2μg/ml 四环素的冻存液，其中不能含有青霉素/链霉素/两性霉素 B/G-418/嘌呤霉素。

（23）浓缩或未浓缩的病毒都可在 4℃储存供短期应用；–80℃冻存的病毒尚不确定，但每次冻融后都会使滴度降低一半。病毒都可以储存在任何含凝聚胺的缓冲液中。

（24）甲醇的固定方法是：将盖玻片浸入 100%的甲醇溶液在–20℃ 5min；然后在 4℃用 TBS 或 TBSS 再水化盖玻片 5min。

（25）皂素是一种相对柔性的清洁剂，能溶化质膜中的胆固醇。在低浓度时，内膜会保持完好无损。而且，其可嵌入膜内取代胆固醇以可逆形式进行细胞的透化（permeabilize），并可保持细胞膜结构的大部分形态学。这种透化作用是可逆的，且不像 Triton X-100 的作用。在使用时，应用 DMSO 制备成原液，其常用浓度为 0.5～1 mg/ml。但在使用皂素时，必须在所有的步骤中都用它，包括所有的洗涤步骤；否则，细胞膜重新封闭而阻止抗体的进入。

（26）HCl 对 BrdU 抗原决定簇的变性处理：DNase 的处理一般足以暴露这种抗原决定簇。在 BrdU 染色不稳定或看不到时，可以用以下方法替代。由于 HCl 能破坏许多的抗原决定簇，因此在所有其他抗体都标记后，才能进行如下的步骤。

① 用一抗和二抗染色切片。

② 用 PBS 冲洗 3 次。

③ 分别用冷的 2%或 4%PFA 固定细胞/切片，这可确保一抗二抗标记物与细胞的结合。

④ 用 0.9%盐水冲洗 2 次。

⑤ 用 1mmol/L HCl 在 37℃细胞孵育 30min，组织孵育 1h。当染色的组织在载玻片上时，可把载玻片浸入预热的 HCl 中 30min。

⑥ 在处理组织时，每 10～20 个切片用 2ml 新的 1mmol/L HCl。培养细胞不需要更新 HCl。

⑦ 从孔中吸出酸，用 pH 为 8.5 的硼酸盐缓冲液洗 3 次以中和酸或用固定缓冲液进行多次的洗涤。

⑧ 用 TBS 快速冲洗。

⑨ 用 TBS + 3% NDS 或 BSA + 0.3%Triton-X 封闭 30min。

⑩ 用抗 BrdU 孵育 48h，其中的 DNS 的浓度可降为 1%。

⑪ 用 TBS 冲洗 3 次。

⑫ 用二抗孵育过夜。在不同的荧光标记物中，可把 DNS 的浓度降至 1%，但这不能用于其他二抗。

⑬ 用 TBS 冲洗 3 次，在最后一次冲洗中加入 TOPRO-3 或 DAPI。

⑭ 用抗褪色剂封固盖玻片。

（27）每次必须配制新的 HCl 溶液。HCl 在储存瓶中会分解，当打开瓶时如果没有强烈的烟雾冒出，可将浓度增加到 2～3mol/L，前提是在开始染色后检测不到 BrdU。

（28）在抗原修复处理时，可在酸性的 20mmol/L、pH6.0 柠檬酸盐中加热切片。在一般情况下，加热会使蛋白质变性，但在酸性条件下冷却切片，与在中性条件下冷却组织相比，其抗体的染色效果更好。

第十二节　体外标记神经干细胞移植后不同表型的鉴定

一、概述

在创伤或神经退行性疾病的研究中，NSC 移植已作为一种修复 CNS 而广泛应用的治疗方法。在不久的将来，这种移植可能成为人类神经系统疾病的临床治疗手段。但在这个过程中面临的挑战是，如何对移植 CNS 后各种干细胞的存活及分化表型进行鉴定。目前，还没有一种单独的方案能够适用于所有细胞类型和所有应用的检测。而且，移植 CNS 标记的干细胞也只是一种经验的过程。移植后干细胞的有关类型、命运，及其解剖学和组织学的评估都需要一种好的解决方案。在移植 CNS 的研究中，不同标记细胞的条件范围和有关参数虽已建立，但是仍然需要对不同标记方法的局限性和移植试验的预期结果有一个清晰的了解和认识。

二、材料

（一）根据不同的变量选择合适的标记方法

（1）是细胞核、细胞膜还是细胞质的标记？
（2）是否希望移植细胞继续分裂，如是，希望多长时间？
（3）要求标记细胞系专一性表达吗？
（4）希望体内标记细胞表达多长时间？
（5）改变标记细胞的生理学功能吗？
（6）什么策略可以同时用于标记细胞和细胞特异性抗原的检测？
（7）研究人员的技术局限性有哪些？

（二）各种标记物的特点

用碳氧荧光琥珀酰亚胺酯（carboxyfluoroscein succinimidyl ester，CFSE）和 Cell Tracker™ Orange 标记物的优点是能够透过细胞膜，但是这些标记物在细胞内能改变其膜的通透性。因此，不能将这类标记物移植宿主体内。而且，CFSE 一旦暴露在光线下便会非常迅速地褪色。但是，用一种特异性的抗体进行免疫染色便可克服此问题。Cell Tracker™ Orange 标记细胞的时间大约可持续到移植后 4 个月。在体内不能加抗体的染色时，如果需要对细胞表型及形态学进行鉴定，可以通过胞质或者细胞膜的标记进行。尽管细胞膜标记物（DiI）和 PKH26 是非常明亮的荧光标记物，但其膜可出现翻转。随着时间的推移，无论在体内还是体外，这些标记物最终都会转变成溶酶体囊泡而消失，细胞的形态学也变得难以辨识。而且，细胞核的标记不能为细胞形态提供任何信息。NSC 移植 CNS 不同标记物的标记，见表 2-2。

表 2-2　NSC 的标记法（Weiner 2009）

标记靶	标记物	浓度	标记条件	检测
细胞核	Hoechst33342	10μg/ml	3min～1h	UV 荧光
	BrdU	0.5～10μmol/L	4h 至过夜	免疫组织化学
	[^{3}H]胸苷	1μCi/ml	48h	放射自显影
细胞质	荧光	0.1%～5.0%	5min～6h	荧光
	Fast/True 蓝	20μg/ml	15min～3h	UV 荧光
	荧光金	1～10mg/ml	5min～2h	UV 荧光/免疫组织化学
	金粒子	0.01%～2.5%	1h	银沉淀/电子显微镜
	若丹明葡聚胺（RDA）	50μg/ml	30min	罗丹明荧光
	CFSE	0.05～5.0μmol/L	30min	FITC 荧光
	CellTracker Orange	50%	15min	罗丹明荧光
	铁粒子	2μg/ml～2mg/ml	1～48h	MRI

续表

标记靶	标记物	浓度	标记条件	检测
细胞膜	DiI	25～40μg/ml	10～40min	罗丹明荧光
	PKH26	1μmol/L	3～8min	德克萨斯红荧光
	PHA-L*	0.2～20mg/ml	10～40min	免疫组织化学
报告基因	lacZ			酶，组织化学/免疫组织化学
	EGFP			FITC 荧光/免疫组织化学
	碱性磷酸酶			酶组织化学
	荧光素酶			酶检测/免疫组织化学

* 菜豆白细胞凝集素（phaseolus vulgaris leukoagglutinin）。

三、方法

（一）无毒标记物浓度的确立

所有的细胞类型对不同标记物的敏感性均不相同。一种干细胞在增殖时可能比其分化后对某一种特定的标记物更加敏感，这需要通过观察或实验证实。在评估一种标记物时，标记细胞的百分比和增殖细胞的存活都应当作评估的关键变量。使用锥虫蓝和红细胞计数器可以很容易地计数出这些细胞。由于干细胞可以在体内分化，因此在移植试验前应在体外通过分化的细胞确定其标记物的稳定性和毒性。分化的细胞不能用红细胞计数器来计数，但是必须用适当的细胞特异性抗原进行免疫标记，进而计算特异性细胞的数量。这是非常必要的，因为细胞分化后对某一种特定的标记物的敏感性会发生改变。

胚胎 14 天的皮质干细胞在体外分化后，BrdU 的标记虽不影响神经元、星形胶质细胞和少突胶质细胞的数量，增殖的 RN33B 细胞对荧光微球也可出现耐受性，但是其对分化细胞可产生毒性。所有的标记物都可能转移到内源性的细胞中，其调控主要通过细胞溶解进行。用血细胞计数仪和锥虫蓝可以检测冻融细胞的死活，而且这种冻融细胞在相同浓度的移植可以进行两次。在进行特定移植细胞功效测量结果的评估时，可以通过移植对照进行比较。而且，这种对照必须采用那种不能分化为预计细胞类型的细胞，因为移植细胞可能对宿主组织有很大的影响。例如，成纤维细胞对移植细胞的神经元，或者少突胶质细胞的分化具有很好的移植调控作用。

（二）报告基因的标记

在报告基因标记时，需要研究人员具有分子生物学的专业知识、细胞培养经验和各种病毒载体相关知识。因此，这种方法在技术上更具有挑战性。报告基因的优点是其可以稳定地融合到干细胞的基因组中，因此不能转移到内源性的细胞中。而且，这种基因可以长期而持续的表达，这是长期移植实验标记的极佳选择。目前，已有数种报告基因成功地用于标记移植细胞。其中，两种最常使用的是大肠杆菌β-Gal（lacZ）和增强型绿色荧光蛋白（EGFP）或是其他颜色的荧光蛋白等，而且碱性磷酸酶和荧光素酶也已使用。EGFP 相对于 lacZ 的优点在于其结构本身就具有荧光性，因而不需要额外的添加便可以观察得到。

在实际操作中，移植后用抗体检测 EGFP 表达的效果更好。因为免疫组化能明显放大荧光信号，并能更好地检测这种信号。尤其是在体内鉴定分化神经元的轴突和树突的时候，更能凸显抗体检测的优势。尽管 lacZ 需要添加检测的方法，但其优势是组织化学和免疫组化化学的方法都可以使用。虽然后者更加敏感，但是组织化学检测在光镜水平和电镜（EM）水平都可以看得到，而且不需要荧光显微镜。LACZ 也可以通过 EM 免疫组织化学的方法进行检测，但要注意的是，在哺乳动物的 CNS 中存在内源性的β-Gal 活性。因此，组织化学检测溶液的 pH 必须严格控制以消除内源性β-Gal 活性的影响。碱性磷酸酶和β-Gal 在报告基因的性质上具有很多相似性，其抗体也是最佳的检测方法。

荧光素酶在移植实验中使用不算广泛，其主要的优点是能够在非固定的组织匀浆中通过酶学分析确定移植细胞的存活，因为这种分析方法是极其敏感的。然而，荧光素酶也可以通过免疫组织化学的方法检测。所有这些报告基因都可以显示出细胞的形态，因为除在结构中包含一个核定位信号外，其余都是胞质标记物。报告基因导入干细胞有多种不同的方法，其中包括克隆到真核细胞的表达载体中并转染增殖的干细胞。此法相对简单，但是转染的频率很低。在选择性标记物的包含物中，如存在新霉素或潮霉素的抗性基因，都可以分选出表达细胞。报告基因也可以通过病毒感染传递，其中可以使用的有腺病毒、腺相关病毒（AAV）、逆转录病毒或慢病毒。逆转录病毒和慢病毒报告基因可以稳定地整合到宿主基因组中，并可以随着细胞的分裂传递给所有的后代细胞。

因此，标记过的细胞可以扩增到很大的数量。而且，在 EGFP 或 lacZ 用作报告基因时，通过 FACS 的方法富集细胞是可能的。但是，EGFP 在胞质中的表达还可以揭示细胞的形态。慢病毒载体的优点是可以感染非分裂细胞，缺点是其操作必须达到生物安全 3 级的水平。腺病毒和 AAV 都能非常有效地感染分裂和非分裂的细胞，但是其基因都要保持在游离状态（episomal）。因此，受感染的细胞在移植之前不能被传代或是扩增。此外，腺病毒具有高度的细胞毒性，因此需要谨慎地建立最佳的感染参数。

（三）其他可供选择的标记方法

1. 性别特异性移植

雄性胚胎组织可以移植雌性的 CNS，而且使用 Y 染色体特异性 DNA 探针可以检测出移植的细胞。但是，此法需要通过原位杂交对移植细胞进行探查，而这种技术也不能揭示细胞的形态学。而且，与免疫组化结合鉴定细胞的分化表型也很困难。

2. 转基因动物

表达 EGFP 的转基因小鼠和表达人胎盘碱性磷酸酶（human placental alkaline phosphatase，hPAP）的转基因大鼠都已建立，而且现已使用从这些动物中提取的干细胞进行 CNS 移植实验。hPAP 移植细胞的优点是存在人特异性抗体，从而使移植细胞的检测非常容易。其他表达 EGFP 的转基因动物和通过基因结构或细胞特异性启动子调控的报告基因都已经或即将建立，并可以在各种各样的移植方案中使用。但是，这些都是异种移植细胞，因此必须进行免疫抑制治疗。

3. 同种异基因移植

同种异基因移植是在同一种系、不同品系之间的移植，并存在品系特异性抗体。例如，将表达 CNS 糖蛋白 Thy-1 等位基因 Thy-1.1 的小鼠胚胎 CNS 移植 Thy-1.2 表达宿主的 CNS 后，其移植细胞可以通过 Thy-1.1 特异性抗体进行检测。在 I 类或 II 类主要组织相容性抗原位点不同的品系中，都能进行移植干细胞的鉴定。但是，CNS 神经元并不表达这些抗原，星形胶质细胞和少突胶质细胞需要诱导才能表达，这极大地限制了 CNS 移植的发展。同种异体的移植需要注意的是，尽管 CNS 具有免疫特免性，但是同种异体细胞也有排斥反应。研究发现，同种异基因的干细胞移植后其细胞存活率较低，而同基因干细胞移植受者是可行的。

4. 异种移植

目前，跨物种 CNS 干细胞的移植，尤其是将人体组织移植成年啮齿动物的研究均已进行。而且，这种移植可以通过种系特异性抗体进行检测。也可把小鼠的细胞移植大鼠的体内。尽管在 CNS 移植后对人体细胞的分化潜能进行过评估，但所有异种移植的结果都难以确定。因为，异种移植需要对排斥反应进行免疫抑制的治疗，或者需要选用免疫系统缺陷的宿主动物。购买和饲养这种动物的费用都很昂贵，长期维持其免疫抑制的治疗也很困难，但还是可以做到。除非再无其他的备选方案，否则这种移植检测的方法不受推荐。

（四）体内移植干细胞表型的鉴定

移植干细胞存活的鉴定是必要的，对这些移植干细胞分化后类型的鉴定也是必要的。这就需要一种标记细胞的标志物、细胞特异性抗体和间接免疫荧光检测法测定移植细胞谱系的变化。通过免疫组织化学对两种来源完全不同物种的抗体，以及种系特异性二抗与不同波长的荧光结合的检测是很容易的测定方法。其中，BrdU 标记干细胞的免疫组化检测需要组织切片并经过 1mol/L HCl 的处理。不少抗原经过这种处理后其活性可能丧失，因此在进行 BrdU 的标记时应予注意。

所有抗体都有不同的反应条件，只有在最佳条件下才能对固定组织抗原的检测发挥最好的作用。其中的条件主要包括固定剂、切片的厚度、石蜡切片还是冰冻切片、抗体的浓度等，这些都能显著影响信号的强度和信号与背景是否清楚。

（1）在对实验用抗体选择后，要详细阅读其使用说明书，确保这些抗体符合检测的需要。

（2）通过对照组织对一抗进行一系列的稀释，以建立最佳的稀释度。常用的稀释系列是 1:50、1:100、1:200 和 1:400。在确定最适的浓度时，可以进行更小范围的稀释。

二抗的稀释度取决于一抗。对于7-甲基-4-甲基香豆素-3-乙酸酸和FITC结合的二抗，常规使用1:100的稀释度，德克萨斯红为1:200，Cy3和Cy5为1:400。

（3）一旦稀释度确定后，可以用最初的起始浓度和最终浓度反复稀释二抗。这样可以在保留下较强信号的同时，尽量降低本底的干扰。

（4）不同的抗体与不同固定剂的相互作用是有差别的，对于一些新的抗体必须调整固定剂的最优化使用条件。一般可以把冰冷的4%多聚甲醛磷酸缓冲液、甲醇和丙酮低强度固定10min。

（5）在双标记细胞时，荧光显微镜可以显示这些细胞是否能表达特异性标记物。但要记录移植细胞确切的分型时，则需要能够显示 *xz* 和 *yz* 平面的共聚焦显微镜。

（于春泳　董玉书　郝广志）

主要参考文献

Carney TD, Struck AJ, Doe CQ. 2013. Midlife crisis encodes a conserved zinc-finger protein required to maintain neuronal differentiation in Drosophila. Development, (140): 4155-4164

Cavazzin C, Neri M, Gritti A. 2013. Isolate and culture precursor cells from the adult periventricular area. Methods Mol Biol, (1059): 25-40

Charafe-Jauffret E, Ginestier C, Bertucci F, et al. 2013. ALDH1-positive cancer stem cells predict engraftment of primary breast tumors and are governed by a common stem cell program. Cancer Res, (73): 7290-7300

Choi SA, Lee JY, Phi JH, et al. 2014. Identification of brain tumour initiating cells using the stem cell marker aldehyde dehydrogenase. Eur J Cancer, (50): 137-149

Dickel DE, Zhu Y, Nord AS, et al. 2014. Function-based identification of mammalian enhancers using site-specific integration. Nat Methods, (11): 566-571

Faravelli I, Riboldi G, Nizzardo M, et al. 2014. Stem cell transplantation for amyotrophic lateral sclerosis: therapeutic potential and perspectives on clinical translation. Cell Mol Life Sci, (71): 3257-3268

Fu X, Rong Z, Zhu S, et al. 2014. Genetic approach to track neural cell fate decisions using human embryonic stem cells. Protein Cell, (5): 69-79

Gampe K, Brill MS, Momma S, et al. 2011. EGF induces CREB and ERK activation at the wall of the mouse lateral ventricles. Brain Res, (1376) : 31-41

Gao J, Wang Z, Shao K, et al. 2014. Identification and characterization of a Sox2 homolog in the Japanese flounder Paralichthys olivaceus. Gene, (544): 165-176

Hara S, Hayashi R, Soma T, et al. 2014. Identification and potential application of human corneal endothelial progenitor cells. Stem Cells Dev, (23): 2190-2201

Hultman R, Kumari U, Michel N, et al. 2014. Gαz regulates BDNF-induction of axon growth in cortical neurons. Mol Cell Neurosci, (58): 53-61

Jussen D, Urbach R. 2014. Non-fluorescent RNA in situ hybridization combined with antibody staining to visualize multiple gene expression patterns in the embryonic brain of Drosophila. Methods Mol Biol, (1082):19-35

Katsimpardi L, Litterman NK, Schein PA, et al. 2014. Vascular and neurogenic rejuvenation of the aging mouse brain by young systemic factors. Science, (344): 630-634

Kim KS, Arima Y, Kitazawa T, et al. 2014. Endothelin regulates neural crest deployment and fate to form great vessels through Dlx5/Dlx6-independent mechanisms. Mech Dev, (130): 553-566

Kim TH, Lee KB, Choi JW. 2013. 3D graphene oxide-encapsulated gold nanoparticles to detect neural stem cell differentiation. Biomaterials, (34): 8660-8670

Micucci JA, Layman WS, Hurd EA, et al. 2014. CHD7 and retinoic acid signaling cooperate to regulate neural stem cell and inner ear development in mouse models of CHARGE syndrome. Hum Mol Genet, (23): 434-448

Nam SM, Kim JW, Yoo DY, et al. 2013. Effects of treadmill exercise on neural stem cells, cell proliferation, and neuroblast differentiation in the subgranular zone of the dentate gyrus in cyclooxygenase-2 knockout mice. Neurochem Res, (38): 2559-2569

Rispoli R, Conti C, Celli P, et al. 2014. Neural stem cells and glioblastoma. Neuroradiol J, (27): 169-174

Sarlak G, Jenwitheesuk A, Chetsawang B, et al. 2013. Effects of melatonin on nervous system aging: neurogenesis and neurodegeneration. J Pharmacol Sci, (123): 9-24

Smith A, Matthews Y, Kossard S, et al. 2014. Neurotropic T-cell lymphocytosis: a cutaneous expression of CLIPPERS. J Cutan Pathol, (41): 657-662

Stahlberg A, Andersson D, Aurelius J, et al. 2011. Defining cell populations with single-cell gene expression profiling: correlations and identification of astrocyte subpopulations. Nucleic Acids Res, (39): 24-29

Takahashi M, Suzawa T, Yamada A, et al. 2014. Identification of gene expression profile of neural crest-derived cells isolated from submandibular glands of adult mice. Biochem Bioph Res Co, (446): 481-486

Verrotti A, Scaparrotta A, Cofini M, et al. 2014. Developmental neurotoxicity and anticonvulsant drugs: a possible link. Reprod Toxicol, (48): 72-80

Wang S, Chandler-Militello D, Lu G, et al. 2010. Prospective identification, isolation, and profiling of a telomerase-expressing subpopulation of human neural stem cells, using sox2 enhancer-directed fluorescence-activated cell sorting. J Neurosci, (30): 14635-14648

Weiner LP. 2008.Neural Stem Cells—Methods and Protocols. 2nd Edition Humana Press, Springer Science+Business, LLC

Wirt SE, Adler AS, Gebala V, et al. 2010. G1 arrest and differentiation can occur independently of Rb family function. J Cell Biol, (191): 809-825

Xu J, Fan W, Tu XX, et al. 2013. Neural ganglioside GD2(+) cells define a subpopulation of mesenchymal stem cells in adult murine bone marrow. Cell Physiol Biochem, (32): 889-898

Zigova T, Snyder EY, Sanberg PR. 2003. Neural Stem Cells for Brain and Spinal Cord Repair. Humana Press, Springer Science+Business, LLC

第三章　克隆性神经干细胞

第一节　概　　述

生物意义上的克隆，指的是个体进行无性繁殖，获得基因上完全一致的子代的过程。该过程常见于自然界中的细菌、植物和昆虫上。推广到生物技术层面，克隆即指通过分子生物学、细胞生物学等方法，以一个母本为模板，复制出基因一致的子代的过程。克隆技术关注的是母本基因的复制与继承方法，以人工干预的方式维持遗传物质生殖稳定性的同时产生大量同样的个体，因此克隆技术又被称为生物放大技术。从发展角度来说，克隆技术经历了植物克隆、微生物克隆、分子克隆和动物克隆 4 个阶段。克隆绵羊"多利"的诞生标志着高等动物克隆技术的突破，验证了生物进化的新渠道，进一步完善了现代生物学理论。

目前，克隆技术的应用领域大致有如下 4 个方面。一是优生优育，改良品种。对于具有经济价值的作物或动物，采用克隆技术人工制造获利最大化的生物以降低劳动力成本，满足人类社会发展的需要，如 Bt 蛋白转基因农作物等。二是利用动物产生人类所需的蛋白质等特定分子。例如，将治疗糖尿病的胰岛素、治疗血友病的 C 蛋白等通过克隆技术由其他哺乳动物大量产生，则可以大大降低生物合成的成本，给这些疾病的治疗带来曙光。三是克隆人的器官以供移植。众所周知，哺乳动物体内不同组织细胞的自我更新、代偿增生的能力在器官之间存在着明显的差异。如神经细胞和心肌细胞的增殖能力明显弱于肠黏膜上皮和肝细胞，所以当机体受到损伤时，器官的修复能力有时候就决定了整体机能的丧失与否。过去对于神经退行性疾病如阿尔茨海默病和帕金森病等的治疗一直没有突破，保守的外部刺激疗法对于促进成年个体的体细胞再生效果已日渐甚微。此时用克隆技术从患者的体细胞中复制出一个完整的器官进行移植，既能避免免疫排斥问题，又能解决移植物的来源问题。四是保留一些濒危物种。

由于克隆技术改变的是生物本身，从某种意义上来说，新产生的生物已经在基因水平上和原生物有了本质的差别。因此不能完全预计复杂的自然界对该种生物的反应，也就无法有效的规避风险。以转基因植物为例，不经过几代人的数据积累，无法明确判断转基因对人类社会的危害是否真的大于其带来的益处，因此要慎重对待克隆技术产物。另一方面就是人类的克隆带来的伦理问题。自从有克隆人概念出现以来，为了获得其器官或细胞而制造出来的个体是否能被承认为一个完整的人从而得到社会的保护就是一个争论不休的话题。在现在的技术手段下，克隆得到的哺乳类胚胎发育成成熟个体的概率很低，往往几十个、上百个胚胎细胞中才能有一个发育到囊胚期。能发育成个体的克隆胚胎其寿命也往往低于正常生殖产生的个体。在没有解决这些技术上的问题之前，克隆一个完整的人始终是不可行的，更不用说克隆人的身份、地位和社会认同等问题。

近年来随着对干细胞，尤其是ES细胞的深入研究，人们对于哺乳动物组织形成、器官发生的过程和相关机制的认识逐步臻于完善，在该领域已经形成了相应的知识体系。在此基础上发展起来的体外ES细胞培养，以及诱导分化的技术使得重新获得具有完整功能的细胞乃至器官成为可能，进而可以治疗一些由于细胞坏死、器官退化或者意外事故导致的疾病或者创伤。但是对于成年哺乳动物来说，要直接从自身获得能分化成外胚层、中胚层、内胚层的全能干细胞是不可能的。而从异体ES细胞分化获得的细胞、组织、器官的移植无法避免的会遇到免疫排斥的问题，若使用抑制免疫系统的药物，一方面不能完全解决问题，另一方面对于生理机能的恢复也是不利的。更不用说使用异体胚胎干细胞（ES细胞）带来的伦理问题，毕竟它是一个可以生长为成熟个体的胚胎，从伦理学的角度看，诱导异体ES细胞分化为特定的组织细胞从某种意义上来说也是终止了这个胚胎的生命。在这样的情况下，使用成年个体来源的全能干细胞经过培养、诱导、分化后回输自身是唯一可行的治疗手段。

这种使终末分化的体细胞重新获得ES细胞的性质，具有全向分化潜能和自我更新能力的过程称为细胞重编程。具体实现方法是：将成年个体自身体细胞的细胞核移植到去核卵母细胞中，这样成年个体体细胞将作为供体提供融合细胞中绝大多数的遗传因子，使得融合细胞表现出供体的特征。尽管作为受体的去核卵母细胞也通过其中的线粒体提供了部分遗传因子，但是相对于细胞核中含有的信息而言仅是沧海一粟罢了。近年来基于细胞核移植后的足月妊娠研究表明，成年体细胞中获得地细胞核并不能完整地支持胚胎发育所需要的功能，具体表现为体细胞核移植产生的胚胎发育为成熟个体的概率非常的低。这可能与终末分化的体细胞基因组和全能ES细胞基因组差别较大而导致的重编程困难有关。从这个角度来说，ES细胞的细胞核可能已经表达部分对胚胎发育十分关键的基因，所以用ES细胞的细胞核进行核移植应当比体细胞核移植更容易获得成熟胚胎，这点已经被许多实验所证实。通过对细胞核移植得到的胚胎进行研究有助于理解哺乳动物组织和器官的生长规律以及受精卵的发育机制。用于核移植受体的卵母细胞可能提供了体细胞核重编程所必需的分子基础。

对于哺乳动物的神经系统来说，虽然其绝大部分细胞在胚胎和新生儿早期就已经完成了分裂和增殖，但是在之后的时间内仍然有新生的神经细胞不断地在大脑的特定区域中增加。研究表明这些神经细胞来自于一群具有多向分化潜能的干细胞，具有自我更新能力，从大脑中分离之后能在体外一定的条件下生长。这些细胞可以分化成构成神经系统的主要细胞种类，即神经元细胞、星形胶质细胞和少突胶质细胞，因此被称为神经干细胞（NSC）以表示其组织特异性。

NSC可以从脑室壁和海马体组织中分离得到，具有表达NSC特异蛋白巢蛋白的能力。在这两种含有NSC的组织中研究得较多的是脑室壁组织。脑室壁由一层面向脑腔的室管膜细胞和之下的室管膜下区组成。室管膜下区含有三种不同的细胞：星形胶质细胞、未成熟的神经元细胞和一种快速增殖的细胞。有人认为，这些快速增殖的细胞就是NSC，但是从不含室管膜下区的脊髓中也分离到了NSC，从而使人们把视线转移到室管膜细胞上来。综合胚胎发育时期NSC在胚胎脑中的分布和大脑受到损伤时巢蛋白表达定量分析的结果，可以确定室管膜细胞就是NSC。近年来也有研究指出，成年哺乳动物的NSC本身也具有一定的转分化（trans-differentiation）能力，可以通过和拟胚体共培养分化为肌细胞样细胞并表达肌细胞特异的分子，说明NSC可能是较为原始的一种干细胞。

除了直接分离得到NSC之外，从其他细胞诱导分化也是获得NSC的方法之一。常见的ES细胞和各种来源的间充质干细胞，都可以在一定的培养条件下体外分化成有功能的NSC（详见第25章）。另外把这些细胞注入体内神经组织中也可以分化成各种类型的神经细胞，其最终分化的细胞种类和移植后的体内微环境有着密切的联系。

综合以上两个方面，将经过体细胞核移植得到的ES细胞在特定的环境下进行诱导培养，最终得到的和供体基因一致的NSC，就称为克隆性NSC。由于来自克隆胚胎，克隆性NSC同样具有来源安全方便、无免疫反应等优点，是重建受损神经系统的理想来源。通过克隆性NSC诱导分化成有功能的神经元细胞或神经胶质细胞等，注入患者自身、达到损伤部位进行修复是克隆性NSC最有应用前景的研究。本章重点介绍建立在体细胞核移植技术上的克隆胚胎的构造和培养、克隆性ES细胞的建系，以及诱导其分化为NSC的有关方法。

第二节　克隆技术及分类

克隆（clone）一词源于希腊语，本意是嫩枝或者幼苗的意思。由此可以看出这个词原来的应用范围与园艺技术相关，其含义为单个的祖先不经过有性的结合而得到的多个后代的过程。例如，用扦插和嫁接等营养生殖手段，从单一植株获得大量完全一样的子代的方法。现代意义上的克隆，指的是利用生物技术的手段，获得和原有个体在基因组水平上完全一致的个体的过程；强调的是遗传意义上的个体复制。就技术层面而言，克隆可以分为分子水平的克隆、细胞水平的克隆和个体水平的克隆，分述如下。

一、分子克隆

分子克隆（molecular cloning）指的是以一个生物大分子为模板用技术手段获得多个完全一样的分子的过程。由于体外合成蛋白质并不容易，现在的分子克隆往往单纯的指脱氧核糖核酸（DNA）序列的复制，即以一段DNA为模板，合成一模一样的产物的方法。尽管这一技术早期仅仅局限于一个基因的DNA序列（因此也被称为基因克隆），现在也被广泛应用于其他任意DNA序列的扩增，如启动子序列、长链非编码等。根据分子生物学的“中心法则”，DNA作为主要的遗传物质记载着哺乳动物的大部分信息，也是生物序列信息传递的第一环。信使RNA（messenger RNA，mRNA）和特定蛋白分子的克隆都离不开DNA序列信息，因此DNA序列的克隆可以说是当代分子生物学的基石，主要分为以下4步。

（一）获得要克隆的 DNA 序列

DNA 序列从本质上来说就是由不同基团重复组成的一个大分子，可能来源于多种不同的物种。常见的获得 DNA 片段的方法有利用限制性内切核酸酶从提取的 DNA 上直接获得目标片段，以及利用聚合酶链反应（polymerase chain reaction，PCR）体外合成想要的目的序列。PCR 的相关原理和技术方法将在第四节中阐述。

（二）用分子生物学手段将该序列插入合适的载体中

载体可以分成质粒、病毒载体、黏粒和人造染色体 4 种，其中在哺乳动物分子克隆中最为常用的是质粒和病毒载体。质粒指一类特殊的环状 DNA 分子，能在原核生物（多为基因改造过的工程细菌）中随着宿主 DNA 的分裂、复制一起复制，含有原核的复制起始位点（origin of replication）；病毒载体则具有在哺乳动物细胞内复制的能力。载体接受目标序列 DNA 的过程又被称为 DNA 重组（recombinant DNA），是导入目的 DNA 序列的方法之一。值得一提的是，有些载体既可以在原核生物（细菌）中复制、扩增，也具有真核生物的启动子序列和 polyA 尾巴，可以在真核细胞中表达目的 DNA 片段。将目的 DNA 片段插入这样的载体后就可以在工程细菌中大量复制所需的 DNA 序列，然后转移到真核细胞中进行表达。所以这样的载体又被称为穿梭载体（shuttle vector）。

（三）转化/转染重组 DNA 载体进入目标细菌/细胞

将重组后的载体 DNA 导入生物体内的技术可以根据目标生物的不同分为以细菌为目标的转化和以细胞为目标的转染。转化大多利用物理或者化学的手段使细菌的外壁出现空洞从而让载体 DNA 通过；而转染则利用了相似相溶的原理将载体 DNA 包裹在类似于细胞膜双分子层的脂质体中，然后使脂质体和细胞膜融合，释放出内含的质粒。

（四）筛选成功复制目的 DNA 序列的细菌/细胞

除了目的 DNA 序列和复制、表达相关的部分之外，载体上往往还带有一个或多个筛选基因，目标生物本身并不表达这些基因，因而，在适当的筛选条件下，只有携带了载体和/或重组载体的目标生物（后者又称为重组子）才能存活。不同的筛选基因需要使用不同的筛选方法，常用的方法有耐药基因筛选法（原核生物的氨苄青霉素抗性、卡那霉素抗性，真核细胞的 G418 抗性、嘌呤霉素抗性等）和报告基因筛选法（绿色荧光蛋白、碱性磷酸酶和半乳糖苷酶等）。

二、细胞克隆

细胞克隆（cell cloning）指的是从一个亲代细胞得到一群与该亲代细胞的遗传性状完全一致的子代细胞的过程。单细胞生物如细菌、酵母对环境的要求比较简单，作为一个完整的个体，它们只要求提供合适的养分即可生长。多细胞生物则不同，体内每一种细胞都需要不同的生长微环境，如氨基酸、糖分、酸碱度、悬浮或贴壁培养等，尤其是各类生长因子、免疫相关的分泌蛋白对于细胞体外培养、传代均有着十分重要的作用。另一方面，由于端粒（telomere）的存在，大多数成年体细胞能分裂的次数是有限的，仅在胚胎细胞、干细胞及部分白细胞中存在着活跃的端粒酶（telomerase），能够修补分裂过程中不断缩短的端粒进而维持细胞的复制过程。所以体外培养的细胞一般要导入一些外源的基因如 c-myc 或者 SV40 来使其能够在稳定的培养条件下保持复制的能力，这个过程称为细胞的永生化，是建立一个稳定细胞系的必需步骤之一。

细胞水平的克隆在现今的干细胞研究中有着特别的意义，即基于体细胞核移植技术的 ES 细胞克隆。克隆得到的带有绝大多数体细胞遗传信息的 ES 细胞，并不是用来培养成有功能的胚胎，最终复制出和原来一样的个体即生殖性克隆，而是为了诱导其分化为有功能的组织特异性干细胞，以恢复原个体中受损的组织即治疗性克隆。相关的理论与技术将在下一节中详细阐述。

三、生物克隆

生物克隆（organism cloning）一般指从单一个体得到许多遗传意义上完全一致的个体的过程，其难易程度和生物的进化程度有关。总体上而言，多细胞生物的克隆一般比单细胞生物的克隆难一些。其实在前面的分子克隆和细胞克隆部分已经阐述了部分生物克隆的概念，如质粒 DNA 的扩增中用到的细菌以及体外永生化的细胞在某种程度上也能看成是一种独立的个体，利用生物学的手段将其复制以得到目的产物。植物的无性繁殖如嫁接、插条等也因为开始较早，应用广泛，已经为大众所接受。随着生物技术的进步，越来越多的动物被克隆，包括著名的“多利”羊、小鼠、大鼠等。其技术基本上是类似的，即利用体细胞核移植技术，将供体的体细胞核转移到受体的去核卵母细胞中，经刺激融合之后进行体外培养。如果该细胞开始分裂，则将其移植到假孕母体的子宫中，发育正常的话就能得到和供体具有一致遗传因素的子代动物，与卵母细胞的提供者和假孕母体都没有关系，甚至于这三者不必是同一物种，相互之间可以稍有差别。

动物的克隆之所以受到了广泛的关注，因为其引出了人类的克隆这一涉及伦理的问题。人体克隆指的是人工复制一个遗传水平上完全一致的人类，与自然发生的同卵双生情况不同，人体克隆强调的是经由体细胞核移植提供的细胞经分裂后得到的胚胎这一受干预的过程。人体克隆可以分为两种，即治疗性克隆和生殖性克隆。其中，治疗性克隆又可以分为以克隆得到的器官进行移植为目的和将大脑移植到克隆得到的完整身体中两种方法，尽管后者仍处于理论研究阶段。生殖性克隆会引发潜在的伦理和社会问题，如损害人类的尊严和价值、冲击社会构成和社会观念，以及造成法律上对“自然人”定义的模糊等。

另外，在技术层面上，虽然有文献报道克隆性 ES 细胞和自然受精来源的 ES 细胞在转录和功能上都没有明显的差异，但是哺乳动物的克隆成功率很低，而且存活的个体或多或少都会表现出表型和基因型的异常。这提示对人体的克隆必须慎重再慎重。另一方面，由于克隆得到的胚胎要在体外培养 14 天才被移入代孕母体，在此之前并不被认为是一个人，所以至今在实验室中通过人体细胞核移植得到的克隆胚胎都在 14 天之前被中止了。基于同样的理由，治疗性克隆的目的只是在体外培养胚胎到囊胚期以获得 ES 细胞，不存在伦理上作为一个人会面对的问题，因此正在逐渐被接受。

第三节　体细胞核移植

一、概述

体细胞核移植（somatic cell nuclear transfer，SCNT）是将供体体细胞的细胞核用显微注射的方法注入去除了细胞核的卵母细胞中，然后用电刺激使之融合，得到有功能的胚胎细胞的过程。体细胞核移植即是利用去核卵母细胞对体细胞细胞核进行重编程的过程，以证明终末分化的体细胞只要含有完整的遗传序列，就能起到传递个体信息的作用。该技术常被用于 ES 细胞研究以获得足够的 ES 细胞，也是治疗性克隆和生殖性克隆必经的步骤之一。除此之外，体细胞核移植获得的胚胎由于携带了供体细胞的绝大多数遗传信息，因此可以用于研究患有某种特定疾病的供体和其基因型之间的关系。可惜的是，至今仍未有用此方法成功建立人 ES 细胞系的报道，这可能与体细胞核移植过程中体细胞核和去核卵母细胞受到的机械损伤、电刺激有关。

另一方面，卵母细胞诱导的体细胞核重编程的分子机制仍不清楚，重编程所需的条件也远未达到最优。综上，体细胞核移植的成功率是非常低的。因此有些科学家尝试用外源基因导入的方法获得有功能的多能干细胞并获得一定的成功，诱导多能干细胞（iPS 细胞）方法的确立使得体细胞去分化在体外成为可能。从遗传信息的复制层面来说，iPS 细胞比体细胞核移植获得的细胞更完整地保留了所有的遗传因素，因为体细胞核移植获得的细胞中仍含有卵母细胞的线粒体，其中记录了卵母细胞的部分 DNA。当然，iPS 细胞本身也存在着许多的不足，最大的问题就是用逆转录病毒感染的方法导入外源基因会导致不可知的后果，如病毒基因组的重组等。另外，有研究表明，基于 ES 细胞核移植的重编程技术能显著提高生物克隆的成功率。这可能和 ES 细胞基因组相对于终末分化的体细胞基因组更接近支持完整动物发育所需要的状态有关。常见的细胞核移植动物有小鼠和牛两种，因此本节以小鼠为例描述了卵母细胞和体细胞的获得、利用显微注射技术完成的核移植、电刺激下的细胞融合等实验技术，同时以牛为例介绍了 ES 细胞的核移植方法。

二、实验材料与试剂

（一）孕马血清促性腺激素（PMSG）和人绒毛膜促性腺激素（hCG）

（二）TH3 培养液

4-羟乙基哌嗪乙磺酸[4-(2-hydroxyethyl)-1-piperazine-1-ethanesulfonic acid，HEPES]

缓冲的 TALP 培养液，加上 0.3%的牛血清白蛋白（bovine serum albumin，BSA），按表 3-1 中的配方配制，调整 pH 到 7.2～7.4，用 0.22μm 滤器（Millipore）过滤。可在 4℃保存 1 个月。使用前加入 BSA 至终浓度为 0.3%。

表 3-1　TH3 培养液的配制（Mitalipov et al. 2006）

试剂名称	用量/L
氯化钠	6.660g
氯化钾	0.239g
二水合氯化钙	0.294g
六水合氯化镁	0.102g
磷酸氢二钠	0.048g
葡萄糖	0.900g
乳酸钠	1.87ml
酚红	0.010g
碳酸氢钠	0.168g
硫酸庆大霉素	0.050g
HEPES	2.603g
丙酮酸钠	0.060g

（三）TH1 培养液

即上述 HEPES 缓冲的 TALP 培养液，加入 1mg/ml 的 BSA。

（四）TH30 培养液

即上述 HEPES 缓冲的 TALP 培养液，加入 30mg/ml 的 BSA。

（五）基础胚胎培养液

按表 3-2 配制，pH 调整为 7.2～7.4，过滤。在下文中以“基础培养液”表示。

表 3-2　基础胚胎培养液的配制*（Mitalipov et al. 2006）

试剂名称	用量/L
聚乙烯醇	0.1g
氯化钠	6.639g
氯化钾	0.224g
二水合氯化钙	0.279g
六水合氯化镁	0.102g
60%乳酸钠溶液	632ml
碳酸氢钠	2.1g
硫酸庆大霉素	0.01g

*在实际应用时，也可用日本功能肽段研究所的 IVMC-101 培养液，或者 Millipore 提供的 EmbryoMax 系列培养液代替这种基础培养液。这两种培养液中已含有表 32-3 中的氨基酸，故可不用再额外的加入。而且，还可省去下面 100×氨基酸储存液的配制。

（六）100×氨基酸储存液

按表 3-3 配制，过滤。

表 3-3　100×氨基酸储存液（Mitalipov et al. 2006）

试剂名称	用量/L
牛磺酸	6.26g
D-门冬酰胺	0.13g
半胱氨酸	0.18g
组氨酸	0.21g
赖氨酸	0.18g
脯氨酸	0.12g
丝氨酸	0.11g
D-天冬氨酸	0.13g
甘氨酸	0.08g
谷氨酸	0.17g
谷氨酰胺	2.92g
泛酸	0.07g

（七）含氨基酸的胚胎培养液

将氨基酸储存液稀释 100 倍至胚胎培养液中即可。在下文中以“完全培养液”表示。

（八）融合培养液

在 1L Mili-Q 水中加入 D-山梨醇 46.378g、乙酸钙 0.0158g、乙酸镁 0.107g 和 HEPES 0.119g。使用前加入 BSA 至 3mg/ml，过滤。

（九）活化剂储存液（1000×）

将 1mg 伊屋诺霉素溶解于 267μl DMSO 中，置于−20℃备用。

（十）6-二甲基氨基嘌呤（6-dimethylaminopurine; 6-DMAP）储存液（100×）

将 1g 6-DMAP 溶于 30ml PBS 中，−20℃储存。

（十一）透明质酸酶/hTALP 或胶原酶/hTALP

用于消化、分散卵丘细胞以得到卵母细胞。在 HEPES 缓冲的 TALP 培养液中加入透明质酸酶至 0.5g/ml，或加入Ⅳ型胶原酶至 0.05%（*m*/*V*）。

三、方法

（一）供体细胞的获取

一般多选择易于获取、培养的细胞作为供体细胞。这里以心肌成纤维细胞为例进行简要说明：以生理盐水配制的6.7mg/ml戊巴比妥腹腔注射小鼠（0.01ml/g小鼠体重），待小鼠麻醉后腹面朝上固定于板上，置于层流超净台中进行操作。以无菌手术器械沿中轴线剪开肋骨，打开胸腔，暴露心脏。小心地剪断和心脏连接的血管，摘下心脏，注意尽可能少的带入肺部组织。在无菌PBS中漂洗数次，去除表面的血液和附着组织。用眼科剪将心脏剪成0.3～1mm^{3}的大小，然后用弯头吸管吸取剪碎的组织放到干净的10cm培养皿中，组织块之间留5mm左右的空隙。将培养皿放到37℃细胞培养箱中孵育3～4h，使组织块中的水分蒸发一些，有利于其黏附到培养皿壁上。取出培养皿，缓慢沿壁加入15ml含10%胎牛血清（FBS）的DMEM培养液，使之浸没组织块，37℃孵箱培养一周左右时可见成纤维细胞从组织块爬出，用PBS漂洗两次后换入新鲜的FBS/DMEM培养液继续培养。每周换液两次直至细胞铺满到90%。此时将培养液换成含0.5% FBS的DMEM培养液，继续培养2～3天后用0.05%的胰蛋白酶消化，制成单细胞悬液作为核移植的供体。

（二）卵母细胞的获得

取10周左右的健康母鼠，腹腔注射10U孕马血清促性腺激素活化卵巢，48h后继续腹腔注射10U人绒毛膜促性腺激素促卵母细胞成熟。注射后13～15h，颈椎脱臼法处死小鼠后置于75%乙醇中浸泡10min。将小鼠取出，移入层流无菌工作台，迅速打开腹腔，取出输卵管于TH3培养液中。在实体显微镜下轻轻撕开开输卵管壶腹部（即输卵管膨大部），将卵丘卵母细胞复合体（cumulus oocytes complex，COC）轻轻挤出，漂洗1次后悬浮于透明质酸或胶原酶溶液中，置37℃孵箱2～3min使卵丘细胞分散。将溶液用70μm尼龙滤膜过滤，则较大的卵母细胞会留在膜上，而卵丘细胞、卵泡颗粒细胞和白细胞等将穿过滤膜。迅速用TH3培养液冲洗尼龙滤膜，收集含有卵母细胞的培养液置于培养皿中，用小枪尖吸去残余的卵丘细胞。在高倍显微镜下可以看到卵母细胞所处的发育阶段（生发泡期、M1期及M2期）以及细胞状态（颗粒情况、形状、细胞质的颜色等）。理论上来说，应该有60%以上的卵母细胞处于成熟期或正在成熟中（M1或M2期）。最后将卵母细胞转移到完全培养液中，3～4h后大多数M1期的卵母细胞就会成熟，进入M2期。

（三）卵母细胞脱核

最常见的去核方法是用低毒性的荧光染料如Hoechst 33342等，利用其能嵌入DNA结构中的特性对细胞核进行染色，然后在荧光显微镜下进行去核操作。由于可以直观地看到纺锤体的位置和大小，用这种方法去核的成功率是最高的。但是荧光染料本身对重构卵子的发育有一定影响，残留在细胞质中的微量染料有可能会与体细胞的DNA结合，从而抑制其进行重编程。除此之外，为了使Hoechst 33342可见，需要用紫外光对其进行照射激发，而紫外辐射超过30s会导致发育潜能下降。因此用荧光染料的卵母细胞去核操作必须在30s内完成，这就对操作者的技术水平提出了极高的要求。这里介绍的是利用刚排出的卵母细胞的核与第一极体呈对位关系这一特性发展而来的盲吸法。小鼠的卵母细胞膜质比较脆弱，容易破裂，故采用先将透明带切口后再去核的方法。

（1）将卵母细胞用 TH3 培养液洗涤 2～3 次后，用含有 5μg/ml 细胞松弛素 B 的 TH3 培养液重悬，慢慢地滴在培养皿盖上（一滴约为 30μl），用石蜡油覆盖。

（2）在装有显微操作工具的倒置显微镜下进行操作。用连有注射器的持卵针（内径 25～40μm，外径 120～130μm）吸取一半容量的 TH3 培养液后固定一个单独的卵母细胞。将第一极体置于 2 点钟方向，缓慢的降低持卵针直到卵母细胞的底部和培养皿接触，以使之在去核过程中不轻易发生移动。

（3）用切口针（斜口）从 3 点钟方向对着第一极体刺入，穿过透明带（zona pellucida），但是注意不要刺穿细胞膜。用切口针在持卵针下缘来回摩擦，直到卵母细胞从切口针上脱出，并在透明带上留下一明显可见的缺口。

（4）换平口吸管从切口处插入，将第一极体以及大约其下 15%的细胞质吸入管中，带出分裂期的纺锤体。

（5）将卵母细胞置于预热的完全培养液中孵育 30～60min 再进行下一步操作。

（四）去核卵母细胞的活化

由于体细胞核移植得到的胚胎没有经过受精和精子诱导的卵子活化，预先活化去核卵母细胞能有效地提高重构胚胎发育到囊胚的概率。

（1）取 1μl 1000×活化剂储存液（伊屋诺霉素）加入到 1ml TH1 培养液中混匀，制成活化培养液（现用现配）；1ml 完全培养液中加入 6-DMAP 储存液 10μl，制成 6-DMAP 培养液。

（2）将去核卵母细胞置于活化培养液中孵育 2min，然后用 TH30 培养液洗涤 5min。

（3）将活化的去核卵母细胞转移到 6-DMAP 培养液中，37℃孵育 4h。

（4）用 TH3 培养液反复洗涤去核卵母细胞 4～5 次，残留的 6-DMAP 会导致胚胎发育阻滞。

（五）体细胞核移植

一般而言，有两种可行的方法：直接将体细胞细胞核注入去核卵母细胞中完成重构；或者将体细胞完整地注入卵黄周隙，形成去核卵母细胞/成纤维细胞对，然后用电融合的方法使两个细胞重构为一个细胞。两者所需的显微操作装置和卵母细胞去核类似，分述如下。

（1）用含细胞松弛素 B 的 TH3 培养液重悬成纤维细胞和去核卵母细胞，分别缓慢地滴到显微操作台上，大约 30～40μl 为一滴。10～15min 后用固定针吸取单个的成纤维细胞，操作斜口针小心地刺穿细胞膜使之碎裂，换外径 5～7μm 的平口针吸取细胞核。立即把平口针转移到含有去核卵母细胞的液滴中，小心通过透明带上的孔将平口针刺入去核卵母细胞的细胞质，注入成纤维细胞的细胞核。用完全培养液洗涤重构完成的核移植细胞 3 次，37℃培养。

（2）用含细胞松弛素 B 的 TH3 培养液重悬成纤维细胞和去核卵母细胞，分别缓慢的滴到显微操作台上，大约 30～40μl 为 1 滴。10～15min 后用斜口针（外径 33～35μm）吸取一个成纤维细胞；同时用持卵针固定一个去核卵母细胞，使透明带上的孔对着 3 点钟方向。将含有成纤维细胞的斜口针通过该孔，并把成纤维细胞注入去核卵母细胞的卵黄周隙，退出斜口针。用完全培养液洗涤重构完成的核移植细胞 3 次，37℃培养。

（六）电融合

直接注入成纤维细胞细胞核的方法不需要此步操作。对于存在去核卵母细胞/成纤维细胞对的情况，可以经两次 50μs 直流电刺激将它们融合为一个重构细胞，方法如下。

（1）两个融合电极相距 0.5mm，插入 10cm 培养皿中。

（2）将预热的融合培养液加入培养皿中直至没过电极。

（3）将 4～5 个去核卵母细胞/成纤维细胞对先置于 TH3 培养液中，然后转移到含 TH3 培养液∶融合培养液=1∶1 的培养皿中，待它们沉到培养皿底部之后转移到纯融合培养液中。

（4）显微操作，用固定针使细胞对排列在两个电极之间，并且供体成纤维细胞朝向负极。启动电融合，完成后等待 20s 再将细胞对分别经过 TH3 培养液∶融合培养液=1∶1、纯 TH3 培养液的过程转移到 TH3 培养液中。这样既可以尽可能地减少渗透压变化给细胞带来的冲击，又可避免 TH3 培养液中的电解质污染融合液。

（5）将融合后的细胞对置于基础培养液中静置 30～45min，显微镜下观察卵黄周隙内是否仍存在成纤维细胞来判断融合效果并丢弃未融合的细胞对。

（6）将成功重构的细胞转移到完全培养液中培养直至囊胚形成。

四、注意事项

（一）供体细胞的问题

（1）不同的体细胞提供的细胞核重编程的可能性是不同的，如胸腺上皮细胞提供的细胞核无法发育成完整的胚胎；而成纤维细胞、脾脏上皮细胞和巨噬细胞的细胞核均可以，这可能和不同细胞基因组受分化影响的情况不同有关。

（2）若心脏组织块贴壁不佳，可以先在培养皿底部涂上薄薄的一层 10% FBS/DMEM 培养液，再放上组织块。

（3）消化前先用镊子把组织块从培养皿夹出，再用 PBS 漂洗几次，以去除剩余的组织块，从而避免最终的核移植供体不纯的情况。

（二）卵母细胞的问题

小鼠卵母细胞的获得较其他大型哺乳动物更为容易，因为其卵巢活化时间短，无需用促卵泡激素长时间预处理，也不必考虑自发的促黄体素分泌问题。对于牛、马、猴等体型较大的哺乳动物，一般用腹腔镜进行卵泡抽吸以获得卵丘卵母细胞复合体。由于并不是所有的实验动物都会发生卵母细胞的成熟，因此在手术前进行超声检查，以卵巢大小的变化和大型卵泡的生成来确定卵巢活化反应。俄勒冈国家灵长目研究中心数据显示，约有 20%的恒河猴在接受促排卵刺激后未见明显的卵巢活化反应。

小鼠卵母细胞比牛（另一种常见的核移植实验动物）要脆弱得多，在脱核的过程中很容易裂解，因此细胞松弛素 B 的处理就显得十分重要。然而，处理时间过长可能导致细胞骨架变得太软以及细胞质的隆起。

（三）关于核移植问题

两种不同的体细胞核移植方法各有利弊，简单的说，完整的体细胞直接通过注射针导入卵黄周隙再进行电融合的方法可以减小对体细胞核直接的物理损伤，缺点是体细胞细胞质中的成分可能对重构胚胎的发育有一定影响，电融合过程也会对最后的重构细胞造成不可磨灭的影响，包括电流的刺激和融合培养液的渗透压刺激。另一方面，直接注射体细胞核的方法减少了操作步骤，去核卵母细胞基本没有受到不利因素的影响，但是重构细胞的存活率和胚胎进入原核期的概率都要低一些。

五、ES 细胞核移植

将目的基因通过转染的方法导入牛 ES 细胞，再进行核移植以得到特异表达目的基因的牛，这是克隆转基因动物的优选方法之一。

（一）材料

ES 细胞获取和培养的详细方法将在下一节详细讲述，这里仅作简要介绍。

1. 牛 ES 细胞的培养

（1）分离液：PBS 溶液含 10% FBS 和 1%青霉素-链霉素。

（2）ES 细胞培养液：10%FBS 的最低要求培养液（minimal essential medium-α，MEMα），含 1%青霉素-链霉素、10ng/ml EGF 和 10ng/ml 人白血病抑制因子（hLIF）。其中，EGF 和 hLIF 的 1000 倍储存液均通过将 MEMα培养液直接加入细胞因子粉剂配制而成。

（3）胰蛋白酶-EDTA 溶液：0.25%胰蛋白酶和 1mmol/L EDTA 溶于 PBS。

（4）培养用细胞因子：成纤维细胞生长因子（FGF）和血小板衍化生长因子（PDGF）。

2. ES 细胞核移植

（1）PBS-胶原酶溶液，用于消化卵丘细胞：0.05%（*m*/*V*）的胶原酶，溶解于 PBS，过滤灭菌后储存于-20℃。

（2）改良的 TALP 培养液（mTALP）：按表 3-4 配制。

表 3-4　改良 TALP 培养液（mTALP）的配制（Weiner 2008）

溶液 A 成分	每 100ml	溶液 B 成分	每 100ml	其他成分	每 100 ml
NaCl	0.738g	$NaHCO_3$	1.30g	青霉素-链霉素	0.1ml
KCl	0.038g	1%酚红	20μl	乳酸钠	0.4ml
NaH_2PO_4	0.006g			丙酮酸钠	0.006g
$CaCl_2 \cdot 2H_2O$	0.038g			葡萄糖	0.02g
$MgCl_2 \cdot 6H_2O$	0.013g			MEM-NEAA	1.0ml
1%酚红	20μl			BME-EAA	2.0ml
				30mg/ml 谷氨酸	0.5ml
				BSA	0.1g

注：使用前将 80ml 溶液 A 和 16ml 溶液 B 混合，然后加入其他成分。NEAA，non-essential amino acids，非必需氨基酸；EAA，essential amino acid，必需氨基酸。

（3）卵母细胞的培养和显微操作溶液：IVMC-101 培养液，加入 5μg/ml 细胞松弛素 B。

（4）电融合液：0.3mol/L 甘露醇，100μmol/L $CaCl_2$，100μmol/L $MgCl_2$，双蒸水配制后过滤除菌。

（5）核染色液：将 1μg/ml Hoechst 33342 加入 IVMC-101 培养液即可。

（6）放线菌酮。

（7）75mm 长的血细胞容积计毛细管和显微操作专用的显微拉制仪，以制作显微操作所需的微管。

3. ES 细胞转染

（1）质粒：IRES-Neo-HLA-B-EGFP。

（2）转染试剂：罗氏 FuGENE 6。

（3）转染体系：MEMα培养液。

（4）选择性筛选试剂：G418。储存液：20mg/ml，将 1g G418 溶解在 50ml 双蒸水中。使用液：200μg/ml，将 0.1ml 储存液和 9.9ml MEMα培养液混合。

4. 免疫荧光染色

（1）甲醛：37%甲醛水溶液。

（2）4%甲醛/PBS 溶液：将 10.8ml 甲醛和 89.2ml PBS 混合。

（3）抗体为一抗为小鼠抗牛视紫红质多克隆抗体，小鼠抗牛色素上皮衍化因子多克隆抗体；二抗为 PE 标记的兔抗小鼠 IgG。

5. RT-PCR

从细胞裂解液中提取总 RNA 后，经过逆转录酶催化合成 cDNA 作为模板，然后以特异引物进行 PCR 扩增。

（1）RNA 抽提试剂：TRIzol 试剂盒。

（2）一步法 RNA 逆转录和扩增试剂：SuperScript One-Step RT-PCR 试剂盒。
（3）DNA 电泳：聚丙烯酰胺 DNA 电泳体系。

（二）方法

1. ES 细胞的培养与维持

以灭活的小鼠皮肤成纤维细胞（STO 细胞）作为滋养层，以 ES 细胞培养液体外扩增牛 ES 细胞。扩增的牛 ES 细胞用 10% DMSO/MEMα 培养液重悬，液氮冻存。现简要描述牛 ES 细胞的培养。

（1）36℃水浴复苏牛 ES 细胞。
（2）在预热的 15ml 离心管中加入 12ml ES 细胞培养液，再加入 2ml 复苏的 ES 细胞。
（3）上下颠倒混匀，700*g* 离心 5min。
（4）用新鲜的 ES 细胞培养液重悬牛 ES 细胞，并种在灭活的 STO 细胞上。
（5）5% CO_2，38.6℃培养，隔天换液。
（6）6～7 天后 ES 细胞长满，用胰蛋白酶消化，传代。

2. ES 细胞核移植

相对于体细胞核移植，牛 ES 细胞核移植产生克隆动物的频率更高（表 3-5）。用牛 ES 细胞进行的实验表明，ES 细胞核移植产生的克隆胚囊 50 天后妊娠率为 71%，终末发育率为 43%，均高于体细胞核移植。

表 3-5　不同细胞类型的克隆效率（Weiner 2008）

细胞核供体来源	种属	效率/%
ES 细胞	小鼠	10～30
	牛	40
卵丘细胞	小鼠	1～3
乳腺细胞	绵羊	3～8
成纤维细胞	牛	8～14
淋巴细胞	小鼠	0

1）体外培养成熟的牛卵母细胞

① 用 18 号针头连接的 10ml 注射器将卵丘卵母细胞复合体从 2～8mm 直径的卵泡中吸出来。

② 将 10 个牛卵丘卵母细胞复合体分散在 100μl IVMC-101 培养液中，39℃、5% CO_2 培养 22h。

③ 将成熟的卵丘卵母细胞复合体用 1～2ml PBS/胶原酶溶液孵育几分钟，以打散卵丘细胞和卵母细胞。

④ 小心地吸出成熟卵母细胞并将其移入含 5μg/ml 细胞松弛素 B 的 IVMC-101 培养液中。

⑤ 用显微注射针头从极体旁破开透明带，并除去极体、赤道板和小部分细胞质（图3-1A 和 B）。

⑥ 将卵母细胞在 20～40μl 的 IVMC-101/Hoechst 33342 培养液中孵育 10min，荧光显微镜下确认细胞核的消失。

⑦ 选择那些去核完全的卵母细胞。

2）供体细胞的准备

① 将 ES 细胞在无滋养层细胞的培养皿中用 ES 细胞培养液培养 3～4 天。

② 胰蛋白酶消化 ES 细胞，PBS 洗涤一次。

③ 将单个 ES 细胞置于一滴（约 40μl）IVMC-101/FCS 培养液中。

3）电融合

① 将去核卵母细胞和供体细胞转移到显微操作液滴中（IVMC-101/FCS 培养液）。

② 用注射针吸取供体细胞，通过透明带上的破口将其注入卵周隙，使其接触到去核卵母细胞的细胞膜，形成卵母细胞/供体细胞对（图 3-1 C 和 D）。

③ 用显微操作臂将卵母细胞/供体细胞对转移到电融合溶液中。

④ 当所有的卵母细胞/供体细胞呈垂直分布的时候，用两次直流电脉冲（场强20V/150μm，持续 50μs）使其融合。

⑤ 用含 0.1% BSA 和 10mg/ml 放线菌酮的 mTALP 培养液培养重构细胞 5h 以使其活化。

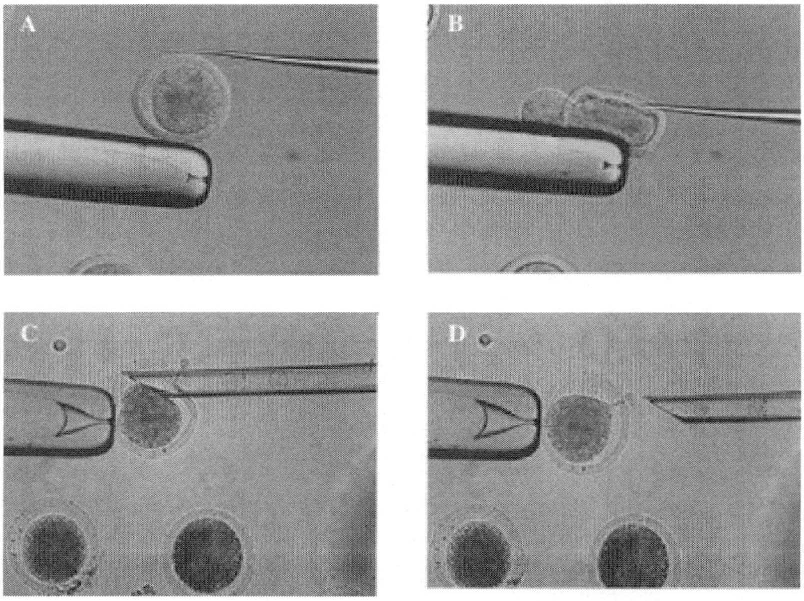

图 3-1　透明带切割、去核和供体细胞核移植示意图（Weiner 2008）

A．将显微注射针头插入卵周隙，将透明带在持样针上反复摩擦以切开透明带；B．从透明带破口处用显微注射针头去除极体和赤道板，带出一小部分细胞质；C. 用注射针头吸取 1 个供体细胞从卵周隙注入去核卵母细胞中；D. 供体细胞注入去核卵母细胞后的示意图。4 张图均为 200 倍放大

4）囊胚的获得与转移

① 用含 3% FBS 的 mTALP 培养液培养重构细胞，控制环境为 5% CO_2、38．6℃。

② 6～7 天后将正常发育的囊胚通过非手术的方法转移到代孕牛子宫中。

5）亲子鉴定

为验证克隆牛的基因组确实来源于 ES 细胞的细胞核，还需要对克隆牛的 DNA 微卫星标记进行检测，即通过 PCR 扩增克隆牛基因组 DNA 上的微卫星位点，并和 ES 细胞进行对比。

① 向代孕母牛、克隆牛的血细胞以及与克隆用供体 ES 细胞同世代的 ES 细胞中分别加入 300μl 裂解液，混匀后移入 1.5ml 离心管，55℃孵育。

② 加入 150μl 饱和 NaCl 溶液，剧烈振荡后加入 2 倍体积的 95%乙醇。

③ 13 000*g* 离心 10min，吸取上清液，70%乙醇洗涤 1 次后用 50μl 双蒸水重悬 DNA 沉淀。

④ 分别用 6-FAM、HEX 和 TET 荧光标记 PCR 引物。

⑤ 按表 3-6 配制 PCR 体系，使用商品化的微卫星标记引物。

⑥ PCR 扩增反应：94℃解链 1min，55℃复性 2min，72℃延伸 20s；共 30 个循环。

⑦ 根据分子质量标记 TS 369 聚丙烯酰胺凝胶电泳分离 PCR 产物，用荧光 DNA 测序仪读取凝胶结果并用 Genescan 和 Genetyper 分析。

表 3-6　基因组微卫星标记 PCR 反应体系（Weiner 2008）

试剂名称	用量（15μl 体系）
10×PCR 缓冲液	1.5μl
基因组 DNA	20ng
上游引物	0.4mmol/L
下游引物	0.4mmol/L
$MgCl_2$	1.7mmol/L
Tris-HCl	10mmol/L
KCl	50mmol/L
dNTP	0.2μmol/L（每一种）
Taq DNA 聚合酶	0.75U

3. ES 细胞转染

转基因 ES 细胞是转基因动物克隆的稳定核移植供体。将质粒导入 ES 细胞的方法有很多，这里仅介绍一种非脂质体转染法。人白细胞抗体（HLA）可以在组织异体移植中抑制人 NK 细胞的细胞毒作用，因此过表达人白细胞抗体的牛 ES 细胞核移植产生的克隆牛是抑制人体器官移植排异反应的理想生物制品来源。这里介绍将同时表达 HLA 和 EGFP 蛋白的质粒 pIRES-Neo-HLA-EGFP 导入牛 ES 细胞的过程。

（1）转染前 1 天，以 1×10^4/孔的密度将 ES 细胞种入 4 孔培养板。

（2）取 70μl 不含 FBS 的 MEMα培养液，置于无菌管中。

（3）加入 6μl FuGENE 6，温和混匀。

（4）加入 10μl 转染增强剂 A，混匀。

（5）加入 4μl 浓度为 1μg/ml 的 IRES-Neo-HLA-B-EGFP，颠倒混匀。

（6）取 22μl 混合液，逐滴缓慢加入培养板中，混匀。

（7）静置培养 1 天后换 FBS/MEMα培养液。

（8）在完全培养液中加入 200μg/ml 的 G418，筛选抗药株。

（9）通过在荧光显微镜下观察 GFP 阳性细胞（图 3-2）的比例并鉴定转染的效率。

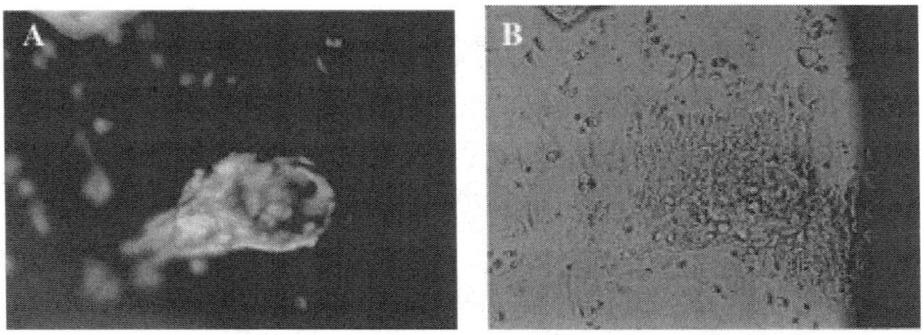

图 3-2　pIRES-Neo-HLA-EGFP 质粒转染牛 ES 细胞表达的 HLA-B-EGFP（Weiner 2008）

A．稳定表达绿色荧光蛋白的细胞克隆；B．同一细胞克隆的相差图片；放大倍数为 200 倍

4. ES 细胞多向分化潜能的鉴定

1）ES 细胞稳定细胞系的注射

① 将 1×10^5 HLA-B-EGFP 稳定转染的牛 ES 细胞重悬于无血清 MEMα 培养液中，并注入 1 个月月龄的 SCID 免疫缺陷小鼠的眼前房。

② 30 天后处死小鼠，取眼置于生理盐水中。

③ 在荧光解剖镜下用剪刀剪下 EGFP 阳性的眼前房，PBS 清洗。

④ 胰蛋白酶消化后离心洗涤。

⑤ 取 2ml 细胞悬液接种于含 FBS/MEMα的 4 孔培养板中。

⑥ 5% CO_2、38.6℃保湿培养。

2）ES 细胞分化潜能的免疫荧光检测

牛 ES 细胞在眼前房中分化为视觉细胞而非肿瘤细胞，因此用免疫荧光染色的方法可以检测到红色和绿色双阳性的细胞，即为分化的牛 ES 细胞。

① 固定：当细胞长满培养皿后弃去培养液，用 PBS 洗 1 次，4%甲醛固定 10min。

② 洗涤：PBS 洗 3 次，每次 5min。

③ 封闭：用 5%羊血清/1%BSA/PBS 封闭 30min。

④ 一抗孵育：取 4μl 抗体加入 200μl 抗体稀释液中（1:50）配制成抗体工作液，小心滴入培养板中，室温孵育 1h。

⑤ 洗涤：PBS 洗涤 3 次，每次 5min。

⑥ 二抗孵育：取 1μl 二抗加入 200μl 抗体稀释液中（1:200）配制成二抗工作液，加入培养板中，避光室温孵育 45min。

⑦ 洗涤：PBS 洗涤 3 次，每次 5min。

⑧ 核复染：配制 1:1000 Hochest 33342/PBS 溶液 200μl，加入培养皿中，立即在荧光显微镜下观察，待细胞核显明亮的蓝色时用 PBS 洗去多余的 Hochest 33342。

⑨ 碱性甘油封片后拍照记录，其结果见图 3-3。

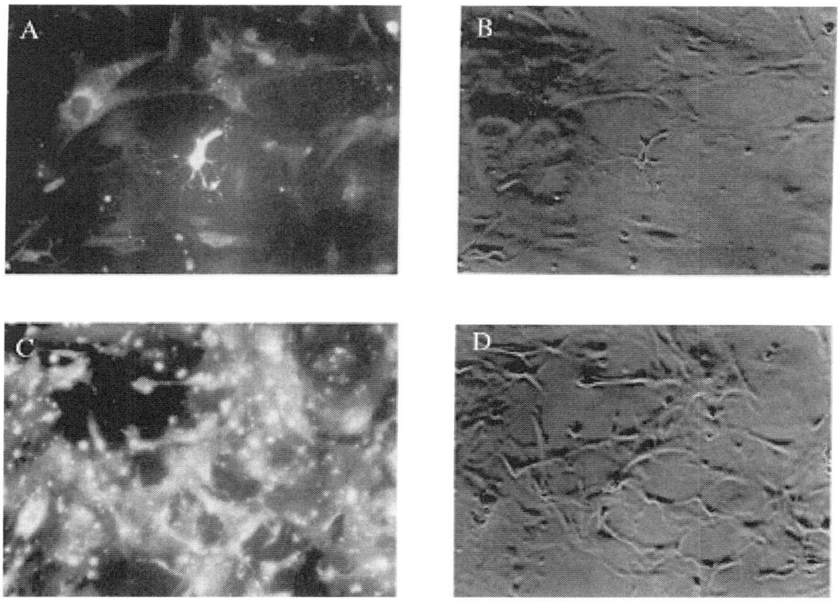

图 3-3　ES 细胞移植后眼祖细胞分化标记物的检测（Weiner 2008）

A．色素上皮衍化因子荧光染色结果；B．和图 A 同视野的相差图片；C．视紫红质荧光染色结果；D．和 C 同视野的相差图片。放大倍数为 200 倍

5．RT-PCR 检测 ES 细胞分化标志物的表达

未分化的牛 ES 细胞特异表达 OCT-4 和 STAT-3，而向神经前体细胞分化的牛 ES 细胞能表达 Nestin。这样通过检测 ES 细胞中这三种基因的 mRNA 表达水平，即可判断其分化程度。由于细胞的 RNA 抽提、纯化、逆转录和 PCR 扩增的方法已经十分成熟，这里仅作简要介绍，同时给出引物的序列。

（1）用 TRIzol 进行细胞裂解和 RNA 抽提纯化：根据 Invitrogen 公司的使用手册进行即可。

（2）去除 RNA 中的基因组 DNA 成分：由于引物序列能同时识别 RNA 和 DNA，所以在逆转录之前去除基因组 DNA 是有必要的。一般通过 DNA 酶处理进行，要注意的是，为了避免体系中残留的 DNA 酶影响逆转录和 PCR，务必在逆转录前灭活 DNA 酶。

① 按表 3-7 配制反应体系。

表 3-7　DNA 酶反应体系（Weiner 2008）

试剂	用量（每 100μl 体系）
RNA	30μg
DEPC-H_2O	将 RNA 溶液体积补至 87μl
RNA 酶抑制剂	2μl
DNA 酶反应缓冲液（10×）	10μl
DNA 酶 I	1μl

② 混匀，室温放置 15min。

③ 制备氯仿：异戊醇体积比为 24∶1 的混合液，向反应完毕的 100μl 体系中加入 50μl 的苯酚和 50μl 的氯仿-异戊醇混合液，剧烈振荡后 13 000g 离心 5min。

④ 将水相吸入新 EP 管，加入 1/10 体积的 3mol/L 丙酮酸钠溶液，再加入 2 倍水相液体体积的无水乙醇。

⑤ 混匀后-80℃放置 1h。

⑥ 13 000*g*、4℃离心 20min。

⑦ 用两倍体积的 70%乙醇洗涤后 13 000*g*、4℃离心 10min。

⑧ 弃去上清，DEPC-H_2O 溶解 RNA 沉淀，定量备用。

（3）RNA 变性

破坏 RNA 二级结构对于逆转录来说是必要的，同时需要避免变性温度对逆转录酶的伤害。因此在进行下一步实验前必须将 RNA 置于 65℃、10min，然后马上置于冰上 5min。

（4）一步法 RT-PCR

根据 SuperScript One-Step RT-PCR with Platinum Taq 系统使用说明进行，简述如下。

① 根据表 3-8 配制反应体系，引物序列见表 3-9。

表 3-8　一步法 RT-PCR 反应体系（Weiner 2008）

试剂	用量（50μl 体系）
反应缓冲液（2×）	25μl
RNA 酶抑制剂	1μl
模板 RNA	0.1μg
上游引物	1μl
下游引物	1μl
逆转录/*Taq* 酶混合物	1μl
双蒸水	补至 50μl

表 3-9　牛 ES 细胞分化标志物的引物序列（Weiner 2008）

基因名	序列
Oct-4	5'-TCC CAG　GAC ATC AAA GCT CTG CAG A-3'
	5'-TCT GGG CTC TCC CAT GCA TTC AAA CTG A-3'

续表

基因名	序列
STAT-3	5'-TCT GGC TAG ACA ATA TCA TCG ACC TTG-3'
	5'-CCC TCT GCC TGT TCT ACT CCA TTC TCC AT-3'
巢蛋白	5'-TTA TTT CCA AAC TGC ATC AAT GAA TCT-3'
	5'-TCT GAT GGG TTT GCT GAT GAG GAA GA-3'

② 一步法的 RT-PCR 程序是：45℃30min；94℃2min；94℃30s；55℃15s；72℃2min；72℃10min。自第 2 个 94℃起，94℃—55℃—72℃3 步重复 40 次（40 个 PCR 循环）。

③ 将产物进行聚丙烯酰胺凝胶电泳，并分析结果。

（三）注意事项

1. 显微操作

（1）显微操作时注意不要用石蜡油覆盖培养液滴，否则会破坏细胞。

（2）显微操作的玻璃工具对结果有非常显著的影响，推荐使用一次成型的商品化产品。

（3）电融合的关键因素有三个：电场强度、电脉冲持续时间和次数。低于 70%的融合率意味着需要提高上述三个参数以达到更好的效率。另外，细胞外的钙离子浓度也会影响融合效率和融合后的细胞活性，因此融合培养液中至少应该含有 0.05～1mmol/L 钙离子。

2. ES 细胞转染

（1）本节所述的牛 ES 细胞培养液可用于转染，但为了获得更高地转染效率，应使用无血清的培养液。

（2）ES 细胞经转染后能表达 GFP 融合蛋白，因此可以方便地在嵌合体生物中确定细胞的来源，即通过原位检测 GFP 的表达来定位由移植的 ES 细胞发育而来的组织。

（3）整合 HLA-B-GFP 的牛 ES 细胞，是否能帮助免疫系统抵抗 NK 细胞杀伤有待研究证实。

3. RT-PCR

（1）整个 RT-PCR 过程中必须采用一切可能的措施以保持整个系统中不含有 RNA 酶，包括：佩戴口罩，经常更换手套，所有的溶液用 DEPC 处理过的水或者商品化的不含核酸酶的水配制，枪头枪尖都用 DEPC 水浸泡后高温处理，在专用的通风柜内操作等。

（2）RNA 的质量对实验结果至关重要，对于长链 RNA 操作时动作要轻柔，以减少机械剪切力对 RNA 的破坏。

（3）一切操作都要在冰上进行以抑制 RNA 的降解。

（4）体系中的镁离子终浓度是 1.2mmol/L。

（5）94℃处理 2min 有三个方面的作用：灭活逆转录酶、激活 DNA 聚合酶，以及使 RNA/DNA 杂合链解链变性。

（6）延伸时间和产物长度有关，*Taq* 酶的效率大约是 1min 合成 1kb 双链 DNA。

第四节　胚胎干细胞的建立

胚胎干细胞（ES 细胞）是从处于囊胚期的早期胚胎的内细胞团中分离得到的全能干细胞。不同种类的哺乳动物受精卵发育到囊胚需要的时间有所不同，如人的受精卵需要 4～5 天，小鼠则在 3～4 天左右。近年来，从卵裂球直接分离 ES 细胞并加以建系的方法亦有报道，下面进行主要的介绍。

一、材料与方法

（一）实验材料与试剂

（1）10～12 周龄小鼠。

（2）层流超净台、无菌手术器械和吸管。

（3）完全培养液：含 10%FBS 的 DMEM 培养液。

（4）PBS。

（5）胰蛋白酶（trypsin）：0.5%胰蛋白酶溶于 PBS 中即可。

（6）明胶溶液：0.1%明胶溶于 PBS 中，0.22μm 滤器过滤，4℃保存。

（7）丝裂霉素 C：配制成 1mg/ml 的储存液，溶于 PBS 中，避光分装保存。

（8）ES 细胞培养液：高糖 DMEM 培养液、15%胎牛血清、2mmol/L 左旋谷氨酰胺、1×非必需氨基酸（non-essential animo acid；NEAA）、1×ES 细胞培养特制氨基酸、100μmol/L β-巯基乙醇、1mmol/L 丙酮酸钠、1000 U /ml LIF。

（9）台氏酸性溶液（Tyrode's acidic solution）：140mmol/L 氯化钠、4.5mmol/L 氯化钾、1mmol/L 氯化镁、2.5mmol/L 氯化钙、10mmol/L 葡萄糖和 20mmol/L HEPES，用盐酸将 pH 调整到 3 左右。

（二）方法

1. 小鼠胚胎成纤维细胞的制备

小鼠胚胎成纤维细胞（mouse embryonic fibroblast，MEF）经常被用作 ES 细胞研究中的滋养细胞（feeder cell），与囊胚的滋养层作用类似。胚胎成纤维细胞通过分泌 ES 细胞生长必需的因子，分泌调节 ES 细胞的细胞外基质（ECM）来达到维持 ES 细胞增殖的目的。虽然 MEF 在铺板之前都要经过灭活程序以阻止细胞分裂，但是仍然无法避免 MEF 可能会污染最终获得的 ES 细胞这一问题。而人工合成的各种细胞因子混合就效果而言不能达到ES细胞培养的要求，这可能与有些生物信号的转导是通过细胞间相互接触来完成的有关。这里还是以传统的MEF滋养层方法为例介绍ES细胞的培养。

（1）将雄性和雌性小鼠合笼约一周后双方熟悉即可交配。一般以产生阴道栓（阴道口的乳白色或蛋黄色冻胶状物）与否来判断小鼠交配是否成功。阴道栓可填满子宫颈至阴唇的整个阴道，持续约16～24h。每窝仔鼠数随小鼠品系、状态以及母鼠年龄而异。第1次怀孕的小鼠胚胎数较少，约在8个左右；而第2～8次怀孕为最佳生育时期，大约每只孕鼠可获得10～12个胚胎。合笼后每天检查母鼠是否怀孕，以见到阴道栓为怀孕0.5天，记录孕期。

（2）取妊娠16天左右的小鼠，颈椎脱臼法处死。立即浸没于75%乙醇中消毒，5min后取出。将小鼠转移到无菌操作台内，开腹后固定腹壁于两侧，暴露子宫。

（3）用眼科剪剪断子宫角，取出子宫，PBS浸泡洗去血迹。沿子宫系膜剪开子宫，PBS漂洗带胎膜的胚胎之后用镊子撕破胎膜并取出胚胎。

（4）保留胚胎的躯干部，去除内脏后用PBS洗3次。用剪刀将躯干部剪成$1mm^3$以下的碎块，加入10ml胰蛋白酶/PBS和5ml无菌玻璃珠和搅拌子，37℃孵育30min，间断搅拌。再加10ml胰蛋白酶两次，每次搅拌30min。

（5）1000r/min离心5min，弃去上清，沉淀用50ml完全培养液重悬，计数。以5×10^5/ml的密度将细胞种到10cm培养皿中，每皿10ml完全培养液。

（6）培养3天左右即可观察到细胞达到90%汇合度，此时培养皿中会混有其他类型的细胞，但是除了成纤维细胞之外均不能增殖。传代2～3次后其他细胞逐渐消失，此时就得到了胚胎成纤维细胞。

2. 小鼠胚胎成纤维细胞的灭活和滋养层的制作

（1）目标培养皿用明胶溶液预处理30min，吸干明胶溶液，吹干。

（2）10μg/ml丝裂霉素C处理MEF 3h，PBS洗5遍。

（3）胰蛋白酶消化，完全培养液重悬，以3×10^4个/cm^2的密度接种在明胶处理过的培养皿中，待其展开后即成为有效的滋养层细胞，可维持一周左右。

3. 从囊胚中制备ES细胞

小鼠受精卵或经过体细胞核移植的重构细胞，经过体外培养3～4天之后即能发育成囊胚样结构，其中的内细胞团细胞具有ES细胞的性质，能在体外增殖并保持全能性。

（1）将发育到囊胚期的胚胎从培养液中取出，用ES细胞培养液清洗两遍后滴到显微操作台上，每滴含1个胚胎，覆盖矿物油。以持卵针固定囊胚，用带注射器的斜口针吸取台氏酸溶液，将针头尖端的开口部分对准囊胚与透明带的间隙，缓慢将台氏酸溶液推出以溶解透明带。待透明带溶解后吸回台氏酸溶液，并用ES细胞培养液反复冲洗囊胚。将囊胚冲洗液接种入预铺灭活MEF的6孔培养皿中，以ES细胞培养液培养3天。

（2）在镜下用吸管小心地将内细胞团从滋养层中挑出来，转移至另一块处理过的6孔板中，每个孔5～6个细胞团。

（3）3～5 天后换液，继续培养 1～2h。用 PBS 洗涤两次，加入胰蛋白酶溶液，孵育 5min 左右。用吸管吹散呈克隆样生长的细胞至单细胞悬液，10 000r/min 离心 5min。以 ES 细胞培养液重悬，接种入前 1 天预铺了灭活 MEF 的 24 孔培养皿中，每孔接种一个 ES 细胞。

（4）继续培养，每天换液一次，每 2 天可消化传代一次。能稳定增殖的即为 ES 细胞，记录代数。

4. 从卵裂球中制备 ES 细胞

（1）取处于二细胞期、四细胞早期、四细胞晚期或八细胞期（受精后约 40h、48h、62h 或 64h）的胚胎，用台氏酸溶液消化透明带以释放所有的卵裂球，或者用显微操作的方法将斜口针刺穿透明带和胎膜，直接吸出单个卵裂球的方法，将单个的卵裂球细胞转移到预铺灭活 MEF 的 96 孔培养皿中，每孔一个细胞。

（2）在最初的 5～7 天内不换液，直至 ES 细胞克隆形成。然后用胰蛋白酶消化重悬，重新种到 MEF 滋养层上，每天换液 1 次，每 2 天消化传代 1 次。

（3）重复消化-单细胞接种-克隆生长这一过程，稳定的细胞系出现后即为 ES 细胞系。

5. ES 细胞的鉴定

作为具有全能性（totipotency）的细胞，ES 细胞的端粒酶活性远远强于正常体细胞，能在体外的分化抑制条件下进行无限的自我复制并维持正常的核型。这些细胞表达一系列 ES 细胞特有的分子（如 Oct-4、STAT3、Sox2、Nanog 和 ALP 等）和细胞表面标志物，能分化成三个胚层所有的细胞类型。因此，鉴定获得的细胞是否为 ES 细胞可以从以下三个方面入手。

（1）ES 细胞相关分子 mRNA 水平的检测。

① mRNA 的提取：细胞的 mRNA 抽提可以使用 Invitrogen 公司的 TRIzol 产品，按照说明书进行操作即可。

② mRNA 逆转录为 cDNA：基于体外逆转录酶的反应，不同的酶反应条件不同，常用的如莫洛尼小鼠白血病病毒逆转录酶（moloney murine leukemia virus reverse transcriptase，M-MLV RT）和鸟类成髓细胞白血病病毒逆转录酶（avian myeloblastosis virus reverse transcriptase，AMV RT）等。将 mRNA、逆转录酶和 RNA 酶抑制剂（RNase inhibitor）、随机引物或寡聚胸腺嘧啶引物和四种脱氧核糖核苷三磷酸（dNTP）置于合适的反应缓冲液中孵育一段时间即可。

③ PCR 扩增特定基因的 cDNA：由于在所有的 mRNA 中目的 mRNA 的含量很少，并不能被直接检测到，因此需要对某一条 mRNA 序列进行复制以增强其信号。PCR 是利用 DNA 聚合酶（现常用的如 *Taq* 聚合酶等）进行的酶促反应，在引物特异识别的基础上指数级复制 cDNA 片段以达到此目的。在 1 个 PCR 循环中，模板 DNA 含量增加 1 倍，而常用的 DNA 聚合酶可以支持至少 35 个循环，所以能得到足够的 DNA 用于后续分析。一般而言，除了扩增目的基因的 cDNA 之外，还应该扩增一个持家基因的 cDNA

作为内参，以减小由 mRNA 量的个体差异造成的误差。

④ DNA 的检测：多用荧光染料如溴化乙锭（EB）或者 Goldview™ 等。通过结合到 DNA 双螺旋上，在经受紫外光激发的时候能发射出特定波长的荧光而被检测到，其发光强度与 DNA 的长度及含量有关。通过琼脂糖电泳的方法将 DNA 片段依据其分子质量的不同在凝胶上展开，以荧光信号定位目的片段后比较不同样本之间的荧光强度，决定样本中目的 mRNA 的相对含量。

（2）ES 细胞表面标志性蛋白的检测

由于细胞表面蛋白可以在细胞仍然存活的情况下被抗体识别而加上荧光标记，因此经过流式细胞术检测的 ES 细胞仍然可以用于后续的实验。其主要方法是：消化分离 ES 细胞并计数；取 1×10^6 个细胞，置于 100μl 含 1% BSA 的 PBS 中，加入识别阶段特异性胚胎抗原-4（stage-specific embryonic antigen-4，SSEA-4）和 EpCAM 等 ES 细胞表面标志性分子的抗体 1μg，孵育 20min，每 10min 轻微振荡 1 次以保证细胞和抗体的充分接触。然后用含 1% BSA 的 PBS 重悬 2 次，洗去抗体。若该抗体带有荧光基团则可直接上机检测，否则继续用上述方法与标记有荧光基团的二抗进行孵育后再检测。以荧光信号阳性细胞占总细胞的比例判断 ES 细胞的纯度。

（3）全能性细胞的制备有以下三种方法。

① 嵌合小鼠：取与 ES 细胞来源品系具有明显表型差异的母鼠，用第二节中介绍的方法得到其胚胎，体外发育至囊胚期后以显微注射的方法将 ES 细胞从内细胞团的远端注入囊胚，每个囊胚注射 10 个左右的 ES 细胞，同时囊胚的特有结构消失。体外培养 2～3h 待囊胚重建后移植到假孕母鼠的子宫中。如果 ES 细胞确实具有全能性，就能和囊胚一起共同发育成子代小鼠，从而在子代小鼠体内各种组织中都同时含有供体 ES 细胞来源的组织和受体囊胚来源的组织，表现为两种不同基因型的细胞相互嵌合在一起。

② 畸胎瘤：消化 ES 细胞，用不含 LIF 的培养液重悬两次，计数。取 1×10^6 ES 细胞，注射到非肥胖糖尿病/重症联合免疫缺陷（non-obese diabetic/severe combined immune deficiency，NOD-SCID）小鼠皮下或腹股沟，约 4 周后观察可见明显的肿块形成。颈椎脱臼法处死小鼠，手术取出肿块并尽可能的除去周围附着的血管和结缔组织，生理盐水冲洗几次后 10%中性甲醛固定过夜，石蜡包埋，切片。对畸胎瘤组织切片进行 HE 染色，应可见来源于全部 3 个胚层的各种组织结构混杂在一起，如骨组织、神经组织、肌肉组织等。

③ 拟胚体（embryonic body）：用不含 LIF 的培养液悬浮培养 ES 细胞，并每天摇晃多次以避免细胞贴壁。这样 ES 细胞失去抑制分化和维持增殖的环境，在体外自发聚集并形成类胚体样结构，即拟胚体。与体内的畸胎瘤类似，拟胚体也是由外胚层、中胚层和内胚层分化而来的不同细胞类型无序混合组成的，镜下能观察到各种不同的组织结构。

二、注意事项

（一）滋养层细胞的培养

（1）除了用丝裂霉素 C 进行灭活之外，也有用伽玛射线进行灭活的，亦能达到停止细胞分裂的作用，即获得 MEF 后用伽玛射线照射使细胞吸收辐射量达到 35 戈瑞（Gy），以破坏细胞分裂能力。由于这种方法避免了丝裂霉素 C 剧毒、易分解和痕量残留也会影响 ES 细胞状态等问题而得到了广泛的应用。

（2）对多个实验室的 ES 细胞系进行的分析表明，约有 50%的 ES 细胞被支原体污染，而支原体污染最大的污染源就是滋养层 MEF 细胞。环境问题、操作不当等均会导致 MEF 被支原体污染，进而污染 ES 细胞。被污染的 ES 细胞其分化能力会受到严重的影响，因此在 ES 细胞整个操作过程中一定要注意消毒和无菌操作，以避免支原体污染。

（二）ES 细胞的培养

目前被广泛使用的 ES 细胞培养方法利用了小鼠胚胎成纤维细胞和胎牛血清来支持 ES 细胞的增殖。由于胚胎成纤维细胞和小牛血清的成分复杂，要从中确定哪些分子和 ES 细胞的生长有关是非常困难的。因此有人另辟蹊径，通过在无血清培养液中实验不同的分子组合，证明了促肾上腺皮质激素（adrenocorticotropic hormone，ACTH）是 ES 细胞生长所必需的，其可能通过抑制腺苷酸环化酶起作用。由此发展而来的 Knockout 血清替代物（knockout serum replacement，KSR，Invitrogen 公司产品）能有效的代替动物血清支持 ES 细胞在灭活小鼠胚胎成纤维细胞层上的增殖。其无血清 ES 细胞培养液的配制方法是：在 800ml 高糖 DMEM 培养液中加入 150ml Knockout 血清替代物、10ml 非必需氨基酸、1mmol/L 丙酮酸钠、1000 单位重组 LIF 和 100μmol/L β-巯基乙醇后，用高糖 DMEM 定容为 1L。

（三）从囊胚中获得 ES 细胞的其他方法

有人直接用显微操作针从囊胚中吸出 ES 细胞，其步骤比较简便直观，也避免了台氏酸溶液对胚胎细胞可能的损伤，但是增加了显微取样针对 ES 细胞的物理损伤，并且相对于使用吸管，其挑取工作量更大、显微操作更加繁琐和费力。另外，也有将囊胚直接种在预铺滋养层 MEF 上的做法，在 ES 细胞培养液中培养 1～2 天后，整个胚胎将从透明带孵出。继续等待 4 天左右可见明显的内细胞团增大，此时用吸管挑取增殖的内细胞团，用胰蛋白酶消化成小细胞团后接种于预铺滋养层 MEF 的培养皿中。培养一周左右，即可见细胞克隆。胰蛋白酶消化克隆至单细胞悬液，重复上述步骤即可建系。此法分离的 ES 细胞中不可避免的带有少量滋养层细胞，需要经过几次传代后才能将其减少到不影响后续实验的程度。

（四）ES 细胞与滋养层细胞的分离

用体外培养的 ES 细胞进行后续实验必然要解决其和 MEF 的分离问题。目前有两种成熟的方法：①利用 ES 细胞和 MEF 在预铺明胶的培养皿中贴壁速度不同，通过控制贴壁时间达到分离的目的。用 0.5%明胶覆盖培养皿，37℃培养箱放置 30min 后吸弃多余的明胶，继续放置 30min。将消化好的 ES 细胞和 MEF 混合物接种入上述培养皿中，孵育 1.5h 后 MEF 基本贴壁而 ES 细胞仍呈悬浮状态，吸出培养液，即得到 ES 细胞。

②利用 ES 细胞和 MEF 在培养液中自然沉降的速度不同，通过吸取不同细胞层的细胞达到分离的目的。将消化后的 ES 细胞和 MEF 混合物用 5ml 培养液重悬于 10ml 离心管中，置于冰水混合物中，静置 15min。弃去最上层的 2ml 细胞，吸取中间 1ml 细胞即为可用的 ES 细胞。滋养层 MEF 多沉于离心管底部。

（五）ES 细胞分化潜能的鉴定

不同批次、不同来源的 ES 细胞，其分化能力有着明显的不同，并且不同的实验手段能得出不同的结论。其原因是多方面的，如卵母细胞供体小鼠、细胞核供体小鼠、假孕母鼠的生理状态不同、核移植过程中细胞核和卵母细胞的受损程度不同、ES 细胞所处的发育阶段不同等。此外，体外培养过程中的动物血清、滋养层 MEF 的密度、ES 细胞传代/冻存/复苏的次数等均会对 ES 细胞分化能力产生影响。因此往往采用先大量冻存分离的 ES 细胞，再鉴定其分化能力的做法，以尽可能地为后续实验提供稳定可靠的 ES 细胞来源。

第五节　胚胎干细胞源性神经干细胞

体外获得 NSC 回输体内是治疗神经退行性疾病、脑部和神经损伤等疾病的理想方法之一。自身体细胞核移植得到的 ES 细胞既具有全能性，能被诱导分化成为组织特异的 NSC，又不会产生免疫排斥的问题，因此和骨髓基质细胞（bone marrow stromal cell）来源的 NSC 并列为 NSC 最有希望的来源。目前，诱导 ES 细胞分化为 NSC 的方法有三种：①体外形成拟胚体后，用显微操作的方法取出 ES 细胞进行扩增，然后换成 NSC 诱导培养液进行 NSC 球培养以获得 NSC；②将 ES 细胞与特定的基质细胞混合培养，定向诱导 ES 细胞向 NSC 分化；③直接用含有特殊诱导因子的培养液培养 ES 细胞使之向 NSC 分化。在基质细胞共培养法中，诱导分化的 NSC 难以与基质细胞相分离，并且 NSC 会被基质细胞的分泌物污染，因此现多采用拟胚体法和直接培养法。获得 NSC 后应当对其巢蛋白表达情况和定向分化潜能进行鉴定。

一、材料和方法

（一）实验材料与试剂

（1）将 DMEM 和 Ham’s F-12 培养液以 1:1 的体积比混合，即为 DMEM/F12 培养液。

（2）在 DMEM/F12 中加入以下试剂至终浓度即为拟胚体培养液：15%胎牛血清（fetal bovine serum；FBS），1×非必需氨基酸（non-essential amino acids，NEAA），0.1mmol/L β-巯基乙醇，2mmol/L 谷氨酰胺。

（3）在 DMEM/F12 中加入以下试剂至终浓度，作为 NSC 诱导培养液：25μg/ml 胰岛素，100μg/ml 转铁蛋白，20nmol/L 黄体酮，60μmol/L 腐胺，30nmol/L 氯化硒，2mmol/L 谷氨酰胺，3mmol/L 碳酸氢钠，5mmol/L HEPES，2μg/ml 肝素，20ng/ml 表皮生长因子

（epidermal growth factor，EGF），20ng/ml 碱性成纤维细胞生长因子（bFGF），300ng/ml 头蛋白。

（4）低黏附培养皿或者玻璃培养皿。

（5）明胶溶液：0.1%明胶溶于 PBS 中，0.22μm 滤器过滤，4℃保存。

（6）胰蛋白酶溶液：0.25%胰蛋白酶溶解于 PBS 或生理盐水中，若难以消化贴壁培养的 ES 细胞，可加入 0.05%的 EDTA 并调整 pH 到 8。

（二）拟胚体法

（1）取正常培养在灭活 MEF 滋养层上的 ES 细胞，不更换 MEF 的情况下持续培养 7 天后用胰蛋白酶消化。不分离 ES 细胞和 MEF，直接用拟胚体培养液重悬为单细胞悬液，以 1×10^5 个/ml 的密度接种于低黏附培养皿或玻璃培养皿中，37℃培养 1 周，隔天用离心重悬法换液 1 次。

（2）用明胶溶液覆盖整个培养皿，孵箱内静置 30min；吸去剩余的明胶溶液，继续放置 30min 或置于层流超净台下吹干。

（3）将培养 1 周的囊性拟胚体种于上述培养皿中，换成 NSC 诱导培养液培养 2 天后可见拟胚体贴壁展开，其中心位置存在一群相邻但是不相互接触的细胞群。这些细胞小而发亮，在相差显微镜下呈灶样生长，很容易分辨。其可表达神经细胞黏附分子（neural cell adhesion molecule；N-CAM），但不表达全能 ES 细胞的标志性分子类足盂蛋白（PODXL，曾用名 GCTM-2）。而且，在其周围则混杂着各种形态的细胞，如肌肉细胞等。

（4）隔天更换新的 NSC 诱导培养液，培养 2 周。

（5）用显微操作的方法固定拟胚体后，用取样针吸取上述小细胞灶中所有的细胞，移至新的 NSC 诱导培养液中悬浮培养，第 2 天起可见小神经细胞球逐渐长大。

（6）7～10 天后取神经细胞球，胰酶消化至单细胞悬液，接种到普通培养皿中以不含头蛋白（noggin）的 NSC 诱导培养液培养，即分化成为 NSC。

（三）直接培养法

（1）取培养在灭活 MEF 滋养层上的 ES 细胞，不更换 MEF 的情况下培养 7 天，可见 ES 细胞发育为多细胞球。

（2）以 PBS 洗涤两次，换成 NSC 诱导培养液，继续培养 7 天。

（3）用胰蛋白酶将细胞团消化至单细胞，以 NSC 诱导培养液重悬后接种到新的培养皿中，培养 7 天后即为 NSC。

二、注意事项

（一）ES 细胞贴壁试剂选择问题

多聚赖氨酸可以代替明胶促 ES 细胞贴壁，贴壁效果更好，细胞展开更完全，但是不容易被溶解。多聚赖氨酸的预处理相对于明胶而言更容易，将 0.1mg/ml 的多聚赖氨酸溶液（溶解于 PBS 中）稀释 10 倍，浸没培养皿的底部或者盖玻片，5min 后取出烘干即可。视聚合程度的不同，多聚赖氨酸分子质量从几万到几十万不等，分子质量越大，对细胞的吸附作用越强，但是也越不容易被溶解。

（二）两种诱导方法的比较

拟胚体法，也称为“三步法”，是最早发展起来的诱导 ES 细胞分化为 NSC 的方法。其中心思想是既然在胚胎发育过程中 ES 细胞（内细胞团）能自发形成 NSC 进而分化为神经组织，那么在体外模拟胚胎发育中神经外胚层的生长环境也能使 ES 细胞分化为 NSC。主要经过：①囊性拟胚体的生长；②NSC 的选择；③NSC 的培养，共三个阶段，以得到 ES 细胞来源的 NSC。由于需要等待拟胚体形成，所以此方法耗时较长，往往需要 3～4 周左右，获得的 NSC 纯度依赖于机械分离的经验，对细胞的损伤较大。相对而言，直接培养法则避免了上述问题，能够在较短的时间内用头蛋白抑制 ES 细胞中骨形成蛋白（BMP）的作用从而使 ES 细胞向 NSC 分化。此法操作简单，获得的 NSC 纯度也较高。

（三）从囊性拟胚体中分离 NSC 的其他方法

有研究表明，囊性拟胚体贴壁、NSC 集落呈灶状生长一周以后，可以用分散酶（dispase）处理，只有 NSC 能被消化下来而其他细胞仍留在培养皿壁上。分散酶是一种中性的金属蛋白酶，主要针对 ECM 中的纤连蛋白（fibronectin）和 IV 型胶原（collagen IV）等。由于其来自于细菌，又不会对细胞造成伤害，故其经常被用于 ES 细胞研究。

（曹　鹏　薛晓东　陈　江）

主要参考文献

刘海龙．2006．从克隆分类看关于克隆人发展的伦理争论．河北科技大学学报（社会科学版），6（03）：76-81

王惟，于洋，张梅英，等．2008．制备嵌合体小鼠实验中 ES 细胞的处理方法．实验动物与比较医学，28（06）：404-408

王紫菲，赖文玉，柯琼，等．2011．Nestin-GFP 小鼠 ES 细胞的建系及体外神经分化．中山大学学报（医学科学版），32（02）：155-163

Akagi S,Geshi M,Nagai T. 2013. Recent progress in bovine somatic cell nuclear transfer. Anim Sci J, 84 (3): 191-199

Appel SH, Smith RG, Le WD. 1996. Immune-mediated cell death in neurodegenerative disease. Adv Neurol, 69(1): 153-159

Armstrong L, Lako M, Buckley N, et al. 2012. Editorial: Our top 10 developments in stem cell biology over the last 30 years. Stem Cells, 30 (1): 2-9

Bavister BD, Boatman DE, Collins K, et al. 1984. Birth of rhesus monkey infant after in vitro fertilization and nonsurgical embryo transfer. Proc Natl Acad Sci USA, 81 (7): 2218-2222

Brambrink T, Hochedlinger K, Bell G, et al. 2006. ES cells derived from cloned and fertilized blastocysts are transcriptionally and functionally indistinguishable. Proc Natl Acad Sci USA, 103 (4): 933-938

Byrne JA, Pedersen DA, Clepper LL, et al. 2014. Corrigendum: Producing primate embryonic stem cells by somatic cell nuclear transfer. Nature, 516(7530): 276

Cánepa MJ, Ortega NM, Monteleone MC, et al. 2014. Expression profile of genes as indicators of developmental competence and quality of in vitro fertilization and somatic cell nuclear transfer bovine embryos. PLoS One, 9(9): e108139

Cavaleri F, Scholer HR. 2003. Nanog: a new recruit to the embryonic stem cell orchestra. Cell, 113 (5): 551-552

Chan SF, Huang X, McKercher SR, et al. 2015. Transcriptional profiling of MEF2-regulated genes in human neural progenitor cells derived from embryonic stem cells. Genomics Data, 3: 24-27

Chung YG, Eum JH, Lee JE, et al. 2014. Human somatic cell nuclear transfer using adult cells. Cell Stem Cell, 14(6): 777-780

Cibelli JB. 2014. Human somatic cell nuclear transfer is alive and well. Cell Stem cell, 14(6): 699-701

Cibelli JB, Stice SL, Golueke PJ, et al. 1998. Cloned transgenic calves produced from nonquiescent fetal fibroblasts. Science, 280 (5367): 1256-1258

Clarke D L, Johansson C B, Wilbertz J, et al. 2000. Generalized potential of adult neural stem cells. Science, 288 (5471): 1660-1663

Crick F. 1970. Central dogma of molecular biology. Nature, 227 (5258): 561-563

Fei Z, Wu Y, Sharma S, et al. 2013. Gene delivery to cultured embryonic stem cells using nanofiber-based sandwich electroporation. Anal Chem, 85 (3): 1401-1407

Garcia I, Huang L, Ung K, et al. 2012. Tracing synaptic connectivity onto embryonic stem cell-derived neurons. Stem Cells, 30 (10): 2140-2151

Greider C W, Blackburn EH. 1985. Identification of a specific telomere terminal transferase activity in Tetrahymena extracts. Cell, 43 (2 Pt 1): 405-413

Gupta K, Hardingham G, Chandran S. 2013. NMDA receptor-dependent glutamate excitotoxicity in human embryonic stem cell-derived neurons. Neurosci Letters, 543(2013): 95-100

Hadjantonakis A K, Papaioannou V E. 2002. Can mammalian cloning combined with embryonic stem cell technologies be used to treat human diseases? Genome Biol, 3 (8): REVIEWS1023

Haque A, Yue X S, Motazedian A, et al. 2012. Characterization and neural differentiation of mouse embryonic and induced pluripotent stem cells on cadherin-based substrata. Biomaterials, 33 (20): 5094-5106

Hardy J. 2002. Pathways to primary neurodegenerative disease. Neurologia, 17 (8): 399-401

Humpherys D, Eggan K, Akutsu H, et al. 2002. Abnormal gene expression in cloned mice derived from embryonic stem cell and cumulus cell nuclei. Proc Natl Acad Sci USA, 99 (20): 12889-12894

Imayoshi I, Kageyama R. 2014. bHLH factors in self-renewal, multipotency, and fate choice of neural progenitor cells. Neuron, 82(1): 9-23

Johansson CB, Momma S, Clarke DL, et al. 1999. Identification of a neural stem cell in the adult mammalian central nervous system. Cell, 96 (1): 25-34

Kim J, Ambasudhan R, Ding S. 2012. Direct lineage reprogramming to neural cells. Curr Opin Neurobiol, 22 (5): 778-784

Kolle G, Ho M, Zhou Q, et al. 2009. Identification of human embryonic stem cell surface markers by combined membrane-polysome translation state array analysis and immunotranscriptional profiling. Stem Cells, 27 (10): 2446-2456

Lanza RP, Chung HY, Yoo JJ, et al. 2002. Generation of histocompatible tissues using nuclear transplantation. Nat Biotechnol, 20 (7): 689-696

Lassen J, Gjerris M, Sandoe P. 2006. After Dolly-ethical limits to the use of biotechnology on farm animals. Theriogenology, 65 (5): 992-1004

Lefort N, Peschanski M. 2014. Genomic Integrity of Embryonic and Neural Stem Cells. In Endogenous Stem Cell-Based Brain Remodeling in Mammals: 177-198

Liu J, Wang Y, Su J, et al. 2013. Effect of the time interval between fusion and activation on epigenetic reprogramming and development of bovine somatic cell nuclear transfer embryos. Cell Reprogram, 15(2): 134-142

Maldonado-Soto AR, Oakley DH, Wichterle H, et al. 2014. Stem cells in the nervous system. American Journal of Physical Medicine & Rehabilitation, 93(11): S132-S144

Maza I, Hanna JH. 2014. Hijacked by an Oocyte: Hierarchical Molecular Changes in Somatic Cell Nuclear Transfer. Molecular Cell, 55(4): 507-509

Melo-Braga MN, Schulz M, Liu Q, et al. 2014. Comprehensive quantitative comparison of the membrane proteome, phosphoproteome, and sialiome of human embryonic and neural stem cells. Molecular & Cellular Proteomics, 13(1): 311-328

McKiernan SH, Bavister BD. 2000. Culture of one-cell hamster embryos with water soluble vitamins: pantothenate stimulates blastocyst production. Hum Reprod, 15 (1): 157-164

Mitalipov SM. 2006. Genomic imprinting in primate embryos and embryonic stem cells. Reprod Fertil De, 18(8): 817-821

Mitalipov SM, Wolf DP. 2006. Nuclear transfer in nonhuman primates. Methods Mol Biol, 348: 151-168

Munoz-Sanjuan I, Brivanlou A H. 2002. Neural induction, the default model and embryonic stem cells. Nat Rev Neurosci, 3 (4): 271-280

Nathans D, Smith HO. 1975. Restriction endonucleases in the analysis and restructuring of dna molecules. Annu Rev Biochem, 44: 44273-44293

Narytnyk A, Verdon B, Loughney A, et al. 2014. Differentiation of human epidermal neural crest stem cells (hEPI-NCSC) into virtually homogenous populations of dopaminergic neurons. Stem Cell Reviews and Reports, 10(2): 316-326

Nichols J, Zevnik B, Anastassiadis K, et al. 1998. Formation of pluripotent stem cells in the mammalian embryo depends on the POU transcription factor Oct4. Cell, 95 (3): 379-391

Niwa H. 2001. Molecular mechanism to maintain stem cell renewal of ES cells. Cell Struct Funct, 26 (3): 137-148

Ogawa K, Matsui H, Ohtsuka S, et al. 2004. A novel mechanism for regulating clonal propagation of mouse ES cells. Genes Cells, 9 (5): 471-477

Olovnikov A M. 1973. A theory of marginotomy. The incomplete copying of template margin in enzymic synthesis of polynucleotides and biological significance of the phenomenon. J Theor Biol, 41 (1): 181-190

Otsu M, Nakayama T, Inoue N. 2014. Pluripotent stem cell-derived neural stem cells: From basic research to applications. World JStem Cells, 6(5): 651

Paul G, Ozen I, Christophersen NS, et al. 2012. The adult human brain harbors multipotent perivascular mesenchymal stem cells. PLoS One, 7 (4): e35577

Plath K, Srivastava D, Alvarez-Buylla A, et al. 2012. Stem cells in the land of the rising sun: ISSCR 2012. Cell Stem Cell, 11 (5): 607-614

Reubinoff B E, Itsykson P, Turetsky T, et al. 2001. Neural progenitors from human embryonic stem cells. Nat Biotechnol, 19 (12): 1134-1140

Rideout W M, 3rd, Wakayama T, Wutz A, et al. 2000. Generation of mice from wild-type and targeted ES cells by nuclear cloning. Nat Genet, 24 (2): 109-110

Semb H. 2005. Human embryonic stem cells: origin, properties and applications. APMIS, 113 (11-12): 743-750

Shahhoseini M, Taghizadeh Z, Hatami M, et al. 2013. Retinoic acid dependent histone 3 demethylation of the clustered HOX genes during neural differentiation of human embryonic stem cells. Biochem Cell Biol, 91 (2): 116-122

Shimozawa N, Sotomaru Y, Eguchi N, et al. 2006. Phenotypic abnormalities observed in aged cloned mice from embryonic stem cells after long-term maintenance. Reproduction, 132 (3): 435-441

Shin S, Mitalipova M, Noggle S, et al. 2006. Long-term proliferation of human embryonic stem cell-derived neuroepithelial cells using defined adherent culture conditions. Stem Cells, 24 (1): 125-138

Spelat R, Ferro F, Curcio F. 2012. Serine 111 phosphorylation regulates OCT4A protein subcellular distribution and degradation. J Biol Chem, 287 (45): 38279-38288

Stappert L, Borghese L, Roese-Koerner B, et al. 2013. MicroRNA-based promotion of human neuronal differentiation and subtype specification. PLoS One, 8 (3): e59011

Stuart MJ, Pattavilakom A. 2014. Clinically relevant aspects of stem cell technologies: current state of play. ANZ journal of surgery.

Su H, Wang L, Huang W, et al. 2013. Immediate expression of Cdh2 is essential for efficient neural differentiation of mouse induced pluripotent stem cells. Stem Cell Res, 10 (3): 338-348

Thomson J A, Itskovitz-Eldor J, Shapiro SS, et al. 1998. Embryonic stem cell lines derived from human blastocysts. Science, 282 (5391): 1145-1147

Vogel G. 2008. Breakthrough of the year. Reprogramming Cells. Science, 322 (5909): 1766-1767

Wakayama S, Hikichi T, Suetsugu R, et al. 2007. Efficient establishment of mouse embryonic stem cell lines from single blastomeres and polar bodies. Stem Cells, 25 (4): 986-993

Wakayama S, Kohda T, Obokata H, et al. 2013. Successful serial recloning in the mouse over multiple generations. Cell Stem Cell, 12 (3): 293-297

Wakayama T, Perry AC, Zuccotti M, et al. 1998. Full-term development of mice from enucleated oocytes injected with cumulus cell nuclei. Nature, 394 (6691): 369-374

Wakayama T, Rodriguez I, Perry AC, et al. 1999. Mice cloned from embryonic stem cells. Proc Natl Acad Sci USA, 96 (26): 14984-14989

Wakayama T, Yanagimachi R. 2001. Mouse cloning with nucleus donor cells of different age and type. Mol Reprod Dev, 58 (4): 376-383

Weiner LP. 2008. Neural Stem Cells---Methods and Protocols. 2nd Edition. Humana Press, Springer Science+Business Media, LLC

Wilmut I, Schnieke AE, McWhir J, et al. 1997. Viable offspring derived from fetal and adult mammalian cells. Nature, 385 (6619): 810-813

Zelinski-Wooten MB, Hutchison JS, Hess DL, et al. 1995. Follicle stimulating hormone alone supports follicle growth and oocyte development in gonadotrophin-releasing hormone antagonist-treated monkeys. Hum Reprod, 10 (7): 1658-1666

Zeng X, Cai J, Chen J, et al. 2004. Dopaminergic differentiation of human embryonic stem cells. Stem Cells, 22 (6): 925-940

Zhang SC, Wernig M, Duncan ID, et al. 2001. In vitro differentiation of transplantable neural precursors from human embryonic stem cells. Nat Biotechnol, 19 (12): 1129-1133

第四章　绿色荧光蛋白转基因小鼠神经干细胞的培养与鉴定

第一节　概　　述

绿色荧光蛋白（GFP）是从水母体内发现的一种单体蛋白，在蓝光或紫外光的激发下，可发出绿色荧光。在细胞生物学与分子生物学领域，GFP 基因常被作为一个报告基因或生物探针。2008 年，日本伍兹霍尔海洋生物学研究所科学家下村修（Osamu Shimomura）、美国哥伦比亚大学科学家马丁查尔菲（Martin Chalfie）和加利福尼亚大学圣迭戈分校钱永健因为发现和改造 GFP 而获得了当年的诺贝尔化学奖。作为一种新型的报告基因，GFP 已在生物学的许多研究领域得到应用，其中主要包括信号转导、肿瘤的发病机制、药物筛选以及构建生物传感器等。这些不仅为其有关的研究提供一个新的思路和新的方法，而且已成为交叉学科研究的热点。

神经干细胞（NSC）是位于神经系统的、具有分化潜能和自我更新能力的细胞，并可分化为星形胶质细胞、神经细胞、少突胶质细胞的多潜能细胞。长期以来，许多学者认为成年哺乳动物脑内的神经细胞不具备更新能力，一旦受损即不能再生。1992 年，Reynodls 等从成年小鼠脑纹状体中分离出能在体外不断分裂增殖且具有多种分化潜能的细胞群，并正式提出 NSC 的概念，从此打破了以往认为神经细胞不能再生的传统理论。由于 NSC 有多向分化潜能、低免疫源性以及良好的组织融合性等特点，已成为中枢神经组织疾病修复的理想细胞来源。迄今为止，NSC 的治疗机制仍不明确。当脑组织受到损伤后，释放大量的趋化因子，促使 NSC 聚集到损伤部位，NSC 可分泌多种神经营养因子，对损伤的细胞进行修复，同时 NSC 也可分化为不同种类的细胞，对损伤的神经细胞进行补充。

随着免疫学、基因工程技术和分子生物学技术的快速发展，GFP 已得到广泛的应用。在 NSC 移植后，通过长期的示踪观察对其在体内的分化、迁移和整合等过程具有重要的意义，并可动态观察体内外 NSC 的增殖分化，以及研究 NSC 移植后分化新的神经元与宿主神经元之间的突触联系。因此，GFP 转基因小鼠的 NSC 为示踪研究提供了一种崭新的途径。

第二节　绿色荧光蛋白转基因小鼠的制备

制备转基因小鼠的方法有显微注射法、基因打靶技术和基因剔除技术等。显微注射法是用显微注射装置将目的基因注射到受精卵原核内，随后将已含有目的基因的受精卵植入假孕母鼠的输卵管内，使胚胎在母体内发育成熟。基因打靶技术是通过同源重组的方式实现的，即外源基因与受体细胞染色体相应部分具有相同序列，导入ES细胞后会发生定点整合，从而获得转基因小鼠，但由于外源基因整合的效率不高，所以制备转基因小鼠常用显微注射法。

本节主要介绍通过慢病毒载体制备转基因小鼠。慢病毒载体是以HIV-1为基础发展起来的基因治疗载体。它对分裂细胞和非分裂细胞均具有感染能力，可以将外源基因有效地整合到宿主染色体上，从而达到持久性表达。将外源基因导入慢病毒载体内，通过显微注射法制备转基因小鼠。

一、材料与方法

（一）材料

1. 主要试剂及耗材

慢病毒表达载体FUGW以艾滋病毒作为基本骨架，由泛素启动子启动表达GFP；人胚肾细胞系293T细胞；DMEM细胞培养液；细胞冻存管；胎牛血清；孕马血清；人绒毛膜促性腺激素（human chorionic gonadotropin，HCG）。

2. 仪器设备

微量加样器，倒置显微镜，显微操作系统，−80℃超低温冰箱，低温高速离心机，拉针仪，烧针仪，显微膜状剪，显微外科镊，微孔板振荡器，凝胶成像系统，超纯水仪，超净工作台，高压灭菌锅。

（二）方法

1. 慢病毒的制备

待293T细胞长满细胞培养瓶的80%以上时，弃掉培养液，用脂质体（lipofectamine）TM 2000进行转染，其中FUGW与转染试剂的比例为1∶2。转染过夜后，补加培养液（胎牛血清含量为10%的DMEM培养液），放入细胞培养箱中培养，待细胞病变效应（cytopathic effect，CPE）达到80%即可收获，将病毒液反复冻融3次8000r/min离心30min，弃上清，缓慢加入等量的饱和硫酸铵，用磁力搅拌器混匀3h，4℃静置过夜，8000r/min离心30min，取沉淀。用PBS缓冲液悬浮沉淀，28 000r/min离心2h，加入1% PBS缓冲液悬浮沉淀，−80℃保存。

2. 慢病毒感染滴度检测

待293T细胞长满单层消化后，加10ml培养液，每孔100μl加入96孔细胞培养板，按 10 倍比稀释，加入 10^{-8}～10^{-1} 稀释的病毒液，在细胞培养箱培养 72h 后，用荧光显微镜观察 GFP 荧光细胞数，计算病毒感染滴度（U/ml）。

3. 显微注射法制备转基因小鼠

选取雌性 8 周龄以上发育良好的 FVB/N 小鼠，注射孕马血清（PMSG）10U/只，48h 后，再注射 HCG 10U/只，激素超排处理后随即与雄性 KM 小鼠进行合笼，检测阴栓阳性者为受精卵供体小鼠。取卵置于 KSOM 培养液中，37℃培养 5h，在显微注射仪上将病毒液注射入受精卵卵周隙，至膨大 50%～80%，将已转入基因的受精卵自背部植入假孕母小鼠的输卵管内，使胚胎在小鼠体内发育成熟。

4. 转基因小鼠的鉴定

1）小鼠尾基因组 DNA 提取

采取酚氯仿法提取获得转基因小鼠鼠尾基因组 DNA，主要过程如下。

（1）取小鼠鼠尾 1cm 置于匀浆器中，加入 2ml 组织裂解液进行匀浆磨碎，直至没有大块组织块出现为止，再加入 20mg/ml 蛋白酶 K 12μl、RNA 酶 12μl，充分混匀（上下颠倒数次），置于 55℃中水浴过夜。

（2）加入与裂解后的混合物等体积的（2ml）Tris-饱和酚，充分混匀（轻轻晃动，避免剧烈振荡），以 12 000r/min 离心 10min，此时可见位于上层的是含有 DNA 的水相，下层则是含有杂质的有机相。小心地吸取上清液于另一离心管中。为充分去除蛋白质，此步骤可重复 2～3 次。

（3）向上清液中加入等体积的 Tris 饱和酚/氯仿（2ml）充分混匀（轻轻晃动，避免剧烈震荡），以 12 000r/min 离心 10min，将上清液移入另一离心管中，加入等体积的氯仿（2ml）混匀，12 000r/min 离心 10min。

（4）另取一离心管，将上清液吸取于其中，加入 200μl 饱和 NaCl 混匀，然后加入预冷的无水乙醇 3～5ml，混匀，可观察到出现沉淀。稍加离心则可看见 DNA 沉淀团，用微量加样器吸出无水乙醇，加入 1ml 75%乙醇洗涤两次，吸出乙醇，于空气中干燥 DNA 样品。之后加入 100μl TE 溶液于 37℃水浴过夜。

（5）根据沉淀块的大小，加入约 100～200μl TE 缓冲溶液，充分溶解 DNA。利用微量分光光度计测样品浓度及吸光度 A_{260} 与 A_{280} 比值，比值应位于 1.8 和 2.0 之间，将 DNA 样品置于−20℃中保存。

2）PCR 检测

（1）引物的合成

根据 GenBank 上 FCV 基因组核苷酸序列，利用 Primer5.0 软件设计引物。

上游引物：5' CTC GTG ACC ACC CTG ACC TA 3'

下游引物：5' CAC CTT GAT GCC GTT CTT CT 3'

引物由上海基康生物技术有限公司合成，扩增目的片段大小为 537bp。

（2）PCR 的反应体系是 5×PCR 缓冲液 5μl，灭菌蒸馏水 16μl，TakaRa Ex Taq HS

0.1μl，上游引物 1μl，下游引物 1μl，模板（FCV 基因组）2μl。该反应体系需在冰浴中配制，PCR 的反应条件为：94℃ 2min；94℃ 30s、60℃ 30s、72℃ 30s，30 个循环；72℃ 7min。

（3）琼脂糖凝胶电泳：配制 1%的琼脂糖凝胶（即 0.25g 琼脂糖+25ml 的 TAE 缓冲液）对扩增产物进行分析。取 PCR 产物 4μl，加入 6×上样缓冲液 1μl 充分混匀，用 DL 2000 DNA 标志物作为对照，电泳缓冲液为 1×TAE，电压 140V，20min。

3）荧光显微镜检测

取出生一周后的 F1 小鼠在荧光体视显微镜下观察 GFP 的表达。

二、结果分析

（一）慢病毒制备结果

慢病毒在 293T 进行复制加工，转染 24h 后，即可看见 GFP 的表达，48h 后即可见 GFP 大量表达，转染率可达到 90%以上，可见大量的绿色荧光。

（二）慢病毒感染滴度检测结果

用 293T 细胞进行病毒滴度测定，在 10 倍稀释时，可见大量 GFP 表达，转染效率>90%。此后，随着稀释倍数加大，GFP 表达明显降低。经计算病毒滴度为 10^6 U/ml，经浓缩后病毒滴度达 10^8 U/ml。

（三）转基因小鼠的制备

将发育至 2 个细胞的注射胚胎移植后，共注射受精卵 200 枚，成活 170 枚，其注射成活率为 85%。注射后受精卵共移植至假孕雌小鼠 6 只，产下仔小鼠 30 只。经 PCR 鉴定和荧光观测鉴定共有 24 只 GFP 阳性小鼠（80%），携带有外源目的基因。

（四）阳性小鼠鼠尾 PCR 检测

利用上述优化的 PCR 反应条件和反应体系，对阳性小鼠鼠尾进行 PCR 检测，PCR 产物经过 1%琼脂糖凝胶电泳，扩增出 537 bp 的特异性条带，与预计大小一致。

（五）转基因小鼠的建系及其传代

选取荧光表达较强的小鼠，采用单线式近交繁殖 eGFP 转基因小鼠，经 4 个世代同代兄妹间近交，新生小鼠的阳性率达到 100%。取小鼠交配后的胚胎在荧光显微镜下观察，所有胚胎在发育的早期阶段全部呈阳性，且荧光强度基本相同。

三、结果评价

传统的受精卵原核内注射 DNA 制备转基因小鼠，由于其外源基因整合率较低，通常不被使用，然而通过慢病毒载体制备转基因小鼠，它对分裂细胞和非分裂细胞均具有感染能力，可以将外源基因有效地整合到宿主染色体上，从而达到持久性表达。将外源基因导入慢病毒载体内，通过显微注射法制备转基因小鼠，已得到广泛使用。将慢病毒用于转基因大鼠和小鼠的制备后，历经多年的发展和改进，其安全性和有效性都得以提高，在转基因动物的制备方面具有广阔的应用前景。

受精卵的质量对 GFP 转基因小鼠的制备具有重要的作用，透明质酸酶浓度太高，对受精卵的损害太大；而酶浓度过低，则颗粒细胞从受精卵上脱落太长，延长受精卵在空气中暴露的时间，对受精卵细胞造成损坏。同时受精卵的数量也要严格控制，受精卵的数量主要受小鼠的年龄、环境以及超排激素的量三个条件的影响，超排激素的量太少则效果不显著，太多则易引起小鼠卵巢囊肿，从而影响受精卵的数量。

通过建立的病毒包装系统，加入高速梯度离心浓缩病毒，病毒滴度越高，需要注射入卵周隙的病毒液量就越小，有利于降低对胚胎的影响。同时，注入的慢病毒纯度越高，可避免注射针的堵塞情况，缩短胚胎体外操作时间，从而可保证胚胎转染的阳性率。

通过挑选荧光表达较强的小鼠，采用单线式近交繁殖 eGFP 转基因小鼠，F_1 至 F_4 所有个体均表达，新生小鼠的阳性率达到 100%。仔细观察阳性胚胎卵裂球，单个细胞均发出荧光，说明阳性胚胎为纯合子。因此成体也必为纯合子，说明慢病毒介导转基因的整合是多位点、多拷贝的整合。

第三节　转基因小鼠神经干细胞的培养及鉴定

由于 NSC 有多向分化潜能、低免疫源性以及良好的组织融合性等特点，已成为中枢神经组织疾病修复的理想细胞材料。GFP 转基因小鼠的所有体细胞均表达绿色荧光，因此，本节主要介绍利用新生 24 h 的 GFP 小鼠海马组织进行 NSC 的分离培养和鉴定，为研究 NSC 的分化机制奠定基础。

一、材料与方法

（一）材料

主要试剂及耗材：GFP 转基因小鼠；DMEM/F12 细胞培养液及胎牛血清；碱性成纤维细胞生长因子；表皮生长因子；BrdU 抗体；MBP 抗体、NeuN 抗体、巢蛋白抗体及 GFAP 抗体；0.22μm 滤器、6 孔和 12 孔细胞培养板；细胞冻存管及细胞培养瓶。

（二）方法

1. NSC 的分离和原代培养

将新生 24 h 内的 GFP 转基因小鼠用 75%乙醇消毒后取脑，分离至盛有 D-Hank 缓冲液的培养皿中，在显微镜下分离出海马组织，用 D-Hank 缓冲液清洗 3 遍后，置于 DMEM/F12 基础培养液中，过 200 目滤网。进行细胞计数，以 1×10^8 个细胞置于细胞瓶中培养，加入 NSC 条件培养液（B27 添加剂终浓度为 1%，bFGF 和 EGF 终浓度均为 25 ng/ml），置于 CO_2 培养箱内培养。

2. NSC 传代培养

培养 7 天后即可形成原代神经球，取状态良好的细胞，吹打至 50ml 离心管中，1000r/min 离心 10min，用 NSC 条件培养液将细胞沉淀重悬成单细胞悬液，细胞计数后以 1×10^8 个细胞置于细胞瓶中培养，并在荧光显微镜下对 NSC 进行观察。

3. BrdU 免疫细胞化学染色

将神经球转移至预先涂有多聚赖氨酸的 24 孔细胞培养板中，贴壁 2h 后，进行 BrdU 免疫细胞化学染色，抗体的稀释倍数为 1∶800，并设 PBS 为阴性对照。

4. 巢蛋白的免疫荧光鉴定

把用多聚赖氨酸涂布处理的盖玻片放置在 24 孔培养板中，然后选取单个 NSC 加入其中，并加入含 10%胎牛血清的 DMEM/F12 培养液，贴壁 2 h 后，进行巢蛋白免疫细胞化学染色，抗体的稀释倍数为 1∶800，并设 PBS 为阴性对照。

5. NSC 活性与体外分化

将传至 3 代的 NSC 球取出少部分离心后，用 D-Hank 缓冲液重悬细胞并置于多聚赖氨酸预处理过的盖玻片上，放入 6 孔细胞培养板中培养，加入仅含 DMEM/F12 和 B27 的干细胞分化培养液促其自行分化，置 37℃、5% CO_2 条件下培养。

观察细胞的生长分化，贴壁分化 7 天后，将载玻片取出进行固定、曲拉通 X-100 破膜、封闭后，分别用β-微管蛋白与 GFAP 一抗进行标记，并用阴性小鼠血清设为阴性对照，用洗涤剂洗涤 3 次，加入稀释的羊抗小鼠 Cy3 与羊抗兔 Cy3 二抗染色，37℃、1h。充分洗涤后加 DAPI 染核 10min，洗涤封片，置荧光显微镜下观察神经球的分化迁移并拍照。

二、实验结果

（一）形态学观察

NSC 原代培养第 2 天即可见部分细胞体积增大，少数细胞聚集，且有部分细胞胞体缩小，表面失去光泽，表示已死亡。随着培养时间的延长，细胞逐渐聚集而形成神经球，直至培养第 7 天，神经球直径可达 200μm，其表面可见单细胞突出呈鱼泡状，折光性强，荧光显微镜可观察到细胞发出绿色荧光。

（二）巢蛋白和 BrdU 的表达

将体外培养的神经球进行巢蛋白免疫荧光染色，在荧光显微镜下可见其呈红色荧光，证明神经球细胞为巢蛋白抗原阳性，且阴性对照组不显色。对细胞进行 BrdU 免疫细胞化学染色，呈阳性表达，阴性对照组不显色。

（三）NSC 的分化及鉴定

将体外培养的 NSC 置于多聚赖氨酸预处理过的盖玻片上，用普通相差显微镜观察发现，贴壁 30min 后神经球周围就有部分突触伸出使球体贴到盖玻片上不易漂移；24h 后可见神经球四周均有细胞向外迁移，48～72h 见大量细胞从神经球向周围迁移，伸出长长的突起，神经球周围伸出的突触越来越多且相互交联形成网络；5～7 天后，细胞迁移缓慢，球体的大部分细胞迁移到四周并呈现强的绿色荧光。免疫荧光染色后，荧光显微镜下可见培养的神经球既能分化为β-微管蛋白$^{+}$的神经元，也能分化为 GFAP^{+}的胶质细胞。

第四节　移植治疗的实验研究

一、概述

近年来，NSC 在 CNS 疾病，如神经元变性、缺血，以及损伤中的神经再生、修复和功能重建作用引起人们的广泛关注。从胚胎及成年的脑组织中分离、纯化的 NSC 不仅能促进神经元的再生及脑组织的修复，而且通过基因修饰，还可用于神经系统疾病的基因治疗，表达外源性的神经递质、神经营养因子及代谢性酶等。研究发现，成年动物室管膜下区、海马齿状回、嗅球、脊髓和纹状体等部位均有 NSC 存在，并已进行分离培养。目前，对 NSC 的研究已成为近年来发展最快的研究领域之一。

NSC 应用的途径主要有以下几种。①直接移植注射于神经组织的病变区域。这是目前应用最多的方法。1982 年，瑞典的 Backlund 医生在动物实验的基础上，率先应用自体肾上腺髓质移植到脑内尾状核头部，以治疗晚期帕金森病（PD），从此开创了脑内移植临床应用的先例。但该法仍然存在着创伤，对于颅内广泛病变效果不佳，且干细胞聚集、浓度过高，反而不利于干细胞的分化，甚至有成瘤倾向。②脑室内注射。利用干细胞的迁移能力，以及脑脊液的营养作用，可以避免多点移植带来的附加损伤。近年来，已有椎管内注射 NSC 获得成功的报道。这为治疗脑内因代谢障碍或多发性颅脑损伤而引起的广泛细胞受损提供了依据。③血管内输注。这是最为方便和安全的一种方法。在大鼠脑外伤模型上行尾静脉注射 NSC 后，与对照组比较，其移植细胞成功进入受损伤脑区并成活，其中 10%分化为神经元，同时与周围正常神经元建立突触联系，而且其功能恢复有显著差异。

20 世纪 90 年代以来已有很多实验证明，NSC 移植后可以较长时间存活，受局部微环境的影响分化为与移植部位相适应的神经元和胶质细胞，同时新分化的神经元可与宿主脑组织的神经纤维建立突触联系，并整合到整个脑发育成功能性脑细胞。研究证明，NSC 在体外可分化为有功能的神经元，而且其移植到正常的新生大鼠脑内后，能产生有功能的神经元，并整合到宿主脑内的神经通路。

二、NSC 移植治疗帕金森病的研究进展

PD 是一种人类常见的 CNS 退行性疾病，发病率约为 1%。病理特征主要是黑质内多巴胺能神经元损伤。目前，PD 的保守治疗多用复方左旋多巴、多巴胺激动剂等替代疗法，但不能抑制疾病的发展，且存在副作用多、长期用药后药效衰减等缺点。由于 NSC 的深入研究已为其移植治疗 PD 带来新的希望，现已为 PD 建立化学损伤黑质和转基因动物两种动物模型。

研究将 GFP 转基因胚胎小鼠 NSC 两点注射入 PD 大鼠的损伤侧纹状体内，移植后不同时间段内取脑组织切片在荧光显微镜下观察发现，外源性的 GFP 转基因小鼠胚胎的海马 NSC 能在 PD 大鼠纹状体内存活并向移植区脑组织内移行，从而与宿主脑组织发生整合，未见细胞过度增生及胶质瘢痕形成。移植后 2 周症状开始改善，4 周时改善最为明显。而且，通过免疫组织化学染色显示，移植区有酪氨酸羟化酶阳性产物表达，表明有若干移植细胞在纹状体微环境的影响下分化为多巴胺能神经元。这种作用机制尚不完全清楚，推测其可能的原因是：由于纹状体内含有一些神经营养因子和神经诱导因子，不仅能维持移植细胞的存活，而且能够诱导其分化为多巴胺能神经元。这些实验证明，GFP 转基因小鼠 NSC 在植入 PD 大鼠纹状体后能够存活并分化为多巴胺能神经元，从根本上改善 PD 大鼠的症状，是一种有效治疗的新方法。因此，GFP 转基因小鼠 NSC 是细胞移植治疗 PD 的较为理想的供体细胞。

三、NSC 移植治疗癫痫的研究进展

癫痫是由多种病因引起的慢性脑功能障碍综合征，是大脑神经细胞群反复超同步放电引起的发作性、突然性、短暂性脑功能紊乱，也是一种慢性反复发作性的脑功能异常性疾病。一般人群的癫痫年发病率为 50～70/10 万，患病约为 5‰，估计我国约有 600 万以上癫痫患者，每年新发病的癫痫患者为 65 万～70 万。

研究证明，正常对照组大鼠海马组织中有 Bax/ Bcl-2 低表达。诱发大鼠癫痫后，生理盐水移植组与正常对照组相比，大鼠海马中 Bax/Bcl-2 均高表达，且 Bax/Bci-2 比值增高，这说明癫痫的发作可以引起海马区神经元凋亡细胞数增加；移植 GFP 转基因小鼠 NSC，Bax 表达减少，Bcl-2 表达增高，Bax/Bci-2 比值降低。随着移植时间的延长，Bax/Bci-2 比值降低越明显，这提示将 NSC 植入癫痫大鼠海马后，在一定程度上能够抑制海马区神经元的细胞凋亡。

四、NSC 移植治疗小脑变性损害的研究进展

小脑变性病是神经系统变性病中的主要疾病。主要病理变化是小脑蒲肯野（Purkinje）细胞丧失，颗粒细胞层变薄，齿状核神经元脱失。目前，其发病机制尚不清楚，也无良好的治疗对策。

实验发现，NSC 在大鼠脑内能够存活，部分细胞可向周围组织迁移。移植 28 天后，可见注射的针道已大部分愈合，有组织充填其中，针道周围及充填的组织内均可见大量的荧光细胞，无明显的细胞过度增生及胶质瘢痕形成。这些表明 NSC 在植入小脑损伤区后，可发生移行并与局部脑组织整合，在局部脑组织微环境的作用下，有可能发生定向分化，从而对受损的小脑具有修复作用。而且，在移植小脑变性损害区后的 NSC 能够存活、迁移，改善小脑变性的共济失调症状，这可能成为治疗小脑变性的一种有效手段。

五、NSC 移植治疗阿尔茨海默病的研究进展

阿尔茨海默病（AD）即老年痴呆症，是与年龄密切相关的一类老年性疾病，且呈进行性的记忆力丧失，以及高级认知功能减退，为神经系统的退行性疾病。大量的资料表明，此类疾病是在中老年人群中最为常见的一种痴呆病，占全部痴呆类型的 50%～70%，且有年轻化的趋势。AD 的病理显示为神经的退行性变化、神经元的不断缺失与补充不足。而 NSC 的分化潜能可以补充 AD 所需的神经元，并且异体移植的 NSC 可以和宿主脑组织完成结构和功能上的整合。将 NSC 移植到 AD 动物模型脑中，可观察实验动物的空间学习记忆能力与运动功能，并探讨 NSC 对 AD 治疗的可行性。

研究发现，AD 的脑组织可抑制源自大鼠 SVZ/CC 和人胚脑 NSC 的增殖、分化，并诱导其凋亡。用β-淀粉样蛋白同样可抑制体外培养的 NSC 增殖分化，并诱导其凋亡。研究发现，不止β-淀粉样蛋白，还有早老蛋白也同样影响 NSC 的增殖与分化。因此，内源性 NSC 抑制与 AD 的病理过程有一定的关系。将 NSC 经海马内移植，可以直接突破脑内血脑屏障，显示出 NSC 可以迁移到脑实质内，并可和宿主组织细胞在形态与功能上发生良好的整合。而且，经腰椎穿刺移植的 NSC 在理论上也有同样的治疗效果，此法并可成为将来在临床进行干细胞移植的实用而简洁的有效途径。

六、NSC 移植治疗脑损伤的研究进展

交通事故和坠落伤等导致的创作性颅脑损伤易造成神经元的受损。目前，临床对急性期的中、重度颅脑损伤的患者主要采取保守治疗和手术治疗，其目的是抢救生命，防止病变进一步发展。其后期治疗一般采取神经功能康复训练及神经营养药物的应用，但是很难达到修复损坏的神经元、恢复神经元功能的作用。近年来在对缺血性脑损伤的研究中发现，移植外源性干细胞可有效修复、替代变性坏死区的神经组织，并可实现其功能的恢复。在对损伤 CNS 的细胞移植研究中证实，移植细胞适当的存活与整合及损伤

环路的重建，对于损伤宿主的结构修复和功能恢复都十分重要。

第五节　基因操控和细胞标记的电穿孔技术

干细胞研究的进步和神经科学的快速发展引领了基因操控和细胞标记的创造性应用。在过去的几年里，科学家们应用电穿孔法将基因表达质粒转入胚胎组织和培养的细胞中。其中首次应用的是鸡卵实验，随后是在小鼠等中进行。目前，这种电穿孔技术已在鸡、斑马鱼、非洲爪蟾蜍胚胎、小鼠子宫内（外）和体外培养细胞等实验中开展。本节主要介绍鸡体内电穿孔的基本技术，描述体外靶向胚胎神经上皮前体细胞的电穿孔方法。

一、材料

（一）电穿孔设备

BTX T820 Electro Square-Porator（Genetronics，San Diego，CA，model ECM 830），BTX Genetrode 508 电极或精密钨电极，Protech CUY-21 电转化仪和微针电波 TSS20 Ovodyne 电转化仪。

（二）质粒准备

真核表达载体含标记基因（如绿色荧光蛋白）、易于操控的启动子、基因转移效率高的 DNA；5%固绿（fast green）溶液、15%无菌蔗糖溶液。

（三）鸡卵胚胎电穿孔

无菌鸡蛋，38℃加湿孵化器，无菌的 PBS，青霉素/链霉素，印度墨汁（India ink），10ml 和 1ml 注射器，皮下注射针（1 英寸 18G、5/8 英寸 22G 针头，图 4-1），透明胶带，小的外科剪，带有 1.5mm 注射柄的 Picospritzer 注射器，1.5 mm 玻璃移液管，10μl 的 Wiretrol 标准微量移液管，医用镊子，显微操纵器，黑色绝缘带，插头配件，附件线，钨丝。

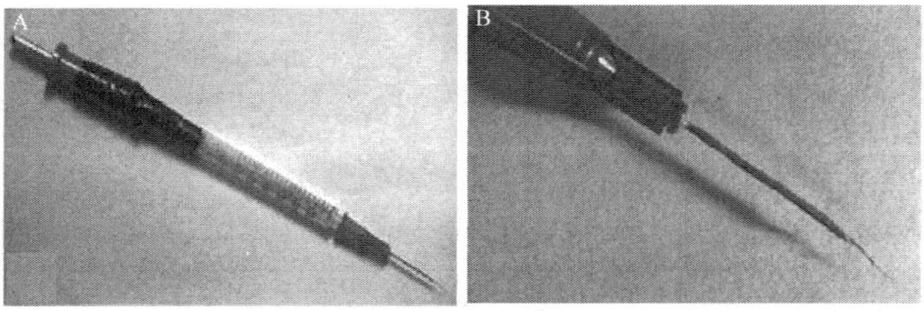

图 4-1　电穿孔的注射针（Weiner 2008）

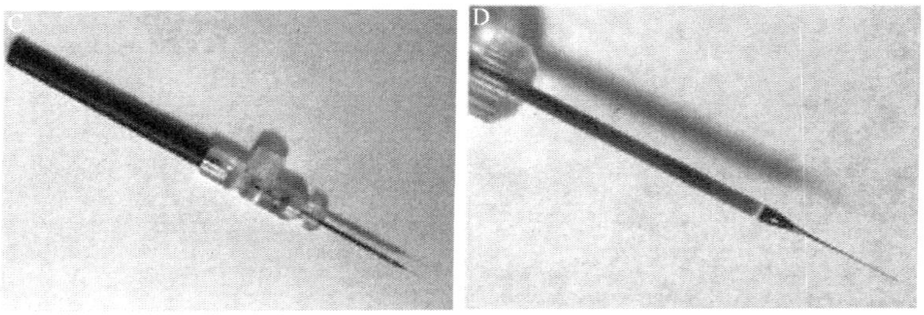

图 4-1（续）

A．在 1 ml 注射器上安装有 5/8 英寸长的 22 号针头，其中有尖锐的钨丝穿过为负极；B．在钨丝中有更高放大倍数的电极；C．带有 Wiretrol 标准微量移液管的 1.5mm 精细拉丝玻璃移液管回吸适当的 DNA/染料溶液；D．更高放大倍数的精细玻璃吸管（如 C 图）的末端

（四）体外胚胎神经管的电穿孔法

（1）发育 9.5 天（E9.5）的小鼠胚胎。

（2）0.1%纤连蛋白和无菌 PBS。

（3）10ml 胶原酶/分散酶溶液（现用现配）：1.0mg/ml I 型胶原酶，2.0mg/ml 分散酶 II，在 1×Hank 平衡液溶于无菌水中。用 0.22μm 滤器过滤除菌，等份分装成 500μl，于冰上存放。

（4）胰蛋白酶-乙二胺四乙酸溶液。

（5）鸡胚浸出液（可于−80℃存放 1～2 年）：37℃在潮湿的孵卵器中孵育鸡蛋 11 天。用 70%乙醇冲洗鸡蛋，将胚胎剥出，置于 4℃无菌改良的 Eagle 培养液中，其中含有谷氨酸盐和 Earle 盐。一次大概浸软 10 个胚胎，用 30 ml 注射器转移到 50 ml 离心管中。该步骤大概需要 25ml。加入等量的 MEM，4℃摇 45min。每 50ml 胚胎/MEM 混合液中加入 100μl 10mg/ml 无菌的透明质酸酶。30 000*g* 离心 6h。用 0.45μm 的滤器过滤上清液，然后再用 0.22μm 再过滤。分装，并于−80℃存放。

（6）神经上皮细胞基础培养液（90ml，存于 4℃，1～2 周内使用）：86ml 的 Dulbecco 改良 Eagle 培养液/Ham F-12、1ml N2 添加剂、2ml B27 添加剂和 1ml 青霉素/链霉素。

（7）NEP 完全培养液（现用现配）：90% NEP 基础培养液，10% CEE，35μg/ml 人碱性成纤维细胞生长因子。

（8）6 孔组织培养皿，无菌解剖头罩，精细解剖工具，9 孔滴试板，无菌玻璃吸管，15ml 离心管，CO_2 培养箱。

二、实验方法

（一）DNA 注射及电穿孔的条件

目标基因表达构建的纯净溶液非常重要，能够溶于最小浓度为 2μg/μl 的 PBS 或水中，随后加入终浓度为 0.5%固绿溶液使 DNA 溶液在注射时清晰可见。向 DNA 中加入蔗糖，可以减缓散布的速率，并可使溶液沉淀。电穿孔的参数要为应用提供最适的条件，但这个参数的设定需要适合每台仪器。条件变化是：脉冲长度 10～20ms，电压 15～50V，脉冲次数 5 次。

（二）鸡卵胚胎电穿孔

在大部分地区，多产的来亨鸡蛋在当地即可买到。也可采用无特定病原体级的鸟类供应蛋，但其费用较高。具有标准的加湿孵化器，清洁无菌的孵化器可提高其孵化效率。鸡卵胚胎电穿孔法如图 4-2 和图 4-3 所示。

（1）鸡蛋在 38℃加湿孵化器中孵育 48h，或是孵育到预期的时间。

（2）取出鸡蛋，用 70%的乙醇轻拭外壳。

（3）用 18 号针头在鸡蛋的小头戳一小洞，用 10ml 注射器吸出 3ml 白蛋白。如果蛋黄也被吸到注射器里，将鸡蛋弃掉，因为胚胎可能会发育不良。

（4）用干净的胶带将针孔密封，另外一条胶带贴于蛋壳的顶部，2～3 条胶带贴于这 2 条胶带之间，压其边，用精细的解剖剪小心戳顶端的蛋壳（覆盖胶带），剪下直径大约 1 cm 的圆形。通常胚胎在蛋黄附近，在此位置剪开蛋壳。另外需要剪一更大的孔用于胚胎的处理和电极的安放。

（5）为了防止干燥和感染，在胚胎表面滴几滴含有青霉素/链霉素（1%，*V*/*V*）的无菌 PBS。为了使胚胎清晰可见，用 1ml 注射器和 22 号针头（针头中部弯曲到 90°）戳进蛋黄侧面到达胚胎，注射含 10%墨汁的 PBS 到胚胎下面的子胚盘腔中。

（6）小心去除卵黄膜，在其上方用一精细玻璃针或精细镊子进行电穿孔。

（7）微电穿孔用钨电极作为驱动电极（黑色负极），用显微操纵器将参比电极（正极附近）置于胚胎附近。注意基因转移直接向正极进行，使用一个 Genetrode 电极（BTX）可达到此目的。或者，用显微操纵器放置两个 Genetrode 电极以扩大电穿孔，此时一个电极应放置在胚胎的一端。

（8）用 Wiretrol 校准移液器或 Hamilton 注射器将玻璃吸管内倒填充进 DNA，用玻璃吸管和 Picospritzer 显微注射器小心将 DNA 注射到靶区域或是其附近。

（9）用手快速在靶组织附近安置钨电极，在 DNA 分散前激活电穿孔仪。其最优条件是：波长 20ms，电压 15～30V，脉冲次数 5 次。在电穿孔过程中，如果组织附近的两个电极完全淹没在液体中，将提高组织存活和全面发育能力。在电极处可有小泡出现，表明有电流产生。

（10）去除电极，用干净的胶带完全封闭蛋壳上的小口。将蛋放回孵化器中，孵育 1～3 天。

（11）在整体荧光显微镜下可以观察到 GFP 的表达。确定表达后，胚胎用 3%甲醛固定，如果需要可以进行原位杂交或切片。

电极的放置和类型有不同的选择。例如，定向转移的另一策略是背腹部定位电极，即一个电极放置在胚胎内部的子胚盘中即墨汁注射部位，另一极放置在胚胎的背侧，该方法可对腹侧或背侧的神经管组织进行有效的定位。同样，吗啉基抑制分子可以被用于电穿孔，但研究发现荧光素标记的吗啉基有时不遵循电穿孔电流的预定靶路径，反而并入细胞远离正极，意味着这些分子迁移到标准 DNA 表达试剂的相反方向。

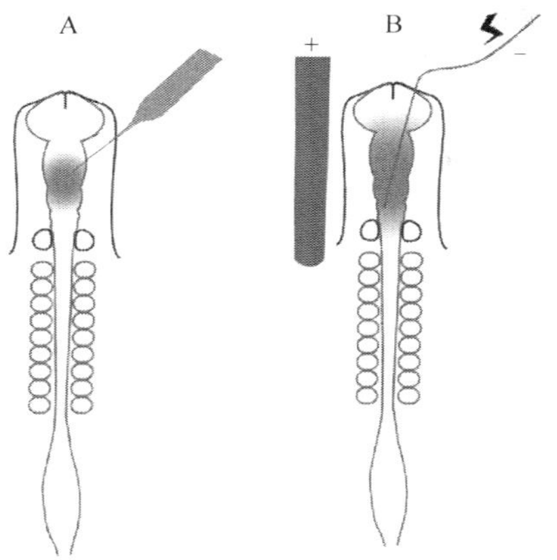

图 4-2　电穿孔的部位（Weiner 2008）

A．在预期的阶段和位置将 DNA/染料溶液注射到神经管中；B．正极安置于预期位置附近，尖锐的钨丝（负极）直接插到神经管中，而后启动电穿孔电流

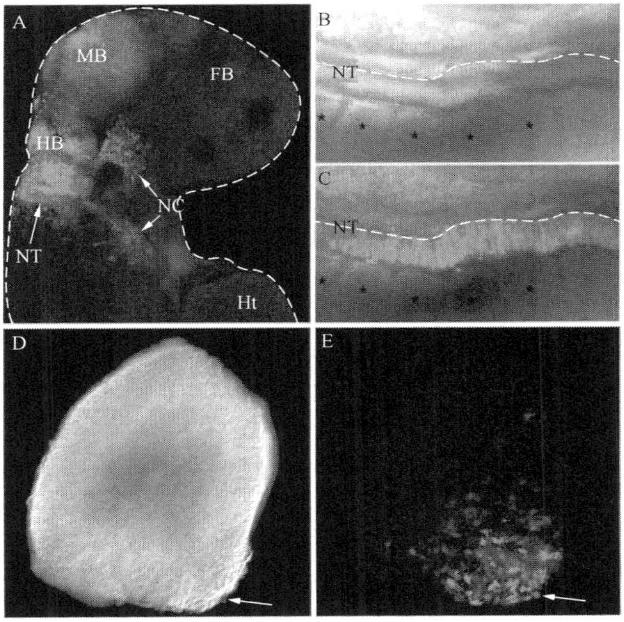

图 4-3　电穿孔的结果（Weiner 2008）

A．注射 3μg/μl 的 DNA 载体（带有 CMV 启动子的 GFP）到 HH 阶段 10 胚胎的后脑区域。在 10ms 波长、15V 电压下进行 5 次电穿孔。电穿孔 24h 后得到胚胎，进行固定，在荧光显微镜下观察。GFP 标记细胞可在神经管（NT）的中脑（MB）和后脑（HB）区域观察到。另外，GFP 标记细胞同样可在迁移的神经嵴细胞（NC）中见到。FB 为前脑，Ht 为心脏。B．GFP 标记的神经管在电穿孔明亮区域的背面观。C．明亮区域的荧光图像，GFP 阳性细胞仅在一半的神经管中清晰看到；星号标记的是体节。D．在 10ms 波长、20V 电压下进行 5 次电穿孔 24h 后，小鼠 E9．5 神经管的亮视野区域；在悬浮培养 18h 时的神经管呈球形。E．神经管的共聚焦荧光图像，在电穿孔区域可见到许多 GFP 标记细胞（箭头所指）

（三）体外神经上皮前体细胞的电穿孔

（1）在实验前 24h，用 0.002%纤连蛋白覆盖组织培养皿，在 4℃孵育过夜。移去纤连蛋白，用无菌 PBS 小心冲洗，并在 4℃ PBS 中储存，其可循环使用 4 次。

（2）在 0.5%固绿和 5%蔗糖溶液中制备浓度为 1～4μg/μl 的 DNA 溶液，并于冰上存放。

（3）从怀孕小鼠体内完整取出得到 E9.5 胚胎，保持外膜完整。

（4）用切割显微镜去除胚胎外膜和羊膜，并且取出胚胎转移至无菌 PBS 中。

（5）去除头部，从近尾部到耳泡处，并且尽可能多的去除软组织，修剪近尾端。该步骤去除尽量多的非神经区域和不含神经上皮前体细胞的脑区。去除尾部可以使消化酶很好地进行消化，在步骤 6 之前对胚胎进行此操作。

（6）将大约 3～4 个胚胎放入 500μl 的胶原酶/分解酶溶液中，置于冰上。

（7）当所有的胚胎都置于胶原酶/分解酶溶液中时，将试管放在 37℃、10min。

（8）在胶原酶/分解酶溶液中取出胚胎，用 PBS 快速冲洗，置于 9 孔滴试板的 NEP 完全培养液中混合，以稀释胶原酶/分解酶溶液。

（9）用无菌玻璃移液管将胚胎吹打碎。用镊子小心去除残余的体节，置于含有新鲜 NEP 完全培养液的干净试管中。对所有的胚胎都要进行此操作。

（10）在 6 孔板中每孔放置大概 3 个神经管，每孔加入 2ml 无菌 PBS。

（11）吸取 10μl 的 3μg/μl DNA/0.01%固绿/5%蔗糖溶液滴于神经管。蔗糖可使神经管周围的溶液浓缩。

（12）将电极放在神经管的一侧，电穿孔的操作条件是：波长 10ms，电压 20V，脉博次数 5 次。

（13）使神经管修复大约 10 min，然后转移到含新鲜 NEP 完全培养液的干净组织培养皿中，在 37℃、5% CO_2 中孵育 4～18 h。悬浮状态下神经管逐渐变成球形，最初的基因表达在电穿孔大约 8h 后可以观测到。

（14）取出神经管置于 15 ml 无菌离心管中，去除培养液，加入 500μl 的胰蛋白酶-乙二胺四乙酸。当神经管开始分离时小心观测。加入 1.5ml CEE 以去除胰蛋白酶。室温下 250r/min 离心 5min。去除上清液，加入 NEP 完全培养液，使细胞悬浮，吹打细胞，使其完全分离，在最适浓度时将其种于包被有纤连蛋白的组织培养皿上，在含 5% CO_2 的 37℃孵箱中孵育。在确定表达后，细胞用 3%甲醛固定，根据需要进行组织学观察。

（高　旭　梁国标）

主要参考文献

Adams CF, Pickard MR, Chari DM. 2013. Magnetic nanoparticle mediated transfection of stem cell suspension cultures is enhanced by applied oscillating magnetic fields. Nanomedicine, 9: 737-741

Anwar S, Peters O, Millership S, et al. 2011. Functional alterations to the nigrostriatal system in mice lacking all three members of the synuclein family. J Neurosci, 31: 7264-7274

Atkins RL, Wang D, Burke RD. 2000. Localized electroporation: a method for targeting expression of genes in avian embryos. Biotechniques, 28: 94-100

Becerra GD, Tatko LM, Pak ES, et al. 2007. Transplantation of GABAergic neurons but not astrocytes induces recovery of sensorimotor function in the traumatically injured brain. Behav Brain Res, 179: 118-125

Canto-Soler MV, Adler R. 2006. Optic cup and lens development requires Pax6 expression in the early optic vesicle during a narrow time window. Dev Biol, 294: 119-132

Carlen M, Meletis K, Goritz C, et al. 2009. Forebrain ependymal cells are Notch-dependent and generate neuroblasts and astrocytes after stroke. Nat Neurosci, 12: 259-267

Cerda GA, Thomas JE, Allende ML, et al. 2006. Electroporation of DNA, RNA, and morpholinos into zebrafish embryos. Methods, 39: 207-211

Gavrilescu LC, VanEtten RA. 2007. Production of replication-defective retrovirus by transient transfection of 293T cells. J Vis Exp, 10: 550

Gorba T, Conti L. 2013. Neural stem cells as tools for drug discovery: novel platforms and approaches. Expert Opin Drug Discov, 8: 1083-1094

Hornykiewicz O. 1973. Parkinson's disease: from brain homogenate to treatment. Fed Proc, 32: 183-190

Huang J, Chen J, Wang W, et al. 2010. Neurochemical properties of enkephalinergic neurons in lumbar spinal dorsalhorn revealed by preproenkephalin-green fluorescent protein transgenic mice. J Neurochem, 113: 1555-1564

Huang J, Lin Y, Han R, et al. 2012. Spatial and temporal distribution patterns of enkephalinergic neurons in adult and developing retinas of the preproenkephalin-green fluorescent protein transgenic mouse. Cells Tissues Organs, 195: 563-574

Jeong SW, Chu K, Jung KH, et al. 2003. Human neural stem cell transplantation promotes functional recovery in rats with experimental intracerebral hemorrhage. Stroke, 34: 2258-2263

Karbowski M, Cleland MM, Roelofs BA. 2014. Photoactivatable green fluorescent protein-based visualization and quantification of mitochondrial fusion and mitochondrial network complexity in living cells. Methods Enzymol, 547: 57-73

Koshimizu Y, Wu SX, Unzai T, et al. 2008. Paucity of enkephalin production in neostriatal striosomal neurons: analysis withpreproenkephalin-green fluorescent protein transgenic mice. Eur J Neurosci, 28: 2053-2064

Krull CE. 2004. A primer on using in ovo electroporation to analyze gene function. Dev Dyn, 229: 433-439

Lindvall O, Kokaia Z. 2009. Prospects of stem cell therapy for replacing dopamine neurons in Parkinson’s disease. Trends Pharmacol Sci, 30: 260-267

Nicoleau C, Varela C, Bonnefond C, et al. 2013. ES cells neural differentiation qualifies the role of wnt/β-catenin signals in human telencephalic specification and regionalization, Stem Cells, 31: 1763-1774

Rao RR, Iyer S. 2015. Stem cells, neural progenitors, and engineered stem cells. Methods Mol Biol, 1254: 255-267

Rockenstein E, Schwach G, Ingolic E, et al. 2005. Lysosomal pathology associated with alpha-synuclein accumulation in transgenic modelsusing an eGFP fusion protein. J Neurosci Res, 80: 247-259

The PLOS ONE Staff. 2014. Correction: systems-based analyses of brain regions functionally impacted in Parkinson's disease reveals underlying causal mechanisms. PLoS One, 9: e115081

Van Raay TJ, Lassiter RT, Stark MR. 2008. Electroporation strategies for genetic manipulation and cell labeling. Methods Mol Biol, 438: 305-317

Weiner LP. 2008. Neural Stem Cells—Methods and Protocols. 2nd Edition. Humana Press, Springer Science+Business Media, LLC

Weuve J, Hebert LE, Scherr PA, et al. 2015. Prevalence of Alzheimer disease in US States. Epidemiology, 26: e4-e6

Yan J, Xu L, Welsh AM, et al. 2007. Extensive neuronal differentiation of human neural stem cell grafts in adult rat spinal cord. PLoS Med, 4: e39

Zhao C, Deng W, Gage FH. 2008. Mechanisms and functional implications of adult neurogenesis. Cell, 132: 645-660

第五章　iPS 细胞技术与神经干细胞研究

诱导多能干细胞（induced pluripotent stem cell，iPS 细胞）是由病毒等载体将外源性转录因子（transcription factor）导入体细胞（somatic cell），进行重编程（reprogramming）而获得的与胚胎干细胞（ES 细胞）类似、具有多能性（pluripotency）和自我更新（self-renew）特性的细胞类型。通过这一技术，可以在同一个体上将较容易获得的细胞类型（如皮肤细胞等）转变成另一种较难获得的细胞类型［如神经干细胞（NSC）］。日本京都大学的山中伸弥（Shinya Yamanaka）和英国发育生物学家约翰·格登因（John B. Gurdon）因此项研究的杰出贡献共同获得 2012 年诺贝尔生理学或医学奖（图 5-1）。

图 5-1　约翰·格登因（左图）和山中伸弥（右图）

引自 photos.caixin.com

第一节　概　　述

一、iPS 细胞技术理论基础

iPS 细胞技术是基于克隆、转录因子和 ES 细胞技术发展而来，是这三大技术结合的产物。1962 年约翰·格登报道，他的实验室成功将植入成熟青蛙小肠上皮细胞核的未受精卵孵育出蝌蚪。这一实验具有划时代的意义，并首次证实已分化细胞的基因组可通过细胞核移植技术将其重新转化为具有多能性的细胞。35 年后的 1997 年，伊恩·威尔莫特（Ian Wilmut）及其同事成功地将乳腺上皮细胞的细胞核移植到未受精卵中，从而孕育出世界上第一只通过成熟体细胞克隆的哺乳动物羊——多利（Dolly）。这些成功的体细胞克隆研究显示，即使是在分化细胞中也含有能发展成整个生物个体所需要的所有遗传信息，而同时卵母细胞也具有体细胞核重编程的能力。2001 年的研究发现，ES 细胞也具有重编程体细胞的能力。

转录因子的发现，是 iPS 细胞技术建立的另一重要基础。1987 年，果蝇控制触角转录因子被发现，异位表达诱导果蝇由腿代替了触角。同年，又发现哺乳动物转录因子 MyoD，其可将成纤维细胞诱导成肌细胞。这些发现引出一个关键的概念：支配性调控因子（master regulator）是一种能够主宰并诱导特定种系命运的转录因子。许多研究人员致力于寻找各种谱系单因素支配性调控因子，但这些尝试鲜有成功。

同样重要的还有 ES 细胞的相关研究。从 1981 年体外培养第一代小鼠 ES 细胞开始，现已建立成熟的培养条件，使其长期维持多能性。维持小鼠 ES 细胞的一个关键因素是白细胞抑制因子（LIF）。同样地，自从第一代的人 ES 细胞体外培养开始，包含碱性成纤维细胞生长因子（bFGF）的最佳培养条件已经建立。

克隆、转录因子和 ES 细胞这三大技术的发展，为 iPS 细胞技术的产生奠定了坚实的理论与技术基础，也是这些研究者梦想的汇聚和结晶（图 5-2）。

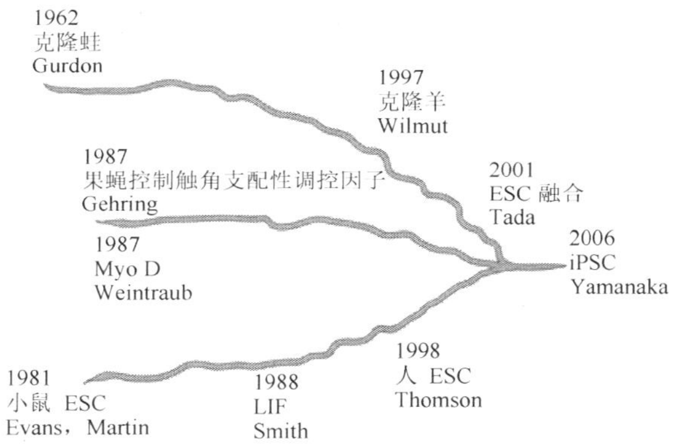

图 5-2 iPS 细胞技术基础（Yamanaka 2012）

二、iPS 细胞技术的发展历程

2006 年，山中伸弥在 *Cell* 杂志上发表了具有里程碑意义的文章。其中详细介绍了通过慢病毒载体介导将 Oct4、Sox2、c-myc 和 Klf4 这 4 种外源性转录因子导入小鼠皮肤成纤维细胞，并获得与 ES 细胞类似而具有强大自我更新能力和分化潜能的多能干细胞，并将其命名为“iPS”细胞。此研究首次证明，外源因子可以使体细胞重编程。2007 年 6 月，山中伸弥和来自哈佛大学、麻省理工学院、加州大学及洛杉矶大学的其他研究小组将 Nanog 替代 Fbx5 成功诱导出能够形成嵌合体小鼠的 iPS 细胞，使 iPS 细胞更接近 ES 细胞。

2007 年 11 月，Thmoson 等用慢病毒转导 Oct4、Sox2、Nanog 和 Lin28 到人成纤维细胞，成功诱导出人 iPS 细胞。同月，山中伸弥使用逆转录病毒转导 Oct4、Sox2、Klf4

和 c-myc 到人成纤维细胞，也成功诱导出 iPS 细胞。随后，其他研究者也相继报道了成功诱导出小鼠和人 iPS 细胞的结果。由于 iPS 细胞技术具备深远的科学价值和广泛的应用价值，这项技术被美国*Science*杂志列为 2007 年十大科技突破中的第 2 位。

2008 年，哈佛大学 Daley 实验室利用诱导细胞重新编程技术把采自 10 种不同遗传病患者的皮肤细胞转变为 iPS 细胞。这些细胞可在建立疾病模型和药物筛选等方面发挥重要作用。

随后美国科学家将 iPS 细胞在特定条件下诱导定向分化，得到如神经细胞等比较难获取的细胞种类，用于细胞治疗相关研究。

哈佛大学的研究人员发现，利用病毒将 3 种在细胞发育过程中起重要作用的转录因子引入小鼠胰腺外分泌细胞，可以直接使其转变成与干细胞极为相似的细胞，并且可以分泌胰岛素及有效降低血糖。

2009 年，中国科学院动物研究所周琪研究员和上海交通大学医学院曾凡一研究员领导的研究组合作完成的工作表明，利用 iPS 细胞能够得到成活而具有繁殖能力的小鼠，从而在世界上第一次证明 iPS 细胞与 ES 细胞具有相似的多能性。

2011 年，华裔科学家丁盛通过细胞重组技术，对现有的 iPS 细胞技术进行改进，将成人皮肤细胞直接转化成 NSC。这表明利用诱导重编程技术可以直接获得某一特定组织细胞，而不必先经过 iPS 这一步。

2012 年，该项技术的发明者山中伸弥因此项研究与约翰•格登（图 5-1）共同获得 2012 年诺贝尔生理学或医学奖。

在 iPS 细胞技术蓬勃发展的同时，也不可避免的出现了一些问题。尽管 iPS 细胞具有自我更新的特性，但是其在生成过程中效率很低，通常只有少于 1%的成纤维细胞被诱导成 iPS 细胞。许多科学家认为，转染细胞中只有不到 1%的重编程因子启动重编程过程，而大多数细胞没有启动该过程。目前正通过抑制某些特定激酶的活性（如 AurkA、P38 和 IP3K）、抑制 p53 基因表达、选取不同细胞等方法提高生成效率。2009 年，中国科学院广州生物医药与健康研究院裴端卿研究员和潘光锦研究员领导的研究组报道，添加维生素 C 可将 iPS 诱导成功率增加 10 倍。2012 年，他们又成功定位 H3K9 甲基化对诱导 iPS 细胞的抑制作用。2013 年日本研究人员报道，Pax6 等 6 种特定基因可阻止重编程因子启动重编程过程。

在转录载体方面的研究中，由于最初的 iPS 细胞使用逆转录病毒或慢病毒导入外源性转录因子。这可能造成插入突变，从而给转化带来风险，甚至造成不利影响。所以，研究者正积极寻找避免涉及载体整合到宿主基因组的诱导方法。目前已报道，质粒、仙台病毒、腺病毒、合成 RNA 和蛋白质等为载体也能诱导 iPS 细胞。其中的质粒和仙台病毒，已被大多数实验室采用。

2013 年，日本的研究者报道，将 iPS 细胞诱导分化的目的细胞移植回实验动物后发生了免疫排斥反应。此项研究表明，iPS 细胞虽然由实验动物本身获取，但在诱导分化时可产生新的抗原，导致实验动物排斥反应的发生。

三、基于 iPS 细胞技术的新科研方向

目前，科学家们正努力使 iPS 细胞应用于再生医学，如帕金森病、血小板缺乏症、脊髓损伤以及黄斑变性等疾病的细胞治疗。乔治・戴利（George Daley）等利用诱导细胞重新编程技术把采自患者皮肤的细胞转变为 iPS 细胞，并用这些细胞建立疾病模型和进行药物筛选等。特定患者的 iPS 细胞不仅可以用来复述单基因疾病，更可以复述迟发性多基因疾病模型，可以利用其分析疾病的机制及研究新的治疗方法。iPS 细胞分化的体细胞，特别是心肌细胞和肝细胞已被用于替代现有方法进行毒物学测试。iPS 细胞还可用于生物技术的研究。猴、猪和犬的 iPS 细胞可用于相应的基因工程研究，建立疾病模型及生产有用物质，甚至可以保护濒危动物，以及诱导建立生成人体移植器官等（图 5-3）。

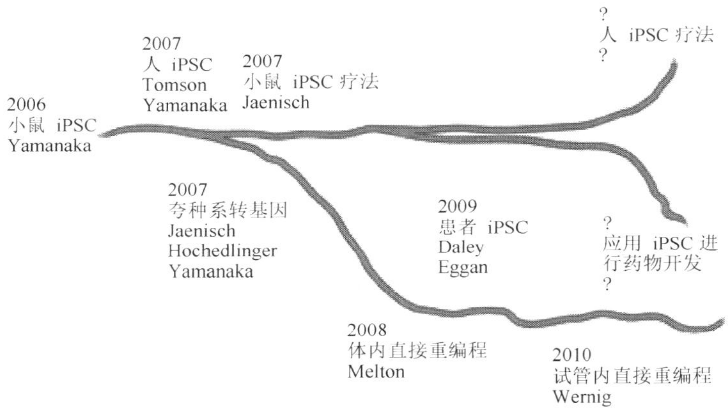

图 5-3　iPS 细胞技术的发展（Yamanaka 2012）

另外，iPS 细胞技术研究的另一个方向是将一种体细胞直接诱导分化成另一种分化细胞。当 iPS 细胞重编程成功后，研究者将研究方向由寻找单一转录因子转向寻找一种复合而快捷的方法，其在再生医学领域具有重要的应用潜力。目前的主要障碍是如何获得足够的靶细胞用于下游应用，最好是将原位细胞直接重编程。

四、iPS 细胞技术与 NSC 的有关研究

自 iPS 细胞技术发现以来，iPS 细胞与 NSC 相互转化的研究被广泛开展。研究表明，通过导入 Oct4 结合 Klf4 或 c-myc 因子就足以将小鼠 NSC 诱导产生 iPS 细胞。而且，仅一个转录因子 Oct4 也能使小鼠成年 NSC 重编程，成为 iPS 细胞。这些研究成果补充和完善了任何高分化成熟细胞都可以诱导为 iPS 细胞的结论。

更重要的是，将相对容易获得的细胞（如皮肤细胞）诱导至相对难获得的 NSC，一旦解决技术上的难题，有可能将 iPS 细胞所形成的分化细胞重新移植到提供细胞的患

者体内，从而替代受损细胞，或补充因疾病或创伤所损失的细胞，同时减少患者出现排斥反应。

这些分化细胞同时也是非常好的疾病模型。换而言之，iPS 细胞自身就能够作为“患者”而被研究。iPS 细胞与患者一样，也携带有相同的致病性遗传突变或疾病易感性（或抗病性）相关的遗传变异。一旦 iPS 细胞分化成与疾病相关的细胞类型，那么这些遗传变异所产生的影响可能揭示疾病症状的潜在原因。此外，研究者们还能够了解疾病是如何发生发展的，并能够寻找延缓或逆转疾病发生的方法。

对于那些现无有效治疗方法的疾病而言，其治疗的基础就是运用能使疾病衍化细胞内的基因表达或蛋白质表达恢复到正常水平的药物。同样地，这些细胞模型能够有助于确定药物的作用靶点，或反映药物的副作用等（图 5-4）。

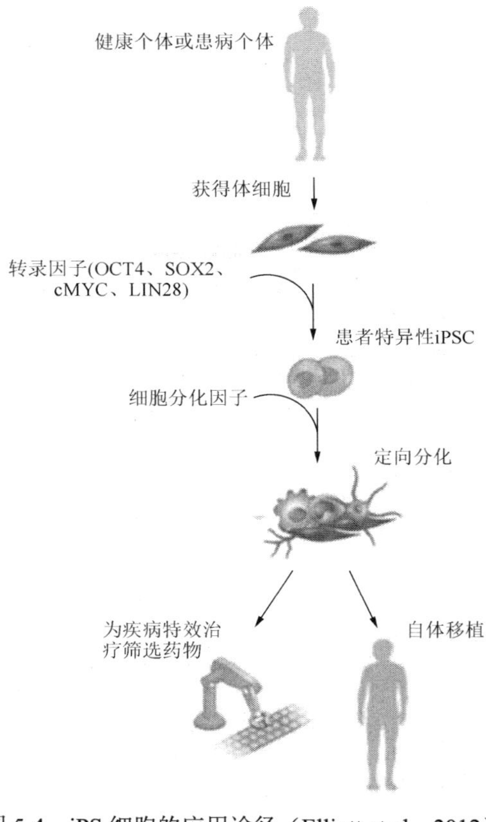

图 5-4　iPS 细胞的应用途径（Elliott et al. 2012）

通过改进 ES 细胞诱导 NSC 的方法，虽已成功地将 iPS 细胞分化成 NSC，但与 ES 细胞分化的 NSC 不同。iPS 细胞分化 NSC 存在致瘤性，为了进一步降低致瘤的风险，现已将成人皮肤细胞直接转化成 NSC。这种直接编程的方法简单而快速，重要的是这种技术可避免将 iPS 细胞诱导进入多能状态，从而降低 iPS 细胞发育成肿瘤的风险。但这些细胞还无法用于移植，新技术消除了利用 iPS 细胞制造可以移植的细胞以治疗多种疾病所面临的一些主要障碍。2012 年，我国科学家报道了利用患者尿液中的细胞制备 NSC 的方法。

第二节　基 本 原 理

一、细胞核重编程

细胞核重编程是指细胞内的基因表达由一种类型变成另一种类型，其表现为分化成熟的细胞在特定条件下被逆转后恢复全能性状态，或者形成 ES 细胞系，或者进一步发育成一个新的个体。

早在 20 世纪 50 年代，研究发现卵细胞细胞质能重编程体细胞细胞核。实验表明，把蝌蚪的已分化的细胞核移植到卵母细胞细胞质中，能指导卵细胞发育为性成熟的成体青蛙。在此过程中，卵细胞细胞质中存在的因子可改变基因表达的模式，将已分化的细胞核转变成为未分化细胞核。其中涉及的改变是表观遗传的，包括 DNA 甲基化的改变、组蛋白修饰和染色质结构。尽管发生在 50 年前的重组 DNA 前时代，这些早期的核转移或克隆实验还是引起了可能克隆人的一些猜测。

几乎在同一时期的研究证实，单个骨髓来源的细胞能产生多种造血细胞类型，这是干细胞领域的一次里程碑发现，20 年后发现能产生成体小鼠所有组织类型的 ES 细胞。进一步的研究表明，细胞核移植至小鼠卵母细胞后的体细胞核重编程成为多能状态。而且，卵细胞细胞质和 ES 细胞细胞质在核移植细胞融合后也能重编程体细胞核。重要的是，重编程体细胞核的能力不仅限于卵细胞细胞质，在成体小鼠胸腺细胞与 ES 细胞融合的实验中也是如此。尽管重编程不完全，但体细胞细胞核中存在的 Oct4 绿色荧光蛋白（GFP）在杂交细胞中表达，而在未融合的亲代胸腺细胞中不表达。

二、细胞因子诱导细胞多能性

2006 年，山中伸弥等推断，ES 细胞特异的基因产物或许可以替代 ES 细胞细胞质，重编程体细胞细胞核返回多能状态。为了验证这个假说，他们利用逆转录病毒表达载体在体细胞内表达 24 种候选基因。为了确保罕见的重编程事件能被检测到，其开发出一种分析系统，其中 ES 细胞/早期胚胎特异的 Fbx15 基因活化将使细胞产生抗药性。起始的体细胞群（小鼠胚胎成纤维细胞，MEF）因为 Fbx15 基因不表达，药物筛选可杀死全部细胞。接着向小鼠胚胎成纤维细胞中分别转导 24 种候选基因，还是没有获得具抗药性的细胞。然而，当 24 种候选基因一起转导时，能分离到具抗药性的细胞克隆，其中有的克隆表现出与 ES 细胞类似的形态和增殖特征。

进一步分析证实，转染后的小鼠胚胎成纤维细胞可丧失成纤维细胞特异的基因表达，而获得 ES 细胞标志物基因的表达，包括 Oct4、Nanog、Cripto、Dax1 和 FGF4。通过逐个抽出 24 种因子中的单个因子，最后鉴定出克隆形成必需的 10 种因子。第 2 轮又从这 10 种因子中逐个抽出单个因子，最终将必需因子的范围缩小至 4 种，即 Oct4、klf4、Sox2 和 c-myc。由此而制备出 iPS 细胞，并将其皮下注射到裸鼠产生畸胎瘤。一般而言，畸胎瘤形成具全部 3 个胚层（外胚层、中胚层和内胚层）特征的组织被认为是细胞多能性的可靠分析。4 种因子诱导产生的大多数 iPS 细胞表现出这种多能性。然而，小鼠系统中多能性的最终明确鉴定是：将这些细胞注入小鼠囊胚中，能形成包含正常胚胎所有组织的嵌合体。在这些 iPS 细胞的嵌合体分析中，在胚胎第 13 天可发现具备 iPS 发育成 3 个胚层组织的胚胎。但是，没有获得存活的嵌合体小鼠。

这篇里程碑式的论文让学术界为之振奋，同时也引发出一些有趣的问题。例如，作者根据基因表达分析和嵌合体分析中的行为断定，iPS 细胞类似但不等同于 ES 细胞。那么这两种细胞类型的关系是什么呢？另一个问题是 iPS 细胞低的诱导成功率，提出了一种可能性——稀有的成体干细胞是唯一一种能诱导成更强多能性状态的细胞。尽管他们观察到从富集较多成体干细胞的细胞群如小鼠骨髓基质获得 iPS 细胞诱导频率与原来相仿，这显然与该模型相悖，但研究人员并没有解决这个问题。

产生与 ES 细胞更加类似 iPS 细胞的关键是改变筛选基因。包括山中伸弥在内的 3 个独立的研究小组采用这种方法，制备出 3 种 iPS 细胞。通过全局基因表达模式和嵌合体分析，这 3 种细胞本质上非常接近小鼠 ES 细胞。Okita 等利用 Nanog 的活化来取代 Fbx15 作为筛选标记，推测筛选更严谨的标准应该是活化多能性的必需基因（Nanog），而不是非必需基因（Fbx15）。与 Fbx15 表达选择的 iPS 细胞相比，Nanog iPS 细胞表达更高水平的关键 ES 细胞标志物基因，包括内源的 Nanog 基因、E-ras、Esg1 和 Rex1。另外，Nanog 筛选获得的 iPS 细胞能更有效地沉默用于诱导 iPS 细胞表型的逆转录载体。由于已知 ES 细胞能沉默逆转录病毒序列，这提示 Nanog 筛选细胞与 ES 细胞更相似。Fbx15 与 Nanog 筛选细胞的其他不同还包括 Nanog 筛选获得克隆的频率是 Fbx15 的 1/10；但稳定性更高。更重要的是，与 Fbx15 选择的 iPS 细胞相比，Nanog 筛选的细胞更有利于嵌合体形成，不但能出生，而且还能存活至成年期，甚至繁殖种系并传递到下一代。然而，这个嵌合体分析表现的显著提高也暴露出这 4 种因子重编程方案的一个关键性缺陷。由于 c-myc 逆转录病毒的再活化，大约 20%的子一代（F_1）小鼠可形成肿瘤。

利用 Nanog 以及 Oct-3/4 的活化可作为选择标志物，得到与 Okita 等类似的结果：获得从表型上和功能上相当于小鼠 ES 细胞的 iPS 的概率为 0.1%。同时，就 iPS 细胞的表观遗传状态做进一步的分析表明，组蛋白修饰的模式更接近于 ES 细胞，而与分化的体细胞相反。而且，iPS 细胞内出现与 ES 细胞一样的逆转录病毒转基因沉默，推测这是 iPS 细胞在体外或嵌合体胚胎环境中分化所必需的。同时还获得嵌合体成体并可进行种系传代，且无肿瘤形成。

通过 Nanog 活化作为筛选标志物的实验证实，X 染色体在重编程中可再活化，iPS 细胞系在分化中的随机 X 染色体失活，并获得高比例的种系嵌合体。

上述的研究证实，重编程因子的表达只是短暂的需要。因为 iPS 细胞沉默转基因表达后依然维持 iPS 细胞的表型，这可能与多能性相关基因内源拷贝的活化有关。而且，重编程是一个有着中间阶段的渐进过程。例如，Fbx15 选择的细胞似乎是部分而不是全部的重编程。

这些研究的数据得出两个关键的结论：一是重编程因子的表达只是短时的需要，因为 iPS 细胞沉默转基因表达后依然维持 iPS 细胞的表型。显然，这是由于多能性相关基因的内源拷贝被活化。二是重编程是一个有着中间阶段的渐进过程。例如，Fbx15 选择的细胞似乎是部分而不是全部的重编程。

三、iPS 细胞诱导过程中转录因子的作用

转录因子在 iPS 细胞诱导中起着关键性的作用，也是目前研究者尝试改进诱导方法时首先考虑的问题。那么，Oct4、Sox2、Nanog、c-myc、Klf4 和 Lin28 等几种关键性的转录因子在多能性调控中都具有什么样的作用呢？

（一）Oct4 基因与 Sox2 基因

Oct4 是全能性或多能性干细胞的标志物，在 ES 细胞、胚胎生殖细胞（embryonic germ cell，EG 细胞）和胚胎/生殖细胞肿瘤中为阳性表达。但在分化组织中的表达降低或消失，提示其在 ES 细胞、生殖细胞和胚胎/生殖肿瘤中的表达与这些细胞的多能性分化特性密切相关。在成体组织和体细胞肿瘤中亦发现 Oct4 阳性表达。研究证实，内细胞团 Oct4 表达比分化的滋养外胚层细胞高 31 倍，与小鼠相同。因此，在植入前的桑椹胚阶段决定 Oct4 在内细胞团表达，在周围滋养层中表达下调的机制对植入前胚胎的正常发育具有关键作用。在桑椹胚阶段，Oct4 表达使每个细胞都具有全能性。在滋养层细胞形成过程中，Oct4 表达下降可导致细胞的分化也降低，因此细胞失去全能性，分化为滋养层细胞利于胚泡进行子宫内膜植入。可见，Oct4 在内细胞团的持续表达和滋养层表达的下降是形成不同分工共同维持胚胎发育的结果。

在 4～8 个胚胎细胞组成的胚泡中，不同水平的 Oct4 表达预示胚泡或向内细胞团发育，或向滋养外胚层发育。Oct4 在原肠胚形成前期的全能和多分化潜能细胞中表达，在分化成内胚层和中胚层过程中下调。因此，高水平的 Oct4 表达与维持细胞全能性相关，而 Oct4 表达的下调与分化有关。Oct4 通过结合位于转录起始点近侧或远侧的 8 聚体活化转录，在胚胎发育过程中起重要作用。Oct4 对很多基因的调控需要与 Sox2 协同作用。

在胚胎发生中，Sox2 基因表现出多样的动态表达模式，母体 Sox2 蛋白的表达一直持续到着床前的整个发育阶段。在体外，Sox2 基因在未分化的 ES 细胞和 EC 细胞中表达，且随细胞的分化表达下调。Sox2 的表达虽然不局限于多能性细胞，但它对早期胚胎发育和抑制分化十分重要。缺乏 Sox2 的胚胎无法形成外胚层（epiblast），ES 细胞中阻断 Sox2 的功能可造成 ES 细胞的分化。

（二）Nanog 基因

这是 2003 年才正式鉴定并命名的新基因，它对维持 ES 细胞亚全能性起关键性作

用，并能独立于 L1F/Stat3 维持 ICM 和 ES 细胞的亚全能性。通过对不同发育阶段的小鼠胚胎进行分析发现，缺乏 Nanog 的胚胎不能形成外胚层。Nanog 与 Oct4 一致，体内均表达于内细胞团、外胚层和生殖细胞。在体外培养的 ES 细胞、EGC 和胚胎癌细胞（embryonic carcinoma cell，ECC）高表达这两个转录因子，而在已分化的细胞和成体组织中表达迅速下调。其转录受 Oct4 和 Sox2 的共同调控，它的缺乏将导致细胞自发地向原始内胚层细胞分化。基因组分析发现，在小鼠和人类的 ES 细胞中，Oct4、Sox2 和 Nanog 共同调控许多靶基因，其中很多基因的产物是对发育至关重要的转录因子。Oct4、Sox2 和 Nanog 3 种转录因子一起形成 ES 细胞的调控系统，其中涉及自调控和前馈等多种机制。

（三）c-myc 基因

这是一种广为人知的原癌基因，它对某些成体干细胞的自我更新起一定作用，而且是 Lif/STAT3 和 Wnt 信号通路的一个主要的下游基因，这两条信号通路对于多能性的维持都十分重要。

（四）Klf4 基因与 Lin28 基因

Klf4 具有癌基因和肿瘤抑制基因的双重特性，其过度表达可以维持 Oct4 的表达，并抑制 ES 细胞的分化，以及协同 Oct4 和 Sox2 而调控有关基因的转录。

Lin28 在许多物种是一种控制多种细胞发育的负调控基因。在人类和小鼠 ES 细胞中，随着 ES 细胞的分化，Lin28 的表达下降。

（五）Oct-4、Nanog 和 Sox2 调控靶基因的主要途径

1. 上调或下调转录活性较高的基因

其中包括编码参与信号转导通路 Tgf-β（如 TDGF1 和 LEFTY2/EBAF）和 Wnt（如 DKK1 及 FRAT2）蛋白的基因，以及编码 STAT3 等转录因子的基因。这些提示，Oct-4、Nanog 和 Sox2 可能通过多条信号转导通路中的蛋白质或转录因子，直接或间接调控与自我更新、多向分化有关的信号转导而调控 ES 细胞。

2. 阻遏转录活性较低的基因

这些基因中富含参与发育过程、在分化中起重要作用的基因（如 ESX11、HOXB1、ME1S1、PAX6、LHX5、LBX1、MYF5 和 ONEUT1）。这些表明，Oct-4、Nanog 和 Sox2 可能通过调控在生物发育进程中起关键作用的可阻遏基因，从而调控生物的发育过程。

3. 调控 miRNA

实验表明，Oct4、Nanog 和 Sox2 与 14 种 miRNA 基因相关，并共同调控 mir-137 和 mir-301 基因的表达。这些提示，Oct4、Nanog 和 Sox2 可能通过调控 miRNA 从而调

控发育进程中的组织分化。

四、iPS 细胞形成的分子机制

为了建立高效而安全的 iPS 细胞系，iPS 细胞形成过程的分子机制成为急需研究的课题。

（一）iPS 细胞形成过程中多能性分子标志物的活化动态

在诱导 iPS 细胞形成的过程中，与干细胞多能性相关的标志基因和表面特异性抗原活化次序的研究，有助于了解 iPS 细胞形成的分子机制。通过以 Yamanaka 命名的 4 种因子（即 Oct4、Sox2、Klf4 和 c-myc，也简称为 Yamanaka 因子）诱导表达的胚胎小鼠成纤维细胞进行重编程的实验发现，在重编程的早期，先是成纤维细胞标志基因 Thy1 的表达下降，同时伴有碱性磷酸化酶（alkaline phosphatase）和细胞表面抗原 SSEA1 的表达增加，而内源性的 Nanog、Sox2 和 Oct4 的表达只有在重编程的晚期才出现。而且，端粒酶（telomerase）的表达以及 X 染色体的重新活化也在重编程的晚期发生。此外，至少要持续 10～12 天表达外源的 Yamanaka 因子，才能诱导出 iPS 克隆。

（二）iPS 细胞形成中的转录调控和表观遗传重编程

经过这 4 种常用的 Yamanaka 因子以及其他与 ES 细胞多能性相关转录因子在基因组中结合位点的研究发现，Oct4、Nanog 和 Sox2 之间可相互调控，形成一个 ES 细胞多能性的调控中心，并维持对 ES 细胞多能性必要的基因表达，同时抑制与分化相关的基因表达。这些表明，表达外源 Yamanaka 因子可活化内源 ES 细胞的标志基因，并诱导体细胞重编程。而且，这 4 种 Yamanaka 因子在 iPS 细胞、ES 细胞，以及部分重编程的细胞中是全基因组结合的位点。这种结合位点在 iPS 细胞和 ES 细胞中有很大的重叠，但与部分重编程细胞的结合位点有较大区别。根据在 ES 细胞中与 Yamanaka 因子的结合，可将这些基因分为两类：第一类是 c-myc 与其他 3 种 Yamanaka 因子共同结合的基因；第二类是与多能性相关，只与 Oct4、Sox2 和 Klf4 结合且不与 c-myc 结合的基因。

在部分重编程的细胞中，第一类基因与 Yamanaka 因子的结合及基因表达状态与在 ES 细胞中相似。第二类基因在部分重编程的细胞中却不与 Oct4、Sox2 和 Klf4 结合，而且基因的转录不被活化，这些基因的组蛋白甲基化程度介于成纤维细胞和 ES/iPS 细胞之间。而且，Oct4、Sox2 和 Klf4 不能与 ES 细胞中的下游基因结合，可能是由于 Oct4、Sox2 和 Klf4 的结合需要其他因子，如 Nanog，而这些因子在部分重编程细胞中不表达。在体细胞重编程的早期，c-myc 在抑制成纤维细胞特异性基因表达和活化胚胎代谢程序中具有重要的作用。这些表明，4 种 Yamanaka 因子在重编程的不同阶段起着不同的作用。

然而，从转录调控的角度无法解释诱导 iPS 细胞的低效率，并不是每个表达 4 种 Yamanaka 因子的细胞都能被成功地重编程为 iPS 细胞。用一些可调控表观遗传修饰的小分子化合物可提高诱导 iPS 细胞效率的结果表明，表观遗传信息的重编程是 iPS 细胞形成过程中的重要步骤。iPS 细胞、ES 细胞和 MEF 细胞表观遗传特性的比较研究发现，iPS 细胞和 ES 细胞在 DNA 甲基化、组蛋白 H3 赖氨酸 4（H3K4）和赖氨酸 27（H3K27）的甲基化上十分相似，而与 iPS 细胞的供体 MEF 细胞有着显著的差异。在雌性的 iPS 细胞中，原来沉默的一条 X 染色体也被活化。这些表明，在建立 iPS 细胞的过程中，要将体细胞原有的表观遗传信息进行重编程，以建立多能性细胞所特有的表观遗传信息。

Mikkelsen 等还分离出不完全重编程的细胞系，这种细胞系的表观遗传特性介于 iPS 细胞和 MEF 细胞之间。在同一克隆的不完全重编程的细胞中，可生长成表达或不表达 Oct4-GFP 报告基因的两种细胞。而且，用 DNA 甲基化转移酶抑制剂 AZA 处理该细胞系可促进这些细胞向完全重编程的 iPS 细胞转化。这些表明，在目前建立 iPS 细胞中，表观遗传重编程是一个随机的过程，且该过程的效率不高。如能有效的人为控制表观遗传重编程的话，将明显提高 iPS 细胞的形成效率。通过 microRNA 对转录调控和表观遗传调控的作用可调控体细胞重编程的效率。在这 4 种因子中，除 Oct4、Nanog 和 Sox2 外，剩余的一种 Lin28 可阻止 Let7 家族 microRNA 的加工，从而抑制 Let7 家族 microRNA 的功能。因此，Lin28 很可能是通过抑制与分化有关的 microRNA 的加工，影响相关基因的转录调控，进而促进 iPS 细胞的形成。外源性表达的 miR-302 可诱导人黑素瘤癌细胞和前列腺癌细胞转变为多能性的 iPS 细胞，表明一些 microRNA 也可活化多能性相关基因，并促进 iPS 细胞的形成。此外，miR-291-3p、miR-294 和 miR-295 都可提高 Oct4、Sox2 和 Klf4 的重编程效率，但这 3 种因子加 c-myc 对重编程的效率无影响。c-myc 可与这 3 种 microRNA 的启动子结合，表明其可能是通过活化这 3 种 microRNA 重编程体细胞的。

（三）iPS 细胞形成中端粒的重编程

端粒是染色体末端 DNA 的重复序列（TTA GGG）$_n$，并与多种端粒相关蛋白结合，以保护染色体末端和维持基因组的稳定性。在一般情况下，端粒长度由特异性的端粒酶维持。端粒在 iPS 细胞的形成和多能性中也起重要作用。相对于体细胞，iPS 细胞的端粒酶活性升高，而且其长度也增加。此外，iPS 细胞端粒的表观遗传修饰与 ES 细胞相似，如较低水平的组蛋白 H3K9 和 H4K20 的三甲基化，以及端粒转录活性的增加。虽然 iPS 细胞可以由端粒酶缺失（Terc$^{-/-}$）MEF 诱导而来，但是这些 Terc$^{-/-}$iPS 细胞的端粒延长有缺陷，而且不能产生活的嵌合体后代，说明 Terc$^{-/-}$iPS 细胞并不具有完整的发育多能性。重编程的效率还与端粒酶缺陷小鼠的传代次数相关，传代越多的端粒酶缺陷小鼠的 MEF 越难重编程。

（四）体细胞重编程中的信号转导

除了细胞核内的转录调控和表观遗传调控外，细胞表面以及细胞质中的信号转导通路在体细胞重编程过程中也具有重要作用。例如，Wnt 信号转导通路与多能性转录调控的环路直接相耦合。因此，通过在培养液中加入可溶性的 Wnt3a，活化 Wnt 信号转导通路，即使在只使用 Oct4、Sox2 和 Klf4 这 3 种因子的情况下，也可高效地诱导 iPS 细胞的形成；同时可抑制丝裂原活化蛋白激酶（mitogen-activated protein kinase，MAPK）和糖原合成激酶-3（glycogen synthase kinase-3，GSK-3）两个信号通路，促进大脑源性的 NSC 向 iPS 细胞转变，且 Oct4 和 Klf4 两个因子能诱导 iPS 细胞的形成，不再需要 Sox2 和 c-myc。这些信号转导事件可能通过活化内源性的重编程因子，或多能性相关基因而促进 iPS 细胞的形成。总之，iPS 细胞形成的过程是有关转录因子改变细胞的表观遗传信息和基因表达的过程，是把体细胞由分化状态诱导成为具有发育多能性的类似早期胚胎细胞的状态。首先，c-myc 有助于抑制分化细胞特异基因的表达；Oct4、Sox2 和 Klf4 协同作用以活化与多能性相关的基因。同时，细胞中的表观遗传信息被重新编程，包括组蛋白 H3K4 和 H3K27 的甲基化、X 染色体的活化以及端粒的延长。microRNA 和信号转导通路都可通过对表观遗传调控，以及转录调控影响的协同作用诱导 iPS 细胞的形成。

五、iPS 细胞在神经系统的应用

Wemig 等将 iPS 细胞分化为神经祖细胞，然后把这些细胞移植到胎小鼠脑中，并能整合到其受体小鼠的脑中。13.5 天后可形成神经胶质细胞和神经元细胞，包括谷氨酰胺能神经元、GABA 能神经元和儿茶酚胺能神经元细胞。将由小鼠 iPS 细胞在体外诱导分化的多巴胺能神经元植入到帕金森病大鼠模型脑内，一段时间后可有效缓解大鼠的疾病症状和改善其行为。

最近，利用帕金森症患者的皮肤细胞培育出 iPS 细胞后，又成功将其分化为多巴胺能神经元细胞，这是帕金森症患者大脑中所缺少的一种重要细胞。因此，这有望成为治疗帕金森症的一种方法。美国科学家已成功培养出 iPS 细胞用于制备神经元，在其培养过程中，用逆转录病毒载体，将 klf4、sox2、oct4 和 c-myc 4 种因子导入细胞。在检查培养的 iPS 细胞和患者是否携带相同基因变异的同时，并对基因表达谱和抗原-抗体反应谱进行测定后证实，其 iPS 细胞是 ES 细胞样细胞。iPS 细胞分化为运动性神经元和神经胶质细胞的程序，借用了小鼠和人细胞诱导分化的做法。虽然应用逆转录病毒载体可将外源基因在多处随机导入，但这对诱导分化无影响。经过诱导分化处理后，已经确认在运动性神经元细胞中有特异性转录因子的表达，以及在运动性神经元发生时发挥作用的转录因子等的表达。iPS 细胞源性的运动性神经元，在脊髓中可表达与处于生长阶段的运动性神经元类似的前体细胞标志物。另外，即使在分化成神经胶质细胞的细胞中，也能确认神经胶质细胞标志物的表达。

Dimos 和 Ebert 等已分别建立肌萎缩侧索硬化症（ALS），以及脊髓性肌萎缩（SMA）患者特异性的 iPS 细胞。通过定向的诱导分化，可将患者特异性的 iPS 细胞分化为运动神经元。这些由患者来源的 iPS 细胞分化的运动神经元，为人们提供了一个体外研究 ALS 和 SMA 疾病的系统。在研究清楚 ALS 和 SMA 患者运动神经元的致病机制后，还可在患者特异的 iPS 细胞中通过遗传修饰纠正基因缺陷，再分化得到功能正常的运动神经元，以进行移植治疗。

此外，iPS 细胞还可用于研究疾病形成的机制、筛选新药，以及开发新的治疗方法。通过定向诱导分化，将患者特异性的 iPS 细胞成功分化成患病部位的组织，这就有利于对疾病进行体外研究。在了解致病机制后，则可对患者进行治疗。这些表明，将来有可能为患者量身定做各种细胞，进行个性化治疗。同时可以利用 iPS 细胞对缺陷基因进行纠正后，再进行分裂分化培养，进行植入治疗；或是利用从罕见神经系统疾病患者身上获得的干细胞，对该种疾病的发病机制进行解析，并以此测试若干候选药物的疗效。

第三节　人 iPS 细胞的制备

自 2006 年山中伸弥报道建立 iPS 细胞系以来，众多研究者均在积极改进诱导过程和方法。目前，已能通过单一外源转录因子成功诱导建立 iPS 细胞系。而且，现已分别建立不同种系的 iPS 细胞系。在这些细胞系中，又以小鼠和人的居多。由于其建系的目的和意义不同，建系的要求和难度也不尽一样。本文仅以通过导入 Oct4、Sox2、Klf4 和 c-myc 这 4 种因子诱导人 iPS 细胞为例介绍。

一、人 iPS 细胞系的建立

（一）病毒包装

这些实验步骤是用于制备含疱疹性口炎病毒，即 G 包膜蛋白的假型逆转录病毒（VSV-G）。此病毒可分装成等分样品并长期存储在-80℃，然后复苏，并用于感染人成纤维细胞。

1. 材料

293T 细胞；FuGENE 6（Roche Applied Science，cat. No. 1181509001）；DMEM 和 DMEM/F12；pMIG-oct4，pMIG-sox2，pMIG-klf4 和 pMIG-myc；VSV-G 和 Gag-Pol；293T 细胞培养液；10cm 细胞培养皿；0.45μm 微孔滤膜；38.5ml 离心管；细胞冻存管。

2. FuGENE6 质粒转染 293T 细胞

（1）转染前 1 天将 293T 细胞（0.5×10^5 细胞/cm^2）分盘，每个 10cm 细胞培养皿铺满约 40%，确保转染时细胞铺满 70%～80%，共 10 个培养皿。

（2）FuGENE/质粒混合物的制备：每个培养皿加入 300μl DMEM 和 20μl FuGENE 6，室温孵育 15min。再加入 2.5μg pMIG 载体、2.25μg Gag-Pol 和 0.25μg VSV-G 载体，继续孵育 15min。制备时可同时制备 10 个细胞培养皿所需的 FuGENE/质粒混合物，即 3ml DMEM 加 200μl FuGENE 6 孵育 15min，再加入 25μg pMIG 载体、22.5μg Gag-Pol 和 2.5 μg VSV-G 载体孵育 15min。

（3）孵育完成后吸除 293T 细胞培养皿的培养液，重新添加 9ml 293T 细胞培养液。

（4）取 7ml 293T 细胞培养液加入 3ml FuGENE/质粒混合物 3ml。用移液器混匀并添加 1ml 至每个更换了细胞培养液的 293T 细胞培养皿中。

（5）将转染过的 293T 细胞培养皿放置于 BL2+孵育箱中孵育（293T 细胞转染后不能放置于普通孵箱内）。

3. VSV-G 假型化逆转录病毒的浓缩

（1）转染 3 天后（在转染后的 3 天里不需要更换细胞培养液）收集并用 0.45μm 微孔滤膜过滤病毒上清液。

（2）调整离心管重量平衡，进行超速离心。

（3）在 4℃，70 000*g* 离心 90min。

（4）离心结束后，会发现在离心管底端有一白色小球，吸除上清液。

（5）加入 1ml DMEM/F12 培养液，并轻弹离心管使白色小球溶解，放置于 4℃过夜。

（6）隔夜后，用移液器轻轻上下吹打病毒溶液，分装 100μl 或 200μl 病毒溶液至 Cryovial 冻存管-80℃保存。

（7）病毒滴度测定。

（二）滋养细胞

1. 材料

磷酸缓冲盐溶液（PBS），0.25%胰蛋白酶-0.04%EDTA，10% FBS DMEM，100 目滤网。

2. 滋养细胞的分离（MEF）

取妊娠 13.5～14.5 天的孕小鼠，在无菌情况下取出胎鼠，去除鼠头、尾、四肢及内脏，然后用 PBS 进行冲洗。将胎体剪碎成小于 $1mm^2$ 的组 0 织块，1000r/min 离心 3min，去掉上层 PBS，加入 0.25%胰蛋白酶-0.04%EDTA 2～3ml 浸泡组织块，常温消化 2～3min。轻微吹打，待较多细胞溢出后，加入等量的 10%FBS DMEM 终止消化，通过 100 目滤网过滤后，将获得的液体 1000r/min 离心 5min。弃上清，加入培养液重悬细胞，调整细胞密度约 2×10^5 个/ml，用含 10%FBS 的 DMEM 进行培养。

3. MEF 细胞的传代培养

（1）在倒置显微镜下观察，当成纤维细胞汇合度达到 80%～90%时，去掉培养液，用 PBS 清洗两遍，加入 2ml 0.25%胰蛋白酶-0.04%EDTA 消化液进行消化。

（2）镜下观察，当细胞间出现裂隙、细胞变圆时，加入等量的 MEF 培养液终止消化，并用滴管反复轻轻吹打成单细胞悬液。

（3）将单细胞悬液转移至离心管中，以 1000r/min 离心 5min，弃上清，加入 MEF 培养液将细胞重悬，按 1∶2～3 传代。置于 37℃、5%CO_2 培养箱中培养。

4. 滋养细胞的处理

（1）选择对数生长期的 MEF，在培养液中加入丝裂霉素 C，放入 37 ℃、5%CO_2 中 2～3h，加入丝裂霉素 C 的浓度为 0.4mg/ml，使终浓度为 12μg/ml。

（2）处理结束后，吸取带有丝裂霉素 C 的培养液，用 PBS 清洗细胞两次后，加入 0.25%胰蛋白酶-0.04%EDTA 覆盖细胞表层，37 ℃孵育 6min。

（3）用含有血清的培养液终止消化，然后将细胞重悬、吹散和计数，按每个 6cm 培养皿中放入 4×10^5 个细胞或 3×10^4 个细胞/cm^2 分放，加入适量培养液，置于培养箱中备用。

（三）成纤维细胞的感染和 iPS 细胞的纯化

1. 材料

从活体获取人成纤维细胞，人成纤维细胞培养液，硫酸鱼精蛋白，携带适当质粒的逆转录病毒上清液，无钙镁离子磷酸盐缓冲液（CMF-PBS），小鼠胚胎成纤维细胞（MEF），小鼠胚胎成纤维细胞培养液，0.1%（*m*/*V*）明胶，0.05% 胰蛋白酶/EDTA，人 ES 细胞培养液，明胶包被 12 孔板，胶原酶Ⅳ，明胶包被 6 孔板，细胞冻存液，液氮。

2. 逆转录病毒感染人成纤维细胞

（1）感染前 8～12h 将从活体组织获取的人成纤维细胞铺于 6 孔板，每孔约 1×10^5 个细胞，置于 37℃、CO_2 培养箱中。

（2）吸除培养液以去除死细胞，加入 2ml 新鲜人成纤维细胞培养液，加入硫酸鱼精蛋白，使终浓度为 5μg/ml。

（3）在培养的人成纤维细胞中加入制备分装好的逆转录病毒上清液，每种病毒的感染复数（MOI）为 5 易于保证转染成功率，置于 37℃、BL2+ CO_2 培养箱中。

（4）感染第 1 天吸除病毒上清液，用 PBS 洗板 3 次，每次 3ml，最后加入 3ml 人成纤维细胞培养液。

（5）2 天后补充 3ml 人成纤维细胞培养液。

（6）感染第 4 天，将 1×10^4/cm^2 小鼠胚胎成纤维细胞铺板于 0.1%明胶预包被的 10cm 细胞培养皿中，37℃、CO_2 培养箱中孵育 1 天。

（7）感染第 5 天，1ml 0.05% 胰蛋白酶/EDTA 在 37℃ 消化 3min，加入 1ml 培养液终止消化，将细胞溶液移至铺有小鼠胚胎成纤维细胞的 10cm 细胞培养皿中。

（8）感染第 7 天，吸除人成纤维细胞培养液，加入 10ml 人 ES 细胞培养液。

（9）每天更换培养液一次，显微镜下观察细胞形态，直至细胞克隆产生。

（10）用 20μl 移液枪头将具有良好 ES 细胞特征的克隆移至铺有小鼠胚胎成纤维细胞的 12 孔板中。

该实验方法用于病毒感染成纤维细胞并将诱导的 iPS 细胞从中纯化。纯化后的人 iPS

细胞在形态和培养条件上都与人 ES 细胞相类似。

二、iPS 细胞的传代

（1）当细胞长至约 80%～90%时需要进行分盘传代，每孔用 2ml CMF-PBS 冲洗 1 次。

（2）吸除 CMF-PBS，加入 0.3ml CTK 溶液，37℃孵育 5min。

（3）当 90%的滋养细胞分离后，用 2ml CMF-PBS 冲洗 2 次，将 CTK 溶液与滋养细胞冲掉。

（4）吸除 CMF-PBS，加入 2ml 人 ES 细胞培养液。

（5）用细胞刮刀将 iPS 细胞刮下，移液器上下吹打将其分散为小块。

（6）将细胞液移至 15ml 离心管中，用人 ES 细胞培养液按照 1∶3～1∶4 稀释细胞溶液，将稀释后细胞液移至用滋养细胞包被的培养皿中。

（7）放置于 37℃、CO_2 细胞培养箱，每天更换人 ES 细胞培养液一次。

三、iPS 细胞鉴定

（一）RT-PCR 对多能性基因表达的检测

RT-PCR 技术检测多能干细胞的标志基因，是评价 iPS 细胞最简单的方法之一。此法不但能够对内生基因进行检测，而且对转基因也能检测。

（二）免疫细胞化学对多能细胞标志物的检测

多能干细胞标志物不但能够通过 RT-PCR 技术进行检测，也能通过免疫细胞化学的方法进行检验。例如，SSEA 和 TRA 这些表面抗体的表达都能够对 iPS 细胞的特性进行鉴定。

四、相关溶液的配制方法

（一）293T 细胞培养液

DMEM 加入 10%（*V*/*V*）胎牛血清、2mmol/L 左旋谷氨酰胺（L-glutamine）、1×青霉素/链霉素，储存于 4℃，最长放置 4 周。

（二）10×胶原酶 IV

用 10mg/ml DMEM/F12 稀释胶原蛋白酶，0.22μm 滤膜过滤，分为 0.5～1.5ml 分装，-20℃储存，有效期 1 年。使用时用 DMEM/F12 稀释。

（三）0.1%（*m*/*V*）明胶

0.5g 明胶稀释于 500ml 蒸馏水，高压灭菌，室温保存。

（四）人 ES 细胞培养液

DMEM/F12 加入 20%（*V*/*V*）Knockout 血清替代液（KSR，Invitrogen）、10 mmol/L 非必需氨基酸、2 mmol/L 左旋谷氨酰胺、1×青霉素/链霉素、50 mmol/L 二巯基乙醇、10 ng/ml 牛碱性成纤维细胞生长因子（bFGF），储存于 4℃，有效期 1 周。

（五）人成纤维细胞培养液

MEM-alpha 加入 10%（*V*/*V*）胎牛血清、2mmol/L 左旋谷氨酰胺（L-glutamine）、1×青霉素/链霉素，储存于 4℃，有效期 4 周。

（六）CTK 溶液

5ml 2.5%（*m*/*V*）胰蛋白酶、5ml 1mg/ml 胶原酶Ⅳ（collagenase Ⅳ）、0.5ml 0.1mol/L $CaCl_2$、10ml Knockout 血清替代液（KSR，Invitrogen）、30ml 蒸馏水，储存于−20℃，不能反复冻融。

第四节　问题与展望

一、存在问题

自 2006 年以来，在短短的几年时间里，iPS 细胞技术快速发展，现已取得举世瞩目的成就。同时我们也应看到，随着一个又一个技术难题的突破，也带来了一些新的问题和挑战，亟待解决。

（一）效率问题

目前，诱导产生 iPS 细胞的效率仍然很低。这与基因导入的方式、整合位点和表观遗传学等多种因素有关。效率问题是 iPS 细胞应用于临床的一大障碍。如果不能实现高效转化，那么治疗的成本和时间都将严重制约治疗的效果。这也是为什么 iPS 细胞虽然具有上述的一些优越性，但依旧没能得到广泛临床应用的原因之一。这已成为制约 iPS 细胞从实验室走向临床的最大瓶颈。因此，如何提高 iPS 细胞的制备效率仍是人们普遍关注的问题。

（二）安全性问题

现在诱导 iPS 细胞通常借助逆转录病毒为载体，将几种癌基因转入分化细胞诱导其成为 iPS 细胞，这种方法有可能会因外源基因插入细胞基因组并干扰内源基因的表达，从而诱发癌症。解决安全性问题可以从以下 5 个方面进行努力。

1. 避免使用致癌基因

在用 Oct4、Sox2、Nanog 和 Lin28 诱导人成纤维细胞为 iPS 细胞时，避开用 c-myc 和 Klf4 有致癌性的癌基因。组蛋白去乙酰化酶抑制剂 VPA 与 Oct4 和 Sox2 两个因子也可把人的成纤维细胞诱导成 iPS 细胞。

2. 利用某些体细胞中表达的内源因子减少转录因子的使用数目

比如 NSC 和神经祖细胞（NPC）可表达 Sox2 因子，只用 Oct4 和 Klf4 两种因子就可以诱导 NSC 和 NPC 形成 iPS 细胞。

3. 将已整合的外源基因从 iPS 细胞的基因组中清除

外源基因是细胞不稳定的因素之一。通过基因编码技术使得外来基因两端存在特有标志，在诱导成功后，“Cre”酶可识别这种标志去除 iPS 细胞中的外源重编程因子，以得到没有外源因子的 iPS 细胞。

4. 小分子化合物替代转录因子

不仅外源基因有致癌的安全隐患，用于介导外源基因表达的逆转录病毒或慢病毒也存在着潜在的安全问题。不管是逆转录病毒还是慢病毒，都可能把外源基因整合到基因组 DNA 中，使其存在不稳定性，扰乱 DNA 的表达，并可能导致插入突变。为了减少或避免插入突变，有的实验室已进行小分子化合物的筛选，希望找到可替代这 4 种重编程因子的小分子化合物。

5. 寻找安全性较高的 iPS 供体细胞

研究表明，iPS 细胞的供体细胞对于肿瘤形成具有不同敏感性。例如，由 MEF 细胞衍化的 iPS，小鼠的成瘤趋势比从肝脏细胞和胃表皮细胞诱导得到的 iPS 细胞成瘤性要高很多，且前者的死亡率更高、存活时间短。因而，体细胞的选择，也是解决“成瘤”问题的途径之一。

（三）免疫排斥问题

在 iPS 细胞技术建立之初，研究者认为 iPS 细胞移植不会引起宿主的免疫排斥反应，并将其作为 iPS 细胞优于 ES 细胞很重要的方面。2011 年，华裔科学家徐洋在 *Nature* 杂志提出对此设想的挑战。但目前仍旧认为 iPS 细胞可以安全用于细胞移植治疗，不会引起急性排斥反应。

二、展望

自 iPS 细胞技术诞生以来，一直受到极大的关注和广泛的研究，现已成为生命科学研究领域研究和探讨的焦点。iPS 细胞与 ES 细胞相比，避免了伦理道德问题，具有很多优势。在转基因动物的研究中，iPS 细胞能够作为转基因的靶细胞，可以通过一定的转基因技术将外源基因转入 iPS 细胞，也可以针对 iPS 细胞进行基因打靶或基因敲除等遗传修饰，从而根据人的意愿实现 iPS 细胞内基因改造，高效和定向地生产转基因动物。通过动物模型的研究，已对人类疾病的研究做了必要补充。

iPS 细胞技术问世之前，很难想象在培养皿中对一些遗传性疾病或退行性疾病发展的病理学过程进行准确观察，而 iPS 细胞技术的出现使这些不再是难事。近期，Park 等利用 iPS 细胞技术已成功建立 10 种人类遗传性或退行性疾病起源的干细胞系，其中包括腺苷脱氨酶缺乏相关的重症联合免疫缺陷病（ADA-SCID）、亨廷顿病（HD）、帕金森病（PD）与青少年发生的 I 型糖尿病（JDM）等。这些疾病特异的 iPS 细胞携带有疾病本身的遗传学缺陷，但可有效地、正常化地向多种细胞类型进行分化。这些细胞系为在体外条件下比较正常与病理组织的形成提供了物质基础，另外也为疾病治疗药物的测试与筛选提供了细胞模型，为基础研究和临床疾病治疗带来前所未有的希望。

鉴于 iPS 细胞在疾病研究中的重要作用与潜能，哈佛大学干细胞研究所在 2008 年启动了建立疾病特异 iPS 细胞库的计划。同样，在日本的京都大学、庆应大学、东京大学和理化研究所等也成立了 iPS 细胞研究中心。面对这些快速的发展，由于我国人口众多，具有极其丰富的疾病资源，针对我国特有的疾病人群建立疾病特异的 iPS 细胞库应尽快提到议事日程上来。尤其对一些稀有的或特有的遗传性疾病，保存可以进行分化研究的细胞种子远远比保存 DNA 有价值得多。

人类 iPS 细胞的建立被公认为是 2007 年最重要的科技进展之一。这项技术不仅可以从体细胞建立个体特异的多能干细胞系，解决细胞移植治疗中的免疫排斥问题，而且为研究人类细胞的重编程的机制，以及研究个体特异的疾病发生机制提供了有力的方法。在干细胞研究领域，iPS 细胞技术的出现无疑是具有里程碑意义的突破。多种体细胞经过体外培养和诱导均可转变成为具有多向分化潜能的干细胞，并已证明几种已知的转录因子可以使已分化的体细胞逆转为未分化的状态，表明了细胞巨大的可塑性。

iPS 细胞技术使人类的视野与想象力得到拓展，目前研究人员考虑在不经过 iPS 细胞阶段的情况下，利用转基因或非转基因的方法将一种来源方便的体细胞直接重编程为另一种体细胞，以直接用于人类疾病的治疗。体内研究的证据表明，通过特定转录因子的导入可以将胰腺外分泌细胞直接重编程为内分泌细胞。另外，许多低等动物组织或器官损伤后出现的再生也有类似的生物学过程。因此，继续关注和深入研究 iPS 产生的理论与关键技术，将给正常发育模式的构建、肿瘤研究、组织修复与再生，以及生物制药等诸多生物医学领域带来新的发展机遇。

（唐　涛　尤振宇　李　欣）

主要参考文献

Aoi T, Yae K, Nakagawa M, et al. 2008. Generation of pluripotent stem cells from adult mouse liver and stomach cells. Science, 321: 699-702

Apostolou E, Hochedlinger K. 2011. Stem cells: iPS cells under attack. Nature, 474: 165-166

Ben-Nun IF, Montague SC, Houck ML, et al. 2011. Induced pluripotent stem cells from highly endangered species. Nat Methods, 8: 829-831

Bock C, Kiskinis E, Verstappen G, et al. 2011. Reference Maps of human ES and iPS cellvariation enable high-throughput characterization of pluripotent cell lines. Cell, 144: 439-452

Boulting GL, Kiskinis E, Croft GF, et al. 2011. A func tionally characterized test set of human induced pluripotent stem cells. Nat Biotechnol, 29: 279-286

Brennand KJ, Simone A , Jou J, et al. 2011. Modelling schizophrenia using human induced pluripotent stem cells. Nature, 473: 221-225

Carey BW, Markoulaki S, Hanna JH, et al. 2011. Reprog-ramming factor stoichiometry influences the epigenetic state and biological properties of induced pluripotent stem cells. Cell Stem Cell, 9: 588-598

Cheng L, Hansen NF, Zhao L, et al. 2012. Low incidence of DNA sequence variation in human induced pluripotent stem cells generated by nonintegrating plasmid expression. Cell Stem Cell, 10: 337-344

Chin MH, Mason MJ, Xie W, et al. 2009. Induced pluripotent stem cells and embryonic stem cells are distinguished by gene expression signatures. Cell Stem Cell, 5: 111-123

Davis RL, Weintraub H, Lassar AB. 1987. Expression of a single transfected cDNA converts fibroblasts to myoblasts. Cell, 51: 987-1000

Deng J, Shoemaker R, Xie B, et al. 2009. Targeted bisulfite sequencing reveals changes in DNA methylation associated with nuclear re- programming. Nat Biotechnol, 27: 353-360

Devine MJ, Ryten M, Vodicka P, et al. 2011. Parkinson's disease induced pluripotent stem cells with triplication of the α-synuclein locus. Nat Commun, 2: 440

Dimos JT, Rodolfa KT, Niakan KK, et al. 2008. Induced pluripotent stem cells generated from patients with ALS can be differentiated into motor neurons. Science, 321: 1218-1221

Doi A, Park IH, Wen B, et al. 2009. Differential methylation of tissue- and cancer-specific CpG island shores distinguishes human induced pluripotent stem cells, embryonic stem cells and fibroblasts. Nat Genet, 41: 1350-1353

Elliott MJ, De Coppi P, Speggiorin S, et al. 2012. Stem-cell-based, tissue engineered tracheal replacement in a child: a 2-year follow-up study. Lancet, 380(9846): 994-1000

Evans M J, Kaufman M H. 1981. Establishment in culture of pluripotential cells from mouse embryos. Nature, 292: 154-156

Fusaki N, Ban H, Nishiyama A, et al. 2009. Efficient induction of transgene-free human pluripotent stem cells using a vector based on Sendai virus, an RNA virus that does not integrate into the host genome. Proc Jpn Acad Ser B Phys Biol Sci, 85: 348-362

Ghosh Z, Wilson KD, Wu Y, et al. 2010. Persistent donor cell gene expression among human induced pluripotent stem cells contributes to differences with human embryonic stem cells. PLoS ONE, 5: e8975

Gore A, Li Z, Fung HL, et al. 2011. Somatic coding mutations in human induced pluripotent stem cells. Nature, 471: 63-67

Guenther MG, Frampton GM, Soldner F, et al. 2010. Chromatin structure and gene expression programs of human embryonic and induced pluripotent stem cells. Cell Stem Cell, 7: 249-257

Gurdon JB. 1962. The developmental capacity of nuclei taken from intestinal epithelium cells of feeding tadpoles. J Embryol Exp Morphol, 10: 622-640

Hacein Bey-Abina S, Von Kalle C, Schmidt M, et al. 2003. LMO2-associated clonal T cell proliferation in two patients after gene therapy for SCID-X1. Science, 302: 415-419

Hanna J, Saha K, Pando B, et al. 2009. Direct cell reprogramming is a stochastic process amenable to acceleration. Nature,

462: 595-601

Hanna J, Werni M, Markoulaki S, et al. 2007. Treatment of sickle cell anemia mouse model with iPS cells generated from autologous skin. Science, 318: 1920-1923

Hayden EC. 2011. Stem cells: The growing pains of pluripotency. Nature, 473: 272-274

Hu BY, Weick JP, Yu J, et al. 2010. Neural differentiation of human induced pluripotent stem cells follows developmental principles but with variable potency. Proc Natl Acad Sci USA, 107: 4335-4340

Huang P, He Z, Ji S, et al. 2011. Induction of functional hepatocyte-like cells from mouse fibroblasts by defined factors. Nature, 475: 386-389

Hussein SM, Batada NN, Vuoristo S, et al. 2011. Copy number variation and selection during reprogramming to pluripotency. Nature, 471: 58-62

Ieda M, Fu JD, Delgado-Olguin P, et al. 2010. Direct reprogramming of fibroblasts into func- tional cardiomyocytes by defined factors. Cell, 142: 375-386

Israel MA, Yuan SH, Bardy C, et al. 2012. Probing sporadic and familial Alzheimer's disease using induced pluripotent stem cells. Nature, 482: 216-220

Kim D, Kim CH, Moon JI, et al. 2009. Generation of human induced pluripotent stem cells by direct delivery of reprogramming proteins. Cell Stem Cell, 4: 472-476

Kim J, Lengner CJ, Kirak O, et al. 2011a. Reprogramming of post- natal neurons into induced pluripotent stem cells by defined factors. Stem Cells, 29: 992-1000

Kim K, Zhao R, Doi A, et al. 2011b. Donor cell type can influence the epigenome and differentiation potential of human induced pluripotent stem cells. Nat Biotechnol, 29: 1117-1119

Kobayashi T, Yamaguchi T, Hamanaka S, et al. 2010. Generation of rat pancreas in mouse by interspecific blastocyst injection of pluripotent stem cells. Cell, 142: 787-799

Kriks S, Shim JW, Piao J, et al. 2011. Dopamine neurons derived from human ES cells efficiently engraft in animal models of Parkinson's disease. Nature, 480: 547-551

Li E, Bestor TH, Jaenisch R. 1992. Targeted mutation of the DNA methyltransferase gene results in embryonic lethality. Cell, 69: 915-926

Lister R, Pelizzola M, Kida YS, et al. 2011. Hot- spots of aberrant epigenomic reprogramming in human induced pluripotent stem cells. Nature, 471: 68-73

Liu H, Zhu F, Yong J, et al. 2008. Generation of induced pluripotent stem cells from adult rhesus monkey fibroblasts. Cell Stem Cell, 3: 587-590

Loh YH, Agarwal S, Park IH, et al. 2009. Generation of induced pluripotent stem cells from human blood. Blood, 113: 5476-5479

Lowry WE, Richter L, Yachechko R, et al. 2008. Generation of human induced pluripotent stem cells from dermal fibroblasts. Proc Natl Acad Sci USA, 105: 2883-2888

Maherali N, Sridharan R, Xie W, et al. 2007. Directly reprogrammed fibroblasts show global epigenetic remodeling and widespread tissue contribution. Cell Stem Cell, 1: 55-70

Marchetto MC, Yeo GW, Kainohana O, et al. 2009. Transcriptional signature and memory retention of human-induced pluripotent stem cells. PLoS One, 4: e7076

Martin GR. 1981. Isolation of a pluripotent cell line from early mouse embryos cultured in medium conditioned by teratocarcinoma stem cells. Proc Natl Acad Sci USA, 78: 7634-7638

Miura K, Okada Y, Aoi T, et al. 2009. Variation in the safety of induced pluripotent stem cell lines. Nat Biotechnol, 27: 743-745

Mukherjee S, Pipino C, David AL, et al. 2014. Emerging neuronal precursors from amniotic fluid-derived down syndrome induced pluripotent stem cells. Hum Gene Ther, 25: 682-683

Nakagawa M, Koyanagi M, Tanabe K, et al. 2008. Generation of induced pluripotent stem cells without Myc from mouse and human fibro blasts. Nat Biotechnol, 26: 101-106

Nakagawa M, Takizawa N, Narita M, et al. 2010. Promotion of direct reprogramming by transformation-deficient Myc. Proc Natl Acad Sci USA , 107: 14152-14157

Newman AM, Cooper JB. 2010. Lab-specific gene expression signatures in pluripotent stem cells. Cell Stem Cell, 7:

258-262

Nori S, Okada Y, Yasuda A, et al. 2011. Grafted human- induced pluripotent stem-cell-derived neurospheres promote motor functional recovery after spinal cord injury in mice. Proc Natl Acad Sci USA, 108: 16825-16830

Ohi Y, Qin H, Hong C, et al. 2011. Incomplete DNA methylation underlies a transcriptional memory of somatic cells in human iPS cells. Nat Cell Biol, 13: 541-549

Okamoto S, Takahashi M. 2011. Induction of retinal pigment epithelial cells from monkey iPS cells. Invest. Ophthalmol Vis Sci, 52: 8785-8790

Okita K, Matsumura Y, Sato Y, et al. 2011a. A more efficient method to generate integration-free human iPS cells. Nat. Methods, 8: 409-412

Okita K, Nagata N, Yamanaka S. 2011b. Immunogenicity of induced pluripotent stem cells. Circ Res, 109: 720-721

Okita K, Nakagawa M, Hyenjong H. 2008. Generation of mouse induced pluripotent stem cells without viral vectors. Science, 322: 949-953

Osafune K, Caron L, Borowiak M, et al. 2008. Marked differences in differentiation propensity among human embryonic stem cell lines. Nat Biotechnol, 26: 313-315

Park IH, Arora N, Huo H, et al. 2008a. Disease-specific induced pluripotent stem cells. Cell, 134: 877-886

Park IH, Zhao R, West JA, et al. 2008b. Reprogramming of human somatic cells to pluripotency with defined factors. Nature, 451: 141-146

Pera MF. 2011. Stem cells: The dark side of induced pluripotency. Nature, 471: 46-47

Pipino C, Mukherjee S, David AL, et al. 2014. Trisomy 21 mid-trimester amniotic fluid induced pluripotent stem cells maintain genetic signatures during reprogramming: implications for disease modeling and cryobanking. Cell Reprogram, 16: 331-344

Qian L, Huang Y, Spencer CI, 2012. In vivo reprogramming of murine cardiac fibroblasts into induced cardiomyocytes. Nature, 485: 593-598

Quinlan AR, Boland MJ, Leibowitz ML, 2011. Genome sequencing of mouse induced pluripotent stem cells reveals retroelement stability and infrequent DNA rearrangement during reprogramming. Cell Stem Cell, 9: 366-373

Reik W, Dean W, Walter J. 2001. Epigenetic reprogramming in mammalian development. Science 293: 1089-1093

Shimada H, Nakada A, Hashimoto Y, 2010. Generation of canine induced pluripotent stem cells by retro-viral transduction and chemical inhibitors. Mol Reprod Dev, 77: 2

Smith AG, Heath JK, Donaldson DD, et al. 1988. Inhibition of pluripotential embryonic stem cell differentiation by purified polypeptides. Nature, 336: 688-690

Stadtfeld M, Apostolou E, Akutsu H, et al. 2010. Aberrant silencing of imprinted genes on chromosome 12qF1 in mouse induced pluripotent stem cells. Nature, 465: 175-181

Stadtfeld M, Apostolou E, Ferrari F, et al. 2012. Ascorbic acid prevents loss of Dlk1-Dio3 imprinting and facilitates generation of all-iPS cell mice from terminally differentiated B cells. Nat Genet, 44: 398-405

Stadtfeld M, Nagaya M, Utikal J, et al. 2008. Induced pluripotent stem cells generated without viral integration. Science, 322: 945-949

Szabo E, Rampalli S, Risuen o RM, et al. 2010. Direct conversion of human fibroblasts to multilineage blood progenitors. Nature, 468: 521-526

Tada M, Takahama Y, Abe K, et al. 2001. Nuclear reprogramming of somatic cells by in vitro hybridization with ES cells. Curr Biol, 11: 1553-1558

Takahashi K, Mitsui K, Yamanaka S. 2003. Role of ERas in promoting tumour-like properties in mouse embryonic stem cells. Nature, 423: 541-545

Takahashi K, Tanabe K, Ohnuki M, et al. 2007. Induction of pluripotent stem cells from adult human fibroblasts by defined factors. Cell, 131: 861-872

Takahashi K, Yamanaka S. 2006. Induction of pluripotent stem cells from mouse embryonic and adult fibroblast cultures by defined factors. Cell, 126: 663-676

Takayama N, Nishimura S, Nakamura S, et al. 2010. Transient activation of c-myc expression is critical for efficient platelet generation from human induced pluripotent stem cells. J Exp Med, 207: 2817-2830

Thomson JA, Itskovitz-Eldor J, Shapiro SS, et al. 1998. Embryonic stem cell lines derived from human blastocysts.

Science, 282: 1145-1147

Torper O, Pfisterer U, Wolf DA, et al. 2013. Generation of induced neurons via direct conversion in vivo. Proc Natl Acad Sci USA, 110(17): 7038-7043

Tsuji O, Miura K, Okada Y, et al. 2010. Therapeutic potential of appropriately evaluated safe-induced pluripotent stem cells for spinal cord injury. Proc Natl Acad Sci USA, 107: 12704-12709

Varela E, Schneider RP, Ortega S, et al. 2011. Different telomere-length dynamics at the inner cell mass versus established embryonic stem ES cells. Proc Natl Acad Sci USA, 108: 15207-15212

Vierbuchen T, Ostermeier A, Pang ZP, et al. 2010. Direct conversion of fibroblasts to functional neurons by defined factors. Nature, 463: 1035-1041

Ward CM, Barrow KM, Stern PL. 2004. Significant variations in differentiation properties between independent mouse ES cell lines cultured under defined conditions. Exp Cell Res, 293: 229-238

Warren L, Manos PD, Ahfeldt T, et al. 2010. Highly efficient reprogramming to pluripotency and directed differentiation of human cells with synthetic modified mRNA. Cell Stem Cell, 7: 618-630

Wernig M, Meissner A, Foreman R, et al. 2007. In vitro reprogramming of fibro blasts into a pluripotent ES-cell-like state. Nature, 448: 318-324

West FD, Terlouw SL, Kwon DJ, 2010. Porcine induced pluripotent stem cells produce chimeric offspring. Stem Cells Dev, 19: 1211-1220

Wilmut I, Schnieke AE, McWhir J, et al. 1997. Viable offspring derived from fetal and adult mammalian cells. Nature, 385: 810-813

Yagi T, Ito D, Okada Y, et al. 2011. Modeling familial Alzheimer's disease with induced pluripotent stem cells. Hum Mol Genet, 20: 4530-4539

Yahata N, Asai M, Kitaoka S, et al. 2011. Anti-Ab drug screening platform using human iPS cell-derived neurons for the treatment of Alzheimer's disease. PLoS One，6: e25788

Yamada Y, Haga H, Yamada Y. 2014. Concise review: dedifferentiation meets cancer development: proof of concept for epigenetic cancer. Stem Cells Transl Med, 3: 1182-1187

Yamanaka S. 2009a. Elite and stochastic models for induced pluripotent stem cell generation. Nature, 460: 49-52

Yamanaka S. 2009b. A fresh look at iPS cells. Cell, 137: 13-17

Yamanaka S, Blau HM. 2010. Nuclear reprogramming to a pluripotent state by three approaches. Nature, 465: 704-712

Yamanaka, S. 2012. Induced pluripotent stem cells: past, present, and future. Cell Stem cell, 10: 678-684

Young MA, Larson DE, Sun CW, et al. 2012. Background mutations in parental cells account for most of the genetic heterogeneity of induced pluripotent stem cells. Cell Stem Cell, 10: 570-582

Yu J, Vodyanik MA, Smuga-Otto K, et al. 2007. Induced pluripotent stem cell lines derived from human somatic cells. Science, 318: 1917-1920

Zhao T, Zhang ZN, Rong Z, et al. 2011. Immunogenicity of induced pluripotent stem cells. Nature, 474; 212-215

Zhou Q, Brown J, Kanarek A, et al. 2008. In vivo reprogramming of adult pancreatic exocrine cells to beta-cells. Nature, 455: 627-632

Zwaka TP. 2010. Stem cells: Troublesome memories. Nature, 467; 280-281

第六章　神经干细胞的分子生物学分析

第一节　概　　述

神经干细胞（NSC）作为主要干细胞的一种，具有分化为神经元、星形胶质细胞和少突胶质细胞的能力，具有自我更新并提供大量脑组织细胞的能力。NSC 的特性有：①可自我复制及更新，产生与自己相同的子代细胞，从而维持稳定的细胞储备；②处于较原始的未分化状态，无相应成熟细胞的表面标志物；③有多向分化的潜能，即演变成不同成熟细胞类型的能力，当损伤与疾病发生时，可产生新的细胞作为反应。

细胞分化先以基因选择性表达出各自特有的专一性蛋白质，最终达到细胞形态、结构与功能的差异。NSC 的分化存在细胞自身基因调控和外来信号调控两种机制。许多转录因子参与细胞基因的调控，在特定时间内，通过某一途径被活化后，引起或关闭下游基因的表达，决定着 NSC 的分化命运。同时，同一来源的 NSC 移植到不同部位后，其分化结果也不相同，但往往与接受移植部位的细胞相似，提示外来信号调控作用的重要性。影响 NSC 分化的主要细胞因子有表皮生长因子（EGF）、碱性成纤维生长因子（bFGF）、睫状神经营养因子（CNTF）、血小板衍化生长因子（PDGF）、脑源性神经生长因子（BDGF）和胰岛素样生长因子（IGF）等。

一、EGF

在发育脑和成年脑，以及神经元和星形胶质细胞中均有 EGF 的表达。体外实验证实，其可调控神经前体细胞的分裂增殖。在加入 EGF 培养时，5-BrdU 标记的神经元前体细胞明显增加。

二、bFGF

bFGF 对胚胎海马和皮质、成年脑室下区的多能 NSC 均有有丝分裂原的作用。当 bFGF 减少时，NSC 即可分化成神经元、星形胶质细胞和少突胶质细胞。这些结果提示，bFGF 在诱导增殖时可以抑制 NSC 的分化。在体外培养时发现，bFGF 不仅起到有丝分裂原的作用，还有促进细胞分化并决定分化方向的作用。在细胞增殖或分化时，bFGF 具有浓度依赖性。对 EGF 和 bFGF 的作用认识不一，EGF 反应性 NSC 只能得到γ-氨基丁酸及 P 物质阳性的神经元，而由 bFGF 反应性的 NSC 除了能得到γ-氨基丁酸和 P 物质阳性的神经元之外，还能得到谷氨酸盐阳性的神经元。bFGF 对能分化成神经元、胶质细胞和胶质前体细胞的多能 NSC 具有增殖作用，而 EGF 仅对胶质前体细胞有增殖作用。

研究表明，bFGF 在胚胎发育早期起着维持神经前体细胞生存、促进增殖的作用。EGF 在胚胎发育晚期起着促进神经前体细胞增殖和分化的作用。

三、NTF、PDGF 和 BDGF

NTF 能诱导源于 E16 大鼠海马 bFGF2 敏感的 NSC 向星形胶质细胞分化，这种分化率为 6%～9%，并可使源于新生小鼠 EGF 敏感的 NSC 向少突胶质细胞方向分化，其分化率为 0～20%。

PDGF 可使 bFGF2 敏感的 NSC 分化成神经元，其比例为 50%～80%。

BDGF 和 IGF 能增加 EGF 敏感的 NSC 分化神经元的数量，这可能是通过上调 NSC 后代中转录因子 Brn-4 的表达介导的。

四、GDNF、LIF 和 IL-1

胶质细胞源性神经营养因子（GDNF）和白血病抑制因子（LIF）能促进神经前体细胞分化成酪氨酸羟化酶阳性的神经元，GDNF 主要通过 Ret 受体活化酪氨酸激酶发挥作用。

近年来的研究发现，白细胞介素 1（IL-1）在神经系统发育和分化中具有一定作用。在多种因子中，IL-1 诱导中脑神经前体细胞分化为酪氨酸羟化酶阳性神经元的作用最强。这可能与增加 ret-4 受体的数目、提高神经前体细胞对 GDNF 的反应性有关。

此外，还发现骨形成蛋白家族可促使 NSC 向星形胶质细胞分化，同时抑制少突胶质细胞和神经元的产生。维 A 酸可诱导来源于海马的 NSC 向神经元分化。

第二节　神经干细胞的 RT-PCR 差异基因表达分析

胚胎干细胞（ES 细胞）有望治疗多种疾病，其主要障碍是干细胞转变为一种特定细胞系的驱动条件。目前，通过加入细胞生长因子或 ES 细胞的定向分化两种途径可实现其谱系保证（lineage commitment）。虽然很多神经基因已被确定，但引导神经细胞分化基因表达的级联过程仍不是十分清楚。随着微阵列技术的发展，基因表达模式的大型数据库可用来识别基因，并作为一个特定细胞谱系或组织类型的标志。半定量聚合酶链反应半定量（PCR）可用于单个基因表达的分析，定量 PCR（qPCR）可精确地检测 mRNA 的表达水平。而且，潜在神经基因功能的分析，可帮助确定这些基因在神经谱系中发挥的关键作用。在神经细胞分化中，基因的上调和下调可通过逆转录 PCR（RT-PCR）的检测而提供一种非常敏感的识别方法。qPCR 可以精确地检测两个或更多细胞或组织之间基因表达水平的改变。差异表达基因的检测可以帮助提示存在的潜在因素在分化为特定细胞系中的作用。这些检测的最关键因素是 RNA 的质量和完整性，因为它是可用于所有后续反应的模板。一旦分离出高质量的 RNA，在随机 9 聚物或寡聚（dT）RNA 引物的引导下，通过首次逆转录，即可合成第一链 cDNA。在合适引物的引导下，所得到的 cDNA 可作为基因特异性的目标，从而扩增目的模板。在 RNA 制备中，染色体 DNA

的存在将影响 RNA 浓度及从这些 RNA 模板逆转录生成 PCR 产物的可靠性。由于每个基因的特异性引物、对模板的特殊要求，在进行 PCR 扩增时，要对其中的许多参数进行优化，包括引物、$MgCl_2$浓度、退火温度及 PCR 的循环次数等。

因为半定量 PCR 和 qPCR 试剂盒的成本有一个巨大的差异，一般采用半定量 PCR 初步筛选候选基因，而那些差异表达阳性的基因，则采用 qPCR 来精确地检测表达的倍增改变。qPCR 对模板的浓度、引物的设计和优化有着更为严格地要求，其中包括梯度 PCR、溶解曲线和标准曲线的分析等。在一般情况下，用于 qPCR 的引物也可以用于半定量 PCR 中，但反过来却并非如此。每个 qPCR 模板和引物需操作 3 次，并与参照基因（即β-肌动蛋白）相比较，以检测表达水平的差异。

一旦潜在候选神经基因确定，接下来是确定其在神经分化中所起的作用。起初主要通过基因的表达或敲除来分析其特定的功能，原位杂交也可用于检测所选择基因在时间和空间上的表达模式。所有这些研究涉及最多的技术是 RT-PCR 的产物纯化和克隆。

一、有效的 TA 克隆法克隆 RT-PCR 产物

（一）RNA 的提取和纯化

此过程包括从未分化和已分化的小鼠或人 ES 细胞中提取和纯化总的 RNA。在处理 RNA 时，由于环境中有丰富的 RNA 酶，容易污染其提取。因此，必须始终采取严密的预防措施防止其污染。在 RNA 的制备中，基因组 DNA 的存在将干扰 PCR 的进行，并能产生独立的 mRNA 表达，进而影响 RNA 的制备。当 RNA 经无 RNA 酶的 DNA 酶 I（DNase I）处理后，可除去染色体的 DNA。采用凝胶电泳和分光光度法，可检测 RNA 样品的完整性和提取 RNA 样品的纯度。目前，有多种试剂和 TRIzol 等试剂盒可供总 RNA 的提取，其使用方法可按说明书进行操作。

（1）取培养的 ES 细胞，去除并丢弃培养液。加入 500μl TRIzol 到直径为 35mm 的培养皿或者 6 孔培养板内，其中约含 2×10^5～5×10^5 个细胞。放入摇动床中慢摇，使 TRIzol 覆盖于单层细胞上，用移液管移去细胞裂解液，并置于 1.5ml EP 管中冰浴，使细胞脱落下来，并转移至 1.5ml 的新 EP 管中。在有较多的培养板时，可把所有的细胞裂解液置于培养板中，然后把样品放在-80℃储存，其时间至少一个月。在以后实验需要时，可将其拿出并置于冰上解冻，然后继续进行步骤 2 的操作。

（2）把冻存样品在室温放置 5min，然后在每个管内加入 100μl 氯仿，用手轻摇管 15s，再在室温放置 3min。然后在 4℃以 12 500r/min 离心 10min，去除上清后放入一个新的 1.5ml EP 管中。每个 EP 管中加入 250μl 异丙醇，颠倒混匀，并室温放置 10min。

（3）在 4℃条件下离心 10min，倒出上清异丙醇，沉淀呈清晰的凝胶状，对其进行洗涤沉淀，首先加入 500μl 75%乙醇于 DEPC 水中，并在 4℃离心 10min，轻轻地用吸管吸出上清并丢弃。再次离心样本，并小心地移去残留的异丙醇（约 100μl），勿搅拌。不要让沉淀完全干燥，完全干燥后很难重悬。

（4）用 10～100μl 的 DEPC 水再次重悬 RNA（其剂量取决于干细胞数），并置于冰

上。使 RNA 的浓度为 0.5～1μg/μl，并用紫外分光光度仪检测 RNA 的浓度。

（5）在 1%琼脂糖凝胶、0.3μg EtBr/ml 和 1×TBE（标准琼脂糖凝胶电泳）上，取 RNA 2μl 进行电泳。在每 2μl 的样品中加入 2μl DEPC 水和 1μl 的 RNA 载样缓冲液，并对其进行 65℃热变性 10min，然后置于冰上直接加载。电泳运行 2h，电压为 100V。电泳结束后，在紫外凝胶成像系统中观测其结果（图 6-1）。

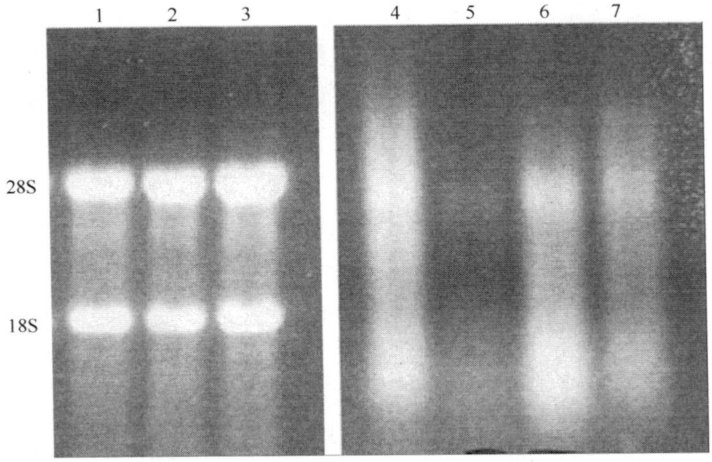

图 6-1　琼脂糖凝胶中纯化的总 RNA（Weiner et al．2008）

在第 1～3 条泳道中为 RNA，其分子质量大约为 4.6kb 和 2.1kb，有 2 条不同的带型，分别代表 28S 和 18S 的核糖体带。降解的 RNA 或受污染后，则无明显的条带，如第 4～7 泳道所示

（6）用 DNA 酶 I 进行放大，采用 1μl 10×DNA 酶 I 缓冲液处理 1μg RNA，用 DEPC 水使体积增加至 10μl。室温放置 15min，用 1μl 25mmol/L EDTA 终止反应，热灭活 DNA 酶 I，条件为：65℃、10min。

（7）RT 反应前，进行β-肌动蛋白的 PCR。制备预混试剂，每个 RNA 模板进行的反应是 39.5μl 水、5μl 10×*Taq* 聚合酶缓冲液、2.5μl 50mmol/L $MgCl_2$、0.5μl 10mmol/L dNTP、1μl（10pmol/L）/每个引物、0.25μl *Taq* 聚合酶、25μl RNA。PCR 条件是：94℃ 3min，94℃ 30s、55℃ 30s、72℃ 1min 共 25～30 个循环，72℃ 7min。一定要确保有一个阳性对照模板。在 1%琼脂糖凝胶电泳分析 PCR 产物，DNA 酶 I 的 RNA 应不产生 PCR 产物。

（二）逆转录（RT）反应

在随机 9 聚物或寡聚（dT）引物引导下，把纯化的 RNA 作为模板合成第一链 cDNA，可产生数千个细胞 mRNA 的 cDNA 拷贝，其可为半定量 PCR 和 qPCR 分析提供模板。在 RT 反应中，使用的总 RNA 量可以为 1μg～100mg。但在进行基因表达模式的比较时，必须使用等量的 RNA。

（1）RNA 模板的变性：在 0.6ml PCR 管中混合 RNA，0.5μl 寡聚（dT，0.5μg/μl）或 1μl 250μmol/L 随机 9 聚物，并使总体积为 11.5～12μl。其反应条件是在 70℃孵育 2min。

（2）为了使 RNA 变性，加入 1.5μl 0.1mol/L DTT、4.0μl 5×第一链缓冲液、2μl

10mmol/L dNTP 混合液和 1μl PowerScript RT；48℃孵育 1h 30min，热灭活 RT 70℃ 10min。其 RT 模板可在 PCR 中使用。

（3）步骤（1）和步骤（2）都可以在热循环仪的水浴或热块中进行，而且这种热循环仪进行的实验结果更一致。

（三）PCR

以特异性引物为模板的 RT 反应通过 PCR 技术，可用于扩增细胞或组织中选定的靶基因。半定量 PCR 可常规用来定性经过表达或敲除质粒（短发夹 RNA）转染小鼠的 ES 细胞或人胚胎转染的干细胞，这些质粒中含有潜在目标神经源性的基因。目前，已研究设计出小鼠和人的引物，可分别识别干细胞（Nanog、Oct-4 和 Sox2 基因）、神经祖细胞（巢蛋白、Musashi 1、SOX3）、泛神经元细胞（神经元的微管蛋白、SOX1、NEUROD1、NEUROD2，NEUROD3）、表皮（角蛋白 14、骨形成蛋白 2 和 4）、中胚层（brachyury）、内胚层（SOX17，Gata4）和阳性对照的β-肌动蛋白基因。

其中的阳性对照引物代表了在所有细胞表达水平相同的基因，通常以β-肌动蛋白或甘油醛-3-磷酸脱氢酶（GAPDH）作为最佳的选择。此外，还可用微阵列或差异显示等技术对不同细胞，以及大规模的基因表达模式进行序列分析。RT-PCR 可用来确认这些筛查中验证的感兴趣基因的差异性表达。半定量 RT-PCR 可作为一种选择候选基因的平台，这些基因又可以通过 qPCR 实验来检测不同细胞中表达的倍增改变。

每个基因特异性引物都有许多特定的 PCR 参数，包括引物、$MgCl_2$ 浓度、引物的退火温度、模板浓度和循环次数等。在反应中的任何试剂都可能被 DNA 模板污染，一旦污染时，PCR 仍然可以出现其产物。这些是由于非无菌技术引起的，如移液时不换吸头管等。因此，每个 PCR 需有一个无 RT 模板的试剂作对照，所有反应在 200μl 或 500μl RNA 酶/无 DNA 薄壁的 PCR 管中进行。

（1）为每对所测试的引物制备预混液。在每个 50μl 的反应体系中含 1μl 总 RT 反应物、5μl 10×*Taq* DNA 聚合酶缓冲液、1.25～2.50μl 50mmol/L $MgCl_2$、0.5μl 10mmol/L dNTP 混合液、10mmol/L 引物 1μl、0.25μl *Taq* DNA 聚合酶（5U/μl），并用 RNase/无 DNase 水使总体积为 50μl。为了防止蒸发应，确保顶部紧紧关闭，并将小管置于热循环仪中。

（2）在使用其他基因特异引物前，务必使用对照引物β-肌动蛋白测试“新 RT 模板”。对引物和无模板试剂对照，一般每个模板需要一个阳性对照。标准 PCR 条件的顺序是：94℃ 3min；94℃ 30s，50～64℃ 30s～1min（退火，视引物而定），72℃ 1～2min 扩增，合成 500bp 30s，20～35 个循环；72℃ 10min（最终扩增）。

（3）取β-肌动蛋白的 PCR 产物加入含有 1×TBE 和溴化乙锭的 1%琼脂糖凝胶上进行电泳。把 1μl 10×DNA 上样缓冲液和 1/5 的总反应液（10μl）混合，同时放入一个 100bp 的 DNA 梯状条带和 10μl 1×DNA 上样缓冲液，以便检测 PCR 产物的大小。凝胶运行 1～2h，电压为 100V。

（4）紫外透射仪检查电泳结果并照相，除试剂对照组外，阳性对照应产生预期大小和相同强度的 PCR 产物。ES 细胞和 NSC 实验模板之间标志物的强度会有所不同（图 6-2）。

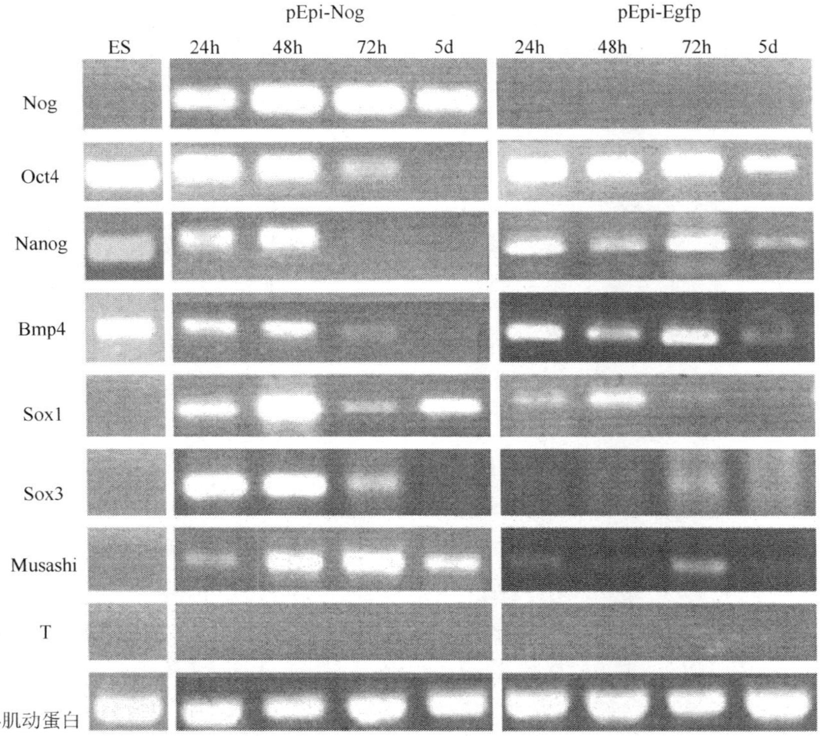

图 6-2　基因的表达（Weiner et al. 2008）

头蛋白和对照组（Egfp）-转染 ES 细胞的 RT-PCR 分析。所有细胞用神经元分化培养液培养，并分别在培养的 24h、48h、72h 和 5d 时提取 RNA。多能 ES 细胞的标志物 Nanog、Oct4 及头蛋白拮抗剂 BMP4 在头蛋白表达时均下调，而对照组却维持其表达。神经祖细胞标志物 SOX3、Musashi 1 以及泛神经元 SOX1 与对照组相比，在头蛋白转染的细胞中上调。ES 细胞的对照包括每种基因的内源性表达

（四）定量 RT-PCR

qPCR 或实时 PCR 是一种同时对 DNA 定量和扩增的方法，能够检测和定量样品中非常少量的 DNA 或 cDNA。常用的定量方法包括荧光染色，这种染料可以嵌入双链 DNA 或修饰 DNA 寡核苷酸或分子探针中，并与互补的 DNA 链进行杂交后发出荧光。其中，SYBR Green I 是一种结合到双链 DNA 并产生荧光信号的染料，其可用于分析许多不同的靶分子，且不产生目标特定标记的探针。而且，染料信号的强度与反应中双链 DNA（PCR 产物）的量有关。在 PCR 反应的每个步骤中，其信号强度可随基因特定产品的增加而增加。这也为 DNA 的检测提供了一种非常简单和可靠的方法，从而用于实时监控新产物的生产。

SYBR Green 技术的另一个优点是仅需要未修改的寡核苷酸引物，这使引物的合成更加容易、更为廉价。因为在实验过程中，引物的设计至关重要。qPCR 对于引物二聚体和二级结构非常敏感，因此，分析时必须选择高效协同的引物。PCR 扩增子的大小应

该是 80～200 bp，有很多引物设计方案可以帮助选择需要的引物序列。每个引物的碱基序列的特异性可以通过 BLAST 分析确定。具有最大程度特异性的引物只能识别感兴趣的基因，如果一个基因是家庭的成员，可确保引物不能识别这一保守地区。引物的设计程序（如 Laser Gene）可用来计算引物内和引物之间的互补序列，从而实现形成二聚体或二级结构的可能性。ΔG 作为一种反映引物质量的指标，可用于评估引物与引物之间的相互作用。ΔG 值越大，表明引物的质量越好，因为这样形成二聚体的机会就较少。qPCR 的引物也可用于半定量分析，其允许把单个引物设计成感兴趣的基因。在引物确立后，则须建立每种引物的最佳反应条件。梯度 PCR 可用于确定每对引物的最佳退火温度，其他影响优化的因素包括引物、模板浓度，以及 DMSO 或甜菜碱（betaine）等变性剂的加入。

1. 梯度 PCR

梯度 PCR 是用于确定引物对的最佳退火温度，以确保产生单一的正常大小的 PCR 产物，而不形成继发产品。DMSO 或甜菜碱可以加到该反应中消除模板或引物的二级结构，并通过+/-DMSO 或甜菜碱测试所有新的引物。一个标准的梯度程序为：95℃ 5min；95℃ 30s，57.5℃ 30s，梯度（57.5±7.5）℃，72℃ 1min，30～35 个循环；72℃ 5min。

（1）按 1:2 的比例稀释 RT 模板（这约等于 25ng/μl），并且在所有的反应中，模板浓度保持相同。

（2）制备 PCR 预混试剂，并将模板直接置入混合液中。在每次可以设定 12 种不同的温度时，确定需要测试的温度范围，并设置相同数量的实验对象。在每一个反应体系中，加入 8μl H_2O、12.5μl 2×iQ SYBR Green 超混液、5pmol/L 的 0.5μl 上游和下游引物、2.5μl DMSO 或甜菜碱、1μl 稀释的 RT 模板以及 25μl 的预混试剂（包括模板），加入到 200μl PCR 反应管中。

（3）将反应管置于合适的梯度区域。PCR 反应条件为：95℃ 5min；95℃ 30s，57.5℃ 30s，梯度（57.5±7.5）℃，72℃ 1min，30～35 个循环；72℃ 5min。

（4）取 10～15μl 的反应产物，用 1%琼脂糖凝胶电泳分析其样品。根据产物的大小加入 25～100bp 的 DNA 梯状条带，电压为 100V，电泳 1h 后检测其产物的大小（图 6-3）。

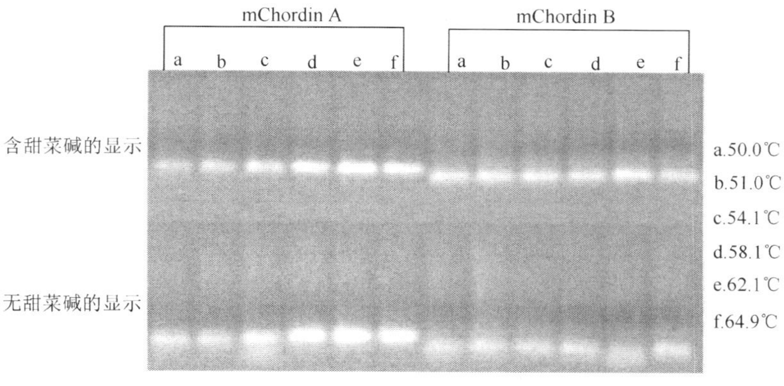

图 6-3　mChordin 梯度 PCR 的电泳结果（Weiner et al. 2008）

2. qPCR 的优化

qPCR 可通过拷贝数来验证目的基因的存在，并可根据其倍增数计算。一旦梯度 PCR 的退火温度建立，引物需在效率和可重复性上进一步优化。其中需要注意的是，引物二聚体和非特异性 PCR 产物都能表达荧光信号，从而导致目的基因的错误定量。

1）标准曲线

（1）以 1∶4 比例稀释测试的 RT 模板（相当于浓度为 12.5ng/μl），只要能够表达目的基因，它可以是之前任何反应结果残留的 RT 样品。通过连续 5 倍稀释的模板可检测引物的精度及其目的基因所需的最小模板量（图 6-4）。

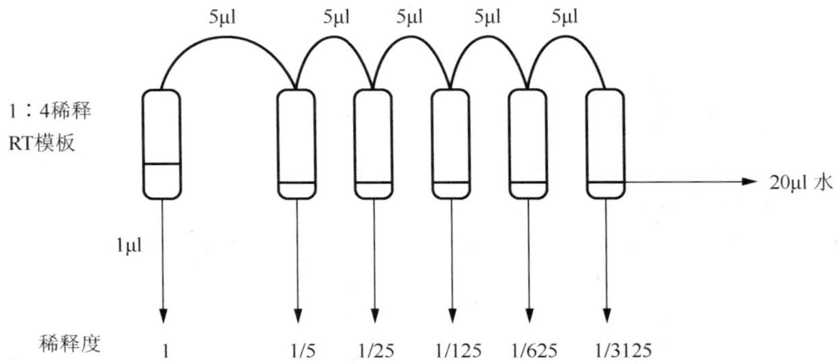

图 6-4　依次稀释示意图（Weiner et al. 2009）

开始以 1∶4 稀释 RT 模板，吸取 5μl 加入 20μl 的蒸馏水中做 5 倍稀释，以便获得标准曲线

（2）为 PCR 反应制备预混试剂。每个反应中加入 8μl H_2O、12.5μl 2×iQ SYBR Green 超混液和 2.5μl DMSO 或甜菜碱。将 24μl 预混试剂加入 200μl PCR 反应管中，每个管包含 1μl 适当稀释后的 RT 模板。按已建立的梯度 PCR 反应条件进行 PCR。通常包含一个持家基因（β-肌动蛋白或 GAPDH）作为对照，以确保 PCR 试剂正常反应。在大多数实验中，目的基因的扩增须与持家基因或参照基因相比较，并通过计算确定不同细胞表达的倍增改变。

2）溶解曲线

所有样品都应该制作溶解曲线，其目的是确保在反应中是单一的产物。在溶解曲线上出现一个以上的尖锐波峰，这表示第二种 PCR 产物的形成。iCycler 可用于在同一次操作中，比较标准曲线和溶解曲线。

3）重复三次标准曲线

一旦引物通过标准曲线和溶解曲线的分析，每个样品需要重复三次的测定，目的是确保扩增的重复性和引物的优化结果。

4）使用基因特异性引物的 qPCR

按 1∶4 稀释已实验的 RT 模板。在每个管中，加 1μl 稀释后的 RT 模板和 24μl qPCR 预混液。在梯度 PCR 的反应条件建立后，同一样品设三个重复加样，其中包括一个持家基因作为参照样本。

5）qPCR 模板的分析

qPCR 成功的关键因素之一是在每次反应中加入准确浓度的 cDNA，基因表达量化的关键在于完全去除其中的 DNA。因为反应样品通常是<200bp，其可穿过内含子或外显子的边界。即使在含有很小量的 DNA 时，这种污染也可能导致其结果的明显升高。在靶基因定量时，过高的模板浓度对目的基因的定量可能有两种影响。一是高浓度的目的基因 cDNA 克隆可以导致饱和效应，产生过早的平台扩增曲线和相对较小的峰值。扩增曲线太早超过阈值，qPCR 仪将设置不合适的基准反应周期。二是扩增曲线可提前出现，而且样品中目的基因的数量被低估。

研究表明，在 25μl 的反应体系中，按 1μl 的 1∶2 到 1∶4 稀释的模板可获得最大的成功。而且，在 RT 反应缓冲液中可以添加 qPCR 抑制剂。添加到任何给定的 qPCR 的 RT 量应始终小于总体积的 10%，以防止靶基因的表达被低估。为了保证实验的准确性，所有样品都应进行三次重复。因为，在加入的反应液错误时可导致阈值循环有很大的波动。通过三次重复实验可避免有关异常值的出现。

3. qPCR 分析

qPCR 的结果可由相对而不是绝对的方法进行分析，因为这可减少耗时和较高的花费，得到可靠数据。在实验条件或样品确定后，没有必要再改变参照基因的阈值循环或选择一个新的参考基因。目的基因的 PCR 效率必须是非常接近参照基因的结果，或者进行两个基因的比较，其他任何计算结果都是不准确的。在实验设计的所有引物中，有效率应为 90%和 110%，其效率=$10^{(-1/s)}$-1（s 是制作模板稀释标准曲线的斜率）。通过一系列的稀释试验后，qPCR 仪可计算给定引物的效率。一般必须选择一个系统，以成对的方式进行样品的比较，并检测在不同的样品或条件下靶基因表达的差异。其中必须有一个样品作为校准或参照物，其他的样品每次都应与其进行逐个的比较。

（五）RT-PCR 产物的纯化及克隆

通过 DNA 的 Northern 和 RNA 的 Southern 杂交的基因，可为特异性探针的合成提供一种来源稳定的模板。这些检测方法可用来确定基因在哪里以及何时能够表达。通常情况下，基因功能的研究包括目的基因的过表达或敲除表达。RT-PCR 不仅可以制备已被微阵列或其他筛选方法确定的基因全长 cDNA，同时也可制备整个开放读码框基因的特异性引物。克隆和 PCR 产物的测序目的，是为了确认扩增的预期基因。在克隆中，可以采用 TA 克隆载体法进行。这种商业化的产品通过引物的优化，可把 PCR 产物克隆到 PBS SK 质粒中。此法在很短的时间内可以成本低、高效率的手段复制无数的 cDNA。

1. 凝胶中 cDNA 的纯化

cDNA 的纯化可用 DNA 凝胶提取试剂盒（QIAGEN），按照其说明书进行。主要步骤是把一个标准的1%琼脂糖凝胶倒入TBE，并用梳子制成能容纳20～40μl的柱体。20～

40μl PCR 产物与 2～4μl 10×DNA 上样缓冲液混合。加载整个样本进行电泳 1～2h，电压为 100V。电泳结束后，在紫外透射仪上观察结果。从托盘中取出凝胶和标有正确大小的 cDNA 条带，然后将其放入 1.5ml 的试管。用其中的纯化柱对凝胶切片进行 DNA 纯化。可把柱中的洗脱液减少 30～35μl，从而可增加纯化 cDNA 的浓度。通过 cDNA 的复性后，取总体积为 50μl 的 1%琼脂糖凝胶，加入 cDNA 4μl（约 100～200 ng）进行电泳。

2. 载体的制备

取 3μg PBS SK 质粒或其他类似的载体，加入 3μl 10×NEB 缓冲液 3、1.5μl 牛血清白蛋白、2μl *Eco*RⅤ（NEB 10U/μl），用蒸馏水使总体积为 30μl。37℃孵育过夜。用凝胶纯化其线性 PBS SK（3 千碱基[kb]）质粒后，35μl 水洗脱柱体。

3. 载体的纯化

在钝端 *Eco*RⅤ位点上加入 dTTP、*Taq* 聚合酶和 10mmol/L dTTP。反应体系是 32μl 凝胶纯化的载体、5μl 10×*Taq* DNA 聚合酶缓冲液、1.5μl 50mmol/L $MgCl_2$、10μl 10mmol/L dTTP、1.5μl *Taq* DNA 聚合酶（5U/μl），加入蒸馏水使总体积为 50μl。该反应条件是 70℃温育 2h。按其凝胶纯化 T-尾载体法纯化后，取 4μl 载体样品通过 0.8%琼脂糖凝胶进行 DNA 数量的估计。把载体样品稀释为 5 ng/μl，以 10μl 等份分装存储，温度为-20℃。

4. PCR 纯化产物与 PSK TA 载体的连接

反应体系 L1：0.5μl PSK TA，6.5μl cDNA，2μl 5×T4 DNA 连接酶缓冲液，1μl T4 DNA 连接酶（1U/μl），TV=10μl。反应体系 L2：0.5μl PSK，2.5μl cDNA，1μl 5×T4DNA 连接酶缓冲液，1μl T4 DNA 连接酶，TV=5μl。反应体系 LO：0.5μl PSK，6.5μl 双蒸馏水，2μl 5×T4 DNA 连接酶缓冲液，1μl T4 DNA 连接酶，TV=10μl。LO 反应是单独载体自身连接的阴性对照。反应条件：在 14℃的水浴或热循环仪上进行过夜孵育。

5. DH5α *E.coli*-感受态细胞的转化

用双蒸馏水将连接液的总体积加至 50μl。在冰上放置 4 个管，其中一个用于连接的阳性对照。在每个管中，分装 50μl 的感受态细胞，然后每个管内添加 5μl 连接液，剩余部分可以存储于-20℃，在 1 周内使用均可。阳性对照则把 2ng PSK 加至 25μl 的感受态细胞中，将试管至于冰上 30min，在 42℃条件下，热休克细胞 45s，然后再次放于冰上 2min，每个管中加入 700μl 培养液，并将小管放在培养摇床箱中培养 1h，温度为 37℃，速率为 220r/min。平铺细胞于 LB 琼脂板并加入 40μg/ml 氨苄青霉素。在 L1 和 L2，分别加入 100μl 和 400μl 培养液。LO 组加入 100μl，并加入 PSK 10μl，空气干燥约 30min 后，将其倒放在 37℃培养箱中培养过夜。

6. 阳性克隆的挑取和培养

从 L1 和 L2 培养板中挑取单一阳性菌落到复制平板中，翻转板，37℃孵育培养过夜。

7. 菌落裂解 PCR

这是一种快速筛选菌落并积极连接的程序。通过位于 PBS SK 多个克隆位点中的 T3 和 T7 引物结合位点，在其引物的引导下，cDNA 的插入可通过 PCR 进行扩增。将菌落裂解缓冲液（50μl）加入到 1.5ml EP 管中，以便每个菌落的分析。用无菌移液器吸头挑选菌落，确保菌落和菌落裂解缓冲液充分混合。在沸水中孵育试管 10min，室温下离心 10min，并将上清液转移到新 EP 管中，即为 PCR 的模板。在每个反应体系中，将以下试剂混合于 200μl EP 管中：7.3μl H_2O，2μl DMSO，2μl 10×*Taq* 酶 DNA 聚合酶缓冲液，1.5μl 50mmol/L $MgCl_2$，1μl 10μmol/L dNTP 混合物，2μl（10mmol/L）T3 和 T7 引物，2μl 菌落裂解液，0.2μl *Taq* DNA 聚合酶（5U/μl），TV=20μl。为了减少移液误差，除模板外，应制备所有试剂的预混试剂。

PCR 反应条件是 94℃ 3min；94℃ 30s，55℃ 1min，72℃ 1min，35 个循环；72℃ 7min。在 1%琼脂糖凝胶电泳中，分析 20μl 预混试剂，电泳 1～2h，电压为 100V。在没有插入 PCR 产物的分子大小出现 120bp 时，表明已有插入。因为目的 PCR 产物的分子本身是 120bp，加上β-肌动蛋白产物的 500bp，其凝胶产物的分子为 620bp。含有插入的菌落能被 DNA 质粒柱选中，DNA 柱可参照 QIAGEN 使用说明书进行。最后，构建的 DNA 质粒（即 PSK/PCR 产物 X）经测序可验证其正确的基因。这种 DNA 质粒可无限期的储存于-20℃下。

（六）注意事项

（1）在操作过程中，必须始终戴手套进行，并尽量减少使用无菌吸头、试管和玻璃器皿的次数。在 RNA 的所有操作中，包括有关的试剂、反应液和重悬 RNA 时都要一律使用 DEPC 水。

（2）除去水层后，加入 100μl TE 有机相进行第二次提取和混合。然后，4℃离心 5min，这有助于提高 RNA 的复性，如果 RNA 的数量有限，这一步尤其重要。

（3）紫外分光光度仪可用于检测 RNA 或 DNA 的浓度。用 TE 以 1∶100 稀释每个样品并获得每个样品 A_{260} 和 $A_{260/280}$ 的比值。A_{260} 用于检测 RNA（A_{260}×40μg/ml×稀释倍数）和 DNA（A_{260}×50μg/ml×稀释倍数）的浓度。 $A_{260/280}$ 比值表示样品的纯度，其正常范围应该是在 1.7～2.0。比率小于 1.7，表明该制剂包含污染物，有可能干扰 RT-PCR 的结果。

（4）所有 RNase-无 DNA 酶 I 可保留部分 RNase 的活性，在 DNA 酶 I 通过一定程度的降解后，RNA 还能存储很长时间。DNA 酶 I 处理 RNA 仅是 RT 反应的需要。DNA 酶 I 处理的后 RNA（0.5μl）可作为 PCR 反应中的模板，并用β-肌动蛋白作为引物，还需包括一个阳性对照模板。PCR 产物可在 1%琼脂糖凝胶上进行电泳。在所有的 DNA

降解时，则没有 PCR 产物。阳性对照作为唯一的模板，该模板能够获得产物。

（5）预混液可减少移液的误差。该试剂中包含特定反应中所需的所有试剂（通常无模板或引物）。在 9 个反应的实验时可额外的预留 1 个，即制备 10 个反应的预混试剂为好。这些试剂在使用前，一定要在涡流仪上拌匀。最后的预混试剂可以用作 PCR 试剂的对照，以检测是否有污染物。

（6）在检测细胞中一种特定的 mRNA 时，其结果与 RT 反应中的引物位置和引导有关。其中随机 9 聚体可沿整个 mRNA 引导 RT 反应，但寡聚体（dT）更可能对 mRNA 的 3'端进行引导。例如，基因 X 的 PCR 产物可能检测不到，因为 RNA 用寡聚（dT）引导的。在半定量和 qPCR 中，均使用的是随机 9 聚体引导所有的 RNA。不管 mRNA 位置在哪里，所有引物表达的结果重现性更好。

（7）在 RT 反应中，有些 RNA 的二级结构可影响其结果。因此，通过增加 RT 的反应温度（大多数的反应在 55℃时被活化）和加入 5%DMSO 可消除其影响。

（8）基因特异性引物的设计，以及 PCR 的优化分析可参考其网站进行：Prime 5 .0、http://bibiserv.techfak.uni-bielefeld.de.genefisher/。NCBI: www.ncbi.nlm.nih.gov/。

（9）制备 RNA 的 PCR 产物过程中，仍有一些杂质染色体 DNA 存在，说明实验过程中存在污染，解决污染问题最好的方式是放弃已用的试剂，使用新试剂。

（10）Bio-Rad 公司 iQ 超混液（2×）中的成分包括：100 mmol/L KCl，40mmol/L Tris-HCl，pH 为 8.4，0.4 mmol/L dNTP，50U /ml iTaq（热启动 *Taq* 聚合酶），6mmol/L $MgCl_2$，专用稳定剂。虽然其在梯度 PCR 时是不定量的，但这在最终的定量反应中可以应用。在两种不同的引物对中，在加和不加甜菜碱 mChordin A 和 B 时，均可分别在梯度 PCR 中测试 6 个以上的不同温度（a～f 泳道）。在所有的温度中，引物都可产生正确而大小单一的 PCR 产物。退火温度设置为 50～65℃时，加入甜菜碱可使凝胶上的结果更加清晰。在所有温度下扩增多种产物的引物时，需要重新设计，有的引物只能在单一的温度下扩增。通常对目的基因至少设计两种引物，并进行优化。

（11）在进行 qPCR 时，其中的洁净空间或无菌柜，以及移液管、无菌消毒后的吸头只能专门用于 qPCR。qPCR 的模板需要比梯度或半定量 PCR 的更加稀释，因为这些检测更为敏感。RT 模板可稀释成 1∶4，每种 qPCR 使用 1μl，量太多时会抑制模板。在分析溶解曲线的数据时，其峰值在较低温度出现可能与第二产物的扩增有关，在较高温度的出现表明有污染的迹象。

（12）qPCR 实验操作的 QIAGEN 网站是：http://www1.qiagen.com/literature/brochures/pcr/QT/1037490_AG_PCR_0206_Int_lr.pdf.，此网站有助于 qPCR 的设计。微软 Excel （Microsoft，Redmond，WA）电子表格对于分析大量而重复的计算是一个较好的处理工具，还可以制作其图形以表示结果。

（13）在分光光度仪上，能精确地确定凝胶纯化产品的浓度。方法是用已知浓度的质粒稀释液与纯化的 DNA，在相同的凝胶上进行对比分析即可。在连接反应中，插入基因的浓度总是比 PSK 载体的高，插入片段:载体的推荐摩尔比是 3∶1。

（14）如有可能的话，记录每个板上的菌落数。有时菌落数很难数清，一般是 L0

板比 L1 和 L2 板的少。如果只在阳性对照板里出现菌落，且 L1 和 L2 板上没有菌落，但转化和试剂正常，说明连接可能有问题，需要重复连接反应和转化。

第三节　神经干细胞高通量基因表达的分析

在分离纯净的干细胞时，由于其缺乏特异性的标志物，因此成为干细胞基因表达分析的主要障碍之一。而且，许多基因表达的结果很难解释，这是因为在这些研究中使用的是异质细胞群。单细胞基因表达的分析，对于研究干细胞基因表达的调控是最有吸引力的方法之一，因为这不需要分离纯净的干细胞群。然而，现有的单细胞基因表达分析的方法，如激光捕获显微切割（laser capture microdissection，LCM）和膜片钳分析等都缺乏对样品进行高通量处理的能力。为了更好地了解在细胞活动中基因的调控网络，实验前需要大量的基因表达图谱。因此，开发了廉价的微流体装置用于高通量单细胞基因表达的分析。该设备可以在 3h 内处理 50 个细胞并得到 cDNA，此法也可以应用到 NSC 和其他类型的细胞中。在干细胞基因表达的研究中，最大的困难是干细胞没有明确的标志物。许多干细胞的基因表达图谱研究，不得不使用不同种类的干细胞和祖细胞群。因此，所获得的基因表达谱只能反映培养液中所有亚型的总和。在不知道干细胞和祖细胞的百分比时，对不同类型细胞表达总和的基因谱是很难解释的，这也只能提供其有限的信息。

单细胞基因表达与生物信息学相结合的分析，可以克服无同质干细胞群的挑战。在获得单个不同成熟阶段的基因表达谱后，生物信息学分析，如层次聚类法可将类似的结果分组并计算相关系数。基于对应的相关系数，单细胞基因表达图谱可以聚成树图，显示可疑细胞的分化或成熟顺序。其基本原理是：细胞分化或成熟是一系列基因精细调控的表达顺序，因此成熟阶段的基因表达谱与其他阶段相似。集群连续的单细胞基因表达图谱，可以揭示并区分不同分化阶段的分子差异。而且，基因表达的时间还牵涉到调控的关系。其中最重要的是不需要同质干细胞的参与，因为单个细胞本身也可能是最纯净的样品。但是，当前单细胞基因表达的分析方法都很难达到这种标准，因为这些方法都缺乏高通量的样品处理能力。

目前，用于研究多个单细胞基因表达分析的方法包括激光捕获显微切割（LCM）、膜片钳分析和原位 mRNA 扩增。单细胞全基因组微阵列基因表达筛选和单细胞的 cDNA 文库建设也在进行中。在早期胚胎单细胞基因表达的分析中显示，重要调控基因短暂表达的研究对单细胞表达的分析是重要的。虽然这些研究证明了单细胞基因表达分析的价值，但也发现这些方法还不能用于大量样品的处理。为了从目的细胞群中获得连续的基因表达谱，必须用一种特定的手段进行大量细胞的分析，这样才能涵盖所有重要细胞阶段的 LCM 和单细胞 RT-PCR。目前，对这种大规模单细胞的分析还难以用高通量的方式进行。在哺乳动物的单个细胞中，含有 20～40pg 总 RNA，其中只有 0.5～1.0pg mRNA 表达。因此，任何大规模的单细胞基因表达图谱的分析只有用高通量的技术对样品进行处理才能完成。其中，微流体系统法（micro fluid system method）具有高通量的能力，可在 3h 内处理 50 个细胞同时得到 cDNA。

一、微流体系统法

（一）控制模具的制备

以 3000r/min 离心 45s；先后在 65℃和 95℃预烘模具 2～5min；流体设计一个透明遮罩盖住模具，对准 MJB 光罩 1.2min；暴露后先后分别在 65℃和 95℃烘焙模具 2min 和 5min；用 SU8 显影剂显影，一旦显影成功，在 95℃烘焙模具 45s，使过量的溶剂蒸发。

（二）流动模具的制备

以 3000 r/min 离心 45s；先后在 65℃和 95℃预烘模具 1～3min；流体设计一个透明遮罩盖住模具，MJB 光罩对准 50s（7mW/cm^2）；暴露后先后在 65℃、95℃烘焙模具 1～3min；用 SU8 显影剂显影，150℃下坚膜 2h，形成 10μm 高的流动通道；模具暴露于 HMDS 蒸气 90s；1500r/min 离心 1min；在 105℃预烘模具 90s。MJB 光罩对准模具曝光 3.2min。以 MF-319 显影剂显影模具，用水漂洗；200℃下坚膜 2h，形成 15μm 高的流动通道。模具暴露于 HMDS 蒸气 90s；在 1600r/min 离心 1min。分别在 115℃和 65℃，预烘焙模具 1～5min；MJB 光罩对准模具曝光 2min；用 3∶1 水∶2401 显影剂显影模具，并用水漂洗。200℃下坚膜 3h，形成 40μm 高流动通道。

（三）芯片制备

（1）制备比例为 5∶1 的 GE RTV A∶RTV B 混合液（混合 1min，去泡沫 5min）。

（2）将流动模具暴露于三甲基氯硅烷（TMCS）蒸气流中，持续 2min。在各个的流模中倒入 30g 比例为 5∶1 的 GE RTV A∶RTV B 混合液。在真空下将流动模具去除空气。在 80℃下烘烤流动模具 45min。制备比例为 20∶1 的 GE RTV A∶RTV B 混合液，控制模具暴露于 TMCS 蒸气 2min。以 1800r/min 离心 20∶1 的 RTV 的混合液 60s（15s 斜坡），在 80℃烘烤控制模具 30min。从流量模具上剥离装置，并用 650μl 直径的打孔工具打孔。清洗流动装置，并调整控制模具。在 80℃烘烤所得的两层的装置 45min。制备比例为 20∶1 的 GE RTV A∶RTV B 混合液。将空白晶片放于 TMCS 蒸汽中 2min，在晶片上以 1600r/min 离心 20∶1 RTV 混合液 60s（15s 斜坡）。在 80℃下烘烤空白晶片 30min。从控制模具上剥离出两层的装置，用 650μl 直径的打孔工具打孔。清洁装置，并安装在一个空白晶片，检查是否有碎片和倒塌阀门。80℃烘培三层 RTV 装置 3h。剥离三层设备，并安装在玻片上。在 80℃下装置烘烤过夜。

二、NSC 的制备

用 5500 拉德（rads）照射 MEF 细胞，并把含 56 000 个/cm^2 的人 ES 细胞接种于含 ES 细胞培养液的组织培养板上。人 EC 细胞保持在 MEF 和 ES 细胞培养液中，当用分化培养液取代 ES 细胞培养液时，人 ES 细胞可分化为巢蛋白阳性的 NSC（图 6-5）。其中图（A）的细胞核用 4，6-二脒基-2-苯基吲哚标记，MEF 中的多能人 ES 细胞克隆是 Oct-3/4 作为多能性干细胞的标志物。图（B）在分化的神经细胞中，多数为巢蛋白阳性的 NSC。这些细胞经胰蛋白酶消化成单个细胞，并可用流式细胞仪分离。用小鼠抗人巢蛋白的单克隆抗体和 FITC 标记的羊抗小鼠 IgG 抗体标记细胞后，通过荧光活化细胞分选（FACS）仪可将巢蛋白阳性细胞从经胰蛋白酶消化的 hES 细胞中分离出来。

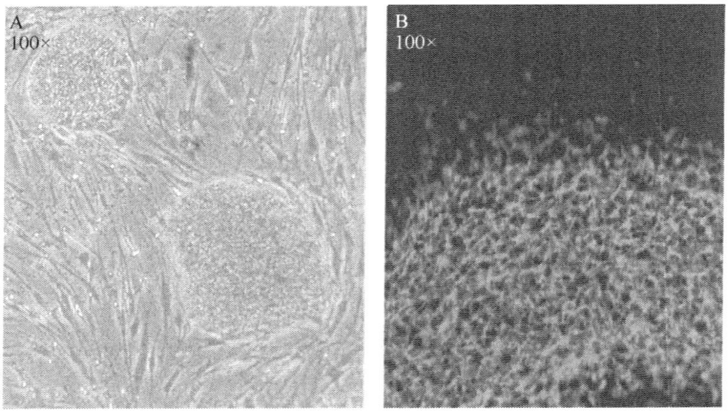

图 6-5 未分化的 hES 细胞与其衍化的 NSC（Weiner 2008）

三、操作流程

（一）微流体芯片的操控

微流体芯片上的开-关阀门是由通过 23 号针和聚乙烯管介导的单个压力源控制的。通过 LabVIEW 界面 NI-DAQ 卡可开动压力源。微流控芯片在显微镜预热阶段是受独立的压力源控制的，压力是经 23 号针和聚乙烯管介导至微流控芯片中，通过移液管将生化试剂加载到芯片中。

（二）层析柱的建立

（1）将 40U/μl 的 RNase 抑制剂加到 99μl 的裂解缓冲液（磁珠 mRNA Direct 试剂盒）中。从入口 2 将含有 RNase 抑制剂的细胞裂解液加入流动通道，直到其达到废物出口。

（2）从磁珠 mRNA Direct 试剂盒取出 40μl 磁珠并离心，而后用 40μl 裂解缓冲液重悬。再次离心洗脱磁珠并加入 20μl 裂解缓冲液。这里非常重要的一点是以涡旋振动方式重悬磁珠，然后从入口 3 加入重悬的磁珠。

（3）打开多路转换器中的单独流动通道，允许磁珠柱以串行方式层叠。当磁珠粒在通道中流动，驱动筛阀并允许液体通过，但磁珠不能通过。一旦柱子构建完成，流动通道中多余的磁珠将和裂解液一起推入柱内，并堆叠成列。

（4）把流式细胞仪分离的单细胞离心，并用 100μl 磷酸盐缓冲盐水进行重悬。细胞通过入口 1 加入微流体装置前，用移液器上下轻轻吹打混匀。细胞从环的右侧部分进入，裂解缓冲液从环的左侧部分进入。在环中的细胞通过蠕动泵依次混合，并通过裂解缓冲液的作用裂解。

（三）第一链 cDNA 的合成

（1）制备 90μl RT 缓冲液：9μl 10 倍缓冲液，9μl 5mmol/L dNTP，4.5μl RT，2.25μl RNase 抑制剂，65.25μl 水。

（2）通过气压把细胞裂解液推入寡链柱，mRNA 被附有寡链序列的磁珠捕获。然后，第一链 cDNA 合成缓冲液冲洗柱子。在显微镜加热至 40℃时，第一链的合成开始。将反应混合物在柱子内流动 45min。该反应完成后，加热装置至 70℃，反应持续 15min 后停止。

（3）聚二甲基硅氧烷（PDMS）从载玻片上剥离后，微流体装置关闭单个收集柱体和放置在开口朝下的微离心管中离心收集磁珠。

四、单个细胞 cDNA 的分析

单个细胞 cDNA 的磁珠可用于 qPCR 的分析（图 6-6），而且其 mRNA 分子的绝对数量，可通过已知 DNA 的标准曲线计算。在微流装置中 cDNA 合成的效率，可以通过加载已知标准的人工 mRNA 计算。由于这种人工基因在真核细胞中不存在，但可掺入到裂解缓冲液而用于每个细胞的裂解模块中。由于加入裂解缓冲液的体积是已知的，其 mRNA 的峰值可以根据每个细胞 cDNA 合成的效率计算。所得到的 cDNA 除了用于多重 qPCR 外，也可以进行扩增并用于全基因组微阵列的分析。

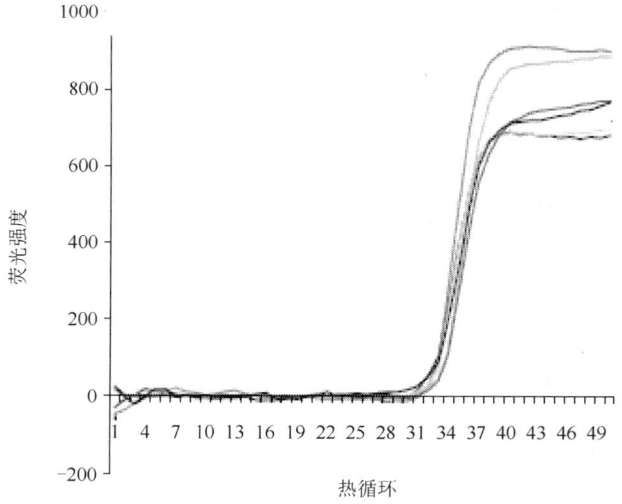

图 6-6　单个巢蛋白阳性细胞的 Nodal 表达（Weiner 2008）

第四节　神经干细胞及祖细胞的分析

对干细胞在分化后和应用前的特性进行监测和评价（图 6-7）都是需要的，而且每批干细胞的生产过程必须达到 FDA 的标准。同时，评估的方法学也必须完善。细胞的前体细胞或相关细胞污染后，可在组织中生长繁殖，因此必须建立注射细胞的标准。体外培养的干细胞经多代生长后同样需要进行评估，而且某些特有的生长因子也要进行综合的评估。对培养中的细胞因子或特异性基因的详细水平，同样需要评估。在每种疾病和治疗的个体化治疗方案中，也需要详细建立检测的标准。只有这样全面、综合地对每个指标进行分析和评价，才能做到真实可信，并到达良好的治疗效果。

目前，通过有关技术扩增得到的细胞，并消除非需要的细胞，达到纯化细胞的目的。在单细胞或组织中获取 RNA，建立基因文库和增加基因组信息，这些技术可缩短获得正确基因组信息的时间，制订多种可以选择的实验方案，同时对实验过程进行多角度的评估。

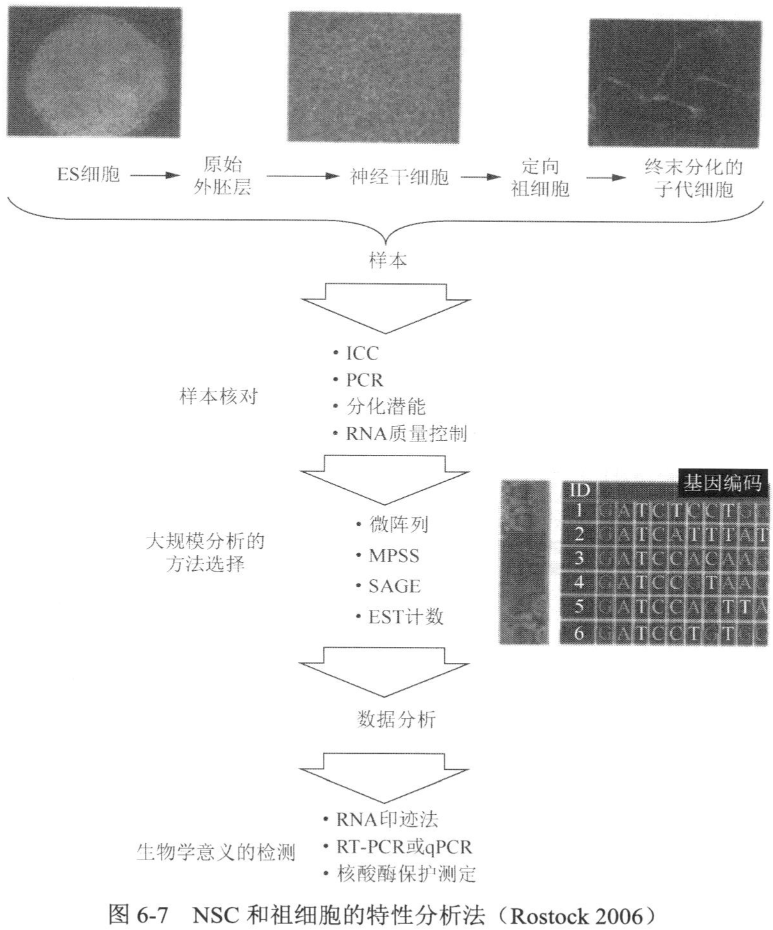

图 6-7　NSC 和祖细胞的特性分析法（Rostock 2006）

一、分析方法的选择

ES 细胞的分析不能只靠单一的方法，而应进行多种方法的整合评价。由于每种检测方法都有利有弊，故对实验的检测评估应选择最佳的方法进行。其中，微阵列芯片技术是多种方法的综合，可提供大量可以进行比较的信息和数据。该技术在芯片上，对每种基因点设计有特异性的分子探针，同时用荧光染料标记这种探针，通过与 mRNA 杂交，发出荧光进行检测。然而，该法的检测依赖于杂交中的荧光强度，这就可能产生技术上的偏差和失真，如相似基因的干扰、基因变异后杂交检测的差异及低表达检测的敏感性等问题。这些问题需要通过增加检测信号、干扰信号比、矩阵的形式、密度、检测相关软件的改善，以及信号的放大、标识和检测信号杂交探针等方式解决。

采用好的测序检测方法，不依赖于杂交的方式，可以同时反映正常或异常等不同功能状态下整个细胞基因组基因表达的全貌。生物芯片和基因表达串联分析（serial analysis of gene expression，SAGE）技术可通过每个表达基因特异性的序列标识进行测序和检测其峰度。与芯片方法比较，该技术可以检测到原来没有发现或预先未知的序列。而且，其产生的数据类似于基因文库并可以进行读取和评估。但是，这种分析的造价和消耗的时间尚有待解决。

在通常情况下，SAGE 技术可以分析 50～100 000 条的转录序列，其时间大约需要 6 个月才能完成。然而，典型的哺乳动物细胞含有 300 000 个 mRNA 分子或更多，也包括调控分子。这些分子的表达在每个细胞中至少具有多个拷贝量，这种技术至少可分析 100 000 个序列。

大规模平行测序技术（massively parallel signature sequencing，MPSS）是一种以 DNA 测序为基础，大规模、高通量的基因分析新技术，而不是克隆和测序技术，其通过 17～20bp 短的标签代表提取 mRNA 特定的基因，并包含该种基因峰度的信息。由于该技术能检测每个样品的 mRNA 在 3'端富含 DPN 酶切位点处的 20bp 标签，凡是含有这种标签的序列大约 10^7 个均可以分辨出来。因此，该方法是高分辨、高敏感度和高通量的，对高峰度和低峰度转录 mRNA 均能检测，耗时也降到 1～2 个月。但在基因没有 DPN 酶切位点的标签时，也会出现假阴性，且不能一次实验完成。和 SAGE 及 EST 一样的是，MPSS 对基因组检测的精度和完整性均比较差。因此，在评估精度和特异性要求不高时，从性价比的角度看，MPSS 也可作为一种初选的手段。

二、测定样本的质量评估

好的样本是确保检测无偏差，同时也是具有良好生物学检测意义的关键。在细胞污染时，就会出现假阴性或假阳性，并可出现双色杂交的差异。因此，分析结果的可靠性与标本的质量有关。在测定的方法中，BrdU 是能够确定细胞多向性分化潜能较好的一种方法。此外，SOX1～2、MCM-2 和巢蛋白也可以作为 NSC 的识别标志，但应注意的是，NSC 的亚型与取材的位置和时间有关，这些均可影响其结果。在 NSC 中，神经上皮干细胞是最早形成的，且很少分化为其他细胞，在细胞分化分子作用下直接分化成神经细胞。神经上皮干细胞不像神经球形成干细胞，它可以相对容易获得纯化的细胞，并且可以作为研究应用。严格的第一代干细胞是第一次分化的 NSC，啮齿动物和人细胞标志是 A2A5-DLK1。这些细胞可以通过表达的分子进行区分和分离，从而得到较纯的细胞。$CD44^+$胶质细胞的前体细胞是在神经胶质发育的晚期出现，它来源于 NSC。在表达特征上，其明显不同于 NSC，同时可以作为区分细胞炎性的依据。细胞亚型的检测，可以通过细胞免疫组化、RT-PCR、qPCR 或聚焦矩阵方式。不管用什么样的方法，重要的是有阴性和阳性的对照，而且用全细胞 RNA 和细胞系作为参照，并与样品预期对照进行比较。

三、数据分析

在任何一种有效、可靠而标准的实验中，无论是实验室平台、实验方法和其结果都应该是：该出现的出现，不该出的不出现；该是阳性的就是阳性，该是阴性的就是阴性。推荐应用的技术应具有可重复性，一般最好做三次，其中有两次是阳性的，则认为是阳性的。这样，不同的实验就可以进行规范比较，形成 P 值。目前，已有多种软件可以计算杂交信号和微矩阵的信号。首先，对矩阵信号的规范化要排除噪声，用阳性对照和内参消除背景信号。其次，表达的强度信号可以计算，通过商业软件 MPSS EST 的数据也能整合到其他平台上。而且，平台上的数据也可同时进行比较，这样的数据平台对有效的检测基因非常有利，可以减少产生偏差的无效性，且不影响数据的结果。技术同大多数技术一样，大范围的检测也有局限性，用不同方法检测基因序列的有效利用度也不同，如 RT-PCR 和实时 qPCR 就是这样的情况。聚焦矩阵方式是首选，挑选后的基因可以明确检测样品间的不同。任何不同的方法都有偏差和错误，与检测受污染干扰的程度有关。在没有进行对照时，阴性、阳性的错误率可达 10%或更高。通过建立一种有效的数据库标准，则可减少不同实验和方法间的差别。

四、测定结果的准确性

在大范围的分析一种特定表达序列的差异时，可用 valdated 分析方法进行。采用 RT-PCR 或实时 RT-PCR 可进行定量差异的分析，也可用聚焦矩阵法进行。在对基因进行分析时，应能区分分化的阶段、未分化细胞的污染程度以及确定关键信号转导的通路等。通过这些验证方法的分析，可以作为其结果偏离和错误的一种评价手段。在一般情况下，误差率的波动范围不应超过 10%或更大的范围。在实际的实验中，对这些误差的控制往往比较困难。通过全面而大规模的基因组分析，能提供大量的信息，并有助于独特方案的制订。而且，这些信息能确定细胞的分化或分化的方向，并确定疾病的有关倾向性，最终可能成为新的诊断工具。

第五节　神经干细胞蛋白质组学的双向凝胶电泳分析法

一、概述

在神经科学研究中，电泳技术已经成为有力的手段之一。近年来，虽然 NSC 已经用于各项研究中，但是对于整个 NSC 来说，对其了解的信息是有限的。对 NSC 功能的研究，将有助于了解其蛋白质功能及蛋白质间的相互作用，以及亚细胞的功能及其调控的作用等。通过对 NSC 不同过程蛋白质的分析，可解释不同表型的产生过程。因为，这些表型可调控其自我更新和可塑性等生物学特性。ReNcell VM197 细胞系，是人胚胎中脑巢蛋白表达阳性的多能干细胞。双向凝胶电泳（2-DE）技术和蛋白质测定质谱仪（mass spectrometry，MS）两种方法的分析结果表明，在这种干细胞中的蛋白质大约有 400 种，并已获得这些蛋白质的 2-DE 蛋白质图谱。这些结果显示，不同阶段和不同蛋白质的表型与神经多样性的相关性，以及其巨大的重排能力和神经多样性的过程有关。

目前，由于细胞类型、实验方案及细胞培养条件等不同因素的影响，在这些研究中的结果仍然难以得出一致的结论。干细胞的分化成熟受一系列复杂因素的影响，经各自独特的发育过程形成不同的细胞表型。与转基因和微阵列技术相比，蛋白质组学技术能更好地阐明有关蛋白质的总量及稳定性、亚细胞定位、翻译后的修饰及蛋白质间相互作用等重要内容。目前，高分辨率的 2-DE 和 MS 相结合，已广泛用于蛋白质组学的研究。然而，尽管人 NSC 已在临床治疗实践中展示出巨大的潜力，但是人们并没有进行过深入的蛋白质组学研究。最新的研究表明，利用蛋白质组学技术的分析更能在细胞自我更新、分化及可塑性等方面达到新的理解水平。新神经发育的标志物则有助于干细胞特定分化方向的认识，并通过干细胞分化因子的鉴定加以证明。

目前，通过从成年大鼠的海马中分离并体外培养 10 周的 NSC，已建立相关蛋白质组学的数据库。采用 2-DE 技术已对 260 种蛋白质进行鉴定，其中 128 种在神经元分化中具有调控作用。最近使用液态色谱的 MS 技术，然后再用 2-DE 技术对小鼠 ES 细胞的蛋白质组学进行研究。通过干细胞及多巴胺能神经元蛋白质图谱的建立发现，其中有 23 种蛋白质在神经元分化过程中出现基因表达改变或磷酰化。利用单纯植入人 21 号染色体的小鼠和海马 NSC，对唐氏综合征的早期神经分化已进行研究。而且，对小鼠 ES 细胞衍化的神经元磷酸化蛋白在化学缺血时的蛋白质定量也已分析。利用 2-DE 蛋白质组学方法，已对全能造血干细胞和 ReNcell VM197 细胞系进行研究并构建其蛋白质组学图谱；同时，还对早期细胞的分化过程以及相关表达蛋白的差异进行测定。

二、2-DE 和 MS 技术的蛋白质组学研究

蛋白质组学（proteomics）是指整个生物体或者一种器官、组织表达的全部蛋白质及其结构和功能特性研究的新技术。在分析蛋白质水平的变化及新的靶细胞治疗的疗效时，选择一种具有较广的覆盖面和较高可重复性操作的方法是必不可少的。高分辨率的

2-DE 分离技术，与高灵敏度 MS 相结合的方法已成为蛋白质组学研究的前沿技术。通常而言，利用 2-DE 分离技术从天然的匀浆液中制备蛋白质是为了在确定的生理条件下，显示一系列复杂蛋白质的表达过程（图 6-8）。第一步是将样品加到固定梯度的 pH 胶条上水化，然后进行等电点聚焦。第二步是用十二烷基硫酸钠-聚丙烯酰胺凝胶电泳（SDS-PAGE），根据蛋白质相对分子质量的不同进行第二次分离。电泳后进行蛋白质固定、染色，即可得到分离标记的目标蛋白点。

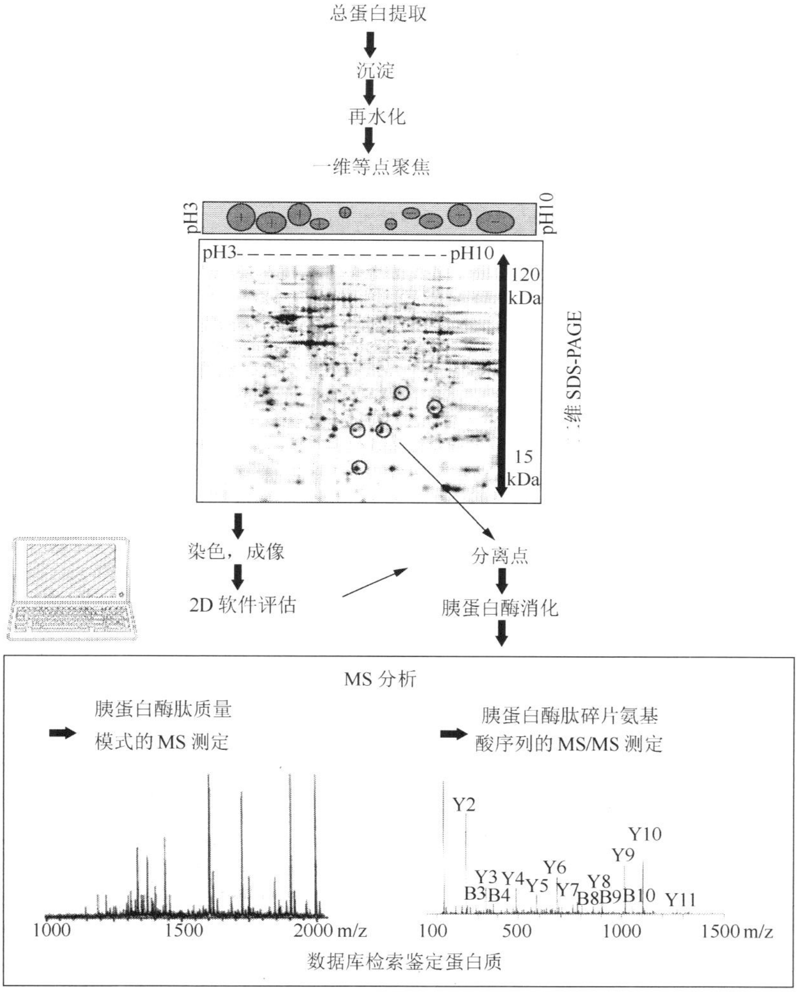

图 6-8　2-DE 和 MS 技术的分析（Rostock 2006）

从细胞核、细胞质、细胞膜和细胞器中初步分离的蛋白质样品，以及其磷酸化或糖蛋白化等均可应用 2-DE 进行蛋白质的富集。在蛋白质的鉴定时，可用专门的矩阵标记物和蛋白质的 SwissProt（GenBank，TrEMBL）数据库的信息进行。

通过基质辅助激光解析电离质谱仪的肽块指纹法，可以成功分离二维凝胶电泳形成的蛋白点。而且，MS 技术也可以提供一定的可信度。在这些方法中，肽碎片模式 MS

技术可取代肽质量指纹图谱技术。一些精密、灵敏的仪器，现在不但能够用于鉴别蛋白质，而且能够用于翻译后修饰的定位，如磷酸化、乙酰化或糖基化等的检测。最近，电喷射离子化色谱法（electrospyayionization chromatography）及无凝胶阳离子结合交换分离的反相色谱检测法，均得到很大程度的发展和应用。这些方法不仅可以用来检测那些不能用传统的二维凝胶技术检测的狂犬病蛋白等，也可以用来满足对 pH 有特殊要求的蛋白质，并且部分或者完全取代凝胶依赖型蛋白检测技术。这些蛋白质检测技术与放射性核素标记技术结合（如 ICAT 半定量法），能同时检测和量化蛋白质。

三、神经科学的蛋白质组学

（一）中枢神经系统（CNS）和脑脊髓液的蛋白质组学研究

蛋白质组学已成为神经结构和神经活动，以及与疾病相关分子畸形研究的一种有用工具。近年来不断发展的 MS 技术，已为神经元的分析提供了一种必不可少的研究工具。由于许多神经系统疾病本身的复杂性，加上许多关键蛋白质的低丰度性以及起源的多基因性，因此最新在神经病学蛋白质组学的研究中多数是以脑脊液和血压变化的分析为主。研究发现，神经精神疾病患者的神经系统和脑脊液系统的相关疾病与某些相关蛋白质有关。而且，蛋白质组学可在精神分裂症、阿尔茨海默病和帕金森病中应用并具有广阔的前景。

通过 MS 技术对亚细胞单位和细胞器的分离处理，可降低神经系统蛋白质样本的复杂性。对 *N*-甲基-D-天冬氨酸受体复合物、多蛋白复合物的蛋白质结构及其配体亲和力或共免疫沉淀的分析，有利于生物化学信息转导网络的认识。而且，这种方法还可去除脑脊液或血液样品中的白蛋白、结合珠蛋白、IgG 和转铁蛋白的干扰。因此，模拟蛋白质组学和结构蛋白组学的分析对神经蛋白质的存量及其活力，以及蛋白质翻译后修饰和相互作用的测定提供了新的技术。

（二）NSC 系的蛋白质组学研究

用于神经细胞系蛋白质组学研究的方法包括 2-DE 与 MS 的结合技术、共免疫沉淀法、ICAT 技术或 LC-MS 技术等。目前，已对 6 种细胞系（包括一种神经细胞瘤细胞系）的蛋白质组学进行比较研究。在这些细胞系中，经 SDS-PAGE 和消化后，再用 LC-MS 或 MS 技术鉴定，其中的蛋白质有 260～1100 种。而且，在这些细胞系中共有 1543 种非丰余（nonredundant）细胞质的蛋白质簇，其中只有 104 种是这 6 种细胞系共享的。

尽管蛋白质组学具有很大的治疗潜能，但人胎儿的神经系统还未进行这方面的研究。在帕金森病、癫痫性病症和神经元损伤等疾病中，通过培养条件的变更或遗传修饰等技术，在培养的 NSC 中可以分化成不同的神经元后代，经过不同的增殖和发育后，可导致不同表型的变化。这种复杂的变化过程通过细胞蛋白成分、蛋白质组学的研究可确定其蛋白质含量、细胞的稳定性和亚细胞定位、翻译后修饰阳离子和蛋白质之间的相互作用。

采用 2-DE 技术，最先对 NSC 神经元的分化做了蛋白质组学的研究。1999 年，通过对 EGF 和 bFGF 处理的人脑细胞也进行了 2-DE 的分析。通过 2-DE 的分析，人类 ES

细胞在维 A 酸诱导神经元分化的过程中可差异表达 24 种蛋白质，并最终鉴定出 12 种与其相关。而且，其中有 9 种所识别的蛋白质可参与神经元的分化。同时表明，这是神经元生存的必需成分。

对唐氏综合征（Down's syndrome，DS）早期神经元的分化研究表明，其存在识别异常和特定的基因。通过含有人 21 号染色体的小鼠 ES 细胞进行神经细胞分化的体外培养，并经 2-DE 蛋白质组学的分析结果显示，在 DS 神经细胞分化的早期已有一组特定的基因产物改变。而且，在成年大鼠海马 NSC 中，通过 2-DE 蛋白组学的分析已获得分离蛋白质的数据库，并绘出约 1100 个的蛋白质位点，其中 266 个已进行鉴别。同时发表了成年海马干细胞分化的 2-DE 表达谱，其中的 367 个有 128 个进行常规蛋白质的鉴定。在这些研究中，被鉴别出来的蛋白质可归属于一定的功能类别，其中大部分的蛋白质与新陈代谢、折叠相关蛋白、细胞骨架和转录的功能有关。在人 CNS 的实验研究中，用 2-DE 和 MS 技术的蛋白质组学鉴定的结果显示，在 950 种蛋白质中存在 320 种不同的蛋白质，而且其功能类别分配得更为具体。

在 2-DE 凝胶分离小鼠 E14 细胞和衍化的多巴胺能神经元细胞蛋白质的基础上，通过 MS 技术的鉴定，现已把其干细胞蛋白质组学图谱出版。对神经细胞分化后的 23 种异性表达或磷酸化的蛋白质进行鉴定，并用蛋白质印迹法证实，控制翻译的肿瘤蛋白下调，而α-微管蛋白上调。这些表明，蛋白质组学的分析对于全面了解干细胞的分化过程是有意义的。

四、人 NSC 系 ReNcell VM197 的 2-DE 蛋白质组学研究

ReNcell VMI97 细胞系是从 10 周龄人胚胎中脑中分离培养建立的一个细胞系。其增殖与神经分化的特性和核型稳定有关，而且冻融后的活力不变，在植入小鼠的脑内后能长期存活。因此，该细胞系已成为在体内外研究 NSC 的一种标准而具有代表性的细胞系。采用 2-DE 技术已对此细胞系增殖的蛋白质进行研究，并发现在神经细胞分化 4 天和 7 天后出现变化。

把这种人 NSC 的细胞系与 EGF 和 bFGF 一起在 37℃培养，在增殖 3～4 天后去除这些生长因子干细胞即开始分化。在这两种因子移除后的 2～3 天内，细胞开始进一步向不同的分化形态转变。在 EGF 与 bFGF 移除之前马上可以采集所需的细胞进行蛋白质组学分析，亦可在分化开始后的 4～7 天内进行。第 1 步，把含有蛋白质的匀浆液在 24cm 非线性的 pH 3～10 固定梯度胶中进行等电聚焦。第 2 步，用 12.5% SDS-PAGE 进行分离。然后，把这种分析胶用硝酸银染色法染色，用于 MS 的胶用考马斯亮蓝染色。使用 3.2 版本的 Delta 2D 软件对凝胶电泳进行数字化处理，并测定其蛋白点及其质量分析。为了计算蛋白点表达的差异性，需对各时间段的标准化凝胶图谱进行反复测定。在蛋白点测定与编辑结束后，标准化的蛋白点即可定位，亦可对蛋白点在不同时间段的诱导或抑制比例进行计算。2-DE 后，经考马斯亮蓝染色，进行蛋白点分离后再用胰蛋白消化，并用 MS 技术对其蛋白质进行鉴定。需要时，还应对有关的蛋白质进行定量蛋白

印迹法的分析，并进一步验证其表现型。

（一）ReNcell VMI97 人 NSC 的 2-DE 图谱

差异表达蛋白质的测定，可揭示其表达的上调或下调。而且，这些蛋白质可反映出神经细胞分化中显著的形态学变化。对人 NSC 的 ReNcell VMI97 细胞系进行 2-DE 蛋白质组学的分析，不仅可以鉴定出未分化细胞的蛋白质，同时还可绘制出此细胞系的 2-DE 图谱。在绘制的 956 种蛋白质图谱中，从其中的 402 种蛋白点中鉴定出 318 种特殊的蛋白质。按照基因本体论（gene ontology）进行分类，这些蛋白质可分成 21 种功能型蛋白。同时，还对此细胞系的神经分化和 2-DE 图谱进行详细的差异性分析。

（二）在神经分化中蛋白质的差异表达

从培养的这种 ReNcell VM197 细胞系中去除生长因子后，细胞的增殖停止并开始分化。神经元及胶质细胞在增殖过程中，由典型的“铺石路”样形态向多态表型转变。这种细胞形态学的改变可以通过银染色法及 2-DE 显示出来。细胞分化的 4～7 天后，在 956 种蛋白质中发现 77 种蛋白质表达下调。从考马斯蓝亮染色凝胶中提取的蛋白质，通过 MS 可以鉴定出其中 30 种蛋白质。同时发现 69 种蛋白质表达下调，其中 19 种亦可由 MS 鉴定出来。

鉴定的这些蛋白质均在分化开始的 4～7 天后，显示表达上调或下调。为了研究这些蛋白质组分的有关作用，分别选择两种表达上调的转凝蛋白 2（transgelin-2）和过氧化物酶基因 1，以及两种表达下调的过氧化物酶基因 4 和增殖细胞核抗原进行定量蛋白质印迹检测。这 4 种蛋白质的 2-DE 分析结果，均可被蛋白印迹分析所证实。而且，这些蛋白质均具有广泛参与细胞分裂的终止、细胞凋亡的诱导、细胞黏附连接的建立、生长锥的发育、神经突的延伸及突触形成等功能。

在 ReNcell VM197 细胞系分化的过程中，核小体组装蛋白 l-like l、不均一核糖核蛋白 K 和泛醌蛋白表达都下调；反之，胞核转移蛋白 nudC、DNA 聚合酶 δ 亚基 2、核孔蛋白 50kDa，延胡索酸 2、肌酸激酶 B 链表达均上调。此外，除了上述两种过氧化物还原蛋白外，还发现 5 种调控异常压力的相关蛋白质。其中，表达上调的是线粒体热激蛋白 75 和热激蛋白 105，表达下调的有热激蛋白 70、热激蛋白 90α 和热休克蛋白 7。

五、结语

在蛋白质组学复杂因素的研究中，2-DE 技术是一种有力的分析平台。利用改良的 2-DE 与 MS 两种技术的结合，更容易在蛋白质水平对神经元样本进行特征性的研究。在 NSC 的发育分析中，蛋白质组学技术已为其细胞的分化与神经可塑性的研究提供了帮助，并显示出经鉴定的人 NSC 有关蛋白所具有的相关功能。利用 2-DE 与 MS 蛋白鉴定技术，还能对人 NSC 的细胞系绘制出蛋白质组学图谱。

（段　阳　李　冠　宋丽新　廖艳艳　许炎竹　李延锋）

主要参考文献

Adams CF,Pickard MR, Chari DM. 2013. Magnetic nanoparticle mediated transfection of neural stem cell suspension cultures is enhanced by applied oscillating magnetic fields. Nanomedicine, 9(6): 737-741

Aguirre A, Rubio ME, Gallo V. 2010. Notch and EGFR pathway interaction regulates neural stem cell number and self-renewal. Nature, 467(7313): 323-327

Azari H, Louis SA, Sharififar S. 2011. Neural-colony forming cell assay: an assay to discriminate bona fide neural stem cells from neural progenitor cells. J Vis Exp, 6(49): 689-695

Bizy A, Ferrón SR. 2014. Isolation, Long-term expansion, and differentiation of murine neural stem cells. Methods Mol Biol, 621(24): 324-330

Carletti B, Piemonte F, Rossi F. 2011. Neuroprotection: the emerging concept of restorative neural stem cell biology for the treatment of neurodegenerative diseases. Curr Neuropharmacol, 9(2): 313-317

Curto GG, Nieto-Estévez V, Hurtado-Chong A, et al. 2014. Pax6 is essential for the maintenance and multi-lineage differentiation of neural stem cells, and for neuronal incorporation into the adult olfactory bulb. Stem Cells Dev, 32(5): 342-356

Deboer EM, Kraushar ML, Hart RP, et al. 2013. Post-transcriptional regulatory elements and spatiotemporal specification of neocortical stem cells and projection neurons. Neuroscience, 248C: 499-528

Dong E, Wang Y, Yang ST. 2011. Toxicity of nano gamma alumina to neural stem cells. J Nanosci Nanotechnol, 11(9): 7848-7856

Dong MM, Yi TH. 2010. Stem cell and peripheral nerve injury and repair. Facial Plast Surg, 26(5): 421-427

Feng JF, Liu J, Zhang XZ, et al. 2012. Guided migration of neural stem cells derived from human embryonic stem cells by an electric field. Stem Cells, 30(2): 349-355

Ferron SR, Pozo N, Laguna A, et al. 2010. Regulated segregation of kinase Dyrk1A during asymmetric neural stem cell division is critical for EGFR-mediated biased signaling. Cell Stem Cell, 7(3): 367-379

Filipovic R, Santhosh Kumar S, Fiondella C, et al. 2012. Increasing doublecortin expression promotes migration of human embryonic stem cell-derived neurons. Stem Cells, 30(9): 1852-1862

Gorba T, Conti L. 2013. Neural stem cells as tools for drug discovery: novel platforms and approaches. Expert Opin Drug Discov, 8(9): 1083-1094

Gu F, Wang J, Fu L, et al. 2011. Co-culture with microglia promotes neural stem cells differentiation into astrocytes. Chin Med J (Engl). 124(20): 3394-3398

Guo W, Patzlaff NE, Jobe EM, et al. 2012. Isolation of multipotent neural stem or progenitor cells from both the dentate gyrus and subventricular zone of a single adult mouse. Nat Protoc, 7(11): 2005-2012

Han D, Choi MR, Jung KH, et al. 2015. Global transcriptome profiling of genes that are differentially regulated during differentiation of mouse embryonic neural stem cells into astrocytes. J Mol Neurosci, 55(1): 109-125

Hicks SD, Miller MW. 2011. Effects of ethanol on transforming growth factor β1-dependent and independent mechanisms of neural stem cell apoptosis. Exp Neurol, 229(2): 372-380

Hwang DH, Kim HM, Kang YM, et al. 2011. Combination of multifaceted strategies to maximize the therapeutic benefits of neural stem cell transplantation for spinal cord repair. Cell Transplant, 20(9): 1361-1379

Jha BS, Rao M, Malik N. 2014. Motor neuron differentiation from pluripotent stem cells and other intermediate proliferative precursors that can be discriminated by lineage specific reporters. Stem Cell Rev, 18921(34): 218-220

Aleynik A, Gernavage KM, Mourad YSh, et al. 2014. Stem cell delivery of therapies for brain disorders. Clin Transl Med, 21(34): 24-27

Kim HM, Lee HJ, Lee MY, et al. 2010. Organotypic spinal cord slice culture to study neural stem/progenitor cell microenvironment in the injured spinal cord. Exp Neurobiol, 19(2): 106-113

Koso H, Takeda H, Yew CC, et al. 2012. Transposon mutagenesis identifies genes that transform neural stem cells into glioma-initiating cells. Proc Natl Acad Sci USA, 109(44): E2998-3007

Lee HJ, Lim IJ, Lee MC, et al. 2010. Human neural stem cells genetically modified to overexpress brain-derived neurotrophic factor promote functional recovery and neuroprotection in a mouse stroke model. J Neurosci Res, 88(15): 3282-3294

Liu F, Xuan A, Chen Y, et al. 2014. Combined effect of nerve growth factor and brain-derived neurotrophic factor on neuronal differentiation of neural stem cells and the potential molecular mechanisms. Mol Med Rep, 10(4): 1739-1745

Liu GH, Qu J, Suzuki K, et al. 2012. Progressive degeneration of human neural stem cells caused by pathogenic LRRK2. Nature, 491(7425): 603-607

Liu Z, Ding Y, Zeng YS. 2011. A new combined therapeutic strategy of governor vessel electro-acupuncture and adult stem cell transplantation promotes the recovery of injured spinal cord. Curr Med Chem, 18(33): 5165-5171

Luo CX, Jin X, Cao CC, et al. 2010. Bidirectional regulation of neurogenesis by neuronal nitric oxide synthase derived from neurons and neural stem cells. Stem Cells, 28(11): 2041-2052

Marei HE, Althani A, Afifi N, et al. 2011. Gene expression profiling of embryonic human neural stem cells and dopaminergic neurons from adult human substantia nigra. PLoS One, 6(12): e28420

Park D, Yang YH, Bae DK, et al. 2013. Improvement of cognitive function and physical activity of aging mice by human neural stem cells over-expressing choline acetyltransferase. Neurobiol Aging, 34(11): 2639-2646

Park JH, Choi MR, Park KS, et al. 2012. The characterization of gene expression during mouse neural stem cell differentiation in vitro. Neurosci Lett, 506(1): 50-54

Pramparo T, Youn YH, Yingling J, et al. 2010. Novel embryonic neuronal migration and proliferation defects in dcx mutant mice are exacerbated by lis1 reduction. J Neurosci, 24: 30(8): 3002-3012

Rostock AR. 2006. Neuro-degenerative Diseases: Use of Stem Cells in Neurodegenerativ Diseases. Basel-Freiburg-Paris-London-NewYork-Bangalore-Bangkok-Singapore-Tokyo-Sydney: S. Karger Medical and Scientific Publishers

Schultz KM, Banisadr G, Lastra RO, et al. 2011. Geminin-deficient neural stem cells exhibit normal cell division and normal neurogenesis. PLoS One, 6(3): e17736

Sheng C, Zheng Q, Wu J, et al. 2012. Direct reprogramming of sertoli cells into multipotent neural stem cells by defined factors. Cell Res, 22(1): 208-218

Shi B, Deng L, Shi X, et al. 2012. The enhancement of neural stem cell survival and growth by coculturing with expanded Sertoli cells in vitro. Biotechnol Prog, 28(1): 196-205

Tong CK, Han YG, Shah JK, et al. 2014. Primary cilia are required in a unique subpopulation of neural progenitors. Proc Natl Acad Sci USA, 111(34): 12438-12443

Tsai PC, Bake S, Balaraman S, et al. 2014. MiR-153 targets the nuclear factor-1 family and protects against teratogenic effects of ethanol exposure in fetal neural stem cells. Biol Open, 3(8): 741-758

Varghese M, Olstorn H, Murrell W, et al. 2010. Exploring atypical locations of mammalian neural stem cells: the human filum terminale. Arch Ital Biol, 148(2): 85-94

Weiner LP. 2008. Neural Stem Cells---Methods and Protocols. 2nd Edition. Humana Press, Springer Science+Business Media, LLC

Xu L, Shen P, Hazel T, et al. 2011. Dual transplantation of human neural stem cells into cervical and lumbar cord ameliorates motor neuron disease in SOD1 transgenic rats. Neurosci Lett, 494(3): 222-226

Yanagisawa M, Yoshimura S, Yu RK. 2011. Expression of GD2 and GD3 gangliosides in human embryonic neural stem cells. ASN Neuro, 3(2) : 742-750

Yang J, Yan Y, Ciric B, et al. 2010. Evaluation of bone marrow- and brain-derived neural stem cells in therapy of central nervous system autoimmunity. Am J Pathol, 177(4): 1989-2001

Yang K, Jung H, Lee HR, et al. 2014. Multiscale, hierarchically patterned topography for directing human neural stem cells into functional neurons. ACS Nano, 30(4): 542-556

Zhang N, Kang T, Xia Y, et al. 2012. Effects of salvianolic acid B on survival, self-renewal and neuronal differentiation of bone marrow derived neural stem cells. Eur J Pharmacol, 697(13): 32-39

Zheng LS, Hitoshi S, Kaneko N, et al. 2014. Mechanisms for interferon-α-induced depression and neural stem cell dysfunction. Stem Cell Reports, 3(1): 73-84

Zhou QZ, Zhang G, Long HB, et al. 2014. Effect of spinal cord extracts after spinal cord injury on proliferation of rat embryonic neural stem cells and notch signal pathway in vitro. Asian Pac J Trop Med, (7): 562-567

Zhu D, Lam DH, Purwanti YI, et al. 2013. Systemic delivery of fusogenic membrane glycoprotein-expressing neural stem cells to selectively kill tumor cells. Mol Ther, 21(8): 1621-1630

Zhu S, Wildonger J, Barshow S, et al. 2012. The bHLH repressor deadpan regulates the self-renewal and specification of drosophila larval neural stem cells independently of notch. PLoS One, 7(10): e46724

第七章　神经干细胞介导的基因治疗

第一节　概　　述

目前，干细胞移植主要应用于局部神经性疾病如帕金森病（PD）等，用来提高纹状体中产生多巴胺细胞的存活，或减少黑质中多巴胺能神经元的退化。但是，很多神经疾病的病理损伤是广泛、弥散性存在于大脑和脊髓中的，这些疾病不仅包括儿童常见的遗传性神经变性病（如溶酶体储积病、脑白质营养不良、先天性代谢紊乱、缺血性脑病），还包括成人疾病［如阿尔茨海默病（AD）、亨廷顿病（HD）、多发梗塞性痴呆、多发性硬化、肌萎缩侧索硬化和脑部肿瘤（尤其是胶质母细胞瘤）等］。这类疾病传统的治疗方法是药物或者基因治疗，超出了细胞介导治疗的范围。细胞补充疗法也多局限于通过骨髓移植补充造血系统的细胞。对于中枢神经系统（CNS）疾病来说，这些治疗方法并不能取得满意的治疗效果。

移植后的哺乳动物神经前体细胞及干细胞可以与 CNS 整合，显示出神经移植和基因治疗的新作用，也为 CNS 耐药疾病的治疗提供了一个新方法。多能 NSC 具有自我更新能力，可以分化为所有的神经细胞，并能在发育及退化的中枢神经区域内生长，达到类似于造血干细胞介导的重组和基因转移的效果。

CNS 由于基因产物不足所致的多种遗传代谢疾病，可用骨髓移植或者酶代替疗法治疗。这些疗法虽可缓解症状，但是不能逆转或阻止 CNS 的损坏，因为血脑屏障限制了周围血中有效治疗成分进入大脑。骨髓移植疗法通常含辐射物质，对发育中的 CNS 不利。系统性治疗 CNS 的药物药效不稳定，效果短暂，副作用明显。向 CNS 直接输送基因产物可能解决这些问题，并达到基因转移的目的。输送所需的载体较容易获得，但是所需的细胞类型及输注区域很难确定，例如，逆转录病毒载体只感染有丝分裂的细胞，而在发育后期的 CNS 中该种细胞较少。尽管腺病毒伴随病毒载体在有丝分裂后神经组织中的应用取得了令人欣慰的进展，但并不适用于广泛脑神经损伤，可以转染的细胞类型也较少，比如并不适用于少突胶质细胞和星形细胞。而且，体内使用这类载体的安全性和有效性仍需商榷。

可以通过向 CNS 植入“人造泵”，或者植入基因修饰的供体细胞来获得基因产物。非神经细胞（如成纤维细胞）可作为输送载体，也可自体移植。但是，这种方法仅能修复移植处附近的病变，不适用于广泛的神经病变，而且失调的、过度或异位释放的产物可能对宿主有害。因此，治疗策略应个体化，在认真分析疾病病理生物学的基础上，替代个体化的缺陷。众所周知，非神经细胞中神经基因表达下调从而失去神经样功能，但是，来自供体神经源性细胞持续低水平表达神经细胞产物会提高该种细胞的治疗效果。

由于环境中某些毒素、微环境中调节因子的不适当使用，或者体内代谢疾病的病理过程所致，许多神经系统疾病往往伴随着某些特殊类型神经细胞或环路的退化。所以，合理的移植应不只是能够向宿主提供外源性的治疗作用的基因产物，也应能与机体融合，修复自身受损细胞和神经环路。现存的基因移植治疗方案，需在受损神经组织上插入新的遗传信息，因此如何制造出适宜这些治疗基因存在的底物是我们所面临的新挑战。

CNS 发育成熟或早期的神经元是理想的移植材料，但是为了能使移植物成功存活并持续发挥作用，对于神经元的类型和年龄均有限制。初级神经元有丝分裂能力有限，用于移植的细胞数量并不充足，而且在体内经逆病毒转染转导基因的能力有限，因此并不适合作为稳定的基因转移体。初级胎儿神经组织已成功用于神经移植，并取得一定效果。但是，应用这种组织需要考虑以下方面：宿主大脑中有足够多的无病组织；供体组织是异质的，并包含非神经组织，可在宿主中存活、扩增并表达生物分子；移植的供体组织可与宿主脑组织局部融合。

一、NSC 治疗的特点

神经干细胞（NSC）可以自我更新，移植到哺乳动物的大脑中，修复受损脑组织，并能表达外源基因，是 CNS 基因治疗和修复的一个选择。研究表明，来源于多个脑区的各发育阶段的神经前体细胞均可以基因修正后在体外传代培养。尽管培养方式不同、来源不同、移植脑区不同，这些前体细胞系都能与 CNS 较好地融合。一些 NSC 还可延伸轴突参与不同区域 CNS 的发育，也可参与神经组织从胚胎状态到逐渐成熟老化的整个过程，表现出很强的可塑性。在体内或者体外，可以规范某些幼稚或者成熟神经细胞的生物学行为，提示这些 NSC 系可以适当地影响 CNS 前体细胞或者干细胞潜能。

NSC 固有的生物学特性使其能避免其他治疗方式的技术缺陷，也能避免局部脑组织损伤。它能直接移植入脑室，避开血脑屏障。移植前也不需要全身放射的预处理。NSC 的一个重要特点是其能在不同脑区发育成不同的细胞组分，如神经元、星形细胞、少突胶质细胞，甚至是分化不完全的前体细胞。因此，它能代替许多缺损或者功能失调的神经细胞。NSC 可在一个区域内扩增为不同的细胞类型对于需要重建局部脑环境很重要，大脑不仅需要神经元，也需要胶质和为神经元提供营养、解毒、生成髓鞘的支持细胞。在体内，NSC 不仅在正常发育中起作用，甚至在像凋亡这样的神经变性过程中也接收神经信号发挥作用。

NSC 能很好地适应移植区，这就避免了需从特定的 CNS 区域获得供体细胞，也不需精确寻找移植靶向区。这些细胞可以表达某些趋化因子，如神经营养因子；也可在体内经基因转移载体诱导表达相应的基因。这些产物可以直接、迅速并且稳定地作用于宿主 CNS。当被植入到原始区后，NSC 可以在大脑中迁移并广泛融合，促进酶的分泌和细胞缺陷的表达。尽管有很强的可塑性，NSC 不会发展为肌肉、骨骼甚至牙齿等非神经细胞类型，也不会转化为肿瘤。

二、NSC 治疗的潜能

NSC 为治疗 CNS 功能障碍提供了多种方法。基因治疗在溶酶体储积病（lysosomal storage disease，LSD）和黏多糖储积症Ⅶ（mucopolysaccharidosis type Ⅶ，MPS Ⅶ）获得了良好的效果。小鼠纯合子β-葡糖醛酸糖苷酶基因的移码突变导致β-葡糖醛酸糖苷酶（beta glucuronidase，GUSB）缺失，从而使非退化的葡糖氨基聚糖类溶酶体储积在脑及其他组织中。MPS Ⅶ和其他 LSD 类疾病的主要治疗方案是补充缺失的酶，称为“交叉矫正”。基因治疗的目的是在体内使供体细胞表达正常的 GUSB 蛋白，供其他宿主细胞使用。与宿主融合的表达 GUSB 的 NSC 可持续并广泛表达“交叉矫正”酶类。

脑室内注射 NSC，可使 NSC 到达室下区，也可沿着脑室系统扩散到脑表面。在胎儿中，NSC 进入脑室后，24～48h 内可迁移到实质区，发挥同样的作用。这种移植技术充分利用了 NSC 的特性，将缺失的基因产物输送到组织，为之前无良好治疗策略的神经疾病提供了一条基因治疗思路。MPS Ⅶ 很罕见，与之相似的疾病在儿童中的发病率是 1:1500，但成人基因源性神经退行性疾病，如 AD，也可在广义上归为该类模型。在疾病早期给予治疗，可以遏制疾病进程，减少 CNS 的不可逆性改变，即使在成人大脑中，依然可以发现内源性或者移植的 NSC 广泛迁移。如果向成小鼠脑室中注入 NSC（包括转基因细胞），将与脑室下层（SVZ）融为一体，而且能远距离迁移，如到达嗅球，也可分化为神经元或神经胶质。尽管与胎儿或者新生大脑组织相比，在变性或者受伤成人脑组织中 NSC 的迁移途径比较受限，但依然可以广泛迁移到病变区域。到目前为止，在卒中、头部损伤、多巴胺功能障碍、脑部肿瘤及淀粉样病变中均可以观察到该类现象。

其他以基因缺陷或毒性代谢产物堆积为特征的神经变性疾病，也可以尝试使用该种治疗方法。几乎在所有的病例中，NSC 均可持续分泌治疗所需酶类。病例模型不同，所需酶种类不同，所需量也不同。不过可以肯定的是，在许多遗传性代谢性疾病中，为了恢复正常代谢功能和阻断 CNS 疾病需要的酶类量是很少的。有学者研究移植 NSC 的 MPS Ⅶ小鼠脑中 GUSB 的表达情况，对接受移植的脑组织连续切片，测定其 GUSB 活性。按照从头至尾的解剖学标志界定区域，便于在动物间进行比较。每个区域（n=17）内 GUSB 的平均活性用占每个区域正常组织活性的百分比表示。没有经过处理的 MPS Ⅶ小鼠不管是在生化还是组织化学上均不出现 GUSB 活性，根据源于肝脏和脾脏的数据表明，其酶活性的矫正率为 2%。而且，GUSB 的分布广泛（图 7-1），并显示出 NSC 介导的可扩散因子如综合酶类、神经营养因子和病毒载体，以及不可扩散因子如髓磷脂和细胞外基质（extracellular matrixc, ECM）。这些前期研究提示，NSC 和其他来源于实质器官的干细胞一样可以修复发育障碍或者受损的器官。但是深入的研究发现，即使是同一种 NSC 受到不同刺激后未必会表达相同的神经物质。因此，对于 NSC 的治疗问题尚需大量的研究。

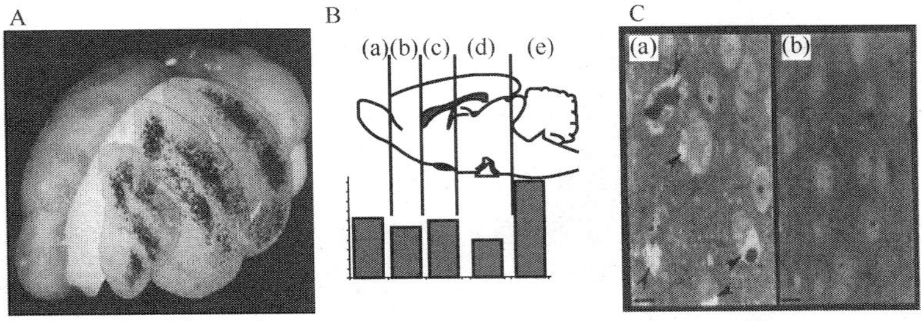

图 7-1　NSC 移植 MPS VII 小鼠大脑的 GUSB 表达（Zigova et al. 2003）

A. 为 X-gal 免疫组化标记的 Lac-Z 报告基因，可见 NSC 已广泛植入受者的脑组织中；B. GUSB 活性的分布；C. 治疗 8 个月龄的 MPS VII 小鼠大脑中溶酶体蓄积减少。（a）在未行移植的对照组中，神经元和神经胶质均可见到扩张溶酶体所致广泛的空泡形成。（b）移植治疗的 MPS VII 小鼠与对照组同一脑区域比较，其扩张的溶酶体显著减少。标尺=21μm

三、NSC 的替代治疗作用

虽然基因产物能够改善许多神经系统疾病的症状，但往往伴随细胞和神经环路的退化。需用有效的方式置换这些细胞成分，同时能抵抗细胞毒的作用。在啮齿类突变动物身上进行 NSC 移植和损伤模型研究显示，NSC 可以替换变性的或者功能失调的神经细胞。以小脑颗粒细胞（granule cell，GC）缺失为特征的突变卷尾小鼠（meander tail mutant mice）在出生时接受 NSC 移植，可重建大部分 GC 缺失的内颗粒层。这些提示，多向分化潜能的细胞可根据缺失的特殊细胞类型改变自己的分化方向。和正常的小脑相比，在 GC 缺乏区域的供体 NSC 更易分化为 GC 表型，表明未分化的、多潜能的 NSC 易补充为缺失的细胞。通过定向细胞凋亡剔除为小鼠的某种神经元，NSC 会选择性地向该种神经元分化。这些结果说明，某种神经元变性后形成的微环境可诱导神经元的分化类型，这和胚胎形成时期脑皮质对刺激信号的反应相似。

在另一种突变的蹒跚（reeler）小鼠模型的研究中发现，NSC 不仅可以替代发育中受损或者变性的细胞，而且会改变不正常细胞结构的表型，尤其是以 ECM 缺陷为特点的细胞。蹒跚小鼠可编码 Reelin 蛋白的基因突变，导致脑细胞中神经元层状分布异常。在刚出生的蹒跚小鼠小脑中移植 NSC，不仅可以补充 GC，而且可以通过在细胞表面提供分子（包括 Reelin）改变 NSC 不正常的迁移，引导正常组织生成。结果表明，以 NSC 为基础的基因治疗策略可改变不正常的细胞迁移、板状构造和细胞结构的排列。

四、弥漫性白质病变的 NSC 治疗

广泛 CNS 脑白质病变可以作为研究 NSC 治疗弥漫性神经损伤的模型。先天性脑神经髓鞘形成障碍的小鼠因缺乏髓磷脂碱性蛋白（myelin basic protein, MBP），导致少突胶质细胞功能失调。因此，其治疗需要广泛替代表达 MBP 的少突胶质细胞。采用上述移植方法，将表达 LacZ 并能产生β-半乳糖苷酶（β-gal）的 NSC 移植新生的 *shi* 突变体小鼠，随后在间隔 2 周和 8 周后进行系统分析。在成年期的 *shi* 小鼠脑内发现，用 X-gal 标记的供体源性细胞呈弥漫而广泛的分布，并与神经轴融合。而且，X-gal^{+}供体来源的少突胶质细胞在胼胝体处出现其典型的细胞特点，其中包括小而圆形或者在神经束定位

中起作用的多边形胞体。X-gal 还在其核膜、内质网和胞质细胞器处沉淀，凭此可辨认该细胞。在移植 NSC 的小鼠脑组织中，MBP 的含量和表达水平与相同年龄的正常小鼠接近，明显比相同年龄的未移植小鼠的表达高。成年正常小鼠与移植 NSC 的小鼠脑组织对 MBP 抗体有相似的免疫反应。因为未移植的小鼠脑组织缺乏 MBP，所以其免疫反应也可作为供体源性少突胶质细胞在脑部的标志。NSC 源性的少突胶质细胞可使轴突形成髓鞘。在 NSC 移植的 MBP 表达区，小鼠神经元被厚而致密的髓鞘包绕。

通过两种方法可以评价动物的运动功能障碍：①观看实验动物和对照组动物在笼内的行为录像，进行盲法评分；②通过观察尾部震颤偏离身体中轴的幅度评价。用视频分别记录未移植和成功移植小鼠震颤的迹像表明，未移植小鼠身体的震颤和失调运动使视频截图模糊，而移植小鼠的视频很清楚，无模糊的痕迹。在小鼠尾部沾上黑墨水的结果显示，移植成功的尾部几乎没有移位（图 7-2）。而且，64%移植小鼠可减少接近 50%的身体震颤，其中有几只近乎为 0 移位。在许多基因源性和获得性（损伤、感染）神经变性的疾病中，NSC 能分化为生成髓鞘细胞的能力尤为重要。在外伤、脊髓损伤和头部外伤、缺血时，少突胶质细胞的病理变化显而易见，这也是新生儿窒息和早产儿神经障碍的主要原因。这些结果显示，以 NSC 为基础的这种治疗方法，不管是采用外源性细胞还是动员自体可诱导的细胞，都是治疗多种神经发育性疾病的一种不错的选择方法。

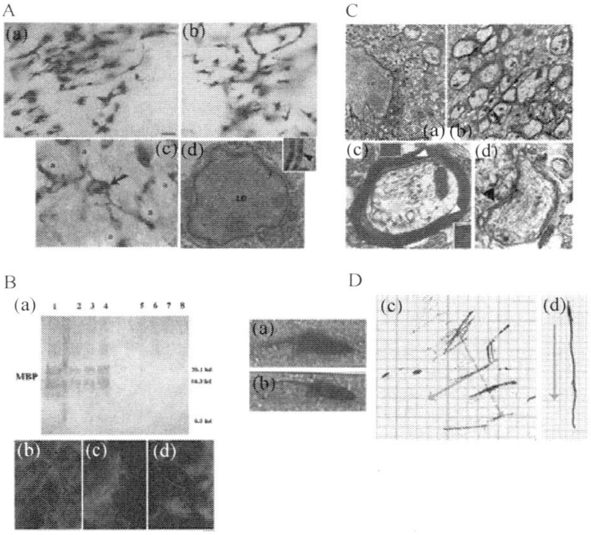

图 7-2 NSC 移植治疗髓鞘形成障碍小鼠的大脑变化（Zigova et al. 2003）

A．NSC 在 *shi* 小鼠先天性脑神经髓鞘形成障碍模型中广泛种植。其中，（a）和（b）X-gal$^+$供体细胞在胼胝体出现典型的少突胶质细胞的特点。（c）供体抗-β-gal 的少突胶质细胞在胼胝体扩增并包裹成大的轴突束（箭头所指）。（a）～（c）和 B 图中（b）～（d）是电子显微镜观察少突胶质细胞的超微结构。B．MBP 在移植和对照组小鼠脑内的表达。（a）对全脑溶解产物的蛋白质印迹。（b）～（d）MBP 的免疫细胞化学分析，其中，（b）为成年正常小鼠对 MBP 抗体的免疫反应（Texas 红为二抗）；（c）和（d）为移植小鼠脑组织出现相似的免疫反应。C．NSC 源性的少突胶质细胞可使轴突形成髓鞘。（a）～（c）为移植 2 周、4 周和 6 周的结果。D．突变体小鼠在移植后和对照组小鼠的功能和行为变化。（a）和（b）为用视频分别记录未移植和成功移植的小鼠震颤的痕迹；（c）表明移植较差的小鼠对震颤的改善不明显，（d）表示移植成功的小鼠尾部几乎无移位严重头部伤的治疗策略同样适用于脱髓鞘或者少突胶质细胞缺陷的突变体。半乳糖脑苷脂酶（galactosylceramidase，GALC）缺乏可导致少突胶质细胞中鞘氨醇半乳糖苷蓄积，并导致人 Krabbe's 病或者球样细胞脑白质营养不良（globoid cell leukodystrophy，GLD）的发生。患有 GLD 的儿童表现出注意力不集中、早死等，这可能是缺失髓磷脂后少突胶质细胞功能失调和变性所致。抽搐（*twi*）小鼠模型是 GLD 的研究模型，小鼠 NSC 移植新生和 *twi* 幼小鼠大脑中，可在脑组织尤其在新生小鼠脑部广泛植入，并分化为正常的少突胶质细胞，以及分泌有正常表型的髓磷脂。每个 NSC 源性的少突胶质细胞可形成 30～50 个宿主神经轴突。尽管移植的细胞范围和数目足够，但并不能改善症状，延长 *twi* 小鼠的生存时间。但是外源性的 NSC 可以在 *twi* 小鼠体内存活并分化为成髓鞘的少突胶质细胞。GLD 的病理生理特性与充满鞘氨醇半乳糖苷的毒性环境密切相关，不仅可以杀灭宿主细胞，而且对移植到这种环境的新细胞也有毒性作用。因此，在这种环境下移植 NSC 是失败的。

在 *twi* 小鼠大脑中，NSC 分化为少突胶质细胞后，可显露在鞘氨醇半乳糖苷浓聚物中，虽然 NSC 对其毒性有抗性，但是随浓度增加，NSC 也表现出毒性反应。然而同样数量过表达 GALC 的 NSC，在体外即使是高于其浓度的培养液中，也不受其毒性作用的影响。对于该类疾病，其治疗方法应不仅包括细胞移植，也应包括矫正过表达 GALC 的宿主细胞，使移植细胞具有抗毒作用。尽管少突胶质细胞单独置换不能充分治疗 GLD，但是移植细胞和补充分子可以互为补充成为多学科联合治疗的策略。在疾病发生在不同位置时，或者症状出现前等发展的不同时间点移植 NSC，在疾病的过程中也应间断地进行移植。NSC 移植联合颅外治疗（如骨髓移植）可能延长生存时间。许多神经性疾病是以综合征为其表现，因此在治疗时也应是综合性的。NSC 可以作为各种治疗方法联系的桥梁。如果 NSC 能中和或者对毒性环境耐药，或者设计为具有耐药性的，这样即使是在非自主疾病中，也是可以发挥作用的。

五、NSC 对不同病变的治疗作用

NSC 可针对神经变性的类型进行选择性的分化，也可以迁移至靶组织表达外源性基因。许多实验模型提示在神经变性的不同时期，一些尚未明确的物质可能参与 NSC 的“寻靶”（homing）。

（一）缺氧缺血性脑损伤的治疗作用

把 NSC 移植缺血缺氧脑损伤小鼠（脑性瘫痪）模型的大脑中，供体细胞会优先向受损大脑半球缺血区移动，并与之融合。供体 NSC 的亚群，尤其是在梗死区域，倾向于向神经元和少突胶质细胞方向分化。3～7 天是损伤后修复的重要时间窗，此时变性区发出复杂的信号诱导 NSC 迁移，并重新分化为已损伤的神经元细胞。移植的供体细胞可持续表达 LacZ 报告基因，如果能利用基因控制其在体内表达的一些特定物质，如调理蛋白、细胞因子类或者其他因子，那么不管是宿主还是供体源性的细胞分化、神经轴突生长和连接能力均会提高。研究表明，用逆转录病毒将神经营养因子 3 转染小鼠

NSC 细胞，再将此类细胞移植室息小鼠模型中，其脑中供体源性的神经元在梗死区由5%提高到 20%，在半球区>80%。NSC 本身有 trkC 受体，可通过自分泌/旁分泌途径分泌因子。虽然尚不清楚是否需如此多的神经元，但是这些现象说明通过基因工程可以调控 NSC 为基础的细胞在变性环境中的发育。另外，NSC 可在同一受试体内进行基因治疗及细胞置换。

（二）脑部肿瘤的治疗

在脑部肿瘤中，NSC 作为基因转移载体也具有病理区域的趋向性。神经胶质瘤的治疗难点在于肿瘤的范围、周围组织的侵袭程度、正常脑组织的转移范围，从而导致肿瘤难以彻底切除，并进行有效的放化疗或者基因治疗（图 7-3）。在用 CNS-1 型恶性胶质瘤细胞系建立的裸小鼠动物模型中，通过体外把逆转录病毒与绿色荧光蛋白（GFP）cDNA 转染标记的 NSC 注射到裸小鼠体内的结果显示，其与抗 GFP 抗体的反应可发出绿色荧光，呈阳性。LacZ cDNA 转导的 NSC 可稳定表达β-gal，通过抗β-gal 免疫细胞化学方法检测，在荧光显微镜下观察呈红色；或者通过 X-gal 的组织化学法检测，在光学显微镜下呈蓝色。在注射标记的 NSC 10 天后处死小鼠，用抗-β-gal 抗体（呈红色反应的 NSC）和抗 GFP 抗体（呈绿色反应的恶性胶质瘤细胞）进行双标记的免疫荧光染色，结果可见红色β-gal^{+}的 NSC 在脑内肿瘤组织中广泛分布，而绿色弥散在肿瘤细胞之中。

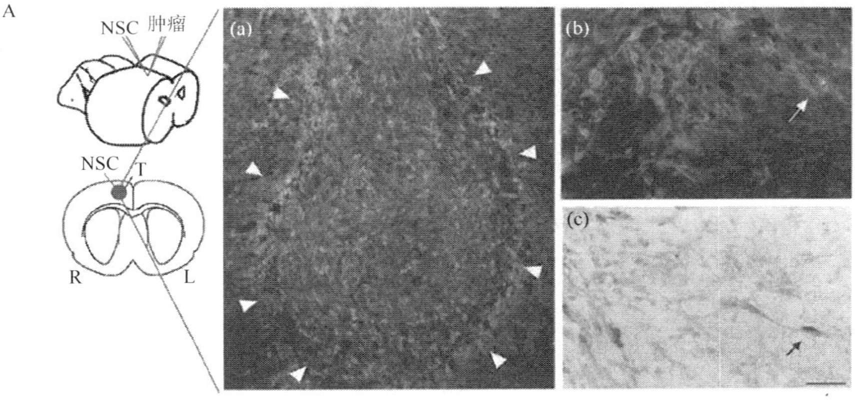

图 7-3　NSC 对颅内神经胶质瘤的治疗作用（Zigova et al. 2003）（另见彩图）

A．NSC 直接注入实验裸小鼠颅内的恶性胶质瘤。（a）用抗-ρgal 抗体和抗 GFP 抗体双标记的免疫荧光检测，在低倍显微镜下可见肿瘤组织和正常组织交界的边缘（箭头所示）。（b）高倍荧光显微镜下可见绿色的是侵袭的 GFP+肿瘤细胞，红色的为β-gal+NSC（白色箭头）。（c）共染色的结果，其中 X-gal 把表达 LacZ 的 NSC 染成蓝色（箭头所示），用中性红把长条状的恶性神经胶质瘤染成暗红色。蓝色的 NSC 直接和单个暗红色呈纺锤状的肿瘤细胞伴行（箭头所示），标尺=60　m。B．NSC 经颅内不同部位的多点移植后，可穿过正常脑组织向远离的恶性胶质瘤组织迁移。（a）和（b）是 NSC 种植肿瘤尾部 6 天后处死的成年裸小鼠的肿瘤切片，其中（a）是在低倍镜下可见肿瘤细胞呈圆锥状，X-gal+蓝色 NSC 分散在暗红色的肿瘤细胞中；（b）是在高倍镜下可见 NSC 与肿瘤细胞聚集而并行排列。（c）～（h）是对侧脑半球的胼胝体中β-gal+红色的 NSC（箭头所示）从移植的大脑半球迁移到对侧大脑半球的肿瘤细胞。（i）和（j）是 NSC 注入裸小鼠对侧脑室 6 周后的组织染色结果，其中（i）是蓝色的 X-gal+NSC 分布在中性红+肿瘤中（箭头显示其边缘）；（j）是高倍镜下可见 NSC 与迁移的红色恶性胶质瘤细胞并列而行。其中，对照组的成纤维细胞没有从注射的部位迁移到别的任何部位。所有 X-gal 反应阳性的结果都经过抗-β-gal 的免疫反应证实

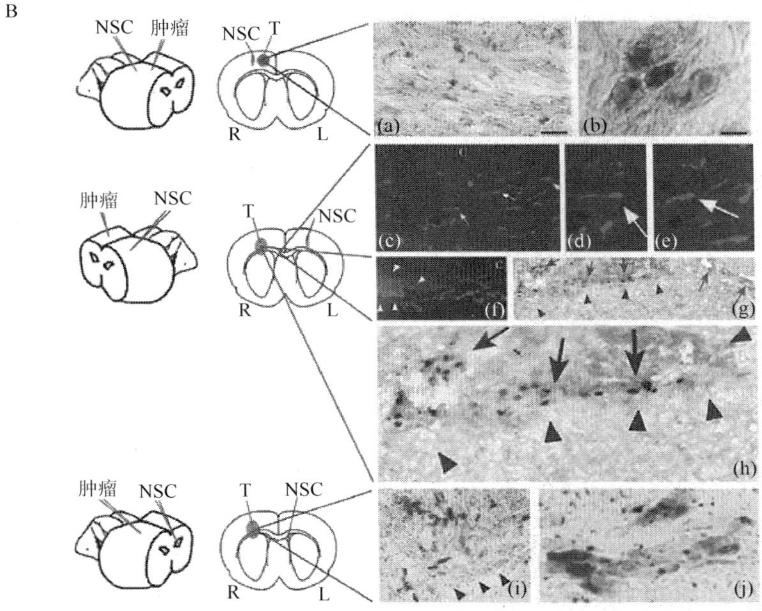

图 7-3（续）

这种弥散程度也可在 NSC 接着注射的 48h 内出现。尽管 NSC 在脑组织内可广泛迁移和分布，但是大部分在肿瘤组织和正常组织交界处停止。当肿瘤细胞侵袭到正常组织中时，NSC 随侵袭的肿瘤细胞可进入到其周围组织。在 NSC 植入到距离肿瘤较远的位置时，植入正常组织，或植入对侧的大脑半球，或者移植到脑室中，供体 NSC 可从一侧半球扩散到另外一侧，或从正常组织移行到对侧的瘤组织。肿瘤细胞释放的有关因子，或者其侵袭到的组织均可吸引 NSC。因此利用 NSC 的这种固有的特性，在体内外的研究都表明，通过相关分子如促肿瘤细胞溶解的酶胞嘧啶脱苷酶等可减少肿瘤细胞的负荷而成为一种具有生物活性的治疗细胞。NSC 也可通过各种治疗基因（图 7-4）和载体对难治性、转移和侵袭脑肿瘤进行有效的靶向治疗。

（三）淀粉样蛋白斑的治疗

在 AD 中，淀粉样蛋白的广泛沉积和分布可导致传统的移植方法，即死亡或者濒死神经元的替换治疗，或者传统的基因送递载体的分子治疗都难以进行。虽然刺激 NSC 迁移的信号通路尚不确定，但炎性分子可能成为其诱因。一些前期实验证实，在淀粉样蛋白长期侵袭的过程中，大鼠脑内可发生炎性反应。初步实验显示，定位于对侧侧脑室的 NSC 可以迁移并包围淀粉样蛋白的侵袭区。AD 转基因小鼠模型（包含 1 例有炎症的大脑）的实验显示，淀粉样蛋白沉积对 NSC 有趋向性引导作用。因此，NSC 可能在类似 AD 这类神经变性疾病中发挥运送治疗分子的作用。但是，目前尚不清楚其是否可以替代在这些疾病中死亡的神经细胞。

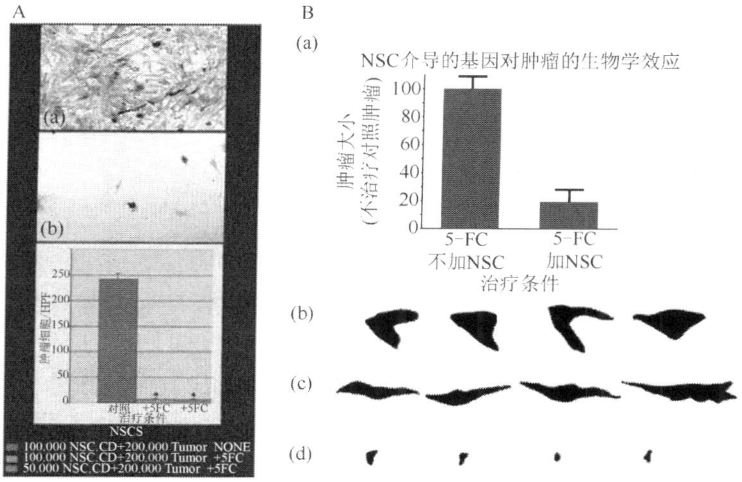

图 7-4　NSC 在病灶部位表达的功能基因（Zigova et al. 2003）（另见彩图）

A．CNS-1 型恶性胶质细胞瘤（红色）与胞嘧啶脱氨酶（cytosine deaminase，CD）-转染小鼠 NSC[CD-NSC，（a）和（b）蓝色]共培养。（a）不用 5-氟胞嘧啶（5-fluorocytosine，5-FC）处理共培养的细胞生长良好；（b）用 5-FC 处理的肿瘤细胞均死亡，其直方图显示有显著的统计学意义（$P<0.001$）。B. 在体内，通过肿瘤的大小可测定转染 CD-NSC 生物活性的表达。（a）移植 CD-NSC 的成年裸小鼠用 5-FC 治疗后，脑内肿瘤的大小的直方图与同样用 5-FC 治疗但没有移植 CD-NSC 的比较。（b）移植 CD-NSC，但未经 5-FC 治疗裸小鼠的肿瘤面积。（c）经 5-FC 治疗，但未移植 CD-NSC 小鼠的肿瘤面积。（d）既经 5-FC 治疗，又移植 CD-NSC 的肿瘤面积，与（a）比较，其肿瘤面积明显缩小大约 80%，$P<0.001$

（四）淀粉样蛋白斑的治疗

在 AD 中，淀粉样蛋白的广泛沉积和分布可导致传统的移植方法，即死亡或者濒死神经元的替换治疗，或者传统的基因送递载体的分子治疗都难以进行。虽然刺激 NSC 迁移的信号通路尚不确定，但炎性分子可能成为其诱因。一些前期实验证实，在淀粉样蛋白长期侵袭的过程中，大鼠脑内可发生炎性反应。初步实验显示，定位于对侧侧脑室的 NSC 可以迁移并包围淀粉样蛋白的侵袭区。AD 转基因小鼠模型（包含 1 例有炎症的大脑）的实验显示，淀粉样蛋白沉积对 NSC 有趋向性引导作用。因此，NSC 可能在类似 AD 这类神经变性疾病中发挥运送治疗分子的作用。但是，目前尚不清楚其是否可以替代在这些疾病中死亡的神经细胞。

六、NSC 和宿主间的动态平衡

到目前为止，大部分关于 NSC 的研究主要集中于宿主 CNS 环境对 NSC 发育的影响，以及其在发育、老化或者损伤和变性中时刻发生的变化。研究发现，NSC 和宿主环境存在交互作用。MPTP 是一种可以损伤中脑多巴胺神经元和纹状体的神经毒素（类似于老化过程中的功能失调），单侧植入 NSC 前 1 个月持续给予老年小鼠大剂量的 MPTP，这种植入的 NSC 不仅可广泛迁移，而且还与大脑双侧半球广泛融合，并可参与酪氨酸羟化酶（tyrosine hydroxylase，TH）的生成以及双侧中心纹状体多巴胺转运蛋白的表达。NSC 与宿主间的相互作用可维持其动态平衡。相对于 NSC 来源的 TH^+细胞，宿主源性的 TH^+细胞占到 80%～90%，这些大都被 NSC 源性的因子保留而发挥作用。

NSC 可以保护或者活化宿主更新能力，其可能的机制与 NSC 的营养作用或者其分泌的营养物质发挥的作用有关。NSC 持续分泌大量的肽类神经营养因子（包括神经营养因子 3～5、神经生长因子、脑源性神经营养因子、胶源性神经营养因子）、黏附分子（如 L1）、细胞外基质（如 reelin）和溶酶体酶类等。胶源性神经营养因子是一种多巴胺神经元的保护因子，在供体源性未分化或者分化神经胶质分泌该类因子的细胞中，NSC 分化的 TH^+神经元占据大多数。宿主 CNS 损伤后组织修复不仅得益于 NSC 可替代受损神经元，而且未分化或者分化为神经胶质的 NSC 协同分子的作用可以促进组织重建。因此，NSC 不仅可以作为细胞和基因治疗，而且可以分泌营养因子及神经保护因子改善宿主脑部环境。当机体缺乏此类物质时，其脑部环境则可能难以改善。

七、人类 NSC

对于人类神经变性疾病来说，人 NSC（hNSC）为基础的治疗策略是值得考虑的。移植的 hNSC 系是从正常人类胎儿（其理想的来源为脑室）中分离而来，与啮齿类动物实验相比，人类细胞周期较长，是啮齿类的 3～4 倍。hNSC 与啮齿类动物实验所表现出的治疗效果相似。hNSC 在 CNS 内广泛迁移，受到局部、短暂的发育信号刺激后，可分化为多种类型的细胞。而且，其还能表达逆转录病毒转录基因，为基因治疗的应用提供了基础。hNSC 的分泌产物可纠正基因源性代谢缺陷，不仅可分化为突变小鼠缺失的细胞类型，还具有向病灶趋化的作用。在成年大鼠挫伤的脊髓中，移植 hNSC 可生成神经元，并将高级中枢和受伤区域远距离联系起来，修复皮质脊髓信号，明显改善其功能。

把 hNSC 移植正常猕猴胎儿脑室内，其可与正在发育的脑组织相融合，而且在大脑皮质层可产生神经元和神经胶质，并保持体内内环境的稳定和自我修复作用。这种治疗方法可能不仅适用于一些先天性的疾病，而且对神经变性疾病如 HD 等同样有效。

用 hNSC 在猴与猿的预实验中，其研究结果与上述的啮齿类动物相似。这些实验不仅可证实细胞的安全性和有效性，而且对于人类发育、神经变性疾病以及人干细胞的反应等方面都有更直观的理解。在通过 MPTP 诱导圣基茨非洲绿猴的多巴胺缺乏和 PD 模型中，移植 hNSC 的结果显示，其可在黑质中存活，并分化为 TH^+细胞。在多巴胺活性的改善（用 SPECT 评估）中，一方面可能源于 hNSC 移植分化的多巴胺能细胞，另一方面可能是 hNSC 因子可促进宿主多巴胺能神经元的存活，或者是这二者的协同作用。

目前，虽已开展大量的 hNSC 分离、增殖和移植的研究，但在临床应用前仍有许多问题需进一步研究。其中包括：如何促进移植 hNSC 的稳定、移入、迁移以及分化的因子，怎样评价外源性基因的表达效率、hNSC 修复病损及恢复细胞功能的基本病理生理学机制、移植细胞的时机、供体源性的细胞能否正常发挥作用等。

胚胎干细胞（ES 细胞）能够分化为神经前体细胞，其他组织源性的干细胞也可以进入 CNS，生成神经细胞，但是仍然面临着很多问题：其他来源的干细胞能否像 NSC

一样满足治疗神经疾病多方面的要求？是否能达到 NSC 一样的安全性、有效性和简单性？不管未来的实验结果是怎样的，就目前来看，NSC 揭开了干细胞治疗序幕。其他器官的干细胞也可以介导广泛的损伤修复（如心脏、肝脏、肌肉和胰腺等），这与 NSC 在 CNS 中的作用类似。干细胞自体移植尚存争议，尤其是对基因疾病，从有基因损伤的个体身上提取细胞这个操作本身对于基因就是一种损伤，而且移植的细胞仍有患病倾向，并不实用。

第二节　永生化神经干细胞系的建立

一、概述

干细胞基因治疗为多种脑部疾病提供了新的治疗策略。NSC 可以输送有益分子和细胞替代受损的 CNS 细胞，修复正常的脑部功能。移植细胞需与宿主细胞相融合，并且不会带来远期伤害，如不可控的生长、产生或者释放有害物质或者活化炎性反应。NSC 可与宿主脑组织直接融合而不产生大的伤害，这和已经在其他组织中应用的成纤维细胞不同。NSC 可以分化为胶质细胞或者神经元，但不产生其他神经组织。另外，除了能很好地与宿主组织相融外，也可以远距离输送靶向治疗蛋白。而且，NSC 能在体外大量增殖，满足基因操作的要求。但是，在用于任何临床治疗前，都应确保基因转染对受体是安全无害的。从这个层面上说，在基因治疗中，应特别注意除了干扰靶向基因功能外，不应影响其他神经的功能。

本节主要介绍如何通过生长因子或者永生化步骤获得 NSC 系，以及如何将其应用于基因治疗。在神经系统的自然发育过程中，干细胞的分裂是处于抑制状态的。NSC 在体内处于一种特殊的微环境中，称为干细胞巢（niches）。此巢为细胞自我更新和调控、自我更新与定向分化间的平衡，以及为干细胞不对称分裂提供了良好的微环境。即使是在早期胚胎神经系统中，指数细胞分裂也只发生在一个明确的窗口期。因此，一个干细胞如果想变成一个细胞系的克隆前体，必须克服细胞持续分裂的自身而内在的障碍。由于 ES 细胞有许多自己特有的属性，在体外扩增培养为同源组织特异的干细胞十分复杂。

细胞永生化的理论基础是阻止细胞的发育，使其保持在连续的细胞周期中。永生化可通过多种实验获得，比较常用的是导入外源性编码癌蛋白的 cDNA。人源和鼠源性 NSC 细胞系的建立都可通过逆转录病毒将永生化癌基因转入，并在体内或体外均无转化的迹象。癌基因如 myc 和大 T 抗原，即使未完全转染细胞，也可表现出永生化的能力。药理性调控癌蛋白的表达，以及等位基因突变等均可用来建立基因治疗所需的细胞系。除了温度敏感的癌基因，也可采用 Cre-loxP 重组酶系统逆转的永生化和四环素调控蛋白表达等方法进行。这不仅可以避免在构建的细胞系中出现癌基因的永生化细胞，同时可为实验提供最安全的方法。

通过生长因子可使 NSC 扩增，并增殖为悬浮生长的神经球。神经球主要由混合的祖细胞组成，其中包含已分化的神经胶质细胞和神经元。这种非天然的混合细胞环境可为数量不多的干细胞提供自我更新的微环境。目前，在体外培养同源而非永生化的细胞是可行的，其中重要的是在体外改变细胞的发育和有利于 NSC 增殖的培养体系。研究发现，神经前体细胞通常会迅速分化为神经元和胶质细胞，在使用表皮生长因子（EGF）和成纤维细胞生长因子 2（FGF-2）后可获得贴壁而没有分化的克隆干细胞系。

对体外培养的细胞进行免疫细胞化学分析发现，几乎所有的细胞都表达巢蛋白和 Sox2，但是缺乏胶质纤维酸性蛋白和其他神经抗原的表达。通过改变细胞培养环境，可分化为成熟的神经元、星形胶质细胞和少突胶质细胞。这些特性以及单克隆细胞分析可为构建具有自我更新能力的 NSC 系提供基础。此外，还可通过普通转染或病毒转染调控 NSC 基因的表达。在后期，可以通过对这种细胞的深低温储藏保存使其基因仍能保持二倍体结构等证实细胞系的稳定性。NSC 表现出放射状胶质细胞的形态学特征，如长条形双极形态、层状扩增、突触小结和卵圆形的细胞核。而且，这些神经细胞的巢蛋白、波形蛋白、SSEA/Lex1、Pax6、RC2、3CB2、Glast 和 BLBP 等神经放射状胶质细胞标志物的免疫反应为阳性。在传代 150 次以上时，神经元特性依然无变化，并可产生大量β-微管蛋白Ⅲ阳性的神经元。这些说明，在 FGF-2 和 EGF 作用下，NSC 出现持续对称的自我更新分裂，其分化完全抑制。在一种微小的干细胞巢中，这种细胞可以获得放射状胶质细胞特性，并保持均衡的细胞分裂状态。

二、材料

（一）胚胎小鼠端脑 NSC 的制备

（1）普通组织培养设备，塑料制的组织培养皿和烧瓶。

（2）磷酸盐缓冲液（PBS）；0.1%明胶消毒液，用 PBS 配置；Accutase 细胞分离液（Sigma）；蛋白水解酶和酶抑制剂：胰蛋白酶抑制剂和胎牛血清白蛋白均为 1mg/ml。

（3）Euromed-N（EuroN）培养液和 N2 补充剂（Invitrogen 公司）。

（4）含生长因子的 EuroN 培养液（GF-EuroN）：EuroN，2mmol/L L-谷氨酰胺，50U/ml 青链霉素，10～20ng/ml FGF-2 等。

（二）包装细胞系的培养和转染

（1）普通组织培养设备。

（2）DMEM 培养液，其中包含 0.11g/L 丙酮酸钠、2mmol/L L-谷氨酰胺、3.7g/L 碳酸氢钠、50U/ml 青链霉素。

（3）胎牛血清（FBS）。

（4）15ml 离心管和 0.22～0.45μm 的滤膜。

（5）DNA 逆转录病毒载体，携带癌基因和可选择性的基因。

（6）氯喹储存液（Sigma）50mmol/L；7ml 培养液+3ml DNA，再加 5μl 氯喹储存液。

（7）2mol/L $CaCl_2$（Sigma-Aldrich 公司）。

（8）储存液为 Na_2HPO_4 水合物（5.25g 融入 500ml 水中）。

（9）2×HBS:8g NaCl、6.5g HEPES（Sigma 公司）、10ml Na_2HPO_4 储存液，用 NaOH 或者 HCl 将 pH 调至 7.0，用无菌水补充至总量 500ml。再次调节 pH。pH 很重要，需精准滴定至 7.0，可分 3 个批次（pH6.95、pH7.00、pH7.05），使用产生最多沉淀物的那个溶液。所有的试剂在使用前均应恢复到室温。

（三）人胚胎端脑组织的分离

（1）正常组织培养装置。

（2）去除钙镁离子的 Hank 液（HBSS）和蛋白水解酶。

（3）酶抑制剂：1mg/ml 胰蛋白酶抑制剂和小牛血清（BSA）。

（4）多聚-天赖氨酸、DMEM/F12（1:1）和 N2 补充剂（Invitrogen 公司）。

（5）富含生长因子无血清的培养液（GF-SFM），其中含有 DMEM/F12（1:1）、N2 补充剂、20ng/ml 表皮生长因子、10～20ng/ml FGF-2、1%BSA 和牛血清蛋白。

（四）NSC 的转染

（1）正常组织培养装置，塑料制的组织培养皿和烧瓶。

（2）多聚-天赖氨酸，冰冻或新鲜逆转录载体上层清液。

（3）Accutase 细胞分离液，蛋白水解酶（Sigma-Aldrich 公司）。

（4）酶抑制剂：胰蛋白酶抑制剂和牛血清白蛋白均为 1mg/ml。

（5）Euromed-N（EuroN）培养液、N2 补充剂和新霉素类似物 G418。

（6）包含生长因子的 EuroN 培养液（GF-EuroN），其中包含 EuroN、2mmol/L L-谷氨酰胺、50U/ml 青链霉素、N2 添加物、10～20ng/ml EGF、10～20ng/m FGF-2。

（7）多聚凝胺（Sigma）：多聚凝胺配成 5mg/ml 储存液储存在-20℃。

（五）永生化 NSC 的转染

（1）正常的组织培养设备，塑料制组织培养皿和烧瓶。

（2）冰冻或者新鲜的逆转录病毒载体上清液，小牛血清。

（3）DMEM 培养液，其中包含 0.11g/L 丙酮酸钠、2mmol/L L-谷氨酰胺、3.7g/L 碳酸氢钠、50U/ml 青链霉素。

（4）聚凝胺和多聚凝胺配成 5mg/ml 储存液，储存在−20℃。

三、方法

（一）胚胎小鼠端脑 NSC 的培养和扩增

1. 胚胎小鼠端脑 NSC 系的建立

（1）取出 11.5～18.5 天胚胎小鼠脑组织。

（2）用含 3mg/ml 的 PBS 37℃消化组织 6min。

（3）温热 PBS 冲洗组织，温热酶抑制剂冲洗组织。如果小鼠胎龄在 11.5～14.5 天，其酶消化步骤可省略。

（4）用 5ml 移液器研磨组织块，800*g* 离心 3min。

（5）吸取上清液，将组织置于冰上 10min。

（6）用含 1ml EuroN 培养液的离心管重悬沉淀物，用孔径较小的移液器研磨组织使之形成单个细胞混悬液。

（7）将细胞置于未包备的组织培养皿中，用 GF-EuroN 培养液培养，密度为 3×10^6/T25，37℃培养 3～4 天。

（8）细胞将形成混悬液，GF-EuroN 培养液中，用明胶包备底物，轻轻摇晃后，细胞可贴壁。为了促进细胞贴壁，换液时，通过沉淀将细胞残骸和死细胞清除掉，同时彻底更换培养液。

（9）细胞轻晃后将贴壁，然后快速生长 2～5 天，可用 Accutase 液将细胞分离成单个细胞，在 GF-EuroN 培养液中扩增、孵育。在刚开始传代的几代细胞中，分离出的 NSC 容易悬浮，脱离培养皿，可能是因为细胞密度较大。因此，刚开始传代的时候，细胞的覆盖率应低于 60%，原始细胞所处位置最易突然漂浮。但是随着传代代数的增加，当达到最佳传代次数时候，细胞漂浮的发生率就明显下降。

2. NSC 系的传代和扩增

NSC 系建立后，在 GF-EuroN 培养液中孵育，NSC 系生长于明胶包备的培养皿中，一般 1:2 至 1:5 进行分裂，倍增时间大概为 25h。用 Accutase 液传代或者用 PBS 孵育，然后传代。为了建立克隆细胞系，将单个细胞在扩增培养液中通过明胶包备的小室进行培养，或者不那么严格的话，将细胞进行低密度培养，1000 细胞/10cm 培养皿，2 周内形成克隆，然后挑选细胞系并继续培养。

3. NSC 的冻存和复苏

通过冰冻/融化步骤可将 NSC 系复苏，通常选 T75 培养皿中覆盖率为 60%～90%的细胞，用 Accutase 液体分离，用 1.5ml 含 10% DMSO 的 EuroN 培养液重悬沉淀物，分成 3 份到 3×1ml 冻存管中冻存在-80℃。NSC 冻存>6 个月后应复苏 1 次再重新冻存。长期保存过程中，可转移到液氮罐中。解冻时，将细胞 37℃快速解冻，后置于 10ml 提前温热的 EuroN 培养液中，去除二甲基亚砜（DMSO）进行培养。NSC 系冻存后复苏细胞的成活率>95%

（二）包装细胞系的培养和转染

细胞系传代时，注意不要让细胞融合成片，这会在短时间内降低转染效率。对于正常状态下的细胞而言，在 10cm 的培养皿上，细胞铺到 70%～80%，1:4～1:5 分裂，每 2～3 天需更换一个新的培养皿，给细胞生长提供良好的生长环境。

转染前，3×10^7 个细胞种植于 10cm 培养皿中。为了保证最高的转染效率，滴定度可轻微上调或下调。转染效率应达到50%～60%。转染时若细胞能达到70%～80%的覆盖率，可达到最高的转染效率。

重要提示：用这种方法产生的病毒上清液可能包含有害的病毒重组体，在建立、使用和储藏这种逆转录病毒重组体过程中都应加以小心，在转染过程中，所有和病毒有关的物体均视为生物危害性，需使用漂白剂和高压灭菌处理。

（1）转染前18～24h，10cm培养皿中植入3×10^7细胞，加以7ml DMEM/10% FBS，轻微地前后左右摇晃培养皿3～4次使细胞均匀分布于培养皿中，让细胞贴壁。覆盖2/3培养皿后，一个10cm的培养皿中约有5×10^7个细胞。这个时期的细胞最适宜于转染，能抵抗转染对细胞的打击存活下去，获得最高的病毒滴定度。

（2）转染前5min，在每个培养皿中加入氯喹（终浓度25mmol/L），其作用是通过中和pH抑制溶酶体DNase（DNA酶），用Ca_2PO_4进行的DNA转染可能穿透溶酶体。

（3）15ml离心管中加入（每个10cm培养皿中，所有试剂在室温下加入。

① 15～30μg DNA沿管壁将DNA滴入）。

② 1340μl双蒸水（ddH_2O）（用双蒸水将加入的DNA冲到管底）。

③ 150μl 2mol/L $CaCl_2$。

④ 手指轻弹管壁将这些物质混匀，总体积为1500μl。

⑤ 向上述溶液中加入2×HBS，然后用移液器迅速搅拌3～5s（实际搅拌出泡时间和2×HBS批次有关）。

（4）将HBS/DNA混合液加入温和、快速的加入到细胞培养液中，用显微镜观察细胞，注意观察广泛分布的、小的黑色悬浮颗粒。

（5）时不时轻轻晃动培养液，使Ca_2PO_4/DNA混合液分布均匀。

（6）将培养液放到37℃孵箱中，培养24h。

（7）更换培养液，5ml DMEM，含10%FCS，继续培养24h，尽管病毒能耐受37℃，但在33℃时病毒更为稳定。氯喹培养时间不能超过24h，因为其有细胞毒性。

（8）将转染细胞的上清液移到15ml离心管中，800*g*离心5min，获取细胞残骸沉淀物，用0.45μm的滤膜将细胞过滤，上清冻存在−80℃，以备之后转染用。不过每个冻存-解冻操作后，滴定度都下降一半。

如果转染的DNA携带一个报告基因，便可监测转染效率。向培养液中加入特殊物质获得一个稳定的转染细胞系，避免每次实验都需转染，同时获得了稳定的、随时可用的高滴度逆转录病毒上清液。

（三）逆转录病毒介导的NSC永生化

（1）将组织置于含3mg/ml蛋白水解酶的HBSS溶液中，37℃搅拌6min，进行组织的消化。

（2）用温热HBSS冲洗组织，用温热的酶抑制剂再次冲洗，如果实验对象是出生12～16天的胚小鼠脑组织，酶消化步骤可省略，物理消化即可。

（3）用10ml移液器将这种脑组织块研磨15次左右后，800*g*离心3min。

（4）吸除上清液，将组织置于冰上 10min。

（5）用 1ml 含 10%FBS 的 DMEM/F12（1:1）培养液将沉淀物重新形成混悬液，用移液器将组织重新研磨成更小体积的颗粒，以形成单个细胞的混悬液。

（6）用多聚-天赖氨酸包被的组织培养皿中，以 10% FBS 的 DMEM/F12（1:1）培养细胞，10cm 的培养皿中，细胞密度大致为 8×10^6。

（7）12 或 16h 用 GF-SFM 置换培养液，37℃培养 4 天。

（8）用一份逆转录病毒载体上清液（DMEM/10%FBS；4×10^5cfu/ml）加两倍体积 5μg/ml 多聚-天赖氨酸的 GF-SFM 转染细胞后，33℃孵育 24h。

（9）用 GF-SFM 置换培养液，37℃孵育，如果使用的是温度敏感的癌基因，可在 33℃下培养。

（10）转染后 2 天，用 G418 挑选，开始时可用浓度为 200μg/ml，1 周后用含 250μg/mlG418 的 GF-SFM 培养液更换其培养液的 2/3。在第 1 周 G418 挑选过程中，细胞可能持续死亡；转染后 2～3 周，细胞开始增殖。

（11）分离克隆，用包备或者无包备的塑料培养皿扩增克隆，培养液可用 GF-SFM 或者补充血清的培养液（需加入生长因子）。根据细胞增殖时间，用胰蛋白酶-EDTA 消化传代，扩增的细胞可冻存起来，冻存液可用 FBS 和 10% DMSO。如果细胞是人源性的，冻存液可用 50%FBS、40%GF-SFM 和 10% DMSO。用 RT-PCR 或者蛋白印迹/免疫组化检测永生化细胞癌基因 mRNA 和癌蛋白的表达。单克隆性可用 DNA 印迹法分析验证。

（四）NSC 表达的治疗基因工程

1. NSC 的工程化

（1）在转染前用 Accutase 液分离 NSC 簇，在未经处理的 25cm² 培养皿中以 40 000/cm² 浓度种植，加入 10ml GF-EuroN 培养液。

（2）第 2 天，用 15ml 逆转录病毒载体上清液置换培养液（DMEM，10%FBS，4×10^5 cfu/ml），补充聚凝胺（8μg/ml）。

（3）室温下 1000*g* 离心 60min，33℃孵育 2h。

（4）900*g* 离心 10min 收集细胞，用 GF-EuroN 培养液重悬。

（5）37℃孵育 24h。

（6）37℃重复步骤（2）～（4）。

（7）转染后 2 天，用合适药物挑选。如果用 G418 挑选，初始浓度为 150μg/ml，1 周后用含 200μg/ml G418 的 GF-SFM 培养液更换其培养液的 2/3。耐药性细胞在转染后 1 周出现。

（8）细胞扩增，也可以冻存。

（9）用 RT-PCR 或者 Western/免疫组化检测永生化细胞癌基因 mRNA 和癌蛋白的表达。如果目标为分泌蛋白，可用 ELISA 定量分析其浓度。

2. 永生 NSC 系的工程化

在啮齿类动物和人永生化的 NSC 系中，小鼠 NSC 可用不含 EGF 和 FGF-2 的无血清培养液培养；而人源性的细胞系可加入生长因子，用无血清的培养液培养。

（1）转染前 1 天，在多聚-天赖氨酸包被的 10cm 组织培养皿中用 DMEM/10%FBS 接种约 5×10^5 细胞。

（2）在不加聚凝胺、10ml 含逆转录病毒载体上清液（DMEM/10%FBS，4×10^5 cfu/ml）的培养液中，33℃培养 24h。

（3）用新鲜的逆转录病毒上清液置换培养液，33℃孵育 24h。

（4）重复步骤（3）。

（5）以低浓度（10cm 培养液，20 个细胞左右）DMEM/10%FBS 培养液培养，用合适药物挑选，转染 10 天后出现克隆。

（6）分离克隆，扩增细胞，用前述方法检测转基因的表达。

四、结语

人源性永生化 NSC 细胞系与鼠源性永生化细胞系使用逆转录病毒转染步骤相同。建立用于转染人源性细胞的逆转录病毒颗粒，需使用双嗜性包装细胞，如 GP+envAM12。当使用双嗜性（可感染但是复制缺陷）逆转录病毒载体建立永生化细胞系时，有可能细胞本身转化成能建立双向逆转录病毒颗粒的癌产物。因此，分析永生化细胞系上清液有无此类产物存在很重要。可提出永生化细胞系的上清液，孵育其他人类细胞（如 HeLa 细胞），然后用筛选试剂鉴定是否存在此类物质。

用不同的癌基因永生化不同脑区和不同年纪的小鼠 NSC，发现 v-myc 和温度敏感的大 T 抗原（tsA58U19）效果较好而且广泛使用。人类神经组织和鼠源性的神经组织不同，大 T 抗原在诱导人类 NSC 永生化方面较小鼠 NSC 成功率高，可能是因为前者能严格控制细胞周期。与之相反，myc 通过刺激生长因子调控基因，而不是通过严格的控制细胞周期调控基因。到目前为止报道过的两个人源性细胞系均是通过 v-myc（gag-myc 融合体）癌基因逆转录病毒转染，然而分离永生化人类 NSC 可能更依赖于生长因子，在丝裂酶原作用下，可彻底逆转细胞周期。在小鼠实验中，发现融合了 v-myc 的人类 NSC 自身 v-myc 的表达量下降，停止分裂（在正常脑组织中是因其缺乏 EGF/FGF-2），并没有转化、过度生长或者肿瘤形成的迹象。

为了能够更好地控制癌蛋白在体内外的表达，v-myc 的表达用修正过的、四环素关闭（Tet-off）基因可调控的巨细胞病毒（cytomegalovirus, CMV）启动子。向培养液中添加四环素，可关闭永生化蛋白的表达。这些特点以及细胞系自身 v-myc 表达下降，是可以在治疗中安全使用这些细胞系的作用机制。使用基因修正过的 NSC 生成神经营养因子，在治疗神经退行性疾病中广泛应用。向 CNS 中导入能持续表达非 CNS 本身产物的基因是否有害尚有待深入研究。

第三节 基因转移技术

一、概述

神经移植可以保存神经功能，修复病损神经组织。在PD人中，移植产生多巴胺的人和猪的胎组织都可不同程度地改善临床症状，并且症状改善程度与移植细胞的存活以及与宿主的融合相关，但是多巴胺的释放量仍有待于进一步探讨。在脊髓损伤和神经外伤疾病的动物实验模型中，移植NSC尤其是已经分化的ES细胞至受损的脑部或者脊髓中，可以观察到更明显的行为改善。尽管ES细胞移植是细胞治疗的一个行之有效的方法，但获取胚胎组织尚存在逻辑的、伦理的和免疫学方面的问题需要解决。人骨髓和间MSC等自体细胞有可能是神经疾病移植和治疗的理想来源。

在用细胞和基因治疗神经系统的疾病时，其具备的基本条件应该是供体细胞较易获取、体外培养容易扩增、具有低免疫原性、可长期存活并与宿主脑组织融合，以及能够稳定转染并长期表达外源基因。多种供体细胞，包括成纤维细胞、内皮细胞和星状细胞经实验后均已获得不同程度的成功。成纤维细胞和星状细胞经修饰后，可表达TH，移植到体内可逆转PD小鼠模型中阿扑吗啡诱导的旋转运动，并在维持自身和移植神经元活性方面起着重要作用，可与多巴胺能神经元共同移植或者单独移植。移植的神经元与成纤维细胞和星状细胞共培养后，依靠其营养作用可存活更长时间。但是，如何将这些基因产物输送到脑部合适的区域仍然是一个亟待解决的问题。

尽管在某种程度上成纤维细胞和星状细胞符合上述细胞移植标准，但是将成纤维细胞移植脑部后，会持续分泌胶原蛋白，导致移植区神经胶质增生，而星状细胞和内皮细胞较难获得，所以尚需探索其他来源的神经元和非神经元供体组织。较适合的是骨髓组织，这种来源于自身组织的非造血多潜能干细胞既可产生治疗因子，又能迁移并与损伤区域融合，重建病损脑组织。

二、MSC 的特性

在骨髓中除了造血前体细胞外，还含有非造血组织的干细胞。这些细胞属异质性的非造血间充质干细胞，并称为间充质细胞的分化细胞。由于这种细胞与骨髓间充质的结构有关，因此这也是一种骨髓间充质细胞（marrow stromal cell, MSC）。在改变细胞培养介质时，MSC可分化为骨、脂肪、软骨和骨骼肌、心肌或者神经元。

用基因标记法标记的骨髓移植到免疫缺陷小鼠后，可见骨髓源性的细胞定位于受损肌肉，并分化为肌细胞。同样，将骨髓细胞静脉注射到照射的Duchenne肌营养不良*mdx*小鼠体内，可恢复抗肌萎缩蛋白（dystrophin）的表达。最近的研究发现，骨髓细胞移植脑部后，可与大脑组织融合并表达神经元标志物。但是，这些细胞能否分化为有功能的神经元和胶质细胞尚待进一步研究。MSC 中至少有一个亚群可以像 ES 细胞一样分化为大量的非造血细胞和组织。

用 10 000 细胞/μl、每只动物 10μl 的人 MSC 移植大鼠纹状体内。在移植 5～180 天后，通过脑部组织切片观察供体细胞的存活发现，最初大约有 20%细胞存活，没有炎症和排斥反应，细胞从注射部位沿着和 NSC 一样的路径向脑部有关部位迁移。这些提示，人 MSC 移植大鼠脑后，可以像自体神经细胞一样定位、迁移和存活（如星状细胞）。在 30 天后观察到，细胞数目逐渐减少，但在大脑中 MSC 细胞存活量仍是其他细胞类型的几倍。大鼠脑组织切片的免疫荧光染色表明，从始至终，这些切片均不能被成骨细胞的茜素红或者脂肪细胞的油红 O 染色。而且在移植宿主后，供体细胞并不引起剧烈的免疫反应。MSC 在<10 000 细胞/μl 的低浓度时，其分化为成骨细胞和脂肪细胞的自然倾向伤失。另外，这些细胞能与异体宿主脑细胞融合并能存活较长时间，这些都是其可用于基因治疗的重要特性。

三、大鼠和人 MSC 的分离培养

MSC 从抽取少量的骨髓中分离获得，并借助其能黏附于塑料培养皿的特性将其与造血细胞进行分离。这种分离方法可把对于骨髓移植有用的细胞都提取出来，这些细胞是一种大小不等的异质细胞，而且具有多向分化潜能，易于扩增，但是否适于基因调控尚在研究中。

大鼠骨髓来源于股骨和胫骨，在无菌环境下将骨髓抽出，置于 15cm^2 的含有α-MEM、20%小牛血清、2mmol/L L-谷氨酰胺和 1%青霉素/链霉素的培养液中。MSC 可贴壁于培养皿而与其他细胞分离，非贴壁的细胞大部分为骨髓造血细胞，培养 48h 换液时可将其除掉，同时更换新鲜培养液。当细胞铺满平皿后，用 1:5 的胰蛋白酶消化收取细胞，后续培养均用α-MEM、10%小牛血清培养液进行。

人类骨髓细胞是用细针从健康志愿者髂骨上抽取，骨髓样本和无菌 PBS 按 1:3 比例稀释，单核细胞用富含蔗聚糖的培养液梯度分离，骨髓细胞用α-MEM、20%小牛血清、2ml L-谷氨酰胺和 1%青霉素/链霉素组成的培养液培养 2 天。然后更换培养液，用无菌 PBS 洗去非贴壁的造血细胞，贴壁的细胞继续培养 10 天左右。长满到 70%后，收取细胞并冻存为后续实验备用，或者是用α-MEM、10%小牛血清按 1:4 比例稀释细胞继续培养。大的细胞集落一般是由成纤维细胞类的小细胞组成，收取后可继续培养。

在培养过程中发现，小细胞围绕较大的扁平状细胞形成环状结构的细胞长得更好（图 7-5D）。这些大而扁平状的细胞犹如 ES 细胞提供的滋养层细胞，大细胞对于小细胞的存活和增殖具有关键作用，类似于造血细胞的营养细胞或者 MSC。

在 6 孔板中每孔大概种 20 000 个细胞，人和大鼠 MSC 都可形成球状聚集物，类似于 ES 细胞和 NSC 形成的神经球。这些聚集物包含小的增殖细胞（图 7-5B 和 E），并进一步在培养液中扩增（图 7-5C 和 F）。

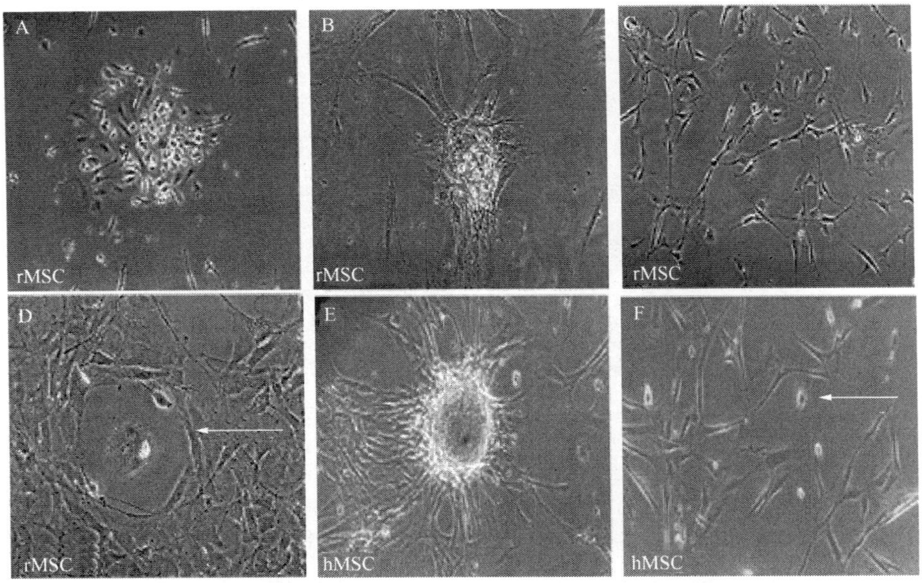

图 7-5　大鼠和人 MSC 的生长性状（Zigova et al. 2003）

A 和 B．大鼠 MSC 形成的集落与其他干细胞相似；C．大鼠 MSC 集落经传代后而打散和重新贴壁；D．培养中的 MSC，小细胞围绕大而扁平的细胞生长，后者可能是前者的营养细胞；E．人 MSC 在每孔 20 000 细胞的培养中，形成球状聚集体；F．在 E 图中的人 MSC 在传代打散后，重新贴壁而形成小的增殖区

四、人 MSC 的扩增培养

就目前的方法来看，基因设计尚不起作用，需要大量的细胞。因此，尚未完全分化的细胞扩增性能对于基因设计很重要，早期的传代细胞可在低密度的培养皿中扩增。分离培养的 MSC 可形成大而扁平状的细胞和小的长条状细胞。从大的细胞集落或者培养皿中挑选出来的克隆细胞，稀释后再低密度培养（3～5 个细胞/cm^2）。培养 10～12 天后，用甲酚紫染色后进行细胞计数。挑选的集落细胞在计数后重新低密度培养，如此传代培养 4～5 次。在每次培养时，均需计数细胞（表 7-1）。经多次培养后，小细胞依然保持分化成单个细胞集落的能力，并具有多向分化潜能。另外，MSC 的培养周期较长，约 5～7 天，对数生长期为 5 天，然后到达静止状态。在对数生长期内，每 24h 细胞数目加倍，10 天能达到 2000 倍左右。

表 7-1　低密度（1～4 细胞/cm^2）培养 MSC 的扩增潜能（Zigova et al. 2003）

天（传代）	细胞/克隆	克隆数/每 100 个细胞	获得细胞总数
14（P2）	N/A[b]	12±5	5×10^5
28（P3）	25 000±8 000	18±7	1.5×10^8
40（P4）	30 000±7 000	7±3	6.5×10^{11}
52（P5）	23 000±6 500	11±6	16.5×10^{14}

注：表中的数据是由 3 个不同供体的 12 个细胞克隆的平均细胞计数，在传代开始时的细胞克隆并未打散。而且，这些都是低密度细胞培养的结果。

人类 MSC 细胞在培养液中迅速扩增的能力对于细胞和基因治疗均很重要，按照这种生长速度，局麻下抽出的骨髓经 6～7 周培养后可发育成约 10^{12} 个细胞，这些细胞量接近人类全身的细胞数。用荧光活化细胞分选系统（FACS）根据细胞大小和粒度可将细胞分为 3 类：①含有颗粒内容物的大细胞，可能是成熟的间质细胞；②小的嗜碱性白细胞（约占 13%）；③小的内含颗粒状物的细胞（约占 30%）。后两种细胞所占比例在细胞循环的不同阶段可发生改变（小的颗粒状细胞可补充嗜碱性白细胞的数量）。

五、工程化 MSC 的转基因表达

MSC 来源于患者自身骨髓，对于基因治疗有特殊的作用。与其他成人干细胞相比，体外培养增殖并不受限。另外，MSC 可以基因转导和克隆增殖，这些细胞系是目的基因良好的载体。对于基因工程来说，MSC 的存活、无毒性以及能持续表达转录基因的特性有重要意义。

PD 是由单一的神经递质缺陷导致，是研究基因治疗的理想模型。用包含编码 TH 和 GTP 环化水解酶 I（GC）cDNA 的逆转录病毒进行细胞转染，转染成功的细胞可表达左旋多巴（levodopa，L-DOPA）。开始使用的载体是 Maloney 小鼠白血病病毒（mouse leukemia virus，MLV）源性的质粒。将人类酪氨酸羟化酶-2（hTH2）cDNA 插入到重组逆转录病毒（LNCX）下游巨细胞病毒启动子区域，成为 LNCX-TH 载体。pΔGHCGC 载体包含小鼠 GTP 环化水解酶 I（GTPCH I）的 cDNA，并由 pΔGHC 内的 CMV 启动子控制。质粒也包含 LNCX-TH 和 pΔGHCGC，可作为标志物的选择。将逆转录病毒用磷酸钙导入 LNCX-TH 和 pΔGHCGC 质粒内，转染 PT67 双面细胞后用 G418 和潮霉素 B 挑选。双重转染的小鼠 MSC 先用表达 GC 的逆转录病毒转染，用潮霉素 B 挑选，然后在培养液中培养。下一步，用表达 TH 的逆转录病毒转染，用潮霉素 B 和 G418 挑选。这些共转染细胞可用来改善 PD 大鼠模型的表型。

从人类脑心肌炎病毒整个核糖体中分离出 TH cDNA 和 GC cDNA，将二者构建成 3.3kb 的重组体并通过逆转录病毒或者非逆转录病毒载体进入细胞内，从而获得表达 L-DOPA 的 MSC。这些重组体可置于普遍存在的持家基因启动子的下游。由于磷酸甘油酸激酶（phospho-glycerate kinase，PGK）基因在转基因小鼠 ES 细胞中的广泛应用，其基因的启动子亦在研究中使用。

用免疫荧光染色法探索转导后 MSC TH 的表达量，这种细胞中 TH 的活性可代表酪氨酸向 L-DOPA 的转变。通过合理的设计后，向培养液中添加 50μmol/L 的 L-酪氨酸，测量 PBS 中 L-DOPA 的浓度，用高压层析电化学法在不同间期分析样品。L-DOPA 和其代谢测量后与已知标准值比较得出其相对值。

将高表达 L-DOPA 的细胞用稀释法分离并在 10%胎牛血清中培养，共转染的小鼠 MSC 细胞可产生 TH 和 GC。96 孔板中每孔种植 0.33 个细胞，在显微镜下观察集落形成，10 天左右细胞可形成亚克隆。免疫化学方法标标记生成 L-DOPA 的细胞集落，结果显示每个细胞中均有 TH 表达。将 3 株高表达 L-DOPA 的细胞按中等密度接种到培养液上继续培养，等细胞密度达到 80%后收取，并移植到 PD 大鼠模型中。

六、MSC 移植治疗 PD 大鼠

移植到发育中脑组织的干细胞可以和宿主脑组织良好的融合。在病损脑组织中，多分化潜能的神经前体细胞向损伤处迁移，代替病损细胞。因此，骨髓源性的干细胞可用来修复神经变性或者外伤后的受损脑组织。用 6-羟基多巴胺（6-OHDA）处理后形成的 PD 模型大鼠脑中移植野生型 MSC 后，其典型的阿扑吗啡导致的旋转运动症状并无改善。这说明，为了改善 PD 大鼠模型的症状，需移植经基因调控后表达多巴胺或者其前体 L-DOPA 的 MSC 细胞。

在 MSC 中，共转染基因编码 TH 辅助因子和四氢生物蝶呤，在没有这两种物质存在时则无作用。在体外，转录细胞可合成 L-DOPA，转录后依然保持其多分化潜能。将细胞移植到 6-OHDA 损伤小鼠模型受损大脑同侧的纹状体中，观察移植的 MSC 在体内能否继续合成分泌 L-DOPA。用微量透析探针分析 L-DOPA 产物的量，高压层析法分析样品。结果显示，L-DOPA 量与用成纤维细胞和星状细胞进行移植产生的 L-DOPA 量相同或者稍高。另外，在移植基因调控的 MSC 后，阿扑吗啡所致的旋转运动明显减少。

在细胞移植后，基因表达和表型的改善可维持 2 周。然后，与逆转录病毒融合的基因停止表达，但此时培养液中细胞基因的表达保持稳定。这与其他在各种细胞表达 TH 基因的实验结果相似。表型的改善时间很短，14 天时，旋转运动可恢复原来状态。到目前为止，转基因稳定而有规律的表达仍然是个难题，新的实验方法尚在探索中。

七、结语

一般认为成熟动物的神经结构稳定，神经形成与突触只存在发育过程中。最近，许多研究发现不仅在成熟啮齿类动物中，在成熟人类和灵长类脑组织中也存在神经形成。另外，猴类运动皮质区缺血性损伤后，康复训练可改变邻近的未受损皮质。这说明成熟灵长类脑组织并不是一个静止的状态，而是在一定范围内，有逆转和修复的潜能。将 ES 细胞移植到成熟或者发育中的神经系统，干细胞可与脑组织相融合，分化为少突胶质细胞和类似神经元细胞。神经系统修补法之一便是向受损的 CNS 中移植干细胞，这些细胞既可以是基因调控后的，也可以是未经调控的。

源于骨髓的多向分化潜能的细胞是基因调控的理想对象，MSC 可从髂骨的少许抽提物中获得，因其自体细胞较易获得和补充，是移植到脑组织和脊髓以及其他组织的良好选择。MSC 在 CNS 可与宿主相融合、迁移、存活并分化为脑细胞，而且可从患者自身骨髓中分离，避免源于其他类型细胞的排斥反应。因此，这种细胞是重建和治疗神经系统疾病的良好选择（图 7-6）。

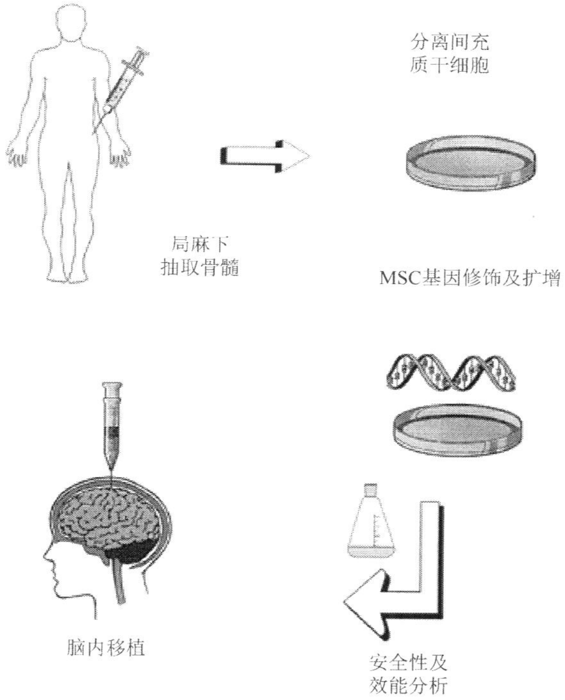

图 7-6　骨髓多能干细胞治疗神经性疾病的策略（Zigova et al. 2003）

第四节　基因组编辑技术

基因组编辑技术（genome editing）也可称为“基因组工程”，是在基因工程和基因组学发展的基础上产生的一门新技术。近年来，随着人工设计和合成的锌指核酸酶（zinc finger nuclease，ZFN）及转录活化因子样效应物核酸酶（transcription activator-like effector nuclease，TALEN）等技术的建立和发展，可以对高等动物包括人类在内的基因组 DNA 进行原位基因组的修饰和改造，为生命科学的基础研究和体内原位基因治疗开辟了新的方法和途径。

一、ZFN

ZFN 又称锌指蛋白核酸酶，是一种人工改造的内切核酸酶，由一个 DNA 识别域和一个非特异性内切核酸酶构成，其中 DNA 识别域赋予特异性，在 DNA 特定位点结合，而非特异性内切核酸酶赋予剪切功能，两者结合就可在 DNA 特定位点进行定点断裂。根据需要，在此断裂位点可引发同源重组或非同源重组，从而导致基因组特定位点的删除、片段插入或取代等基因改造或修饰（图 7-7）。

Fok Ⅰ是来自海床黄杆菌的一种 DNA 内切酶，每个 *Fok* Ⅰ单体与一个锌指蛋白组相连构成一个 ZFN，识别特定的位点，当两个识别位点相距恰当的距离时（6～8 bp）形成二聚体后，两个单体 ZFN 才能发挥相互作用产生内切酶作用，从而达到 DNA 定点剪切的目的。当两个 ZFN 切割靶位点，制造出双链断裂以后，细胞的修复机制被活化，DNA 的同源重组机制会将同源片段复制到断裂缺口上，从而引入基因片段。ZFN 制造出双链断裂，DNA 同源重组修复引入外源片段的效率增加了几千倍。

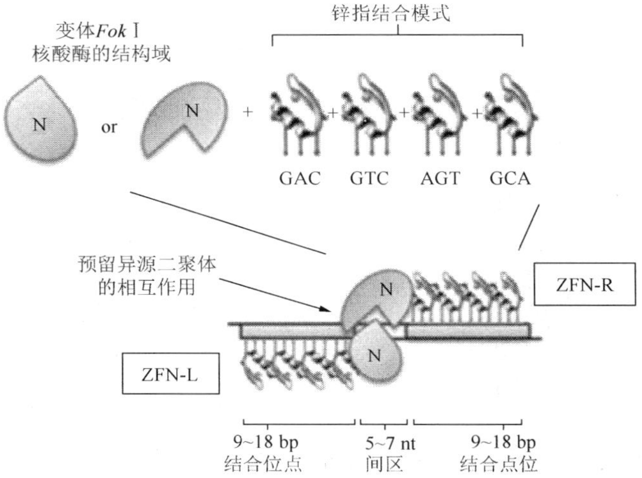

图 7-7　ZFN 作用示意图（Zigova et al. 2003）

不同的 *Fok* Ⅰ内切核酸酶结构域与识别特定序列的锌指模块结合形成 ZFN，右侧 ZFN 与左侧 ZFN 分别结合 9～18bp 长度的靶序列，并形成二聚体，*Fok* Ⅰ内切核酸酶的剪切结构域对两端靶序列中间的 DNA 序列进行剪切

ZFN 能够对靶基因进行定点断裂和基因敲除，显著提高同源重组效率，是一种高效的新型基因打靶技术。迄今已在黑长尾猴、大鼠、小鼠、中国仓鼠、非洲爪蟾卵细胞、斑马鱼、果蝇、海胆、玉米和大豆等模式生物或经济物种的细胞或胚胎中，以及包括 iPS 细胞在内的人体外培养细胞系中成功地实现了内源基因的定点突变，这为在新的物种中实现基因打靶带来了希望。2009 年，有学者利用 ZFN 技术获得的基因敲除大鼠，这是该技术首次成功地在哺乳动物胚胎中进行基因操作。研究人员设计了 3 种 ZFN，分别以外源基因 GFP、内源基因 IgM 和 Rab38 为靶点，将编码 ZFN 的 DNA 或 mRNA 通过原核注射或胞浆内注射的方法导入大鼠胚胎中，从而获得了敲除特定基因的转基因大鼠，而且这一基因操作的结果可稳定遗传。同样，2010 年研究者利用该技术敲除了 IL-2 受体γ链基因，从而获得了 X 连锁重症联合免疫缺陷（X-linked severe combined immunodeficiency，X-SCID）大鼠，为评估药物治疗和基因治疗的效果提供了新的动物模型。ZFN 技术在其他哺乳动物身上也得到了成功应用。2010 年，研究人员采用 ZFN 技术成功地敲除小

鼠的 Mdr1a、Jag1 和 Notch3 三个基因。2011 年又利用 ZFN 技术在带有增强型绿色荧光蛋白（eGFP）基因的转基因猪的成纤维细胞中敲除 eGFP 基因，得到了不能发出荧光的后代，成功建立了大动物基因敲除模型。

ZFN 技术亦具有潜在的临床应用前景。传统的基因治疗的方式主要有两种，一种是利用病毒携带完整的基因序列送入人体内，或者是注入一小段正确的 DNA 序列来修正错误或使错误的基因不表达，然而到目前为止，这些方法在实际应用中的有效性及安全性尚无法证实。而藉由同源互换的原理使得细胞自行修正错误的 DNA 序列是发展基因治疗最基本的原则。这一过程通过两个独立的步骤完成：首先在 DNA 中引入一个双链断裂，启动细胞自身的修复系统；之后“同源重组”参考引入的相似序列作为模板修复这段基因，从而实现指定位置的碱基替换。

最近，研究者通过使用 ZFN 技术替换体内的一种功能异常基因 hF9，成功地使患有人血液疾病乙型血友病（hemophilia B）小鼠的凝血功能恢复到接近正常水平。这表明科学家已经能够利用 ZFN 进行的“基因组编辑”来永久地校正活的动物体内的细胞 DNA，也为这种技术可能有朝一日用来治疗很多人类疾病提供希望。2011 年 7 月，研究人员第一次在人类干细胞中修饰了单个基因引起疾病的突变，同时也不用改变干细胞基因组的任何其他部分。利用锌指核酸酶在 iPS 细胞的α-突触核蛋白（alpha-synuclein）基因（已知该基因在 PD 疾病上发挥作用）中插入或移除单个碱基对，从而对患者来源的人 iPS 细胞中引起疾病的点突变进行基因校正，这代表着基础生物医学研究的巨大进步和基于人 iPS 细胞的细胞替代治疗方面的一次飞跃。

但是 ZFN 技术用于临床治疗仍然面临着许多问题，如外源引入的 ZFN 蛋白是否会引起免疫排斥反应，并且到目前为止，该技术只能体外改造患者来源的细胞，然后回输患者体内。但是，外源基因插入诱导而来的细胞容易致癌，操作的安全性及精密性尚需进一步研究。其次，由于利用 ZFN 技术行 DNA 剪切的准确性并不高，到目前为止，还没有一种真正综合性的方法来定义 ZFN 的特异性，但是利用 ZFN 技术治疗患者和修饰基因组时需要修饰的序列位点却是已知的，非特异性剪切行为均可能带来 ZFN 毒性。

二、TALEN

TALEN 是一种可靶向特异 DNA 序列的酶，主要借助于转录活化因子样效应因子（transcription activator like effector，TALE）来识别特异性 DNA 碱基对。TALEN 是由一个 TALE 上用于序列特异性识别的 DNA 结合结构域融合到一个在 DNA 序列产生双链断裂的内切核酸酶的催化性结构域形成的。它是异源二聚体分子（两单位的 TALE DNA 结合结构域融合到一单位的催化性结构域），能够切割两个相隔较近的序列，从而使得特异性增强。而且 TALEN 的 DNA 结合结构域能够在一个较大的识别位点进行高精确的定向结合，大大提高了研究人员敲除研究基因或改变它们表达的能力。

TALEN 的 DNA 序列识别结构域来自植物病原菌黄单胞菌的 TALE 蛋白，这类蛋白质由病菌分泌进入植物细胞，结合并活化宿主细胞特异基因，为细菌入侵植物所需要。

TALE 蛋白的 DNA 结合域由一串连续排列、序列高度同源的蛋白结构域模块构成，每个模块大小为 34 个氨基酸，模块的第 12 位和第 13 位氨基酸的变化可以使该模块蛋白分别专一性识别一个特定的碱基对。因此，根据靶序列的特征，组装这些模块就可以形成结合不同 DNA 序列的结构域。目前，报道的 TALEN 的构建方法大多含有 12 个模块，因此一对 TALEN 蛋白可以识别 24 个碱基对的靶点。

目前对 TALE 的研究仍然有限，基础性研究缺乏，TALE 在全基因组 DNA 上的特异性、对人细胞的毒性以及是否存在免疫原性的证据也并不明确。而且，TALE 是在植物病原菌中发现的，可能在治疗时会存在问题。

TALEN 与 ZFN 两种技术在原理和方法学上很相似，都是利用人工设计和构建的基因编码由两种功能结构域（分别识别 DNA 特异序列和限制性内切核酸酶 *Fok* Ⅰ催化序列）形成的复合蛋白酶，利用基因工程表达技术可获得此种人工核酸酶。将该酶导入靶细胞，可以造成基因组特异性位点的断裂。根据需要在此断裂位点可引发同源重组或非同源重组，从而导致基因组特定位点的删除、片段插入或取代等基因改造或修饰。和 TALEN 的方法相比，ZFN 的分子质量较小，有一定的优势，但 ZFN 的构建常常需要经过筛选。相比而言，TALEN 更具设计性。

迄今为止，两种方法已在包括果蝇、斑马鱼、小鼠、人类等多种细胞内成功进行了基因的定点突变、置换、删除等遗传工程操作。尽管两种技术在专一性、效率等方面都还有待进一步提高，并且这种操作对物种的副作用和毒性尚需进一步观察，但就目前水平而言，在物种改造、基因治疗等方面已呈现出巨大的应用前景。

第五节　神经干细胞介导基因治疗的问题与展望

近几年来，关于 NSC 的研究与应用逐渐成为脑科学研究的热点。神经系统多能干细胞的分离、培养成功，不仅对 CNS 发育成熟后不可再生理论提出了挑战，而且通过基因工程修饰技术，NSC 可以作为载体用于神经系统疾病的基因治疗。

现阶段对 CNS 疾病的治疗的很多大分子物质如神经生长因子、脑源性生长因子等都不能通过血脑屏障使部分 CNS 疾病的治疗受到一定的限制。将编码特定神经递质或蛋白质因子的基因转导入细胞或病毒载体（如纤维母细胞、星形胶质细胞、单纯疱疹病毒、腺病毒等）以治疗 CNS 疾病已被广泛应用。目前转导的基因有报告基因、神经营养因子基因、递质合成酶基因和代谢酶基因等。

一、具有的优势

NSC 作为基因或药物治疗载体，具有其他载体所没有的优点：①有潜在分化能力，可以分化为神经元及胶质细胞；②具有自我复制能力，表达稳定且持续时间长；③修复功能，能分化为成熟细胞修复病损组织；④能在脑实质内广泛迁移至病损部位；⑤自身干细胞移植，可以避免产生免疫排斥反应。

目前，已经能够从发育中的甚至成年 CNS 分离出干细胞，并可将这些细胞在体外培养成永生化的细胞系，使之成为体外转基因载体。通过转基因技术，将编码神经营养因子等的基因片段导入 NSC 中，使其改善局部微环境，以维持细胞的生存和增殖。由于 NSC 具有基因的可操作性，可携带多个外源基因，转染后外源基因在体内、体外稳定表达，移植后可整合到宿主脑组织中并在宿主脑内迁移等优点，使其成为基因治疗的良好载体。

二、存在的问题

虽然 NSC 应用于基因治疗具有很多优势并且前景光明，但是目前仍然存在一些问题。ES 细胞是实验室内 NSC 的主要来源，但获取啮齿类动物的胚泡相对容易，获取人类早期胚胎胚泡则较困难，而且面临着伦理道德的问题。另外，如果使用患者自身的干细胞进行治疗，必须首先从患者体内分离干细胞，体外培养使其增殖至足够数量用于治疗，但对于一些急性病并无足够的时间进行患者自身的干细胞培养。建立永生化的 NSC 系虽然可提供细胞数量上的保证，但存在潜在的致瘤性问题。

目前，NSC 的研究除了对 PD 的研究有部分已应用于临床外，其余的研究对象均为大鼠和小鼠，而鼠类与人之间的种属差异是显而易见的。转染目的基因的长期稳定表达及调节问题，以及 NSC 迁移的机制与调控仍不十分清楚。尽管 NSC 基因转导治疗的研究尚处于起步阶段，但是对 NSC 特性和功能的研究将极大地推动神经科学的基础和应用研究。随着研究的不断进展和深入，NSC 在 CNS 的基因治疗方面必将起到更加重要的作用。

三、展望

全能性和自我更新性是干细胞的主要特征。全能性是指干细胞可以分化为属于同一胚层（内胚层、中胚层和外胚层）的多种细胞类型的能力。自我更新是指干细胞通过细胞分裂获得完全相同副本细胞的能力。干细胞具有相当强的增殖能力，可以从人体多个部位的组织获得。目前主要有五大类干细胞，其中包括 NSC、ES 细胞、iPS 细胞、人脐带干细胞（HuCSC）和 MSC。干细胞在基因治疗和脑损伤上都表现出很强的潜力，如可以分化为目的细胞代替死亡细胞，而且具有自我复制能力，能够在病变部位长时间分化为功能细胞等，这是目前人类在组织再生领域研究的里程碑式的突破。

目前，干细胞的治疗还处于一个长时间的实验和探索阶段，而且，这五类细胞的应用较普遍的干细胞只是在动物模型上得到确认和证实，应用于临床还要相当长的时间来评估。主要原因是：①干细胞的作用原理目前还不是很清楚，动物实验只是显示其巨大的治疗潜力；②干细胞定向分化和治疗手段没有标准化，现在文献报道的干细胞体外定向分化的条件不同，这就造成分化后的细胞是否具有相同功能的细胞问题，同样，移植手法和部位的不同也会使干细胞发生不同方向的分化；③干细胞移植后的毒性反应，非自体的干细胞在移植后，可出现排异现象而导致治疗失败。ES 细胞是整个机体的母细胞，可以分化为胚胎发育的任何类型细胞，但是ES细胞移植后分化是不可控的，在体内会形成畸胎瘤，有很强的致瘤性。

在不断完善干细胞的治疗方面，现已进行大量的研究。例如，在ES细胞短暂分化后去除可致瘤的干细胞然后再移植，或者利用自身终末期分化的体细胞通过核移植分化为iPS细胞，这些均可解决干细胞的排异反应。同样，运用逆转录病毒载体先构建剔除原癌基因的细胞核，然后再核移植到终末期分化的体细胞中，诱导出无原癌基因的多能干细胞，可降低干细胞的副作用。

总之，干细胞治疗作为一个新兴的治疗手段，对目前一些棘手的疾病有着不可估量的治疗潜力。但是，最终应用于临床达到理想的治疗目的还需要较长的时间。

（韩　松　董连生）

主要参考文献

Akama K, Horikoshi T, Nakayama T, et al. 2013. Proteomic identification of differentially expressed genes during differentiation of cynomolgus monkey (*Macaca fascicularis*) embryonic stem cells to astrocyte progenitor cells in vitro. Biochim Biophys Acta, 1834(2): 601-610

Andley UP, Rhim JS, Fleming TP, et al. 1994. Propagation and immol/Lortalization of human lens epithelial cells in culture. Invest Ophthalmol Vis Sci, 35(7): 3094-3102

Ankeny DP, McTique DM, Jakeman LB, et al. 2004. Bone marrow trasplants provide tissue protection and directional guidance for axon after contusive spinal cord injury in rats. Exp Neurol, 190(1): 17-31

Bellenchi GC, Volpicelli F, Piscopo V. 2013. Adult neural stem cells: an endogenous tool to repair brain injury? J Neurochem, 124(2): 159-167

Brian K, Marcel F, Charles G, et al. 2004. Spinal cord injury regenerative strategies and obstacles. Curr Opin Orthop, 15(3): 196-201

Cussenot O, Berthon P, Berger R, et al. 1991. Immortalization of human adult normal prostatic epithelial cells by liposomes containing large T-SV40 gene. Urol, 146(3): 881-886

Efthymiou A, Shaltouki A, Steiner JP, et al. 2014. Functional screening assays with neurons generaltecl from pluripotent stem cell-derived neural stem cells. J Biomal Screen, 19(1): 32-43

Galvin KA, Jones DG. 2002. Adult human neural stem cells for cell replacement therapies in the central nervous system. Med J Aust, 177(6): 316-318

Gibson E, Monje, M. 2012. Effect of cancer therapy on neural stem cells: implications for cognitive function. Curr Opin Oncol, 24(6): 672-678

Guo W, Patzlaff NE, Jobe EM, et al. 2012. Isolation of multipotent neural stem or progenitor cells from both the dentate gyrus and subventricular zone of a single adult mouse. Nat Protoc, 7(11): 2005-2012

Hall ED, Springer JE. 2004. Neuroprotection and acute spinal cord injury a reappraisal. NeuroRx, 1(1): 80-100

Hanna J, Werning M, Markoulaki S, et al. 2007. Treatment of sickle cell anemia mouse model with iPS cells generated from autologous skin. Science, 318(5858): 1920-1930

Himes BT, Neuhuber B, Cokman C, et al. 2006. Recovety of function follow grafting of human bone marrow-derived stem cells into the injured spinal cord. Neurorehabil. Neural Repair, 20(2): 278-296

Hofstetter CP, Schwarz EJ, Hess D, et al. 2002. Marrow stromal cells from guiding strands in the injured spinal cord and promote recovery. Proe Natl Acad Sei USA, 99(4): 2199-2204

Hu GB, Wang D, Wang CH, et al. 2008. A novel immol/Lortalization vector for the establishment of penaeid shrimp cell lines. In Vitro Cell Dev Biol Anim, 44(3-4): 51-56

Ishii K, Nakamura M, Dai H, et al. 2006. Neutralization of ciliary neurotrophic factor reduces astrocyte production from transplanted neural stem cells and promotes regeneration of corticospinal tract fibers in spinal cord injury. J Neurosci Res, 84(8): 1669-1681

Kaighn ME, Reddel RR, Lechner JF, et al. 1989. Transformation of human neonatal prostate epithelial cells by strontium phosphate transfection with a plasmid containing SV40 early region genes. Cancer Res, 49(11): 3050-3056

Kim KN, Oh SH, Lee KH, et al. 2006. Effect of human mesemchymal stem cell transplantation combined with growth factor infusion in the repair of injured spinal cor. Acta Neurochir, 99(Suppl): 133-136

Kim SU, Lee HS, Kim YB. 2013. Neural stem cell-based treatment for neurodegenerative diseases. Neuropathology, 33(5): 491-504

Kitagawa M, Ogawa I, Shima K, et al. 2007. Immol/Lortalization and characterization of pleomorphic adenoma cells by transfection with the hTERT gene. Int J Oncology, 31(2): 339-344

Lee KH, Suh-Kim H, Choi JS, et al. 2007. Human mesenchymal stem cell transplantation promotes functional recovery following acute spinal cord injury in rats. Acta Neurobiol Exp, 67(1): 13-22

Li H, Haurigot V, Doyon Y, et al. 2011. In vivo genome editing restores haemostasis in a mouse model of haemophilia. Nature, 475(7355): 217-219

Li NF, Broad S, Gayther SA, et al. 2007. Human ovarian surface epithelial cells immol/Lortalized with hTERT maintain functional pRb and p53 expression. Cell Prolif, 40(5): 780-794

Li X, Liu X, Josey B, et al. 2014. Short laminin peptide for improved neural stem cell growth. Stem Cells Transl Med, 3(5): 662-670

Liang P, Jin LH, Liang T, et al . 2006. Human neural stem cells promote corticospinal axons regeneration and synapse reformation in injured spinal cord of rats. Chin Med J (Engl), 119(16): 1331-1338

Magri L, Galli R. 2013. mTOR signaling in neural stem cells: from basic biology to disease. Cell Mol Life Sci, 20(16): 2887-2898

Miller JC, Tan S, Qiao G, et al. 2011. A TALE nuclease architecture for efficient genome editing. Nat Biotechnol, 29(2): 143-148

Moviglia, G, Femandez, Vina R, et al. 2006. Combined protocol of cell therapy for chromic spinal cord injury: report on the electrical and functional recovery of two patients. Cytotherapy, 8(3): 202-209

Nakamura M, Toyama Y. 2003. Transplantation of neural stem cells into spinalcord after injury. Nippon Rinsho, 61(3): 463-468

Ohta M, Suzuki Y, Noda T, et al. 2004. Bone marrow stem cells infused into the cerebrospinal fluid promote functional recovery of the injured rat spinal cord with reduced cavity formation. Exp Neuro, 187(2): 266-278

Pallini R, Vitiani LR, Bez A, et al. 2005. Homologous transplantation of neural stem cells to the injured spinal cord of mice. Neurosurgery, 57(5): 1014-1025

Perez EE, Wang J, Miller JC, et al. 2008. Establishment of HIV- 1 resistance in CD4+ T cells by genome editing using zinc-finger nucleases. Nat Biotechnol, 26(7): 808-816

Reid Y, Gaddipati JP, Yadav D, et al. 2009. Establishment of a human neonatal hepatocyte cell line. In Vitro Cell Dev Biol Anim, 45(9): 535-542

Rhim JS. 2000. Development of human cell lines from multiple organs. Ann N Y Acad Sci, 919: 16-25

Ricci-Vitiani L, Casalbore P, Petrucci G, et al. 2006. Influence of local envirorment on the diffierentiation of neural stem cells engrafted on to the injured spinal cord. Neurol Res, 28(5): 488-492

Rolando C, Taylor V. 2014. Neural stem cell of the hippocampus: development, physiology regulation, and dysfunction in disease. Curr Top Dev Biol, 107: 183-206

Tabuchi Y. 2004. Development of cell model with specific functions and its application to the study of global gene expression. Yakugaku Zasshi, 124(5): 261-268

Sander JD, Dahlborg EJ, Goodwin MJ, et al. 2011. Selection-free zinc-finger-nuclease engineering by context-dependent assembly(CoDA). Nat Methods, 8(1): 67-69

Satake K, Lou J, Lenke LG. 2004. Migration of mesenchymal stem cells through cerebrospinal fluid into injured spinal cord tissue. Spine, 29(18): 1971-1979

Scholte, BJ, Kansen M, Hoogeveen AT, et al. 1989. Immol/Lortalization of nasal polyp epithelial cells from cystic fibrosis patients. Exp Cell Res, 182(2): 559-571

Sykova E, Hamola A, Mazanec R, et al. 2006. Autologous bone marrow transplantation in patients with subacute and chronic spinal cord injury. Cell Transplant, 15(8-9): 675-687

Vaquero J, Zurita M, Oya S, et al. 2006. Early administration of methylprednisolone decreases apoptotic cell death after spinal cord injury. Histol Histopathol, 21(10): 1091-1102

Vroemen M, Aigner L, Winkler J, et al. 2003. Adult neural progenitor cell grafts survive after acute spinal cord injury and integrate along axonal pathways. Eur J Neurosci, 18(4): 743-751

Whitehead RH, Robinson PS. 2009. Establishment of conditionally imortalized epithelial cell lines from the intestinal tissue of adult normal and transgenic mice. Am J Physiol Gastrointest Liver Physiol, 296(3): G455-460

Won BK, Tetzlaff W. 2001. Spinal cord regeneration: from gene to transplants. Spine, 26(24): 13-22

Wu S, Suzuki Y, Noda T, et al. 2003. Bone marrow stromal cells enhance differentiation fo cocultured neurosphere cells and promote regeneration of injured spinal cord. J Neurosci Res, 72(3): 343-351

Zhang H, Jin Y, Chen X, et al. 2007. Papillomavirus type 16 E6/E7 and human telomerase reverse transcriptase in esophageal cell imortalization and early transformation. Cancer Letters, 245(1-2): 184-194

Zhang H, Jin YK, Wong YL, et al. 2006. Cytogenetic aberrations in imortalization of esophageal epithelial cells. Cancer Genet Cytogenet, 165(1): 25-35

Zigova T, Snyder EY, Sanberg PR. 2003. Neural Stem Cells for Brain and Spinal Cord Repair. Humana Press. Totowa, New Jersey

第八章　神经干细胞移植治疗神经变性疾病的实验研究

第一节　概　　述

神经变性疾病为一类原因不明、缓慢起病和病程呈进行性发展，且预后不良的中枢神经系统疾病，主要为系统性的特殊神经细胞亚群病变所致。迄今对其尚缺乏有效的根治方法，长期以来一直是神经系统治疗学上的世界性难题。临床常见的神经变性疾病有脑多巴胺神经元退变的帕金森病（PD）、肌萎缩侧索硬化（ALS）、纹状体中间神经元和 RISI 能投射神经元退变的亨廷顿病（HD），以及胆碱能神经元退变的阿尔茨海默病（AD）等。

这些疾病在病理上均有中枢神经不同部位及不同程度的神经元脱失和功能异常，所以替代丢失的神经元，使之功能恢复，是治疗这类疾病的新思路。有实验将胎大鼠神经突起和前侧中脑的神经母细胞分别移植入 HD 和 PD 患者中，结果显示患有神经性病变的模型鼠存活时间延长，取得一定的疗效。这项研究表明，胚胎细胞在纹状体的移植及其产生的神经元和大脑功能的恢复有着一定的联系，那么，神经母细胞的移植也许将是一个好的治疗方案。但是采用胚胎组织存在伦理学和免疫排斥的问题，使得大量有关神经母细胞移植的临床试验不得不终止。

近年来，实验人员致力于研究一些新型细胞，如成体间充质干细胞（MSC）和神经干细胞（NSC），MSC 因能分化间质细胞而得名，在特定的环境下，能够诱导分化成多种组织细胞，也具有自我更新、多向分化和归巢的能力，具有在体外培养黏附于培养皿表面及克隆样增殖的特性。国内外研究表明，MSC 能在体外可诱导成神经元样的的细胞。NSC 是一种具有自我更新能力，能够分化出神经元、髓鞘细胞等多种类型的特殊神经细胞，能够对中枢神经系统的损伤进行营养和修复。其具有以下特性：①可生成神经组织或来源于神经系统；②在一定条件下能不断进行有丝分裂，以满足神经多样性的需要；③多潜能分化；④低免疫源性，神经细胞是未分化的原始细胞，不表达成熟细胞抗原。因此，在移植后相对较少发生异体排异反应，有利于其存活。当患有 PD 或者 HD 的动物模型的脑组织接受细胞移植时，NSC 和 MSC 通过促进神经保护和免疫调节修复损伤神经使脑组织恢复一些功能。另外，MSC 能够提供生长基质（如神经元营养因子）且产生维持细胞活力和功能的细胞外基质蛋白（如胶原Ⅰ型和纤维蛋白），移植后可能为受损的或者神经变性的神经元提供营养支持，并且可以延缓或者终止衰变过程。MSC 主要来源于骨髓，NSC 来源于胚胎干细胞和成体干细胞，由于胚胎中获取干细胞面临伦理学的束缚，因此，成体干细胞在未来临床应用中更具可行性。

第二节　实验材料

一、NSC 分离培养的试剂和材料

（一）胚胎大鼠 NSC 分离培养的试剂及材料

（1）孕期 15 天的 SD 大鼠。

（2）双目解剖显微镜（Nikon）。

（3）Hank 平衡盐溶液（Hank balanced salt solution，HBSS）：不含酚磺酞，加入双抗青霉素和链霉素，浓度分别为 100U/ml、0.1mg/ml。

（4）基础培养液：Eagle 改良的培养液（DMEM）的 Ham F12 等体积混合，加入 33mmol/L 右旋糖酐、5mmol/L HEPES 缓冲液（pH 7.2）。

（5）2mmol/L L-谷氨酰胺。

（6）完全培养液：基础培养液中加入 10%热灭活胎牛血清（FCS）。

（7）鉴别培养液：基础培养液中加入叠氮化钠。

（8）磷酸盐缓冲溶液（PBS）：10×PBS 溶液含 1.37mol/L NaCl、27mmol/L KCl、100mmol/L Na_2HPO_4 和 18mmol/L KH_2PO_4，HCl 调节 pH 为 7.4，使用前蒸馏水做 10 倍稀释，高压灭菌后常温保存。

（9）牛血清白蛋白（BSA）和多聚-L-鸟氨酸。

（10）将牛胰腺来源的胰蛋白酶和 DNA Ⅰ 型酶分别溶于 PBS 和 HBSS 溶液中，且调节其浓度分别为 25 mg/ml 和 10mg/ml，-20℃保存，用于消化组织。

（11）人碱性成纤维细胞生长因子（human bFGF）溶于含 4% BSA 的 PBS 缓冲液中，调节其浓度为 25μg/ml，-20℃分装保存。

（12）过滤消毒器，其滤网直径为 70μm；自动移液器和 15ml 培养瓶。

（二）成年大鼠 NSC 分离培养的材料和试剂

（1）双目解剖显微镜，立式层流通风橱，大鼠脑解剖图谱。

（2）HBSS 溶液，0.25% EDTA-胰蛋白酶混合液，FCS，DNA Ⅰ 型酶。

（3）鉴别培养液：DMEM 和 Ham F12 等体积混合，加入 33mmol/L 右旋糖酐，5mmol/L HEPES 缓冲液（pH 7.2），双抗青霉素和链霉素浓度分别为 5U/ml 和 5mg/ml，10% FCS。

（4）多聚-L-鸟氨酸包被的培养瓶（浓度为 50mg/ml）。

（5）B27 培养液、EGF、bFGF，以及直径为 10cm 的培养皿、75cm^2 培养瓶和吸管。

二、MSC 分离培养及其体外移植应用的材料和试剂

（一）MSC 的分离和培养

（1）2～3 个月龄 SD 大鼠。

（2）用 4%氯胺酮（panpharma，5%）的 0.4%甲苯噻嗪（Bayer，4%）按 1.3 ml/kg 注射的麻醉剂。

（3）阿尔法改良的 Eagle 培养液。

（4）FCS、0.25%胰蛋白酶-EDTA 溶液、青霉素和链霉素。

（5）血细胞计数器和注射器。培养瓶（底面积为 $75cm^2$ 或者 $150cm^2$）。

（二）荧光活化细胞分类术（fluorescence-activated celsorting，FACS）对 MSC 检测分析的材料和试剂

（1）流式血细胞计数器。

（2）0.1mol/L PBS 缓冲液和 BSA 和叠氮化纳。

（3）PBN 溶液：将 1% BSA 和 0.1% 叠氮化钠 500 ml 的 0.1mol/L PBS 缓冲液中。

（三）MSC 移植的材料和试剂

（1）立体定位架、自动微量注射器、钻头、骨蜡和手术缝合针。

（2）PKH-26 试剂盒。烟酸己可碱 33258、伊红染液和锥虫蓝染液。

（四）MSC 鼻内应用的材料和试剂

（1）100U 的透明质酸酶和 0.1 mol/L 无菌 PBS 溶液。

（2）麻醉剂：甲苯噻嗪和氯胺酮。PKH-26 试剂盒和移液管。

（五）MSC 转染的材料和试剂

（1）pMSCV 诱导因子、RetroPack PT67 细胞系。

（2）DMEM 培养液：含 90% DMEM、10% FCS、4mmol/L L-谷氨酰胺、100U/ml 青霉素和 100μg/ml 链霉素。

（3）IMDM 培养液：含 9%FCS、9%马血清（horse serum, HS）、100μg/ml 青霉素、100U/ml 链霉素及 12μmol/L L-谷氨酰胺。

（4）转染试剂、嘌呤霉素和二甲基聚甲溴化物。直径为 0.45μm 的醋酸纤维素滤器。

（六）动物灌注的材料和试剂

（1）含 4%氯胺酮（Panpharma，5%）的 0.4%甲苯噻嗪（50mg/ml）按 2.6ml/kg 注射的麻醉剂。

（2）PBS 缓冲液，4℃保存。4%多聚甲醛（0.1mol/L PBS 缓冲液配制），4℃保存。

（3）蠕动泵、直径为 2.5mm 的软管及钝头的插管。

（4）冷冻保护剂：15%和 30%的蔗糖（0.1mol/L PBS 缓冲液配制）。

第三节　实 验 方 法

一、NSC 的分离和培养

（一）胚胎大鼠 NSC 的分离培养

一般胎龄为 12～15 天左右的 SD 胚胎大鼠，在体内干细胞分化的能力最强，即在第 11 天生成，在第 15 天内 NSC 的数量可以达到最高峰，然后就会逐渐减少。

（1）在无菌条件下，剖宫取孕期 15 天的 5 只胚胎大鼠（注意：以下过程都要在无菌层流通风橱中完成, 并且严格执行无菌操作）。

（2）切开头皮，去掉脑膜暴露颅骨，剥离出整个脑组织。

（3）加入冰浴的 HBSS 溶液漂洗去除硬膜和血块。

（4）再转移至培养皿内，用镊子在解剖显微镜下仔细分离，除去表面毛细血管及软脑膜，30s 内用眼科剪剪碎组织为 $0.5mm^3$ 大小。

（5）溶于 5ml 基础培养液中，转移至 50ml 离心管中。

（6）加入 0.1mg/ml 的胰蛋白酶，37℃饱和湿度消化 15min。

（7）加入 10ml 含 10% FCS 的完全培养液，室温下放置 5min，终止酶反应。

（8）再加入 0.1mg/ml 的 DNA Ⅰ型酶，37℃饱和湿度孵育 15min。

（9）用吸管反复吹打机械分离组织，避免产生气泡。

（10）静置 5min 后，吸取 10ml 上清液于离心管中，将剩余的 5ml 悬液再次用吸管吹打 10 次，静置 5min 后，吸取 200μl 上清液加入上述离心管中。

（11）用 200 目筛网过滤，滤液经 5000r/min，室温下离心 10min，弃上清。

（12）将沉淀细胞轻轻混悬于 1 ml 完全培养液中。

（13）然后将悬液转移至底面积为 $20cm^2$ 的培养瓶中，加入 10ml 完全培养液，计数板计数 5 个脑组织所获得的细胞数量。

（14）37℃、5%CO_2 孵育箱中孵育 12h。

（15）用吸管吹打细胞并吸取培养液冲洗 2 次，将细胞收集于 50ml 的离心管中，进行传代培养。

（16）室温下 5000r/min 离心 10min，弃上清。

（17）轻轻吹打沉淀细胞重悬于 2ml 新鲜培养液中，

（18）加新鲜培养液将其做 1∶5 稀释，分装于 5 个 $20cm^2$ 的培养瓶中（10ml/每瓶），按每个培养瓶一个脑组织计数所获得的细胞数量。

（19）加入 25ng/ml 的 bFGF。37℃、5%CO_2 孵育。

（20）每隔 2 天加入 bFGF 以刺激 NSC 增殖为神经球。

（21）5 天后进行传代培养，吸管吹打并冲洗培养瓶将细胞收集于 50ml 的离心管中。

（22）室温下 5000r/min 离心 10min，将沉淀细胞重悬于 1ml 新鲜培养液中，然后用吸管轻轻吹打成单细胞悬液。

（23）加新鲜培养液将其以 1∶2 稀释，分装于 2 个 $20cm^2$ 的培养瓶中（每瓶 10ml）。

（24）37℃、5%CO_2 孵育箱中培养 5 天，第 2 次传代形成神经球。第 7 天加入 bFGF。

（25）第 10 天将悬浮的神经球收集于 50 ml 的离心管中，室温下 5000r/min 离心 10min。

（26）使沉淀轻轻混悬于完全培养液中，调整 NSC 球密度为 200 个/ml（图 8-1A）。

（27）将涂有多聚-L-鸟氨酸的载玻片放置于 12 孔培养板中，然后每孔加入 1ml 神经球悬液。

（28）37℃孵育过夜，使得细胞贴于载玻片上。

（29）换液，每孔加入 1 ml 新鲜培养液。37℃下使神经球细胞分化 7 天。

（30）固定：加 40g/L 聚甲醛，常温下静置 15min，再用 PBS 溶液洗涤 3 次。

（31）封闭：将含 4% BSA、0.1% Triton X-100、10%山羊血清的 PBS 溶液加入到培养孔中，常温下放置 1h。

（32）每孔加入 300μl 特异性抗巢蛋白抗体（1:1000 稀释于 PBT 溶液中），于 4℃孵育过夜。

（33）PBS 溶液洗孔 3 次。

（34）然后每孔加入 300μl FITC 标记的羊抗鼠 IgG 抗体（1:250 稀释于 PBT 溶液中），室温下避光保存 2h。

（35）PBS 溶液洗孔 3 次，用 DABSO 防衰减介质封片。荧光显微镜下观察（图 8-1B）。

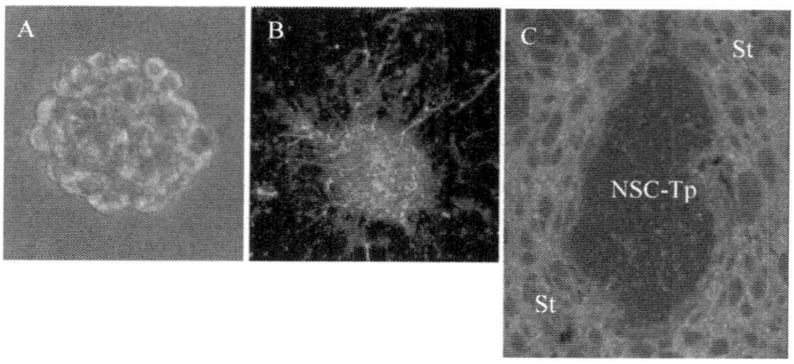

图 8-1　胚胎大鼠的 NSC（Singh 2012）

A. 胚胎大鼠脑组织中分离的 NSC，在体外加有 bFGF 但不含 FCS 的培养液中，增殖形成神经球且不贴壁。B. NSC 体外分化培养，在含 FCS 但不添加 bFGF 的培养液中神经球细胞贴壁生长，从其突触延伸可以看出，细胞开始分化，经抗巢蛋白抗体免疫荧光染色后显绿色，这些神经祖细胞仍通过表达中间体作为神经上皮干细胞的标志物。C. NSC 活体内培养，从胚胎大鼠脑组织中分离的 NSC 移植到成年大鼠纹状体后的存活及分化。该显微镜照片显绿色部分为 eGFP 转基因大鼠纹状体组织中移植的胚胎 NSC（fNSC）

（二）成年大鼠 NSC 的分离培养

（1）在双目解剖镜下，从大鼠心室间切取约 $1m^3$ 的一块心肌组织（图 8-2F）。注意的是，以下操作均在无菌层流通风橱中完成，并且严格执行无菌操作。

（2）在培养皿中，加 HBSS 培养液冲洗，用眼科剪刀将组织机械性剪碎。

（3）加 0.25% EDTA/胰蛋白酶溶液消化 10 min。

（4）加 2ml FCS 终止酶反应，然后加 DNA Ⅰ 型酶，37℃反应 10min。

（5）吸管反复吹打，避免产生气泡。200 目筛网过滤，倒掉残渣。

（6）将滤液室温下 5000r/min 离心 10min。

（7）将细胞沉淀重悬于 DMEM 和 Ham F12 等体积的混合液中，含有 33mmol/L 右旋糖酐、5 mmol/L HEPES（pH 7.2）、5mg/ml 链霉素、5U/ml 青霉素及 10% FCS，并转移至涂有多聚-L-鸟氨酸（50mg/ml）的培养瓶中，调节其密度为 $10^5/cm^2$ 底面积 。

（8）12h 后，将漂浮的细胞收集于 $75cm^2$ 培养瓶内，并重悬于 DMEM 和 Ham F12 等体积的混合液中，含 3mmol/L 右旋糖酐、5 mmo/L HEPES（pH 7.2）、5 mg/ml 链霉素、5U/ml 青霉素、B27、10ng/ml EGF、100ng/ml FGF-2，随着 NSC 不断的扩增，漂浮的神经球开始汇合。

（9）0.25%EDTA/胰蛋白酶溶液消化使神经球细胞分散。

（10）5min 后，加入等量的 FCS 终止酶反应。5000r/min 离心 10min，弃上清。

（11）然后将细胞沉淀重悬于新鲜培养液中传代培养（图 8-2A 和 B）。

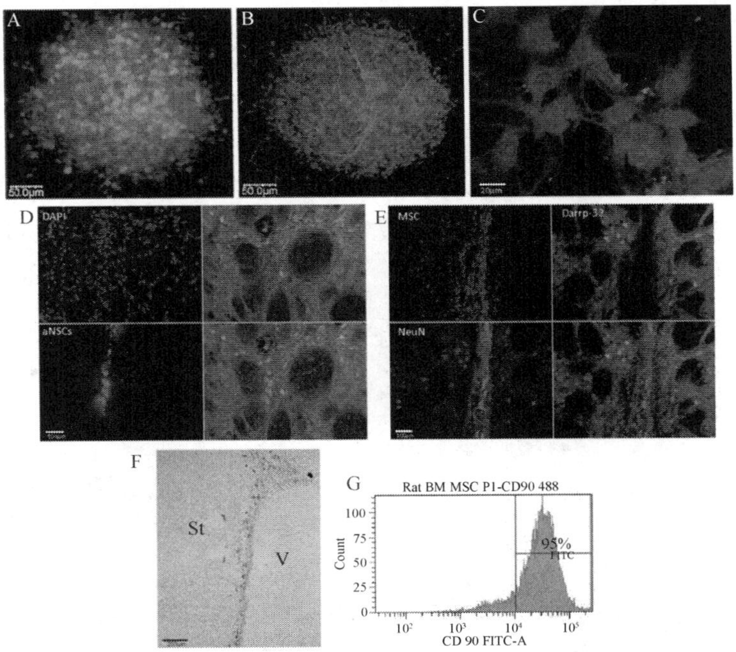

图 8-2　成年大鼠 NSC（aNSC）和 MSC（Singh 2012）（另见彩图）

A．aNSC 在体外培养形成神经球后转移至涂有多聚-L-鸟氨酸的载玻片上培养，经抗巢蛋白抗体免疫荧光反应后，神经祖细胞被标记呈阳性。B．经抗 NeuN 抗体反应后神经元细胞核被标记呈阳性。C．在 MSC 传至第 5 代时，与 Dapi 反应细胞核被标记呈蓝色，经 CD90 抗体反应细胞质被标记呈绿色。在活体内：aNSC 和 MSC 分别用 PKH-26 和 Hoechst 荧光染色，然后移植到 12 月龄且患有舞蹈症的转基因大鼠的纹状体内。D．移植后 5 个月，在大鼠纹状体内可见经 PKH-26 标记呈红色的 aNSC，但没有分化为γ-氨基丁酸能神经元。E：在鼠纹状体内也可见经 Hoechst 染色的 MSC，只有少数为 NeuN 阳性（显红色），也都没有分化为γ-氨基丁酸能神经元。F．由于溴脱氧尿苷可对 aNSC 的细胞核标记，所以在活体内，通过人工合成腺苷可以对该细胞进行定位，该显微镜图片呈棕色部分为 aNSC，位于侧脑室脑室下区（SVZ）的右侧。将 SVZ 左右两侧分开收集 aNSC 用于移植。G．St 纹状体，V 测脑室。通过 FACS 分析 MSC 的特性，可见 95%的 MSC 为 CD90 阳性

二、MSC 的分离培养、鉴定及体外移植

（一）MSC 的分离与培养

（1）处死 SD 大鼠。

（2）在超净工作台内无菌取大鼠的股骨、胫骨和肱骨，剪去两端骨骺，用注射器抽取骨髓细胞，放入 15ml 无菌试管中，加入 5ml MEM 培养液，含 20%FCS、100U/ml 青霉素和 100μg/ml 链霉素。

（3）用 5ml 注射器吸取培养液，冲洗骨髓腔，尽可能收集所有骨髓细胞，然后反复吹打使其悬浮于 10 ml MEM 溶液中。

（4）镜下计数，调整细胞密度为每个培养瓶（75cm^2）6×10^5 个细胞，且悬浮于 20ml MEM 溶液中，于 37℃，5%CO_2 孵育箱中，不超过 24h。

（5）由于 MSC 具有贴壁特性，换液以去除悬浮细胞，从而筛选出 MSC，然后再加入等量的 37℃温浴的 MEM 溶液（见图 42-2C）。

（6）于 37℃、5%CO_2 饱和湿度条件下连续培养 8～10 天，此期间可不用换液。

（7）当 80%～90%的细胞汇合时，倒掉培养液。

（8）用 37℃温浴的 MEM 溶液（不含 FCS）清洗 2 次，以去除悬浮细胞以及含有 FCS 的 MEM 溶液，然后倒掉液体。

（9）加入 4ml、37℃温浴的 0.25% 胰蛋白酶-EDTA 溶液，立即放于孵育箱中 5min。期间 3min 和 5min 各晃动一次培养瓶，通过倒置显微镜观察细胞是否从瓶底被分离，如果分离不彻底，再放回孵箱中，1min 后再观察。通常胰蛋白酶-EDTA 溶液消化 5min 即可。

（10）加入 20ml MEM 溶液或者 4 ml FCS，并不断晃动培养瓶以终止胰蛋白酶反应。

（11）4℃下，1000r/min 离心 10min。

（12）将沉淀悬浮于 20ml MEM 溶液中，加入到培养瓶中（75cm^2），调节细胞密度为 6000 个/cm^2。

（13）3～4 天后，85%的细胞出现汇合，重复以上步骤，调节密度为 8000 个/cm^2，进行 P_2 代扩增。

（14）每隔 3～4 天，约 85%的细胞发生汇合，然后重复以上步骤进行第 P_3 及 P_4 代扩增，进行细胞移植。

（二）FACS 对 MSC 的检测分析

（1）在 96 孔板（V 形或圆形孔底）中每孔加入约（2.5～5）×10^5 个 MSC。

（2）封闭：加 200μl PBN 溶液，2000r/min 离心 1min，观察确定孔底均有沉淀，弃上清。

（3）每孔加 30μl 一抗（1:500 稀释于 PBN 溶液中），于冰上放置 30 min。

（4）2000r/min 离心 1min，弃上清。

（5）再加 100μl PBN 溶液，2000r/min 离心 1min，洗涤 2 次。

（6）弃上清，细胞重悬于 100μl PBN 溶液中。

（7）然后每孔加入 30μl 二抗（1∶300 稀释于 PBN 溶液中），于冰上放置 30min。

（8）2000r/min 离心 1min，弃上清，4℃保存，48h 之内有效。

（9）加入一抗可见至少 90%的细胞 CD90 阳性。加入二抗（图 8-2G）。

（三）大鼠纹状体的 MSC 和 NSC 移植（图 8-1C）

细胞移植是修复和替代受损神经细胞的有效方法，可部分重建细胞环路和功能，主要用于治疗病变较局限的神经变性疾病。哺乳动物中枢神经系统损伤后修复能力很有限，因为在损伤后中枢神经系统不能萌发新的神经元，也不能产生大量有功能的轴突，这使得干细胞移植成为中枢神经系统损伤后最有前途的神经组织替代性治疗策略。在移植前标记细胞，有助于其在脑组织中的定位，经标记后的细胞制备成一定浓度的细胞悬液进行移植。

（1）移植前于 MSC 培养液中加入核荧光标记物 Hoechst 33258（浓度为 5μg/ml），37℃下反应 5min，荧光显微镜下观察细胞核显蓝色，染色完毕，用 37℃温浴的 MEM 溶液洗涤细胞 3 次，每次 5min，去除残留标记物。

（2）5μl PKH-26 标记物即可标记 6×10^6 个细胞，在红色激发荧光下观察细胞质膜显红色，但 MSC 必须处于悬浮状态。

（3）按照前面所示操作进行胰蛋白酶消化反应，如果消化不完全可以用吸管反复吹打将细胞机械分离，避免产生气泡。

（4）37℃孵育 5min 后，加入 20 ml MEM 溶液或者 4 ml FCS 终止酶反应。

（5）20℃下，2000r/min 离心 10min。将沉淀重悬于 1 ml MEM 溶液中（不含 FCS）。

（6）经细胞分析仪计数后，再加 45 ml MEM 溶液重悬（不含 FCS）。

（7）20℃下，2000r/min 离心 10min。将沉淀重悬于 250μl PKH-26 试剂盒内的稀释液 C 中。

（8）再加入 5μl PKH-26 和 250μl 稀释液 C，体积为 505μl。

（9）于暗处摇晃该液体，反应 5min。然后再加入 505μl FCS 终止反应。

（10）再加入 1 ml MEM 溶液（含 FCS），20℃下，1000r/min 离心 7min，洗涤 3 次，最后 1 次用无菌的 PBS 溶液洗涤。

（11）将细胞重悬于装有 PBS 溶液的 EP 管中，调节其浓度为 2×10^5 个/μl，并置于冰上。

（12）用 P20 缓慢将神经球细胞分散，经 PK-26 标记后可以用伊红监测其活性，将细胞按 1∶10 稀释于 0.15%的伊红染液中，然后用细胞计数仪计数，着红色的细胞则失去活性。还可通过锥虫蓝溶液监测其活性，将细胞悬液与 0.4%的染液等量混合并用吸管轻轻混匀，着蓝色的细胞则失去活性。在第 1 次移植前及最后 1 次的移植后，对细胞活性的监测是非常重要的。

（四）NSC 和 MSC 的移植（图 8-2D 和 E）

（1）动物的麻醉：用甲苯噻嗪或者氯胺酮按 1.33 ml/kg 的剂量肌肉注射于成年大鼠。

（2）被皮后，先用聚烯吡酮碘清洁，然后再用 70%的乙醇消毒。

（3）在大鼠眼睛中滴入一些矿物油，以防止手术室灯光的照射而引起视网膜的损害。

（4）将大鼠置于立体定位架上，将其门牙固定在耳廓上方 3.3mm 处，并在其耳尖处放置一块 2%利多卡因凝胶，以减少疼痛。

（5）消毒后在头皮上切口，剥开皮肤，分离骨膜暴露头骨，用自动微量注射器垂直刺入前囟区，作为参考位点。

（6）然后在每半球用钻各开一个直径约 0.5mm 大小的洞，直接穿过纹状体，按照鼠脑图定位图谱，用立体定向器定位，选取双侧海马为移植点（坐标为 AP+0.5mm、ML±2.6mm、DV−6mm 和−5mm、门牙−3.3mm）即为注射点。

（7）暴露硬脑膜，如有出血，用棉棒（4℃下，浸泡于 0.9%的无菌盐水中）按压止血。

（8）在注射器内注入 3μl 细胞悬液，且不要移开定位架。

（9）在每侧移植点，以 0.35～0.8μl/min 的速度注入 1μl 的细胞悬液，注射 2 次，则每侧纹状体移植入约 4×10^5 个细胞，如果是 MSC 和 NSC 协同移植，各 2×10^5 个细胞混于同一悬液中，然后注射。

（10）留针 5min，然后拔出。骨蜡封闭颅骨。将肌肉层和头皮复位，无菌缝合。

（11）单笼饲养直至其完全苏醒，放回饲养笼中观察。

（12）术后观察其伤口是否有红、肿、胀、化脓以及异味等，及时处理以减少痛苦。

（13）监测体重，如有下降，则提示其有不适感。

（五）MSC 的鼻内注射（图 8-3）

（1）将 100U/L 的透明质酸酶溶于 5μl 无菌 PBS 溶液中，Hoechst 33258 标记 MSC。

（2）制备细胞悬液：3×10^5 个 MSC 溶于 24μl 无菌 PBS 溶液中，置于冰上。

（3）麻醉：用甲苯噻嗪或者氯胺酮按 1.33 ml/kg 成年大鼠注射，使其腹部朝上放置。

（4）用移液管吸取 5μl 透明质酸酶注射于患侧鼻内。

（5）30min 后，用移液管每隔 2min 注射 6μl 细胞悬液于该侧鼻孔。

（6）单独放于笼中直至其完全苏醒，放回饲养笼中观察。

（7）通常术后 24h 不需要跟踪监测。

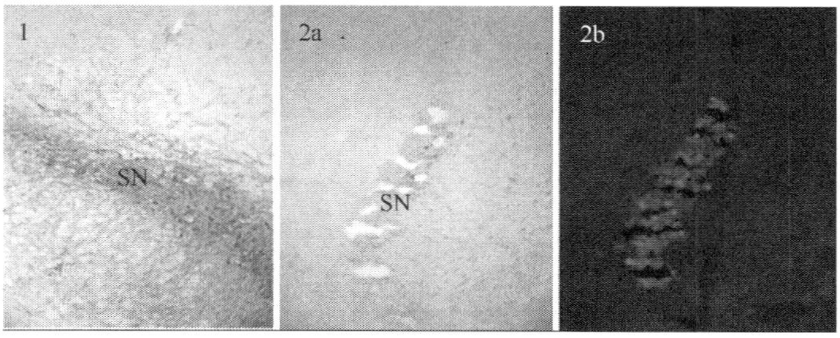

图 8-3　单侧震颤麻痹症大鼠 MSC 鼻内注射的结果（Singh 2012）

1．损伤侧的富多巴胺神经元处显示酪氨酸羟化酶呈阳性的神经元。2a．未损伤的一侧显示酪氨酸羟化酶呈阳性的神经元缺失。2b．注射于鼻腔内的 NSC 能够到达受损的多巴胺神经元处。在 2a 和 2b 这两张图片中的脑组织相同，2b 中显示在酪氨酸羟化酶呈阳性的神经元缺失的部位可见经 PKH-26 染色呈红色的 MSC

（六）MSC 的转染

病毒质粒载体（pMSCVpuro）转染 MSC 后可表达脑源性神经营养因子（BDNF）和增强绿色荧光蛋白（EGF）。

（1）细胞的准备：转染前 12～24h，在 DMEM 培养液中，其含有 90%DMEM、10%FCS、4mmol/L L-谷氨酰胺、100μg/ml 青霉素、100μg/ml 链霉素，60%～80%的 PT67 细胞发生融合。

（2）转染：采用脂质体转染法将纯化的 pMSCV 质粒基因转染 MSC。

（3）转染后 36h，换液，加入 10μg/ml 嘌呤霉素，培养 7～10 天后，挑选生长状态良好的细胞克隆，作为产毒株继续培养。

（4）收集病毒：当 60%～80%的细胞克隆发生融合时，收集上清，且每隔 24h 收集 1 次，直至细胞失活。

（5）保存病毒：5000r/min 离心 10min，吸取上清，-70℃保存。

（6）病毒感染细胞前 12～18h，将筛选的 MSC 置于 IMDM 培养液中，调节其密度为 1×10^5～2×10^5/60mm^2 的培养瓶，使得感染期 40%～60%的细胞发生融合。

（7）将病毒上清液用 0.45μm 的硝酸纤维素膜过滤器过滤。

（8）换液，加入含二甲基聚甲溴化物（4～8μg/ml）的滤液。

（9）孵育 24h 后，换 IMDM 培养液，为提高感染效力，在初次感染后的 12～24h 内开始第 2 次感染。

（10）孵育 48h 后，换液，为含嘌呤霉素（10～15μg/ml）的 IMDM 培养液。

（11）经过嘌呤霉素选择培养 1～2 周，换液后加 IMDM 培养液。

（12）细胞克隆被感染后生长状态较好。

（13）结果：转染 24h 后可见绿色荧光，表明转染成功。病毒感染 MSC 后，荧光显微镜下观察 EGFP 和 BDNF 的表达及转导效率，实时 PCR 和蛋白印迹方法分别检测 BDNF mRNA 和蛋白质的表达。

第四节　问题与展望

一、实验中的注意事项

（1）胰蛋白酶对细胞有毒，必须用胎牛血清中和以终止其活性。

（2）报告显示，鼠源性的 MSC 的特性会随着传代而发生变化，经过多次传代后，发现第 4～5 代的 MSC 在脑实质中的活性显著增强。

（3）在初次移植前，用伊红或者台盼蓝溶液来检测 MSC 和 NSC 的活性是非常重要的，当用 PKH-26 标记后，在初次移植时 MSC 的活性为 95%，8h 后为 85%。如果 MSC

不被标记，或者用烟酸己可碱标记，观察发现 12h 内其活性为 95%。而且，NSC 的活性总是低于 MSC。因此，建议 NSC 在 5 次移植后要更换新的细胞悬液。

（4）在移植前，无论未标记的或者已标记的细胞悬液都要避光保存，且必须于管中置于冰袋上，以提高活性。

（5）在感染初期能高效表达 BDNF 和 EGF 基因，但这高转导效率并不能随细胞传代而延续。究其原因，可能与感染初期转导效率未接近 100%，而在细胞培养过程，未感染细胞生长状态优于感染细胞所致。此现象可通过适当提高病毒滴度以使转导效率接近 100% 改善。

二、结语

神经变性疾病为一类缓慢起病、病程呈进行性发展、预后不良的疾病，迄今尚缺乏有效的根治方法。但是当患有神经变性疾病的动物模型和住院患者接受了 NSC 的移植后（来源于胚胎脑组织），结果发现大脑功能开始恢复。对于移植干细胞的种类，目前研究较多的主要为自体干细胞移植及同种异体干细胞移植。用于神经系统疾病治疗的自体干细胞主要有骨髓干细胞及外周血干细胞，异体干细胞主要有胚胎干细胞、异体骨髓干细胞及脐带血干细胞。

自体干细胞的优势在于不存在移植排斥反应，但是因为来源于患者自身，疾病所致的内环境的改变有可能使干细胞的增殖分化能力受限。异体干细胞中胚胎干细胞为全能干细胞，具有高度的分化能力，可以建系传代，增殖能力强，理论上有广泛的应用前景，但由于胚胎干细胞的使用存在着复杂的伦理道德及法律上的限制，同时目前尚不能控制胚胎干细胞在特定部位的分化，容易导致畸胎瘤的发生，使得大多数临床试验不能开展，因此需要找到新的细胞来源，科学家们将目光投向 NSC 和骨髓来源的 MSC，当患有 PD 或者 HD 的小鼠大脑接受细胞移植时，MSC 和 NSC 通过促进神经保护和免疫调节使得局部功能恢复，由于 NSC 主要位于大脑的深层组织或分散于胎脑的不同区域，较难收集，而 NSC 来源于骨髓，比 NSC 容易获得，但是 MSC 在 NSC 存在的活体内不能分化为神经元，只有将 MSC 和 NSC 共同培养才可以促进干细胞的分化。因此，MSC 和 NSC 的移植对脑组织的再生有着重要的意义。

本章介绍了 MSC 和 NSC 的分离，以及在神经变性疾病动物模型中的细胞移植治疗。NSC 的分化过程异常复杂，加深 NSC 的增殖和定向分化机制的研究是移植治疗中枢神经系统变性疾病的基础和关键。对移植细胞的选择、移植途径和过程、移植细胞数量、营养因子的作用、患者的选择、移植后的免疫反应、移植细胞与宿主细胞间的作用等诸多问题的进一步阐明，对 NSC 治疗神经变性病的成败至关重要。毋庸置疑的是，对于尚缺乏有效治疗手段的神经变性疾病而言，NSC 的移植是一种崭新的思路，其日趋成熟的应用将为这类疾病的治疗展示新的前景。

（武彩虹　张　龙　韩玉成）

主要参考文献

金善，邵福源．2007．干细胞移植治疗神经变性疾病．中华神经医学杂志，6（1）: 89-92

康庄，胡志强．2012．NSC 培养、鉴定及分化调控机制的研究进展．医学综述，18（23）: 3929-3932

李珉，陈高．2004．NSC 的增殖分化与神经变性疾病治疗．浙江大学学报（医学版），33（3）: 272-275

刘雨潇，郭晓明，张志文．2012．干细胞移植治疗神经系统疾病的研究进展．中华临床医师杂志，6（23）: 7510-7513

孟祥鹏，孙宝红，陈立杰．2013．干细胞移植与神经修复．中国组织工程研究，17（6）: 1129-1134

蒲晓姝，果磊，张敏珠，等．2013．大鼠骨髓间充质干细胞的培养鉴定以及向 NSC 分化的实验研究．重庆医科大学学报，38（3）: 235-239

王萌，李瑞花，吴菊平，等．2012．NSC 与嗅成鞘细胞共培养共移植对大鼠阿尔茨海默病的影响．山西医药杂志，41（1）: 23-26

吴家华，罗焕敏．2005．NSC 移植治疗中枢神经系统疾病可行性研究．中国老年学杂志，25（1）: 110-112

熊文平，江普查，武栋成，等．2013．NSC 与骨髓间充质干细胞移植对脊髓损伤修复的比较．武汉大学学报，34（1）: 50-56

张林会，赵宗茂．2011．干细胞移植治疗中枢神经系统疾病的研究进展．临床荟萃,26（12）: 1096-1097

张阳，张志坚，陈东平，等．2009．EGFP 和大鼠 GDNF 基因共表达的慢病毒载体构建及转染大鼠骨髓间充质干细胞．神经解剖学杂志，25（3）: 305-311

张阳，张志坚，陈柏龄，等．2009．增强型绿色荧光蛋白和大鼠血管生长素 21 基因共表达的重组慢病毒体外转染大鼠骨髓间充质干细胞．第四军医大学学报，30（18）: 1672-1675

赵继学，王广义，张海玉，等．2012．小鼠骨髓间充质干细胞的分离、培养、纯化及鉴定．中国实验诊断学，16（1）: 11-13

赵永波，王枫．2004．Tau 蛋白与神经变性疾病关系的研究．中国现代神经疾病杂志,4（5）: 313-315

郑琛，孙海英，齐念民．2012．大鼠骨髓间充质干细胞培养浓度的即时监测．中国生物制品学杂志，25（1）: 111-114

Barker RA .2012. The future of stem cells in neurodegenerative disorders of the central nervous system. Commentary, 184: 631-632

Bonnamain V, Neveu I, Naveilhan P. 2011. In vitro analyses of the immunosuppressive properties of neural stem/progenitor cells using anti-CD3/CD28-activated T cells. Methods Mol Biol, 677: 233-243

Bowers1 WJ, Breakefield XO, Sena-Esteves M. 2011. Genetic therapy for the nervous system. Hum Mol Genet, 20: 28-41

Bull ND, Martin KR . 2011. Concise review: toward stem cell-based therapies for retinal neurodegenerative diseases. Stem Cells, 29: 1170-1175

Byrne JA. 2014. Developing neural stem cell-based treatments for neurodegenerative diseases. Stem Cell Res Ther, 5(3): 72

Danielyan L, Schäfer R, von Ameln-Mayerhofer A, et al. 2009. Intranasal delivery of cells to the brain. Eur J Cell Biol, 88: 315-324

Dey ND, Bombard MC, Roland BP, et al. 2010. Genetically engineered mesenchymal stem cells reduce behavioral deficits in the YAC 128 mouse model of Huntington's disease. Behav Brain Res, 214: 193-200

Dunbar GL, Sandstrom MI, Rossignol J, et al. 2006. Neurotrophic enhancers as therapy for ehavioral de fi cits in rodent models of Huntington's disease: use of gangliosides, substituted pyrimidines, and mesenchymal stem cells. Behav Cogn Neurosci Rev, 5: 63-79

Freed CR, Greene PE, Breeze RE, et al. 2001. Transplantation of embryonic dopamine neurons for severe Parkinson's disease. N Engl J Med, 344: 710-719

Hagell P, Piccini P, Bjorklund A, et al. 2002. Dyskinesias following neural transplantation in Parkinson's disease. Nat Neurosci, 5: 627-628

Hargus G, Ehrlich M, Araúzo-Bravo MJ, et al. 2014. Origin-dependent neural cell identities in differentiated human iPSCs in vitro and after transplantation into the mouse brain. Cell Rep, 8(6): 1697-1703

Ju R, Wen Y, Gou R, et al. 2014. The experimental therapy on brain ischemia by improvement of local angiogenesis with tissue engineering in the mouse.　Cell Transplant, 23(1) : 83-95

Lelan F, Boyer C, Thinard R, et al. 2011. Effects of human alpha-synuclein A53T-A30P mutations on SVZ and local olfactory bulb cell proliferation in a transgenic rat model of Parkinson disease. Parkinsons Dis, 2011: 987084

Michel DC, Nerrière-Daguin V, Josien R, et al. 2006. Dendritic cell recruitment following xenografting of pig fetal mesencephalic cells into the rat brain. Exp Neurol, 202: 76-84

Michel-Monigadon D, Bonnamain V, Nerrière-Daguin V, et al. 2011. Trophic and immunoregulatory properties of neural precursor cells: benefit for intracerebral transplantation. Exp Neurol, 230: 35-47

Mouhieddine TH, Kobeissy FH, Itani M, et al. 2014. Stem cells in neuroinjury and neurodegenerative disorders: challenges and future neurotherapeutic prospects.

Neural Regen Res, 9(9): 901-906

Najafzadeh N, Sagha M, Heydari Tajaddod S, et al. 2015. In vitro neural differentiation of CD34 (+) stem cell populations in hair follicles by three different neural induction protocols. In Vitro Cell Dev Biol Anim, 51(2): 192-203

Orlacchio A, Bernardi G, Orlacchio A, et al. 2010. Stem cells: an overview of the current status of therapies for central and peripheral nervous system diseases. Cur Med Che, 17: 595-608

Panchenko MM, Poltavtseva RA, Bobkova NV, et al. 2014 . Localization and differentiation pattern of transplanted human multipotent mesenchymal stromal cells in the brain of bulbectomized mice. Bull Exp Biol Med, 158(1): 118-122

Payne NL, Sylvain A, O'Brien C, et al. 2015. Application of human induced pluripotent stem cells for modeling and treating neurodegenerative diseases. N Biotechnol, 32(1): 212-228

Pluchino S, Zanotti L, Rossi B, et al. 2005. Neurosphere-derived multipotent precursors promote neuroprotection by an immunomodulatory mechanism. Nature, 436: 266-271

Rossignol J, Boyer C, Lévèque X, et al. 2011. Mesenchymal stem cell transplantation and DMEM administration in a 3NP rat model of Huntington's disease: morphological and behavioral outcomes. Behav Brain Res, 217: 369-378

Rossignol J, Boyer C, Thinard R, et al. 2009. Mesenchymal stem cells induce a weak immune response in the rat striatum after allo or xenotransplantation. J Cell Mol Med, 13: 2547-2558

Svendsen CN, Smith AG. 1999. New prospects for human stem-cell therapy in the nervous system. Trends Neurosci, 22: 357-364

Shihabuddin LS, Aubert I. 2010. Stem cell transplantation for neurometabolic and neurodegenerative diseases. Neuropharmacol, 58(6) : 845-854

Singh SR. 2012. Somatic Stem Cells: Methods and Protocols. Humana Press, Springer Science+Business Media, LLC

Tanna T, Sachan V. 2014. Mesenchymal stem cells: potential in treatment of neurodegenerative diseases. Curr Stem Cell Res Ther, 9(6): 513-521

Vazey EM, Chen K, Hughes SM, et al. 2006. Transplanted adult neural progenitor cells survive, differentiate and reduce motor function impairment in a rodent model of Huntington's disease. Exp Neurol, 199: 384-396

von Hörsten S, Schmitt I, Nguyen HP, et al. 2003. Transgenic rat model of Huntington's disease. Hum Mol Genet, 12: 617-624

Zizkova M, Sucha R, Tyleckova J, et al. 2015. Proteome-wide analysis of neural stem cell differentiation to facilitate transition to cell replacement therapies. Expert Rev Proteomics, 12(1): 83-95

Zuba-Surma EK, Wojakowski W, Madeja Z, et al. 2012. Stem cells as a novel tool for drug screening and treatment of degenerative diseases. Cur Pharmaceutical Design, 18: 2644-2656

第九章　神经干细胞实验研究的常用动物模型

第一节　脑损伤动物模型

一、大鼠弥漫性合并局灶性脑损伤模型

（一）动物

健康 Sprague-Dawly（SD）大鼠，雌雄不限，体重 300～350g。

（二）建模方法

1. 落体撞击装置

有机玻璃管长 2m、内径 19mm、外径 26mm，3 点方向固定于墙上，下端距地面 15cm，放置海绵床和大鼠，并在管壁上每 10cm 钻一直径为 5mm 的小孔，对应两排，以减少空气阻力。

打击垫片是直径 10mm、厚 3mm 的圆形不锈钢片，用以制作弥漫性轴突损伤模型；另一种是在其不锈钢垫片距中心 2.5mm 处钻一直径 1.5mm 的小孔，置于一不锈钢圆柱，使之高出垫片平面 3mm 以制作弥漫性脑损伤同时合并局灶性脑损伤动物模型。

2. 脑损伤的方法

大鼠经腹腔注射水合氯醛（350～400mg/kg）或戊巴比妥钠（50～60mg/kg）麻醉。手术区域皮肤消毒，行气管插管，呼吸机辅助呼吸。股动脉插管以记录动脉压，并监护心电、血压、脉搏和呼吸等变化。将大鼠俯卧固定于一已知弹性系数的海绵床上，移至有机玻璃管下端，垫片正对有机玻璃管中央，有机玻璃管上方置一滑轮，在铜柱上端系一小绳，将滑轮调整至绳索跨过滑轮后铜柱处于有机玻璃管中央为止。待动物开始苏醒、有肢体活动时，将 400g 重铜柱由 1m 高处自由坠落于不锈钢垫片上，立即移开海绵以免再次损伤，将大鼠移至手术台上接呼吸机给予呼吸支持。观察打击中及打击前后动物的呼吸、心率及血压。冲击量以势能克厘米 gcf（gram-cm force）表示。记录肢体活动、尿失禁、瞳孔改变及神经系统体征。敲击后可选取 3～24h 间的时间段，快速断头取脑，记录蛛网膜下腔出血及肉眼所见到脑挫伤情况，并将全脑浸泡于甲醛液中 24h，固定好的脑做冠状切片，层厚 2mm，HE 染色。也可做心脑灌注，分别取左右顶叶皮层、海马、

胼胝体和脑干等组织，处里后超薄切片，进行电镜观察。

（三）模型评价

1. 动物死亡率

敲击后动物死亡率在 25%左右。

2. 一般症状

伤后所有动物表现为竖毛、尿失禁、四肢抽搐、单侧或双侧瞳孔散大和呼吸抑制等症状。血压立即出现平均动脉压上升，然后是一段时间的低血压，并在 30～60min 内恢复到伤前水平。心率迅速减慢，10～15min 后逐步回升至伤前水平。

3. 大体病理变化

所有创伤鼠均见明显而广泛的蛛网膜下腔出血，伤后 3h 在胼胝体、小脑上臂和脑干等处可见散在的点片状出血，呈现弥漫性的脑损伤。HE 染色后低倍镜下见有明显的蛛网膜下腔出血，伤后 1h 免疫组化染色显示皮层下、胼胝体和脑干等处于大量的轴索损伤的进一步改变，如分叶状肿胀、内折以及轴索断裂后形成的末梢球和回缩球。神经元胞体肿胀，胞质浅染，胞核浓染和尼氏小体（Nissl body）减少。

4. 电镜观察

可见轴索髓鞘出现分离肿胀、内折，轴索内神经微丝紊乱、横断面见微管减少。髓鞘纤维常呈节段性变性膨大，神经微丝排列混乱和变性融合，髓鞘板层松散洋葱样变。部分树突也有不同程度的肿胀、透亮和空泡改变，胶质细胞内可见线粒体肿胀，神经突触前后膜明显增厚。

二、大鼠不同程度脑损伤模型

（一）动物

常用的动物有健康雄性 SD 大鼠、BALB/c 小鼠和新西兰白兔等。

（二）建模方法

1. SD 大鼠

体重为 230～260g。建模采用改进的 Feeney 自由落体硬膜外撞击法。损伤装置由底板、固定支架、垂直导杆、下落击锤和聚乙烯撞击圆锥组成。撞击圆锥头端直径为 4mm、高为 2.5mm。动物经腹腔注射水合氯醛（350～400mg/kg）或戊巴比妥钠（50～60mg/kg）麻醉。将其头部固定于立体定位仪上，剪去顶部毛发，手术区域皮肤消毒。沿中线左侧切开头皮，分离骨膜，用牙科钻于中线旁 2mm、紧挨冠状缝后开一直径 5mm 的圆形窗，硬膜保持完整。用 20g 砝码于 10cm 和 30cm 高处通过一金属导杆坠落，撞击置于硬膜上的撞击圆锥以致轻型和中型损伤。另用 40g 砝码于 25cm 高处坠落致重型损伤。轻、中和重三型损伤的致伤冲击力分别为 200gcf、600gcf 和 1000gcf，撞击后用锌汀粉封闭骨窗，缝合头皮。

2. BALB/c 小鼠

将小鼠固定在自由落体脑损伤装置的底部平台上，用直径约 4mm 的撞击锤尖端顶在小鼠颅骨中线左侧 2～4mm 处，取 50g 砝码，从 15cm 高处自由落下，通过撞击锤造成闭合性颅脑损伤。

3. 新西兰白兔

于头顶部中线处切开头皮，分离两旁软组织，微型钻在右顶骨上四点钻孔。线锯锯开骨桥，形成直径为 1.5cm×1.5cm 的方形骨窗。置入打击垫于硬膜外，用 800gcf 的打击能量使脑组织造成挫裂伤。还纳骨瓣，骨缝用牙科水泥封闭，缝合头皮。

（三）模型评价

1. 脑含水量测定

动物断头处死后，30s 内取出大脑。用滤纸吸尽脑表面血渍后，锐性分离左侧顶叶皮质约 100mg，用电子分析天平秤湿重，置于 110℃恒温干燥箱内烤干 24h，秤干重。用 Eliot 公式计算各部位脑含水量百分率：脑含水量（%）=［（湿重−干重）/湿重］×100%。

轻型脑损伤后 30min，伤侧脑皮质含水量开始升高，3h 显著升高，24h 达高峰，为 80%左右。72h 含水量有所降低，至损伤后 168h 脑含水量恢复正常。中型脑损伤后 15min，伤侧皮质含水量即已升高，30min 显著升高，6h 达高峰，也为 80%左右，持续至 24h，至 168h 含水量基本恢复至正常。重型脑损伤后其伤侧皮质含水量于伤后 15min 明显升高，伤后 3～6h 达高峰，持续至 72h、168h 脑含水量仍高于正常对照值。

2. 血脑屏障定量测定

脑损伤后血脑屏障（blood-brain barrier，BBB）通透性明显增高，并随损伤程度的加重而加重。

动物于损伤前 1h 注射 2%伊文斯蓝（3ml/kg）。在取脑组织前，为清除血液中染料，可用 0.9%氯化钠溶液经左心室灌注至右心室流出清亮液体为止。取损伤皮质分别称重，加入二倍体积的二甲基酰胺，50℃水浴中孵育 72h，1500r/min 离心 10min，取上清液。应用分光光度计在伊文斯蓝最大吸收光谱 635mm 处检测吸光度值（A），从标准曲线上查得伊文斯蓝含量，结果以μg/g 脑组织表示。结果显示，在损伤 15min 后，损伤侧皮质伊文斯蓝含量明显增高，轻型和中型者于 6h 达高峰，重型者 3h 达高峰，24h

开始下降。

3. 病理学观察

损伤后 24h 再次麻醉，经升主动脉快速灌注 0.9%氯化钠溶液 150ml，继之快速灌注冰冷的 4%多聚甲醛 200ml，随后再慢速灌注 300ml 多聚甲醛 2h，取脑组织浸入 4℃的 4%多聚甲醛内固定 48h，常规乙醇脱水，石蜡包埋，行 5μm 冠状切片，做 HE 染色及尼氏染色，光镜观察。常规脱水，环氧树脂包埋，超薄切片，乙酸铅染色，透射电镜观察。

1）光镜观察

轻型损伤后 24h，见神经细胞周围出现水肿，尼氏小体染色变浅，序贯外间隙增大更为明显；重型损伤后 24h，皮质神经细胞周围水肿明显，尼氏小体染色变浅，微血管内皮细胞肿胀，管腔狭窄更加明显。

2）透射电镜

轻型损伤后 24h，伤侧皮质神经细胞线粒体明显肿胀，内质网轻度扩张。微血管内皮细胞饮水泡增多、肿胀、管腔狭窄。胶质细胞出现水肿改变，特征同神经细胞，但改变较轻微；中型损伤后 24h，神经细胞线粒体肿胀及空泡样变，微血管内皮细胞肿胀及管腔狭窄明显；重型损伤后 24h，绝大部分神经细胞及胶质细胞内可见空泡样的少数线粒体及高度扩张的内质网，细胞核染色质边缘染色变淡，核膜皱缩。微血管内皮细胞肿胀更加明显，胞饮水泡增多，管腔明显狭窄。

三、颅脑火器伤动物模型

（一）动物

杂种犬，雌雄均可，15～20kg。

（二）建模方法

将犬按 30mg/kg 体重的剂量经静脉注射戊巴比妥钠麻醉后，行气管插管。将犬置于射击台上，头部固定于靶孔处，待睫毛反射恢复后，距 25m 处小口径步枪（子弹型号 5.56mm，质量 2.57g）致伤。着弹点位于额后部为贯通伤；着弹点位于额部则为脑切线伤。射击后每 30min 用多导生理记录动物的心率、血压、脑血流和心电图等生命体征的变化，出现呼吸暂停的动物可给予辅助呼吸至自主呼吸恢复。于伤后 30min、1h 和 3h 测量颅脑内压，同时记录动物伤后存活时间。可于伤后 30min，以及 1h、2h、4h、6h、8h 和 12h 的不同时间点将动物深麻致死或于动物死亡后取全脑，做 HE 或免疫组化染色以观察伤后的组织病理学变化。

（三）模型评价

犬致伤后睫毛反射消失，大部分动物出现呼吸骤停，当自主呼吸恢复后，其频率减慢，部分呈叹息样或潮式呼吸。动物致伤后均出现双侧瞳孔散大，持续时间数秒至数分钟不等；心率减慢，部分动物出现心律不齐，血压下降；脑电图呈一直线，可持续5～15min，随后均有不同程度的恢复；脑血流图显示，脑供血不足，颅内压呈阶梯样上升；存活时间1.5～10h。组织病理学显示，伤后30min，伤道周围（挫伤区）血管内皮细胞明显肿胀，空泡增多，基底膜断裂；神经细胞肿胀，细胞器变性，粗面内质网肿胀和脱颗粒；神经髓鞘变性。由于血脑屏障遭到破坏，引起血管源性脑水肿。随着时间的延长，损伤加重，部分神经细胞呈现变性和坏死。

选择精度高的实验用枪，致伤模型弹道较恒定，重复性好，伤后动物存活时间较长，其生理、病理学改变符合现代颅脑火器伤的致伤特点，为颅脑火器伤的进一步研究提供了较为理想的实验动物模型。贯通伤动物模型可用于短期生理学指标的测定和弹道病理学研究。脑切线伤可用于更深入的生理、生化指标检测，以及从分子水平探讨颅脑火器伤的继发性病理损伤机制。

第二节　脊髓损伤动物模型

一、脊髓损伤动物模型

（一）概述

脊髓损伤动物是由Allen于1911年首次用重物坠落法（weight dropping，WD法）复制而来，随后衍生出许多改良的WD损伤模型。现在比较成熟的脊髓损伤模型主要有急性损伤，包括脊髓背侧损伤模型、脊髓腹侧损伤模型、脊髓纵向压缩损伤模型、脊髓缺血损伤模型及慢性损伤模型。

用于脊髓损伤研究的动物有灵长类动物、犬、猫、雪貂、大鼠、猪和兔等。灵长类动物（如猴、狒狒）是最理想的实验动物，但因其来源有限、价格昂贵，故未能被广泛应用。现在脊髓损伤实验最常用的动物有大鼠、兔和犬等。

确定脊髓损伤节段是建立脊髓损伤模型的必要条件。目前，多数报道的脊髓损伤模型中，损伤脊髓多为胸段脊髓，其原因是动物胸段脊髓处椎板咬除方便，且能避开骶髓排便中枢以便于术后管理。但脊髓损伤节段越高，损伤后动物死亡率越高，故选择胸段损伤时，以T8～T12为宜。

（二）脊髓背侧损伤模型

1. 建模方法

SD大鼠，体重230～280g，经腹腔注射水合氯醛（350～400mg/kg）或戊巴比妥钠（50～60mg/kg）麻醉。背部切开，切除椎板，显露脊髓硬膜。在硬膜表面垫一垫片，将重 10g 的圆柱状金属棒用细绳牵引至 10cm 高度，松脱绳子，金属棒从高处垂直落下打击，造成 T9～T10 脊髓急性损伤。如果大鼠出现尾巴痉挛性摆动及躯体回缩扑动和双下肢瘫痪，即表示模型制备成功。其冲击量以 gcf 表示。

2. 模型评价

1）优点

与人类脊髓损伤的性质相近；脊髓损伤节段可以通过手术限制，撞击力可以定量；硬脊膜仍完整，可防止结缔组织、组织间液或其他外源性成分侵入脊髓损伤区。

2）问题

尚不能充分模拟临床上的脊髓损伤，这是因为临床上大多数脊髓损伤大，脊髓后动脉受损相对较小。而脊髓血运的 3/4 是由前动脉所提供，因此，如能充分模拟临床上的脊髓损伤，应从前方而不是从脊髓的后方制造损伤。另外，用势能表示脊髓损伤力的大小不够精确。WD 损伤在动物种系间或同种动物的个体间存在差异。因此坠落物作用于脊髓时，势能转化为冲击能，冲击能损伤脊髓的程度与脊髓的直径、质地、变形和位移程度有关，而脊髓组织本身的这些特性受动物种系或动物体重影响较大。

3）注意事项

动物体重应尽量一致。脊髓损伤节段及显露范围要一致。稳定脊柱以防重物撞击时引起脊柱侧向移位，导致脊髓损伤不对称。重物下落损伤脊髓后，应及时移走重物，以免持续压迫脊髓。WD 法致动物全瘫的阈值受动物大小、种属、实验条件及操作者技能等诸多条件影响较大，故目前尚无很确切的数据。一般认为，大鼠完全致瘫痪阈值为 100gcf，犬约为 500gcf，而猴约为 800gcf。

（三）脊髓腹侧损伤模型

1. 建模方法

动物选择和麻醉部分参照脊髓背侧损伤模型。造模装置由三部分构成：固定架、撞击器和金属球。麻醉后椎板开窗，将直角撞击钩置于脊髓前方，钩固定于杠杆的一端。重物坠击于杠杆的另一端，打击时使置于一定高度的金属球自由落下，打击杠杆一端，另一端（钩端）上跷，钩随之上提，达到撞击脊髓腹侧之目的。

2. 模型评价

这种模型的优点是脊髓损伤集中于前方，能造成脊髓前动脉损伤，与临床上的脊髓损伤相近似。但由于切除了椎板，缺乏对冲力，且手术操作难度大，器械设备要求高，限制了其广泛应用。

（四）脊髓纵向压缩损伤模型

1. 建模方法

健康 SD 大鼠，体重 180～220g。经腹腔注射水合氯醛（350～400mg/kg）或戊巴比妥钠（50～60mg/kg）麻醉。脊柱立体定位仪固定其头颅及 T10、L1 两侧横突，手术区域皮肤消毒。咬除 T11～T12 椎板，调节立体定位仪，使脊髓纵轴回缩而致伤。

2. 模型评价

经动态微循环、运动诱发电位（motion evoked potential，MEP）、感觉诱发电位（sensory evoked potential，SEP）等方法检测得出：压缩大鼠脊髓产生不可逆性损伤的临界值为 6.0～6.4mm，绝对值为 8mm。按公式（大鼠脊髓回缩率+回缩临界值）/脊髓全长，计算出回缩率为 1/26～1/23。由于所有哺乳动物的脊髓形态结构大致相同，间接地推测平均长度约为 570mm，故人脊髓模型回缩临界值从上述公式计算为 22～25mm。因此，本实验模型提示在脊柱截骨时，截骨后脊髓压缩在 22～25mm 范围内是安全的。

（五）脊髓缺血性损伤模型

1. 建模方法

健康白兔，体重为 2.0～2.5kg。按照 25～30mg/kg 体重的剂量经静脉注射戊巴比妥钠麻醉后固定于手术台上，剪除腹部毛发，皮肤常规消毒，正中切口显露腹主动脉。于左肾动脉下方置一个细的聚乙烯管，管的两端各穿一枚塑料扣，细管外面再套一内径 3.8mm 的粗管，细管内引入细丝线形成腹主动脉环扎模型。待动物清醒后，收紧环扎线设计造成脊髓不同时间缺血损伤。

2. 模型评价

腹主动脉平均阻断 30min，约 90%的动物出现永久性神经功能损害；当平均阻断 52min 时，则有 99%的动物出现完全且不可逆的截瘫。组织学显示以腰段脊髓损害为主。

（六）慢性脊髓损伤模型

1. 建模方法

健康 SD 大鼠，雌雄均可，体重 180～220g。经腹腔注射水合氯醛（350～400mg/kg）或戊巴比妥钠（50～60mg/kg）麻醉后俯卧位固定。压迫装置为 1 个 10mm×10mm 的有机玻璃平板，中心有一直径为 2mm 的圆孔，四角各有 1 个直径为 2mm 的不锈钢螺钉。剪除动物背部毛发，手术区域皮肤消毒。取后正中切口，切除 T9 棘突和部分椎板，暴露硬膜，用显微外科血管钳修成直径约 2.5mm 的圆孔。在棘间韧带和竖脊肌肌腱上穿线打结固定，然后将线穿入平板四周的小孔，打结固定压迫装置。初次不造成椎管侵占，缝合皮肤。以后每隔 15～20 天背部切开约 5mm 小口，显露螺钉，将螺钉旋进 0.1～0.3mm，共 3～5 次。每次术后应连续 3 天肌肉注射庆大霉素，每只 20 000U/9 天。90 天做联合行为学记分（combined behavioral score，CBS）、电生理（SEP 和 MEP）检测，摄侧位 X 光片后处死，行常规病理检查。

2. 模型评价

术后动物死亡率约 10%。侧位 X 光片显示，实验动物椎管内螺丝形成 12.3%～82.5%的侵占率，并根据其压迫程度可分为以下 3 级。

（1）轻度压迫：椎管侵占率<30%。

（2）中度压迫：椎管侵占率为 30%～60%。

（3）重度压迫：椎管侵占率>60%。

术后 90 天所有实验动物均发生后肢肌力减退、行走缓慢、步态异常等不同程度的运动功能障碍，其中重度压迫损伤的动物后肢可全瘫。术后实验组的 SEP、MEP 潜伏期和对照组相比有显著性差异。实验组动物的 CBS 和 SEP、CBS 和 MEP 呈显著正相关。

HE 染色光镜下观察显示，轻度压迫动物直接受压迫区脊髓白质表现为不规则的片状脱髓鞘，主要位于与灰质相邻的侧索和后索深层区域。灰质内有少量小胶质细胞和星形胶质细胞增生，神经元数量减少，大量神经元肿胀，可见尼氏体丧失，卫星现象；中度压迫动物其灰质界限模糊，白质内有显著脱髓鞘，且前索亦很显著，胶质细胞增生，并可见虫蛀样空洞；重度压迫动物可见应力性裂隙，灰质内前角神经元普遍肿胀，卫星现象、噬神经元现象非常明显，部分切片内坏死区代之以束状瘢痕，受压处萎缩组织结构不清。

3. 主要特点

此模型克服了以往实验动物模型重复性差、不能良好分级和模拟自然病理的过程。

（1）适用于电生理和单克隆抗体、原位杂交反应、转基因、基因失效等基因工程和分子生物学研究，且价格经济。

（2）在 T9 处形成压迫对伤鼠的呼吸功能、排便功能影响不大，适用于长期饲养进行慢性活体观察。

（3）后路安装有机玻璃平板固定的不锈钢螺钉压迫成功率高。

（4）分级明显，CBS 发现依据椎管侵占率进行损伤分级的动物运动功能呈显著性差异，电生理检查不同程度的损伤与 CBS 呈相关性。病理标本也呈现典型的轻度、中度和测量重度脊髓损伤差异性。

（七）其他压迫法

1. 气囊压迫法

将一个连接聚乙烯导管置于硬脊膜外椎板下，在术后 24h 动物恢复正常后，向气囊中充气对脊髓造成压迫损伤，其损害程度主要取决于压力的大小和压迫时间长短。还可以采用向囊内注入泛影葡胺使胶囊膨胀压迫脊髓，0.1～0.3ml 压迫 6h，0.4ml 压迫 3h 及 5h。有研究者将一个塑料球置于犬的 S1 椎板下，塑料球连接一个 Arlls-1000 空气压力系统，在 10mmHg（1.33kPa）的注射压力下缓慢地向球内注射一种称为“Konnvaku”的物质，对脊髓形成压迫。这一模型的优点为可对不同脊髓节段压迫致伤，持续时间可控，重复性好，方法简便；但其缺点是气球膨胀时球内压力并非呈直线样改变。通过对气球材料的改进，造成脊髓受压的变化曲线或许可以近似于直线样改变。

2. 可膨胀材料压迫

将一直径 0.25mm 的甲基纤维素-聚丙烯腈块状物置入硬膜外（该块状物于 37.5℃下在 0.9%氯化钠溶液中 6 天之内可膨胀为原来的 11 倍），使其在硬膜外膨胀，对脊髓产生直接压迫。此外，也可利用成分为酪蛋白衍生物的一种坚硬的塑料做成 Ameroid 压缩器，观察其受到慢性压迫后的病理变化。此种压缩器外层有一坚硬的金属外壳，使其只能向内心膨胀。将压缩器附加 37℃的盐水试管，压缩器的内径每天用双目显微镜测量，持续 40 天。

该动物模型的优点为操作简单，手术成功率高，前后路皆可，符合临床患者的病变特征；缺点为材料膨胀速度不宜控制，与慢性脊髓压迫的产生条件不一致，材料组织相容性不好。如果能找到一种合适的材料，有良好的组织相容性，可以人为控制其膨胀速度、膨胀方向，而且有足够长的膨胀时间，并且放置于椎管内合适的位置，将会是一种较理想的脊髓环状受压模型。

第三节　退行性神经疾病的神经干细胞模型

一、概述

退行性神经疾病病理机制复杂，为能真实还原和反映疾病的情况，模型建立的要求非常严格。因此，许多研究者提出“简化”建模程序，即利用体外培养的方式建立模型，研究疾病的病理机制。基因缺陷导致的疾病病理模型是目前最适宜建立的。如果证实疾病的发生是基因缺陷导致的，那么就可以通过转基因的方法建立体外细胞模型。由于神经干细胞具有自我更新、多向分化潜能和低免疫原性三个特点，故非常适合体外研究退行性疾病和先天性疾病的病理学机制。观察凋亡是评价体外脑病理学模型最重要的指标之一，为此本节仅就细胞活性和凋亡检测所需的技术做一介绍。

二、材料和试剂

（一）TetON 诱导细胞系生成

1. rtTA 阳性 NSC 生成

（1）标准组织培养仪。

（2）完全生长培养液：DMEM（Dulbeccon modified eagels）培养液（含 0.11g/L 丙酮酸钠、2mmol/L L-谷氨酰胺、3.7g/L 碳酸氢钠、50U/ml 青霉素-链霉素、10%胎牛血清）。

（3）RetroPack PT67 细胞系和 pRevTetON 载体。

（4）新霉素类似物 G418、克隆环和胰蛋白酶-EDTA 溶液。

（5）0.45μm Millex-HV 滤器、25mm 滤过膜和聚凝胺（5mg/ml），−20℃保存。

2. RT-PCR 筛查

（1）无 RNase 的 EP 管和无 RNase/DNase PCR 管。

（2）RT 裂解缓冲液：10mmol/L Tris-HCl，1 mmol/L EDTA，pH 8.0。

（3）SuperScript Ⅱ和随机引物。

（4）大鼠 GAPDH 引物（正链 5′-TGE TTA ATG AGG TCG GAA TCG TGG-3′，反链 5′-GTT GCT GTT GAA GTC ACA GGA GAC-3′），PCR 级。

（5）rtTA 引物（正链 5′-TGE TTA ATG AGG TCG GAA TCG TGG-3′，反链 5′-ACG CGG ACT CCA CTT TCA CAT-3′），PCR 级。

（6）PCR Mix:1× PCR 缓冲液 0.4μg/μl（含 1.5mmol/L $MgCl_2$），0.2mmol/L dNTP，引物（GAPDH 引物，rtTA 引物），0.2μg/μl BSA（分子生化级），*Taq* DNA 聚合酶 2.5U/样本。

（7）超纯琼脂糖和溴化乙锭。

（8）PCR 仪、电泳仪和 UV 透照仪。

3. 诱导荧光素酶的短时表达和荧光素酶检测

（1）标准组织培养仪。

（2）胎牛血清和胰蛋白酶-EDTA 溶液。

（3）不含 Tet 的培养液：DMEM 培养液（含 0.11g/L 丙酮酸钠、2mmol/L L-谷氨酰胺、3.7g/L 碳酸氢钠、50 U/ml 青霉素-链霉素、10%胎牛血清）。

（4）pRev-TRE-Luc 载体和脂质体 Lipofectamine 2000。

（5）PBS 和强力霉素。

（6）5×荧光素酶裂解缓冲液（100ml）：将 1.5g Tris 和 0.348g CDTA 溶入 30ml H_2O，加 50ml 甘油，混匀。H_3PO_4 加 2.5ml Triton X-100 调 pH 至 7.8，加入 H_2O 到 100ml，−20℃保存。

（7）1×荧光素酶裂解缓冲液：稀释 5×荧光素酶裂解缓冲液，加 DTT，便最终浓度为 2mmol/L。注意在使用前加入 DTT。

（8）荧光素酶检测缓冲液：20mmol/L Tricine、0.1mmol/L EDTA、1.07mmol/L（$MgCO_3$）$_4$Mg（OH）$_2$ • $5H_2O$，2.67mmol/L $MgSO_4$，pH 7.8，灭菌后 4℃存放。

（9）荧光素酶检测试剂：使用前在 1×荧光素酶裂解缓冲液加入 DTT、同工酶 A、ATP 和荧光素。

（10）试管及分光光度计。

4. 诱导 NSC 表达致病基因

（1）标准组织培养仪。
（2）胎牛血清和不含 Tet 的培养液。
（3）RetroPack PT67 细胞系表达转基因的克隆 pRevTRE 载体。
（4）0.45μm Millex-HV 滤器，25μm 滤过膜。
（5）聚凝胺（5mg/ml），−20℃保存。
（6）胰蛋白酶-EDTA 溶液、潮霉素 B和强力霉素。
（7）克隆环、RIPA 缓冲液和蛋白酶抑制剂。
（8）SDS-PAGE 电泳仪和蛋白质印迹检测仪。

5. 剂量-反应曲线

标准组织培养仪，胎牛血清，不含 Tet 的培养液，强力霉素，RIPA 缓冲液蛋白酶抑制剂，BCA-200 蛋白阵列试剂盒，SDS-PAGE 电泳仪，蛋白质印迹检测仪。

（二）神经细胞死亡检测

1. 细胞计数

标准组织培养仪，胎牛血清，不含 Tet 的培养液，强力霉素，PBS，胰蛋白酶-EDTA 溶液，0.9%NaCl 溶液，细胞计数盒及细胞计数器。

2. MTT 检测

噻唑蓝［3-（4,5）-dimethylthiahiazo（-z-y1）-3,5-di- phenytetrazoliumromide，MTT］溶液（5mg/ml），异丙醇，水平摇床，ELISA 测量仪，DMEM，0.04mol/L HCl。

3. DNA 梯度（DNA laddering）凋亡检测

PBS，无脱氧核糖核酸酶 EP 管，蛋白酶 K 消化缓冲液，苯酚/氯仿/异戊醇（25:24:1）饱和溶液，3mol/L 乙酸钠（pH5.2），70%的分析纯乙醇，TE 缓冲液（10mmol/L Tris-HCl，pH8.0；1mmol/L EDTA），核糖核酸酶 A，超纯琼脂，溴化乙锭，电泳仪，UV 透照器。

三、方法和步骤

（一）TetON 诱导细胞系生成

整个过程主要分为两个步骤。第一步，通过逆转录病毒载体将 rtTA 转导至 NSC，检验 RtTA 阳性克隆细胞活性。第二步将靶基因转至阳性 rtTA 细胞并做细胞活性检测。

1. rtTA 阳性克隆生成

（1）应用 pRevTetON 载体转染细胞，应用 400μg/ml G418 选择克隆稳定产生的逆转录病毒颗粒。

（2）转染前 12～18h 使 35mm 培养皿中种子 NSC 密度达到 40%。

（3）通过 0.45μm 滤过膜过滤新鲜收集的病毒上清液，1:2 稀释。

（4）在病毒培养液中加聚凝胺使最终浓度达到 4μg/ml。

（5）用病毒培养液替换细胞培养液，进行转染，再培养 6h。

（6）用新鲜完整培养液替换病毒培养液。

（7）胰蛋白酶消化细胞，转染后常规传代培养 48h，转移到两个 150mm 含有 18ml 的完全培养液中。

（8）应用抗生素选择（400μg/ml G418 pRevTetON 载体转染细胞）。保持抗生素选择状态直到耐药克隆的出现。

（9）提取耐药克隆，转移至双壁 96 孔板，生长至 90%汇合。

2. RT-PCR 筛查

（1）96 孔板（含 50μl 胰蛋白酶/孔）培养胰蛋白酶消化细胞克隆。

（2）分离细胞，100μl 完整培养液终止胰蛋白酶。吸管反复抽吸细胞丛。

（3）转移细胞悬液至 EP 管（无 RNase），离心 5min。

（4）去除上清液，50μl RT 裂解缓冲液完全溶解沉淀细胞，-80℃保存。

（5）用等份的细胞裂解液与随机引物进行转录，并按照 SuperScrip II 产品说明书进行操作。

（6）使用 rtTA 引物或 GAPDH 引物进行 PCR 扩增。

（7）PCR 循环参数：95℃ 7min；95℃ 30s，52℃ 30s，72℃ 1min（40 循环）；72℃ 7min。

（8）将 10μl PCR 产物放入 1%琼脂凝胶（含 0.5μg/ml 溴化乙锭），UV 透照器下扩增。rtTA 引物产物 579bp，GAPDH 引物产物 377bp。

（9）丢弃 rtTA 阴性克隆。

3. 诱导荧光素酶的短时表达和荧光素酶检测

（1）不含 Tet 培养液培养 rtTA 阳性克隆至少 3 天。

（2）rtTA 阳性亚克隆：将每个亚克隆接种到 12 孔板中，细胞浓度在 1.0×10^5～1.5×10^5 个/孔。不同的细胞系细胞的数量可能会有所不同，然而，接种细胞的密度应在 85%。

（3）12～15h 后，用脂质体 2000 转染细胞。

（4）用新鲜完整培养液替换不含 Tet 的培养液。

（5）每行的第 3 和第 4 孔加入 1mg/ml 的强力霉素，以诱导荧光素酶的表达。

（6）细胞培养生长 48h。

（7）取出培养液，PBS 洗细胞。

（8）彻底清除 PBS。板孔必须完全干燥，因为残余的钙离子可能会抑制荧光素酶的活性。

（9）加入 120μl 1×荧光素酶裂解液/孔。

（10）室温下诱导细胞 5min。

（11）转移裂解液至 EP 管，避免细胞碎片，并立即放在冰上。

（12）准备荧光素酶检测试剂。

（13）打开光度计预热 20～30min。

（14）将 20μl 细胞裂解物转移到 5ml 试管内，并立即测定荧光素酶活性。光度计将自动注入 100μl 荧光素酶检测试剂管。

（15）对于每个结果，应减去 20μl 荧光素裂解缓冲液（空白）活动量。

（16）丢弃背景表达水平高或诱导水平低的克隆。

4. 诱导 NSC 表达致病基因

（1）含靶基因 pRevTRE 载体转染 Rctropack PT67 细胞，使用 200μg/ml 的潮霉素进行选择。

（2）接种 rtTA 诱导克隆于 35mm 培养皿，40%的细胞密度，培养液不含 Tet。

（3）转染过程参见“rtTA 阳性克隆生成”步骤（3）～（8）。

（4）应用抗生素（200μg/ml 潮霉素 B）选择培养细胞，直到培养皿中出现耐药克隆。选择过程的第 2～3 天时更换一次培养液，之后每 4 天更换 1 次。

（5）挑选耐药克隆，转移至含有 100μl 潮霉素 B 的新鲜培养液的 96 孔板中，生长至 90%的细胞汇合。

（6）胰蛋白酶溶液 50μl 水解细胞克隆。

（7）细胞分离后立即用 100μl 不含 Tet 培养液终止胰蛋白酶作用。

（8）克隆传代：取出细胞悬液 20μl，加到 24 孔板（含 1ml 不含 Tet 的培养液）中培养。

（9）克隆筛选，剩余的细胞悬液分成两分接种 24 孔板（含有 1ml 不含 Tet 的培养液），让细胞生长融合。

（10）在 50μl 冷却 RIPA 缓冲液中裂解细胞，含有 1×蛋白酶抑制剂。收集细胞至 EP 管。

（11）细胞离心沉淀 15min，上清液-20℃储存。

（12）进行 SDS-PAGE 电泳和蛋白质印迹比较非诱导和强力霉素诱导条件下的蛋白质表达。

（13）选择基础背景最低和强力霉素诱导后的蛋白表达最高的克隆。

5. 诱导克隆的剂量-反应曲线

（1）接种 1.0×10^5～1.5×10^5 个/孔板至 6 孔板（每孔含 2ml 不含 Tet 的培养液）。

（2）分别加入强力霉素于浓度为 0、0.05μg/ml、0.1μg/ml、0.25μg/ml、0.5μg/ml 和 1μg/ml 稀释液（终止液原液浓度为 1mg/ml）。

（3）细胞成长 48h。

（4）在 100μl 冷却 RIPA 缓冲液中裂解细胞，含有 1×蛋白酶抑制剂。收集细胞至 EP 管中。

（5）细胞离心沉淀 15min，上清液-20℃储存。

（6）根据说明书，确定 BCA 试剂蛋白质样品中的浓度。

（7）进行 20～50μg 样品 SDS-PAGE 和蛋白质印迹分析。

（二）神经细胞死亡的标记和检测

1. 电子细胞计数

（1）24 孔板每孔内接种 4×10^4 个细胞，每孔不含酚红。

（2）PBS 洗板两次，细胞计数。

（3）加入胰蛋白酶溶液 250μl/孔，使细胞完全分离。

（4）反复抽吸，游离团块。

（5）加 9.8ml 0.9%氯化钠溶液入计数盘，计数前添加 0.2ml 细胞悬液。

（6）混合轻摇计数盘。

（7）打开细胞计数器预热 15min，进行样本读数。

2. MTT 检测

MTT 检测又称 MTT 比色法，是一种检测细胞存活和生长的方法。其检测原理为：活细胞线粒体中的琥珀酸脱氢酶能使外源性 MTT 还原为水不溶性的蓝紫色结晶甲瓒（formazan）并沉积在细胞中，而死细胞无此功能。二甲基亚砜（DMSO）能溶解细胞中的甲瓒，用酶联免疫检测仪在 490nm 波长处测定其光吸收值，可间接反映活细胞数量。在一定细胞数范围内，MTT 结晶形成的量与细胞数成正比。该方法已广泛用于一些生物活性因子的活性检测、大规模的抗肿瘤药物筛选、细胞毒性试验以及肿瘤放射敏感性测定等。它的特点是灵敏度高、价格经济。

（1）到 96 孔板内的种子细胞暴露在致病条件刺激诱导。

（2）加入 10μl MTT 液。

（3）在 37℃加湿孵化孵育 4h。

（4）每孔 100μl 添加 DMSO。水平摇床混合 2～5min，直到完全溶解蓝色甲瓒晶体。

（5）在 30min 内酶标仪读数，测试波长为 570nm。

3. 细胞凋亡检测 DNA 梯带

（1）100mm 培养皿中的细胞暴露在致病条件刺激诱导。

（2）去除培养液，贴壁细胞放入 500μl PBS。

（3）离心 5min 去除上清液。

（4）蛋白酶 K 缓冲 400μl 消化完全悬浮颗粒。

（5）摇床 56℃孵育 4h。

（6）用酚/氯仿/异戊醇（25∶24∶1）提取样品。

（7）反复反转和正转 10min 混合。

（8）转移到一个新的管内，并重复步骤（6）和（7）。

（9）转移到一个新的管内，1/10 倍体积 3mol/L 乙酸钠和 2 倍体积乙醇于−20℃沉淀 DNA 1h。

（10）4℃离心 30min。

（11）500μl 70%乙醇洗沉淀，离心 15min。

（12）干燥颗粒和悬浮颗粒放入 30μl TE 缓冲液（pH8.0）。

（13）加入 RNase A 至终浓度为 0.25mg/ml，在 37℃孵育 1h 消化样品中的 RNA。

（14）用酚/氯仿/异戊醇（25∶24∶1）提取样品，DNA 沉淀同步骤（9）～（11）。

（15）干燥的颗粒和悬浮颗粒放入 30μl TE 缓冲液（pH8.0）

（16）用紫外分光光度计在 260nm 处测量 DNA 的浓度。

（17）10μg DNA 加到 1.5%琼脂糖凝胶 70V 电泳 2h。

（18）2μg/ml 溴化乙锭染色凝胶 30min。

（19）1mmol/L 硫酸镁脱色 30min，UV 透照器下观察梯带。

第四节　脑缺血动物模型

一、概述

缺血性脑血管疾病以其高发病率、高致死率，一直受到人们的广泛关注，其基础研究为缺血性脑血管疾病的预防、治疗提供了可靠的依据，建立有效的动物模型是基础研究的前提。脑缺血分为全脑缺血和局灶性脑缺血，而每一种缺血模型的制备方法都很多，目前国内外广泛应用的一种方法是颈内动脉（internal carotid artery，ICA）线栓法，该方法可有效地阻断 ICA 供血区域的脑血流，而且可以模拟缺血再灌注的病理生理过程。

理想的脑缺血模型应尽可能符合临床实际，有高度的可重复性，宜操作，影响因素少，手术最好不开颅，减少创伤。

二、局灶性脑缺血动物模型

（一）线栓法

1. 建模方法

雄性 SD 大鼠，体重为 250～300g。经腹腔注射水合氯醛（350～400mg/kg）或戊巴比妥钠（50～60mg/kg）麻醉后，仰卧位固定，剃除颈部毛发，手术区域皮肤常规消毒。切开右侧颈部皮肤，钝性分离胸锁乳突肌和胸骨舌骨肌，显露右侧颈总动脉（carotiss communis artery，CCA）及迷走神经。结扎 CCA、颈外动脉（external carotid artery，ECA）及其分支动脉。分离右侧颈内动脉（ICA），至鼓泡处可见其颅外分支翼腭动脉，于根部结扎分支。在 ICA 近端备线，远端放置动脉夹，在 ECA 结扎点（距颈内、颈外分叉 5mm 处）剪一小口，将 4-0 号的尼龙线经 ECA 上剪口插入。插入前加热处理使插入端变钝（也可在尼龙线头端用 L-多聚赖氨酸涂抹后置肝素中浸泡，使成功率增高，梗塞面积恒定），并做好进入线长度标记。扎紧备线，松开动脉夹，将尼龙线经 ECA、ICA 分叉处送入 ICA，向前进入 17～19mm 时会有阻挡感，说明线已穿过大脑中动脉（middle cerebral artery，MCA），到达大脑前动脉的起始部，堵塞 MCA 开口，造成脑组织局部缺血。1～3h 后可缓慢退出尼龙线实施再灌注。

2. 模型评价

线栓法的优点有无须开颅、动物损伤小、MCA 闭塞效果较为理想，目前该模型被认为是唯一能观察到再灌注的局灶性脑缺血模型，近年来较为常用。注意事项：线选择极为重要，较细时不容易穿到 MCA，且缺血不明显；较粗时缺血重，容易造成实验动物的死亡。线要有一定的刚性，才能穿进 ICA 并穿进颅内，钢性过强则容易穿透动脉引起颅内出血。穿线位置也应当根据实验条件摸索。为提高线栓法大鼠局灶性脑缺血模型的成功率和稳定性，有学者研究了大鼠体重、栓线插入长度和直径与大脑中动脉缺血（middle cerebral artery occlusion，MCAO）模型成功的关系，用正交试验法得出造模型的最佳方案：采用体重为 250～300g 大鼠，线长为 17～18mm，线直径为 0.28mm，以此制作 MCAO 模型，成功率高、重复性较好。

（二）电凝法

1. 建模方法

SD 大鼠，雌雄不拘，体重 250～300g。经腹腔注射水合氯醛（350～400mg/kg）或戊巴比妥钠（50～60mg/kg）麻醉后，仰卧位固定，剃除颈部毛发，手术区域皮肤常规消毒。在左侧眼外眦到左外耳道连线的中点，垂直于连线切开皮肤约 2cm。沿颧弓下缘依次切断咬肌和颞肌，将这些肌肉推向前上，操作时避免损伤面神经及动脉。用牙科钻在颧骨和鳞状骨联合前内侧 2mm 处钻孔开颅。在手术显微镜下切开硬脑膜，暴露并游离 MCA。用双电极（电压 12V）电灼毁损大脑动脉环起始至嗅沟的 MCA。为防止电极的电流对脑组织造成电损伤，在操作过程不断向 MCA 周围滴加 0.9%氯化钠溶液并尽量减少电极在 MCA 上的作用时间。

2. 模型评价

开颅法的优点是实验条件稳定，缺血效果可靠，是经典的缺血模型，在一定程度上模拟了人类一侧半球缺血性梗死的情况；缺点是开路法干扰了脑脊液动力学，易感染、创伤大，且闭塞后无法进行再灌注损伤。电凝并切断 MCA 起始部至大脑下静脉之间或嗅束内侧 2mm 至大脑下静脉之间的一段 MCA 后，可阻断豆纹动脉及近端小皮质支的侧枝血流，在基底核区和皮质形成较恒定的梗死灶，梗死发生率可达 100%。因此大鼠出现严重的神经功能缺失体征，且与梗死范围有显著相关性，从而为研究不可逆脑缺血提供了可靠的动物模型。

（三）光化学法

光化学刺激可造成严重的血管内皮损伤，在短时间内光照区内的血管即可发生完全性血栓形成，进而形成局灶性的梗死灶。实验动物可选用兔、大鼠或豚鼠等造模。

1. 建模方法

动物选择和麻醉方法参见电凝法。在左侧眼外眦到左外耳道连线的中点，垂直于连线切开皮肤约 2cm，去除颞肌，显微镜手术镜下用钻头打开一直径 6mm 的骨窗，保留硬膜。将直径 3mm 的光导纤维远端置于颅底 MCA 经过嗅束的起始处，静脉注射化学荧光染料四碘四氯荧光素二钠，同时打开光源引导波长 520～620nm 的冷光照射。光线透过颅骨与血管内的染料接触，激发光化学反应，引起照射部位皮质血管内皮细胞毒性脑水肿，从而导致脑梗死。同时用多普勒激光探头监测脑组织血流量。

2. 模型评价

（1）本法较好地模拟了人类脑血栓形成的动态过程，符合目前临床治疗理论的新发展，为临床治疗提供了有效的实验工具。

（2）在硬脑膜外操作，不影响颅内压和颅内环境。

（3）给药方式灵活且针对性强，既可预防性给药，观察药物提高血管抗损伤的效能，又可治疗性给药，评价抗血栓药、溶栓药和血管保护剂的药理作用及疗效。

（四）血栓法

1. 建模方法

1）血栓的制作

SD 大鼠，经腹腔注射水合氯醛（350～400mg/kg）或戊巴比妥钠（50～60mg/kg）麻醉后，仰卧位固定，剃除颈部毛发，手术区域皮肤常规消毒。切开左下肢皮肤，找到股静脉，穿刺抽静脉血 0.5ml 立即混入 0.15ml 凝血酶（200U 加 0.4ml 0.9%氯化钠溶液），随后注入 2 根连续硬膜外麻醉导管内，静置 15～20min。缝合完皮肤后，将导管内的血凝块用注射器缓慢移入 0.9%氯化钠溶液中，清洗 2～3 遍以去掉血栓表面的红细胞。在显微镜下观察，选择富含纤维素的血栓剪成 14～18 个 2mm 长的小段，然后将这些被选择的片段置于 pH7.4 的磷酸盐缓冲液（或 0.9%氯化钠溶液）中。在磷酸盐缓冲液中静置4～5h，使其完成凝缩后，将血栓连同磷酸盐缓冲液一起吸入一根透明的连续硬膜外麻醉导管备用，注意避免导管内吸入空气（也可在导管两端各接一装有0.9%氯化钠溶液的注射器，使盐水反复通过导管冲洗血栓5min）。

2）鼠脑栓塞模型制作

待血栓凝缩4h后，将大鼠再次麻醉，手术区域皮肤消毒。颈正中偏左切开皮肤，钝性分离出左侧CCA、ICA和ECA。结扎ECA的2个分支，穿2根线于ECA，将ECA远心端结扎。结扎ICA分支翼突腭动脉。动脉夹夹闭CCA和ICA，在ECA远端剪一"V"形切口，将22号套针由ECA远端向近端插管。插管成功后拔出针芯连接于22号套管。松开颈内动脉夹，缓缓将导管内的血栓和磷酸盐缓冲液注入ICA（30s）后拔出套管。结扎ECA近心端，松开颈总动脉夹，缝合皮肤。整个操作过程注意保持大鼠体温，肛温保持在36～37℃。

2. 模型评价

该模型产生了显著而持久的供血中断，并形成了范围恒定和边界清楚的梗死灶。在确定血栓注射入ICA后，造模成功率达80%以上。这种模型类似人类的自然梗死现象，手术创伤小，成功率高。血栓富含纤维蛋白，既适用介入治疗和溶栓降纤治疗的研究，也适用于局灶性脑缺血药物保护机制的研究，以及血小板微血栓形成后的脑病理改变研究。该模型相对于线栓法和光化学法更贴近于临床上的脑栓塞，缺点是不易预见缺血部位和范围，不能再通，栓塞动脉对侧也可能受累，并可能导致外源性物质引起的炎症反应等。

三、全脑缺血动物模型

（一）两动脉阻断法

1. 建模方法

SD大鼠，雌雄均可，体重为250～300g。经腹腔注射水合氯醛（350～400mg/kg）或戊巴比妥钠（50～60mg/kg）麻醉后，仰卧位固定，剃除颈部毛发，手术区域皮肤常规消毒。颈前正中切口，分离双侧颈总动脉（CCA），夹闭双侧CCA，同时合并低血压以减少脑血流量，造成急性脑缺血。由于啮齿动物（沙土鼠除外）脑血液循环有较人类丰富的侧支循环，仅结扎双侧CCA不足以明显降低脑血流量（cerebral blood flow，CBF），因此必须结合降压药三甲噻吩、酚妥拉明或静脉放血等方法使动脉血压降低至50mmHg（6.7kPa），使CBF降低至正常的5%～15%。放血方法：由颈静脉插管至右心房，供放血并连续记录脑电图（electroencephalogram，EEG）。采用抽血的方法放血，失血达80mmHg（10.7kPa）时结扎双侧颈动脉，再继续抽血，使血压降至50mmHg。

2. 模型评价

此方法的优点是操作简便，用一次性手术即可完成，阻断完全可逆，可人为控制动物呼吸。采用这种方法复制的模型，能进行缺血再灌流损伤的研究，模拟了临床上休克、心功能不全、脑血管严重狭窄或阻塞合并血液低灌流引起的脑循环障碍，造成不同程度的脑组织缺血损伤，因而对于探讨人类缺血性脑损伤的发病规律、评价抗脑缺血药物的疗效等很有价值。其缺点是：①模型不能在清醒动物上复制，无法研究血管狭窄后行为学变化；②常因存在侧支循环而造成缺血不完全，部位不宜确定；③脑缺血时限长，有时导致脑缺血后抽搐、癫痫等并发症的发生，且由于低血压状态，可干扰其他器官、组织的供血和实验结果。此方法除可用于大鼠外，也可用于兔、猫和猴的完全性脑缺血。

（二）四动脉阻断法

1. 建模方法

SD 大鼠，雌雄均可，体重 250～300g。经腹腔注射水合氯醛（350～400mg/kg）或戊巴比妥钠（50～60mg/kg）麻醉后，仰卧位固定，剃除颈部毛发，手术区域皮肤常规消毒。颈前正中切口，分离双侧颈总动脉（carotiss communis artery，CCA），套线备用。同时枕部切口（颈部前倾 30°，利于手术部位的暴露），借助手术显微镜分离暴露第一颈椎横突翼并找左右横突孔（椎动脉在入脑前从此孔通过），将灼热的电烙铁尖头（直径 0.5mm）直接插入翼孔，深度以 2～3mm 为宜，电凝双侧椎动脉（vertebral artery，VA）造成永久性闭塞。插入时间不宜过长，1～2s 即可，避免造成局部产热过高而损伤脊髓和脑干。电烙铁拔出时宜缓慢，以免将椎动脉烧断部位牵出，引起动物大量出血而死亡。也可采用钻透第一颈椎小孔的方法，在直视下直接烧灼 VA，成功率几乎达 100%。24h 后用乙醚浅麻醉大鼠（也可以在清醒状态下手术），颈部消毒，打开颈前正中切口，将套在双侧颈总动脉下的备用线结扎（也可用微型无创动脉夹夹闭两侧 CCA），根据实验需要可阻断血流 10～60min。松开结扎线（或动脉夹）后可实行再灌注研究。

2. 模型评价

本模型是一个能够导致严重大脑缺血、具有较强可重复性的诱发模型；优点是缺血完全，检验缺血是否成功的指标明确，且可进行缺血再灌注研究；缺点是手术复杂，成功率低，个体差异大，术后存活率为 50%～80%。在手术过程中翼突孔的区分是完全阻断 VA 的关键，在翼突孔前上方有一小切口，若肌肉分离不完全，易将该切口误认为是翼突孔，若在此处烧灼，不但不能完全阻断 VA，而且易烧伤脊髓甚至脑干，导致动物立即死亡。

四、脑缺血的观察及脑缺血模型的评价方法

（一）神经症状的评价

脑损伤后出现相应的症状与体征，症状与体征的检测又可以反映脑损伤恢复的程度。常见的分级方法有 Bederson 3 级法、改良的 Bederson 和 Zealonga 5 分制评分法，以及 Tatlisumak 6 分制评分法等。

1. Bederson 分级法

正常（0 级）：未见活动异常，大鼠被提尾悬空时两前肢向地面伸直。置动物于软塑料板上，轻握大鼠尾，在其肩后施加侧向推动力使大鼠滑动约 10cm，手感左右推动阻力相等。

中度（1 级）：大鼠被提尾悬空时，脑缺血对侧前肢呈屈曲、抬高、肩内收和肘关节伸直等。置动物于软塑料板上，轻握大鼠尾，在其肩后施加侧向推动力使大鼠滑动约 10cm，手感左右推动阻力相等。

重度（2 级）：大鼠被提尾悬空时，脑缺血对侧前肢呈屈曲、抬高、肩内收和肘关节伸直等。置动物于软塑料板上，轻握大鼠尾，在其肩后施加侧向推动力使大鼠滑动约 10cm，对比手感左右推动阻力，缺血半球对侧的侧向推动阻力明显降低。

2. Zealonga 的 5 分制评分标准

0 分，无神经损害的症状；1 分，不能伸展对侧前肢；2 分，向外转圈；3 分，向对侧倾倒；4 分，不能自发行走，意识丧失。

症状与体征的检测方法直接、简便，从整体上反映损伤程度，不需要特殊仪器，但人为心理因素比较多，只需随机测定，可靠性低，可以用做初步筛选或辅助性指标。

（二）定位记忆力能力的评价

记忆是复杂的生理过程，在多重记忆系统中不同记忆系统有着不同的功能定位、神经环路、递质和分子生物学机制。大鼠脑缺血后伴有不同程度记忆力与空间定位的障碍，检测的方法可采用跳台实验、避暗实验、定向游泳实验和 Morris 水迷宫实验等。

（三）脑电图（EEG）

EEG 提供了一种非创伤性研究脑电活动的方法，可以反映阻断动脉的缺血区与非缺血区以及对侧相应部位的脑电变化，通过生物电的角度从整体上分析脑损害与脑电图的关系。在大鼠冠状缝前相当于皮质感觉区（额顶区）部位和顶叶后部（顶枕区）的左右两侧对称地分别放置电极各 1 个，电极尖端穿过颅骨接触硬脑膜，用牙科黏合剂固定，参考电极安置在鼻骨正中。8 道生理记录仪记录。若应用脑电图仪，可放置更多的电极，

更能准确地反映脑缺血的范围及其程度。缺血区脑电图出现波幅降低和频率减慢。

（四）脑梗塞面积及含量水量测定

1. 脑梗塞面积的测定

实验证明，大鼠动脉阻塞后3～4h梗死就可以达到最大范围，测定脑梗死的面积应在术后4h以后进行。做脑切片，采用氯化三苯基四氮唑（triphenyltetrazolium chloride，TTC）染色显示梗死的脑组织是白色，粉红色区为正常脑组织。梗死脑组织的测定方法有以下4种。

（1）应用透明纸描叙出每个切片两面的外轮廓及梗死区。

（2）应用坐标法、落点求积法等测量每片梗死区截面积和全脑截面积，计算梗死面积百分比。

（3）采用数码相机拍照，利用计算机软件测定面积。

（4）梗死范围法：染色后，将白色脑组织挖下称重，以梗死组织的质量占脑质量百分比作为脑梗死范围。

2. 脑含水量测定

脑水肿是脑缺水不可避免的后果，早期脑水肿的减轻与控制可明显地降低死亡率及致残率，因此脑水肿的机制在不同缺血模型中广泛检测与研究。检测的方法有：①直接法，断头取脑，分别称量左右脑片湿重，烘烤至恒重，按脑水肿公式计算；②间接法，采用光镜与电镜观测脑水肿组织、细胞与正常的脑组织、细胞的差别，以反映脑水肿的程度。

公式1：含水量=［（湿重−干重）/湿重］×100%。

公式2：含水量的变化=[（缺血侧脑含水量−正常侧脑含水量）/正常侧脑含水量]×100%。

（五）软脑膜微循环观察

此法可以直接观察软脑膜微循环血液的灌流状况，结合专用的微循环图像处理系统可直接测量微血管的管径及血流速度。方法为：在大鼠颞顶部制作颅窗（颅窗的大小因动物种类不同而不同：犬10mm×15mm，家兔6mm×10mm，大鼠4mm×8mm），用骨蜡及电热灼烧器彻底止血，无菌0.9%氯化钠溶液冲洗，待变硬后用手术刀将多余的部分切去。若颅窗周围无渗出、窗内无气泡与出血、脑血管无异常，表示颅窗制作成功。将实验动物置于微循环仪下，可观测到清晰的软脑膜微血管图像，通过摄像或照片记录实验结果。也可用计算机微循环图像处理系统，准确地测定微循环的各项指标。还可应用激光多普勒微循环血流分析仪，将激光探头固定于颅窗上，只要保证激光探头在整个实验过程中无位置移动及转动，即可准确地测定该部位的微循环血流量。

（六）微透析结合高效液相色谱

微透析（microdialysis）是一种从生物活体内进行动态微量生化取样的新技术。但由于微透析样品体积小，难以进行前处理浓集，而各种生化物质的含量又很低，因而给样品测定带来了困难。目前由于毛细血管电泳仪技术的提高，能够检测采集的样品，使微透析技术日臻完善。应用微透析仪的方法是在活体状态下，将动物置于立体定向仪上，在前囟右侧、前侧各 1.5mm 处插入微透析探针，深度 3.5mm（或根据感兴趣局域调整）。用灌流液灌流，速度 2μl/min，基础灌流 60min 后收集微透析液。与高效液相色谱或毛细血管电泳仪连用，动态观测脑组织神经递质、神经内分泌激素等活性物质的动态变化。

（七）电化学法

可采用对 pH、离子以及其他物质敏感的电化学电极，利用立体定位仪直接放置在感兴趣区域，动态观测上述各项指标的变化。例如，采用 NO 敏感电极结合电化学检测技术，观察 MCAO 大鼠缺血侧纹状体 NO 释放变化等。

（八）脑毛细血管通透性

大鼠按 50mg/kg 体重的剂量静脉注射 1%伊文斯蓝，之后结扎大鼠双侧 CCA。结扎后 3h，断头取脑。将脑放入盛有 5ml 甲酸铵溶液的试管中浸泡，并置于 45℃恒温箱中温育 72h。取出后用 721 分光光度计于 620μm 进行浸出液比色，测定观密度值。再以标准曲线查出 5ml 甲酸铵液中伊文斯蓝含量，继而计算出单位脑重的伊文斯蓝含量，以此评价毛细血管通透性。

（九）血管活性物质及其他生物活性物质的测定

在脑缺血的情况下，线粒体氧化代谢障碍，不能提供足够的电子，且抗氧化系统被抑制，使含有不配对电子的自由基大量产生，超过机体的清除能力而造成损伤。因此测定脂质过氧化物（lipid peroxide，LPO）和氧自由基的清除剂超氧化物歧化酶（superoxide dismutase，SOD）可以直接反映损伤的变化，以及氧自由基攻击生物膜的多不饱和脂肪酸形成的损伤程度。可以通过化学发光法、自氧化法、荧光法和硫代巴比妥酸（thiobarbituric acid，TBA）比色法等进行测定。

氧自由基在各种损伤、应激和感染中都可以出现变化，故缺乏检测的特异性和针对性，但它是机体反应的一种敏感指标，可以作为急性期的辅助指标。

（十）形态学及免疫组织化学法检测

1. 形态学观测

石蜡切片的 HE 染色观察，主要用于显示各种组织正常和病变部分形态结构的变化。普通的 HE 染色光镜下就可以观测到梗死区间质内大小不等的空泡、血管扩张和脑组织水肿，部分神经细胞核固缩及深染，部分神经细胞溶解、胞质疏松和细胞界限不清，坏死区周边可见中性粒细胞。电镜分辨率比较高，可观察脑神经细胞缺血后的微血管状态、胶质细胞形态、神经细胞的形态和线粒体的变化等。还可以应用示踪技术定位。

2. 免疫组织化学法

应用标记的抗体对细胞或组织内相应的抗原进行定位、定性或定量检测。经组化显色后，用光学、荧光、电子显微镜观察。凡是能作为抗原、半抗原的物质，如 c-Jun、cyclin-D、MAP-2 等脑缺血损伤相关蛋白，均可以应用免疫组化法准确定位。根据标志物的性质，可将免疫组化染色法分为免疫荧光法、免疫酶法、免疫金银法和 ABC 法等。根据染色及抗体滴加步骤，分为直接法、间接法和桥法等。其结果除了在显微镜下观察外，也可以输入医学图像分析系统进行图像处理，检测阳性细胞的平均灰度值。

第五节　帕金森病动物模型

一、概述

帕金森病（PD）是老年人常见的进行性中枢神经系统退行性疾病，其临床表现为静止性震颤、肌强直、运动迟缓、体位不平衡及步态紊乱。此病主要病理特征为黑质多巴胺（dopamine，DA）能神经元缺失及胞质内包涵体-路易小体（Lewy body）出现。纹状体 DA 含量降低，使乙酰胆碱（acetylcholine，Ach）能系统的功能相对亢进。目前 PD 主要发病机制不明，但环境和遗传因素被认为在其发病过程中起重要作用。补充左旋多巴是公认的经典治疗手段，但随着 PD 病程进展，会出现药物不良反应及药物无法改善的症状。

制备 PD 模型的原理主要有两条途径：一是递质生化途径，即利用各种干扰 Ach 和 DA 代谢及作用的药物，直接模拟 PD 的递质生化改变；二是病理途径，即利用化学和物理损毁的办法破坏黑质-纹状体 DA 递质系统，继而产生 PD 的生化递质改变。为了与人类 PD 症状更接近，理想的 PD 动物模型主要应具备以下 5 点。

（1）动物新生时具有正常的 DA 神经细胞受体，在成长期有选择性地进行 DA 神经细胞缺失，缺失率应超过 50%，用生化和神经病学指标可以检测出来。

（2）动物模型应易于检测行为缺陷，包括 PD 的主要症状，如运动迟缓、强直、静止性震颤。

（3）应有特征性 Lewy 小体的出现。

（4）若为基因动物模型，应基于单一突变，使突变健全增殖，以及有增强或抑制株交替。

（5）应有一个相对短的病程（如几个月），有利于药物进行筛选且费用低。

本节将介绍几种常见的 PD 模型制备的基本原理、制备方法，以及对各种模型的评价，并简要介绍近年来两种较新的PD动物模型。

二、6-羟基多巴胺模型

（一）基本原理

6-羟基多巴胺（6-hydroxydopamine，6-OHDA）为选择性DA神经元毁损剂。当注射至大鼠纹状体或黑质后，可被DA神经元末梢或胞体的膜转运主动摄取到细胞内，氧化生成神经毒物和羟自由基合成醌类物质，使DA神经元变性和死亡，黑质-纹状体DA系统功能减退，产生类似于PD的症状。由6-羟基多巴胺所致的动物模型亦称为6-OHDA模型。

（二）动物

SD或Wistar大鼠，体重为200～250g，雌雄均可。

（三）建模方法

以水合氯醛（350～400mg/kg）或戊巴比妥（50～60mg）经腹腔注射麻醉，剪去头部毛发，将大鼠固定于三维脑立体定位仪上，采取颅平位。手术区皮肤消毒，皮正中切口，暴露前囟。将6-OHDA 8μg溶于2μl 0.9%氯化钠溶液中，微量注射进入脑内黑质-纹状体的不同部位。注药后7天、15天、22天、30天及60天按0.05mg/kg分别皮下注射苯丙胺及阿扑吗啡，以诱发旋转运动来判定模型是否成功。如果动物出现旋转，且旋转次数超过7r/min，则为成功模型，否则为不成功模型。阿扑吗啡使动物向健侧旋转，苯丙胺使动物向患侧旋转。旋转的行为一般用大鼠旋转计数来记录，每次记录30min，这种行为可维持10个月左右。行为学测试结束后，动物麻醉后开胸，用0.9%氯化钠溶液100～200ml左心室灌流，然后以4℃的4%多聚甲醛（pH7.4，0.1mol/L PBS）300ml做灌注前固定。迅速断头取脑，将脑浸入4℃的4%多聚甲醛过夜，再移入含4℃的30%蔗糖PBS中过夜（脱水），直至脑组织沉入容器底部，于纹状体（前囟后0.2mm）及黑质区（前囟后5.5mm）行连续冰冻切片，片厚30μm，每隔5张取1片作为切片。进行神经元尼氏染色和免疫组织化学染色，做TH免疫细胞化学染色，观察大鼠黑质-纹状体多巴胺细胞的损毁情况。

（1）黑质致密体部MPD于前囟后4.4mm、矢状缝旁1.3mm、颅骨下8.5mm为注射点，使用微量注射器注射6-OHDA 8μg（6-OHDA溶于0.2%的抗坏血酸0.9%氯化钠溶液中），注射速度2μg/（μl•min），以防药液溢出。术毕，大鼠连续5天肌肉注射庆大霉素以防止感染，每只20 000U/天。

（2）黑质致密体部旁MPD于前囟与后囟在同一水平面，选择黑质致密部旁为注射点（人字缝前3.5mm，矢状缝旁2.3mm，硬膜下6.8mm），6-OHDA注射及其他处理方式同黑质致密体部MPD。

（3）纹状体区 MPD 调节门齿钩与耳间线处于同一平面，以前囟、矢状缝、硬膜为标志，以下 3 点为注射点：[前/后（anterior-posterior，AP）= +1.0，横向（medial-lateral，ML）=−3.0，腹/背（dorso-ventral DV）=−5.0，tooth bar（TB）=−0.0]、（AP=−0.1，NL=−3.7，DV=−5.0，TB=−0.0）及（AP=−1.2，ML=−4.5，DV=−5.0，TB=−0.0）。分别注入 6-OHDA 7μg，注射速度及其他处理方式同黑质致密体部 MPD。

（四）模型评价

6-OHDA 单侧毁损制备的旋转模型是目前用得最多的 PD 模型，其病理、生化方面与人类的 PD 有不少相似之处。优点是药物诱发的旋转行为量化，为评价抗 PD 药物疗效提供了稳定可靠性的指标。缺点是该方法制备 PD 模型成功率在 50%～70%，成功率较低，且该模型是急性毁损，不能模拟 PD 的慢性进行性病程的特点。此模型多用于发病机制、药物疗效的判定、细胞移植、基因治疗、神经保护治疗方面的研究。最近研究发现，6-OHDA 纹状体内持续小剂量灌注或小剂量多靶点注射，均可使动物 DA 能神经元产生逆行性损害，且这种损害呈进行性趋势更接近人类 PD 改变。许多研究者认为纹状体注药建立 PD 模型，可以替代上述的黑质损毁 PD 模型。

三、1-甲基-4-苯基-1，2，3，6-四氢吡啶模型

（一）基本原理

1-甲基-4-苯基-1，2，3，6-四氢吡啶（1-methyl-4-phenyl-1,2,3,6-tetrahydropyridine，MPTP）来源于人工合成毒品的中间产物，可以引起黑质致密部 DA 能神经元变性、死亡，黑质及纹状体 TH 活性、DA 及其代谢产物含量降低。MPTP 对 DA 能神经元的毒性作用主要是通过抑制线粒体呼吸链复合体 I 的活性，以及由此诱发的氧化应激反应实现的。此外，MPTP 对去甲肾上腺素能和 5-HT 能神经元也有轻度毒性作用，在人类和非灵长类引起的 PD 综合征和人类原发性 PD 的表现极其相似。由 1-甲基-4-苯基-1，2，3，6-四氢吡啶所致的这种动物病变又称为 MPTP 模型。

（二）动物

灵长类动物，如成年恒河猴（猕猴、松鼠猴亦可）；成年 C57/BL 小鼠或猫。

（三）建模方法

1. 双侧损毁 PD 模型

（1）MPTP 制备灵长类 PD 模型：选用成年灵长类动物，如成年恒河猴（猕猴、松鼠猴亦可），体重为 4.5kg 左右。腹腔注射 MPTT 2～4mg/kg，每天 1 次，连续 4 天，或者静脉注射 MPTP 0.35～0.5mg/kg，方法同上。所有动物均能出现 PD 样症状，再注射

2～4 次后出现短暂海洛因样毒性反应，表现为仰卧、嗜睡、活动减少和重复点头，1 周后出现类似人类 PD 症状，如眨眼少、两眼凝视、动作减少、动作迟缓、肢体发僵、震颤、屈曲姿势、发音和吞咽困难等。症状逐渐加重，以致几乎不能活动，仅能俯卧或侧卧。各种灵长类动物产生 PD 症状所需 MPTP 的剂量不同，在全身用药时，累积剂量罗猴为 1.5～5mg/kg、狨为 2～4mg/kg、鼠猴为 9mg/kg。

（2）小鼠：选用 10～12 周龄，成年 C57/BL 褐鼠，体重 25～30g。按体重 30～40mg/kg 腹腔注射 MPTP，连续 7 天，于第 6～7 次注射后出现暂时性（2～3h）躯干震颤、竖毛、尾巴过伸、动作减少、爬杆障碍等 PD 症状。

（3）猫：成年家猫，2.5kg 左右，按体重 5mg/kg 腹腔注射 MPTP，连续 5 天。于第 2 次注射后每次注射时可见短暂海洛因样毒性反应，如瞳孔散大、流泪、流延、凝视和活动异常等，在首次注射后次日起逐渐表现出表情呆滞、活动减少、动作笨拙和进食困难等 PD 症状。

2. 单侧毁损的 PD 模型

恒河猴按体重 0.5～0.7mg/kg 一侧颈内动脉注射 MPTP，1 周后出现毁损，对侧肢体活动减少，自发性毁损侧转身。

给药后可采用录像、摄影和爬杆试验等方法记录观察动物的行为活动。分别于末次注射后 10 天、14 天和 21 天处死动物，采用 HPLC-EC 监测动物黑质-纹状体多巴胺（DA）、3、4-二羟苯乙酸（DOPAC）和高香草酸（HVA）的含量；采用放射免疫法检测纹状体内甲硫氨酸脑啡肽（MEK）和亮氨酸脑啡肽（LEK）的含量；采用光镜和电镜技术观察动物黑质、尾状核、豆状核、迷走背核、蓝斑核及额叶皮质的神经病理学的改变。

（四）模型评价

利用 MPTP 制备的灵长类 PD 模型可产生与人类 PD 十分相似的行为、生化及组织改变，是目前用来模拟人类 PD 的一个最理想的动物模型。双侧毁损 PD 模型进食困难，难以饲养，现在已经很少应用；单侧的模型可用于研究新型抗帕金森的药物和手术治疗。MPTP 诱发小白鼠、猫的 PD 模拟症状方面不及灵长类典型，但由于经济方便，也常被采用。MPTP 小鼠模型可完全用于测试神经保护剂和恢复剂的研究。

四、鱼藤酮模型

（一）基本原理

鱼藤酮（rotenone）是一种来源于某种植物根部的天然物质，一直作为蔬菜的杀虫剂。鱼藤酮与细胞色素氧化酶复合体 I 抑制剂有高亲和力，而在 PD 患者黑质区发现细胞色素氧化酶复合体 I 抑制剂缺失。

（二）动物

Lewis 大鼠，体重 300～350g。

（三）制备方法

按体重 350～400mg/kg 水合氯醛麻醉大鼠，剔除背部毛发，局部皮肤消毒，将渗透微泵埋入皮下，从下颌角静脉插管与微泵相连，每月按体重 2～3mg/kg 灌注鱼藤酮（溶于 1∶1 的 DMSO/聚乙二醇溶液中），每月更换 1 次微泵，连续 5 周。可选择性引起黑质-纹状体 DA 系统变性，在黑质细胞内有类似 Lewis 小体的α-突出核蛋白（α-synuclein）阳性包含体形成。行为方面出现屈曲体姿、运动减少，有时伴有强直、震颤。

（四）模型评价

制备该模型的神经毒素来源于自然环境，该模型对研究环境因素与 PD 病因及发病机制之间的关系具有独特的价值，其慢性的、进行性的病程还适合于 PD 神经保护治疗研究，对测定细胞移植期有价值；缺点是制备过程费时、费力，且由于动物的个体差异而模型不稳定。

五、除草剂模型

（一）基本原理

除草剂百草枯（paraquat）结构与 MPTP 相似，也是线粒体复合物 I 抑制剂，但作用机制与 MPTP 不同。另一种除草剂代森锰（maneb）可增强 MPTP 毒性，与百草枯合用具协同作用。

（二）动物和建模方法

动物为 6 周龄 C57/BL6 小鼠，分别按体重给予 8mg/kg 和 24mg/kg 的百草枯和代森锰，经腹腔注入小鼠体内，每周各 2 次，连续 6 周。

（三）模型评价

此模型可模拟 PD 病理和行为方面的部分改变，在研究环境因素与 PD 发病机制相互关系上有一定价值。因其除草剂暴露方式与实际环境因素作用方式仍有差距，故各方面特性尚待研究。

六、LPS 模型

（一）基本原理

脂多糖（lipopolysaccharide，LPS）是一种强力炎症反应诱导剂，可活化小胶质细胞。活化的小胶质细胞可释放大量促炎细胞因子和氧自由基，诱导 DA 能神经元损伤、凋亡。

（二）动物和建模方法

选 3 个月月龄的雄性 SD 大鼠，麻醉（麻醉药用量及用法参照 6-OHDA 模型）后以颅平位固定于立体定位仪上，根据 Paxinos Watson 图谱确定注射位点坐标（共 4 点，双侧各 2 点）将 LPS 微量注射于两侧的靶部位。

（三）模型评价

LPS 模型的注射靶部位可以是黑质或纹状体。其诱导的 DA 能神经元毒性作用呈时间依赖性。与其他模型相比，此模型是研究小胶质细胞介导的炎症反应对 PD 发病机制影响的理想模型，缺点是造模周期较长。

七、黑质免疫损伤模型

（一）基本原理

近几年研究发现免疫系统参与了 PD 的发病过程，自身免疫与 PD 的发病机制存在相关性。有研究表明，PD 患者大脑黑质部存在大量表达组织相容性白细胞抗原 D 受体（HLA-DR）的活化胶质细胞和巨噬细胞，将 PD 患者的血清 IgG 立体定向注入大鼠的一侧黑质，能够导致黑质多巴胺（DA）神经元的炎性损伤。

（二）动物和材料

（1）健康雄性 SD 大鼠，体重为 250～350g。
（2）健康人 IgG。
（3）来源于确诊的 PD 患者血清样品，所有患者均接受过多巴胺能药物的治疗。

（三）建模方法

1. 黑质部膜蛋白的制备

10%的水合氯醛（0.45mg/kg）腹腔麻醉动物后，迅速断头取脑，将其置于体视显微镜上，切取颜色较深的黑质核团，将取得的组织置于冰冷的匀浆缓冲液（PBS pH7.2，0.25 mol/L 蔗糖，2mmol/L 乙二胺四乙酸，2mmol/L 叠氮钠，1mmol/L 苯甲基磺酰氟）中，漂洗组织直至无可见血，加入 10 倍体积的匀浆缓冲液，用玻璃匀浆器抽研组织。将所得匀浆组织 800*g* 离心 10min，弃沉淀，除去未破碎的细胞和细胞核。收集上清后 10 000*g* 离心 10min，弃沉淀除去线粒体，将上清液 100 000*g* 离心（Beckman Ti70 转头）1h，弃上清，沉淀即为粗制的膜组分，置于−70℃保存备用。以上操作均在 0～4℃下进行。

2. 粗提膜蛋白层析柱的制备

在提取的膜蛋白中加入 PBS（pH7.2，0.5%曲拉通-100），4℃过夜溶解膜蛋白，Bradford 法测定浓度后，将溶解的样品对偶联缓冲液（0.1mol/L 碳酸氢 pH 8.3，0.5mol/L 氯化钠）透析过夜，其间换液 3～4 次。称取 1.0g 溴化氢活化的琼脂糖 4B（CNBr activated-sepharose 4B），加入 G_2 砂芯漏斗中，用 1mmol/L 的盐酸溶胀，真空泵抽去液体，用 100mmol/L 盐酸洗介质 3 次，每次洗后抽去液体。然后用偶联缓冲液洗介质 1 次，将介质和含有样品的缓冲液混合至离心管中，约 30ml，室温下轻轻振摇 2h，取少量液体待测，用 200 ml 偶联缓冲液洗介质 1 次，转移偶联介质至 50 ml 的阻断缓冲液（0.1 mol/L Tris-HCl，pH8.0）中，4℃过夜，在砂芯漏斗中依次用不同的缓冲液洗涤，共 3 次（先用 0.1 mol/L 乙酸钠，pH4.0；再用 0.1mol/L Tris-HCl，pH8.0，0.5mol/L 氯化钠）。真空泵抽干后将其混于 15ml PBS 中，装柱，平衡。

3. 蛋白 A 层析柱的制备

称取 0.4g 溴化氢活化的琼脂糖 4B，其处理过程同前，将 110g 蛋白 A 加入含有介质的 10ml 偶联缓冲液中，室温下轻轻振摇 2h，在砂芯漏斗中用偶联缓冲液洗介质 1 次，然后转移介质至阻断缓冲液中，4℃过夜，分别用 pH4.0 和 pH8.0 的缓冲液洗柱 3 次。装柱，平衡。

4. 两步法免疫亲和层析

将收集的 2ml PD 患者血清 10 000*g* 离心 30min，所得上清用 PBS 稀释 3 倍后上样，流速控制为 1ml/min。4℃放置 2～4h 后，用 0.05 mol/L Tris-HCl（pH 8.3）、0.5 mol/L 氯化钠洗脱至吸光度 A_{280} 为 0，结合在柱上的物质用 0.1mol/L 甘氨酸/HCl（pH 2.5）、0.5mol/L 氯化钠洗脱，收集洗脱峰，直至吸光度 A_{280} 为 0。以 1ml 为洗脱组分收集，用 3mol/L Tris-HCl（pH 8.0）将其迅速中和至 pH 为 7.3。再用 3mol/L 硫氰酸钾（KSCN）洗脱，收集洗脱峰，将两次的洗脱组分合并，4℃下对 PBS 透析，供再一次提取使用。亲和柱的再生，用 10 倍柱床体积的 0.1mol/L 甘氨酸/HCl（pH2.5）、0.5mol/L 氯化钠平衡层析柱，洗脱至 pH 2.5，再用 10 倍体积含 0.02%叠氮钠的 PBS 洗脱，即可重复使用。重复上述步骤，共层析 40ml 患者血清。

将第一次层析所得的产物过蛋白 A 层析柱，反复上样 3～4 次后，4℃放置 2～4h 使免疫球蛋白与蛋白 A 充分结合。然后用 0.1mol/L Tris-HCl、0.1mol/L 氯化钠洗柱，使吸光度 A_{280} 恢复至 0。用 0.1mol/L 甘氨酸/HCl（pH2.5）缓冲液洗脱结合的抗体，以 1ml 为洗脱组分收集，收集洗脱峰。用 3mol/L Tris-HCl （pH 8.0）将其迅速中和至 pH 7.3，合并各管后，立即在 PBS 中换液透析 24h，其间换液 4～6 次。

最后一次对双蒸水透析，将样品冻干后，约有 2mg，PBS 调节浓度至 20μg/L。

5. 产物的检测

（1）间接酶联免疫吸附试验（enzyme-linked immunosorbent assay, ELISA）法检测提取抗体的结合活性：将粗制黑质膜蛋白包被 96 孔酶标板，以色谱基线洗脱组分（即亲和层析时吸光度 A_{280} 为 0）作为阴性对照，PD 患者血清为阳性对照，检测各个亲和层析洗脱峰的抗体活性，按照间接 ELISA 方法测定吸光度 A_{490} 值，以 A_{490} 值大于阴性对照 2 倍者为阳性，认为其有抗原结合活性。

（2）SDS-聚丙烯酰胺凝胶电泳（SDS-PAGE）检测提取抗体的纯度：采用 Laemali 不连续缓冲系统，浓缩胶浓度为 4%，分离胶浓度为 10%，稳压 200V，电泳 4h。电泳结束后，用考马斯亮蓝 R-250 染色，干胶。

6. 免疫组化检测 TH 阳性细胞数

将 24 只雄性 SD 大鼠（200～250g）随机分为 3 组（每组只数可根据实验条件决定）：PBS 组（注射 PBS pH 7.2）、健康组（注射 20μg/L 的健康人 IgG）、PD IgG 组（注射 20μg/L 的 PD 患者 IgG）。以戊巴比妥钠腹腔麻醉后，按照大鼠脑立体定位图谱，将大鼠头部固定在立体定位仪上，于前囟后 5.0 mm、中线旁 1.8 mm、颅骨下 8.0 mm，以微量注射器分别注射 8μl，注射速度为 1μl /min，术毕留针 5 min 以利溶液充分扩散，给予自由饮水进食。

4 周后，每组随机取大鼠，麻醉后，先用生理盐水 100～200ml 左心室灌注，再用 4%的中性多聚甲醛 300ml 灌注固定，断头取脑，常规石蜡包埋，在注射点周围切片，以 4μm 厚连续切取 10 张切片。进行常规 SABC 免疫组化染色。TH 抗体稀释 1:1500，DAB 显色，常规脱水，透明，封片。记录黑质切片两侧的 TH 阳性细胞数，以注射侧 TH 阳性细胞数比非注射侧，其比值代表注射物对黑质 DA 神经元的作用。

八、遗传基因模型概述

大多数 PD 病例为散发，其发生有 5%与基因突变有关。一些表达与 PD 发病有关的野生或突变基因的转基因动物，可用于 PD 相关基因的致病机制、环境因素与遗传因素相互作用等方面研究。

（一）转基因模型

通过建立一种新的 PD 模型，其在果蝇上可表达突变型和野生型α-突出核蛋白。而且，此模型具备 PD 很多重要特征，包括出现与年龄相关的 TH^+神经元缺失、神经细胞内含类 Lewy 小体的包含体出现、与年龄相关的运动功能障碍等。这一模型可用来研究某些未知蛋白在 PD 发病机制中的作用。

Masliah 等建立的过表达人类野生型α-突出核蛋白转基因小鼠，具有 PD 部分特征，如细胞胞质和核内与α-突出核蛋白、泛蛋白（ubiquitin）相关的微包含体形成、纹状体内 TH 活性减低及运动行为障碍等。与人类 PD 不同的是，黑质内 DA 能神经元无变性缺失。野生型和突变型α-synuclein 转基因小鼠具有相似的病理改变。

（二）基因敲除模型

在建立的 Parkin 基因敲除小鼠模型中，实验动物未出现明显的 PD 临床和病理表现，这些相对正常的表现可能是由于成长过程中因 Parkin 基因缺失而引起适应性改变，或许在胚胎发育成熟后再敲除 Parkin 基因能够导致更严重的 PD 表型。

通过建立的 DJ-1 基因敲除小鼠的实验证明，其基因上位点突变可引起早期常染色体隐形 PD。在此模型小鼠上，已具有与 MPTP 介导的纹状体去神经化和 DA 能神经元损失相似的特征。

研究证明，在转谷氨酰胺酶 2（transglutaminase2，TG2） 基因敲除小鼠整个前脑和纹状体中因 TG2 基因缺失，导致其线粒体复合物 I 活性降低，同时伴复合物 II 活性增高。此模型为研究在 PD 发病机制中 TG 家族的作用奠定了基础。

第六节　亨廷顿病动物模型

一、概述

亨廷顿病（HD）是一种致死性神经变性疾病，起因于染色体第 15 号基因的突变，突变体是一种在亨廷顿基因外显子 1 中反复扩展的核苷酸三聚体，进而产生了带有异常长聚谷氨酰胺重复结构的亨廷顿蛋白。突变的蛋白质聚集在纹状体的神经元以及脑脊髓其他区域（皮层、丘脑、下丘脑和黑质致密部）的神经元内。含有亨廷顿基因的聚集物并不常出现在苍白球、海马和小脑中，尽管在这些区域常显示有机制不明的细胞凋亡。临床上最明显的 HD 症状包括手臂、腿脚和面部无意识的运动功能亢进，但该病导致的严重认知障碍和性格改变对 HD 患者更有破坏性。因此，对其病因和病理机制进行深入认识、寻求有效的治疗方法将具有重大意义。

目前应用最广泛的 HD 动物模型来自啮齿类，此外一些灵长类和非哺乳类动物，如秀丽隐杆线虫和果蝇等也可用于构建 HD 模型。例如，秀丽隐杆线虫模型能够表达在蠕虫神经系统中扩增的聚氨酰胺重复序列，导致肌肉中聚谷氨酰胺生成增多，机体运动性降低。虽然无脊椎动物构建 HD 模型价格比较低廉，但是若要对疾病过程进行详尽评价以及开发新颖的治疗方法，则需要更加复杂的模型。

HD 动物模型一般归为遗传和非遗传两类。长久以来，非遗传类模型统治着 HD 的研究领域，亦称之为经典的 HD 动物模型。经典模型通过兴奋性中毒机制或线粒体崩解诱发细胞死亡。

二、喹啉酸所致兴奋毒性动物模型

（一）基本原理

在脑中，色氨酸被星形胶质细胞、巨噬细胞、小胶质细胞和树突状细胞吸收，转变成犬尿素，后者在 3-羟基-2 氨基苯甲酸加氧酶存在下经过酶促反应转化为喹啉酸。正常浓度的喹啉酸不引起损害，但喹啉酸浓度仅仅少量增加就能引起毒性反应。喹啉酸不能透过血脑屏障，故在实验中需向纹状体直接给药。它能引起大鼠、小鼠和灵长类纹状体神经元变性，类似于在人类 HD 上所见到的病理改变。

（二）建模方法

SD 大鼠术前 12h 禁食，术前 4h 禁水。以 10%水合氯醛（350mg/kg）腹腔注射麻醉后，将大鼠以严格颅平位固定在立体定位仪上，门齿固定器低于双耳水平杆（3.0±0.3）mm，保证前后囟处于同一水平。剃毛消毒，沿中线切开头皮约 1cm，剥离骨膜，充分暴露前囟。参照 Paxinos 和 Watson 的 *The Rat Brian Atlas* 图谱（1998 年版），以前囟定位，选取右侧尾状核头部的三维坐标位置：前囟前 1.0mm，中线右侧 3.0mm，硬膜下 5.0mm。用鼠颅骨钻小心钻透颅骨，硬脑膜保持完整。用微量加样器匀速注射 1μl 240 mol/L 喹啉酸，针尖斜向尾侧，注射速度 0.5μl /min，注射完毕后留针 10min，然后以 1.0 mm/min 速度缓慢拔针。手术完成后用明胶海绵填塞颅骨孔，缝合切口。假手术组以 1μl 0.01 mol/L PBS（pH7.4）代替喹啉酸，其余同上。术后进行行为学测试。

（三）行为学测试

1. 阿扑吗啡（apomorphine，APO）诱导的旋转行为

所有大鼠于术后第 10 天腹腔注射 APO 0.5mg/kg 并观察动物的旋转行为。旋转 360°为一转，连续观察记录 30min，求其每分钟的平均旋转次数。

2. 旷场实验（open-field test）

敞口木箱 100cm×100cm×40cm，里面涂成黑色，箱底分为 25 个方格（20cm×20cm），将大鼠放入正中方格中，观察 5min 内动物的跨格次数（3 爪以上跨入邻格）、站立次数（双前肢离地 1cm 以上）、理毛次数、排便粒数，作为大鼠对新环境探究活动和兴奋性反应的指标。实验于术后第 12 天进行，实验室暗光、安静。

3. Morris 水迷宫实验

水迷宫装置的黑色内壁金属圆桶直径 150cm，水深 20cm，水温（26±1）℃，水墨染至非透明。在 SW 象限正中距离池壁 30cm 处置一直径 10cm 的圆形黑色平台，没入

水面下 2cm。图像自动采集系统同步记录大鼠的运动轨迹，Morris 水迷宫数据采集分析软件记录相关数据及图像结果。于术后第 14 天开始测试，总共历时 4 天。前 3 天行定位航行实验，每天 2 次，分为间隔 8 h 以上的两个训练时段进行。每个时段训练 4 次，分别从 4 个坐标象限内标定的入水点将大鼠放入水中，其找到平台的时间为逃避潜伏期。如果 120s 内未能找到平台，则将其引导至平台上，停留 20s，记录其逃避潜伏期为 120s。4 次成绩的均值为该训练时段的成绩。测试第 4 天行空间探索实验，即撤去平台，取随机选取入水点将大鼠放入水中，记录其在 120s 内的原平台象限记忆频度及 4 环内记忆得分。

（四）模型评价

使用喹啉酸作为 HD 模型的另一优点是它简便易行，也可以应用于其他灵长类等更复杂的动物，例如，喹啉酸损害灵长类模型的壳核能引起损毁侧前肢伸缩能力受限。HD 研究中广泛应用喹啉酸的另外一个原因是它引起的细胞死亡可以模拟在 HD 患者脑中所见的神经元死亡机制，虽然 HD 中细胞死亡的确切机制还不清楚，但研究推测可能是谷氨酸盐诱导的兴奋性中毒性细胞死亡。在 HD 脑中 ATP 产生减少，导致 Na^+-K^+-ATP 泵的次级损害，使得超量 Ca^{2+}内流，导致氧化损伤。HD 中受累的神经元都含有丰富的 NMDA，因而易受兴奋性毒性影响。在动物模型中给富含 NMDA 的纹状体注射喹啉酸能引起 Ca^{2+} 流入增加，ATP 产生减少，继而产生兴奋性细胞毒性，这种方式模拟了人类 HD 神经变性的部分特征。喹啉酸模型中的细胞死亡也模拟了在 HD 中所见的细胞凋亡，DNA 碎片和 TUNEL 染色显示符合 HD 早中期阶段的细胞凋亡特点，此类细胞凋亡发生于纹状体的神经元和神经胶质细胞，但模型中的细胞凋亡是急性出现的，因此不能精确地模仿人类 HD 的渐进病程。

三、3-硝基丙酸所致代谢性动物模型

（一）基本原理

3-硝基丙酸（3-nitropropionic acid，3-NP）是一种不可逆抑制线粒体酶琥珀酸脱氢酶的毒素，各种动物模型均证实 3-NP 可以用于模拟 HD 患者所见的细胞死亡的下游过程，即线粒体损伤。脑细胞中酶的缺乏会造成葡萄糖代谢障碍，引起 ATP 生成降低，线粒体破裂和异常的反应性氧化。例如，电子传递链中酶的抑制导致线粒体的电子溢出增加，引起如超氧自由基（O_2^-）、过氧化氢（H_2O_2）和羟基（OH^-）的异常等，进而引起细胞膜和遗传物质的损害。

（二）建模方法

建立 3-NP 模型时，大鼠的类型、给药剂量与方法、测定体征时间等因素的不同都会造成不同的结果。

1. 动物的类型与分组

目前，实验用鼠分为大鼠和小鼠（ICR 小鼠），无论是腹腔还是皮下注射 3-NP，大鼠的实验效果均较小鼠明显。大鼠实验主要是在 Fisher、SD 和 Lewis 三种鼠间进行，就药物耐受性而言，Fisher 最小，Lewis 最大，SD 大鼠耐受性介于两者之间，但是变异性较大。目前临床上常采用的是 SD 与 Lewis 大鼠，比较两种大鼠，若要纹状体达到同样损伤程度，给予 Lewis 大鼠的剂量约为 SD 大鼠的 3～4 倍；还有，在给予相同致病量的 3-NP 后，Lewis 大鼠与 SD 大鼠的发病时间也不尽相同，SD 大鼠要更早一些发病。此外，在同样致病后的恢复治愈时间，两种大鼠也有明显的差异，Lewis 大鼠要更迅速一些。

2. 动物的性别与年龄

按照性别来分，雌鼠比雄鼠更耐受 3-NP 毒性，这可能与雌激素有关，但是目前还没有足够的证据来证明这一点。另外，在进行 3-NP 介导的大鼠动物实验中发现，系统性注射相同剂量的 3-NP，鼠龄小于 6 周的大鼠不发生副作用，7～14 周后 25%的大鼠出现病理反应即纹状体的损伤，大于 16 周鼠龄的大鼠 80%出现纹状体损伤或者死亡。纹状体内注射也出现相同的症状。

3. 给药方法与实验动物的反应

1）给药浓度与实验大鼠的机能学表现

Borlongan 等分别在 1997 年和 1996 年实验证明，在注射低剂量（约 375nmol/L）3-NP 时，SD 大鼠表现出一定程度上的机能性亢进，即多动症；而给予高剂量（500～750nmol/L），却出现运动性的功能减退，即少动症。

2）纹状体损伤出现时间

急性组单次注射一定剂量的 3-NP，在注射 6～12h 后纹状体出现退行性病变；亚急性组多次重复注射一定剂量的 3-NP，纹状体在几天之后出现病变；慢性组依靠微泵持续给药，1～4 周后出现症状。如若给成年雄性 SD 大鼠注射 3-NP，急性组一次腹腔内注射 25mg/kg 的 3-NP，大鼠立即表现出明显症状；而慢性组皮下注射 10～12mg/kg/天的 3-NP，在 10～15 天后才出现了明显的纹状体损伤，通过反复实验证明（Lewis 大鼠同），给予大鼠同样剂量的 3-NP，低浓度缓慢注射毒性明显小于高浓度一次性注射。对比纹状体退行性病变程度，急性组纹状体损伤严重，症状明显，而慢性组的神经毒性属于逐渐积累而成，纹状体则为选择性损伤。HD 患者脑内纹状体即为进行性积累的退化，推测相关毒性物质也为逐渐积累而后发病，故微泵缓慢给药的方法致病过程以及动物鼠发病后的神经症状更类似于人类的 HD。

（三）行为学测试

运动功能异常与否的鉴定依据主要是肌张力是否异常及严重程度（分为单侧后肢间

歇性肌张力异常、双侧后肢间歇性肌张力异常和双侧后肢持续性肌张力异常3个等级)，步态是否异常及严重程度(分为不协调不稳定步态、无法站立型和濒临瘫痪且急促呼吸3个等级)，还有是否能使用前肢抓住笼子、能否在小平板上站立持续10s等评定指标。而功能性前肢的使用是一个更加复杂的系统，它主要依靠内在纹状体神经元的完整、多巴胺能神经系统的完整及新皮层感知运动区域的完整，任何一个部分的损伤都会导致前肢的使用缺陷。因此，相关行为学实验主要用于检测这三部分神经结构的完整性与功能。3-NP动物实验证实，由于HD患者脑内纹状体神经元大面积丢失以及大脑皮层处的不同程度损伤，出现明显的功能性前肢的使用缺陷。典型的行为学测试实验如下。

1. 爬梯实验(staircase test)

测试前2天及测试期间，待测动物需禁食，饮水不限。动物只有在两侧楼梯的最上面6层才可得到食物，待测动物每天2次被关在此种楼梯装置中5 min，持续3周。实时记录下每侧食物的取下量。注射3-NP的试验组大鼠出现运动障碍、取食不畅的症状，爬梯实验可以将运动功能障碍与纹状体损伤之间的关系很好地表现出来。

2. 走平衡木动态平衡实验(beam walk test)

该测试需要一根100cm长的木棍，距地约30cm高，一端与一40cm^{2}的平台相连。实验前需先教会大鼠穿越木棍(学会标准为3天以上每天都可以一次性地穿越过该木棍且不可连续掉下木棍两次)，记录下每只大鼠成功行走距离或掉下次数以及停滞于木棍不行走的时间。纹状体的损伤同样对动物的协调性有所影响，实验结果显示3-NP损伤大鼠成功穿越木棍的概率明显降低，且随着损伤时间的增加呈进行性加重。

3. 水迷宫测试(water maze)

水迷宫测试需要一直径2m的水池，水深45cm，温度始终保持在23～25℃。在水池内部东南方向放一透明平台(直径为30cm，高度为30cm)，由摄像机记录下全过程。每只大鼠都要在适应训练后进行连续4天、每天60s的测试记录，每天将大鼠投放至水池的不同象限内，测试大鼠找到平台所用的时间、游泳距离及速度，之后将平台位置转移，并重新进行该实验。3-NP损伤大鼠找到平台所需时间明显增加，速度减慢，所走距离也延长，说明大鼠在认知功能(所走距离)和运动功能(游泳速度)上都有一定程度的损害。

4. 旋转杠实验(rotarod test)

在此实验中，将待测大鼠放在一个可旋转的车轴上(直径6～7cm，转速为16r/min)，记录下大鼠在转轮上持续的时间。注射3-NP大鼠持续时间明显减少，主要是由于3-NP损伤了大鼠纹状体的部分结构，导致了大鼠的运动平衡功能出现障碍。

（四）模型评价

目前，人们已经较为深入地研究了 HD 的临床及神经病理学特征，其主要致病基因也已被阐明，但是关于该病的特征性神经元死亡过程以及具体的发病机制仍待进一步的研究。虽然 3-NP 介导的动物模型可以较准确地模拟出 HD 患者的一部分特征，但是仍具有一定的缺陷。首先，它不能将实验鼠的行为学表现与基因联系起来，因为该种实验鼠体内的基因并没有 HD 患者脑内典型的 Htt 突变基因等。此外，HD 患者的症状是随着时间进行性发展的，认知功能障碍通常在运动紊乱、性格改变等症状开始之前发生并且很严重。虽然此种动物模型可以模仿患者的认知障碍等症状，但是却难以展现诸如抑郁、自杀倾向、躁狂和强迫性行为等性格上的改变。最后，虽然实验室通过严格控制 3-NP 剂量来产生 HD 患者早期运动机能亢进到晚期运动功能减退的症状，但不能有效模拟疾病自然进行性病程。

四、毒素模型简介

毒素模型中的细胞死亡较容易预测，因此成为理想的研究神经保护和神经修复的动物模型。例如，已经成功利用毒素诱导的 HD 模型测试了如辅酶 Q10、肌酸等多种治疗策略。脑源性神经营养因子是一种皮质神经元产生的复合物，在纹状体内分泌，是维持纹状体神经元生存的必需物质。将表达脑源性神经营养因子的细胞移植入喹啉酸损伤大鼠模型后，能完全保护纹状体内的中型多棘神经元。

胶质细胞源性神经营养因子（glial-derived neurotrophic factor，GDNF）家族配体的成员包括 GDNF 和谷胱甘肽，因其在纹状体神经元生长、发育、营养支持中的重要作用而与 HD 动物模型密切相关。GDNF 和谷胱甘肽对两类中型多棘神经元有不同的作用，在喹啉酸模型中 GDNF 选择性地保护直接通路的 P 物质神经元，而谷胱甘肽则选择性地保护间接通路含有脑啡肽的神经元。研究显示，GDNF 和谷胱甘肽基因应用于 3-NP 损伤大鼠模型也具有神经保护作用。

近年来，人类胎儿神经干细胞被用来减轻喹啉酸损伤 HD 大鼠模型的运动功能损伤。将表达 GDNF 的神经干细胞移植入喹啉酸损伤的纹状体后能保护神经元免受变性损害，同时减轻了运动功能损害。在喹啉酸模型中，将胎儿皮层细胞经由尾静脉注入大鼠后，大鼠的旋转行为得到改善，纹状体萎缩体积缩小，说明神经干细胞移植是有望用于 HD 治疗的。

第七节　阿尔茨海默病动物模型

一、概述

阿尔茨海默病（Alzheimer’s disease，AD）别称老年性痴呆病，是脑老化过程中发生和发展的记忆衰退、认识障碍、智能下降、语言模糊和行为怪异的渐进性退行性疾病。

AD 的病因有 AD 相关基因突变、神经细胞钙稳态失调、自由基代谢异常及神经细胞凋亡等。

由于 AD 的发病机制尚不清楚，给 AD 模型动物的研制带来了很大的困难，至今还没有一个能够准确反映 AD 特征的理想的动物模型。近年来许多学者致力于寻找和研究 AD 动物模型，对 AD 模型的报道较多，大致可分为以下 6 类。

二、穹窿-海马伞切断致痴呆大鼠模型

（一）动物

雄性 SD 大鼠，体重为 250～300g。

（二）建模方法

以水合氯醛（350～400mg/kg）或戊巴比妥钠（50～60mg/kg）经腹腔注射麻醉大鼠，剃除头顶部毛发后固定于脑立体定位仪上，手术区皮肤消毒，切开皮肤，暴露颅骨。参照大鼠脑立体定位图谱（国内多选用包新民所著《大鼠脑立体定向图谱》），在前囟后 2mm、中线外 1mm 处，用牙科钻钻开颅骨，切开硬脑膜，用双刃刀置于上述部位的脑表面，降刀 4.5mm，外移 1mm，再降刀 1mm，外移 1.5mm，最后上下抽动刀 20 次，以完全切断穹窿-海马伞。可行单侧，也可行双侧穹窿-海马伞切除。术后连续应用头孢唑啉钠（50mg/kg，ip）或庆大霉素（2 万单位/只，ip）预防感染，连续应用 5 天。

（三）模型评价

该模型属于物理损伤模型，较好地模拟了 AD 前脑胆碱能系统的损害，可用于拟胆碱药物的药效学评价，还可用于观察药物对神经功能损伤的修复作用，是 AD 临床前药效学研究的重要模型。该模型的不足之处是虽然具有学习记忆功能的损害，但并不出现老年斑、神经纤维缠结和淀粉样蛋白沉积等最典型的组织病理学改变，也无 AD 患者全身多系统功能衰老的表现，且毁损范围较大，目前已不多用。

三、注射鹅膏氨酸致痴呆模型

（一）动物

雄性 SD 大鼠，体重为 250～300g。

（二）建模方法

以水合氯醛（350～400mg/kg）或戊巴比妥钠（50～60mg/kg）经腹腔注射麻醉大鼠，剃除头顶部毛发后固定于脑立体定位仪上，手术区皮肤消毒，切开皮肤，前囟后 0.8mm、

中线旁 3mm 处以牙科钻钻开颅骨，参照立体定位图谱，用微量注射器于颅骨下 7.4mm 处缓慢推注鹅膏氨酸（ibotenic acid，IBO）5～10μg/0.5～1μl（溶解于 0.5mol/L 的 PBS 中，浓度为 1%）。中线对侧对称部位同法同量注射后，缝合头皮，再次消毒切口。局部切口缝合前，宜以庆大霉素处理防止感染（3～5 滴，2.5×10^4U/kg）。假手术组于相同部位注射等量的 PBS。

大鼠注射 IBO 后有前肢现象，故应注意保护前肢。给 IBO 后 1～35 天遮暗法行为实验的潜伏期明显下降，M 型乙酰胆碱受体结合容量和海马的胆碱乙酰转移酶活性降低，大脑基底核细胞性神经团面积缩小，细胞数量减少，突触数量显著减少；30 天后检测到海马及丘脑组织中 5-HT 含量明显下降。

（三）模型评价

该模型属于化学药物损伤模型，为兴奋性毒素致基底核损害所致。鹅膏氨酸是谷氨酸受体激动剂，注入基底前脑后能特异性地激动胆碱能神经元的胞体，使之过度兴奋，继而引发胞内 Ca^{2+}超载等一系列反应，造成该区域胆碱能神经元的损毁；同时可活化一氧化氮合成酶，使 NO 生成增多，进一步加重了神经元的损伤，最终导致动物行为迟钝、学习及记忆能力下降等拟痴呆症状。兴奋性毒素还包括红藻酸钠、*N*-甲基天门冬氨酸等。

这种兴奋性毒素所产生的损害只能模拟 AD 基底前脑胆碱能缺陷，而这些动物的海马 ChAT 不产生其组织病理学特征性改变（如老年斑和神经纤维缠结等），但能代表导致学习记忆功能减退最直接的病理基础——基底前脑胆碱能神经元缺失，因此仍是目前 AD 临床药效学研究的主要动物模型之一。

四、D-半乳糖损害模型

（一）动物

可选择成年 SD 大鼠或 C57BL/6 小鼠，体重不限。

（二）建模方法

小鼠每日经皮下注射或腹腔注射 5%D-半乳糖 0.9%氯化钠溶液 0.5ml，连续注射 40 天；大鼠皮下注射 10%D-半乳糖 50mg/（kg·d），连续 6～7 周，可造成拟痴呆模型。

（三）模型评价

D-半乳糖是机体的正常营养成分。当半乳糖过多时，可有半乳糖氧化酶催化生成醛糖和过氧化氢，产生超氧阴离子自由基。过量的超氧自由基可引起神经元细胞的损伤，使大脑皮层和海马神经元中的 mRNA 表达水平明显下降，脑内神经元密度降低，从而造成动物学习记忆能力的下降及机体的衰老，并引起全身代谢紊乱，产生各器官功能衰退。

D-半乳糖损害模型是由我国学者于 1991 年首先提出的，在国内广泛应用于抗衰老的研究，属于化学物质损伤模型。该模型模拟 AD 的氧化损伤，使小鼠的学习记忆下降、脑内胆碱能神经功能衰退、神经递质代谢异常、皮层和海马神经元损伤。细胞超微结构显示神经元中细胞器减少、线粒体膨胀呈空泡样变性、粗面内质网脱颗粒、蛋白质合成减少等与 AD 类似的改变，与机体衰老所造成的脑老化相符合。

五、快速老化小鼠模型介绍

快速老化小鼠分为快速老化亚系（SAM-P）及抗快速老化亚系（SAM-R），是由日本京都大学首次培育成功的，经 20 多代交配近繁，获得了遗传型与病理表型一致，符合近交系标准的新系列。两亚系的共同点是都具有认知障碍，在青春期出现脱毛、被毛粗杂、活动低下、白内障、角膜混浊、骨质疏松等老化现象；且在渡过生长期后，伴快速老化自然发生、小鼠脑内β-淀粉样蛋白的前体蛋白 mRNA 的表达明显增加，可出现类似老年斑的异常颗粒聚积。

SAM-P8 系的病理改变及一些神经递质、激素和酶的变化等与人类的 AD 很相似，它既有学习记忆功能障碍等衰老的特征，又有淀粉样蛋白沉积、老年斑及免疫功能紊乱等 AD 的一些重要特征。尤其是学习记忆功能障碍及昼夜节律紊乱体现了与人类 AD 相吻合的特点。因此，SAM-P8 是良好的研究衰老与学习记忆功能及学习记忆动能障碍发生机制和评价益智药的动物模型，并且是研究神经内分泌免疫调节网络平衡的良好模型。

SAM-P10 的特点是引起广泛的脑萎缩，除海马部位外，SAM-P10 易萎缩部位与 AD 患者相一致。从而造成由脑萎缩所致的学习记忆障碍，这与人类老年性疾病的病理改变相似，因此，SAM-P10 不仅是研究与衰老相关神经元丢失及脑萎缩发生机制的有益动物模型，而且是研究与衰老相关的抑郁症发生机制的良好动物模型。这两个亚系是比较理想的研究脑老化和痴呆的模型，其病理生理进展过程与临床痴呆的渐进性发生过程极为相似。

以上两种模型中以 SAM-P8 较常用，但来源比较困难。

六、β-淀粉样多肽注射致痴呆模型

（一）动物

SD 大鼠和 ICR 小鼠。

（二）建模方法

（1）SD 大鼠，雌雄皆可，体重为 200～300g。将戊巴比妥钠（50～60mg/kg）或水合氯醛（350～400mg/kg）经腹腔注射麻醉，剃除头顶部毛发后固定于脑立体定位仪上，手术区皮肤消毒，切开皮肤，暴露颅骨。以前囟定位，旁开 2.6mm，后 3.0mm，用牙钻在颅骨上对称打两个孔，向下 3.0mm 即为海马区注射点。然后用针挑破硬脑膜，微量注射器于双侧海马内各注射 5μl（10μg，溶于无菌 0.9%氯化钠溶液）β-淀粉样多肽（β-amg-loid peptide，Aβ）$A\beta_{1-40}$（或 $A\beta_{25-35}$），在 5～10min 内注射完，并留针 5～10min。用牙托粉填补针孔，缝合皮肤并消毒。局部切口缝合前，宜以庆大霉素处理防止感染（3～5 滴，2.50×10^4μl/kg）。24h 后便可开始分组给药，行为学检查应用 Morris 水迷宫分析系统，进行定位航行实验和空间探索实验。

Aβ也可以直接注入脑室，定位为前囟前 0.9mm，中线旁开 1.4mm 处钻孔，微量注射器自脑表面垂直进针 3.9mm。Aβ可经侧脑室弥漫至全脑，更接近于 Aβ引起细胞毒作用的实际过程。手术后需要单笼饲养致大鼠完全清醒。

（2）ICR 小鼠，雄性，体重为 18～20g。经乙醚麻醉后，实验者左手固定小鼠头部，75%乙醇局部消毒，单侧第三脑室定位（前囟前 2.0mm，中缝旁开 2.0mm，硬脑膜下 4.0mm），用微量注射器缓慢注入 3μl $A\beta_{1-40}$ 溶液（1μg/μl），注射时间为 30s，留针 30s，缓慢起针。7 天后进行行为学测试，2 周内取脑检测。

（三）模型评价

Aβ肽具有神经营养和神经毒性的双重作用，对一些未成熟的神经细胞具有营养作用，而对那些已分化发育成熟的神经元则起毒性作用。Aβ肽可诱导活性氧自由基（reactive oxygen species，ROS）的产生、细胞内钙超载、加速 Tau 蛋白磷酸化、继发炎症反应，导致神经元凋亡，引起突触功能障碍，影响信号通路等。脑内急性注射 Aβ可使动物产生与 AD 相似的行为障碍和记忆缺损症状、主动和被动回避反射及空间分辨率下降、皮质和海马神经元减少褪变、皮质下血管淀粉样变性并出现 Aβ肽沉积。

将 Aβ注入动物海马区，较好地反映了 AD 的特征性改变，即 Aβ肽在 AD 发病中的作用。Aβ肽直接注射入脑室后，则可经侧脑室弥漫至全脑并发挥细胞毒性作用，更接近 Aβ细胞毒作用的实际过程。脑室注射具有定位准确、取材良多等优点，但造模时间较长、方法复杂、Aβ肽用量多和造价高是其不足之处。小鼠模型造模简单，造价低，但取材量少，可根据实际情况和需要选择。Aβ脑内注射模型可用于研究治疗 AD 药物在 Aβ肽的聚集或沉淀、神经毒性作用和小胶质细胞的炎性反应等方面的作用，是临床前药效学评价的重要模型。

七、转基因动物模型

转基因动物是以遗传基因学说为基础的，可以在活体上研究某一特定致病基因的作用，是研究 AD 的独特而重要的模型。基于遗传背景、繁殖能力、操作难度和经济角度的考虑，目前的转基因动物多选用小鼠。现在多种转基因小鼠可表达与 AD 有关的基因，如β-淀粉样前体蛋白（β-amyloid precursor protein，APP）、APP 的 C 端片段、Tau 蛋白、早老蛋白-1（presenilin-1，PS-1）和 2（PS-1）、载脂蛋白 E（ApoE）等。转基因动物的最大优点是模拟 AD 患者神经病理学的特征，包括细胞外 Aβ沉积、营养障碍导致的老年斑（senile plaque，SP）、胶质细胞增生等。

转基因模型是国际承认的主要 AD 动物模型，但是此种模型大部分只是移植 1～2 个基因，与真正的一组基因控制的动物模型还有一定的差距，而且该模型动物价格较昂贵。

（一）建模方法

1. APP 转基因模型

以血小板源性生长因子为引物，与人类带有 Val717Phe 突变基因片段结合成 PDAPP 基因，以微注射导入小鼠受精卵中，移植到假孕雌鼠输卵管内，产生携带此基因突变的幼鼠即为转基因鼠，能够高水平表达 APP。

2. PS-1 转基因模型

已知 PS-1 基因突变与 AD 的早期发病有关，用血小板生长因子β1 增强子引导神经元的表达，制作出伴有 M146L 或 M146V 的 PS1 基因突变转基因模型。

3. apoE 转基因模型

已知 apoE 能够与神经元细胞外可溶性 Aβ高亲和力结合并促进淀粉样斑块形成，调节 Tau 蛋白磷酸化过程，促进细胞骨架瓦解和 NFT 形成。一些研究者采用基因组 apoE 的不同等位基因，通过动物自身启动子和 3'增强子，将突变的 apoE4 基因通过上述方法转录到小鼠体内构建完成 apoE4 转基因鼠模型。

4. 双重转基因模型

用 APP 和 PS1 两种突变基因制作淀粉样沉淀的转基因模型。

（二）模型评价

1. APP 转基因模型

运用弥散张量成像（diffusion tension magnetic resonance imaging，DTI）技术观测到 PDAPP 鼠大脑灰质和白质均有损害，且 Aβ沉积量随年龄增长而逐渐增多。研究发现，在 thy-1 增强子调控下，将大量表达 Sweedish 序列突变的β-APP 基因（APPsw）按上述方法转录到小鼠体内产生 Tg2576 小鼠。此种小鼠脑血管平滑肌细胞所表达 Sweedish 序列突变的β-App 大约是生理水平的 4 倍，并包含了大量的 $A\beta_{1\text{-}40}$ 和 $A\beta_{1\text{-}42}$，形成细胞内 Aβ肽免疫反应阳性颗粒。这种大量表达 APP 基因的转基因鼠模型（PDAPP 鼠）表现为神经细胞硫磺素 S 阳性的 Aβ肽沉积、突触减少、胶质细胞增生、胆碱能神经元末梢变异和大鼠皮质神经元退行性病变。

2. PSI 转基因模型

这种模型通过选择性增强 $A\beta_{42\,(43)}$ 的神经毒性和破坏细胞内 Ca^{2+} 稳定性，促进神经元变性，从而导致 AD 发病。

3. apoE 转基因模型

这种模型的子代小鼠中存在大量 SP，胆碱乙酰转移酶活性明显降低。

4. 双重转基因模型

这种模型能更全面地表达出 AD 的特征，可模拟 AD 早期记忆障碍，且在 Aβ沉积区记忆形成相关基因的 mRNA 表达减少，但缺乏 NFT 形成。将 Tau 突变和 APPsw 突变的基因转录到小鼠中，其后代为双重基因鼠（JNPL3），边缘叶和嗅皮质区出现 NFT 的病理改变。

综上所述，转基因动物模型可以应用在淀粉样变性疾病和认知功能障碍的 AD 病，其主要用于研究 APP 过度表达与 AD 病理改变的关系，以及应用于研究致病分子机制和新药的试验研究。

第八节　癫痫动物模型

癫痫（epilepsy）是一类慢性、反复性、突然发作性大脑功能失调，其特征为脑神经元突发异常高频率放电并向周围扩散，发病率高。目前研究人类癫痫的发病机制、探索癫痫治疗策略、筛选新的抗癫痫药物仍主要依靠实验动物模型、实验性单位模型与人类癫痫发病存在相似性，其机制也接近人类发作时的生理状态，现已有多种动物模型。

一、3-巯基丙酸（3-MPA）所致的癫痫模型

（一）动物

雄性 C57BL/6 小鼠，体重 22～24g。

（二）建模方法

按 60mg/kg 体重的剂量于皮下注射 3-巯基丙酸（3-mercaptopropionic acid，3-MPA）后，动物兴奋性明显增强，表现为活动增加，出现背弓、跳跃和奔跑，继之出现短暂的间歇期，此时动物伏地而卧、呼吸急促、头面部呈呆滞状。随后很快进入二次发作，全身阵挛，同时，因肢体阵挛体位平衡不能保持而倒地，最后大部分动物在全身强直性癫痫发作后死亡。实验中记录动物阵挛性发作的潜伏期、出现的时间、死亡时间、阵挛性、强直性癫痫的发生率和死亡率。实验时间为 30min。

（三）模型评价

3-MPA 的致痉原理是抑制了 GABA 的合成，是脑内 GABA 能神经的抑制功能降低

所致。因此，能对抗由 3-MPA 引起的癫痫抗癫痫药，其原理之一可能是通过 GABA 系统发挥作用。就此而言，在实验性癫痫的研究中，3-MPA 是一个有用的工具药。

二、荷包牡丹碱诱发的实验性癫痫模型

（一）动物

健康雄性 C57BL/6 小鼠，体重 22～24g。

（二）建模方法

按 2.7mg/kg 体重的剂量于皮下注射荷包牡丹碱（bicuculline）可诱发癫痫。癫痫发作时间的潜伏期约 10min，开始为行进间竖尾、跳跃，继之出现前肢抬起，搔抓样运动，随后出现阵挛性癫痫，并因此而倒地。倒地后，小鼠保持原有姿势 1～2min，再次发作时，以剧烈奔跑开始，接着出现阵挛强制性癫痫，随后动物很快死亡。

（三）模型评价

荷包牡丹碱是 GABA 受体拮抗剂，同样也是降低了 GABA 能神经的抑制功能而诱发惊厥。此方法造模操作简便、癫痫症状典型、实验结果稳定。荷包牡丹碱溶于水后，极易被破坏，实验时必须新鲜配制，配制后溶液置于 0℃保存，3h 内用完。

三、喹啉酸诱发的实验性癫痫模型

（一）动物

健康雄性 C57BL/6 小鼠，体重 22～26g。

（二）建模方法

选用 0.7mm 的注射针头，于脑室内注射喹啉酸［注射点：前囟后 2mm，矢状缝旁开 1.5mm，深 2mm），以恒速注射 10μg/（10μl·min），pH7.4］。注射后约 1min 左右出现阵挛性发作，发生率为 95%，其中约半数动物过渡到强直性发作，随后死亡。

（三）模型评价

喹啉酸是色氨酸在体内的代谢产物，为一种内源性的兴奋性氨基酸，对 NMDA 受体有强烈的激动作用并可促进谷氨酸和 D-天冬氨酸的释放，从而诱发实验性癫痫发作。为了确保结果的可靠性，试验结束后每只小鼠都需经原给药孔注射墨水，以确定脑室给药部位是否正确，随后解剖动物，凡是未将药液注入脑室者，其结果一律弃之不用。实验过程中，注意头部固定器对小鼠呼吸的影响，固定后呼吸自然平稳方可进行实验。

四、海人草酸诱发的实验性癫痫模型

（一）动物

健康雄性 C57BL/6 小鼠，体重 22～26g。

（二）建模方法

小鼠脑室内注射海人草酸（kainic acid）0.02μg/［10μg·（10μl·min），pH 为 7.4］，注射方法和注意事项同喹啉酸。给药后动物很快出现典型的实验性癫痫，出现奔跑、前肢抬起、头部震颤、四肢阵发性癫痫发作，并因不能平衡而倒地。记录惊厥的发生率，观察时间为 30min。

（三）模型评价

海人草酸是从海人草中提取的一种外源性氨基酸，其化学结构类似于谷氨酸，为兴奋性氨基酸受体的特异性激动剂，具有很强的中枢兴奋作用。因此，脑室内给药可诱发实验性癫痫发作。三唑仑可对抗脑室给予海人草酸所诱发的实验性癫痫。

五、氢氧化铝引起的慢性实验性癫痫模型

（一）动物

常用动物为恒河猴，其次为猫。

（二）建模方法

动物麻醉后剃去顶部毛发，固定在立体定位仪上，手术区域皮肤消毒，无菌条件下行颅正中直切口。以猫为例，其立体定位在矢状缝左侧 4mm、冠状逢后 3mm 处钻孔，扩大骨窗约 1cm×1.5cm，暴露左侧大脑半球。切开硬脑膜，用微量注射器将 4%的灭菌氢氧化铝乳剂 0.1～0.2ml 注入皮质运动区内。切记勿使药物流于软脑膜，可在软脑膜和硬脑膜间放一层可吸收的明胶薄膜。手术完毕后，在颅骨表面左右相应部位安放 4 个电极，供记录皮层脑电用。自发性癫痫一般在术后 30～60 天发作；如病灶严重，也可在手术后 2～3 周发作；如病灶轻而局限，则很难发作。

（三）模型评价

症状的发作通常由病灶对侧面部和手部开始，逐渐扩散至整个对侧肢体，随之出现全身痉挛性发作，甚至强直性发作，并伴有发绀和大量流涎，然后发作突然停止。整个过程历时 30～60s，发作呈阵发性和反复性，若病灶大而严重，可表现为癫痫的持续状态，这种状态可持续数年，甚至终生发作。

各种动物大脑皮层运动区是致癫痫敏感区之一，特别是猴极易在此区形成癫痫病灶，将铝剂注入猴或猫的前额叶可以引起精神运动性发作，大脑皮质其他区域则不敏感。若将铝剂注入其他核团，如杏仁核和壳核，也可以引起发作；但若仅注于白质，则不引起发作。

此类癫痫模型的发作行为、发作时间、发作后的 EEG 病理改变及抗癫痫药物的治疗效果近似人类简单部分性癫痫。该模型的优点是适用于研究从脑病理改变、癫痫发作、直至发展全过程中的机制。

六、钴引起的慢性实验性癫痫模型

（一）动物

健康 Wistar 大鼠，体重 200～300g，雌雄均可；也可用猫。

（二）建模方法

以水合氯醛（350～400mg/kg）或戊巴比妥钠（50～60mg/kg）经腹腔注射麻醉。将动物固定在立体定位仪上，剪去头顶部毛发，手术区域皮肤消毒，无菌条件下行颅正中直切口，切口长约 2cm。以大鼠为例，其定位在中线右侧 2mm、前囟后 3mm，切除约 8mm 的颅骨，并切开硬脑膜，给予约 30mg 消毒钴粉在皮质运动区前侧，面积约 10mm^2，并安放记录电极，以牙托粉固定。术后肌肉注射卡那霉素（每只 125mg/天）或庆大霉素（每只 20 000U/天），连续 3 天，以防止感染。

（三）模型评价

在放置钴粉 2～3 周后，可见钴粉对侧肢体发生阵挛，此后少数动物也可发生全身性阵挛，其发作强度于 4～6 周后可逐渐减弱或消失。皮质电波常在尚未出现临床症状前已发生异常，当全身发作时，呈高伏棘波或高伏棘-慢综合波。将钴粉置于大脑边缘系统，也可引起发作，此种发作类似于精神运动型发作，动物表现为活动减少、易受惊吓、呼吸急迫、不断抓动等症状。

钴引起的癫痫的发作机制与铝相似，但病症持续时间明显短于氢氧化铝。大鼠和猫为敏感动物，而猴对钴则不敏感。将钴置于猫的皮层运动区后 30h 左右即可引起自然发作。发作性质为阵挛性，主要发生在钴的对侧前肢和面部肌群。这种局限性发作每次可维持 25～30s，只有少数动物发展成全身阵挛性发作。

七、硫酸亚铁引起的慢性实验性癫痫模型

（一）动物

健康雄性家兔，体重 2～3kg。

（二）建模方法

按 25～30mg/kg 体重的剂量经静脉注射戊巴比妥钠麻醉后固定在立体定位仪上，剪去头顶部毛发，手术区域皮肤消毒。无菌条件下在头顶部中央切一长约 3cm 的切口，分离肌肉和骨膜，以乙醇棉球擦净颅骨表面。按 Sawyer 脑图谱定位坐标安放脑室给药导管（坐标定位是 A_{3mm}、L_{2mm} 和 L_{5mm}，给药导管直径为 0.9mm，内径是 0.55mm）并放置好记录电极（坐标定位是 A_{50}、P_{10}、LL_3 和 RR_{3mm}），以牙托粉固定。1～2 周后脑电波正常者用于实验。

以 0.9%氯化钠溶液配制 3%的硫酸亚铁溶液，按 0.3mg/kg 体重、容量为 15μg/kg，由给药导管缓慢（约 2min）注入。给药后连续观察动物一般活动，记录癫痫发生、维持和消失时间，癫痫类型和动物死亡时间，以及给予硫酸亚铁前后皮质电波的变化。

（三）模型评价

多数动物在注射铁剂后自主活动减少，少数动物可出现向一侧旋转、自发性活动增强或跑动。2～8h 后 85%的动物发生典型的肌阵挛性癫痫，表现为面部肌群阵挛、咬牙出声，随之颈部前肢肌群紧张、阵挛，一前肢抬起做阵挛样运动，继之双前肢抬起，呈“袋鼠姿态”，整个上半身阵挛发作严重，涉及全身肌群，动物不能保持平衡，摔倒在地。多数动物每隔 5～20min 发作 1 次，每次发作持续时间为 1～3min。多数症状呈进行性加重，最终产生强直性惊厥而死亡。死亡时间多为 5 天左右。少数动物最终恢复正常。

此模型与临床脑创伤后引起的癫痫近似。脑创伤后，脑局部微小血管破裂，血浆外溢，其中含有的铁离子淤积在皮质局部，形成癫痫病灶，引起癫痫发作。

八、硫酸锌引起的慢性实验性癫痫模型

（一）动物

健康雄性家兔，体重为 2～3kg。

（二）建模方法

手术方法同硫酸亚铁模型。按 Sawyer 兔脑图谱定位海马给药导管坐标（坐标定位：P_4、L_4 和 R_4）并安放记录电极（坐标定位：A_8、P_8、LL_{3h} 和 RR_{3mm}），以牙托粉固定，和脑室给药导管、记录电极的安放完全相同，1～2 周后脑电波正常者用于实验。

首先记录正常状态下海马回脑电图和皮质电波，然后由给药导管用微量泵注射器缓慢注入灭菌的硫酸锌 10μl（200μl/kg 体重），约 5min 注完。随后连续观察动物的一般行为改变，癫痫发作出现、维持和消失的时间，以及发作类型等，同时记录癫痫发作时脑电图和皮质电波。

（三）模型评价

海马注射硫酸锌后，动物表现为自主活动、眼睑阵挛、面部和颈部肌群阵挛性抽搐、头向注药对侧转动、跑动和双前肢轻度伸直，此外尚有嗅、舔、大小便增多、流涎和呼吸道分泌增多等症状，这些症状称为复合型局限性阵挛性发作。随后，绝大多数动物进入继发性全身性阵挛性发作，表现为颈和双前肢伸直，或双前肢抬起，继之全身肌肉发生阵挛性抽动。此为典型的全身性阵挛性发作，如果发作严重，动物平衡失调跌倒在地。在绝大多数动物，这种全身性阵挛性发作在注射硫酸锌后24h出现，少数动物在2～5h出现。同硫酸亚铁，其发作期间越来越短，发作越来越严重，最终动物不能进食而死亡。

体内NMDA受体复合体上有锌的受体，在正常生理情况下，锌与此受体结合，对受体起抑制作用，从而调节着神经元的兴奋性。但脑内游离的锌离子过多，具有神经毒性作用。这可能与锌离子活化代谢型的谷氨酸受体有关，从而引起神经元变性和坏死，并导致癫痫的发作。

九、青霉素引起的慢性实验性癫痫模型

（一）动物

常用动物为猫，体重为2.5～3kg，雌雄均可。

（二）建模方法

麻醉和手术方法同硫酸亚铁模型。在冠状缝前10mm、后10mm、左右各3mm处安放4个皮质电波记录电极，以牙托粉固定。术后肌肉注射卡那霉素（每只125mg/天）或庆大霉素（每只20 000U/天），连续3天，以防感染。1周后进行试验。

给手术的猫按25 000～40 000U/kg体重的剂量肌肉注射青霉素的钠盐或钾盐，也可将青霉素粉涂于脑皮质。随后观察动物的一般活动，同时记录脑电波和皮质电波。也可选用大鼠和猴进行实验。

（三）模型评价

在注射青霉素30～40min后，动物出现局部和全身性阵挛，表现为眼睑眨动、耳部肌肉抽搐至全身性阵挛性抽动，每次发作仅持续几秒钟。可记录到病灶区的发作时间、反复性、倾向同步化的棘波放电。青霉素为GABA受体阻断剂，它引起癫痫发作的机制可能是由于青霉素与GABA受体结合，阻断了与受体藕联的氯离子通道，从而阻断了GABA引起的突触后抑制的结果。

脑内不同部位微量注射或肌肉注射大剂量的青霉素可形成类似临床癫痫小发作的病理模型，表现为阵发性、左右对称的3～7Hz的同步高状棘波，每次爆发性放电持续1～3s，这种典型的皮质电波可维持4～5h，以后逐渐减弱，变成低伏慢波。此模型适合

研究惊厥活动的播散和癫痫产生的神经元基础问题。

十、点燃引起的慢性实验性癫痫模型

（一）动物

健康雄性SD大鼠，体重250～300g。

（二）建模方法

以水合氯醛（350～400mg/kg）或戊巴比妥钠（50～60mg/kg）麻醉动物后，放置于立体定位仪上。剪去头顶部毛发，手术区域皮肤消毒。无菌条件下沿正中线将皮肤切开1cm，按大鼠立体定位图谱标好杏仁核，把刺激电极徐徐插入杏仁核。同时在颅骨正中线左右各旁开4mm、前后各10mm处安放4个皮质电波记录电极，插入深度为2mm，用牙托粉将电极固定。为防止电极脱落，可在枕骨和额骨安放2～3个小螺丝钉，并以牙托粉固定。术后肌肉注射卡那霉素（每只125mg/天）或庆大霉素（每只20 000U/天），连续3天，以防感染。1周后可用于实验。每天在固定的时间给予大鼠电刺激1次，每次刺激3s。刺激强度从80μA开始，以后每日增加80μA，直至引起刺激部位的后放电，此时电流即为后放电电流。如果反复刺激始终不能诱发后放电的大鼠，最终也不能形成点燃模型效应。因此，只有测出后放电电流的大鼠才用于模型。

（三）模型评价

点燃是通过在脑内特定局部反复亚抽搐剂量电刺激，最终导致强烈的部分或全身性癫痫发作。边缘系统是常用的点刺激部位。点燃一旦形成，可以维持很长时间甚至终身，其特点如下。

（1）即使不再给以电刺激，皮质电波的规律性、发作癫痫样放电可维持1年以上。

（2）再次电刺激又可以引起阵挛性发作。

（3）少数动物可以自然发作。

（4）发作是通过突触间传递引起的。

目前认为，点燃模型是目前公认的一种更为接近人类、应用广泛的复杂部分性癫痫发作模型。点燃模型可能是由于反复电刺激引起内容性谷氨酸释放增多，并使NMDA受体敏感化以及使其数目增加的结果。据文献资料报道，许多动物可作为点燃模型，如青蛙、爬虫类、大鼠、小鼠、犬、猫、恒河猴、狒狒，但常用大鼠。刺激部位以杏仁核最敏感，其次是苍白球、海马回和梨状区。但红核、黑核和脑干网状结构等部位不敏感。电刺激的标准为25Hz、60Hz和150Hz的点燃作用相同。刺激强度以杏仁核为例，大鼠尾50～400μA，猫100～1000μA，猴和狒狒200～600μA。

杏仁核以及其他边缘系统的点燃模型的癫痫发作通常经历5个等级：1级，面部阵挛；2级，面部阵挛伴节律性点头；3级，面部阵挛、点头、单肢阵挛；4级，3级+后肢站立；5 级，4 级+跌倒。4 级和 5 级可作为继发性全身性癫痫模型。点燃一旦建立，这种细胞及惊厥行为的敏感性可长期维持乃至终身，这便于癫痫研究中的神经元高度兴奋形成机制以及高度兴奋的保持和发展。同时该模型还有建立方便、成本较低的优点，在筛选新的抗癫痫药物及测试其副作用方面比其他一些模型更具敏感性和实用性。

十一、氯化锂-匹罗卡品诱发的实验性癫痫模型

（一）动物

常选用 SD 大鼠，雌雄不限。

（二）建模方法

大鼠腹腔注射氯化锂（125mg/kg），18～24h 后给予匹罗卡品腹腔注射，匹罗卡品的首剂量为 20mg/kg，若无痫性发作或痫性发作未达到 Racine 制定的痫性发作标准Ⅲ～Ⅴ级者，每隔 30min 可重复腹腔注射匹罗卡品 10mg/kg，直至出现痫性发作。发作程度按 Racine 制定的标准进行分级，达到Ⅲ～Ⅴ级的大鼠进入癫痫持续状态（status epilepticus，SE），归于致痫成功；未达到Ⅲ～Ⅴ级的大鼠继续注射匹罗卡品直至次数达到 6 次，其间达Ⅲ级以上的动物也归为致痫成功；6 次后仍未达到标准的归于致痫不成功。致痫成功后从第 1 次大发作开始 SE 50min 以上者，以 10%水合氯醛 3ml/kg 终止。急性诱发 SE 后，每天观察动物行为，观察时间为 8:00am～8:00pm。

（三）模型评价

在急性期（2h）和静止期（7 天）分别进行脑电图、行为过程和 EEG 改变的描记。

1. 该模型的分期

（1）急性期：即大鼠被诱发全身强直-阵挛发作持续状态后 24h 内。

（2）静止期：又称为潜伏期，大鼠不出现痫性发作，EEG 和行为基本正常，约 4～44 天。

（3）慢性自发发作期：静止期后反复出现类似于人类复杂部分性发作的自发发作。

2. 该模型的优点

（1）制作简单，诱发迅速。

（2）有效致痫剂量与致死剂量之间的跨度大，安全性好，存活率高。

（3）表现典型，致痫过程清晰，痫性发作的分级容易确认。

（4）如急性期 SE 持续时间超过 30min 以上，则在慢性期可出现稳定的自发性痫性发作，轴突出芽、突触重建明显，但其病理变化的严重性与 SE 持续时间无关。

3. 该模型的不利因素

如致痫剂量过大，持续状态不易控制，在制作过程中可能出现动物大量死亡；但如剂量过低，模型诱发成功率又不高。因此，致痫剂量的选择是模型制作成功与否的关键。

十二、听源性发作癫痫模型

（一）概述

听源性发作主要是一些听源发作敏感的啮齿类动物在受到铃声刺激时，产生的一种典型的运动性发作。目前国际常用的听源敏感小鼠有 DBA/2J、A/J 和 BSLB/L3，国内应用较少。国内有 P77-PMC 听源性发作敏感大鼠，发作率达 80%以上，其特点是生后 2～3 周开始发作，性成熟时达高峰，以后维持终生，反复发作也不死亡。在国内现已广泛用于抗癫痫药物和癫痫发病原理的研究。

（二）动物

选用成年 P77-PMC 大鼠，雌雄均可。

（三）建模方法

实验装置是由双层有机玻璃圆筒制成的听源性发作仪，其外径为 50cm，高 65cm；内筒可以自由移动，直径为 35cm，高 65cm。仪器上方装有 110～120dB 的高音电铃，供刺激用，下有一自由开关小门，供取放动物用。

成年 P77-PMC 大鼠，实验前 12h 禁食不禁水，将其放入听源性发作仪内，连续给予 60s 的铃声刺激，每天 1 次，连续 3 天。动物每天应在固定的时间以相同条件刺激，反应恒定者用于实验。

（四）模型评价

听源性敏感动物在受到铃声刺激时，产生一种典型的运动性发作。其发作可分为 4 种类型：奔跑Ⅰ型（动物在 60s 的铃声刺激期间只奔跑 1 次，不发生惊厥）；奔跑Ⅱ型（奔跑 2 次，不发生惊厥）；惊厥Ⅰ型（给予铃声刺激后随即奔跑，越来越猛，最后倒地产生惊厥）；惊厥Ⅱ型（给予铃声刺激后奔跑，休息片刻后，又行 2 次奔跑，以至惊厥）。

听源性癫痫发作的始发部位在脑干或中脑，但脑组织无任何器质性病变，而在不刺激的情况下，其行为与听源性发作不敏感的正常鼠无任何区别。

听源性发作与人类光敏性和强直-阵挛发作近似，均具有遗传性，是研究抗癫痫药物和原发性癫痫发病原理的病理模型。

十三、蒙古沙土鼠遗传性癫痫模型

（一）动物

蒙古沙土鼠，雌雄不限，体重不限。

（二）建模方法

将癫痫发作敏感的蒙古沙土鼠单个分笼饲养，自由饮食水。室内除一般卫生条件要求外，应保持安静，给予饮食时不要造成噪声或移动笼子，以免引起惊厥发作。每周测定 1 次发作强度，测定时，只要笼子拿起，轻轻摇动或将其由笼拿出放在桌面上就可以引起发作。记录发作程度，1 次发作后有一为期 3～5 天的潜伏期，此时给予任何刺激也不引起发作。

（三）模型评价

动物的癫痫发作程度可分为 6 个等级：0 级，无发作，活动正常；Ⅰ级为面部肌阵挛；Ⅱ级为节律性点头发作；Ⅲ级为单侧前肢抽搐；Ⅳ级为双侧前肢抽搐；Ⅴ级为 4 肢抽搐或失去平衡、跳跃并跌倒。整个发作过程持续 40～50s。根据研究需要设计给药方案，观察并比较动物的发作强度。

蒙古沙土鼠是田鼠沙土鼠亚科的啮齿类，是一种多用途的实验动物，善于跳跃和直立，癫痫自然发作率高达 20%～30%。选用发作敏感的蒙古沙土鼠进行近亲交配繁殖，经过数代近亲繁殖后，可获得纯种遗传性癫痫模型，其自然发作率可高达 95%以上，生后 2 个月开始发作，3 个月左右达高峰，以后维持终生。此种癫痫的发作机制尚不清楚，但主要与遗传有关，目前还不知道是何种基因发生了突变。

由于 1 次发作后有 3～5 天的潜伏期和捉拿时可引起发作，因此给研究工作带来一些麻烦。实验设计时需要考虑这些不利条件，最好将药物制成溶液，供其自然口服用，但会因动物的饮水量差异而影响结果的正确判断。

十四、癫痫样小鼠原发性癫痫模型

（一）动物

癫痫样小鼠。

（二）建模方法

先测定小鼠的癫痫发作程度，挑选合格动物用于实验。将动物放在一小块木板上，轻轻向空中抛起 10～15cm，反复数次至数十次就可引起发作。这种差异是由于每个小鼠的发作阈值不同造成的。一般规定反复抛起 80 次不发作者，认为是发作不敏感鼠，不用于实验。

（三）模型评价

癫痫样小鼠的发作可分为两期：暴发期和暴发后期。在向空中抛起过程中，小鼠突然发出唧唧的叫声，此时应立即停止抛起仔细观察。小鼠很快进入暂时不动状态，尾巴向背上屈起，随后奔跑并进入爆发性癫痫状态；继之进入暴发后期，小鼠保持袋鼠姿势，尾巴翘起、双前肢抬起、作上下阵挛性运动、咀嚼活动和头转向侧面等，并伴有平衡失调、流涎和大小便失禁等。整个发作过程持续 13～20s，而后进入约 30min 的惊厥不应期，此时给予任何刺激也不引起发作。

癫痫样小鼠是 DDY 小鼠经过 12 代近亲交配繁殖而获得的纯种小鼠，是国际公认的一种遗传性癫痫模型。这种小鼠当前庭受到刺激时就引发癫痫发作。例如，将其反复向空中抛起、摇动和反复转动等，均可引起发作。动物在出生后 5～8 周开始发作，性成熟时达高峰，以后维持终生。癫痫样小鼠癫痫发作的异常脑电波始发部位在海马和颞叶深部，随后扩散到脑的其他部位，其发作的表现在很多方面类似于人类的颞叶性癫痫，因此，这是一种颞叶性癫痫模型。

十五、蹒跚小鼠原发性癫痫模型

（一）动物及建模方法

动物为 tg/tg 小鼠（蹒跚小鼠），将其放置在桌面上，不给予任何刺激，它可自然反复发作癫痫。动物呈失神性发作和单纯局限性发作。仔细观察并记录发作时的症状、每次发作的维持时间、发作的间隔时间，每只小鼠需连续观察 30min。

（二）模型评价

失神性发作的表现为：活动突然停止，屈身低头，双目圆睁凝视，处于失神状态；单纯局限性发作：先出现短暂的奔跑、摇摆、呼吸深快、面部肌肉群抽动、后肢抬起或外展、在桌面上踏动，有时动物呈阵挛性运动，每次发作持续 5～10min。这种发作可单独出现，也可以由失神性发作转变而来。

tg/tg 小鼠是一种典型的原发性遗传性癫痫模型，小鼠出生后 2 周左右出现神经系统症状，步态不稳是最显著的外观异常，伴后肢外展、偶尔翻倒，3 周左右开始发作，4～5 周达高峰，以后维持终生。tg/tg 小鼠发作时的症状很像人类的失神性发作和单纯局限性发作，因此是一种原发性和单纯局限性癫痫发作的动物模型。

十六、基因敲除和转基因癫痫模型

（一）概述

利用基因打靶可以建立人类遗传癫痫的动物模型，在培养的胚胎干细胞进行打靶可以诱导突变，使突变的靶基因在动物身上得以遗传。理论上凡是在癫痫发作中能使神经元兴奋性增强、抑制性减弱的物质和结构的基因均可作为研究的候选靶点。这些基因包括：磷脂酶 C-β1（PLC-betal）基因、5-羟色胺受体亚型 5-HT_{2c} 基因、谷氨酸受体α-氨基-3-羟基-5-甲基-4-异噁唑丙酸盐亚型、组织非特异性碱性磷酸酶（tissue non-specific alkaline phosphatase，TNAP）等。

（二）建模方法

主要采用基因敲除和转基因技术进行模型的复制。

（三）模型评价

1. tottere 小鼠（tg/tg）模型

tg/tg 为研究最多的遗传性癫痫模型之一，除共济失调外，主要表现为失神样发作及双侧同步性 6～7Hz 棘波与多棘慢波。发作出现于 4 周龄左右，其易感性被认为与脑内去甲肾上腺素能的过度支配有关。新近发现，该型小鼠存在编码α1 亚单位钙通道的基因突变，并认为与其发作易感性有关。本模型可用于基因突变致癫痫机制研究。

2. 基因敲除和转基因小鼠模型

第一个纯合子小鼠模型是进行性肌阵挛性（progressive myoclonic，PME）综合征模型，即胱抑蛋白 B（cystain B）基因敲除小鼠模型。此蛋白基因编码一种胱抑蛋白激酶的抑制剂即胱抑蛋白 B。中枢神经系统的离子通道病与人类癫痫有关，其可出现严重的强直-阵挛发作，易导致早亡。转基因 Q54 小鼠模型，Q54 小鼠的癫痫发作始于 2 月龄时，伴有行为受限级呆板重复动作，连续脑电图监测发现海马有局限性癫痫活动，甚至扩展至皮层，也有癫痫活动，病理检查发现海马 CA_{1-3} 区及门区有大量的细胞缺失及胶质增生。转基因 Q54 小鼠提供了一个遗传学模型，在此基础上发现 SCN2A 为一人类癫痫候选基因。

癫痫是神经系统的一种常见症状，对人类危害极大，在设计和开发抗癫痫新药时，必须应用癫痫动物模型。在设计和开发抗癫痫新药时，实验应用的癫痫动物模型，其癫痫发作与人类癫痫发作必须存在相似性，其机制也须接近人类发作时的病理生理状态。因此，选择合适的动物模型是很关键的。这些模型可作为初步筛选工具，为鉴定更多的靶向性治疗药物研究提供服务。

此外，αA 亚单位基因突变的蹒跚小鼠、β4 亚单位基因突变的瞌睡小鼠、γ2 亚单位基因突变的 Stagazer 小鼠，这些亚单位基因突变导致小鼠的脑神经元兴奋性提高，从而对癫痫更具易感性。基因敲除和转基因癫痫模型具有研究癫痫相关基因相互作用的优势，这是其他种类模型所不具备的。但每种基因的表达和其所处的基因背景是相关的，很多文献也指出敲除或植入的基因在不同的载体基因背景下有不同的表型。因此，研究者在评价实验数据时需要考虑这些影响因素。

（姚　健　王　维）

主要参考文献

常洋，秦川，尹红星，等．2000．建立阿尔茨海默症的转基因动物模型．解剖学报，31（2）：144-147
陈建良，吕文，郭伟，等．2003．大鼠脑损伤动物模型研制方法的探讨．中华实验外科杂志，20（3）：281-282
陈志标，陈谦学，张宇蓝，等．2003．急性闭合性脑损伤模型的建立与评估．中华创伤杂志，19（9）：392-294
顾彬，张文生．2008．阿尔采默氏病动物模型的研究进展．中国实验动物学报，16（2）：153-156
顾兵，金建波，孟伟，等．2010．大鼠创伤性脑损伤模型的建立．中国临床药理学与治疗学，15（12）：1362-1368
郭晓利，肖伟线．2012．栓法大鼠中动脉闭塞脑缺血动物模型的影响因素探析．中医药临床杂志，24（3）：239-241
郭新荣，张耀，李娜，等．2013．动物颅脑损伤模型建立的研究进展．河南外科学杂志，19（1）：69-71
侯晓妹，孙圣刚，童萼塘，等．2004．帕金森病免疫介导黑质损伤的动物实验研究．中华神经科杂志，37（2）：131-134
蒋伟，华栋，雷霆，等．2010．亨廷顿病经典动物模型研究进展．中华神经外科疾病研究杂志，9（5）：467-468
李兵奎，常巍，宋跃．2011．脊髓损伤动物模型制备的研究进展．中国脊柱脊髓杂志，22（10）：947-949
刘茅茅，李小玲，王拥军．2003．腔隙性脑梗死动物模型的建立．中华老年心血管病杂志，5（5）：334-337
刘媛，王莉，曾琳，等．2008．一种改良的创伤性脑损伤模型的建立．中国临床神经外科杂志，13（7）：416-419
罗海彦，彭国厂．2002．应用 6-经多巴胺建立鼠帕金森动物模型的研究．重庆医科大学学报，27（1）：28-31
罗焕敏，翁文．2007．老年性痴呆动物模型的制作与选择．中华老年多器官疾病杂志，6（1）：12-16
毛春，张苏明，邓小红，等．2000．一种改进的自体血血栓栓塞性大鼠缺血脑卒中模型的建立．中华老年心血管病杂志，2（1）：48-50
宁斌，郑修军，胡有谷．2005．慢性压迫性脊髓损伤动物模型的制作方法．中国脊柱杂志，15（5）：316-318
宋延民，杨国帅，龙莉莉，等．2012．不同首剂匹罗卡品制作颞叶癫痫大鼠模型的研究．现代生物医学进展，12（17）：3217-3220
汤丽鹏．2011．癫痫动物模型的研究进展．中山大学研究生学刊，32（2）：38-45
田伟，张焱，孙岚，等．2010．脊髓损伤动物模型的建立及其评价．中国康复理论与实践，16（3）：221-223
王丹丹，李峰．2009．三硝基丙酸动物模型和亨廷顿氏病．中国比较医学杂志，19（8）：70-75
王海峰，方健．2010．脊髓损伤动物模型的研究现状．实用骨科杂志，17（1）：44-47
王涛，左萍萍．2008．帕金森病实验动物模型研究进展．中国神经免疫学和神经病学杂志，15（6）：455-457
王桐生，龙子江，陈俊文．2002．脑创宁对闭合性脑损伤模型小鼠血脑屏障的保护作用．中国药理与临床，18（6）：41-42
王颖，王开友，陈德喜．2009．急性脊髓损伤动物模型的建立．青岛医药卫生，41（2）：143-145
邢秋云，李峰．2011．喹啉酸所致亨廷顿病动物模型．中国实验动物学报，19（1）：84-88
姚凤莉，马融，李新民．2005．抗痫胶囊对抗不同癫痫动物模型的实验研究．第三军医大学学报，27（14）：1527-1528
Erbayraktar Z, Gökmen N, Yilmaz O, et al. 2013. Experimental traumatic spinal cord injury. Methods Mol Biol, 982: 103-112
Fisher M, Bastan B. 2012. Identifying and utilizing the ischemic penumbra. Neurology, 25;79(13Suppl 1): S79-85
Magavi SS, Leavitt BR, Macklis JD. 2000. Induction of nrurogenesis in the neurogensis in the neocortex of adult mice. Nature, 405: 951-955
MosmannT. 1983. Rapid colorimetric assay for cellular growth and survival : application to proliferation and cytotoxicity assays. Immunol Methods, 65(1-2): 55-63
Tanja Z. 2002. Neural Stem Cells: Methods and Protocols. Humana Press Inc, 245-271
Uchida K, Nakajima H, Yayama T, et al. 2009. Updates on ossification of posterior longitudinal ligament. Ossification front of posterior longitudinal ligament and cellular biological assessment of chronic mechanical compressed spinal cord. Clin Calcium, 19(10): 1472-1479
Yanlaura I, Yone K, Nakahara S, et al. 2002, Mechanism of destructive pathologic changes in the spinal cord under chronicmechanical compression. Spine, 27(1): 21-26
Zou WW, Xiao HP, Gu MN, et al. 2013. Propofol induces rat embryonic neural stem cell apoptosis by activating both extrinsic and intrinsic pathways. Mol Med Rep, 7(4): 1123-1128

第十章　神经干细胞的冻存、复苏及运输

第一节　概　　述

神经干细胞（NSC）经过冷冻保存可以建立起一个均质的细胞库，为后续的实验研究及临床研究提供种子细胞，同时可以避免污染带来的损失，减少遗传学改变，避免细胞衰老和转化。细胞的冻存效果直接影响着NSC的数量和活性，反复的冻融程序一般不会影响神经系统干细胞的增殖和分化特性。细胞冻存程序主要包括冷冻—储存—融冻—培养，这些环节密切相关，其中任何一个步骤出现问题都可能导致整个过程的失败。

在细胞、组织和器官冷冻保存期间，应尽量降低甚至停止其所有的代谢反应。在液氮（-196℃）中，几乎所有的代谢反应均停止，从冷冻生物学理论分析，在-196℃深低温条件下，细胞的活性应该可以长期保存。冷冻保存是采用低温来保持结构完整的活细胞和组织，通常未受保护的冷冻会导致细胞死亡。

一、细胞冻存损伤的机制

在冷冻过程中有部分细胞会受到损伤。损伤的机制有两种：一种是物理性损伤，当降温速度过快、细胞内水分丢失不充分或融冻时升温过慢，在细胞内形成冰晶，细胞质内结冰过多、过大会破坏细胞器，刺破细胞膜，发生不可逆损伤，导致细胞死亡；另一种是化学性损伤，这种损伤主要是在慢冻过程中结冰时游离水减少，导致溶解在液相中的溶质浓度发生变化，盐浓度升高，渗透压增大，细胞出现渗透性休克（osmotic shock），蛋白质变性，进而导致细胞死亡。事实上，在冷冻过程中两种细胞损伤机制几乎是同时存在的，它们的相对作用取决于细胞类型、冷却速度及复苏速度。通常缓慢降温时，以化学性损伤（细胞内溶质浓度改变）为主，而降温较快时则以物理性损伤（胞内冰晶）为主。如果细胞膜的透水性是已知的，可以在细胞内冻结的风险与浓缩溶质作用间权衡以折中选择最佳的冷却速率，并且预测冷却速率对细胞存活的影响。

二、冷冻保护剂的选择

在冻存前加入一定浓度的冷冻保护剂（cryoprotectants），让细胞在保护剂中平衡并适当脱水，可将损伤降到最低限度。细胞内水分含量达 80%以上，在冷冻过程中有 90%的水分形成游离水，不可避免要形成细胞内冰晶，但只要不形成大冰晶，而是维持微晶（冰核）状态，细胞受到的损伤则大为减小。细胞在冷冻过程和解冻过程中两次通过易形成冰晶的危险温区（0～-60℃）。采取适当的冷冻方法和冷冻保护剂，可减少降温和

复温过程中冰晶的形成，使细胞安全通过危险温区。冷冻保护剂只是简单地通过增加系统中所有溶质的总浓度，减少在任何给定温度下形成的冰晶量，而且要具有低毒性。

目前，常用的冷冻保护剂有二甲基亚砜、甘油、乙二醇和丙二醇等。根据保护剂对细胞膜的穿透性大小，将其分为穿透性（或细胞内）保护剂和非穿透性（或细胞外）保护剂。穿透性保护剂，如二甲基亚砜或甘油等，通过其强烈结合溶液中水分子的水合作用，减少结冰的程度和速度，减轻物理性损伤；同时通过减慢或避免细胞内溶质浓度的升高，减少蛋白质变性，从而减轻化学性损伤。非穿透性冷冻保护剂，如聚乙烯吡咯酮、羟乙基淀粉及其他高分子化合物，其冷冻保护作用机制与抑制冰晶生长有关。冷冻保护剂的常用工作浓度分别为：二甲基亚砜 10%，甘油 10%～15%。融冻后应当尽快从细胞悬液中去除保护剂成分，以降低保护剂对细胞的毒性作用。

三、玻璃化冷冻保存技术

“玻璃化”（vitrification）是一个物理学上的概念，是指当水或溶液快速降温达到或低于-100～-110℃的温度范围时，形成一种具有高黏度的介于液态和固态之间的、非晶体态的、杂乱无章和透明的玻璃状态。它虽然不能像液态那样流动，却可像晶体一样保持自己的形状。其特点为：第一，分子不按晶格结构排列，为无定型结构；第二，在玻璃化过程中，分子不重新排列，不发生剧烈运动，没有准确固定的转变固化点，其状态的转变是在一定的温度区内完成的，即玻璃化转变温度（glass transition temperature，T_g）是代表一个区域的温度；第三，当含有电解质或其他可溶性成分的水溶液转变成玻璃态时，由于其分散系统的均一性未受到破坏，因此，溶液的浓度不发生改变或改变很小。

玻璃化冷冻保存技术是一种简便快速和冻融损伤小的保存细胞、组织和器官的方法。此法可以避免冷冻保存过程中细胞内外冰晶的形成，或虽有冰晶形成但没有长大到足以使细胞的超微结构发生变化，因此，能减轻冷冻保存过程中对细胞和组织造成的损伤，达到更好的储存效果。玻璃化冷冻受到冷冻保护剂成分、浓度、作用时间、作用温度，以及降温与升温速率的影响。该法的主要问题是高浓度的冷冻保护剂对细胞具有毒性作用。由于灵长类胚胎干细胞（ES 细胞）和诱导多能干细胞（iPS 细胞）使用常规冷冻法在解冻后的存活率较低，因此，通常采用玻璃化冷冻保存法进行。

在 NSC 的冷冻保存时，通常采用常规的慢速冷冻液氮保存法进行储存。

第二节 神经干细胞的冻存

一、目的意义

NSC 深低温储存的主要问题包括保持适当的低温和防止污染两个方面。既往为了尽可能地确保温度稳定，深低温储存的样品都浸入液氮（-196℃）中。随着 20 世纪 90

年代英国暴发肝炎后，追踪研究显示储存于液氮中的干细胞制品受到了污染。低温储藏期间细胞制品污染的风险主要发生在存储的液氮中，气相（-150～-190℃）储存在很大程度上克服了这一问题。另外，大多数的冻存管不能阻止液氮进入，因此存在潜在的开放污染。目前，国外一些生产厂家已开发出多款液氮气相储存罐和储存箱，如美国热电公司（Thermo）的 Thermo Scientific Cryplus 液氮储存系统，可选择气相储存和液相储存两种模式，电脑精确控制所有参数，自动监测液氮液位，自动补充液氮，多项报警功能确保箱体正常工作。

目前，大部分实验室仍然采用手工冻存的方法，也有一些实验室使用程控降温仪（programmed cooling instrument）进行干细胞冻存。该法依据不同细胞冷冻在各个温度区域均有最适的降温速度，通过使用合适的降温速度程序，选择合适的冷冻保护剂，将冷冻程序分成多段进行，可安全而迅速地度过冷冻损害温度区。该法冻存效果好，复苏后细胞存活率高，但事先需摸索最佳冻存条件，且仪器价格比较昂贵。因此，只要冻存细胞生长状态良好，数量足够，手工冻存仍然可以获得满意的结果。

许多冻存人类胚胎干细胞的方法，可用于 NSC 的超低温保存。这些方法的主要目标是复苏解冻的细胞和保持其多能性。

二、材料

（一）试剂

（1）NSC 无血清培养液：StemPro® NSC SFM（Gibco 公司）。

（2）无钙、镁磷酸盐缓冲液：D-PBS（dulbecco’s phosphate-buffered saline），无 Ca^{2+} 和 Mg^{2+}（Gibco 公司）。

（3）胰蛋白酶替代品 TrypLE™ Select （Gibco 公司）：本产品不含动物及人来源成分，对细胞作用温和的超纯试剂。无需使用胰蛋白酶抑制剂来灭活。它是在含血清及无血清条件下，解离各类贴壁培养哺乳动物细胞系的理想试剂，可以直接替代胰蛋白酶。

（4）0.4%（*m*/*V*）锥虫蓝染液。

（5）冷冻保护剂二甲基亚砜（DMSO，Sigma 公司）。

（6）异丙醇。

（二）器材

主要包括：梯度降温冷冻盒（Cryo 1℃ Freezing Container, Nalgene 公司），无菌细胞冻存管，液氮冻存盒，倒置相差显微镜，台式冷冻离心机，-80℃超低温冰箱，盛有医用级液氮的液氮罐或气相液氮罐。

三、方法

（一）准备

（1）将梯度降温冷冻盒置于室温，并充满异丙醇。

（2）准备冻存液：冻存液由 90%的不含生长因子（即碱性成纤维细胞生长因子和表皮生长因子）的 StemPro®NSC SFM 完全培养液和 10%DMSO 组成；配好的冻存液保存在 2～8℃，直至使用。

（3）在细胞冻存管上标记细胞株（系）名称、代数、细胞浓度、冻存日期及操作者姓名缩写。

（4）应建立详细的细胞冻存记录（如细胞名称、冻存日期、数量及存放的位置等），以便日后查找。

（二）收集 NSC 和超低温保存

1. 贴壁培养的 NSC

（1）当培养的 NSC 汇合率达到 80%～90%时（接种后 2～4 天），吸弃培养容器内的 StemPro®NSC SFM 完全培养液。

（2）用无钙、镁磷酸盐缓冲液（D-PBS）洗涤细胞 2 次，吸弃 D-PBS。

（3）向培养容器中加入 37℃预热的 TrypLE™ Select，T25cm^2 培养瓶加 1ml，T75cm^2 培养瓶加 2～3ml，在 37℃培养箱内孵育 2min。

（4）轻柔吹打细胞或用手掌根部拍打培养容器，使 NSC 与培养容器分离。

（5）加入 10ml StemPro®NSC SFM 完全培养液终止 TrypLE™ Select 作用。

（6）用吸管轻轻抽吸 NSC 以获得单细胞悬液，然后将细胞悬液移入无菌的 15ml 锥形离心管中。

（7）200*g* 离心 5min，吸弃上清液。

（8）以最小体积预热的 StemPro®NSC SFM 完全培养液重悬细胞沉淀，取出样品进行细胞计数和计算细胞存活率，确定细胞总数。

（9）从锥形管中轻轻地吸出上清液，然后逐滴添加 4℃预冷的冷存液，重悬细胞的浓度为 2×10^6 个活细胞/ml。

（10）将上述 NSC 悬液移入每个已标记［细胞株（系）名称、代数、细胞浓度、冻存日期及操作者姓名缩写］、4℃预冷的细胞冻存管中，2×10^6 个活细胞/ml/支。

（11）将细胞冻存管插入充满异丙醇梯度降温冷冻盒（Cryo 1℃ Freezing Container）中，然后置于−80℃冰箱。此过程可以确保细胞被缓慢冻结。

（12）次日，将冻存管转入液氮内储存。

2. 悬浮培养的神经球

（1）用吸管轻柔吸取神经球，移入 15ml 锥形离心管中，200*g* 离心 2min。

（2）吸弃上清液，用 10ml D-PBS 洗涤细胞 1 次，吸弃 D-PBS（尽量吸净）。

（3）向神经球沉淀中加入 1ml TrypLE™ Select，在 37℃培养箱内孵育 2min。

（4）加入 10ml StemPro®NSC SFM 完全培养液终止 TrypLE™ Select 作用，用吸管轻轻抽吸 NSC 以获得单细胞悬液。

（5）200*g* 离心 5min，吸弃上清液。

（6）以最小体积预热的 StemPro®NSC SFM 完全培养液重悬细胞沉淀，取出样品进行细胞计数和计算细胞存活率，确定细胞总数。

（7）从锥形管中轻轻地吸弃上清液，然后逐滴添加 4℃预冷的冷存液，重悬细胞的浓度为 2×10^6 个活细胞/ ml。

（8）将上述 NSC 悬液移入每个已标记［细胞株（系）名称、代数、细胞浓度、冻存日期及操作者姓名缩写］、4℃预冷的细胞冻存管中，2×10^6 个活细胞/ml/支。

（9）将细胞冻存管插入充满异丙醇梯度降温冷冻盒（Cryo 1℃ Freezing Container）中，然后置于-80℃冰箱。此过程可以确保细胞被缓慢冻结。

（10）次日，将冻存管转入液氮罐进行长期存储。

（三）注意事项

（1）冻存细胞的质量直接与日后复苏细胞的质量有关。因此，在冻存细胞的前 1 天最好进行 1 次细胞的半换液。

（2）切勿将 NSC 在 TrypLE™ Select 消化液中作用超过 2min，以避免细胞死亡。孵育结束后，立即加入 StemPro®NSC SFM 完全培养液中和 TrypLE™ Select。

（3）细胞计数的注意事项。

① 进行细胞计数时，要求悬液中细胞数目不低于 10^4 个/ml 且不能高于 10^6/ml。如果细胞数目很少，要进行离心再悬浮于少量培养液中，重新取样计数；如果细胞数目过多，要进行再次稀释后取样重新计数。细胞浓度以 5×10^5/ml 为宜。

② 要求细胞悬液中的细胞分散良好，否则影响计数准确性。

③ 取样计数前，应充分混匀细胞悬液，尤其是多次取样计数时更要注意每次取样都要混匀，以求计数准确。

④ 计数细胞的原则是只计数完整的细胞，若细胞聚集成团时，只按照一个细胞计算。如果细胞压在格线上时，则只计上线，不计下线，只计右线，不计左线。

⑤ 操作时注意盖片下不能有气泡，也不能让悬液流入旁边槽中，否则要重新冲池计数。

第三节　神经干细胞的复苏

融冻是冻存 NSC 的一个重要步骤，要求有一定的温度和速度。一般采用快速融冻方法，防止融冻过程中冰晶再形成对细胞产生损伤作用。通常把冻存样本直接置于 37～42℃恒温水浴中，在 1～2min 内快速融冻。然后，在室温下缓慢加入完全培养液，使融冻后的细胞被稀释 5～10 倍，用以稀释冷冻保护剂的浓度，降低其对细胞的毒性作用。由于冷冻保护剂稀释太快，会导致细胞内渗透压发生剧烈改变，细胞易受损伤，因此，一般要求在 30min 内完成复苏操作。

一、材料

（一）试剂

（1）NSC 无血清培养液：StemPro® NSC SFM（Gibco 公司）。

（2）无钙、镁磷酸盐缓冲液：D-PBS，无 Ca^{2+}和 Mg^{2+}（Gibco 公司）。

（3）含钙、镁磷酸盐缓冲液：D-PBS，含 Ca^{2+}和 Mg^{2+}（Gibco 公司）。

（4）促进人源细胞培养贴壁的添加物：CELLstart™ CTS™（Gibco 公司），其成分确定、仅含人源（无异种成分）成分的底物，而且支持 NSC 在无血清培养液中附着和扩增。

（5）0.4%（*m*/*V*）锥虫蓝染液。

（二）器材

主要包括：倒置相差显微镜，台式冷冻离心机，37℃恒温水浴箱，35mm 塑料培养皿或 6 孔塑料培养板，15ml 无菌塑料锥形离心管，5ml 无菌刻度吸管及滴管，P-1000 移液器，75%乙醇。

二、方法

（一）CELLstart™ CTS™包被培养器皿

对于培养复苏后的 NSC 和需要贴壁培养的 NSC，应当使用 CELLstart™ CTS™（细胞培养用成分确定的人源化底物）或纤维连接蛋白（fibronectin）包被培养器皿，促进 NSC 在无血清培养液中附着和扩增。

（1）临用前用含钙、镁磷酸盐缓冲液（D-PBS，含 Ca^{2+}、Mg^{2+}）1:100 倍稀释 CELLstart™ CTS™。

（2）将稀释的 CELLstrat 加入培养器皿中：14ml/T75cm^2 培养瓶、7ml/T25cm^2 培养瓶、3.5ml/60mm 培养皿及 2ml/35mm 培养皿。

（3）将该培养器皿置于 37℃、5% CO_2 的培养箱中孵育 1h。

（4）孵育 1h 后，将培养器皿取出，置于室温，直至使用前用刻度吸管吸弃培养器皿内的 CELLstart。此时的培养器皿即可以加入细胞进行培养。

（5）注意事项：建议在使用当天或使用前 1 天包被培养器皿；如果在使用前 1 天包被，必须将培养器皿以封口膜封闭以防干燥，置于 2～8℃保存，有效期为 2 周。直至使用前用刻度吸管吸弃培养器皿内的 CELLstart，即可使用。

（二）NSC 的复苏

（1）将水浴箱预热至 37℃。

（2）紫外线照射洁净工作台或生物安全柜台面 30min，打开风机，运行 10～20min。用 75%乙醇擦拭超净工作台或生物安全柜台面。

（3）在超净工作台或生物安全柜中按次序摆放好培养所需物品。

（4）戴上防护眼镜和棉质手套，根据细胞冻存记录找到所需细胞的编号和冻存位置。

（5）从液氮罐中取出所需的细胞，同时核对管外的名称和编号。

（6）在 37℃水浴中轻轻旋转迅速解冻至仅有少量的残冰存在。用 75%乙醇擦拭细胞冻存管表面，轻轻旋转冻存管使所有细胞沉淀沉积于管底。

（7）在洁净工作台或生物安全柜内打开冻存管，用刻度吸管轻柔地将细胞悬液转至 1 支 15ml 无菌锥形离心管中。

（8）用 1ml 37℃预热的 StemPro®NSC SFM 完全培养液洗涤冻存管内壁，将含细胞的洗涤液以 1 滴/秒的速度加入至上述 15ml 锥形离心管中，边滴边旋转混匀；然后再缓慢补加 2ml 37℃预热的 StemPro®NSC SFM 完全培养液（细胞悬液总体积为 4ml）。用 P-1000 移液器轻轻混合悬液，注意避免产生任何气泡。

（9）取出样品进行细胞计数和计算细胞存活率，确定细胞总数。

（10）离心步骤 8 样品，200*g* 离心 5min，吸弃上清液。

（11）用适量 37℃预热的 StemPro®NSC SFM 完全培养液重悬细胞沉淀，按 1×10^5 个细胞/cm^2 接种密度将 NSC 接种于预先包被 CELLstart™ CTS™的 35mm 培养皿或 6 孔培养板。

（12）将培养容器置于 37℃、5% CO_2 湿化的培养箱中培养，每隔 2 天换液 1 次。

（13）当培养的 NSC 汇合率达到 80%～90%时，可消化进行传代培养。如果需要悬浮培养生长神经球，则将消化的 NSC 接种于悬浮培养器皿（未包被 CELLstart™ CTS™）内；如果需要贴壁培养，则将消化的 NSC 接种于包被 CELLstart™ CTS™的培养器皿内。

第四节　神经干细胞的运输

在任何基于干细胞的研究和治疗实践中，高效率地运输干/祖细胞，且不影响其存活和功能是一个难题。然而，目前使用液氮运输干细胞需要一个很短的交货时间窗口，不仅在技术上具有挑战性，而且价格昂贵。

运输干细胞的方法主要包括以下两种：一种是冷冻储存运输，采用小型液氮运输罐或盛有干冰的泡沫箱，有效保存期限为 1～2 天，一般需要空运邮递；另一种是培养细胞的直接运输法，主要用于贴壁培养的 NSC，有效保存期限 3～5 天，一般适用于短途运输。

一、冷冻储存运输法

此法是从液氮罐中取出装有干细胞的冻存管，迅速移入小型液氮运输罐或盛有干冰的泡沫箱中，适当包装后交空运或快递公司运输。

二、培养细胞的直接运输法

该法是选择生长良好的贴壁细胞，一般细胞汇合率在 1/3～1/2 瓶底面积为宜。吸弃瓶内原有培养液，补加新鲜培养液至瓶颈部下缘，留有少许空气，拧紧瓶盖，并用封口膜密封。放入装有冰袋的泡沫运输箱内，盖上箱盖，用胶带密封，自带或交快递公司运输。此种方法的有效保存期限为 3～5 天。到达目的地后，吸出多余的培养液，保留培养液至该规格培养瓶正常培养所需体积，然后将培养瓶置于 37℃、5% CO_2 湿化的培养箱中培养，次日进行换液或传代。

三、半透藻酸盐水凝胶封装、储存及运输法

近年来的研究表明，在室温下采用半透藻酸盐水凝胶（用锶交联）封装、储存和运输干细胞技术，以取代传统的冷冻保存方法，通过邮递方式可将干细胞运往世界各地。研究显示，在一个气密性的环境条件下（密封冷存管），人骨髓间充质干细胞（hMSC）和小鼠胚胎干细胞（mESC）在藻酸盐水凝胶中可成功地储存 5 天。从藻酸盐水凝胶中提取细胞的存活率分别是 MESC 74%和 hMSC 80%，其结果并不次于冷冻保存法。更为重要的是，随后分析从藻酸盐水凝胶中提取的 hMSC 和 mESC 的增殖率和常见干细胞标志物，包括在 mRNA 和蛋白质的水平均与冷冻保存法的结果相似。总之，这种新的、简便的藻酸盐水凝胶封装技术，可提供一种廉价和可靠的替代冷冻保存的方法，用于运输和储存临床及科研用的干细胞。

（陈　伟　李学彦）

主要参考文献

Albukhaty S, Naderi-Manesh H, Tiraihi T. 2013. In vitro labeling of neural stem cells with poly-L-lysine coated super paramagnetic nanoparticles for green fluorescent protein transfection.Iran Biomed J, 17(2): 71-76

De Santis L, Coticchio G. 2011. Theoretical and experimental basis of slow freezing. Reprod Biomed Online, (22): 125-132

Darsalia V, Olverling A, Larsson M, et al. 2014. Linagliptin enhances neural stem cell proliferation after stroke in type 2 diabetic mice.Regul Pept, 190-191: 25-31

Fahy GM, MacFarlane DR, Angell CA, et al. 1984. Vitrification as an approach to cryopreservation. Cryobiology, (21): 407-426

Fountain D, Ralston M, Higgins N, et al. 1997. Liquid nitrogen freezers: a potential source of microbial contamination of hematopoietic stem cell components. Transfusion, (37): 585-591

Gritti A, Galli R, Vescovi AL. 2008. Clonal analyses and cryopreservation of neural stem cell cultures. In：Weiner LP Eds. Neural Stem Cells Methods and Protocols. second edition. Methods in Molecular Biology, vol. 438. Totowa: Humana Press: 173-184

Hawkins AE, Zuckerman MA, Briggs M, et al. 1996. Hepatitis B transmission neucleotide sequence analysis: linking an outbreak of acute hepatitis B to contamination of a cryopreservation tank. J Virol Methods, (60): 81-88

Healy L, Young L, Stacey GN. 2011. Stem cell banks: preserving cell lines, maintaining genetic integrity, and advancing research. Methods Mol Biol, (767): 15-27

Hicks C, Stevanato L, Stroemer RP, et al. 2013. In vivo and in vitro characterization of the angiogenic effect of CTX0E03 human neural stem cells.Cell Transplant, 22(9): 1541-1552

Hunt C J. 2011.Cryopreservation of human stem cells for clinical application: a review. Transfus Med Hemother, (38): 107-123

Hwang DH, Shin HY, Kwon MJ, et al. 2014. Survival of neural stem cell grafts in the lesioned spinal cord is enhanced by a combination of treadmill locomotor training via insulin-like growth factor-1 signaling.J neurosci, 34(38): 12788-12800

Itoh T, Imano M, Nishida S, et al. 2012. Epigallocatechin-3-gallate increases the number of neural stem cells around the damaged area after rat traumatic brain injury. J Neural Transm, 119(8): 877-890

Leibo SP, Pool TB. 2011.The principal variables of cryopreservation: solutions, temperatures, and rate changes. Fertil Steril, (96): 269-276

Nagashima K, Furukawa Y. 2000.Time development of a solute diffusion field and morphological instability on a planar interface in the directional growth of ice crystals. J Crystal Growth, (209): 167-174

Nemati SN, Jabbari R, Hajinasrollah M, et al. 2014. Transplantation of adult monkey neural stem cells into a contusion spinal cord injury model in rhesus macaque monkeys. Cell J, 16(2): 117-130

Pegg D E. 2007. Principles of Cryopreservation. In：Day J G, Stacey G N Eds. Cryopreservation and freeze-drying protocols. Methods in molecular biology, vol. 368: Totowa: Humana Press: 39-58

Stacey GN. 2011. Cell culture contamination. In：Cree L A Eds. Cancer Cell Culture Methods and Protocols. second edition. Methods in Molecular Biology, vol. 731. Totowa: Humana Press: 79-91

Stacey GN, Masters J R. 2008.Cryopreservation and banking of mammalian cell lines. Nature Protocols, (3): 1981-1989

Tavares I. 2013. Human neural stem cell transplantation in spinal cord injury models: how far from clinical application? Stem Cell Res, 4(3): 61-74

Wang H, Cheng H, Wang K, et al. 2012. Different effects of histone deacetylase inhibitors nicotinamide and trichostatin A (TSA) in C17.2 neural stem cells. J Neural Transm, 119(11): 1307-1315

Wang L, Wei FX, Cen JS, et al. 2014. Early administration of tumor necrosis factor-alpha antagonist promotes survival of transplanted neural stem cells and axon myelination after spinal cord injury in rats.Brain Res, 1575: 87-100

Yoshinaga T, Hashimoto E, Ukai W, et al. 2013. Effects of atelocollagen on neural stem cell function and its migrating capacity into brain in psychiatric disease model. J Neural Transm, 120(10): 1491-1498

下　篇

神经干细胞移植治疗的应用研究

第十一章　神经干细胞移植治疗前的准备工作

第一节　移植治疗的实验室要求

2009 年国家卫生部颁布了《医疗技术临床应用管理办法》（卫医政发〔2009〕18 号）的相关规定，首次将自体干细胞治疗技术和异体干细胞移植技术归为第三类医疗技术范畴。而且，目前正在对干细胞制剂质量控制及临床前研究，以及干细胞临床试验研究管理等做进一步的规范和完善。

目前，医疗机构大多参照现行的《医药工业洁净厂房设计规范》和《药品生产质量管理规范》进行干细胞移植技术洁净室的设计和建设。然而，《医药工业洁净厂房设计规范》和《药品生产质量管理规范》是针对药品生产所制定。药品生产有其明显的自身特点，即大规模、单一批次和生产结束后或批次生产间可以进行清洁消毒。相反，干细胞移植技术细胞制品制备的特点是个体化、多批次和相互重叠，很难实现停止洁净室内所有细胞制品制备进行清洁消毒。必须强调的是，制备干细胞制品使用的前体细胞源于患者血液、骨髓或组织器官，这些前体细胞均可能具有潜在的生物危害，如肝炎、艾滋病病毒携带者等。虽然在制备前可以对肝炎、艾滋病等相关病原体进行检测，但仍不排除窗口期或者未发现的病原体携带者。

因此，目前迫切需要在严格遵循《医药工业产房设计规范》和《药品生产质量管理规范》基本原则的前提下，充分考虑和紧紧围绕干细胞制品制备个体化和防止交叉污染这一核心环节，研究制定针对干细胞制品制备特点的洁净室设计、建设和管理指导原则或规范，以最大限度地实现个体化制备，杜绝交叉污染、混淆和差错等事件发生的要求。

在具体实施和持续改进方面，应当依据《医疗技术临床应用管理办法》及现行版《医药工业净化厂房设计规范》、《药品生产质量管理规范》和《实验室生物安全通用要求》等法规文件的要求，着重分析干细胞制品制备洁净室与医药工业净化厂房在设计理念上的差异，将药厂大规模生产生物制品的厂房设施建设和管理经验与实施干细胞制品制备及洁净室建设和管理的具体实际相结合，研究优化出一个符合国家管理规范，并适合三级甲等医院开展干细胞移植技术实际的洁净室设计、建设和管理指导原则或规范，这有利于促进该技术又快又好的发展，降低或避免各个医疗机构重复研究，各自探索所造成的社会资源浪费，同时也有利于卫生行政管理部门规范管理该项技术。在这方面，可能要着重把握以下三个环节。

一、医疗机构干细胞移植治疗实验室（洁净室）持续改进的方向和措施

（一）建设多个独立的细胞制品制备操作间

根据干细胞制品制备操作的全过程（包括制备人员的人数和使用的仪器设备），优化和确定独立细胞操作间的大小和布局（包括进风口位置和排风口位置），并制定独立细胞操作间的使用、清洁消毒和维护保养等操作和管理规范，这有利于杜绝交叉污染、混淆和差错等事件的发生。

（二）设置独立的生物安全 B2 级负压细胞制品制备操作间

设置细胞操作间气体 100%外排和配备 B2 型生物安全柜的生物安全 B2 级负压细胞制品制备操作间，用于制备来源于乙型肝炎患者血液、骨髓或组织器官的干细胞制品，可以最大限度保护操作人员和细胞制品的安全，避免交叉污染。

（三）设置与细胞制品制备操作间和细胞培养间净化级别相同的洁净走廊

该洁净走廊的设计是为了控制和缓冲各个细胞制品制备操作间以及细胞培养间之间的气体流动，以避免交叉污染的可能。

（四）梯级压差设计

梯级压差设计是指在同一净化级别区域内的细胞培养间、各个细胞制品制备操作间、洁净走廊和生物安全 B2 级细胞制品制备操作间之间设置不同气体压力差，以控制气体的单向流动，避免交叉污染。通常情况下，设定生物安全 B2 级细胞操作间的压差（与洁净走廊间）为最低，细胞培养间的压差（与洁净走廊间）为最高。

（五）设置独立的细胞培养间

该独立细胞培养间（与洁净走廊间的压差最大）的设置是为了实现在细胞培养期间可以及时对细胞制品制备操作间进行清洁和消毒，即细胞培养间以外采用臭氧消毒系统进行消毒时，其臭氧不能进入培养间。因此，对正在培养的细胞不会产生影响。

（六）设置两套独立的空调净化消毒系统

这两套独立的空调净化消毒系统分别控制细胞培养间和细胞制品制备操作间以及相关辅助区域（包括人流和物流进出单元），以实现在不影响培养细胞的同时，对细胞培养间以外的区域进行清洁和消毒。

（七）局域网络无纸传输系统和闭路监控系统

设置独立的局域网络无纸传输系统和闭路监控系统，有利于方便进行制备操作记录和存档的管理，有利于规范操作，查找操作失误和整个设施的安全管理。

（八）制定规范和系统的 GMP 洁净室使用、清洁消毒及维护保养标准操作规程和管理规程

二、干细胞治疗 GMP 洁净室空调净化工程建设参数及要求

（一）干细胞治疗 GMP 洁净室总体要求

（1）实验室规模：洁净室面积应大于 150m^2，细胞制备操作间面积应大于 100m^2。

（2）洁净室设计应符合《医药工业净化厂房设计规范》和国家现行《药品生产管理规范》的要求。

（3）实验室的设计、布局和维护必须符合细胞制品生产要求，应能最大限度避免污染、交叉污染、混淆和差错，便于清洁、操作和维护。

（4）采用具有防尘、防微生物污染的设备和设施；应分别设置人员和物料的进出口通道，人员和物料进入洁净区应有各自的净化用室。

（5）洁净度、温湿度、新风量、静压差、照度及噪声等参数必须符合相关要求，并通过国家相关管理部门（如省级以上药品监督管理部门和/或疾病预防控制中心）的检查，发给许可证。

（二）干细胞治疗 GMP 洁净室环境参数

1. 洁净度

实验室洁净度应达到 C 级标准，维持实验室正压，洁净室内空气的尘粒数和微生物应符合规定。实验室应按生产工艺流程及相应洁净级别要求合理布局，洁净级别分类见表 11-1 和表 11-2。

表 11-1　洁净区空气悬浮粒子的标准规定（国家食品药品监督管理局　2011）

空气洁净度级别	悬浮粒子最大允许数/m^3			
	静态		动态	
	≥0.5μm	≥5μm	≥0.5μm	≥5μm
A 级（百级-层流罩）	3 520	20	3 520	20
B 级（百级）	3 520	29	352 000	2 900
C 级（万级）	352 000	2 900	3 520 000	29 000
D 级（十万级）	3 520 000	29 000	未规定	未规定

表 11-2　洁净区微生物监测的动态标准（国家食品药品监督管理局　2011）

空气洁净度级别	浮游菌/（cfu/m^3）	沉降菌（φ90mm）/（cfu/4h）	表面微生物	
			接触碟（φ55mm）/（cfu/碟）	5 指手套/（cfu/手套）
A 级（百级--层流罩）	<1	<1	<1	<1

续表

空气洁净度级别	浮游菌/（cfu/m³）	沉降菌（φ90mm）/（cfu/4h）	表面微生物	
			接触碟（φ55mm）/（cfu/碟）	5 指手套/（cfu/手套）
B 级（百级）	10	5	5	5
C 级（万级）	100	50	25	—
D 级（十万级）	200	100	50	—

2. 气流和送风量

气流和送风量见表 11-3 和表 11-4。

表 11-3　医药洁净室气流的送、回风方式（缪德骅等　2009）

空气洁净度等级	气流流型	送、回风方式
百　级	单向流	水平、垂直
万　级	非单向流	顶送下侧回（双侧回风）
十万级 三十万级	非单向流	顶送下侧回（双侧回风）

表 11-4　空气洁净度等级和送风量（缪德骅等　2009）

空气洁净度等级	气流流型	平均风速/（m/s）	换气次数/（次/h）
百　级	单向流	0.2～0.5	—
万　级	非单向流	—	15～25
十万级	非单向流	—	10～15
三十万级	非单向流	—	8～12

3. 新鲜空气补充量

补偿室内排风量和保持室内正压所需新鲜空气量（15%作为新风量）。安装 B2 安全柜的操作间为全排风全新风，排风量 1500m³/h；安装 A2 安全柜的操作间，排风量 500m³/h。室内每人新鲜空气量 40m³/h。

4. 压差

洁净区与非洁净区之间、不同等级洁净区之间的压差应不低于 10Pa，相同洁净度等级不同功能的操作间之间应保持适当的压差梯度，以防止污染和交叉污染。生物安全柜启动时，压差波动不应超过 1Pa。其中，B2 生物安全柜间相对走廊负压，培养间相对走廊正压。

5. 温湿度、噪音控制和照度

温度 18～26℃，湿度 45%～65%。设施、设备及仪器等产生的噪声不应超过 75dB。主要工作室的照度应达到 300lux；辅助工作室、走廊及缓冲间等的照度不应低于 250lux。

三、干细胞治疗 GMP 洁净室工程技术要求

（一）建筑及装修要求

（1）实验室顶棚和墙壁应采用纸蜂窝手工夹心彩钢板。

（2）洁净室与非洁净室之间应设置缓冲设施，洁净室人流、物流走向应合理。

（3）实验室的墙壁、顶棚和内表面应平整光滑，无裂缝，接口严密、不渗水，无颗粒物脱落，避免积灰，耐化学品和消毒剂的腐蚀，便于有效清洁和消毒。

（4）洁净室的墙壁与地面的交界处应为弧形或采取其他措施，以减少灰尘积聚和便于清洁。

（5）地面应采用进口 PVC 卷材地坪，要求整体性好、平整光滑、不开裂、无缝隙、耐磨、耐腐蚀、防潮，并应不易聚焦静电，易于除尘清洁及消毒。

（6）技术夹层的墙面和顶棚应平整光滑，应设置检修通道。需在技术夹层更换空气过滤器时，其墙面及顶棚应刷涂料饰面，以减少灰尘。

（7）风道和回风地沟应与整个送回风系统相适应，应易于除尘。

（8）门窗造型要简单，不易积尘，清洁方便。门框不设置门槛。门朝空气洁净度较高或压力高的房间开启。

（9）实验室的窗应与内墙面平行，采用双层玻璃，不设置窗台。

（10）洁净实验室的窗户、天棚及进入室内的管道、风口、灯具与墙壁或天棚的连接部位应密封，并易于清洁。

（11）门窗、墙壁、顶棚及地面的缝隙应采取密闭措施。

（12）门、窗（传递窗）及气锁间两侧的门不应同时打开，可采用连锁系统防止两侧的门同时打开。

（二）空气净化要求

（1）进入洁净室的空气必须净化，洁净室内空气的尘粒数和微生物应符合规定。细胞培养间和细胞制品制备操作间等其他的净化房间分别使用独立的空气净化系统及消毒系统（臭氧消毒系统），在细胞培养间空气净化系统和细胞制品制备操作间等其他的净化房间的空气净化系统同时启动时，培养间的压力应大于细胞制品制备操作间等其他的净化房间的压力，以避免使用臭氧对细胞制品制备操作间等其他的净化房间消毒时，臭氧进入培养间。共两套净化空调系统，即一套大的细胞制品制备操作间等其他的净化房间空气净化系统及消毒系统，一套小的细胞培养间空气净化系统及消毒系统。

（2）净化空气循环使用时，应采取有效措施避免污染和交叉污染。

（3）空气洁净度为万级及 10 万级时应采用粗效、中效和高效过滤器 3 级过滤，并易于清洁及更换。

（4）空气净化系统应设送风机组故障的报警系统。

（5）洁净实验室内应设置指示压差的装置，压差应符合规定，其主要包括不同空气

洁净度等级的实验室之间，以及无菌洁净室和非无菌洁净室之间。

（6）应设置补风系统，生物安全柜启动时应与补风系统联动。

（7）洁净区入口和出口门外的非洁净区应设置独立的排风系统，用以将洁净区泄露气体排出室外。

（三）用电设施及监控系统要求

（1）照明应达到照度要求，并设置应急照明装置。照明灯具应造型简单、不易积尘，便于清洁消毒及灭菌。

（2）照明灯具应采用吸顶明装，灯具与顶棚接缝处均应采取密闭措施，便于清洁以及在顶棚下更换灯管及检修。

（3）配电设施应选择不易积尘、便于清洁和外壳不易锈蚀的加盖暗装配电箱和插座箱。

（4）电气管线敷设在技术夹层或技术管道内，管材应采用非燃烧体。电气管线保护管采用不锈钢或其他不易锈蚀的材料，接地线宜采用不锈钢材料。

（5）电气管线管口，以及安装于墙上的各种电器设备与墙体接缝处均应密闭。

（6）应有足够的和可靠的电力供应，电路设计应预留足够的容量和固定电源插座。应有可靠的接地系统，应在关键节点安装漏电保护装置或监测报警装置。

（7）配备适用的通讯设备，如对讲机或电话。洁净室内选用不易积尘和便于清洁消毒灭菌的洁净电话。

（8）细胞制品制备操作间配备“多点式实时监测系统”，实时监测温湿度和压差。

（9）细胞制品制备操作间配备闭路监控系统。

（10）配备小型局域网（洁净间放置笔记本电脑），实现无纸传输。

（11）综合控制箱：应有空气净化、空调、照明总控开关、臭氧消毒、紫外线消毒、生物安全柜紫外杀菌灯及风机控制开关。

（12）压差不仅要显示房间压差，还要显示过滤器压差。

（四）实验室内设施及设备要求

（1）实验室应有足够的空间和台柜等摆放实验室设备和物品。

（2）应在操作经空气传播致病性生物材料的实验间内配备生物安全柜，其安装和使用应遵循制造商的建议。使用需要管道排风的生物安全柜，应通过独立于建筑物公共通风系统的管道排出。

（3）实验室台柜应稳固，边角应圆滑。实验室台柜等和其摆放应便于清洁，实验台面应防水、耐腐蚀、耐热和坚固。

（4）更衣间应设存衣或挂衣装置，应将个人服装与实验室工作服分开放置。

（5）使用高压气体如二氧化碳，管路应在墙内走行。应有安全措施，应符合国家、地方的相关规定和要求。

（五）其他设施

（1）实验室入口及出口处（无洁净级别）设置水池，供水和排水管道系统应不渗漏，下水应有防回流及防止倒漫设计。

（2）实验室应设置逃生通道（安全门），门锁及门的开启方向应不妨碍室内人员逃生。

（3）实验室应配备适用的应急器材，如消防器材、意外事故处理器材和急救器材等。

（4）应有防止昆虫和其他动物进入的有效设施，应有防止节肢动物和啮齿动物进入的措施。

第二节　神经干细胞的制备

长期以来神经系统的损伤与再生一直是困扰人类健康的难题，也是学术界研究的热点。神经组织被认为是终末分化的组织，一旦损伤则无法再生，受损的神经细胞由胶质细胞替代。近年来，干细胞因其具有很强的自我更新能力和多向分化潜能等特点，已成为细胞治疗研究的前沿和热点。神经干细胞（NSC）移植为神经系统疾病的治疗开辟了新的途径，展现了广阔的前景。研究显示，胚胎干细胞、NSC及间充质干细胞等均具有向神经细胞分化的潜能。目前临床研究采用的种子细胞主要来源于胚胎干细胞（人胚中脑组织）、自体骨髓单个核细胞和间充质干细胞、脐带血间充质干细胞及脐带间充质干细胞等组织，用于治疗神经系统的帕金森病、缺血性脑病、脊髓损伤及肌萎缩性侧索硬化症等一些常见疾病。

NSC可以通过胚胎组织、神经相关组织、骨髓、脂肪组织、脐带血等多种途径制备而获得，其具体内容详见《神经干细胞基础与培养》第十五章至第二十八章。

第三节　神经干细胞的质量控制检测

近年来国内外干细胞治疗技术发展迅速，在治疗退行性疾病、缺血性心脑血管疾病、骨关节疾病、免疫系统疾病及移植物排斥反应、肝硬化、糖尿病等领域已启动了多项临床试验研究。作为新型治疗手段，对干细胞制剂的安全性和有效性需进行全面的研究和评价，制剂质量也直接决定着临床治疗的安全性和有效性。干细胞制剂的研发需经过制备、质量控制、临床前研究（体外及体内试验）到临床试验的全过程。然而，我国现阶段尚缺乏干细胞制剂质量控制和临床前研究的相关技术指南，难以正确引导和规范干细胞制剂的相关研发工作。

为了规范并促进我国干细胞治疗研究，保证干细胞制剂安全、有效和质量可控，在现阶段国际上已取得的有关干细胞生物学知识、干细胞临床应用研究进展和细胞产品质量控制技术的基础上，卫生部和国家食品药品监督管理局干细胞临床研究和应用规范整顿工作领导小组，先后组织制定了适用于各类可能应用到临床的干细胞（除已有规定的造血干细胞移植外）的《干细胞制剂质量控制及临床前研究指导原则（试行）》、《干细胞临床试验研究管理办法（试行）》，以及《干细胞临床试验研究基地管理办法（试行）》等相关法律法规在全国征求意见。

最近，为规范并促进我国干细胞临床研究，在对国内外相关制度、规范进行深入调研分析的基础上，国家卫生计生委与国家食品药品监管总局共同组织制定了《干细胞临床研究管理办法（试行）》共计 8 章 55 条，2015 年 3 月已下发全国广泛征求意见，并进行了 12 个方面的解读（详见附录一）。现将本《干细胞临床研究管理办法（试行）》介绍如下。

第一章　总　　则

第一条　为规范和促进干细胞临床研究，依照《中华人民共和国药品管理法》、《医疗机构管理条例》等法律法规，制定本办法。

第二条　本办法适用于在医疗机构开展的干细胞临床研究。干细胞临床研究指应用人自体或异体来源的干细胞经体外操作后输入（或植入）人体，用于疾病预防或治疗的临床研究。体外操作包括干细胞在体外的分离、纯化、培养、扩增、诱导分化、冻存及复苏等，不包括基因水平的操作。

第三条　干细胞临床研究必须遵循科学、规范、公开、符合伦理、充分保护受试者权益的原则。

第四条　开展干细胞临床研究的医疗机构（以下简称机构）是干细胞制剂和临床研究质量管理的责任主体。机构应当对干细胞临床研究项目进行立项审查、登记备案和过程监管，并对干细胞制剂制备和临床研究全过程进行质量管理和风险管控。

第五条　国家卫生计生委与国家食品药品监督管理总局负责干细胞临床研究政策制定和宏观管理，组织制定和发布干细胞临床研究相关规定、技术指南和规范，协调督导、检查机构干细胞制剂和临床研究管理体制机制建设和风险管控措施，促进干细胞临床研究健康、有序发展；共同组建干细胞临床研究专家委员会和伦理专家委员会，为干细胞临床研究规范管理提供技术支撑和伦理指导。

省级卫生计生行政部门与省级食品药品监管部门负责行政区域内干细胞临床研究的日常监督管理，对机构干细胞制剂和临床研究质量以及风险管控情况进行检查，发现问题和存在风险时及时督促机构采取有效处理措施；根据工作需要共同组建干细胞临床研究专家委员会和伦理专家委员会。

第六条　机构不得向受试者收取干细胞临床研究相关费用，不得发布或变相发布干细胞临床研究广告。

第二章　机构的条件与职责

第七条　干细胞临床研究机构应当具备以下条件：

（一）三级甲等医院，具有与所开展干细胞临床研究相应的诊疗科目。

（二）依法获得相关专业的药物临床试验机构资格。

（三）具有较强的医疗、教学和科研综合能力，承担干细胞研究领域重大研究项目，且具有相对稳定、充分的项目研究经费支持。

（四）具备完整的干细胞质量控制条件、全面的干细胞临床研究质量管理体系和独立的干细胞临床研究质量保证部门；建立干细胞制剂质量受权人制度；具有完整的干细胞制剂制备和临床研究全过程质量管理及风险控制程序和相关文件（含质量管理手册、临床研究工作程序、标准操作规范和试验记录等）；具有干细胞临床研究审计体系，包括具备资质的内审人员和内审、外审制度。

（五）干细胞临床研究项目负责人和制剂质量受权人应当由机构主要负责人正式授权，具有正高级专业技术职称，具有良好的科研信誉。主要研究人员经过药物临床试验质量管理规范（GCP）培训，并获得相应资质。机构应当配置充足的具备资质的人力资源进行相应的干细胞临床研究，制定并实施干细胞临床研究人员培训计划，并对培训效果进行监测。

（六）具有与所开展干细胞临床研究相适应的、由高水平专家组成的学术委员会和伦理委员会。

（七）具有防范干细胞临床研究风险的管理机制和处理不良反应、不良事件的措施。

第八条　机构学术委员会应当由与开展干细胞临床研究相适应的、具有较高学术水平的机构内外知名专家组成，专业领域应当涵盖临床相关学科、干细胞基础和临床研究、干细胞制备技术、干细胞质量控制、生物医学统计、流行病学等。

机构伦理委员会应当由了解干细胞研究的医学、伦理学、法学、管理学、社会学等专业人员及至少一位非专业的社会人士组成，人员不少于7位，负责对干细胞临床研究项目进行独立伦理审查，确保干细胞临床研究符合伦理规范。

第九条　机构应当建立干细胞临床研究项目立项前学术、伦理审查制度，接受国家和省级干细胞临床研究专家委员会和伦理专家委员会的监督，促进学术、伦理审查的公开、公平、公正。

第十条　机构主要负责人应当对机构干细胞临床研究工作全面负责，建立健全机构对干细胞制剂和临床研究质量管理体制机制；保障干细胞临床研究的人力、物力条件，完善机构内各项规章制度，及时处理临床研究过程中的突发事件。

第十一条　干细胞临床研究项目负责人应当全面负责该项研究工作的运行管理；制定研究方案，并严格执行审查立项后的研究方案，分析撰写研究报告；掌握并执行标准操作规程；详细进行研究记录；及时处理研究中出现的问题，确保各环节符合要求。

第十二条　干细胞制剂质量受权人应当具备医学相关专业背景，具有至少三年从事干细胞制剂（或相关产品）制备和质量管理的实践经验，从事过相关产品过程控制和质量检验工作。质量受权人负责审核干细胞制备批记录，确保每批临床研究用干细胞制剂的生产、检验等均符合相关要求。

第十三条　机构应当建立健全受试者权益保障机制，有效管控风险。研究方案中应当包含有关风险预判和管控措施，机构学术、伦理委员会对研究风险程度进行评估。对风险较高的项目，应当采取有效措施进行重点监管，并通过购买第三方保险，对于发生与研究相关的损害或死亡的受试者承担治疗费用及相应的经济补偿。

第十四条　机构应当根据信息公开原则，按照医学研究登记备案信息系统要求，公开干细胞临床研究机构和项目有关信息，并负责审核登记内容的真实性。

第十五条　开展干细胞临床研究项目前，机构应当将备案材料由省级卫生计生行政部门会同食品药品监管部门审核后向国家卫生计生委与国家食品药品监督管理总局备案。

干细胞临床研究项目应当在已备案的机构实施。

第三章　研究的立项与备案

第十六条　干细胞临床研究必须具备充分的科学依据，且预防或治疗疾病的效果优于现有的手段；或用于尚无有效干预措施的疾病，用于威胁生命和严重影响生存质量的疾病，以及重大医疗卫生需求。

第十七条　干细胞临床研究应当符合《药物临床试验质量管理规范》的要求。干细胞制剂符合《干细胞制剂质量控制及临床前研究指导原则（试行)》的要求。

干细胞制剂的制备应当符合《药品生产质量管理规范》(GMP）的基本原则和相关要求，配备具有适当资质的人员、适用的设施设备和完整的质量管理文件，原辅材料、制备过程和质量控制应符合相关要求，最大限度地降低制备过程中的污染、交叉污染，确保持续稳定地制备符合预定用途和质量要求的干细胞制剂。

第十八条　按照机构内干细胞临床研究立项审查程序和相关工作制度，项目负责人须提交有关干细胞临床研究项目备案材料，以及干细胞临床研究项目伦理审查申请表。

第十九条　机构学术委员会应当对申报的干细胞临床研究项目备案材料进行科学性审查。审查重点包括:

（一）开展干细胞临床研究的必要性;

（二）研究方案的科学性;

（三）研究方案的可行性;

（四）主要研究人员资质和干细胞临床研究培训情况;

（五）研究过程中可能存在的风险和防控措施;

（六）干细胞制剂制备过程的质控措施。

第二十条　机构伦理委员会应当按照涉及人的生物医学研究伦理审查办法相关要求，对干细胞临床研究项目进行独立伦理审查。

第二十一条　审查时，机构学术委员会和伦理委员会成员应当签署保密协议及无利益冲突声明，须有三分之二以上成员同意方为有效。根据评审结果，机构学术委员会出具学术审查意见，机构伦理委员会出具伦理审查批件。

第二十二条　机构学术委员会和伦理委员会审查通过的干细胞临床研究项目，由机构主要负责人审核立项。

第二十三条　干细胞临床研究项目立项后须在我国医学研究登记备案信息系统如实登记相关信息。

第二十四条　机构将以下材料由省级卫生计生行政部门会同食品药品监管部门审核后向国家卫生计生委与国家食品药品监督管理总局备案:

（一）机构申请备案材料诚信承诺书;

（二）项目立项备案材料;

（三）机构学术委员会审查意见;

（四）机构伦理委员会审查意见;

（五）所需要的其他材料。

第四章　临床研究过程

第二十五条　机构应当监督研究人员严格按照已经审查、备案的研究方案开展研究。

第二十六条　干细胞临床研究人员必须用通俗、清晰、准确的语言告知供者和受试者所参与的干细胞临床研究的目的、意义和内容，预期受益和潜在的风险，并在自愿原则下签署知情同意书，以确保干细胞临床研究符合伦理原则和法律规定。

第二十七条　在临床研究过程中，所有关于干细胞提供者和受试者的入选和检查，以及临床研究各个环节须由操作者及时记录。所有资料的原始记录须做到准确、清晰并有电子备份，保存至临床研究结束后 30 年。

第二十八条　干细胞的来源和获取过程应当符合伦理。对于制备过程中不合格及临床试验剩余的干细胞制剂或捐赠物如供者的胚胎、生殖细胞、骨髓、血液等，必须进行合法、妥善并符合伦理的处理。

第二十九条　对干细胞制剂应当从其获得、体外操作、回输或植入受试者体内，到剩余制剂处置等环节进行追踪记录。干细胞制剂的追踪资料从最后处理之日起必须保存至少 30 年。

第三十条　干细胞临床研究结束后，应当对受试者进行长期随访监测，评价干细胞临床研究的长期安全性和有效性。对随访中发现的问题，应当报告机构学术、伦理委员会，及时组织进行评估鉴定，给予受试者相应的医学处理，并将评估鉴定及处理情况及时报告省级卫生计生行政部门和食品药品监管部门。

第三十一条　在项目执行过程中任何人如发现受试者发生严重不良反应或不良事件、权益受到损害或其他违背伦理的情况，应当及时向机构学术、伦理委员会报告。机构应当根据学术、伦理委员会意见制订项目整改措施并认真解决存在的问题。

第三十二条　在干细胞临床研究过程中，研究人员应当按年度在我国医学研究登记备案信息系统记录研究项目进展信息。

机构自行提前终止临床研究项目，应当向备案部门说明原因和采取的善后措施。

第五章　研究报告制度

第三十三条　机构应当及时将临床研究中出现的严重不良反应、差错或事故及处理措施、整改情况等报告国家和省级卫生计生行政部门和食品药品监管部门。

第三十四条　严重不良事件报告：

（一）如果受试者在干细胞临床研究过程中出现了严重不良事件，如传染性疾病、造成人体功能或器官永久性损伤、威胁生命、死亡，或必须接受医疗抢救的情况，研究人员应当立刻停止临床研究，于 24 小时之内报告机构学术、伦理委员会，并由机构报告国家和省级卫生计生行政部门和食品药品监管部门。

（二）发生严重不良事件后，研究人员应当及时、妥善对受试者进行相应处理，在处理结束后 15 日内将后续工作报告机构学术、伦理委员会，由机构报告国家和省级卫生计生行政部门和食品药品监管部门，以说明事件发生的原因和采取的措施。

（三）在调查事故原因时，应当重点从以下几方面进行考察：干细胞制剂的制备和质量控制，干细胞提供者的筛查记录、测试结果，以及任何违背操作规范的事件等。

第三十五条　差错报告：

（一）如果在操作过程中出现了违背操作规程的事件，事件可能与疾病传播或潜在性的传播有关，或可能导致干细胞制剂的污染时，研究人员必须在事件发生后立即报告机构学术、伦理委员会，并由机构报告国家和省级卫生计生行政部门和食品药品监管部门。

（二）报告内容必须包括：对本事件的描述，与本事件相关的信息和干细胞制剂的制备流程，已经采取和将要采取的针对本事件的处理措施。

第三十六条　研究进度报告：

（一）凡经备案的干细胞临床研究项目，应当按年度向机构学术、伦理委员会提交进展报告，经机构审核后报国家和省级卫生计生行政部门和食品药品监管部门。

（二）报告内容应当包括阶段工作小结、已经完成的病例数、正在进行的病例数和不良反应或不良事件发生情况等。

第三十七条　研究结果报告：

（一）各阶段干细胞临床研究结束后，研究人员须将研究结果进行统计分析、归纳总结、书写研究报告，经机构学术、伦理委员会审查，机构主要负责人审核后报告国家和省级卫生计生行政部门和食品药品监管部门。

（二）研究结果报告应当包括以下内容：

1. 研究题目；
2. 研究人员名单；
3. 研究报告摘要；
4. 研究方法与步骤；
5. 研究结果；
6. 病例统计报告；

7. 失败病例的讨论；

8. 研究结论；

9. 下一步工作计划。

第六章　专家委员会职责

第三十八条　国家干细胞临床研究专家委员会职责：按照我国卫生事业发展要求，对国内外干细胞研究及成果转化情况进行调查研究，提出干细胞临床研究的重点领域及监管的政策建议；根据我国医疗机构干细胞临床研究基础，制订相关技术指南、标准及干细胞临床研究质量控制规范等；在摸底调研基础上有针对性地进行机构评估、现场核查，对已备案的干细胞临床研究机构和项目进行检查。

国家干细胞临床研究伦理专家委员会职责：主要针对干细胞临床研究中伦理问题进行研究，提出政策法规和制度建设的意见；根据监管工作需要对已备案的干细胞临床研究项目进行审评和检查，对机构伦理委员会审查工作进行检查，提出改进意见；接受省级伦理专家委员会和机构伦理委员会的咨询并进行工作指导；组织伦理培训等。

第三十九条　省级干细胞临床研究专家委员会职责：按照省级卫生计生行政部门和食品药品监管部门对干细胞临床研究日常监管需要，及时了解本地区干细胞临床研究发展状况和存在问题，提出政策建议，提供技术支撑；根据监管工作需要对机构已备案的干细胞临床研究项目进行审查和检查。

省级干细胞临床研究伦理专家委员会职责：主要针对行政区域内干细胞临床研究中的伦理问题进行研究；推动行政区域内干细胞临床研究伦理审查规范化；并根据监管工作需要对行政区域内机构伦理委员会工作进行检查，提出改进意见；接受行政区域内机构伦理委员会的咨询并提供工作指导；对从事干细胞临床研究伦理审查工作的人员进行培训。

第四十条　国家和省级干细胞临床研究专家委员会和伦理专家委员会应当对机构学术、伦理审查情况进行监督检查。

学术方面的检查主要包括以下内容：

（一）机构的执业许可、概况、相应专业科室的药物临床试验机构资格及卫生技术人员和相关技术能力与设施情况。

（二）机构学术委员会组成、标准操作规范。

（三）承担国家级干细胞相关研究情况。

（四）对以下内容的审查情况：

1. 干细胞临床研究负责人、主要临床研究人员的情况，参加干细胞临床试验技术和相关法规培训的情况等；

2. 研究方案的科学性、可行性；

3. 防范干细胞临床研究风险的管理机制和处理不良反应事件的措施；

4. 干细胞临床研究管理制度和标准操作规程的制定；

5. 按照《干细胞制剂质量控制及临床前研究指导原则（试行）》的要求对干细胞制剂的质量管理、评价标准和相应的设备设施管理情况。

（五）学术审查程序是否合理。

（六）有无利益冲突。

（七）其他有关事宜。

伦理方面的检查主要包括以下内容:

（一）机构伦理委员会组成、标准操作规范;

（二）研究项目伦理审查过程和记录，包括风险/受益评估及对策等;

（三）对知情同意书的讨论和批准的样本;

（四）伦理审查程序的合理性;

（五）有无利益冲突;

（六）其他有关事宜。

第四十一条　省级干细胞临床研究专家委员会和伦理专家委员会应当对行政区域内机构开展的干细胞临床研究项目建立从立项审查、备案到过程管理、报告审议等全过程督导、检查制度。

第四十二条　省级干细胞临床研究专家委员会和伦理专家委员会应当对机构提交的严重不良反应报告、差错或事故报告和处理措施等及时分析，提供咨询意见，对机构整改情况进行审评；重大问题的整改情况可提请国家干细胞临床研究专家委员会和伦理专家委员会进行审评。

第四十三条　国家和省级干细胞临床研究专家委员会和伦理专家委员会应当对已备案的干细胞临床研究项目进行定期评估、专项评估等，并对国家和省级卫生计生行政部门和食品药品监管部门所开展的专项检查、随机抽查、有因检查等提供技术支撑。

第七章　监督管理

第四十四条　省级卫生计生行政部门和食品药品监管部门应当对医疗机构所开展的干细胞临床研究项目进行定期监督检查、随机抽查、有因检查等，对监督检查中发现的问题及时提出处理意见。

第四十五条　省级卫生计生行政部门会同食品药品监管部门应当于每年 3 月 31 日前向国家卫生计生委和国家食品药品监督管理总局报送年度干细胞临床研究工作报告。

第四十六条　国家或省级干细胞临床研究专家委员会对已备案的机构和项目进行现场核查和评估，并将评估结果公示。

第四十七条　国家卫生计生委和国家食品药品监管总局根据需要，对已备案的干细胞临床研究机构和项目进行抽查、专项检查或有因检查，必要时对机构的干细胞制剂进行抽样检定。

第四十八条 机构对检查中发现的问题须进行认真整改，并形成整改报告于检查后3个月内报送检查部门。

第四十九条 机构中干细胞临床研究有以下情形之一的，省级卫生计生行政部门和食品药品监管部门将责令其暂停干细胞临床研究项目、限期整改，并依法给予相应处理。

（一）机构干细胞临床研究质量管理体系不符合要求；

（二）项目负责人和质量受权人不能有效履行其职责；

（三）未履行网络登记备案或纸质材料备案；

（四）不及时报告发生的严重不良反应或不良事件、差错或事故等；

（五）擅自更改临床研究方案；

（六）不及时报送研究进展及结果；

（七）对随访中发现的问题未及时组织评估、鉴定，并给予相应的医学处理；

（八）其他违反相关规定的行为。

第五十条 机构管理工作中发生下列行为之一的，国家卫生计生委和国家食品药品监管总局将责令其停止干细胞临床研究工作，给予通报批评，进行科研不端行为记录，情节严重者按照有关法律法规要求，依法处理。

（一）整改不合格；

（二）违反科研诚信和伦理原则；

（三）损害供者或受试者权益；

（四）向受试者收取研究相关费用；

（五）非法进行干细胞治疗的广告宣传等商业运作；

（六）其他严重违反相关规定的行为。

第五十一条 按照本办法完成的干细胞临床研究，不得直接进入临床应用。

第五十二条 未经干细胞临床研究备案擅自开展干细胞临床研究，以及违反规定直接进入临床应用的机构和人员，按《中华人民共和国药品管理法》和《医疗机构管理条例》等法律法规处理。

第八章 附 则

第五十三条 本办法不适用于已有规定的、未经体外处理的造血干细胞移植，以及按药品申报的干细胞临床试验。依据本办法开展干细胞临床研究后，如申请药品注册临床试验，可将已获得的临床研究结果作为技术性申报资料提交并用于药品评价。

第五十四条 本办法由国家卫生计生委和国家食品药品监管总局负责解释。

第五十五条 本办法自发布之日起施行。同时，干细胞治疗相关技术不再按照第三类医疗技术管理。

（陈 伟 李学彦）

主要参考文献

国家食品药品监督管理局．2011．药品生产质量管理规范（2010 年修订；卫生部令［2011］第 79 号）附件 1．无菌药品

国家药典委员会．2010．《中华人民共和国药典》2010 版（第三部）．北京：中国医药科技出版社．附录 89～附录 95

缪德骅，王福国，吴天和，等．2009．医药工业洁净厂房设计规范（GB50457-2008）．北京：北京计划出版社：32-33

人体细胞治疗研究和制剂质量控制技术指导原则（国药监注［2003］109B 号）

宋桂兰，吕京，武桂珍，等．2009．实验室生物安全通用要求（GB19489—2008）．北京：中国标准出版社：1-40

卫生部和国家食品药品监督管理局干细胞临床研究和应用规范整顿工作领导小组．2013 干细胞制剂质量控制及临床前研究指导原则（试行）征求意见稿（2013）

中华人民共和国国家卫生和计划生育委员会．国卫办科教函〔2015〕225 号

Chaubey S, Wolfe JH. 2013. Transplantation of CD15-enriched murine neural stem cells increases total engraftment and shifts differentiation toward the oligodendrocyte lineage. Stem Cells Transl Med, 2(6): 444-454

EMA Guideline on human cell-based medicinal products (2007)

FDA Guidance-Content and review of CMC information for human somatic cell therapy IND application (2008)

FDA Guidance for human somatic cell therapy and gene therapy (1998)

FDA Guidance for Industry-Current Good Tissue Practice (CGTP) and Additional

Requirements for Manufactures of Human Cells, Tissues, and Cellular and Tissue-Based Products (HCT/Ps,2011)

FDA Guidance-Potency Tests for Cellular and Gene Therapy (2011)

Han R, Tu LY, Yang MK, et al. 2013. Combined application of neural stem cell and self-assembly isoleucine-lysine-valine-alanine-valine nanofiber gel transplantation in the promotion of function recovery of spinal cord injury in rats. Zhonghua Yi Xue Za Zhi, 93(21): 1669~1673

ISSCR Guidelines for clinical translation of stem cells (2008)

Li H, Chen Z, Zhou S. 2013. Apoptosis in glioma-bearing rats after neural stem cell transplantation. Neural Regen Res, 8(19): 793-802

Li Z, Guo GH, Wang GS, et al. 2014. Influence of neural stem cell transplantation on angiogenesis in rats with spinal cord injury. Genet Mol Res,13(3): 6083-6092

Nishimura S, Yasuda A, Iwai H, et al. 2013. Time-dependent changes in the microenvironment of injured spinal cord affects the therapeutic potential of neural stem cell transplantation for spinal cord injury. Mol Brain, 6(1): 3-11

Nizzardo M, Simone C, Rizzo F, et al. 2014. Minimally invasive transplantation of iPSC-derived ALDHhiSSCloVLA4+ neural stem cells effectively improves the phenotype of an amyotrophic lateral sclerosis model.Hum Mol Genet, 23(2): 342-354

Piltti KM, Salazar DL, Uchida N, et al. 2013. Safety of epicenter versus intact parenchyma as a transplantation site for human neural stem cells for spinal cord injury therapy. Stem Cells Transl Med, 2(3): 204-216

Poulos SG, Richie WD, Bailey RK, et al. 2014. The potential of neural stem cell transplantation for the treatment of fetal alcohol spectrum disorder. Prog Neuropsychopharmacol Biol Psychiatry, 54: 149-156

Shu X, Meng Q, Jin H, et al. 2013. Treatment of aganglionic megacolon mice via neural stem cell transplantation.Mol Neurobiol,48(3): 429—437

Tavares I. 2013. Human neural stem cell transplantation in spinal cord injury models: how far from clinical application?Stem Cell Res Ther, 4(3): 61-69

Thomaidou D. 2014. Neural stem cell transplantation in an animal model of traumatic brain injury.Methods Mol Biol, 1210: 9-21

van Gorp S, Leerink M, Kakinohana O, et al. 2013. Amelioration of motor/sensory dysfunction and spasticity in a rat model of acute lumbar spinal cord injury by human neural stem cell transplantation. Stem Cell Res Ther, 4(3): 57-68

Wang JY, Liou AK, Ren ZH, et al. 2013. Neurorestorative effect of urinary bladder matrix-mediated neural stem cell transplantation following traumatic brain injury in rats. CNS Neurol Disord Drug Targets, 12(3): 413-425

第十二章　神经干细胞移植技术

第一节　概　　述

一、神经干细胞移植的目的及意义

1997 年 McKay 正式将神经干细胞（NSC）的概念总结为：一类具有分化为神经元、星形胶质细胞和少突胶质细胞的能力，并能自我更新和足以提供大量脑组织细胞的细胞。

NSC 研究主要包括两个方面：一方面是胚胎 NSC，但由于涉及社会伦理问题，因而在实际操作上很难；另一方面集中在成体 NSC，将定向分化或基因工程修饰的 NSC 移植到 CNS 相关部位，或将处于静止状态下相关脑区的 NSC 诱导活化，使其迁移到特定脑区，发育成所需要的神经元，以替代疾病中缺乏的神经细胞，并对帕金森病（PD）、亨廷顿病（HD）、脱髓鞘疾病、AD、脑梗塞、恶性脑肿瘤、脊髓损伤及癫痫等的治疗起到积极作用。

二、NSC 移植治疗的有关问题

（一）NSC 基础研究中存在的问题

（1）虽然胚胎干细胞、NSC 在体外培养中都可以分化为神经细胞，但是分化成为特定神经细胞的比例并不高，而且每次人工诱导分化都存在一定程度的差异，无法做到产出细胞完全均一，需要制定统一标准。

（2）先前进行的移植实验，甚至临床实验，所观察到的疗效没有提供令人信服的物质基础。但是，目前许多正在进行的临床实验，包括Ⅱ期临床试验，都没有发现长期确切的疗效，无法为细胞移植治疗的可靠性提供直接证据。

（3）干细胞的致瘤性等安全问题，是国际共同关注的一个焦点。研究表明，成熟度相对高的 NSC 移植后可能具有较高的致瘤性。而且，胚胎干细胞分化的细胞移植后，在发挥疗效的同时，也可能具有较强的致瘤性。研究提示，只要体外具有分裂增生能力的细胞移植体内后，就有形成肿瘤的可能。

（4）最关键的一点，需要通过灵长类动物观察移植细胞的致瘤性。少量细胞移植不发展为肿瘤且具有疗效，但到一定数量的细胞移植后则可能产生肿瘤。主要包括以下几个内容：①究竟是什么细胞直接产生了肿瘤？②神经系统肿瘤的根本来源是什么？③这些细胞的特性是什么？④如何在保证干细胞分化潜能的前提下，控制其过度增殖？目前尚有一系列问题有待解决，许多问题无明确规范。因此，只有通过细致的临床前期的大动物试验，才能进入干细胞技术广泛应用于临床的新时代。

（5）NSC 的细胞形态和功能是两个不同的问题，突触的存在并不等于信息可以自由传递。一个神经元与另一个神经元相接触的部位叫做突触。突触是神经元之间在功能上发生联系的部位，也是信息传递的关键部位。神经发育学表明，竞争的作用是保持功能的重要机制。事实上，在发育过程中有相当一部分突触会退化或处于休眠状态（突触精减），只有少数（甚至一个）突触连接会发育并形成有效的活化突触，从而保证功能的实现。

（6）突触的连接是精确而有序的。一定的神经突触只会向一定的“靶”组织的特定细胞生长并连接，而且即使在最佳实验室条件下，每天的生长速度也不会超过 1mm，也就是说，可能需要很长的时间，才有可能形成神经元和“靶细胞”的连接。

（7）神经元即使与靶细胞连接成功，也必须经过“易化”才能逐步产生功能性作用。例如，必须加大感觉的输入，才有可能获得运动的输出。而刺激在时间和空间上的“积累”是必不可少的。

（8）即使在成年人研究中，也发现实际上在 CNS 中大量的突触处于休眠状态，真正发挥功能的活化突触不过 20%～30%。

可见，要使成年动物或人产生一种新的功能，或恢复已经丧失的功能，绝不是在形态上 NSC 移植成活并有突触形成就可以解决的。

（二）NSC 移植中的有关问题

（1）NSC 移植治疗或修复改善疾病的具体机制，如缺血性脑部疾病。

（2）NSC 移植时机，何时为最优时机。

（3）NSC 移植的细胞数量在缺血性、出血性或神经元退化性疾病等不同的治疗时，是否有关。

（4）NSC 移植途径哪种为好，与疾病类型有无关联。

（5）怎样才能提高移植至脑内细胞的成活率。

（6）NSC 移植后与临床的效果如何评价。

（三）NSC 移植注射的问题

（1）移植 NSC 的数量一般在 100 万个活细胞以上，移植细胞的数量一般是越多越好，最好达到 1×10^7 左右，因为细胞进入体内后不一定都能存活。只有移植细胞的数量增加，才能使注入细胞的成活率也增多。

（2）移植 NSC 时可以采用立体定向注射，或者开颅手术同时进行移植。

（3）移植 NSC 时，固定位置非常重要。脑内注射应该采用立体定向仪，可从侧脑室注射或颈内动脉注射，以减少直接注射对脑组织的损伤。

（4）对于缺血性脑损伤的患者，目前较多学者认为应在病情平稳、水肿消退后，或者在疾病发生 48h 后，待患者可以耐受手术时，再进行 NSC 的移植治疗。

（5）关于移植后效果的评价，目前还没有一个公认的标准，但可根据患者症状改善的程度判断，并进行连续的追踪观察。如果是实验动物，可以取脑组织切片观察标记细胞移植后的功能和存活情况分析。

（四）NSC 与肿瘤干细胞

脑部肿瘤主要包括神经胶质瘤、髓母细胞瘤、室管膜瘤和神经母细胞瘤等，其中神经肿瘤干细胞与 NSC 相似，具有自我更新能力、无血清培养下可形成球形、干细胞表面标志物表达和多谱系分化潜能。

近来，对脑肿瘤干细胞持续生长的机制与微环境之间关系的研究发现，其与 NSC 微环境有相似的机制。这些可能有助于治疗方法的探讨。

三、NSC 移植的优势

相对于各类神经细胞移植而言，NSC 的移植主要具有 5 个方面的优势：①具有增殖能力的 NSC 能在 CNS 特定区域中分化成具有相应表型的各种神经细胞，并可能重建其连接；②通过克隆性扩增，多次传代、分离神经球或单个细胞，使干细胞不断自我更新，产生足够量的移植细胞；③在体外长期培养中，生长因子的持续性刺激并不减少或改变干细胞对其他生长因子的反应性或分化能力；④NSC 经体外增殖，一旦被植入 CNS，并不影响其正常细胞周期；⑤基因修饰的 NSC 能使神经递质或神经营养因子恢复到正常水平，从而达到应用其他基因修饰细胞所无法达到的效果。

目前，我国 NSC 的自体移植治疗脑损伤手术已在复旦大学附属华山医院和哈尔滨医科大学附属一院成功进行。在截瘫脊髓大鼠的研究中，其治疗大鼠能用后腿支撑体重、行走和爬坡。这些均标志着我国 NSC 的基础和应用研究已跨入脑再生医学的新门槛。

第二节　神经干细胞静脉注射移植术

一、概述

NSC 是来源于神经系统或能产生神经组织的细胞，它具有自我更新及增殖能力。成人脑中有 9 个脑区分布有 NSC，其中最重要的脑区为室管膜下层，紧邻大脑的侧脑室壁，其神经发生能力可保持终身。另外，其他的两个脑区为海马的齿状回和嗅回。

静脉注射（intravenous injection）NSC 是临床上常用的治疗方式与主要的选择途径。这种注射是大剂量干细胞进入体内的基础途径，也是早期临床试验的经典传送方式。而且，这是临床常规的用药方法，它具有简便、快捷、非侵入性、安全性好、能反复应用的优点，因此备受广大细胞移植治疗研究中心的关注。静脉移植的创伤最小，可减少患者的痛苦，同时损伤区域可见 NSC 的出现。但是，静脉注射的 NSC 也可转移到脑组织以外的一些其他器官。当其到脑部时，其细胞数量已损失较多。目前认为反复注射可以弥补这个缺陷。

人 NSC 静脉移植是治疗脑部疾病的一种简单有效方法。移植后细胞因子、营养因子的作用较细胞替代作用更为明确可靠。通过静脉移植的 NSC 可以迁移至较远的受损部位，不受区域的限制，利于细胞扩散。在细胞或基因治疗 CNS 不同病变中，NSC 是自体移植的有用载体，具有较好的应用前景。

二、NSC 静脉注射移植术治疗脑缺血性疾病

慢性脑缺血是一种常见的临床病理状态，主要引起认知功能的下降，与阿尔茨海默病、血管性痴呆、Bingswanger 病等认知功能障碍性疾病关系密切。病理学改变包括神经元缺失、白质损伤、星形胶质细胞增生、小胶质细胞活化等。慢性脑缺血病因复杂、危害多样，尚无明确有效的治疗方法。血管内输注移植 NSC 可以向宿主体内提供大量的细胞来源和重复补充细胞，比较适合于宿主病变后需多次移植的患者。

动物实验研究证实，移植入脑内的干细胞受到病变部位各种细胞信号的影响，可定向地向脑损伤部位迁移，并可改善损伤动物的功能。缺血再灌注影响实质性微环境，包括 O_2 浓度、ATP 消耗、细胞离子体内平衡紊乱、炎症和异常神经递质释放。脑内血流减少，使得脑实质氧气和葡萄糖减少。即使短时间缺血，对于 NSC 增殖和迁移都有比较大的影响。另外，缺血性中风可减少内源性 NSC 增殖，增加成年啮齿类动物大脑的室下膜区未成熟 NSC 数量，使其迁移至周边区域。这种迁移的神经细胞从室管膜下区和海马齿状回迁移至周围皮质和纹状体，以及血管周围附近。这些具有迁徙能力的神经细胞有潜能分化为成熟神经元。而且研究发现，这种现象在人类大脑中同样存在。

研究证实，静脉移植人 NSC 有助于短暂脑缺血后的神经细胞和神经胶质细胞的新生。一些特定的内部信号对外源性干细胞增殖和迁移，可能影响其分化与增殖。静脉注射或直接注射到损伤部位的对侧，通过细胞迁移可有效改善行为的恢复，促进神经细胞的新生。研究的结果显示，静脉移植的 NSC 有利于中风缺血区域神经元损伤的修复。而且，相关的分子信号可参与后续的保护性反应。在给大鼠静脉移植 NSC 后，蛋白质印迹分析（Western blotting，WB）结果显示，无论是内在或是外在的 NSC，均可明显增加缺血区巢蛋白的表达量。标记的 NSC 通过静脉移植迁移至损伤区域的大脑皮层，7 天左右纹状体可出现标记移植的细胞，其他脑缺血部位未见这种细胞。第 28 天，仅有 2%标记的细胞存活，移植术后第 7 天存活率最高。研究表明，缺血后 3h 内静脉移植 NSC 可以明显减少中风缺血区梗死体积及大脑萎缩，有效促进行为功能的恢复。

在大鼠大脑中动脉阻塞后 1 天、7 天和 14 天，分别经静脉移植间充质干细胞（MSC），结果表明，1 天后 MSC 则可在脑内生成神经元和星形胶质细胞。在脑损伤后 4～14 天移植神经细胞，宿主病灶内神经营养因子丰富的环境容易存活并与宿主神经元发生整合，病变后期，除宿主的内环境不适合移植细胞存活外，尚存在异常形成的突触处于相对静止期，而不利于与移植物发出的神经突起形成整合。这时增加移植细胞数量和多点

定位移植可能增加移植细胞的存活和整合能力。在移植后7～10天刺激宿主局部脑区可增加胶质细胞的反应，以及增加神经营养因子的供应。第1天和第7天时接受移植动物的躯体感觉明显恢复，神经系统评分提高，大脑内仅出现少量MSC来源神经元，这说明经静脉途径移植的方法有效。

通过检测炎症相关分子如COX-2和IL-1β发现，移植NSC可以治疗缺血性卒中，提高移植物阳性分子蛋白表达水平。热激蛋白27是一种对抗细胞凋亡的保护性蛋白，静脉移植NSC可以上调人休克蛋白的表达水平，下调细胞凋亡蛋白酶3的表达水平。大脑中动脉闭塞后移植NSC，其表达的阳性蛋白可增加脑源性保护蛋白的水平，进而有效改善行为功能。而且，梗死体积和脑萎缩减少。蛋白质印迹分析显示，静脉移植NSC，无论是内在还是外在的NSC，均可明显增加由于缺血所致缺血区的巢蛋白表达。

三、NSC静脉注射移植术治疗脑出血性疾病

在大鼠颅内出血的模型中，静脉移植NSC后发现，其中10%已分化为神经元，75%分化为星形胶质细胞。2周后进行功能试验测试，干细胞移植组的功能改善明显。因此认为NSC经静脉移植后可以进入大鼠颅内出血区，并在脑内存活、迁移和分化，促进其功能的恢复。

静脉移植NSC用于研究脑出血后的急性大脑组织和周围组织的炎症反应。人胚胎脑组织的NSC经静脉或脑内于诱导后2～24h内注射，其中2h后静脉注射的可减少最初的神经退化、减缓脑水肿形成、炎性物质渗透及凋亡的发生。NSC通过细胞之间脂多糖的直接接触刺激，可以抑制体内巨噬细胞的活性。脑出血后早期注射NSC具有抗炎作用，促进保护神经功能，其主要机制为干扰脾脏的炎症反应。颅内出血静脉注射NSC24h后，神经功能开始逐渐恢复。但是，只有早期移植才能减缓脑水肿。实验性自身免疫性脑脊髓炎动物模型的研究发现，静脉注射NSC移植后1天，在淋巴结中有大量的移植细胞，脑、脊髓甚至是脾脏未见移植细胞的出现。

四、NSC静脉注射移植术治疗脑部退化性疾病

在大鼠体内，注射喹啉酸（quinolinic acid，QA）可诱导HD的动物模型。在注射QA后的7天，用人5×10^6NSC和生理盐水分别静脉注射。结果显示，NSC移植组明显减少由脱水引发的旋转和纹状体萎缩。PCR显示，大鼠脑中可出现移植的人NSC。受损的纹状体周围可见迁移的NSC，并分化为神经元和神经胶质细胞。这些结果显示，静脉注射人NSC可迁移至大鼠纹状体病灶，减缓其萎缩，并且改善由于纹状体退变所导致的长期功能受损现象。而且，静脉移植人NSC可以迁移至动物模型的受损区域，并改善其中风动物的功能和组织学行为障碍。人NSC移植后2周，实验组可明显延缓由于脱水引起的旋转。直到9周后，和对照组之间的差异逐渐消失。在小鼠中风模型的实验中证实，静脉移植人NSC可以延缓损害区域并减缓半球萎缩的速度。

在HD动物模型中，移植胚胎组织可有效改善其功能，恢复对多巴胺、神经元分化

以及移植物的纤维产物的电生理敏感性。在HD模型中，NSC移植可增加神经蛋白，实现人NGF产物的扩增，而且可减缓半球萎缩和加快功能的恢复，延缓宿主脑部组织的进一步破坏。因此，NSC可以有助于脑部组织的重建和诱导其再塑形。

五、NSC治疗脊髓损伤性疾病

在脊髓损伤的治疗研究中，将NSC及非神经细胞移植脊髓损伤的动物模型，可启动其轴突再生，穿越损伤空洞，恢复神经的功能。在胚胎NSC植入正常及损伤的成年大鼠脊髓中，预先用BrdU（5-溴脱氧尿嘧啶核苷）处理S相标记的增殖细胞移植后，随即可检测到大量干细胞的存活。在伴随体重减轻的损伤中，干细胞可直接注射到损伤空洞中或损伤中心的头尾两侧。1个月后发现，细胞分化或GFAP阳性的星形胶质细胞或仍保留巢蛋白阳性,却未发现神经元或少突胶质细胞。这一结果提示，NSC的分化趋势可能受移植局部特定微环境的较大影响。另外发现，将向神经分化的ES细胞注射到损伤大鼠的脊髓中，BrdU标记的细胞移植后仍能存活。这些表明，干细胞和/或干细胞分化细胞可在损伤部位存活。组织学分析显示，植入细胞或植入细胞衍化细胞，至少能存活5周，并能分化成约43%的少突胶质细胞、约占19%的星形胶质细胞和大约8%神经元，并能从损伤边缘迁移大约8mm左右。

六、其他干细胞移植注射治疗神经系统疾病

人脂肪源性干细胞（human adipose-derived stem cell，hADSC）用LacZ腺病毒标记后，移植大鼠脑缺血模型的脑室内显示，这些标记细胞可广泛迁移到脑的不同部分，而且可改变为神经细胞的形态并分别表达微血管相关蛋白（MAP-2）和神经胶质纤维酸性蛋白（GFAP），同时可改善神经功能的缺失。

通过静脉移植骨髓基质细胞，可提高大鼠脑缺血后行为学的评分。同时发现，梗死侧大脑半球有大量的BrdU阳性细胞，而对侧半球标记的阳性细胞较少。BrdU阳性细胞在梗死边缘区与周边反应区的分布，呈现自中心向周边区域逐渐减少的分布趋势。因此，骨髓基质细胞通过血脑屏障的机制可能与脑梗死后血脑屏障的破坏、受损伤部位脑组织释放一些趋化因子有关。神经营养因子分泌的增加与移植细胞发挥的神经替代作用比较，对大鼠神经功能的提高及改善而言，前者起关键的作用。

在骨髓基质细胞移植治疗中，大鼠外伤性脑损伤后24h经尾静脉注入人源性脐带血细胞。在移植后28天处死动物的检测发现，移植细胞分布至大鼠多个脏器，包括脑、心、肺、肾、肝、脾、骨髓和脊髓。与对照组对比发现，大鼠尾静脉移植注入人源性脐带血细胞能显著改善运动和神经功能。而且，这种细胞可进入脑内，迁移至损伤部位的脑实质，表达神经元表面的标志物蛋白-NeuN和MAP-2，以及星形细胞的标志物GFAP；部分移植细胞可整合到损伤边缘区域的血管内壁。这些结果显示，静脉注入人源性脐带血细胞治疗外伤性大鼠脑损伤具有一定的疗效。

通过静脉输入骨髓基质干细胞（BMSC）用于治疗大脑中动脉闭塞的大鼠模型，结

果显示这些细胞能够进入脑实质，并明显减轻卒中后的神经功能损伤。而且 BMSC 移植注射后可迁移至脑组织，遍及全脑，包括大脑皮质、海马、丘脑、脑干和小脑，并分化为神经细胞，具有 CNS 神经元的特征，通过自身合成和分泌功能及作用，修复受损神经组织。研究表明，在神经系统移植时采用立体定向的局部注射法，其靶点不明确，难以确定注射部位，或病变过大、多点注射易造成新损伤的缺点。而且，注射移植细胞的迁移能力有限，这些都会影响治疗的效果。

第三节　神经干细胞脑室内或腰穿注射移植术

一、概述

在干细胞直接移植脑内时，应在接近损伤部位选择其穿刺点。在大脑中动脉阻塞的脑缺血模型中，移植 MHP36 细胞（来自转基因小鼠的上皮细胞）后发现，不同移植位置有不同的效果。移植纹状体的 NSC 可越过中线，进入对侧同样的部位，并分化成与对应位置一致的细胞亚型。在中风后，病变侧半球可吸引移植的干细胞。这些提示，其可能与局灶性的修复机制有关。脑室内与脑实质内移植的不同效果可能有不同的机制，需要进一步研究。

二、NSC 脑室内注射移植

通过脑室移植途径，即直接将 NSC 移植注射到大鼠第四脑室的研究表明，术后第 3 周注射到第四脑室海马来源的 NSC 已分布到脊髓表面。移植注入的细胞在脊髓软脊膜上以斑点形式扩散，之后增殖为较大细胞簇，直至整个软脊髓表面组织。自术后第 5 天起，脊髓背侧和腹侧的细胞簇数量迅速增多。而后，相邻细胞簇相互融合，数量逐渐减少。同时，单个细胞簇继续增大，几乎覆盖脊髓表面的 50%。组织损伤部位的细胞迁入并与脊髓组织整合，部分细胞在术后 2 周可分化成星形胶质细胞。BrdU 的实验显示，移植细胞可在宿主的脑脊液（cerebrospinal fluid，CSF）中增殖。这些结果说明，需要 NSC 迁移至整个脊髓组织时，脑室移植是有效的移植途径。

在成年大鼠室管膜下层（SVZ）的细胞用荧光染料标记后，移植到不同发育阶段大鼠脑侧脑室的实验显示，移植的细胞能够存活，并能迁移到受者脑内的多个部位，包括 SVZ、第三脑室、丘脑、上丘、下丘、小脑和嗅球等部位。而且，脑内不同区域存活的细胞数量与受者脑的发育阶段具有相关性。免疫组化结果显示，迁移到特定位点的大部分移植细胞表达神经元或星形胶质细胞的特异性标志物。而且成年 SVZ 的神经元前体细胞具备增殖能力，可能与一些环境因素诱发有关。

研究发现，MHP36 标记干细胞可迁移到大脑中动脉闭塞引起的缺血性损伤的对侧脑实质组织。为了探讨干细胞移植部位是否影响 MHP36 标记干细胞的功效，在大鼠右侧大脑中动脉内阻塞 60min 所诱发的卒中模型后 2～3 周，将 MHP36 细胞（200 000/8ml）

植入左侧或右侧实质或注入右侧脑室。同时，设立正常组和卒中对照组。

14 周后测试各组的双侧不对称性、旋转偏性和空间学习任务。结果发现，左侧和右侧脑实质移植鼠双侧不对称性减少，但空间学习能力未见改善。脑室移植组空间学习能力有所改进，而维持着显著的不对称性。未移植组苯丙胺诱导的旋转偏性减少，与卒中对照组相比损伤的体积缩小。所有移植组的细胞遍布双侧脑组织，而且 1/3 移植到纹状体的细胞跨过中线迁移到损伤侧和未损伤侧大脑半球区域，并分化成为与位点相适应的表型。

这些实验结果说明，卒中发生后，注射移植的干细胞可迁移至伤侧和健侧大脑半球组织，显示出利用细胞进行局部修复和增加对侧运动通路的整体改变的修复过程。而脑实质和脑室内移植的不同效果，也可能与卒中引起的认知和感觉运动缺失后恢复不同机制的复杂性有关。研究发现，绿色荧光蛋白（GFP）转基因小鼠胚胎中分离的海马源性神经球细胞，培养后通过第四脑室或小脑延髓池注射到脊髓损伤大鼠的 CSF。结果发现，移植细胞被 CSF 广泛地运输到蛛网膜下腔，在脊髓表面成簇生长。而且，注入的大量细胞可移植到损伤位点，并与损伤的脊髓组织整合。

三、NSC 脑室内注射移植的注意事项

（1）NSC 注射移植时，套管固定在颅骨上后一定要插入内芯，以防管道堵塞。同时还要注意是否注射管深度不够造成移植干细胞未进入侧脑室，可参照图谱参数稍深入 0.2～0.5cm 再退针到原参数，这样的成功率能明显提高。

（2）在连续给药或多次给药时，需要在脑中预先插入套管（先挺入内芯，以防堵塞）。此时可不用进样针，普通的 1ml 注射器即可，但其配套的针头需要处理：按照连接塑料管的内径选择适当的针头后，用锉和钳子配合砂布把针头截短再连接到导管上。而且，脑室注射端的注射头应该是和套管配套的。在连续给药时，可用泵对每次的注射量进行调整。使用进样针注射的是一次注射或是相隔时间不长的多次注射。内径无特殊要求，小于在颅骨上打的孔即可，当然是越细越好，以尽量减少对脑组织的损伤。容量根据所需注射细胞量而定；长短也无要求，能到达注射深度即可，进样针注射器普遍较长。需要注意一点是，用进样针注射时，需要配合使用立体定位注射仪，不然无法把握注射的深度。

（3）如果费用有限，可以自己做套管，用 7 号针头作为外套，4 号针头作为内套，这样不容易脱落。还有就是内套应该比外套稍长一点，在外套上根据侧脑室的深度 0.36cm 作一横向的固定架，最后呈十字形，再用牙托粉固定，避免脱落。

（4）在脑立体定位仪固定下，参照脑立体定位图谱，脑室注射并不难。针对液体往外涌问题，首先控制注射速度，操作时的速度越慢越好。另外，液体往外涌也有可能是注射的细胞悬液量过多。

（5）将钻和微量注射器都安装在立体定位器上，显微镜倾斜安置在立体定位器旁，对准位点，连接一个荧光屏。这样操作时术野清楚，操作精准。同时可以采集图像和录

像，以方便收集临床治疗资料。

（6）关于脑室注射的一些经验。①侧脑室最大的位置在 bregma 后 0.8mm 旁开 1.2mm，穿刺深浅从颅骨表面以下 3.5mm 为宜。② 穿刺后可以适当增加患者腹压，以便于 CSF 流出。③ 最简单易行的是枕大池穿刺，但术后容易 CSF 漏，不适合于长期注射。④ 侧脑室分别与第三脑室相连，在单侧侧脑室注射时，部分注射物会通过第三脑室进入另一侧脑室，所以会产生双侧脑室注射的结果。具体移植注射的效果与注射部位、角度、患者体位，以及注射速度有关。

（7）进样针。目前，大多数为汉密尔顿（Hamilton）气相进样针。依据针尖顶端直径宽度，主要有 0.5μl、1μl、5μl、10μl、25μl、50μl、100μl、250μl、500μl 和 1000μl 等 10 个不同的规格。这些进样针的外观大致相同，见图 12-1。此外，还有一些别的 Hamilton 进样针，其应用也较普遍，见图 12-2。

图 12-1　气相进样针

图 12-2　Hamilton 进样针

四、NSC 腰穿注射移植术的基本方法

（一）术前准备

核对患者姓名、所患疾病、是否做过腰穿以及次数、有无麻药不良反应、腰部有无疾病等；女性询问是否处于月经期。进手术室前戴帽子和口罩；清点器械。

（二）患者体位

嘱患者侧卧于硬板床上，背部与床面垂直，头向前部屈曲。双手抱膝紧贴腹部使躯干呈弓形。

（三）确定穿刺点

以髂前上棘连线与后正中线交汇处为穿刺点，为腰 3～4 椎间隙。左手使用无菌镊子，右手是有菌镊子。

（四）基本步骤

（1）常规消毒皮肤 3 遍。第 1 次半径为 15cm，第 2 次减少 0.5cm，第 3 次相同。消毒剂，第 1 遍使用碘伏，待碘伏干燥后，使用 75%乙醇，第 3 遍消毒为无水乙醇，需要擦边。注意污物与无菌物品要相互分开，切记污染。

（2）助手打开腰穿包，操作者用无菌镊子打开腰穿包，无菌镊子取手套。清点器械，摆好试管架。取出和铺上无菌孔巾，再次确认腰穿位置，取5ml注射器抽取2%利多卡因4ml，左手持纱布，右手持注射器。告之患者进行局部麻醉，打出皮丘，回抽，推麻药局部麻醉至皮肤下层后拔针。用无菌纱布局部按压几秒钟后，待麻醉药物充分吸收。密切观察患者反应，如有不适，及时处置。

（3）从麻醉点开始进针，进针时字号向上，垂直进针。感到两次突破感后拔除针芯，观察是否有CSF留出，若无CSF流出，旋转针头。

（4）取事先准备好的移植NSC，再次确认针尖位置。混匀待移植的NSC悬液，缓慢注射，同时观察患者一般情况。完成移植注射量，退针。无菌敷料覆盖穿刺点。

（5）帮助患者仰卧于床上，去枕平卧6h。

五、NSC腰穿注射移植术的注意事项

（1）患者体位摆好最重要，垂直进针也非常重要。如果碰到针尖抵达骨面，退针改变方向，向上或向下一个脊突重新穿刺。

（2）如果患者需要做CSF检查，其顺序先为细菌培养，然后是生化，最后是CSF常规检测。由于第一管污染的机会最小，因此查细菌学；第三管CSF受穿刺损伤的影响最小，最宜查细胞学。CSF常规一定要最后送，这样可以避免针刺组织时产生的血液及组织液混入CSF对CSF结果的影响。

（3）腰穿治疗用途是有限的，常用于治疗脑膜恶性病变及真菌性脑膜炎。对于一般细菌感染性疾病不主张反复使用。因此，在进行NSC注射移植治疗时，不提倡多次采用腰穿方式。

（4）若穿刺见到血性液体为凝固的，肯定是损伤血管，但进到鞘内可渐渐变淡，可以进行鞘内注射药物。出凝血异常和血小板低于20 000，是腰穿的绝对禁忌证。拔针后，穿刺部位要压一下，防止低颅压发生。腰穿见出血时，可以向椎管内注入10 ml氧气，这样新鲜出血吸收很快。

（5）有时不能太强调“突破感”，许多患者并不明显。如不明显，无法判断已进入蛛网膜下腔，则可进针直到顶到椎体骨质后，退出针芯后再缓慢退针，直至有CSF流出。只要沿正确方向穿刺，进针深并无太大危险，缓慢进针可避免损伤马尾神经，而椎管前方为椎体骨质。当针尖顶到骨质时，拔出针芯，退针少许，即见CSF流出，这在突破感不明显的患者中很实用。

（6）缓慢进针中如患者有明显的下肢触电样感觉，说明穿刺方向不正。如患者左腿有触电样感觉，可退针向右移少许再次进针即可。如果患者反应强烈，停止注射，采取相应措施。年轻医生要求助于高年级医生进行为好。

（7）腰穿禁忌证

① 穿刺部位的皮肤、皮下软组织或脊柱有感染时，均不宜进行，因穿刺后可将感染带入 CNS。

② 颅内占位性病变，特别是严重颅内压增高或已出现脑疝迹象者可引起脑疝，也属禁忌。

③ 高颈段脊髓肿物或脊髓外伤的急性期，可加重脊髓的受压，引起呼吸甚至心跳停止而死亡。

（8）低颅压综合征

指侧卧位 CSF 压力在 60～80mm 水柱以下，较为常见。多因穿刺针过粗、穿刺技术不熟练或术后起床过早，使 CSF 自脊膜穿刺孔不断外流所致。患者于坐起后头痛明显加剧，平卧或头低位时头痛等即可减轻或缓解；一般持续数日可自行缓解。嘱患者继续平卧和多饮开水外，静滴 5%葡萄盐水 500～1000ml，1～2 次/天，常可治愈。除此之外，也可再次腰穿注入生理盐水 20～30ml。

（9）腰穿注射前常用测试方法

① 颈静脉压迫试验。用手压迫双侧颈静脉，使颅内静脉系统充血而致颅内压力增高，可引起液面的明显升高，放松压迫后液面迅速下降。

② 压腹试验。以拳头用力压迫患者上腹部或令其屏气，使下腔静脉及下胸段以下硬脊膜外静脉充血，引起上述水平以下 CSF 压力的迅速上升。

③ CSF 通畅试验。在腰穿过程中，压颈静脉或压腹后，CSF 压力迅速上升至 2 倍或以上，压力解除后迅速回落原值，提示 CSF 通畅。压颈后压力上升不到 2 倍，或解除压迫后压力缓慢下降，或下降不到原值均提示 CSF 部分不通畅。压颈后 CSF 压力不上升，提示其完全不通畅。

六、骨髓源性干细胞脑室注射移植

随着 NSC 研究的逐步深入，通过脑室或腰穿注射进行细胞移植的方法也逐渐成熟。1999 年 Kopen 等用 BMSC 注入新生小鼠侧脑室，12 天后这种细胞移行到前脑和小脑，无宿主脑组织结构的破坏。而且，有些 BMSC 在纹状体和海马分子层内表达 GFAP，分化成为星形细胞样细胞，并聚集于神经元丰富的地方，如海马回、嗅球、小脑内颗粒层和小脑外颗粒层。脑干网状结构，部分移植细胞已经分化成为神经元。2000 年，Colter 等将小鼠 BMSC 植入新生小鼠脑室旁区，移植细胞分化为星形细胞样细胞和神经元样细胞。

七、脂肪源性干细胞脑室注射移植

用人 ADSC 注射移植大鼠大脑中动脉阻塞模型后发现，ADSC 广泛迁移到脑内各个部位，分化成类神经细胞并对神经功能缺失有改善作用。结果表明，ADSC 与宿主脑组织相容性好，无明显移植细胞和胶质细胞瘤性增生，且可以在脑内迁移。这种细胞在脑内迁移的机制尚不明确，可能是因为脑内不同部位的微环境提供趋化信号，指导细胞迁移。

通过经侧脑室立体定向移植 ADSC 治疗大鼠局灶性脑缺血再灌注损伤模型发现，植入的 ADSC 在趋化性因子引导下向病灶迁移并存活，通过分泌脑源性神经营养因子等减少梗死周边区的细胞凋亡。而且细胞凋亡数明显低于对照组，2 周后神经功能明显好转。另有研究发现，ADSC 移植后可以活化内源性 NSC，促进其增殖、分化和迁移，使神经功能恢复。ADSC 治疗脑缺血的机制可能有以下 5 种途径：①分化成神经元和神经胶质细胞，替代损伤的神经细胞；②分泌多种神经营养因子，促进神经功能恢复；③分泌多种血管生长因子，分化成血管内皮细胞，促进新生血管形成，改善病灶血供；④刺激内源性的神经功能修复机制，主要是通过活化内源性 NSC，使其增殖、分化并成熟，进行自我修复。

第四节　神经干细胞精确定位移植技术

一、概述

目前，临床应用的精确定位移植技术主要是立体定向的移植技术。该技术于 1951 年由 Leksell 提出。框架立体定位外科（flameless stereotaxy）又称神经导航（neuronavigation）或影像导向外科（image guide surgery），是近来神经外科领域中出现的一门新技术，它把现代神经影像诊断技术、立体定位外科和显微外科通过高性能计算机结合起来，是介入神经外科的一个重要组成部分。目前按有无框架，可以分为有框架手术和无框架手术两种。

（一）有框架手术

先于患者头部安装定位框架，框架两边有坐标框板。定位框架靠 4 根碳纤维棒（或金属棒）牢稳固定于患者颅骨。框架与 CT/MRI 床上的结合器固定。安装头部框架时，注意保持其平衡，并尽可能使病灶位于框架的中心，以保证定位的精确。然后，进行 CT/MRI 扫描定位。手术医师选择显示病变最清晰的 CT/MRI 扫描层面；在确定靶点时，早期操作需手工在标盘上直接测出手术靶点的 x、y 和 z 三维坐标值，后期电脑操作应用计算机辅助手术计算软件（CASP）得出靶点的坐标值并确定穿刺路径。根据靶点坐标，安放定向仪的弧形弓及引导装置。在选择头皮穿刺点决定手术经路时，注意避开脑重要功能区和大血管走行部位。手术器械到达靶点后，依据病变性质的不同，施行各种相应的手术。

（二）无框架手术

无框架手术通过机器人辅助操作。机器人系统主要由影像引导装置、三维定位软件和智能机械臂三部分组成，分别完成靶点坐标测定、穿刺轨迹规划和操作平台导航等功能。首先，将标记点贴附于患者前额和颞部，然后进行 CT/MRI 扫描，确定病灶及定位标志。将 CT/MRI 图像信息输入计算机，据此进行手术规划，模拟穿刺靶点。利用智能机械臂进行导航穿刺，在计算机屏幕上实时模拟显示进针轨迹，适时锁定机械臂进针的方向和深度。在机械臂引导穿刺针到达靶点后，术者进行相应手术操作。如为远程遥控操作，则应用遥控操作机器人系统，CT/MRI 图像信息的采取、手术计划的传送和机器人运动的指令均是通过网络完成。

定向移植术设计原理来自太空追踪定位系统，即地球上任一物体，如交通工具汽车、飞机、轮船发出的无线电波，太空人造卫星在收到信号后，指导有反馈信号的交通工具通往正确目的地。神经外科手术导航系统包括工具侦查仪和手术器械，前者等于太空人造卫星，手术工具则相当于交通工具。不同之处是，红外线操作取代无线电信号，避免了对手术中其他电子设备的干扰。在手术前，可帮助医生完成患者颅脑结构的三维图像重建，精确定位病变部位，从而制订更详细的手术计划。在手术中，导航系统能引导手术显微镜自动寻找病变位置，随时动态反馈手术进程，指引手术医生在彻底切除病变的同时，不影响正常的神经、血管等结构。

导航系统借助特殊设计的计算机软件，与术前 CT 或 MRI 图像和术中情况相结合，通过有特殊功能的手术显微镜自动导航，帮助手术医生避开手术过程中的危险区域和重要结构，使得手术器械安全抵达手术区，引导术者更详尽地处理病灶。

二、立体定位原理

立体定向仪的定位原理基于三维坐标系统，空间任一点的位置都可以由三维坐标系统所确定。一个物体的水平、冠状和矢状三个切面互相垂直时，其交点只能一个。患者头部与定向仪彼此固定后，在立体定向仪上则可标记出脑内病变靶点。亦即把立体定向仪的水平、矢状和冠状切面分别用三个方向的数轴表示，在脑内任意一个靶点都可在定向仪的三个坐标上找到其特定的对应数值。立体定向手术有两种坐标系统可以应用，一种是直角坐标系统，另一种是极坐标系统。

直角坐标系统又称为矩形坐标系统，其中包括 xoy、yoz 和 zox 三个坐标平面。每个平面都可将物体分为两半，每个平面都与另两个平面互相垂直。这三个坐标平面的交叉线可形成横、纵和深三轴坐标系。三轴坐标线相交的一点叫 O 点，坐标标值为 0。目前，多数国家大采用这种立体三轴坐标。通常以 O 为中心，向左设为 x 轴，向前为 y 轴，向上为 z 轴。其中的 Leksell 型立体定向仪可将 x、y 和 z 轴在 O 点处的坐标设为 100，这在实际工作中不会出现坐标负值，便于使用。不同的三维坐标数值代表脑内的不同靶点。确定直角坐标系中的任意靶点，只要分别测量出靶点与三个坐标平面的垂直距离，则可得出三维坐标数值。在靶点恰好位于一个坐标平面时，靶点的坐标值即为 0。

极坐标系统又称球形坐标系统，这是少数立体定向仪采用的一种系统。本系统把脑内靶点的位置依据一个距离和两个角度的大小确定，并有三个因素决定其靶点位置：靶点与 O 点间辐射矢量的长度，*oz* 轴与辐射矢量的角度，靶点与 O 点间辐射矢量在 *xoy* 轴平面投影与 *ox* 轴的夹角。

三、立体定向术的组成

框架立体导航手术系统由立体定向手术显微镜、计算机工作站、治疗计划软件和智能机器人系统三个主要部件组成。

（一）结构

1. 立体定向手术显微镜

手术显微镜是专为导航要求设计的。其中的图像重叠系统可将各种术前图像（CT、MRI、PET 和 DSA）重叠到显微镜目镜内，将治疗中所预测的病灶轮廓、重要解剖结构边界重叠到目镜范围内的真实脑组织表面上，实时地向手术医生反映病变的位置、轮廓、主要结构、位置关系，以及和正常组织之间的位置关系。手术时工作站会自动指挥显微镜聚焦于病灶中心。

同时，显微镜镜身还可架置摄像机、参观镜和激光操作器等。显微镜操作臂外形庞大，操作时却非常灵便，无需抗衡系统，可作 360° 旋转而焦点不变。对于医院教学而言，方便年轻医生学习和观摩。

控制系统分脚控、手控、声控和头控 4 种。医生可用语言来变动显微镜的位置、调整焦距、聚焦，以及进行手术视野的放大和缩小。

2. 计算机工作站

手术计划系统可以完成资料转换，通过二维重建后，确定靶组织位置。选取手术入路后，对一些主要结构进行标记。可在术前选择最佳入路，一次手术可储存 20 种不同入路。手术过程中可根据术中情况制订新入路，手术计划程序的基础是 CT、MRI 和 DSA 等影像资料。

3. 治疗计划软件和智能机器人系统

这是诊断和治疗的链接中心，用来计划手术“导航”方案，模拟手术，并能储备手术操作过程中的备用方案等。

系统的操作臂配有 6 个电动轴，由计算机软件控制运行。在手术室内位置固定后，车轮回缩，整体平稳，以便使显微镜精确对位。显微镜的方位由一手柄调度控制。显微镜有两种模式的枢轴：枢轴在焦平面上，物体在视野中心成像，十分清晰；枢轴位于焦平面外，可行锁孔手术技术。

（二）使用方法

1. 基准点的设置

手术前一天在患者头皮颅骨外上安装基准点（圆形塑料制品），至少 3 个，目的是建立患者和显微镜之间的关系；接着做全脑 CT 轴向扫描，层厚 1mm，MRI（T1 加权）扫描，层厚 1mm。各组图像数据可通过局域网络，进行资料三维重建。外科医生通过工作站做出手术计划，包括抵达脑内目标点之间的轨迹，如为脑瘤，可在图像片上将其轮廓勾画出来。

进入手术室后，将患者头部置于最理想位置，用头架做骨性固定，以防止头部移动。医生用显微镜内十字交叉线中点与患者头皮上每一个基准点对准重合，配准，输入计算机工作站做数字处理，使术前 CT 和 MRI 图像上每一个基准点和头皮上的基准点一致。配准步骤也可通过附有 LED 的镊子或探针在头皮上通过接触一次完成。

头皮切口和骨窗的位置、大小设计可依据脑内肿瘤或脑部动静脉畸形（arteriovenous malformation，AVM）的轮廓线作为参考。骨窗形成后，显微镜在脑内导航开始，目镜内的大十字交叉中点代表显微镜对焦中心，小十字线中点代表靶结构中心，当两个十字线精确重叠时表示显微镜在靶点上，可以开始手术。虚线代表手术入路导航轨线，脑内深部肿瘤的入路轨迹可根据具体情况决定，注意避开语言、运动、感觉、视觉或记忆中枢等重要功能区。

显微镜的重叠系统能帮助医生在术中识别一些似是而非的界线。MKN 的重叠系统能将术前 MRI 肿瘤轮廓在手术实时目镜中重叠，有防止漏切的优点。通过显微镜向手术医生不断显示导航信息，可让医生专心致志，无须抬头看监视器屏上的图像。而且，此手术显微镜的定位精度，90%患者小于 2mm，60%患者小于 1mm。在手术操作中，此系统有帮助医生重新定位的功能，不致发生误伤正常脑组织，且手术野内的手术器械也能重叠在各种图像剖面上。

2. 观察棒的应用

观察棒是一种十分实用的无框架立体定向导航手术设施，它利用术前 CT、MRI 三维图像和定位技术相结合，在手术过程中提供实时定位导航，包括手术入路、轨迹、开颅范围、皮质切口的部位及大小，实时显示术野周围重要解剖结构、病灶部位及大小，精确肿瘤切除范围，减少手术并发症。因此，其适用于颅内、上颈段手术等领域，也能用于耳鼻喉手术。

1）结构

观察棒由三个部件组成：图像工作站、遥感关节臂和探针。患者在做 CT 或 MRI 影像前，在头皮或颅骨上安置 6～10 个基准标志，以取代传统的定位框架。影像片应覆盖整个头、面部和上颈部，层厚为 3mm，使这些基准点定在各个影像片上。将影像资料输入计算机工作站，做图像的三维重建。扫描后头皮的基准标记要保留至手术时。

关节臂和探针是手术操作部件，是导航的重要工具。关节臂由6个相连的机械关节臂组成，每个关节设有一个位置传感器，医生握在手中操作移动时，计算机工作站随时记录各个关节的角度，并能将关节臂末端（探针）在基面上的确切位置记录下来，通过工作站将其在头部的位置投影在术前图像上，一起在监视屏上精确地显示出来，实时反馈探针与颅内解剖结构和病理组织的关联。

关节臂安装在手术床边沿上，可收拢、散开，使用方便。手术床可根据需要升降或倾斜，不会影响探针的操作。

2）配准

（1）这是把储存在工作站内标有基准点的图像和患者头部基准点相融合，使图像内每一点与头皮精确吻合，使图像的解剖与实时脑解剖融为一体，探针在头皮上的位置能实时投影在监视器的术前图像上，供手术医生作入路参考。医生可在监视器图像直视下，用探针将脑内肿瘤的轮廓勾画出来，也可将肿瘤投影在脑皮质上，从图像三维剖面角度来显示肿瘤的位置，选择入路轨迹、皮质切口、骨瓣的大小等。

（2）配准的具体做法是：①将探针或附有LED的镊子与患者头皮上的基准点抵触一次；②把每个基准点的位置信息输送入计算机工作站，使其精确融合成一体，供手术器械在颅内导航用。

（3）注意事项：①基准点抵触至少要3处，常规选取6～10个点；②向工作站输入的点越多，配准的精确度越高，对工作站计算越精准，可以降低每个点的评价误差率；③对那些配准不太确切的点可予以删除，降低假阳性。用患者头皮三维像上的基准点和二维CT层面像相比较，可简化定位导向术中的配准步骤，是无框架定向手术的一项关键性内容。

3）使用方法

（1）全麻插管，头部用头架做骨性固定。关节臂安装时，要注意其前端能自由抵达手术部位。用探针抵触头皮上各个基准点，将探针卸下高压消毒3～4min。关节臂上套上消毒袖套，再将探针接上。工作站的监视屏可显示术前三维图像的各个层面，可以通过跟踪显示图像内的任何一点，并能予以放大，能隐约看到下层结构。

（2）当针端向脑中线移动，三维图像能切掉一块，让医生能看到脑的内侧面，便于显示针端位置。监视屏上可显示轴向、冠向和矢向的二位图像，显示的方式均与针端呈直角。

（3）针端指在任一解剖结构或肿瘤上，显示屏会自动出现由两条经过针端的十字交叉线的二维图像。监视器还能沿着探针显示一个双重斜位，让医生能看到手术轨迹中会遇到的结构。

（4）对一些关键性解剖部位，可将图像“冻结”，缓慢地调节鼠标器，让图像的层面一层一层地移动，使有足够的时间显示探针端与周围解剖结构的关系。观察棒的测距系统能迅速测出颅内病变的深度、点和点之间的距离，帮助医生选择最佳手术入路。

观察棒的精度平均为1～3mm。影响精度的因素很多，诸如头皮标志的移位、术中头部移动等。一般认为，颅外标记较解剖标志可靠，CT较MRI可靠，因MRI本身的误差就比 CT 大。在手术中患者头移动大于 2mm 时，应重新记录头皮基准点，再次做配准，以确保探针的定位精度。

4）使用观察棒时需要注意的问题

（1）头皮上的基准标志比固定在颅骨外板的精确度差；其基点数字越多，精度越高。

（2）术中，患者头部移动，或导航系统移位，或两者的位置都发生移动，必会出现误差。因此，头部必须用头架做骨性固定，短臂的观察棒必须与手术台牢固锁紧。

（3）术中 CSF 流失，或大块病灶切除后造成脑的移位，导致术中脑的解剖和术前 CT 或 MRI 图像配准失去重合性、美观差别的定位，自然会出现偏差。这种误差是所有导航系统常见的，可以通过实时反馈系统进行干预。研究表明，用颅内解剖标志在手术中做反复配准，可以减少这种类型的误差。另一方面，用观察棒在脑内深电极埋藏有一定困难，其精度不及有框架定向术，解决的办法可采用一支撑托架来固定探针的位置。

（4）这肿瘤切除过程中，可间隙地将探针插入，以了解肿瘤的位置。术中发生的脑肿胀和 CSF 流失，都会降低配准的精度。因此，观察棒的三维重建是反映术前的解剖位置，观察棒对组织移位不能做计算机实时分析。

5）观察棒的主要优势

其最大优点是能将针端和病灶、重要结果的位置关系迅速作实时反馈，缩短手术探查时间，避免正常结构不必要的损伤，改善肿瘤的显露，提高肿瘤切除率，由于骨窗缩小，可避免大块脑组织的暴露。探针在手术过程中，始终起着“前哨”的作用，帮助医生避开重要结构，增强手术信心，加快手术速度，提高手术操作的精确性。其主要优点包括：①准确地定位手术所处的三维空间；②显示术野邻近的结构；③指出靶灶方位及其与靶向手术部位的空间关系；④帮助设计理想的手术入路；⑤显示手术入路可能遇到的结构；⑥显示重要结构的位置；⑦显示靶灶空间大小和范围。因此，临床实际工作中借助神经导航系统，一定能使 NSC 移植定位更加精确和可视化。

四、立体定位的方法

CT、MRI 扫描定位术是立体定向手术（seterotactic operation）的一大进展。其不仅可以准确定位靶点，而且可以将靶点周围的脑组织结构清晰地显示出来。手术者可以方便地在 CT、MRI 片子上直接测量靶点，手术精度进一步提高。CT 扫描图像由网状格子构成，每个像素结构都有其对应位置。将每层 CT 扫描进行叠加，即可构成三位立体形态。这种立体结构的每个部分都占据 CT 某一个层面的某个位置，恰好形成立体定向系统。

依据脑内 CT 扫描确定脑内病灶中心的前后和左右的距离并不困难，问题是如何确定病灶的深度。临床常用两种方法解决：①将定向仪框架（或头部基环）固定于 CT 扫描床上，通过扫描床移动的距离可以得出病灶与中心的距离；②利用定位标记方法更为精确，由于定位标记和定向仪的位置已经固定，因而很容易确定靶点所对应的 CT 层面。

多数定向仪采用的定向标记是在头部框架上安装两个定位侧板，每个侧板上镶有 N

形铜丝。也有的定向仪在头部基环上安放 3 组 N 形定位碳棒，每组由 3 组碳棒（两侧的 2 根直立，中间的 1 根倾斜）组成。带有定位标记的框架（或基环）进行 CT 扫描时，每个扫描层面都会有定位标记点，临床用以表示靶点距离中心点的位置，也可以表示出靶点距离框架（或基环）的位置。

在儿童患者的立体定向移植手术时，全麻下无框架脑立体定向术的 MRI 影像较 CT 影像有更优良的组织间对比分辨率及清晰度，可以提供任意扫描方向的成像且无 CT 影像中出现的颅后窝伪影。在颅内疾病诊断病灶范围的界定，以及病灶形状的三维空间呈现等方面明显优于 CT。因此，虽然 MRI 定位时间较 CT 定位时间长，且对于全麻患儿的各种监测仪器和抢救设备不能进入磁共振检查室可增加其危险性，但 MRI 在立体定向的定位价值上优于 CT。只要充分做好术前、术中的各种监测和预防工作，采用 MRI 行全麻下儿童无框架脑立体定向手术的术前定位仍是安全的，有利于提高手术靶点的精确度和手术的成功率。

欲达到各种影像学定位准确，患者头部的妥善固定十分重要。目前，借助定向仪定位时，大多需要将框架固定于患者的颅骨，以保证牢固、稳定，并可直接测出靶点的数值。

对于不适合开颅手术的脑深部小病灶、多发病灶和位于重要功能区的病灶，立体定向手术具有特殊的作用。就处理病变的部位而言，无论位于大脑、小脑还是脑干，均可进行立体定向手术。对于高龄、体质虚弱的患者，立体定向手术更有其创伤小的优点，而且安全、可靠。近年来，这种手术的死亡率已降至约为 1%，致残率为 1%～3%。

五、常用的现代立体定向仪

（一）颅孔固定旋转型立体定向仪

在现代立体定向仪中，其基本类型包括颅孔固定旋转型和弧形弓形定向仪两种。前者是将定向仪固定在颅骨钻孔内，也称为“颅内型”定向仪；后者是把定向仪固定在头部四周，可视为“颅外型”定向仪。目前，常用于 CT、MRI 引导的弧形弓形定向仪较颅孔固定旋转型定向仪的定位精度更高。这些定向仪均应用弧形弓形作为固定穿刺器械的载体，其原理是基于球体的中心距离球表面任一部位的点都相等（半径相等）。只要将手术靶点设定在立体定向仪的中心，此时的靶点即相当于球体的中心点。无论固定在定向仪系统中心的弧形弓如何移动，只要穿刺距离适当（等于球体的半径），穿刺器械的尖端必然到达靶点。这些立体定向仪的精度都很高，机械加工精度可达 0.1mm，CT 和 MRI 引导精度达到 0.3mm。

（二）弧形弓形定向仪

弧形弓形定向仪的特点是具有一个半弧形的操作弓，根据半弧形弓的固定方式可分为外置弧形弓形和内置弧形弓形两种。其中，外置弧形弓形立体定向仪是将半弧形弓固定在头部框架的外轴上，代表产品有 Leksell 系统和 Todd-Wells（TW）系统。Leksell 系统通过调整定向仪框架固定点，使靶点位于弧形弓指向的中心点。TW 系统是通过调整患者头位，将靶点置于弧形弓指向的中心点。内置弧形弓形定向仪则将半弧形弓锁定在头部基底环内，根据头部基底环作为靶点的参考点，代表产品为 BRW（Brown-Roberts-Wells）系统和需要模型校正的 Riechert 系统。

BRW 定向仪需要计算机校正三维坐标，其新型产品为 CRW 型，具有较为牢固、精确，配备有多种附属器械等优点。此定向仪包括头部基环、固定装置、弧形导向弓和模拟基准仪。头部基环由镍铝合金制成，靠 4 个螺丝钉与患者的颅骨固定。在头部基底环上可以安装定位环，供 CT 或 MRI 定位扫描。定位环上装有 3 个 N 形定位板，定位板上共有 9 个碳棒。CT 或 MRI 定位扫描时，可见 9 个圆点（碳棒的横截面）呈辐射状围绕患者头部。启用计算机软件，依次顺序输入坐标显示。重复检查核实这些坐标点后，坐标数据可打印出来。此时，换算三维坐标值，将数据输入计算机可形成靶点的左右（*x* 值）、前后（*y* 值）和上下（*z* 值）三维空间。靶点坐标数据先用于设定模拟定向仪上的靶点三维空间，穿刺位置应与模拟定向仪的靶点相符。在手术操作时，安装弧形导向弓。弧形导向弓的基环与另一个可转动的环相连接，后者可分别与头部基环（手术时）或模拟基准仪（校正靶点时）牢固地固定。

六、立体定向术治疗的适应证

立体定向术治疗的适应证主要包括：①颅内血管性病变的脑部动静脉畸形（AVM）和海绵状血管瘤；②颅内良性肿瘤的听神经瘤、垂体瘤、脑膜瘤、松果体瘤、颅底肿瘤术后残留或复发的病例等；③颅内转移瘤的孤立或多发灶和不宜开颅手术的患者；④作为颅内原发恶性肿瘤的范围局限或综合治疗的一部分；⑤功能性疾病如三叉神经痛、癫痫和 PD 等；⑥细胞治疗等，在进行 NSC 等的移植治疗时，立体定向术是其给予的途径之一。此外，在某些鼻、咽和球后病灶等的治疗时，亦可采用此种手术进行。

七、立体定向手术基本程序

立体定向手术的基本程序包括：安置头架、MRI 或 CT 的定位扫描、剂量计划、治疗过程、保护措施，以及术后处理等。

立体定向手术最关键的问题是保证安全的精确性。定向手术具有创伤性小和安全性高的特点，穿刺轨迹可由 CT 或 MRI 三维软件提供，现已成为脑神经细胞移植的主要途径。在治疗 PD 时，首先采用了脑立体定向手术移植肾上腺髓质的方法。此后，又将脑神经细胞（如取自胚胎的中脑腹侧组织）植入患者纹状体等部位，手术治疗效果较理想，并发症很少。大多数患者在局麻下即可承受立体定向神经细胞移植术，局麻也有利于手术者检查患者配合情况、观察治疗反应。

准确定位是立体定向手术的关键，安置头架牢固、CT/MRI 扫描时头部制动是保证靶点正确的两个重要环节。操作中应注意保持患者头部与头架的相对固定，不可企图通过把持头架强制性固定头部。对于躁动不安的患者，必须适当应用镇静药。在安装头架、CT 扫描过程中，适时静滴镇静药常可奏效。实施手术时，必须先复查校对靶点，如果弧形弓架不能贴切地安装在头架的两个侧板上，常提示靶点定位有误。比较 CT/MRI 扫描，前者应用较普遍，但后者的空间分辨率较高。临床对颅内体积较大的病灶，如血肿，宜用 CT 定位；而功能性疾病与颅内微小病灶，采用 MRI 的扫描定位为佳。

关于麻醉少数患者选择气管插管全身麻醉或静脉注射全麻，其优点是可解除患者震颤、不自主运动等异常干扰，使神经影像更加准确，有利于术中患者体位的维持。

立体定向手术也要经历三个主要步骤：确定靶点（病灶），对准靶点（很据三维坐标调整定向仪），击发（手术穿刺）。尽管患者病情不同，手术者操作习惯各异，但立体定向手术的步骤均为：①术前准备同一般神经外科手术；②安装立体定向仪定位；③影像学检查确定手术靶点；④按照靶点的三维坐标值设定立体定向仪；⑤在定向仪的引导下，将穿刺针等器械置向靶点，此过程可在 X 射线、超声、TV 等设备监测下进行；⑥根据病变进行毁损、活检、注药、排除血肿、切除肿瘤或者细胞的移植治疗等相应手术操作；⑦手术完毕，拔出穿刺针等器械，卸除立体定向仪头架，无菌敷料包扎伤口。

八、立体定向术操作要点

（一）手术时患者体位

手术时患者体位应根据病情、使用定向仪的类型以及预订的手术而定。如果病情允许，一般患者采用坐位或半卧位，以利术者操作。

（二）麻醉

目前，总的趋势是尽量应用局部麻醉，这已逐渐成为常用的方法。局麻的优点是对患者全身的影响小，避免了全麻的危险性。而且，在术中患者保持清醒的意识，能够回答问题并可按照术者的吩咐活动身体，这对随时观察手术的反应极其重要，术者可据此及时修正靶点和毁损病灶的范围。局麻对预防手术并发症也有积极意义，比如在丘脑毁损过程中出现偏瘫、在嗅神经瘤切除时出现视力障碍，术者均可及时发现并处理。局麻后，术中应密切观察患者的反应，及时对症处理。例如，刺激脑深部结构可能引起下述变化：①运动改变（各部位的肌紧张、震颤及痉挛）；②感觉变化（感觉异常、疼痛）；③眼部变化（眼球运动、瞳孔直径、睁闭眼）；④植物神经改变（动脉压、血管张力、心率、出汗、面部苍白）；⑤精神情感变化（过度兴奋、嗜睡、言语变化及欣快、恐惧、愤怒或幻觉等）。

但是，局麻的止痛不完全，部分患者容易出现恐惧感。因此手术前，术者应耐心向患者如实解释，以征得患者的积极配合。对于少数不能配合的患者，只能采用全麻或术中强化的麻醉措施。

（三）颅内穿刺点的选择

应遵循方便、安全的原则。术者特别要注意以下三点：①入颅点应当避开皮质重要功能区；②穿刺通路要避开脑深部重要结构（如内囊、大血管），有时根据手术需要还得避开脑室；③从颅外至脑内靶点的穿刺距离越短越好。一般幕上立体定向手术时，如丘脑核团毁损术，常选用同侧的额中回后部为穿刺径路。手术开始前，应用龙胆紫画出鼻根至枕外侧区的正中线，并在前 1/3 交界处（成人从鼻根测量为 12～13cm）做一标记，再在此线旁开 3～4cm 即为入颅点。若选择此点距中线稍近些，穿刺径路将通过脑室；若距中线稍远些，则径路会累及内囊。

（四）手术并发症

立体定向手术由于定位准确、创伤性小，一般较开颅手术并发症少。其中常见的并发症及其处置如下。

1. 穿刺造成颅内出血

颅内出血为立体定向手术最严重的并发症。除内窥镜和小孔镜开颅能够直视靶区外，立体定位手术穿刺过程多数时间处于盲目性操作，因而加大了颅内各部位血肿的概率。常见的如硬膜外血肿、硬膜下血肿、穿刺道血肿和脑内血肿等。手术引起出血的原因主要有两个方面：一是由于直接损伤或刺伤较大的血管所致；二则是由于牵拉或推压脑内结构造成的血管间接损伤引发的出血。对于前一种原因引起的出血，可以通过穿刺前详细了解穿刺径路（必要时行脑血管造影），避开大血管走行区从而加以预防。对后一种原因，则可根据穿刺过程选用不同型号的穿刺针，减少其发生，例如，穿透硬脑膜前先电凝其表面血管，再用尖刀“十”字切开，然后改用尖端圆顿的穿刺针刺入。

其中，特别值得注意的是在术前应有充分的准备，主要包括熟悉脑内重要结构、准确定位靶点、慎重选择穿刺径路、手术操作的有关预案的制订等都是避免颅内出血的重要措施。手术中，特别要注意合理应用穿刺针。当穿刺抵达硬膜时，要拔除穿刺针芯，应用针尖刺透硬膜，防止过多推挤硬膜造成硬膜外血肿。深入脑组织时，为避免刺伤血管，应回复针芯，用圆钝针尖进行深部穿刺。到达病变靶点进行活检时，细心体会操作手感，不可强行撕拉病变。特别是对颅咽管瘤行内放疗后，有时会因钙化和囊壁厚不易穿透，此时需用尖针，达囊壁后旋转进入。一旦发生穿刺道出血，可用凝血酶 200～500U 溶于 2ml 生理盐水，经穿刺针直接注入到出血的局部，常可收到良好的效果。

2. 颅内细胞感染

立体定向移植手术创伤小，所以由穿刺引发的颅内感染较少。预防措施主要包括严格遵循无菌操作、围手术期应给予抗生素治疗。术后由于患者恢复速度快、活动量较多，需注意保持头部创口包扎的完整。如患者神志尚未清晰，适当限制患者头部活动范围。

3. 脑水肿

术后脑水肿发生较常见，主要为短暂的、一过性的应激反应。应用物理和化学因素处理脑内病灶（核团毁损、脑瘤内放疗等）后，短期内可有水肿。但是，丘脑区立体定向手术后，脑水肿较为明显，应仔细观察，及时处理。术后 1～3 天，如果出现高颅压症状，应及时行 CT/MRI 复查，酌情应用甘露醇脱水和激素治疗。

4. 颅内积气

术中切开硬脑膜后，可能导致颅内积气。因颅内压力不平衡，低颅压及气体刺激，患者可有头痛、头晕、脑膜刺激征等临床表现。没有严重的临床症状，处理措施主要为对症治疗。由于积气量较少，大多可在一周内吸收。如果积气量较多、有明显占位效应，可穿刺抽吸或闭式引流。为预防感染的发生，可应用抗生素。

立体定向脑内注射移植是把干细胞全部集中到病灶及其周边发挥治疗作用，其神经功能改善迅速而直接。但缺点是将 NSC 直接注射于脑损伤区后，在脑内的移植成功率较低。这是因为脑损伤部位是一处不良的局部微环境区域，植入的 NSC 有可能被活化的小胶质细胞和巨噬细胞所清除。经脑内移植尚有容积占位效应，致使 NSC 移植量有限。此外，经脑内移植还可导致局部 NSC 过度聚集，不利于其分化。但是，立体定向脑内移植注射更多的还是积极有效的治疗效果。研究证明，立体定向脑内注射移植术适合于病灶比较局限的疾病，如脑出血后遗症、脑损伤后遗症、局灶性脑梗死，以及治疗神经功能核团支配的神经功能退行性疾病，如帕金森病、阿尔茨海默病等。

机器人辅助下的无框架脑立体定向手术，可摆脱传统有框架手术的限制，增加手术的安全性和灵活性，扩大立体定向手术的范围，满足临床的要求。对颅骨大块缺损、不能安置定向仪框架等不适宜行有框架手术的病例，也适宜行无框架定向手术。临床实践表明，该方法在手术中可免去在患者头部安装框架，并可减轻患者手术的痛苦和心理负担。计算机辅助手术规划，可以提高病灶定位的精确度和操作可视化，从而既减少了手术创伤，又方便了术者操作。数字化技术在立体定向的应用、无框架定向技术的成熟以及网络技术的发展，使远程手术得以实施。

立体定向手术创伤小、操作简单、定位准确、并发症少、恢复快，在局麻下可承受该手术，利于术者检查患者的配合，可及时观察治疗反应等特点，这不仅为难以确诊的脑深部病变提供了活检的工具，也使许多开颅手术难以解决的脑深部病变、功能性疾病有了可行的治疗途径。

立体定向细胞移植治疗术主要由于无创伤神经外科的蓬勃发展应运而生，其主要的优点是无需全麻开颅、对内环境影响小、无痛、无出血及死亡率低等。以微创伤为主要目标的现代立体定向神经外科，正继续朝着精确化、程序化和智能化方向发展，无框架脑立体定向手术和远程遥控操作手术的成功应用是发展的趋势，随着该技术的不断完善和进展，必将具有更加广阔的应用前景。

第五节　中枢神经系统干细胞移植的要求

一、概述

目前，通过 NSC 移植治疗 CNS 的损伤以促进其再生和修复的研究已逐渐增多。但是其中面临的主要问题包括移植前需保持细胞活性、移植方法创伤需最小化从而减少宿主 CNS 的进步一损伤、移植过程中保持细胞最佳活力等。而且，NSC 用于修复损伤或退化性 CNS 疾病的作用仍然有限，主要原因是其分化为神经元、星形胶质细胞、少突星形胶质细胞的能力受限。此外，这种细胞移植至 CNS 的过程本身就不利于细胞存活。尤其是移植至结构较小的脊髓组织等时，这种情况更佳明显。因此，NSC 移植的最佳方法是使移植细胞的存活率最大化。同时，最大限度地减少移植的损伤。

二、材料及方法

（一）材料

0.4%锥虫蓝、Hank 平衡盐溶液、血细胞计数板、玻璃缸、玻璃吸量管、棕色磨盘牵引器、坡口机磨盘、金刚石研磨膜和声波发生器等。

（二）方法

1. 磨盘的尺寸和结构

研究显示，用小型的微量吸液管可减少宿主组织的损伤。而且，选择微量吸液管的型号取决于移植细胞的大小。在单个细胞悬液的移植时，直径为 40μm 外径的微量吸液管就可通过。但在完整神经球的移植时，则需要较大口径的微量吸液器。吸液管顶端外径不同，外形也有较大差异。在这些吸液管中，斜面或顶端磨尖的注射器适合干细胞的移植应用。其中 50μm 外径、斜面的吸液管应用较为广泛，可用于移植单一干细胞群悬液。在移植完整神经元时，微量移液器的直径可根据注射移植后细胞的活性及经验选择。

2. 微量移液管的特殊处理

薄壁硼硅酸盐等材料的毛吸管应用比较较广泛，而且可根据管类型需要进行磨尖、拉伸或者抛光等处理。

（1）在显微镜下安装千分尺，使用 5 号医用钳子在微量移液管的顶端将其适度打破。

（2）金刚石上磨尖，显微镜千分尺下检查其大小。此过程通常需要微电极 40μm、2min，或者 90μm、10min。

（3）使用超声波机器，100%乙醇清洁，大约 10～20s。

（4）使用前在 1mm 毛细血管管腔的中部做标记。

3. 注射系统

在移植细胞至 CNS 时，可采用人工或电动机器进行。其中手动的可分配移植细胞密度及体积，但对于精确的、小体积的细胞移植较困难。注射器监测系统与移植注射器相连，适合于精确部位的移植。更精确的细胞移植是使用 Picospritzer 移植法，虽然此法较贵，但其系统预置的移植体积为固定值，移植时所产生的压力可分散至组织。此种移植方法注射细胞体积，随顶端和组织抵抗而变化，并可进行对照。

在常用的注射系统中，还有一种玻璃微量移液器。其内部有个铁磁不锈钢滑动杆（长 6mm，直径 0.8mm），与一段长 25mm、直径 20um 的钨丝相连。通过 U 形磁铁上下、前后移动，与显微操作设备相连接，并且与玻璃微量移液管平行。当钨丝位置低时可占据微量移液管开口位置，防止细胞堵塞顶端。移植前灯丝位置升高，不仅清理顶端开口，而且使堵塞的细胞变松。在非单个细胞悬液的移植治疗中，这种注射器的应用更为适合。

4. NSC 数量和活性测定

移植细胞悬液前，需要检测细胞数量及活性细胞百分率。对于单一细胞悬液比较方便，但在培养细胞或神经元的检测时比较困难。对于单一的细胞悬液，使用血细胞计数板锥虫蓝染色即可检测细胞数及其活性。活细胞不着色、发亮，死细胞染色并为蓝色，其方法如下。

（1）干细胞自组织培养板或培养瓶中消化下来后，放于 15ml 锥形瓶中，4℃、500*g* 离心 2min。

（2）HBSS 液重悬细胞并用血细胞计数板计数及测定其活性，调整为 2×10^4 个/μl，最终干细胞的浓度不得少于 10^6 个，活细胞数在 85%以上。

（3）再次离心，细胞悬液重悬在冷的 HBSS 中，按要求调整细胞的浓度和体积，放冰上储存待用。

（4）移植前完成整个准备工作，校正细胞活性。研究发现，即使是冰上储存的 NSC，在移植前 6h 的活性可下降 30%。因此，在之后的移植手术时，细胞活性会继续下降。

5. 神经球细胞的移植

在完整神经球细胞移植时的细胞计数，至今尚无较好的方法。而且完整神经球变成单一细胞时，常损失较多细胞，血细胞计数板只能检测大致的活细胞数和死细胞数。神经球细胞的离心用 4℃、500g 离心 2min 即可，HBSS 重悬细胞并用计数板计数，通过锥虫蓝染色检测其活细胞。虽然神经球的大小各异，但用显微测量仪可以估测大概细胞密度。根据最佳细胞数量和移植神经球的大小，依据经验选用相应直径的微量吸液器。除了以上的准备工作，移植神经球的浓度也可根据经验决定。神经球细胞在体外可保持较好的活性，但在移植后大型神经球的存活较差。这也是初期临床试验面临的问题之一。

6. NSC 移植参数

在 NSC 移植时，细胞浓度、移植体积以及移植细胞的数量是所涉及的 3 个参数。单一细胞群的适合浓度为 50 000～100 000 个/μl，细胞浓度过高可导致黏稠，易堵塞微量吸液器的顶端。当细胞浓度过低时，不能保证有效移植细胞数量。研究表明，细胞数量多而体积小的移植细胞，其存活和迁移的效果均比较好。而且，这种移植方法有助于移植细胞覆盖更大的区域。单一细胞悬液 10μl 注射至成年大鼠的脊髓内，未见损伤其运动功能，细胞悬液可弥漫到脊髓实质。注射 1μl 细胞到大鼠脊髓的中央灰质，在注射部位实质（2.9±0.3）mm 的范围内可检测到移植的细胞，并在超过中央管 7mm 的区域同样可以检测到。同样注射 10μm 直径的荧光粉（接近干细胞直径），只能在注射范围的 0.9mm 检测到。因此，接受移植部位为大型组织结构时，需要移植的细胞则多。研究表明，每个移植部位移植细胞的体积为 0.5～1.0μl，如为损伤腔隙等时，一般上限为 10μl。靶组织接受移植后，需要检测移植细胞的数量和其空间分布。

任何注射系统的移植量都是由顶端和组织抵抗共同决定的。因此，1mm 的微量吸液器是非常必要的精确移植体积，且可根据具体的情况调整设定参数，以达到理想的移植效果。

第六节　神经干细胞移植标记示踪技术

一、概述

近年来，伴随着对干细胞研究认识的深入及分子生物学和细胞生物工程技术的发展，干细胞临床应用的前景也越来越广阔。细胞移植替代疗法已成为现代医学中发展最为迅速的领域之一。移植细胞在宿主体内的存活、增殖、迁移和分布等，也自然受到人们极大的关注。组织切片光学显微镜的检查不能区分受体细胞和移植的干细胞，如何从受体辨别移植的干细胞并观察其在受体中的生存状况一直是令人困扰的问题。

示踪技术是指利用放射性核素及其标记化合物，或者其他带有特定检测标记的物质进入生物体内，对体内各种代谢物质的吸收、分布、转移规律、疾病进行诊断等研究的一门科学。该技术在医学、生物学等各学科应用非常广泛。干细胞标记示踪技术是组织工程研究的首要任务之一，理想的细胞标记物应具有安全、高效、便捷、持续时间长以及检测时有良好敏感性等特点。

目前，移植细胞的示踪方法可归纳为 6 类：①改变细胞基因，使其表达特异性的标志物，如绿色荧光蛋白（GFP）和β-半乳糖苷酶（β-galactosidase，β-gal）等；②利用荧光染料标记细胞，如 BrdU、DAPI、PKH26 和 DiI 等；③使用磁性颗粒技术示踪移植细胞，如钆、锰或镧等；④采用顺磁氧化铁纳米材料作为磁共振对比剂活体示踪移植细胞；⑤选用雄性供体和雌性宿主，通过 Y 染色体作为标志物；⑥利用放射性核素及其标记化合物作为示踪剂，应用放射线探测方法检测细胞的行踪。近年来，这些标记技术均有很大进展，特别是荧光染料、外源基因标记和磁共振示踪等方面的进展更为迅速。

二、外源性标记基因转染技术

（一）GFP 技术

1. 基本原理

GFP 是一类存在于包括水母、水螅和珊瑚等腔肠动物体内的生物发光蛋白，当受到紫外或蓝光激发时，能发射绿色荧光。至今只有水母中的 GFP 基因被克隆，其由 238 个氨基酸组成，分子质量为 27kDa。经激光扫描共聚集显微镜激光照射后，GFP 可产生一种绿色荧光，从而对蛋白质进行精确定位。利用 GFP 融合蛋白技术进行活细胞定位研究是目前较为通行的一种方法，该技术仅需在光学显微镜水平进行研究，不需要制样，没有非特异性标记的影响。它的基本原理是将 GFP 基因转导入干细胞，其表达的 GFP 蛋白可发出绿色荧光，结合使用定量聚合酶链反应（PCR）、激光共聚焦和荧光活化细胞分类计数等技术，可以监测移植细胞在体内的分化以及在各组织中的含量等。

目前，常用的 GFP 标记干细胞的方式有三种：质粒载体转染、病毒载体转染和 GFP 转基因动物。其中质粒载体转染具有操作简便、对干细胞的免疫源性和毒性低等优点，但不十分稳定，容易丢失。病毒载体转染的优势是表达高效稳定，但存在免疫反应和致癌性等安全隐患。GFP 转基因动物分离得到的干细胞标记稳定，无上述缺点，是最为理想的选择，但是往往受到所需干细胞种类及数量的限制。其中，GFP 经逆转录病毒转染干细胞是移植治疗常用的方法。

2. 方法与步骤

利用逆转录病毒进行 GFP 细胞定位的基本操作过程如下。

（1）引物设计：选择目的基因片段，设计引物（注意引进双酶切位点），PCR 扩增，电泳，回收纯化鉴定备用。

（2）载体构建：选择 pEGFP-N1 载体，注意要有与目的基因相同的酶切位点以便目的基因插入，用 T4- DNA 连接酶连接构建 pEGFP-目的基因表达载体，电泳酶切鉴定。

（3）转染真核细胞：将这一表达载体中的 GFP 目的基因片段定向连接入已进行相应酶切的逆转录病毒载体中，并转染 DH5α 感受态菌。将转染菌克隆，经蓝白斑筛选、扩增、提纯及酶切鉴定，正确构建重组含 EGFP 逆转录病毒载体。

（4）病毒包装：选择 PA317、NIH/ 3T3 或 PT67 细胞作为包装细胞，经过培养扩增，加入脂质体（lipofectamine）与 DNA（重组 EGFP 逆转录病毒载体）的混匀液，培养，G418 筛选抗性克隆，克隆传代，继续培养筛选形成全部抗性克隆。

（5）测定培养重组病毒载体上清液的病毒滴度。

（6）用此上清转染干细胞，培养扩增，用 G418（也可用流式细胞仪，更为快捷方便）筛选含 GFP 蛋白的干细胞再培养扩增后，即可用于干细胞的移植治疗。

3. 注意事项及优缺点

目前，GFP 已广泛的应用于干细胞研究中，作为细胞标记物时有以下优点。

（1）不需加任何底物，监测方便。同其他常用的分子标记物（如β-半乳糖基转移酶和氯霉素乙酰基转移酶等） 相比，GFP 最大的特点是不需要底物或辅因子，可用荧光显微镜和激光扫描共聚焦显微镜等直接观察到荧光。若在体表等容易观测的部位且荧光强度高时，则可直接用长波紫外灯照射观察，使用非常方便。

（2）GFP 分子质量较小，与目的基因融合后，对目的基因的结构功能影响小，大量表达对细胞也无毒性作用。另外，GFP 的第 2～232 位氨基酸是生色基团的最小结构域，而在 GFP 的 N 端和 C 端的融合蛋白并不影响生色基团圆柱体结构的形成，因而不影响 GFP 发光。目前，大约有 100 多种 GFP 融合基因蛋白得到很好的表达，且融合蛋白同时具有 GFP 的荧光特性和目的蛋白的功能。

（3）GFP 标记细胞后不影响或很少影响细胞的正常功能。使用 GFP 质粒或病毒载体标记胚胎干细胞、NSC、造血干细胞等后并不影响这些细胞的增殖和多向分化潜能。

（4）GFP 荧光表达稳定，可耐受高温处理，甲醛固定和石蜡包埋不影响其荧光性质，并且无光漂白现象。如用酸、碱或盐酸胍处理，一旦恢复中性环境或去除变性剂，其荧光则可恢复并具有和原来一致的发射光谱。

虽然，GFP 技术越来越多地被采用，但在实际操作过程中凸显的问题也是不容回避的。野生型 GFP 荧光较弱，易受温度影响，且产生荧光过程滞后（GFP 表达后，一般要延迟几个小时才能观察到荧光），因而可产生多种 GFP 的突变体。这些突变体有的可以发黄色、蓝色和红色等多种颜色的荧光，有的荧光强度增强，如增强型 GFP 的发光强度比野生型 GFP 高 35 倍，有的还采用哺乳动物细胞的偏好编码以利于在哺乳细胞内的表达。而且，早期研究认为 GFP 不存在细胞毒性，但是近来的报道指出 GFP 可能对心肌和 NSC 产生毒性作用，并且对胚胎发育也有影响，这些均需引起足够的重视。

（二）*LacZ* 基因技术

1. 基本原理

LacZ 基因是大肠杆菌乳糖操纵子中的一种基因，其编码的β-gal 是由 4 个亚基组成的 4 聚体，可催化乳糖水解为半乳糖和葡萄糖，还可催化乳糖类似物 X-gal（5-溴-4-氯-3-吲哚-β-D-半乳糖苷）水解，其产物呈蓝色。LacZ 可被 IPTG（异丙基-β-D-硫代吡喃半乳糖苷）诱导表达β-gal。基于这种特点可以将该基因整合入细胞内，最后通过 X-gal 对转染阳性细胞进行原位检测，观察细胞的分布及在各组织内的含量，转染效果可通过细胞计数及基因片段的 PCR 进行。*LacZ* 基因对细胞无毒性，表达稳定，检测方便，可用于细胞的长期追踪，是目前鉴定移植干细胞最常用的方法之一。

目前 LacZ 基因标记移植细胞的方法很多，其中研究最为系统和深入的当属病毒载体基因转移途径，如逆转录病毒载体、腺病毒载体、单纯疱疹病毒载体、腺病毒相关病毒载体等，其中的腺病毒载体（adenovirus vector，AdV）在细胞移植、基因治疗的体内外实验和临床试验中应用较为广泛。

2. 示踪的基本过程

（1）pAdeno-LacZ 病毒的包装:应用分子克隆技术，将携带有 LacZ 基因的 pShuttle 质粒与 Adeno-XTM 在体外连接，在脂质体 DOSPER 介导下，导入 HEK293 细胞中进行 pAdeno-LacZ 病毒的包装。包装后再转染 HEK293 细胞，获取大量 pAdeno-LacZ 病毒颗粒，使用 CsCl 梯度离心机对收集的病毒进行纯化及病毒滴度测定。

（2）pAdeno-LacZ 病毒转染 NSC:以不同梯度的 pAdeno-LacZ 病毒转染 NSC，用 X-gal 免疫细胞化学染色观察 NSC 的染色情况，可用 MTT 比色法检测 NSC 的存活率，明确 pAdeno-LacZ 病毒对 NSC 生长、增殖的影响。

3. 注意事项及优缺点

β-gal 标记法简单易行，可单独标记细胞，也可作为内参照与其他方法合用，同时该法还可用于电镜观察。腺病毒介导的 LacZ 基因可转入体外培养的 NSC，并且高效表达，同时 NSC 的形态、生长特性和增殖能力并不受影响。鉴于这些优点，此法已广泛应用于细胞移植的示踪，特别是在神经损伤与修复领域。目前，尚未见 LacZ 基因的细胞毒性报道。

三、荧光染料标记技术

（一）BrdU 技术

1. 基本原理

5-溴-2-脱氧尿嘧啶核苷（5-bromo-2-deoxyuridine，BrdU）是 DNA 前体胸腺嘧啶核苷的类似物，能选择性地掺入到处于细胞周期 S 期（即 DNA 合成期）细胞的单链 DNA 核苷酸序列中。在活体引用合成 DNA 的可示踪的前体物质 BrdU，使增殖期细胞可竞争性地替代胸腺嘧啶而掺入，成为细胞增殖的重要标志。掺入合成的强度可直接显示细胞增殖的能力，再取其相应组织制作切片。应用与 BrdU 特异反应的单克隆抗体，对已完成了 BrdU 标记的正常或病理组织的 DNA 复制进行免疫组织化学检测，且可定位观察和统计学分析。

BrdU 是目前最为常用的一种非放射性标记法，因其无毒性、无污染，已广泛用作示踪标记物。在干细胞移植方面尤为突出，其示踪技术主要是采用双染色法，即在同一部位 BrdU 染色+免疫组化染色，完成后可利用激光共聚焦显微镜发射不同的波长激发荧光测定形成图像，也可利用一般的荧光显微镜观察。

2. 细胞增殖的检测法

（1）用 1.5×10^5/ml 细胞接种于直径 35ml 培养皿中（内放置一无菌盖玻片）培养 1 天，再用含 0.4%胎牛血清培养液同步化 3 天，使绝大多数细胞处于 G_0 期。

（2）终止细胞培养前，加入终浓度为 30μg/L 的 BrdU，37℃孵育 40min。

（3）弃培养液，取出玻片用 PBS 洗涤 3 次后甲醇/乙酸固定 10min。

（4）经固定的玻片空气干燥，0.3%H_2O_2 -甲醇灭活内源性氧化酶 30min。

（5）5%正常兔血清封闭，甲酰胺 100℃、5min 变性核酸。

（6）冰浴冷却后 PBS 洗涤，加一抗即抗小鼠 BrdU 单抗（工作浓度 1∶50），阴性对照加 PBS 或血清。

（7）ABC 法进行检测，苏木素或伊红衬染。

（8）在显微镜下随机计数 10 个高倍视野中的细胞总数，以及 BrdU 阳性细胞数，并计算标记指数。

3. 注意事项及优缺点

（1）在进行免疫双染色时，因标记的 BrdU 已插入细胞 DNA，故在加入 BrdU 抗体前需酸化和酶处理，去掉 DNA 结合蛋白，暴露 BrdU。可在去除内源性过氧化物酶后，用 2mol/L HCl 30min 使 DNA 变性，0.05%胃蛋白酶孵育 10min，采用 GAP 加强法呈色。

（2）与其他标记法相比，BrdU 标记和检测的方法简便易行，准确性及标记率高。这是反映细胞增殖及跟踪监测移植细胞的理想指标。BrdU 标记不存在放射性污染，且在不受到紫外线照射的条件下，其标记后对细胞功能无损害。近年来的研究表明，随着细胞的分裂，BrdU 标记的强度降低或者丢失。因此，BrdU 适合短期的标记。而且已标记 BrdU 的移植细胞在死亡后，能将其释放出来被邻近的受体细胞摄取，从而可能出现假阳性标记细胞。

（二）细胞膜红色荧光探针技术

1. 基本原理

细胞膜红色荧光探针（1,1'-dioctadecyl-3,3,3',3'-tetramethylindocarbocyanine perchlorate，DiI）是一种亲脂性膜碳花青染料，不溶于水，标记整个细胞膜，还可以通过活体细胞的胞饮作用进入胞质，从而标记整个细胞质。DiI 是最常用的细胞膜荧光探针之一，呈现橙红色荧光，使用简便，染色速度快，一般只需 1～20min 就可以使活体细胞均匀着色，是一种非常理想的荧光染料。DiI 对活体细胞没有任何毒性，而且不从已标记的细胞转移到未标记的细胞，荧光衰减慢，被 DiI 标记的神经细胞在体外培养的条件下可以存活长达 4 周，在体内可以长达 1 年。因此，DiI 是一种非常可靠的荧光染料。

DiI 除了最简单的细胞膜荧光标记外，还可以用于检测细胞的融合、黏附、发育或移植过程中的细胞迁移。通过光脱色荧光恢复技术（fluorescence recovery after photobleaching，FRAP）可检测其在细胞膜上的扩散，以及细胞毒性和标记的脂蛋白等。

2. 方法及步骤

1）DiI 染色液的制备

（1）DMSO 或 EtOH 储存液的配制，其浓度为 1～5mmol/L。

（2）用无血清培养液，HBSS 或 PBS 稀释储存液，配制其浓度为 1～5μmol/L 的工作液。

2）悬浮细胞的染色

（1）悬浮细胞密度为 1×10^6/ml 加到工作液中。

（2）在 37 ℃培养 2～20min，不同的细胞最佳培养时间不同。

（3）1000～1500r/min 离心 5min。

（4）倾倒上清液，再次缓慢加入预温 37℃的培养液。

（5）重复步骤（3）和步骤（4）两次以上。

3）贴壁细胞的染色

（1）在培养皿中加入无菌盖玻片，常规培养细胞使其贴壁。

（2）从培养液中移走盖玻片，吸出过量培养液，将盖玻片放在潮湿的环境中。

（3）在盖玻片的一角加入 100μl 的染料工作液，轻轻晃动使染料均匀覆盖所有细胞。

（4）在 37℃培养细胞 2～20min，不同细胞的最佳培养时间不同。

（5）吸干染料工作液，用培养液洗盖玻片 2～3 次，每次用预温的培养液覆盖所有细胞，培养 5～10min，然后吸干培养液。

（6）显微镜或流式细胞仪检测细胞。

3. 注意事项及优缺点

在细胞膜荧光标记时，所用 DiI 的一般浓度为 1～25μmol/L，最常用的浓度为 5～10μmol/L。而且其可直接染色活细胞或组织，染色时间通常为 5～20min。对于固定的细胞或组织，通常宜使用配制在 PBS 中的 4%多聚甲醛固定，使用其他不适当的固定液会导致荧光背景较高。DiI 在进入细胞膜之前的荧光很弱，只有进入细胞膜后才能激发出很强的荧光。工作液的最终浓度可根据不同细胞和实验的经验而定，也可从推荐浓度的 10 倍以上寻找其最佳条件。

（三）DAPI 技术

1. 基本原理

DAPI 即 4′,6-二脒基-2-苯基吲哚（4′,6-diamidino-2-phenylindole），是一种常用的荧光染料，能透过细胞膜与细胞核中的双链 DNA 小沟（尤其是富含 AT 碱基处）结合形成稳定的复合物，结合后发出的荧光强度是单独 DAPI 的 20 倍。在紫外光激发下，DAPI 在波长为 345nm 的条件下荧光强度最高，镜下可以看到蓝色荧光的细胞。荧光显微镜观察细胞标记的效率最高，几乎为 100%，且对活细胞无毒副作用。DAPI 染色常用于细胞凋亡检测，染色后用荧光显微镜观察或流式细胞仪检测均可。而且，DAPI 也常用于普通细胞核的染色以及某些特定双链 DNA 染色。细胞经热激处理后用 DAPI 染色 3min，在荧光显微镜下可以看到细胞核的形态变化。通过 DAPI 能与细胞 DNA 稳定结合这一特性，最近已用于干细胞的体内示踪。

2. 方法与步骤

1）溶液配制

（1）固定液：将 4g 多聚甲醛加入 80ml PBS 中，搅拌过夜或者搅拌过程中微热直至固体全部溶解，定容至 100ml 即为 4%的多聚甲醛固定液。

（2）DAPI 染色液：在 500ml 水中加入 8.5g NaCl 和 1.2g Tris 碱，用盐酸调 pH 至 7.4，再加入 4ml 500mmol/ L 的 $CaCl_2$、44ml 500mmol/L 的 $MgCl_2$、0.05g 的 BSA；最后加入 10mg 的 DAPI 和 100ml 的 DMSO，定容至 1L，4℃保存。

2）实验步骤

（1）转染两天后的细胞吸取培养液后，PBS 洗 1 次。

（2）用 4%的多聚甲醛 PBS 在室温固定 15min。

（3）用 PBS 在室温漂洗 3 次，每次 10min。

（4）用含 0.5%Triton X-100 的 PBS 在室温穿孔 15min。

（5）用 PBS 在室温漂洗 3 次，每次 10min。

（6）加入 DAPI 染色液室温作用 15min 以上，此后用锡箔包裹。

（7）用 PBS 在室温漂洗 3 次，每次 10min。

（8）荧光显微镜下观察，用 UV 波段激发，照相保存实验结果。

3. 注意事项及优缺点

DAPI 对活细胞无毒性，不改变细胞器的超微结构，荧光保持时间较长。作为一种新型的 DNA 荧光染料，DAPI 具有专一性强、灵敏度高、稳定性好等特点。而且，迄今尚未见到 DAPI 致癌、致畸等毒性报道。其不足是：①DAPI 除与 DNA 双链结合外，还可与细胞质中的微管蛋白结合，故胞质也着蓝色；②当标记细胞死亡后可以释放出 DAPI，将周围未标记的细胞标记，从而产生假阳性。

（四）PKH26 技术

1. 基本原理

PKH26 是一种散发红色荧光的亲脂性荧光染料，可以与细胞膜不可逆地结合而对细胞进行荧光标记。在适当的标记条件下，不影响细胞的活力。随着细胞的分裂，标记物均等地分配到两个子细胞中，且荧光强度也随之下降。PKH26 标记红细胞在体内的半衰期可达 100 天。根据 PKH26 的这些特性，现已将其广泛用于细胞体外的标记、细胞增殖及体内外细胞示踪研究。

2. 方法及步骤

PKH26 荧光染料工作液现用现配，不要将配好的染料储存。总体积按 2ml 计算，PKH26 的终浓度为 2×10^{-6}mol/L 和 1×10^{7} 细胞/ml。

（1）胰蛋白酶和/或 EDTA 消化细胞成单细胞悬液。

（2）所有操作在 25℃进行，2×10^{7} 细胞于锥形离心管中，用无血清培养液洗 1 次。

（3）400*g* 离心 5min 成松散的细胞团，吸去上清，细胞团上剩余液体<25ul。

（4）染色前，准备 4×10^{-6}mol/L 的 PKH26 染液置于离心管中。为使乙醇影响最小，染料的加入量应小于总量的 1%。如果需更大的稀释染料，应用无水乙醇 25℃稀释。

（5）尽快加 1ml 2×细胞到 1ml 2×染料中，立即用吸管均匀、快速混合样品，因为均匀的染色是在瞬间发生的。

（6）25℃孵育 2～5min，定时轻轻颠倒离心管，保证在 25℃充分混匀。

（7）加入等量血清或 1%BSA 中止染色反应，孵育 1min。用等量含血清培养液稀释中止反应液。400*g* 室温离心 10min，去上清。

（8）细胞团转入新试管中，进一步离心洗 3 次。加 10ml 完全培养液离心，重新悬置细胞到所需浓度。

（9）荧光显微镜或者流式细胞仪检测分析细胞。检查细胞复苏、传代及荧光浓度。

3. 注意事项及优缺点

过度的细胞标记将导致膜完整性的丧失、细胞数量下降。最佳细胞和染料浓度可根据细胞类型和实验目的决定，并对细胞的生存力（排碘）、荧光强度、荧光峰值的变异系数，以及染色的均匀性等进行评估。标记时应不含叠氮化物和细胞膜毒性等物质，染色前去除血清和脂质以提高染色效果。加染料前细胞重新悬置很重要，染料应直接加到细胞悬液中，而不是加到细胞团上。由于染料有一定毒性，稀释液作用于细胞的时间应尽量短。全细胞标记应先于单抗染色的标记，当 4℃单抗染色时细胞跟踪探针将保持稳定；如后于单抗染色的标记，很可能出现“盖帽”现象。2%多聚甲醛固定染色细胞的稳定性达 3 周以上。

四、磁性标记（磁共振示踪）技术

核磁共振成像（magnetic resonance imaging，MRI）具有多功能、多序列、多参数、多方位成像以及较高的软组织分辨力，但在实际工作中发现某些病变与正常组织的 T1 甚至 T2 弛豫时间无明显差别或差别不显著。而且有些病变虽有明显的异常信号，但诊断与鉴别诊断仍较困难。还有些病变较小，平扫不易显示，在这些情况下需要应用 MRI 增强剂（contrast media，CM）来帮助解决，尤其是对于 NSC 在脑内的迁移并与宿主大脑实质的整合，仅仅采用普通 MRI 很难区分 NSC 和宿主大脑细胞，必须借助 CM 来标记细胞才能进一步更好地区分，并最好通过高场核磁共振成像追踪和观察 NSC 在脑内的存活和迁移。近年来磁性颗粒已用于多种干细胞移植的标记和示踪，为监测干细胞在体内的生物学变化提供了有用的信息。锰、镧或钆（gadolinium，Gd）等磁性颗粒均可用作 T1 加权正性对比剂，其中又以钆类磁性颗粒较为常用。

目前以 Gd 为基础的对比剂在干细胞标记中的应用报道不多，因为在目前普遍应用的 1.5T MR 磁场强下，对比剂颗粒中的 Gd 量要达到相当程度才能够探测到，而这在技术上还有一定的难度。另外，Gd 潜在的毒性也限制了其应用，但 Gd 与 DTPA 或 DOTA 螯合后其毒性明显降低。1987 年美国 FDA 已批准 Gd-DTPA 应用于临床。用作细胞内磁性标记物时，Gd 主要游离于细胞质或高尔基体附近，在细胞内不降解，其 T1 加权正性增强作用能持续保持。此外，在葡聚糖耦合 Gd 基础上修饰发明的双重标记造影剂钆罗丹明葡聚糖（gadolinium rhodamine dextran，GRID），既可因 Gd 的顺磁性效应而为 MRI 所检测，也可因罗丹明能在荧光显微镜下观察到标记的细胞而从组织学上直接显示标记细胞，无需借助免疫组化方法来证实。但目前 GRID 尚未商品化，也未进入临床研究阶段。

无论是体外还是动物活体实验，磁性颗粒细胞标记率较高，标记的干细胞活性及增殖能力并无影响，能够正常分化；而且顺磁性对比剂不会发生细胞外漏，反映了干细胞磁性标记的安全性与可靠性，是干细胞移植临床应用的疗效监测的新方法。但是，钆类螯合物一般不容易渗透通过细胞膜，所以钆化合物需要较高的浓度和孵育时间才能标记干细胞。而且一旦移植细胞在体内死亡、裂解后释放的增强剂粒子可被周围细胞吞噬，不可避免地会造成假阳性显像。目前虽然有些报道在 1.5T MRI 下可以观测到标记的干细胞，但大多数仍是在高磁场下监测的，对人体的应用尚需进一步研究。

五、铁纳米颗粒技术

铁纳米颗粒主要指磁性纳米材料超顺磁性氧化铁（superparam agnetic iron oxide，SPIO）和超小顺磁性氧化铁（ultrasmall paramagnetic iron oxide particles，USPIO）。它是一类新型的磁共振 T2 加权负性对比剂，其基本结构多以葡聚糖等包裹氧化铁颗粒而成，直径一般在纳米数量级。颗粒直径大小不同将影响到其体内分布特异性和磁性特性：①SPIO 颗粒的直径 40～400nm 不等，由 Fe_3O_4 和 Fe_2O_3 组成，外包碳氧葡聚糖，氧化铁核心由若干个单晶体构成，每个单一晶体的直径约为 412nm，整个亲水性颗粒的直径约为 62nm，常用的是 AMI225（ferumoxides），直径为（50±29）nm，其核心氧化铁颗粒的直径约为 20nm；②超微型超顺磁性氧化铁颗粒（ultrasmall superparamagnetic ironoxides，USPIO）的最大直径不超过 30nm，如 AMI2227（ferumoxtran）和 FeO-BPA，前者平均直径只有 4～6nm，后者颗粒更小。

SPIO 在体内的分布具有明显的特异性，其纳米颗粒通过静脉注射进人体后，与血浆蛋白结合，并在调理蛋白（opsonin）作用下被网状内皮系统识别、吞噬细胞摄取。吞噬细胞吞噬 SPIO 颗粒后使相应区域信号减低。铁颗粒大小对其进入网状内皮系统的部位有较大影响，主要为肝、脾的网状内皮系统所摄入。USPIO 由于颗粒小，主要进入淋巴结组织及骨髓组织中，循环半衰期为 200min。SPIO 和 USPIO 可以在细胞内降解，进入人体正常铁储备途径，静脉注射后 1 天血清铁短暂升高，7 天时血清铁蛋白增加，30～40 天时其中的铁进入红细胞的血红蛋白或作用于其他代谢途径。

SPIO 颗粒标记细胞的方法主要有直接胞吞作用、受体介导的胞吞作用和转染试剂介导的胞吞作用三种。单独以 SPIO 很难有效标记干细胞，需要载体携带其进入细胞。目前实验大多使用多聚赖氨酸（PLL）、硫酸聚精蛋白、脂质体等作为载体。而且，适当浓度的铁纳米颗粒标记对干细胞的活力、增殖和分化能力不产生显著影响，足以产生显著的 MRI 对比效果。铁纳米颗粒结合 MRI 可无创性地示踪移植 NSC 的存活和迁移，但如何监测其在病变部位的分化尚有待进一步研究。

六、Y 染色体生物标记法

由于真核表达载体表达效率和表达时限的限制，移植到体内的基因标记的干/祖细胞常不能被检测到，相反，Y 染色体是雄性个体的特异性基因结构，不受时间和细胞表型变化的影响，也不受组织类型的限制，可以用作细胞标记，追踪移植到体内的干/祖细胞。将雄性动物的干细胞移植入雌性动物体内，在雌性动物体内检测到 Y 染色体，这就是性别错配的干细胞移植。实验将雄性小鼠骨髓细胞注射至雌性小鼠梗死心肌边缘，在移植部位可见 Y 染色体阳性细胞存活，并表达心肌特异性结构蛋白。有的研究将雄性小鼠全骨髓细胞静脉注射至雌鼠体内，8 个月时在受体小鼠心脏检测到 Y 染色体阳性细胞，并表达心肌特异性蛋白，未发现细胞融合或假核。这种性别错配技术的 Y 染色体探针，其成品费用昂贵，难以作为常规使用。而且，目前研究倾向选择自体干细胞移植，这样可以避免异体排斥反应，所以该技术仅适合于动物实验。这种 Y 染色体只有对其进行 C 分带处理后才能鉴别，下面介绍小鼠染色体 C 分带技术。

（一）材料

（1）5%$Ba(OH)_2$ 溶液。
（2）2×SSC 溶液（1×SSC 是 0.15mmol/L 氯化钠和 0.015mmol/L 柠檬酸钠溶液）。
（3）Giemsa 染色液，9.5cm×7.5cm×4.5cm 标本缸。

（二）方法

（1）将小鼠骨髓等细胞制备的染色体标本玻片放入装满 0.2mol/L HCl 的标本缸中。
（2）室温下浸泡 20min 后冲洗。
（3）在 57.5℃、5%$Ba(OH)_2$ 溶液中将标本玻片浸泡 10～20min。
（4）冲洗后再置于 57℃、2×SSC 溶液中处置 30～45min。
（5）冲洗并晾干后，Giemsa 染液染色 25min。

（三）结果分析

各种组织细胞经 C 带显色后，雌性小鼠 40 条染色体的结构异染色质区均呈清晰的着色，即 C 带；而雄性小鼠的 Y 染色体不同于其他 39 条，没有明显的着丝点异染色质带。

（四）注意事项

1. 有关试剂的影响

凡经 HCl、$Ba(OH)_2$ 和 2×SSC 三种试剂同时处理染色体标本的 C 带最清晰。在显带中省去 HCl 或 2×SSC，用 $Ba(OH)_2$ 处理的 C 带虽可显示，但效果都不如同时用三种试剂处理者。如不经 2×SSC 处理的玻片可残留大量的 $Ba(OH)_2$，其清晰度及效果均受到影响。然而，省去 $Ba(OH)_2$ 时的 C 带不显示。这些表明，在 C 带处理中 $Ba(OH)_2$ 是关键的一步，其中用分析纯处理的时间比化学纯处理的明显缩短；而 HCl 和 2×SSC 只有增强的作用。

2. 温度的影响

体内和体外的小鼠骨髓细胞在 C 带显色时，其 $Ba(OH)_2$ 处理的时间比扩散盒液体培养的骨髓细胞以及其他组织细胞明显缩短。而且，这种处理时间随 $Ba(OH)_2$ 预热温度的提高而缩短。当 5%化学纯 $Ba(OH)_2$ 溶液的预热温度为 37℃和 50℃时，小鼠骨髓细胞 $Ba(OH)_2$ 的处理时间分别为 30min 和 20min，其他组织细胞的处理时间分别为 45min 和 35min。

3. 不同品系小鼠各组织细胞的比较及其他影响因素

各品系小鼠除各组织细胞 C 带显色有差异外，在各品系小鼠之间无论是新鲜制备，还是制备后室温存放 1 个月的同一组织细胞的 C 带显色均无明显差异。在染色体标本中，细胞分布密度的大小及玻片本身的厚度亦可影响 $Ba(OH)_2$ 的处理时间。细胞密度大和玻片厚（1.5mm×76mm×26mm）的标本，处理时间可稍作延长。

4. 不同条件下各种组织细胞 C 带的比较

在 C 带的处理过程中，细胞的种类、$Ba(OH)_2$ 的纯度、处理中的温度及其时间等各种因素均可影响其结果。这在 C 带显色的过程中必须给予足够的注意，否则达不到预期的显色效果。在同一小鼠中，各组织细胞染色体 C 带的处理时间是不同的。其中，骨髓细胞的处理时间明显短于单核-巨噬细胞、脾及淋巴结细胞的处理时间，但这与小鼠的品系无关。这可能与骨髓细胞染色体的 DNA 有关，亦反映了 C 带的不均一性。因为 C 带的出现是由于染色体标本经酸、碱及盐的处理后，染色体上非 C 带 DNA 被抽提，而 C 带区可能因高度重复顺序 DNA 的保留造成染色体臂的浅染色和丝点异染色区的深染色，从而形成 C 带，骨髓细胞与其她细胞的这种差异可能也反映了 DNA 的含量与细胞的生理活动状态有关。

在了解这些影响因素的同时，应尽量固定处理中的各种条件，尤其要固定温度和 $Ba(OH)_2$ 的处理时间。当 $Ba(OH)_2$ 的处理时间过长时，C 带将会全被抽提，导致 C 带显色的失败；如是处理的时间过短，C 带尚未显示时，还可把标本重新用 0.2mol/L HCl 连同脱色处理 20min 后，再用 $Ba(OH)_2$ 和 2×SSC 处理，尚可获得满意的结果，但 $Ba(OH)_2$ 处理的时间可相应缩短。

七、放射性核素标记技术

放射性核素的原子核很不稳定，进行核衰变时放射出射线。它的示踪法是利用其放射性核素作为示踪剂，对研究对象进行标记的微量分析方法。其原理是移植标记放射性核素（如 ^{123}I、^{124}I 或 ^{99}mTc 等）的细胞后用单光子发射计算机断层成像术（single-photon emission computed tomography，SPECT）或正电子发射断层成像术（positron emission tomography，PET），根据各组织器官的放射活性比例检测射线分布与定量，并可确定干细胞在体内的迁移和数量分布。

放射性核素作为示踪剂的主要优点有以下 4 个方面。①灵敏度高而方法简便：放射性测定受干扰性小，体内示踪可利用某些放射性核素释放出穿透力强的射线在体外测量而获得结果，简化了实验过程。②定位定量准确：能准确地测定代谢物质的转移和转变，与某些形态学技术相结合（如病理组织切片技术、电子显微镜技术等），可以确定放射性示踪剂在组织器官中的定量分布。③符合生理条件：在放射性核素的实验中，所引用的放射性标记化合物的化学量是极微量的，它对体内原有的相应物质的重量改变是微不足道的，获得的分析结果符合生理条件，更能反映客观存在的事物本质。④低毒：放射性核素示踪技术非常灵敏，所用的放射性物质成分微量到可以忽略不计的程度，不会引起过敏或毒性反应发生，而且其核素发出的是射线，穿透力强，对身体的损伤小。虽然放射性核素释放的射线有利于追踪测量，但射线对生物体的作用达到一定剂量时，会改变机体的生理状态，这就是放射性核素的辐射效应。因此，放射性核素的用量应小于安全剂量，严格控制在生物机体所能允许的范围之内，以免实验对象受到辐射损伤而得出错误的结果。

八、问题与展望

虽然目前细胞移植示踪技术有了很大的进展，但其对移植细胞、宿主的毒性作用及最长有效监测时间等都有待深入研究。目前应用的各种标记示踪方法分别有各自的优缺点，需要不断完善和提高。荧光染料使用方便，但易出现假阳性结果。转基因标记特异性强，但安全性受到质疑。MRI 能够活体示踪，但技术尚不成熟。BrdU 示踪简单灵敏，但只能标记分裂相细胞。因此，细胞移植时可根据细胞类型、观察时间及实验室条件选择适宜的示踪方法，同时也可几种示踪方法合用来弥补单一示踪的不足，以提高示踪效果。

理想的非侵入性示踪剂须满足以下条件：①无毒；②不影响细胞生物活性；③不出现假阳性标记；④代谢分解途径明确；⑤半衰期长；⑥能在活体体内进行重复无创性检测，显像清晰；⑦能清晰地显示标记细胞的迁移、定位和分布的定量。随着科技的发展以及相关实验的不断深入，各种标记示踪方法目前存在的问题必定能够得到解决。特别是放射性核素、MRI 等活体示踪技术的发展，将为 NSC 移植的应用提供坚实的基础。

综上所述，目前干细胞的标记方法较多，具有各自的优缺点。而干细胞标记技术的成功与否关系到整个实验的成败。因此，在具体实验时，应根据实际进行实验设计，对实验室的技术条件等因素综合考虑，优化选择适合各自实验条件的最佳干细胞标记技术。

第七节　成年啮齿动物神经干细胞的移植方法

一、概述

NSC 移植可修复受损的组织和纠正其代谢紊乱，这些都有助于解除人体的疾苦。研究表明，成体干细胞来源于不同组织，且其功能与胚胎干细胞相似，这对细胞再生治疗以及矫正遗传性代谢的紊乱大有裨益。成体干细胞均可诱导分化为神经系统的功能细胞，而且可直接用于脑实质等损伤的修复及循环系统等的治疗，其效果较佳。

NSC 不仅可来源于胚胎，同样可以在成体脑组织等中获得；而且也能增殖和自我更新并可再生为同源谱系的细胞，如星形胶质和少突胶质谱系细胞。这些细胞都可治疗神经系统疾病，以及矫正先天性代谢等基因疾病。在脊髓缺陷小鼠的 NSC 治疗中显示，移植区周围可见最长达 3mm 的再生脊髓。而且，通过侧脑室移植的 NSC 可分化为少突胶质细胞。这些表明，这种细胞有能力适应宿主的周围环境而进行相应的分化。

NSC 能迁移至宿主脑损伤的区域，这种迁移可能存在损伤或疾病的整个过程。对于基因紊乱疾病，最佳的移植治疗时机是疾病的早期。如果脑营养不良患者，在出生前或出生后不久就确诊，这时迁移和细胞发生的信号仍然存在，可以指导 NSC 直接迁移至靶组织并表达适合表型。这些研究不仅可证实 NSC 治疗错乱类疾病的作用，还有助于收集并深入了解正常神经系统的发育。

NSC 的应用范围不仅是修复基因类疾病，还可以治疗神经细胞类疾病，如老年或脑退化性疾病等。然而，成年大脑内环境与婴儿不同。在室下区和齿状回，成体组织中神经持续发生的区域，以及脑组织的神经传导长期存在。年幼动物的发育/环境可决定 NSC 的命运，年长动物则否。最初研究小鼠 NSC 移植受损大脑发现，部分细胞可分化为神经元。而且受损或疾病状态脑组织中的信号，可调控移植细胞按照适合的谱系生长。因此，这可能是成体脑部干细胞向特定谱系分化较为困难的原因。NSC 直接分化、成年或退化脑组织环境的细胞迁移，都与发生过程的迁移不同。新生神经元在小鼠脑组织中发生和迁移与基质细胞的衍化因子 SDF-1 有关，与之相对应的是神经营养/生长因子的水平。这与营养学说相一致，随着年龄增长大脑退化。成体趋化因子（包括 SDF-1）与炎症和免疫反应有关。中风后 SDF-1 和其他趋化因子在受损脑组织部位表达增加，并引发炎症反应和活化周围免疫细胞。虽然 NSC 可以对这些信号做出反应，迁移至受损部位，但在宿主环境的细胞营养发生改变，以及继续出现的炎症反应都可抑制神经的新生。

最近研究证实，NSC 可以分化为神经元细胞并存在于 CNS 外。而且，在皮肤中也可以产生多能 NSC。这种 NSC 还可产生非神经谱系的造血细胞等。全身移植骨髓来源的非造血谱系干细胞或者骨髓来源的干细胞，都可出现在大脑并分化为星形胶质细胞。移植骨髓来源的干细胞还可表达神经系统的标志物。这些细胞移植小鼠中风模型或脑外伤损伤模型后，其行为缺陷改善，并促进脑室下区内源性干细胞的增殖。

脐带血来源的神经谱系细胞，可以改善啮齿动物的神经损伤、中风、脊髓挫伤、肌萎缩性侧索硬化症和症候群 B 型疾病。静脉注射移植脐带血细胞治疗暂时性大脑中央动脉阻塞，30 天后可明显改善小鼠的运动功能。而且在改善功能恢复的维持时间上，静脉移植与直接移植损毁纹状体相比，前者维持的时间更长，这为干细胞移植途径的选择提供了依据。这种脐带血细胞改善中风的机制，主要是通过抑制损伤后炎症的发生，而不是细胞的更替。而且，注射移植的脐带血细胞不仅可迁移至大脑梗死区域，同时还迁移脾脏并改善其功能。因此，可以推断脑中风组织与周围免疫系统之间存在联系。这不仅对于改善脑组织的损伤具有重要意义，而且对于细胞疗法也同样具有重要价值。这些对于了解移植细胞在动物模型或疾病中的作用机制尤为重要，也为选择最佳应用途径提供依据。

二、移植方法

（一）移植前用品

NSC、细胞悬液培养液、1,1'十八酯-3,3,3',3'-高氯酸盐、二甲基亚砜、霍乱毒素 B、离心管、15ml 锥形管、0.22μm 滤波器、移液器、0.4% 锥虫蓝、蒸馏水、血细胞计数板、倒置显微镜、水浴箱、离心机、0.9%无菌生理盐水、1～5ml 和 10ml 注射器、碘伏、异氟醚、Kopf 立体定向仪、棉签和纱布、尼龙线 3.0 和 5.0、明胶和利多卡因等。

（二）手术中用品

手术刀、剪刀、针、拉钩、镊子、止血钳、持针器、钻头、铲、牙科挑、咬骨钳、牙钻、乙醇、氰基丙烯酸酯、过氧化氢，以及不同规格的微量注射器等。

（三）术后应用物品

免疫抑制剂、抗生素、对乙酰氨基酚和电热垫等。

三、脑部移植

（一）纹状体移植

细胞移植至脑实质，其中纹状体移植是最直接的方法。这种技术唯一的难点是在移植前可能会扩大相关损伤范围，造成纹状体损伤。兴奋性或缺血性损伤后纹状体萎缩，可能会减小纹状体体积。此移植法的具体步骤如下。

（1）麻醉动物，头顶置于立体定向设备下，剃除毛发，碘伏消毒。

（2）沿头盖骨，清除与头顶连接的结缔组织，找到前囟门。前囟门为标记点，在颅骨中线外侧，适当的前/后移动，钻孔。仔细检查钻孔，确保没有任何骨碎片及可能干扰进针轨迹的杂物。

（3）10μl 注射器用 26 号针头吸取细胞悬液。

（4）牙科器械在硬脑膜上钻一小孔以便针头通过，可以减少由于脑组织受压引起的损害。

（5）针头位置降低，通过针孔，顶端触及硬脑膜。大体位置为腹侧 0 点位置。

（6）到达注射点，针尖慢慢下压，停留 2min，使组织恢复其正常方向。之后，注射细胞悬液速度为 0.5μl/min。

（7）针尖停留 5min 后慢慢回抽。

（8）如需再次注射，针尖位置为之前注射点，并重复步骤（7）的操作。

（9）明胶海绵填塞，缝合，敷料外包扎。

（二）海马移植

海马区移植较纹状体移植的技术更难。首先，大脑顶端有丰富血管干扰海马移植入路。因此，使用此路径时常常制备一个 2mm×4mm 的矩形皮瓣，使用器械钻一骨皮瓣，当皮瓣大部分游离完毕后，轻轻使用钳子将其提起。常常采用开颅手术配合，稍扩大，这样的术野更清晰，而且方便静脉的定位，需要时可做相应的调整，或者沿原来针道慢慢退回。在游离皮瓣时需要小心，不能破坏任何静脉。如在游离过程中出血，可用明胶海绵或湿润的棉球、纱布进行止血，颅骨静脉出血基本可以止住。

其次，海马与丘脑下区和脑实质重叠区不相连，而且一层薄薄的海马神经纤维位于海马室上，增加了移植困难，用针拨动海马或轻微下压可避免触及。无论任何一种情况，都需要垂直移植。为了克服这一问题，移植针尖斜度需要更大。针头顶端在显微镜下进行打磨、削尖，更容易进入其组织中。

（三）脑皮质移植

小鼠脑实质全层厚度大约 1mm，30 号针头直接进入脑实质为最有利的移植方法。但是，神经追踪显示可以准确定向躯体感觉皮层 3 或 4 层。使用顶端直径为 10～20μm 的玻璃微量吸液器，在移植时未见明显液体返流。大脑皮层进行细胞移植时其体积不宜过小，同时不适合使用小口径的玻璃移液器。推荐使用 10μl 微量注射器、26 号针头的纹状体移植注射方法。为了改进此方法，改善玻璃移液器返流，注射时针尖要有一定角度，而不是垂直到脑皮质表面，这样的脑实质移植更精确。脑实质细胞移植在针尖进入组织时，出现轻微组织变形，周围组织呈现“口袋”形，相对而言起到保护移植细胞的作用，覆盖的组织厚度至少为全层脑实质的一半。其具体的操作步骤如下。

（1）在立体定向仪装置下麻醉动物，进针角度为 20°～45°。

（2）按照制备骨皮瓣的方法，扩大切口，清理开颅术后边缘。

（3）微量注射器移植细胞，脑组织表面标记注射点。如果目标是大鼠运动皮层，必须注意清除矢状窦。

（4）用 26 号皮下注射针头按注射点进入大脑皮层。

（5）缓慢注射，针头到预先制定的坐标，确保整个过程在开颅手术边缘区无任何阻碍。

（6）针头留置 5min，令组织适应。细胞注射速度为 0.01～0.1μl/min。

（7）针头留置 5min。慢慢回抽针头。

（8）开颅术后常规使用明胶海绵封闭创面。关闭皮瓣创面。

（四）脊髓移植

骨髓移植一般分为两步：首先在椎骨上钻小孔，24～48h 之后观察动物运动功能是否完好；第二步是细胞直接注射移植脊髓。

1. 移植前准备

（1）采用肌萎缩侧索硬化症的大鼠挫伤模型，或者 SOD1 基因小鼠模型，移植部位为腰椎脊髓。

（2）麻醉动物（3.5ml/kg，腹腔内注射，intraperitoneal injection，ip）。

（3）固定动物，切开椎骨外皮肤。移除椎骨前竖脊肌。

（4）0.8mm 钻头钻孔，宽度为两指；L4 和 L5 椎骨之间中部，深度 0.5～0.7mm。

（5）切口处缝合。观察动物以确保准备工作未对动物造成损伤。

2. NSC 移植

制备小洞或椎板切除术后 2 天，动物接受细胞移植。

（1）麻醉动物（3.5 ml/kg，ip），固定。拆开早期缝合线，暴露切口。

（2）确保针尖可以通过小洞。使用 10μl 微量注射器，31 号针头。

（3）立体定向仪检测注射器，稳妥固定，垂直进入。

（4）进针点为之前椎骨标记点的下方（硬脑膜下 1～1.3mm）。

（5）等 2min 后，1μl 细胞悬液注射，时间在 5min 以上。等待 5min，慢慢回抽针头。

（6）如果是椎板切除术，明胶海绵关闭切口及创面，鼠类可用组织粘合剂进行。

四、NSC 血管移植方法

干细胞血管移植是一种重要的方法，可以使干细胞分布至全身各个器官。无论任何组织来源的干细胞，都可迁移至受损部位并进入这些组织。颈动脉、股动脉，颈内和尾静脉均是血管系统应用干细胞较好的途径。血管途径的选择更多的是基于技术和经验，而不是效果。一旦选择确定后，所有血管技术均采用钝性剥离，最大限度地减少血管和周围组织的创伤。

（一）尾静脉移植

最方便、创伤最少的血管途径就是尾静脉。大鼠尾部两侧的血管为动脉及返流的静脉。尾静脉位于外侧，皮肤下浅层，稍横跨尾椎骨。

（1）通常用 1ml 注射器进行，常规使用 0.25ml 细胞悬液，25 号针头，排净空气。

（2）固定。在天冷时，可用大约 42℃的温热水将鼠尾浸泡 1～2min，使两侧尾静脉尽可能的扩张。此时，在尾部皮下的静脉清晰可见。

（3）电热风吹干尾部，乙醇擦拭。

（4）注射器针尖朝上。

（5）针头进入尾部皮肤，自尾部基底大约 6cm。针头与皮肤角度大概为 30°，后退一段距离，螺旋进针，降低注射角度。

（6）在这个过程中，轻轻将注射器柱塞回退一点。当针进入尾静脉，可见静脉血返流。

（7）注射器不动，可压低注射器柱塞，注射移植细胞到尾静脉。

（8）一旦细胞移植成功，快速拆卸针，按压皮肤穿刺点，防止其静脉血液渗出。适当加压 30s 左右。

（9）迅速释放动物回笼。

（二）阴茎静脉移植

对于成年动物，尾静脉注射移植较困难，因为皮肤随着年龄增长而变得紧绷。至少对于雄性动物而言，阴茎静脉进行细胞移植创伤更小。

（1）麻醉大鼠，最好选用短效吸入麻醉剂易氟烷等。

（2）固定。阴茎自保护鞘内分离，暴露静脉，多数在其顶部。

（3）乙醇擦拭。

（4）调整注射器，针尖斜面朝上。注射针直接插入血管。

（5）在此过程中，轻轻将注射器柱塞后退。当针扎进阴茎静脉时血液流出。

（6）稳住注射器，压低注射器柱塞即可进行其静脉注射移植细胞。

（7）移去气体麻醉，动物回笼。

（三）颈内静脉移植

（1）分离并结扎颈外静脉一分支，位于前颈静脉、头静脉和另外一静脉汇合点上方。

（2）25 号针头穿刺血管。

（3）31 号针头与注射器连接，细胞经血管侧壁洞完成移植注射，进入管腔后打第 2 个结。

（4）针头处结线，打紧。血管移植细胞时间超过 2min。

（5）适当张力缝合，撤针和永久缝合；关闭切口。

（四）股静脉移植

（1）动物固定，仰卧朝上，切开大腿内侧皮肤暴露肌肉。

（2）股静脉和股动脉位于内收肌和伸肌肉之间，通过腹股沟韧带，延续为骨盆的髂外静脉。

（3）钝性分离股静脉和股动脉，剥离周围组织。

（4）之后的操作与颈内静脉移植法相同。

（五）动脉移植方法

通过此通路，移植细胞经过颈外动脉至颈总动脉。

（1）麻醉动物。

（2）切开胸骨舌骨肌。

（3）钝性剥离，分离孤立的、外部和内部的颈迷走神经及周围组织。

（4）两根 5 号线至于颈外动脉，近颅骨侧，永久结扎。

（5）第 2 处丝线靠近颈部动脉汇合处。暂不打结。

（6）临时缝合或用血管夹夹住颈总动脉和颈内动脉，防止颈外动脉血管壁上打洞时血液外流。

（7）25 号针头，颈外动脉上打洞。31 号针头插进颈总动脉管腔。

（8）针头周围打一活结，颈外和颈总动脉交界处缝合。松开颈总和颈外动脉处血管夹。

（9）细胞注射移植，停留 2min 之后回抽针头。颈外和颈总动脉连接处，丝线完全打结。

（10）关闭切口。

五、啮齿动物 NSC 移植术后护理

小鼠和大鼠的术后观察标准基本一样。术后最主要指标为体温，麻醉和手术切口都可造成低体温。术后，首先将动物放置温暖环境并密切监测。小鼠对于温度变化比较敏感，不论是低温还是高温。建巢材料有助于小鼠维持自身体温，增加自我感知敏感性。

另外，动物术后给予预防抗感染治疗 5 天，降低相关感染风险。饲食水中加入对乙酰氨基酚 1 周。最后动物监测，预防脱水发生（如干粪和无弹性皮肤）。脱水时可补水 2 次/天，口服（1ml/次），提供流质食物或者皮下注射生理盐水。

另外，还可给予移植动物注射免疫抑制药物以减小移植反应。常用药物为环孢素 A[大鼠和小鼠 10mg/（kg·d），ip，有时可 25mg/（kg·d），口服]。也有研究认为，在这些细胞移植后的这种措施不是必需的。研究发现，在脐带血细胞移植大脑的存活，与免疫抑制药物环孢素 A 无关。此步是否必要，研究机制尚未完全清楚。胚胎或脐带干细胞是无免疫原性的，因为具有很少的表面标记物。但并无监测证实，这些细胞移植后在无免疫抑制时可以长期存活。

六、啮齿动物 NSC 移植注意事项

（1）麻醉使用剂量为 3.5ml/kg 腹腔注射，小鼠或大鼠维持麻醉效果大约为 1～1.5h。大部分小鼠可以很好麻醉，大鼠承受力相对比较差。初始计量相当重要，小鼠为 0.05ml，20～23g 大鼠应用量为 0.001～0.002ml。3～5min 后，麻醉深度再次增加。

（2）手术时间短时不需要使用立体定向仪，应用气体异氟烷麻醉即可，而且麻醉深度容易维持，麻醉结束后动物清醒快。

（3）异氟烷麻醉会影响呼吸。通过减少麻醉药剂量，可以纠正麻醉过度的情况。气体或注射麻醉出现问题时，可以使用相关替代品。纠正麻醉过度，最简单方法是刺激动物呼吸中枢，使用嗅盐（吸入氨氮为 35%氨和 15%乙醇）。3～5 次氨吸入（每次间隔 15～20s），同时轻柔按压肋骨。通常动物恢复快，其表现为打喷嚏。如果动物没有反应，有必要使用呼吸道刺激，如多盐酸（0.1ml 肌注后，1～2 滴滴于舌下）。如果这些措施均无效果，还可轻压胸部，有助于恢复。

（4）所有手术均为细胞直接移植至脑组织或脊髓，其细胞悬液渗流发生在针尖进入组织的过程中，经常是因细胞注射速度过快所致，慢慢注射则可以克服。一旦全部细胞都已经移植，回抽前针头停留一段时间（上限 10min）。

（5）脑皮质移植需要计算注射点及其深度，针尖应达到理想的位置。

（6）在大鼠需要双侧脊髓注射移植时，可在椎骨上钻洞，其手动打孔的出血量较少。如果需要多点注射时，可采用椎板切除术为宜。

（7）如果在切除硬脑膜和软脑膜的过程中出血，需在显微镜或其他放大镜下确定损伤范围。出血量大时手术要暂停或处死动物，出血量少时手术可继续。术后监测动物确保手术没有造成相关的电生理障碍。

（8）小鼠与大鼠比较，前者可能是更为合适的移植动物。脑膜中动脉阻塞（middle cerebral artery occlusion，MCAO）可诱发中风，其移植方法不是颈部静脉，而是股或尾静脉。主要原因是 MACO 后 24h 颈部区域肿大，颈部其他血管受压，颈动脉反应敏感。但在股动脉注射时，可能增加注射点周围的感染机会。

（9）动脉和静脉插管的程序，小鼠与大鼠相似。主要的区别除了管腔大小不同外，

还有大鼠的组织结构比小鼠坚硬。

（10）血管途径移植注射细胞时，注意排净注射器内的空气以确保无残留空气进入血液。在注射器顶端有气泡时，可慢慢回抽使空气退回注射器内后慢慢注入细胞。如果气泡已进入体内，一般在小鼠可承受少量空气而不出现并发症。但是，此种情况的大鼠则更易死亡。

（11）尾静脉血管在尾部最粗，顶端最细。初始入口应在基底处 6cm 左右 ，这样当第一次注射失败时，可以进行第二次或第三次较少的注射。三次都失败时，另一侧的尾静脉同样可以使用。

（12）当细胞移植进入尾静脉或阴茎静脉时，针尖不应该有阻力。小的皮肿在针尖进入静脉时就可见，这可能与注射的速度过快而超过静脉承受能力有关。然而，如果在注射中出现肿胀，或者有阻力感，表示针尖不在静脉内。

（13）动脉粗大，较静脉更具有弹性，较大压力下仍可维持血管大小和形状。相反，静脉广泛使用时可能会坍塌。在针尖扎到结缔组织或血管壁上，而不在血管腔内时的细胞悬液移植注射出现阻碍时，可滴加利多卡因以减少结缔组织的影响。

（14）术后最主要的问题包括长期使用环孢素、牙齿问题而干扰正常喂食，以及较高的感染风险和胃肠道障碍等。胃肠道方面，小鼠和大鼠都可出现厌食、从腹泻到腹胀，甚至便秘。研究发现，SOD1 大鼠 3～5 天之内的腹胀及便秘可危及生命。对小肠的抗炎治疗有助于缓解腹胀，并用红葡萄酒 3～5 滴，每天 2 次滴于小鼠舌头上有助于缓解症状。但其作用机制尚未明确，可能与抗氧化、调节肠道运动或具有抗菌活性有关。

（李京伟 傅炜昕 侯 磊）

主要参考文献

贺月秋，陈惠金，钱龙华，等.2008．经脑室神经干细胞移植对脑室周围白质软化新生大鼠的脑病理评估.中国当代儿科杂志，10（3）：362-366

Akazawa Y, Kitamura T, Fujihara Y, et al. 2013. Forced mastication increases survival of adult neural stem cells in the hippocampal dentate gyrus. Int J Mol Med, 31(2): 307-316

Detante O, Valable S, de Fraipont F, et al. 2012. Magnetic resonance imaging and fluorescence labeling of clinical-grade mesenchymal stem cells without impacting their phenotype: study in a rat model of stroke. Stem Cells Transl Med, 1(4): 333-341

Garbuzova-Davis S, Klasko SK, Sanberg PR. 2009. Intravenous administration of human umbilical cord blood cells in an animal model of MPS III BJ. Comp Neurol, 515(1): 93-101

Guenoun J, Ruggiero A, Doeswijk G , et al. 2013. In vivo quantitative assessment of cell viability of gadolinium or iron-labeled cells using MRI and bioluminescence imaging. Contrast Media Mol Imaging, 8(2): 165-174

Hayon Y, Dashevsky O, Shai E, et al. 2012. Platelet microparticles induce angiogenesis and neurogenesis after cerebral ischemia. Curr Neurovasc Res, 9(3): 185-192

Hughes JH, Filla MB, Lansford R, et al. 2012. Time-lapse microscopy of macrophages during embryonic vascular development. Dev Dyn, 241(9): 1423-1431

Kikuta M, Shiba T, Yoneyama M, et al. 2013. In vivo and in vitro treatment with edaravone promotes proliferation of neural progenitor cells generated following neuronal loss in the mouse dentate gyrus. J Pharmacol Sci, 121(1): 74-83

Li YG, Wei JN, Lu J, et al. 2011. Labeling and tracing of bone marrow mesenchymal stem cells for tendon-to-bone tunnel healing. Knee Surg Sports Traumatol Arthrosc, 19(12): 2153-2158

Mayle A, Luo M, Jeong M, et al. 2013. Flow cytometry analysis of murine hematopoietic stem cells. Cytometry A, 83(1): 27-37

Nejadnik H, Henning TD, Castaneda RT, et al. 2012. Somatic differentiation and mr imaging of magnetically labeled human embryonic stem cells. Cell Transplant, 21(12): 2555-2567

Ramachandran R, Reifler A, Parent JM, et al. 2010. Conditional gene expression and lineage tracing of tuba1a expressing cells during zebrafish development and retina regeneration. J Comp Neurol, 518(20): 4196-4212

Shen CC, Lin CH, Yang YC, et al. 2010. Intravenous implanted neural stem cells migrate to injury site, reduce infarct volume, and improve behavior after cerebral ischemia. Curr Neurovasc Res, 7(3): 167-79

Ukai R, Honmou O, Harada K, et al. 2007. Mesenchymal stem cells derived from peripheral blood protects against ischemia. Neurotrauma, 24(3): 508-520

Ude CC, Shamsul BS, Ng MH, et al. 2012. Bone marrow and adipose stem cells can be tracked with PKH26 until post staining passage 6 in in vitro and in vivo. Tissue Cell, 44(3): 156-163

Xu Q, Zhang HT, Liu K, et al. 2011. In vitro and in vivo magnetic resonance tracking of Sinerem-labeled human umbilical mesenchymal stromal cell-derived Schwann cells. Cell Mol Neurobiol, 31(3): 365-375

Xu Z, Fan Y, Guzman R, et al. 2007. Characterization of an endovascular prosthesis using the 3Bs rule (biocompatibility, biofunctionality and biodurability): a recommended protocol to investigate a device harvested at necropsy J. Long Term Eff Med Implants, 17(3): 237-262

第十三章　神经干细胞移植治疗前后的处理

第一节　移植前的处理

神经干细胞（NSC）移植是修复和替代受损神经细胞的有效治疗方法之一，通过 NSC 移植能够替代因疾病或损失所致的神经细胞死亡，可完全或部分重建神经细胞环路和功能，这使得干细胞移植成为部分中枢神经系统（CNS）损失后最有希望的治疗方法。

NSC 主要通过以下两个方面发挥作用：一是体外将 NSC 通过基因工程、转染、携带并表达目的基因而发挥作用，二是通过体外或体内诱导其分化为功能神经元或胶质细胞而发挥作用，而体内诱导分化目前还尚未起步。目前，临床上正探索性地应用 NSC 治疗因缺血或出血引起的脑损害、颅脑损伤、脊髓损伤以及神经退行性疾病等。在应用细胞移植治疗 CNS 疾病时，移植细胞的时机选择、数量、细胞在移植前的处理及保存方法都是影响干细胞移植治疗效果的重要因素。由于文献报道这方面的资料很少，下面简单介绍目前进行 NSC 移植前的基本处理方法。

一、NSC 移植的时机选择

干细胞移植时机主要依据受伤后的时间。尽管脊髓损伤病情在 10 年后仍有进展的可能性，但休克期过后即行移植的效果会更为理想。这还要看原发伤后手术是否成功，以及损伤的程度。同样是脊髓的损伤，其局部病变仍有差异。如果损伤后一年肌张力仍是 0 级，预示其损伤严重，产生效果的机会就低。移植频率初步采用一周一次的方案。频繁进行干细胞移植的四肢瘫痪患者，尽管其脊髓损伤程度曾经很严重，其整体身体情况、双上肢肌力、腹直肌、髂腰肌、腰大肌肌力都有显著提高，接近 4 级。后期检查股四头肌肌力亦接近 1 级，脊髓的核磁共振成像（magnetic resonance imaging，MRI）检查也有实质性改变。

在 NSC 移植治疗中，究竟移植培养分化至哪个阶段的细胞为好，迄今尚无统一看法。目前，国内外主要进行的研究方向有两个方面。一是将未分化的 NSC 直接移植到体内，由体内的传递信号诱导其分化为相应的脑或脊髓神经细胞。二是将 NSC 诱导分化成功能性的神经细胞后，再移植到体内。研究发现，将 NSC 植入成年 CNS 后，主要分化为神经胶质细胞，但在植入损伤或病变的 CNS 后，细胞分化延迟。因此认为，应先在体外进行 NSC 定向分化，产生大量能促使神经功能恢复的神经元再进行移植治疗效果更佳。

此外，也有人认为，将 BMSC 与 NSC 混合培养，以 NSC 的自然分化状态模拟神经发育的早期微环境，可以成功诱导 BMSC 转分化为神经元，提高神经元分化效率。虽然这种诱导分化的具体机制尚不明确，但 NSC 是一种未分化的神经前体细胞，能分泌多种细胞因子，其在体外模拟的神经细胞早期发育的微环境，较神经元模拟的微环境更为原始，并与体内过程相似。

骨髓源性 NSC 在体外经 NSC 条件培养液培养后发现，在 10～15 天时出现两种类型的细胞：一种是梭形贴壁的细胞，考虑为骨髓基质细胞；另一种考虑为 NSC，呈悬浮生长，圆形，胞体饱满，折光性高，继续观察可发现其分裂，并可形成神经球，在特定诱导条件下，神经球贴壁生长，继而分化为神经元及神经胶质细胞。当这两种类型细胞同时存在时认为是进行细胞移植的较佳时机。

二、NSC 移植患者的时机选择

患者在适当时机接受移植是 NSC 移植成功的必要条件，然而究竟什么时候适合移植治疗目前仍不清楚。实验和临床研究表明，对于神经系统疾病而言，不同类型的细胞损伤对于移植时机的要求不同。

（一）脑损伤及脑血管疾病

在急性脑损伤的脑皮质和海马等结构中，均有许多引起继发性脑损伤的细胞因子或毒素的释放。在损伤后 24h 内兴奋性氨基酸、钙离子、氧自由基及细胞炎性因子在细胞外间隙明显增加，可使其宿主环境不利于移植细胞的存活。在损伤后立即进行胎脑组织移植，则有约 80%移植细胞很快发生死亡。剩余细胞中，由于损伤后局部缺氧而难以与宿主细胞形成突触联系，导致成活细胞数量较少，损伤后 10～14 天存活细胞数量明显增多，因此移植不宜过早进行。在临床中，脑损伤早期患者是否有必要选择 NSC 移植治疗尚不明确。初步的研究表明，当患者处于康复期，针对患者出现偏瘫、昏迷和运动性失语等严重神经功能损害时进行 NSC 的移植治疗可能更为理想。

当前，国际上提倡脑外伤后康复干预应于急性期介入，待生命体征稳定，颅内压持续 24h 维持在 2.7kPa 以内即可进行康复治疗。早期综合性康复干预可发挥协同作用，防止出现以后严重影响康复进程的并发症，而且尽早进行改善功能的训练的确能显著降低脊髓和脑损伤的致残率，能让患者最大限度地恢复其神经功能，提高生活质量。

脑血管疾病主要分为出血性和缺血性两大类，高血压性脑出血和缺血性脑卒中是临床常见的类型，都可导致神经细胞及脑功能的严重损害，如偏瘫、昏迷和失语，甚至死亡等。目前认为，通过 NSC 移植治疗是新而重要的手段之一，但对其治疗的时间和效果等均需进一步的深入探讨。最近的研究显示，在大鼠中动脉阻塞形成的脑缺血模型中，损伤后 48h 之内移植的 NSC 存活较受损后 6 周移植的效果更好，但是延迟的 NSC 移植并没有影响细胞迁移、向神经元分化以及细胞增殖。另有研究显示，NSC 的修复不仅仅是替换细胞，而是髓鞘修复以及轴突的再生。

脑缺血不仅仅可活化 NSC,使 NSC 增殖分化,而且也可使缺血灶周围的某些成熟神经元逆转为 NSC。实验表明，局灶脑缺血后 6h，缺血灶中心区的星形细胞开始表达巢蛋白，随着时间的推移，缺血灶及周边区少突胶质细胞、单核/巨噬细胞也表达巢蛋白，缺血灶附近的一些神经元也阳性表达巢蛋白。显然,这些巢蛋白阳性的 NSC 并非来源于室管膜下区（SVZ）和齿状回等区域，因为它们具有成熟神经元和胶质细胞的特征,因此提示可能存在逆向分化。另外，有学者认为脑缺血损伤可刺激脑内成熟的室管膜细胞或星形胶质细胞返回到未分化细胞状态，重新分化为神经前体细胞，从而发挥修复和重组神经元网络的作用。

（二）脊髓损伤

脊髓损伤后，早期为炎性水肿期，表现为细胞崩解、溶酶体破裂、组织水肿以及毒性物质释放。伤后 5min 上述病理变化开始出现，伤后第 5 天到达高峰，15～20 天消退，灰质水肿比白质水肿严重。脊髓水肿时软脊膜绷紧，脊髓内压增高，从而影响脊髓内微循环。伤后 3h 神经细胞水肿，6h 数量减少，12h 神经细胞消失。

实验研究发现损伤发生后脊髓残端会发生变性、坏死和软化灶形成等一系列改变。这个阶段一般要持续 1 周左右。如在此阶段移植可能会导致移植物的坏死，因此，细胞移植不宜过早进行。1 周以后，受损脊髓组织开始逐渐形成胶质瘢痕。6 周时，受伤的灰质及大部分白质为神经胶质细胞所代替。

一旦胶质瘢痕形成，导致神经细胞再生困难，因此一般移植的最佳时机应在 1 周左右。这样既可以避开急性损伤期的不利环境，又可以及时为组织修复和内源性 NSC 的再生创造良好的微环境，防止胶质瘢痕形成。这些资料仅是实验研究的结果，临床上是否适用于脊髓损伤患者，如选用自体 NSC 移植治疗时，细胞移植时间的选择，尚有待于进一步探查。

但是有学者认为，脊髓损伤初期还处于急性应激状态，炎性分子较多，局部微环境不利于 NSC 移植。首次损伤包括脊髓局部受到挫伤、撕裂，引发出血、水肿、细胞坏死、急性炎症，释放炎性因子、毒性自由基及反应性胶质增生，这一阶段可持续数周，这一系列损伤最终导致损伤局部液性囊腔不断扩大，囊腔周围分布着致密的胶质瘢痕，抑制轴突再生。他们认为干细胞移植适应证包括：脊髓损伤伤后时间超过 1 个月，脊髓损伤部位有或没有压迫性病变，磁共振影像脊髓没有横断性解剖断裂。损伤平面以下为完全性或不完全性损害，其简要操作过程如下。

（1）全麻下打开椎管，切开硬脊膜，先探查脊髓有无受压以及清除椎管内异物，然后在直视下准备好待移植的 NSC。

（2）2ml 注射器，抽取干细胞悬液 1.5ml，分别于脊髓损伤的远、近端注入脊髓中心区域，要求细胞数约 5×10^6 个。

（3）同时局部应用神经节苷脂 20mg。

手术后 1 周开始让患者在康复理疗科进行正规系统的康复训练，主要是锻炼四肢肌力，术后 1 个月借助步行器进行行走训练。

研究结果显示，在不同的实验模型中，NSC 移植均具有帮助受损神经修复（如髓鞘化）和再生，以及脊髓功能恢复的作用。NSC 在伤后 3 天和伤后 3 周移植均能促进神经轴突再生和穿过损伤瘢痕区到达损伤下段，移植 4 周后脊髓移植区肉眼可见增生组织填充，镜下有大量新生的神经元和神经胶质细胞，损伤神经的部分功能有所改善。

实验结果表明，NSC 移植后，脊髓损伤晚期患者神经功能恢复的机制，早期可能以脱髓鞘后演变为髓鞘化等损伤修复作用为主，随后可能兼有损伤修复和神经再生两个方面的作用，最后则可能以神经再生的作用为主。

不同途径移植方法行 NSC 移植后受损脊髓功能改善，可排除脊髓减压作用的影响；这一研究结果还表明脊髓挫裂损伤患者，晚期受损脊髓仍有修复、再生和神经功能恢复的能力，临床表现为损伤平面平均下降 4～5 个节段，肌力有不同程度的提高，尤其脊髓排尿排便功能明显改善，为临床晚期脊髓损伤患者的神经功能恢复也带来一线希望。NSC 移植，对脊髓损伤晚期患者的脊髓神经功能恢复仍有帮助作用。

（三）神经系统变性疾病

CNS 疾病如 CNS 退变性疾病、脊髓损伤、CNS 肿瘤等长期以来都无法找到良好的治疗方法，由于神经元的损伤不能修复，因此使得依赖于特定神经元和神经递质的生理功能受到破坏。在帕金森病（PD）、阿尔茨海默病（AD） 和亨廷顿病（HD）等 CNS 退变性疾病中，对于 PD 的研究最为完善和成功。将来源于人胚胎期中脑腹侧部的细胞进行细胞移植，此替代疗法的疗效已经在 PD 临床应用中得到了肯定。胚胎中脑细胞移植虽然能够在一定程度上缓解 PD 的临床症状,但胚胎细胞来源不足的问题阻碍了这一疗法的广泛应用。

大量实验证明 NSC 移植可以替代 CNS 缺失的神经元。在体外研究中发现，NSC 在体外培养时，当加入特定的细胞因子，它们将向特定的神经元类型进行分化。

PD 是一种以中脑黑质多巴胺能神经元逐渐退行性变为特点的疾病，由于该病的细胞损害范围比较局限，而且部位明确，因此，目前有人认为，PD 是选择 NSC 移植治疗的最佳疾病之一。

此外，小脑变性及 AD 等疾病，因为病变常常沿着神经传导的路径以进行性方式影响传出神经元，所以在病变进展的早期阶段及时进行 NSC 移植治疗，可能有益于替代缺失的细胞以及阻止随之而来的其他类型细胞群体的死亡。

CNS 损伤后反应的主要特点就是 NG2 阳性细胞的快速增殖。通过信号机制的调控，从而控制 NG2 阳性细胞增殖的速度，减少胶质疤痕的形成，NG2 的产生减少将对神经轴突的再生产生有益的影响。这正是 NSC 期待的治疗机制。

将 NSC 分别移植到衰老大鼠和短暂性脑缺血大鼠的脑内，这些大鼠的学习、记忆能力均有明显提高，说明不管是由神经退行性病变还是损伤引起的学习和记忆能力下降，NSC 移植均为一种有效的治疗方法。

三、NSC 移植的数量及其质量

NSC 的移植治疗中，NSC 的数量及质量是关系其治疗效果的两个重要因素。只有具有一定的数量及较好的质量，才能保证 NSC 移植治疗的最佳效果。

（一）NSC 的移植数量与其治疗效果的关系

研究发现体内移植时，人胚多巴胺能细胞的存活率仅为 5%～10%。如此少量的存活细胞难以改善患者的临床症状。通过增加移植细胞的数量可相应提高其存活的移植细胞数，并可获得较为满意的症状改善。由此可见，增加移植细胞的数量即有可能使存活的细胞数量增加，从而促进神经功能的修复。因此，增加移植细胞的数量及保障移植后的细胞存活率才有可能增加细胞长期存活的概率，从而提高治疗效果。

（二）NSC 的活细胞计数方法

目前，这种计数方法有两种：一是用自动活细胞计数仪计数法，此法虽具自动功能，但其仪器较贵；二是人工计数法。无论哪种方法，均需先将细胞制备成单细胞悬液。现以传统的人工计数法介绍如下。

（1）在处理干净的细胞计数板上，用一干净的盖玻片盖在中间的计数区。

（2）取细胞悬液和 0.4%锥虫蓝溶液各 0.1ml，再加生理盐水 0.8ml 混匀；或者取 4 滴细胞悬液，加 1 滴 0.4%锥虫蓝溶液混匀。

（3）用 10μl 的移液器取混匀的细胞悬液，从盖玻片边缘缓慢注入到细胞池内，一直到液体满为止。

（4）显微镜下观察，凡胞体完整、透明不着色者为活细胞，着蓝色者为死细胞；计数 4 个大方格的细胞个数（计数原则是，跨线的细胞数上不数下，数左不数右，细胞团按单个细胞数计算），其结果用以下的公式计算。活细胞数/ml 原液=25 个中格活细胞总数×10 000×稀释倍数；

或=对角线的 5 个方格活细胞总数×5×10 000×稀释倍数。活细胞数=活细胞数/（活细胞数+死细胞数）×100%。活细胞百分数=4 大格细胞总数/4 ×10 000×稀释倍数。

（三）NSC 的纯化

近年来，NSC 的分离、培养及纯化技术已有较大的发展。细胞纯化方法，包括密度梯度离心法、红细胞裂解法、流式细胞仪及免疫磁珠分选技术等均已应用于 NSC 的分离与纯化。其中后两种方法虽可获得较高纯度的、表达特定标志的细胞，但其操作复杂，造价高，应用于大批量细胞的分离纯化亦受到限制，而且流式细胞仪的检测无法分清正常细胞与细胞碎片，干扰实验结果。下面以常用的等密度梯度离心分离法和红细胞裂解液（red blood cell lysis buffer）法为例介绍如下。

1. 等密度沉降离心分离法

在此法中，较常用的分离介质为 Ficoll 分离液，因此，此法又称为 Ficoll 分离法。Ficoll 在离心过程中会自然形成密度梯度，故又称为密度梯度分离法。此分离介质的密度是 1.077g/ml。由于这种密度与体液中的单个核细胞，主要包括淋巴细胞的密度相似，故一般又称为淋巴细胞分离液。NSC 亦属单个核细胞即单核样细胞的范畴。下面以分离骨髓中的单个核细胞介绍其具体步骤。

（1）按获得骨髓的体积加入 1～2 倍体积的 D-Hank 液稀释，充分混匀后离心，1000r/min 离心 5min。

（2）去上清，再加入同体积的 D-Hank 液重悬细胞。

（3）用吸管将细胞悬液沿管壁缓慢滴入含 Ficoll 分离液的离心管中，体积比为分离液/细胞=1:1.5～2。注：Ficoll 分离液需在 4℃避光保存，用后再放入 4℃冰箱内保存。

（4）2500r/min 离心 15min。

（5）离心后的试管内分为上、中和下三层，吸取中间白色呈云雾状的单核细胞层于另一含培养液的离心管中，吹打均匀。

（6）1000r/min 离心 5min。

（7）去上清，再加入培养液吹打呈细胞悬液。

（8）1000r/min 离心 5min。

（9）去上清，加入培养液重悬，并以（1～5）$\times10^5$ 密度接种于培养瓶或培养板中培养。

2. 红细胞裂解液（Tris-NH_4Cl）法

其原理是利用细胞内外盐离子浓度差而导致细胞膜胀破，在这种渗透压承受力不同的条件下,无核的红细胞膜破裂,有核细胞存留。红细胞裂解液的配制是：称取 3.7g 氯化铵、1.3g 三羟甲基氨基甲烷（Tris）加水溶解并稀释至 500ml，0.22μm 滤膜过滤除菌或者高压灭菌后，4℃保存备用。

（1）细胞悬液与红细胞裂解液体积比为 1:3～5，室温作用 10～15min。

（2）1000r/min 离心 5min。去上清，加入适量培养液轻柔吹打成细胞悬液。

（3）1000r/min 离心 5min。去上清，加入培养液重悬。

（4）以（1～5）$\times10^5$ 密度接种于培养瓶或培养板中培养。

3. 注意事项

（1）NSC 的最佳培养浓度一般为 5×10^5～10^6/ml。

（2）移植前将培养瓶中的细胞悬液收集于离心管内，用 D-Hank 液洗 2 次,每次 1000r/min 离心 5min，弃上清。其目的是防止培养液中的有关因子影响治疗结果。

（3）最终 D-Hank 液的用量应根据其移植的用量进行调整。

四、NSC 移植前患者的准备

接受 NSC 移植治疗的患者在术前应加强营养，改善体质。签署知情同意书、NSC 移植志愿书、手术同意书及完善医疗法律文书。对患者进行生命体征的观测，有发热及炎症者暂不宜行 NSC 移植治疗，女性患者还应避开月经周期。全身状态不理想的患者不宜行 NSC 移植治疗，需进行相关治疗后，再择期行 NSC 移植治疗。

根据移植途径的不同给患者做好相应的术前处理。目前，较常用的移植途径有立体定向脑内目标定点移植、神经导航下脑内目标点精确定位移植、脑室内或腰穿注射移植。术前主要包括以下 10 个步骤。

（1）术前做好患者的心理辅导，消除患者紧张情绪。

（2）调整患者血压、血脂及饮食，嘱其充分休息。

（3）准备无菌腰穿包一个。

（4）患者取侧卧位并尽力将腰部向后凸，使头和双膝尽量靠近，呈“屈膝状”，使腰椎与腰椎的间隙尽量加宽。

（5）手术视野常规消毒、铺巾。严格遵循无菌操作原则，减少感染机会。

（6）于腰 3～4 或腰 4～5 椎间隙用腰椎穿刺（lumbar puncture）针行穿刺术，穿刺成功见脑脊液流出后，引流脑脊液约 5ml。

（7）用无菌 1ml 注射器抽取细胞悬液 0.3ml，取下针头，接上穿刺针末端，缓慢将细胞悬液推注至蛛网膜下腔。

（8）将 2ml 生理盐水推至蛛网膜下腔，以使穿刺针道中的残留细胞完全进入蛛网膜下腔。

（9）留针约 3～5min 后，拔针，按压。无菌纱布覆盖穿刺点。

（10）移植术后患者平卧位 6h，并指导患者术后注意事项。

五、移植前的细胞准备

移植前的 NSC 能够在宿主新环境中生存，这是移植是否成功的基础。学者认为宿主体内的多种因素会影响到移植细胞的存活率，导致移植细胞死亡的可能因素主要有移植细胞的缺氧和低糖、机械性损伤、自由基过氧化反应损伤、生长因子缺失，以及宿主脑或脊髓组织细胞周围过高浓度的兴奋性氨基酸等。因此，在移植前将 NSC 暴露于神经保护因子或抗凋亡因子，或者是脑源性神经营养因子（BDNF）与 NSC 联合移植都将有助于提高移植细胞的存活率，并促使 NSC 向神经元分化。目前认为，BDNF 可以抑制损伤后神经组织产生一氧化氮，从而使损伤后的脑或脊髓微环境更有利于 NSC 存活并向神经元方向分化。

细胞移植前处理包括两个阶段：第一阶段指移植前的鉴定，确定细胞是否处于干细胞状态；第二阶段包括移植前细胞的收集。

（一）细胞移植前鉴定的操作

（1）取出培养 10～15 天的细胞，吸去原培养液，加入预热的 PBS 漂洗 3 次。

（2）吸去 PBS，加入固定液，室温反应 15min。

（3）吸去固定液，加入新的固定液室温下继续固定 15min。

（4）吸去固定液，PBS 漂洗 3 次。

（5）加入适当稀释的一抗（为 1∶200），量以覆盖培养板底为准，4℃反应过夜。

（6）吸去一抗反应液，PBS 液漂洗 3 次，每次 3min。

（7）吸除 PBS,加入生物素化羊抗小鼠/羊抗兔 IgG（二抗 1∶200），室温反应 10min。

（8）吸去二抗反应液，用 PBS 漂洗 3 次，加入链酶亲和素-生物素-过氧化酶复合物，室温反应 10min。

（9）去除反应液，加入 DAB 显色液；在显微镜下观察染色情况，以出现阳性染色而背景不着色为准。吸去 DBA 溶液，PBS 漂洗 2 次中止。

经免疫酶细胞染色法检测，细胞呈巢蛋白抗原染色阳性，证明此时的细胞处于干细胞状态，适合移植使用。细胞在应用于临床前，必须进行此类表面表型鉴定，同时满足特异性及快速的需求。

（二）移植前细胞收集

此时培养的细胞呈现两种生长状态：一种为贴壁、圆形、胞体饱满的巢蛋白染色阳性的 NSC；另一种为贴壁生长、长梭形细胞（类骨髓基质细胞）。分别收集两种形态的细胞，操作步骤如下。

（1）取出培养瓶，轻柔吹打，收集培养液于无菌离心管，培养瓶中加入 PBS，洗涤余下的细胞。

（2）去除 PBS，加入 0.25%胰蛋白酶消化贴壁细胞，离心并收集于另一无菌离心管中；两管平衡后，1000r/min 离心 8min。

（3）去上清，生理盐水重悬，将两个离心管细胞合二为一。

（4）取 1 滴细胞悬液与 9 滴 4%锥虫蓝染液混合后，涂布于干净载玻片，置显微镜下观察细胞活性。镜下观察呈蓝色，即着色者为死亡细胞，活细胞拒染。

（5）细胞计数，1000r/min 离心 8min。

（6）去上清，加入含 20ng/ml BDNF 生理盐水重悬，调整最终一致细胞数为 10^7/0.3ml。

（7）将细胞收集于无菌 EP 管中，标记管壁。

（8）放入保温瓶，送至手术室，等待移植。为保证细胞活性，移植物最好于 30min 内移植。整个操作过程，收集细胞时间应小于 30min。

细胞传代常用的方法是先用 N2 培养液重悬细胞，离心去上清，再用 N2 培养液加 bFGF 和 EGF 重悬细胞后接种到培养皿中培养。

第二节　神经干细胞移植后的一般处理

NSC 移植术相对于颅脑外伤及颅内肿瘤手术来说，手术时间短、创伤小，但某些手术部位位于神经系统重要功能区，如尾状核头部立体定向 NSC 注射移植或腰大池穿刺注射移植，且这些移植术均在局部或加静脉强化麻醉下进行，术后应加强护理，以确保患者安全度过围手术期。

一、生命体征的观察

患者术后转入重症监护病房，监测血压、心率、呼吸、血氧饱和度的变化，并注意观察意识状态、瞳孔及肢体活动情况，如发现瞳孔不等大，血压偏高，脉搏、呼吸减慢，提示可能存在颅内血肿，应及时报告医生。对高颈髓段 NSC 移植的患者，尤其应该注意观察呼吸的频率、节律以及深浅度的变化。

二、保持呼吸道通畅并防止上呼吸道感染

术后患者取平卧位，有舌根后坠时将肩部抬高，头稍后仰，并放置口咽通气道。脊髓干细胞移植的患者宜平卧睡硬板床，麻醉清醒后可取侧卧位，改变体位时应轴式翻身，最好佩戴颈托，防止颈椎脱位引起颈髓受压，导致严重并发症。高位截瘫的患者因呼吸机麻痹，咳嗽和排痰功能受到抑制，呼吸道阻塞及误吸呕吐物时容易引起呼吸道梗阻。应及时有地效清除口腔及上呼吸道的分泌物，并观察有无呼吸困难、发绀、痰鸣音等，有异常情况时，及时报告医生。如果发生梗阻性呼吸停止，应立即行气管插管或采用 16 号针头做环甲膜穿刺，再行气管切开，呼吸机辅助呼吸。

保持呼吸道通畅，将患者保持头偏向一侧，减少误吸的概率。尤其是儿童患者经常哭闹，易引起声带及咽喉部周围血管的扩张、咽充血及声音嘶哑，进而发展为上呼吸道感染，严重者导致高热和肺炎。

NSC 移植术后早期，呼吸困难及严重缺氧者可视情况进行高压氧治疗。这既可促进机体有氧代谢，也有利于 NSC 的成活和神经功能的恢复。

三、体温的观察

一般来说，术后第 2～3 天或干细胞回输治疗后发热是很常见的，其原因为手术或移植异物造成的反应。术中因暴露或大量输液、输血，全麻术后患者可伴有体温过低，部分患者可能出现寒战，术后要注意保暖。如果患者体温过高，物理降温或冰毯降温效果不佳，应取适量脑脊液进行检查。患者检查结果一般为阴性。降温过程中注意防止冻伤。

四、加强基础护理

对于偏瘫、截瘫或昏迷的患者，应每 2h 翻身 1 次，高位颈段脊髓术后采取轴式翻身法，按摩皮肤受压部位，防止发生褥疮。气管切开的患者，更换气管垫及消毒内管套 2 次/天，雾化吸入 2 次/天，定时滴入气道湿化液，及时有效吸痰，防止肺部感染，并加强口腔护理，防止口腔溃疡。留置导尿的患者，保持尿道通畅，观察尿液的量、性质和比重，保持尿道口的清洁，防止泌尿道感染。NSC 移植术少数采用全麻，多数采用局麻或者局麻联合强化麻醉，无论采用哪一种麻醉，术后 6h 内应平卧位，严密监测血压、脉搏、心率、呼吸、氧饱和度等，防止呕吐、误吸。如患者躁动，可酌情应用镇定剂。

五、伤口观察

术后应严密观察伤口有无渗血、渗液情况，如渗血、渗液较多，应及时更换敷料。脑内立体定向注射 NSC 移植不需放置引流管，腰椎穿刺腰大池注射移植 NSC 的患者，术后应注意体位，特别是高颈段脊髓损伤患者。

六、保持循环系统的稳定

手术完毕后，麻醉药对机体的作用仍持续一段时间。应监测血压、心率，准确记录出入量，观察皮肤的温度、颜色和湿润度，根据血压、心率、尿量及末梢循环情况，调节输液量及速度，防止输液过多或不足。在麻醉苏醒前，患者心率可能有所加快，血压有不同程度的升高，应静脉用药，维持正常血压，防止血压波动引起手术出血。

七、疼痛的观察及护理

NSC 移植术后，如患者主诉疼痛，要注意评估疼痛的程度，并给予心理护理，缓解疼痛的压力，了解、分析疼痛的原因，对症处理。因脑水肿引起的疼痛，需酌情应用脱水剂，激素治疗降低颅内压以缓解症状；因血性脑脊液引起的头痛，行腰椎穿刺引流出血性脑脊液。手术切口引起的疼痛多发生在术后 24h，一般止痛剂即可奏效，脊髓干细胞移植术后患者常主诉剧烈疼痛，可肌肉注射布桂嗪，一般不使用吗啡及哌替啶，以免抑制呼吸，影响气体交换，使瞳孔缩小，影响观察。

八、抗生素的应用

NSC 获取、诱导分化及移植操作过程中存在着污染的可能性。因此，术后建议应用青霉素、头孢类抗生素等 3～5 天预防感染的发生。

九、镇静剂或抗癫痫药物的应用

脑损伤、脑出血或脑梗死患者移植术后出现躁动、肌紧张增高情况时，可酌情应用镇静剂，如地西泮、氯硝安定等。如患者术前有癫痫发作者，术后应常规应用抗癫痫药物，如德巴金、苯妥英钠、卡马西平、鲁米那等。

十、全身营养支持

NSC 移植治疗的患者大多数为偏瘫、截瘫或昏迷患者，病程长、全身营养状况差，可采用胃肠道内营养或深静脉营养支持疗法，以提供充足的能量，有利于 NSC 生长，促进患者身体恢复。

第三节　神经干细胞移植患者的营养支持治疗

一、概述

NSC 移植术后如何促进移植细胞的存活和生长是当前及今后研究的重点课题。近年来体外研究已经发现在培养液中加入某些神经营养因子如神经生长因子（NGF）、碱性成纤维生长因子（bFGF）、血小板源性生长因子（PDGF）和内皮细胞生长因子（EGF）等可促进神经细胞的发芽、轴突生长和细胞存活。用药原则可以用非激素类药，但是最好延迟用药，激素类药对干细胞的归巢作用破坏力最大。术后早期鼓励患者多饮凉的白开水，防止感冒，多吃新鲜的蔬菜和水果，勿饮酒和禁辛辣食物，多休息。

在临床工作中，对颅脑损伤、脑出血、脑梗死等疾病的治疗都常规应用某些神经营养药（如生长因子等）以促进神经功能的恢复。对于 NSC 移植术后是否必须应用神经营养药物、应用哪些神经营养药物尚无一致观点。

二、NSC 移植术后的常用神经营养药物

（一）单唾液酸四己糖神经节苷钠注射液

神经节苷脂（gangliosides）是一类含有唾液酸的糖神经鞘脂，是哺乳类动物（包括人类）细胞膜的组成成分，在神经系统中含量尤其丰富，主要成分为单唾液酸四己糖神经节苷钠，系从猪脑中提取制得。由于神经节苷脂是人体本身就有的物质，所以正常人体对于纯化的神经节苷脂耐受性良好。其药理途径是促进神经系统的功能修复，主要作用是促进“神经重塑（neuroplasticity）”，包括神经细胞生存、轴突再生和突触形成等。文献报道 GM-1 对损伤后继发性神经退化有保护作用。神经节苷脂是一类含有唾液酸的糖脂，根据所含唾液酸的数目及唾液酸连接的部位不同，神经节苷脂可分为很多种，含 1 个唾液酸的为 GM，含 2 个唾液酸的为 GD，含 3 个唾液酸为的 GT，含 4 个唾液酸的

为 GQ。目前已分离出近百种神经节苷脂，其中神经组织中含量较多的包括 GM1、GD1a、GD1b 和 GT1b，用于治疗周围神经病变的“复合型神经节苷脂”含有这四种神经节苷脂成分。

GM1 是神经节苷脂类物质中的一种，因此 GM1 具有神经节苷脂所共有的生理、药理作用。外源性神经节苷脂中，只有 GM1 可以透过血脑屏障（BBB），因此 GM1 较多用于 CNS 病变的治疗。此外，GM-1 对脑组织血流动力学亦有显著改善作用，可促进脑组织血液供应，调节脑微循环。GM-1 还通过提高 Na^+-K^+-ATP 酶活性，改善细胞能量代谢，减轻神经细胞水肿。由于 GM-1 是人类细胞膜的组成成分，因此可以通过 BBB 进入脑内。因此，NSC 移植术应用 GM-1 具有一定的促进 NSC 存活、轴突生长，并与周围神经细胞形成突触的作用。神经节苷脂除了作为细胞膜的组成成分外，还具有重要的生理功能，包括促进神经发生分化、促进突触和轴突生成、促进神经损伤后修复再生等。外源性神经节苷脂是一种“神经病变修复药物”，可促进受损神经功能的恢复所以神经节苷脂可以用于治疗多种病因引起的神经病变。使用方法是在术后给予 GM-1 100mg，肌肉注射，每天 1 次，连用 10～15 天。

（二）注射用小鼠神经生长因子

自 20 世纪 50 年代 Levi-Montalcini 和 Cohen 发现并提纯神经生长因子（NGF），以及 60 年代获得 NGF 抗体以来，有关 NGF 对 CNS 及周围神经系统作用的研究进展迅速。其主要成分为从小鼠颌下腺中提取纯化的神经生长因子（mouse nerve growth factor, mNGF）。本提取物在大鼠体内的实验结果表明，NGF 可改善由乙二酮和丙烯酰胺造成的大鼠中毒性周围神经损害所致的肢体运功功能障碍，缩短神经-肌肉动作电位潜伏期，并提高神经-肌肉动作电位幅度。组织病理学检查结果证实，NGF 有减轻动物胫神经损伤时髓鞘肿胀程度和降低变性胫神经纤维的数量等作用。目前了解到，NGF 是神经系统中最重要的生物活性物质之一，对神经系统的正常发育及促进再生等方面均有重要的生物学作用。

NGF 是对神经元的存活、生长发育、分化、再生和功能维持起调控作用的分子。早期应用组织细胞培养手段证实了 NGF 对交感、感觉及中枢胆碱能神经元具有营养作用，能维持其存活并诱导神经元突触生长。20 世纪 80 年代以来，随着在动物体内神经损伤与再生模型制备技术的发展，NGF 对神经再生及功能恢复作用的研究日趋深入,NGF 的效应神经元范围也在扩大。上述研究结果表明，NGF 对神经细胞有促进生长作用，有利于损伤神经功能恢复，尤其是周围神经修复效果明显。NGF 对神经轴突生长方向具有决定性的诱导作用，理论上认为早期使用效果较佳。

三、NGF 在脑损伤中的主要作用

（一）维持交感神经和感觉神经细胞的生存

在体外培养分离交感神经节细胞时证明，NGF 的主要作用是促进神经细胞的存活，NGF 同时可促进交感神经节细胞的凋亡，从而完成促进神经细胞存活作用。

（二）促进神经细胞的分化

取胚胎期的鸡胚感觉神经节（7～10 日龄）和交感神经节（12～16 日龄），用胰蛋白酶将细胞分离开后，再加上 NGF 进行培养，1 天内便可见到神经纤维生长延长。同时，细胞内发生各种变化，核仁、粗面内质网及高尔基体变大,RNA 和蛋白质合成增加，微丝和微管等管状细胞器也增加，神经细胞内的酪氨酸羟化酶、多巴胺 β-羟化酶及胆碱乙酰化酶等递质合成酶的活性也增高，表明 NGF 有明显促进神经元生长与分化的作用。

（三）决定轴突的生长方向

NGF 是一类引导神经生长移动的分子，从而决定神经轴突的延伸方向，这种延伸方向由 NGF 的浓度梯度决定。实验显示，若在生长锥附近注射微量 NGF,神经纤维延伸即向注射有 NGF 的位置靠近。在体外培养情况下，对 NGF 生长因子敏感的神经元轴突，将选择性地向含有 NGF 溶液的毛细血管处生长。如果将 7 日龄鸡胚的背根神经节培养于涂有 NGF 方格的基质中，感觉神经元突起优先分布于富含 NGF 的基质上，而避开不含 NGF 的区域。

（四）对脊髓前角运动神经元的保护

切断大鼠坐骨神经 21 天后观察脊髓前角运动神经元的形态变化表明，对照组神经元胞质尼氏体解聚或溶解消失，细胞核明显肿胀和边移，部分神经元可见核皱缩、核碎裂和胞质溶解等现象，形态正常的神经元数目明显减少。注射 NGF 的实验组脊髓前角运动神经元大多数形态接近正常，这提示 NGF 经损伤的运动神经元轴突逆行运输至胞体，可防止因轴突反应所致的胞体尼氏体溶解乃至于坏死。

（五）促进周围神经的再生

Hallowell 等用硅胶管桥接大鼠横断的坐骨神经，亦发现应用 NGF 的实验组，早期的坐骨神经再生和轴突直径、髓鞘厚度优于不用 NGF 的对照组。

大鼠坐骨神经切断后用充满 NGF 的硅小池桥接，12 周时组织学检查表明，实验组较对照组再生神经干粗大、再生轴索数多。通过定量实验的观察发现，外源性 NGF 可促进面神经再生轴突的生长。实验证实周围神经损伤后，其相应的胞体和轴突可利用外源性 NGF 通过损伤轴突的逆行运输使 NGF 达到相应胞体，经过合成代谢的复杂过程，促使再生轴突延长，促使轴突髓鞘化。

（六）对中枢神经损伤的修复作用

脑内儿茶酚胺能神经通路受损，若给予 NGF，可促进神经纤维再生；若注入抗 NGF 抗体，则抑制再生。受损伤的动物常出现特定行为改变，如果给予 NGF，其行为可恢复正常。隔-海马胆碱能通路部分损伤的急性期，即时给予 NGF，可保护海马内的胆碱能纤维，明显减轻其伤害程度。

（七）NGF 与细胞凋亡

近年来研究发现，NGF 也能诱导细胞凋亡，这一现象与其受体有关。NGF 受体有两个亚基：一是早期克隆的 P75；二是 20 世纪 90 年代初发现克隆的酪氨酸激酶受体 TrkA。1996 年 NGF 研究取得了突飞猛进的进展，*Science* 和 *Nature* 两个杂志相继发表文章报道，在完全没有 TrkA 的参与下，P75 可以独立介导胞内信号传递，调控细胞凋亡。利用只表达 P75 而不表达 TrkA 的早期视网膜细胞（早期视网膜细胞大量表达 P75 而不表达 TrkA，只是到了发育晚期才开始表达 TrkA，这些只表达 P75 的细胞在正常发育过程中会大量死亡）的研究显示，小鸡神经系统发育由 P75 介导自然发生的 NGF 可诱导凋亡发生。在体外培养中发现，如果加入 NGF 的抗体，这种死亡就可以被阻止。因此，NGF 与 P75 结合后确实可以介导细胞程序化死亡。

在实验中观察到，动物脑损伤后胆碱能神经元缺失引起的认知功能障碍可被 NGF 逆转。研究发现，NGF 可以减轻外伤后胆碱能神经元的缺失。因而，有学者认为 NGF 可提供认知功能，促进海马区胆碱能神经元的修复。NGF 还可以促使海马神经元释放乙酰胆碱，从而改善外伤后所致的空间记忆障碍。有学者在大鼠脑损伤后行胚胎脑皮质移植的同时注射 NGF，观察到 NGF 有明显改善运功和恢复记忆的功能。研究发现，NGF 转染的永生 NSC 脑内移植可显著提高脑损伤动物的认知和运动功能，并可减缓海马 CA3 区神经元的死亡。新近的研究证实，NGF 对神经细胞的损伤保护作用机制主要是通过抗脂质过氧化损伤、抗一氧化氮细胞毒性和抗细胞凋亡作用。使用方法是术后肌注金路捷（商品名）4500AU（含 mNGF 20mg），每天 1 次，连续用药 10～15 天，最长可达 21 天。恩经复（商品名）也可以取得较好的临床治疗效果。

临床常用的其他神经细胞保护剂有三磷酸腺苷、三磷酸胞苷二钠、盐酸赖氨酸和辅酶 A 等，主要作用机制是为神经细胞提供充足的能量，促进神经细胞合成 ATP，为 NSC 的生成及发挥神经修复作用提供充足的能量。

四、NSC 移植术前营养支持治疗的评估

无论是创伤、出血或缺血导致严重神经功能损害者，治疗和神经功能恢复都需要较长时间，对于这类患者，营养支持是其治疗和神经功能恢复的基础。接受干细胞移植的患者，常有偏瘫、失语、截瘫、大小便失禁、甚至昏迷，易并发感染及高热。原发疾病、并发症和经历手术创伤等因素均可引起机体处于高分解状态，在营养摄入不足的情况下，容易出现低蛋白血症，白蛋白/球蛋白比例倒置，免疫功能下降，伤口愈合时间延长，从而增加感染的发生率和其他并发症，甚至影响移植 NSC 的存活，将给疾病本身及患者的恢复带来严重的负面效应。因此，准确地判断患者的营养状态，恰当地纠正患者的代谢紊乱，在围手术期及恢复期提供安全有效的营养支持治疗是十分重要的。

在给予营养前，首先对患者的营养状况做出客观的综合评价，据此制定出针对性较强的营养支持方案。这些可通过皮肤、食欲、视力和体力等自觉症状的改变，以及皮肤

脱屑、皮疹、口腔炎和暗视力下降等客观症状的观察确定。

（一）人体测量指标

1. 体重

体重减轻是营养不良的显著指标。当体重丢失30%、20%或10%时，分别被视为重度、中度或轻度营养不良。体重检测是既方便又实用的营养指标，但不适用于昏迷、偏瘫患者。实际体重/理想体重（%）比值：<80%为消瘦，80%～90%是偏轻，90%～110%为正常，110%～120%为超重，>120%是肥胖。

体重指数（body mass index，BMI）=体重（kg）/身高（m）的比值。肥胖Ⅲ级>40，肥胖Ⅱ级 30～40，肥胖Ⅰ级 25～29.9，正常值 18.5～25。另外还有通过蛋白质含量的判定标准：蛋白质热量营养不良Ⅰ级 17.0～18.4；蛋白质热量营养不良Ⅱ级 16.0～16.9；蛋白质热量营养不良Ⅲ级<16。BMI 的理想值为 18.5～23。

2. 皮褶厚度

最常用的是三头肌皮褶厚度（triceps skinfold thickness，TSF）。测量方法：被测者上臂下垂，取上臂背侧肩胛骨肩峰至尺骨鹰嘴连线中点，于该点上方 2cm 处，测量者将皮肤和皮下脂肪捏起，然后用皮褶厚度计测定。连续测定 3 次取其平均值。其结果判定是：TSF 正常参考值为男性 8.3cm，女性 15.3cm。实测值相当于正常值的 90%以上为正常，在 80%～90%之间为轻度亏损，在 60%～80%之间为中度亏损，小于 60%为重度亏损。

3. 电生理阻抗

系利用生物组织（瘦组织群和脂肪组织）对电流导电的差异性，推测相应组织的含量。

4. 其他

如上臂围和上臂肌围。因为危重患者往往卧病在床，皮褶厚度和肌围的测定在临床工作中的意义很有限。

（二）实验室指标

1. 评价蛋白质营养状况

（1）血清白蛋白：白蛋白的半衰期为 18～20 天，故短期内血清白蛋白不是判断营养不良的敏感指标。在输注白蛋白的情况下，宜选用前白蛋白而非白蛋白作为营养评价的指标。除了营养状态，血浆蛋白会受到许多因素的影响，如肝脏功能、急性感染、系统性炎症反应、导致蛋白丢失的疾病等，需谨慎鉴别。血浆蛋白测定结果，白蛋白低于

35g/L 表示营养不良，低于 21g/L 为重度营养不良。

（2）前白蛋白：半衰期为 1.9 天，反映急性蛋白缺乏，较敏感；运铁蛋白：半衰期为 8 天。

（3）视黄醇结合蛋白：半衰期为 3～12h，可敏感反映肝功能状态。

2. 免疫指标

机体免疫系统包括细胞免疫和体液免疫两大部分，营养不良时多以细胞免疫系统受损为主。

（1）总淋巴细胞计数：淋巴细胞总计数=周围血细胞×淋巴细胞%。总淋巴细胞计数是反映细胞免疫状态的一项简易参数，但在严重感染时，该指标的参考价值可受影响。

（2）迟发型超敏皮试（delayed hypersensitivity skin test, DHST）：通过迟发型超敏皮试来评定机体的细胞免疫能力。通常用 5 种抗原：结核菌素纯蛋白衍生物、白色念珠菌、腮腺炎病毒提取液、双链酶和植物血凝素等，分别取 0.1ml 于双前臂不同部位作皮内注射，24～48h 后观察反应，皮丘直径≥5mm 者为阳性，否则为阴性。有两处以上阳性反应者，表示具有细胞免疫反应能力；随着阳性反应的减弱或消失，提示患者免疫能力减弱或无免疫反应能力。

（3）其他：T 细胞亚群、红细胞和自然杀伤细胞活力均可作为较有效的判断细胞免疫功能的指标。但由于免疫功能受原发疾病如心衰、尿毒症、感染等影响明显，也受治疗措施（如肾上腺皮质激素）等的影响，往往不能真实反映患者的营养状态，故现在已很少应用。

（三）肌酐身高指数

人尿中的肌酐量随骨骼肌分解代谢的程度而异，因此肌酐身高指数（creatinine height index，CHI）具有一定的浮动性。分析数据时，应全面考虑患者病情、临床症状，综合分析。

1. CHI 测定方法

连续保留 3 天的 24h 尿液，取肌酐平均值与相同性别及身高的标准肌酐值比较，所得百分比即为 CHI。

2. CHI 评定标准

CHI>90%为正常，80%～90%表示瘦体组织轻度缺乏，60%～80%表示中度缺乏，<60%表示重度缺乏。一般男性平均 24h 尿肌酐量为 23mg/kg 体重，女性为 18mg/kg 体重。

（四）肌力测评

营养不良时肌力下降常先于氮和蛋白质水平的下降。建议让患者挤压测评者的中指

10s 来测定其握力；也可以让患者向距离 10cm 的一张纸吹气，以测定呼吸肌肌力，如纸一点不动，则患者可能是营养缺乏。

五、能量需要量参考标准

基础能量消耗（basal energy erpenditure，BEE）又称基础代谢率，是指人体在清醒、安静的状态，不受肌肉活动、环境温度、食物及精神紧张等因素影响时的能量代谢率。目前，临床上有多种计算能量需要量的方法，其中比较常用的是 Harris-Benedict 法，对于不同患者病情不同，要具体分析。

（一）总能量消耗

总能量消耗（total energy erpenditure，TEE）是指全天的能量消耗，等于静息能量消耗加上食物的特殊动力学作用和活动时的能量消耗。TEE=BEE×活动系数×应激系数。

（二）患者活动系数

患者活动系数主要包括集中状态下的参考参数。卧床休息以及机械通气为 1.10 或 1.15；正常活动为 1.25；重体力活动以及体育训练为 1.50。这些均应按实际情况的分析进行。

（三）患者应激系数

不同病种及不同病程的应激系数不同。根据患者病情，做出最适合的治疗方案。

六、能量配比

能量来源于三大类，其比例为碳水化合物 55%～65%、蛋白质 10%～15%、脂肪 25%～30%。能量的主要来源包括碳水化合物和脂肪，肠道外营养提供这些物质的优点有 4 个方面。

（1）10%的脂肪乳为等渗液，单位体积含热量高，比单一能量系统代谢更具省氮效应。

（2）能避免单独输注葡萄糖引起的高血糖、渗透压增高、肝脏的脂肪浸润等并发症，另外 CO_2 产出减少，减轻肺组织负荷量。

（3）明显减少水、钠潴留，减轻肾脏负荷，对于肾脏功能不健全的患者尤为重要。

（4）防止必需脂肪酸的缺乏。

七、NSC 移植术后营养支持分类

临床上主要分为肠道内营养和肠道外营养两大类，详细介绍如下。

（一）肠道内营养

肠道内营养（enteral nutrition，EN）是将可直接经消化道吸收或简单的消化就能吸收的营养制剂通过鼻置管或胃肠造口注入胃肠道内，供应患者日常所需的营养素的方法。

1. EN 的优点

（1）符合生理规律，营养物质自肠道入血经肝脏代谢，有利于肝脏的蛋白质合成和代谢调节；且产生的含氮物质可由肝脏清除，不会造成血氨过高。

（2）维持胃肠道内细菌的平衡和胃肠道免疫的觉醒状态，有效防止肠道菌群失调而造成肠源性败血症和小肠绒毛萎缩的可能。

（3）含纤维素的肠内营养制剂，可吸收肠内细菌产生的毒素，并可促进肠道运动。

2. EN 的适应证

（1）由于脑外伤和脑部疾病引起意识丧失或昏迷的患者，以及老年痴呆或精神性厌食症等疾病。

（2）无法咀嚼和无法正常吞咽的患者，如口腔、咽部手术、咀嚼骨和关节病变、口腔部肿瘤、重症肌无力以及瘫痪等。

（3）上消化道病变。

3. EN 配方的种类

（1）主要饮食（elemental diet）是指人工制成的包括自然食物中各种营养素，可无需消化而直接或接近直接吸收的治疗饮食，主要分为三大类：氨基酸提供氮源不需经消化便可吸收，适用于严重消化功能障碍的患者；由水解蛋白提供氮源-轻度或中度消化功能障碍；以酪蛋白为氮源-需经消化过程后吸收，适用于消化功能完整患者。

（2）匀浆饮食是由天然食物加工混合匀浆而成的混合饮食，适用于肠道功能正常的患者。

（3）混合奶。

4. EN 的输入方法

一般患者对肠内营养都需经过一段适应期，才能耐受全浓度和全量，其临床常用的给予方法有以下两种。

（1）分次灌注：将配制的膳食置于塑料袋或玻璃瓶内，经输液管与喂养管相连。依靠重力和输液泵缓缓滴注（30ml/min），每次持续 30～60min，每次 250～500ml，4～6 次/天。其优点是较连续输注有更多的活动时间，也有类似正常膳食的间歇时间。

（2）连续输注：装置与间歇输注相同。开始一般用等渗液，速度 25～50ml/h。如能耐受，则增加速度，以每 8～12h 递增 25ml/h 的速度增加用量（控制在 75～150ml/h），然后增加浓度，速度和浓度不可同时增加，对不耐受者可将浓度和速度减至耐受水平，再逐渐增加，每次加量需有一定的适应期。输液泵比重力滴注好，滴速恒定，但需每小时检查滴速 1 次，滴注一般为每日 16～24h 连续均速滴注，也有人采用夜间滴注法。

5. EN的给予途径

肠内营养除部分适合口服外，大部分均需采用置管的方法将营养液直接输送至消化道。有两类可供选择：经鼻置管，包括鼻胃管、鼻十二指肠管和鼻空肠管；经腹胃肠、肠造口置管。

6. EN的并发症及处理

（1）胃肠道并发症：恶心、呕吐和腹泻等。输注速度过快，造成胃明显膨胀；膳食中的乳糖、脂肪、纤维素含量及高渗透压都可引起腹泻；对乳糖不耐受的患者避免使用含乳糖的膳食；高渗膳食均需有一适应过程，一般早期应以等渗液开始输入；抗生素治疗改变了肠道内的正常菌群；抑酸药物抑制胃酸分泌而引起细菌生长过度；高渗性药物等均可引起腹泻；细菌污染可造成腹泻，营养剂无菌配制和输注时避免污染，营养膳食配制后室温下放置时间不宜过长。

（2）营养代谢并发症：包括营养不良、低蛋白血症、微量元素失衡、维生素缺乏、高糖血症和高碳酸血症等。

对于发生高糖血症的患者，应4～6h检查血糖、尿糖和酮体1次，当营养液输注达到全浓度和最大量至少48h后，检查结果持续显示阴性，则改为1次/12h或停止检查。如出现高血糖症状较严重者，应给予胰岛素治疗。

高碳酸血症主要是在高碳水化合物浓度膳食喂养时，呼吸量、肺泡通气和CO_2产生增加，如肺功能不全时，高碳酸血症易引发呼吸衰竭。监测肺功能状况，减少碳水化合物用量，可以有效减少其发生率。

电解质平衡失调引起的原因是体液不足或超负荷，大量电解质从肾和胃肠丢失，膳食用量不足或过大。营养支持期间应定期检测并及时处理。

（3）机械压迫和创伤：插管时产生的鼻咽和上消化道黏膜损伤、出血和穿孔；插管后可能发生的上消化道感染、溃疡形成、声带水肿、吸入性肺炎和食管瘘形成等。娴熟的操作技术及悉心地观察患者反应，是减轻其痛苦的主要措施。

7. EN的监测项目

观察患者的一般状况包括神志、脉搏、血压、呼吸、发热、消瘦、皮下水肿或脱水。记录24h出入量，精确到毫升，最好有量杯测量。开始应监测血糖及电解质浓度，每天3次，以后每周1～2次。每周测定肝肾功能1次，必要时行氮平衡测定。营养支持疗效评定每周1次，包括体重、上臂周径和皮褶厚度测定等。

（二）肠外营养

肠外营养（parenteral nutrition，PN）指周围静脉或中央静脉输入患者所需全部或部分营养素，包括丰富的热量、氨基酸、维生素、电解质和微量元素。短期可采用浅静脉供给营养，而长期则应选择深静脉或中心静脉置管供给营养。

1. PN的意义和适应证

一般情况下，接受NSC移植治疗的昏迷、瘫痪等患者首选胃肠内营养支持治疗。但因创伤或手术后，患者的胃肠道功能随整个机体的生理改变而有所减退，不宜进食或食欲减退；或某些昏迷、瘫痪患者因感染较长时间使用抗生素，发生菌群失调，引起严重腹泻；或因创伤、手术等应激因素诱发消化道出血。出现上述情况时，常常采用PN支持疗法，以纠正创伤、手术应激造成的能量高分解代谢，提高机体抵抗力，避免伤口愈合不良及感染的发生。

2. PN的禁忌证

（1）手术后应激短期内胃肠功能即能恢复者。

（2）无明确治疗目的，或已证实不可治愈、无复活希望而继续盲目延长治疗（如癌肿已有广泛转移伴恶液质的患者）。

（3）心血管功能紊乱或严重代谢性紊乱期间需要控制或纠正者。

（4）患者的胃肠道功能正常或可以适应肠内营养者。

（5）原发病需立即进行急诊手术者。

（6）预计发生PN并发症的危险性大于其可能带来益处者。

3. PN的需要量

1）葡萄糖

临床上常用的主要有10%、25%和50%的葡萄糖溶液。葡萄糖是常用的能源物质，1g葡萄糖可产生16.74kJ（4kcal）热量，在早期开展PN时，主要以葡萄糖为能量来源。20世纪80年代以后，人们主张50%的能量可由脂肪乳提供。葡萄糖的优点是可被所有组织利用，更是脑组织能量代谢的主要能源，并可通过胰岛素调节其代谢。

2）脂肪乳剂

其常用的制剂有10%～20%英脱利匹特（intralipid）注射液、10%～20%静脉注射脂肪乳剂（liposyn）、10%～20%力保肪宁（lipofundin）、中链脂肪乳剂（medium-chain triglyceride,MCT）/长链脂肪乳剂（long-chain triglyceride,LCT）等。脂肪乳剂具有等渗、容量小和功能大（1g脂肪可产热37.65kJ，即9kcal）的优点，而且含有必需脂肪酸，如亚油酸和亚麻酸，对维持细胞膜的正常结构和功能具有重要作用。脂肪乳剂除提供热卡外，尚能预防必须脂肪酸缺乏症（表现为下肢鳞屑状皮炎、头发脱落、血小板减少和伤口愈合不良等）。近年来有研究表明，每日500ml脂肪乳剂可能是最低的需要量。10%脂肪乳剂500ml能供热量2300kJ。脂肪乳剂按所含脂肪酸碳链的长短主要分为以下三种。

（1）LCT：含油酸、亚油酸、亚麻酸，大概由1620个碳原子构成碳链的甘油三酯，在营养支持中提供能量和必需脂肪酸，在代谢过程中需肉毒碱作为辅助因子才能进入细胞内的线粒体中。临床常用制剂为20%和30%的脂肪乳剂，每毫升供能分别为8.37kJ和12.55kJ。

（2）MCT：碳链由 6～12 个碳原子构成。其优点是不需肉毒碱参与而能迅速从血中清除，并在肝细胞内氧化生成酮体，为脑组织和肌组织提供能量。

研究表明，短链脂肪酸的作用主要由未吸收的膳食纤维素在结肠经酵解而成，是结肠黏膜细胞的主要能量来源，并具有一定防治癌症和降低血脂的作用；但静脉输入具有一定毒性，因此，目前尚未作为脂肪乳剂应用于临床。应用脂肪乳剂的禁忌证是，组织正常氧运输得不到保障时不宜应用，此外，糖尿病患者昏迷、维生素 B_1 缺乏造成的乳酸酸中毒、急性肝坏死、急性重症肝炎、任何类型的休克均为禁忌证。

3）氨基酸

氨基酸是维持生命的基本物质，是合成人体蛋白质和其他组织的氮源，包括 8 种非必需氨基酸、2 种半必需氨基酸。静脉输入氨基酸的目的是维持蛋白质的更新和修补。人体静息代谢最低氨基酸需要量为 0.4g/（kg·d），最低需氮量为 0.1～0.16g/（kg·d）。目前生产的商品氨基酸液由 14～18 种氨基酸组成，都含有 8 种必需氨基酸。临床上常用的氨基酸制剂有 7%、8.5%和 11.4%的乐凡命（novamin）注射液，其中每 1000ml 含氮量分别为 9.4g、14g 和 18g。

4）电解质

由 10%氯化钾、10%氯化钠、10% 葡萄糖酸钙、20%硫酸镁和 5%碳酸氢钠溶液配制而成。在无额外电解质丢失的情况下，成人主要电解质的每日需要量如下：钠 100～126mmol/L，钾 60～80mmol/L，镁 7.5～12.5mmol/L，钙 5～10mmol/L，磷 10mmol/L。如果存在额外丢失或异常情况，应根据实验室结果选择性地加以纠正。

5）维生素

维生素是体内的必需物质，糖、蛋白质、脂肪的代谢，组织的再生和修复，都需要维生素的参与。有的维生素还具有抗氧化、调节免疫功能及延缓衰老的作用。维生素包括水溶性和脂溶性两种，已有静脉用维生素 10 余种。临床常使用水乐维他（水溶性维生素混合物）加入英脱利匹特或葡萄糖内静脉滴入；维他利匹特（脂溶性维生素的水包油型乳剂）加入脂肪乳剂中静滴。常用制剂有水乐维他（Soluvit），含 9 种水溶性维生素；维他利匹特（Vitalipid），含 4 种脂溶性维生素；各种维生素含量均为日需要量。

6）微量元素

微量元素与氨基酸、蛋白质或其他有机化合物，形成各种酶、激素或维生素，对参与机体营养具有特殊的生理功能和高效的生物效应。微量元素每日需要量是铜 0.3mg、碘 0.12mg、锰 0.7mg、铬 0.02mg、硒 0.118mg 和铁 1.0mg。临床通常使用微量元素复合液安达美 10ml，溶于 5%～10%葡萄糖溶液中缓慢静滴。安达美（addamel）含 9 种微量元素的日需要量。

4. PN 的并发症

PN 治疗引起的并发症轻则影响营养疗效的完成，重则危及患者的生命。治疗过程中要密切观察，及时处理以减轻其危害性。

1）导管性并发症

在中心静脉置管的过程中，常见的并发症有空气栓塞、气胸、血胸、皮下气肿、心率不齐、血管损伤等。如操作者技术熟练，严格掌握操作规程并熟悉相关解剖标志，多数并发症可以避免。以下情况应避免锁骨下静脉穿刺：全身肝素化或凝血机制有严重障碍者、严重肺气肿患者、胸廓畸形致解剖标志不清楚者，以及做过颈部或胸部手术，改变解剖关系者。

2）感染

置管时无菌操作不严格、疗程中护理不当、经常经导管中加药或抽血、患者体弱、营养液污染、长期抗生素或激素治疗等均易并发感染。置管后应加强护理，采用输液泵，完全封闭输液装置，使用有过滤微孔的输液器，禁止经置管加药或抽血。如患者出现感染迹象和不明原因的发热或腹胀，应检查输液瓶内残液，做细胞培养和血培养，必要时拔除导管，管尖端做细菌培养，往往可以及时诊断和控制感染。在治疗过程中出现感染迹象和不明原因的发烧或腹胀，应时刻想到与导管和输入物有关的可能性，应检测输液瓶内残渣，作细菌培养和血培养，必要时拔出导管，管尖作细菌培养。

3）代谢引起的并发症

（1）与输入高渗葡萄糖有关的并发症：静脉给予过多的葡萄糖或输液速度过快，内源性胰岛素不足、糖皮质醇不足或败血症存在，均可促发高血糖。此外，如不掌握好单位时间内输入量，机体不能适应，就可出现高渗利尿、脱水以至达到相当严重程度。重要的是调节好单位时间入量，并观察临床反应，如有无利尿，查血、尿糖。相反，如内源性胰岛素分泌过多，停用或递减葡萄糖过快，亦可引起低血糖。而且，在撤去肠外营养时，可通过周围静脉输入等渗葡萄糖，以防低血糖的发生。因此，在停用 PN 时，应逐渐减量，或采用 EN 过渡，以防止低血糖的发生。目前脂肪乳剂普遍应用，只有一半的能量来自葡萄糖，使这一并发症的机会明显减少。超负荷的葡萄糖输入还可以引起非酮性高渗性昏迷、急性威尼克脑病或心脏骤停、肝脂肪变性、电解质紊乱等。对高血糖以及低血糖分析做简单的处理说明，供广大临床工作者参考。

（2）与输入氨基酸有关的并发症：现在临床上使用 14F 或 18F 的氨基酸，很少发生高氯性代谢性酸中毒和高血氨症。肝功能不正常的患者，输入含色氨酸、苯丙氨酸高的溶液，易引起脑病。此时，应输入含支链氨基酸高的溶液（亮氨酸、异亮氨酸和缬氨酸）。氨基酸不平衡和必需脂肪酸缺乏亦是导致中毒性肝损害的因素。肝细胞内脂质异常沉积可使谷丙转氨酶（alanine transaminase，ALT）增高。脂肪输入速度一旦超过体内最大清除率，可引起高脂血症。同时要注意谷氨酰胺外援性缺乏和氨基酸配比不当所致并发症。下面详细介绍由于氨基酸输入不当引发的肝脏不良反应。

（3）肝脏毒性反应：临床上常可发现 PN 疗程中转氨酶、碱性磷酸酶及血清胆红素升高等，一般认为是由于患者对氨基酸的耐受性不良所致，但长期应用高糖、小儿较长期应用过量脂肪乳剂亦可发生。然而肝毒性反应多数是可逆的。肝功能不正常患者，输入含色氨酸、苯丙氨酸量高的溶液，可以改变血浆氨基酸谱，引起脑病。在这种情况下应输支链氨基酸溶液。

（4）肝脂肪变性：在较长期输入过量葡萄糖又缺乏必需脂肪酸的情况下可产生肝脂肪变性，也和营养不良本身有关，故近来学者多不主张长期由葡萄糖供给太高的热量。长期过量输脂肪乳剂的结果亦可发生肝脂肪变性，但适量的脂肪乳剂有预防脂肪肝的作用。

（5）营养液的配制：配置 PN 液必须在层流操作台中进行，并严格遵守无菌原则。PN 液的成分较为复杂，药物配伍不妥时可能出现沉淀，PN 液成分中脂肪乳剂的存在可能会影响对药物配伍禁忌的判断。除了保证各种药物的相溶性，还应严密观察配伍所出现的不同反应，仔细核对药物配伍禁忌表。

（6）配制 PN 液的注意事项：①葡萄糖的稳定 pH 为 3～4，超出此范围，尤其是在碱性条件下，葡萄糖易发生分解；②葡萄糖注射液加入氨基酸后，会聚合成褐色素；③钙和磷酸配伍时会生成白色沉淀；④维生素 B 在氨基酸溶液中能分解维生素 K，维生素 C 遇空气分解，维生素 K 遇光极易分解，在输注过程中应使用遮光袋。关于 3L 输液袋配制法：①脂溶性维生素应加入脂肪乳中；②电解质、水溶性维生素、微量元素及胰岛素加入葡萄糖溶液；③经三通管将氨基酸、脂肪乳加入 3L 输液袋中，脂肪乳剂最后加；④脂肪乳剂加入后，轻轻摇匀，排除袋内多余气体；⑤配制后液体应在 24h 内输完。

5. 临床监测

（1）中心静脉插管后监测：插入导管部位的皮肤应每天更换敷料，并用碘剂做局部处理。

（2）液体平衡等监测：准时、正确的输液速度，最好用输液泵。

（3）日常监测指标：每 2～7 天测体重 1 次；测上臂中点周径及皮褶厚度，1 次/2 周；做血细胞检查，1 次/2 周；体温、脉搏 4 次/天；血压 1 次/天；记出入液量。

（4）实验室监测：一般要有氮平衡、血浆蛋白、血糖及电解质等项目。

目前，提倡 PN 与 EN 联合应用。其中的 PN 虽然几乎适用于所有患者，但由于营养液完全不经消化道而直接进入人体，移植术后完全应用不但会增加腹泻的发生率，也会引起机体微量元素不同程度的缺乏等并发症。但由于骨髓及或周围血造血干细胞移植患者能量消耗增多，以及骨髓及或周围血造血干细胞移植后的胃肠道并发症使患者食欲不振甚至剧烈呕吐，导致全 PN 成为营养支持障碍。经大量研究证明，根据患者的不同时期选择相应的营养支持方式，即在给予有效的 PN 支持的同时进行肠内营养，能满足患者的营养需求，使营养状态更为合理及生理化，大大减少了 PN 的并发症，提高了患者的耐受力，有效地完成治疗。

第四节　神经功能康复训练

一、概述

国内外研究报告认为，康复的介入可降低致残率，改善生活质量。其功能恢复是基于损伤后的中枢系统功能的重塑和可塑性原理，通过输入正常的运动模式，促进患者正常运动模式的形成，达到最大的功能恢复。康复越早介入，其功能预后越好。通过反复的被动或主动运动训练，不仅可以对抗患者因卧床而产生的失用性肌萎缩，减少足下垂、足内翻等继发性障碍的发生并减轻其程度，且能触发本体反射机制，向高级中枢传入信息，促进功能重建，从而恢复偏瘫肢体的运动功能。神经功能康复训练是所有严重神经功能损害患者获得良好神经功能恢复的必需措施。接受 NSC 移植治疗的患者多数表现为昏迷、偏瘫、截瘫、失语等严重神经功能损害症状。对于这些严重神经功能损害患者接受 NSC 移植术后需要配合积极神经功能康复训练，以最大限度地减轻伤残程度，促使患者尽早恢复神经功能，使之具有独立生活能力或回到社会生活中。

二、神经功能损害的早期康复治疗

昏迷是最严重的神经功能损害之一，针对患者意识障碍、卧床和生活不能自理等特点，NSC 移植术后，患者早期康复治疗以防止或减轻肢体挛缩、褥疮等，促进神经功能和机体早日恢复为目的，及早进入功能锻炼阶段。此外还应对患者家属进行有关昏迷康复方法的指导，以便取得配合。

（一）一般康复措施

1. 喂饲

如患者清醒，坐位进行，监视有无噎塞或吞咽困难。进食后要清洁口腔。注意鼻饲和高营养输入管道的护理。中心静脉置管处，应每天 2～3 次局部消毒，观察周围皮肤情况。

2. 床上位置

最好采用气孔泡沫塑料硬床垫，翻身 1 次/2h；四肢关节处于功能位以防足下垂，上夹板以防跟腱挛缩，用枕头或靠垫支撑患肢防下肢外旋，给麻痹肢体做被动关节活动训练，至少每天 3 次；患者卧床时患侧最好不要靠墙。

（1）注意的问题：翻滚时要轴线滚翻，避免脊柱的扭转。患者体位应该为平卧位或侧卧位为主，避免二次损伤。

（2）体位的摆放目的：①保持骨折对位；②防止挛缩；③防止局部受压；④防止/控制痉挛。

3. 皮肤

注意皮肤有无压疮征，骨突出部位用羊皮垫或气体床垫垫好，定期清洁皮肤。护士及医师定期监测，如有必要，请整形科协助预防及控制压疮。

4. 二便

注意护理好留置导尿管，选用合适尿管型号，定时开放膀胱，训练自主膀胱控制。尤其是女患者，多数出现漏尿情况，如有发生，及时更换粗型尿管。更换后，注意观察是否有效，及时处理相关问题。肠外造瘘患者，如无明显肠内容物外溢，造瘘袋每 7 天左右更换 1 次。

（二）早期康复处理

目的是预防和纠正畸形，增加感觉输入和运动输出，加强健侧肌力锻炼，促使患肢功能活动。

1. 床上活动

辅助进行从一侧向另一侧翻身、床上移动、卧位到坐位等床上移动动作。

2. 头和躯干的控制训练

通过控制训练达到克服肌无力、易疲劳和本体感觉丧失的目的。

3. 呼吸

深呼吸以及刺激呼吸量测定法；胸部扣击；手法辅助咳嗽；机械通气装置的最大呼气率优于手法辅助咳嗽，相当于正常咳嗽。

4. 坐位平衡

训练在伸腿位和床边（足底抵及地板）坐位时达平衡，为站立和行走打基础。早期脊柱固定，帮助体位改变。

5. 关节活动训练

健侧关节活动度训练可恢复体力，使患者在日常生活和学习技能时具有耐受体力。要加强健侧肌力锻炼，使患者能靠健侧维持日常生活。对患肢关节被动活动训练以促进患肢的功能恢复和防止关节挛缩。

6. 支撑站立

利用站立架可帮助患者重新获得垂直感，对抗重力肌的控制，恢复血压调节，改善立体平衡，克服直立性低血压。

7. 被动运动

早期开始，目的在于维持关节活动范围（range of motion，ROM），预防关节与肌肉的挛缩。可应用的支具包括手部支具、踝足矫形器（ankle-foot orthoses，AFO）和肩部支具等。

（三）早期康复作业疗法

维持 ROM，预防关节与肌肉的挛缩，预防压疮，并对家属进行康复教育等，主要包括：关节保护和训练、预防体位性低血压的适应性训练、膀胱和排便训练、压疮处理、理疗、心理治疗。作业疗法主要帮助患者改善视觉缺陷和患侧上肢功能,其方法包括以下 4 个方面。

1. 视扫描

鼓励患者转动头部，用眼扫视环境，以适应视野缺损。及时与患者做反馈，向患者及家属对于术后视野的变化进行细心及耐心的解释并安慰。

2. 患侧上肢及手部体位

仰卧时上肢应处于轻外展位，肘轻屈，前臂和手用枕头支托，手指轻屈。用静止夹板将手保持于相对张开的位置，以便降低肌张力。将前臂搁置在轮椅前的托板上并托起上肢，或用头上方悬吊支架托起。对用吊带尚有争议，有人认为它既不能减少肩关节脱位的发生，也不利于防止屈曲挛缩。因此，对于吊带的使用，根据患者病情，酌情使用。

3. 防止肩手综合征

对患肢远端进行按摩揉搓，用弹性手套帮助控制患肢远端水肿，防止肩手综合征。多用患手，鼓励用健手帮助患手动作。

4. 预防体位性低血压的适应性训练

训练主要包括摇床、倾斜床、预防体位性低血压，以及牵拉易于缩短的软组织（髋、膝以及踝）。逐渐负重，主要是防止骨质疏松和骨折。刺激内脏的功能，改善通气，预防肺部感染。

（四）急性稳定期（轮椅期）

急性稳定期因其大多数时间需要借助轮椅，因此又称为轮椅期，主要时间段为损伤 4～8 周以后，并有早期的康复训练作为基础，前期患者康复治疗主要以恢复基本生活能力为主，主要包括呼吸功能训练、膀胱功能训练等，随着康复的进展逐渐开始进行肌力恢复训练、轮椅训练甚至是步行训练等。早期训练主要内容如下。

1. 呼吸

呼吸方式以胸式呼吸（胸腰段）、腹式呼吸（颈段）及体位排痰等为主。

2. 膀胱功能训练

早期输液可留置尿管，以后改为间歇导尿或反射性排尿训练。

3. ROM 训练和肌力加强训练

近端到远端，每个关节被动活动 5～10 次，每天 2 次。脊柱不稳定时，注意髋关节和肩关节的活动，前者屈曲不超过 90°，肩关节外展不超过 90°。所有能主动运动的肌肉都应当运动。

4. 其他

其他训练内容包括坐位平衡、靠床站立、轮椅使用和初步转移（由床至轮椅的交替使用）等的训练，以及初步生活自理训练，包括进食、洗漱、穿衣及排便等。

（五）心理障碍及治疗

脑部受损患者常出现抑郁、焦虑等情绪，特别是肢体功能障碍，生活不便，社会交往能力明显受限，使患者产生悲观失望的思想。在治疗中，首先应主动与患者沟通，告诉患者肢体功能恢复的过程和可能后果、康复的计划和实施程序，鼓励患者正视现实，积极主动参与康复治疗，配合治疗；同时对患者病后出现的失落感、自卑感，要积极疏导，予以心理支持和同情，帮助患者建立自尊心。在治疗中，还需要建立一个心理治疗程序，向患者说明病态，并解释病的性质，只要肢体功能等康复在患者积极主动参与下取得效果，焦虑自然渐渐解除。

总而言之，NSC 移植虽然是目前修复受损神经的一项新技术，但疗效慢，评价效果尚需要长期观察，因此患者的康复是一个缓慢艰巨的过程。协助患者做好生活护理，指导患者合理饮食，避免摄入刺激性食物。术后第 2 天起，开始床上活动，如深呼吸、活动手肢、间隙翻身、听音乐等，护士应根据其年龄、性别、职业、文化程度、性格、宗教信仰等个体特点，用通俗易懂的语言与患者进行简单交流。腰椎穿刺干细胞移植术后第 3 天可下床活动，椎管内探查干细胞移植术后则在第 5 天下地活动，根据病情制订合理的功能锻炼计划，分别对于运动、感觉、肌力进行康复训练，每天 2～3 次，每次 30～60min。注意锻炼应适度，防止过度疲劳，也不可过急过猛，以防加重损伤。

从术后第 5 天起，针对每个人的病情制订训练计划，进行康复训练，有条件的患者可以在专门的康复医师指导下接受系统康复训练，如保持正确卧位，呼吸训练，上下肢的肌力和灵活性训练，辅助患者练习坐、站立，最后到行走、日常生活动作训练等。如失语和语言不清者，讲解发音的技巧、元音和辅音的区别。运动障碍者护士应指导其肢体抬高位置、握力的增加量、蹲及站姿势、上下楼梯数量的增加及注意事项、行走距离的长短等。在训练中做到“持之以恒，循序渐进”，鼓励患者坚持就能胜利。

第五节　神经干细胞移植治疗后的护理

NSC 移植术后神经功能逐渐康复直至恢复独立生活能力、重返社会是一个漫长的过程，也是治疗的最终目的。针对干细胞移植患者在感觉、知觉、运动等方面不同程度的障碍，在经过手术后的早期监护、一般情况稳定后，护理的重点即转移到通过护理干预促进神经功能康复、预防并发症发生。

一、留置针的护理

术后早期，部分患者会出现全麻后躁狂状态，这时应短暂限制患者活动，直至患者神志清晰。采取软小夹板和弹力绷带外固定。儿童患者自控能力差，更易出现大幅度的活动，由于患者大幅度活动后易出汗，所以要经常观察穿刺点有无红肿及贴膜的粘贴情况，发现异常及时更换套管针或贴膜。置管后每天换药 1 次，3 天后改为每 2 天换药。换药时通常先使用 0.5%碘伏消毒 1 遍，稍干后，75%无水乙醇脱碘 2 遍。插管中心 1cm 范围不需要脱碘。碘伏是广谱、高效、无毒的新型消毒剂，能缓慢、持久地释放有效碘，达到杀菌的目的。

二、饮食护理

根据患者的饮食习惯进行喂养规划，原则是少量多餐，切忌引发吸入性肺炎及窒息，尤其是儿童患者。在患儿哭闹时暂不喂养，以防呛咳引起窒息、缺氧，影响移植效果。良好的营养与全身状况是疾病康复的物质基础，正确评估机体营养状况、制订营养支持计划，是改善营养的重要环节。在 NSC 移植的围手术期，针对患者的营养状况、吞咽功能、胃肠道消化吸收功能，选择合适的营养支持方法以维持机体的正常代谢，增强机体抵抗力，减少各种并发症，对 NSC 移植患者的康复有着至关重要的作用。

三、术后并发症的护理

（一）癫痫发作

NSC 进入脑组织后，通过分泌神经营养因子或替代受体因损伤而丧失的细胞发挥作用，对脑组织产生兴奋性刺激，有诱发癫痫的可能。有研究显示，3 例患者在术后 3 天内有癫痫发作，均为脑瘫患儿，发作时表现为突然意识丧失、面色发绀、牙关紧闭、四肢抽动，历时数秒钟到数分钟，所有患儿经及时吸氧和缓慢静推地西泮后症状均得到缓解，无其他并发症发生，并经 MRI 复查，无颅内出血。

为预防癫痫的发作，术毕当日晚及次日晚肌肉注射苯巴比妥。所有全麻术后的患者床头配备急救箱，备有地西泮、压舌板、吸氧面罩等急救药品和物品，并对全科护士进行癫痫急救培训，使每位护士都能熟练地掌握癫痫的抢救技术，并对术后癫痫的发作做到早预防、早发现和早处理。

（二）颅内感染

密切观察术区敷料情况、有无渗出、渗出物的颜色和性状。当发现敷料渗出物较多、呈脓性时，应及时通知医生清创换药。保持患者安静，勿因患者躁动将头部敷料挣脱使切口暴露在空气中，同时严密监测患者术后体温变化。

（三）排斥反应

NSC 是未分化的原始细胞，不表达成熟细胞抗原，具有低免疫源性，在移植后相对较少发生排斥反应。但为预防排斥反应的发生，一般术后给予甲强龙静滴。

（四）下肢深静脉栓塞的预防及处理

定期活动下肢，下肢按摩每天 3 次，每次 15～30min，抬高下肢约 30°，促进下肢静脉回流。在保证压迫止血的前提下轴式翻身，按摩后背、骶尾部皮肤。按摩双下肢，协助活动健侧肢体，防止静脉血栓形成。如已发生下肢深静脉栓塞，应酌情应用抗凝药物，下肢涂抹氧化锌软膏和理疗等。

四、预防感染护理

干细胞移植后，为了预防免疫排异反应，手术前后都要使用激素类药物，从而使患者的抵抗力下降，因此预防感染非常重要。另外，造血干细胞移植是目前最常用的干细胞疗法，大量研究显示干细胞移植后感染，可增加发病率甚至是死亡率。因此，干细胞移植后护理尤为重要，个人防护以及卫生宣教都是必不可少的。

（一）预防切口感染

密切观察切口，如发现切口敷料有渗血、渗液或潮湿，应立即更换，以防切口感染。早期检测血象的变化。

（二）防止肺部感染

截瘫患者长期卧床或呼吸肌运动障碍，呼吸量减少，咳嗽动作减弱或消失，大量呼吸道分泌物排出不畅，易引起肺部感染。为预防这一并发症，护理人员要指导患者进行呼吸功能训练，鼓励患者深呼吸，有效咳嗽、咳痰，定时给予患者翻身和叩背，必要时给予化痰药物或行雾化吸入，有助痰液排出。

（三）预防泌尿系感染

截瘫患者出现暂时性或长期性的排尿障碍、尿潴留，需要留置导尿管。因插导尿管、引流不畅或膀胱中有残余尿等原因，易发生泌尿系统感染。所以，术后必须防止尿路感染，护理过程中应严格遵守无菌原则，选用粗细合适的导尿管，保持密闭式引流方式。制订开放导尿管的时间表，3～4h 放尿 1 次，每周更换导尿管 1 次，冲洗膀胱（每天 1～

2 次）。要鼓励患者多饮水，用按压法训练反射性排尿。

五、严格无菌

进入病室人员应口罩、帽子齐全，穿隔离衣、换拖鞋。患有感冒的医务人员不得进人病房，输液、换药、拆线等处置严格按无菌操作规程进行。空气每 4 h 用消毒机消毒 1 次，做空气细菌培养每天 1 次，连做 4 天。

六、腰椎穿刺术后护理

术后去枕平卧 4～6h，24h 内不宜下床活动。由于该移植手术需要采集较多量的脑脊液进行相关的检验，因此部分患者术后易出现低颅压情况，表现为前额痛，与体位有关，坐位或直立时加重，平卧时缓解，偶有恶心或眩晕等症状，上述症状多于术后 48h 内消失。应嘱患者多饮水，必要时给予生理盐水快速滴入。穿刺后按压穿刺点 0.5 h 以上，防止细胞顺脑脊液渗出，严密观察穿刺点有无红肿、渗出，敷料是否干燥、有无脱落，如有敷料潮湿，随即给予穿刺点消毒，更换无菌敷料。保证患者严格卧床，同时护士应密切观察意识、瞳孔及生命体征的变化，及早发现异常症状，及时处理。

七、局部干细胞移植术后护理

对于接受椎管内探查、脊髓内 NSC 移植术的患者，加强以下护理。

（1）颈髓术后患者给予颈托固定，患者翻身及日常活动时应嘱家属熟练使用颈托，避免人为损伤。胸髓损伤患者术后应卧床休息 1 周，再进行轴向翻身。

（2）注意观察患者手术创口敷料有无渗出和出血，以及引流管是否通畅，做好引流液的性质、量及颜色的记录，如有异常应及时报告医生。

八、康复训练与护理指导

康复训练指导主要是制订康复计划和康复措施。根据患者术后所处状态的不同（昏迷、偏瘫、截瘫等），选择合适的康复措施。评估患者神经损害程度，确定训练的强度、持续时间、预期效果。按照简单到复杂，先分解练习，再逐步联合，循序渐进的原则进行训练。定期进行康复评定，了解康复效果。康复措施主要包括运动功能训练、感觉刺激、括约肌功能训练和日常生活能力训练。

具体康复措施，根据患者病情决定。NSC 移植 24h 后，根据患者意识情况、肢体功能所处的阶段，采取不同康复运动训练，每天 1 次，每次 45min。根据患者康复情况及家庭现有条件，制订康复训练计划，定期随访，做好康复指导。主要项目包括以下 6 个方面。

（一）床上体位

凡不能自行翻身者，每 2h 协助翻身、拍背 1 次，采用对抗痉挛的姿势位。

（二）肢体被动活动

关节被动活动以肩、肘、腕、指、髋、膝和踝关节为主，活动顺序由近端到远端、由健侧到患侧，幅度由小到大，在无痛范围内活动尽量达到最大范围，要多做与挛缩倾向相反的活动。当患者神志清醒时，鼓励患者用健患肢被动运动，如双手呈 Bobath 握手上举和前举；下肢助力运动及下肢桥式运动。

（三）体位变化训练

从有靠到无靠，从半坐位开始，患者承受最长时间超过 30min 后，隔天床头增加 10°，直到维持 90°。超过 30min，开始训练床边起坐，接着进行坐位平衡训练。

（四）坐站训练和站立平衡训练

患者达到坐位三级平衡出院后，训练站起，患者双手呈 Bobath 握手，上肢前伸，躯干前倾，双膝前移，髋膝屈曲而坐下；坐站过程中重心应均匀分布于双侧，然后进行扶持站立、平行杠间站立、徒手站立及站立平衡训练。

（五）步行和上、下阶梯训练

患者达到站立三级平衡后,即可迈步训练，从平行杠内步行、持拐步行到徒手步行；然后进行上、下阶梯训练，原则是“健腿先上，病腿先下”，步行训练中要注意纠正异常步态。

（六）作业治疗

除继续 ADL 训练外，根据家庭现有客观条件，进行作业训练，如抓握笤帚扫地、提木凳、画图、写字，以及使用餐具、厨具。动作由简单到复杂，循序渐进，反复强化。

九、心理护理

心理护理是指医务人员在与患者的交往中，通过医务人员的语言、行为、态度、表情和姿势等，改变患者的心理状况和行为，促进其疾病的转归和恢复。入院后，建立良好的护患关系，在平时的交往中，多站在患者家属角度思考问题，用心去沟通交流，让患者家属体会到护士态度是诚恳的，增加家属对医护人员的信任感。明确了解患者家属的顾虑，协助医生将患者即将进行的治疗、护理工作目的向家属解说清楚；护士不但要让家属了解手术后可能存在的问题及需要承担的风险，另外，还要告知家属。NSC 移植到人体内需要经过漫长的生长和修复过程，有的还需要多次移植手术。甚至有些患者神经修复功能毫无效果，不能达到预期值，需要家属的理解和配合。

脑或脊髓损伤后患者感觉、知觉、运动功能障碍，生活不便，社交能力明显受限，常使患者产生悲观情绪。尽管干细胞移植给他们带来了希望，但家庭的关心、社会的关爱仍然是其克服心理障碍、坚持治疗和康复的重要精神支柱。护士一方面要及时了解其心理状态，体恤他们的处境，给予无微不至的关心，同时尽量争取家庭成员的感情支持和病友的正面沟通；另一方面，从客观上为患者获得成功感提供机会、创造条件，如设法让患者参加一些力所能及的活动，有意增加他们的成功感和自信心，从而协助其逐步恢复生活自理和身心健康。建议护士要把心理护理贯穿至整个围手术期，渗透到患者各个层面的需要，从饮食到睡眠的基本生理需要，甚至到精神归属和自我实现的需要，使患者处于接受治疗的最佳生理和心理状态。

十、出院指导

运动发育迟缓、肢体功能障碍是脑瘫患者的共同症状，嘱患者应培养坚强意志和成功信念，尤其是儿童，坚持康复锻炼到 15 岁。家庭应准备小型运动器械，以锻炼患儿手和脚的力量；同时家长协助患儿做膝、肘、腕关节等运动以巩固治疗效果。康复训练的最终目的是使患儿在运动功能、身心精神上获得最大限度的康复，为其将来生活自理、快乐健康地参与社会活动奠定基础。

（李京伟　高明宏　王聿杰）

主要参考文献

陈启波．2011．针灸结合康复治疗干预时机对不同程度脊髓损伤患者神经功能恢复的影响．中国老年学杂志，31（5）：772-773

陈迎春．2012．移植术治疗痉挛性脑瘫的术后护理．中国保健营养，22（10）：3857-3847

胡永年．2012．医学心理学．解放军护理杂志，27（9B）：1402-1404

吕艳，骆十姐，吴静，等．2012．经股动脉介入术后周围血管并发症的原因分析及护理策略．航空航天医药，9（9）：1735-1736

卜淑霞，邵艳文．2012．自体干细胞移植治疗难治性神经系统疾病的护理，吉林医学，33（31）：6929-6930

王洪梅，管伟，刘爱，等．2011．造血干细胞移植患者术前的心理护理．护理研究，25（6B）：1672-1673

徐如祥．2006．神经干细胞．北京：军事医学科学出版社：423-430，635-671

严向芳，吴春艳，史晶．2011．双额脑穿刺立体定向神经干细胞移植术后护理．中国急救复苏与灾害医学杂志，6（1）：89-90

Bevans M, Tierney DK, Bruch C, et al. 2009. Hematopoietic stem cell transplantation nursing: a practice variation study. Oncol Nurs Forum, 36(6): 317-325

Cossetti C, Cervell CA, Donegà M, et al. 2012. New perspectives of tissue remodelling with neural stem and progenitor cell-based therapies. Cell Tissue Res, 349(1): 321-329

Darsalia V, Allison SJ, Cusulin C, et al. 2011.Cell number and timing of transplantation determine survival of human neural stem cell grafts in stroke-damaged rat brain. Cereb Blood Flow Metab, 31(1): 235-242

第十四章　中枢神经系统疾病的神经干细胞治疗

第一节　中枢神经系统疾病治疗的有关细胞

一、概述

近年来，细胞移植已成为一种发展较快的治疗神经系统疾病的方法，多种细胞的移植对中枢神经损伤均取得积极的治疗效果。然而，任何用于脑的细胞治疗，都需要考虑以下问题：细胞来源、细胞纯度和数量、细胞迁移能力、细胞识别能力，以及植入部位是否存在体内直接分化刺激等。由于目前尚未发现可涵盖所有功能的移植细胞，特殊细胞或者细胞混合物便成为重要细胞治疗种类。目前，已被使用的细胞种类包括巨噬细胞、活化 T 细胞、多种神经胶质细胞、神经前体细胞、单胚层多能中枢神经系统（CNS）干细胞、三胚层多能胚胎干细胞（ES 细胞）及其衍化物、已分化的有丝分裂细胞等。适用于治疗神经系统疾病的主要移植细胞类型及功能见表 14-1。

表 14-1　移植细胞的类型及功能（Zigova et al. 2003）

类型	功能
神经细胞	细胞替代（神经元、星形胶质细胞及少突胶质细胞）
多潜能性、定向性前体细胞，已分化、转分化的神经细胞	提供营养支持
非神经细胞	突触和轴突的修复
巨噬细胞、转分化的非神经性干细胞	髓鞘形成
异型细胞	内源性干细胞的活化
神经性和非神经性的细胞、ES 细胞	外源性基因或蛋白质的引入
细胞系	减少疤痕形成
永生化细胞、转化细胞	增加血管重建
三胚层多能干细胞	调控免疫应答
胚胎生殖细胞、胚泡衍化的 ES 细胞	

二、移植细胞类型

根据分离时间、来源及专一诱导的分化等，可将移植细胞进一步分类。单胚层多能干细胞主要生成神经系统分化细胞，定向性前体细胞则更多地生成已分化的细胞亚型及细胞群，某些胚层组织细胞可转分化为神经细胞，也可从多能干细胞或定向性前体细胞获得已分化细胞。星形胶质细胞显示出分化为其他神经衍化物的能力，异种干细胞移植后也可存活并且与周围组织建立联系。此外，ES 细胞和胚胎生殖细胞（EGC）也证实可分化为神经衍化物。经过遗传修饰不同发育阶段的永生细胞系也可替代前体细胞和ES细胞进行细胞治疗。另外，调控免疫应答也可促进神经系统的内源性再生能力表达，并可作为生成神经衍化物的一种途径。但是，在进行临床应用前，细胞效力有待进一步评估，如细胞来源的可靠性和可再生性、分离为目标亚群的能力、获得充足数量特异性细胞的能力、对成体和受损环境中的趋化能力、迁移并整合成区域特异性细胞类型的能力、调控免疫反应的能力，以及移植细胞形成肿瘤的可能性等。

有丝分裂细胞移植价值并不大，未成熟细胞则更易于对环境刺激做出反应，进而分化为局部特异性的细胞表型。本节将讨论细胞分化为神经细胞的新进展、不同类型细胞的优缺点及其治疗潜力和移植研究的理论依据等。

（一）多能前体细胞

移植多能细胞群是细胞替代治疗的常用途径之一，在特定的组织和区域的微环境中，适宜的刺激可促进移植细胞发生特异性分化。近年来，对多能前体细胞（multipotent precursor cell）的研究见表14-2。目前，悬浮培养和黏附培养体系已被用于培养多能前体细胞（图14-1）。其中，悬浮神经球培养法已得到较广泛的使用，也有用黏附培养法培养胎儿神经干细胞（NSC）。应用多能前体细胞移植治疗的独特优势是可生成大量移植细胞，其他的优缺点见表14-3。而且，也可把干细胞作为长期悬浮球培养的来源。这种培养技术不但经济，培养的细胞同样具有传代细胞的能力，其中生物反应器具有良好的适应性。多能前体细胞具有自然的永生能力，而且与大多数细胞相比，体外培养存活周期较长，具有更高的端粒酶活性。因此，选用多能前体细胞进行体外扩增可得到大量的移植用细胞，并且具有很好的可靠性及可重复性。

应用多能前体细胞移植面临的一个最主要问题是移植的效果。在移植实验中发现，分化细胞只占小部分，细胞移植后形成的有效范围难以促进局部功能的恢复。其次，移植的多能细胞群与宿主微环境存在相互影响。研究表明，成人脑内存在的干细胞处于休眠状态，对损伤并不能及时做出适当的反应。胚胎环境相比于成体环境，能提供更多的局部刺激而促进干细胞的分化。但胎儿干细胞分化为成熟细胞之前，需要经历正常发育过程中的谱系限制。将多能前体细胞移植入脊髓和海马的试验表明，成人脊髓并没有神经细胞分化信号。因此，移植的干细胞在海马中可分化为NSC，但在脊髓中则否。而未分化的多能NSC不能用于受损或未受损的脊髓神经替代治疗。

在细胞体外培养的稳定性及特异性的研究发现，延长传代可改变细胞的分化潜力，使分化组分增多或者削弱细胞分化为特定谱系的能力。而且，经过较长时间的传代培养，多能前体细胞可能失去分化为神经元的能力。

NSC可在体外生成许多专能细胞。使用细胞表面标记，可从胚胎脊髓干细胞中分离出神经元及神经胶质定向前体细胞。这些细胞移植后能够存活及整合于相应组织中，并且降低致瘤的可能性。因此，可提供精确的、适于移植治疗的细胞混合物而不用依赖于环境刺激。多能干细胞是细胞治疗中一种有活力的细胞来源，但目前仍存在许多的问题，如细胞的保存、移植方式、细胞移植前是否需要预选、细胞移植部位的选择及移植物的监控等。

表 14-2　多能前体细胞（Zigova et al. 2003）

物种	年龄	组织	克隆	分化潜能
人类	成人	颞叶	否	仅神经元 仅神经胶质 神经元+神经胶质 神经元+非神经细胞
人类	胎儿	前脑		神经元、星形胶质细胞
人类	胎儿（7～10 周）	大脑	否	神经元、星形胶质细胞、少突胶质细胞
人类	胎儿（15 周）	端脑	是	神经元 、星形胶质细胞
人类	胎儿（13 周）	脑	是	神经元、星形胶质细胞、少突胶质细胞
人类	胎儿	皮层	否	神经元、星形胶质细胞
人类	胎儿（10.5 周）	间脑	是	神经元、星形胶质细胞、少突胶质细胞
人类	胎儿（6～12 周）	前脑	否	神经元、星形胶质细胞、少突胶质细胞
人类	胎儿（12～18 周）	神经管	否	神经元、星形胶质细胞

注：已获得的细胞并未进行克隆培养，仍未获得克隆的单细胞神经干细胞系。

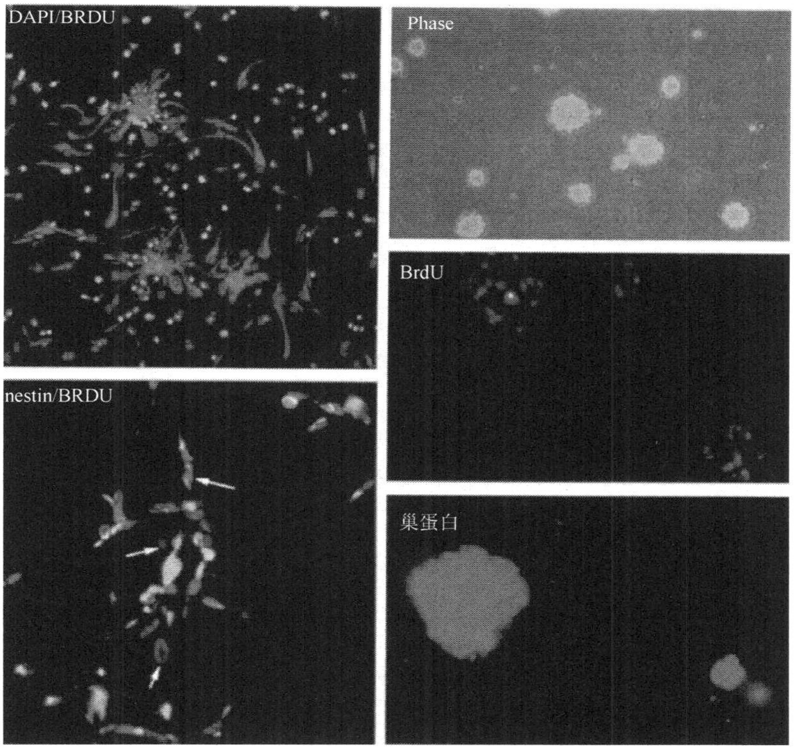

图 14-1　悬浮培养和黏附培养（Zigova et al. 2003）

培养细胞均表达巢蛋白和 BrdU，多次传代培养后仍保持未分化状态，在适当的分化、刺激下能在体内和体外生成神经元、星形胶质细胞和神经胶质细胞

表 14-3　多能前体细胞的优缺点（Zigova et al. 2003）

优点	缺点
能够传代培养，获得大量细胞	传代后某些特性消失
神经球培养对生物反应器有较好的适应性	体内定向性分化
可引入外源基因	偏倚分化能力有限
对环境刺激可能有反应	在成人和受损环境中对刺激的反应能力未知
可获得所有主要的神经类型	异位的可能性
胎儿干细胞可能无区域特异性	未知的免疫兼容性

（二）神经嵴衍化物

神经嵴在脊椎动物中虽发育比较缓慢，但具有非常重要的作用，其可分化为各种类型的组织，并不只限于神经系统。神经嵴细胞是在神经管闭合时分离的，准确的分层过程因物种不同而异。目前，动物神经嵴细胞及其前体细胞已被分离，并且证实具有多能性和谱系限制性。人类嵴细胞的迁移发生在孕期的第 5～6 周，但因获取胎儿组织较难，因此神经嵴细胞并不能作为细胞治疗的来源。近年来，已经分离出发育晚期啮齿类动物的神经嵴细胞，这为人类神经嵴细胞的分离提供了可能。但是，体外培养神经嵴细胞很难多次传代，难以获得达到治疗要求的细胞数量。

神经嵴细胞的衍化物，特别是施万细胞和胶质细胞，可用于脱髓鞘损伤的治疗。人施万细胞已被分离，并可多次传代。研究表明，啮齿类动物的施万细胞并不能耐受衰老。通过成体周围神经组织活检的施万细胞在体外扩增，可提供足量的细胞用于自体移植，而且可克服轴突再生过程中星形胶质细胞的抑制作用。研究显示，将纯化的星形胶质细胞群种植到半渗透引导管后，移植于成人的坐骨神经，可产生明显抑制神经再生的作用。但是，将施万细胞和星形胶质细胞的混合物一起种植，只要有足够的施万细胞，便可克服其抑制作用。此外，施万细胞还可促进视觉系统轴突再生，移植人的施万细胞可促进脊髓横断裸鼠（大鼠）的轴突生长。

星形胶质细胞可阻止施万细胞在体内迁移，并限制髓鞘形成。在细胞治疗时，星形胶质细胞和施万细胞间复杂的相互作用使髓鞘再生出现严重的局限性。迄今为止，在研究中用的都是成体细胞衍化物或者体外扩增的细胞。胚胎衍化细胞是否具有与成体细胞相同的结果，尚待进一步探讨。总之，神经嵴细胞并非多能干细胞的较好来源，其衍化物如施万细胞和平滑肌细胞等，虽具有治疗的作用，但这些均需进一步评价。

（三）基板前体细胞

另外一种可促进神经系统发育的前体细胞是基板前体细胞（placodal precursor cell，PPC）。像神经嵴一样，PPC 由叠压的外胚层中分离，可逐渐分化为神经细胞及非神经衍化物，如颅间充质的一部分、晶状体细胞、毛发细胞等。PPC 与神经嵴细胞在表达的标志物、分化时间，以及分化能力等方面均不相同。目前关于 PPC 的研究非常有限，主要应用于毛发细胞和晶状体细胞的再生。

嗅细胞的再生研究较多，当患者嗅觉受损时，感受器细胞被移植入嗅球内，可与周围组织形成突触联系。目前已分离出人嗅上皮干细胞，并且这些细胞可像神经球样生长。当把其移植入脑内，可分化为神经元、星形胶质细胞和少突胶质细胞。

第二类在功能上比较重要的 PPC 群是嗅鞘细胞，嗅鞘细胞早在 1995 年就被用于治疗蛀牙及脊髓损伤等。移植的嗅鞘细胞来源于胎大鼠的嗅球，在非嗅觉的神经区域内仍可存活，并能够促进非嗅觉轴突的生长。由成人嗅球衍化的细胞，移植入不同的损伤模型可促进成人神经系统受损轴突的再生。嗅球细胞生成髓鞘和促进轴突再生的能力与施万细胞类似，但可能比施万细胞更好，因为它们可促进活化的星形胶质细胞增殖。施万细胞和嗅基板细胞的培养都较容易，而且可从自体获得。总之，PPC 代表着自体细胞移植的可能性，但目前人 PPC 的研究仍处于初步阶段。

（四）定向性前体细胞

除用多能干细胞治疗外，定向性前体细胞（restricted precursors）的使用也较多。相比多能干细胞，定向性前体细胞分化方向有限，主要分为两种：定向性神经元前体细胞（neuronal restricted precursors，NRP）和定向性神经胶质前体细胞（glial restricted precursors，GRP）（具体分型见表 14-4）。目前，并没有人定向性前体细胞的移植模型，但这类细胞仍可作为细胞移植的一种选择，或者可提供具有一定作用的细胞组合。

表 14-4　定向前体细胞谱系（Zigova et al. 2003）

神经定向性前体细胞	神经胶质定向性细胞前体
NCAM 免疫阳性 HNRP 细胞	胎儿少突胶质细胞前体
α-1 微管蛋白表达胎儿 HNRP 细胞	成人少突胶质细胞前体
α-1 微管蛋白表达成人 HNRP 细胞	胎儿少突胶质细胞-星形胶质细胞前体

1. NRP

成人神经系统对于轴突再生具有抑制作用。因此，移植的神经元并不能生成长轴突或者与周围建立有效的联系。最近的研究表明，这种抑制作用不仅可被克服，损伤的远端区域也不像之前所想的那样受到抑制。而且，胎儿神经元对外来的抑制作用并无反应。

NRP 具有多种用途，它可作为神经替代物的来源，提供中间突触靶点维护投射神经元，或者在受损轴突上游和下游建立联系。移植的前体细胞可形成新的连接来代替受损的长投射轴突。神经元还可为失神经的轴突提供营养支持，促进神经生长，调控神经胶质反应和髓鞘再生。NRP 可在神经系统疾病中单独替换神经元而无神经胶质成分。

但总体而言，中间前体细胞并不如原始前体细胞生长广泛。因此，体外培养的 NRP 使用程度并不理想。研究表明，不同脑区生成的神经前体细胞并不均等。海马前体细胞体外培养时只产生海马锥体细胞，提示分化潜能的偏性。啮齿类中脑神经元前体细胞在适宜的培养条件下，约 50%的神经丝蛋白免疫反应（neurofilament immunoreactive）阳性的神经元显示多巴胺能的作用，而且这种概率明显高于其他前体细胞。移植脑室下层

（SVZ）神经元至纹状体主要生成γ-氨基丁酸（γ-aminobutyric acid，GABA）而不是多巴胺（DA），这些提示了即使在体内也不能逆转的发育潜能限制性。

除了分化潜能的偏向性，定向性前体细胞的迁移能力也受到关注。中间和外侧神经节轴突前体细胞迁移能力的比较研究结果显示，在相同的移植条件下，外侧神经节轴突前体细胞移行广泛，而中间神经节轴突前体细胞迁移至皮层的能力有限。SVZ 前体细胞沿着嘴侧迁移流迁移，而脊髓前体细胞则迁移比较广泛，但海马区除外。这些资料表示，谱系限制在发育早期已经存在。因此，为取得最佳移植效果，需要从合适的脑区分离前体细胞。

2. GRP

神经胶质前体细胞在促进轴突生长和抑制衰退方面作用显著。少突神经胶质细胞前体能生成组成髓鞘的少突胶质细胞和促进髓鞘再生。星形胶质细胞在促进少突胶质细胞髓鞘再生、调控血脑屏障和免疫功能、调整局部谷氨酸盐代谢，以及营养支持方面具有重要作用。其中少突胶质细胞可生成髓鞘蛋白和髓鞘相关蛋白包含生长抑制因子，但星形胶质细胞有助于疤痕形成，从而为轴突再生设立屏障。因此，用于移植治疗的胶质细胞需要在移植时间、移植数量和细胞种类方面进行综合评估。一个适宜的神经胶质微环境有助于轴突的再生和功能恢复。

目前，已在发育中及成年啮齿类动物脑内发现一些不同类型的胶质前体细胞，包括：CNS 髓鞘细胞，如Ⅱ型星形胶质祖细胞（oligodendrocyte-type Ⅱ astrocyte progenitor，O2A）和 GRP 细胞；周围神经系统（PNS）的施万细胞；特殊的神经营养细胞，如嗅鞘细胞等。这些细胞移植入髓鞘损伤部位后，可出现中度到广泛的髓鞘再生，并伴有可测量的神经传导速率和再生轴突的周期反应能力。这些前体细胞包括少突胶质细胞-星形胶质前体细胞、少突胶质前体细胞、星形胶质前体细胞（图 14-2 和表 14-4）。与多能干细胞相比，它们分化为少突胶质细胞和星形胶质细胞的潜能更大，可作为胶质细胞替代治疗中的一个选择。研究表明，提供与原有细胞相似的前体细胞可使移植治疗获益，而且新的细胞类型可能防止损害扩大或避免宿主免疫反应。

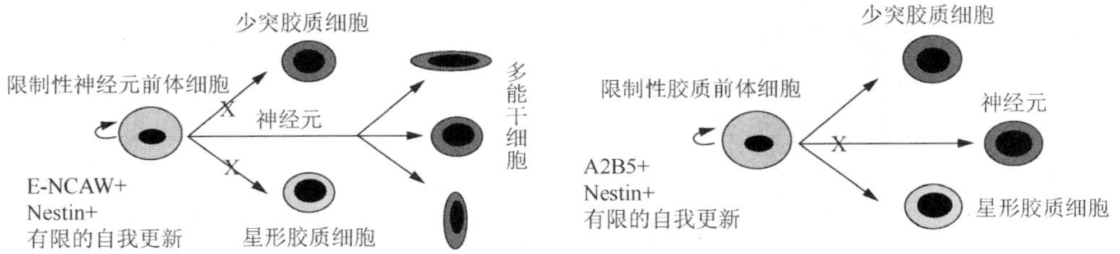

图 14-2　定向性前体细胞谱系表达特征性的标志物（Zigova et al. 2003）

此类细胞增殖的程度有限

从大鼠 NSC 细胞中分离和扩增的球状少突胶质细胞移植入成人脊髓后可高效率地生成大量髓鞘细胞，促进髓鞘再生。其他髓鞘再生前体细胞的研究有限，但是这些不同类型的胶质前体细胞是细胞治疗的有效选择之一。星形胶质细胞前体移植研究的资料较少，而且主要是来自啮齿类动物实验。其中Ⅰ型星形胶质细胞有很好的髓鞘修复能力，主要是通过动员宿主少突胶质细胞或者其前体细胞而实现的。胎儿星形胶质细胞移植入半切的脊髓可明显减少胶质疤痕的形成。在胶质疤痕形成较严重的慢性损伤区域，胎儿胶质细胞移植（主要是星形胶质细胞）可明显减少胶质疤痕的体积或减少新瘢痕组织的形成。另外，Ⅰ型星形胶质细胞还可沿着血管移行，有助于血脑屏障的修复，减轻炎症反应。而且，星形胶质细胞还可为失神经的神经元提供营养支持。总之，目前的研究表明，胎儿星形胶质细胞的移植治疗效果优于成人星形胶质细胞。星形胶质细胞另一个重要的潜能是可广泛迁移，并且无疤痕地整合入宿主实质组织。因此，星形胶质细胞及其前体细胞可作为药物和基因研究的种子细胞，甚至优于转染较困难的少突胶质前体细胞。

人星形胶质细胞已经被分离和培养，但移植的研究不多。而且，其在自然条件下能否永生、在合适条件下能否分化为干细胞并进一步分化为神经元和少突胶质细胞尚待研究证实。

（五）永生化细胞系

未经遗传修饰的定向前体细胞的存活时间较短，解决这一问题的方法是通过致癌基因、端粒酶或自发转化等使其永生化。干细胞永生化细胞系一旦建立，便可获得足够可重复利用的细胞。一些永生化的肿瘤细胞系已被亚克隆并特征化，如人畸胎癌衍化出的亚克隆 NT2/D1 细胞系可分化为人畸胎瘤细胞系（human neuro-teratocarcinoma，hNT）。永生化的细胞系还可在未受损脑组织中移行至较远的部位，将细胞移植入脑室，可到达手术不能到达的部位。

人神经外胚瘤细胞系“Dev”来源于原始的神经外胚层肿瘤（primitive neuroectodermal tumor，PNET)，是由 CNS 多能神经前体细胞恶变产生。克隆的细胞系具有多向分化潜能并处于未分化状态，在外界刺激时可发生定向分化。分化的细胞多表达神经元表型，但不同亚型也可表达少突胶质细胞和星形胶质细胞标志物。HNSC100 细胞系是用鸟 myc 癌基因转染后得到的永生化干细胞系。这些细胞可体外培养，移植后也表现出不同的分化类型。人海马和脊髓神经元前体细胞已用 v-myc 基因获得永生化，大量的神经母细胞瘤细胞系也已分离。胶质细胞肿瘤亚群已由少突神经胶质肿瘤和星形细胞瘤分离。研究表明，含血清培养可改变其分化特征，无血清培养可保留向少突胶质细胞和星形胶质细胞分化的能力。目前永生化胶质前体细胞系已建立，但关于永生化前体细胞的特点和移植后的反应的研究并不多。

尽管永生化细胞代表着一类细胞来源，然而将其应用于临床仍要警惕致瘤的可能性。干细胞是原始细胞，具有高度自我更新及多向分化的潜能，但遗传上修正的细胞可能不会对分化信号有相应的反应，从而形成大量的未分化细胞，形成肿瘤。永生化细胞存在的另一个问题是体外培养的稳定性。永生性致癌基因不仅影响细胞的生存周期，而且可改变其分化的潜能。原始 O2A 前体细胞很少生成星形胶质细胞，而由 SV40 大 T 抗原诱导的永生化细胞系则主要分化为星形胶质细胞。使用永生化细胞系或可多次传代的细胞在长期体外培养后性质可改变。例如，表达 p75 的永生化嵴细胞失去 p75 的表达能力，并且倾向于向平滑肌细胞分化。

（六）去分化与转分化的 CNS 细胞

传统观点认为，CNS 发育过程具有谱系限制，大多数分化细胞具有多种定向性的组分和细胞命运类型。但最近的报道指出，少突胶质细胞前体可诱导去分化，生成多能干细胞（图 14-3）。体外培养这类细胞能分化成少突胶质细胞和Ⅱ型星形胶质细胞，但移植后只能分化为少突胶质细胞。长期在含有神经生长因子血清中的Ⅱ型星形胶质细胞可在体外诱导转分化为神经元、Ⅰ型星形胶质细胞和少突胶质细胞。啮齿类动物的Ⅰ型星形胶质细胞在体外培养多个周期后可分化为神经元。星形胶质细胞生成神经球和神经元的能力仅存在于出生后早期阶段，在出生后的 2 周这种能力消失；成人星形胶质细胞的这种能力仅保存在室管膜下层（SEZ）的特殊细胞类型中。用荧光活化细胞分类仪检测放射型神经胶质细胞的分化结果显示，该细胞可生成神经元和星形胶质细胞。

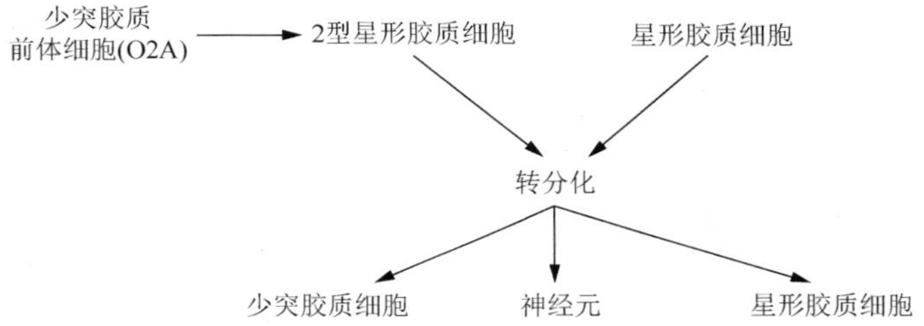

图 14-3　胶质细胞的分化（Zigova et al. 2003）

胶质细胞可分化为神经元和少突胶质细胞，任一种少突胶质前体细胞（O2A）首先分化为Ⅱ型星形胶质细胞，获得分化为神经元或者Ⅰ型星形胶质细胞的能力

由去分化的星形胶质细胞衍化的神经元移植后能否与周围环境整合，以及能否引导内源性细胞在体内转分化是目前面临的主要问题。例如，星形胶质细胞在机体受损后可在体内增殖，却不能分化成新的神经元。因此，当啮齿类动物定向性胶质前体细胞体内移植时，这些细胞并不能分化为神经元。研究表明，去分化的过程并不局限于胶质细胞。有丝分裂后的神经元经诱导后，仍可重新进入细胞周期。将海马神经元在含有神经生长因子的培养液中培养，其可重新有丝分裂，并产生新的神经元。

目前，关于胶质前体细胞衍化的神经元是还原到胶质状态还是继续维持神经元的稳定性尚不清楚。但已知间充质细胞转分化的过程并不稳定，细胞在不加二甲基亚砜（DMSO）后会回归间质状态。人星形胶质细胞或其他胶质前体细胞能否转分化，以及人神经胶质细胞是否能经受重复传代后的细胞自然老化等至今尚未证实。因此，转分化用于细胞治疗尚需进一步研究。

（七）非神经元前体细胞的神经分化

目前的研究证实，非神经干细胞可转分化为神经元、星形胶质细胞和少突胶质细胞（图 14-4）。这类细胞包括皮肤、骨骼肌的干细胞、造血干细胞（HSC）和间充质干细胞（MSC）等。源于患者自体或近亲的骨髓细胞可直接移植患者，不必担心免疫排斥反应。而且，这也避免了在获取人 ES 细胞时涉及的伦理道德问题。

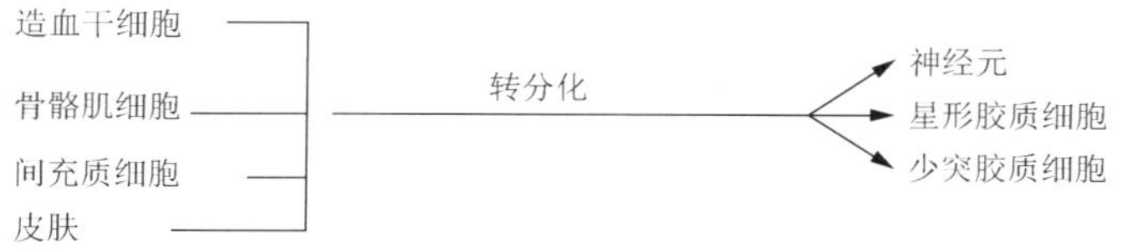

图 14-4　非神经干细胞的转分化（Zigova et al. 2003）

HSC 的采集比较容易，可来源于成年人，而且现已用于多种临床治疗。大量研究表明，HSC 可分化为非造血细胞系的细胞，主要包括骨骼肌细胞、内皮细胞、肝细胞和脑细胞等，并且体内外均可分化为神经衍化物。当 GFP 转基因小鼠的骨髓细胞移植受辐射的小鼠时，一些移植细胞表达出特殊的神经标志物。由于嗅球内神经元分布广泛，表达的神经标志物大多存在于此区。骨髓源性的神经细胞是否具有功能尚未确定，但大多数表达神经标志物的细胞仅能产生较短的轴突类似物。在体外培养 HSC 时，也可获得神经细胞的表型。骨髓细胞在血小板源性的生长因子培养下，可表达神经前体细胞的标志物巢蛋白。而且，造血干细胞和间充质细胞在长期培养时可生成少突胶质细胞。

体外培养的间充质细胞和 MSC 均可分化为神经衍化物。用阴性选择法将间充质细胞提纯，当加入维 A 酸和脑源性神经营养因子时，部分细胞可表达神经标志物 NeuN。尽管分化并不持久，但仍有大量细胞分化为神经衍化物。神经疾病动物模型实验证实，利用骨髓细胞替代受损神经细胞，可加快功能恢复。但骨髓源性细胞具有转分化能力的细胞亚群比较少，其用于治疗可能受到限制。而且，不同的供者之间差异较大，这些细胞在移植前的分类也较困难。

转分化的研究表明，细胞在不同的培养液中可以表达不同的细胞标志物/蛋白。这些转分化细胞是否具有功能尚未确定，而且目前的研究也未证明这些细胞经长期培养后的核型是否变化。

（八）异源性神经细胞

怎样获得一个稳定、可靠的细胞来源是人细胞移植治疗面临的一个关键问题。胎儿组织的来源受限，体外培养的多能干细胞易随时间的延长而改变。人 ES 细胞尚在评估中，中间前体细胞和转分化细胞虽已批准使用，但尚不能作为临床治疗的有效来源。目前正在探索用动物异源性（xenobiotic sources）组织进行移植治疗，但临床使用仍面临着伦理、安全及免疫等问题。

异种移植的主要障碍包括受体对移植物的免疫排斥反应、生理学差异、生物基因各异和动物传染病等。在不同种系中，猪被认为是器官移植最好的来源。原则上讲，这些动物组织也可用于细胞治疗，但是用于啮齿类动物和人的研究实验非常有限。目前，异源性组织移植面临的最大问题仍是免疫排斥反应。大脑并不是一个免疫豁免区，异种移植物引起的免疫反应比同种移植更迅速、强烈且持久。为减少超急性及急性期移植免疫排斥反应，各国科学家已对不同的治疗方案进行研究，但尚未取得突破性结果。

除了移植排斥反应，另一个较难解决的问题是外来组织/细胞生理上的不同，如黏附分子、酶、细胞因子受体及激素的不同等。在长期的移植治疗中，机体可耐受多大生理性差异尚待研究。另外，移植物传播的动物传染病也应足够重视。猪是人异种移植的主要供体，现已证实猪内源性逆转录病毒（porcine endogenous retrovirus，PERV）在体外培养时，可感染人细胞。并且，埃博拉病毒和汉坦病毒的暴发也增加了对该类疾病的恐惧感。目前，已通过转基因猪、诱导耐受、培养无病原体猪、遗传处理获得猪 ES 细胞系等方法解决这些问题。总之，异种移植物并不是 NSC 移植的理想选择。

（九）巨噬细胞

治疗用巨噬细胞主要来源于造血干细胞。动物的骨髓移植研究发现：第一，GFP 转基因小鼠骨髓细胞移植受核辐射的野生型小鼠，数月后，大量野生型小鼠的小胶质细胞被 GFP 阳性的小胶质细胞代替；第二，骨髓细胞移植可治疗小鼠由异常的小胶质细胞造成的脂质沉积病。这些证据表明，绝大多数脑小胶质细胞是由骨髓生成的。此外，造血干细胞分化成的小胶质细胞也具有通过血脑屏障的能力，可充当运输因子的作用。

骨髓干细胞也可促进受损神经再生。受损的神经组织植入大鼠坐骨神经受损区有助于感觉神经的再生。研究证实，这种“条件”下的再生与巨噬细胞的活动有关。把加入巨噬细胞体外培养的周围神经移植小鼠横断脊髓内，其巨噬细胞可增强组织的修复以及部分运动功能的恢复，并明显促进下行运动神经元的生长。

（十）多能干细胞

多能干细胞是细胞移植治疗的另一有效的替代选择，主要包括三种：ES 细胞、EGC 和胚胎癌细胞（ECC），其中已建立的多能干细胞系见表 14-5。ES 细胞主要来源于小鼠，而且已广泛应用于基因修饰小鼠的繁殖。ES 细胞可生成所有的胚胎衍化物，包括生殖系细胞。体外培养可分化为中胚层、外胚层和内胚层三个胚层的衍化物。最近，从人胚泡中已分离出 ES 细胞，并且体外培养较长时间仍保持细胞的稳定性，也可表达端粒酶活性。细胞表面标志物可用来区分人和非人灵长类的 ES 细胞。例如，特殊类型的胚胎抗原 SSEA-3 和 SSEA-4 与人 EC 细胞相似，但与小鼠 ES 细胞不同，可提示物种的差异（表 14-6）。研究发现，将人 ES 细胞注入重症联合免疫缺陷（severe combined immunodeficiency，SCID）小鼠，可形成畸胎瘤，而且含有三个胚层的成分。

表 14-5　ES 细胞、EG 细胞和转分化 EC 细胞的对比（Zigova et al. 2003）

小鼠 ES	恒河猴 ES	人 ES	人 EC	人 EG	
SSEA-1	+	—	—	—	+
SSEA-3	—	+	+	+	+
SSEA-4	—	+	+	+	+
Tra-1-60	—	+	+	+	+
Tra-1-81	—	+	+	+	+
碱性磷酸酶	+	+	+	+	+
Oct-4	+	?	+	?	?
核型	二倍体	二倍体	二倍体	非整倍体	二倍体
LIF 反应	+	—	—	?	+

EG 细胞主要由沿着生殖脊迁移的原始生殖细胞（embryonic primordial germ cell，PGC）分离而来，其也可像 ES 细胞一样分化成多胚层组织衍化物，而且具有生成转基因动物的能力。因此，ES 细胞和 EG 细胞可作为神经干细胞移植的有效细胞来源。EC 细胞可从畸胎瘤分离。

人 EG 细胞主要是从 5～9 周胎儿生殖脊分离，其可形成胚体，具有多向分化潜能，并能分化出三胚层的组织。经过 10 次传代后仍表现出稳定的核型，在体外培养并传代 20 次。这些细胞在特定阶段可表达 SSEA-1，该表面标志物在已分化人的 ES 细胞以及未分化小鼠的 ES 细胞常见，提示该类细胞可在体内分化。

ES 细胞和 EG 细胞来源不同。人和小鼠 ES 细胞来自于胚泡内层细胞，而 EG 细胞来源于生殖脊附近的原始生殖细胞。每一种细胞类型都需要在不同的条件下培养。人 ES 细胞在小鼠饲养细胞内培养，对白血病抑制因子（LIF）无反应。人 EG 细胞适于在含有血清、碱性成纤维细胞生长因子（bFGF）、LIF 和毛喉蛋白（forskolin，腺苷酸环化酶活化剂）的培养液中生长。

在这三种多能干细胞中，人 ES 细胞是细胞治疗的最佳选择。人 ES 细胞在体外培养的稳定性最高，能够超过 250 种群倍增（population doublings），而且保持稳定的核型和细胞表型。此外，克隆的 ES 细胞也具有正常的细胞表型及表面标志物，且可生成复杂的畸胎瘤。但人 EC 细胞系，如 NTER2 生成的畸胎瘤并没有显示相同的复杂性，反而主要生成简单的管状结构和神经花环，类似于原始神经上皮（表 14-6）。

表 14-6　成体干细胞和 ES 细胞特性的比较（Zigova et al. 2003）

成体干细胞	ES 细胞
1．扩展有限	1．总量不限>250 群体倍增/年
i 获得可重复的衍化物	i 细胞银行和货仓
ii 需要不同的供者=重复的质控（QC）	ii 长期培养稳定，具遗传可操作性
2．种群稀少，谱系有限	2．克隆细胞系
3．定向谱系分化能力	3．多向分化潜能
4．长时期培养后表型丢失	4．稳定的分化潜能
5．自体移植	5．同种异体移植
6．对成体和受损环境的反应能力	6．对成体及受损环境的反应能力（小鼠）
7．迁移和整合到特殊位点的能力	7．迁移和整合到特殊位点的能力（小鼠）

这三种多能干细胞体外培养均可生成神经元。人 EC 细胞系 NTERA2 可在含有维 A 酸的体外扩增并诱导分化。hNTERA2 现已用于多种移植模型并且显示较好的治疗效果。虽然，研究结果显示>95%的神经结构形成，但这些癌细胞都是非整倍体，表型也不稳定。人 EG 细胞可在体外分化，同时形成拟胚体（embryoid body，EB），并呈现对三胚层的免疫阳性反应。已建立的 6 个人 EG 细胞系里有 4 个显示神经丝蛋白免疫阳性，表明这些细胞具有形成神经元的能力。人 ES 细胞系形成的畸胎瘤说明细胞具有生成神经衍化物的能力。

研究表明，人 ES 细胞在体外培养的神经元（图 14-5），可达到 120～150 倍的扩增。生成的 EB 在含维 A 酸及丝裂原的培养液中，神经祖细胞可分裂。而且，其中 70%～90%的细胞可表达神经祖细胞的标志物多唾液酸神经细胞黏附分子（polysialylated neural cell adhesion molecule，PS-NCAM）或者 A2B5。目前已经证实，表达 PS-NCAM 和 A2B5 的细胞可进行有丝分裂及分化为神经元。若将丝裂原换成神经营养剂，2 周后，30%的细胞可表达成熟的神经标志物微管相关蛋白-2（microtubule-associated protein 2，MAP-2）。除此以外，培养的细胞亚群也可表达神经丝蛋白、酪氨酸羟化酶、谷氨酸、GABA、甘氨酸和突触囊泡蛋白。而且，表达神经细胞黏附分子（neural cell adhesion molecule，NCAM）的神经元也能检测到功能活性。除了神经元，研究也识别出了 GFAP 和 GalC 免疫阳性细胞。

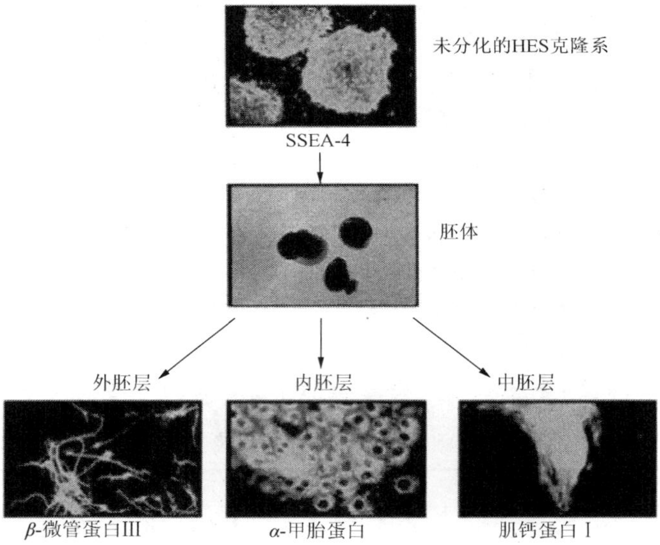

图 14-5　人 ES 细胞的生长及分化（Zigova et al. 2003）

将胚体移植脊髓受损的动物模型，髓鞘可明显再生，表明 ES 细胞衍化物可能对脊髓损伤有益。将分化的小鼠 ES 细胞移植喹啉酸损伤的大鼠，也可分化出神经细胞的表型。同样，将分化的小鼠 ES 细胞移植小鼠胚胎，结果是这些细胞可整合入 CNS 并分化出神经元、少突胶质细胞和星形胶质细胞。

体外培养的 ES 细胞具有许多优点（表 14-6），是目前用于细胞治疗较好的细胞来源。ES 细胞衍化的神经元、胶质细胞或前体细胞并无区域特殊性，具有较好专一位点的整合能力。此外，可通过改变 ES 细胞培养条件获得不同治疗用途的特殊表型。因此，ES 细胞衍化的前体细胞比胎儿或成人来源的前体细胞具有更多优势。人 ES 细胞体外培养有较好的稳定性，经过 250 群体倍增，细胞能够表达端粒酶和 ES 细胞相关分子的标志物，而且分化出的三胚层衍化物仍保持这些能力。另外，在至少 150 群体倍增后这些细胞具有生成成熟神经元的能力。今后，在移植细胞治疗作用的研究中，采集足够的细胞建立高效实用的细胞库具有重要的意义。

第二节　多能神经干细胞的治疗作用

一、神经干细胞生物学定义

干细胞的定义根据其生成的组分不同而有所差异。全能干细胞（totipotence）移植活体动物的子宫里可发育成完整的生物个体，包括 PNS 和 CNS。三胚层多能干细胞（pluripotence），与全能干细胞相似，但它不能发育成胎盘的滋养层，且这种细胞仅存在于胚泡内层。单胚层多能干细胞（multipotence）具有定向分化潜能，可分化为所有细胞类型和特定组织或器官。这三种干细胞的概念不是孤立的，它们的发育过程具有连续性。

NSC 是 CNS 最原始的未分化细胞，与祖细胞相比，NSC 具备生成神经系统所有细胞类型（包括神经元、星形胶质细胞和少突胶质细胞）及自我更新的能力。

二、交叉分化与细胞融合

既往认为，成体干细胞具有可塑性，但受起源组织的限制。例如，NSC 可生成神经系统的三种主要细胞类型，而 HSC 只会生成血源性细胞。但是，最近的研究表明，成体干细胞在特定微环境下，也会生成除了起源组织以外的细胞类型。例如，HSC 除了生成血细胞外，还可生成干细胞；NSC 除了生成神经细胞外，也可生成早期的造血祖细胞。这些细胞的改变称为交叉分化或干细胞的可塑性。但也有学者指出，干细胞的可塑性不一定真正存在。交叉分化或转分化可能只是供体细胞和宿主细胞的融合，从而误认为这些新生细胞是由供体细胞衍化的。换句话说，用于视觉分析体内或体外移植细胞的标志物可被宿主细胞占据，出现假阳性，供体细胞并未向特定的细胞类型分化。细胞融合可导致细胞表型或/和细胞功能的改变，也可解释定向细胞的可塑性。而且，干细胞生物学家也开始研究细胞融合是否可真正的在一些正常生物学和病理生理学的过程中起到作用。这个发现可为定向细胞的去分化提供方向，从而有利于组织重建和损伤修复。关于交叉分化的争议可能影响现有的干细胞定义。

三、神经再生和神经干细胞的命运

（一）体内

体内神经再生主要是由 1959 年[^{3}H]-胸腺嘧啶核苷和 1982 年 BrdU 作为细胞标志物确立的。这些标记技术已使追踪内源性供体干细胞或祖细胞，定量分析增殖、分化和细胞的存活等成为可能。

所有的标记技术都需要严谨的控制，通常使用至少两种独立的标志物和标记技术来确认细胞类型。例如，标记新生细胞可能包括 BrdU 或 EdU 合用和/或使用转基因标记细胞，后者需要逆转录病毒载体。有丝分裂核膜破裂时，逆转录病毒载体与细胞表面特殊受体结合而达到转基因的目的。因此，它们不易混淆也不会被稀释。其他区分宿主细胞和供体细胞的方法还有错配种系和性别等，如将人细胞移植到啮齿类器官或将一个雄性细胞植入雌性宿主内。

其他研究方法还包括用细胞表型或发育特殊阶段的标志物追踪干细胞的发育和分化。未成熟细胞仍存在神经元分化，针对未成熟细胞抗体只能在早期染色。例如，少突胶质细胞在大部分发育过程中都表达蛋白脂蛋白（proteolipid protein，PLP）和鞘磷脂蛋白（DM20），两者的比例保持不断的动态变化。DM20 是 PLP 的异构体，其表达高于 PLP 并在分化早期处于领先地位，而 PLP 在分化后期处于领先，并代表着成熟的少突胶质细胞形成。其他细胞类型的标志物也可用于追踪特定细胞类型的发展。但由于标志物抗体并不是完全特异的，这种方法最好与其他方法结合使用。

（二）体外

体外分离培养 NSC 可排除混杂因素的影响，并按照实验目的来处理微环境，还可通过表观遗传和基因修饰等方法体外培养克隆种群。这些均具有巨大的研究和治疗价值。

1. 细胞微环境

影响 NSC 存活和增殖的细胞因子及生长因子对细胞的分离和培养十分重要。CNS 的大部分区域都可分离出少量分裂细胞并克隆相关的种群，包括多能神经细胞类型。这些区域包括嗅球和小脑、出生后或胚胎新皮质（18%的细胞体外培养可生成神经元和少突胶质细胞）、海马和隔膜。但是，研究表明神经祖细胞或干细胞有脱离细胞周期分化的倾向。例如，体外培养大鼠胚胎隔膜细胞时，除非和胚胎纹状体细胞一起培养，否则不会持续 1 个以上的细胞周期。当刺激细胞增殖分裂时，其中一些细胞会表现出多能性。维持多能干细胞分化的主要丝裂原包括 bFGF、LIF 和表皮生长因子（EGF）。

体外分离培养的单个细胞 NSC 具有停止分裂和分化的倾向，只有暴露于其他有丝分裂细胞中时才能继续增殖，提示细胞间联系对细胞增殖的重要性。大量研究表明，调控细胞间相互作用的物质主要是 bFGF。除了与细胞外基质和细胞膜联系外，bFGF 在促进 CNS 发育中也具有作用。将外源性 bFGF 用于培养神经外胚层细胞不仅可刺激细胞增殖，还可促进 CNS 多个区域的多能干细胞分化。

EGF 可刺激 CNS 前体细胞增殖，形成簇状未分化细胞，表达巢蛋白和中间丝蛋白。这些表明，神经上皮干细胞可进一步分化为神经元和星形胶质细胞。当 EGF 促增殖的细胞受到 bFGF 的刺激后，可分化为两种祖细胞亚型：一种分化成神经元和星形胶质细胞，另一种只能分化成神经元。使用 bFGF 和 EGF 共同刺激不仅可提高细胞的存活率，而且能更好地维持其细胞分化为神经元、少突胶质细胞和星形胶质细胞的能力。大多数未成熟的 NSC 祖细胞都具有丝裂原受体，两个因子受体的筛选可快速、简便地从异质的 CNS 培养物中挑选出 NSC 细胞群。

细胞培养中添加 LIF，可比单独使用 bFGF 和 EGF 更好地维持细胞的长期生长。在体外培养早期阶段并不会表现出明显差异，但在培养 50～60 天后，没有添加 LIF 的培养液扩增速度明显减慢，而添加这三种丝裂原的细胞则继续扩增。睫状神经营养因子（ciliary neurotrophic factor，CNTF）也可刺激多能干细生成星形胶质细胞，促进特殊星形胶质祖细胞增殖。因此，培养和促进 NSC 增殖时，常在无血清培养液中加入 bFGF、EGF 和 LIF。但在短时期内，单独使用 bFGF（20ng/ml）也可。需要注意的是，通过这些因子来筛选细胞的可控性较差，有形成肿瘤的可能。

2. 基因修饰

体外培养 NSC 的遗传学策略在于增强和延长“干性”（stemness）基因的表达。myc 基因较早用于诱导有丝分裂后的多能干细胞，当其表达上调，细胞周期会终止，并对局部表观基因产生反应，进行相应的分化，同时下调 myc 基因的表达。ES 细胞和诱导多能干细胞（iPS）是永生的。在大多数研究中，扩增成体干细胞的某种基因是短暂并且可控的。通常使用逆转录病毒载体编码 NSC 细胞干性基因，得到的 NSC 易于增殖，并能够长时间保持稳定、同质且不易衰老。基因修饰的细胞虽不是了解干细胞生物学基础的理想模型，但是，现有研究也表明其作为移植材料是安全有效的，而且具有一定的治疗作用。尽管如此，最令人满意的仍是非遗传修饰细胞。所以，特征性的、同质的、稳定的、易获取的 NSC 克隆细胞可能会更加有效和实用。为了使干细胞发挥最大效用，可在可控条件下放置干性基因，或与自杀基因串联在一起。

四、神经干细胞的临床治疗策略

NSC 用于临床治疗主要有两个方面：一是使用干细胞替代功能缺损的细胞；二是研究干细胞的神经保护、免疫调控和稳态分子，用来减少宿主细胞的丢失以及抑制自我修复障碍的形成。

（一）脊髓损伤

脊髓损伤（spinal cord injury，SCI）实验性治疗的目的旨在研究损伤的急性过程，包括神经保护和保留残余的白质轴突。目前，主要使用神经营养因子进行神经保护和轴突再生治疗。酶或遗传拮抗的硫酸软骨素蛋白多糖（chondroitinsulphate proteoglycan，CS-PG），可在成人 CNS 神经元重返生长时加速神经保护作用。因此，联合使用效果更佳。

尽管多种治疗方案在动物模型中已显示较好的效果，但是 SCI 并无有效临床治疗，主要与 SCI 所致脊髓功能异常的病理生理学机制不明确有关。该疾病较复杂，大多数的病例生理过程包括继发的分子事件如谷氨酸毒性，钠、钙的超载，自由基损伤和细胞色素 C 释放，以及继发的病理生理事件如脑缺血，缺氧和细胞凋亡等同时存在或在损伤的过程中相互作用。目前大部分干预措施主要针对损伤过程的某一方面，治疗效果十分有限。单独使用一种治疗方法可能有效，与其他干预措施结合时可能无效甚至有害。因此，治疗的关键是了解这些方案之间错综复杂的相互作用，保持方案的安全性、协同性及临床可行性。

NSC 可作为“粘合剂”整合多种治疗方法，其可能的机制有以下 4 个方面。①神经营养作用：NSC 分化产生的神经元和胶质细胞可分泌多种神经营养因子，改善脊髓局部微环境，促进受损轴突再生。②支持、桥接作用：移植的 NSC 能产生多种细胞外基质填充脊髓损伤后遗留的缺损或空腔，为再生的轴突提供支持物，促进受损的神经元轴突再生和神经环路重建。③替代作用：代替损伤节段缺失的运动神经元，发出轴突经过周围神经支配效应肌肉，在宿主受体和干细胞分化的神经元之间形成突触联系。NSC 移植治疗脊髓损伤主要是通过细胞替代作用，通过移植的 NSC 大量增殖分化，替代损伤的脊髓组织，重建脊髓神经传导通路。④再髓鞘化作用：防止宿主神经元轴突切断后发生逆行性溃变和坏死，使残存脱髓鞘的神经纤维和新生的神经纤维形成新的髓鞘，保持神经纤维功能的完整性。

为了更有利于 SCI 神经的修复，已对模仿健康脊髓结构的生物合成支架在体外培养 NSC 进行研究。支架内层是脊髓灰质的仿真部分，直径 250～500μm，有助于 NSC 的种植。外层是仿真白质，有长的、轴向的孔洞引导轴突，辐射状多孔设计可使液体的运输同时抑制疤痕组织的形成。与对照组相比，移植到成年小鼠 SCI 横截面模型的支架-NSC 单元可在约 1 年的时间都促进功能改进。在损伤 70 天后，植入支架-NSC 的动物协调性恢复，后肢可负重前进。组织学和免疫学的分析表明，这种修复与继发损伤的缓解和神经胶质疤痕形成的减弱有关。实验组出现轴突再生相关的标志物生长相关蛋白（growth-associated protein-43，GAP-43），而对照组则否。这些结果表明，NSC 具有神经保护、刺激局部神经再生以及可塑的作用。

支架和细胞桥梁适用于大量实质损伤，或者挫伤后大量细胞死亡形成的瘘管。对于程度较轻的组织损伤，单独植入细胞可能有效。目前已证实，受损的脊髓微环境对多能 NSC 分化为神经元是不利的，但体外培养神经元和定向神经胶质前体细胞（NRP/GRP）可不受细胞微环境的影响。将体外培养的 NRP/GRP 移植到受损的脊髓，可明显改善运动和感觉功能。组织学分析显示，存活的 NRP/GRP 已代替功能障碍的细胞，并分化成神经细胞和神经胶质，以及有选择性地迁移。

内源性 NSC 存在于成人神经系统中的一些次级原胚区，最为显著的是海马齿状回颗粒下层（SGZ）和室管膜下层，脊髓室管膜区也有存在。缺血性损害时，成人海马NSC可能增殖并分化成新的功能性神经元。成人脊髓室管膜区NSC处在正常脊髓微环境时，并不会分化为神经元。然而，将相同的NSC移植到SGZ，却可生成神经元。因此，神经再生的局限性与成人脊髓的微环境密切相关。为了克服成人神经再生障碍，需要更好地研究脊髓NSC的生物学作用，改变微环境或者使细胞对环境做出不同的反应，以便在治疗损伤、炎症等疾病中获益。

（二）神经变性疾病

神经变性疾病为一类起病缓慢、发展呈进行性、预后不良的疾病，迄今尚缺乏有效的根治方法。因此，NSC 移植在该类疾病中的应用研究日益增多。临床常见的变性疾病包括阿尔茨海默病（AD）、帕金森病（PD）、肌萎缩性侧索硬化症（ALS）和亨廷顿病（HD）等。近年来影响儿童CNS的溶酶体储积病（lysosomal storage diseases, LSD），也逐渐受到关注。

PD 患者黑质多巴胺能神经元严重缺失，需要更多细胞为多巴胺的生成提供酪氨酸羟化酶（tyrosine hydroxylase，TH）和多巴胺脱羧酶（dopamine decarboxylase，DDC）等底物。因此，替代缺失的多巴胺能神经元是干细胞治疗PD的关键。NSC可提供促进生理平衡、神经保护以及神经营养的因子，从而有利于宿主神经功能的恢复。目前已经建立的线粒体毒素复合物1（MPTP）非人类灵长类（猕猴）PD模型，并将hNSC植入左右尾状核和8个MPTP处理过的右侧黑质（substantia nigra，SN）中。移植4个月后（7个月后更明显），大多数的hNSC沿着黑质纹状体通路两侧移动并且在SN中出现。NSC存在时，宿主TH和SN中的多巴胺转运蛋白的数量及容量上升到接近非-MPTP暴露控制的水平。宿主尾状核的TH^+神经元，其大小-数量比例开始并不平衡，移植后NSC也回到正常比例。MPTP猴子模型中黑质的纹状体通路大部分得到恢复。因此，NSC移植可使帕金森病的症状显著减少，而且外源性NSC同样可降低神经元的遗传变性风险。

研究发现，虽然NSC可在突变小鼠髓鞘发育不良的大脑内生成少突胶质细胞，但最常见的几种成人白质疾病，如多发性硬化（multiple sclerosis，MS）具有不同的发病机制，可能对宿主和供体的少突胶质细胞并无反应。例如，将同源的未分化神经前体细胞注入MS的模型实验变态反应性脑脊髓炎（experimental autoimmune encephalomyelitis，EAE）的血管内，其细胞通过活化的整合素和趋化因子受体可扩散至脑内发炎的微环境，并在血管周围积聚存活。同时，活化的星形胶质细胞、炎性内皮细胞、脑炎性T细胞可调控神经和胶质的生成。这些均可维护宿主少突胶质细胞而不仅是替代，进而可防止神经组织的慢性损伤。这些结果提示，在脑缺血模型中NSC具有抗炎作用。在EAE模型中，NSC可抵抗血源性CNS浸袭的脑炎性T细胞凋亡所致的炎症。此外，在移植NSC的许多外伤性疾病模型中，星形胶质细胞增生也显著减少。研究表明，NSC在一定程度上可减少髓鞘和轴突的缺失，抑制炎症反应，减少疤痕形成，进而减少疾病造成的临床失能。

（三）卒中

在缺血性（卒中）脑损伤中，移植 NSC 主要是直接替代缺血损伤的脑组织。根据上述的研究结果，NSC 能够提供营养因子和神经保护因子支持梗死周围的半暗带，抑制炎症和疤痕，促进血管形成，并且有助于促进内源性祖细胞的活化、迁移、存活和分化。

卒中的干细胞实验研究主要包括动员内源性 NSC 和提供外源性 NSC 两种方法。内源性 NSC 主要是通过利用内源性及其他生长因子，如 bFGF、转化生长因子-α（TGF-α）、促红细胞生成素等刺激细胞的增殖和分化。尽管目前的研究显示了这种途径的安全性和有效性，但在大规模的临床应用前需注意其生长因子的不可控性。

在脑实质损伤的最大区域，用合成而可生物降解的支架能短暂支撑损伤区域的外源性 NSC 细胞，以延长供体和宿主之间的桥接，促进双方有益分子的释放，抑制星形胶质细胞和宿主炎症的反应，以及提供一个神经纤维再生的模板。缺血缺氧模型的一个特点是广泛的组织损伤，可将 NSC 种植到一个聚合物支架上，随后植入梗死腔内。此法并不仅仅具有治疗作用，而且可在第一时间记录 NSC 和广泛受损脑组织之间自发形成的多种复杂联系，如脑实质损伤的恢复、宿主和供体衍化物之间复杂的网状组织及解剖联系的重组。供体神经元神经再生能力较固定，NSC-支架复合物可改变宿主神经轴突的生长等。这些生物桥通过利用 NSC 和宿主细胞之间的相互作用，可增强其修复反应，包括促进神经元分化、提高神经再生的精细程度、培养皮层组织重建、促进宿主新生组织的联系和血管重建，以及减少炎症和疤痕组织的形成。

缺血性脑损伤的大鼠模型可通过血管内释放的 NSC，以及静脉注射的 NSC 随血液循环迁移到受损的脑组织区，分化成神经元和神经胶质后修复局部缺血或脑出血的功能缺损。尽管动物卒中模型的治疗效果较好，但对人移植细胞的选择、移植途径和过程、移植细胞数量、营养因子的作用、患者的选择、移植后的免疫反应、移植细胞与宿主细胞间的再连接等问题的进一步研究，仍然是干细胞治疗神经系统疾病成败的关键。对尚缺乏有效治疗手段的神经系统疾病而言，干细胞移植是一种崭新的思路，其日趋成熟的应用将为这类疾病的治疗提供新的前景。

第三节　人神经嵴干细胞系的永生化建立、特性及移植作用

神经嵴是脊椎动物胚胎早期发育过程中出现的暂时性结构，从低等动物鱼类到高等动物人类具有极大的相似性。人胚发育第 14 天时，胚盘中轴区的外胚层局部增厚形成神经板；人胚 18 天左右时，神经板两侧缘增厚、隆起形成神经褶，神经褶进一步隆起、靠近与融合形成神经管。外胚层与神经沟边缘之间的神经外胚层细胞在神经管的背外侧构成与神经管平行排列的两条带状细胞索，从中脑平面一直延伸至尾部，由此迁移的神经嵴干细胞分布广泛。由于神经嵴干细胞具有活跃的增殖能力和分化潜能，所以备受国内外学者的关注。

神经嵴干细胞的衍化物分布在外、中、内三个胚层，衍化的细胞类型包括感觉和交感神经元、施万细胞、肾上腺嗜铬细胞、黑素细胞、内分泌细胞、平滑肌、骨骼肌细胞和骨组织。对鸟类胚胎体内谱系追踪和体外克隆分析发现，许多神经嵴细胞具有多能性，而且移植和培养的多能神经嵴细胞，其环境因素可决定生存的周期。

HNC10 细胞分离自人胚胎背根神经节，是经过遗传修饰的人神经嵴干细胞系，可在富含 bFGF 的无血清培养液中保持稳定和未分化的多能状态，且表达神经嵴细胞的特殊表型如巢蛋白，并对神经生长因子受体（LNGFR，p75）呈低亲和力。当 HNC10 在富含血清的培养液中培养时，可分化为神经元、施万细胞、嗜铬细胞和骨骼肌细胞等。将这些细胞移植新生的 CD1 小鼠体内，可诱导人神经嵴细胞迁移至其他解剖区域，并进一步分化为神经元和胶质细胞。

一、永生化神经嵴干细胞系的建立

从妊娠 15 周的胚胎中分离 20 对脊髓背根神经节（dorsal root ganglion，DRG），用 PBS 在 37℃孵育 30min 可解离成单个细胞。将悬浮于无血清培养液中解离的 5×10^5 细胞 /ml 加入聚赖氨酸处理的 6 孔板中。DMEM 无血清培养液包括 UBC1 添加剂（含人胰岛素、人转铁蛋白、亚硒酸钠、孕酮、碘塞罗宁和其他营养物质及抗氧化剂），以及 5mg/ml 葡萄糖、20μg/ml 庆大霉素、2.5μg/ml 两性霉素 B 和 10ng/ml bFGF。培养液每 2 周更换 1 次，1～4 周后可见 DRG 神经元、施万细胞和成纤维细胞，并可用于转基因实验。人胚胎 DRG 细胞在富含 bFGF 的无血清培养液中生长 2～4 周后可见直径 10μm 或 15μm、单个或呈簇状分布的神经细胞，以及长约 15～20μm 的纺锤形施万细胞和肥大的多角形成纤维细胞（图 14-6A）。

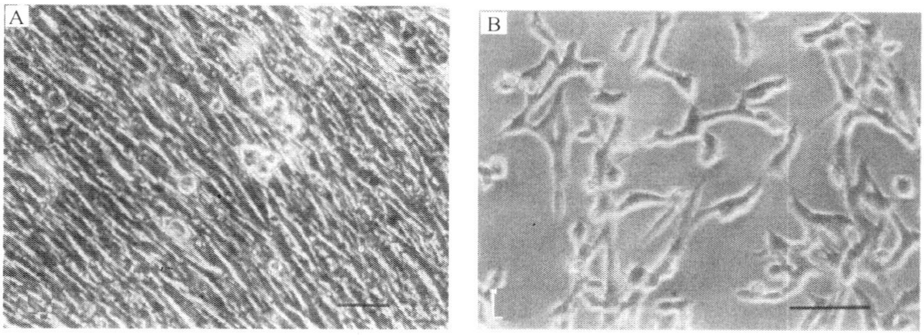

图 14-6　人胚胎 DRG 细胞培养（Zigova et al. 2003）

A. 妊娠 15 周的人胚胎背根神经节体外培养 7 天细胞，其中含有大量的神经元、施万细胞和一小部分神经嵴干细胞。标尺=20μm。B. FGF 无血清 UBC1 培养液培养的人永生化神经嵴 HNC10 干细胞系

由逆转录病毒 LTR 和内部 SV40 早期启动的新霉素抵抗基因 PASK1.2，经转录成双向复制缺陷型逆转录载体编码基因 v-myc，通过遗传修饰可使人神经嵴干细胞系增殖，且可保证子代细胞的单克隆性。载体是利用亲嗜性逆转录病毒编码基因 v-myc（图 14-7）生成，用于感染 PA137 双向包装细胞株。新生细胞的上浮物包括复制缺陷的双向逆转

录病毒颗粒包装细胞，可有效转染被 G418 抗性筛选标记的人神经细胞。

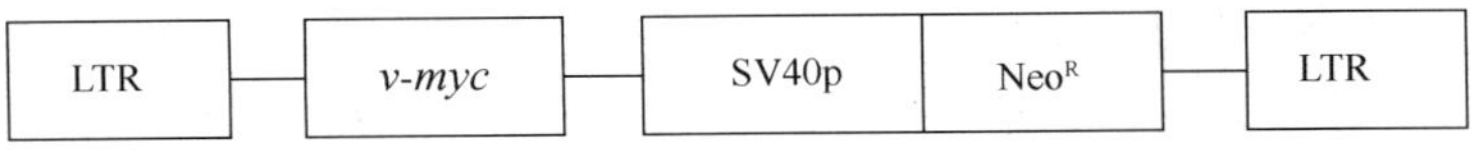

图 14-7　PASK1.2 双向复制缺陷逆转录载体编码基因 v-myc（Zigova et al. 2003）

DRG 细胞需要 3 次的转染。将包装细胞的 2 ml 上清液 （4×10^5CFU），以及 8μg/ml 聚凝胺添加到 6 孔板的目标细胞内，37℃孵化 4h，之后更换新的培养液，24h 和 48h 后重复转染。72h 后挑选出 G418 标记的感染细胞，可见呈簇的细胞在聚赖氨酸的 6 孔板中生长。通过限定溶液稀释度和延长繁殖时间可分离不同的细胞系。目前已建立 6 个细胞系，并已确定为 HNC10 人神经嵴细胞系。为了使分型更加明确，利用逆转录病毒 LacZ 和嘌呤霉素抗性标记的 HNC10 细胞转分化后移植到小鼠大脑内，分离扩增出 6 个 G418 抗性筛选标记的克隆株，克隆细胞呈三极或者多极神经元，大约 10～12μm（图 14-6B）。其中，人神经嵴干细胞系 HNC10.0K10 研究较多。遗传学分析第 5 代人神经嵴干细胞 HNC10 核型显示正常的 46，XY，并无染色体异常（图 14-8）。连续 3 天进行不同时期细胞计数的种群分析，其结果是人神经嵴干细胞倍增时间为 23.67h。

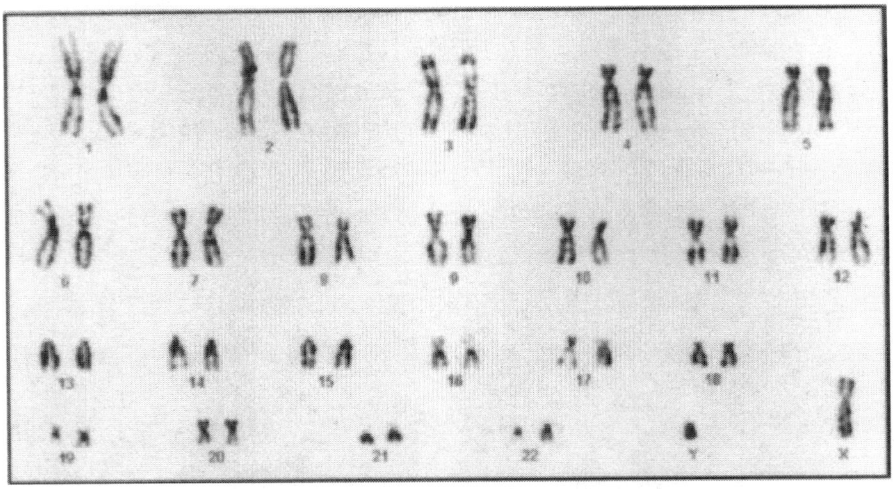

图 14-8　第 5 代人神经嵴干细胞 HNC10 的染色体核型（Zigova et al. 2003）

二、永生化人神经嵴干细胞的表型特点

HNC10.0K10 在体外以单细胞或簇状生长，可传代培养，每周传代 1 次，持续 6 个月。已有专门抗体检测人神经嵴干细胞系特殊细胞类型，包括神经嵴干细胞、周围神经元、施万细胞及嗜铬细胞（表 14-7）。将 HNC10 细胞加入铺有聚赖氨酸涂层的 Aclar 塑料盖片（直径 9mm）上，用无血清培养液培养 3～7 天，随后行免疫细胞学染色。培养物在无血清的培养液中生长，使用 4%低聚甲醛固定 3min，PBS 冲洗 2 次，在室温条件下使用特殊抗体 LNGFR/p75（1:1，ATCC）孵育 30min。巢蛋白的免疫染色，

是将盖片放在-20 摄氏度的冰甲醇里 15min，随后风干，用标记巢蛋白的特殊兔多克隆抗体孵育，随后加入生物素化的次级抗体抗生素蛋白混合物（ABC，载体），最后在 AEC 光镜下观察。

表 14-7　神经嵴干细胞谱系的标志物（Zigova et al. 2003）

蛋白质类型	抗体	细胞类型
巢蛋白	兔	神经嵴干细胞
波形蛋白	单克隆抗体	神经嵴干细胞
FORSE-1	单克隆抗体	神经嵴干细胞
LNGFR/p75	单克隆抗体	神经嵴干细胞
NF-L	单克隆抗体	神经元
NF-M	单克隆抗体	神经元
NF-H	单克隆抗体	NE14 神经元
MAP-2	单克隆抗体	AP14 神经元
微管蛋白βIII	单克隆抗体	神经元
S-100 蛋白	兔	施万细胞
P0 蛋白	兔	施万细胞
GFAP	兔	星形胶质细胞
结蛋白	单克隆抗体	骨骼肌
肌球蛋白	单克隆抗体	骨骼肌
嗜铬粒蛋白	兔	嗜铬细胞

将 HNC10 细胞加入含有血清的 DMEM 培养液中诱导分化，其中的添加剂包括 5%胎牛血清和 5%的马血清，不添加 bFGF。用于神经元免疫化学标记的抗体主要有神经丝蛋白（NF-L，1:1000，抗小鼠单克隆抗体；NF-M 1:4，V.Lee；NF-H 1:1000）、微管相关蛋白-2（MAP-2，1:1000）、微管蛋白βIII 亚型（1:1000）、周围蛋白（1:1000）。施万细胞常用的免疫化学标志物有 S-100 蛋白（1:5000）、胶质纤维酸性蛋白（GFAP, 1：5000）、成肌细胞/肌管、结蛋白（1:1000）和肌球蛋白（1: 3000）。

所有 HNC10 细胞对巢蛋白（图 14-9A）、波形蛋白和 LNGFR/p75（图 14-9B）呈阳性反应，表明 HNC10 确属神经嵴干细胞系。此外，HNC10 细胞与人神经祖细胞表面抗原标志物 FORSE-1 呈阳性反应，而且还与人线粒体特殊抗体（图 14-9C）及总-myc 抗体（图 14-9D）呈阳性反应，提示 HNC10 细胞具有独特的人类起源和 v-myc 逆转录编码基因。当 HNC10 细胞在含有血清的培养液中生长时，大约 10%～30%的细胞可表达三种神经丝蛋白（NF-L、NF-M 和 NF-H；图 14-10A）、微管蛋白βIII 亚型和周围蛋白。这些表型是哺乳类动物包括人类所特有的，表明 HNC10 细胞可在特定的环境下分化为神经细胞。在含血清的培养液中，HNC10 细胞也表达 S-100 和周围髓鞘蛋白（P0 蛋白）。这两种蛋白质都是施万细胞的特殊标志物，提示其可分化为施万细胞（图 14-10B）。

嗜铬颗粒蛋白是肾上腺嗜铬细胞的特殊细胞标志物，在血清中培养的 HNC10 细胞也可分化成此细胞。此外，当 HNC10 细胞培养 2～3 周时可出现肌管形态，这些结构与结蛋白和肌球蛋白反应阳性，表明 HNC10 细胞具有分化为骨骼肌细胞的能力。

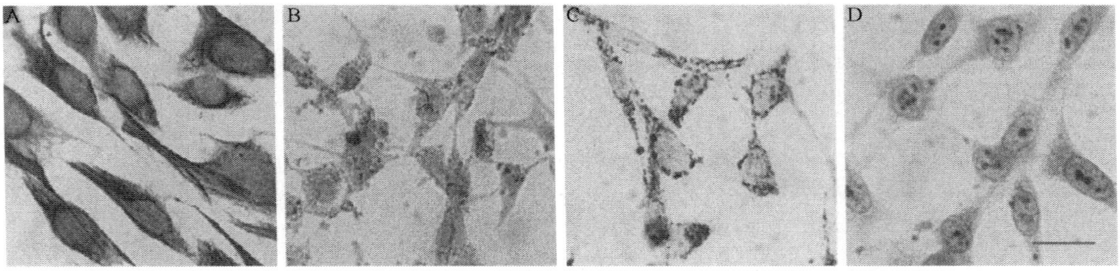

图 14-9　神经嵴干细胞标志物（Zigova et al. 2003）

A．HNC10 显示出很强的巢蛋白免疫活性；B．HNC10 细胞 p75 阳性反应；C．HNC10 细胞人线粒体抗原反应；D．HNC10 细胞内发现 myc 蛋白免疫活性反应，提示 myc 转染成功

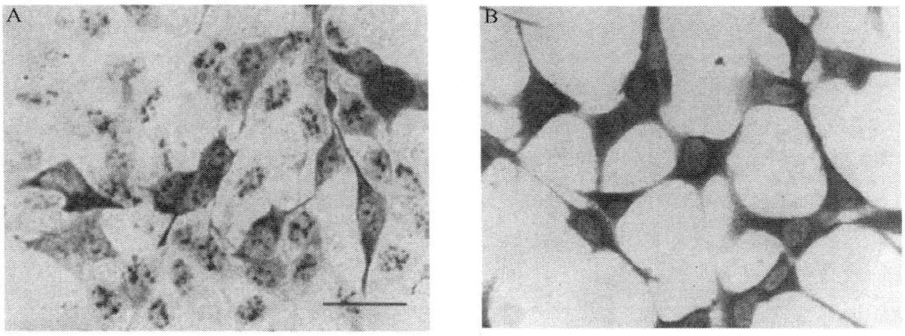

图 14-10　HNC10 细胞富血清培养液培养结果（Zigova et al. 2003）

A．HNC10 细胞分化为 NF-H 反应阳性的神经元，标尺=10μm；B．HNC 细胞 S-100 反应阳性，施万细胞的特殊抗原

三、人神经嵴干细胞的逆转录 PCR 分析

逆转录 PCR 分析（RT-PCR）所用的引物见表 14-8，由 HNC10 细胞分离的 mRNA 进行 RT-PCR 分析的结果见图 14-11。在含 bFGF 的无血清培养液中培养的 HNC10 细胞可转录神经嵴干细胞的特殊标志物巢蛋白和 p75/LNGFR。而在含血清的培养液中生长的 HNC10 细胞可转录神经元特殊标记的 NF-L、NF-H 和 NF-M，以及施万细胞特殊的细胞标志物周围髓鞘蛋白。但 RT-PCR 分析的结果未能证实该细胞系可表达胶质细胞纤维酸性蛋白、细胞骨架蛋白等 CNS 星形胶质细胞的特殊标志物。HNC10 细胞的 RT-PCR 分析结果显示，在无血清的培养液中其可转录神经嵴干细胞特殊标志物巢蛋白和 p75/LNGFR；而在含血清的培养液中可转录神经元（NF-L、NF-H 和 NF-M）和施万细胞（P0）的特殊标志物。

表 14-8　RT-PCR 分析引物（Zigova et al. 2003）

标志物	引物	序列	
巢蛋白	正向	5'-CTC TGA CCT GTC AGA　AGA　AT-3'	
	反向	5'-GAC GCT GAC ACT TAC AGA AT-3'	（316bp）
LNGFR/first	正向	5'-CTC ACA CCG GGG GAT GTG-3'	
	反向	5'-GTG GGC CTT GTG GCC TAC-3'	
LNGFR/second	正向	5'-TGT GGC CTA CAT AGC CTT C-3'	
	反向	5'-ATG TGG CAG TGG ACT CAC T-3'	（476bp）
NF-L	正向	5'-TCC TAC TAC ACC AGC CAT GT-3'	
	反向	5'-TCC CCA GCA CCT TCA ACT TT-3'	（284bp）
NF-M	正向	5'-TGG GAA ATG GCT CGT CAT TT-3'	
	反向	5'-CTT CAT GGA AGC GGC CAA TT-3'	（333bp）
NF-H	正向	5'-CTG GAC GCT GAG CTG AGG AA-3'	
	反向	5'-CAG TCA CTT CTT CAG TCA CT-3'	（316bp）
P0	正向	5'-TTC TGG TCC AGT GAG TGG GTC TCA G-3'	
	反向	5'-TCA CTG TAG TCT AGG TTG TGT ATG A-3'	（209bp）
GFAP	正向	5'-GCA GAG ATG ATG GAG CTC AAT GAC C-3'	
	反向	5'-GTT TCA TCC TGG AGC TTC TGC CTC A-3'	（266bp）

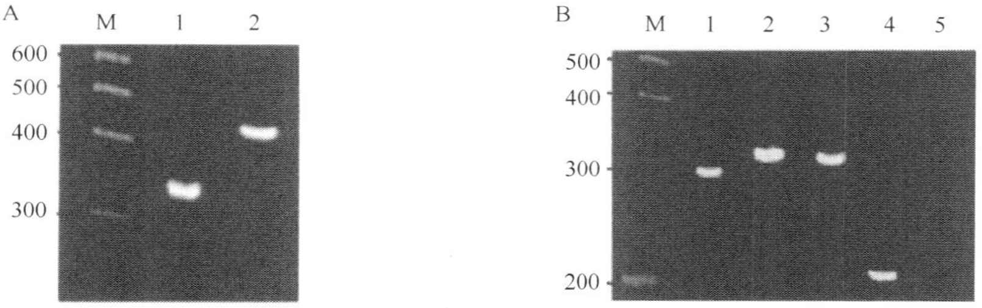

图 14-11　HNC10 细胞基因的 RT-PCR 分析（Zigova et al. 2003）

A．HNC10 细胞转录巢蛋白和 p75/LNGFR；B．HNC10 细胞转录神经元（NF-L、NF-H、NF-M）和施万细胞（P0）的特殊标志物，GFAP（第 5 泳道）信使未测得

四、HNC10 细胞的小鼠脑内移植

用胰蛋白酶消化 HNC10 细胞使其成为单个细胞，并且悬浮于 PBS（5×10^6 细胞/0.1 ml）中，外加 5μg 的锥虫蓝（trypan blue），保存在冰箱里供移植使用。将新生小鼠冷冻麻醉后向侧脑室内注射 2μl 的细胞悬液。所有移植受体每天腹腔注射环孢素 A 10mg/kg，术后 2～4 周处死小鼠，并且灌以 4%的低聚甲醛。将脑组织切片保存在低温处理器内，随后进行β-半乳糖苷酶（X-gal）的组织化学染色。

HNC10 细胞整合入脑室下层，并且在其邻近的海马和新纹状体区域可找到广泛的 X-gal 阳性的 HNC10 细胞（图 14-12）。对移植细胞进行β-半乳糖苷酶和神经丝蛋白双重染色发现，绝大部分β-半乳糖苷酶阳性的细胞表现神经丝蛋白阳性，表明部分 HNC10

细胞在移植部位发育信号的刺激下可分化为神经元。

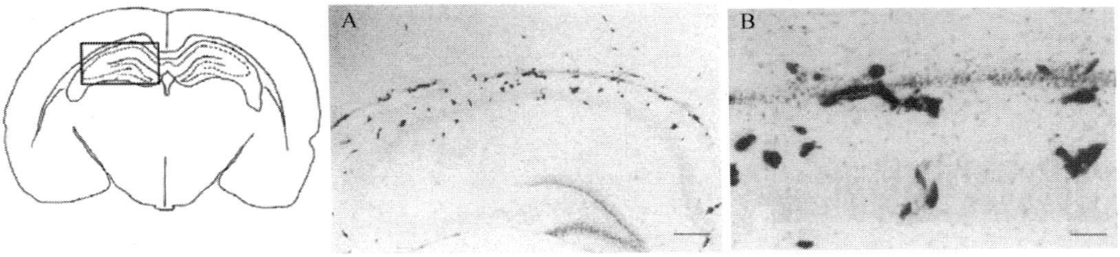

图 14-12　表达 X-gal 的 HNC10 细胞移植入新生小鼠侧脑室内（Zigova et al. 2003）

A．侧脑室旁至深部海马区域术后 4 周发现 X-gal 阳性的细胞，并且整合入神经元层，标尺=100μm；B．图 A 放大影像

五、已建立的神经嵴干细胞系

建立人神经元/胶质细胞和 NSC 系具有重要的实用价值：第一，可提供难以获取的细胞类型；第二，维护和扩增方便，可提供同质细胞的分子标志物，从神经营养因子到特殊受体，较容易识别及监测；第三，可为神经系统的修复及神经系统疾病的治疗提供可移植的、简便且有价值的细胞来源。这些稳定而同质的人神经嵴干细胞系，都可作为体内外的周围和自主神经系统，以及先天和后天调控机制研究的一项有价值的工具。

逆转录病毒 v-myc 转染人胚胎背根神经节的神经嵴祖细胞，现已建此永生化的人神经嵴干细胞系。HNC10 细胞系可表达神经嵴干细胞的标志物，如巢蛋白和 p75/LNGFR，提示 HNC10 细胞系可能是神经嵴细胞的起源。神经嵴细胞可通过形态学、LNGFR 的表达、子代细胞，以及分化为中枢神经衍化物如星形胶质细胞的能力等与 CNS 干细胞区分。HNC10 细胞在体外具有自我更新和多向分化的潜能，可分化为神经元、施万细胞、嗜铬颗粒细胞和骨骼肌细胞 4 种细胞。当 HNC10 用有血清培养液培养时，可产生大量表达 NF-L、NF-M、NF-H、MAP-2、微管蛋白βIII和周围蛋白等标志物的神经元。此外，在含血清的培养液中生长的 HNC10 细胞与 S100（施万细胞）和嗜铬颗粒蛋白（肾上腺嗜铬细胞），以及结蛋白/肌球蛋白（骨骼肌）的反应阳性，表明 HNC10 神经嵴干细胞具有分化为非神经细胞的能力。HNC10 细胞系能否分化为神经嵴干细胞之外的其他非神经细胞衍化物，如黑素细胞、软骨细胞和骨细胞等，尚需进一步研究。

禽类和哺乳类神经嵴干细胞的克隆研究提示，环境信号可能影响神经嵴细胞的生长。在禽类实验中，已经证明生长因子如 bFGF、BDNF、TGF-β1、神经调控蛋白和骨形态发生蛋白在体外可影响神经嵴细胞的发育。研究发现，血清内含 bFGF 可促进 HNC10 细胞分化为神经元，而 TGF-β1 能诱导 HNC10 细胞分化为施万细胞并阻滞神经元分化。结果表明，FGF 家族、TGF 超家族和神经生长因子类可不同程度影响人神经嵴干细胞谱系的分化。

将 HNC10 细胞系移植新生小鼠脑室 1～4 周后，可观察到大量 X-gal 阳性的 HNC10 细胞由室腔及种植区域迁移到邻近的海马和新纹状体。这些结果表明，当 HNC10 细胞移植脑室后，其迁移和分化潜能可受到邻近脑区环境信号的影响。当 NSC 和/或神经嵴干细胞移植发育中的神经系统时，其子代细胞可在种植区域生长。因此，当相同的祖细胞移植小脑时，会生成浦肯野细胞，而移植海马时则产生海马神经元。另外，多能祖细胞移植髓鞘磷脂缺失的大鼠或小鼠脑内时，可产生少突胶质细胞。由此可见，人神经嵴干细胞移植后也能被 CNS 解剖区域产生的信号刺激所影响，并最终分化为 CNS 神经元或胶质细胞。人神经嵴干细胞系最引人注目的特征是，可迁移至受损脑区进行修复，从而促进神经系统疾病功能的恢复。

六、神经嵴干细胞的临床应用

细胞移植已经成为治疗多种疾病最有前景的方案，其主要目的是替代丢失的细胞，以及修复疾病或外伤造成的功能损伤。将可更新的、同质的、多潜能以及性质优良的神经嵴干细胞移植受损神经系统组织后，其能够替代丢失的细胞和促进受损功能恢复。HNC10 作为一种永生化的人神经嵴干细胞系，是治疗各种神经系统病较好的选择。目前，使用细胞治疗的神经系统疾病包括运动和感觉神经病、多发性硬化、帕金森病、亨廷顿病、脊髓损伤、Duchenne 型肌营养不良，以及疼痛控制（表 14-9）。稳定的永生化神经嵴干细胞系可迅速扩增并提供一个可更新的、同质的神经元和胶质细胞群，而且在未来关于神经生物学的发展、细胞和基因治疗，以及新药和新疗法的研究中有较好的实用价值。

表 14-9　人神经嵴干细胞的临床应用（Zigova et al. 2003）

疾病	细胞	功能
运动和感觉神经病	感觉神经元，施万细胞	细胞替代
多发性硬化	施万细胞	细胞替代
PD	DA 神经元，肾上腺嗜铬细胞	细胞替代
HD	GABA 神经元	细胞替代
脊髓损伤	施万细胞	因子释放，轴突引导
Duchenne 型肌营养不良	肌纤维	细胞替代，蛋白释放
疼痛控制	肾上腺嗜铬细胞	镇痛

第四节　NT2N 细胞在神经移植治疗中的临床前研究

人神经元畸胎癌细胞（hNT 细胞），也称为 NT2N 细胞和 LBS 神经元。这是最早分离于人神经源性的癌性肿瘤，将其用于移植可避免使用胎儿和 ES 细胞的伦理问题。最近研究结果显示，NT2N 细胞可生成神经营养因子等。

一、NT2N 细胞的作用

利用细胞或者基因治疗神经系统疾病如 PD、HD 和脑卒中等，探索可转染和可移植的细胞“平台”，获得有治疗价值的基因产物逐渐成为近几年的研究热点。大量的神经保护方法，包括神经营养因子治疗和细胞移植技术，都已显现治疗神经系统疾病的潜力。

细胞移植用于临床治疗已有 15 年，帕金森病和亨廷顿病的实验动物模型已显示不同程度细胞移植治疗的效果。目前，多种不同类型的细胞已用于神经移植，如胎儿神经元、神经干/祖细胞、分泌神经介质和神经营养因子的基因工程细胞（如永生化细胞系、成纤维细胞和星形胶质细胞）、副神经元细胞（可合成神经元物质和/或具有神经元样潜能），以及可辅助轴突缺失时功能重建的桥状移植物。当这些细胞移植脑内时，可部分重建神经环路，形成功能突触。胎儿细胞是目前移植最常用的细胞，但由于涉及伦理问题，临床使用受到限制。研究发现，移植的神经源性细胞生存率较低，而非神经源性细胞生存率较高，提示后者可能是移植来源的较好选择。但要注意的是非神经源细胞可能的致瘤作用。影响移植物生存的主要因素是宿主的免疫排斥反应，自体细胞或干细胞可绕过免疫监视更好的存活。

细胞移植、神经营养因子和基因治疗之间相互补充可达到临床的最大获益。例如，为了得到 CNS 疾病基因治疗的持久效果，可能需要具有持续分泌作用的基因产物。而这些产物可通过基因工程细胞的移植获取，争议小且容易操作，并且细胞系体外培养稳定，极易统一和识别。虽然如此，使用基因工程细胞时需要注意转基因的不可预测性，而且即使在最佳条件下，转基因产物的生命也不像移植细胞那么长。人胚胎癌细胞系作为细胞移植源具有所需要的诸多特性，在体外使用维 A 酸（RA）处理后，可转染和分化为有丝分裂后神经样细胞（NT2N 细胞）。因此，通过移植 NT2N 细胞可使外源性蛋白质进入 CNS。这是治疗神经系统疾病较为合适的途径。

NT2N 细胞的母细胞（NT2）是由人畸胎癌分离的癌胚细胞系。经过 6 周的 RA 处理，神经元标志物替代了 NT2 细胞原有的神经上皮标志物。而且，有丝分裂抑制剂可导致 99%以上 NT2N 神经元的终分化。NT2N 神经元可出现自然发育的过程，并生成功能突触。但是，由于表达同一种神经表型，终分化的有丝分裂后胚胎神经元与成熟的 NT2N 细胞较难区分。与生殖肿瘤细胞系相比，NT2 细胞并没有因为 RA 处理而产生其他神经或非神经谱系的作用。因此，NT2 细胞可作为体外 CNS 神经祖细胞的替代物。目前的证据表明，NT2 和 NT2N 细胞都可用于 CNS 疾病的移植治疗。

二、NT2N 细胞移植治疗的可用性

纯化的 NT2N 细胞植入啮齿类 CNS 内，可存活并整合到宿主的神经系统中。尽管这种单纯的体外研究并不能完全说明问题，但这些研究成果仍有助于探讨人胚胎神经细胞在 CNS 内生存的生物学状态。NT2N 神经元的可用性已表明人胚胎神经元的很多优点，如具有 15%的移植物存活率、低组织差异性和较高的移植再生能力等。并且，随访 1 年后未见其回复到肿瘤状态。因此，NT2N 细胞移植可为 CNS 疾病的细胞替代治疗提供一种新的方法。

三、NT2N 细胞移植的微环境

尽管已经证明，用 RA 和有丝分裂抑制剂处理的 NT2N 细胞可表现出已分化神经元的特点，而且移植后不会回归肿瘤状态。但 NT2N 神经元经宿主微环境的刺激后仍有可能进行“有丝分裂”。将具有可能致瘤的 NT2 细胞移植 SCID 小鼠和裸小鼠脑内的不同区域，结果显示移植区域显著影响细胞的存活率、增殖和分化。例如，NT2 细胞移植蛛网膜下腔和新皮层后，可持续分裂和发生细胞凋亡，但是分化为神经元的能力却非常有限。除了这两个区域，移植侧脑室、肝脏和骨骼肌 10 周后，NT2 细胞可迅速发展为庞大而致命的肿瘤。相反，当 NT2 细胞移植 SCID 小鼠背侧纹状体 20 周以后可停止增殖，并可分化为不成熟的神经元样细胞，且不会出现坏死或凋亡。这些结果提示，背侧纹状体可能是 NT2 细胞的最佳移植环境。宿主的微环境可产生信号分子调控 hNT2 细胞的增殖、凋亡和分化。

在卒中动物模型里，NT2 细胞的存活率为 15%，但是忽略了缺血性脑损害往往涉及多种细胞类型。此外，卒中以梗死灶（缺血核心）为特征，并伴有逐步进展的细胞退化（缺血带），因此缺血的核心和缺血带并不是移植细胞有益的环境。卒中动物模型显示，其中较多的活性细胞可能与细胞移植到梗死区域有关。因此，神经移植可能需要多个脑靶点去修复受损的神经通路。但是，多次移植造成的针刺创伤和难以到达深部脑区的问题可能会阻碍这一技术发展。因为卒中可破坏许多类型的细胞，所以移植治疗可能需要多种不同的供体细胞。NT2 细胞的多能特性和 NT2N 细胞的神经元样分化特点则可满足其治疗的要求，但尚需更多的实验来验证。总之，NT2 细胞适用于更广泛的脑疾病，而特定脑区域的受损用分化的 NT2N 细胞可能更好。

四、NT2N 细胞在卒中动物模型中介导的功能恢复

啮齿类大脑中动脉阻塞模型与临床脑缺血常见运动的异常相似，此模型也是研究缺血大鼠移植 NT2N 细胞疗效的一种有效工具。通过移植 ECC 系衍化的人神经元或胎鼠

纹状体改善脑缺血异常的结果显示，细胞移植 1 个月后缺血造成的行为异常有所改变。最新的研究指出，人神经元的移植比大鼠纹状体移植促进功能恢复效果更好。利用细胞系作为移植的细胞来源，可有效避免使用胎儿纹状体细胞所涉及的伦理问题。

（一）促进移植前后功能恢复的 NT2N 细胞的活性

NT2N 神经元存活的直接证据是与细胞移植动物功能的恢复。在 NT2N 神经元移植卒中的动物模型中，细胞的存活率是非常关键的因素。移植前期，存活的细胞数大约 52%～95%。受试体内细胞的存活率也较高，并与移植后较持久的功能改善相关。而且，组织学分析显示 NT2N 神经元的存活率与功能恢复的程度呈正相关。

（二）冻存 NT2N 细胞在移植中的作用

冻存 NT2N 细胞移植卒中动物较早或较晚，都不影响其细胞的存活率。而且，NT2N 细胞在冷冻条件下能保持持久的活性，这在其他细胞中是少见的。多数的研究显示，用低温保存的胎儿细胞其活性显著丢失，而且这种细胞不能移植。因此，NT2N 细胞可低温保存的特性为将细胞运输至偏远地区需要细胞移植的医院提供了可能。

（三）NT2N 细胞移植的量效关系

研究显示，用 $40×10^3$、$80×10^3$ 和 $160×10^3$ 的 NT2N 细胞移植缺血性动物后，其被动回避和摆动实验出现剂量依赖与功能提高的结果。在这些行为实验结束后，可用人细胞抗体检测脑内 NT2N 细胞的存在。$40×10^3$、$80×10^3$ 和 $160×10^3$ 的 NT2N 神经元移植后的存活率分别是 5%和 12%～15%。而且，移植 $80×10^3$ 或 $160×10^3$ 细胞数量的动物由缺血损伤造成的功能缺损的改善更显著。由此推断，卒中损伤越重，所需要移植的细胞数量越多。NT2N 细胞的剂量取决于移植前后细胞的存活率，以及病变损害的程度。

（四）NT2N 细胞移植的免疫抑制治疗

研究表明，在 NT2N 细胞移植缺血性纹状体并用免疫抑制剂环孢霉素 A（cyclosporin A，CsA）治疗后，卒中动物的被动回避、记忆功能障碍和不对称运动等均得到明显改善。另用免疫抑制剂治疗的动物在移植 6 周后的行为康复更为明显，对照动物在 2 周后无行为表现。在缺血性脑损伤移植 NT2N 细胞后未用 CsA 治疗的大鼠，其功能恢复的程度高于注射大鼠胚胎小脑细胞或基质细胞的动物。这些表明，在移植后的早期，即使没用免疫抑制剂的大鼠也能促进其功能恢复。组织学的分析发现，在免疫抑制剂治疗的动物体内残存有 NT2N 细胞，而对照动物则无。较长时间的免疫抑制剂治疗，是人 NT2N 细胞移植大鼠脑内所需的附加治疗，以此获得最佳且持久的功能恢复和细胞存活的较长时间。未用免疫抑制剂治疗的动物体内未发现 NT2N 细胞，可能与移植排斥有关。但与对照组相比，这些动物在移植 6 周后也有明显的功能改善，但程度不如接受免疫抑制剂治疗的动物。研究表明，不管用与不用免疫抑制剂治疗，均无证据表明移植后的 NT2N 细胞会对宿主脑组织产生有害影响。由于 NT2N 细胞是分离自人胚胎细胞，长时间的免疫抑制治疗并非必需。临床 PD 患者移植人胚胎细胞后，在没有用免疫抑制剂治疗时，其 NT2N 细胞的存活率及提高临床功能的能力均未见受损。另有研究指出，NT2N 细胞可能具有免疫抑制的作用。因此，长期而系统的免疫抑制治疗并不适用于人类。但最近的研究提示，免疫抑制剂可能具有营养因子效应，联合使用免疫抑制剂的 NT2N 细胞移植可能具有更好的生存率和行为改变。

五、NT2N 细胞在动物神经系统疾病中的应用

目前，NT2N 细胞已经用于 PD、HD 和脊髓损伤的动物模型。在体外，纯化的 NT2N 神经元具有与人胚胎纹状体组织相似的生物化学表型，并可分泌谷氨酸脱羧酶和乙酰胆碱转移酶，以及表达 D1 和 D2 受体。将 NT2N 细胞或纹状体组织种植到成年大鼠单侧受损的纹状体内，甲基苯丙胺诱导的转圈行为显著减少，用爪子控制假动物能力也部分恢复。因此，NT2N 细胞用于 HD 动物模型与移植胚胎纹状体组织同样有效。

单向的 6-羟基多巴胺受损大鼠分别移植 3 种 NT2N 神经元的产物：NT2N 神经元、NT2N-DA 神经元或锂氯（LiCl）处理的多巴胺神经元。其中，LiCl 可增强 NT2N 细胞 TH 的表达能力。结果显示，LiCl 可诱导 NT2N 细胞产生 TH，移植 NT2N 细胞的神经元无 TH 免疫反应，43%的 NT2N-DA 神经元显示 TH 阳性。但是 TH 免疫反应阳性的 NT2N 细胞并无显著的功能恢复。这项研究表明，NT2N 细胞可被 LiCl 或其他化学物质诱导增强 TH 的表达能力，有助于 PD 的细胞移植研究。

将 NT2N 细胞种植在无胸腺裸小鼠脊髓内，移植细胞可整合到宿主组织中。不管移植区域及宿主年龄大小，NT2N 神经元表现相似的表型特征，主要是表达成熟神经元的形态和分子类型。而且，此神经元还可促进宿主少突胶质细胞髓鞘形成。宿主的微环境可能影响 NT2N 细胞的分化。NT2N 细胞的生长过程受到微环境的刺激后，可影响白质和灰质内的分化形态学。例如，其移植细胞在白质内可延伸>2cm 的区域，而在灰质内的行迹较短。这些结果表明，NT2N 细胞与宿主微环境的相互影响，同时也推动了此细胞在脊髓损伤模型中的应用。

将 NT2N 细胞种植到具有免疫活性的液体撞击性脑损伤（traumatic brain injury，TBI）大鼠的脑内，测定此细胞移植物在皮层损伤中的长期存活率，以及对认知和功能缺损的治疗作用。TBI 后 24h，其移植细胞可定向移植到受损的周围或中央大脑皮层。NT2N 细胞移植到周围受损皮层存活期大约 2～4 周，但是并无显著的运动和认知功能的提高。

六、NT2N 细胞与神经营养因子

神经营养因子在细胞存活、增殖、分化、生化功能和形态塑造方面起到关键的作用。

营养因素在成人发育过程、损伤和变性事件中都非常重要。此因子的内生水平由于神经元受损而有所提高，这可能与其生理再生反应有关。许多神经营养生长因子可作用于黑质纹状体系统，特别是在神经系统疾病中。这些表明，在生长、维护和/或神经元恢复过程中神经营养因子的生理作用。在 PD、HD 和卒中动物体内进行外源性调控时，作用于黑质纹状体系统的因子还具有保护神经的作用。

卒中动物功能的提高与 NT2N 细胞对损伤部位的神经营养作用有关。但是，尚没有直接的证据表明此细胞确实具有神经保护作用。NT2N 神经元与胶质细胞源性神经营养因子（GDNF）的 mRNA 反应阳性，GDNF 在神经变性疾病中的神经保护作用现已证实，提示 NT2N 细胞的神经保护作用。

NT2N 细胞生成 TH 的能力有限，用尾状核提取物培养 NT2 前体细胞在第 2、3、4 和 5 周 TH^{+}细胞分别为 2%～5%、8%～16%、28%～34%、36%～42%。在早期卒中动物研究中，移植 NT2N 细胞和移植胚胎纹状体组织后其行为恢复相似。但在 1 个月后 NT2N 细胞显现出较强的恢复能力。此细胞的这种效果，在移植非免疫抑制的动物时也较明显。因为并无证据表明移植一个后受损的脑组织已被替代，这种功能恢复可能与 NT2N 细胞神经营养因子的作用有关。因此，可推断 NT2N 细胞能够分泌营养因子修复缺血引起的损伤。而且，平均每次移植新鲜 NT2N 细胞 7.8×10^4 和冻存细胞 2.3×10^3 的结果显示，功能恢复的有效剂量比移植大约 8×10^5 个纹状体细胞少 10 倍。

黑质纹状体系统单侧 6-OHDA 损伤 5min 后，将 NT2N 细胞移植黑质内，1 个月后的组织学分析发现，移植侧出现对多巴胺能的完全保护作用。此外，与仅移植载体相比，损伤后立即移植 NT2N 细胞的动物没有行为缺失。现有资料表明，通过移植 GDNF 分泌性 NT2N 神经元，可补充 GDNF 到 CNS。这些研究为 PD 和其他神经变性疾病营养因子的长期表达提供了机会。

在许多神经移植的临床前和临床研究中已表明，神经营养因子的使用可提高移植细胞的存活率。这种因子对脑损伤具有保护效应，在缺血性脑组织中注入 GDNF 可有效提高细胞存活率。GDNF 是一种最有潜力的多巴胺能神经营养因子，体外和 PD 动物体内实验都已证明其具有神经保护作用。直接注入神经营养因子，或者预处理供体细胞或者移植治疗时同时注入，这在 PD 动物模型中都有效果。但到目前为止，临床前和临床资料显示，神经移植治疗脑卒中的有效性与局部脑损伤有关。在多处脑组织损伤的治疗中，可能还需多种细胞类型及神经营养因子的联合应用。

七、NT2N 细胞促进 CNS 功能恢复的机制研究

体外研究表明，NT2N 细胞显现许多正常有丝分裂神经元的特点，如高度不对称的形态学、轴突的延伸和大量的长树突。而且，可从移植的 NT2N 细胞延伸出数毫米轴突类似物。因此，NT2N 细胞促进功能恢复的一个潜在机制是移植后期替代变性的宿主脑细胞。移植裸小鼠后，NT2N 细胞可整合并变成与目标神经元相似的表型。

NT2N 细胞诱导功能恢复的可能机制是其能够变成纹状体样神经元，具备分泌神经化学物质或恢复纹状体细胞的功能。当 NT2N 细胞受到神经营养因子（如酸性神经丝生长因子）和活化因子（如儿茶酚胺类和福斯科林）的刺激时，可生成儿茶酚胺和酪氨酸羟化酶的限速酶。体外研究表明，用 RA 处理并和纹状体提取物共同培养的 NT2N 细胞 TH 阳性的百分比要比只加 RA 的高 10 倍。因此，宿主微环境诱导 NT2N 细胞分泌 DA 能够促进缺血导致行为障碍的恢复。另外，成年小鼠纹状体的微环境可诱导 NT2N 细胞分化为完全成熟的成体神经元细胞。

八、NT2N 细胞的临床应用

在卒中动物模型中，通过临床前研究为卒中患者移植人 NT2N 细胞提供了双重理论支持。首先，缺血动物细胞移植是在大脑中动脉术后 1 个月进行的，这表明了稳定性卒中运动症状逆转的可能。其次，免疫受到抑制的大鼠可很好地耐受人神经元的移植，而这种人神经元作为人类衍化细胞用于卒中患者可以不用免疫抑制。由于大量免疫抑制治疗的副作用明显，避免免疫抑制治疗也成为该细胞使用的一个优势。移植克隆细胞系如 NT2N 等，不仅避免了使用胚胎细胞的伦理问题，也为卒中后神经移植治疗提供了更广的治疗时间窗。

脑缺血的治疗成功高度依赖干预时间，将克隆细胞系作为移植细胞的来源可显著缩短缺血时间。而且，稳定性卒中动物移植 NT2N 细胞后受损功能的恢复也为卒中患者的治疗，以及卒中发生后较早的治疗提供了可能性。

美国 FDA 已批准 NT2N 细胞进行Ⅰ期临床试验，以评估其治疗稳定性卒中的效果。为修复功能缺损，将 NT2N 细胞移植卒中患者的基底节区，这些患者包括 12 例（44～75 岁）卒中 6 个月～6 年的患者。12～18 个月的系列随访并未发现不佳的血清学或影像学证据。其中有 6 例患者按欧洲卒中量化表评分上升 3～10 分，全部患者平均上升 2.9 分（P=0.046）。11 例患者在第 6 个月时行 PET 扫描显示，其移植部位葡萄糖摄取率显著提高。这表明 NT2N 细胞在脑梗死患者治疗中的有效性。

目前，有限的临床试验尚未发现 NT2N 细胞移植后有严重的副作用。PET 扫描提示，移植 1 年后在部分患者中仍可见到移植细胞的存活，其神经功能恢复也有可测量性的提高。但是，由于移植细胞是从人胚胎癌组织中分离的，移植后的一段时间仍要考虑恶变的可能。NT2N 细胞是否可改善脑卒中或其他神经系统疾病造成的功能异常，还需要更加严谨的实验研究。

第五节 极小胚胎样干细胞的神经再生作用

近年来，科学家从小鼠骨髓和人脐带血（CB）中分离的一种具有类似 ES 细胞生物学特性的多能干细胞，是一种极小胚胎样干细胞（very small embryonic-like stem cell，VSEL）。此种细胞的形态学和细胞标志物与 ES 细胞相似，并具有 ES 细胞多向分化潜能的特性。在体外可诱导分化为内胚层、中胚层和外胚层细胞，其潜在分化能力强，若作为组织工程和临床治疗的种子细胞，既可避免伦理学争议，又具有良好的应用前景，被认为具有替代 ES 细胞的潜力。

在应激或受伤时，这类干细胞可游移到周围血中帮助修复受损组织，被看成是原始胚芽细胞中的一个休眠群体。其具有多能干细胞的多种细胞标志物，可分化为骨骼、肌肉、心脏、神经细胞、肝脏、皮肤上皮细胞和胰腺等组织。在人类和小鼠的心梗和卒中模型中，VSEL 在粒细胞集落刺激因子（G-CSF）的刺激下可迁移到周围血中。卒中患者血液循环中表达 VSEL 干细胞表型的原始细胞数量也增加，而且与卒中范围、间充质细胞衍化因子（stromal derived factor-1，SDF-1）及血清浓度之间呈正相关。也有报道指出，VSEL 干细胞在治疗急性心肌梗死、脑损伤、糖尿病及恶性肿瘤等疾病中可能具有潜在的应用价值。

一、VSEL 干细胞的生物学特性

VSEL 干细胞存在于成体组织中，并可随周围血迁移至受损组织处促进修复。将这些细胞与其它黏附细胞联合培养时，其增殖和分化比较容易。例如，将这种干细胞加到小鼠 C2C12 肉瘤细胞饲养层上，约 5%～10%的纯 VSEL 干细胞能形成球形类胚体。从 VSEL 干细胞衍化球（VSEL-DS）获得的细胞是含常染色质的大核未成熟细胞，表达 $CXCR4^+SSEA\text{-}1^+Oct\text{-}4^+$，犹如纯化的 VSEL 干细胞。然而，VSEL-DS 获得的细胞已经变大并能分化成所有三个胚层的组织。此外，小鼠骨髓源性和人脐带血源性的 VSEL 干细胞，在与 MSC 的联合培养中能使神经球快速增长。

研究发现，在年幼的小鼠中有 VSEL-DS 的形成，而>2 年的小鼠则无，提示这与年龄有关。在不同寿命的小鼠中，骨髓有核细胞（bone-marrow nucleated cell, BMNC）的含量也不同。与短寿命的 DBA/2J 小鼠的细胞相比，长寿命的 C57B16 小鼠的骨髓细胞浓度更高。这些表明，其相关的基因可能在组织发育中影响其细胞的分布和扩增。这些基因可能参与调控细胞的再生能力，并与哺乳动物的寿命有关。

VSEL 干细胞具有高度的移动性并对 SDF-1 梯度反应敏感，依靠纤连蛋白和纤维蛋白原也可与骨髓源性基质纤维细胞相互作用。成纤维细胞可分泌 SDF-1，并与受体 CXCR4 结合，可为小的 $CXCR4^+$VSEL 干细胞形成一个归巢的微环境。VSEL 干细胞和骨髓源性成纤维细胞可相互作用，在一定程度上解释了骨髓源性成纤维细胞特殊的“可塑性”。而且，与小鼠 VSEL 干细胞相似的细胞也出现在人类 CB 和骨髓中。

二、成年小鼠骨髓 VSEL 干细胞的识别

目前的研究表明，骨髓可能含有直径为 3～6μm 非常小的细胞：①谱系标志物阴性；②CD45$^-$；③表达 Sca-1 抗原（小鼠）和 CXC 趋化因子受体 4（CXCR4），CD133，CD34 抗原（小鼠和人类）；④PSC 标志物（Oct-4，SSEA）阳性。通过直径为 1μm、2μm、4μm、6μm、10μm、15μm 的分子筛分拣骨髓源性细胞结果是：①非常小（小鼠 3～5μm 和人类 4～6μm）；②Oct-4$^+$CXCR4$^+$SSEA-1$^+$Sca-1$^+$CD45$^-$lin$^-$（小鼠），Oct-4$^+$CXCR4$^+$SSEA-4$^+$CD133$^+$CD45$^-$lin$^-$（人类）；③含有染色质的大胞核。 这种新型荧光活化细胞分类术（fluorescence activated cell sorting，FACS）可限制颗粒标志物的尺寸。第一步是控制 2～10μm 小物质的范围，如散点图显示的 R1 区那样（图 14-13A 和 B）。此区域主要包括细胞碎片、红细胞和大的血小板，以及一些稀有带核的小细胞。通过细胞计数器分析可知这一区域平均占总数的 50%，而且具有 Sca-1 和谱系标志物（lin）的表达。R2 区表达 Sca-1$^+$/lin$^-$（图 14-13D），平均占骨髓有核细胞总数的（0.30±0.05）%。此区的细胞按照 CD45 抗原表达方式分类为 Sca-1$^+$/lin$^-$/CD45$^-$的是 R3 区，Sca-1$^+$/lin$^-$/CD45$^+$的为 R4 区（图 14-13C）。

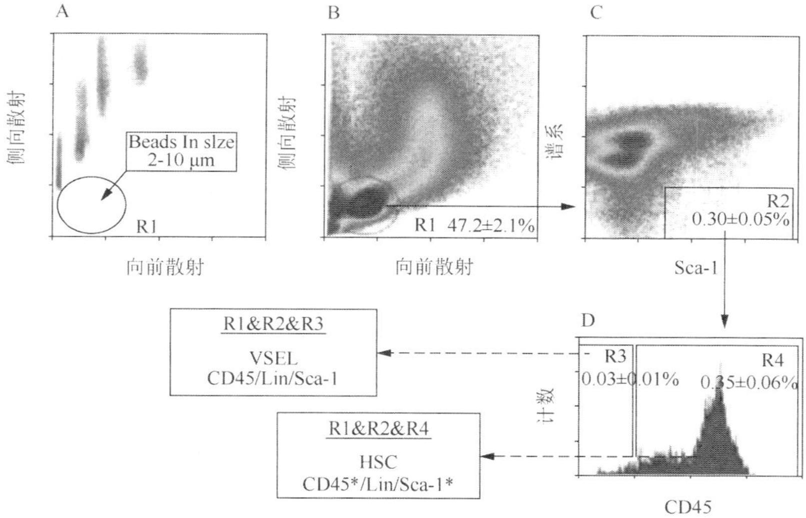

图 14-13　FACS 分拣骨髓源性 VSEL 干细胞免疫荧光染色的小鼠 BMNC（Ulrich 2010）

A. 与 6 种标准直径 1μm、2μm、4μm、6μm、10μm 和 15μm 的颗粒比较，R1 区包含嗜碱性白细胞（2～10μm）；B. 细胞的大小和间隔尺寸/复杂性相关的参数；C，D. 分拣后 Sca-1$^+$/lin$^-$/CD45$^-$细胞（VSEL 干细胞）包括 R1、R2 和 R3 区，而 Sca-1$^+$/lin$^-$/CD45$^+$细胞（HSC）包括 R1、R2 和 R4 区。百分比为细胞亚群在总 BMNC 中的平均含量（±标准差）

在 R3 区中显示，第 1 个细胞群包括 VSEL 干细胞。免疫荧光分析的结果表明，其可高表达早期胚胎的标记 Oct-4 和 SSEA-1。在 R4 区为高度浓缩的 HSC。透射电子显微镜（transmission electron microscopy，TEM）观察确定为 Sca-1$^+$/lin$^-$/CD45$^-$细胞表达一些 ES 细胞的特点，如尺寸较小、被少量细胞质包围的大细胞核和常染色质。相反，

Sca-1^{+}lin^{-}CD45^{+}细胞显示不同的形态学并且尺寸更大，其平均直径为 8～10μm，染色质和核仁分散。研究发现，在 BMNC 的组成中，VSEL 干细胞大约占 0.03%，而 HSC 约占 0.35%（图 38-13C）。95%的 Sca-1^{+}/lin^{-}/CD45^{-}（VSEL）的直径在 2～6μm 的范围内，而 86%的 Sca-1^{+}/lin^{-}/CD45^{+}（HSC）在 6～10μm。流式细胞仪的分析结果是，大多数由成人骨髓分离的 Sca-1^{+}/lin^{-}/CD45^{-}细胞是<6μm 的小细胞，这与前期趋化分离试验结果相似。

成像射流分析系统（image stream system，ISS）结合了流式细胞术和显微镜的特点，可对各种细胞参数进行统计分析，以及通过高分辨率的亮视野、暗视野和荧光图像进行可视化细胞悬浮流式分析，并可更好地计算和评价 VSEL 干细胞的形态特征。高分辨率 ISS 成像可识别直径为 1μm 的小颗粒。因此，这种成像技术对直径为 2～6μm 小颗粒的分析是一种理想的方法。

用 DNA-粘合荧光染料 7-AAD 对 BMNC 固定和染色，利用 ISS 技术的分析可自动计算 7-ADD 细胞核区图像（图 14-14）。从总细胞区减去细胞核区则是细胞质区。N/C 比率是细胞核区和细胞质区的比值。此外，基于已知物体的形态特征和 ISS 的可视微观形态，可排除碎片和伪迹，有核的完整细胞可用于进一步的分析。

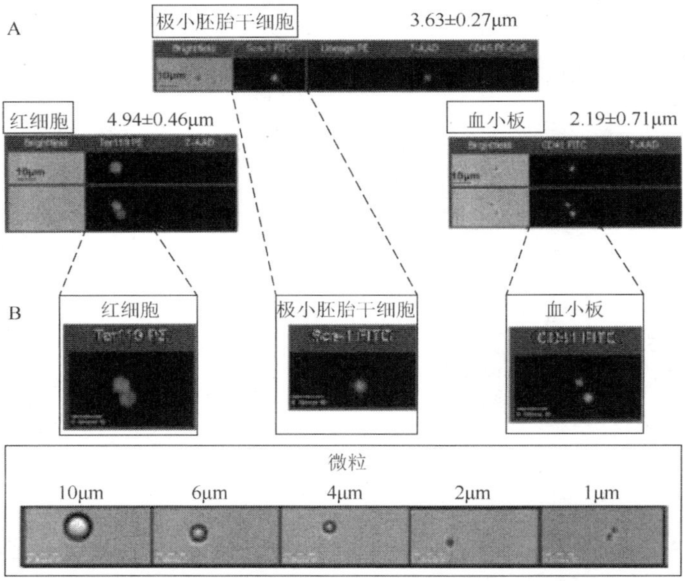

图 14-14　小鼠 VSEL 干细胞、HSC、RBC 和 PLT 的 ISS 形态学对比（Ulrich 2010）（另见彩图）

A．小鼠 VSEL 干细胞的 Sca-1（FITC，绿色）、lin（PE，橙色）和 CD45（PE-Cy5，洋红色）染色，利用 Ter119 着色的血源性红细胞和 CD41（FITC,绿色）着色的血小板。固定后，所有的样品均用 7-ADD（红色）给可视的细胞核染色。计算每个亚群的平均大小（均数±标准差）作为最小细胞轴，标尺=10μm；B．VSEL 干细胞, RBC 和 PLT 与预先设定的相同尺寸比较结果通过 ISS 分析的细胞图片发现，小鼠骨髓源性 VSEL 干细胞直径约为 3.6μm，然而 Sca-1$^+$/lin$^-$/CD45$^+$ HSC 直径大约为 6.5μm。而且，VSEL 干细胞的 N/C 比大于 HSC，分别是 1.5±0.2 和 0.8±0.03。与 HSC 胞质区（33.8±1.7）比较，VSEL 干细胞的为 5.4±0.6，明显小于 HSC。这类细胞不表达 MHC-I 和人类白细胞抗原 D（HLA-DR）表面抗原，并且显示 CD90$^-$、CD105$^-$和 CD29$^-$。此外，骨髓源性 VSEL 干细胞比 PB 中血小板大，但较红细胞小（图 14-15）。

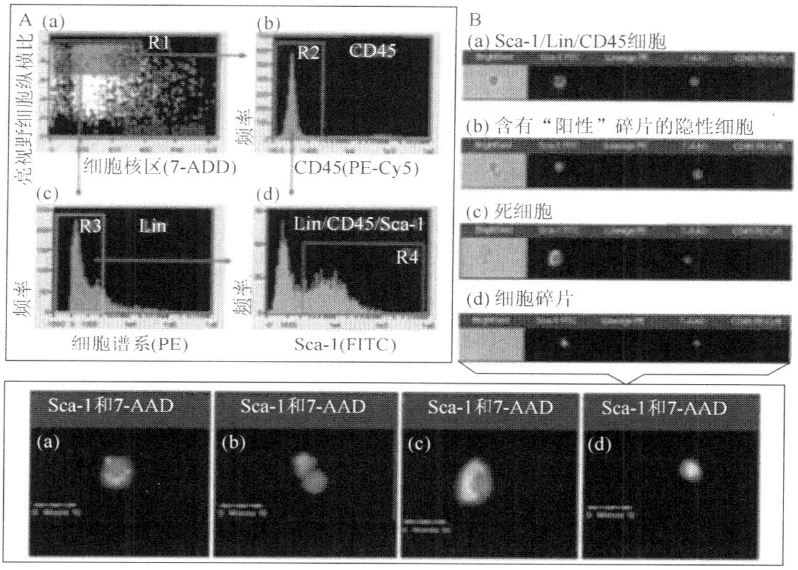

图 14-15　肾源性 Sca-1$^+$/lin$^-$/CD45$^-$细胞的 ISS 分析（Ulrich 2010）（另见彩图）

A．通过酶组织化学从肾脏分离细胞，并行 Sca-1、CD45 和 lin 染色（a），细胞核区和亮视野细胞纵横比，R1 区 CD45（b）、lin（c）和 Sca-1（d），R2 和 R3 区 lin$^-$/CD45$^-$，R4 区 Sca-1$^+$/lin$^-$/CD45$^-$。B．正常有核的 Sca-1$^+$/lin$^-$/CD45$^-$细胞（a）、含“阳性”碎片的阴性细胞（b）、死细胞（c） 和细胞碎片（d）。亮视野图像以及荧光影像下核图像（7-AAD,红色），Sca-1 （FITC,绿色）、lin （PE，橙色）和 CD45 （PE-Cy5，黄色）。标尺=10μm

三、成年小鼠器官 VSEL 干细胞的识别

小鼠骨髓中分离的 VSEL 干细胞是 Oct-4 阳性的 Sca-1$^+$ lin$^-$ CD45$^-$细胞亚群。为了分析成熟器官中的这种细胞亚群，通过周围血灌注移除小鼠循环中残留的 VSEL 干细胞，分离后的器官依次使用相同的酶处理，洗脱分离的有核细胞，通过特殊抗体染色用于流式细胞术和 ISS 分析。用 7-ADD 的细胞染色，能可视化分析有核细胞并排除伪迹，还能更精确地识别失核的 7-ADD 阴性碎片，从而提高准确率。通过 ISS 分析其真实的图像，不仅可从无核的碎片中区分有核对象，而且也会从伪迹中识别阳性细胞。研究结果发现，所有分析的器官均含有 Oct-4$^+$Sca-1$^+$ lin$^-$ CD45$^-$细胞群（图 14-16）。其中，胰腺、脑、骨骼肌和肾脏器官中这些细胞占的比例更高，分别是（0.330±0.099）%、（0.110±0.027）%、（0.082±0.018）%和（0.056±0.004）%；骨髓、胸腺和脾脏中 Oct-4$^+$Sca-1$^+$lin$^-$CD45$^-$细胞

的比例较低，分别是（0.0018±0.0003）%、（0.0018±0.0003）%和（0.005±0.001）%。

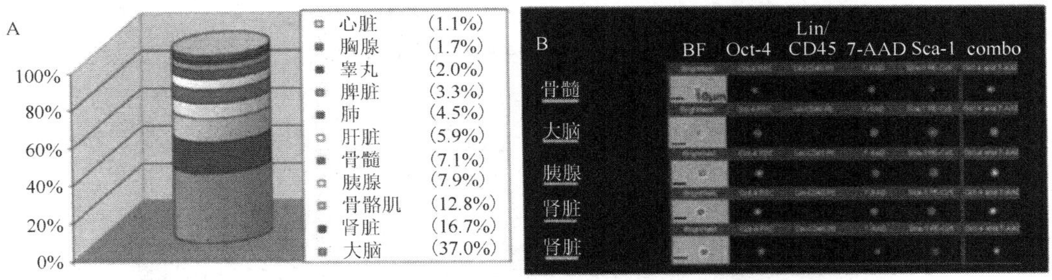

图 14-16　Oct-4$^+$VSEL 干细胞出现在成年小鼠组织中（Ulrich 2010）（另见彩图）

A．ISS 系统分析各器官 Oct-4$^+$/Sca-1$^+$/lin$^-$/CD45$^-$ VSEL 干细胞的百分比；B．ISS 鉴定器官中 Oct-4$^+$ VSEL 干细胞的代表性影像。Oct-4$^+$（FITC,绿色）、lin$^-$CD45$^-$（PE,橙色），Sca-1$^+$（PE-Cy5，洋红色）。标尺=10μm

通过计算这些细胞/组织的绝对值（表 14-10）发现，小的有核 Oct-4$^+$ Sca-1$^+$ lin$^-$CD45$^-$细胞/组织较高值出现在脑、肾脏、骨骼肌、胰腺和骨髓中，分别为（43.97±12.38）×10^3、（19.87±2.03）×10^3、（15.18±6.79）×10^3、（9.41±4.71）×10^3 和（8.39±2.00）×10^3；心脏、胸腺、睾丸和脾脏中这些细胞/器官的数值比较低，分别为（1.35±0.56）×10^3，（2.03±0.37）×10^3，（2.38±1.25）×10^3 和（3.86±0.43）×10^3。因此，通过流式细胞术和 ISS 的分析，可确定不同器官中 Oct-4$^+$细胞相应 VSEL 干细胞的表型。

表 14-10　成年小鼠器官和组织细胞中 Oct-4$^+$VSEL 干细胞绝对值的 ISS 分析（Ulrich 2010）

器官/组织	Oct4$^+$VSEL 干细胞绝对值（10^3，均数±标准差）	
	每种器官	组织/1g
骨髓	8.39±2.00	10.91±2.61
胸腺	2.03±0.37	24.44±4.42
脾脏	3.86±0.43	47.10±5.21
胰腺	9.41±4.71	27.53±13.78
大脑	43.97±12.38	116.01±32.67
肾脏	19.87±2.03	46.10±4.70
肺	5.39±0.33	34.11±2.07
心脏	1.35±0.56	9.93±4.13
骨骼肌	15.18±6.79	4.16±1.86
睾丸	2.38±1.25	9.55±10.04
肝脏	6.98±1.38	4.79±0.95

在亮视野和细胞核图像基础上，使用采集到的这些细胞图像可计算其形态学的特征，如细胞的平均大小和细胞核/细胞质（N/C）的比率。结果显示，最小的 Oct-4$^+$ Sca-1$^+$ lin$^-$ CD45$^-$ 细胞存在于骨髓和心脏中，分别是（3.78±0.64）μm 和（4.74±0.93）μm；骨髓和睾丸 Oct-4$^+$ Sca-1$^+$ lin$^-$ CD45$^-$细胞为核质比较高的器官，分别是（2.12±0.33）μm 和（2.11±0.40）μm。用聚焦显微镜发现，ISS 探测到<5μm 的 Oct-4$^+$细胞均表达 VSEL 干细胞表型。此外，通过 FACS 筛选后的种群进行标准的 RT-PCR 和实时 PCR 分析，在 mRNA 中也有 Oct-4 的表达。实时-PCR 分析显示，在骨髓分离的 Sca-1$^+$lin$^-$CD45$^-$细胞中，Oct-4 mRNA 的转录水平最高。

四、骨髓源性的 VSEL 干细胞可作为循环多能干细胞种群

周围血犹如一个“高速公路”，干细胞随血液循环迁移并保持周围组织中不同微环境干细胞池的稳定（图 14-17）。骨髓是容纳和释放这些活化循环细胞的储存器，其可分泌趋化因子，引导干细胞迁移，如 SDF-1、LIF、肝细胞生长/离散因子（hepatocyte growth factor/scatter factor，HGF/SF）和血管内皮生长因子（VEGF）。因此，存在于 PB 中的干细胞在条件适宜时，可在具有组织特异的微环境和骨髓中重新定植（relocating）。这也解释了为什么除 HSC 之外，骨髓中还存在其他的非造血干细胞，包括 MSC、多能成体祖细胞（multipotent adult progenitor cell，MAPC）、成体骨髓多向诱导细胞（marrow-isolated adult multilineage inducible，MIAMI）、多能成体干细胞以及 VSEL 干细胞。

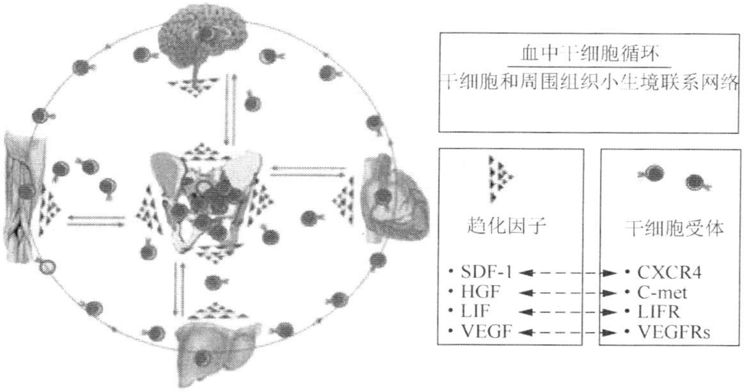

图 14-17　骨髓源性 VSEL 干细胞在周围血中的循环（Ulrich 2010）

在实验性卒中或心肌梗塞后的研究发现，小鼠 PB 中有许多细胞具有组织特异性发育标志物，包括神经系统和 PSC 的标志物。在实验性卒中小鼠体内，这些细胞不仅表达神经谱系标志物，而且可体外培养形成神经球。在小鼠的骨髓中有大量这类细胞，并对 SDF-1、HGF 和 LIF 出现梯度反应，且随着年龄的增长而降低。流式细胞分析表明，在 VSEL 干细胞中非造血性 $CXCR4^+$ $Sca\text{-}1^+$ lin^- $CD45^-$BMNC 的碎片含量丰富。

在小鼠卒中模型中，卒中 1 周后 SDF-1 在卒中区域以及血清中的表达水平升高。SDF-1 是介导干细胞至受损脑组织上层重要的趋化因子之一。而且 $SDF\text{-}1^-$CXCR4 在脑发育中具有重要的作用，剔除 CXCR4 或 SDF-1 的小鼠胚胎在生成骨髓、大脑和小脑时出现缺陷。因此，在体外皮层早期发育和维持皮层祖细胞增殖的过程中，SDF-1 信号的调控作用可能与连接蛋白 43 介导的细胞间联合有关，且可上调皮层 GABA 能神经元的分化。除 SDF-1 外，HGF/SF 和 LIF 对于趋化受损脑组织中的 VSEL 干细胞也非常重要。

五、卒中患者 VSEL 干细胞标志物的迁移

在 44 例缺血性卒中患者第 1 次症状发作，以及 22 例健康人的对照中，根据临床检

查和颅 CT 扫描将患者分成 4 个临床小组：完全性前循环梗死（total anterior circulation infarcts，TACI）、部分前循环梗死（partial anterior circulation infarcts，PACI）、后循环梗死（posterior circulation infarcts，POCI）和腔隙性梗死（lacunar infarcts，LACI）。此外，根据卒中范围将患者分成 AB 两组，A 组为中小范围的 LACI 和 PACI，B 组为 TACI。诊断 POCI 的患者，在临床检查和颅脑 CT 扫描基础上列入 A 或 B 组。

结果显示，卒中患者周围血有核细胞的多能性标志物 Oct-4 和 Nanog，以及 NSC 的标志物 GFAP、巢蛋白、β-III-微管蛋白、Olig1、Olig2、Sox2 和 Musashi-1 的 mRNA 增加（图 14-18）。Oct-4 和 Nanog 在卒中患者 PBNC 中 mRNA 的表达增加与小鼠卒中模型相似。但人体 NSC 标志物的最高表达量延迟 2 天（小鼠中为 1 天，人体为 3 天）。

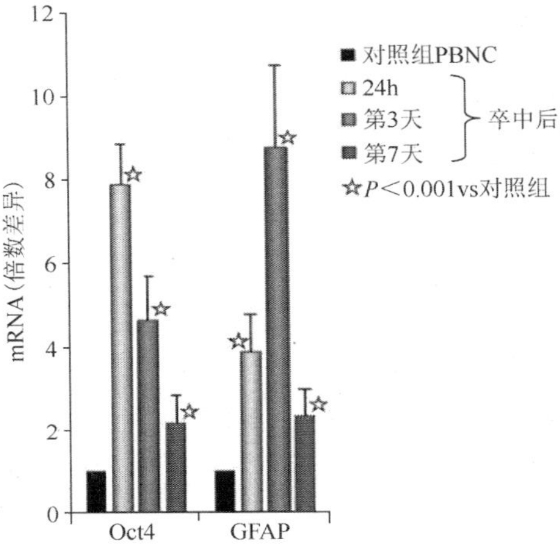

图 14-18　卒中患者周围血有核细胞的多能性标志物（Ulrich 2010）

在周围循环中，$CXCR4^{+}$VSEL 干细胞数量的变化与血清中α-趋化因子 SDF-1 变化平行。SDF-1 血清浓度的增加与受损大脑中 SDF-1 的表达呈正相关，卒中后患者血清浓度的这种增加可能是 VSEL 干细胞从骨髓流到 PB 的因素之一。干细胞的这种流动循环和归巢是个动态过程，很有可能将细胞释放进入循环后归巢至受损组织或由其他组织的干细胞补充，或者再回到骨髓。这意味着在早期检测到的细胞数量仅是 VSEL 干细胞运输的一个参数，并不反映在急性卒中期间释放到 PB 中的细胞数目。

VSEL 干细胞可能成为代替人类 ES 细胞和克隆细胞应用于治疗的一种手段。压力相关的卒中可激发 VSEL 干细胞从骨髓和/或其他干细胞的微环境中向 PB 流动。如果这些细胞在人类周围血中能够检测到并可提纯、体外扩增，则可用于受损神经组织的再生。但这些细胞能否在临床上有效地应用，或者其仅是骨髓发育中的残留部分，尚需进一步研究。

六、结语

目前认为，极小胚胎样干细胞是指人类血液及骨髓中存在的一类体积非常小、数量非常稀少的多能干细胞，被认为具有替代 ES 细胞的潜力，故其在科学界深受重视。这类细胞如果真的存在，那么鉴于它们在研究与再生医学方面的应用潜力，将会对社会造成极大影响。但是，也有科学家指出，这种微小干细胞并不存在，他们按照最初发表的研究所描述的方法尽最大努力重复实验，却不能从实验鼠的骨髓或血液中发现这种细胞，不能表达 Oct4，也并不能分化为血细胞。这无疑是对该领域一次沉重的打击。但是仍有部分干细胞科学家认为，这类极小胚胎样干细胞是存在的，但需要经过大量、严格的基础研究才能进入临床使用。随着科学技术的成熟，这类细胞是否存在以及能否成功应用于临床医疗工程将会面临巨大的挑战，同时也为下一步研究的深入提供机遇。不管怎样，极小胚胎样干细胞所蕴藏的巨大医疗潜力都是值得进一步研究与期待的。

第六节　神经干细胞移植治疗的影响因素

NSC 移植成功需要一定数量长期存活的 NSC，并能分化成相应的细胞类型，从而达到修复或功能替代的效果。NSC 移植后的生存和分化受多种因素的影响，这些因素既包括细胞自身的因素，如来源、细胞所处的发育阶段等，同时也受宿主因素的影响，其中以宿主局部微环境的信号最为重要。这些因素共同作用的结果决定细胞是存活分化，还是凋亡坏死，进而对其移植治疗的效果产生直接的作用。NSC 移植治疗的主要影响因素有以下 5 个方面。

一、移植细胞所处的发育阶段

一般来说，供体组织或细胞越年轻，移植物存活和生长的概率就越大，呈明显的年龄依赖性。研究表明，胚胎 11 周以前的 NSC 体外培养至少 1 年可长期保持其稳定性，并保留多向分化的潜能。胚胎早期获得的 NSC 具有较强的分化潜能，容易分化为神经元，晚期胚胎获得的 NSC 分化潜能逐渐减弱，倾向于分化为神经胶质。同样，宿主的年龄越小，移植物存活和分化越好，可能与免疫排斥及局部生长因子等有关。

二、移植细胞的数量

细胞移植要达到一定的临床疗效，必须具备足够的细胞数量和良好的细胞活力。研究表明，将不同数量的 hNT 神经元注射入缺血模型的小鼠脑内，分别接受 40×10^3、80×10^3 和 160×10^3 细胞的治疗，其结果是小鼠在行为功能改善方面表现出明显的剂量依赖性。在细胞存活方面，80×10^3 或 160×10^3 移植组，有 12%～15%细胞存活，而 40×10^3 移植组约 5%的细胞存活，5×10^3 移植组无细胞存活。但是移植量并不是越大越好，中等量移植效果比较理想。分别把 20 万、100 万和 200 万个人的 NSC 异种移植啮齿动物脑内，实验结果表明其中 20 万低等密度的无明显免疫排斥反应，并能分化成神经胶质和神经元，长出神经轴索，但细胞生存能力差；超过 200 万高等密度的干细胞移植其生存能力强，但由于抗原的浓集，可引起 T 细胞介导的免疫排斥反应；100 万细胞中等密度的移植则比较理想。

三、移植细胞的时机与途径

脊髓损伤后 24h 的损伤处出现急性炎症反应, 有神经毒性作用的炎症因子(如 IL-6、TNF 等）含量急剧增高，此时植入的 NSC 不能存活。第 9 天时，急性炎症已消退，微环境进入修复阶段，有神经生长、营养因子的表达及微血管的形成，移植细胞大部存活，并分化成不同类型的神经细胞。研究表明，损伤后 1 周左右移植比较适宜。损伤后由于细胞崩解、溶酶体破裂、组织水肿以及毒性物质的释放，脊髓残端发生变性、坏死及空洞形成等可持续 1 周左右，如此时移植可导致移植物坏死。1 周以后渐形成胶质瘢痕, 一旦瘢痕形成, 神经纤维很难再生。据此认为，移植时间应在伤后 1 周左右。

NSC 移植一般采用细胞悬液移植，最常用的方法是将体外培养的神经球解离成单细胞混悬液，采用立体定向方法直接移植到病变区域。其次还有静脉输入法、侧脑室注射法等。后两种方法依赖于 NSC 向病变区域的长距离迁移，虽然目前报道的这两种治疗方式均有一定效果，但尚无可靠、定量的数据支持这些干细胞可到达目标病灶并达到预期的治疗效果。因此，这两类治疗方法仍需进一步的研究。

近年来，有的学者将 NSC 包埋入复合生物支架中进行移植。这可减少胶质瘢痕的形成，并减轻组织的进一步损伤。目前用于移植的细胞培养支架有两大类，一类是人工合成的生物可降解支架，包括聚乳酸（PLA)、聚乙醇酸（PGA)、PLA-PGA 复合物、藻酸钙凝胶和聚乙烯氧化凝胶等。另一类是天然的细胞支架，包括胶原和纤维蛋白黏胶（FG)。PLA-PGA 是目前使用最广泛的细胞培养支架，具有高孔隙率、良好的机械强度和可降解性；但其生物相容性、可塑性差，细胞吸附率低，有潜在的免疫原性，易致纤维化，价格昂贵。FG 是一种天然的细胞外基质，具有良好的生物相容性、可塑性，无任何细胞毒性，能较好地介导细胞间信号转导及相互作用。

四、免疫因素

一般认为，脑组织是一个相对免疫排斥反应较少的器官。而且，NSC 是未分化的前体细胞，不表达 MHC-II类分子，MHC-I类分子的表达也较少，具有低免疫原性的特点。然而，现有的实验证实，新分离的和传代的 NSC 膜表面均有 MHC-I 类和 MHC-Ⅱ类分子表达, 能在体外诱导淋巴细胞增殖反应。这些表明，这种 NSC 仍然存在一定的免疫原性, 有诱发排斥反应的可能。虽然目前多数同种 NSC 移植并未发现明显的排斥反应，但考虑到临床的安全性，多数学者仍建议在 NSC 移植中使用免疫抑制剂，同时采用不损伤或少损伤血脑屏障的路径移植。而且，采用中等密度的细胞移植安全性较大，效果也较理想。

异种干细胞移植由于供体与宿主遗传基因的显著差别，移植排斥反应更易发生。将猪胚胎获得的 NSC 移植未使用免疫抑制剂的 PD 模型的小鼠脑内，定期检测宿主免疫反应的结果发现，大多数时间点均可发生排异反应。但也有用异种 NSC 移植治疗脊髓损伤，其移植物可长期生存且无明显排异反应，实验时也未使用免疫抑制药物。目前，有关 NSC 移植的免疫反应其结果尚不一致，有待进一步的深入探讨。

五、宿主的微环境

脑内不同移植区域的信号可诱导移植 NSC 分化为不同的细胞类型，而且都与目标细胞相似。例如，皮层区的信号可诱导其分化为与锥体细胞和星形胶质细胞形态相似的细胞；纹状体区域的信号可诱导分化为多巴胺能神经元；脱髓鞘白质区域移植祖细胞后可大量向少突胶质细胞分化。这些结果提示，NSC 或祖细胞在发育过程中受到外来信号，尤其是接触区域外来信号的影响，使其分化为与移植区域相似的细胞。

宿主微环境，尤其是局部分泌的神经营养因子可影响 NSC 移植后的分化。将 NSC 分别植入大鼠的海马和 SEZ 后发现，其中海马的 NSC 可迁移到齿状回的内颗粒层，分化为内颗粒层神经细胞，而植入 SEZ 的可与其内源性的 NSC 一起迁移到嗅球分化为嗅球球旁神经元。从这些研究的结果可见，通过转基因技术建立分泌神经因子的 NSC 可能有助于宿主微环境的改善，并提高移植细胞的治疗效果。因此，在这方面的研究现已成为国内外研究的热点内容。

（侯　磊　黄带发）

主要参考文献

Agasse F, Xapelli S, Coronas V, et al. 2013.Galanin promotes neuronal differentiation in murine subventricular zone cell cultures. Stem Cells Dev, 22(11): 1693-1708

Ahlenius H, Devaraju K, Monni E, et al.2012. Adaptor protein LNK is a negative regulator of brain neural stem cell proliferation after stroke. J Neurosci, 32(15): 5151-5164

Bittencourt DA, Calloni GW, Trentin AG, et al. 2013.Fibroblast growth factor 2 promotes the self-renewal of bipotent glial smooth muscle neural crest progenitors. Stem Cells Dev, 22(8): 1241-1251

Caiazzo M, Dell MT, Dvoretskova AE.2011. Direct generation of functional dopaminergic neurons from mouse and human fibroblasts. Nature, 476: 224-227

Cheng B, Golsari A, Fiehler J, et al. 2011.Dynamics of regional distribution of ischemic lesions in middle cerebral artery trunk occlusion relates to collateral circulation. J Cereb Blood Flow Metabo, 31: 36-40

Chiba Y, Kuroda S, Osanai T, et al.2012. Impact of ageing on biological features of bone marrow stromal cells (BMSC) in cell transplantation therapy for CNS disorders: functional enhancement by granulocyte-colony stimulating factor (G-CSF). Neuropathology, 32: 139-148

Christie KJ, Turnley AM. 2012. Regulation of endogenous neural stem/progenitor cells for neural repair-factors that promote neurogenesis and gliogenesis in the normal and damaged brain. Front Cell Neurosci, 6: 70

Corti S, Nizzardo M, Nardini M, et al.2010. Embryonic stem cell-derived neural stem cells improve spinal muscular atrophy phenotype in mice. Brain, 133: 465-481

Cuadrado E, Jansen MH, Anink J, et al.2013.Chronic exposure of astrocytes to interferon-α reveals molecular changes related to Aicardi-Goutieres syndrome. Brain, 136(Pt 1): 245-258

Daniel PC, Joohyung L, Helena S.2012.The human testis-determining factor SRY localizes in midbrain dopamine neurons and regulates multiple components of catecholamine synthesis and metabolism. J Neurochem, 122: 260-271

Darsalia V, Allison SJ, Cusulin C, et al. 2010.Cell number and timing of transplantation determine survival of human neural stem cell grafts in stroke-damaged rat brain. J Cereb Blood Flow Metab, 31: 235-242

Deng W, Aimone JB, Gage FH. 2010. New neuro ns and new memories: how does adult hippoc ampal neurogen esis affect learni ng and memory? Nat Rev Neurosci, 11: 339-350

Elisabeth D, Lukas S. 2012. Neural crest progenitors and stem cells: From early development to adulthood. Developmental Biology, 366(1): 83-95

Encinas JM., Hamani C, Lozano, AM. 2011. Neurogenic hippocampal targets of deep brain stimulation. J Comp Neurol, 519 (1) : 6-20

Gabsang L, Stuart MC, Mark JT. 2010. Derivation of neural crest cells from human pluripotent stem cells. Nature Protocols, 4: 688-701

Hanna JH, Saha K, Jaenisch R. 2010. Pluripotency and cellular reprogramm ing: facts, hypotheses, unresolved issues. Cell, 143: 508-525

Heinrich C, Blum R, Gascón S, et al. 2010. Directin gastroglia from the cerebral cortex into subtype specific functional neurons. PLoS Biol, 8: e1000373

Heinrich C, Gas CS, Masserdotti G , et al. 2011. Gene ration of subtype-spe cific neuron s from postnatal astroglia of the mouse cerebral cortex. Nat Protoc, 6: 214- 228

Honmou O, Houkin K, Matsunaga T, et al. 2011. Intravenous administration of auto serum-expanded autologous mesenchymal stem cells in stroke. Brain, 134: 1790-1807

Horie N, Pereira MP, Niizuma K , et al. 2011.Transplanted stem cell-secreted vascular endothelial growth factor effects poststroke recovery, inflammation and vascular repair. Stem Cells, 29: 274-285

Ito M, Kuroda S, Sugiyama T, et al. 2011.Validity of bone marrow stromal cell expansion by animal serum-free medium for cell transplantation therapy of cerebral infarct in rats–a serial MRI study. Transl Stroke Res, 2: 294-306

Jonson I, Ougland R, Larsen E. 2013. DNA Repair Mechanisms in Huntington's Disease. Mol Neurobiol, 47(3): 1093-1102

Jopling C, Boue S, Izpisu JC. 2011. Dedifferentiation transdifferentiation and reprogramming: three routes to regeneration, Nat Rev Mol Cell Biol, 12: 79-89

Juan ME, Amanda S. 2012. Neural stem cell deforestation as the main force driving the age-related decline in adult hippocampal neurogenesis. Behavioural Brain Research, 227(2) : 433-439

Katakura M, Hashimoto M, Okui T, et al. 2013. Omega-3 polyunsaturated fatty acids enhance neuronal differentiation in cultured rat neural stem cells. Stem Cells Int, 2013: 490476

Kikuta M, Shiba T, Yoneyama M, et al. 2013. In vivo and in vitro treatment with edaravone promotes proliferation of neural progenitor cells generated following neuronal loss in the mouse dentate gyrus. J Pharmacol Sci, 121(1): 74-83

Kim HJ, Millan EM, Han F. 2009. Regionally specified human neural progenitor cells derived from the mesencephalon and forebrain undergo increased neurogenesis following overexpression of ASCL 1. Stem Cells, 27: 390-398

Kriegstein A, Buylla AA. 2009. The glial nature of embryonic and adult neural stem cells. Annu Rev Neurosci, 32: 149-184

Kuroda S, Shichinohe H, Houkin K. 2011. Autologous bone marrow stromal cell transplantation for central nervous system disorders recent progress and perspective for clinical application. J Stem Cell Regen Med, 7: 1-12

Lai BQ, Wang JM, Duan JJ, et al. 2013 .The integration of NSCs-derived and host neural networks after rat spinal cord transection. Biomaterials, 34(12): 2888-2901

Lee N, Batt MK, Cronier BA, et al. 2013 .Ciliary neurotrophic factor receptor regulation of adult forebrain neurogenesis. J Neurosci, 33(3): 1241-1258

Levetzow VC, Jiang X, Gwye Y, et al. 2011. Modeling Initiation of Ewing Sarcoma in Human Neural Crest Cells. PLoS One, 6(4): e19305

Li L, Clevers H. 2010. Coexistence of quiescent and active adult stem cells in mammals. Science, 327, 542-545

Lippmann ES, Palecek SP, Shusta EV. 2013. Modeling the blood-brain barrier using stem cell sources. Fluids Barriers CNS, 10: 2

Lugert S, Basak O, Knuckles P, et al. 2010. Quiescent and active hippocampal neural stem cells with distinct morphologies respond selectively to physiological and pathological stimuli and aging. Cell Stem Cell, 6, 445-456

Marsh JC, Goldfarb J, Shafman TD. 2013. Current status of immunotherapy and gene therapy for high-grade gliomas.Cancer Control, 20(1): 43-48

Nishimura S, Yasuda A, Iwai H, et al. 2013.Time-dependent changes in the microenvironment of injured spinal cord affects the therapeutic potential of neural stem cell transplantation for spinal cord injury. Mol Brain, 6: 3

Osanai T, Kuroda S, Sugiyama T, et al. 2011.Therapeutic effects of intra-arterial delivery of bone marrow stromal cells in traumatic brain injury of rats–in vivo cell tracking study by near-infrared fluorescence imaging. Neurosurgery, 70: 435-444

Pang ZP, Yang N, Vierbuchen T, et al. 2011. Induction of human neuronal cells by defined transcription factors. Nature, 476: 220-223

Park HJ, Shin JY, Lee BR, et al. 2012. Mesenchymal stem cells augment neurogenesis in the subventricular zone and enhance differentiation of neural precursor cells into dopaminergic neurons in the substantia nigra of a parkinsonian model.Cell Transplant, 21(8): 1629-1640

Park SI, Lim JY, Jeong CH, et al. 2012. Human umbilical cord blood-derived mesenchymal stem cell therapy promotes functional recovery of contused rat spinal cord through enhancement of endogenous cell proliferation and oligogenesis. J Biomed Biotechnol, 2012: 362473

Saadai P, Wang A, Nout YS, et al. 2013. Human induced pluripotent stem cell-derived neural crest stem cells integrate into the injured spinal cord in the fetal lamb model of myelomeningocele. J Pediatr Surg, 48(1): 158-163

Savitz SI, Chopp M, Deans R, et al. 2011. Stem cell therapy as an emerging paradigm for stroke (STEPS) II. Stroke, 42: 825-829

Sugiyama T, Kuroda S, Osanai T, et al. 2011. Near-infrared fluorescence labeling allows noninvasive tracking of bone marrow stromal cells transplanted into rat infarct brain. Neurosurgery, 68: 1036-1047

Sugiyama T, Kuroda S, Takeda Y, et al. 2011. Therapeutic impact of human bone marrow stromal cells expanded by animal serum-free medium for cerebral infarct in rats. Neurosurgery, 68: 1733-1742

Szabo E, Rampalli S, Risueño RM, et al. 2010. Direct conversion of human fibroblasts to multilineage blood pro genitors. Nature, 468: 521-526

Taylor CJ, Jhaveri DJ, Bartlett PF. 2013. The therapeutic potential of endogenous hippocampal stem cells for the treatment of neurological disorders. Front Cell Neurosci, 7: 5

Ulrich H. 2010. Perspectives of Stem Cells: From Tools for Studying Mechanisms of Neuronal Differentiation towards Therapy. Springer Science+Business Media B.V.

Vadodaria KC, Brakebusch C, Suter U, et al. 2013 .Stage-specific functions of the small rho GTPases cdc42 and rac1 for adult hippocampal neurogenesis. J Neurosci, 33(3): 1179-1189

Vierbuchen T, Ostermeier A, Pang ZP, et al.2010. Direct conversion of fibroblasts to functi onal neurons by defined factors. Nature, 463: 1035-1041

Zarbin M. 2013.Vision preservation with neural stem cells derived from small molecules. JAMA Ophthalmol, 10: 1-2

Zigova T, Snyder EY, Sanberg PR. 2003. Neural Stem Cells for Brain and Spinal Cord Repair. Humana Press. Totowa, New Jersey

第十五章　成体少突胶质祖细胞的移植治疗研究

第一节　概　　述

成年动物前脑含有多种细胞，其中主要包括多分化潜能的干细胞和表型倾向明显的祖细胞。研究表明，在大鼠的嗅球、海马以及鸣禽动物的发声控制中心都有这些细胞。目前，在所有高等脊椎动物中均已确定神经元祖细胞。这些神经元祖细胞和多潜能干细胞的来源大多局限于脑室和脑室下层，即胎儿神经上皮退化的部分。

与神经元祖细胞和脑室层的干细胞分布受限不同的是，少突胶质祖细胞（oligodendrocyte progenitor cell，OPC）广泛分布于成年哺乳动物的大脑（图 15-1）。脑室室管膜下似乎是 OPC 在出生后早期的主要来源。然而，OPC 广泛分散在出生后的大鼠脑实质中，同时进入新生的皮质和皮质下部位。研究显示，成年大鼠脑实质中的这些胶质祖细胞具有持久的活性。在正常脑组织中，这些细胞和未分化的细胞一样进行活跃的周期循环和分裂。但在局部损伤时，这些细胞会改变分化表型且以少突胶质细胞扩增为主。逆转录病毒谱系的分析表明，单一的白质神经胶质祖细胞既可以产生星形胶质细胞和少突胶质细胞中的一种后代，也可能同时产生这两种后代。因此，实质性神经胶质祖细胞可能包括谱系限制性和双潜能性这两种细胞，后者可能在应答成年体内同系 O2A 祖细胞后产生。O2A 祖细胞可以产生少突胶质细胞和 2 型纤维性星形胶质细胞。

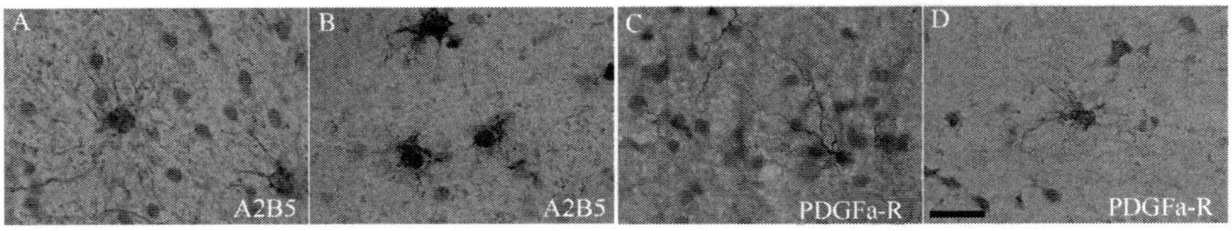

图 15-1　OPC 在成人脑白质中的分布（Zigova et al. 2003）

A 和 B．皮质下白质的切片组织，用单克隆抗体 A2B5 与其 G_Q 神经节苷脂抗原表位的免疫过氧化物酶反应。这是白质祖细胞特性的一种标志物，并可作为 P/CNP2 绿色荧光蛋白祖细胞的鉴定。C 和 D．成人 OPC 的另一种标志物 PDGFα受体的染色。这种细胞类型的表型是否与 A2B5 阳性细胞的同源以及与 P/CNP2 绿色荧光蛋白的关系尚不清楚。A 和 C 的组织取样于 41 岁的女性，B 和 D 取样于 62 岁的男性。标尺=20μm

第二节　成体少突胶质祖细胞的研究

一、成人大脑的 OPC

对人类皮层下祖细胞的研究和鉴定的难度远远超过大鼠，因为成人白质中有丝分裂的 OPC 比大鼠脑组织中少。来自成年大鼠脑内的少突胶质细胞和前体少突胶质细胞在体外也能进行活跃的有丝分裂，而来源于成人脑组织中的抗原同源细胞大部分发生在有丝分裂后期。尽管在成人白质不同的部位都能产生少突胶质细胞的分裂细胞，但在起始时是非常稀少的，而且只能在固定的培养环境中进行鉴定。到目前为止，还没有少突胶质细胞有丝分裂的成分有特异性的鉴别方法和标记物。而且，人和大鼠的 OPC 对外来抗原的应答也无一致性。尽管目前已研制出大鼠 OPC 扩增的实验方法，但迄今也未发现刺激人少突胶质细胞扩增的促有丝分裂条件。因此，移植研究所需要的成体 OPC 在数量上和质量上都未达到要求。而且，有丝分裂是否在白质的祖细胞中存在也遭受质疑。

鉴于这些问题，直到最近有丝分裂活的 OPC 才从人脑组织中分离。实际上，在成人皮质下白质中是否存在有丝分裂的 OPC 仍然不确定，而且如何对这些细胞进行分离仍不清楚。为了彻底解决这些细胞的发生和分布，以及克服细胞数量稀少的问题，现已研究设计出有关源于出生后或成年大脑组织中 OPC 的分离和富集方法。

二、成人白质 OPC 的提取

为鉴定和纯化成人皮质下白质的 OPC，现已使用启动子依赖的选择及分类方法，通过 FACS 进行分离表达绿色荧光蛋白（GFP）的 OPC。早期启动子即早期少突胶质细胞蛋白 2',3'-环核苷酸 3'-磷酸二酯酶（2',3'-cyclic nucleotide 3'-phosphodiesterase，CNP），在早期少突胶质细胞和其祖细胞中可驱动 GFP 的表达。因为，CNP 蛋白是少突胶质细胞生长中的髓鞘相关蛋白。在脑室下层内的少突胶质细胞系表达这种蛋白的新生细胞，有丝分裂的祖细胞也表达这种蛋白质。尽管在所有个体发育的阶段少突胶质细胞都表达 CNP 蛋白，但是 CNP 基因的 5'调控区域包括两个明显不同的启动子 P1 和 P2。这两个启动子在表达过程中相继活化。上游的 P2 启动子（P/CNP2）可选择性地指导转录，对早期少突胶质细胞和其祖细胞敏感，而对成熟的细胞不敏感。在 P/CNP2 选择性的实验中，其可对 OPC 及其非成熟子细胞的转基因表达具有靶向作用。

当 GFP 转染到成人皮质下部时，在两极 A2B5 阳性的细胞中能观察到 GFP 的表达。这些细胞可从培养液中摄入有丝分裂的标记物 BrdU，并在体外少突胶质细胞 O4 中表达。这些研究表明，GFP 标记的细胞就是有丝分裂的 OPC。在此基础上，通过手术切除颞叶皮质下层并使用 FACS 分离 hGFP 阳性的细胞，进而直接从成人白质中提取 OPC。

结果发现，在所有的白质细胞中平均有（0.6±0.1）%的细胞会直接表达 hGFP。由于这些培养液中转染效率为 13.5%，因此会有超过 4.4%的成年皮质下层细胞归属于 P/CNP2 标记的祖细胞。

这些通过 hGFP 分离的细胞在 FACS 后马上开始表达早期少突胶质细胞标志物 A2B5，但并不表达分化标志物 O4、O1 和半乳糖脑苷脂，有些细胞还表达星形胶质细胞的神经胶质酸性蛋白（GFAP）。最初这些细胞具有双极，并且大多数含有 BrdU，这表明其在体外培养中的有丝分裂。在含有成纤维细胞生长因子-2（FGF2）、血小板源性生长因子（PDGF）和 NT-3 的无血清培养中，这些细胞仍可持续分裂。培养一个月后，hGFP 阳性细胞中的大多数细胞可变成少突胶质细胞。在此过程中，细胞表型可经历 A2B5、O4、O1 和半乳糖脑苷脂序列的改变。因此，这种方法不仅能在成人白质中培养生成 OPC，还可以评估其成熟的程度。此外，大量分离这些细胞还可以用于移植和进一步的研究。

第三节　少突胶质祖细胞的特性

一、hGFP 标记 OPC 的抗原识别

以成年大鼠 OPC 的识别方法为依据，目前已经发现多种标志物可以识别成人组织中的这种细胞。其中，O4 抗原、NG2 硫酸软骨蛋白和 PDGFα受体都可以鉴别人脑组织切片中的 OPC。然而，在每一种情况下都没有一种标志物可以独立地识别少突胶质细胞。因此，这些标志物的细胞特异性和实用性都不清楚。例如，O4 仅可以识别人有丝分裂后期的少突胶质细胞，而不能在具有有丝分裂能力的 OPC 表达。NG2 可以识别少突胶质细胞系中有丝分裂的实质细胞。但在人体中，NG2 免疫反应性细胞可能包括小胶质细胞，后者具有有丝分裂的能力并在形态上与组织祖细胞相似。在成年大鼠脑组织中，PDGFα受体可能特异性地识别 OPC，并在成人脑白质中 PDGFα受体的免疫反应率达到 1%～3%，此范围与根据 hGFP 为基础进行提取的预测结果相似。然而，PDGFα受体阳性的白质区域细胞与 hGFP 标记的细胞是否一致尚不清楚。

研究发现，实际上所有 hGFP 标记的 OPC 都可以表达 A2B5 为靶点的 GQ 神经节苷脂。尽管不成熟的神经元和胶质细胞都可以表达 A2B5，但是其在成年人脑组织中的大部分表达在实质祖细胞中。因此，成年体白质祖细胞可以根据以 A2B5 为靶点进行免疫标记的分类（图 15-2）。如果能证实 A2B5 是 hGFP 标记的 OPC 的一个特异性表面抗原替代物，则其可作为 FACS 的一个靶点用于实际的研究中。而且，还可通过表面标志物的分类方法识别和应用这种细胞（图 15-3）。这将有效地避免其相对效率不高，并以质粒转染为基础的分类方法。

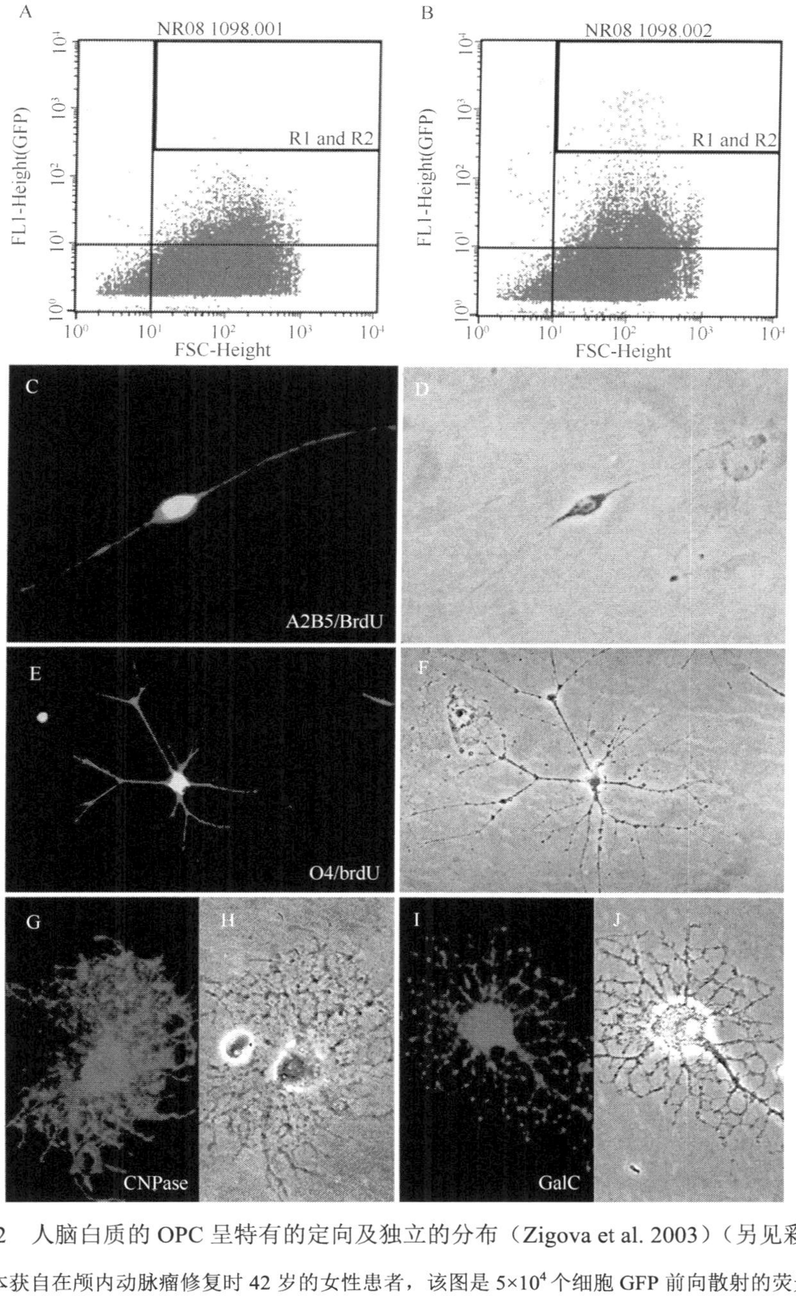

图 15-2　人脑白质的 OPC 呈特有的定向及独立的分布（Zigova et al. 2003）（另见彩图）

A 和 B. 此标本获自在颅内动脉瘤修复时 42 岁的女性患者，该图是 5×10^4 个细胞 GFP 前向散射的荧光强度。其中 A 表示 *LacZ* 基因转染对照的非荧光 P/hCNP2，B 表示 P/hCNP2：hGFP 转染细胞的对应结果。C 和 D. 在 FACS 后 48h，双极 A2B5 /BrdU$^+$的细胞。E 和 F. 在 FACS 后 3 周，P/CNP2：hGFP 分类细胞发育为多极形态并表达少突胶质 O4（红色）。这些细胞可掺入 BrdU，表明其在体外源于 A2B5$^+$细胞的复制细胞。G～I. 通过 FACS 的 P/CNP2：hGFP 4 周后成熟少突胶质细胞的影像，其中 G 和 I 是配对的比较，H 和 J 是免疫荧光的图像。这些细胞既表达 CNP 蛋白（H）也表达半乳糖脑苷脂（J），显示其为成熟的少突胶质细胞。标尺= 20μm

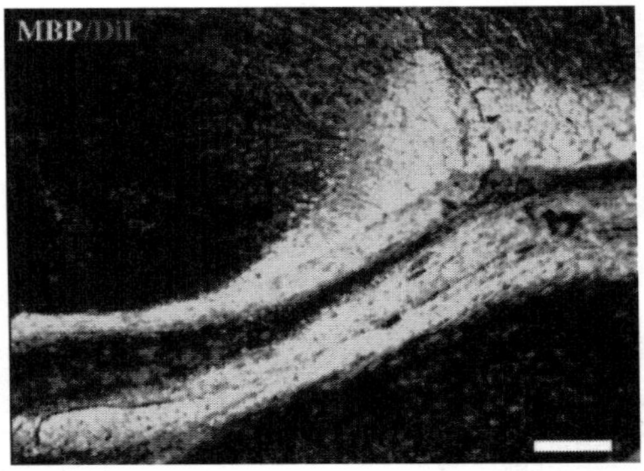

图 15-3　人 OPC 植入成年大鼠的脱髓鞘病灶（Zigova et al. 2003）（另见彩图）

A2B5 分类的人 OPC 移植成年大鼠胼胝体的溶血卵磷脂诱导的脱髓鞘部位。在此切片中可见髓鞘碱性蛋白的免疫反应（绿色）和脱髓鞘损伤部位（黑色）。套管样的痕迹表示细胞注入脱髓鞘的病变部位，在诱导 3 天后注入 2μl 的 10^5 个分类的人细胞。移植 1 周后处死动物，此时 DiI 标记的人移植细胞已经在脱髓鞘损伤部位广泛迁移。而且，移植细胞可迁移到整个脱髓鞘的区域，但没有超越其边界。这些表明，正常的髓鞘通常可阻止这些细胞的迁移。标尺=200μm

二、hGFP 阳性祖细胞产生非少突胶质细胞的表型

不管周围环境中血清浓度如何，绝大部分经 P/CNP2 纯化的祖细胞都可发育成为少突胶质细胞。然而，1/10 的细胞会表达 GFAP 并丢失少突胶质细胞标志物，一小部分细胞会发育成神经元表型。时有时无的 hGFP 阳性神经元和星形胶质细胞的存在表明，经 P/CNP2 分离的白质祖细胞可能仍具有一定程度的多分化潜能。这种推断是在 hGFP 标记细胞的 FACS 后得到的证实。在 FACS 后 3 周，（4.1±7.7）%的 hGFP 分类细胞可表达少突胶质 CNP 蛋白，（66.3±6.8）%的细胞 O4 阳性。在一定的培养条件下，这些细胞大多数成长为半乳糖脑苷脂阳性的少突胶质细胞；同时，有的也可发育成为非少突胶质细胞的表型。在 FACS 后第 4 天，分类细胞中有（6.5±5.4）%的细胞表达 GFAP，3 周后会有（11±5）%的细胞表达 GFAP。而且，大部分的细胞都可表达 hGFP 的荧光。在 FACS 之前，没有发现神经元。这些资料表明，在成人白质中至少一部分祖细胞具有发育成神经元的能力。

人脑白质祖细胞的多向分化能力可能不是很强。在胚胎动物中，祖细胞能够产生少突胶质细胞以及神经元等多种谱系。这些祖细胞可来自于皮层和皮层下以及脑室层。出生后早期的大鼠皮质仍具有多能祖细胞的能力。研究发现，明显表达 O2A 的围产期胶质祖细胞也可能发育成神经元。因此，这些组织祖细胞明显谱系的一致性可能依赖于外在的因素。同时，这些细胞可能比之前认为的更具有种系可塑性。在适当的培养条件下，从成年大鼠前脑非脑室层实质中获得的单株细胞既可能分化成神经元，也可能分化成胶质细胞，包括少突胶质细胞。这些研究表明，成年皮质下实质中的祖细胞有能力产生多种细胞类型。因为环境因素的限制，主要可能产生少突胶质细胞谱系。

第四节　少突胶质祖细胞的实验治疗研究

一、脱髓鞘和髓鞘再生的实验模型

研究发现，成人大脑皮质下白质含有丰富的、具有局部细胞生发能力的祖细胞。在该部位，这些祖细胞可成为具有细胞替换和局部修复能力的基层细胞。在大鼠中，这些祖细胞可以在原位表现出髓鞘再生能力，也可移植入实验性损伤部位。目前，可以在体内通过多种诱导的脱髓鞘模型对成年体内 OPC 的髓鞘再生能力进行评估。这些模型包括小鼠和猪的实验性变态反应性脑脊髓炎（experimental allergic encephalomyelitis，EAE）、由双环己酮草酰二腙引起的系统性脱髓鞘、由辐射和溴化乙锭为靶向的辐射损伤、由溶血卵磷脂造成的局部化学性脱髓鞘。

（1）EAE 可能是最广为接受的多发性硬化实验模型。随着时间的推移，其复发和缓解的过程都可能出现很大的波动，包括急性炎症性脱髓鞘的短暂恢复。在 EAE 模型中，个体损伤的定位和发生频率无法预测。因此，在病灶处通过引入祖细胞尝试髓鞘的再生时，EAE 并不是一个好的模型

（2）全身性脱髓鞘剂，如双环己酮草酰二腙（cuprizone），其除了损害少突胶质细胞外，还能广泛的损伤并伴随明显的炎性细胞浸袭。因此，双环己酮草酰二腙可能在中毒和催眠后脑白质病变的研究中是一种有用的模型，但对离散型的病灶并不适合髓鞘的再生。

（3）放射性损伤能引起严重的炎性反应，影响所有细胞的组成，其中对内皮细胞的毒性最大。尽管研究表明放射在评估髓鞘再生方面起到一定作用，但其并不能模拟临床脱髓鞘损伤的病理改变。

（4）溴化乙锭是一种非特异性的 DNA 结合转录抑制剂，可杀死胞体位于靶定部位的细胞。尽管局部注射会引起局部脱髓鞘和弗兰克少突胶质细胞的减少，但其优势在于不损伤神经通路中的轴突。

（5）溶血卵磷脂损害可产生局灶性白质病变，并导致局部脱髓鞘，但炎症反应比较轻微。少突胶质细胞数目可减少，但没有溴化乙锭严重，而星形胶质细胞和内皮细胞相对得到保护。因而，溶血卵磷脂可能是一个比溴化乙锭或溴化乙锭与放射结合后更实用的炎症性脱髓鞘模型。

二、CNS 祖细胞移植的髓鞘再生

在实验性脱髓鞘的脑组织中，已经开始使用多种方法评估植入神经祖细胞和少突祖细胞整合及髓鞘再生的能力。研究发现，用大鼠前脑组织中的自体 OPC 进行移植后，能够使溴化乙锭造成的脱髓鞘发生髓鞘再生。而且，胚胎源性和成体源性的神经祖细胞都可引起神经纤维发育性少突胶质细胞，这种少突胶质细胞可在体内对病损病灶进行髓

鞘再生。

人胚胎脑室层是 OPC 的一个潜在来源，其中包括组织碎片和裂解物、胚胎源性和成体源性增殖的球形细胞、FACS 分类的少突胶质细胞。然而，人源性供体细胞脱髓鞘模型的研究滞后于大鼠源性模型。而且，人源性和大鼠源性 OPC 的生物学性质存在较大差别。目前，还没有研究证明人 OPC 可在实验性脱髓鞘模型中进行移植和髓鞘再生。

这些差别可能表明，人源性 OPC 的获得和提取都很困难。由于少突胶质细胞的发育较迟，最佳的提取时间是在妊娠晚期。因此，人脑室层祖细胞的培养增殖和扩增都已有助于少突胶质细胞的分化。这些可能解决 OPC 同种表型细胞大量需求的问题，从而为将来的临床移植提供解决方法。

三、先天性髓鞘形成障碍的祖细胞治疗

在多个先天性髓鞘形成障碍的动物模型中，啮齿类动物和人源性的祖细胞都已用于对其评估。在髓鞘碱性蛋白缺乏突变的战栗小鼠（shiverer mouse）模型中，首次通过人胚胎源性脑细胞的移植对神经纤维髓鞘形成能力进行研究，其结果未见其中的纯合子发育成中心致密的髓磷脂。用大鼠供体组织建立表型为 OPC 的 A2B5 细胞在新生战栗小鼠的迁移效果和髓鞘生成都比成熟的 O4 细胞更高效。而且，永生化的祖细胞可以在战栗小鼠中分化成髓鞘性的表型。随后，在纯合子战栗小犬的研究发现其功能改善。

在其他髓鞘形成障碍模型的平行研究中，来源于出生后脊髓的少突胶质细胞在这种先天性战栗小犬低髓鞘的脑中可出现髓鞘的再生。研究发现，胚胎源性少突胶质细胞移植 CNS 后可广泛迁移到脱髓鞘部位，且其存活时间超过 6 个月。尽管新生的受体是最适合的治疗对象，但成年受体也可在植移少突胶质细胞后存活并具有稳定的髓鞘生成能力。

研究表明，来源于新生啮齿类动物脑室下层的球形细胞也能移植髓鞘缺乏的大鼠体内。这些研究表明，先天性或后天性脱髓鞘疾病可能成为 CNS 祖细胞为基础治疗方案的一种合适靶点，且对于新生受体更为合适。因此，多种先天性疾病，如遗传性脑白质营养不良、围产期胎盘母体出血和脑瘫都可能成为以祖细胞为基础的髓鞘再生治疗方案的靶部位。

四、非 CNS 祖细胞移植髓鞘的再生作用

其他具有髓鞘形成潜能的细胞也已移植脱髓鞘和髓鞘形成障碍的模型中，并且取得不同程度的成功。在周围神经系统中，两种具有髓鞘形成表型的细胞——施万细胞和嗅神经鞘细胞都已分别用于修复脑和脊髓的脱髓鞘损伤。研究发现，移植后这两种细胞都具有生成髓鞘的能力，只是生成的是周围的髓鞘。组织和超微结构的研究表明，这些细胞确实可以修复中枢轴索。但是，修复后在功能上和传导性上能否达到中枢轴索的标准，以及长期的效果如何，这些问题目前仍不清楚。因此，在评估这些细胞的髓鞘再生能力时需要谨慎。

除了祖细胞应用于髓鞘修复之外，胚胎干细胞（ES 细胞）也可以修复脱髓鞘的病灶。虽然其前景广阔，但是作为一种未分化而原始表型的 ES 细胞在髓鞘再生的能力上仍然有限。因为，目前没有能力将未分化的细胞完全变成理想的表型。反之，这种细胞在移植后可能产生非理想的表型。而且，这些不受限制的原始细胞在移植后可能具有肿瘤生长的倾向。在髓鞘修复中，肿瘤源性的永生化干细胞可能存在同样的风险。与周围神经系统源性的祖细胞相比，这种胚胎源性的干细胞和永生化的少突胶质细胞同样会遭受质疑。

尽管存在这些顾虑，但是小鼠和人的 ES 细胞以及永生化的神经外胚层细胞系都是当前研究的热点。此外，具有转分化或者异位分化成神经外胚层细胞系的原始间充质细胞和骨髓源性干细胞都在髓鞘的修复研究中引起广泛兴趣。

五、白质周围环境对 OPC 的作用

大量研究表明，没有分化成最终表型的神经祖细胞在移植髓鞘形成障碍的环境时可能对分化的少突胶质细胞产生应答。例如，EGF 反应敏感的小鼠神经干细胞分化的少突胶质细胞比异种移植髓鞘缺陷大鼠在体外终末分化的比例高。研究发现，经 v-*myc* 转化的神经干细胞移植围产期战栗小鼠后更容易分化成少突胶质细胞。

此外，有丝分裂前的祖细胞可能通过提前退出其细胞周期和终末分化成少突胶质细胞以适应一种更加成熟的宿主环境。在早期人胚胎 CNS 移植小鼠受体时，其产生的髓鞘比供体人脑源性的产生早。这些表明，移植后的祖细胞可能经过少突胶质细胞分化、成熟和髓鞘形成等过程对宿主白质环境中的局部信号产生应答。

六、OPC 植入动物模型的研究

在脱髓鞘疾病的移植中，少突胶质细胞及其前体细胞的研究已为其应用提供了理论基础。尽管大鼠和人的 OPC 存在明显的生物学差异，但之前并没有进行成年灵长类动物或人的供体及受体的研究。此外，成年白质的祖细胞很可能具有修复髓鞘能力，但尚未对此优势进行研究。因此，目前还没有一个中枢源性的 OPC 和实验性损伤相结合的研究，能为临床前的治疗模型过渡到临床治疗的模型提供充分的理由和完整的资料。

七、人白质祖细胞异种移植大鼠脱髓鞘病灶的作用

为确定异种移植物进入成年大鼠脑实质后能否存活，用人白质祖细胞植入大鼠经溶血卵磷脂损毁的部位。首先需要证实的是之前溶血卵磷脂诱导的中枢脱髓鞘实验的可行性，这与局部溶血卵磷脂注射与经胼胝体髓鞘的分离性损伤有关。在注射 2%溶血卵磷脂Ⅴ1μl 后的第 1 周和第 3 周发现，在脱髓鞘病灶受损部位的中心出现轻度的星形胶质细胞增生，且血管完整。注射 1 周后少突胶质细胞的数量明显下降，并且通过髓鞘碱性蛋白染色未能在胼胝体内发现髓鞘。

通过 A2B5 分类的成体 OPC 分别移植正常的和溶血卵磷脂损伤的成年大鼠脑组织

内。用 A2B5 直接免疫磁性分类方法，通过 P/CNP2：hGFP 对表达 A2B5 抗原决定簇以及相对限制在成年人白质的 A2B5 细胞进行祖细胞的分离。在大鼠双侧损伤 3 天后，通过单侧 10^5 个细胞/2μl 进行移植。部分供体细胞用亲脂性示踪染料 PKH26 进行预标记，使其在移植后能够检测到；其他的供体细胞用人特异的供体细胞抗原进行定位。在 1 周和 2 周后，对受体脑组织进行固定和组织学检测。结果发现，移植部位聚集大量的活细胞。在注射后 2 周时，其中的大部分细胞都表达少突胶质细胞 CNP。因此，从成年人白质提取出的 OPC 可以成功移植到溶血卵磷脂损伤的大脑实质中。

研究发现，成年人白质祖细胞可以迅速、有效地进入脱髓鞘的白质区域并相对限制在此环境内，而且如同少突胶质细胞一样大量存活分化。然而，这些成年祖细胞是否具有髓鞘再生的功能、在同种异体移植后的存活，以及与宿主轴突网络相互作用的效果等问题均有待于进一步证实。即使证明这些细胞有能力参与髓鞘再生和结构的修复，其是否比其他具有髓鞘源性的细胞更为有效，这些都需要进行对比研究。

（董玉书　于春泳　郝广志）

主要参考文献

David O, Paloma P M, Maddalena B, et al. 2015. Interneurons and oligodendrocyte progenitors form a structured synaptic network in the developing neocortex. elifesciences.org, DOI: 10.7554/eLife.06953.001

Dominik S, Hatice Y, Leda D, et al. 2015. Oligodendrocyte precursor cells synthesize neuromodulatory factors. PLoS One, DOI:10.1371

Dongsun P, Kyungha S, Ehn-Kyoung C, et al. 2015. Protective effects of *N*-acetyl-l-cysteine in human oligodendrocyte progenitor cells and restoration of motor function in neonatal rats with hypoxic-ischemic encephalopathy. Evid Based Comp Alt Med, http://dx.doi.org/10.1155/2015/764251

Duncan I, Paino C, Archer D, et al. 1992. Functional capacities of transplanted cell-sorted adult oligodendrocytes. Dev Neurosci, (14):114-122

Elisabetta C, Lucrezia C, Giovanna M, et al. 2015. Role of adenosine in oligodendrocyte precursor maturation. Front Cell Neurosci, doi: 10.3389/fncel. 2015. 00155

Josie H, Helene T, Alastair D, et al. 2015. Prognostic microRNAs in high-grade glioma reveal a link to oligodendrocyte precursor differentiation. Oncoscience, www.impactjournals.com

Nahid A, Mohammad M Y, Mehdi S, et al. 2015. Human dental pulp stem cells differentiate into oligodendrocyte progenitors using the expression of olig2 transcription factor. Cells Tissues Organs, DOI: 10.1159/000381668

Oscar G, Maria A S, Silvia O G, et al. 2015. A basal tone of 2-arachidonoylglycerol contributes to early oligodendrocyte progenitor proliferation by activating phosphatidylinositol 3-Kinase (PI3K)/AKT and the mammalian target of rapamycin (MTOR) pathways. J Neuroimmune Pharm, DOI 10.1007/s11481-015-9609-x

Sonja R, Amanda B, Alasdair B, et al. 2015. Myelin repairin vivo is increased by targeting oligodendrocyte. Biomaterials, (56): 78-85

Sowmya S, Abdelkrim M, Loris A, et al. 2015. Remyelination by resident oligodendrocyte precursor cells in a xenopus laevis inducible model of demyelination. Dev Neurosci, DOI: 10.1159/000380817

Weiner LP. 2008. Neural Stem Cells---Methods and Protocols. 2nd Edition. Humana Press, Springer Science+Business Media, LLC

Yandava BD, Billinghurst L L, Snyder, E Y. 1999. “Global” cell replacement is feasible via neural stem cell transplantation: evidence from the dysmyelinated shiverer mouse brain. Proc Natl Acad Sci USA, (96): 7029-7034

Yongchao L, Pei SW, George L, et al. 2015. ARP2/3 complex is required for directional migration of neural stem cell-derived oligodendrocyte precursors in electric fields. Stem Cell Res Ther, DOI 10.1186/s13287-015-0042-0

Yu-ichiro O, Koichi I, Masahiro I, et al. 2015. Isolation of human adult olfactory sphere cells as a cell source of neural progenitors. Sci Direct, (15): 23-29

Zigova T, Snyder EY, Sanberg PR. 2003. Neural Stem Cells for Brain and Spinal Cord Repair. Humana Press. Totowa,New Jersey

第十六章　神经干细胞移植治疗脑出血性疾病

第一节　概　　述

一、脑出血疾病的基本概念及发病率

（一）基本概念

脑出血（intracranial cerebral hemorrhage，ICH）疾病是一种以脑部出血性损伤症状为主要临床表现的疾病，又称出血性脑中风或出血性脑血管意外，其病残率及死亡率都很高，是一种严重危害人类健康的中枢神经系统（CNS）疾病。本章介绍的 ICH 性疾病是原发于脑内的、非外伤性的 ICH，而且是指脑内动静脉和毛细血管的病变、坏死和破裂引起的出血，其病因（etiopathogenisis）有高血压病、各种原因引起的脑动脉硬化、脑血管畸形、脑动脉瘤、脑动脉炎或其他血管病变，以及全身性抗凝药物加重出血的倾向等。

（二）发病率

ICH 以动脉出血最为多见，其中大多数自发性 ICH 是由于高血压并伴发的脑小动脉病变在血压骤升时破裂所致，称为高血压 ICH。高血压 ICH 在所有 ICH 中约占 50%，其发生部位 80%在大脑半球，其中多数为基底核 ICH，占 60%，丘脑 ICH 占 20%，在脑干及脑桥部出血较多，占所有比例的 10%，小脑 ICH 也有 10%的发病率。从流行病学看，中国每年约有 60 万新发病患者，而且还在增长。这些提示 ICH 在中国是一种高发病，而同期在欧盟、日本、美国的发病率比较低，而且还有逐渐下降趋势。在我国，ICH 死亡率约为 30%～50%，而 ICH 的致残率及复发率也比较高。国外资料显示，ICH 占所有卒中的 10%～17%，发病率在不同种族中存在差异，其中黑种人、西班牙及亚洲人较高，欧美白种人较低，说明 ICH 的发病可能同遗传有一定的关联。

二、ICH 的病因及机制

（一）ICH 的常见病因

1．高血压

高血压 ICH（hypertensive intracranial cerebral hemorrhage，HICH）是指由于高血压病引起的脑实质内出血（图 16-1），约占全部脑卒中的 10%，在非损伤性 ICH 中，绝

大多数是高血压 ICH，约占 90%左右。高血压 ICH 多见于 50～60 岁的患者，男性发病率稍高，有时年轻的高血压患者也可见到，多发病急骤，进展迅速，病情凶险，死亡率高达 40%～60%，是高血压病最严重的并发症之一，也是主要的死亡原因。在脑血管病中，其死亡率居首位。在急性脑血管病患者的死亡中，高血压 ICH 患者约占 25%。

高血压病常导致脑底的小动脉发生病理性变化，突出的表现是在这些小动脉的管壁上发生玻璃样或纤维样变性，以及局灶性出血、缺血和坏死，并削弱血管壁的强度，出现局限性的扩张，可形成微小动脉瘤。高血压性 ICH 可在这样的病理基础上，因情绪激动、过度脑力与体力劳动或其他因素引起血压剧烈升高，导致已病变的脑血管破裂出血。

高血压 ICH 最常发生在基底节区，其病变血管多为从基底动脉环及大脑前动脉、大脑中动脉及大脑后动脉根部发出的中央支，而且可分为来自大脑前动脉及前交通动脉的前内中央支、来自颈内动脉及大脑中动脉的前外侧中央支（豆纹动脉）、来自大脑后动脉及后交通动脉的后内侧中央支、来自大脑后动脉的后外侧中央支等 4 支。这些血管是同来源血管几乎垂直的终动脉，承受压力较其他血管大，其中豆纹动脉最为常见。

2. *颅内动脉瘤*

颅内动脉瘤（intracranial aneurysm，ICA）是一种十分危险的疾病，其中 1/3 的动脉瘤患者，出血后未来得及到医疗单位治疗而死亡。在住院治疗的患者中，也有一半死亡或留有神经系统功能缺损。在颅内动脉瘤中，以囊性动脉瘤最为多见，其发生、扩大和破裂的机制是近年来研究的热点之一。囊性动脉瘤的先天性或中膜缺损理论认为，颅内动脉分叉处的中膜缺损是先天性的，是动脉瘤形成的基础。但是，研究发现，无论是动脉瘤患者还是正常人的颅内动脉分叉部中膜缺损均占 80%。无论是自然存在的还是用探针损伤造成的中膜缺损，其动脉壁的内弹力膜均能承受高达 600mmHg 的腔内压。动脉瘤动物模型的研究证实，其早期变化并非发生于 Willis 环分叉顶端的中膜缺损处。因此，国外文献已很少提及“先天性动脉瘤”的概念。退行性变和内弹力膜缺损理论则认为，内弹力膜是维持动脉壁强度的主要结构，其退行性改变是囊性动脉瘤形成最主要的因素，而且是致病因素造成内弹力膜损害后引起的获得性疾病。动脉瘤的破裂，既有上述的解剖结构上的缺陷，也同高血压、脑动脉粥样硬化等后天的因素有密切关系。脑动脉瘤好发于动脉分叉部，多见于脑底动脉环前部，特别是颈内动脉与后交通动脉、大脑前动脉与前交通动脉分叉处（图 16-2）最为常见。

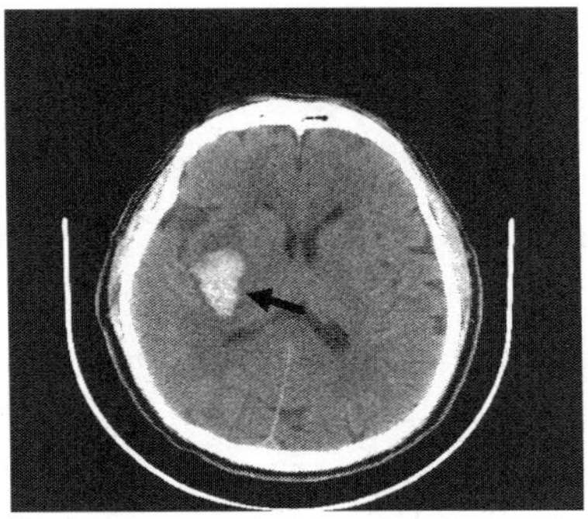

图 16-1　高血压脑出血

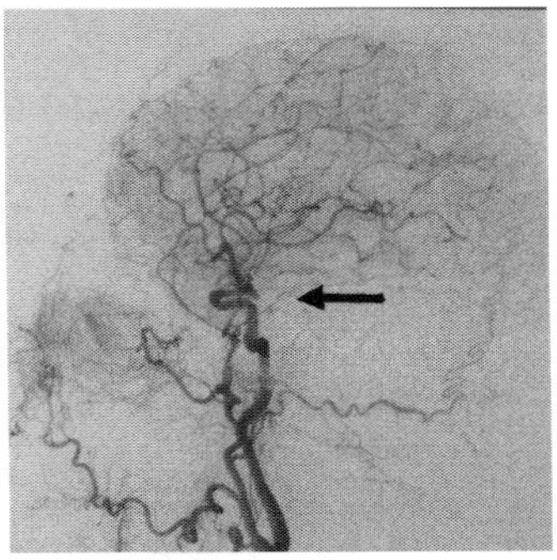

图 16-2　颅内动脉瘤

3. 脑动静脉畸形

脑动静脉畸形（arteriovenous malformations，AVM）占所有脑卒中的 2%，是青年人 ICH 的原因之一，与脑 AVM 有关的死亡率占 10%，病残率大体上在 50%，是由于胚胎期脑血管的结构和数量发育异常，脑动脉和静脉之间缺乏毛细血管，并形成脑动脉和脑静脉之间的短路而引起脑血流动力学改变。这些可导致毛细血管扩张症、血管扩张、海绵状血管畸形、动静脉畸形、静脉畸形等血管畸形，其中动静脉畸形（图 16-3）最常见。临床表现为出血、癫痫、头痛和局限性神经功能障碍。AVM 患者中颅内出血总的危险率为每年 2%～4%，而且某些进行特殊血管造影的 AVM 可增加初次或继发性出血的危险。这些特点包括存在回流至脑深部（而非表浅部位）的小型引流静脉，AVM 病灶内动脉、静脉压力相对较高等。在后一种特点中，只能通过超选择性血管造影测量。通常在出血后第 1 年内，15%～20%的患者会再出血。虽然 AVM 出血时最初的症状不能与其他原因的 ICH 区别开，但最后恢复趋势较好。其中部分原因是由于 AVM 患者较为年轻，部分是由于大脑功能的代偿引起。

4. 其他因素

其他因素主要包括类淀粉样血管病（图 16-4）、血液病、梗死性 ICH、抗凝或溶栓治疗、脑底异常血管网及动脉炎等。

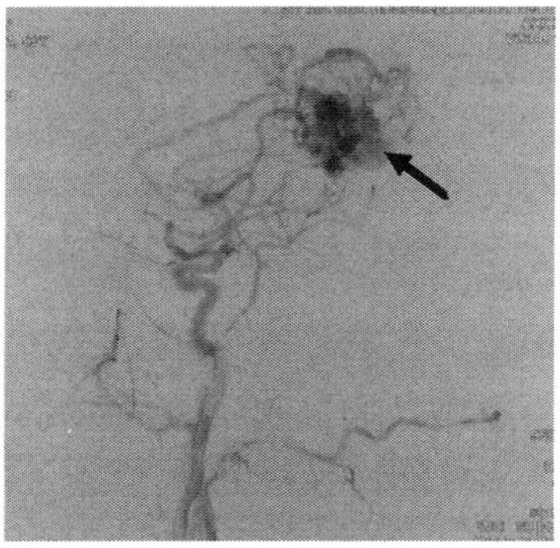

图 16-3　脑动静脉畸形

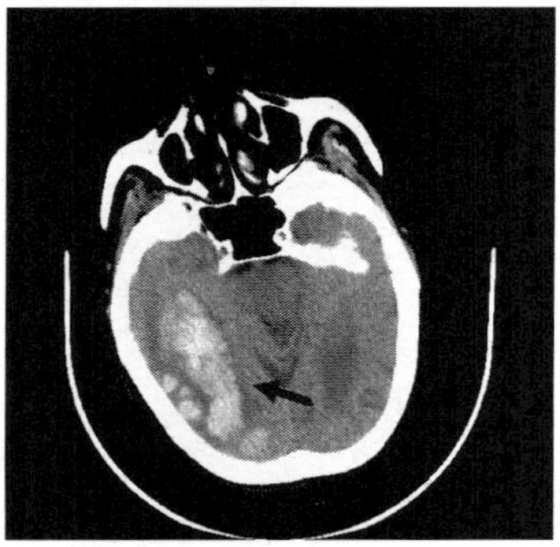

图 16-4　类淀粉样血管病

（二）ICH 疾病的损伤机制及病理机制

1. ICH 性疾病的损伤作用

（1）ICH 是因为脑内血管破裂造成，血管破裂后会造成该血管所属区域无供血或血液回流障碍，因而神经受损。

（2）ICH 形成急性占位效应，使出血灶周围的神经组织受到损害而造成功能障碍。

（3）ICH 形成的占位，或者 ICH 破入脑室内造成急性脑室扩张、脑积水等因素都可造成颅内压增高，如果没有及时解除则会造成中枢神经的继发性损害。

（4）ICH 由于血液从血管溢出到脑组织内，其代谢产物对神经细胞具有毒性，同时由于脑组织缺血、缺氧也会释放出细胞毒性物质，损害神经细胞。随着目前急救诊疗手段的改进，部分 ICH 患者在急性期都能得到有效的救治。但是由于 ICH 对 CNS 的破坏，多数患者仍然在术后遗留一些神经功能障碍。如何使受损的神经功能得到恢复，是目前神经医学的一个研究重点和难点。

2. 高血压 ICH 的病理机制

高血压 ICH 的病理机制主要包括血肿的占位效应、血肿分解产物和脑组织损害释放出的血管活性物质（图 16-5）。次病理反应时间大约持续 2 周左右，这与 ICH 后脑水肿持续的时间相符，此点也表明凝血酶是引起 HICH 后脑水肿形成的主要原因。脑水肿是 ICH 后最重要和最常见的病理变化，也是患者病情恶化和死亡的主要原因。ICH 后脑水肿的形成是多种因素共同作用的结果，包括出血造成的占位、出血后代谢物质的毒性作用、脑血管破裂后局部血供障碍、血脑屏障功能障碍等因素。

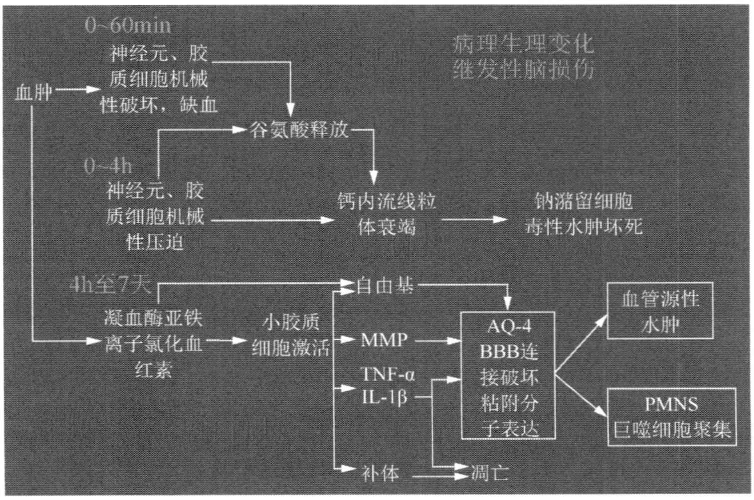

图 16-5 高血压脑出血的病理生理变化（唐震宇 2010）

ICH 后脑水肿大致包括三个阶段：第一阶段（发病几个小时）是因为血块回缩、血脑屏障渗透性升高、血浆蛋白集聚、流体静力压升高引起的；第二阶段（1 天）是因为凝血酶的作用；第三阶段（大约 3 天）是因为红细胞溶解和血红蛋白的毒性作用。此外，红细胞溶解产物、补体系统的活化等对脑水肿形成也起重要作用。这些表明，HICH 后血肿直接机械性压迫引起局部脑循环和脑代谢障碍，同时血凝块释放的凝血酶、红细胞代谢产物等活性物质，均可引起局部脑水肿，引起代谢紊乱，甚至神经细胞缺血坏死。因此，HICH 后及时清除血凝块，避免或减少其释放损害性化学物质，有助于减轻脑水肿的发展和持续时间，保护脑细胞，改善预后。

三、主要临床表现

患者 HICH 常发生于 50～70 岁人群，在活动和情绪激动时发病，出血前多无预兆。50%的患者出现头痛、呕吐，出血后血压明显升高，临床症状常在数分钟至数小时达到高峰。临床症状因出血部位、出血量和出血速度而异，应及早治疗。

（一）壳核（内囊）出血

这是 ICH 的常见部位，占 50%～75%，主要是豆纹动脉外侧支破裂，常表现为典型三偏体征（病灶对侧偏瘫、偏身感觉缺失和偏盲等）；可出现双眼向病灶对侧凝视不能，主侧半球可有失语；大量出血可出现意识障碍；也可穿破脑组织进入脑室出现血性脑脊液直接穿破皮质者不常见。

（二）丘脑出血

这种出血占 ICH 的 20%～35%，由丘脑膝状体动脉和丘脑穿通动脉破裂所致，可产生较明显感觉障碍、短暂的同向性偏盲；出血灶压迫皮质语言中枢可产生失语症。丘脑局灶性出血可出现独立的失语综合征，其特点是：上下肢瘫痪较均等，深感觉障碍较突出；大量出血使中脑上视中枢受损，眼球向下偏斜，如凝视鼻尖；出现去皮质强直等。在累及丘脑底核或纹状体时，可见偏身舞蹈-投掷样运动；意识障碍多见且较重。出血波及丘脑下部或破入第三脑室则昏迷加深，瞳孔缩小。

（三）脑叶出血

脑叶出血又称为皮下出血，约占 5%～10%，常由 AVM、Moyamoya 病、血管淀粉样变性和肿瘤等所致，常出现头痛、呕吐、失语症、视野异常及脑膜刺激征。其中顶叶出血最常见，可见偏身感觉障碍及空间构象障碍；额叶可见偏瘫、Broca 失语等；颞叶可见 Wernicke 失语及精神症状；枕叶出现对侧偏盲。

（四）小脑出血

小脑出血占 ICH 的 5%～13%，主要为小脑齿状核动脉破裂所致，起病突然，数分钟内出现头痛、眩晕、频繁呕吐、枕部剧烈头痛和平衡障碍等，但无肢体瘫痪。病初意识清楚，表现一侧肢体笨拙、行动不稳、共济失调和眼球震颤。大量出血可在 12～24h 内陷入昏迷和脑干受压征象如周围性面神经麻痹、两眼凝视病灶对侧（脑桥侧视中枢受压） 瞳孔缩小而光反应存在、肢体瘫痪及病理反射等；晚期瞳孔散大及中枢性呼吸障碍，可因枕大孔疝死亡。

（五）桥脑出血

桥脑出血占 ICH 的 5%～10%，多由基底动脉脑桥支破裂所致。出血灶位于脑桥基底与被盖部之间，大量出血（血肿>5ml）累及脑桥双侧，常破入第四脑室或向背侧扩展至中脑。临床表现为数秒至数分钟内陷入昏迷，四肢瘫痪和去皮质强直发作；可见双侧针尖样瞳孔和固定于正中位；中枢性高热，中枢性呼吸障碍和眼球浮动（双眼间隔约 5s 的下跳性移动）等；通常在 48h 内死亡。

（六）脑室出血

这种占 ICH 的 3%～5%，是脑室内脉络丛动脉或室管膜下动脉破裂出血所致。多数为小量脑室出血，可见头痛、呕吐、脑膜刺激征及血性脑脊液，无意识障碍及局灶性神经体征，可完全恢复，预后比较好。大量脑室出血起病急骤，四肢弛缓性瘫及去皮质强直发作，频繁呕吐，针尖样瞳孔，眼球分离斜视或浮动等，迅速陷入昏迷并死亡。

第二节　脑出血性疾病的诊断与治疗

一、ICH 的诊断

（一）ICH 的诊断要点

其主要包括：①发病多在 50 岁以上的高血压患者；②常在活动中起病，诱因多为情绪激动和过度劳累；③发病前可有头痛、肢体发麻等先驱症状，发病急，数分钟至数小时达高峰；绝大部分患者出现不同程度的意识障碍，伴头痛恶心呕吐及局灶性神经系统症状和体征；④眼底检查可有视网膜动脉硬化等征象；⑤血压升高或正常；⑥急性期有低热，周围血象白细胞增高；⑦血性脑脊液压力增高；⑧CT 可见高密度出血灶。其中，脑血管造影可确定动脉瘤或动静脉畸形等病变。

（二）ICH 的鉴别诊断

ICH 主要与缺血性脑血管疾病及蛛网膜下腔出血（subarachnoid hemorrhage，SAH）进行鉴别，见表 16-1。

表 16-1　ICH 与脑缺血疾病及 SAH 的鉴别

	脑血栓	脑栓塞	ICH	SAH
常见病因	动脉硬化	心脏病	高血压、动脉硬化	ICA、AVM
发病急缓	较缓（小时、日）	最急（秒、分）	急（分、小时）	急（分）
意识障碍	较少	较少	多见	常一过性
偏瘫	有、轻重不一	有	有	少见
脑膜刺激征	多无	多无	偶有	明显
脑脊液	清	清	压力高、血性	压力高、血性
CT	低密度区	低密度区	高密度区	高密度区

二、ICH 的治疗原则及措施

（一）治疗原则

主要包括降低颅内压，防止再出血，控制脑水肿，维持生命体征平稳，防治并发症。

（二）急性期的一般治疗

ICH 急性期及时给予患者安静卧位，床头抬高，一般卧床 3～4 周，减少搬动。保持呼吸道通畅，取头侧位，防止舌后坠而堵塞气道。及时翻身拍背，以利痰液咳出，可应用雾化以利于痰液湿化排出。气道阻塞时及时切开气管，避免缺氧所致脑水肿。可吸入混合 5% CO_2 的氧气。对于癫痫及烦躁不安患者，合理应用镇静、止痉止痛药。对血压较高者，给予小剂量利血平或 25%硫酸镁 10ml，深部肌肉注射，神志清楚可口服药物减压。止血剂对 ICH 并无效果，对合并消化道出血者可加用止血药。对于血肿小、无明显颅内压增高者，早期行改善微循环等内科保守治疗。对伴发脑水肿及颅内高压的患者，需行合理的脱水治疗。

对于出血量大、中线结构明显偏移者，常导致患者迅速死亡，需及时进行血肿清除术或血肿抽吸术，才能挽救患者的生命或减轻后遗症，保护未破坏的脑细胞。在不影响急救的前提下，手术应当强调微侵袭性，以减少因手术带来的副损伤。目前，多应用显微外科技术、立体定向技术等方法提高手术精度，减少对脑组织的损伤。

（三）控制脑水肿

这是防止脑疝的一个重要环节。ICH 6h 后开始出现水肿，5～7 天内达到高峰，半个月后逐渐消退。脑水肿可致颅内压增高而导致脑疝发生，因此控制脑水肿十分关键。抗脑水肿常用甘露醇或复方甘油等进行脱水。一般采用静脉或肌内注射，清醒患者可选口服药物。在静脉注射及口服困难时，可考虑直肠滴注。脑水肿颅内压增高可代偿性引起血压继续增高，因此，脱水降低颅压后血压亦可随之下降。急性期应用肾上腺皮质激素可减轻脑水肿，其中以地塞米松抗脑水肿最强，糖尿病、高血压和溃疡病者慎用。冬眠低温疗法可有效降低颅内压，头部用冰帽或冰袋进行物理降温，减少耗氧量，有利于减轻脑水肿及促进脑细胞功能恢复。

（四）维持生命体征平稳，预防并发症

ICH 患者一般血压较高，甚至比平时更高，这是因为颅内压增高是为了保证脑组织供血的代偿性反应。而且，这有利于改善 ICH 后缺血区血流灌注，故在临床上应当慎用降压药物和措施。急性期血压急剧下降表示病情严重，还需要给予升压药以保证足够的脑部血液供应。昏迷患者头应歪向一侧，保持呼吸道通畅，防止发生吸入性肺炎，必要时可吸氧。要密切观察患者的血压、呼吸和瞳孔变化，尿潴留（膀胱内有许多尿液停留不能排出）者要导尿，还要定时轻轻变换体位，以防止褥疮。早期用一些抗生素预防肺炎和尿道感染也很有必要。发病第 1～2 天内禁食为好，每日入液量为 1500～2000ml，应用脱水药物，注意补钾，预防及纠正酸中毒、高渗性昏迷等。对神志不清、不能进食且无呕吐者，可予鼻饲保证营养。每日限制入液量不超过 2500ml，高热、呕吐、多汗者可酌情增加。

（五）防止再出血

这是 ICH 幸存者中致残及死亡的主要原因。再出血的时间间隔为 3 个月～5 年。首次出血后 1 年内再发者为 38%，2 年内再发者为 75.8%，3 年内再发者为 93%。再出血的诱因多与激动、糖尿病和悲伤等相关，老年人再出血常有短暂性脑缺血发作（transient ischemic attack，TIA）或缺血性脑血管病史。因此，积极控制高血压，合理治疗糖尿病，注意情绪调控，治疗便秘，生活及饮食适度规律都是预防 ICH 的重要环节。

（六）神经功能康复期治疗

其目的是为促进瘫痪肢体及语言障碍的功能康复，改善脑功能，减少后遗症，预防复发。由于神经系统细胞高度分化，功能复杂，自身的再生能力弱，长期以来 ICH 后神经功能障碍的恢复都是神经科学研究的一个重点和难点。重点在于改善脑血循环及促进营养代谢，选用扩张脑血管药物。此外，偏瘫、失语等神经功能缺损患者应尽早开始康复治疗，有步骤的进行，才能达到较好的效果，减少致残。目前，一般是采取神经干细胞治疗、神经细胞赋活剂、神经营养因子、高压氧、功能训练，以及中医中药等综合治疗措施。这些在一定程度上可以促进患者的康复。

第三节　神经干细胞治疗脑出血的实验研究

一、NSC 移植治疗 ICH 的动物实验研究

研究表明，在许多哺乳动物的 CNS 中，其海马、室管膜下区和其他一些区域持续

存在神经细胞的发生。这是因为 CNS 中存在具有增殖、自我更新、进一步分化形成神经元和神经胶质细胞的NSC，也广泛存在于胚胎脑组织内。另外，在啮齿类和人类等成年脑内的海马、室下带等区域也存在 NSC。以前认为，成年哺乳动物的 CNS 已失去自我修复和再生的能力。但目前证实，在病理状态下内源性 NSC 可被活化，这就解释了为什么 ICH 后神经功能可部分恢复。研究发现，ICH 组大鼠血肿周围存在表达巢蛋白和 BrdU 的 NSC，而在正常对照组和假手术组中相应部位未见这种细胞。经静脉移植人类NSC治疗大鼠ICH的实验研究发现，NSC能进入大鼠的脑内生存并迁移到血肿周围，大约 75%NSC 分化成胶质细胞，10%分化成神经元，并能促进大鼠 ICH 模型功能的恢复。移植的 NSC 在各阶段的 ICH 模型中均能成活，在 ICH 后的 1 天，移植的 NSC 显示较好的存活率。但普遍认为，急性期成活率低于亚急性期或慢性期。

将大鼠 NSC 在体外进行培养、传代、鉴定及 BrdU 标记后，移植组将标记的 NSC 移植入 ICH 大鼠脑内。结果显示，移植组大鼠神经功能缺损恢复较快，其神经功能评分在 ICH 发生后 7 天和 14 天均较 ICH 组低（$P<0.05$）；血管内皮生长因子（VEGF）及纤连蛋白（fibronection，FN）在 ICH 后 7 天、14 天和 30 天、以及层粘连蛋白（1aminin，LN）在 ICH 发生后 7 天和 14 天的表达均高于 ICH 组、假手术组及对照组（$P<0.01$），移植组存在 BrdU 阳性细胞并分布于血肿区及移植区周围。这些结果显示，体外培养的自体 NSC 移植入 ICH 大鼠脑内后，可促进神经功能缺损恢复，移植后 VEGF、FN 及 LN 的表达可增加外源性 NSC 的增殖、迁移及分化，并为神经回路重建提供了条件。

另有研究经大鼠尾状核注入胶原酶Ⅳ制成 ICH 模型，将分离培养的胚胎 NSC 移植入大鼠脑内。对 ICH 大鼠移植前后运动神经功能进行评价，并通过组织免疫荧光检测移植入脑内 NSC 分化后的形态学改变。结果发现，标记的 NSC 移植入 ICH 大鼠后可在脑内存活，主要分布于血肿腔周边。免疫荧光检测显示，移植 NSC 能进一步分化为神经元及星形胶质细胞。从移植术后第 21 天到第 28 天，NSC 移植组大鼠的神经功能改善（$P<0.01$）好于培养液移植组和单纯 ICH 对照组。结果显示，ICH 大鼠移植胚胎 NSC 后能促进偏瘫肢体功能的恢复，并能存活而进一步分化为神经元及星形胶质细胞。研究还发现，在 NSC 和神经营养因子-3（neurotrophins-3，NT-3）联合移植组、单纯 NSC 移植组中观察到大量的 NSC 及分化的神经元和胶质细胞，主要存活在出血灶周围而远隔部位较少，尤其是 NSC 和 NT-3 联合移植组更加明显，此组中存活的 NSC 数量明显增多，并且向神经元分化。在 ICH 早期的脑组织切片中观察到，移植 NSC 组及 NSC 和 NT-3 联合移植组的脑水肿比对照组明显减轻。

二、神经干细胞移植治疗 ICH 抗炎机制的实验研究

NSC 移植已广泛用于卒中后受损大脑重建的研究，其中包括对 ICH 急性期炎症反应的探讨。通过胶原酶诱导大鼠 ICH 的模型，分别于术后 2h 和 24h 经静脉和脑室内注射途径移植人胚胎脑组织源性的 NSC。与脑室注射组相比，只有经静脉移植 NSC 2h 组（NSC-iv-2h 组）初期的神经病理变化较小，而且脑组织水肿、炎症浸润和凋亡明显减轻。

NSC 在体外通过细胞间接触的方式，抑制由脂多糖引起的巨噬细胞活化。大鼠经静脉移植神经球 2h 组（neurosphere-iv-2h 组）也能够减轻脑水肿及初期的神经病理学改变。在人 NSC-iv-2h 组中，不仅能减弱大脑及脾脏中 TNF-a、IL-6 和核因子 kappa B 的活动，而且在大脑切片中只发现很少的干细胞聚集在脾脏边缘带。为了证实 NSC 是否通过与脾脏作用而减轻对大脑炎症的反应，故在制备动物模型前切除脾脏，结果可抵消 NSC 对脑组织水含量和炎症浸润的作用。这些表明，早期静脉内移植 NSC 主要通过阻断 ICH 后脾脏的炎症应答发挥抗炎作用来促进神经的保护。

三、NSC 治疗 ICH 的修复机制研究

（1）ICH 后病灶区释放各种趋化因子，可吸引 NSC 聚集到损伤部位，并在局部微环境的作用下分化为不同种类的细胞，修复及补充损伤的神经细胞。由于缺血和缺氧导致的血管内皮细胞和胶质细胞的损伤，使局部通透性增加。另外，在多种黏附分子的作用下，NSC 可以透过血脑屏障，高浓度地聚集在损伤部位。

（2）NSC 本身可以分泌多种神经营养因子，促进损伤细胞的修复，减轻卒中诱发的炎症反应及血管的形成。其中，脑源性神经营养因子（BDNF）和 NT-3 能够促进神经元前体细胞的分化和成熟，睫状神经营养因子（ciliary neurotrophic factor，CNTF）和甲状腺素 3（3, 5, 3 triiodothyronine，T3）可诱导 NSC 向胶质细胞分化，血小板源性生长因子（platelet-derived growth factor，PDGF）可促进 NSC 向神经元分化。

（3）NSC 分化为神经元后与宿主体内的神经元建立新的突触联系，并可使中断的纤维联系重新建立。在发育中或成年 CNS 内移植胚胎神经组织，能够部分重建神经环路和改善其功能。

（4）NSC 可能改善 ICH 后脑水肿的作用。

（5）NSC 不仅为 CNS 的不断自我更新提供了物质基础，而且是具有自我更新能力的细胞，并可向血管内皮祖细胞和神经细胞方向分化。这些都有利于受损区神经、血管组织的修复，经过不对称分裂产生一个祖细胞和另一个干细胞，祖细胞具有有限的自我更新能力，并自发分化产生神经元和成胶质细胞等，从而生成神经元及神经胶质细胞。目前的研究表明，哺乳动物 CNS 受损后的修复能力是有限的。因为，CNS 在受损后不能萌发新的神经元，也不能产生大量有功能的神经轴突。因此，NSC 移植治疗已成为当前最有前途的治疗策略之一。NSC 在修复 CNS 损伤时，可能具有三个方面的作用：①体外培养的 NSC 用于损伤脑组织的神经细胞替代治疗；②诱导内源性 NSC 增殖及分化；③促进损伤 NSC 的自我修复。

第四节　神经干细胞治疗脑出血的临床实验研究

一、NSC 治疗 ICH 的临床研究

HICH 是最常见的脑血管疾病之一，具有高发病率、高致死率、高致残率等三大特

点。因此，寻找有效的治疗方法来降低患者的病死率及致残率、提高患者的生存质量是众多医务工作者的共同目标。ICH 后，由于脑内血肿的占位压迫和手术操作的损伤，导致顽固性神经后遗症发生率明显增高，如偏瘫、语言障碍、共济失调、精神异常及大小便失禁等，严重影响患者的生活质量。神经细胞一经损伤或死亡即不可再生，这使神经系统损伤后的修复相当困难，现行治疗方案远不能满足临床的需要。NSC 具有自我更新、高度增殖和多向分化潜能，能够在特定的微环境中向神经组织细胞分化，为神经系统疾病的治疗带来了新的希望。

（一）动物实验研究

把大鼠的 NSC 进行体外培养、传代、鉴定及 BrdU 标记，同时制备大鼠的 ICH 模型，随机分为 ICH 组、移植组、假手术组及对照组，移植组进行标记的 NSC 移植 ICH 大鼠脑内。在各时间点观察各组大鼠神经功能的缺损，并用免疫组织化学法检测各组脑血肿周围区及正常脑组织的 VEGF、FN 和 LN 的表达，以及移植组 BrdU 的表达及分布。结果显示，移植组大鼠神经功能缺损恢复较快，其神经功能评分在 ICH 后 7 天和 14 天较 ICH 组低（$P<0.05$）；移植组的 VEGF、FN 在 ICH 后 7 天、14 天及 30 天和 LN 在 ICH 后 7 天和 14 天的表达均高于 ICH 组、假手术组及对照组（$P<0.01$）。而且，移植组出现 BrdU 阳性细胞分布于血肿区及移植区周围。这些表明，NSC 移植 ICH 大鼠脑内后，可促进大鼠神经功能缺损的恢复，移植后 VEGF、FN 和 LN 的表达为外源性 NSC 的增殖、迁移、分化及神经回路重建的结果。

（二）临床的有关研究

通过胚胎 NSC 移植治疗 ICH 后遗症的临床研究表明，在选取的 5 例患者（平均 55 岁）中，基底节出血术后 2 例，内囊出血 2 例，丘 ICH 1 例。在手术室经腰椎穿刺植入 3ml 内含 10^8 干细胞混悬液，同时注入 0.9%氯化钠注射液 1ml；地塞米松注射液 5mg，每周 1 次，共 4 次。采用统一神经功能缺损评定评分。结果显示，胚胎 NSC 移植后 1～36h，2 例出现发热，体温为 37.6～38.0℃，给予物理降温，24h 内体温降至正常。3 例头痛、头晕，平卧休息，适当补液症状缓解；2 例患者移植 24 h 后出现腰痛及腿痛，休息及中频治疗好转。治疗后 3 个月，运动障碍改善 4 例，吞咽改善 2 例，患者能进食流质，言语功能改善 3 例；治疗后 3 个月，智力改善 3 例，计数能力改善 3 例，3 例患者能作简单计数；治疗后 6 个月，肌力增加 3 例，3 例患者肌力均提高 I～II 级，肌张力下降 2 例。

结果显示，3～6 个月胚胎 NSC 移植对改善 ICH 后遗症有效，并可显著提高生存质量。NSC 通过分化、替代、细胞融合及分泌的生物活性物质，如神经营养因子、生长因子和化学趋化因子等明显增高。这些可改善局部微环境，并具有神经突触和神经网络的重建等，使受损细胞恢复缺失的神经功能，加速损伤神经组织的再生修复，促进神经支配功能恢复，对脑血管意外后遗症有着重要的治疗作用。另有研究将 52 例 HICH 患者随机分为 2 组：治疗组（微创穿刺术联合 NSC 移植）和对照组（单用微创穿刺术）

各 26 例，分别观察 2 组的临床疗效。结果治疗组的显效率和总有效率分别为 61.5%和 76.9%，比对照组的 19.2%和 34.6%高，二者差异显著（$P<0.05$ 和 $P<0.01$），治疗组的 ADL 量表评分比对照组好（$P<0.01$）。这些结果提示，微创穿刺术联合 NSC 移植治疗 HICH，能明显提高有效率，并可改善患者的神经功能，提高患者的生存质量。

高压氧配合 NSC 移植对 ICH 后遗症患者功能恢复的研究显示，将 56 例 ICH 患者随机分为治疗组（高压氧加 NSC 移植）和对照组（单纯 NSC 移植）。在治疗前、后 1 个月及治疗后 6 个月分别采用国际公认的功能独立性测量（FIM）法进行评分。结果发现，2 组治疗后 1 个月及治疗后 6 个月患者的 FIM 评分均有提高，但治疗组的评分提高明显，与对照组相比其差异有统计学意义（$P<0.05$）。这些表明，高压氧配合 NSC 移植较单纯 NSC 移植治疗 ICH 后遗症的疗效显著。而且，NSC 移植后不仅可增殖分化成各种表型的成熟神经细胞，还可与宿主神经细胞建立正确的突触关系，重建神经环路，促进其功能的恢复。

在 6 年内，对 16 例 ICH 患者通过立体定向术，选取病变侧基底节区作为靶点进行 NSC 移植。于治疗前、后 1 个月和 6 个月分别应用国际通用的功能独立性测量法，评定其运动及生活能力。结果显示，接受 NSC 移植的 ICH 患者无严重术后并发症。手术后 6 个月内临床症状改善有效率达 81.25%，本组 16 例术前 FIM 评分为 90.21±2.32，术后 1 个月为 92.76±1.89，术后 6 个月为 96.37±3.83，有显著性差异。治疗 1 个月后功能独立性评分高于治疗前（$P<0.05$），而治疗 6 个月后高于 1 个月（$P<0.05$）。这些表明，NSC 移植治疗在一定程度上可改善 ICH 患者的后遗症及运动功能，提高生活质量。

二、问题与展望

（一）问题

（1）NSC 的体外保存技术尚待进一步改进和完善。

（2）NSC 移植效果的评价尚无有关的统一标准。

（3）NSC 移植后免疫排斥反应并发症等诸多问题，均需进一步的研究。

（4）在转基因 NSC 的移植中，其载体和目的基因的最佳选择、表达产物持久而稳定的表达、与宿主的有效整合、移植细胞的跨系定向分化等，仍有待于进一步探讨。

（5）不同种类神经元的再生、分化各有其特点，需要不同调控因子的精确控制。因此，阐明不同调控因子在中枢不同部位的调控特性，将是今后 NSC 研究的一项重要内容。

（6）在脑外伤后，不同时间移植 NSC 疗效的对比研究提示，受伤时间越长，损伤灶内胶质瘢痕结构就越紧密，不利于 NSC 生长，使其更难参与修复过程。因此，进一步探讨 ICH 后应用 NSC 的时间窗问题，对其治疗效果及患者的预后都是十分重要的。

（二）展望

随着神经分子生物学研究的进展，神经元细胞的再生性研究已成为神经生物学研究的重要课题。而且，随着 NSC 基础理论的不断更新和发展，其应用于 CNS 损伤后功能恢复的研究将会取得突破性进展。对脑瘫、脊髓横断性截瘫等临床治疗的世界性难题，也将有望得到进一步解决。NSC 研究的深入发展，必定会给 CNS 疾病的治疗带来新的希望。

（陶英群　蒋　为）

主要参考文献

Aligholi H, Hassanzadeh G, Azari H, et al. 2014. A new and safe method for stereotactically harvesting neural stem/progenitor cellsfrom the adult rat subventricular zone. J Neurosci Meth, 225: 81-89

Bahmani L, Taha MF, Javeri A. 2014. Coculture with embryonic stem cells improves neural differentiation of adipose tissue-derived stem cells. Neuroscience, 272: 229-239

Bellenchi GC, Volpicelli F, Piscopo V, et al. 2013. Adult neural stem cells: an endogenous tool to repair brain injury? J Neurochem, 124(2): 159-167

Brazelton TR, Rossi FM, Keshet GL, et al. 2000. From marow to brain: expression of neuronal phenotypes in adult mice. Science, 290(5497): 1775-1779

Chen J, Tang Y X, Liu Y M, et al. 2012. Transplantation of adipose-derived stem cells is associated with neural differentiation and functional improvement in a rat model of intracerebral hemorrhage. CNS Neurosci & Therap, 18(10): 847-854

Cordero DR, Brugmann S, Chu Y, et al. 2011. Cranial neural crest cells on the move: their roles in craniofacial development. Am J Med Gene A, 155A(2): 270-279

Cromer Berman SM, Wang CJ, Orukari I, et al. 2013. Cell motility of neural stem cells is reduced after SPIO-labeling, which is mitigated after exocytosis. Magne Reson in Med, 69(1) : 255-262

Darsalia V, Kallur T, Kokaia Z. 2007. Survival migration and neuronal differentiation of human fetal striatal and cortical neural stem cells grafted in stroke·damaged rat striatum. Eur J Neurosci, 26(3): 605-614

Han DW, Tapia N, Hermann A, et al. 2012. Direct reprogramming of fibroblasts into neural stem cells by defined factors. Cell Stem Cell, 10(4): 465-472

Jiang W, Liang GB, Li XM, et al. 2014. Intracarotid transplantation of autologous adipose-derived mesenchymal stem cells significantly improves neurological deficits in rats after MCAo. J Mat Sci: Mat in Med , 25(5): 1357-1366

Jeong SW, Chu K, Jung KH, et al. 2003. Human neural stem cell transplantation promotes functional recovery in rats with experimental intracerebral hemorrhage. Stroke, 34(10): 2258-2263

Lee HJ, Park IH, Kim HJ, et al. 2009. Human neural stem cells overexpressing glial cell line-derived neurotrophic factor in experimental cerebral hemorrhage. Gene Ther, 16(9): 1066-1076

Lim DA, Alvarez-Buylla A. 2014. Adult neural stem cells stake their ground. Trends Neurosci, 37(10): 563-571

Matsui T, Takano M, Yoshida K, et al. 2012. Neural stem cells directly differentiated from partially reprogrammed fibroblasts rapidly acquire gliogenic competency. Stem Cells, 30(6): 1109-1119

Park S Y, Park S W, Kim J H, et al. 2012. Immortalized adults human neural stem cells differentiate into functional neurons after transplantation into the mouse rat brain with intracerebral hemorrhage. Mole Therap, 20: S201-S201

Reynolds BA, Weiss S. 1992. Generation of neurons and astrocytes from isolated cells of the adult mammalian nervous system. Science, 255(5052): 1707-1710

Ruggieri M, Riboldi G, Brajkovic S, et al. 2014. Induced neural stem cells: Methods of reprogramming and potential therapeutic applications. Prog Neurobio, 114: 15-24

Sekiguchi H, Ii M, Jujo K, et al. 2013. Estradiol promotes neural stem cell differentiation into endothelial lineage and angiogenesis in injured peripheral nerve, Angiogenesis，16(1): 45-58

Shimozaki K, Clemenson GD . 2013. Paired related homeobox protein 1 is a regulator of stemness in adult neural stem/progenitor cells. J Neurosci, 33(9): 4066-4075

Tang T, Li XQ, Wu H, et al. 2004. Activation of endogenous neural stem cells in experimental intracerebral hemorrhagic rat brains. Chin Med J (En91), l17(9): 1342-1347

Xi G, Fewel ME, Hua Y, et al. 2004. Intracerebral hemorrhage: pathophysiology and therapy. Neuroerit Care, 1(1): 5-18

第十七章　神经干细胞移植治疗缺血性脑卒中

第一节　概　　述

一、基本概念及发病率

脑卒中俗称脑血管意外或脑中风，是由于脑血液循环障碍导致的临床突然起病的一组症状，也是脑血管疾病中最严重的并发症。它包括脑血栓、脑出血等，具有发病率高、致残率高、死亡率高和复发率高的“四高”特点。动脉硬化是其主要病因，脑出血和脑血栓为最终结果。该病患者多为 40 岁以上的中老年人，现在随着生活水平的提高，20～30 岁年轻患者也日益增多，最年轻的患者仅为 7 岁。据统计，中国每年发生脑卒中患者达 200 万，发病率高达 120/10 万。2012 年的幸存脑卒中患者 700 万，其中 450 万患者不同程度丧失劳动力和生活不能自理，致残率高达 75%。中国每年脑卒中患者死亡 120 万。经临床资料分析后发现，在门诊就诊的脑卒中患者中，约 40%为复发病例，25%～33%的脑卒中患者将在 3～5 年内再次发作。第三次全国疾病死因调查显示，脑卒中致死率排名第一，高达 22.45%，严重威胁着人类的生命与健康。

二、病因、病理及分类

（一）病因

1. 不可控危险因素与脑卒中亚型的关系

缺血性脑卒中不可改变的危险因素包括年龄、性别、种族民族、家族史和遗传因素等。总体而言，年龄和男性是缺血性脑卒中的主要危险因素。随着年龄的增加，尤其是 55 岁以后，每增加 10 岁，脑卒中风险就会翻一番。在平衡诸多危险因素后，男性患缺血性脑卒中的风险仍然大于女性。

脑卒中亚型的年龄构成有一定差别，体现在其他原因引起的脑卒中组患者平均年龄偏小，小于由动脉粥样硬化、心脏病等引起的脑卒中组患者年龄，这与牛津郡社区脑卒中项目的报道相似。在牛津郡社区脑卒中项目研究中，各型脑卒中患者的性别构成亦有差别，不明原因引起的脑卒中组男性比例较高。

2. 可控危险因素与脑卒中亚型的关系

1）高血压

众所周知，高血压是各种类型脑卒中（包括出血性脑卒中）的危险因素。国际一项15 527例的荟萃分析显示，在对各种类型脑卒中患者进行降压治疗后，不管基线血压如何，其脑卒中、心肌梗死等所有血管不良事件的相对风险均显著降低。学术界对小血管病变性脑卒中和非小血管病变性脑卒中两者谁与高血压的关系更为密切尚有争论：在平衡各种危险因素后，有研究认为小血管病变性脑卒中与高血压的关系更为密切；动脉粥样硬化危险因素研究认为，高血压为两者带来的危害基本相同。因此可以推测高血压对大小血管的损害作用可能都具有普遍意义。

2）糖尿病

糖尿病是缺血性脑卒中的另一危险因素。传统上，糖尿病被更多地与小血管病联系在一起，但并没有发现糖尿病与小血管病变性脑卒中或者其他某一脑卒中亚型存在显著关联，国外进化的临床研究也未发现两者存在明确关联。为此亦有类似的推测，糖尿病对于全身血管的改变可能也是具有普遍意义的。尽管目前的证据显示过度控制血糖会增加全因死亡率，但不控制血糖将影响到整体健康状况。因此，所有糖尿病患者均应适度控制血糖。

3）心房颤动

心房颤动是缺血性脑卒中的危险因素，可使脑卒中的风险增大3～4倍，而且其危害性随着年龄的增长而递增。研究显示心房颤动对脑栓塞患者极为有害，但由于有的研究中对照组非脑栓塞患者的平均年龄偏小，可能对于这一结果有一定的夸大作用。除此之外也观察到部分动脉粥样硬化性脑卒中患者亦存在心房颤动，但其并不是导致动脉粥样硬化性脑卒中的主要危险因素。

4）高脂血症

高脂血症是血管性疾病的危险因素。动脉粥样硬化性脑卒中的病理生理学过程类似于冠心病，有研究显示其发生与低密度脂蛋白胆固醇、总胆固醇、高密度脂蛋白胆固醇和高脂蛋白 A 的变化密切相关。但也有研究认为高脂血症与动脉粥样硬化性脑卒中或者其他某一脑卒中亚型不存在显著的关联。某些混淆因素客观存在，如年龄、男性、高血压和房颤等的相互作用可能对研究结论有影响。

从治疗角度看，如他汀类降脂药物确实可降低缺血性脑卒中的发病率。著名的强化降低胆固醇预防脑卒中试验发现，阿托伐他汀可使脑卒中和冠心病的5年发病率分别降低16%和35%。阿托伐他汀治疗结果分析显示，脑卒中复发率减少了22%，但该研究没有阐明具体的分型。他汀类药物并不是单纯起降脂作用，而且还有改善内皮细胞功能、抗炎、抑制平滑肌细胞增殖和血栓形成等功能。因此，目前尚难以明确高脂血症与脑卒中亚型的关系。目前仍在进行的日本他汀类药物治疗对复发性脑卒中的试验，可能会通过研究他汀类药物治疗动脉粥样硬化性脑卒中和小血管病变性脑卒中的不同疗效，从而更好地回答这一问题。

5）吸烟

吸烟是缺血性脑卒中的独立危险因素，尤其是小血管病脑卒中。但也有研究认为吸烟与小血管病变性脑卒中并无很强的关联性。吸烟会导致血管收缩，由此可能会在远期加重颅内穿支动脉的狭窄。日本曾有吸烟导致颅内血管痉挛的病例报道。对于大动脉粥样硬化型脑卒中患者，吸烟则会增加纤维蛋白的活化而改变血栓的构型。有研究结果表明，未发现吸烟与小血管病变性脑卒中或其他某一亚型脑卒中存在显著关联，可能因小血管病变性脑卒中组及动脉粥样硬化性脑卒中组患者年龄、性别等混淆因素分布不均，干扰了结论的客观性。但是从作用机制而言，吸烟对于大小血管都有影响。总之，目前就这一问题尚无定论。

6）饮酒

在平衡各个危险因素后，发现饮酒对小血管病变性脑卒中患者中度有害。乙醇摄入量与缺血性脑卒中发病率的关系呈现 J 形曲线，适量饮酒风险最低，戒酒者和重度饮酒风险最高。过量的乙醇摄入可能会升高血压而增加脑卒中风险，其机制可能为适量乙醇摄入升高了人体内高密度脂蛋白胆固醇水平。但多数研究对饮酒的定义较粗略，没有详细的分级和归类，故难以得出饮酒与脑卒中亚型之间的准确关系。但总体而言，饮酒可能增加了患小血管病变性脑卒中的风险。

7）其他不确定危险因素

近来对于高同型半胱氨酸的研究颇多，发现了高同型半胱氨酸在缺血性脑卒中发生过程中的危害，认为其是动脉粥样硬化性脑卒中的又一危险因素，其可能的机制包括损伤血管内皮细胞、影响低密度脂蛋白的治疗效果。

（二）病理

1. 动脉粥样硬化性血栓性脑梗死

脑动脉闭塞的早期，脑组织改变不明显，肉眼可见的变化要在数小时后才能辨认。缺血中心区发生肿胀、软化，灰质白质分界不清。大面积脑梗死时，脑组织高度肿胀，可向对侧移位，导致脑疝形成，镜下可见神经元出现急性缺血性改变，如皱缩、深染及炎细胞浸润等，胶质细胞破坏，神经轴突和髓鞘崩解，小血管坏死，周围有红细胞渗出及组织间液的积聚。发病后 4～5 天脑水肿达高峰；7～14 天脑梗死区液化成蜂窝状囊腔；3～4 周后，小的梗死灶可被肉芽组织取代，形成胶质瘢痕；大的梗死灶中央也液化成囊腔，周围由增生的胶质纤维包裹，变成中风囊。

局部血液供应中断引起的脑梗死多为白色梗死。由于脑梗死病灶内的血管壁发生缺血性病变，当管腔内的血栓溶解及侧支循环开放等原因使血流恢复后，血液会从破损的血管壁漏出，引起继发性渗血或出血，导致出血性脑梗死，也称为红色梗死。

2. 脑栓塞

脑栓塞可以发生在脑的任何部位，由于左侧颈总动脉直接起源于主动脉弓，故发病部位以左侧大脑中动脉供血区较多，其主干是最常见的发病部位。由于脑栓塞常突然阻塞动脉，故易引起脑血管痉挛，加重脑组织缺血程度。因起病迅速，无足够的时间建立侧支循环，所以栓塞与发生在同一动脉的血栓形成相比，病变范围大，供血周边脑组织常不能免受损害。

脑栓塞引起的脑组织缺血性坏死可以是贫血性、出血性或混合性梗死，以出血性更为常见，占 30%～50%。脑栓塞发生后，栓子可以不再移动，牢固地阻塞管腔；或栓子分解碎裂，进入更小的血管，由于最初栓塞的动脉血管壁已受损，血流恢复后易从破损的血管壁流出，形成出血性梗死。

在栓子的来源未消除时，脑栓塞可以反复发作。某些炎性栓子可能引起脑脓肿、脑炎及局部脑动脉炎。有时在血管内还可以发现其他栓子，如寄生虫卵和脂肪球等。

3. 腔隙性脑梗死

病变血管是直径为 100～200μm 的深穿支，多为终末动脉，血管壁的病变引起管腔狭窄，当有血栓形成或微栓子脱落阻塞血管时，由于侧支循环差，发生缺血性梗死。腔隙性脑梗死为直径 0.2～15mm 的囊性病灶，呈多发性，小梗死灶仅稍大于血管管径。坏死组织被吸收后，可残留小囊腔。

4. 脑分水岭梗死

脑分水岭梗死最常见的发病部位是大脑中动脉与后动脉之间的分水岭区，其次为大脑前、中动脉之间，大脑前、中、后动脉之间，偶见于基底节、侧脑室旁白质及小脑。皮质梗死的病灶呈楔形改变，尖端向侧脑室，底部向软脑膜面，以皮质损害为主。大脑前、中、后动脉之间的梗死灶位于大脑皮质，由前至后呈“C”形分布，与矢状缝平行。皮质下的病灶多呈条索状。梗死灶的病理演变过程详见本节“动脉粥样硬化性血栓性脑梗死”部分。

（三）脑血管疾病的分类

世界卫生组织（World Health Organization，WHO）关于脑血管病早有分类，但未被世界各国普遍接受。随着对脑血管疾病的病因、发病机制、病理及临床的深入研究，以及实验室与影像学检查的长足进步，脑血管病的分类也不断发展，且日臻完善。美国国立神经疾病与卒中研究所提出了《脑血管病分类（第三版）》，从临床障碍、病理学、危险因素与预防、临床评检（病史和体格检查）、实验室和仪器检查（包括各种特殊检查）、脑卒中后患者状况和解剖学等 7 个方面进行了分类。但这些分类在日常工作中应用均显得过于繁琐和复杂。目前国内临床使用的分类极不统一，是从临床不同角度提出的。

1. 按病变性质分类

脑血管病按其性质通常分为缺血性脑血管病和出血性脑血管病两大类。

1）缺血性脑血管病

脑的供应动脉狭窄或闭塞引起不同程度症状和持续时间的神经功能障碍，严重者可引起死亡。缺血性脑卒中的发病高于出血性脑卒中，占脑卒中总数的60%～70%。颈内动脉和椎动脉都可出现闭塞和狭窄，年龄多在40岁以上，男性较女性多。

2）出血性脑血管病

非外伤性颅内血管破裂引起的出血即出血性脑血管病，最常见的病因是高血压、脑动脉硬化、脑动脉瘤和颅内血管畸形等，常因用力、情绪激动等因素诱发。临床上脑出血发病十分迅速，主要表现为意识障碍、剧烈头痛、肢体偏瘫、失语等神经系统的损害。它起病急骤、病情凶险，死亡率非常高。

据国外统计资料，脑血管病以缺血性为多见，脑梗死占59.2%～85%；除日本外，脑出血一般在20% 以下。

此外，20世纪70年代以来，由于CT和核磁共振的广泛应用，临床上又发现一些出血和梗死并存的脑血管病，即混合性脑卒中。有报道，此类患者占同期各种脑血管病住院患者的2.67%。其病因和发病机制迄今尚不完全清楚，多认为高血压和动脉硬化是重要原因，并与其严重程度密切相关。

2. 按进程分类

脑血管病按其进程可分为急性脑血管病（中风）和慢性脑血管病两种。急性脑血管病包括短暂性脑缺血发作、脑血栓形成、脑栓塞、高血压脑病、脑出血和蛛网膜下腔出血等；慢性脑血管病包括脑动脉硬化、脑血管病性痴呆、脑动脉盗血综合征、帕金森病等。

通常所说的脑血管病，一般指的是急性脑血管病，发病急，常危及人生命，因此也易引起人们的重视；而慢性脑血管病病程长，易被人忽视。

（四）缺血性脑卒中的分类

缺血性脑卒中即广义的脑梗死，是指突然发生的脑组织局部供血动脉血流灌注减少或血流完全中断，停止供血、供氧和供糖等，使该局部脑组织崩解破坏。缺血性脑卒中的主要原因为：①动脉粥样硬化所致血栓栓塞；②心脏来源栓子所致脑栓塞；③各种原因引起的血管炎、血管损伤及外伤等。缺血性脑卒中一般在夜间睡眠中发病，常为次晨起床时发现肢体无力或偏瘫，多无意识障碍，血压可正常或偏高，可有动脉硬化史，占脑卒中患者总数的60%～70%，主要包括脑血栓形成和脑栓塞。脑血栓形成为脑动脉系统粥样硬化和血栓形成，使动脉管腔狭窄或闭塞，导致脑组织局部动脉血流灌注减少或中止，引起局部脑组织的坏死。

1. 按疾病进展的程度分类

1）短暂性脑缺血发作

短暂性脑缺血发作是以短暂的局灶性神经功能障碍，在24h内症状完全消失，不遗留神经系统阳性体征为特点的脑缺血发作，主要表现为头昏、眩晕、黑朦、复视、共济失调或吞咽困难等，可有部位不恒定的肢体无力。

2）可逆性缺血性神经功能缺失

可逆性缺血性神经功能缺失又称可逆性脑缺血发作，表现为局灶性神经功能缺失，持续时间可超过 24h，但 1～3 周可恢复，可表现为局灶性神经系统体征。

3）进展性脑卒中和完全性脑卒中

进展性脑卒中表现为症状逐渐加重，在 6h 至数日内到达高峰，脑内有梗死灶。完全性脑卒中由于脑缺血发展迅速，在 6h 内到达高峰，伴有偏瘫、失语、感觉障碍等明显的神经功能缺陷。

2. 按照起病急缓分类

1）急性缺血性脑血管疾病

急性缺血性卒中主要是由于脑梗死等疾病引起脑组织供血不足造成的脑组织坏死。

2）慢性缺血性脑血管病

慢性缺血性卒中主要是由于慢性脑供血不足引起的脑组织灌注不足，进一步引起脑组织功能障碍。

缺血性脑血管病是引起脑卒中的最常见病因，本章主要介绍缺血性脑卒中。缺血性脑卒中是指缺血性神经细胞损伤，神经元死亡表现有坏死和凋亡两种方式。脑缺血急性期神经元的死亡以坏死为主，主要发生在缺血中心区；神经元的迟发性死亡以凋亡为主，多发生在缺血半暗区。传统观点认为成年哺乳动物中枢神经系统中的神经元已经是终末分化的神经元，一旦死亡就不能再生。20 世纪 90 年代以来，人们不断从胚胎、成年动物甚至人脑中分离出具有自我更新和多向分化潜能的 NSC，使神经元变性疾病和损伤性疾病，如帕金森病、脑损伤和脑卒中等的传统治疗观念受到冲击。

目前，NSC 可重建受损脑组织的血管、神经通路，恢复损伤部位组织结构和神经功能，促进营养因子分泌，促进血管和神经细胞再生与神经功能的恢复。由于不同脑组织具有不同的生理功能和组织特性，因此移植干细胞的种类和数量存在差异，这也是干细胞移植需要克服的问题。对于缺血性脑卒中的治疗已不能单纯着眼于阻止神经变性的恶化和减少神经元的死亡，内源性 NSC 的诱导、增殖、分化、修复与外源性 NSC 的移植也成为研究重点。

三、主要临床表现

脑血管疾病的临床分型是临床进行疾病诊断、治疗和预防的标准，其分型方法较多。

（一）临床分型

1. 根据症状体征演变过程分类

（1）完全性脑卒中：脑卒中发生后临床表现比较严重，进展较快，常于数小时内

（<6h）达到高峰。

（2）进展性脑卒中：脑卒中发生后临床症状较轻微，但呈进行性加重，在 48h 内仍持续进展，直至出现较严重的神经功能缺损。

（3）可逆性缺血性神经功能缺失：脑卒中发生后临床症状较轻微，但可持续存在，可在 3 周内恢复。

2. 根据临床表现结合影像学证据分类

（1）大面积脑梗死：通常是颈内动脉主干及其分支主干、椎-基底动脉主干的完全性脑卒中，临床症状重，进行性加重，容易出现脑水肿和高颅压征象，可发展为脑疝。

（2）分水岭脑梗死：相邻血管供血区分界处或分水岭区局部缺血，也称边缘带脑梗死，多是血流动力学障碍所致，可分为皮质型和皮质下型，症状轻，恢复快。

（3）出血性脑梗死：脑梗死后病变血管远端血管结构功能障碍，使血液漏出或继发出血，多见于大面积脑梗死，血管再通时更容易出现，可以此来判断血管有否再通。

（4）多发性脑梗死：由不同供血系统血管病变引起的脑梗死，多为反复发作所致。

3. 根据不同供血系统分类

根据不同供血系统可分为颈内动脉系统血栓形成与椎-基底动脉系统血栓形成。

（二）临床表现

该病多见于中老年人，动脉炎、脑血管发育异常多见于青年人。常在安静或睡眠中呈急性或亚急性发病，有些患者病前可有一次或多次短暂缺血发作。症状多在 1～3 天内逐渐达到高峰，一般意识清楚，不出现颅内压增高。有 10%～30%的患者起病缓慢或无临床症状。脑血栓形成的临床症状取决于梗死部位、体积大小和侧枝循环代偿的程度。

1. 颈内动脉系统

1）颈内动脉血栓形成

颈内动脉血栓占缺血性脑卒中的 20%，病变最常见部位是颈内动脉起始部和虹吸部。临床表现差异较大，取决于有无良好的侧支循环，侧支循环良好可无任何症状，侧支循环较差则可出现临床症状。大脑中动脉供血区最易出现，以偏瘫、偏身感觉障碍、偏盲三偏征多见，主侧半球还可有不同程度的失语、失用和失算等障碍。还可出现病变侧视力丧失，Horner 征、动眼神经麻痹和视网膜动脉压下降等。例如，颅外段动脉闭塞时，颈动脉可有触痛，呈条索状，搏动减退或消失，颈部可听到异常血管杂音。少数侧枝循环缺乏的患者，颈内动脉闭塞或严重狭窄可导致半球缺血水肿，脑疝形成，可在短时间内死亡。

2）大脑中动脉血栓形成

大脑中动脉血栓最为常见。主干闭塞时有三偏综合征，主侧半球受累时尚有失语、失算、失读或失写等；中动脉皮质支闭塞时，偏瘫和偏身感觉障碍以头面上肢为重，主侧受累时可有失语、失读和失写等。不同的皮质支闭塞临床表现各不相同：①顶后动脉：顶上小叶和缘上回受累，出现失用、皮质感觉障碍、定向障碍或偏盲；②中央动脉：闭塞时可出现对侧上肢单瘫或不完全性偏瘫和轻度感觉障碍；③角回动脉：可出现命名性失语、失读、失认，即古茨曼综合征，非优势半球可出现体象障碍和感觉忽略征；④颞后动脉：颞上、中、下回后部受累后出现感觉性失语或同向偏盲。

3）大脑前动脉血栓形成

大脑前动脉血栓比较少见。由于前交通动脉提供侧支循环，近端闭塞时可无症状；当前交通动脉缺如、主干闭塞时，感觉障碍以皮质、深感觉为主，瘫痪以下肢为重，可伴共济失调、排尿障碍及精神异常等，优势半球可有运动性失语。皮质支闭塞常侵犯额叶内侧面，因范围而异。深穿支闭塞将影响内囊前支或膝部，常出现对侧中枢性面舌瘫及上肢轻瘫，近端重，可有共济失调和不自主运动。

2. 椎-基底动脉系统

1）椎动脉血栓形成

椎动脉及其分支血栓形成可有以下表现。①Wallenberg 综合征：小脑后下动脉血栓形成，脑干梗死的常见类型，可引起延髓背外侧部、小脑梗死，出现眩晕、呕吐、眼球震颤，交叉性感觉障碍，病灶侧舌咽、迷走神经麻痹，小脑性共济失调及 Hroner 征，一般无锥体束受损症状。②延髓内侧综合征：椎动脉、脊前动脉、基底动脉下部分支血栓形成，累及锥体束、内侧丘系及舌下神经，出现病变对侧瘫痪，上半身触觉、振动觉、位置觉障碍，同侧周围性舌下神经麻痹。③延髓半侧综合征：由椎动脉闭塞引起，表现为上述两种综合征的部分或全部症状。

2）基底动脉血栓形成

临床表现复杂。双侧椎动脉或基底动脉主干闭塞是危及生命的脑血管事件，表现为深昏迷、四肢瘫、针尖样瞳孔、中枢性高热、中枢性呼吸困难、延髓麻痹，多数不久后死亡。基底动脉分支血栓形成导致脑干梗死，出现多种综合征。①中脑支闭塞：Weber 综合征，动眼神经交叉瘫；Benedit 综合征，同侧动眼神经瘫，对侧不自主运动。②脑桥支闭塞：Millard-Gubler 综合征，外展及面神经交叉性瘫；Fovill 综合征，同侧凝视麻痹和周围性面瘫，对侧偏瘫；桥脑被盖综合征（Raymond-Cestan 综合征），病灶侧有不自主运动及小脑体征，对侧肢体及轻瘫及感觉障碍，眼球向病灶侧凝视不能。③小脑上动脉、小脑后下或小脑前下动脉闭塞：主要是小脑梗死，会出现眩晕、共济失调、眼球震颤、两眼球向病灶对侧凝视，病灶侧耳鸣、耳聋，Horner 征及小脑性共济失调，病灶侧面部和对侧肢体感觉减退或消失，肌张力降低等，严重的可出现脑疝。比较严重时会出现眩晕、四肢软瘫及延髓麻痹、共济失调、昏迷、高热等，中脑受累瞳孔成大固定，脑桥病变呈针尖样瞳孔，部分患者表现为闭锁综合征。

3）大脑后动脉血栓形成

比较少见，约占全部脑梗死的 3%。深穿支闭塞表现为以下综合征。①丘脑综合征：丘脑膝状体动脉受累，表现为丘脑自发性疼痛，对侧深浅感觉障碍，轻偏瘫，对侧共济失调，舞蹈样或手足徐动征。②双侧丘脑旁正中综合征：前丘脑下丘脑旁正中动脉闭塞，该动脉起源于大脑后动脉和后交通动脉之间，表现为急性起病，短暂昏迷，继而嗜睡，反应迟钝，对环境感知障碍，Korsakoff遗忘综合征和垂直注视麻痹。③Weber综合征。④Claud综合征：表现为同测动眼神经麻痹，对侧小脑性共济失调。⑤Parinaud综合征：双眼上视不能，会聚不能，瞳孔散大且对光反应消失。皮质支闭塞：急性发作的记忆缺失和视野缺损。颞叶内侧海马梗死可出现精神错乱，近期记忆缺失，远期保留。枕叶梗死可出现视野缺损，引起对侧同向偏盲，黄斑回避。皮质盲系双侧大脑后动脉闭塞，视力丧失，瞳孔对光反应保存，可出现Anton综合征。枕顶叶综合征以偏盲和一过性视力障碍（如黑朦等）多见，此外还可有体象障碍、失认和失用等。

第二节　缺血性脑卒中的诊断与治疗

一、诊断

（一）常规化验检查

血、尿、便常规，血沉，血糖、血脂、肝肾功能，血流变学，凝血纤溶系统检查，心电图，部分患者必要时可以检查C-反应蛋白、抗磷脂抗体、钩端螺旋体凝溶试验等，对病因的诊断有一定帮助。

（二）脑脊液检查

脑梗死脑脊液检查多正常，这对于脑出血的鉴别很重要，但对出血性梗死无鉴别意义。脑脊液变化一般出现在发病24h后。大范围梗死时压力可增高，细胞数和蛋白质在发病数天后可高于正常。

（三）神经影像学检查

1. 头颅CT扫描

目前CT检查已作为医院的常规配置，具有检查速度快、费用低的特点，尤其在起病早期对除外脑出血的诊断有重要意义。多数患者发病24h内可以是正常的，24h之后逐渐显示出低密度梗死灶，于2～14天演变为均匀片状或楔形的明显低密度灶。大面积脑梗死24h内即可见到间接征象，如脑沟或侧裂变小或消失，皮质、髓质界限不清，24h之后脑水肿和占位效应趋于明显。出血性脑梗死可出现混杂密度灶，低密度灶内有点片状高密度影。脑梗死吸收期由于病灶水肿吸收和炎性细胞浸润，CT难以分辨，称为“模糊效应”，增强扫描有鉴别意义。慢性期CT显示梗死病灶边缘清晰锐利，可形成大小不等的囊腔，可伴有局灶性脑萎缩，无强化效应。CT的不足之处是对脑干和小脑的小梗死病灶不易显示，1cm 以下的病灶常有遗漏。CTA 可三维重建颅内动脉，对血管病变的诊断有意义。

2. 头颅 MRI

对脑梗死的检出率达 95%，优于 CT 扫描。常规 MRI 包括 T_1 加权成像、T_2 加权成像、质子加权成像。对于急性脑梗死，其优势在于 T_2 加权成像最早在缺血 5～6h 可发现异常表现，T_1 低信号，T_2 高信号，但通常在 18～24h 显示较好，对在时间窗内的诊疗意义不大，但对排除肿瘤、炎症等有较大价值。MRI 弥散加权成像（DWI）可早期诊断缺血性脑卒中，发病 2h 内即可显示缺血病灶，对早期诊疗意义重大。MRA 可以显示颅内外血管病变，如狭窄、血栓等。

此种检查的优点是分辨率高，可以发现小于 1cm 的病灶；对幕下梗死病灶的诊断比 CT 更敏感可靠；缺点是成像时间长，患者体内不能有铁性置入体、心脏起搏器等，对超早期的脑出血和脑梗死不易鉴别，价格相对较贵。

（四）血管超声检查

颅外血管可用双功超声或彩色超声成像系统检查，可以发现血管病变如狭窄、闭塞等，并确定程度及部位。颅内血管可用经颅超声多普勒，通过对血流速度、频谱、阻抗等的检查，判断颅内血管病变的部位及性质。

（五）脑血管造影

脑血管造影为侵入性检查，是诊断脑血管病变的金标准，通过造影可以发现血管病变的部位、性质、侧支循环情况。随着介入诊疗技术的普及，该方法已被广泛用于脑血管病的诊疗，但由于是侵入性检查，具有一定的风险，需慎重选择。

（六）发射型计算机断层成像术和脑电图检查

对部分脑梗死有一定的意义。发射型计算机断层成像术可以显示脑组织缺血的部位及范围。脑电图在大面积脑梗死时可能出现异常，低波幅，慢节律，无特异性，多用于鉴别诊断，现已不常用。

（七）正点子发射断层扫描

正电子发射断层扫描由于技术复杂、设备昂贵、需要放射性核素、检查费用贵，主要用于脑血管病的临床与基础研究。正点子发射断层扫描是目前唯一能直接提供有关脑血流和脑代谢主要生理参数的定量技术，不仅能测定脑血流量，还能测定脑局部葡萄糖代谢及氧代谢，若检测显示减低或停止，提示存在梗死，目前用于预测脑梗死的发生与大小、再灌注损伤与半暗带的研究，探讨脑梗死的分子机制。

二、治疗

其治疗的目的是改善脑血循环，增加缺血区的半暗带区的血流及氧供应，控制脑水肿，防治并发症。随着循证医学概念的应用，国内外对脑血管病信息进行寻找和评价。通过循环医学的荟萃分析评价，目前只有4种疗法对缺血性卒中有肯定的疗效，那就是卒中单元、溶栓治疗、抗血小板治疗和抗凝治疗。

（一）外科治疗

1. 颈动脉内膜切除术

适用于颈内动脉颅外段严重狭窄（狭窄程度超过50%），狭窄部位在下颌骨角以下手术者；完全性闭塞24h以内亦可考虑手术；闭塞超过24～48h已发生脑软化者，不宜手术。

2. 颈动脉和颅内动脉支架成形术

目前对于缺血性脑血管病的介入治疗已在临床广泛开展，其适应证为颅内外超过50%的动脉狭窄，对于急性期梗死的患者，在适当的时间窗内有效再通血管可挽救缺血半暗带的脑细胞，但对于已坏死的神经组织则没有治疗作用。同时，急性期脑梗死的血管重建可能增加患者的出血转化风险。

3. 颅外-颅内动脉吻合术

对预防脑缺血发作效果较好，可选用颞浅动脉-大脑中动脉吻合、枕动脉-小脑后下动脉吻合、枕动脉-大脑后动脉吻合术。

（二）药物治疗

缺血性脑卒中的治疗方法可谓多种多样，药物多达几十种之多，现把这些药物归类介绍如下。

1. 血管扩张药

血管扩张药主要包括如潘生丁等。过去认为只要药物能使脑血管扩张，便可以使血液从堵塞的血管中流过去。后来发现扩张血管药非但做不到这一点，还会使病变部位的血液返流到健康的脑组织里去（此称为脑内盗血综合征），所以已不主张用此类药。

2. 改善微循环、扩充血容量的药物

改善微循环、扩充血容量的药物如低分子右旋糖酐等。目前此类药用得较多，但有心脏病的患者应慎用，否则可能会引起心力衰竭。

3. 溶解血栓的药物

溶解血栓的药物如尿激酶等。应用此类药如果能达到溶解栓子的目的是最为理想的，可是全身静脉用药时往往需要大剂量，有时会造成出血危险。现在早期多推荐使用介入治疗，就是通过导管直接到达梗死部位来取出或溶解栓子，但采取此治疗方法的前后都要做一次脑血管造影，这本身就又有一定的危险性，介入治疗要求患者在得病后6h内进行，有时往往已错过时机。

4. 抗凝治疗药物

抗凝治疗药物如肝素等。这类药物能防止血液凝固，但使用时要每天查凝血酶原时间和活动度，条件较差的医院无法进行。此外抗凝治疗也有出血危险性。

5. 钙离子拮抗剂

钙离子拮抗剂如尼莫地平等。这类药物可以防止钙离子从细胞外流入细胞内，起到轻微扩张脑血管、保护脑细胞、增加脑细胞利用氧和葡萄糖等作用。

6. 防止血小板凝聚药物

防止血小板凝聚药物如阿司匹林等。血小板凝聚往往是脑血栓形成的开端，如果能有效阻断血小板凝聚，也许能防止血栓进一步形成。目前这类药物在世界上应用十分广泛，但与其说是作为治疗药物，还不如说是作为预防药物更为恰当，因为在脑卒中的急性期使用这类药物效果并不理想。

7. 中药

中药的主要作用是活血化淤，现在国内应用极其广泛，不仅有口服药，还有静脉注射和肌肉注射药，使用方便。现在有些患者和家属认为中药安宫牛黄丸是脑卒中的“特效药”，但从安宫牛黄丸的成分来分析，其具有退热、镇惊和开窍作用，对意识不清、高热和抽风的脑卒中患者有效，而对其他类型就不一定有效，所以还不能笼统地称其为“特效药”，应当根据脑卒中的辨证施治原则来用药。

（三）物理治疗

缺血性脑卒中的物理治疗手段主要是经颅超声溶栓治疗和脑卒中单元中的运动物理治疗。1974 年国内学者发表了《经颅超声治疗脑血栓形成 17 例报告》，这是国际上使用经颅超声治疗脑血管病最早的报告，其后的研究也证实超声能使血块溶解，作用机制除机械效应和空化作用外，还与纤溶作用有关，实验结果表明超声加链激酶能使 D-二聚体增加 8～16 倍，即增强了纤溶作用。此外，实验还证实超声可以消除动脉粥样斑块和血栓，作用机制可能与超声的机械作用和空化作用有关；后期的研究证实超声能选择性溶解血栓中的纤维蛋白，并且有增强溶栓药物的作用，是由于超声的空化作用加速了溶栓药物转运。超声溶栓机制与空化作用有关，最新研究证明，低频超声有溶栓作用，即非酶性溶栓作用，亦有加强重组组织型纤溶酶原激活物的溶栓作用。目前普遍认为超声与重组组织型纤溶酶原激活物是相加作用而不是协同作用。

超声波溶解血块（血栓）的作用机制尚未完全阐明，一直是学者们研究的焦点，有的论点已经肯定，有的尚有争议，如空化作用、微流作用、机械效应、热效应、声化学反应、超声透入作用；增强纤溶活性或增强纤溶药物效应，缩短血流再灌注时间和逆转酸中毒。

第三节　神经源性干细胞移植治疗脑缺血卒中的作用

一、干细胞移植治疗缺血性脑卒中的基本理论

（一）干细胞移植治疗缺血性脑卒中的机制

干细胞移植治疗缺血性脑卒中的作用机制主要可以归纳为两个方面：①重建损伤组织结构，包括血管、神经环路，恢复损伤部位组织结构的完整性；②分泌各种营养因子，减少内源性细胞凋亡，促进内源性血管再生和神经再生。

（二）干细胞植入的时机

目前关于干细胞移植治疗缺血性脑卒中的最佳时机还未明确，但急性期兴奋性神经递质、自由基及炎性因子可能会威胁到进入缺血区的植入细胞。缺血损伤是一个进行的过程，神经元细胞可能在发病后的几个星期内凋亡，而且炎症会导致小胶质细胞活跃，抑制内源性神经再生和阻止移植细胞存活和生长；另一方面，炎症也可促进局部修复，释放神经营养因子，为移植细胞的增殖发育提供有利条件。

（三）干细胞移植的部位

不同部位接受干细胞移植会产生不同的效果吗？从理论上讲，将干细胞移植到血供丰富的区域会有利于干细胞迁移，然而，另一方面，丰富的血流会冲淡局部干细胞的浓度。许多研究直接将干细胞植入到缺血部位的中心，但局部的神经生理平衡被打破后，会使炎症因子及其他有调节作用的细胞因子释放，抑制植入细胞的生存和分化。在急性期，将移植细胞直接移入皮质会有利于挽救缺血半暗带，促进神经功能恢复；然而这种移植不适用于神经核损伤模型。另外一些观点认为选择血管分布少、离损伤部位较远甚至是对侧脑半球植入干细胞，可以避免损伤部位炎症反应对植入细胞的影响，有利于植入细胞的迁移、分化和增殖。研究证实，不同类型的干细胞所植入的部位也应不同。不同部位的脑组织环境有利于不同类型的干细胞生存和增殖，因此，植入的细胞不同，选择的植入部位也应不同。

二、不同类型干细胞移植治疗缺血性脑卒中

干细胞具有自我复制和多向分化潜能，可分化为神经元或其支持结构，为其移植治疗脑卒中提供了广阔前景。目前，用于治疗脑卒中的成体干细胞主要包括骨髓间充质干细胞、脐带血间充质干细胞、造血干细胞、NSC及人畸胎瘤衍化细胞（NT2细胞）等。除造血干细胞外，其他几类干细胞既能在体外诱导分化为NSC，又能在机体内环境中分化成NSC。因此，用于治疗脑卒中的干细胞有两种选择：一种是将未诱导或未修饰过的干细胞直接移植入体内，利用机体内环境信号诱导分化为合适的神经细胞；另一种是通过诱导或基因修饰不同来源的干细胞，使其分化为NSC后再移植入体内。

（一）骨髓间充质干细胞

骨髓间充质干细胞又称骨髓基质细胞，是来源于中胚层的一系列基质干细胞的混合群体。其主要的特点是能够自我更新，分化成包括骨细胞、脂肪细胞等在内的多种细胞。脑内实验表明，骨髓间充质干细胞同样能够分化为神经元细胞、神经胶质细胞和内皮细胞等神经系统细胞。与其他种类的干细胞相比，骨髓间充质干细胞具有多方面的优势：原材料较容易获取，易在体外培养扩增，易于回植入体内，而且大多为自体移植，具有较低的免疫原性，移植的危险性低，不涉及伦理问题，因此在脑卒中治疗方面具有非常大的潜力。

（二）脐带血间充质干细胞

脐带血是另一种多能干细胞的来源。在特定生长因子的诱导下，脐带血间充质干细胞可以分化成为神经细胞和胶原细胞。有实验证实，将脐带血来源的干细胞经静脉植入大脑中动脉闭塞24h的动物模型体内，14天后接受细胞移植组动物大脑缺血损伤部位可见移植细胞存活并分化成为神经细胞，并且神经功能恢复明显优于对照组。同骨髓间充质干细胞相似，脐带血干细胞在短时间内促进神经功能恢复的可能机制仍是分泌营养因子，促进缺血损伤区域神经功能的恢复。

（三）NSC

NSC来源于外胚层神经管上皮，在成人体内主要集中于侧脑室下层和海马齿状回，可分化为成熟神经元、星形胶质细胞和少突胶质细胞。因活体内取材不便，目前实验研究使用的NSC多通过其他来源干细胞诱导分化获得。

（四）造血干细胞

造血干细胞来源于骨髓、脐带血或周围血，有$CD34^+$和$CD34^-$两种形式，前者承担了绝大部分造血功能，可分化为各种成熟的血细胞，故研究中多以$CD34^+$分子作为造血干细胞的阳性标志物。

（五）人畸胎瘤衍化的细胞（NT2 细胞）

在适宜环境作用下，NT2 细胞可分化为 NT2 细胞的同质神经元祖细胞（NT2N 细胞），该类细胞在维 A 酸作用下可分化为神经元样细胞并表现神经元的生物特性及生物功能，但与 NSC 有所区别，故单独列出。

（六）胚胎干细胞

与成体干细胞相比，胚胎干细胞具有更强的分化潜能。研究表明在合适的培养及刺激条件下，胚胎干细胞能分化为外胚层、内胚层和中胚层的 200 多种成体细胞。此外，胚胎干细胞能被重编程，用于治疗多种基因缺陷性疾病。它的独特之处还在于经过数次传代之后仍能保持旺盛的增殖及多向分化潜能。正因为胚胎干细胞具有上述特点，因此是目前治疗脑卒中最为理想的干细胞。

但胚胎干细胞治疗脑卒中也面临一些亟待解决的问题：首先，胚胎干细胞在体外培养过程中会出现染色体异常及核型改变；其次，现有技术仍无法完全清除胚胎干细胞定向诱导分化后残存的未分化胚胎干细胞，有证据表明这些未分化的胚胎干细胞能在体内形成畸胎瘤，因此为了避免畸胎瘤的出现，很多研究都将胚胎干细胞定向分化为神经干细胞之后再进行移植治疗，同样也可以发挥作用，并且可以在缺血损伤区存活 12 周。这些细胞表达电压门控钙离子通道，可以形成动作电位，还可以高表达抑制细胞凋亡因子来实现神经细胞再生功能，改善运动功能。体外预分化实验虽然可减少移植后胚胎干细胞形成畸胎瘤的概率，但细胞成活率又会受到一定的影响。

近期研究表明，将低氧预处理的胚胎干细胞定向诱导分化成神经干细胞植入大脑中动脉阻塞大鼠脑内时，可增加神经细胞的存活和分化，相对于未进行低氧处理的 NSC 而言还可增强大鼠感觉运动功能的恢复。由于胚胎干细胞来源受限，很多情况下从动物体内获取，故应用于人体还存在移植排斥反应问题。除了存在上述技术难题之外，胚胎干细胞的临床应用还受到伦理及法律问题的困扰。

在胚胎干细胞的基础之上，2006 年 Yamanaka 实验室利用 Oct3/4、Sox2、K1f4、c-Myc4 种因子将小鼠成纤维细胞重编程为诱导多能干细胞，标志着一种新型类胚胎干细胞的问世。

三、NSC

（一）NSC 治疗脑缺血的理论基础

NSC 通常具有以下特征:来源于神经系统，能产生神经组织；有自我更新能力；能通过不对称细胞分裂产生除自我子代（仍然是干细胞）以外的其他类型细胞（前体细胞）。自我更新和多向分化潜能是 NSC 的两个基本特征。NSC 处于未分化状态，缺乏分化标志。较干细胞分化能力更有限的细胞为祖细胞，具有单潜能和双潜能分化能力，或其干细胞样特征只能维持较短的时间。

（二）NSC 治疗脑缺血的策略

目前有关 NSC 治疗脑缺血的研究主要集中在两个方面：应用外源性 NSC 系进行移植治疗；根据缺血后内源性 NSC 被活化的特点给予外源性诱导，从而达到修复损伤、恢复功能的目的。

（三）内源性 NSC 自身活化修复

弄清脑缺血后 NSC 的活化、迁移、分化机制，有可能人为诱导和加强内源性 NSC 的活化，使其完全修复受损的神经网络，恢复其功能。内源性 NSC 的增殖、迁移、分化完全模拟胚胎时期神经系统的发育过程，能达到完全“无缝”修复；而且内源性 NSC 不存在免疫组织相容性问题，与原组织有相同的细胞寿命。

1. 成年脑内活化内源性 NSC 的来源

1）静息状态的 NSC 被活化

生理情况下，成年脑内的 NSC 处于相对静息状态；缺血性脑卒中后，产生的某些细胞因子可活化静息状态的 NSC，使其出现在损伤原位或在异位（如侧脑室下区或海马齿状回颗粒下层）增殖，并受趋化因子的影响向损伤部位迁移、分化。

2）成熟神经细胞逆向分化

在缺血性脑卒中或其他神经系统疾病的病理状态下，成熟神经细胞发生细胞骨架的胚胎恢复，再现胚胎神经上皮细胞特性。目前，对缺血性脑卒中后被活化内源性 NSC 的来源仍存在争议。有的学者认为，出现这种变化的细胞是少突胶质细胞前体细胞；而另有学者则认为，出现这些变化的细胞应该是星形胶质细胞。缺血性脑卒中后活化的内源性 NSC 可增殖、迁往损伤区并分化为神经元，这一发现为运用活化的内源性 NSC 治疗缺血性脑卒中奠定了基础。

2. 活化内源性 NSC 在缺血性脑卒中治疗中的作用与机制

体外实验发现，活化的内源性 NSC 可释放脑源性神经营养因子、血管内皮生长因子，这些神经营养因子具有神经保护功能，可挽救梗死灶周围濒死神经元，避免神经元的继发损伤。体内外实验均证实了活化的内源性 NSC 对大鼠缺血性脑卒中后神经功能的修复起着关键作用。然而，活化的内源性 NSC 如何改善神经功能障碍，其作用机制尚未明确，但活化的内源性 NSC 参与神经功能修复可能有以下三种机制。

1）替代功能

内源性 NSC 可能通过分化形成的新生神经元来替代缺血死亡的神经元行使功能，从而改善缺血性脑卒中后的神经功能障碍。有实验证明缺血性脑卒中后，活化的内源性 NSC 从侧脑室周围迁往缺血损伤区并分化神经元，经解剖验证新生神经元有细胞连接并形成了突触，同时具有神经元的电生理特性。

2）营养功能

缺血性脑卒中后，新生神经元的数量非常有限，并且需要很长时间形成突触、整合入神经环路，这些新生神经元不足以明显修复神经功能，其修复机制可能是通过分泌神经营养因子为濒死神经元提供营养，促进濒死神经元的存活，从而防止缺血性脑卒中后病情加重。

3）免疫调节功能

内源性 NSC 分化形成的新生细胞还具有免疫调节功能，可减轻缺血损伤后的炎症反应及自由基引起的继发损伤，从而改善半暗带中神经细胞的存活能力和功能状态。

（四）外源性 NSC 脑内移植

利用外源性异体 NSC 移植治疗脑缺血的研究较多，也取得了一些成功的经验。例如，从胚胎或成年动物脑内某些部位分离并克隆出 NSC，或经胚胎干细胞定向诱导分化形成 NSC，在体外条件下增殖形成 NSC 系，将这些 NSC 移植入缺血半暗区，利用 NSC 的生物学特征来修复因缺血细胞死亡造成的功能缺损。缺血性脑卒中的动物实验已证实植入的 NSC 可迁移至脑梗死区并进行增殖、分化，产生神经元和胶质细胞，减小梗死区体积，明显改善行为功能，从解剖和功能上修复受损的脑组织。

目前认为，NSC 修复损伤的机制可能有 4 个方面：①在宿主受体和干细胞分化成的神经元之间形成突触中继；②为轴突生长提供基质；③分泌必需的营养因子；④帮助无髓或新生轴突形成髓鞘。目前用于移植的细胞主要有 NSC 和造血干细胞，移植方法为细胞悬浮液立体定向注射法、静脉内细胞悬液输入法、脑室内或腰穿细胞悬液注射法、胶原基质包埋移植法及生物材料吸附移植法。比较立体定向直接注入纹状体、脑室内注射和静脉内输入三种移植方法，发现经静脉移植到达缺血区 NSC 的数量少于前两者。但静脉移植可避免损伤正常脑组织，并且可以通过反复多次移植来弥补 NSC 的不足。尽管干细胞移植在治疗帕金森病方面取得可喜进展，神经元细胞移植安全、可行，但应用人神经元细胞移植治疗脑卒中的 2 期临床研究显示患者并未获得更好的结果，可能是缺血性脑卒中较帕金森病更为复杂，涉及更多的细胞类型和更为复杂的脑血液循环及微环境。

四、移植治疗进展

当前利用外源性异体 NSC 移植治疗脑缺血的研究较多，也取得了一些成功的经验。从胚胎和成年脑内分离出 NSC，在体外培养扩增后植入缺血周围区，利用其分化和迁徙特性，代替脑缺血后坏死的神经细胞，治疗缺血性脑损伤。有研究将 NSC 植入缺血大鼠海马纹状体 CA1 区，发现 1%～3%的移植细胞长期存活，其中 3%～9%的细胞分化为神经元，这些存活神经元改善了大鼠的空间认知功能。还有报道将转染了β-半乳糖的人 NSC 经静脉移植到成年大鼠大脑中动脉阻塞模型，以 X-半乳糖做细胞组织化学法和β-半乳糖免疫组织化学法标记 NSC，分别用迷宫转向试验、改良肢体平衡试验和旋转加速试验观察大鼠感觉运动功能的恢复，结果表明，实验组2周后迷宫转向试验测验评分、3周后改良肢体平衡试验和旋转加速试验评分明显高于对照组，并且能够在缺血区边缘检测到NSC及神经元、星形胶质细胞特异性表面标志物；移植后8周，实验组梗死灶面积明显减小；移植后540天仍能在实验组大鼠脑内检测到β-半乳糖阳性细胞，证实静脉注射法异体移植NSC能够迁移至缺血区域并分化产生神经元、星形胶质细胞，修复损伤部位组织结构，同时恢复感觉运动功能。

有研究发现移植7天内的NSC主要沿着胼胝体向损伤区迁移，14天时在损伤区重新聚集，同时移植到缺血区脑组织内的NSC能调节载脂蛋白E的表达，并认为载脂蛋白E与脑缺血损伤后功能恢复相关。从人端脑组织分离培养NSC，体外扩增后移植到脑局部缺血4天的蒙古沙鼠模型，4周后观察，实验组缺血面积明显减小，大约8%移植入的NSC存活并分化为神经元、星形胶质细胞和少突胶质细胞，感觉运动功能比对照组明显恢复，表明人NSC经体外扩增后可成为治疗缺血性脑卒中的供体来源。

最近，英国格拉斯哥大学开展的9例干细胞治疗脑卒中试验取得初步成果。患者患病半年至5年，被认为是很难康复的缺血性脑卒中患者。将NSC注射到患者脑损伤部位，结果显示5例60～80岁患者的神经功能缺损症状持续缓解，其认知、平衡和运动能力有所恢复；并且这9例患者均未出现细胞及免疫方面的不良反应。临床试验初步证实干细胞疗法是安全的。目前，正准备申请2期临床试验。而且研究发现，具有提供营养物质和支持血脑屏障功能的星形胶质细胞，还可以参与保护大脑组织，减少由于脑卒中等缺血性脑疾病所致残疾的发生。通过少突胶质细胞转录因子2诱导人类胚胎干细胞分化成一种新型的胶质细胞，并将其命名为Olig2PC-Astros。将包括Olig2PC-Astros在内的3种细胞，分别移植给3组缺血性脑损伤大鼠。结果发现，接受Olig2PC-Astros移植大鼠的伴随脑源性神经因子（一种与神经生长密切相关的蛋白质）水平显著上调，处于一种高级神经保护状态。进一步研究表明，Olig2PC-Astros可以显著增加神经元中Nrf2的表达水平，星形胶质细胞具有非常复杂的功能，可以保护神经元避免损伤和死亡。它们不像神经元一样活跃，更容易控制，可能成为治疗脑卒中的最佳靶细胞。

（一）问题

由于NSC在脑内的迁移和分化需要一定的时间，而目前尚未发现明确的由NSC分泌的促进神经再生细胞因子，单纯依靠NSC移植治疗脑缺血难以产生良好的效果。因此应用NSC治疗缺血性脑卒中仍有很多问题尚待解决，例如，NSC体内外增殖分化机制及细胞系的建立；移植过程中的急慢性免疫排斥反应；是否具有正常神经细胞的分泌递质，产生动作电位，以及与周围神经元建立突触连接的能力；伦理问题等。

（二）展望

NSC移植的研究为多种神经系统疾病及缺血性脑卒中的治疗提供了一条新途径，显示出巨大的潜力。文献报道，携带神经生长因子的NSC移植入大鼠海马，1周后制作脑缺血模型，其梗死面积和坏死神经元数目明显少于不携带神经生长因子NSC的移植。将转染神经生长因子的 NSC 移植到缺血半暗带区，早期利用其分泌的基因产物防止神经元凋亡，晚期利用其增殖及分化特性治疗缺血性脑损伤。随着研究的深入及科技手段的进步，人们越来越相信，NSC 能够为神经系统疾病提供丰富的细胞来源，成为治疗神经系统疾病的新手段，也可作为神经系统疾病药物筛选的平台。

（李志清　李学彦）

主要参考文献

李昕，郭艳萍，郑蔚．2010．脑卒中复发的危险因素分析．中国实用神经疾病杂志，13（17）：27-28

王铎，林琳，岳辉，等．2013．对比不同类型干细胞对于缺血性脑卒中治疗的研究进展．现代生物医学进展，13（22）：391-4394

王远青，李宪章，张爱梅，等．2010．青年人卒中的病因和危险因素．国际脑血管病杂志，18（1）：51-54

余传庆，张梅，朱蕾，等．2013．不同病因首次缺血性脑卒中急性期血压与预后的关系．中国医师进修杂志，36（13）：1-5

余倩，李经伦．2014．骨髓间充质干细胞移植治疗缺血性脑卒中的机制．检验医学与临床，5（3）：407-408

杨娑娑，龚涛．2014．重症缺血性脑卒中危险因素分析．中国神经免疫学和神经病学杂志，21（1）：41-43

余勤，李佩佩，宣晓波，等．2012．间充质干细胞不同移植途径对修复大鼠缺氧缺血性脑损伤作用的研究．浙江中医药大学学报，36（6）：696-700

张劲超，雷旭辉．2012．干细胞治疗缺血性脑卒中移植策略的研究进展．中国微侵袭神经外科杂志，17（10）：478-480

张蕾，王磊，韩笑，等．2013．人脐带间充质干细胞移植对缺血性脑卒中模型大鼠行为学影响的研究．南通大学学报（医学版），33（3）：161-165

Calió ML, Marinho DS, Ko GM, et al. 2014. Transplantation of bone marrow mesenchymal stem cells decreases oxidative stress, apoptosis, and hippocampal damage in brain of a spontaneous stroke model. Free Radic Biol Med, 70C: 141-154

Chang DJ, Oh SH, Lee N, et al. 2013. Contralaterally transplanted human embryonic stem cell-derived neural precursor cells (ENStem-A) migrate and improve brain functions in stroke-damaged rats. Exp Mol Med, 45: e53

Chang YS, Choi SJ, Sung DK, et al. 2011. Intratracheal transplantation of human umbilical cord blood-derived mesenchymal stem cells dose-dependently attenuates hyperoxia-induced lung injury in neonatal rats. Cell Transplant, 20(11-12): 1843-1854

Cheng F, Lu XC, Hao, HY, et al. 2014. Neurogenin 2 converts mesenchymal stem cells into a neural precursor fate and improves functional recovery after experimental stroke. Cell Physiol Biochem, 33(3): 847-858

Dai J, Li SQ, Qiu YM, et al. 2013. Migration of neural stem cells to ischemic brain regions in ischemic stroke in rats. Neurosci Lett, 552(23): 124-128

Drury-Stewart D, Song M, Mohamad O, et al. 2013. Highly efficient differentiation of neural precursors from human embryonic stem cells and benefits of transplantation after ischemic stroke in mice. Stem Cell Res Ther, 4(4): 93-99

Guan Y, Zou H, Chen X, et al. 2014. Ischemia, immunosuppression, and SSEA-1-negative cells all contribute to tumors resulting from mouse embryonic stem cell-derived neural progenitor transplantation. Neurosci Res, 92(1): 74-85

Hao L, Zou Z, Tian H, et al. 2014. Stem Cell-Based Therapies for Ischemic Stroke. Biomed Res Int, 2014: 468-748

Jeong CH, Kim SM, Lim JY, et al. 2014. Mesenchymal stem cells expressing brain-derived neurotrophic factor enhance endogenous neurogenesis in an ischemic stroke model. Biomed Res Int, 2(14): 129-145

Kalladka D, Muir KW. 2011. Brain repair: cell therapy in stroke. Stem Cells Cloning, 7(1): 31-44

Kim ES, Ahn SY, Im GH, et al. 2012. Human umbilical cord blood-derived mesenchymal stem cell transplantation attenuates severe brain injury by permanent middle cerebral artery occlusion in newborn rats. Pediatr Res, 72(3): 277-284

Liu HH, Xiang Y, Yan TB, et al. 2013. Functional electrical stimulation increases neural stem/progenitor cell proliferation and neurogenesis in the subventricular zone of rats with stroke. Chin Med J (Engl), 126(12): 2361-2367

Liu Q, Fan X, Zhu J, et al. 2014. Co-culturing improves the OGD-injured neuron repairing and NSC differentiation via Notch pathway activation. Neurosci Lett, 5(59): 1-6

Liu QS, Chen XY, Zhuang SJ, et al. 2013. Research on effect of Baimai powder effective compounds group promotes neurogenesis and maintains of neural stem cells after cerebral infarction. Zhongguo Zhong Yao Za Zhi, 38(21): 3776-3781

Tsai MJ, Tsai SK, Hu BR, et al. 2014. Recovery of neurological function of ischemic stroke by application of conditioned medium of bone marrow mesenchymal stem cells derived from normal and cerebral ischemia rats. J Biomed Sci, 6(21): 5-15

Verina T, Fatemi A, Johnston MV, et al. 2013. Pluripotent possibilities: human umbilical cord blood cell treatment after neonatal brain injury. Pediatr Neurol, 48(5): 346-354

第十八章　神经干细胞移植治疗脑损伤

第一节　概　　述

一、颅脑损伤的发生率

颅脑创伤占全身创伤发生率第 2 位，但死残率则处于第 1 位。在美国，颅脑创伤发生率为 200/10 万人口，其中颅脑穿通伤发生率为 12/10 万人口。美国每年新发生颅脑创伤患者 50 万，其中 10%属于重型颅脑创伤，10%属于中型颅脑创伤，大约 2 万人死亡，3 万人致残，直接和间接经济损失数百亿美元。创伤已成为继心脏病、恶性肿瘤、脑血管意外之后的第 4 位死因，而在 1～34 岁的青少年中，车祸则是第一死因。

在中国，每年大约 60 万人发生颅脑创伤，其中死亡 10 万人左右，造成的直接和间接经济损失高达 100 亿元以上。概括国内 22 个收治交通事故伤 1000～18 556 例的医疗单位分析结果，颅脑损伤的发生率约在第 1 至第 2 位，男性较女性多 2～3 倍，年龄以 15～45 岁为最多，死亡率则均属首位，它已成为严重的社会公害，这一现实已引起国内外医学界的高度关注。随着现代化交通的发展，车祸将有增无减，加强安全教育、减少创伤发生率是全社会和医学界共同的责任。

二、颅脑损伤的原因

导致颅脑创伤的原因包括交通事故伤、工程事故伤、暴力打击伤、火器伤等。在全世界范围内，各种类型的交通事故伤是导致颅脑创伤发生的第一因素，在发达国家，因交通事故造成的颅脑伤高达 70%以上。我国不同地区的颅脑创伤发生原因存在一定差异，但交通事故伤仍然是导致颅脑创伤发生的第一要素。值得关注的是，在我国有些地区摩托车致伤超过汽车。交通事故伤导致颅脑创伤患者不但伤情重，而且合并全身多脏器损伤的比例较高。

在美国颅脑火器伤发生率高于世界上任何国家。由于我国政府枪支管理严格，颅脑火器伤则相对较少。在 20 世纪 70～80 年代，由于开始大规模基础建设和建筑安全措施较差，工程事故所致的颅脑创伤，尤其是建筑事故导致的颅脑创伤发生率相当高。但近年来建筑事故伤的发生率明显降低。另外，值得关注的是，我国有些地区暴力犯罪所致的颅脑创伤发生率明显增加。

三、颅脑损伤发生机制

（一）直接暴力

直接暴力系指直接作用于头部而引起损伤的致伤力，故无论头颅在何种情况下受伤，都应有直接的着力点，根据头皮、颅骨损伤的部位及暴力作用的方式，即加速性、减速性和挤压性，常能推测脑损伤的部位，甚至可以估计受损组织的病理改变。

1. 加速性损伤（injury of acceleration）

相对静止的头颅突然遭到外力打击，迫使其瞬间由静态转为动态，因此而造成的脑损伤，称之谓“加速性损伤”。其损伤效应有以下 4 种情况。

（1）暴力于着力点处造成的冲击性损伤（coup injury）即着力部的颅骨因受外力的作用而产生暂时性局部凹入变形，致使位于其深面的脑组织受到冲击力而受伤。与此同时，当暴力作用终止，颅骨弹回原状时，在脑与颅骨内板之间又形成一暂时性负压腔隙，使受损的脑组织在压力梯度突变的作用下再次受损。

（2）于暴力作用的对侧，即着力点的远侧端产生脑组织的对冲性损伤（contracoup injury），这是因为相对静止的头颅，在遭受打击之后，立即朝着暴力作用的方向移动，但头部的运动因受到躯体的限制而骤然停止，此时脑组织因惯性作用冲撞在颅腔的内壁上，引起对冲性损伤。所幸在加速性损伤中，当头部被迫运动时，躯体也往往随之而动，并非完全静止，故而在一定程度上缓冲了脑组织与颅腔的冲撞力，使得对冲伤程度较轻。

（3）当暴力作用在完全静止或被固定的头部，即已失去随暴力方向移动以缓冲打击的强度时，其着力部位的损伤往往明显加重，而且常致颅骨凹陷性或线形骨折。由于头颅固定未动，减少了脑组织在颅腔内的冲撞，故对冲性损伤反而较轻。

（4）在特定的条件下打击头部，如拳击、格斗或不适当的顶球等，由于头部遭受外力时的状态、着力部位、躯体姿式及致伤物的质量、速度等因素的影响，虽均属加速性损伤，但因头部是在运动状态下遭受暴力，有较大的缓冲作用，故局部冲击性损伤往往轻微，而对冲性损伤较重。

2. 减速性损伤（injury of deceleration）

运动着的头颅突然碰撞在外物上，迫使其瞬间由动态转为静态，因此而造成的脑损伤称之谓“减速性损伤”，如跌伤、坠落伤，或从行驶的车辆上摔下而致伤，其损伤效应主要是对冲性脑损伤，其次为局部冲击伤。

（1）因颅骨的变形而致，当运动的头碰撞外物突然终止时，除有着力点处的颅骨变形外，整个颅骨也因重力或惯性作用发生沿着力轴方向的形态变化，即纵轴变短、横轴变长，因此，位于着力点对侧的颅骨在碰撞的瞬间突然下压，并随之弹回原处，使局部脑组织遭受正压和负压损伤。

（2）当头颅碰撞在相对静止的物体上停止运动时，脑组织仍继续沿惯性方向移动，从而产生脑在颅腔内的大块运动，这种猛烈的运动致使柔软的脑组织在凹凸不平的颅腔内发生擦挫和冲撞，特别是位于颅前窝和颅中窝的额、颞叶前部底面，损伤尤为严重。

（3）当颅骨受击而局部变形，暴力作用于脑，其力轴通过脑组织，使之产生直线加速运动，冲撞于对侧硬脑膜隔或颅骨内侧面。

（4）因暴力作用的力轴未通过头部的中心，使脑组织在颅腔内产生旋转运动，不仅可引起脑表面在颅腔内擦挫、冲撞导致损伤，同时，由于脑组织内各种结构的密度不一致，如灰质与白质、脑实质与脑室腔、大脑半球与脑干之间，均可在旋转力和离心力的作用下，在不同结构的界面上产生剪应力，从而引起严重损伤。

3. 挤压性损伤（crush injury）

头颅在相对固定的情况下，为两侧相对的外力挤压而致伤，尤指婴儿头部的产伤，因产道狭窄或因使用产钳或胎儿吸引设备，头颅在生产过程中发生变形，常引起颅内出血。

偶尔亦可见于意外事故所致头部挤压伤，由于暴力作用于头部时，没有加速性或减速性损伤效应，故脑组织往往没有显著损伤，有时颅骨已发生骨折，甚至，引起耳、鼻脑脊液漏，但却无脑损伤表现。不过当挤压暴力过大、作用时间较长时，颅骨可严重变形，甚至崩裂，则脑组织亦将发生相应的损伤和压迫，如脑中线结构偏位及脑干下移，甚至发生脑疝，危及患者生命，不可忽视。

（二）间接暴力

间接暴力系暴力作用在身体其他部分而后传递至颅脑的损伤，因此着力点不在头部，一般在颅部均无损伤痕迹发现，这是一种特殊而又严重的脑损伤类型。

1. 挥鞭样损伤（whiplash injury）

由于惯性作用，当躯干遭受加速性暴力时，总是身体先运动而后头部才开始移动。若胸部突然为暴力所驱动，作用力经颅颈连接部传至头部，迟动的头颅与颈椎之间即出现剪应力，可引起颅颈交界处损伤。紧接着头颅就像挥鞭一样被甩向力轴的前方，当躯干运动终止时，头部仍以颅颈交界处为中心继续作旋转运动，直至受到躯干的限制，即反作用力大于作用力时，始骤然停止，再次产生剪应力性损伤。与此同时，在脑组织与颅腔之间，亦同样存在剪应力，因为惯性作用使脑组织在旋转加速运动中猛烈冲撞在颅腔内壁上，不仅造成脑表面的挫伤，而且在脑实质内各不同结构的界面上也发生剪应力性损伤。

2. 颅脊联合伤（craniocervical junction injury）

在坠落伤时，臀部或双足先着地，由患者的体重和重力加速度所产生的强大冲击力，由脊柱向上传导致枕骨髁部，可引起严重的枕骨大孔环形陷入骨折，致使后组颅神经、颈髓上段和/或延髓受损，轻者致残，重者当场毙命。

3．胸部挤压伤

胸部挤压伤又称创伤性窒息，由胸部挤压伤所致脑损伤，是因胸壁突然遭受巨大压力冲击，致使上腔静脉的血流逆行灌入颅内，甚至迫使动脉血逆流。由于头部静脉无静脉瓣膜结构，故反冲压力常引起毛细血管壁受损，使上腔静脉所属的胸上部、颈部及头面部皮肤和黏膜、脑组织均发生弥散性点状出血。

四、分类

（一）头皮伤

1．挫伤

由钝性物体打击造成，损伤处皮肤全层受累，但仍保持其完整性。皮肤表面擦伤，皮下有淤血及水肿，疼痛与压痛明显。

2．裂伤

锐器致伤者，伤口整齐；钝器致伤者，裂伤创缘常不整齐，伴皮肤挫伤。头皮全层裂伤者，伤口可以裂开，伤及头皮动脉时，常有剧烈出血。

3．头皮血肿

（1）皮下血肿：范围比较局限，血肿周围软组织水肿明显，触之较硬，中心部柔软。
（2）帽状腱膜下血肿：血肿扩展不受限制，有时可蔓延到整个颅顶。
（3）骨膜下血肿：常与所在处的颅骨大小相当。压痛明显，张力高。
（4）头皮撕脱伤：由帽状腱膜下方，部分或全部撕脱。

（二）颅骨骨折

按部位分为颅盖骨折和颅底骨折。视其是否与外界沟通，又分开放性及闭合性两种。

1．颅盖骨折

（1）线性骨折：骨折线长短不一，单发或多发。骨折线由颅盖延伸到颅底者称联合骨折。

（2）凹陷骨折：系颅骨内板或全颅骨陷入颅内。骨折片周围由环形骨折线环绕，中心部向颅内陷入。

（3）粉碎性骨折：由两条以上骨折线将颅骨分裂为数块，同时向颅内陷入者，称为凹陷粉碎骨折。

（4）洞形骨折：主要见于颅脑火器性穿透伤。

2. 颅底骨折

按骨折部位分为颅前、颅中和颅后窝骨折。颅底部硬脑膜比较薄，且与颅底粘连较紧，易于随骨折破裂。许多血管和神经通过颅底进入颅腔，加上颅底又与副鼻窦相连接，故骨折时，常伴发颅神经损伤及脑脊漏。

（三）脑损伤

1. 原发性脑损伤

这类脑损伤可分为脑震荡、合并有脑室出血和蛛网膜下腔出血的脑挫裂伤、脑干损伤，以及丘脑下部损伤等。

2. 继发性脑损伤

其中包括伤后脑水肿和颅内血肿，颅内血肿按其解剖部位分类为硬脑膜外血肿、硬脑膜下血肿、脑内血肿和多发性血肿等。

3. 血肿形成的速度

（1）特急性血肿（伤后 3h 内）；急性血肿（3h～3 天内）。
（2）亚急性血肿（3 天～3 周内）；慢性血肿（3 周以上）等。

临床诊断时，常将两种分类方法结合用，如急性硬脑膜外血肿、慢性硬脑膜下血肿等。

另外，经手术探查或 CT 扫描证实原来没有血肿的部位，一段时间后出现新的血肿，称为迟发型外伤性颅内血肿（delayed traumatic intracranial hematoma，DTIH），随着 CT 扫描在临床广泛应用，近年来迟发性血肿发现增多。

（四）火器性颅脑开放性损伤

1. 非穿透伤

（1）头皮软组织伤：损伤局限于头皮软组织，但因投射物的冲击作用，少数可致脑震荡或脑挫伤。

（2）开放性颅骨骨折：虽脑膜尚保持完整，感染机会少，但可合并脑挫伤或颅内血肿，故须提高警惕。

2. 穿透伤

（1）切线伤：投射物与颅骨呈切线，颅骨与脑形成沟槽状伤道，颅内无金属异物，但有较多碎骨片，散布于脑实质内。

（2）盲管伤：由弹片或力竭子弹造成，投射物停留于伤道最末端，只有一个入口，位于颅盖部或颜面部，入口侧脑组织内有数目不等的碎骨片。

（3）贯通伤：由子弹伤造成，有入口及出口，颅内无金属异物，入口侧脑内有碎骨片，出口侧骨折范围广泛，骨片常位于皮下。

五、临床表现

颅脑损伤的临床表现虽因致伤机理、损伤部位和就诊时间而有差异，但就其伤后常见的症状和体征，仍有一定的规律和共性。

（一）意识障碍

伤后绝大多数患者都有立即出现的意识丧失，谓之原发性昏迷，也是判断患者有无脑损伤的主要依据。昏迷的时间可长可短，轻者数秒钟至数分钟即可逐渐清醒，重者可持续昏迷直至死亡。人脑皮层和脑干网状结构是维持醒觉的重要结构，当外力作用在头部引起广泛的皮层功能障碍或脑干网状结构的机能紊乱时，患者即发生长短不一的昏迷。

（二）头痛、呕吐

头部外伤后头痛可因头皮、颅骨的创伤而致，也可由蛛网膜下腔出血、颅内血肿、颅内压的高低或脑血管的异常舒缩而引起。头部局限性疼痛的部位，常代表致伤的着力点，而整个头部持续性剧痛伴眼球胀痛并不断加重时，常暗示颅内有继发性血肿的可能。头伤后呕吐也是常见的症状之一，早期的呕吐多因迷走或前庭神经等结构受损而致；后期频繁呕吐，则可能是因颅内压进行性增高而引起的。故凡属头伤后头痛，呕吐不断加剧者，应警惕颅内血肿。

（三）眼部征象

颅神经Ⅱ～Ⅵ都与眼部机能有关，故眼部的症状和体征对头伤患者的伤情判断和预后估计均有重要意义。特别是当患者处于昏迷状态时，眼部体征更是能够客观反映病情的可靠征象。

（四）瞳孔变化

由动眼神经的副交感神经纤维支配缩肌和睫状肌，如果伤后一侧瞳孔立即散大，光反应消失，或同时伴有眼内直肌麻痹，眼球外斜，而患者意识清醒，应考虑动眼神经的直接原发性损伤；若伤后双侧瞳孔不等大，光反应灵敏，瞳孔缩小侧睑裂变窄，眼球内陷，同侧面部潮红、少汗，为同侧霍纳（Horner）征，系颈交感神经节损伤所致结；若伤后双侧瞳孔扩大或缩小，而对光反应正常，患者意识清楚，则无临床意义；若双侧瞳孔大小不等，一侧或双侧时大时小，伴有眼球位置歪斜时，表示中脑受损；若双侧瞳孔极度缩小，光反应消失，并伴中枢性高热时，为桥脑损伤；若一侧瞳孔先缩小，继而散大，光反应差，患者意识障碍加重，而对侧瞳孔早期正常，晚期亦随之散大，为典型的小脑幕切迹疝表现；若双侧瞳孔均散大固定，光反应消失，多示濒危状态。

（五）锥体束征

一侧伤肢及面肌瘫痪和/或运动性失语，说明大脑半球运动区域的损伤；偏身运动或感觉障碍，多为中央区前或后的脑挫裂伤和（或）出血；若有双侧锥体束征，双下肢肌张力增加，腱反射亢进，病理反射阳性，则为脑干受压或后颅窝血肿所致，凡伤后早期没有表现的锥体束征，继后逐渐出现，同时伴有躁动和意识障碍加重者，常为颅内继发血肿的信号。

（六）生命体征

脑损伤时，患者立即出现意识障碍、面色苍白及四肢松软等一过性表现，同时，伴有呼吸、脉搏浅弱、节律紊乱、血压下降，经数分钟或十多分钟后逐渐恢复正常。若伤后呼吸、脉搏、血压的暂时性紊乱时间延长，且无恢复的迹象，则常表明有脑干较严重的损伤；若伤后生命体征已恢复正常，但随后又渐次出现血压升高、脉压差加大、呼吸和脉搏变慢等改变时，即说明有进行性颅内压增高，常暗示颅内有继发血肿；若头伤患者早期出现休克，除婴幼儿之外，均应考虑身体其他部分合并有创伤性出血。

（七）脑疝

脑疝是指颅内压增高后，由于颅内各腔室间压力不均衡，以致推压某些部分的脑组织向靠近的解剖间隙移位，并引起危及患者生命的综合症候群，也是颅脑损伤后颅内压增高的严重后果。最常见的脑疝有小脑幕切迹疝和枕骨大孔疝。

第二节　脑损伤导致神经功能损害的诊断与治疗

一、常规检查

（一）腰椎穿刺术

颅脑损伤腰椎穿刺的目的在于：测定颅内压高低；了解脑脊液的生化改变及细胞数；有无颅内感染征象；作脑脊液动力学检查；引流脑脊液；经椎管给药（鞘内注射抗生素、造影剂或核素检查）。但当患者颅内压显著升高时，腰椎穿刺有一定危险，尤其是当颅后窝有占位病变时，可促成枕骨大孔疝，应予高度警惕。因此于腰穿之前均应常规检查眼底，了解有无视乳突水肿及颅内高压征象，以防不测。

（二）计算机体层扫描检查

对颅脑损伤患者采用CT检查，可以如实地反映损伤的病理及范围，同时，还可以动态地观察病变的发展与转归，对一些特殊性脑损害、迟发性病变及预后的判定亦有重要意义。

正常情况下各种组织都有相对固定的CT值，读片时除了需要熟悉头颅各层面的解剖结构之外，还需了解各正常组织的和异常病变的CT值和形态特点，始能作出正确的诊断。一般脑灰质为32～40Hu，白质为28～32Hu，脑脊液为3～14Hu。增强后灰质可增加8～10Hu，白质增加2～3Hu，富含血液的组织增强明显，血供差的则不被增强。颅内血肿的CT表现：血肿为高密度影像，CT值在40～100Hu左右，因部位和期龄的不同，血肿周围组织的反应和血肿本身的密度可有相应的变化。急性硬膜外血肿的密度一般均较高，因为硬脑膜与脑表面相隔，故脑水肿反应较轻，血肿内侧面比较平直，血肿形态呈平凸形。

急性硬膜下血肿与硬膜外血肿相近似，但形态如新月状。由于紧贴于脑组织，或伴发有脑挫裂伤，故脑水肿反应明显，占位效应亦较显著。血肿密度随期龄改变，约在3天左右密度最高，约50～70Hu。此后随着血肿液化吸收，逐渐出现密度分层，继而在伤后2～4周左右呈现等密度表现，至慢性阶段因有血肿被膜形成，可显示被强化的弧形内膜影像，血肿形态多为新月形。脑内血肿多呈圆形或不规则的椭网形高密度影像，CT值可达50～90Hu，包绕血肿周围有显著的水肿带，随着期龄的增长，血肿液化吸收血红蛋白崩解，血肿的体积和密度均渐减少，2～3周后行增强扫描，往往可以看到一个环状增强带，是为血肿周围的肉芽组织影像，至晚期血肿完全吸收，仅剩一囊性腔隙，增强环亦不复存在。脑挫裂伤CT表现：典型的表现呈混杂密度改变，在低密度水肿区内有斑点状高密度出血状。较大的挫裂伤灶不仅周围有明显的脑水肿反应，还可见脑室、脑池移位变窄等占位效应。常见的挫裂伤区多在额、颞前份，易伴有脑内血肿，且蛛网膜下腔亦有出血表现，可见脑基底池、纵裂池有高密度影充填，CT值因出血多少而不同，界于25～95Hu之间。

（三）磁共振成像（MRl）检查

采用核磁共振原理成像的技术对颅脑疾病作多方位的断层检查，利用两种弛豫时间（T_1，T_2）的不同，更提高了病变的检出率，特别是对颅脑损伤中某些CT检查比较困难的病变，如等密度的硬膜下血肿、脑轻度的挫裂伤、小灶性出血、脑梗塞的初期，以及位于颅底、颅顶或后窝等处的薄层血肿，均有明显的优越性。但由于MRI成像时间长，对不合作的躁动患者或危急抢救伤员难以检查。因此，对急性头外伤患者首选的检查方法仍以CT为佳。

二、诊断原则

颅脑损伤是一种严重而又复杂的创伤，有其解剖生理的特殊性。它不单是中枢神经系统的原发性损伤，同时有一系列继发性损伤将接踵而至，促使病情加重。加上各种合并性损伤和并发症的发生，更使颅脑损伤的诊断和治疗复杂化。虽然CT的问世和许多新治疗措施的应用，已经在相当程度上改善和提高了颅脑损伤的诊治水平，但从更为广阔的范围，从实际出发，各地区与单位之间差距仍然较大。重型颅脑损伤的死亡率一直徘徊在30%～60%之间。因此，进一步提高对临床征象的认识和分析能力、掌握扎实的基本功仍是广大神经外科工作者的方向。

（一）神经系统检查

重点是患者的神志状况、对外界的反应、四肢运动情况及眼部征象。

1. 神志状况

对清醒的患者出现意识障碍较易发现，但对已有意识障碍的患者有所加重时，则较难察觉。必须认真观察，仔细比较，统一标准，定时复查并记录。有时根据患者对外界反应的灵敏度也可以估计意识状况，例如，对声音、光线、冷或热的刺激反应，或对针刺肢体屈面皮肤、压迫眼眶的反应有无防卫动作、是逃避还是丧失。可以根据患者某个有意义的动作、是恢复还是丧失来判断患者的意识状况，如懵懂中有无遮羞的动作，若患者失去牵衾掩体的动作则表示意识恶化。

2. 眼部征象

除眼球的运动和位置之外，应重点检查瞳孔的大小、形态、光反应灵敏度，并双侧比较。一侧瞳孔不规则或光反应减弱甚或稍有缩小，可能为动眼神经受压的早期一过性表现，该侧睫脊反射（刺激颈侧皮肤时瞳孔散大）亦有减弱。眼震的出现，往往说明颅后窝的损伤。此外，眼底水肿在颅内血肿早期虽不多见，但亦有伤后30～40min即有眼底出血、水肿的报道。而亚急性和慢性血肿有眼底水肿者在50%以上。

3. 运动系统

（1）肌力0级表示完全瘫痪；Ⅰ级可见肌肉收缩但无肢体运动；Ⅱ级在没有地心引力的影响下能主动运动，Ⅲ级能克服地心引力，作自主运动；Ⅳ级能抵抗阻力而运动；Ⅴ级为正常肌力。

（2）上运动神经元损伤后，由于解除了对下运动神经元的抑制作用，因而表现肌张力增高、腱反射亢进、病理反射阳性、肌萎缩不明显等特征，称痉挛性瘫痪；反之，下运动神经元损伤（脊髓前角细胞以下）由于反射弧的破坏及神经营养障碍，表现肌张力低、腱反射消失及肌萎缩，又称弛缓性瘫痪。面瘫及肢体单瘫多为大脑皮质运动域的损伤；偏瘫常属大脑半球较广泛的损伤；三偏（偏盲、偏瘫、偏身感觉障碍）为内囊损伤的表现；交叉性瘫痪（同侧颅神经麻痹及对侧偏瘫）则系脑干损伤特征。对昏迷患者作运动检查时，可以用肢体坠落试验、疼痛刺激反应或将腿并拢伸直不予扶持视有无瘫痪侧足向外倾倒。

（3）此外，小脑损伤可有患侧共济失调、肌张力低、反射减弱及 Romberg 征（睁眼并足难立试验）阳性。但对昏迷的患者，只有通过肌张力低、腱反射减弱和眼震来分析有无小脑损伤。反射出现一侧浅反射的减弱或消失，则提示对侧大脑半球可能的损伤；一侧运动皮质或锥体束的损伤，易出现对侧痉挛性偏瘫，故不仅有腱反射亢进，且常有肌阵挛表现，病理反射亦多为阳性。

（二）伤情判断的原则

1. 掌握伤情的基线

及时将患者伤后的基本情况做系统了解，作为基线，并在观察、治疗过程中不断比较分析，作出判断。其中包括 10 个方面：①意识状态；②生命体征；③眼部征象；④运动障碍；⑤感觉障碍；⑥小脑体征；⑦头部检查；⑧脑脊液漏；⑨眼底情况；⑩合并损伤。

2. 损伤机制

（1）加速性或减速性损伤；加速性颅脑损伤多以着力点局部凹陷骨折和脑冲击伤为主；减速性颅脑损伤则以线形或放射形骨折和脑对冲伤为重。

（2）着力点：垂直于颅盖的暴力，易致凹陷或粉碎凹陷骨折、局部脑挫伤或脑内出血；斜向暴力常引起线形骨折和对冲性脑损伤或扭转性脑损伤；挤压的暴力可造成双颞部和颅底骨折、硬膜外血肿；额部着力以前颅窝骨折和额极脑挫伤为主；枕部着力则额、颞前端及底部脑挫裂伤显著。

（3）骨折线：通过血管压迹或静脉窦的骨折线可致硬膜外血肿；顶前部受击骨折线多发生在颞部或颅中窝；枕部骨折常穿越横窦，可引起横窦沟出血或骑跨幕上下的硬膜外血肿；一侧顶后枕部骨折向颞部或颅中窝延伸时，可在同侧发生硬膜外血肿，而在对侧额颞部引起硬膜下及/或脑内血肿。

3. 影响判断的因素

其中包括酒后受伤、服用镇静剂、与其他疾病混淆、脑脊液漏自行减压、强力脱水，以及休克等。遇这些情况应慎加分析，严密观察，及时做 CT 扫描检查和/或颅内压监护。

4. 颅内血肿定位

（1）幕上血肿意识恶化较突出，幕下血肿呼吸改变较明显。

（2）单侧锥体束征多系幕上血肿，双侧锥体束征则常见于颅后窝血肿。

（3）眼睑瘀斑及耳鼻出血溢液常伴幕上血肿，乳突部瘀斑（Battle 症）和颈肌肿胀应警惕后颅窝血肿。

（4）颞部血肿，动眼神经受累症状常早于意识障碍。

（5）额部血肿有进行性意识恶化而无定位症状，情况多突然变化，瞳孔随即散大。

（6）顶部血肿易致对侧偏瘫，意识障碍加重时，瞳孔始渐次散大。

（7）枕部血肿较少，常为脑内血肿，缺少定位症状，头痛呕吐较显著。

（8）横窦沟小血肿多有枕骨骨折穿过横窦，出现进行性颅内压增高、头痛呕吐剧烈、眼底水肿、缓脉、缺乏定位体征。

（9）颅后窝血肿、头痛呕吐明显，常有双侧锥体束征，颈强直，呼吸抑制较多见。

三、治疗原则

（一）急救与转送

1. 急救

颅脑损伤患者的急救是否及时、正确，十分重要。因为绝大多数颅脑外伤患者均有不同程度的原发性昏迷，失去自我救助的能力，更需要作好现场急救。

（1）气道阻塞：急性颅脑外伤后，由于患者失去主动清除气道分泌物的能力，可因呕吐物或血液、脑脊液吸入气管，造成呼吸困难，甚至窒息。应立即清除口、鼻腔分泌物，保持呼吸道通畅，采侧卧位，放置口腔通气管或气管内插管，必要时须行气管切开。

（2）出血性休克：主要见于颅脑开放伤或身体其他部位并发伤，首先应辨明出血部位及时给予临时止血及包扎。对已暴露的脑开放创面出血可用明胶海绵贴附，再以干纱布覆盖。包扎不宜过紧，以免加重脑组织损伤。

2. 转送

转送前必须有初步检查的记录及病史，同时在患者呼吸道已通畅、休克得到纠正的情况下，始可转送，途中应备有必要的抢救器材及药品。颅脑损伤伤员应该转送到最近的医疗单位，若条件允许，应该送到具备开展颅脑伤救治条件（CT、专职或兼职脑外科医师）的医院，这样才能保证伤员得到有效和正确的诊断与治疗。

（二）患者的分类处理

1. 伤情分类

根据伤情和就诊时的情况，可按伤情分为以下情况分别处理。

1）紧急抢救

伤情危重的闭合性颅脑损伤，持续昏迷或曾清醒再昏迷，GCS 3～5 分，颅内压增高，一侧瞳孔散大或对侧也开始扩大，生命体征改变明显，情况危急来不及作进一步检查，应根据受伤机理和临床特点定位，直接钻孔探查，行开颅手术抢救；若属脑干原发损伤、去脑强直、瞳孔时大时小、高热、生命体征紊乱，但无颅内高压时，则应行气管插管或切开、冬眠降温、过度换气、脱水、激素及颅压监护等非手术处理。

2）准备手术

伤情严重，昏迷超过 6h 或再昏迷，GCS 6～8 分，生命体征提示有颅内压增高改变，应立即行必要的辅助检查，明确定位，安排急症手术；若经辅助检查并未发现颅内血肿，则给予非手术治疗，放置颅内压监护及 12～24h 定时复查 CT；若属开放性颅脑损伤，则应在纠正血容量不足的同时准备手术清创。

3）住院观察

伤情较重，昏迷时间 20min 至 6h 之间，GCS 9～12 分，有阳性或可疑的神经系统体征，生命体征轻度改变，辅助检查有局限性脑挫伤未见血肿，应收入院观察，必要时复查 CT，或有颅内压升高表现时行颅内压监护。

2. 手术治疗

手术治疗的原则是救治患者生命，纠正或保存神经系统重要功能，降低死亡率和伤残率。颅脑损伤手术主要针对开放性颅脑损伤、闭合性损伤伴颅内血肿或因颅脑外伤所引起的合并症和后遗症。手术仅仅是整个治疗中的一个环节，绝不能只看重手术而忽略非手术治疗和护理工作。其基本手术方法有以下三种。

1）钻孔探查

适用于伤情较重、迅速恶化的患者，来不及进行其他辅助性检查，而需要紧急钻孔，其目的不外乎解救患者于危命，探查、清除颅内血肿。钻孔方法常用锥孔或钻孔两种，前者为细孔，操作简单快速，可在现场、床旁施行，孔径较小，仅能探察有无血肿，但难以清除血肿；后者系用颅钻钻孔，一般都在手术室施行，孔径较大，可作为进一步开颅术的孔位。通常根据颅脑损伤机理和临床征象即可初步判定钻孔探查的部位。首先应选骨折线通过血管压迹附近钻孔，因硬膜外血肿 90%均伴有骨折；其次应选在颞部，其阳性率可达 70%，尤其是瞳孔散大侧，因瞳孔变化的可靠性占 90%；其后则可按额颞部、顶颞部、额前及枕后的次序钻孔探查。

2）骨窗开颅

经术前定位或钻孔探查明确颅内血肿后，延长切口，将钻孔按手术要求扩大成一骨缺损，一般为 8～10cm 大小的骨窗，若脑挫裂伤脑水肿严重合并恶性颅内高压者，应采取标准外伤大骨瓣开颅方法（骨窗范围约 10～14cm）。清除硬膜外血肿或呈瓣状切开硬脑膜清除硬膜下及/或脑内血肿。此方法可以作为颞肌下减压术和额颞部脑挫裂伤减压术的基本术式。

3）骨瓣开颅

常用于诊断和定位均较明确的患者，可以在术前预计好骨瓣的位置和大小，显露较好，操作有序，方便止血，不留缺损。开颅时，对颅内血肿压力较高的患者，每当骨瓣翻起之际，因突然减压，常可引起血压下降，致使脑血管灌注压骤减，可加重脑缺血、缺氧损害，值得重视。开放伤清创的原则是及早手术清创。

颅脑开放伤的早期清创时限可以延长到伤后 72h，在此期间除非有特殊的污染，一般都较少发生感染，清创缝合后常能一期愈合。但应强调，清创的成败在相当程度上取决于机械清洁的彻底与否。因此，原则上清创宜在全麻下施行，才有利于充分清洁洗创口；在未准备好输血的各个环节之前，不要轻易触动嵌于创伤内的毛发和异物，以免引起大出血；应用灭菌生理盐水冲洗，冲洗时不可正对创口以免灌入颅腔；清创要求彻底，异物尽可能摘除；硬脑膜必须修复，头皮全层缝合；颅骨缺损留待后期处理。

3. 非手术治疗

颅脑损伤患者需要手术治疗的为 15%左右，实际上绝大部分的轻、中型及重型颅脑损伤中的部分患者多以非手术治疗为主。即使是手术患者，术后也还需进行较之手术更为复杂的非手术治疗，才能使整个治疗得以成功。

1）营养摄入问题

急性颅脑损伤患者常因意识不清，不能主动进食，尤其是当机体处于应激状态时，对能量的需要有所增加，使肌肉蛋白的分解代谢加速，多数患者在伤后数日内即有尿氮、肌酸、磷、钾等排出量增多，如果外源营养及能量有欠缺，机体往往进入负氮平衡状态。日摄入量：非手术的颅脑外伤急性期主要依靠静脉输液，每日入量一般控制在 2500ml。但近年来越来越多的临床医师主张患者的出入量应该保持基本平衡，特别是采用大量脱水剂、尿量多的患者，要以患者的出量计算每天的入量，以免过度限水所致的高渗状态和微循环障碍。

2）呼吸道问题

脑组织的耗氧量大，对缺氧的耐受能力极差，一旦二氧化碳积蓄脑血管扩张可使脑血容量剧增。急性颅脑损伤患者经常伴有气道不畅或肺部炎症，因缺氧而致颅内压增高，加重病情。故保持气道通畅、维持良好的气体交换是极为重要的。周围性气道梗阻：除应注意体位避免分泌物逆流入气管外，应及时清除鼻咽部黏液及血性液体，放置通气管或气管切开，后者更有助于解除梗阻、降低呼吸阻力、提高通气功能、改善缺氧、增加血液氧分压，从而减轻脑水肿及降低颅内压。中枢性呼吸障碍：应行气管内插管或气管切开辅助呼吸或人工呼吸，给予呼吸兴奋剂，快速静脉滴注脱水剂，并须紧急手术清除颅内血肿，或行手术减压，解除中枢压迫始能改善呼吸。

3）消化道问题

主要是消化道出血，特别是重型颅脑创伤的患者，有时胃镜检出有溃疡外，尚有黏膜糜烂、黏膜下出血等无明显症状的急性上消化道病变，其发生率可高达 91%。一般认为重型颅脑创伤并发消化道出血的原因，可能与丘脑下部或脑干损伤有关，由于伤后交感兴奋，体内儿茶酚胺类物质、糖皮质激素及胃泌素增高，致使胃肠黏膜缺血、胃酸增加、黏膜屏障破坏、氢离子逆向渗入，从而使上消化道更容易发生病变。一旦发生出血，则除及时补足丢失的血容量之外，应立即停用激素并管喂氢氧化铝凝胶、胃膜素、云南白药或质子泵抑制剂。必要时可经胃管注入冰盐水去甲肾上腺素液（6～8mg/100ml），4～6h 1 次。

4）泌尿系统问题

颅脑创伤后早期常有短时尿潴留，继而溺尿，往往需要放置保留尿管，因此，容易造成尿路的感染。从预防的角度看，应尽量缩短尿管留置时间，并定期冲洗膀胱，若有感染征象，应给予尿路消毒剂，乌洛托品或孟德拉明 0.5～lg，每天 3～4 次，10～12 天为一疗程。

5）水电解质与酸碱失衡

颅脑损伤患者常因昏迷、高热、强直、呕吐和呼吸急促或抑制而造成代谢紊乱，加之在治疗中常须利尿、脱水、激素治疗、气管切开，以及胃肠道外被动补给液体和电解质，特别是脑内某些结构损伤可以直接影响神经、内分泌调节机能和肾功能，故容易发生水、电解质与酸碱失调，故对颅脑外伤患者的预后至为重要。

6）降低颅内高压治疗

颅脑损伤后引起颅内压增高的原因，不外乎颅内血肿、脑水肿、肿胀、脑脊液循环受阻及静脉窦回流障碍等几个因素。治疗的原则主要是迅速解除引起颅内高压的病因和有效控制颅内压力，后者实际上就是对抗脑水肿、肿胀的处理。急性颅脑外伤的患者无论是否接受手术治疗，几乎都需要进行一系列防治颅内高压的非手术治疗措施，尽量将颅内压维持在正常范围（90～200mmH_2O，即 0.88～1.96kPa、6.6～14.7mmHg），以确保脑组织正常的血流量（54～65ml/100g/min）和脑灌注压（10.3kPa，即 77mmHg）。如果脑血流量少于 32ml/100g/min、脑灌注压低于 5.3kPa，则脑功能即将衰竭。

（1）脱水治疗：通过提高血内渗透压及利尿的方法达到使脑组织内水分及脑脊液减少从而起到降低颅内压的目的。临床常用的脱水剂有：20%甘露醇溶液 250ml，0.25～0.5g/kg，每 4～12h 1 次静滴；甘油果糖溶液 250m1，每 6～12h 1 次静滴，亦可同甘露醇交替使用；25%白蛋白注射液 5～10g 静滴，每日 1～4 次，借提高血液胶体渗透压减轻脑水肿；50%甘油盐水口服液，1～2ml/kg/次，每日 3～4 次，可用于缓慢降低颅压，但临床已基本不用。常用利尿剂有：呋喃苯胺酸（速尿）20～40mg，每日 2～4 次，应以小剂量开始，并注意补钾；醋氮酰胺（乙酰唑胺）250mg，每日 2～4 次；环戊甲噻嗪 250mg，每日 1～2 次；双氢克尿噻 25mg，每日 2～3 次，注意有诱发高血糖之可能。应予指出，采用强力脱水，虽可迅速缓解颅内高压，但这种效果难以持久，甚至尚有反跳现象，致使颅内压反而高于脱水之前，故宜于相对平稳地保持脱水状态为佳。国内外大多数医师主张采用速尿+甘露醇+白蛋白联合使用的方法，是目前降低颅内压的最佳方案。但必须注意，不适当地强力脱水可促使颅内出血或引起迟发性血肿，亦可导致水、电解质紊乱，加重心、肾功能损害。所以，对于局灶性脑挫裂伤、无占位效应的患者，不应该常规使用、更不应该长期使用脱水治疗。国外《颅脑创伤救治指南》认为，当急性颅脑创伤患者颅内压≥20～25mmHg，才有使用脱水剂的指征。

（2）激素治疗：主要是利用糖皮质激素具有稳定膜结构的作用减少了因自由基引发的脂质过氧化反应，从而降低脑血管通透性、恢复血管屏障功能、增加损伤区血流量及改善 Na^+-K^+-ATP 酶的功能，使脑水肿得到改善。常用地塞米松 10mg，每日 1～2 次静滴。也有主张采用 3～6mg/kg 的大剂量地塞米松或甲基强的松龙治疗急性脑损伤患者。

（3）氧气治疗：采用过度通气和高压氧吸入提高血液中氧的含量，降低二氧化碳分压，使细胞外液的 pH 增加，脑血管收缩，脑血容量减少，加快颅内静脉回流，降低颅内压。

（4）高压氧吸入：在高压氧舱中呼吸，因肺泡与肺静脉氧分压差的增大，血氧弥散量可增加近 20 倍，从而大大提高组织氧含量，中断因脑缺血、缺氧所致脑水肿的恶性循环，对防治颅脑外伤后脑水肿的发展和减轻颅脑外伤后遗症有重要作用，但对疑有颅内活动性出血和颅内高压的患者，不宜采用高压氧治疗。

（5）冬眠治疗和亚低温治疗：适用于严重脑挫裂伤、脑干及（或）丘脑下部损伤伴高热和去脑强直的患者，目的在于控制高热以降低脑代谢率和脑耗氧量，增强脑组织对缺氧的耐受性，减少脑血容量和颅内静脉压，改善细胞膜的通透性，防止脑水肿的发展。常用药物有：氯内嗪 50mg、异丙嗪 50mg 及度冷丁 100mg（1 号合剂，小儿按 0.5～1mg/kg 计算）。加在 500ml 5%葡萄糖溶液中滴注，待患者植物神经得到显著抑制、御寒反应减弱或消失后，逐渐开始物理降温。通常每降低 1℃，脑耗氧量与血流量即下降 4%左右，降温深度依病情而定，以 32～35℃为宜，过高达不到降温目的，过低有发生心律失常和低血压的危险。降温过程中切忌发生寒战、冻伤及水电解质失调，一般持续 3～5 天即可停止物理降温，使患者自然复温，逐渐减少用药乃至停药。复温困难时可加用电热毯，以促进体温的回升。

（6）镇静及抗癫痫治疗：颅脑外伤患者急性期的躁动、抽搐、强直或癫痫发作，常加重脑缺氧，可促进脑水肿的发展，危害极大，应及时加以控制。

凡颅脑外伤后初期有癫痫发作者，均应早期给予抗癫痫药物治疗。若抽搐连续发作呈癫痫持续状态时，应立即采取有效措施制止发作，以免加重神经机能废损甚至死亡。处理的原则是以一次足够剂量的抗痫药物控制发作，继以较大剂量维持以防复发。可选用安定、阿米妥钠、苯妥英钠、苯巴比妥或水合氯醛等。应该指出的是，对于无癫痫发作的脑外伤患者，临床不应该常规使用预防性抗癫痫药物，因为长期使用预防性抗癫痫药物不但不能降低癫痫发生率，而且会导致严重毒副作用。

（7）抗菌药物治疗：颅脑损伤患者的感染问题主要在于预防，除开放性颅脑损伤，包括颅底骨折隐性开放伤在内，均需早期投给能透过血脑屏障的抗生素，对严重的闭合性脑损伤和手术患者，亦应常规给予预防性抗菌药物，因为伤后辅助细胞功能和淋巴因子活化杀伤细胞毒作用的受损，患者细胞免疫力明显下降，易致肺部、泌尿路或颅内感染，特别是老年人或长期昏迷患者。颅脑外伤患者抗菌药物使用，应有的放矢，切忌滥用；对有感染征象者须查明原因，找出病原菌，然后根据药敏结果遴选恰当的抗菌药物；避免盲目多种广谱抗生素同时使用，易致菌群失调；控制感染应有针对性，对颅内炎症需选用脂溶性较强、分子质量较小、能透过血脑屏障的抗生素。

第三节　神经干细胞治疗重型颅脑伤后遗症的实验研究

一、 实验动物

（一）Wistar 大鼠脑外伤模型的建立

8 周龄 Wistar 雄性大鼠，体重 150g 左右，经检疫符合国家实验动物标准（由沈阳军区总医院动物实验中心提供）。制备大鼠脑外伤模型，然后每天分别按 2g/kg 和 0.2mg/kg 给予 200 g/L 甘露醇和地塞米松，连续 7 天。第 7 天进行大鼠神经功能评定。

经腹腔内给予水合氯醛（30mg/100g 体重）麻醉成功后，将大鼠头部固定在立体定向架上，沿头部正中切开 4cm 的头顶部皮肤，牵开头部皮肤及肌肉，在右侧邻近中线、前囟和人字点之间近前囟处，以牙科磨钻磨出一个直径约 5mm 圆孔，小心保持硬膜完整且勿伤及重要血管。调整好打击架，选用直径 3mm 的撞击头，撞击头和硬膜直接接触。以 20g 的撞击锤从 19cm 高度自由落体，撞击该撞击头，能量通过撞击头传至大鼠大脑皮质，引起脑组织的损伤。术毕，肌肉注射庆大霉素 10mg/100g 体重，以预防感染。根据气温情况，予以保温和空调降温，待其自然苏醒。术后一周进行大鼠神经功能评定，然后进行干细胞移植。

（二）Wistar 大鼠神经功能的检测方法

（1）自发活动：3 分为四周活动，探索环境，至少到达 3 面墙；2 分为活动稍迟疑，缓慢，但最终至少探索一面墙；1 分为饲养笸内缓慢活动，不探索笸壁；0 分为大鼠不活动。

（2）四肢对称运动（轻瘫实验）：3 分为提尾，四肢对称伸展；2 分为左侧肢体伸展较右侧差；1 分为左侧肢体活动明显减少；0 分为左前肢不活动。

（3）前肢运动：3 分为前肢对称伸展，大鼠前肢行走对称；2 分为前肢伸展较右侧差，前肢行走受损；1 分为左前肢很少活动；0 分为左前肢不活动。

（4）攀登运动（加强运动功能检测）：3 分为紧握钢丝网，攀登迅速；2 分为左侧握力差，攀登功能受损；1 分为不能攀登或趋向打转。

（5）疼觉：3 分为刺疼时两侧对称灵敏；2 分为左侧刺疼反映较右侧差；1 分为左侧刺疼无反映。

（6）深感觉（位置觉）：3 分为将大鼠前腿移到桌子边缘，两侧回缩反映灵敏；2 分为左侧回缩反映较右侧差；1 分为左侧无回缩反映。

自发运动、轻瘫实验、运动功能检测、加强运动功能检测、痛觉、位置觉 6 项，总分 6 个项目，完全正常为 18 分，缺损最严重得 3 分。症状越重，得分越少。

二、移植细胞的制备

（一）大鼠自体骨髓 MSC 的分离培养

1. 材料

8 周龄 Wistar 雄性大鼠、DMEM/F12（1∶1）完全培养液（含 15%FBS）、DMEM/F12（1∶1）完全培养液（含 10%FBS）、D-Hank 液、10%水合氯醛、庆大霉素和 75%乙醇。

2. 器材

固定板、手术包、5ml 注射器、1ml 注射器、直径 60mm 培养皿、25ml 培养瓶、吸管和移液管。

3. 步骤

（1）称重 Wistar 大鼠。

（2）根据大鼠体重，用 10%水合氯醛腹腔注射麻醉大鼠，注意在初量的基础上每次添加 0.1ml 水合氯醛，并观察大鼠呼吸及口唇颜色，防止麻醉过量。待角膜反射及翻正反射基本消失，麻醉满意后再行手术。

（3）按解剖层次剪开大鼠右侧后肢皮肤，分离大鼠股二头肌，用 20ml 注射器针头在股骨两端钻孔，直径 1.5mm。用针头弯成 L 形的 5ml 注射器吸取 DEME/F12（1∶1）完全培养液（含 15%FBS）5ml，冲出大鼠骨髓腔内的骨髓细胞，收集细胞悬液，缝合大鼠皮肤。术中注意准备 0.1ml 水合氯醛，以便随时添加麻醉剂，注意观察大鼠呼吸及口唇颜色。缝合完毕将大鼠放回鼠笼。给予食水及庆大霉素肌注 3 天抗感染。

（4）将骨髓细胞溶液冲入培养皿。用注射器反复吹打骨髓细胞溶液 3 次。

（5）将骨髓细胞溶液接种于 25ml 培养瓶内，然后加入适量 DMEM/F12（1∶1）完全培养液（含 15% FBS）。

（6）培养瓶内加入庆大霉素 1 滴。

（7）将培养瓶放入孵育箱内培养 48h 以上，待大鼠 MSC 贴壁后，弃去悬浮细胞，加入 DMEM/F12（1∶1）完全培养液（含 10%FBS）继续培养，其细胞呈现梭形、多角形（图 18-1）。此为光镜下的细胞形态，其 HE 染色后的形态见图 18-2。

（8）待贴壁细胞生长汇合达 80%以上时，以 0.25%胰蛋白酶消化，1∶1 传代。

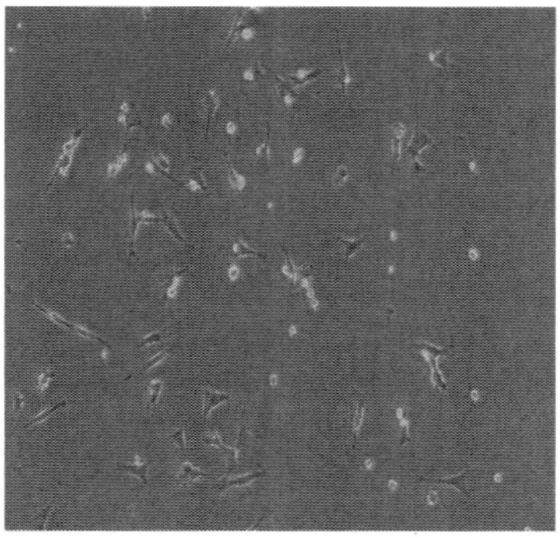

图 18-1　大鼠 MSC 原代培养第 3 天

（100×）

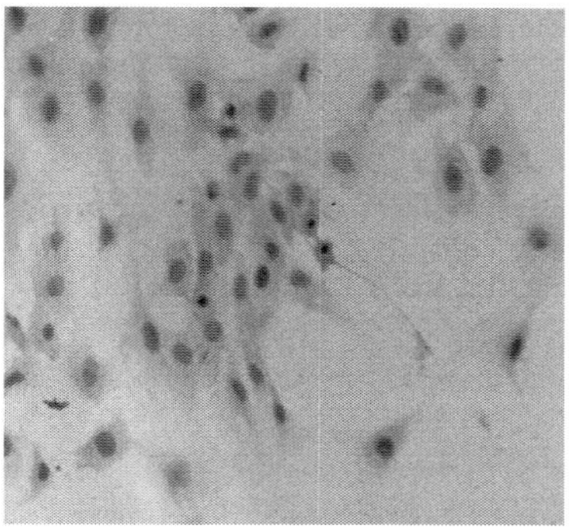

图 18-2　大鼠 MSC 的 HE 染色

（100×）

（二）MSC 的鉴定

将第 2 代 MSC 制备细胞爬片，完成后进行免疫细胞化学染色，一抗使用 CD34、

CD44 和 CD45 进行鉴定。

1. MSC 的爬片

准备器材及试剂：MSC1 瓶，DMEM/F12（1∶1）完全培养液（含 10%FBS）、12 孔板 1 个，盖玻片若干。

（1）将盖玻片掰成 8mm×8mm 大小，清洗，高温高压，烘干后备用。

（2）用胰蛋白酶消化 MSC 细胞 6min，吸出胰蛋白酶溶液，加入 DMEM/F12 培养液，用吸管吹打成单细胞悬液。

（3）用离心机离心细胞悬液（1200r/min 离心 10min）。

（4）弃除上清液，保留细胞沉淀，加入 DMEM/F12 培养液 6ml，用吸管吹打成单细胞悬液。

（5）将盖玻片放入 12 孔板，每孔加入细胞悬液 0.5ml，标号 1～10 孔每孔加入 DMEM/F12（1∶1）完全培养液（含 10%FBS）0.5ml，剩余两孔每孔加入 DMEM/F12 培养液 0.5ml（血清浓度为 10%）作为对照。

（6）放入孵箱内孵育，3 天后做细胞免疫化学检测。

2. 免疫细胞化学染色

其准备工作是把盖玻片洗涤干净后泡酸，置于培养皿中高压消毒，在超净台中把盖玻片置于 12 孔板中（盖片的处理方法同载玻片的处理，但泡酸时间 2h 即可；为了防止细胞脱片，可用多聚赖氨酸处理）。等细胞至少生长 24～48 h 后，用 PBS 洗 3 次。

（1）冷丙酮（每孔 500μl）固定 10min（不用摇床），PBS 清洗 3 次，各 5min，空气干燥 5min（注意吸出孔中残余 PBS，沿孔壁加入冷丙酮，不要直接冲击玻片）。

（2）加 0.2%Triton X-100（PBS 配制），置室温摇床作用 5min，以提高细胞的通透性，用上述 PBS 清洗标本 3 次，每次 5min，不用干燥。

（3）3%H_2O_2-甲醇（49.5ml 甲醇+30%H_2O_2 0.5ml）室温孵育 20min，以消除内源性过氧化物酶，PBS 清洗标本 3 次，各 5min。

（4）3%牛血清白蛋白（bovine serum albumin, BSA）/PBS 封闭液室温封闭 60min，减少或消除非特异性染色，用滤纸吸取，以上 3 种试剂以盖住孔底为限。

（5）滴加 1∶50（加 0.2%Triton X-100 和 3%BSA 的 PBS 稀释）稀释的一抗，注意吸出孔中残余 PBS，抗体要盖住孔底，4℃湿盒（防止过度蒸发）过夜，PBS 清洗标本 3 次，各 5min。

（6）滴加 1∶200（加 0.2%Triton X-100 和 3%BSA 的 PBS 稀释）的生物素标记二抗，每孔 50μl，注意吸出孔中残余 PBS，孵箱孵育 1～2h（防止过渡蒸发），PBS 清洗标本 3 次，各 5min。

（7）加入新鲜配制的二氨基联苯胺（DAB，1ml 蒸馏水，1 滴 DAB+30%H_2O_2 1μl），在显微镜下避光显色 5～6min，待细胞着深褐色而背底颜色较淡时马上吸去显色液，蒸馏水迅速冲 3 次后加入 PBS 终止反应。

（8）苏木素复染 10min，盐酸乙醇返蓝（快加快冲），常规梯度乙醇（70%、80%和 90%乙醇 5min×1 次，95%乙醇 5min×2 次，100%乙醇 5min×3 次），95%乙醇脱水 20 min 之后，二甲苯透明，50%中性树胶封片，经 HE 染色后，其细胞形态如图 18-2 所示。

（9）阴性对照用 PBS 代替一抗或二抗。

（三）MSC 的标记及其鉴定

将第 2 代 MSC 标记细胞并进行细胞爬片，制成细胞爬片后进行细胞免疫化学染色，一抗使用 BrdU 进行鉴定，分别使用 DAB 法和免疫荧光法显色。

1. 材料

铺满 80%的 MSC 1 瓶，0.004mg/ml BrdU 的完全培养液（含 10%FBS），胰蛋白酶 1 支，含 10% FBS 的 DMEM/F12（1:1）完全培养液，生理盐水，庆大霉素，培养瓶 1 个。

2. 步骤

（1）将 MSC 1:1 传代，使用 DMEM/F12（1:1）完全培养液（含 10%FBS）培养至细胞 40%汇合。

（2）移出废液，每瓶细胞加入 BrdU 浓度为 0.004mg/ml 的完全培养液（含 10%FBS）5ml，培养至细胞 90%汇合。

（3）用以上方法鉴定经 BrdU 标记的骨髓干细胞，胞核染色的细胞为阳性。

（四）神经干细胞（NSC）的诱导和鉴定

1. 骨髓 MSC 向 NSC 的诱导分化及表面标志物的检测

（1）待培养板中的细胞达 80%～90%汇合后，弃去上层培养液,实验组细胞用，含 10%FBS、10ng/ml bFGF 的 DMEM/F12 培养液预诱导 24h，更换培养液，PBS 缓冲液洗涤 3 次，再加入含有 6mmol/Lβ-巯基乙醇的无血清 DMEM/F12 培养液进行细胞诱导。诱导 6h 后，加诱导维持液继续培养 1 周，并每日观察诱导后细胞的生长状况。

（2）诱导后细胞的免疫荧光检测：诱导 6h 后分别对细胞进行巢蛋白、神经元特异性烯纯化酶（neuron-specific enolase，NSE）、胶质纤维酸性蛋白（glial fibrillary acidic protein，GFAP）、神经丝蛋白 200（neurofilament 200，NF-200）的免疫荧光化学检测。

2. 免疫荧光检测

（1）取出盖玻片，PBS 洗 2 次，95%乙醇固定。

（2）将已固定的细胞玻片放入盖片染色缸，用 PBS 洗 5min，取出吹干。

（3）分别滴加 NSE、GFAP、NF-200 抗体，抗体滴加前用三蒸水给予 1:100 稀释，将玻片置于湿盒内，37℃保温 60min。

（4）PBS 振荡洗涤 3 次，每次 5min，然后吹干。

（5）滴加特异性荧光异硫氰酸荧光素（fluoreseen isoth iacyanate，FITC）标记的二抗（1:100 稀释）,于湿盒中 37℃保温 60min。

（6）PBS 振荡洗涤 2 次，每次 5min，然后蒸馏水振荡洗涤 1 次。

（7）50%缓冲甘油封片。封片后立即置于荧光显微镜下观察。

该实验证明，本实验措施可以获得稳定的自体骨髓干细胞来源的神经干细胞。

三、大鼠自体 NSC 的颈内动脉注射移植

（一）材料与器材

脑损伤 Wistar 大鼠模型、制备的 NSC、生理盐水、10%水合氯醛、庆大霉素、75%乙醇；大鼠固定板、手术包、动脉夹 1 枚、4.5 号头皮针、1ml 和 5ml 注射器及橡胶手套。

（二）移植步骤

（1）称重 Wistar 大鼠。

（2）根据大鼠体重，10%水合氯醛腹腔注射麻醉大鼠，注意在初量的基础上每次添加 0.1ml 水合氯醛，并观察大鼠呼吸及口唇颜色，防止麻醉过量。待角膜反射及翻正反射基本消失，麻醉满意后进行手术。

（3）将大鼠仰卧位固定于大鼠板上。

（4）沿大鼠下劾至胸骨柄连线切开大鼠皮肤，逐层分离直至气管前，出血点压迫止血。分离气管右侧颈总动脉，剥离大鼠颈动脉鞘。向颅底继续分离颈总动脉，直至动脉杈。分离大鼠颈内动脉和颈外动脉。颈内动脉较细，向外侧颅底延伸。颈外动脉较粗，为颈总动脉直接分枝，分离颈外动脉，沿途结扎较小分枝，保留其主干。

（5）用两根 4 号线穿过颈外动脉，一根线结扎颈外动脉远段，另一根在颈外动脉近段打一个虚结。一枚动脉夹夹闭颈总动脉近端。用 4.5 号头皮针（连接有生理盐水的 1ml 注射器）由远端向近端穿刺颈外动脉（动作要轻和准确），用 4 号线固定。放开颈总动脉处的动脉夹。

（6）将装有干细胞悬液（体积 0.5ml，细胞数约为 2×10^6 个）的 1ml 注射器连接在头皮针上，将细胞悬液注射进颈内动脉。

（7）动脉夹夹闭颈总动脉近端。轻轻拔除头皮针，结扎颈外动脉近端，松开夹闭颈总动脉近端的动脉夹。

（8）用庆大霉素冲洗切口并按解剖层次缝合此切口，缝合完毕后将大鼠放回鼠笼内并给予食水。

术中注意观察大鼠呼吸及口唇颜色并提前准备 0.1ml 水合氯醛备用，以防大鼠快苏醒时随时注射。术后肌注庆大霉素 3 天以防感染。经反复实验，该移植方法移植成功率高，实验大鼠死亡率低，操作简便。

四、干细胞移植疗效的观察

1. 实验方法

分别于移植后 1 周、2 周、3 周和 4 周，对 Wistar 大鼠进行神经功能评定。

2. 免疫组化检测

（1）在 NSC 移植后 1 周、2 周、3 周和 4 周各处死 2 只大鼠。用 4%多聚甲醛经大鼠左心室灌注后，断头取脑，置 4%多聚甲醛中固定 24h，冠状位切取以损伤区域为中心的、包括侧脑室室管膜下区、基底节区和海马底厚度 2mm 的脑组织，石蜡包埋，连续切片，片厚 2μm。

（2）用免疫组化法进行 BrdU 及巢蛋白染色，在光镜下观测 Wistar 大鼠脑内移植 NSC 在移植后的存活、迁移及分化。

（3）DAB 显色后光学显微镜下观察结果，着棕黄色的细胞判定为阳性。在 400 倍高倍镜下，每个盖玻片的中心和四周随机选择 5 个视野，进行细胞计数并镜下拍照记录，棕色细胞为阳性，计算阳性细胞数的平均值。

3. 结果分析

实验证明，NSC 可以通过循环系统，穿过血脑屏障，向脑损伤区域迁移，发挥神经代偿作用，其细胞形态如图 18-3 所示。目前在 NSC 移植治疗中，对于神经系统神经功能的恢复，营养因子、细胞因子及其他神经保护因子的产生，可能发挥主要作用。而且，NSC 在脑损伤区域可以有效地改善脑组织局部的微循环，提高氧和营养物质的供应，从而为神经恢复创造有利的微环境。但 NSC 向神经元和胶质细胞的定向分化、在神经修复过程中的作用还有待研究。

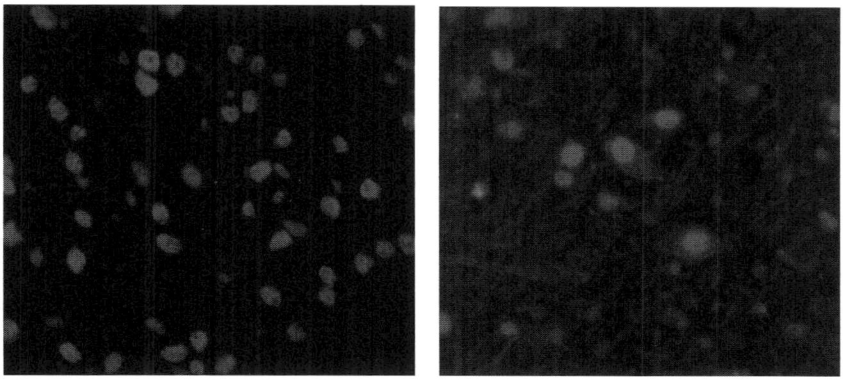

图 18-3　大鼠脑组织 BrdU 免疫荧光染色的移植细胞胞核呈阳性

左图 200×，右图 400×

第四节　神经干细胞治疗脑损伤的临床研究

重型颅脑伤死亡率高，病残率高，易造成植物生存，目前尚无有效的治疗方法。长期以来，人们一直认为，受到破坏的成年哺乳动物大脑不能进行重要结构的自我修复，神经细胞不能再生。

成年人外伤后仅靠自身的 NSC 再生无法恢复神经系统的正常功能，主要原因：一是中枢神经系统内 NSC 数量少；二是中枢神经系统内的微环境不适合神经元轴突再生，包括胶质细胞增生形成的疤痕对神经元轴突再生造成空间障碍、促神经生长因子或神经营养因子的缺乏和神经元轴突生长抑制因子的存在等。来自成体脑组织或胚胎脑组织的 NSC，取材困难，来源受限，又受到法律和伦理的限制，而且异体 NSC 移植的免疫排斥反应，使移植后的干细胞成活率较低，这些都限制了干细胞移植的进一步研究和应用。因此，来源于骨髓的 MSC 由于其来源广泛、便于体外扩增和诱导、无免疫排斥反应、道德和伦理学争议少而成为最佳的干细胞来源。

一、神经干细胞的移植时机和方法

在急性脑损伤后，损伤灶的皮质、海马等结构中有许多引起继发性脑损伤的细胞因子或毒素，如损伤后 24h 内兴奋性氨基酸、钙离子、氧自由基及细胞炎性因子在细胞外间隙明显增加，从而使得宿主环境不利于移植物的存活。因此，应避免脑损伤后 24h 内行移植治疗。但是脑损伤后 NSC 移植的最佳时机目前还没有定论。在体外分离培养的 NSC，主要可以通过 4 种方法移植到人体和动物模型体内：①经静脉注射移植；②经颈内动脉注射移植；③经脑池和蛛网膜下腔移植；④采用立体定向的方法将细胞注射到特定的部位。

目前，主要采取经静脉注射移植的方法较多，该方法简便、安全、有效。研究证明，MSC 在脑内的分布主要位于损伤同侧大脑半球特别在损伤病灶周围。其原因一方面是局部血脑屏障损伤后易于 NSC 分布；另一方面，NSC 还具有穿越完好血脑屏障的能力。但是目前经过蛛网膜下腔移植的方法被越来越多的临床机构及实验室机构所采用，相关的临床及实验室研究正在进行。

二、NSC 治疗重型颅脑伤后遗症的机制

（1）营养因子、细胞因子及其他神经保护因子的产生，可能发挥主要作用。NSC 能分泌促修复作用的多种细胞因子，其可溶性营养因子的释放有助于损伤脑组织的修复；NSC 还可表达营养因子的受体。移植细胞和宿主脑组织相互作用可激发营养因子和细胞因子的产生；神经损伤后也有大量细胞因子释放，二者协同可发挥神经保护作用。

（2）NSC 移植造成局部微环境改变。NSC 移植到脑、脊髓后，可改变局部的微环境。NSC 移植后可产生和胚胎中枢神经组织中相同的氧微环境，氧消耗的改变是移植介导感应过程的重要成分；功能恢复还可能与受体逐渐以小部分供体细胞产生的正常胶质蛋白代替非正常间质有关。还有人认为 NSC 移植可诱导脑挫伤区新的基因表达，使患者安全渡过外伤性脑损伤。

（3）移植组织向神经环路的整合作用。NSC 移植后可能通过离子环境的修饰、髓

鞘再生及向轴突钠通道的胶质转运等机制诱导神经保护作用。

（4）促进内源性 NSC 的分化。NSC 分泌的层粘连蛋白可促进移植细胞向神经元细胞分化，提高 GABA 能细胞的增殖速度；分泌的 CSF-I 和白细胞介素作为神经元前体的生存和/或分化因子，可促进神经元生长。NSC 移植可促进脑室区和室下区的室管膜细胞增殖，NSC 表达的骨形成蛋白（BMP）可激发脑室内神经前体细胞向神经元分化。

（5）NSC 向神经元和神经胶质细胞的分化。由于仅观察到约 1%和 8%的 NSC 分别分化为神经元和神经胶质细胞表型，其是否与神经功能恢复直接相关尚存争议。

自体 NSC 移植应用于颅脑伤的研究已取得很大进步，但该领域的研究尚处于探索阶段,有待解决的问题还很多：是什么分子信号诱导 NSC 到达损伤区域,使移植细胞在更准确的位置锚靠及分化；NSC 在脑内分化为神经细胞的机制；如何提高 NSC 在体内的成活率和向神经细胞定向分化的能力；NSC 植入后能否从解剖和功能上修复神经系统的病变；细胞移植后能否整合入宿主的神经环路，能否与其他神经细胞产生突触联系进而分泌神经递质等,这些问题都有待进一步研究。但是，随着研究的不断深入、动物模型的不断成功，自体 NSC 移植逐渐在临床治疗中得到应用，并且取得了明显成效。

综上所述，成人自体 NSC 是一种理想的干细胞来源，为神经系统疾病的细胞和基因治疗提供了新的思路和广阔前景。

（刘　洋　任丽楠）

主要参考文献

Boccazzi M, Rolando C, Abbracchio MP, et al. 2014. Purines regulate adult brain subventricular zone cell functions: Contribution of reactive astrocytes. Glia, 62(3): 428-439

De Filippis L, Delia D. 2011. Hypoxia in the regulation of neural stem cells. Cell Mol Life Sci, 68(17): 2831-2844

Itoh T, Imano M, Nishida S, et al. 2011. Exercise increases neural stem cell proliferation surrounding the area of damage following rat traumatic brain injury. J Neural Transm, 118(2): 193-202

Kaengkan P, Baek SE, Kim JY, et al. 2013. Administration of mesenchymal stem cells and ziprasidone enhanced amelioration of ischemic brain damage in rats. Mol Cells, 36(6): 534-541

Lee IS, Jung K, Kim M, et al. 2010 . Neural stem cells: properties and therapeutic potentials for hypoxic-ischemic brain injury in newborn infants. Pediatr Int, 52(6): 855-865

Lemmens R, Steinberg GK. 2013. Stem cell therapy for acute cerebral injury: what do we know and what will the future bring? Curr Opin Neuro, 26(6): 617-625

Ma H, Yu B, Kong L, et al. 2011. Transplantation of neural stem cells enhances expression of synaptic protein and promotes functional recovery in a rat model of traumatic brain injury. Mol Med Report, 4(5): 849-856

Mead B, Logan A, Berry M, et al. 2013 . Intravitreally transplanted dental pulp stem cells promote neuroprotection and axon regeneration of retinal ganglion cells after optic nerve injury. Invest Ophthalmol Vis Sci, 54(12): 7544-7556

Misumi S, Nishigaki R, Ueda Y, et al. 2013. Differentiation of oligodendrocytes from mouse induced pluripotent stem cells without serum. Transl Stroke Res, 4(2): 149-157

Ninkovic J, Götz M. 2014 . A time and place for understanding neural stem cell specification. Dev Cell, 30(2): 114-115

Shi W, Nie D, Jin G, et al. 2012 . BDNF blended chitosan scaffolds for human umbilical cord MSC transplants in traumatic brain injury therapy. Biomaterials, 33(11): 3119-3126

Shirasaka T, Ukai W, Yoshinaga T, et al. 2011 . Promising therapy of neural stem cell transplantation for FASD model neural network reconstruction and behavior recovery. Nihon Arukoru Yakubutsu Igakkai Zasshi, 46(6): 576-584

Song M, Kim YJ, Kim YH, et al. 2010 . Using a neodymium magnet to target delivery of ferumoxide-labeled human neural stem cells in a rat model of focal cerebral ischemia. Hum Gene Ther, 21(5): 603-610

Sullivan GM, Mierzwa AJ, Kijpaisalratana N, et al. 2013. Oligodendrocyte lineage and subventricular zone response to traumatic axonal injury in the corpus callosum. J Neuropathol Exp Neurol, 72(12): 1106-1125

Walker PA, Harting MT, Jimenez F, et al. 2010. Direct intrathecal implantation of mesenchymal stromal cells leads to enhanced neuroprotection via an NFkappaB mediated increase in interleukin 6 production. Stem Cells Dev, 19(6): 867-876

Ye Y, Xu H, Zhang X, et al. 2014. Association between toll-like receptor 4 expression and neural stem cell proliferation in the hippocampus following traumatic brain injury in mice. Int J Mol Sci, 15(7): 12651-12664

第十九章　神经干细胞移植治疗脊髓损伤

第一节　概　　述

一、基本概念

脊髓（spinal cord）位于椎管内，重 30～35g，呈前后稍扁的圆柱形，是肌肉、腺体和内脏反射的初级中枢，对肌肉、腺体和内脏传来的刺激进行简单的分析，通过联络神经元完成节段间与高级中枢的联系功能，以及实施肌肉腺体活动的执行功能。脊髓功能活动的基本方式是反射活动。

脊髓损伤（spinal cord injury，SCI）是指由于外界直接或间接因素导致脊髓损伤，在损害的相应节段出现各种运动、感觉和括约肌功能障碍、肌张力异常及病理反射等的相应改变。脊髓损伤的程度和临床表现取决于原发性损伤的部位和性质。

二、脊髓损伤的临床表现

（一）病因

（1）直接暴力相对少见，见于重物直接击中颈后、背、腰部，相应部位椎板、棘突骨折，骨折片陷入椎管内。

（2）间接暴力致伤占绝大多数，常见于交通事故、高处坠落、建筑物倒塌和体育运动中。暴力作用于身体其他部位，再传导至脊椎，使之超过正常限度的屈曲、伸展、旋转、侧屈、垂直压缩或牵拉（多为混合运动），导致维持脊柱稳定性的韧带的损伤、断裂、椎体骨折和/或脱位、关节突骨折和/或脱位、附件骨折、椎间盘突出、黄韧带皱褶等，造成脊髓受压和损伤。

（3）闭合性脊髓损伤中，脊柱的稳定性多受影响。

（二）临床表现

1．神经系统表现

（1）脊髓震荡：不完全神经功能障碍，持续数分钟或数小时后恢复正常。

（2）脊髓休克：损伤水平以下感觉完全消失，肢体迟缓性瘫痪、尿潴留、大便失禁、生理反射消失、病理反射阴性。这是损伤水平以下脊髓失去高级中枢控制的结果，一般

24h 后开始恢复，如出现反射等，但完全度过休克期需 2～4 周。

（3）完全性损伤：休克期过后，脊髓损伤水平呈下运动神经元损伤表现，而损伤水平以下为上运动神经元损伤表现，肌张力增高，腱反射亢进，出现病例反射，无自主运动，感觉完全消失。

（4）不完全性损伤：可在休克期过后，亦可在伤后立即变现为感觉、运动和括约肌功能的部分丧失，病理征可阳性。

2. 特殊类型的不完全损伤

（1）Brown-Sequard 综合征：即脊髓半侧损害综合征，可见单侧关节绞索和椎体爆裂骨折，表现为同侧瘫痪即本体感觉、振动觉、两点辨别觉障碍，损伤水平皮肤感觉节段性丧失；而对侧在损伤水平几个节段以下的痛、温觉消失。典型者并不常见，多为一侧损伤比另一侧重。

（2）脊髓前部综合征：多见于屈曲性楔形或泪滴骨折，亦可由脊髓前动脉损伤引起，表现为双侧运动障碍，可伴有痛温觉丧失，本体感觉完好。

（3）脊髓中央损伤综合征：常见于老年颈椎病患者颈部屈曲性损伤，其临床表现与外周部分传导束保留多少有关，轻者只有双上肢的感觉运动障碍。

三、脊髓损伤的研究进展

脊髓损伤治疗方法很多，包括手术、药物和康复等，对较轻的脊髓损伤效果尚可，对严重的脊髓损伤引起的截瘫效果仍不佳。

传统的观点认为，神经细胞属于不可再生的细胞，一旦脊髓损伤后就不可能再修复，损伤后神经细胞只能被胶质细胞所填充，形成胶质瘢痕。近年来，随着神经细胞生物学、分子生物学、神经生理学、神经移植的飞速发展，中枢神经系统（central nerve system，CNS）损伤与再生的研究有了突破性的发展。成年哺乳动物中枢神经系统再生和功能恢复比较困难，是因为支持神经元突起再生的微环境不复存在，因此挖掘和保持促神经元生长潜能、易化有关抑制或促进神经元纤维生长机制的微环境研究，对于修复神经损伤和有用功能恢复有着重要意义。髓内细胞移植治疗脊髓横断损伤取得了一定疗效，为严重脊髓损伤的治疗提供了新的方法，其中神经干细胞（NSC）成为目前的研究重点。

NSC 是指存在于脑部的中枢 NSC，其子代细胞可分化成为神经系统的大部分细胞。这种干细胞一般经过不对称分裂产生两个细胞，即一个祖细胞和一个干细胞，祖细胞仅有有限的自我更新的能力，并可自主分化产生成胶质细胞和神经元细胞，进而生成神经胶质细胞及神经元。当一个干细胞进行不对称分裂，将会产生比较成熟的祖细胞并迁移到各个新的区域，在整个迁移过程中,它将会变得更加成熟，一直到它在某个区域停止。此时，NSC 要么进入安静状态，要么彻底分化成有功能的细胞。之前的研究认为中枢神经系统产生的神经元在出生后不久或出生前就失去其再生能力。但最近几年的研究表明，成年哺乳动物的中枢神经系统仍然可以源源不断地产生新的神经元，成人中枢神经系统中同样存在NSC，改变了研究人员对成年中枢神经系统神经元不能产生新的神经元的观点，并对神经系统病变的治疗有了新的认识和想法。

研究发现，NSC 不仅存在于哺乳动物胚胎脑组织，而且发育和成熟的中枢神经系统也同样存在。NSC 具有以下特征: NSC 系具有很强的分裂能力，移植后不仅能在体内很好的存活，而且能与宿主细胞发生神经整合；NSC 具有不断分裂增殖的能力，为神经移植提供大量的供体组织；NSC 来源于神经组织，在去除丝裂原信号后分化为神经系细胞，不再具有过度的增殖能力，因此移植后不具有致瘤性；NSC 系分裂细胞，适合于目前效果最肯定、方法最成熟的逆转录病毒的转染，便于基因操作，在一定条件下可以分化成神经细胞和神经胶质细胞（包括星形胶质细胞和少突胶质细胞）。

现研究证明，从各种不同方法、不同动物模型、不同 NSC 系所得出的实验结果发现，无论是诱导神经元突起发芽、逆转神经元的萎缩、输送和替代扩散性及非扩散性因子（包括代谢酶、神经递质、神经营养因子、细胞毒性因子、病毒载体、髓磷脂）、改善损伤诱导的和年龄相关的认知障碍、纠正代谢及神经发生方面的紊乱，还是抵抗兴奋毒和缺血损伤、再生由创伤、缺血、变性引起的多类受损神经细胞，所有这一切在现在看来都可以利用 NSC 来实现。重要的是如何将这一可行的方案转用于临床实践。在多细胞有机体内，每一个细胞的活动均受到极其复杂的内、外环境信号之间相互作用的调控，其中生长因子可能是涉及此过程中的主要信号分子。中枢神经系统中的各种因子对发育期细胞的存活、增殖、移行和分化，成年时期功能的维持，损伤时细胞的可塑性改变，都有着非常重要的影响。

研究发现，神经生长因子等可诱导体外培养的 NSC 分化成神经细胞和神经胶质细胞。神经营养因子在神经系统中的作用表现为多效性；单个营养因子对某一类神经元的作用既表现为维持其胞体的存活，也可以刺激其突起形成；一种营养因子可作用于多种类型的神经元；不同的神经营养因子生理活性彼此有一定重合；不同的神经营养因子可共享同一受体及亚单位。由于诱导分化技术尚不能完全解决 NSC 的定向分化的问题，损伤后的脊髓所提供的是非胚胎性的环境，所以，NSC 移植入损伤脊髓后其分化、迁移及增殖以填补坏死、缺血的部位，形成有功能的正常神经元网络尚有一定的距离。早先的研究发现，无论成体干细胞还是胚胎干细胞，在被植入大脑和脊髓后，只有极少一部分可以转化成神经细胞，绝大多数无法进一步发育。这些研究的初步进展为脊髓损伤的研究及治疗带来新的曙光，但 NSC 移植治疗脊髓损伤的确切机制尚不清楚，特别是如何诱导 NSC 分化为预想的、有特定功能的细胞，尚需不断探索。

第二节　脊髓损伤的检查与诊断

一、常规检查

（一）CR 平片

通常应摄正位、侧位和双斜位片，但应防止为追求扫描后的影像结果过度搬动患者。

（二）CT 扫描

轴位 CT 可显示椎管形态、有无骨折片突入。

（三）MRI

MRI 是目前唯一能观察脊髓形态的手段，有助于了解脊髓受损的性质、程度、范围，发现出血的部位及外伤性脊髓空洞，因而能帮助判断预后。

T2 加权相的信号在不同类型的损伤中有特征性改变。T1 加权像往往仅表现为脊髓增粗，有定位意义。

对于脊椎损伤，CR 平片、CT 及 MRI 均能够作出诊断，但 MRI 除可以显示椎体及附件骨折、周围软组织肿胀、水肿、出血或血肿形成以外，还能够显示 CR 平片及 CT 难以显示的韧带撕裂、椎间盘突出滑脱和脊椎骨的挫伤；将患者的 MRI 以及临床资料归纳总结，按脊椎及脊髓组织结构损伤后的 MRI 特点和临床治疗情况可分为以下三种类型。

1. 椎体及附件骨折

1）粉碎骨折

椎体及附件变形，椎体变扁，形状不规则，大多数可以见到椎管狭窄，脊柱非常不稳定，时常伴有脊柱的滑脱或成角畸形；同时正常的骨髓信号消失，代替为不均匀的长 T1、T2 信号水肿影，骨折碎片易向前后左右及上下移位；常常伴有脊髓的重度损伤。此型骨折在普通 CR 片及 CT 扫描中也可观察到。在临床特别需要注意搬运伤员时的正确方法，以及检查和治疗中尽量少搬动伤员。

2）压缩骨折

可见到椎体部分或全部变扁，一般不伴有椎体附件的骨折，可有或无脊柱的脱位，多伴有脊髓的损伤，此型椎体损伤的 MRI 改变也为长 T1、T2 信号水肿影，但较均匀；部分在 CR 或 CT 片未能观察到的椎体形态改变，在 MRI 上可观察到骨髓挫伤的长 T1、T2 水肿信号，特别是在 T2WI 像。临床上及时治疗与早期及时固定可使骨折复位，同时可以减少脊髓的缺血坏死。

3）椎间盘突出

此型在脊柱损伤中也可见到，一般是由于脊椎的韧带损伤导致，极少有脊柱的脱位，但可以见到脊髓的受压。一般来说，脊髓损伤少见，临床上脊髓的受压及时解除后预后较好。

2. 脊髓的损伤

1）脊髓离断

在椎体粉碎骨折中常见，表现为脊髓的完全离断、移位，离断处可见到脑脊液信号或血肿，MRI 脊髓离断处有不规则的异常信号，并随时间而变化。此类患者的损伤肢体以下完全瘫痪，一般不可恢复。

2）脊髓挫裂伤

损伤处变粗、边缘不规则，MRI 显示长 T1、T2 信号，其内可伴有出血。信号变化根据时间长短和红细胞内血红蛋白代谢转化情况，可以有不同的改变，急性期 T1WI 多为等/高信号，T2WI 为高信号；亚急性期 T1WI 为高信号，T2WI 为低信号，慢性期信号为长 T1、T2 改变；以上信号均可提示脊髓损伤患者临床有部分或全部的瘫痪，依据损伤及治疗是否及时，可以遗留一定的后遗症或完全恢复正常。

3）脊髓受压

受压部分变窄，其上、下部分稍粗，不伴有出血，一般无软化灶形成，仅有轻微的神经体征，可很快恢复。但如果受压严重，可有脊髓的缺血坏死形成软化灶。临床上出血较少可以不作处理，出血较多、严重压迫脊髓时需要手术清除。

3. 椎管内外出血

（1）椎管内出血：一般在硬膜外，呈长条状高信号，可对脊髓压迫。

（2）椎管外出血：在椎体粉碎骨折中常见，一般较小，不需处理。

（四）体感诱发电位

电刺激周围神经时，在大脑皮层的相应区域可记录到电位变化。脊髓损伤可借此项检查判断脊髓结构和功能的完整性。

受伤 24h 以后检查，不能引出诱发电位，且经数周连续检查仍无恢复者，表明为完全性损伤；受伤后既能引出诱发电位，或者经过一段时间能够引出异常电位波者，表明为不完全损伤。此种检查法的缺点是仅能反映感觉功能，无法评估运动功能。

二、诊断

（一）诊断

1. 闭合性脊髓损伤的诊断

（1）脊柱损伤的水平、骨折类型、脱位状况。

（2）脊柱的稳定性、脊髓损伤的水平及程度。

2. 脊髓损伤的水平

脊髓损伤的水平是指保留有完整感觉、运动功能的脊髓的最后一节。

（1）完全性损伤是指包括最低骶节在内的感觉、运动功能消失。应检查肛门皮肤黏膜交界区的轻触觉和痛觉并指诊肛门括约肌的随意收缩功能。

（2）不完全损伤是指损伤水平以下有部分感觉、运动功能保留，包括最低骶节。

（二）鉴别诊断

1. 椎管内出血

外伤导致的血肿可位于硬膜外、硬膜下、蛛网膜下腔和髓内。

起病较急，常有根性痛，也可有脊髓压迫症状，往往累及几个节段。蛛网膜下腔和髓内出血时，腰穿脑脊髓呈血性。轴位 CT 可见到相应部位有高密度影。

MRI 可显示的异常信号包括：早期（2 天）T1 加权像改变不明显，T2 加权像显示低信号；此后随着血肿内红细胞正铁血红蛋白增多，在 T1 加权像出现高信号；约 1 周后红细胞破裂，出现细胞为正铁血红蛋白，使 T2 上变为高信号，T1 仍为高信号。

2. 脊髓栓系综合征

当受到外伤时，原有的脊髓拴系综合症患者的症状加重，出现双腿无力、行走困难、括约肌障碍。

MRI 可以看到圆锥低位，终丝增粗，多伴有脊柱裂、椎管内和/或皮下脂肪瘤。

第三节　脊髓损伤的一般治疗

一、非手术治疗

目前的非手术治疗主要包括颅骨牵引、颈胸支架、手法整复、姿势复位等，这些治疗措施主要用于早期治疗。

二、药物治疗

（一）皮质类固醇

早在 1969 年就有研究报道用类固醇激素治疗犬脊髓损伤，肌肉注射地塞米松后，有一部分犬脊髓功能恢复正常。自此皮质激素是目前应用最广泛的治疗 SCI 的药物，其中甲基强的松龙（methylprednisolone，MP）最具有代表性。早期应用 MP 可有利于脊髓冲动的发生，增加脊髓的血流，有效抑制脊髓脂质过氧化，遏制继发性脊髓损伤的发展，促进不完全性脊髓损伤的恢复。脊髓损伤研究会（National Acute Spinal Cord Injury Study，NASCIS）进行的综合研究结果对 MP 的治疗指征和用法归纳如下：①非穿透性急性脊髓损伤，3h 之内，MP 第 1h 30mg/kg，随后每小时 5.4mg/kg，治疗 23h；②非穿透性急性脊髓损伤超过 8h，禁止使用 MP 治疗；③非穿透性急性脊髓损伤 3～8h，MP 第 1h 30mg/kg，随后每小时 5.4mg/kg，治疗 48h；④穿透性急性脊髓损伤禁用 MP 治疗。该治疗方案迅速在全球得到推广，已成为 SCI 后药物治疗的标准参考方案。

实验证明，MP 可对抗继发炎性反应，通过抑制主要炎性转录因子活化表达减少其转录炎性产物的生成，以及减少肿瘤坏死因子α、白细胞介素1β、IL-α等生成，从而对抗脊髓损伤炎性反应，保护脊髓组织。但临床调查分析表明，大剂量MP可造成胃肠道反应、失眠、心律失常、血压升高、血糖升高及电解质紊乱，高龄者更易造成呼吸系统并发症及感染，因此临床应用同时也要注意并发症的发生。新合成的非糖皮质激素21-氨基类固醇（21-aminosteroid：U74006F）具有极强的抗脂质过氧化作用，且没有糖皮质激素的其他作用，可有效改善伤后脊髓缺血。在多项实验中均发现其可以通过改善伤后细胞膜上的Na^+，K^+-ATP酶和Ca^{2+}，Mg^{2+}-ATP酶活性，抑制一氧化氮合酶（NOS）活性，改善脊髓损伤后的运动功能。

（二）神经节苷脂

神经节苷脂（gangliosides）是一类含唾液酸的糖鞘脂，以单唾液酸四己糖神经节苷脂（GM1）在治疗脊髓损伤中的应用最为广泛。脊髓治疗中主要有对伤段脊髓的保护、预防继发性损伤的作用，其可能机制为：防止Ca^{2+}失衡，减轻组织水肿；阻断神经细胞凋亡；减少自由基的产生，拮抗脂质过氧化反应，降低兴奋性氨基酸毒性。GM1可通过调控细胞对神经生长因子（nerve growth factor，NGF）的反应性使NGF浓聚，为其发挥作用提供良好的环境。其他作用包括：防止乳酸性酸中毒；直接嵌入受损神经细胞膜中对其进行修复；调控多种炎性因子及其表达；提高神经细胞对不利环境的耐受能力。应用GM1可使脊髓损伤得到较好恢复，其效果与应用MP无明显区别，但GM1一般在损伤后48h给药，而MP在损伤后8h内给药效果较好。

（三）阿片受体拮抗剂

脊髓损伤后内源性阿片肽的过量释放被认为是脊髓损伤后神经缺血坏死的重要因素，可使脊髓的血流自身调控能力丧失，动脉压下降，脊髓血流（spinal cord blood flow，SCBF）减少。纳洛酮作为一种非选择性阿片受体阻断剂，能降低内啡肽含量，改善脊髓血流量，维持离子平衡，减少组织出血坏死，改善脊髓功能，还能提高脊髓损伤后肌肉的兴奋性。但其小剂量无效果，10mg/kg剂量远远超过阻滞类阿片碱及β-内腓肽在u受体上的作用，可作为SCI的常规用药，但纳洛酮最适宜剂量和疗程还须进一步研究。另一种阿片受体拮抗剂促甲状腺激素释放激素（thyrotropic releasing hormone，TRH）为广泛分布于脑和脊髓的三肽，正常TRH在脊髓中的含量约为血中的100倍，主要拮抗H型受体，阻止或逆转脊髓损伤时产生的花生四烯酸类物质的病理性损害，减低组织酸中毒和磷脂降解，还能拮抗兴奋性氨基酸和血小板活化因子的某些作用，促进神经功能恢复。

（四）钙离子通道阻滞剂

急性脊髓损伤后受损部位脊髓组织内钙离子含量明显增加，由于细胞膜结构和功能的破坏，使其对Ca^{2+}的通透性增加，并导致Ca^{2+}清除功能障碍，以致Ca^{2+}大量内流并在细胞内聚集。继发性损伤的许多病理机制如脊髓血流量减少、花生四烯酸代谢、氧自由基反应和兴奋性氨基酸的毒性作用等均可能与 Ca^{2+} 超载有密切关系。钙通道阻滞药作用于微循环血管系统，减轻损伤介导的血管痉挛，改善损伤后脊髓血流，改善 SCI 轴索功能，对脊髓损伤产生有益的作用。尼莫地平对脑血管有选择性扩张作用，最初用于治疗脑缺血状态如蛛网膜下腔出血后的血管痉挛。通过研究发现尼莫地平可进入血脑屏障与钙通道有关的受体可逆性结合，调控钙离子流入神经细胞，减少细胞内钙浓度扩张脊髓血管，还作用于脑脊髓血管，减少钙离子流入血管平滑肌细胞。

（五）抗氧化剂和自由基消除药

近年来，褪黑素（melatonin，MT）在脊髓损伤治疗中显示出其巨大的潜力。褪黑素是由松果体产生的一种激素，它是一种强力的自由基清除剂和抗氧化剂，能渗透到细胞内，对保护细胞器包括神经核有重要作用。国外研究认为褪黑素能抑制脂质过氧化反应，防止自由基和中性粒细胞介导的毒性损伤，促进神经功能恢复。在大鼠脊髓损伤模型中比较褪黑素和甲基强的松龙的作用，发现自由基形成都降到了基线水平，然而在褪黑素组超微结构变化受到显著抑制；褪黑素还具有保护神经元、轴索和髓磷脂、亚细胞器线粒体和神经核，以及防止继发损伤的作用。国内研究证实，MT 可以抑制大鼠急性脊髓损伤后脊髓组织内丙二醛、一氧化氮合酶等自由基的产生，提高脊髓组织超氧化物歧化酶的含量，减少脊髓损伤后的自由基损害。脊髓损伤后早期应用 MT 可以抑制脊髓组织神经细胞凋亡，MT 能直接清除自由基，减轻氧化应激损害。MT 治疗明显提高了脊髓损伤大鼠的脊髓恢复功能，直接证实其对脊髓损伤有保护作用。

三、高压氧治疗

SCI 后神经细胞水肿以及氧自由基引发的脂质过氧化，造成微循环障碍，使脊髓组织因缺血缺氧发生变性。研究发现高压氧可阻止或逆转 SCI 后的继发性病理改变。高压氧可以抑制自由基介导的脂质过氧化过程，提高细胞膜的脂质结构的抗氧张力，减少细胞外钙离子内流，保护脊髓细胞和组织结构，促进神经纤维再生和传导功能的恢复。高压氧还能使血液流变学发生变化：①血液稀释，血流速度加快，组织血流量增加；②纤维蛋白溶解度增加，减少血栓形成的危险性，改善脊髓组织的血液循环。

研究证实高压氧具有促进脊髓运动和感觉传导功能的作用。早期治疗的运动障碍恢复较明显，与中、晚期比较有显著差异。SCI 后不但存在急性期的细胞坏死，也存在亚急性期的细胞凋亡，其细胞凋亡持续 3～4 周，实验证明越早治疗效果越好，对中晚期的治疗效果仍需进一步深入研究。

四、手术治疗

脊柱骨折引起的脊髓损伤，大多来自压缩或脱位的椎体，或其后上角、粉碎骨折块、突出的椎间盘，有效的方法是解除来自脊髓前方的压迫。

早期脊髓内外减压术，结合牵引、椎间植骨融合、内固定稳定脊柱等是传统手术治疗 SCI 较理想的方法之一。颈髓损伤依据脊髓腹侧或背侧受压及椎管储备间隙减少的状况，分别选择“颈椎前路单节段间盘摘除+椎体间植骨融合内固定术”、“颈后路 C3-7 单开门椎管扩大成形术”、“颈后路 C3-7 单开门椎管扩大成形术+颈前路脱出椎间盘摘除+椎间植骨融合内固定的联合手术”等方式。胸腰段脊柱 SCI 依据胸椎椎管前方压迫<40%，腰椎椎管前方压迫<50%，核磁共振（MRI）提示椎间盘急性突出压迫脊髓或神经根，可采用后路手术。分别选择伤椎椎管后方咬除椎弓根行椎管后外侧减压、半环状减压、环状减压，无论有无神经压迫症状，均应行预防性或治疗性的椎板减压，同时进行有效植骨。后路手术具有创伤小、解剖较简单、出血小、操作容易等优点。

因 MRI、CT 显示大部分脊柱脊髓损伤的压迫来自前方，胸腰段前路减压、植骨内固定术的优点在于可在直视下将椎体后移的骨折块及破碎的椎间盘彻底清除，从而使椎管前方达到直接减压的目的。此外，通过植骨内固定术使脊柱的前中柱达到即刻及永久的固定，恢复椎体的高度，没有破坏脊柱后柱，又使脊柱的稳定性重建，更加符合脊柱的生物力学，远期效果好。但该手术有创伤大、出血多、解剖复杂的缺点，因此尽量采用胸腹膜后入路和术中采取控制性的降压是减少术中及术后并发症的有效方法。近年来，国内外均有大量学者探索采用同一体位下前后联合入路手术来处理严重而复杂的胸腰椎骨折和脱位。

五、并发症及其处理

（一）褥疮

每 2h 翻身 1 次，保持皮肤干燥，骨突出部位垫以气圈或海绵。

（二）尿路及肺部感染

导尿管每周更换 1 次，并进行膀胱冲洗。C4 以上脊髓损伤可导致呼吸困难、排痰不畅，较容易并发肺部感染，应加强吸痰、雾化吸入治疗。

（三）深静脉血栓形成

深静脉血栓形成（deep vein thrombosis，DVT）常发生在伤后头几个月，表现为下肢水肿、疼痛、皮肤颜色改变，局部或全身发热。最严重的并发症是肺栓塞致死。

预防措施主要是活动下肢。一旦出现 DVT，应行抗凝治疗。

第四节 神经干细胞治疗脊髓损伤的动物实验研究

本研究以新西兰大白兔为研究对象，对自体的脊髓外伤性截瘫进行修复，为临床找到一个更为理想的治疗方案提供理论依据。

一、骨髓间充质干细胞（BMSC）的分离培养及表面标记物检测

（一）BMSC 的取材

新西兰大白兔称重后用戊巴比妥钠（30mg/kg）于兔的耳缘静脉进行静脉注射麻醉，待动物进入麻醉状态后于髂骨处仔细剪毛。以 5%碘伏严格消毒，浓度为 500U/ml 的肝素 2ml 湿化处理注射器。无菌条件下骨穿针穿透骨皮质至骨髓腔并用力抽吸骨髓，抽取兔骨髓组织约 2～5ml。骨髓穿刺后用棉球压迫止血约 1min，避免穿刺处出血和感染。其后于兔耳分别打孔进行标记。打孔后用滑石粉涂抹于打孔处以避免孔口愈合，为以后进行脊髓损伤后骨髓间质干细胞移植做前期标记准备。

（二）BMSC 的分离

获取骨髓组织在 1∶10 000 级层流细胞培养室内操作。将所获骨髓加入 D-Hank 液混匀，细胞悬液按 1∶1.5 比例缓慢加入到 Ficoll-Paque 细胞分离液上层，2000r/min 离心 30min。离心后液体由上至下依次为：稀释液层、乳白色呈薄雾状的有核细胞层、分离液层、管底的红细胞层，小心吸取富含单核细胞层，加 PBS 3ml 吹打均匀后 1000r/min 离心 5min，弃上清，重复洗涤 1 次，弃去上清，加入 aMEM/20%FBS 5ml，用吸管反复吹打成单细胞悬液，接种于 25cm 培养瓶中，37℃、5%CO_2 饱和湿度孵育箱中孵育。

（三）BMSC 的鉴定

倒置相差显微镜观察细胞生长情况，间隔 3 天更换培养液，去除未贴壁细胞，第 12～14 天，细胞 90%以上融合。PBS 6ml 冲洗 3 遍；0.25%胰蛋白酶消化，加含血清培养液使胰蛋白酶失活，收获 BMSC，从附壁细胞集落收集的细胞为 P_0 期细胞。500r/min 离心 5min，弃上清，细胞再次用培养液吹打成悬液（P_1 期），用血细胞计数器计数 5000 个细胞/cm^2 接种于 25cm^2 培养瓶中，37℃饱和湿度的 5%CO_2 孵育箱中培养，每 2～3 天更换 1 次培养液，共 12～14 天。每次更换培养液前，观察细胞生长情况。若细胞爬满培养瓶底部，可将其消化下，继续传代。去除细胞培养瓶中的培养液，加少量 0.25%胰蛋白酶过一遍后倒掉，加 1～2ml 0.25%胰蛋白酶消化细胞，在倒置显微镜下，见细胞稍圆时立即吸除胰蛋白酶，加入 3～4ml 灭菌冷 PBS（无 Ca^{2+}、Mg^{2+}，pH7.4），用吸管反复吹打细胞，使之成为单细胞悬液，移入无菌离心管，1000r/min 离心 5min，弃上清，加冷 PBS，均匀吹打，并短时低速离心 3 次（800～1000r/min 离心 3～5min），去除悬液中的细胞碎片，用 PBS 重新悬浮细胞，用 300 目尼龙网过滤后，调整细胞浓度至 2×10^6/ml，取 100μl 细胞悬液与小鼠抗兔单抗（CD29-FITC、CD34-FE、CD45-FITC、CD90-FITC），于 4℃避光孵育 30min 后行细胞免疫组化检查。

二、BMSC 向 NSC 的诱导分化及表面标记检测

（一）细胞的诱导培养

细胞培养待培养板中的细胞达 80%～90%汇合后，弃去上层培养液，实验组细胞用含 10%FBS、10ng/ml bFGF 的 DMEM/F12 培养液预诱导 24h，更换培养液，PBS 缓冲液洗涤 3 次，再加入含有 6mmol/L β-巯基乙醇的无血清 DMEM/F12 培养液进行细胞诱导。诱导 6h 后，加诱导维持液继续培养 1 周，并每日观察诱导后细胞的生长状况。

（二）诱导后细胞的免疫荧光检测

诱导 6h 后分别对细胞进行神经元特异性烯纯化酶（neuron-specific enolase，NSE）、胶质纤维酸性蛋白（glial fibrillary acidic protein，GFAP）、神经丝蛋白 200（neurofilament 200，NF-200）的免疫荧光化学检测，其步骤如下。

（1）取出盖玻片，PBS 洗 2 次，95%乙醇固定。

（2）将已固定的细胞玻片放入盖片染色缸，用 PBS 洗 5min，取出吹干。

（3）分别滴加 NSE、GFAP、NF-200 抗体，抗体滴加前用三蒸水给予 1:100 稀释，将玻片置于湿盒内，37℃保温 60min。

（4）PBS 振荡洗涤 3 次，每次 5min，然后吹干。

（5）滴加特异性荧光异硫氰酸荧光素（fluoreseen isoth iacyanate，FITC）标记的二抗（1∶100 稀释），于湿盒中 37℃保温 60min。

（6）PBS 振洗 2 次，每次 5min，然后蒸馏水振洗 1 次。

（7）50%缓冲甘油封片。封片后立即置于荧光显微镜下观察。

三、兔脊髓损伤模型的建立及实验设计

（一）兔脊髓损伤模型的建立

1. 麻醉方法

称重后，用戊巴比妥钠（30mg/kg）于兔的耳缘静脉进行静脉注射麻醉，动物处于规则的腹式呼吸、呼吸次数、换气量少、心搏数恒定，眼球置于中央或靠近中央，角膜反射迟钝、对光反射迟钝、瞳孔稍开大，切皮时兔无反应，根据实验动物的术中状态及时加用氯胺酮。

2. 腰背部脱毛

将动物俯卧位固定后用剪刀将腰背部毛仔细剪去。

3. 脊髓打击模型

麻醉成功后将兔固定在手术台上，四肢及下颚固定，仔细定位。兔脊柱解剖结果表

明：兔第 12 肋为浮肋，且兔脊髓节段与脊柱节段平行，从而体表可定位胸 12 节段脊髓。选择 L1～L3 为改良 Allen 重物打击点（兔由后 4 对腰神经及 4 对骶神经吻合形成腰骶神经丛，支配到后肢的肌肉和骨盆的泌尿生殖系统，故损伤兔 L1～L3 节段既可造成双后肢完全瘫痪，又不防碍膀胱低级反射功能的恢复），50%碘伏皮肤消毒，并铺无菌巾，以 L2 为中心作一长约 3cm 的纵行皮肤切口，依次切开皮下各层组织，沿棘突两侧剥离双侧棘旁肌，暴露 L2 棘突，用微型咬骨钳咬除该棘突及椎板，小心操作，以免伤及其下脊髓，直至 L2 段脊髓完全暴露。采用改良的 Allen 打击装置，打击装置整合于立体定位仪上，将一打击面直径为 3mm 圆形薄铜垫片（面积 7.075mm^2，重量 0.1g）置于 L2 脊髓表面，以重 10g 的砝码自由坠落 6cm 打击该垫片，致伤量为 60g·cm，造成 L2 段脊髓的冲击伤，依次仔细缝合肌肉、皮肤，关闭切口。

4. 脊髓截瘫模型成功的标志

在 Allen 装置撞击脊髓的瞬间，动物身体抖动，双下肢迅速发生回缩及弹动动作，尾巴翘起并迅速倒下，打击局部脊髓表面迅速呈瘀紫色，术后双下肢出现完全瘫痪。假手术组兔同法暴露 L2 段脊髓，而不造成脊髓冲击伤。术毕将兔置于室温控制在 20～25℃的动物房兔笼中，单笼喂养。术后给予青霉素 80 万单位、2 次/天肌肉注射，持续 1 周，预防感染。每天行人工挤压膀胱排尿 2 次，连续约 2 周，直至兔恢复自主排尿。每天定时翻身，预防褥疮的发生，并观察、记录生命体征的变化。

（二）实验动物分组及治疗方法

将 40 只兔随机分为两组：假手术组 8 只、损伤组 16 只，模型建立后 24h，损伤组随机分为生理盐水（NS）对照组 8 只、干细胞静脉移植组 8 只。动物模型建立观察后 3 天，各组进行相应的干预。模型成功后分别于术后 3 天，对照组注射 NS 1ml，注射 1 次；BMSC 组行耳缘静脉移植 DAPI 标记的干细胞 1ml（2×10^6 个/ml），注射 1 次。

（三）行为学观察

各组兔于移植后 24h、1 周、3 周和 5 周时进行改良 Tarlov 评分，对动物进行行为学检查。其评分法是：0 分为无自主性运动；1 分为仅限于髋膝关节的非反射性运动；2 分为髋、膝、踝 3 个主要关节的运动；3 分为能主动支持体重和不协调步态，或偶尔出现协调步态；4 分为前肢和后肢协调的步态，行走时有趾间关节的运动；5 分为正常步态。

四、组织免疫化学

（一）免疫荧光组织标本的获取与制备

分别于移植术后 1 周、3 周，假手术组、对照组、BMSC 组各随机抽取兔 2 只。5

周后剩余模型兔戊巴比妥钠（30mg/kg）耳缘静脉注射麻醉后开胸。经左心室灌注生理盐水 400ml，剪开右心耳引流，继而行 4%多聚甲醛 500ml 灌注。灌注固定 4h 后切取移植或损伤段脊髓为检测标本，放入 100g/L 的甲醛液内及 20g/L 的戊二醛液内再固定 1 周，30%葡萄糖磷酸缓冲液浸泡脱水，在移植区做 10μm 厚的连续切片，进行免疫荧光组织化学检测。整个过程准确、迅速。

（二）HE 染色

分别取损伤移植后存活 5 周各组损伤处脊髓组织石蜡切片，于 60℃烘干常规脱腊后进行 HE 染色。

（1）切片脱蜡后移入蒸馏水中 5min。

（2）将切片放入苏木素液中，浸染 5～10min，一般以稍深染为宜，然后取出切片，流水冲洗 5min，洗去苏木素和浮色。

（3）将切片放入 1%的盐酸乙醇中 5～10s 进行分化，使切片退色至蓝色即可。

（4）将切片移入饱和碳酸锂 30s 至 1min 进行返蓝，使切片呈天蓝色即可，然后放入流水中冲洗 5min。

（5）将切片放入伊红溶液中浸染 5～10min，然后再放入流水中冲洗 5min。

（6）将切片甩干后放入 95%乙醇、100%乙醇（两瓶）中逐级脱水，每瓶 5min，然后放入二甲苯（两瓶）中透明，约 5min。

（7）用中性树胶封片，晾干后于显微镜下观察。

（三）免疫荧光组织化学

从连续切片中每隔 5 片抽出 1 片行常规脱蜡水化后，直接于倒置相差显微镜荧光激发下观察标记的细胞在脊髓损伤处的分布。为鉴别 DAPI 标记的细胞是否表达神经元和神经胶质细胞的标志物，其余切片分别进行免疫组化检测神经元标记物巢蛋白、NSE、GFAP。

（1）石蜡切片脱蜡和水化后，用 PBS（pH7.4）冲洗 3 次，每次 3min。

（2）除去 PBS 液，每张切片加 50μl 3%H_2O_2 室温下孵育 10min，以阻断内源性过氧化物酶的活性，PBS 冲洗 3 次，每次 3min。

（3）除去 PBS 液，将 2 滴胃蛋白酶消化液加至组织切片上，以修复抗原，37℃孵育 15min；PBS 冲洗 3 次，每次 3min。

（4）除去 PBS 液，滴加 2 滴或 100μl 10%正常山羊血清封闭液，室温下孵育 15min，减少非特异性背景，甩去多余液体，不洗。

（5）每张切片滴加 100μl 适当稀释（1∶50）抗巢蛋白、NSE、GFAP 一抗，37℃孵育 1～2h 或 40℃过夜，进行抗原抗体特异结合；PBS 冲洗 3 次，每次 3min。

（6）除去 PBS 液，每张切片加 50～100μl 生物素标记二抗，室温下孵育 30min；PBS 冲洗 3 次，每次 3min。

（7）除去 PBS 后每张切片滴加 50～100μl SABC-Cy3 室温下孵育 30min，PBS 浸

洗 3 次，每次 3min；自来水充分冲洗 5min。

（8）水性甘油封片剂封片，分别于不同波长的荧光激发下观察 DAPI 及 Cy3 阳性的细胞在脊髓组织内的分布。分别取存活 1 周和 3 周损伤处组织切片观察 DAPI 标记的阳性细胞。阴性对照组不加入一抗，其余操作均相同。

BMSC 接种于培养皿后呈类圆形，处于悬浮状态，接种后 24h 开始贴壁生长，48h 后从外观上看呈纺锤形、星形、长梭形。接种后 8 天可以发现细胞在皿底呈团簇状、漩涡状排列生长。接种 2 天后首次换液，以后每隔 4 天即可换液 1 次，通过反复换液使细胞不断得以纯化，12 天后细胞融合并形成单层，呈现出成纤维细胞样的梭形外观。细胞组在预诱导 24h 后，细胞的胞体即由原来的宽大扁平的形态收缩变为类圆形,细胞质也向细胞核聚集，呈收缩状态，由细胞胞体向外周伸出长短不一的多个棒状突起，并呈放射状；在正式诱导后的 2h 内，细胞进一步收缩，外观上变成多级性的胞体，随后的 4h，诱导后的细胞便呈现出典型的核周体形态，6h 后细胞形态渐趋稳定，不再发生明显的变化，显微镜下可见绝大多数的细胞呈典型的神经元样细胞外观，有的细胞有数量不等的、较长的突起，多个神经元样细胞的突起可相互延伸，接触形成大量的网状结构；而对照组细胞的形态没有任何变化。

本实验选择兔为实验动物可以进行自体 NSC 移植，与临床更为接近。静脉移植优点有；经静脉注射更为简便，减少患者的痛苦和感染机会。与对照组相比，干细胞组第 3 和第 5 周后功能明显改善，并且随时间的增加，脊髓功能修复更明显。观察到第 5 周为止，脊髓的功能仍在修复，未达到正常的脊髓功能水平。本实验观察到自体 NSC 经静脉移植后可以迁移到脊髓损伤部位并分化出具有神经元和胶质细胞特异性的标记物，至于其活性及在脊髓修复中起的作用有待于进一步研究。本实验的结果亦表明来源于骨髓的 NSC 经静脉移植，干细胞可向脊髓损伤处迁移分化，这就为临床进行脊髓外伤性截瘫患者的治疗提供了很好的实验依据，找到了一个更好的方案。另外，移植的细胞来源于自体的骨髓，更为接近临床。

第五节　神经干细胞治疗脊髓损伤的临床实验研究

一、NSC 治疗时间的选择

目前尽管有很多的基础与临床研究来探讨 NSC 治疗 SCI 的时间选择问题，但并没有一个明确的结论，大多数研究认为较早对 SCI 的患者进行 NSC 移植治疗效果更好。陈少强等观察了不同时间窗对静脉途径移植 NSC 在脊髓损伤大鼠内存活和迁移的影响，发现 SCI 后 3 天是最佳的治疗时间。如果治疗时间过早，SCI 后急性期由于血-脊髓屏障破坏，损伤区域有严重的免疫炎性反应，可以对 NSC 产生毒性作用，不利于 NSC 的存活；而治疗时间过晚，免疫炎症反应减弱，多种炎症因子表达下调，对 NSC 的趋化作用减弱，同时损伤区域胶质细胞增生形成的瘢痕也不利于 NSC 的迁移。最新研究表明，应用骨髓干细胞治疗急性及慢性脊髓损失患者 20 例，随访 3 个月，发现急性期 5/7 例、慢性期 1/13 例患者的感觉和/或运动功能改善，提示治疗时间早可能会取得更佳的治疗效果。虽然大多研究认为早期移植治疗效果好，但究竟脊髓损伤后何时是 NSC 移植的最佳时机，目前并没有得出可靠的论断。

二、NSC 治疗方式的选择

NSC 移植治疗脊髓损伤的方式有多种，主要有直接移植法（靶点直接注射）、经脑脊液（蛛网膜下腔）途径注射法、经血管（动脉或静脉）途径注射等方法。直接移植法（靶点直接注射）即在损伤部位直视下直接注射细胞悬液或固定覆有 NSC 的生物工程材料，使干细胞悬液直接到脊髓损伤区部位；经脑脊液途径注射即将细胞悬液通过腰穿注入蛛网膜下腔，使之随脑脊液到达病变部位；经血管注入移植法是指将干细胞悬液经静脉或动脉注入，随血液循环通过血-脊髓屏障到达病变部位。

临床实验证实无论采取哪种治疗方式，NSC 都可部分迁移到损伤节段，并在该部位聚集、存活。但究竟哪种方式是最佳治疗方式或更合适的方式，目前尚无确切的证据证实。目前临床上认为，采取靶点直接注射或经蛛网膜下腔途径注射较好一些，但目前经血管途径注射的研究也是一个热点。同时一些新的治疗方式，如联合支架移植、联合药物移植等亦在动物模型中取得了疗效。

三、NSC 治疗的可能机制

目前，NSC 治疗 SCI 的有关机制尚不十分清楚。但一般认为，NSC 可能通过以下多种机制的共同作用促进脊髓损伤恢复。

（1）NSC 可能分化为神经细胞，取代已经死亡的神经细胞，从结构上修复脊髓损伤，使受损的神经通路得以再通。有学者应用免疫细胞化学和电子显微镜方法研究证实，NSC 分化的神经样细胞具有一些神经元细胞的形态学特点，表达神经元某些特异性标志物，具有合成某些神经递质的能力。利用携带 GFP 基因的 NSC 移植发现，植入的 NSC 向脊髓损伤部位定向迁移，并分化为巢蛋白阳性神经表型细胞。但究竟这些修复的神经细胞是否具有原受损神经的功能，还有待于进一步证实与研究。

（2）分泌神经营养因子，调控神经元的存活、轴突的生长、突触的可塑性和神经递质的产生。体外实验发现 NSC 能分泌脑源性神经营养因子（brain derived neurotrophic factor，BDNF）、神经生长因子（NGF）等营养因子；同时动物实验证明，NSC 移植治疗 SCI 后，损伤脊髓内的 BDNF、NGF 等营养因子的含量明显增高，神经元轴突再生明显，SCI 动物的运动功能得以改善。

（3）NSC 可通过减少细胞凋亡起到神经保护作用，对脊髓神经功能的恢复可能发挥积极效应。脊髓损伤后延迟性神经细胞和胶质细胞的死亡以凋亡为主，这是脊髓损伤后功能障碍的主要原因之一。移植 NSC 可通过激活神经元的 Akt 和 MAPK 信号途径，减少神经细胞凋亡，从而介导神经保护作用。采用 NSC 条件培养液（conditioned medium，

CM）作用于胚胎鼠神经元，发现 CM 以浓度依赖性方式减少星形胞菌素（staurosporine）或淀粉样β肽（amyloid-beta peptide）所致的细胞凋亡。Dasan 等用大鼠 NSC 移植观察其对脊髓损伤后 caspase-3 介导的凋亡途径的影响。免疫组织化学分析证实脊髓损伤后距离病灶尾端 2mm 处可见大量凋亡的神经细胞和少突胶质细胞，给脊髓损伤大鼠进行细胞移植后可显著降低 caspase-3 的表达，同时增加抗凋亡调控基因蛋白（flice-like inhibitory protein，FLIP）和 X 染色体连锁凋亡抑制蛋白（X-linked inhibitor of apoptosis protein，XLAP）在胞质中的表达，并抑制核的 PARP 分裂。

（4）NSC 可以诱导分化为神经元。正常情况下，成年哺乳动物脊髓中央管周围及其实质一些区域内含有丰富的 NSC，所以 NSC 移植治疗 SCI 时，移植细胞可以诱导这些 NSC 分化为神经元而进行自我修复，促进神经功能的恢复。

（5）通过干预某些蛋白的表达，起到治疗作用。NSC 可以抑制某些蛋白表达，如抑制水通道蛋白-4，从而减轻脊髓水肿程度，消除脊髓的继发性损伤；同时 NSC 可以上调某些蛋白表达，如上调突触蛋白（synaptophysin，SYP）的表达，直接改善中枢神经功能。

四、NSC 的联合治疗

（一）NSC 联合其他细胞治疗

嗅鞘细胞是存在于嗅觉系统的一种特殊类型的神经胶质细胞，能够表达胶质纤维酸性蛋白，参与形成胶质界膜。实验研究将嗅鞘细胞和 NSC 共同培养发现，嗅鞘细胞能够明显促进 NSC 分化，而且这些细胞具有形成突触的潜能。施万细胞是包绕周围神经的特有胶质细胞，能分泌多种神经营养物质，诱导神经元的生长，还可以抑制胶质瘢痕形成。施万细胞和 NSC 联合移植发现，联合移植组大鼠瘫痪下肢能够较快恢复。NSC 与嗅鞘细胞、施万细胞等其他促进神经修复的细胞联合应用的研究还有待进一步深入，有较好的前景与希望。

（二）NSC 联合细胞因子治疗

神经生长因子（NGF）具有神经元营养和促进突起生长的作用。NSC 和 NGF 联合应用能够减少脊髓损伤处的空洞面积，促进受损轴突的再生和运动功能的恢复，起到协同治疗的作用。脑源性神经营养因子（BDNF）可以调控神经元的存活、轴突生长和神经递质的产生等。NSC 自身分泌 BDNF 量少，NSC 和 BDNF 联合应用时，BDNF 能诱导 NSC 分化形成神经元样细胞，能抑制 SCI 后的细胞凋亡，促进脊髓细胞再生，促进脊髓损伤功能恢复作用更明显。氨基胍是诱生性一氧化氮合酶的选择性抑制剂，而诱生性一氧化氮合酶所产生的一氧化氮是脊髓继发性损伤的病理基础，可导致轴突再生失败。NSC 和氨基胍的联合应用效果明显优于 NSC 单纯治疗组，二者联用有协同效应。NSC 与各种不同的细胞因子联合应用在基础研究方面取得了不少的成果，但在临床上的应用也有待于进一步深入与探索。

五、问题与展望

正因为NSC具有众多的优点，故对NSC的研究受到国内外专家学者的青睐，近几年NSC治疗SCI的研究取得了较大的进展，为脊髓损伤和其他神经系统疾病的患者的治疗带来了新的期望。但是NSC治疗SCI在临床上的应用仍处于起步阶段，同时其作用机制并不十分明确，最佳介入的时间及最佳治疗途径仍需进一步探讨，同其他细胞因子或细胞的联合应用亦需进一步研究。相信随着干细胞治疗疾病的相关研究不断深入和发展，SCI的治疗手段也将会取得重大突破，从而使更多SCI损伤患者的功能改善，以提高生活质量，减轻个人、家庭与社会的负担。

（刘　洋　孙安科　任丽楠）

主要参考文献

David C, Cloter, Reiner C, et al. 2000.Rapid expansion of recycling stem cells in cultures of plastic-adherent cells from human bone marrow. Proc Natl Acad Sci USA, 97(7): 3213-3218

Deumens R, VanGorp SF, Bozkurt A, et al. 2013. Motor outcome and allodynia are largely unaffected by novel olfactory ensheathing cell grafts to repair low-thoracic lesion gaps in the adult rat spinal cord. Behav Brain Res, 237(5): 185-189

Friedenstein AJ, Deriglasova UF, Kulagina NN, et al. 1974. Precursors for fibroblasts in different to populations of hematopoietic cells as detected by in vitro colony assy method. Exp Hematol, 2(2): 83-92

Hainan P, Tae JY, Jin SK, et al. 2005. Effects of bone marrow derived mesenchymal stem cells transplantation in acutely infarcting myocardium. The Euro Jour of Heart Fail, 7(5): 730-738

Joshua RM, Vladimir V, et al. 2005. Matrix mediated retention of adipogenic differentiation potential by human adult bone marrow-derived mesenchymal stem cells during ex vivo expansion. Biomaterials, 26(31): 6167-6175

Junli Y, Li C, Ruiyao C, et al. 2004. The effects of ciliary neurotrophic factor on neurological function and glial activity following contusive spinal cord injury in the rats. Brain Res, 997(1): 30-39

Kim DH, Zhao X. 2005. BDNF protects neurons following injury by modulation of caspase activity. Neurocrit Care, 3(1): 71-76

Lee HS, Huang GT, Chiang H, et al. 2003. Multipotential mesenchymal stem cells from femoral bone marrow near the site of osteonecrosis. Stem Cells, 21(2): 190-199

Liu H, Yang K, Xin T, et al. 2012. Implanted electro acupuncture electric stimulation improves outcome of stem cells' transplantation in spinal cord injury. Artif Cells Blood Substit Immobil Biotechnol, 40(5): 331-337

Nemati SN, Jabbari R, Hajinasrollah M, et al. 2014. Transplantation of adult monkey neural stem cells into a contusion spinal cord injury model in rhesus macaque monkeys.　Cell J. 16(2): 117-130

Neuhubera B, Timothy HB, Jed S, et al. 2005. Axon growth and recovery of function supported by human bone marrow stromal cells in the injured spinal cord exhibit donor variations . Brain Res, 1035(1): 73-85

Ozdemir M, Attar A, Kuzu I, et al. 2012. Stem cell therapy in spinal cord injury: in vivo and postmortem tracking of bone marrow mononuclear or mesenchymal stem cells. Stem Cell Rev, 8(3): 953-962

Pittenger MF, Mackay AM, Beck SC, et al. 1999. Multilineage potential of adult human mesenchymal stem cells. Science, 284 (11): 143-147

Sekiya I, Larson BL, Smith JR, et al. 2002. Expansion of human adult stem cells form bone marrow stroma: conditions that maximize the yields of early progenitors and evaluate their quality. Stem Cells, 20(6): 530-541

Woodbury D, Schwarz EJ, Prockop DJ, et al. 2000. Adult rat and human bone marrow stromal cells differentiate into neurons. Neurosci Res, 61(4): 364-370

Xi M, Chen LC, Zhao M, et al. 2005. The development and Identif-ication of constructing tissue engineered bone by seeding osteoblasts from differentiated rat marrow stromal stem cells onto three-dimensional porous nano-hydroxylapatite bone matrix in vitro. Tissue Cell, 37(5): 349-357

Yazdani SO, Pedram M, Hafizi M, et al. 2012. A comparison between neurally induced bone marrow derived mesenchymal stem cells and olfactory ensheathing glial cells to repair spinal cord injuries in rat. Tissue Cell, 44(4): 205-213

Zhilai Z, Hui Z, Anmin J, et al. 2012. A combination of taxol infusion and human umbilical cord mesenchymal stem cells transplantation for the treatment of rat spinal cord injury. Brain Res, 148(1): 79-89

Zhou QZ, Zhang G, Long HB, et al. 2014. Effect of spinal cord extracts after spinal cord injury on proliferation of rat embryonic neural stem cells and Notch signal pathway in vitro. Asian Pac J Trop Med, 7(7): 562-567

第二十章　神经干细胞移植治疗长期昏迷

第一节　概　　述

一、长期昏迷和持续性植物状态的基本概念

昏迷（coma）是严重的意识障碍，即持续性意识完全丧失，也是脑功能衰竭的表现之一。而长期昏迷，或者称为持续性植物状态（persistent vegetative state，PVS），多由昏迷转化而来，醒觉与认知功能分离，是一种特殊的意识障碍。PVS 患者俗称“植物人”，在临床上常可见到，但是传统观念一直认为 PVS 预后不良，因而许多医务人员对 PVS 治疗不够积极。长期以来，人们普遍认为处于 PVS 的患者一般不可能苏醒，即使极少数患者意识恢复，也很难恢复功能、生活不能自理。甚至曾经许多人认为 PVS 患者是不可能苏醒的，能够苏醒的就不是真正的 PVS。但事实并非如此，有报道称 PVS 患者发病后 2～3 年恢复了意识。近年来随着医学工作者对 PVS 更深入的了解和认识，以及神经干细胞（NSC）移植研究方面的进展，使得 PVS 患者的治疗由不可能变成了有希望。

成体神经组织内存在可分裂增殖的 NSC，使得神经系统损伤具有自我修复功能。成体内的 NSC 主要分布于室管膜下区，而海马齿状回颗粒细胞层、纹状体、隔区、脊髓及大脑皮质等部位也有少量分布。因此，对内源性 NSC 进行调控，促使其继续增殖和分化有望使受损的神经功能得以修复或重建；或进行自体其他组织来源的 NSC 移植，以促进中枢神经系统的修复。NSC 由此可能成为治疗神经系统损伤后长期昏迷，即 PVS 的新方法之一。本章从相关实验研究结果和临床病例报告两个方面出发，综合介绍 NSC 移植治疗 PVS 的研究现状和进展。

1972 年，由 Jennett 和 Plum 首先提出 PVS 这一概念，主要用于评价严重颅脑损伤的患者。在提出 PVS 之前，各种文献中相关综合征的定义词很多，如脑死亡、无动性缄默、不可逆性昏迷、永久性昏迷、长期昏迷、木僵、痴呆、去皮质状态、去大脑状态、闭锁综合征及去皮质综合征等。这些命名各有局限性，而且比较混乱。1993 年，美国神经病学会建议只保留 3 个关于意识障碍的命名——昏迷、闭锁综合征和植物状态。其他命名如无动性缄默、去皮质状态、醒状昏迷、新皮质死亡及持续性意识丧失等予以废除。尽管 1996 年英国召开的“国际植物状态专题研讨会”中某些专家对其提出异议，可是“植物状态”一词始终在医学上广为使用。

美国神经病学会（ANA）于 1989 年对“植物状态”定义为：是一种睁眼意识障碍，

患者有睡眠-觉醒周期，但是对自身及周围完全缺乏认知。美国多学科 PVS 专题研究组（The Multi-Society Task Force on PVS），即由美国神经科学学院、美国神经病学会、美国儿童神经学会、美国儿科学会，以及美国神经外科学会等 5 个权威学术团体组成的研究组，于 1994 年提出的 PVS 定义为：患者完全失去对自身及周围环境的认知，有睡眠-觉醒周期，下丘脑及脑干的自主功能完全或部分保存。我国学者于 1996 年和 2001 年对 PVS 相关概念定义为：植物状态，是一种临床持续的意识障碍，主要表现为自身和外界的认知功能完全丧失，能睁眼，有睡眠-觉醒周期，下丘脑及脑干功能基本保存。PVS：植物状态的症状持续 1 个月以上，其特征是患者睁眼若视，貌似清醒，但缺乏认知，如思维、情感和语言，对自身及周围环境缺乏认知，不能执行指令，有不规则睡眠-觉醒周期，有无目的肢体活动，可出现不持续的眼球追物动作。

二、PVS 的流行病学

外界污染、人口老龄化及医疗抢救水平提高等原因使植物状态的患者日益增多。美国近年来统计报道，目前大约有 10 000～25 000 名成人和 4000～10 000 名儿童处于 PVS，且患病率逐年增加。我国有关资料表明，每年至少新增加 10 万名 PVS 患者。虽然迄今我国尚无 PVS 患病率调查，不过已经制定的 PVS 诊断标准必将对开展此项工作创造有利的条件。

三、PVS 的病因分类

PVS 病因复杂多样，可归结为三个方面：急性创伤性或非创伤性脑损伤，神经系统变性及代谢性疾病，神经系统发育异常性疾病。

（一）急性创伤性或非创伤性疾病

急性创伤性或非创伤性疾病是 PVS 最常见的原因。急性创伤性脑损伤包括车祸、枪伤或其他直接脑损伤、儿童的非意外性损伤和产伤。非创伤性脑损伤包括缺血缺氧性脑病、中枢神经系统中毒、围产期疾病、长时间低血压发作、中枢神经系统感染、脑血管疾病、中枢神经系统肿瘤。

（二）神经系统变性及代谢性疾病

成人 PVS 常见病因包括以下方面：阿尔茨海默病、多发梗死性痴呆、神经鞘磷脂储积病、Creutzfeldt-Jakob 病（亚急性海绵状脑病，CJD）、亨廷顿病。儿童 PVS 常见病因包括神经节苷脂储积病、肾上腺白质营养不良、神经元性蜡样质脂褐质沉积病（neuronal ceroid lipofuscinosis，NCL）、苯丙酮尿症、线粒体脑病和灰质变性病。

（三）神经系统发育异常性疾病

神经系统发育异常性疾病是指胎儿在母体内发育过程中，因各种有害因素影响而发生的神经系统及其覆盖被膜、颅骨、脊柱的结构异常或发育障碍，有害因素包括感染、药物、放射线和其他。颅骨和脊柱畸形包括：神经管闭合缺陷，颅骨、脊柱畸形，脑脊液系统发育障碍。神经组织发育缺陷包括脑发育畸形、脑皮质发育不全、脑穿通畸形、胼胝体发育不全、先天性脑神经缺陷等。导致 PVS 的神经系统发育异常性疾病有无脑畸形、积水性无脑畸形、无脑回畸形、前脑无裂畸形、脑膨出、脑裂畸形、先天性脑积水和严重小头畸形。

四、PVS 的临床表现

PVS 患者过去称为“植物人”，其下丘脑及脑干自主功能基本保存，所以长时间存活仍保持正常体温、自主呼吸及心血管功能。除受意识支配的运动外，颅神经的功能大多处于正常状态。多数患者的瞳孔反射正常且左右对称，偶有核间性眼肌麻痹。因为需要皮层支配，故没有咀嚼功能，但对放入口腔的液体可以吞咽。多数患者保留呕吐、咳嗽和吮吸反射。

南京紫金医院研究后得到 PVS 患者的临床特征是：患者虽然清醒并可睁眼，但无认知活动，即认知和醒觉分离，归纳如下。

（1）认知功能丧失，无意识活动，不能执行指令。

（2）能自动睁眼或刺激下睁眼。

（3）有睡眠-觉醒周期。

（4）可有无目的性的眼球跟踪活动。

（5）不能理解和表达语言。

（6）保持自主呼吸及血压。

（7）下丘脑及脑干功能基本保存。

PVS 的临床表现因致病原因、损伤部位不同而不同。

广泛性脑挫裂伤、弥漫性轴索损伤、原发性或继发性脑干损伤等脑外伤患者可致 PVS。广泛性脑挫裂伤患者除了上述的几个基本特征外，常伴有肢体瘫痪不对称，一侧或单个肢体瘫痪，肌张力增高不对称，合并动眼神经损伤而动眼神经麻痹，面瘫，刺激后肢体屈曲甚至模糊定位等。弥漫性轴索损伤、原发性或继发性脑干损伤的患者则出现四肢瘫和疼痛刺激后肢体强直。特别地，脑干损伤为主的 PVS 患者大多存在四肢瘫、肌张力高，即去大脑强直状态和眼球垂直震颤等。患者无认知功能，可有强哭强笑表情。

心脏骤停复苏后缺氧性脑病、中毒性脑病、发育畸形、变性及代谢性疾病患者可导致非外伤性脑损伤的 PVS。这类 PVS 患者因疾病进程不同可能出现一些不完全性过渡型植物状态的表现等。总之，PVS 患者的临床表现是复杂多样的，单纯以临床表现为依据无法准确推断出病因、损伤部位及病情轻重。

第二节　持续性植物状态的发病与苏醒机制

PVS 是由多种原因引起的持续性意识障碍，是一种特殊的意识障碍，通常由昏迷逐渐进展而来，其发病机制至今仍未完全阐明。

一、意识障碍

意识是人类特有的对外界刺激的反应能力，是高级神经中枢的重要功能之一。意识是大脑觉醒程度的标志，是机体对自身和周围环境的感知和理解能力的表现，是中枢神经系统对内外环境刺激所做出的应答反应。正常人的意识是清醒的，对外界各种刺激产生正常的反应，对周围环境有良好的定向力，对事物有正确的判断力。影响意识的最重要结构基础是脑干上行网状活化系统。对脑干上行网状活化系统任何程度的损害都会造成相应的意识障碍。而弥漫性大脑皮质损害也会引起不同程度的意识障碍，即由于损伤中枢整合机构所致。临床上依照意识障碍的严重程度、意识范围大小及内容、脑干反射等指标，将意识障碍分为意识水平障碍和意识内容障碍。

意识水平障碍包括嗜睡、意识模糊、昏睡、昏迷。意识范围或意识内容改变的意识障碍包括意识模糊和谵妄状态。此外，还有一些特殊类型的意识障碍，包括去皮层综合征、无动性缄默症、闭锁综合征、PVS 等。

二、PVS 的解剖学基础

通常认为维持大脑皮层的兴奋性、使机体处于觉醒状态的结构基础，包括脑干网状结构、上行投射系统、丘脑非特异性核团、丘脑非特异性核团至大脑皮层的弥散性丘脑-皮层投射和广泛的大脑皮层。上述结构即脑干上行网状活化系统。

（一）特异性上行投射系统

特异性上行投射系统指经典的感觉传导通路，主要包括传导浅感觉的脊髓丘脑束、传导面部感觉的三叉丘系、传导听觉信息的外侧丘系、传导深感觉的内侧丘系、传导内脏感觉的传导束等。各传导束经脑干上行至丘脑，在丘脑换元后以点对点方式投射到大脑皮层相应的特定功能区，产生相应的感觉。

（二）非特异性上行投射系统

非特异性上行投射系统包括上行网状活化系统和上行网状抑制系统两部分，具有维持大脑皮层的觉醒状态或维持大脑皮层的抑制状态的功能。

1. 上行网状活化系统

上行网状活化系统包括脑干网状结构的上部、丘脑非特异性核团及下丘脑后区。网状结构内侧部约 1/3 的细胞，包括网状区细胞、网状腹侧核、脑桥网状区核等，发出上行纤维组成上行网状活化系统，其纤维在延髓和桥脑较为分散，但在中脑水平较为集中，位于中脑被盖部，参与形成被盖中央束，经脑底部向丘脑投射，止于丘脑的中线核、髓板内核、网状核等非特异性核团，换元后以点对面的方式弥散地投射到大脑皮层的广泛区域，其功能主要是维持觉醒状态。故上行网状活化系统是意识觉醒与昏迷的结构基础。

2. 上行网状抑制系统

上行网状抑制系统主要包括桥脑干网状结构的腹侧部、桥脑中部、延髓水平孤束核附近和尾状核。上行性抑制冲动是由桥脑网状结构腹侧部产生，由尾状核向大脑皮层弥散性投射和传递的。此外，上行抑制系统还受双侧特异性传导通路侧支、神经-体液和下丘脑后区的影响，而这些影响都是通过大脑皮层实现的。因此，上行网状活化系统与上行网状抑制系统对皮层的作用是对立统一的辩证关系。

（三）紧张性活化的驱动结构

下丘脑后区和中脑中央灰质是中枢内的活化驱动结构，它与其他中枢部位有特定的纤维联系，此联系纤维自下丘脑后区到达中脑中央灰质，再由此发出纤维下行，最终主要在中脑水平与上行网状活化系统相联系。它可被特异性上行投射系统的侧支纤维或下丘脑侧区的纤维所触发，产生急需激发觉醒作用，但这一交通联系是短暂的。

综上所述，意识的维持是脑干-间脑-大脑皮层之间相互密切联系的功能活动的结果。大脑皮层过度兴奋时，即适度的持续清醒状态下，才能对外界刺激产生适宜的反应。因此认为意识是大脑皮层与皮层下结构相互作用而产生的，皮层或皮层下单独作用，均不能维持正常的意识。

三、PVS 的发病机制

在人体内，脑是对缺血缺氧最为敏感和最易受损的器官，而脑代谢率升高，对氧和血的需求量也增加。海马、大脑皮质、小脑 Purkinje 细胞和基底节对缺氧最为敏感，脑内 ATP 含量在全脑缺氧 1min 内可降低至正常状态的 10%。当脑血流量降低至正常状态的 35%以下时，脑内 ATP 储存耗竭，患者陷入昏迷，脑电活动消失，但脑细胞仍可保持存活。

意识包括意识的内容和开闭控制系统。大脑皮质的高级活动作为意识内容的表现，包括记忆、思维、定向、言语和视听等感觉的行为反应。意识的开闭控制系统可活化大脑皮质并维持其兴奋性，使机体处于醒觉状态，包括特异性上行投射系统和非特异性上行投射系统。

外界的刺激通过人体感官，产生神经冲动，经脑干特异上行投射系统传至大脑皮质的相应感觉中枢，同时发出侧支到脑干网状结构的联络区，活化位于效应区的上行网状活化系统，再将兴奋上传到丘脑非特异性核团，从而作用于整个大脑皮质使之处于兴奋状态。意识的内容和开闭控制系统相互作用而产生意识，缺一不可。单纯的皮质广泛损害只表现为认知功能障碍，而醒觉存在，患者貌似清醒但无任何意识活动。上行性网状活化系统的病变可使双侧大脑皮质缺乏足够的兴奋，产生继发性意识障碍，如果只造成部分损害，则可使患者保持醒觉。研究表明，丘脑在认知活动中作用巨大而对醒觉并不重要。

人在保持清醒状态下时，大脑皮质的兴奋和抑制同样是两个对立和统一的系统。上行网状活化系统的兴奋使大脑皮质保持觉醒状态，而上行网状抑制系统使皮质保持适当的抑制。故在生理状态下，大脑皮质的觉醒不能无限制地被活化，脑干上行网状活化系统和脑干上行网状抑制系统必须保持相互协调才能维持人的正常状态。而脑的功能与代谢依靠脑的血液循环来维持，所以当脑的血液循环受到损害，就会产生相应的病理生理变化而最终引起意识改变。PVS 患者脑代谢降低，脑耗氧量减少，脑葡萄糖消耗量减少，出现明显的细胞能量衰竭。

四、PVS 的苏醒机制

长期以来，许多学者和临床工作者认为 PVS 患者是无法苏醒的，能苏醒的就不是 PVS。但事实并非如此，通过正确的治疗，可以使相当一部分 PVS 患者的意识及功能得到不同程度的恢复，甚至有些可以重返工作或学习。个别报道 PVS 患者在确诊 2～3 年以后甚至更长时间后，意识有不同程度的恢复。所以，PVS 患者不是不可救治的，我们应该改变以往对 PVS 患者治疗的认识。对于 PVS 患者苏醒机制的探讨，可以从以下 5 个方面进行。

（一）神经细胞修复和再生学说

中枢神经细胞在一定情况下可有一定程度的再生，使神经细胞恢复其功能，颠覆了 20 世纪初德国学者宣称的中枢神经细胞不能再生理论。PVS 患者脑内某些受损细胞仍保持其结构的完整，只是由于致病因素如缺血缺氧使该细胞功能丧失，一旦这些因素解除后，神经细胞功能即可一定程度地恢复。无论哪种原因引起的 PVS 都存在一定程度的脑血管调节障碍和脑微循环障碍。因此，经过高压氧或改善微循环治疗以增加组织细胞内的血流量和氧含量，神经细胞可恢复其功能，从而使 PVS 患者的苏醒成为可能。

（二）神经冲动传导的旁路学说

神经细胞的主要功能是对外界信息进行整合并传导冲动。当某个局部的神经细胞功能丧失后，其相应的整合信息和传导冲动通路中断，而这些整合作用和冲动传导则由其他功能正常的神经通路来完成，成为 PVS 患者病情好转的原因之一。

（三）机体免疫和递质及其受体学说

研究表明，外伤后 PVS 患者免疫系统受到抑制，所以认为免疫系统与精神意识有密切关系。PVS 患者由于下丘脑、大脑等受到损害，严重影响了神经-内分泌-免疫系统的正常状态和系统间联系。脑损伤后，某些神经递质和受体释放和功能紊乱，引起神经冲动传导障碍。PVS 患者经过相应治疗后，机体逐渐恢复病前内环境的稳态，免疫系统、神经递质及其受体逐渐恢复或接近正常水平，患者的意识状态可能有部分程度的恢复。

（四）神经细胞功能替代学说

根据近年来功能磁共振和脑皮质功能分区的深入研究我们得知，在正常情况下，人体某一功能同时接受大脑皮层多个部位的支配，其中有一个部位是主要的而其他几个是次要的。由于各种原因引起的主要部位受损后，相应支配功能发生障碍，次要部位从而发挥代偿作用并逐渐成为功能支配的主要部位。

（五）昏迷“扳机点”学说

研究表明，人脑内与意识有关的一个或几个特殊支配部位是意识的“扳机点”，一旦受损则引起 PVS。当接受治疗后，如果该“扳机点”功能恢复，PVS 患者可能苏醒。

第三节　检查诊断与治疗

一、PVS 的特殊检查

（一）脑电图与脑电地形图

由于脑电图（EEG）不能评价脑干的功能，因此对诊断以脑干功能丧失为重要特征的脑死亡来说，EEG 并不是具有重要价值的检查方法。但是 EEG 却可以良好地评价大脑皮质的功能。学者们对 EEG 诊断 PVS 的作用看法不一，而 EEG 对 PVS 预后的评价也存在局限性。脑电地形图（brain atlas，BA）是计算化的脑电图，是一种有效的用来描记大脑功能变化的安全、无创性诊断方法，它既诊断功能性疾病，又可协助诊断器质性疾病，并可观察器质性病变对其周围正常脑组织的功能影响，在某些方面可补充 CT 和 MRI 的不足，在病变未形成器质性病灶或体积不够大而 CT 和 MRI 未能显影时，只要病变部位脑组织有功能改变，脑电地形图即可显示异常，故对大脑病变可起到超前诊断作用。

（二）诱发电位

诱发电位在植物状态中得到了应用，但是影响事件相关诱发电位的因素较多，部分初步观察报告缺少统计学处理，以及不同病因的影响情况不同等，也制约了诱发电位应用于 PVS 客观检查的开展。

（三）CT 和 MRI

①脑萎缩：皮质萎缩和脑干萎缩；②脑积水：脑室扩大、脑室旁低密度、脑实质菲薄化和脑室测量指数异常；③异常低密度灶。

（四）脑血流和脑代谢

随着检查技术的不断进步，多种方法测量后得出结论：PVS 患者的脑血流和脑代谢均较正常同龄人减少。

（五）核磁共振波谱分析

PVS 患者核磁共振波谱分析（MRS）的紊乱与解剖的磁共振成像（MRI）损害无关，两项技术具有很强的互补性。因此，联合 MRI 和 MRS 数据分析可以可靠地评价 PVS 患者的机制与功能状态，并预测其最终结局。其他技术如核磁共振弥散加权成像、核磁共振弥散张量成像技术和功能磁共振技术等已逐步用于对 PVS 患者病情的判断和预后的评价。

二、PVS 的诊断

（一）诊断 PVS 的时间界定

诊断 PVS 的时间界定目前仍无一致意见。1972 年，Jennett 和 Plum 没有明确规定植物状态的患者持续多长时间才能诊断为 PVS。有学者认为，植物状态必须超过 3 个月才能诊断为 PVS。多数人认为，植物状态持续 1 个月以上即可称为 PVS。美国多学科研究组提出，急性外伤性或非外伤性脑损伤后持续 1 个月的植物状态即可诊断为 PVS。我国中华医学会急救医学专业委员会意识障碍专业组于 1996 年提出的标准与此相符。

美国多学科研究组根据大量 PVS 患者的资料统计得出结论，颅脑外伤 PVS 患者植物状态超过 1 年，意识恢复的可能性极小，可定为不可逆性，即永久性植物状态（permanent vegetative state）。非颅脑损伤性 PVS 患者植物状态超过 3 个月，为永久性植物状态。

（二）国内诊断标准

我国参考 2001 年 11 月卫生部、中华高压氧学会于南京召开的 PVS 修订会议上的 PVS 诊断修订稿。

1. 植物状态（VS）诊断标准

（1）认知功能丧失，无意识活动，不能执行指令。
（2）能自动睁眼或刺激下睁眼。
（3）有睡眠-醒觉周期。
（4）可有无目的性眼球跟踪运动。
（5）不能理解和表达语言。
（6）保持自主呼吸和血压。

（7）下丘脑及脑干功能基本保存。

2. PVS 诊断标准

植物状态持续 1 个月以上者才能定为 PVS。

3. PVS 的疗效评分量表（2001 年，南京）

（1）是否脱离植物状态。①植物状态：完全不能执行指令或无言语（失语除外）；②初步脱离植物状态：能执行简单指令或简单对答；③脱离植物状态：能执行较复杂指令或对答。

（2）其他功能疗效评分（表 20-1）：表中 4 项临床表现评分与 2 项客观检查评分之和计算，总的疗效评分为 0～12 分。其中：①提高 0～2 分，无效。Ia 提高≥3 分，好转。Ib 提高≥8 分，显效。②0～12 分，初步脱离植物状态；③0～12 分，脱离植物状态。

表 20-1　高压氧脑复苏专业组 PVS 评分量表（中华医学会高压氧医学分会脑复苏专业委员会 2001）

反应	评分	反应	评分
肢体运动		情感反应	
无	0	无	0
无目的性运动	1	轻度反应	1
有随意活动	2	正常反应	2
眼球运动		脑电图	
无	0	平直波	0
眼球跟踪	1	δ或θ节律	1
有意注视	2	α或β节律	2
进食		SEP	
胃管营养	0	N_{20} 消失（双侧）	0
能吞咽	1	N_{20} 潜伏期延长	1
自动进食	2	N_{20} 潜伏期正常	2

注：每次评分必须包括以上两个方面，疗效评分量表至少每月检查 1 次总的疗效评分。

（三）国外诊断标准

国际诊断标准并不统一，包括 1981 年的 Walshe 和 Dougherty 诊断标准，以及 1994 年的 Task Force 等诊断标准。虽然国外的诊断标准数目众多、时间跨度较大，但各具优势，难以统一，目前国际上皆有应用。

1. 日本神经外科学会（JSN）诊断标准（1972）

（1）不能自主活动。
（2）不能自动进食。
（3）大小便失禁。
（4）有眼球跟踪运动，但不认识物体。

（5）缺乏可理解的言语，但可能发声。
（6）有时只能执行简单指令（如睁眼和握手）。

2. 日本太田（Ohta）标准（1975）

（1）有睡眠-觉醒周期（多相性）。
（2）对有害刺激有微弱反应。
（3）植物神经功能正常。
（4）大小便失禁。
（5）长期卧床（有微弱躯体活动）。
（6）胃管营养。

3. Walshe 标准（1981）

（1）自动睁眼，对言语刺激有反应。
（2）有睡眠-醒觉周期。
（3）无分立性定位性反应。
（4）不能理解词语或示意动作。
（5）保持自主呼吸及血压。
（6）不能执行指令。

4. Dougherty 标准（1981）

（1）能自动（或言语刺激）睁眼，有睡眠-醒觉周期。
（2）无分立性定位性反应。
（3）保持血压及规则呼吸。
（4）不能表达可理解的词语。
（5）不能执行指令。
（6）无持久的眼球跟踪运动。

5. 美国儿童神经病学会标准（1992）

（1）有醒觉而无认知。
（2）能睁眼但意识丧失。
（3）无“随意”活动或行为。
（4）无“认知”反应。
（5）无“随意”语言。
（6）不能执行指令。
（7）有自发性眼球运动，但无持续跟踪。
（8）脑干反射正常，有睡眠-醒觉周期。
（9）自主呼吸，但咀嚼及吞咽障碍。

（10）大小便失禁。

6. 美国神经病学会（ANA）标准（1993）

（1）对自身或周围缺乏认知，可出现反射性或自动睁眼。

（2）不能进行有意义和连贯的听及书写交流，眼球通常不能跟随目标，偶可出现视觉跟踪，对词语刺激缺乏情感反应。

（3）缺乏可理解的言语或单词。

（4）偶可出现笑容、皱眉或流泪。

（5）睡眠-醒觉周期存在。

（6）脑干及脊髓反射性活动正常或异常，吮吸、噘嘴、咀嚼及吞咽等反射可能保存，瞳孔对光反射、眼头反射、力握反射及腱反射可存在。

（7）任何随意运动或行为都是认知的表现，不符合 PVS 的诊断，没有任何后天获得的行为或模仿动作，对有害的或不愉快刺激可有微弱的运动（如退缩或采取某种姿势）。

（8）血压及心脏功能正常、大小便失禁。

7. 美国多学科 PVS 专题研究组标准（1994）

（1）对自身及周围缺乏认知，不能与他人交谈。

（2）缺乏对视、听、触或有害刺激持续的、可重复的、有目的的或随意的行为反应。

（3）缺乏语言的理解或表达能力。

（4）有睡眠-醒觉周期。

（5）丘脑下部及脑干的自主神经功能保持良好，通过治疗及护理可以保持生存。

（6）大小便失禁。

（7）颅神经反射（瞳孔、眼-头）、角膜、前庭-眼作呕反射不同程度保留。

8. 美国康复医学会（ACRM）标准（1995）

（1）自动或刺激后睁眼。

（2）不能执行指令。

（3）不能说话或发出可理解的单词。

（4）不能执行指令（可有移动姿势、躲避疼痛或不自主微笑等反射性活动）。

（5）用手撑开双眼时缺乏持续性视觉跟踪运动，眼球向各方向转动不超过 45°。

三、PVS 的鉴别诊断

根据患者的病史、体征、全身和神经系统检查及相关辅助检查的综合分析后，可诊断 PVS 并查出病因。但有些与 PVS 患者症状表现类似的综合征需要与此鉴别。

（一）昏迷

昏迷是一种持续的、深度的病理性意识障碍，其特点是觉醒和认知功能全部丧失，两眼闭合不全，不能唤醒，持续时间必须在 1h 以上，没有睡眠-觉醒周期。昏迷分为浅昏迷、中度昏迷、深度昏迷、极度昏迷（脑死亡）。昏迷通常是由于上行性脑干网状活化系统或双侧大脑皮质弥漫性病变所致。昏迷是一个短暂的过渡状态，要么朝着意识恢复的方向发展，即植物状态，要么最终走向脑死亡。而在意识障碍范畴中，植物状态是特殊形式的昏迷，属于大脑功能严重紊乱的表现；相对昏迷既不能唤醒也无认知而言；PVS 能醒觉而无认知。

（二）脑死亡

植物状态中，尤其是永久性植物状态的意识障碍，需要与脑死亡相鉴别。脑死亡是所有大脑和脑干功能不可逆性缺失的临床表现。在排除药理、低体温和代谢因素所致深度昏迷后，通过意识丧失、瞳孔散大、自主呼吸消失、脑干功能消失和电生理检查可以临床诊断脑死亡。脑死亡患者依据 Glasgow 昏迷量表评定为 3 分，且双眼闭合、对强烈疼痛刺激无任何反应、不能执行任何指令。

（三）最低程度意识状态

最低程度意识状态（minimally conscsious state，MCS）并没有达到昏迷和植物状态，虽然存在严重的意识改变，但他们有间歇的觉醒或对环境和自身的认知功能表现，因而有更大程度的恢复可能性。

（四）无动性缄默

Cairns 于 1941 年提出的无动性缄默（akinetic mutism，AM）是一种伴有有限的认知能力的觉醒状态，虽然不能运动或言语，但有认知能力提高的周期并通过睁眼动作完成。已经证实两侧中央额叶损伤或功能障碍与 AM 有关。美国神经学会已建议废弃此概念。

（五）谵妄

谵妄即急性意识模糊、急性脑病，其特点是急速发展的注意力减退与损伤，与意识水平的变化有关，思维错乱并伴有情绪波动。谵妄还包括知觉紊乱、睡眠-醒觉周期改变、精神运动性活动增加或减少和记忆力下降。谵妄常见于重症加强护理病房（intensive care unit，ICU）的患者，可能先于或由其他意识障碍发展而来，以急性意识状态水平波动为特点与 PVS 相鉴别。

（六）闭锁综合征

闭锁综合征主要是桥脑腹侧皮质脊髓束和支配第 V 脑神经以下的皮质延髓束损害

而引起，中脑双侧大脑脚外 2/3 梗死也可引起，表现为无表情、不能说话、头晕、咽喉不能运动、吞咽反射消失、四肢瘫痪、对别人提问能用睁眼和闭眼等眼球运动来表示，但意识是完全清醒的。因此，闭锁综合征凭借存在自主控制睁眼闭眼和第 V 脑神经以上脑干反射，与 PVS 相鉴别。

四、PVS 的治疗现状

（一）对 PVS 治疗的争论

人们对 PVS 治疗观点上存在着严重分歧，有人主张积极治疗，同时也有人主张放弃治疗。造成此现状的主要原因：①诊断方法不一；②发病机制不明；③缺乏有效的治疗方法。

（二）PVS 复苏的困难性

一般认为，神经细胞在发育成熟后不再繁殖与再生，但受损的突触则可能重新修复。导致中枢神经系统再生困难的因素有 4 点：①缺乏神经生长促进因子；②存在神经生长抑制因子；③损伤部位星形胶质细胞大量增生；④受损部位血供不足。

（三）PVS 复苏的可能性

神经组织再生能力分为解剖再生、生理再生和功能再生。解剖上不能再生不代表功能不能修复，而功能修复才是最重要的。中枢神经系统解剖再生的方式有：①通过 DNA 修复再生；②灭活神经轴索生长抑制物。

（四）PVS 治疗方法

1. 药物治疗

脑循环代谢改善药，或称脑代谢赋活剂，经常使用的达数十种，商品药多达数百种，但其实按作用原理大致可分为两类。

（1）增加脑血流量，间接影响脑代谢，实际功用为扩张脑血管。

（2）直接促进脑代谢。

目前仍无可靠的研究资料证明，单靠某种药物能有效地改变 PVS 的病程转归，使患者的认知及功能得到较好的恢复。

2. 高压氧治疗

脑细胞的代谢特点是以葡萄糖氧化为主的有氧代谢，因此充分的氧供给和能量代谢对 PVS 患者是十分重要的。PVS 患者大多脑缺血缺氧，细胞代谢与能量代谢障碍，去甲肾上腺素合成减少甚至不合成，导致包括网状结构在内的脑组织神经元兴奋性递质减少或缺失，神经传导障碍，大脑皮质兴奋水平降低。因此，长久以来，人们开始利用高压氧治疗来提高氧供能，增加神经细胞的有效代谢。我国近年有报道 PVS 患儿高压氧治疗后苏醒病例。

超过 100kPa 大气压的纯净氧称为高压氧（hyperbaric oxygen，HBO）。HBO 疗法治疗 PVS 的可能机制如下：

（1）改善脑细胞供养，使部分处于功能可逆状态的受损脑细胞恢复功能；

（2）通过轴索发出新的侧支，建立新的突触联系；

（3）活化脑干上行网状活化系统；

（4）加快毛细血管再生和微循环建立。

3. 电刺激疗法

1）颈部脊髓硬膜外电刺激术

颈部脊髓硬膜外刺激（cervical spinal cord stimulation，CSCS）或者称为后索刺激（dorsal column stimulation，DCS）最先于 1982 年由日本广泛开展并经临床病例对照研究取得一定疗效。我国学者也早已开展 PVS 患者的颈部脊髓硬膜外电刺激术治疗并取得了积极的效果。

2）深部脑电刺激术

日本于 20 世纪 80 年代末至 90 年代初对脑深部刺激（deep brain stimulation，DBS）进行较深入的研究，在 Mclardy 研究的基础上，将其用于促使外伤性昏迷患者苏醒。Hassler 于 1969 年也将脑深部电极植入术用于治疗外伤后去皮质状态患者治疗。

4. 其他治疗

如中医中药及针灸治疗和并发症的诊治及营养支持。

第四节　临床和实验研究

长期以来，国内外部分学者一直致力于 PVS 的治疗研究。但是，以人本身直接作为实验对象来推动 PVS 的治疗研究进展是困难的。建立 PVS 动物模型成为了研究发展的必然，常用种类包括脑血流阻断法、颅脑外伤法、大脑皮质切除法和一氧化碳中毒法等。

一、神经干细胞移植用于昏迷动物模型的实验研究

目前对于 PVS 尚缺乏行之有效的治疗方法，临床上认为药物治疗结合高压氧、理疗、针灸、深部脑刺激、脊髓硬膜外刺激、周围神经刺激等疗法对临床上部分病例有一定疗效，但仍存在很大的盲目性和不确定性。因此，近年来随着基因技术和干细胞技术的发展，逐渐兴起 NSC 移植对于 PVS 治疗研究的热点。

在犬和猫的中脑损伤所致的 PVS 模型中，PVS 的发生与中脑网状结构受损、黑质

纹状体多巴胺能神经元死亡、多巴胺合成减少密切相关，同时发现神经细胞膜上的多巴胺受体活性明显降低。这不仅为临床应用多巴胺替代剂和多巴胺受体激动剂治疗 PVS 奠定了理论基础，也为 NSC 移植治疗严重中脑损伤的功能修复与重建提供了新思路。

二、神经干细胞移植用于昏迷的临床研究

徐国祥等采用胎龄为 4 个月的胎脑皮层细胞移植治疗 1 例外伤后 PVS 达 1 年余的患者，术后 1 个月意识基本恢复，术后 5 个月语言功能恢复并逐渐达到生活自理。陆建智为 2 例分别为 3 个月和 5 个月的外伤后 PVS 患者做相同的手术而疗效并不明显。王溶扬等为 23 例 PVS 患者行胎脑组织移植术后 45 天有 8 例意识恢复（35%），总有效率达 78.3%。

三、神经干细胞移植用于临床研究的现状与展望

（一）现状

我国学者戴宜武等应用自体骨髓基质细胞源神经干细胞移植治疗 PVS 患者 45 例。骨髓基质源神经干细胞是由骨髓基质细胞分化而来的神经干细胞，具有与胚胎干细胞来源的神经干细胞及神经组织来源的神经干细胞类似的生物学特性。其具体方法如下：经过骨髓采集及骨髓基质细胞的分裂、骨髓基质细胞的纯化（黏附培养）、骨髓基质细胞的扩增培养、骨髓基质细胞的传代培养、预分化处理及收集和细胞成分鉴定等常规骨髓基质细胞源神经干细胞的获取过程后，进行脑内移植术。其方法有：①常规开颅，损伤区域皮质/皮质下多点显微注射；②立体定向定点植入，靶点选择：室管膜下区、纹状体区、丘脑底核或伤侧脑室内；③经股动脉插管，伤侧大脑中动脉、椎动脉选择注入。移植术后 1 个月、3 个月和 5 个月随访，意识指数采取 Glasgow Coma Scale 计分法（3～15 分），记录移植治疗前和治疗后 3 个月患者的意识指数并进行统计学分析处理。意识指数较移植前均有所增加（$P<0.05$），说明 NSC 移植治疗 PVS 有效。

（二）展望

总之，神经系统内多潜能神经干细胞的存在，非神经组织来源的神经干细胞诱导分化、培养、增殖和移植治疗观察，为神经系统损伤的修复和神经系统退行性病变的有效治疗带来了新的希望，也为研究神经系统发育、分化和遗传性疾病的发病机制提供了可靠的基础。但是也应该清醒地看到，有关干细胞的研究还不完全成熟，大部分结果来自于体外实验和动物模型研究，目前仍有许多亟待解决的问题。故在临床应用 NSC 治疗 PVS，应持慎重态度，对于志愿患者要在进行充分宣教和签署必要的法律文件后方可谨慎实施。

（王　维　黄带发）

主要参考文献

《持续性植物状态诊断标准》专家讨论会纪要．1996．急诊医学，5（2）：95

戴宜武，赵春平，罗永春，等．2008．自体骨髓基质细胞源神经干细胞移植治疗持续性植物状态．中国组织工程研究与临床康复杂志，12（29）：5649-5652

《关于修订我国持续性植物状态（PVS）诊断和疗效评估标准》专家会议纪要．2002．中华急诊医学杂志，11（4）：241

贺顺龙，谢培增，刘剑，等．2012．颈部脊髓硬膜外电刺激综合治疗颅脑损伤后持续性植物状态疗效观察．海军医学杂志，33（4）：236-238

雷北平，李干香．2012 高压氧治疗持续性植物状态苏醒 1 例．临床军医杂志，40（5）：1064

陆建智．2012．人体胎脑移植治疗植物人手术室配合．实用护理杂志，1989（6）：24-25

塞缪斯．2010．神经病学治疗手册（第 7 版）．刘献增，王晓飞主译．北京：人民卫生出版社：50-125

田伟，王征美，孙岚．2012．持续植物状态的社区康复．中国康复，27（1）：80-81

田伟，王征美，孙岚．2012．综合康复促醒持续植物状态的临床观察．中国康复，27（4）：283-285

王德生，王晓丹，吕英．2004．国内持续性植物状态研究现状．中国康复医学杂志，19（10）：795-798

王溶扬，向月应，郑宝轩，等．2000．脑组织移植治疗持续性植物状态．中华器官移植杂志，21（6）：369-371

王培东．2008．昏迷与植物状态诊断治疗学．北京：人民卫生出版社：30-230

王培东．2000．临床高压氧医学与脑复苏新进展．香港：世界医药出版社：141-190

肖华，张卫兵，李金彩，等．2000．内科疾病与昏迷．北京：现代出版社：45-240

徐国祥，丘瑞麟，郑少俊．1997．大脑皮层细胞移植治疗脑外伤植物人一例．中华器官移植杂志，18（1）：49

徐如祥．2006．神经干细胞．北京：军事医学科学出版社：50-200

徐如祥，肖华．2003．现代临床昏迷学．北京：军事医学科学出版社：56-158

赵志荣，潘立峰，武爱萍，等．2012．高压氧加常规治疗颅脑外伤后持续性植物状态的临床研究．中国综合临床，28（6）：639-641

赵玺灵，宋虎杰．2013．针灸治疗持续性植物状态的临床研究近况．现代中医药，33（1）：97-98

张国瑾．1998．持续性植物状态．南京：南京出版社：68-200

周锋，谢秋幼．2012．脊髓电刺激治疗持续性植物状态的作用机制．国际神经病学神经外科学杂志，39（4）：354-357

ANA Committee on Ethical Affairs. 1993. Persistent vegetative state: report of the american neurological association committee of ethical affairs. Ann Neurol, 33: 386-390

American Congress of Rehabilitation Medicine. 1995. Recommendations for use of uniform nomenclature pertinent to patients with severe alterations in coNSCsiousness. Arch Phys Med Rehabil, 76: 205-209

Ashwal S, Bale IF, Coulter DL, et al. 1992. The persistent vegetative state in children: report of the child neurology society ethics committee. Ann Neurol, (32): 570-576

Avila D. 1994. Withdrawing treatment in the persistent vegetative state. N Engl J Med, 331(20): 1382

Carelli F. 2010. Persistent vegetative state. Br J Gen Pract, 60(571): 132

Jennett B, Plum F. 1972. Persistent vegetative state after brain damage: a syndrome in search of a name. Lancet, 1: 734-737

Kotchoubey B. 2007. Event-related potentials predict the outcome of the vegetative state. Clin Neurophysiol, 118(3): 477-479

Mateen FJ, Niu JW, Gao S, et al. 2013. Causes and outcomes of persistent vegetative state in a Chinese versus American referral hospital. Neurocrit Care, 18(2): 266-270

Nachev P, Hacker PM. 2010. Covert cognition in the persistent vegetative state. Prog Neurobiol, 91(1): 68-76

Tarquini D, Congedo M, Formaglio F, et al. 2012. Persistent vegetative state: an ethical reappraisal. Neurol Sci, 33(3): 695-700

The Multi-Society Task Force on PVS. 1994. Medical aspects of the persistent vegetative state-First of two parts. N Engl J Med, 330(21): 1499-1508

第二十一章　神经干细胞移植治疗周围神经损伤的研究

第一节　概　　述

一、基本概念

周围神经是人体的一种重要组织，是在中枢神经系统以外的，连接神经细胞与终末器官的神经纤维集束和神经结缔组织组合的束干结构。周围神经具有传导神经刺激、发挥肢体运动、感觉和发汗等功能。

周围神经损伤（peripheral nerve injury，PNI）是常见的外伤，可以单独发生，也可与其他组织损伤合并发生。周围神经损伤后，受该神经支配区的运动、感觉和营养均将发生障碍。在战时火器伤合并周围神经损伤约占 60%，在平时周围神经损伤约占外伤总数的 10%。四肢神经损伤多见于尺神经、正中神经、桡神经、坐骨神经和腓总神经。上肢神经损伤较多，约占四肢神经损伤的 60%～70%。

二、病因、分类及病理变化

（一）病因

（1）牵拉损伤，如产伤等引起的臂丛损伤；切割伤，如刀割伤、电锯伤、玻璃割伤等。

（2）压迫性损伤，如骨折脱位等造成的神经受压；火器伤，如枪弹伤和弹片伤。

（3）缺血性损伤，肢体缺血挛缩、神经亦受损、电烧伤及放射性烧伤。

（4）药物注射性损伤及其他医源性损伤。

（二）分类

1. Seddon 分类法

（1）神经断裂：神经完全断裂，临床表现为完全损伤，处理上需手术吻合。

（2）神经轴突断裂：神经轴突完全断裂，但鞘膜完整，有变性改变，临床表现为神经完全损伤。多因神经受轻度牵拉伤所致，不需手术处理，再生轴突可长向损伤的远侧端。但临床上常见的牵拉伤往往为神经完全或部分拉断，如产伤或外伤，恢复较差。

（3）神经失用：神经轴突和鞘膜完整，显微镜下改变不明显，电反应正常，神经功能传导障碍，有感觉减退，肌肉瘫痪，但营养正常。多因神经受压或挫伤引起，大多可以恢复；但如压迫不解除则不能恢复。如骨折压迫神经，需复位或手术解除神经压迫。

2. Sunderland 分类法

此法可分为以下 5 度。

（1）Ⅰ度：病理特点是轴突连续性存在但神经传导中断，损伤远端不发生瓦勒变性，相当于 Seddon 分类中的神经震荡。这种损伤通常在 3～4 周内自行恢复，预后良好。

（2）Ⅱ度：病理特点是神经轴突中断，轴突与髓鞘损伤，但神经内膜组织未受损。损伤部位远端发生瓦勒变性。这种损伤其周围的支持结构保持完好，神经可以 1mm/d 的速度向远端再生，功能可自行恢复，预后较为良好。

（3）Ⅲ度：病理特点是神经束内的神经纤维损伤，包括轴突、髓鞘和神经内膜，但神经束膜完整。这种损伤有自行恢复的可能，但由于内膜瘢痕化，恢复常不完全，预后尚可。

（4）Ⅳ度：病理特点是神经束膜严重损伤或中断，外膜也在一定程度上受损，但神经干本身的连续性存在。由于神经束广泛损伤，很少能自行恢复，常需手术切除瘢痕后修复，预后一般。

（5）Ⅴ度：病理特点是神经干断裂，失去连续性，没有自行恢复的可能性。需要手术切除断端的纤维瘤，修复神经，预后较差。

3. Mackinnon 分类法

Mackinnon 对 Sunderland 分类进行了补充，提出了Ⅵ度神经损伤的概念，这包含 Sunderland 神经损伤全部 5 度或包含其中的几种，是一种混合形式的损伤，即有些神经束仅发生了Ⅰ度或Ⅱ度损伤，有些则发生了Ⅳ度或Ⅴ度神经损伤，所以其功能恢复的变化很大。

（三）病理变化

1. 瓦勒（Wallerian）变性

瓦勒变性是在周围神经损伤 1～2 天之内开始，首先是轴索和髓鞘破裂成碎片，被巨噬细胞吞噬，之后施万细胞增生，形成一个再生的通道，整个瓦勒变性过程大约需要 4 周左右。

2. 神经断裂伤

神经断裂伤一般是在断裂神经的近端发生小范围短节段的瓦勒变性，神经纤维和轴突增生、弯曲、迂曲形成一个假性神经瘤；如果发生在远端，则大范围发生瓦勒变性，施万细胞增生，形成胶质瘤。

3．神经再生

一般神经再生的速度平均为 1mm/天，但再生速度受到很多因素的影响，如包裹周围组织的营养状态、血液供应情况及年龄等因素。

三、临床表现

（一）运动功能障碍

运动功能障碍一般表现为迟缓性瘫痪，所支配肌肉的主动活动、肌张力和腱反射均消失，出现各种畸形。

（二）感觉功能障碍

感觉功能障碍表现为触觉、痛觉、温度觉、两点辨别觉的减退、过敏、甚至消失。肢体感觉的绝大部分区域是由交叉神经支配，但是上肢的某些神经，分别有其绝对的支配区，可以通过绝对支配区的感觉测定，判断神经损伤的程度。正中神经的绝对支配区在食指和中指远节的掌侧；桡神经的绝对支配区位于虎口区的背侧；尺神经的绝对支配区位于小指。

（三）植物神经功能改变

受损神经支配区的皮肤早期由于血管扩张而皮温增高、皮肤潮红；后期因血管收缩而温度减低、苍白、皮肤萎缩发亮、变薄、汗腺停止分泌而干燥。

（四）Tinel 征

Tinel 征于 1915 年由 Tinel 首先描述，表现为叩击神经损伤部位出现放射性的麻痛感，以及扣击部位的点状自痛感。其原理是：在神经损伤之后，轴突在髓鞘没有再生时，会出现一种兴奋的放电过程，从而表现在查体上的异常改变。Tinel 征有两种意义，一是可以帮助判断神经损伤的部位；二是在神经修复以后，或是在神经恢复的过程中，可以检查神经修复后的再生情况。

（五）不同部位周围神经损伤的临床表现

1．指神经损伤

指神经损伤多为切割伤；手指一侧或双侧感觉缺失。

2．桡神经损伤

（1）腕下垂，腕关节不能背伸；拇指不能外展，拇指间关节不能伸直或过伸。
（2）掌指关节不能伸直；手背桡侧皮肤感觉减退或缺失。

（3）高位损伤时肘关节不能伸直；前臂外侧及上臂后侧的伸肌群及肱桡肌萎缩。

3. 正中神经损伤

（1）手握力减弱，拇指不能对指对掌；拇、食指处于伸直位，不能屈曲，中指屈曲受限。

（2）大鱼际肌及前臂屈肌萎缩，呈猿手畸形；手掌桡侧半皮肤感觉缺失。

4. 尺神经损伤

（1）拇指处于外展位，不能内收。呈爪状畸形，环、小指最明显。手尺侧半皮肤感觉缺失。

（2）骨间肌，小鱼际肌萎缩；手指内收、外展受限，夹纸试验阳性。

（3）Forment 试验阳性，拇内收肌麻痹。

5. 腋神经损伤

肩关节不能外展；肩三角肌麻痹和萎缩；肩外侧感觉缺失。

6. 肌皮神经损伤

（1）不能用二头肌屈肘，前臂不能旋后。

（2）二头肌腱反射丧失，屈肌萎缩；前臂桡侧感觉缺失。

7. 臂丛神经损伤

（1）多为上肢牵拉伤。

（2）上干损伤为肩胛上神经、肌皮神经及腋神经支配之肌肉麻痹。

（3）中干损伤，除上述肌肉麻痹外，尚有桡神经支配之肌肉麻痹。

（4）下干损伤前臂屈肌（除旋前圆肌及桡侧腕屈肌）及手内肌麻痹萎缩；累及颈交感神经可出现 Hornor 综合征。

（5）全臂丛损伤，肩胛带以下肌肉全部麻痹，上肢感觉全部丧失，上肢各种反射丧失呈弛张性下垂。

8. 腓总神经损伤

（1）足下垂，走路呈跨越步态；踝关节不能背伸及外翻，足趾不能背伸。

（2）小腿外侧及足背皮肤感觉减退或缺失；胫前及小腿外侧肌肉萎缩。

9. 胫神经损伤

（1）踝关节不能跖屈和内翻；足趾不能跖屈；足底及趾跖面皮肤感觉缺失。

（2）小腿后侧肌肉萎缩；跟腱反射丧失。

10. 坐骨神经损伤

（1）膝以下受伤表现为腓总神经或胫后神经症状。
（2）膝关节屈曲受限，股二头肌，半腱半膜肌无收缩功能。
（3）髋关节后伸，外展受限；小腿及臀部肌肉萎缩，臀皱襞下降。

11. 股神经损伤

（1）大腿前侧、小腿内侧皮肤感觉缺失。
（2）膝腱反射减弱或丧失；膝关节不能伸直，股四头肌萎缩。

12. 闭孔神经损伤

大腿内侧下 1/3 皮肤感觉缺失；内收肌群麻痹萎缩，不能主动架在健腿上。

第二节　周围神经损伤检查诊断与治疗

一、检查

（一）临床检查

1. 伤部检查

检查有无伤口，如有伤口，应检查其范围和深度、软组织损伤情况以及有无感染。查明枪弹伤或弹片伤的径路，有无血管伤、骨折或脱臼等。如伤口已愈合，观察瘢痕情况和有无动脉瘤或动静脉瘘形成等。

2. 肢体姿势

观察肢体有无畸形。桡神经伤有腕下垂；尺神经伤有爪状手，即第 4 指和 5 指的掌指关节过伸，指间关节屈曲；正中神经伤有猿手；腓总神经伤有足下垂等。如时间过久，因对抗肌肉失去平衡，可发生关节挛缩等改变。

3. 运动功能的检查

根据肌肉瘫痪情况判断神经损伤及其程度，用 6 级法区分肌力。

0 级：无肌肉收缩。1 级：肌肉稍有收缩。2 级：不对抗地心引力方向，能达到关节完全动度。3 级：对抗地心引力方向，能达到关节完全动度，但不能加任何阻力。4 级：对抗地心引力方向并加一定阻力，能达到关节完全动度。5 级：正常。

周围神经损伤引起肌肉软瘫，失去张力，有进行性肌肉萎缩。依神经损伤程度不同，肌力有上述区别，在神经恢复过程中，肌萎缩逐渐消失，如坚持锻炼可有不断进步。

4. 感觉功能的检查

检查痛觉、触觉、温觉、两点区别觉及其改变范围，判断神经损伤程度。一般检查痛觉及触觉即可。注意感觉供给区为单一神经或其他神经供给重叠，可与健侧皮肤比较。实物感与浅触觉为精细感觉，痛觉与深触觉为粗感觉。神经修复后，粗感觉恢复较早较好。感觉功能障碍亦可用 6 级法区别其程度。0 级：完全无感觉。1 级：深痛觉存在。2 级：有痛觉及部分触觉。3 级：痛觉和触觉完全。4 级：痛、触觉完全，且有两点区别觉，唯有距离较大。5 级：感觉完全正常。

5. 营养改变

神经损伤后，支配区的皮肤发冷、无汗、光滑、萎缩。坐骨神经伤常发生足底压疮，足部冻伤。无汗或少汗区一般符合感觉消失范围。可作出汗试验，常用的方法有以下两种。

（1）碘-淀粉试验：在手指掌侧涂 2%碘溶液，干后涂抹一层淀粉，然后用灯烤，或饮热水后适当运动使患者出汗，出汗后变为蓝色。

（2）茚三酮（ninhydrin）指印试验：将患指或趾在干净纸上按一指印（亦可在热饮发汗后再按）。用铅笔画出手指足趾范围，然后投入 1%茚三酮溶液中。如有汗液即可在指印处显出点状指纹。用硝酸溶液浸泡固定，可长期保存。因汗中含有多种氨基酸，遇茚三酮后变为紫色。通过多次检查对比，可观察神经恢复情况。

6. 反射

根据肌肉瘫痪情况，腱反射消失或减退。

7. 假性神经瘤

神经近侧断端有假性神经瘤，常有剧烈疼痛和触痛，触痛放散至该神经支配区。

8. 神经干叩击试验（Tinel 征）

当神经损伤后或损伤神经修复后，在损伤平面或神经生长所达到的部位，轻叩神经，即发生该神经分布区放射性麻痛，称 Tinel 征阳性。

（二）电生理检查

电生理检查是临床上最常使用的辅助检查手段，其中包括肌电图（electromyography，EMG）、皮层体感诱发电位（somatosensory evoked potential，SEP）、复合肌肉动作电位（compound muscle action potential，CMAP）、感觉神经动作电位（sensory nerve action potential，SNAP）、神经传导速度（nerve conduction velocity，NCV）和 F 反射（F wave，FW）等。

神经损伤之后，瓦勒变性大约需要 4 周才能逐渐完成，因此在神经损伤之后，电生理检查 4 周之内一般不能得到正确的结果。通常应在神经损伤 4 周后，再进行电生理检查。

周围神经损伤后的电生理表现，可有以下 3 种形式。

1. 神经失用

（1）EMG：一般表现为电静息，所检肌肉募集反应消失。
（2）NCS：MNCV、SNCV 均正常，但较为严重的压迫、缺血可致 NCV 减慢。

2. 完全损伤

完全损伤主要是严重的轴索断伤和神经断伤。
（1）EMG：所检肌肉出现大量自发电活动，募集反应消失。
（2）NCS：神经失去兴奋性、传导性，靶肌肉记录不到 CMAP，神经干上亦记录不到 SNAP。
（3）SEP：刺激损伤远端神经，大脑皮层记录不到任何波形。

3. 部分损伤

部分损伤主要是轴索或神经部分断伤。其中包括 EMG，可见自发电活动，募集反应明显减少直至消失，以及 NCS：跨损伤段 NCV 减慢，CMAP、SNAP 波幅降低。

（三）影像学检查

临床上经常使用的辅助的影像学诊断方法包括 B 超、CT 和 MRI。

二、诊断

诊断依据：①常有外伤史,多合并有四肢骨折或关节损伤。②肢体姿势的变化，周围神经损伤肢体呈不同程度畸形。③运动功能障碍，根据肌力测定了解肌肉的瘫痪情况，判断神经损伤及其程度。晚期可存在不同程度肌肉萎缩。④感觉功能障碍，感觉神经支配区皮肤痛觉和触觉等发生障碍。Tinel 征测神经再生到达的部位。⑤植物神经功能障碍，支配区皮肤营养障碍，由早期无汗、干燥、发热、发红到后期变凉、萎缩、粗糙，甚至发生溃疡。⑥反射功能障碍，神经支配范围的肌腱反射减弱或消失。⑦神经肌电图检查，这有助于神经操作部位的确定，为判断损伤程度、预后及观察神经再生提供依据。

三、治疗

（一）治疗原则

1. 开放性损伤

对锐器伤或清洁伤口，做 I 期神经缝合。对火器伤或污染伤口，待伤口愈合后 3～6 周做 II 期神经修复。

2. 闭合性损伤

神经受压，牵拉或挫损，早期作骨折及关节复位，神经功能多能自行恢复。如 1～3 个月无恢复，则需手术检查。

3. 晚期神经损伤

争取 3 个月内修复，伤后 1 年以上的病例，也应积极修复。

4. 术式选择

根据神经损伤的时间、性质、程度和范围，可分别行神经松解、减压、缝合修复，或行神经移位或移植，或后期行功能重建术。

（二）手术方法

1. 神经松解术

神经松解术包括神经外松解术和神经内松解术。神经外松解术是指解除神经外部压迫之后，打开神经外膜，暴露神经束。神经内松解术则进一步打开神经的束膜，暴露神经纤维。

2. 神经吻合方法

神经吻合是临床上最常使用的方法，包括端端吻合、端侧吻合、侧侧吻合和部分断裂的修复。其中使用最多的是端端吻合。

3. 神经移植

对于神经缺损的病例，可以考虑神经移植。神经移植供体一般采取自体的腓肠神经、桡神经前肢、前壁内侧皮神经、隐神经、骨外侧神经等。神经移植的方法有两种，即电缆式神经移植和束间游离移植。

（三）电刺激治疗

电刺激不管电场类型或脉冲的频率、波长及疗程长短，对周围神经再生均具有促进作用，已被大量的实验研究和临床实践证实。电刺激治疗方法一般为经皮电刺激。应用时选择最佳脉冲幅度、刺激频率、波长等参数，每日 1～3 次，每次 15～30min。

1. 电刺激强度

神经完全损伤以对侧正常神经有良好反应强度的 1～2 倍为准，肥胖者适当增加。神经不全损伤者，以该神经支配的肌肉有良好的收缩为准。

2. 电刺激时间

自术后 2 周开始，根据神经生长速度（1～2mm/天）计算，确定电刺激时间。

3. 电刺激部位

为神经行走浅表处，如锁骨上（臂丛）、上臂外侧肌间沟（桡神经）、肘部二头肌腱内侧与腕部正中（正中神经）、腕部尺侧（尺神经）等。臂丛神经损伤刺激以刺激锁骨上部位和神经移位吻合处为主。早期损伤者除刺激神经外，尚需刺激相应肌肉以防萎缩。

（四）中医中药

对神经损伤的营养作用主要体现在补虚、活血化淤、清热和化痰等。补虚药有补气的人参、黄芪、白术，补血的当归，补阳的鹿茸、淫羊藿；活血化淤药有丹参、红花、马钱子；清热的有黄芩、赤芍；化痰药有银杏叶。

（五）组织工程治疗

利用组织工程方法修复周围神经缺损主要涉及种子细胞、神经支架、细胞周围基质和神经营养因子几个方面。其中神经营养因子在神经元的存活、生长、分化、神经再生、突触形成与突触可塑性以及神经退行性疾病的过程中起着重要作用，在临床上应用比较广泛。

（六）基因工程治疗

神经系统基因治疗有两种基本途径：体内直接基因治疗和体内间接基因治疗，即体内（in vivo）转移或称一步法和回体（ex vivo）转移或称二步法。前者指将含外源基因的重组病毒、脂质体或裸露的 DNA 直接导入体内；后者是指将外源基因克隆至一个合适的载体，首先导入体外培养的自体或异体（有特定条件）的细胞，经筛选将能表达外源基因的受体细胞重新输回受试者体内。回体法比较经典、安全，而且效果较易控制，但是步骤多、技术复杂、难度大、不容易推广；体内法不需要中介细胞的参与，操作简便，更接近于临床，但这种方法尚不成熟，存在疗效短、免疫排斥及安全性等问题。

神经干细胞移植及基因转染技术为治疗周围神经损伤带来新的希望。采用外源性的神经干细胞和神经营养因子基因修饰移植细胞具有良好的前景。神经干细胞这项技术有望成为临床修复周围神经损伤的重要手段。

第三节　神经干细胞对周围神经损伤的治疗作用

一、研究概况

神经干细胞（NSC）为周围神经修复带来新的途径，其有许多特点：很强的分裂能力；移植后不但能在体内存活，而且能与受体细胞发生神经整合效应；具有无氧代谢的特点，能充分耐受离体后缺氧等条件改变，为体外细胞扩增、修饰提供条件；具有不断分裂增殖的能力，可为神经细胞移植提供大量的供体细胞，解决周围神经损伤后移植修复替代治疗时修复神经的数量不足的问题干细胞不仅有很强的增殖能力，尚有潜在的迁移能力，并且采用自身成体 NSC 移植可以避免胚胎移植的伦理学等问题，为临床应用治疗周围神经损伤提供了前景。

NSC 作为多能干细胞，其种属特异性低，具有增殖、分化能力，是高度未分化的多潜能细胞。成人的中枢和外周神经系统中都有 NSC 的存在，但大部分 NSC 平常在体内处于静息状态保存和储备，可免受代谢、免疫蛋白的破坏。多能分化是 NSC 的重要特征，其广泛的分化潜能、能变成不同种属各类细胞，以及可定向诱导分化为神经系统各种细胞的特点，提供了可通过移植 NSC 治疗周围神经损伤的可能性。细胞移植可用分离的 NSC 直接移植、NSC 系的细胞移植和神经营养因子原位诱导 NSC 增殖分化等途径。其中，用不同方法进行人胚胎 NSC 培养并成功地建立人胚干细胞系，获得大量所需神经细胞的前体细胞供人类进行移植治疗。这些对神经科学的研究有着重要意义。

NSC 主要有：①从胚胎来源的胚胎全能干细胞或多能干细胞；②从成体组织来源的包括来源于成体神经组织或非神经组织的 NSC。细胞的骨架蛋白——神经巢蛋白、波形蛋白，以及 RC1 抗原是 NSC 特有的生物学标志物，在 NSC 的定位、分离、鉴定中有重要意义。研究发现周围神经损伤后 2 周内巢蛋白 1 mRNA 的表达为低水平，于神经损伤修复后 2 周，巢蛋白 1 的 mRNA 表达水平增加约 40 倍，表明其表达同周围神经再生相关。NSC 分化机制和其定向诱导及分化调控，是目前 NSC 研究中所关注的问题。在 NSC 的分化中，干细胞所处环境而非内在特性对其分化方向的选择有指导意义。

二、实验研究

NSC 治疗周围神经损伤主要包括：干细胞直接修复神经轴突，帮助修复周围神经髓鞘，而施万细胞分泌多种神经营养因子、细胞外基质及细胞黏附因子等对维持 NSC 的存活、分化和发挥修复功能起着重要作用。

首先，NSC 通过增加新生轴突的数量和神经应答的能力，改善新生神经末梢与运动感觉器间传递信息的速率和质量，促进神经更快、更完全恢复。由胎大鼠海马区提取干细胞并在含碱性成纤维生长因子（bFGF）培养液中培养，成年大鼠坐骨神经离断 1.5mm 间隙，充满干细胞的硅胶管套在离断神经两端，移植后 48h 内 NSC 开始增殖，8 天后出现神经样细胞并在胞质内出现巢蛋白阳性表达，8 周后硅胶管内可见新生神经细胞，其数量和直径约为对照组的 2 倍。神经电生理检测发现，其神经动作电位潜伏期与正常神经一致，电位波幅为正常神经波幅的 38%。

其次，NSC 作为比较合适的移植细胞来源，促进脱髓鞘轴突的髓鞘形成，有助于轴突的传导功能恢复。研究表明，体外 NSC 大部分分化成神经元和星形胶质细胞，表达各自的特异性，仅有小部分细胞表达为少突胶质细胞和施万细胞的标志物。将成人脑组织中神经前体细胞移植到大鼠脱髓鞘的脊髓内，见含有生理功能的髓鞘形成，形成方式类似于施万细胞，且传导冲动速度几乎相同。这些研究结果表明，将体外 NSC 或前体细胞移植到脱髓鞘病变大鼠的脊髓后，能够在体内存活、迁移，并与大鼠的细胞整合和分化。所修复的髓鞘不但从解剖结构上相符，对神经纤维功能的恢复也有明显的促进作用。将 NSC 移植损伤大鼠的脊髓，2 周后发现大多数细胞呈胶质纤维酸性蛋白质（GFAP）或巢蛋白阳性。NSC 植入脊髓受损区后极少数生成星形细胞，而大部分可分化为少突胶质细胞，使损伤后的神经细胞产生轴突和使裸露的轴突重新髓鞘化。这些研究结果提示，NSC 可用于治疗外伤所致的脱髓鞘改变和作为外源性基因的载体用于神经损伤的基因治疗。将克隆的成人神经前体细胞植入脱髓鞘的小鼠模型脊髓内，发现 NSC 可分化成少突胶质细胞和施万细胞使轴索髓鞘再生修复，轴突髓鞘传导功能基本正常。有研究人员将中脑 NSC 与成年大鼠骨髓基质细胞共培养，在获得的 NSC 后代中神经元比例可达 38%左右，明显高于自然分化组，说明骨髓基质细胞提供的微环境可显著提高 NSC 后代中神经元的比例。也有学者发现血清可诱导体外培养的 NSC 分化成神经细胞和神经胶质细胞。

另外，施万细胞包绕周围神经轴突形成有髓或无髓神经纤维，其分泌的神经生长因子（nerve growth factor，NGF）、脑衍化神经营养因子（BDNF）、成纤维细胞生长因子（fibroblast growth factor，FGF）和睫状神经营养因子（ciliary neurotrophic factor，CNTF）等 20 多种神经营养因子、细胞外基质及细胞黏附因子对周围神经具有营养和支持作用，可促进损伤的周围神经再生，而且对维持 NSC 的存活、分化和修复有着重要作用。动物实验大鼠施万细胞的分泌物可支持人类 NSC 的生长，并诱导多数干细胞分化为神经元，而少数干细胞分化成星形细胞和少突胶质细胞；相反，无施万细胞分泌物的帮助时，NSC 将逐渐死亡。施万细胞分泌的物质在干细胞的分化中有着“起始信号”作用，该物质具有明显的支持生长和诱导 NSC 分化为神经细胞的作用。大鼠的 NSC 与施万细胞一起共培养时，NSC 在这种微环境诱导下大部分向神经细胞分化，而且很多神经细胞出现二、三级以上的突起。神经营养因子与 NSC 的增殖、分化密切相关，支持 NSC 的发生和形成神经系统的各种细胞。例如，BDNF 可支持海马干细胞来源的神经元的存活，并诱导其分化成锥体样神经元；BDNF 也能增强表皮生长因子依赖的干细胞来源的神经元突起的长距离生长能力。多种细胞因子参与了 NSC 的分化。在离体情况下，bFGF、表皮生长因子（EGF）、白血病抑制因子（LIF）、血小板衍化生长因子（PDGF）等多种生长因子对 NSC 的增殖和分化也起着重要作用。

三、应用前景

NSC 的移植、迁移、分化与局部微环境密切相关，这种特性为 NSC 的移植和移植后的神经细胞结构重建及功能恢复具有重要的作用，提示 NSC 对于修复受损的神经组织应用前景广阔。目前研究结果表明，NSC 可作为神经的替代疗法，充当基因治疗的载体，探讨药物致胎儿畸形发生机制等。有学者观察发现，将已完全分化但还未形成广泛突触联系的神经元作为替代疗法移植到损伤的神经组织内，细胞能比较好地存活并生长。由于神经组织是否再生及再生程度与神经营养因子和抑制因子之间的平衡相关，因而将 NSC 移植到组织中就有可能改变这种平衡，促进神经的再生功能。此外，移植后产生的胶质细胞可以对机体的损伤反应进行修饰，利于损伤组织的修复或脱髓鞘病变的鞘膜再生。干细胞的研究为神经损伤的治疗提供了新的思路，但治疗上直接将干细胞补入数量是不够的，需利用 NSC 可在体外培养增殖、易于表达外源性基因、可分离成单克隆和在体内不易改变其干细胞特性等特点，通过体外在一定环境下的细胞培养促进 NSC 的体外扩增，以满足移植所需细胞数量。

在转基因技术研究中，将编码神经营养因子等基因的片段导入 NSC 中，使其在移植部位进行表达，改善神经损伤后内源性 NSC 数量不足和损伤局部的微环境不适宜神经细胞再生等因素导致自我修复效果不满意的状况，以促进移植区局部微环境改善，有利于细胞的生存与增殖。但现在仍有很多问题尚待解决，如基因物质通过血脑屏障的传递受限、转染基因的非选择性表达和转染基因表达的原位调节问题；直接利用胚胎干细胞，特别是 NSC 移植还存在社会学、伦理学方面的问题；用于修复神经功能损害而建立的胚胎干细胞系存在着细胞抗原性的问题；目前建立的 NSC 系多数来源于小鼠，而鼠人之间的种属差异限制了将鼠的干细胞系应用于人类疾病的治疗。

NSC 在神经损伤的治疗中，一方面可通过细胞移植补充损伤造成的神经细胞损失，促进神经损伤后的功能恢复；另一方面，可通过诱导及活化内源性 NSC 的分化并修复神经损伤。此外，由于 NSC 可以在脑内迁移及整合于宿主脑结构中而无免疫排斥反应，以及具有分化潜能，将 NSC 作为基因治疗的载体携带某些神经营养因子基因，通过其分泌神经营养因子可发挥治疗作用。

近年的研究发现，骨髓基质细胞来源的干细胞在脑的微环境中可增殖分化为各种神经细胞，为 NSC 的来源途径提供了更多可能性。将造血干细胞植入小鼠体内，可在脑皮质、海马、丘脑、脑干和小脑等部位分化成神经元、小胶质细胞和星形胶质细胞。人和小鼠的骨髓基质干细胞在体外分化形成具有神经元表型的细胞，神经元特异性烯醇化酶（neuron-specific enolase，NSE）、神经丝蛋白（neurofilament protein，NF）、单克隆蛋白（monoclonal protein，MP）表达，较长的突起末端出现典型的生长锥和伪足结构。由于从自体骨髓基质获取造血干细胞比较容易，又可以避免免疫排斥反应，所以干细胞移植治疗神经损伤有着良好的应用前景。

体外培养神经细胞时，将分化的细胞移到特殊培养基中能获得大量的少突胶质细胞样细胞，将其移植到脱髓鞘小鼠模型的脊髓中，可见移植的细胞成活并且分化为成熟的少突胶质细胞，同时还包绕神经元轴突形成新的髓鞘。恒河猴骨髓基质细胞（BMSC）于体外培养中增殖、分化和表达干细胞特异性抗原，并可分化为胶质细胞样细胞和神经元样细胞。同样，体外诱导成人 BMSC 转化为 NSC，进而分化为神经元和胶质细胞。EGF、bFGF 等促使 BMSC 定向转化为 NSC，BDNF、神经营养因子 3（neurotrophin-3，NT-3）及 NGF 促进 NSC 增殖，进而使其分化为神经元和胶质细胞。目前研究认为骨髓组织、神经组织及胚胎中的干细胞有共性之处。BMSC 作为多能干细胞具有多向分化潜能，在一定条件或细胞因子的诱导下可发育分化为神经细胞、肌细胞、成骨细胞、软骨细胞、纤维母细胞、脂肪细胞和基质细胞等类型的成熟细胞。BMSC 可由自身获取，经过体外扩增、诱导分化为 NSC 后进行自体移植，既适用于临床个体化治疗，又可避免发生免疫排斥反应和伦理学争议。

四、问题与展望

NSC 应用于周围神经损伤的治疗前景是十分广阔的，但将来自动物或体外实验的结果应用到临床，尚有许多难题亟待解决。例如，神经元处于十分复杂的微环境中，引入某种营养因子虽能使某些神经元存活及再生，但也可能对邻近的脑区产生负作用；引入神经营养因子的量、不同神经营养因子的比例如何确定；异体移植面临难以避免的二次损伤问题等。因此，这将是今后研究工作的重点与热点。

（李　欣　周　姝）

主要参考文献

陈东．2004．鹿茸多肽对胎大鼠脑神经干细胞体外诱导分化的实验研究．解剖学报，35（5）：240-243

董刚，侯群，裘昌林．2004．马钱子在神经系统疾病中的应用．浙江中西医结合杂志，14（12）：791-792

高月彩，李蒙，李瑞玉，等．2013．补肾中药在干细胞培养与移植中的干预作用．中国组织工程研究，17（14）：2609-2616

何波，段永壮，王增涛．2007．周围神经损伤的诊治研究进展．生物骨科材料与临床研究，4（4）：33-36

何晶，丁文龙．2005．雪旺氏细胞在周围神经损伤修复中的作用及其分子机制．解剖科学进展，11（4）：367-372，376

林双竹，杨璐璐，陈稳根，等．2013．神经干细胞与脑源性神经生长因子．中国医药指南，11（15）：78-80

刘芳，许家军．2005．干细胞与周围神经损伤修复．解剖科学进展，11（3）：273-277

马玉海，张勇，曹莉，等．2004．嗅鞘细胞-胶质细胞源性神经营养因子基因工程细胞移植对坐骨神经再生的作用．中华实验外科杂志，21（1）：17-19

潘良春．2005．周围神经损伤治疗的新方法-神经干细胞移植．国外医学•物理医学与康复学分册，25（1）：44-45

唐际存．2010．周围神经损伤治疗的现状及展望．华夏医学，23（1）：90-93

熊启勇．2013．周围神经修复与重建的实验研究．中国实用神经疾病杂志，16（12）：56-57

薛锋，顾玉东，陈德松，等．2002．周围神经损伤后银杏叶提取物 EGb761 对感觉神经元的保护作用．复旦学报（医学版），29（4）：251-254

杨宏，韩树欣．2004．简述黄芪的药理作用及临床应用．实用中医药杂志，20（9）：517

尹宗生，顾玉东，顾映红，等．2003．中药治疗对大鼠坐骨神经损伤后神经生长因子蛋白表达的影响．中华手外科杂志，2（1）：55-57

Abram SE, Yi J, Fuchs A, et al. 2006. Permeability of injured and intact peripheral nerves and dorsal root ganglia. Anesthesiol, 105(1): 146-153

Blakemore WF. 2005. The case for a central nervous system (CNS) origin for the Schwann cells that remyelinate CNS axons following concurrent loss of oligodendrocytes and astrocytes. Neuropathol Applied Neurobiol, 31(1): 1-10

Bo J, Zhang W, Sun X, et al. 2014. The cyclic AMP response element-binding protein antisense oligonucleotide induced anti-nociception and decreased the expression of KIF17 in spinal cord after peripheral nerve injury in mice. Int J Clin Exp Med, 7(12): 5181-5191

Cheng L, Duan XH, Zhong XM, et al. 2011. Transplanted neural stem cells promote nerve regeneration in acute peripheral

nerve traction injury: assessment using MRI. AJR Am J Roentgenol, 196(6): 1381-1387
Dong MM, Yi TH. 2010. Stem cell and peripheral nerve injury and repair. Facial Plast Surg, 26(5): 421-427
Garbossa D, Fontanella M, Fronda C, et al. 2006. New strategies for repairing the injured spinal cord: the role of stem cells. Neural Res, 28(5): 500-504
George A, Buehla, Sommer C. 2005. Tumor necrosis factor receptor 1 and 2 proteins are differentially regulated during Wallerian degeneration of mouse sciatic nerve. Exp Neurol, 192(1): 163-166
Gu S, Shen Y, Xu W, et al. 2010. Application of fetal neural stem cells transplantation in delaying denervated muscle atrophy in rats with peripheral nerve injury. Microsurgery, 30(4): 266-274
Gu SH, Xu WD, Xu L, et al. 2010. Regenerated host axons form synapses with neurons derived from neural stem cells transplanted into peripheral nerves. J Int Med Res, 38(5): 1721-1729
Isaacs J. 2013. Major peripheral nerve injuries. Hand Clin, 29(3): 371-382
Heine W, Conant K, Griffin JW, et al. 2004. Transplanted neural stem cells promte axonal regeneration through chronically denervated peripheral nerves. Exp Neurol, 189(2): 231-240
Huang L, Li R, Liu W, et al. 2014. Dynamic culture of a thermosensitive collagen hydrogel as an extracellular matrix improves the construction of tissue-engineered peripheral nerve. Neural Regen Res, 9(14): 1371-1378
Hou SY, Zhang HY, Quan DP, et al. 2006. Tissue-engineered peripheral nerve grafting by differentiated bone marrow. Neuroscience, 140(1): 101-110
Johnson TS, O'Neill AC, Motarjem PM, et al. 2008. Tumor formation following murine neural precursor cell transplantation in a rat peripheral nerve injury model. J Reconstr Microsurg, 24(8): 545-550
Mackinnon SE. 1989. New directions in peripheral nerve surgery. Ann Plast Surg, 22(3): 257-273
Regala C, Duan M, Zou J, et al. 2005. Xenografted fetal dorsal root ganglion, embryonic stem cell and adult neural stem cell survival following implantation into the adult vestibulocochlear nerve. Exp Neurol, 193(2): 326-333
Ring D. 2013. Symptoms and disability after major peripheral nerve injury. Hand Clin, 29(3): 421-425
Sekiguchi H, Ii M, Jujo K, et al. 2013. Estradiol promotes neural stem cell differentiation into endothelial lineage and angiogenesis in injured peripheral nerve. Angiogenesis, 16(1): 45-58
ShangYZ, Gong MY, Zhou XX, et al. 2001. Improving effects of SSF on memory deficits and pathological changes of neural and immunological system sinsenesent mice. Acta Pharmacol Sin, 22 (12): 1078-1783
Shen HY, Yin DZ, Tang Y, et al. 2004. Influence of cryopreserved olfactory ensheathing cells transplantation on axonal regeneration in spinal cord of adult rats. Chin J Traumatol, 7(3) : 179-183
Sunderland S. 1947. Rate of regeneration of sensory nerve fibers. Arch Neurol Psychiatry, 58(1): 1-6
Sunderland S. 1947. Rate of regeneration of motor fibers in the ulnar and sciatic nerves. Arch Neurol Psychiatry, 58(1): 7-13
Wawersik S, Evola C, Whitman M. 2005. Conditional BMP inhibition in Xenopus reveals stage-specific roles for BMPs in neural and neural crest induction. Dev Biol, 277(2): 425-442

第二十二章　神经干细胞移植治疗癫痫

第一节　概　　述

一、癫痫的基本概念

（一）癫痫的基本定义

癫痫是一种脑部疾病，其特点是脑部持续存在易导致癫痫反复发作的易感性，以及由于这种发作引起的神经生物、认知、心理和社会后果，癫痫的诊断要求至少有 1 次发作。

（二）癫痫发作的概念

发作（seizure）一词来自希腊语，在医学中常常将其广泛用于代表突发性的严重事件，如心脏病发作、心理或生理事件的发作等。这些发作并不都是癫痫，而是在某些方面与癫痫相似。为了强调痫性发作的性质，国际抗癫痫联盟主张将癫痫患者的发作称为癫痫发作（epileptic seizure），以便与非痫性发作相区别。

（三）癫痫持续状态的概念

癫痫持续状态是神经疾病中的危重症，国内广泛使用的癫痫持续状态的定义是“短时间内频繁发作，全身性发作在两次发作之间意识不恢复，单次发作持续 30min 以上”。2001 年，国际抗癫痫联盟提出了新的癫痫持续状态定义：“超过大多数这种发作类型的患者的发作持续时间后，发作仍然没有停止的临床征象，或反复的癫痫发作，在发作间期 CNS 的功能没有恢复到正常基线”。

二、癫痫的病因及发病机制

（一）癫痫病因分类

1. 特发性癫痫（idiopathic epilepsy）及癫痫综合征

其病因不明，主要由遗传因素所致，可为单基因或多基因遗传。常在某一特殊年龄段起病，表现部分性或全面性发作，具有特征性临床及 EEG 表现，有较明确的诊断标准。药物疗效较好。

2. 症状性癫痫（symptomatic epilepsy）及癫痫综合征

这是由各种明确的或可能的 CNS 病变引起，如脑结构异常和影响脑功能的各种因素，包括染色体异常、先天性畸形、围生期损伤、颅脑外伤、CNS 感染、中毒、脑肿瘤、脑血管疾病、代谢遗传性疾病和变性病等。遗传可能起一定的作用，而且药物疗效差。随着影像学和分子遗传学的发展，发现许多特发性癫痫患者脑内存在器质性病变。

3. 隐源性癫痫（cryptogenic）

临床表现提示为症状性癫痫，但未找到明确的病因，可能在特殊年龄段起病，但无特定的临床及 EEG 特征，临床较常见。

4. 情境关联性癫痫发作（situation related epileptic seizure）

发作与特殊状态有关，如高热、缺氧、内分泌改变、电解质失调、药物过量、长期饮酒戒断、睡眠剥夺和过度饮水等，正常人也可出现发作。虽为痫性发作，但有关情境一旦消除即不再发作，故一般不诊断为癫痫。

癫痫的病因很多，一般说来，婴幼儿的癫痫主要与产伤、出血、代谢障碍或遗传因素有关；儿童和青少年期主要与炎症、寄生虫、脑外伤和皮质发育障碍有关；成人期发病多与脑肿瘤、脑血管畸形、代谢异常或内分泌功能障碍有关；老年期癫痫多见于脑血管病、糖尿病和脑萎缩等。

（二）发病机制

癫痫的发病机制仍不完全清楚，但一些重要的发病环节已为人类所知。

1. 神经元异常放电及其扩布

神经元异常放电是癫痫的病变基础，而异常放电的原因是离子异常跨膜运动所导致，后者的发生与离子通道结构和功能异常有关，调控离子通道的神经递质或调质功能障碍又是引起离子通道功能异常的主要原因。离子通道蛋白和神经递质多数是以 DNA 为模板进行代谢的基因表型产物，因而其异常往往与基因的表达异常有关。

起步神经元的异常放电要变为成千上万神经元高度同步化放电，必须通过神经元间连接通道多方向扩布。神经元间的连接通道有直接和间接两大类，后一种连接方式称为突触连接，是人类神经元连接的主要方式。有研究表明，癫痫患者神经元突触有明显的功能异常，这种病态突触通过突触囊泡的快速循环再生使正常情况下每秒仅能传播数次或数十次神经冲动的突触传递功能增加数十次到数百次/秒，使痫样放电迅速扩布。

2. 离子通道及神经递质调节

离子通道活动还受到电压门控和配体-受体门控离子通道的调节，脑内的兴奋性递质（如谷氨酸）抑制性递质［如γ-氨基丁酸（GABA)］等神经递质和调质可通过多个环节直接或者间接调控这些离子通道。上述任何一个环节出现问题都有可能触发神经元的异常放电。现有研究资料支持脑电图上的癫痫样放电是以谷氨酸为代表的脑内兴奋功能增强的结果，临床上的癫痫发作除兴奋功能增强外，还与 GABA 为代表的脑内抑制功能绝对或相对减弱有关。因此现在认为癫痫的本质是一类离子通道病，离子通道病的功能是由基因控制表达的。当存在有关基因的缺陷时，可造成离子通道功能异常，从而造成神经元电位的异常，构成癫痫样放电的基础。

3. 不同类型癫痫发作的可能机制

异常电流的传播被局限在某一脑区，临床上就表现为局灶性发作；痫性放电波及双侧脑部则出现全面性癫痫；异常放电在边缘系统扩散，可引起复杂部分性发作；放电传到丘脑神经元被抑制，则出现失神发作。

三、癫痫的分类

1981 年和 1989 年，国际抗癫痫联盟先后提出了癫痫发作和癫痫综合征的分类，2001 年国际抗癫痫联盟又提出新的癫痫发作和综合征的分类，见表 22-1。目前，应用最广泛的仍是 1981 年的分类方法，但 2001 年的分类也被广大医务人员接受。

表 22-1　癫痫综合征的国际分类法（2001 年）

癫痫综合征	首选治疗
良性家族性新生儿惊厥	不需治疗，必要时可选用苯巴比妥、丙戊酸
婴儿早期肌阵挛性脑病	药物治疗无效
大田原（Ohtahara）综合征	苯巴比妥
婴儿游走性部分性发作	氯硝西泮与司替戊醇联合应用可能有效
West 综合征	ACTH、泼尼松
良性婴儿肌阵挛性癫痫	丙戊酸
良性家族性婴儿惊厥	不需治疗，必要时可选用苯巴比妥、丙戊酸
良性非家族性婴儿惊厥	卡马西平、苯巴比妥、丙戊酸
Dravet 综合征	丙戊酸和苯二氮卓类
HH 综合征	手术
非进行性脑病中的肌阵挛状态	静注地西泮，部分病例用丙戊酸加乙琥胺有效
伴中央颞区棘波的良性儿童癫痫	多数不需治疗，少数可用卡马西平、丙戊酸
早发性良性儿童枕叶癫痫	不需要治疗，伴热性抽搐者可用地西泮
迟发性儿童枕叶癫痫（Gastaut 型）	卡马西平
肌阵挛失神癫痫	丙戊酸加乙琥胺，拉莫三嗪
肌阵挛-站立不能发作性癫痫	首选丙戊酸，无效加用拉莫三嗪
Lennox-Gastaut 综合征	托吡酯、丙戊酸、拉莫三嗪
Landau-Kleffner 综合征（LKS）	丙戊酸、乙琥胺和地西泮有效
慢波睡眠中持续棘慢复合波的癫痫	丙戊酸加苯二氮卓类
儿童失神癫痫	乙琥胺、丙戊酸、氯硝西泮

续表

癫痫综合征	首选治疗
进行性肌阵挛性癫痫	丙戊酸，氯硝西泮
不同表型的特发性全面性癫痫	
青少年失神癫痫	乙琥胺加丙戊酸、拉莫三嗪
青少年肌阵挛性癫痫	丙戊酸、苯巴比妥、氯硝西泮
伴有全面性强直-阵挛性发作的癫痫	丙戊酸、卡马西平
反射性癫痫	
特发性光敏性枕叶癫痫	避免诱因可不治疗，必要时用丙戊酸
其他视觉敏感性癫痫	丙戊酸、扑米酮，次选拉莫三嗪
原发性阅读性癫痫	丙戊酸、氯硝西泮
惊吓性癫痫	卡马西平、拉莫三嗪、氯硝西泮
常染色体显现遗传夜间额叶癫痫	卡马西平
家族性颞叶癫痫	卡马西平
全面性癫痫伴热性惊厥重叠综合征	卡马西平
病灶多变的家族性局灶性癫痫	卡马西平
症状性（或可能为症状性）局灶性癫痫	
边缘叶癫痫	
伴海马硬化的颞叶内侧癫痫	手术
根据特定病因确定的颞叶内侧癫痫	手术
根据部位和病因确定的其他类型	
新皮质癫痫	
Rasmussen 综合征	手术
根据部位和病因确定的其他类型	
有癫痫样发作但不需诊断为癫痫的情况	
良性新生儿惊厥	
热性惊厥	
反射性发作	
酒精戒断性发作	
药物或其他化学物质诱导的发作	
外伤后即刻或早期性发作	
单次发作或单次簇性发作	
极少发作的重复性发作（oligo epilepsy）	

四、主要临床表现

所有癫痫发作均有其共同特点：发作性、短暂性、重复性、刻板性。除了上述共同特点外，癫痫发作有其个性，为一种类型区分于另一种类型的主要依据。

（一）全身性发作

最初的症状学和脑电图提示发作起源于双侧脑部者称为全身性发作。

1. 全身强直-阵挛性发作

该种类型为癫痫大发作唯一的发作方式，与全身性强直、全身性阵挛发作的病理生理机制相同。此种发作早期从强直性姿势开始，继而演变为反复抽搐，期间重复频率减慢，幅度增加。强直开始时出现意识障碍。强直期脑电图为高频、低波幅活动，当演变为阵挛期可见反复性棘波及交替性抑制。

2. 强直发作

在癫痫发作中强直性运动为肌群的持续性收缩，导致肢体或全身的姿势障碍，常伴有明显的自主神经症状，如面色苍白等。

3. 阵挛发作

表现为不同肌群反复的短暂性的收缩，通常以抽动方式反复出现，其间隔时间为0.2～5 次/秒。

4. 失神发作

突然发生和突然终止的意识丧失是失神发作的特征。典型失神发作表现为活动突然停止、发呆、呼之不应，手中持物落地。部分患者可机械重复原有的动作，每次发作持续数秒钟，每天可发作数十次。发作后立刻清醒。不典型失神发作的起始和终止均较典型的慢，除了意识丧失之外，常伴肌张力减低，偶有肌阵挛。

5. 肌阵挛发作

表现为快速、短暂、触电样肌肉收缩，常成簇发生。

6. 失张力发作

肌张力突然消失，可导致患者跌倒，局限性肌张力丧失可仅引起患者头或肢体下垂。

（二）部分性发作

部分性发作包括单纯部分性、复杂部分性、部分性继发全身性发作三类。

1. 单纯部分性发作

除了具备癫痫的共同特点外，其最大的特点为发作时意识存在，发作后能复述发生的动作细节，这是单纯部分性发作的主要特征。

2. 复杂部分性发作

主要特征为有意识障碍，发作时患者对外界刺激没有反应，发作后不能或者部分不能复述发作的细节。最主要的临床表现为自动症，其主要特征为意识障碍和患者出现看似有目的但实际无目的的发作性行为异常。部分患者发作前有感觉和运动先兆，发作时患者与外界接触不良，对外界刺激无反应。

3. 部分性继发全身性发作

先出现上述部分性发作，随后出现全身性发作。癫痫部分性或全身性发作在短时间内频繁发生，全身性发作在两次发作之间意识不清楚，全身性或部分性发作持续 30min 以上称为癫痫持续状态。

第二节　癫痫的诊断和治疗

一、诊断

（一）诊断的步骤

1. 癫痫发作诊断及分类

主要根据发作期临床表现、脑电图改变，包括发作间歇期脑电图改变进行，是癫痫进一步诊断、治疗的基础。

2. 癫痫与癫痫综合征诊断

这是癫痫患者的疾病诊断，可根据发作类型、时间规律、诱发因素、起病年龄、家族史、神经系统损害定位及定性、脑电图改变、治疗反应和转归等进行。

3. 病因诊断

所有癫痫患者均应结合神经系统及全身检查尽可能做出病因诊断。若为首次发作，须排除各种疾病引起的症状性发作，如低血糖症、低钙血症、肝肾功能衰竭、高血压脑病及脑炎等，以及药物或毒物引起的痫性发作。

（二）临床诊断

（1）主要根据患者发作史，可靠目击者提供的详细发作过程和表现非常重要，脑电图发现痫性放电可以临床确诊。某些患者无目击者提供病史或夜间睡眠时发作不能提供准确描述，会给诊断带来困难。

（2）脑电图（EEG）是诊断癫痫最重要的辅助检查方法。许多患者发作间歇期 EEG 可见尖波、棘波、尖-慢波或棘-慢波等痫样放电，对癫痫诊断有特异性。癫痫放电形态及部位也是癫痫分类的依据，对选用抗癫痫药有帮助，局灶性痫样放电常提示部分性癫痫；泛发性放电提示全面性癫痫。EEG 反复检查或延长记录时间，应用过度换气、闪光刺激、剥夺睡眠等活化方法可提高癫痫放电记录的机会。有些患者出现脑电背景活动变慢或局限性慢波等异常，对癫痫诊断和定性也有一定帮助。近年来，广泛应用的视频脑电图（video-EEG）可同步地监测和记录患者发作情况及相应 EEG 改变，如记录到发作，对诊断和分类有很大帮助。不同类型全面性发作的发作期 EEG 变化有一定的特异性，例如，强直性发作多见连续多棘波；肌阵挛发作多为多棘-慢波；部分性发作发作期 EEG 变化较多、特异性不强，但起源部位对定位颇有价值。

（3）神经影像学检查可确定脑结构异常或病变，对癫痫及癫痫综合征诊断和分类有帮助，有时可作出病因诊断，如颅内肿瘤、灰质异位等。MRI 较敏感，特别是冠状位和海马体积测量能较好地显示颞叶、海马病变。功能影像学检查如 SPECT、PET 等能从不同的角度反映脑局部代谢变化，辅助癫痫灶定位。

（三）鉴别诊断

1. 生理性的非癫痫发作

所谓的非癫痫发作，是指类似癫痫而事实上不是真正意义上的癫痫发作的一些事件。造成这些类似癫痫或被误认为癫痫发作的生理原因包括短暂性缺血发作、晕厥、周围源性的眩晕、一过性的完全性健忘症、深眠状态和偶发的运动障碍。

神经心脏源性的晕厥与癫痫的区别主要有典型的前驱症状、短暂的持续时间、意识的迅速恢复。偶尔在发作时可以看见一两下肌阵挛，而大多数时候患者在发作期间是柔软无力、没有反应的。

深眠状态与年龄有关，在睡眠时经常有激烈的行为发生。一般来讲，它们是一种良性反应，与其他的机能紊乱无关。与觉醒有关的深眠状态包括精神错乱性觉醒、梦游症、夜惊症。睡眠觉醒过度紊乱包括节律运动紊乱、睡眠惊起、梦呓、夜间腿抽筋。发生在快速动眼时相的深眠状态包括梦魇、睡眠麻痹、睡眠有关的阴茎异常勃起、睡眠有关窦性停搏以及睡眠快速动眼时相的行为紊乱。在成人唯一常见的深眠状态是睡眠快速动眼时相的行为紊乱，它包括在快速动眼时相睡眠时发生的不完全目的性的运动——梦境以外的行为。

一过性的完全性健忘症是指孤立的记忆功能障碍，不能形成新的记忆并有不同程度的逆行性遗忘，同时不伴有神经病学损害。尽管发杂性部分发作偶尔表现有不伴有丧失反应的记忆缺失期，一过性的完全性健忘症与其区别在于：这种完全性的健忘症可持续 5～6h，而且很少复发。

偶发的运动障碍是癫痫的一种鉴别诊断。突发的运动源性的手足徐动症是短暂的、运动诱导的肢体肌张力障碍。它与脑电图变化无关且被认为是一种运动障碍，尽管它对抗癫痫治疗有反应，但它不是癫痫。

2. 非生理性的非癫痫发作

非生理性的非癫痫发作的表现千变万化，但大多数区别于癫痫发作，这是因为它们没有固定形式的行为演变过程且可以持续时间较长。这些发作的诊断主要依靠与精神病理学有关的病史和精神病理学检查的证据、与癫痫发作不一致的或不典型的行为表现，发作期间缺乏脑电图的改变。许多单纯的部分发作和一些短暂的复杂性的部分发作在头皮脑电记录中可能没有发作性的改变，这时需要长程视频脑电监测来对非癫痫性发作进行最后的判断。虽然大约有 10%的非癫痫性发作的患者也伴有痫样，但是另外一种表现才是这些患者的根本问题所在。

各种原因造成的癫痫发作是十分常见的神经性疾病。大多数怀疑有癫痫发作的患者可以通过询问患者和目击者进行正确的诊断。一个简单常规的或觉醒/睡眠的脑电图就是一种能够明确诊断和对癫痫发作进行精确分类的方法。一切诊断性检查，包括常规的血液检查和神经影像学检查，被用来作为寻找癫痫的原因。正确的癫痫发作和癫痫综合征的分类可以正确地指导治疗和判断预后。长程视频脑电监测可用于那些经常发作且用药物难治的患者的诊断。在一些情况下可以判断患者是否适合神经外科治疗。

二、治疗

癫痫治疗不仅要完全控制发作，还要使患者获得较高的生活质量或回归社会。目前，癫痫治疗仍以药物治疗为主。近年来抗癫痫药物（antiepileptic drug，AED）治疗的进步、药代动力学监测技术的发展、新型 AED 的问世等都为癫痫治疗提供了条件。控制癫痫的发作期也尤为重要。

（一）发作时处置

1. 单次发作

癫痫发作有自限性，多数患者不需要处理。强直-阵挛性发作时可扶住患者平卧，防止跌伤或伤人，并且保持呼吸道通畅。抽搐发作时，在关节部位垫上软物可防止发作时的擦伤，不可强压患者的肢体，以免引起骨折和脱臼。发作停止后，可将患者头部转向一侧，让分泌物流出，防止窒息。多次发作者，可考虑肌注苯巴比妥 0.2g。对自动症患者，在保证安全的前提下，不要强行约束患者，以防伤人和自伤。

2. 癫痫持续状态的治疗

癫痫持续状态的处理主要有以下几个方面：首先要保持呼吸道通畅，吸氧，必要时做气管插管或切开，尽可能对患者进行心电、血压、呼吸、脑电的监测，以保持患者稳定的生命体征。控制发作、终止治疗是治疗的关键，可酌情选用以下方法。

（1）地西泮加地西泮疗法：首先用地西泮 10～20mg 静脉注射，每分钟不超过 2mg。如有效，再将 60～100mg 地西泮溶于 5%葡萄糖生理盐水中，于 12h 内缓慢静脉滴注。地西泮偶会抑制呼吸，需停止注射，必要时加呼吸兴奋剂，儿童首次静脉剂量为 0.25～0.5mg/kg,一般不超过 10mg。

（2）地西泮加苯妥英钠疗法：首先用地西泮 10～20mg 静脉注射取得疗效后，再用苯妥英钠 0.3～0.6g 加入生理盐水 500ml 中静脉滴注，速度不超过 50mg/min。用药中如出现血压降低或心律不齐，需减缓静滴速度或停药。

（3）单用苯妥英钠：部分患者也可单用苯妥英钠，剂量和方法同上。

（4）10%水合氯醛：20～30ml 加等量植物油保留灌肠，每 8～12h 一次，适用于肝功能不全或不宜使用苯巴比妥类药物者。

（5）副醛：8～10ml（儿童 0.3ml/kg）植物油稀释后保留灌肠。

（二）药物治疗

1. 传统的 AED

（1）苯妥英（phenytoin，PHT）：对全身强直-阵挛发作和部分性发作均有效，但可加重失神和肌阵挛发作。治疗量与中毒量接近。不良反应为剂量相关的神经毒性反应，如皮疹、齿龈增厚、毛发增生和面容粗糙，干扰叶酸代谢可发生巨红细胞性贫血。

（2）卡马西平（carbamazapine，CBZ）：单纯及复杂部分性发作的首选药物，对复杂部分性发作疗效优于其他 AED。其副作用是可发生白细胞减少。

（3）苯巴比妥（phenobarbital，PB）：对全身强直-阵挛发作疗效好，也可用于单纯及复杂部分性发作，对少数失神发作或肌阵挛发作也有效，对热性惊厥有预防作用。镇静的不良反应常见。

（4）扑痫酮（primidone，PMD）：适应证主要是全身强直-阵挛发作，对单纯及复杂部分性发作也有效。

（5）丙戊酸钠（valproato，VPA）：一种广谱抗癫痫药，与其他 AED 有复杂的交互作用。可使失神发作和全身强直-阵挛发作得到良好控制，也用于单纯部分性发作、复杂部分性发作及部分性发作继发全身强直-阵挛发作；可作为全身强直阵挛发作合并失神小发作的首选药物。

（6）乙琥胺（ethosuxamide，ESX）：仅用于单纯失神发作和肌阵挛。

2. 新型的 AED

（1）加巴喷丁（gabapentin，GBP）：可作为部分性发作和全身强直阵挛发作的添加治疗。

（2）拉莫三嗪（lamotrigine，LTG）：对部分性发作、全身强直阵挛发作和 Lennox-Gastaut 综合征有效。

（3）非氨酯（felbamate，FBM）：对部分性发作和 Lennox-Gastaut 综合征有效，可用作单药治疗。可发生再生障碍性贫血和肝毒性，其他 AED 无效时才考虑试用。

（4）氨己烯酸（vigabatrin，VGB）：用于部分性发作、继发全身强直阵挛发作和 Lennox-Gastaut 综合征，尤对婴儿痉挛症有效，也可用作单药治疗。不可逆性抑制 GABA 转氨酶，增强 GABA 能神经元作用。有精神病史的患者不宜应用。

（5）托吡酯（topiramate，TPM）：亦称妥泰，可作为丙戊酸的替代药物。远期疗效好，无明显耐受性，大剂量也可用作单药治疗。

（三）癫痫患者精神疾病治疗的基本原则

有统计表明约有30%患者存在精神学方面的问题，产生精神障碍的原因主要有以下几种可能：①基础脑部病变，可能引起智能改变和人格变化，如非优势半球病灶表现躁狂抑郁症状，优势半球病灶表现表现为分裂样症状；②与癫痫发作关系，癫痫性智能障碍形成与发作频率有关；③抗痉挛药物的影响，近年来认为抗痉挛药物长期应用可导致叶酸缺乏，而造成人格改变和智能减退。针对上述几项原因，治疗癫痫患者的精神疾病主要原则是：针对原发病，解决基本脑部病变，控制癫痫发作，选择抗癫痫药物注意用药剂量及药物副作用，必要时外科手术治疗。

（四）癫痫治疗的停药问题

一般情况下，全身强直-阵挛性发作、强制性发作、阵挛性发作完全控制4～5年后，失神发作停止半年后可考虑停药。但停药前应有一个缓慢减量的过程，这个时期一般不少于1～1.5年，有自动症的患者可能需要长期服药。

（五）癫痫的手术治疗

对药物治疗无效的难治性癫痫，可考虑手术治疗。近年来随着神经电生理及磁共振的快速发展，癫痫手术进步迅速。

1. 癫痫手术治疗的适应证、禁忌证

1）癫痫手术治疗的适应证

（1）难治性癫痫：试用主要的抗癫痫药单独或合用，经2年以上正规的抗癫痫治疗，达到患者能耐受的最大剂量，血药浓度达到有效范围，仍不能控制发作，每月至少有4次以上的癫痫发作，影响患者的日常生活。

（2）症状性癫痫：进行性发展，发作频繁严重，影响儿童脑发育，出现精神发育迟滞，发作间期行为紊乱。颞叶癫痫手术治疗效果最好，前提是致痫灶位于非功能区、病灶切除后不遗留严重神经功能障碍、可以切除的脑病理性病变，如肿瘤或其他病变，意在延长患者的生命；手术切除原发病灶，可使某些患者如儿童或病程短的患者的癫痫发作减少或消失。

（3）癫痫灶系一侧性并局限，或系双侧性而以一侧占优势。

2）癫痫手术治疗的禁忌证

（1）相对禁忌证：内科或神经系统进行性疾病，严重行为障碍影响术后康复，增加手术病残或死亡率，活动性精神病（与发作无关），智商小于70仅可做局部切除。

（2）绝对禁忌证：特发性全面性癫痫和不影响生活的轻微发作患者。

2. 癫痫的术前定位

准确的术前定位极为重要，决定着手术范围的选定、手术方法的选择与预后。致痫灶（seizure focus）特指在脑电图中出现癫痫放电最明显或起源的部位；癫痫病理灶（lesion）是指导致脑电图痫性放电和临床癫痫表现的脑内结构异常。致痫灶、癫痫病理灶合称癫痫源（source），手术不仅要切除病理灶，也要处理致痫灶。

1）脑电生理检查

（1）脑电图（EEG）：脑电图是术前最重要、有意义和经济方便的辅检手段之一。视频脑电图（VEEG）和动态脑电图（AEEG）能全面地反映各种生理状态和各种刺激下的脑电活动，故可及时捕捉癫痫样放电，并做定量处理分析，癫痫定性、分型和定位准确率可达 95%以上，可对术前评价及确定手术范围提供可靠信息（图 22-1）。开颅后，手术须在皮质电图（ECoG）指导下进行，EEG 只能确定癫痫，而不能确定病因。

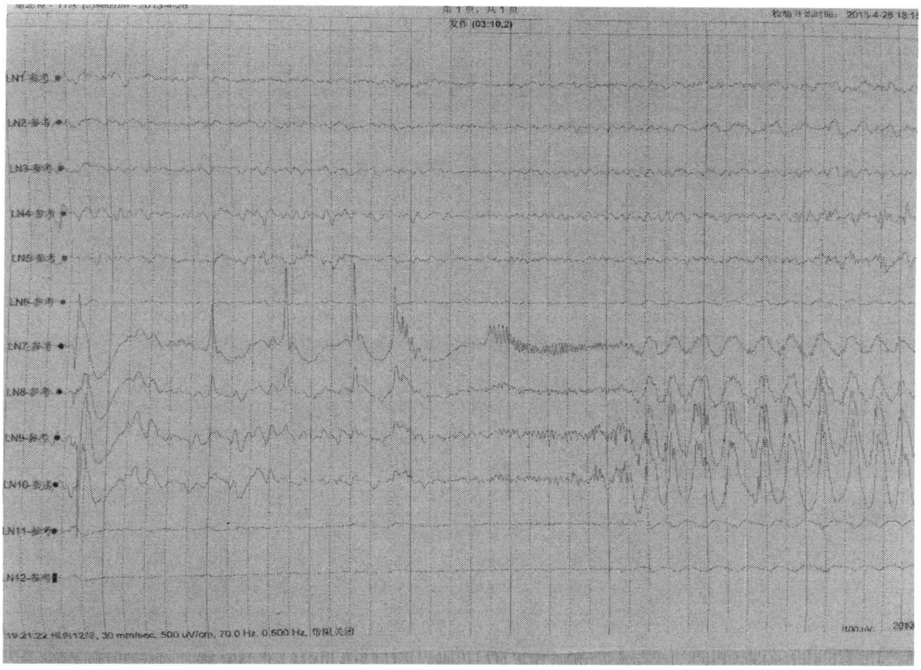

图 22-1　颅内深部电极脑电图

LN1-LN6 左侧海马深部电极，LN7-LN12 右侧海马深部电极，图为右侧海马起始的右侧颞叶内侧癫痫

（2）脑磁图（MEG）：脑磁场信号磁场呈空间分布，不受头皮和颅骨电阻抗的干扰，空间定位高度精确性可达 3.0mm，时相分辨可为 1.0ms，是目前最灵敏的无创癫痫定位手段，与临床符合可达 70%以上。

2）神经影像学检查

（1）MRI：癫痫灶的结构性定位主要凭借 MRI。MRI 对低度星形胶质细胞瘤、脑炎、脑囊虫、脱髓鞘性疾病、灰质异位和动静脉畸形等产生异常的信号强度，还能清楚地显示海马萎缩、颞叶内侧硬化，敏感性可达 80%（图 22-2）。MRI 广泛应用以来，对颅脑影像学研究更为细致、准确，原因不明的原发性癫痫诊断已越来越少。对所有症状性癫痫，MRI 检查已成为首选。

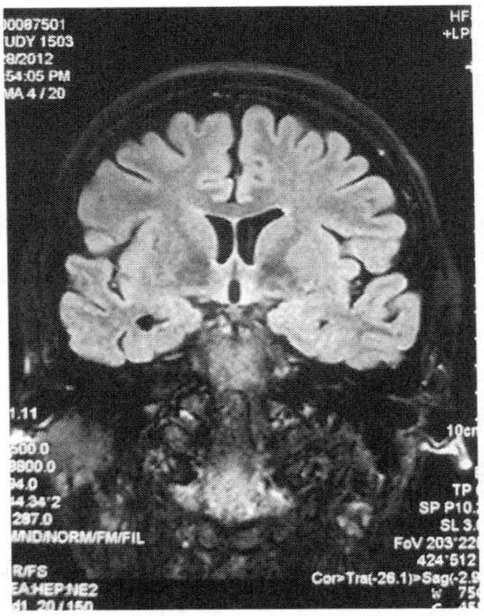

图 22-2　右侧海马硬化

（2）单光子发射计算机断层扫描（SPECT）：癫痫灶的局部脑血流量在发作间歇期降低，而在发作期增加，特别是发作当时或发作刚结束时即刻检查，价值更大，对癫痫源的定位有 97%的特异性。

（3）正电子发射断层扫描（PET）：癫痫发作时和发作后短时间内癫痫灶对葡萄糖摄取增加达 82%～130%，为高代谢改变。PET 上呈白色或褐红色；而发作间歇期代谢降低幅度约 14%～58%，PET 上显蓝色。局部代谢异常与 EEG 异常发放有很高的一致性。

3）神经功能学检查

癫痫源位于脑重要功能区，为在术中指导使用恰当术式，以避免造成术后严重不可逆神经功能障碍，术前须进行重要功能区的定位。

（1）Wada 试验：颈内动脉注射异戊巴比妥，是确定语言优势半球的“金标准”，同时能显示偏侧的记忆障碍。

（2）功能性 MRI（f-MRI）：不仅用来确定癫痫灶，还可对皮质运动、语言和记忆区定位。

（3）磁源成像（MSI）：通过 MEG 得到脑组织的磁场图像信息，经过电脑软件处理，反映到患者的 MRI 上，得到癫痫灶与正常功能区的三维图像，以区别癫痫灶与重要功能区之间的界线。

（4）磁共振分光仪（MRS）：可测出颞叶内侧区域的 *N*-天冬氨酸（NAA）信号强度降低和胆碱（Cho）信号强度增强，而这些变化正是致痫灶内神经元脱失和胶质化的反映，可用于致痫灶的定位。

癫痫的手术定位主要依靠术前的脑电生理和影像学检查。目前，任一单一检查都不足以完全取代其他检查。癫痫的病因和发病机制极其复杂，影像学（CT、MRI）所示“癫痫病理灶”往往并非脑电生理检查所能发现直接引起癫痫发作的“致痫灶”，部位常不一致。影像学所发现的结构异常则需分析其与癫痫发生的关系，判断是否是癫痫病理灶。只有将脑电生理结果、结构性影像与功能性图像达到解剖-电生理定位的统一，全面、准确地处理致痫灶和病理灶，手术才能取得良好疗效。

3. 癫痫手术的常用手术方式

（1）脑皮质病灶切除手术：通过切除皮质致痫灶以消除痫性发作的病因。尽量将致痫灶和原发灶一并切除，适应证如下：①局限性癫痫发作，致痫灶部位肯定；②临床、EEG 和影像学检查结果一致；③手术切除不至于产生严重的神经功能障碍，并尽量保留重要功能区。

（2）前颞叶切除术：是治疗顽固性颞叶癫痫（复杂部分性发作）的一种经典的和最常用的手术方法，可使 90%的患者癫痫发作消失或显著减少。其主要的适应证如下：①复杂部分性发作或精神运动性发作；②EEG 确认癫痫样放电位于或主要位于一侧颞区；③CT、MRI、脑血管造影和单光子发射脑扫描等有局限性阳性发现者。

（3）选择性杏仁核、海马切除术，适应证如下：①有单侧杏仁核、海马和海马旁回等颞叶内侧结构起源的癫痫发作，有典型的临床先兆症状；②对侧海马功能完整；③癫痫起源于手术难以接近的部位，如功能区，且癫痫样放电迅速扩展至同侧颞叶内侧结构；④颞叶内侧结构有形态学病变存在，颞叶内侧基底边缘叶癫痫发作，用卵圆孔电极可记录出癫痫样放电。具备前两项或后两项均可选择手术。

（4）大脑半球切除术，适应证如下：①婴儿偏瘫伴顽固性癫痫；②Sturge-Weber 综合征（脑面血管瘤病）；③半侧巨颅症；④Rasmussen 综合征。

（5）多处软脑膜下横切术，其适应证是：致痫区位于功能区的局限性癫痫，如中央前回、中央后回、Broca 区和 Wernicke 区，不能行常规的皮质病灶切除术者，此手术术后不引起功能障碍。

（6）胼胝体切开术：是一种姑息手术，术后仍需用 AED 维持治疗。多选用胼胝体前部切开术，切开胼胝体的前 2/3,即胼胝体嘴、膝和体的前部。2～6 个月后，若癫痫发作频繁，可行胼胝体后部切开术，切开体的后部、压部及其下的海马连合。此手术有严格的适应证：①有 GTCS、强直性癫痫发作和跌倒发作者；②额叶癫痫或多灶性癫痫，不能行手术切除致痫灶者；③药物难治性顽固性癫痫发作至少 3～4 年，EEG 示双侧大脑半球弥漫性癫痫放电或一侧大脑半球痫样放电。该手术对失张力-肌阵挛性发作、强直性发作、非典型失神发作、额叶癫痫发作（部分性或继发全身性发作）、Lennox-Gastaut 综合征、先天性和婴儿偏瘫、Sturge-Weber 综合征、Rasmussen 综合征、半侧巨颅症和脑皮质发育不全疗效较好。

（7）慢性小脑电刺激术，适应证是：①难治性癫痫；②明确异常的 EEG；③智商 70 以上；④排除颅内占位病变的各类癫痫；⑤对起源于边缘系统的全身性和局灶性癫痫效果最好。因属非切除性治疗方法，故其相对安全，有效率可达 76%，以刺激小脑蚓部及小脑中间皮质效果为佳。

（8）迷走神经刺激术，适应证是：①复杂部分性发作；②双侧病灶或无法确定病灶的癫痫；③无法行常规手术治疗的顽固性癫痫。

（9）癫痫脑立体定向手术及脑移植术。

第三节　神经干细胞在癫痫治疗中的作用

一、概述

癫痫以脑神经元异常放电引起反复痫性发作为特征，是发作性意识丧失的常见原因。癫痫的发作机制极为复杂，影响因素颇多。迄今为止，癫痫治疗仍以药物治疗为主，手术为辅，但药物及手术治疗均有不同程度的不良反应，所以寻找有效的治疗方法是当务之急。

近年来随着神经生物学的发展，神经干细胞（NSC）的基础与应用成为研究热点。神经细胞在研究神经系统发育、分化及治疗神经系统疾病中具有重要的价值。以往认为，哺乳动物神经细胞只有在胚胎期或出生后不久可以再生。因此，由于先天性发育缺陷或后天创伤及变性疾病等原因导致的神经元缺失、功能不足，因不能产生新的神经元，其功能难以恢复。近年来发现，在成熟的哺乳动物 CNS 内也有 NSC 存在，最令人振奋的是成年人脑内也发现有 NSC。为了补充、替代缺失、功能不足的神经细胞，恢复神经的功能，直接用 NSC 进行移植治疗，或通过病毒载体将基因导入 NSC，然后筛选得到体外高度表达的基因克隆进行移植，这为癫痫的治疗开辟了一条新的道路。

二、癫痫治疗中的 NSC 移植

成人癫痫中有 40%是复杂部分性发作，其中 70%～80%的患者癫痫发作来自颞叶。尽管对海马杏仁核选择性切除可使部分癫痫患者得以痊愈，但手术有一定的危险性，如偏瘫、偏盲、记忆损害等，且对侧颞叶癫痫灶不宜同时切除。因此，通过细胞移植进行功能重建从而改善癫痫的治疗现状是非常有意义的。

（一）NSC 移植用于治疗癫痫的历史回顾和基本原理

1979 年，移植胚脑组织能纠正大鼠黑质纹状体损毁所造成的行为异常。1982 年，首次进行临床脑内 NSC 移植，2 例晚期帕金森病患者接受自体肾上腺髓质移植，并取得明显疗效。1988 年，科学家给癫痫大鼠脑内杏仁核区移植富含γ-氨基丁酸（GABA）的神经组织，实验证明，脑内移植物产生和释放的某些癫痫抑制因子可抑制癫痫发作。1997 年的报告显示，用胶体金标记可证实，大脑海马干细胞移植到成年大鼠视网膜后可与宿主细胞建立突触结构。这为 NSC 移植治疗癫痫提供了新的途径。

NSC 移植治疗癫痫的原理可概括为：①细胞移植对神经结构具有修复作用；②细

胞移植对兴奋/抑制失衡具有调节作用；③移植的神经元或产生的神经递质对癫痫发作产生抑制作用。

（二）NSC 移植治疗癫痫的方法和途径

1. 细胞移植物的选择

（1）胚胎海马细胞：将供者的胚胎海马细胞制成细胞悬浮液进行输注。

（2）NSC：由于受胚胎海马细胞的来源、活性与纯度的限制，因此，体外培养扩增 NSC 成为目前较好的移植细胞来源。

（3）可释放杭癫痫发作介质的转基因细胞，如可分泌 GABA、乙酰胆碱及腺苷等许多神经递质的黑质、纹状体细胞。

2. 移植方法

（1）癫痫病灶切除及胚胎脑组织移植或细胞悬液输注。

（2）胚胎海马干细胞悬液输注。

（3）骨髓基质干细胞诱导分化后移植。

（三）NSC 治疗癫痫的策略和方式

1. NSC 移植治疗癫痫的两大主要策略

NSC 移植用于治疗某项疾病之前，最为关键的是要求解决和掌握 NSCs 定向分化的技术和方法。目前，有关 NSC 定向分化的研究正主要进行两个基本方向。

（1）NSC 的移植：①未分化的 NSC 在实验室进行培养，期间进行诱导或基因修饰，使其定向分化为所需的 GABA 能神经细胞；②未分化的 NSC 可直接种植到体内，依赖所在的微环境因素和信号使其分化成熟为预期的 GABA 能神经细胞；③NSC 作为靶基因载体，可设计抑制 GABA 转氨酶（GABA -T）基因表达，降低 GABA 代谢，提高脑内 GABA 浓度。

（2）内源性神经于细胞的活化：依靠发现生长激素、“生长因子”、“营养因子”和其他有利于细胞存活并增殖的信号分子及其作用机制，进而活化患者自身存在的 NSC 和内源性修复机能来修复脑部损害。正常成年脑纹状体、海马、皮质和室管膜下层存在 NSC，通过设法用细胞因子、天然诱导剂等诱导 CNS 或病变部位的细胞增殖、迁移和分化也可达到修复受损神经元的目的。

2. NSC 移植治疗癫痫的方式

主要针对移植受体不同组织的微环境，采取以下不同的方式。

（1）对于修复那些组织微环境尚未受到严重破坏的病变，可直接将 NSC 定点移植到该组织，向该组织的成熟细胞分化。NSC 不仅可修复神经元的缺失，而且可以修复损伤的神经胶质。例如，将 NSC 移至局限性致痫灶区（如单纯海马硬化病灶）。已经成熟的立体定向技术可以安全、可靠地达到这一目的。

（2）对于组织微环境受到坏死、缺损等严重破坏或发生纤维化、硬化等器质性变化的病变，因丧失了对干细胞起分化调控的微环境物质基础，需要将 NSC 在体外进行加工处理（诱导、基因修饰等）后再移植到病变部位。假如对严重的颅脑损伤、大面积性脑软化及多发性硬化等脑变性疾病所导致的继发性癫痫进行细胞移植，可能就不适合于直接将 NSC 定点移植，因为上述病变已丧失了微环境物质基础，或者范围过大。细胞移植前，需要经体外进行诱导、分化和增殖等处理。

（3）NSC 具有迁移功能，可经脑室（池）或静脉注射，可能到达病变区域，向该组织的成熟细胞分化以修复神经细胞的缺失。

三、问题与前景

特异性胚胎神经细胞的移植已在改善帕金森病、亨廷顿病，以及脑外伤等方面取得较肯定的结果。动物研究表明，合适的胚胎细胞移植可以替代丢失的细胞，部分恢复突触联系。虽然胚胎海马细胞移植在治疗神经系统疾病如颞叶癫痫、脑缺血和脑外伤等方面已进行大量试验性研究，但真正应用于临床的报道甚少，存在着如移植物的选择、宿主因素、免疫、宿主和移植物整合等问题。因此，解决上述问题成为应用 NSC 治疗癫痫的关键。

药物治疗及手术治疗方法是现如今临床使用较为广泛的癫痫治疗方法，而 NSC 移植等方法目前多处于试验性研究阶段，临床上应用较少，仍有许多问题没有解决。不过这些新疗法都具有各自治疗癫痫的优势与特点，所以仍十分值得进行研究与试验。相信在不久的将来，这些治疗癫痫的新方法一定会取得更加重大的突破。

（袁冠前　高丹丹）

主要参考文献

戴宜武，徐如祥，姜晓丹，等. 2002．体外诱导骨髓基质细胞向神经干细胞和成熟神经细胞分化的实验研究，解放军医学杂志，27（8）：704-0705

戴宜武，徐如祥，赵春平，等．2003．骨髓基质细胞源神经干细胞自体移植治疗脑干损伤初步观察．中华神经医学杂志，2（1）：57-60

胡莹莹，段现花，陈梅，等．2013．新生小鼠海马神经干细胞体外培养条件下的增殖和分化．中国组织工程研究，17（1），16-31

李龄，朱丹．2003．颞叶癫痫外科．广州：广州出版社：223-264

刘智良，徐如祥，姜晓丹，等. 2003．红藻氨酸对海马 CA1 区突触传递的作用．第一军医大学学报，23（7）:652-654

谭启富．1995．癫痫外科学．南京：南京大学出版社：144-355

吴杨，杨丛林，侯宏伟，等．2010．胚胎干细胞源性神经元移植治疗癫痫的初步动物试验研究．中国医学工程，18（4）：17-20

徐如祥，姜晓丹．2002．神经干细胞移植修复颅脑神经功能损害的研究现状及前景．解放军医学杂志，27（11）：941-946

徐如祥，姜晓丹，张世忠，等．2002．成人骨髓源性神经干细胞诱导分化实验研究．解放军医学杂志，27（11）：947-949

杨忠旭，张颖，历俊华，等．2010．神经干细胞治疗颞叶癫痫的近期效果研究．中华神经外科疾病研究杂志，9（4）：304-330

袁冠前，高丹丹，韩松，等．2011．神经外科患者癫痫反复发作处理分析．中华神经医学杂志，10（11）：1149-1151

袁冠前，吕博川，韩松，等．2011．丙泊酚颈内动脉注射行 Wada 试验 1 例．中国微侵袭神经外科杂志，16（5）：216

袁冠前，魏学忠，王英才，等．2005．磁共振波谱分析与液体反转恢复成像在诊断海马硬化中的作用分析．立体定向与功能神经外科杂志，18（3）：151-154

袁冠前，薛洪利，吕博川，等．2009．难治性外伤性癫痫的手术治疗分析．中华神经医学杂志，8（6）：605-607

Arsenijevic Y, Weiss S, Schneider B, et al. 2001. Insulin - like growth factor -I is necessary for neural stem cell proliferation and demonstrates distinct actions of epidermal growth faccor and fibroblast growth factor -2. J Neurosci, 21(18): 7194-7202

Allen NJ, Karadottir R, Attwell D. 2004. Reversal or reduction of glutamate and CABA transport in CNS pathology and therapy. Pflugers Arch, 449 (2): 132-142

Berg AT, Scheffer IE. 2011. New concepts in classification of the epilepsies: entering the 21st century. Epilepsia, 52(6): 1058-1062

Crisolia JS. 2002. CNS stem cell transplantation: clinical and ethical perspectives. Brain Res Bull, 57(6): 823-8266

Daniel H. 1999. Status epilepticas: an overview of the clinical problem. Eplepsia, 40(sup1): 3-8

Fattore C, Perucca E. 2011. Novel medications for epilepsy. Drugs, 71(16): 2151-2178

Guan qianyuan, Dan dan gao, Jun lin, et al. 2013. Treatment of recurrent epileptic seizures in patients with neurological disorders. Exp Ther Med, 5;267-270

Li LM, Cendes F, Andermann F, et al. 1999. Surgical outcome in patients with epilepsy and dual pathology. Brain, 122 (5): 799-805

Liu ZL, Xu RX, Yang K. 2003. Inflammation unmasks gabapentin's effect on A8 - fiber evoked excitatory postsynaptic currents in substantia gelationsa neurons of rat spinal cord. Chin Med J(Engl), 116 (6): 883-887

Meldrum BS. 2000. Clutamate as a neurotransmitter in the brain: review of physiology and pathology. J Nutr, 130(4S Suppl): 1007S-1015S

Ndoye NF, Sow AD, Diop AC, et al. 2005. Prevalence of epilepsy its treatment gap and knowledge, attitude and practice of its population in sub - urban Senegal an ILAE/IBE/WHO study. Seizure, 14 (2): 106-111

Painter MJ, Pippinger C, Wasterlain C, et al. 1981. Phenobarbital and phenytoin in neonatal seizures: Metabolism and tissue distribution. Neurology, 31: 1107-1112

Rietze Rl, Valcanis H, Brooker GF, et al. 2001. Purifieation of pluripotent neural stem cell from the adult mouse brain. Natrue, 412(6848): 736-739

Schuldiner M, Eiges R, Eden A, et al. 2001. Incluced neuronal differentiation of human embryonic stem cells. Brain Res, 913(2): 201-205

Sugaya K, Brannen C L. 2001. Stem cell strategies for neuroreplacement therapy in Alzheimer's disease. Med Hypotheses, 57(6): 697-700

Temple S. 2001. The development of neural stem cells. Nature, 414 (6859): 112-117

Westmoreland JJ, Hancock CR, Condie BG. 2001. Neuronal development of embryonic stem cells: a model of CABAergic neuron differentiation. Biochem Biophys Res Commun, 284(3): 674-680

Wiebe S, Blume WT, Girvin JP , et al. 2001. A randomized controlled trial of surgery for temporal lobe epilepsy. N Engl Med, 345(5): 311-318

Wieser HC, Blume WT, Fish D, et al. 2001. ILAE Commission Report. Proposal for a new classification of outcome with respect to epileptic seizures following epilepsy surgery. Epilepsia, 42(2): 282-286

Zhao Y, Wu H, Wang X, et al. 2012. Clinical epidemiology of posttraumatic epilepsy in a group of Chinese patients. Seizure, 21(5): 322-326

第二十三章　神经干细胞移植治疗阿尔茨海默病

第一节　概　　述

一、基本概念

1907 年，德国一位从事神经病理学的精神科医师 Alzheimer 报道一位 51 岁女性患者 Auguste 的一系列症状：对她丈夫强烈的猜忌，愈加恶化的记忆障碍、定向障碍、幻觉，频繁发作的攻击性。最终该患者被确诊为第 1 例以发现者命名的疾病——阿尔茨海默病（Alzheimer disease，AD），在我国被称为老年性痴呆病（senile dementia）。此病是以认知功能下降，包括记忆、定位、判断和推理等为特征的神经退行性变性疾病。

AD 特征性病理改变是在多个脑区内，神经元细胞外有大量神经炎性空斑（extracellular neuritic plaque）即老年斑（senile plaque，SP），神经元细胞内有神经元纤维缠结（neurofibrillary tangle，NFT）。研究认为，这些病理改变主要是由蛋白质的异常沉积引起，其首先出现在 Entorhinal 皮质，后期扩展到海马回，最后蔓延至大脑皮质。于此同时，病变部位的神经元突起退化，直至神经元凋亡，最终大脑死亡。研究表明，β-淀粉样蛋白（β-amyloid，Aβ）是组成 SP 的主要成分，而 NFT 的形成与 tau 蛋白的过度磷酸化关系密切。

据统计，在美国约有 400 万人被诊断为患有 AD。AD 最常发生在 65 岁以上的老年人，而且其发病率随年龄增长而逐渐上升。但是，年轻患者已不少见。当年龄超过 65 岁，出现智力减退的 AD 患者数量迅速增加。在发达国家，AD 已经成为仅次于心脑血管疾病、恶性肿瘤和卒中的第 4 位常见致死病因。有人预计到 2050 年，全世界将会有 1.2 亿人受累于此病。国际 AD 协会（ADI）2012 年发布的资料显示，全世界大约 40% 的痴呆患者被他人疏远或区别对待。在我国该病患者约为 1000 万，平均每年的新发病例 30 万。

二、病因及病理变化

（一）病因

到目前为止，研究人员还不能确切阐明导致 AD 的病因，同时也无法治愈。但是，近些年来，AD 的研究已经取得了相当大的进展。目前有多种假说，包括基因遗传学说、胆碱能神经异常学说、代谢障碍学说、自由基与凋亡学说和兴奋性氨基酸毒性学说等。

这些学说都能从某一方面解释 AD 的发病过程和患者产生症状的原因，但都不能完全阐明 AD 的发病机制。因此，目前普遍认为 AD 可能是一个多病因起源性疾病。AD 发病的危险因素包括：遗传因素、女性、老龄、教育水平低、铝中毒、病毒感染、糖皮质激素分泌亢进、雌激素减少、松果体素分泌紊乱、头部外伤、脑部循环不良及能量代谢障碍、免疫系统机能紊乱、营养不良、贫血和职业因素等。

据中国 AD 协会在 2011 年公布的调查结果显示，全球共有约 3650 万人患有老年性痴呆。随着生育高峰期出生的一代逐渐衰老，预期寿命继续延长，这个数字预计还将显著增长。现在平均每 7 秒就有一个人罹患此病，患者平均生存期只有 5.9 年，是威胁老人健康的“四大杀手”之一。在中国，65 岁以上的老人患病率高达 6.6%以上，年龄每增加 5 岁，患病率增长 1 倍，3 个 85 岁以上的老人中就有 1 个是老年痴呆。保守估计全国老年痴呆患患者数高达 800 万以上。

（二）病理变化

虽然基于体症和症状一般能对 AD 患者做出临床诊断，但确诊仍需死后做病理切片检查。AD 患者一般有脑萎缩，重量常小于 1kg，以颞、顶及前额叶萎缩最明显，脑室系统对称性扩大，脑皮质变薄。在 AD 患者海马、杏仁体、额叶、颞叶及顶叶皮质的病理切片中均可观察到典型的病理损害。在光镜下，AD 患者的上述脑区显示出最典型的病理改变——SP 和 NFT。SP 略呈球形，Aβ纤维沉积在胞外，周围被溃变的轴突与树突、活化的小胶质细胞和星形胶质细胞包围。许多 SP 所在的脑区还可见到伴随的星星点点的“弥散”斑块。在这些无定形、Aβ免疫反应呈阳性的小斑块中通常缺乏 Aβ纤维，几乎不含或仅含有极少的溃变突起或异常的胶质细胞。在大多数的 AD 患者中，弥散斑的数量明显超过 SP 的数量。弥散斑似乎是光镜下可检测到的 AD 患者大脑中的最早病理变化。它们的发生先于 SP，且发生在认知功能正常的、中年晚期和老年健康人的大脑里，就像唐氏综合征（Down's syndrome）患者在发展成典型的 AD 样 SP 和 NFT 以前所具有的病理改变那样。实际上，皮质中的弥散斑与 SP 存在着形态学上的连续性，而不应以界限清楚的两种类型的病理损害看待。

除了 SP，另一个诊断 AD 病理损害的指标是 NFT。NFT 为双螺旋丝结构，通常与直线丝混杂在一起，位于边缘系统与皮质神经元细胞核周围的胞质内。这些异常丝可以发生在许多 SP 中溃变的神经元内，也有一些发生在 SP 之外；NFT 也在皮质下核团，如内侧隔核和基底前脑 Meynert 核（简称 NBM）胆碱能神经元中观察到。这些核团发出纤维，广泛投射到 Aβ沉积物丰富的边缘系统和联合皮质。

近来关于 AD 的一个新的研究发现，SP 也见于一些没有或仅有轻度认知功能障碍的个体。然而，重要的是几乎所有正常老年脑组织内的 SP 的类型为弥散斑，也就是说，这些斑缺乏与 Aβ沉积相联系的神经元和胶质细胞病理改变，同时在相应脑区没有或很少存在 NFT。根据这些发现，人们推测弥散斑是“临床前”损害，在显微镜观察下尚不能观察到神经元损伤及其过程，就像在大多数无症状的老年人体循环血管壁上出现的“脂纹”是临床上重要的、成熟的动脉粥样硬化斑的前体一样。

三、临床表现

（一）早期表现

（1）很难想起近期的事情和谈话；很难记住月份或星期。

（2）失去财务管理的能力；置身于社交环境之外，或对之表示冷漠。

（3）做饭和购物变得越来越困难；判断力差——难于做出明智的决定。

（4）容易遗失物品；在原本熟悉的环境中可能迷失方向。

（二）中期表现

（1）行为出现问题：易怒、多疑、反应过度和偏执狂，如认为家庭成员在偷钱或者配偶有不忠行为等，神志恍惚，反复提问题或口中总是念念有词，夜猫子（即晚上不知疲倦、兴奋异常），惧怕洗澡，幻觉，进食困难，失禁，聚集收藏物品，性行为异常，暴力行为。

（2）从需要别人帮助选择衣服和提醒自己更换衣服，发展到需要有人帮助穿衣服。

（3）从需要别人提醒照料自己，到需要有人帮助洗澡、服药、刷牙和上卫生间等。

（4）语言表达和理解更加困难；空间方位感应问题，如无法把桌子摆好。

（5）丧失阅读、写作和计算能力；失去协调能力。

（6）需要每周 7 天、每天 24h 不间断监护；有时会无法辨认家人和朋友。

（三）晚期表现

1．不能沟通，不能辨认人、地方和物体；不能自己照料自己。

2．丧失行走和微笑的能力；肌肉可能萎缩；吞咽可能困难；可能发生痉挛。

3．体重下降；大部分时间用于睡眠；可能表现出需要吮吸物品；二便失禁。

第二节　阿尔茨海默发病的可能机制

对于疾病发病机制的研究，是和科研技术手段的水平密不可分的。对于 AD 的发病机制的研究，曾有胆碱能学说、自由基学说和兴奋性氨基酸毒性学说。随着分子生物科学技术水平的突破，人们开始尝试从分子水平解释 AD 的发病机制。通过对 SP 和 NFT 的深入研究发现，某些蛋白质在 AD 的发病过程中起着极为重要的作用，其中包括 Aβ 及其前体淀粉样前体蛋白（amyloid precursor protein，APP）tau 蛋白、载脂蛋白 E（ApoE）和早老蛋白（presenilin，PS）等。

一、Aβ、APP 与 AD

Aβ是其前体 APP 的一个多肽，正常生理状态下 Aβ的产生和降解是动态平衡的，多种原因可导致 Aβ的异常沉积。Aβ缩氨酸是位于细胞外的 SP 的主要组成部分，可能所有因素最终都是由于引起 Aβ的沉积而导致 AD 发生。全世界研究 AD 的科学家基本达成共识，Aβ并不是直接导致 AD 的临床症状。虽然对 AD 病理生理过程并不完全清楚，但是 Aβ却是其病理过程中的必要条件。Aβ的主要作用形式是βA42 和βA40 混合其他多肽（如βA26-39、βA26-42）及其他蛋白质（如 ApoE 等）组成。Aβ的毒性机制为这些 Aβ肽和其他蛋白形成 Aβ纤维，导致细胞外自由基出现，破坏神经元细胞膜，使其通透性增加，细胞内钙超载，活化钙依赖性激酶、蛋白酶和脂肪酶，随后细胞内自由基出现，导致细胞损伤甚至死亡。

APP 是 Aβ的前体，由神经元产生的，具有促进和维护神经元生长的作用。APP 基因定位于染色体 21q11 和 2q22 上，长约 170kb，由 18 个外显子和 17 个内含子组成，编码含 770 个氨基酸的前体。APP 突变可以导致常染色体显性遗传疾病，即早发家族性阿尔茨海默病（early-onset familial Alzheimer's disease，EOFAD）。胆碱能递质能促进 APP 的α-分泌代谢，减少 Aβ的形成。实验证实，当大脑皮质、海马及基底节区乙酰胆碱活性降低时，该区域 Aβ含量显著增加。多种细胞因子也参与了 AD 的病理进程，即通过 APP 的启动子的调控元件发挥作用。IL-1β可调控脑内 APP 的表达，IL-2、IL-3、IL-6 和 GM-CSF 可增强 APP 表达。

二、tau 蛋白与 AD

位于神经细胞内及其轴突微管中的神经纤维缠结，其主要组成部分是 tau 蛋白。tau 蛋白是一种磷蛋白，在正常神经元及轴突微管中，tau 蛋白紧贴在神经微管的两侧交叉聚合微管蛋白，使微管形成像铁轨一样平行螺旋的结构，从胞体向突触末端输送营养。正常情况下，tau 蛋白具有诱导与促进微管蛋白聚合成微管，防止微管解聚、维持微管功能稳定的作用，对记忆和正常大脑功能起重要作用。而在病理情况下，丝氨酸/苏氨酸磷酸酯酶 PP-2A、PP-2B 活性降低，使 AD 患者 tau 蛋白发生异常磷酸化，凝聚成双螺旋丝，导致 NFT 形成。同时神经微管扭曲变形而不能正常输送营养物质，导致轴突和树突营养不良性萎缩。

三、ApoE 与 AD

ApoE 是含有 299 个氨基酸的糖蛋白，相对分子质量为 3.42×10^4，编码基因位于 19 号染色体长臂（19q13，2），其基因结构具有明显的遗传多态性，有 3 个共显性等位基因，分别编码 3 种 ApoE 异构体。ApoE 一级结构多肽链第 112 位和第 158 位半胱氨酸（Cys）和精氨酸（Arg）互换，引起 ApoE 的多态性。

ApoE 是血浆脂蛋白的重要组成部分，主要在肝脏内合成，此外在脑、肾上腺、单核巨噬细胞中也有少量合成。在中枢神经系统内，ApoE 主要由星形胶质细胞合成并分泌。研究表明，AD 患者 SP 和 NFT 内有 ApoE 沉积且活性增高，参与 AD 的发生。正常生理情况下，ApoE 可与 Aβ结合形成复合物，而被神经元上的低密度脂蛋白摄取，从神经网中清除。

四、早老蛋白与 AD

早老蛋白（PS）是一种参与 AD 病理进程的蛋白质，参与 APP 的形成，目前已发现 PS-1 和 PS-2 两种，并有很高的同源性。PS 在多种器官中表达，同时在中枢神经系统内也广泛表达。正常状态下 PS-1 可被蛋白内切酶剪切水解成难溶性片段，可能起到细胞骨架的作用。此外，PS 介导 Notch、Wnt/Wingless 信号转导机制，参与 APP 的加工处理过程，调节钙信息和胆碱能信息的传递。目前证实，PS-1 基因突变可导致 EOFAD 和散发型 AD。PS 基因突变可导致细胞骨架发生变化及细胞内钙信息紊乱，增加细胞凋亡的敏感性。PS 突变促进 tau 蛋白过度磷酸化和改变 APP 剪切过程，使 Aβ产生增加，从而加速形成神经炎性空斑和神经元纤维缠结。Notch 和 Wnt/Wingless 信号转导系统在 PS 突变时失调，North 过度表达抑制神经元突起生长，Wnt 转导受抑制导致 APP 的非 Aβ剪切过程受抑制，从而引起 Aβ堆积及细胞凋亡，导致神经退行性变。

五、其他

44 所美国大学和研究机构的科研人员于 2011 年发现了与 AD 相关的 4 个新基因，包括 MS4A、CD2AP、CD33 和 EPHA1，目前已知的与 AD 相关的基因总数已达到 10 个。

目前关于与 AD 相关的其他蛋白质的研究也越来越深入，其中包括即刻早期蛋白（c-fos）、蛋白激酶 A（protein kinase A，PKA）、蛋白激酶 C（protein kinase C，PKC）、神经生长因子（NGF）、多巴胺（DA）和雌激素（estrogen，E）等。

美国犹他州州立大学的科学家在对 1221 对老年夫妻进行跟踪研究后发现，如果老年夫妻中有一方患有 AD，配偶患 AD 的概率会提高 6 倍，其中，男性被“传染”的风险要高于女性，而且年纪越大，风险越高。

英国桑格研究所等机构的研究人员发现人脑中一种名为“突触后致密体”的神经组织，并从该组织中找到 1461 种蛋白质。“突触后致密体”位于连接不同神经细胞的突触上，如果出现病变，会导致包括 AD 在内的 130 多种神经系统疾病。

第三节　阿尔茨海默病的检查诊断及治疗

一、检查

（一）实验室检查

AD 患者实验室检查无阳性结果，血清和尿常规检查正常，脑脊液常规检查正常或蛋白质含量轻度升高。因此，实验室检查仅仅是有助于排除与 AD 相似的其他疾病。有研究发现，AD 患者脑脊液 APP、tau 蛋白、PS-1 均增加。然而，目前关于这三种蛋白质的检验仍处于研究阶段。

（二）脑电图检查

AD 早期患者脑电图极少异常，或仅有波幅下降和 α 节律减慢。后期背景脑电图为慢节律或弥漫性慢节律，而其他各型痴呆患者脑电图大多在早期即出现明显异常。AD 患者听觉和视觉诱发电位可能有短和长潜伏期的反应延迟及波幅异常。

（三）CT 和磁共振检查

AD 早期患者 CT 检查无明显改变，后期可有逐渐加重的脑室扩大、脑沟增宽。研究表明，认知功能下降程度和脑室扩大速度呈正相关。磁共振（MR）检查提示内侧颞叶萎缩（medial temporal atrophy，MTA），测量 AD 患者海马体积、海马/脑体积比值，AD 患者两数值均较对照组小。单光子发射扫描（SPECT）和正电子发射断层摄影（PET）均可发现 AD 患者脑代谢活性下降。

（四）其他

2012 年 4 月 6 日，美国食品与药品监督管理局（FDA）批准 1 种放射性化合物 Amyvid 来评估 AD 患者的认知损伤。AD 神经影像计划负责人、美国加利福尼亚大学旧金山分校的神经学家 Weiner 表示，Amyvid 能够与淀粉体斑块结合在一起，在进行 PET 检查之前，使医生能够看清淀粉体是否已经开始在大脑中积聚。但 Amyvid 也有可能被滥用，并被误用而产生错误的诊断结果，包括假阳性和假阴性等。

二、诊断

多年来，国内外广泛采用的是 AD 诊断标准精神疾病诊断与统计手册（DSM-IV），以及美国国立神经病、语言交流障碍和卒中研究所-AD 及相关疾病学会（NINCDS-ADRDA）的标准。NINCDS-ADRDA 标准更为常用，其具体标准如下。

（一）怀疑标准

在发病或病程中缺乏足以解释痴呆的神经、精神及全身性疾病；痴呆合并全身或脑部损害，但不能把这些损害解释为痴呆的病例；无明显病因的单项认知功能进行性损害。

（二）可能标准

临床检查为痴呆，并由神经心理检查确定；进行性恶化；意识状态无改变；40~90 岁起病，多为 60 岁以后；排除系统性疾病或其他器质性脑病所致的记忆或认知障碍。

（三）很可能标准

根据痴呆综合征可做出；存在有继发性系统或脑部疾病可做出。

（四）确定标准

临床很可能，且有病理证据。

（五）支持可能诊断标准

特殊认知功能的进行性衰退，导致失语、失用和失认识；损害日常生活能力及行为的改变；家族中有类似患者；实验室检查显示腰穿颅内压正常，脑电图正常或无特异性改变，如曼波增加排除可能。

（六）AD 的排除标准

突然脑卒中样起病；病程早期出现局部的神经系统体征，如偏瘫、感觉障碍和视野缺损等；发病或病程早期出现癫痫或步态异常。

根据我国 AD 患者病情制定的标准为《中国精神疾病分类方案与诊断标准》第三版（CCMD-3，2001）。2005 年 Dubois 和 Scheltens 发起、包括国际上 15 名 AD 研究领域专家共同讨论总结后，于 2007 年提出了更符合 AD 研究现状，以促进 AD 的早期干预为目的的新 AD 的研究用诊断标准，也得到了各国学者的认同。

三、治疗

目前，对 AD 患者的治疗药物很多，这些药物可从多种药理机制发挥其作用。

（一）抑制 Aβ药物

1. Aβ分泌酶抑制剂

Aβ分泌酶抑制剂有β-分泌酶抑制剂和γ-分泌酶抑制剂两种，疗效均通过 Tg2576 转基因小鼠模型实验得以证实。β-分泌酶（β-secretase，BACE）是 Aβ产生过程中的关键限速酶，所以是药物干预的重要靶点之一，可选择性抑制 BACE 的活性，通过减少 Aβ来预防和改善 AD 症状。γ-分泌酶抑制剂通过多肽类或一些大分子化合物模拟底物结合位点或催化位点、PS 蛋白水解酶抑制剂妨碍有活性的γ-分泌酶的形成。

2. Aβ聚集抑制剂

热休克蛋白（heat shock protein，HSP）、四环素、层粘连蛋白（laminin，LN）、Ⅳ型胶原蛋白和β片层阻断肽等，都是通过抑制 Aβ聚集来发挥作用。

3. 疫苗和免疫疗法

1999 年，Schenk 在 *Nature* 杂志发表的文章提出，Aβ42 免疫接种法治疗 PDAPP 转基因小鼠，可在 APP 产生前接种而阻断斑块形成，而在斑块形成后接种可延迟病变的进展，甚至促进斑块消失。另有实验研究给 APP/V717I 转基因小鼠接种 AAV-CB-Aβ42

疫苗后，通过诱导 IgG 的产生提高记忆认知功能，减少 Aβ斑块形成的同时抑制星形胶质细胞增多。

（二）抗氧化剂

金纳多（Egb761）是从银杏叶中提取的化合物，其主要成分为黄酮糖苷类抗氧化剂，具有抗氧化清除自由基作用，通过降低 H_2O_2 相关活性氧物质而减慢 AD 病理过程。肌肽和蒺藜皂苷（gross saponins from tribulus terrestris，GSTT）可能通过稳定线粒体膜电位，保护 H_2O_2 诱导的 PC12 细胞氧化应激损伤。丙炔苯丙胺和维生素 E 也能明显延缓 AD 病情进展和生活能力的减退。

（三）抗炎药物

某些非甾体抗炎药（nonsteroidal antiinflammatory drug，NSAID）可导致胆碱功能变性，减弱小胶质细胞反应活性，减少诱导型一氧化氮合酶阳性细胞及前列腺素 E2 形成。此外，低剂量的南蛇藤素可减低 TNF-α和 IL-1β的产生，提高大鼠学习记忆能力，从而发挥抗氧化和抗炎功能。过表达 APP 的 Tg2576 小鼠，在给予布洛芬 16 周后也发现 Aβ42 降低。

（四）tau 蛋白相关治疗

在 GSK-3β、cdk-5 等多种蛋白激酶的催化作用下，tau 蛋白发生过度磷酸化，神经元结构完整性被破坏。动物实验研究发现，神经元微观蛋白因子 NAP 可通过抑制 tau 蛋白过度磷酸化而提高 AD 小鼠认知功能。

（五）NMDA 受体拮抗剂

NMDA 受体（*N*-methyl-D-aspartic acid receptor）即为 *N*-甲基-D-天冬氨酸受体，是离子型谷氨酸受体的 1 个亚型，分子结构复杂，药理学性质独特，不仅在神经系统发育过程中发挥重要的生理作用，如调节神经元的存活，调节神经元的树突、轴突结构发育及参与突触可塑性的形成等；而且对神经元回路的形成亦起着关键的作用。NMDA 受体是学习和记忆过程中一类至关重要的受体。AD 患者认知功能的下降，可能与谷氨酸活化 NMDA 受体引起神经元细胞毒性有关。Aβ和 tau 蛋白可激动 NMDA 受体而引发兴奋性毒性导致细胞死亡。临床现已应用的 NMDA 受体拮抗剂包括美金刚（memantine）、eliprodil、aptiganel、dexanabinol 和 CP-101606 等。

（六）胆碱酯酶抑制剂

人们发现 AD 患者脑内特别是新皮质及海马中，乙酰胆碱（acetylcholine，Ach）含量明显减少，而其合成酶胆碱乙酰转移酶（choline acetyltransferase，ChAT）的活性也有所降低，乙酰胆碱酯酶活性显著增高，Ach 分解加快。Ach 不足导致皮质、海马和基底节部胆碱能神经元传导障碍，从而引起学习记忆功能障碍。因此可使用胆碱酯酶抑制剂来治疗 AD。美国 FDA 批准使用的胆碱酯酶抑制剂有他克林、卡巴拉汀、多奈哌齐和加兰他敏等。

（七）钙离子拮抗剂

谷氨酸通过作用于 NMDA 受体，引起 PC12 细胞内的 Ca^{2+}增加，即细胞内 Ca^{2+}超载，导致 AD 患者神经元死亡。尼莫地平、维拉帕米和氟桂利嗪等钙离子拮抗剂通过阻止细胞内游离 Ca^{2+}的增加，使细胞保持正常生理功能，促进脑细胞恢复，对 AD 和血管性痴呆患者的记忆改善有一定疗效。

（八）他汀类药物

他汀类药物是胆固醇合成的限速酶——羟甲基戊二酸单酰辅酶 A 还原酶（HMG2CoAR）的抑制剂，可通过抑制胆固醇的合成而减少非溶性 Aβ的形成，并可抑制 Aβ的毒性及其诱导的炎性反应。

（九）激素替代疗法

雌激素能促进胆碱能神经元的生长，并具有抗氧化能力，减少 Aβ沉积和 SP 形成，从而减少对细胞的损伤，促进神经元修复和改善神经功能，防止神经细胞死亡。

（十）神经保护和营养疗法

神经营养因子（neurotrophic factor，NTF）可诱导、调节、控制神经细胞发育、生存、生长、迁移和再生，以及与其他细胞建立功能性联系，对 AD 患者脑内神经元突触末端有保护作用。但是外源性 NTF 无法透过血脑屏障，因此只能努力通过实现产生内源性 NTF 来治疗 AD。

（十一）金属螯合剂

实验研究表明，Fe^{3+}、Cu^{2+}和 Zn^{2+}等一些金属离子通过参与氧化应激导致氧化损伤，促进 Aβ沉淀和 SP 形成来参与 AD 的发病过程。临床研究对中重度 AD 患者使用金属螯合剂（如氯碘羟喹）治疗后，治疗组血浆 Aβ42 水平有所下降并有统计学意义。

（十二）中医中药

我国中医中药医学工作者历来对老年期痴呆（包括 AD 和血管性痴呆等）或脑萎缩有大量研究，留有古方或文献。首都医科大学宣武医院药物研究室的神经变性病教育部重点实验室多年来致力于中药对 AD 的治疗研究，在国家自然科学基金项目资助下开发的参乌胶囊，由制何首乌、淫羊藿、人参、石菖蒲、葛根和川芎 6 味中药组成。目前，研究者们已经完成参乌胶囊治疗轻中度 AD 的 3 期临床试验。

（十三）基因治疗

尽管药物治疗仍然是 AD 的主要治疗手段，但现在所开发的药物多为化学合成药，药物作用位点布专一、特异性差。相反，采取基因治疗不仅定位准确，作用持久，而且没有非靶器官副作用。因此，基因治疗是一种 AD 患者较为理想的治疗方法。由于 Aβ 水平的稳态依赖于生成、清除合内流间的平衡，因此，主要有降低 Aβ生成、加速 Aβ 降解和加速 Aβ转运的基因治疗。目前对于啮齿类和灵长类动物的研究已经证实部分对 AD 的基因治疗安全有效。研制安全的病毒载体，选择性地提高或抑制 Aβ代谢基因中与 Aβ代谢相关结构域的表达将会成为 AD 基因治疗研究的重点。

第四节　神经干细胞移植治疗阿尔茨海默病的作用研究

传统的AD治疗手段虽然能够减轻AD的症状,但无法补充大脑皮层和海马大量丢失的神经细胞,对于中晚期的 AD 患者疗效有限。神经干细胞（NSC）移植治疗 AD 是利用神经干细胞的多能分化特性将其诱导成相应神经细胞替代退行性变的中枢神经系统脑组织。干细胞的逆向分化能力和横向分化能力，以及转基因永生化干细胞系的建立使得神经干细胞来源日趋丰富。而且神经干细胞具有不对称分裂的特性，在诱导条件下能分化成为临床所需的神经细胞，修复神经元缺失和受损的神经胶质。因此，采用神经干细胞移植来治疗 AD 具有理论和技术的可行性。

一、神经干细胞移植治疗 AD 的研究概况

AD 的主要病理表现为神经元细胞外有大量老年斑，神经元细胞内有神经元纤维缠结，这些病理改变主要是由于淀粉样蛋白沉积和 tau 蛋白异常磷酸化所引起的，主要出现在 Entorhinal 皮质和海马回，同时有病变部位神经元轴突、树突退化和神经元凋亡等。利用神经干细胞的多向分化能力可对退行性变的脑损伤部位进行替代治疗。

大脑被认为是一个免疫特惠区，但脑组织也有免疫的基础，在中枢神经系统存在吞噬细胞和抗原提呈细胞，如小胶质细胞、树突状细胞等。神经干细胞是原始的未分化细胞，很少表达细胞膜抗原，因此可能不易诱发免疫反应。

人的脑内和人体内其他组织器官一样，存在着两个方向的动力平衡。在损伤的情况下，由于环境和药理的诱导作用，脑内可有大量内源性神经干细胞增生。然后在神经系统退行性疾病，如 AD 患者，脑内大量神经元持续破坏的情况下，并没有大量神经元再生。有学者认为，神经系统退行性变的过程实际是内源性神经再生失败的过程。在 AD 的病理过程中，可以明显地观察到神经干细胞的基本增殖、迁移和分化情况的缺乏，其可能是由于网络细胞丢失和神经元回路瓦解所致。

外源性、内源性神经干细胞均可用于 AD 的移植治疗。由于移植的神经干细胞在动物体内和体外适宜条件下可分化为神经元，并形成有功能的突触，提示神经干细胞有分

化为特定的神经元并形成功能性神经通路的潜能。因此，神经干细胞移植就成为治疗 AD 的一个选择方案。

二、神经干细胞移植治疗 AD 的实验方法

神经干细胞移植是修复和替代受损脑组织的有效方法，能部分重建神经环路和功能。将神经干细胞作为中枢神经系统移植的细胞源有许多优点，既能获得均匀大量的细胞，又能控制增殖速度和分化方向，预先可以把握细胞的性质，更易与宿主细胞形成正常的细胞联系。可以将移植用神经干细胞分成内源性和外源性神经干细胞两大类，主要有以下两种治疗途径。

（一）内源性神经干细胞治疗途径

通过活化中枢神经系统自身存在的神经干细胞，使其再进入细胞循环，并诱导其增殖、分化，产生各种神经细胞替代缺损的细胞，称为内源性途径。

（二）外源性神经干细胞治疗途径

将未分化细胞培养分化为适合移植到宿主体内的已分化细胞，或直接把干细胞移植到体内，通过信号引导作用使其分化成神经元来治疗神经系统疾病，主要包括异体神经干细胞移植和基因治疗。

三、动物实验研究

采用动物模型对 AD 的病理过程进行深入研究是非常重要的。目前，最常用的老年性痴呆动物模型为转基因鼠模型。Felenstein 在 1993 年第 23 届美国神经科学年会上宣布建立了 AD 转基因大鼠，随后美国一家公司于 1995 年宣布建立了转基因小鼠模型。转基因动物模型以遗传学为基础，将外源性 APP（野生型或突变型）、PS-1 基因导入，使其在染色体基因组中稳定整合、表达并遗传给后代。模型动物过多表达 APP 基因或者其突变产物，引起 Aβ的沉积和相关病理损害或临床症状。Haughey 等发现，在转基因小鼠早发家族性 AD 模型中，海马齿状回的神经干细胞存活明显减少，而用 Aβ同样可以抑制该部位分离纯化后体外培养的神经干细胞的增殖分化，并诱导凋亡。

单侧切断穹隆海马伞造成隔-海马胆碱能通路损害模型是 AD 胆碱能系统损害的一个经典模型。实验研究表明，AD 患者的痴呆程度与胆碱能神经元减少和乙酰胆碱转移酶（ChAT）活性下降成正比。基底前脑胆碱能神经元是神经生长因子（NGF）敏感神经元，含有大量 NGF 受体。NGF 对胆碱能神经元具有明显的营养和促分化作用，切断穹隆海马伞后，基底前脑 ChAT 和 NGF 受体阳性神经元明显减少。NGF 还可以使培养的前脑胆碱能神经元 ChAT 免疫活性增加。临床上早期应用 NGF 可以防止 AD 患者基底前脑胆碱能神经元萎缩，但是长期反复脑室内灌注 NGF 疗法则增加了感染机会。因此学者们设想通过脑内移植 NGF 基因修饰的神经干细胞来解决此问题。Martinez 等利

用温度敏感性永生神经干细胞系建立高效的分泌 NGF 的细胞系 HiB5-NGF，将其移入被完全切断穹隆的鼠纹状体及中隔后，移植细胞不但良好地存活于脑组织中，而且在体内还能持续分泌 NGF，并使 90%的胆碱能神经元得到恢复。由实验结果还得知，中年大鼠移植该细胞后可预防与年龄相伴随的胆碱能神经元萎缩和认知缺陷的发生，这一结果表明神经干细胞介导的神经营养因子基因的传输可预防性地减慢或控制神经退行性病变的行为和结构改变。由于 NGF 对 AD 动物模型鼠的神经元成活有促进作用，所以用 NGF 基因修饰神经干细胞移植来治疗 AD 患者有望成为可能。

Qu 等将人神经干细胞体外扩增后移植到 24 月龄大鼠侧脑室，4 周后这些细胞有序地迁移到包括皮质和海马在内的大脑的广泛部位，并分化为神经细胞和星形胶质细胞，部分细胞长出突触和宿主建立联系。Morris 水迷宫评价发现在神经干细胞移植后，衰老引起的记忆损伤大鼠认知功能明显改善，而对正常成年大鼠和记忆未受损的老年大鼠的认知功能没有明显影响。因此，神经干细胞移植替代治疗可能成为衰老引起的大脑认知功能障碍治疗新途径。

Doering 等将体外分化培养的神经干细胞移植入成年小鼠隔区或斜角带核后发现，神经干细胞在宿主鼠原先损伤的伞部-穹隆通路聚集最为明显。神经干细胞整合入该组织核团，同时检测到神经干细胞向星形胶质细胞和神经元方向分化。向神经元方向分化的神经干细胞表现出神经元的基本特征，能检测到神经丝蛋白亚单位的表达，部分细胞获得胆碱能神经元表型并表达胆碱乙酰转移酶和 P75 神经营养因子受体。另一方面，向星形胶质细胞方向分化的神经干细胞常伴随血管生长，并表达胶质纤维酸性蛋白，进一步表明了神经干细胞有位点专一的潜在分化特性。

徐如祥等使用特殊诱导方法，使小鼠胚胎干细胞在体外形成可分化为胆碱能神经元为主的神经干细胞，再将其经 GFP 标注后注射到痴呆小鼠的额顶叶皮质。移植后 3 个月经乙酰胆碱免疫组织化学染色检测，发现移植区有大量 ChAT 和 GFP 双标细胞，同时小鼠学习记忆能力明显改善，表明定向分化的神经干细胞移植可改善 AD 小鼠的症状。同时克服了其他学者将神经干细胞移植入成年体中枢神经系统非神经元部位绝大部分细胞不能向神经元分化的缺陷。

Wu 等将人胚胎神经干细胞体外培养增殖过程中增加了一个预先步骤，促使其在体内微环境中能几乎完全诱导分化为神经元。将此方法处理后的神经干细胞移植入成年鼠中枢神经系统后，发现几乎所有的神经干细胞在局部胆碱能神经通路区域被微环境诱导分化后获得了胆碱能神经元表型。可以理解为此研究的意义在于将神经干细胞移植治疗神经退行性疾病，尤其是 AD 的治疗，由单纯性神经干细胞移植向功能性神经干细胞移植方向迈进。

加州大学旧金山分校格拉德斯通研究所的科研人员发现，给小鼠和人体皮肤细胞植入一个名为 Sox2 的基因，数天后皮肤细胞变成早期神经干细胞，随后该细胞开始自我更新、成熟，最终成为成熟的神经细胞。因为这种细胞并非多能细胞，不能发育为多种类型的细胞，因此避免了分化为肿瘤细胞的风险。所以，这种细胞转变或者“重新编程”方法有助于生成更好的模型，用于针对 AD 等神经变性疾病的药物测试。

四、现状及问题

目前还没有应用神经干细胞治疗 AD 取得确切疗效的证据。对于神经干细胞的分化和功能修复机制目前还不完全清楚，诱导神经干细胞定向分化的技术尚未完善，移植细胞与宿主细胞的整合程度、是否获得成熟神经元的全部特征及其在体内的存活率、时间和增殖能力等均有待进一步研究。此外，选择适宜的移植细胞类型也至关重要，目前缺乏系统地比较是选择神经干细胞还是定向诱导后的成熟细胞。有学者应用行为学指标来评价神经干细胞移植后 AD 患者的病情变化，但行为学指标好转可能不仅仅是神经干细胞移植后诱导分化为成熟神经元的结果，也是移植物在宿主体内产生神经营养作用的结果。故由于缺乏细胞移植物功能评价指标而单纯从行为学指标判断预后缺乏客观性。

AD 和其他类痴呆症是美国人第六大死因，数据显示，美国目前约有 540 万名 AD 和其他类痴呆患者，预计到 2050 年，患者数量将上升至 1300 万至 1600 万，每年的医疗护理费用将达到 1 万亿美元。因此，美国投入了大量的资金和人力致力于 AD 的相关研究。2012 年初美国一个专家委员会公布的《国家阿尔茨海默症计划》草案显示，美国政府计划 2025 年前开发出针对 AD 的有效防治方法。不仅仅是美国，AD 作为全球老龄化的共同问题，亟待全世界各国政府的关注。

五、展望

随着人们对神经干细胞的深入认识，研究的重点聚焦于建立活化自身神经干细胞为主、移植为辅的方法，以解决细胞来源不足及存活率低的问题。另外，如何诱导神经干细胞在病变部位定向分化为胆碱能神经元，如何建立功能连接、优化修饰神经干细胞的基因或药物等问题，还需要科学工作者们进一步的研究。当神经干细胞的基础研究进一步解决了神经干细胞的增殖、迁移、分化及与宿主融合的机制等制约临床应用的问题后，人类能够解决从全能干细胞、多能干细胞到神经干细胞、定向神经干细胞、直至神经元的定向分化，完成神经元之间的功能重建，相信利用神经干细胞移植治疗 AD 患者终会实现。

（王　维　王聿杰）

主要参考文献

陈桂芳，李天东，张开发．2009．神经干细胞植入阿尔茨海默病鼠脑后的效果观察．中国组织工程研究与临床康复，13（45）：8987-8991

崔德华，张蕾，樊东升．2007．阿尔茨海默病的分子机制与神经干细胞治疗研究现状．内科理论与实践，2（2）：75-81

李林，张兰．2012．中药治疗阿尔茨海默病的作用特点．生物化学与生物物理进展，39（8）：816-828

刘献增，王晓飞，译．2010．神经病学治疗手册（第 7 版）．北京：人民卫生出版社：43-112

田金洲，梁新政，时晶，等．2009．阿尔茨海默病的诊断与治疗．北京：人民卫生出版社：35-67

徐俊，张颖冬．2009．阿尔茨海默病新德 NINCDS-ADRDA 诊断标准介绍．诊断学理论与实践，8（4）：367-371

徐如祥．2006．神经干细胞．北京：军事医学科学出版社：30-230
杨春，周辉，白琳琳，等．2010．神经干细胞移植对阿尔茨海默病大鼠海马突触素表达和学习记忆能力的影响．中国组织工程研究与临床康复，14（10）：1803-1807
于程程，张斌，陈虎．2012．干细胞移植治疗阿尔茨海默病的研究现状及展望．中国组织工程研究，16(23)：4301-4305
张新宇，付学锋．2011．神经干细胞移植治疗阿尔茨海默病研究现状．医学综述，17（20）：3067-3070
Chen SQ, Cai Q, Shen YY, et al. 2012. (1)H-MRS evaluation of therapeutic effect of neural stem cell transplantation on Alzheimer's disease in AβPP/PS1 double transgenic mice. J Alzheimers Dis, 28(1): 71-80
Dehghani L, Hashemi-Beni B, Poorazizi E, et al. 2013. Evaluation of neural gene expression in serum treated embryonic stem cells in Alzheimer's patients. J Res Med Sci, 18(Suppl 1): S20-23
Doering L, Snyder E. 2000. Cholinergic expression by a neural stem cell line grafted to the adult medial septum/diagonal band complex. J Neurosci Res, 61(6): 597-604
Hooper NM. 2000. Alzheimer's Disease Methods and Protocols. United States，Humana Press: 20~26
Lillrank SM. 2007. Psychological Disorders: Alzheimer's Disease and Other Dementias. United States, Chelsea House: 48-80
Qu T, Brannen C, Kim H, et al. 2001. Human neural stem cells improve cognitive function of aged brain. Neuroreport, 12(6): 1127-1132
Saido TC. 2003. Aβ Metabolism and Alzheimer's Disease. Eurekah. com, 60-78
Singh SR . 2012. Somatic Stem Cells Methods and Protocols. United States，Humana Press: 39-70
Snyder EY. 1994. Grafting immortalized neurons to the CNS. Curr Opin Neurobiol, 4(5): 742-751
Turkington C, Mitchell DR. 2010. The Encyclopedia of Alzheimer's Disease. 2nd Ed. Facts On File: 45-79
Ulrich H. 2010. Perspectives of Stem Cells: From Tolls for Studying Mechanisms of Neuronal Differentiation towards Therapy. United States，Springer: 6-12
Waldau B, Shetty AK. 2008. Behavior of neural stem cells in the Alzheimer brain. Cell Mol Life Sci, 65: 2372-2384
Wu P, Tarasenko Y, Gu Y, et al. 2002. Region-specific generation of cholinergic neurons from fetal human neural stem cells grafted in adult rat. Nat Neurosci, 5(12): 1271-1278
Wu S, Sasaki A, Yoshimoto R, et al. 2008. Neural stem cells improve learning and memory in rats with Alzheimer's disease. Pathobiology, 75: 186-194
Yagi T, Ito D, Okada Y, et al. 2011. Modeling familial Alzheimer's disease with induced pluripotent stem cells. Human Molecular Genetics, 20(23): 4530-4539
Young JE, Goldstein LS. 2012. Alzheimer's disease in a dish: promises and challenges of human stem cell models. Hum Mol Genet, 21(R1): R82-89
Zigova T, Sanberg PR, Sanchez-Ramos JR. 2002. Neural Stem Cells: Methods and Protocols. Totowa New Jersey, Humana Press: 37-90
Zigova T, Snyder EY, Sanberg PR. 2003. Neural Stem Cells for Brain and Spinal Cord Repair. Totowa New Jersey, Humana Press:46-57

第二十四章　神经干细胞移植治疗帕金森病

第一节　概　　述

一、基本概念

1817 年，英国的 Parkinson 医师曾记述一种以运动困难、肌肉僵直和静止性震颤为主要特征的疾病，后来以 Parkinson 命名此病，称为帕金森病（Parkinson’s disease，PD），又称特发性震颤。此病是一种以行走缓慢、抖动和僵硬为主要表现的锥体外系疾病，而且作为慢性的中枢神经系统（CNS）退化性失调疾病，可损害个体的运动能力、语言能力以及身体的其他机能。目前其病因尚不清楚，推测可能与大脑底部基底核以及黑质脑细胞快速退化，无法制造足够的神经物质多巴胺（DA）和胆碱的作用增强有关。大脑通过多巴胺的作用使肌肉活动，在缺乏足够的 DA 时则可引发机体活动的各种障碍。

根据流行性学方面的调查，我国 65 岁以上的人群中 PD 患者男性是 1.7%，女性是 1.6%，近 20 年增长约 20 倍，目前有患者 200 多万人，每年还在以 10 万人的速度增长。多数患者是在 40～70 岁之间发病，高发年龄段是 50～60 岁，而且随着年龄的增长发病是越来越多。随着中国老年人口比重的增加，PD 已成为神经科最常见的运动障碍性疾病。目前该病患者呈年轻化趋势，其原因包括：健康意识提高，主动就诊；医学研究进步，能及早确诊；环境恶化，接触毒素机会增多；生活压力大等。而更有数据显示，脑力劳动者的帕金森病发病率远高于体力劳动者，两者比例分别为 83.9%和 16.1%。PD 的典型症状包括静止时颤抖、动作徐缓和肢体僵硬。主要的神经病理学改变是黑质致密部的 DA 神经元的丢失，这种改变会导致纹状体内 DA 水平的下降。PD 可利用左旋多巴胺［3-（3,4-dihydroxyphenyl）-L-alanine，L-DOPA］和 DA 兴奋剂对患者进行治疗。长期利用左旋多巴胺治疗的患者会逐渐产生副作用，如症状波动和左旋多巴引起的运动障碍。虽然目前已有标准化的药物治疗方案，但是许多患者在其晚期还是很难控制症状的发生及发展。

二、发病特点

（一）病因

1. 感染因素

病毒感染或病毒感染后的异常免疫反应可能是 PD 的病因之一。由病毒感染引起的一种昏睡性脑炎，曾于 1915～1919 年在全球范围内引起大流行，其常见的并发症就是继发性 PD。然而，由脑炎并发的 PD 与原发性 PD 在实质上是完全不相同的，尤其在神经病理变化方面，脑炎性 PD 具有典型的病毒感染过程，这种发病现已很少见到；而原发性 PD 不存在前驱感染这一特征。此外，对 PD 患者体内单纯疱疹病毒（herpes simplex virus，HSV）和巨细胞病毒（CMV）进行了检测。应用微量间接血凝反应法测试血和脑脊液（cerebro-spinal fluid，CSF）中 HSV-I 型和 II 型及 CMV 的抗体效价，发现 PD 组除血 HSV-I 型抗体效价高于对照组外，其余均无差别。由于 CSF 中 HSV-I 型抗体效价未见升高，故难以说明其实际意义。免疫荧光染色和组织培养法也未能显示 PD 脑有 HSV 感染的证据。而且，由此可见，病毒感染学说作为 PD 病因的可能性不大。

2. 遗传因素

神经系统病变中有许多疾病的发生与遗传有关，PD 是否也与遗传因素有关？经大量的研究表明，不同研究方法所得出遗传史的数值范围较大。综合有关文献资料，其平均阳性家族史，如包括所有亲属在内为 10%～20%，如只限于直系亲属则小于 10%。可是，若在 40 岁以前早期发病的患者中，其阳性家族史可高达 46%。对 PD 患者直系亲属发病率的调查结果显示，2.8%的人今后会产生 PD。对 PD 组与对照组的直系亲属疾病发病率进行比较，PD 组是对照组的大约 2 倍。而且，其中绝大多数患者并无遗传家族史。对 PD 双胞胎的研究结果也不支持遗传因素的作用。在一组孪生为 PD 的 43 个单合子和 19 个两合子孪生关系中发现，只有 1 个单合子孪生显示与其孪生为 PD 患者具有同一 PD 遗传性状的“一致性”。

研究发现，早期 PD 与 22 号染色体 DNA 片段的缺失有关，在此染色体部分 DNA 片段缺失的、年龄在 35～64 岁之间的人群中，与相同年龄段的正常个体比较，其患 PD 的风险和数量明显增加。这种遗传缺失表现为出生时在 22 号染色上约有 50 个基因缺失，其和 22q11.2 缺失综合征直接相关。这为理解此病的机制以及开发新型的疗法提供了思路。

通过研究组织相容性复合物（HLA 系统）对 PD 的遗传易感性，发现 PD 患者 HLA-A9 抗原明显降低；进一步研究单倍型的不平衡性（disequilibrium），显示 HLA 单倍型 A2B5 显著减少，认为这意味着对 PD“防御因素”的丧失。另外，在不同个体之间对 PD 的易感性亦不相同；不同个体接触相同的一种或多种环境毒素后，其结果亦非一致，提示可能存在着一种“个体选择性”。对涉及体内一种或多种 P450 系肝细胞色素羟化异哇胍的功能进行研究，发现有 68%的 PD 患者为羟化作用缺陷的基因携带者，而对照组仅占 18%，PD 组显著高于对照组，这提示该肝解毒机制的缺陷可能是一种潜在的“易感因素”。这类遗传性羟化作用缺陷的个体，在接触环境毒素后便很易产生 PD。由此认为，该病的发生是由于遗传易感性与一种或多种环境“触发因素”共同作用的结果，这些触发因素包括环境毒素等。

3. 环境因素

随着神经毒 1-甲基苯基-1,2,3,6 四氢吡啶（1-methyl-phenyl-1,2,3,6-tetrahydro-pyridine,

MPTP）选择性毁损黑质 DA 神经元作用的发现及其作用机制研究的不断深入，以环境毒素作为 PD 病因的可能性已为人们普遍所接受。MPTP 于 1947 年首先由 Ziering 等合成，系哌替啶同族物 1-甲基-4-苯基-4-哌啶丙酸酯（1-methyl-4-phenyl-4-propionoxy piperidine，MPPP）的衍化物，具有海洛因样镇痛作用。近些年来，在美国加利福尼亚州的吸毒人群中，或从事实验的工作者中，误用（静注、皮肤接触或空气吸入）MPTP 后，一部分人表现出与原发性 PD 非常相似的症状，以及生化、病理变化及对治疗的反应。临床上表现为动作减少、肌强直、震颤、背屈曲、矛盾运动、冻结（freezing）发作、皮脂溢和认知障碍等。药物（抗胆碱能药、金刚烷胺、左旋多巴或 DA 激动剂）治疗有效，经左旋多巴治疗后，这些患者也出现剂末恶化、症状波动、运动障碍（dyskinesia）或精神障碍如幻觉等副反应。CSF 检查显示 DA 代谢产物高香草醛酸（high vanillic acid, HVA）含量明显减低。病理检查可见黑质 DA 神经元严重变性。

最近的研究发现，给猴应用 MPTP 后，脑干蓝斑，腹侧被盖部和下丘脑也同时受侵，并出现了与路易氏体十分相似的神经元内包含体，这些变化符合原发性 PD 的病理变化特征。而且，在一组不同鼠龄的大鼠实验研究中，可发现 MPTP 的黑质 DA 神经元毁损作用及 DA 耗竭作用随鼠龄增加而增强，表明 MPTP 的神经毒作用呈现出年龄依赖性效应。这一现象与 PD 主要发生于中老年期的特点一致。在加拿大的产谷物地区，因大量应用除莠剂百草枯，PD 的发病率比一般地区高了 7 倍，应用除莠剂与该病发病之间有显著相关性（相关系数 r=0.97）。现经研究，存在于环境中类似于 MPTP 结构的化学物质约有 10 余种，如吡啶、甲基吡啶、哌啶及 4-苯基吡啶等，它们有的存在于胡椒薄荷茶和绿叶薄荷茶中，也有的存在于某些工业原料中。由此表明 MPTP 或 MPTP 类似物等环境毒素与 PD 的发病密切相关。

在世界范围内 104 项的大型研究分析揭示，农药、杀灭真菌臭虫等的灭虫剂、除草剂，以及有机溶剂的近距离接触与 PD 的高风险发病密切相关。而且，在乡村生活、职业暴露，以及饮水的农业和乡村工作者与 PD 的发生也有一定关联。

众所周知，吸烟对人体健康有害，有些疾病的发生与吸烟有明显的正相关。然而，鲜为人知的是吸烟与 PD 的发病存在着负相关。推测吸烟过程中产生的一氧化碳能解除由环境毒素或 DA 自身氧化产生的自由基的毒性，而这些外源性或内源性毒素与引起 PD 神经病理变化有密切关系。

4. 环境毒素与年幼相关的神经系统老化

研究发现，人进入 30 岁以后，随年龄增长，黑质 DA 神经元呈现退行性变，酪氨酸羟化酶（tyrosine hydroxylase，TH）和多巴脱羧酶活力逐渐减弱，纹状体 DA 含量进行性减少，据估计每十年 DA 减少约 5%～13%。尽管如此，体内可通过一整套复杂而有效的代偿机制以代偿上述功能的衰减。故在临床上，绝大多数人甚至到晚年仍保持着正常的运动功能，而无 PD 的症状。现已知，只有当黑质 DA 神经元严重变性，损失达 80%以上，以及纹状体 DA 含量减少达 80%以上时，临床才出现 PD 的症状。显而易见，单纯由于与年龄相关的神经系统老化是不可能引起该病的。近期研究提示，长期接触特定作用于黑质 DA 神经元的环境毒素（MPTP 或 MPTP 类似物等） 和神经系统老化过程共同参与 PD 的发病机制。即在中年时，由于接触了选择性毁损黑质 DA 神经元的 MPTP 或 MPTP 样环境毒素，造成亚临床黑质损害，以后随着年龄增长进一步加重黑质神经元退变，TH 和多巴脱羧酶活力减弱，纹状体 DA 浓度降低；到 50～60 岁时，黑质 DA 神经元毁损超过 80%，纹状体 DA 浓度减少也超过 80%时，致 PD 症状出现。新近的研究证明，“亚临床纹状体 DA 缺乏状态”的人确实存在。误用 MPTP 后而目前尚无 PD 症状的人，行正电子发射断层扫描（PET）检查，显示这些人的纹状体 DA 含量低于正常人，但高于 PD 患者，即介于正常人和患者之间。在美国已证实接触了 MPTP 而目前处于“亚临床纹状体 DA 缺乏状态”的约有 400 多人，长期随访观察这些人在今后是否会产生 PD 是很有价值的。如果其中绝大多数人将来出现了临床症状，将有力地支持上述观点。

这些都有可能是引起黑质 DA 神经元变性的病因之一，但其中任何一种孤立因素均不足以导致该病。不过，环境毒素在该病的发病中可能起着主导作用。概括多数观点，仍倾向于中年期由于环境毒素的直接作用，以后随年龄增长而发生的黑质 DA 神经元渐进性退变，同时伴对环境毒素易感性的个体选择性可能是导致该病的主要病因。

5. 线粒体受损

线粒体是细胞内的能源工厂，负责为细胞提供必要能源，使其得以执行日常功能。大脑组织就是一个需要消耗大量能源的器官。根据华盛顿大学医学院近期的报道发现，当线粒体受损时，会经由这一途径引发 PD。大脑神经元中有大量的线粒体，而这些线粒体必须受到严格监控。线粒体发生异常，不仅会停止生产能量，还会消耗能量产生损害细胞的分子。而这种破坏最终会导致 PD。在正常情况下，健康细胞的质控系统，能够识别发生异常的线粒体，并将其清除。研究提示，这些线粒体内的自毁信号，需要与周围细胞的蛋白质交流，才能驱动破坏和清除程序，这其中的具体机制是一个重要问题。线粒体的质控系统基于一个“死亡开关”。正常的活线粒体需要抑制这一开关，以免发生自毁。线粒体会输入一种被称为 PINK 的分子，然后摧毁它。当线粒体发生异常时，由于不能摧毁 PINK，导致该分子的水平上升。当 PINK 水平达到一定程度时，会使位于线粒体表面的 Mfn2 磷酸化，而线粒体表面的磷酸化 Mfn2，能够结合周围的 Parkin 分子。Parkin 与异常线粒体的 Mfn2 结合后，就给线粒体打上了销毁标记，最终导致它们被细胞摧毁。只要质控体系运行良好，细胞就能通过上述机制，及时清除发生异常的线粒体。PINK 和 Parkin 发生突变会影响线粒体的质控机制，使异常线粒体无法及时清除，而这样的情况会导致 PD 的出现。

（二）发病机制

1. 氧化过激

自由基可使不饱和脂肪酸发生脂质过氧化（lipid peroxidation，LPO），后者对蛋白质和 DNA 产生氧化损伤，导致细胞变性死亡。在正常情况下，机体存在自由基清除系统，在脑内主要有谷胱甘肽（glutathione，GSH）、谷胱甘肽过氧化物酶（glutathione peroxidase，GSH-PX）、超氧化物歧化酶（superoxide dismutase，SOD）等，从而确保机体免遭自由基的损伤。在对 PD 的研究和对 MPTP 导致黑质 DA 能神经元损害的研究中发现，自由基生成和氧化应激增强与该病的病因和发病机制密切相关。

研究发现，抗氧化剂或可有效抑制 PD 的发生。Diapocynin 是一种夹竹桃麻素衍生的合成分子，可以抑制运动协调缺陷小鼠的神经行为功能。在一种特殊的名为 LRRK2R1441G 转基因的小鼠中发现，这些小鼠缺失协调运动能力并在 10 月大的时候出现 PD。当小鼠 12 个月时用 diapocynin 分子进行处理，其结果可以抑制小鼠的运动协调缺失。但这种保护作用的机制尚不清楚。

MPTP 在单胺氧化酶 B（monoamine oxidase-B，MAO-B）作用下转化为甲基-苯基-双氢吡啶（MPDP），然后转化为甲基-苯基吡啶离子（MPP^+），MPP^+经 DA 重摄取途径聚积在 DA 能神经元内，经主动运输进入线粒体；选择性抑制线粒体内呼吸链中 NADH-CoQ 还原酶（复合物 I）的活性，干扰 ATP 的合成，同时使得自由基生成增加，导致 DA 能神经元变性死亡。

1）黑质部位还原型 GSH 降低和 LPO 增高

正常时 LPO 被维生素 E 或 GSH-PX 清除。脑内 GSH 含量丰富，清除自由基时由还原型 GSH 变为氧化型 GSH（GSSH），已证实 PD 患者黑质中 GSH 明显减少（约 50%），而 GSSH 增多，并认为 GSH 降低具有疾病和部位选择性，是 DA 能神经元变性死亡的早期生化指标。DA 经 MAO-B 作用生成高香草酸（HVA）和二羟基苯乙酸（DOPAC），同时也可自身氧化成神经黑色素。这一过程产生过氧化氢（H_2O_2）、超氧阴离子和羟自由基。H_2O_2 在 GSH 和 GSH-PX 作用下解毒生成水（H_2O），而 PD 的黑质中 GSH 减少，H_2O_2 的毒性作用则不能清除，在铁离子存在的条件下，生成更具毒性的 OH^+，进而启动 LPO，导致黑质细胞变性死亡。此外，有报道在 PD 黑质中 LPO 增高的同时伴随着线粒体内锰超氧化物歧化酶（Mn-SOD）和细胞质内 SOD 活性增强。原位杂交显示细胞质内 SOD 在黑质神经元内易于表达，揭示细胞内 SOD 活性增高时拮抗自由基产生增多、氧化应激增强的一种保护措施。

2）黑质铁离子浓度增高和铁蛋白含量降低

元素铁可促使神经组织产生自由基，PD 患者脑黑质中铁含量较正常对照增高 50%，而且主要分布在 SNc，即神经元变性死亡的部位。铁在黑质神经黑色素神经元中聚集，可直接影响黑质神经元对变性的敏感性。当反应性离子铁含量增加，PD 黑质神经元内自由基生成增多，增强氧化损伤。直接注射铁剂于大鼠黑质部位可选择性损毁 DA 能神经元，铁螯合剂可拮抗 6-羟基多巴胺（6-hydroxydopamine，6-OHDA）对 DA 能神经元的损毁作用。研究表明，PD 黑质铁含量增加而铁蛋白（有结合铁的能力）含量减少，因此存在高浓度的游离反应性铁，进一步加重氧化损伤。目前认为铁含量增高可能不是 PD 黑质神经元变性的病因，而是变性的结果。

3）线粒体功能异常

许多实验研究证实，MPTP 毒性作用机制是 MPP^+选择性地抑制了黑质线粒体呼吸链中复合物 I 的活性，导致 DA 能神经元变性。PD 黑质线粒体复合物 I 活性降低约为 32%～38%，复合物活性降低使黑质细胞对自由基的损伤更具敏感性。在多系统萎缩症（multiple system atrophy，MSA）和进行性核上性麻痹（progressive supranuclear paralysis，PSP）患者黑质未见有复合物 I 功能缺损，表明 PD 黑质复合物 I 活性降低不是神经元变性的结果。是何种病因造成 PD 黑质线粒体复合物 I 功能缺损目前尚不清楚，或许与遗传和环境因素有关。目前对细胞核或线粒体 DNA 突变的遗传因素研究虽未得到肯定一致的结果，但不能排除基因突变，如碱基改变或基因缺失在 PD 发病中的作用。

线粒体在机体细胞中具有"能量工厂"的作用，其功能失常也是导致 PD 患者大脑细胞死亡的主要原因。通过进行性神经症状患者的皮肤细胞，经 2000 余种化合物的实验发现，熊脱氧胆酸（ursodeoxycholic acid, UDCA）化合物可以使病态的线粒体恢复正常。UDCA 是用于肝脏疾病治疗的一种被批准使用的药物，这有利于临床安全性、对 PD 患者机体的耐受性及其疗效等的研究。

4）脑蛋白结构变形

目前，已经获得在 PD 中发挥作用的α-突触核蛋白结构变形的有关图像信息。此蛋白质通常存在于一个球状体中，当其结构变形时则成为一种有害的淀粉样纤维，这是神经退行性疾病患者大脑中形成的蛋白质分子。这种异常蛋白质的形成是相当数量人类疾病的特点，如阿尔茨海默病、PD、亨廷顿病和 II 型糖尿病等。AIMP2 是破坏 PD 的又一种标标志性蛋白质分子。通过小鼠 AIMP2 的基因高表达以及缺陷和其他蛋白质过度表达对 PD 影响的研究等，可有助于其新的药物治疗的开发。

2. 兴奋性神经毒性作用

兴奋性神经毒作用可能参与 PD 的发病机制。兴奋性氨基酸（excitatory amino acid，EAA）有谷氨酸和天冬氨酸，如释放过多或灭活机制受损将对神经细胞有毒性作用。体内有三种类型 EAA 受体：*N*-甲基-D-天冬氨酸（NMDA）受体、α-氨基羟甲基恶唑丙酸（AMPA）受体和海人藻酸（KA）受体，其中 NMDA 受体介导的兴奋性神经毒作用与 DA 能神经元变性有关。谷氨酸浓度增高，胞内钙浓度超载，线粒体呼吸链功能受损，细胞能量衰竭，使细胞膜发生"缓慢去极化"，ATP 生成缺乏，导致神经细胞对神经毒作用的敏感性增高，细胞发生变性死亡。谷氨酸还可通过活化 NMDA 受体产生一氧化氮（NO），后者对神经细胞有直接的杀伤作用。这一"缓慢兴奋性毒性作用"被认为是一些神经变性疾病如 PD 和亨廷顿病的细胞死亡机制。一些研究表明，竞争性 NMDA 拮抗剂具有保护黑质 DA 能神经元免遭脱氧麻黄碱和 MPP^+的兴奋性毒性作用。

3. 钙的细胞毒作用

28kDa 维生素 D 依赖性钙结合蛋白（calbubdub-D28K）广泛分布于 CNS，活化钙/镁-ATP 酶的活性，充当神经细胞内缓冲剂的作用。神经细胞内游离钙浓度增高可导致神经细胞变性，钙结合蛋白具有神经保护作用，增加细胞内钙离子的结合可减轻这一损害。PD 患者黑质钙结合蛋白-D28K 含量及其基因表达较正常人明显降低，由于基因表达降低和钙结合蛋白含量减少，造成细胞内的钙缓冲失去平衡，导致钙离子介导的细胞毒作用。钙超载产生的细胞毒作用可能通过 4 种不同的机制：①活化蛋白激酶、脂酶、内切核酸酶；②活化 NO 合成酶（NOS），形成 NO 和过氧化根（O_2^-）；③活化磷脂酶 A_2，释放花生四烯酸，形成 O_2^-；④活化 Caplain，使黄嘌呤脱氢酶转变为黄嘌呤氧化酶，后者催化黄嘌氧化产生尿酸和 O_2^-。

4. 免疫学异常

免疫学异常与 PD 的发病机制有关的观点是于 1978 年提出的。近年来许多研究结果支持了这一观点。实验性免疫介导的黑质损伤模型，即分别应用牛脑黑质致密部组织匀浆和 DA 能细胞系的 ES 23.5 膜蛋白免疫豚鼠，可产生不同程度的中脑黑质 DA 能神经元减少和变性，甲状腺激素活力降低，黑质可见大量 IgG 抗体沉积。将 PD 患者的 IgG 或免疫刺激物脂多糖（immunostimulant lipopolysaccharide，LPS）立体定向微量注入至大鼠一侧黑质，发现注射侧黑质的 TH 免疫阳性细胞和 DA 能神经元损害，DA 递质降低 50%～70%。这些结果均提示免疫学机制，尤其是体液免疫在 PD 黑质细胞损伤过程中可能起着一定的作用。研究认为，在 PD 的病理生理过程中，胶质细胞和细胞因子的变化在其中起重要作用。活化的小胶质细胞和星形胶质细胞的亚群参与了黑质纹状体系统的炎症反应。这些细胞具有吞噬功能、释放中性蛋白酶和分泌细胞因子的功能。而持续过度活化的小胶质细胞和细胞因子如肿瘤坏死因子-a（TNF-a）、白细胞介素-6（IL-6）、上皮生长因子（EGF）和转移生长因子-a（TGF-a）等均可对 DA 能神经元产生毒性作用。

5. 兴奋性氨基酸神经毒性作用

兴奋性氨基酸神经毒性学说源于 PD 动物模型丘脑底核谷氨酸能神经元放电增加。作为兴奋性氨基酸，谷氨酸主要通过其离子型的 *N*-甲基-D-天冬氨酸（*N*-methyl-D-aspartate，NMDA）和α-氨基-3-羟基-5-甲基-4-异唑丙酸（AMPA）受体对多巴胺能神经元产生作用。其中由 NMDA 受体介导的兴奋性神经毒性与多巴胺能神经元变性密切相关，NMDA 受体阻断剂可阻断 MPTP 对黑质多巴胺能神经元的神经毒性。NMDA 受体多存在于由皮质到纹状体的投射神经元中，目前认为，兴奋性神经毒性在 PD 中的作用机制为：NMDA 受体被活化后，引起广泛性钙离子内流并在线粒体内快速堆积，导致线粒体功能紊乱。NMDA 受体兴奋还可使一氧化氮合酶（NOS）活力增强，导致一氧化氮（NO）合成增加，产生神经元毒性作用。此外，谷氨酸毒性与引发 PD 的其他机制，如线粒体 DNA 缺陷导致过多自由基形成和还原型谷胱甘肽减少等有关，其中任一环节发生紊乱均可引起神经元变性。然而，在 6-羟基多巴胺制备的 PD 大鼠模型中并未发现明显的神经末梢谷氨酸释放增加的证据。

三、临床特点

PD 的起病隐约，进展缓慢，其首发症状通常是一侧肢体的震颤或活动笨拙，进而累及对侧肢体的锥体外系疾病。临床上主要表现为静止性震颤、运动迟缓、肌强直和姿势步态障碍。近年来发现，抑郁、便秘和睡眠障碍等非运动症状也是该病常见的表现。这些表现，对患者生活质量的影响甚至超过运动症状。

（一）静止性震颤（static tremor）

约 70%的患者以震颤为首发症状，多始于一侧上肢远端，静止时出现或明显，随意运动时减轻或停止，精神紧张时加剧，入睡后消失。手部静止性震颤在行走时加重。典型的表现是频率为 4～6Hz 的“搓丸样”震颤。部分患者可合并姿势性震颤。

（二）肌强直（rigidity）

检查者活动患者的肢体、颈部或躯干时可觉察到有明显的阻力，这种阻力的增加呈现各方向均匀一致的特点，类似弯曲软铅管的感觉，故称为“铅管样强直”（lead-pipe rigidity）。患者合并有肢体震颤时，可在均匀阻力中出现断续停顿，如转动齿轮，故称“齿轮样强直”（cogwheel rigidity）。

（三）运动迟缓（bradykinesia）

运动迟缓指动作变慢，始动困难，主动运动丧失。患者的运动幅度会减少，尤其是重复运动时。根据受累部位的不同，运动迟缓可表现在多个方面。面部表情动作减少、瞬目减少，称为“面具脸”（masked face）；说话声音单调低沉、吐字欠清、写字变慢变小，称为“小写征”（micrographia）；洗漱、穿衣和其他精细动作可变笨拙、不灵活；行走的速度变慢，常曳行，手臂摆动幅度会逐渐减少甚至消失；步距变小；因不能主动吞咽至唾液不能咽下而出现流涎；夜间可出现翻身困难。在疾病的早期，患者常常将运动迟缓误认为是无力，且常因一侧肢体的酸胀无力而误诊为脑血管疾病或颈椎病。因此，当患者缓慢出现一侧肢体的无力，且伴有肌张力的增高时应警惕 PD 的可能。

（四）姿势步态障碍（posture abnormal gait disorder，Pigd）

姿势反射消失往往在疾病的中晚期出现，患者不易维持身体的平衡，稍不平整的路面即有可能跌倒。姿势反射可通过后拉试验来检测。检查者站在患者的背后，嘱患者做好准备后牵拉其双肩。正常人能在后退一步之内恢复正常直立，而姿势反射消失的患者往往要后退三步以上或是需人搀扶才能直立。PD 患者行走时常常会越走越快，不易止步，称为“慌张步态”（festinating gait）。晚期 PD 患者可出现冻结现象，表现为行走时突然出现短暂的不能迈步，双足似乎粘在地上，须停顿数秒钟后才能再继续前行或无法再次启动。冻结现象常见于开始行走时（始动困难）、转身、接近目标时，或担心不能越过已知的障碍物时，如穿过旋转门。

（五）非运动症状（kinesipathy）

尽管PD的主要疾病症状与运动有关，但在疾病早期，患者常出现各种非运动症状，如多涎、焦虑以及便秘等。在PD患者的早期，一般都不提起这些症状，而且，询问病史时也不注意这些症状。如果患者能早点向医生讲述自己的这些早期症状，或许可以尽早获得有效的治疗。

第二节　诊断与治疗

一、诊断

（一）诊断标准

根据全国锥体外系疾病讨论会拟定的最新标准，诊断原发性PD即本文所说的PD，和大多数功能性疾病一样，在临床检查（如MRI，PET-CT）的基础上主要依靠临床体征的观察。

（1）至少具备静止性震颤、少动、僵直和位置性反射障碍这4个典型症状中的2个。

（2）是否存在不支持诊断原发性PD的不典型症状和体证，如锥体束征、失用性步态障碍、小脑症状、意向性震颤、凝视麻痹、严重的自主神经功能障碍和明显的痴呆伴有轻度锥体外系症状。

（3）脑脊液中高香草酸减少，对确诊早期PD和特发性震颤、药物性帕金森综合征与PD的鉴别是有帮助的。一般而言，特发性震颤有时与早期原发性PD很难鉴别，特发性震颤多表现为手和头部位置性和动作性震颤，而无少动和肌张力增高等症状。

（二）鉴别诊断

1. 继发性帕金森综合征

（1）药物性帕金森综合征：药物性帕金森综合征在症状方面与PD相似，是长期应用药物（最常见的是多巴胺受体阻滞剂；其次是耗竭多巴胺的药物，如抗高血压药、哌嗪类钙拮抗剂、抗抑郁药、抗心律失常药等）的结果，症状多在用药后4～6个月出现。症状随药物加减而波动，停药后好转，继续用药加重。其症状与PD比较，病情发展较快，以肌肉强直、运动徐缓为主，静止震颤较少。症状多表现为双侧抗帕金森药物治疗效果不明显。

（2）血管性帕金森综合征：是大脑基底节和大脑皮质下白质等的腔隙性脑梗死引起的表现为类似锥体外系症状的一种症状性帕金森综合征，多为急性或亚急性起病、早期行走困难、肌强直、锥体束征、延髓麻痹、情感失控、智能障碍以及小便失禁等症状，而少有静止性震颤、慌张步态、加速步行和左旋多巴效应。

2. 症状性帕金森综合征（异质性系统变性）

（1）进行性核上性麻痹：有时与PD很难鉴别。进行性核上性麻痹的临床表现主要为动作减少，颈部强直并稍后仰，以及假性延脑麻痹和向上凝视麻痹。

（2）橄榄桥脑小脑萎缩：原发性PD应与该病进行鉴别，橄榄桥脑小脑变性临床上也可表现为少动、强直、甚至静止性震颤，但多同时伴有共济失调等小脑症状，CT检查亦可见特征性的改变。血谷氨酸脱羧酶活力减低。

（3）纹状体黑质变性：本病与原发性PD很相像，临床上很难鉴别，主要依靠病理诊断。若临床用左旋多巴胺治疗无效时，应考虑有纹状体黑质变性的可能。

（4）Shy-Drager位置性低血压综合征：该综合征的临床表现为位置性低血压、大小便失禁、无汗和肢体远端小肌肉萎缩等。有时也可伴有帕金森综合征。若临床发现患者有帕金森综合征和轻度自主神经系统障碍症状，就需与原发性PD相鉴别。

（5）痴呆：痴呆伴有帕金森综合征不罕见。

① 阿尔茨海默病：晚期阿尔茨海默病除痴呆外，尚有锥体外系症状，如少动、强直和口面多动。另外，由于PD甚至早期也可伴有痴呆，因此需依靠随访对两者进行鉴别。

② 正常颅压脑积水：该病表现为步态障碍、尿失禁和痴呆。有时也可出现PD的症状，如少动、强直和静止性震颤等。CT检查对鉴别有帮助。放射性核素脑池造影对诊断正常颅压脑积水也有重要意义。

3. 强直性脊柱炎造成的僵硬

强直性脊柱炎也会导致僵硬，尤其是晨僵，但它是整个脊柱的僵硬，表现为脊柱弯曲活动受限，躯干的灵活度差，但四肢不受影响，患者借助身边的东西可以起床和翻身；而PD人四肢和躯干全部出现僵硬，患者很难通过自己的力量进行翻身或其他行动。

二、治疗

PD的治疗原则即对其运动症状和非运动症状应采取综合治疗，包括药物治疗、手术治疗、康复治疗、心理治疗及护理等。药物治疗作为首选，是整个治疗过程中的主要治疗手段，而手术治疗则是药物治疗的一种有效补充手段。目前应用的治疗手段，无论药物或手术只能改善症状，不能阻止病情的发展，更无法治愈。因此，治疗不能仅顾及眼前而不考虑将来。

（一）药物治疗

以达到有效改善症状、提高生活质量为目标，坚持“剂量滴定”、“以最小剂量达到满意效果”。治疗应遵循的一般原则也应强调个体化特点，不同患者的用药选择不仅要考虑病情特点，还要考虑患者的年龄、就业状况、经济承受能力等因素。尽量避免或减少药物的副作用和并发症，药物治疗时特别是使用左旋多巴不能突然停药，以免发生左旋多巴撤药恶性综合征。

1. 保护性治疗

保护性治疗的目的是延缓疾病的发展改善患者的症状。原则上，PD 一旦被诊断就应及早予以保护性治疗。目前临床上作为保护性治疗的药物主要是单胺氧化酶 B 型（monoamine oxidase-B，MAOB）抑制剂。曾报道司来吉兰+维生素 E（deprenyl and tocopherol antioxidative therapy of Parkinsonism，DATATOP）治疗可延缓疾病发展（约 9 个月），推迟左旋多巴使用的时间，但事实上司来吉兰是否具有神经保护及推迟疾病进展的作用仍悬而未决。有多项临床试验提示，多巴胺受体（dopamine receptor，DR）激动剂可能有神经保护作用；大剂量辅酶 Q10 的临床试验也认为可能有神经保护作用，但需进一步证实。

2. 症状性治疗

在疾病早期（Hoehn-Yahr I-II 级），若病情未影响患者的生活和工作能力，应鼓励患者坚持工作，参与社会活动和医学体疗康复，可暂缓给予症状性治疗用药；若疾病影响患者的日常生活和工作能力，则应开始症状性治疗。对于小于 65 岁的患者且不伴智能减退可选择：①非麦角类 DR 激动剂；②MAO-B 抑制剂或加用维生素 E；③金刚皖胺，若震颤明显而其他抗 PD 药物效果不佳则可选用抗胆碱能药；④复方左旋多巴+儿茶酚-氧位-甲基转移酶（catechol-*O*-methyl transferase，COMT）抑制剂，即 Stalevo；⑤复方左旋多巴一般在①、②和③方案治疗效果不佳时加用。首选药物并非完全按照以上顺序，需根据患者的不同情况，选择不同方案。若顺应美国、欧洲治疗指南应首选①方案，也可首选②或④方案；若由于经济原因不能承受高价格的药物，则可首选③方案；若因特殊工作之需力求显著改善运动症状，或出现认知功能减退则可首选④或⑤方案，或可小剂量应用①、②或③方案，同时小剂量合用⑤方案。而对于大于 65 岁或伴智能减退的患者，首选复方左旋多巴，必要时可加用 DR 激动剂、MAO-B 或 COMT 抑制剂。苯海索因有较多副作用尽可能不要用，尤其老年男性患者，除非有严重震颤并明显影响患者的日常生活能力。

3. 治疗药物

1）抗胆碱能药

抗胆碱能药主要有苯海索，用法 1～2mg，每日 3 次。此外有开马君、苯甲托品、东莨菪碱和环戊丙醇，主要适用于有震颤的患者，无震颤的患者一般不用，尤其老年患者慎用，狭角型青光眼及前列腺肥大患者禁用。

2）金刚皖胺

用法 50～100mg，每日 2～3 次，末次应在下午 4：00 前服用。对少动、强直、震颤均有改善作用，对伴异动症患者可能有帮助。肾功能不全、癫痫、严重胃溃疡、肝病患者慎用，哺乳期妇女禁用。

3）复方左旋多巴（苄丝肼左旋多巴、卡比多巴左旋多巴）

初始剂量 62.5～125.0mg，每日 2～3 次，根据病情而渐增剂量至疗效满意和不出现副作用时的适宜剂量维持治疗，餐前 1h 或餐后 1.5h 服药。活动性消化道溃荡者慎用，狭角型青光眼、精神病患者禁用。

4）DR 激动剂

目前大多推崇非麦角类 DR 激动剂为首选。药物尤其用于年轻患者病程初期。因为这类长半衰期制剂能避免对纹状体突触后膜 DR 产生“脉冲”样刺激，从而预防或减少运动并发症的出现。激动剂均应从小剂量开始，渐增剂量至得到满意疗效而不出现副作用为止。副作用与复方左旋多巴相似，不同之处是症状波动和异动症发生率低，而体位性低血压和精神症状发生率较高。DR 激动剂有两种类型，麦角类包括溴隐亭、培高利特、α-二氢麦角隐亭、卡麦角林和麦角乙脲；非麦角类包括普拉克索（pramipexole）、罗匹尼罗、吡贝地尔、罗匹尼罗和阿朴吗啡。麦角类 DR 激动剂会导致心脏瓣膜病变和肺胸膜纤维化，现已不主张使用，而培高利特国内已停用。目前尚未发现非麦角类 DR 激动剂有该副作用。

（1）非麦角类 DR 激动剂：①吡贝地尔缓释片：初始剂量 50mg，每日 1 次，易产生副反应患者可改为 25mg，每日 2 次，第 2 周增至 50mg，每日 2 次，有效剂量 150mg/天，分 3 次口服，最大不超过 250mg/天；②普拉克索：初始剂量 0.125mg，每日 3 次（个别易产生不良反应患者则为 1～2 次），每周增加 0.125mg，每日 3 次，一般有效剂量 0.50～0.75mg，每日 3 次，最大不超过 4.5mg/天。

（2）麦角类 DR 激动剂：①溴隐亭：0.625mg，每日 1 次，每隔 5 天增加 0.625mg，有效剂量 3.75～15mg/天，分 3 次口服；②α-二氢麦角隐亭：2.5mg，每日 2 次，每隔 5 天增加 2.5mg ，有效剂量 30～50mg/天，分 3 次口服。上述 4 种药物之间的剂量转换为：吡贝地尔∶普拉克索∶溴隐亭∶α-二氢麦角隐亭=100∶1∶10∶60，可作参考。

5）MAO-B 抑制剂

目前国内有司来吉兰（即将有雷沙吉兰）。司来吉兰的用法为 2.5～5. 0mg ，每日 2 次，应早、中午服用，勿在傍晚或晚上使用以免引起失眠，或与维生素 E 200mg 合用（DATATOP 方案）；雷沙吉兰的用法为 1mg ，每日 1 次，早晨服用。新剂型 Zydis 司来吉兰的吸收、作用、安全性均好于司来吉兰标准片，用法为 1.25～2.50mg/天，目前国内尚未上市。胃溃疡者慎用，禁与5-羟色胺再摄取抑制剂（selective serotonin reuptake inhibitor，SSRI）合用。

6）COMT 抑制剂

恩托卡朋或托卡朋。恩托卡朋每次 100～200mg，服用次数与复方左旋多巴相同，若每日服用复方左旋多巴次数较多，也可少于复方左旋多巴的服用次数，恩托卡朋需与复方左旋多巴同服，单用无效。托卡朋每次 100mg，每日 3 次，第 1 剂与复方左旋多巴同服，此后间隔 6h 服用，可单用，每日最大剂量为 600mg。副作用有腹泻、头痛、多汗、口干、氨基转移酶升高、腹痛、尿色变黄等。托卡朋有可能导致肝功能损害，须严密监测肝功能，尤其在用药头 3 个月。对未治疗的早期患者，首选 Stalevo（由恩托卡朋-左旋多巴-卡比多巴复合制剂）治疗，有可能预防或延迟运动并发症的发生。

（二）手术治疗

1. 选择手术治疗的原因

PD 目前还没有真正的特效药物，基本药物有安坦、金刚烷胺、美多巴等。但此类药物服用后胃肠道反应较大；患者需长期服药，而且随着用药时间延长，药效逐渐降低。故绝大多数患者不得不中断治疗，致使患者症状越来越重。这就使 PD 的手术治疗表现出比较明显的优势。

2. 手术方式及效果

脑立体定向手术治疗 PD，需要在患者头部临时安装一个定向仪头架，通过 CT 及 MRI 扫描精确定位、三维精确计算，确定病变部位的脑部核团；然后采用射频技术使病变的脑核团热凝，或以植入电极的方式，通过脉冲发生器产生一定频率及脉宽的信号阻止震颤的发生及传导，达到控制肢体颤动、肌肉强直的目的。目前我国开展的通过手术治疗 PD，均取得相对满意的疗效。手术后肢体震颤、强直基本消失，有的甚至可达到立竿见影的效果。

3. 手术的适应症

适合手术治疗的患者：①明确诊断的 PD 长期药物治疗无效者；②PD 震颤严重影响日常生活者；③PD 肢体僵硬伴震颤者；④因 PD 运动障碍严重致残者；⑤抗 PD 药物剂量至最大仍不满意者。

4. 不适合或需要慎重选择手术的患者

①超过 75 岁以上的患者；②心脏病、严重糖尿病及高血压患者；③严重认知障碍及脑萎缩的患者。

（三）基因疗法

2013 年 3 月 17 日，首次在临床上使用基因治疗 PD 取得成功。PD 患者丘脑底核中 γ-氨基丁酸（GABA）的浓度降低。据此，英国帝国理工学院的科学家研制出一种可以“感染”细胞的基因病毒，其可增加患者体内的 GABA 浓度。当在患者大脑内注入该病毒的手术后 6 个月，其运动功能的测试水平提高 23.1%，而对照组仅提高 12.7%。但在此结果中这 10.4%的差异并不明显，还需经过更多患者测试该疗法的效果。而且，这种基因疗法对 PD 的疗效能持续多长时间，以及在患者脑中注入病毒后是否会带来长期的影响均需进一步研究。

（四）神经干细胞（NSC）移植治疗 PD

目前研究发现，脑内移植 NSC 在受体脑内存活、再生和建立突触后，可从以下 5 个方面发挥治疗作用：①移植物起到一个微小的药物泵的作用，并且缓慢而弥漫地释放神经介质；②通过移植物的细胞再生作用，可修复受体病损的中枢神经组织；③移植物与受体脑组织的神经细胞点对点整合和连接，从而建立新的神经传导环路；④移植物可释放对受体脑内神经元起促进和活化作用的神经营养因子；⑤移植物可发挥桥梁和支架作用，并使受体神经元的轴突沿着这一通道延长和选择性地到达靶点部位。

三、预防

PD 目前病因尚不确切，但是通过从临床患病者的日常生活习惯及工作条件进行总结后，可以得到以下预防该疾病的建议：在生活、工作中尽量避免接触有毒物品，如农药、重金属等；保护好头部，尽量减少头部损伤；适当进行体育锻炼；调节心态，缓解压力等。以上几点在预防帕金森疾病上可能有一定的帮助。

第三节　神经干细胞移植治疗帕金森病的作用

一、概述

NSC 的研究不仅可了解细胞命运选择的基础生物学，而且可以其为基础研发新的诱导因子和新的基因级联的发展网络。对于许多神经系统的研究来说，可持续并有效地发展一个特定的神经元族群，这已成为一个目标，其终极目的是在体内测试细胞产品和治疗因素，并确定它在投入临床前的有效性。DA 神经元的产生离使用干细胞衍化产品治疗 PD 还很远。其产品化进程，在考虑持续的细胞来源之前，最重要的问题是每个移植细胞的稳定性、生存力、冷冻、恢复力、特性、纯度、效能和体内命运。所有这些问题都是目前的研究目标，在达成这些目标之后，细胞移植治疗方法才会真正成为患有神经障碍疾病患者的福音。

二、胚胎干细胞（ES 细胞）移植

（一）移植治疗的基本原理

1987 年，首次利用细胞移植治疗 PD 的细胞是用流产人胚胎腹侧中脑细胞进行的。迄今为止，全世界已有超过 400 例 PD 患者接受同类型的供体组织。在小范围的开放性试验中，有部分患者的症状在移植后出现明显的改善。最近的研究报道，移植的 DA 神经元可存活 10 年。然而，从长期来看，在移植细胞中仍可检测到 PD 患者脑部的病理学改变。在美国，根据主要疗效指标观察症状改善的双盲安慰剂对照试验失败，以上的

阳性结果及失败的试验说明以下两个需要考虑的主要问题。

1. 患者的选择

（1）患病阶段以及手术前，对左旋多巴的反映是选择合适患者进行治疗的重要依据。
（2）在移植后，年轻且症状相对较轻的患者可能会有更好的治疗效果。
（3）并非所有的 PD 患者都适合细胞移植。

2. 手术本身的问题

手术本身的问题包括组织制备、供体细胞的数量、移植细胞植入技术和免疫抑制等。在大多数开放性临床试验中，都是采用腹侧中脑的新鲜胎儿解剖组织。然而，在一种双盲试验中，该组织在移植前被分离并扩增培养（expansion）4 周，用于一侧脑部的供体胚胎从 1 个增加到 8 个。虽然使用新鲜的组织更好，但在实际情况下很难在同一时间准备足够的供体组织。

（二）ES 细胞的体外分化

ES 细胞和其他类型的细胞一样可生成神经元，包括中胚层和内胚层的表型细胞。因此，从 ES 细胞生成 DA 神经元，首先要从诱导神经细胞开始，目前报道的有两种方法。其中一种是 ES 细胞和饲养细胞的共同培养，如骨髓间充质干细胞。神经诱导的第二种方法是形成胚体细胞体（EB），然后加上可溶性因子分化 EB 到适合的神经细胞中。发育胚胎或胎儿的中脑时找到的许多细胞因子和成长因子被尝试作为附加因子，包括音猬（Shh）、FGF8、维生素 C、白细胞介素、GDNF、神经秩蛋白、转化生长因子、dbc AMP、维生素 B_{12}、BDNF、神经营养因子 3 和纤维母细胞生长因子 20。

参与 DA 神经元发展的转录因子的过度表达也可诱导 DA 神经元。这些因子包括 Nurr1、Pitx3、Mash1、Lmx 1 a 和 Msx 1。从大鼠 ES 细胞中诱导 DA 神经元最有效的方式是利用 Nurr1 过度表达和 PA6 细胞的共同培养。可溶性因子有 Shh、FGF8 和维生素 C。90%的神经元在这些情况下是利用多巴胺能的。对于人体 ES 细胞，类似的利用 MS5 和可溶性因子（Shh 和 FGF8）进行共同培养，产生 TuJ1-免疫阳性的神经元，其中的 64%～79%表达 TH，成为 DA 神经元的标志物。

动物腹侧中脑移植研究和 PD 患者指出，只有 A9 类型的 DA 神经元可改善 PD 的症状。A9-DA 神经元表达一系列特定的标志，包括 Girk-2、Nurr1、Pitx3、En 1/2、Lmx1 a、Lmx1 b 和 DA 运输载体。

（三）PD 移植的动物模型

PD 有多个动物模型。利用 6-OHDA 治疗大鼠是最普遍的模型之一。通常情况下，毒质通过一边的黑质纹状体径路注射，会导致黑质中 DA 神经元的降解。这个半损伤模型对于功能性分析是有优势的。因为 DA 系统在左右脑中是不平衡的，当利用药物如苯丙胺（安非他命）或脱水吗啡进行测试时，模型动物旋转到一边。如果移植的细胞分泌

DA 并补偿减少的 DA 水平，其旋转频率降低。另一个 PD 模型的基础是 MPTP，猴和大鼠对其敏感。猴 MPTP 模型与人 PD 患者在生物化学和病理学中近似，症状也类似，都会出现僵硬、颤动和动作迟缓。

研究表明，移植 ES 细胞衍化 DA 神经元，或其祖细胞到动物 PD 模型的大脑中。大鼠 ES 细胞衍化祖细胞可诱导个体行为的恢复，猴的 ES 细胞与 PA6 滋养细胞的共培养可分化为 DA 神经元。利用 MPTP 治疗猴时，当 ES 细胞衍化的 DA 神经元移植到猴体内时，其姿势障碍能得以恢复。对这些猴进行正电子成像术扫描，吸收在纹状体的 18F-氟多巴在移植后增加。人 ES 细胞也可分化为 DA 神经元并且可在大鼠 PD 样本的纹状体中生存。然而，许多报道中提及移植后它并没有功能性的作用或者仅有很小的功能性改变，说明存活的 DA 神经元的数目是不够的。另外一些报道中提及细胞移植后运动机能的改善。研究显示，与来自大鼠 ES 干细胞相比，来自人 ES 细胞的 DA 神经元的存活率较低，并且在大鼠纹状体中功能性较低。虽然移植包含了很多可表达标志神经元核抗体的神经元，TH 阳性神经元仍比通过大鼠 ES 细胞或胚胎组织建立的预期值低了几倍。基于选择性易损性或者来自 DA 神经元的人 ES 细胞的不稳定性的机制，可能与物种差别或者移植前的不适当分化有关，未来的研究需要解决这个重要的问题。

（四）临床应用的安全问题

在 ES 细胞移植的临床应用之前，需要考虑一系列安全问题。其中一个主要问题是由移植细胞形成的肿瘤。由于多能性和自我再生能力，细胞培养皿是异构的。一些细胞在成熟中演化，另外一些细胞在不成熟中增生。虽然大部分细胞是合适的中脑 DA 神经元，但是它们有可能被未分化或非神经细胞污染。如果在移植过程中注定有非神经细胞或者存在强势增生，细胞会继续增长并摧毁周围宿主的大脑结构。为了避免这个现象，供体细胞必须在精确控制分化方向和分化程度的条件下准备。此外，净化或者从分化培养中选择理想的供体细胞是必要的。使用荧光活化细胞分类法（FACS）或磁株活化细胞分类法（magnetic activated cell sorting，MACS）进行细胞分类已经在阳性或阴性选择中应用。另外一种方法是利用化学物质或药物来去除不希望存在的细胞。如果我们能在移植前净化适合的供体细胞并且准备完全同构的总体，DA 神经元在移植后的存活率将增加，形成肿瘤的概率将下降。

在 ES 细胞的临床应用时，还需要考虑非人类物质的问题。从衍化的人 ES 细胞到分化成为 DA 神经元，可能使用来自非人类物种的材料，如大鼠胚胎纤维原细胞和胎牛血清等。由于这些异种材料的污染可能导致动物病原体或者免疫反应的转移，因此需要建立一种模式，只使用来自人类或者化学定义的物质。

人 ES 细胞的遗传不稳定性是另外一个需要考虑的问题。研究显示，人 ES 细胞系通常发生 12 号和 17 号染色体的改变。目前，尚无法完全解释这些染色体异常的影响，但可能影响移植细胞的存活率及肿瘤形成的概率。

（五）诱导多能干细胞（iPS 细胞）在 PD 移植治疗中的作用

2006 年，用大鼠纤维原细胞制备 iPS 细胞获得成功，其转换的 4 个转录因子是 Oct3/4、Sox2、c-myc 和 Klf4。这种多能性的细胞在体外不仅可分化成 DA 神经元，而且 iPS 细胞能够整合多余的基因。通过对遗传缺陷患者细胞的研究，有助于其发病机制的了解，以及药物筛选和毒性测试实验。目前，已用多种遗传病患者细胞建立 iPS 细胞系，其中包括β类型戈谢病（Gaucher disease）、PD、1 型糖尿病、Lesch-Nyhan 综合征和肌萎缩性脊髓侧索硬化症（amyotrophic lateral sclerosis, ALS）等。而且，有可能使用 iPS 细胞代替 ES 细胞进行细胞移植治疗。在 PD 大鼠模型中，通过大鼠 iPS 细胞移植后已使其 DA 神经元恢复。

用宿主患者制备的 iPS 细胞进行自体移植时，只有轻微的免疫反应且可减少感染的风险。ES 细胞治疗性克隆是治疗 PD 的又一种可能的方法。在核转移 ES 细胞的实验中，已在 24 只 PD 大鼠的模型中制备成功。这些细胞不仅能分化为 DA 神经元，同时也移植各自大鼠的体内。然而，由于对时间和成本的考虑，建立并验证每个患者 iPS 细胞系的安全性尚待进一步研究。而且，由于患者 iPS 细胞的基因属重组性的，有可能对疾病环境更加敏感，或者甚至会导致疾病的发生。因此，最好使用健康个体的 iPS 细胞，并建立 iPS“细胞银行”来收集各种类型的人白细胞抗原（human leukocyte antigen, HLA）。

iPS 细胞作为移植供体细胞的另一种风险是肿瘤的形成。在本质上，iPS 细胞是通过使用逆转录酶病毒和转换 4 种基因建立的。因为这种基因操纵，iPS 细胞移植后形成肿瘤或者癌症的风险比 hES 细胞更高。目前，大鼠和人的 iPS 细胞不用 myc 基因就可建立，因此可减少这种风险。此外，在制备 iPS 细胞时也可利用表达腺病毒的这 4 种基因，或者质粒表达系统建立。

目前，在治疗遗传病方面，iPS 细胞的作用是相对有效的。而且，随着该项技术的迅速发展，在不远的将来利用更安全的 iPS 细胞进行细胞治疗大有希望。

三、干细胞源性多巴胺神经元对 PD 治疗的应用

干细胞移植是改善 PD 的多巴胺能神经功能障碍的一种治疗策略。20 多年的研究表明，使用胚胎中脑组织作为 DA 神经元的供体，显示出细胞移植在治疗啮齿类和非人类灵长类动物模型以及人类患者的潜力。移植物可在患者体内存活，并形成突触连接而改善运动机能。然而，用人胚胎组织进行移植受多种因素的限制，包括组织变化的概率较大、可用性有限、伦理道德方面和无法获得具备流行病学意义的大样本组织。因此，对这些细胞的纯度和效能的控制，以及对患者安全和治疗的有效性都很难实现，同时还存在一定的危害性。依赖胚胎组织作为神经元供体细胞的移植治疗，很难发展成为对神经变性患者广泛而可用的治疗方式。

研究表明，可作为自然多巴胺表达细胞的替代细胞是肾上腺髓质瘤无性繁殖细胞系（PC12 细胞）。但这种细胞移植时的存活率和有效性都低，对患者健康的风险高，因而

已放弃。NSC 可分化成多巴胺能神经元，并能通过多巴胺生物合成关键的酶和辅助因子的基因序列插入并转移到纹状体内的细胞中进行基因治疗。然后，将其移植到宿主CNS 以治疗 PD 的缺陷。

用神经胶质衍化的条件培养液和 FGF2 联合，现已诱导建立多个稳定表达 TH 的 hNSC。其中，TH 大约占所有活细胞的 10%，且是整个神经元的 30%，并经鉴定含有β-微管蛋白类 III 的标志物（图 24-1）。由 TH^+神经元衍化的这些 hNSC，可表达功能性DA 神经元的多巴胺转运蛋白。这些表型特点也通过 RT-PCR 的 mRNA 分析，以及 RNA 的印迹实验得到证实。更为重要的是，这种 hNSC 在每次 TH 诱导后都可持续的反应，说明在这种培养条件下，hNSC 的属性没有缺失或改变。

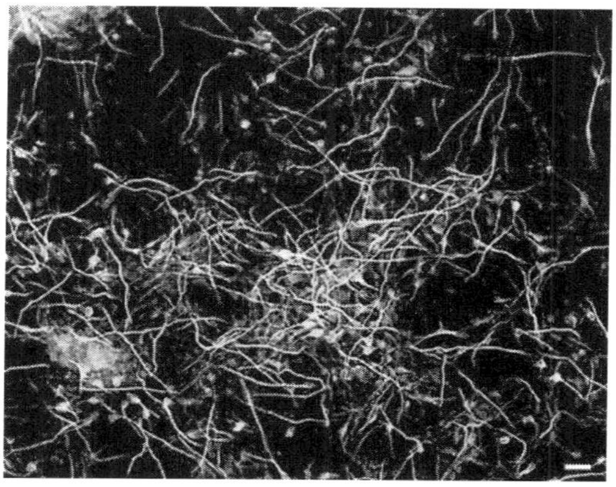

图 24-1 人前脑衍化 NSC 的子代细胞在体外诱导分化成 DA 神经元细胞系（Zigova et al. 2003）（另见彩图）

人胎儿组织衍化 NSC 的分离及接种到经聚 L-鸟氨酸包被的玻片上后，加入 20ng/ml bFGF2，以及含神经胶质衍化活性成分的条件培养液培养 3 天。取培养细胞固定，用罗丹明标记的 TH 抗体染色呈红色，神经元细胞特异性标志物抗β-微管蛋白 III 的染色为绿色荧光。标尺=70um

ES 细胞是一种潜在而能够生成 DA 神经元的干细胞来源，它由发育胚泡的内细胞团衍化而来，具有生成 DA 神经元的潜能。在含有血清的培养液中培养时，ES 细胞可形成漂浮的细胞簇，或者含有外胚层、中胚层和内胚层的拟胚体（embryoid body，EB）。当这些 EB 与 FGF2、FGF8 和 Shh 一起培养时，其中 71%的细胞可分化成神经元，并具有神经元β-微管蛋白类 III 的标志物，33%的神经元出现中脑 DA 神经元的特点。在诱导DA 的表型之前，则首次从 ES 细胞建立同质神经细胞谱系。这是通过将 ES 细胞与 PA6基质细胞共同培养获得的，且在 92%的 ES 细胞克隆中可诱导出全神经标志物（pan-neural marker）神经细胞黏附分子（neural cell adhesion molecule，NCAM）。衍化自 PA6 细胞的条件培养液在诱导神经细胞分化方面作用很低，但经多聚甲醛固定的 PA6 细胞仍可保留其诱导活动。在这些培养条件下，52%的分化细胞表达神经元的标志物，30%的神经元出现中脑 DA 的表型。这些 DA 诱导的神经元在移植后，可改善被 6-OHDA 损伤小鼠的行为缺陷。

研究显示，在中脑中确实存在 EGF 反应的前体细胞，但其子细胞在体外或者移植大鼠纹状体后都无反应。白细胞介素-1可诱导中脑衍化的祖细胞表达TH。而且，膜结合因子可促进这些祖细胞的TH诱导和刺激形态的成熟。在维生素C和氧浓度降低时，可分别支持DA神经元的存活和增殖。当降低（3±2）%的氧浓度时，红细胞生成素可部分具有这种效应。在FACS分类中，中脑前体细胞可表达由巢蛋白增强因子激发的绿色荧光蛋白（GFP）。巢蛋白是一种神经丝，为神经上皮干细胞的标志物。巢蛋白-GFP阳性的前体细胞经克隆化分析发现可自我更新，其子细胞可分化成神经元、星形胶质细胞和少突细胞。在TH阳性的神经元中，这种神经元细胞与不经特别处理细胞的结果一样。而且，把这种GFP阳性的细胞移植6-OHDA引起单侧震颤麻痹症大鼠的纹状体后5周，动物出现由安非他明诱导的旋转恢复。

四、NSC移植治疗效果的判定

（一）NSC移植疗效的评估

1. 改善症状的效果及主观的评价

在进行脑内移植手术前、后，患者的症状、体征和精神状态变化分别详细记录。在条件允许的情况下，录像记录客观真实的第一手临床资料是最佳的选择。按照Webster记分法或通用的PD功能障碍记分法（uPDRS）将患者的症状和体征进行评分。请非手术组的神经内科医师检查和记录，或由两位以上的医师共同进行检查患者和评价疗效，可减少评价疗效时介入更多的主观因素，使评价更加客观、可信。但是，评价一种治疗方法的优劣还需参照更多的客观指标。

2. 临床检查

通过术前、术后肌电图、脑脊液DA含量、PET-CT、头部CT和MRI，以及功能MRI扫描的前后对比，观察脑内细胞移植后脑部结构、功能和代谢的动态变化，以及肌肉僵直改善程度和脑部多巴胺水平。

3. 移植细胞的生长

近年来，许多实验借助分子生物学技术把GFP基因作为报告基因对细胞进行移植后跟踪。将其转染至靶细胞后，可在细胞内复制表达GFP，在紫外光激发下会发出绿色荧光，而未经转染的细胞则不发荧光，可对基因转染进行短时观察和有目的的筛选。另外，应用体外单克隆抗体制备技术制备针对标记有放射性核素的移植细胞单克隆抗体，待细胞移植到体内后注射单克隆抗体，借助ECT成像技术就可对移植细胞进行定位和评估，明确细胞的存活和迁移，发挥活体检测、疗效评估的作用，避免以往细胞移植后疗效评价的主观性。在体外实验中已证明，连接放射性核素的抗体药物对于抗体识别的细胞类型是有选择性的。发射β或γ粒子的放射性核素标记到抗体上，进行特异性的抗体定位和放射免疫显像是可能的。

（二）前景与挑战

PD 治疗从最初的药物控制发展到微电极导向靶点损毁、脑深部刺激电极埋置的手术干预，已经经历了一个漫长而艰辛的实践过程。如今在 NSC 移植治疗 PD 的临床治疗历程中，也必定将经历一系列的由浅入深、逐步深化的阶段，并面对临床实践中存在的诸多困难。在过去的 10 年里，有很多重要的科学进展，包括使用干细胞治疗 PD 的研究及新的体外模型的建立。这些模型既有助于了解疾病的基本进程，又可进行有效的药物筛选和对 PD 新治疗方法的评估。

近年来，对相关干细胞衍化细胞的产生、分析及其在体内移植的一些新方法，都表明了在 PD 干细胞研究领域又迈出了重要的一步。而且，药物筛选和细胞的替代治疗，以及人胚胎干细胞（hESC）和 iPS 细胞转化为多巴胺能神经元的研究均已取得快速的进展（图 24-2）。

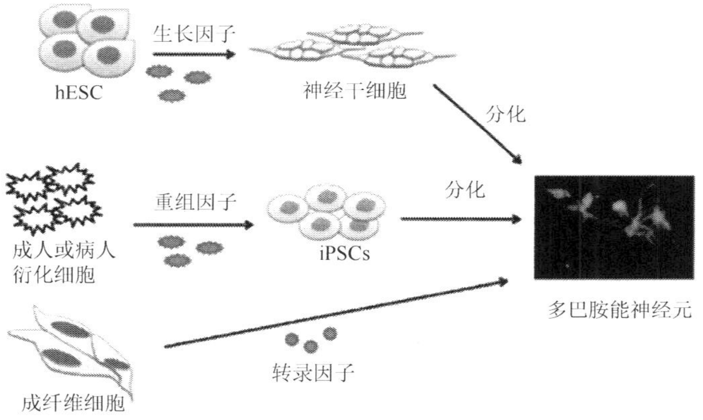

图 24-2　hESC 和 iPS 细胞转化为多巴胺神经元的途径（Chinta et al. 2011）

这些细胞的大量生产和未来的应用，除应按照“良好生产规范（GMP）”的相关方案进行外，在其移植治疗时仍有诸多的问题（图 24-3）需要解决。其中主要包括同种异体移植的免疫排斥反，以及移植 hESC 或 iPS 细胞后多巴胺能神经元引起相关癌症的风险等。最近的研究显示，体细胞可直接转化为多巴胺能神经元，避免了中间转化为 iPS 细胞的过程，并可克服图 24-2 中的一些障碍。但是，在这种直接转化的细胞中，仍然出现与那些在内源性多巴胺能神经元中存在的基因表达差异。而且，这些差异也像大多数 hESC 和 iPS 细胞的衍化细胞的结果一样，这些结果也许会影响其在药物筛选中的使用和移植研究的进程。

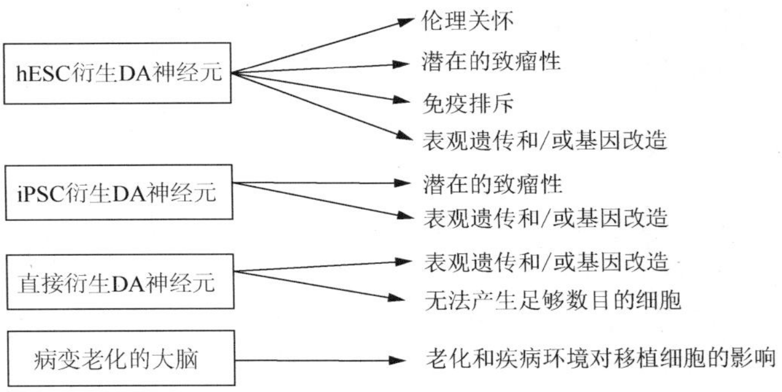

图 24-3　干细胞移植治疗的有关问题（Chinta et al. 2011）

PD 药物的临床前研究，或细胞移植的有效性和安全性常用年轻动物进行评估。但在急性神经退行性模型中，不一定能够模拟出真实的病情。在细胞移植患者的脑中时，可能遇到与内源性细胞相同的外在压力。以前接受移植 PD 患者的尸体解剖和验尸报告表明，移植细胞可出现内源性神经元病理表型的变化。这种内在和外在的老化作用如何影响内源性细胞和移植细胞相互作用的机制，是一个重要的研究课题。在 PD 的背景下，NSC 随着年龄增长会丧失增殖能力，这会影响其替换受损或疾病相关神经元的能力。因此，在老化人脑中发展提高 NSC 更新的策略是一个极其重要的研究领域。而且，为了研究出更加有效的 PD 治疗方案，有关内在内源性细胞和外在移植细胞影响因素的探讨十分重要。

最近的研究表明，衰老的脂肪成体干细胞可导致老化细胞恢复失去的再生能力和回归多能细胞的状态。这可能与阻断基因组内 Alu 序列的非编码元件产生的 mRNA 有关。“iPS 细胞样细胞”可分化成神经元谱系。这种新的转化技术可以通过类似 iPS 细胞通路，将 PD 患者成纤维细胞转化成多巴胺能神经元。这种新技术，绕过涉及多种细胞谱系特异性生长因子表达的常用方法。采用这种简单的 iPS 细胞转化方法，与内源性多巴胺能神经元相比较，也许会减小遗传和/或表观遗传的差异。而且，使用新开发的质谱平台技术定量分析这些变化，是评估这种差异的较大进步。

由于这些细胞的遗传及其表观的遗传物质与内源性细胞影响的神经元紧密匹配，这些细胞在未来可作为一种“个性化的药物”使用，并可更好地优化个体药物治疗方案，以及特殊疾病的探索。这些细胞还可用来评估这种新的转化方法，是否可降低通常在移植过程中与 iPS 细胞衍化细胞相关的癌症风险。因此，通过这些分析可决定其是否属于更好的细胞来源。

总之，用干细胞作为治疗 PD 的新方案有很大的发展潜力，但也存在很多的挑战。而面对临床实践中存在的诸多困难，更先进、更完善的技术和理论必将不断出现，PD 的治疗也会随之到达一个更高的水平。

（陶英群　闻　亮　张佑迁　蒋　为）

主要参考文献

Ahlenius H, Visan V, Kokaia M, et al. 2009. Neural stem and progenitor cells retain their potential for proliferation and differentiation into functional neurons despite lower number in aged brain. J Neurosci, 29: 4408-4419

Alexanian AR. 2007. Epigenetic modifiers promote efficient generation of neural-like cells from bone marrow-derived mesenchymal cells grown in neural environment. Cell Biochem, 100(2): 362-371

Benabid AL, Koudsie A, Benazzouz A, et al. 2002. Imaging of subthalamicnucleus and ventralis intermedius of the thalamus. Mov Disord, 17(suppl 3): S123-129

Campeau L, Soler R, Andersson KE. 2011. Bladder dysfunction and Parkinsonism: current pathophysiological understanding and management strategies. Curr Urol Rep, 12: 396-403

Chmielnicki E. 2013. Parkinson's disease: Parkinson gene partners. Nat Med, 19(3): 278

Cova L, Armentero MT, Zennaro E, et al. 2010. Multiple neurogenic and neurorescue effects of human mesenchymal stem cell after transplantation in an experimental model of Parkinson’s disease. Brain Res, 1311: 12-27

Duncan GW, Khoo TK, Yarnall AJ, et al. 2013. Parkinson's disease. Age and Ageing, 42(Suppl 3): iii25

Fasano C, Thibault D, Trudeau LE. 2008. Culture of postnatal mesencephalic dopamine neurons on an astrocyte monolayer. Curr Protoc Neurosci, Chapter 3

Friling S, Andersson E, Thompson LH, et al. 2009. Efficient production of mesencephalic dopamine neurons by Lmx1a expression in embryonic stem cells. Proc Natl Acad Sci USA, 106: 7613-7618

Inestrosa NC, Arenas E. 2010. Emerging roles of Wnts in the adult nervous system. Nat Rev Neurosci, 11: 77-86

Kitayama T, Onitsuka Y, Song L, et al. 2007. Assessing an eating disorder induced by 6-OHDA and the possibility of nerve regeneration therapy by transplantation of neural progenitor cells in rats. Nihon Shinkei Seishin Yakurigaku Zasshi, 27(3): 109-116

Klein E. 2013. The ability to consent to Parkinson disease research/About Parkinson disease. Neurol, 81(9): e62-e64

Lindvall O, Kokaia Z. 2009. Prospects of stem cell therapy for replacing dopamine neurons in Parkinson’s disease. Trends Pharmacol Sci, 30: 260-267

Meyer AK, Maisel M, Hermann A, et al. 2010. Restorative approaches in Parkinson’s disease: which cell type wins the race? J Neurol Sci, 289: 93-103

Moreira PI, Zhu X, Wang X, et al. 2010. Mitochondria: a therapeutic target in neurodegeneration. Biochim Biophys Acta, 1802: 212-220

Parish CL, Castelo-Branco G, Rawal N, et al. 2008. Wnt5a-treated midbrain neural stem cells improve dopamine cell replacement therapy in parkinsonian mice. J Clin Invest, 118: 149-160

Perin L, Sedrakyan S, Giuliani S, et al. 2010. Protective effect of human amniotic fluid stem cells in an immunodeficient mouse model of acute tubular necrosis. PLoS One, 5: 9357

Pisati F, Bossolasco P, Meregalli M, et al. 2007. Induction of neurotrophin expression via human adult mesenchymal stem cells: implication for cell therapy in neurodegenerative diseases. Cell Transplant, 16(1): 41-55

Politis M, Wu K, Loane C, et al. 2010. Serotonergic neurons mediate dyskinesia side effects in Parkinson’s patients with neural transplants. Sci Transl Med, 2: 38-46

Soler R, Füllhase C, Santos C, et al. 2011. Development of bladder dysfunction in a rat model of dopaminergic brain lesion. Neurourol Urodyn, 30: 188-193

Spatola M, Wider C. 2014. Genetics of Parkinson's disease: the yield. Parkinsonism Relat Disord, 20(Suppl 1): 35-38

Stocchi F. 2014. Therapy for Parkinson's disease: what is in the pipeline? Neurotherapeutics, 11(1): 24-33

Strauss I, Kalia SK, Lozano AM. 2014. Where are we with surgical therapies for Parkinson’s disease? Parkinsonism Relat Disord, 20(Suppl 1): S187-S191

Tecuapetla F, Patel JC, Xenias H, et al. 2010. Glutamatergic signaling by mesolimbic dopamine neurons in the nucleus accumbens. J Neurosci, 30: 7105-7110

Tepper JM, Lee CR. 2007. GABAergic control of substantia nigra dopaminergic neurons. Prog Brain Res, 160: 189-208

Tonnesen J, Sorensen AT, Deisseroth K, et al. 2009. Optogenetic control of epileptiform activity. Proc Natl Acad Sci USA,

106: 12162-12167

Valle-Prieto A, Conget PA. 2010. Human mesenchymal stem cells efficiently manage oxidative stress. Stem Cells Dev, 19: 1885-1893

Walker PA, Harting MT, Jimenez F, et al. 2010. Direct intrathecal implantation of mesenchymal stromal cells leads to enhanced neuroprotection via an NFkappa B-mediated increase in interleukin-6 production. Stem Cells Dev, 19: 867-876

Zhang F, Wang LP, Brauner M, et al. 2007. Multimodal fast optical interrogation of neural circuitry. Nature, 446: 633-639

Zigova T, Snyder EY, Sanberg PR. 2003. Neural Stem Cells for Brain and Spinal Cord Repair. Totowa, New Jersey, Humana Press: 289-332

第二十五章　神经干细胞移植治疗恶性脑胶质瘤

第一节　概　　述

一、基本概念

脑胶质瘤简称胶质瘤（glioma），是发生于神经外胚层的肿瘤，故亦称神经外胚层肿瘤或神经上皮肿瘤。神经外胚层发生的肿瘤有两类，一类由间质细胞形成，称为胶质瘤；另一类由实质细胞形成，称神经元肿瘤。起源于间质细胞的胶质瘤比起源于实质细胞的神经元肿瘤常见得多，所以将神经元肿瘤包括在胶质瘤中，统称为胶质瘤。脑胶质瘤的发病率为 3～10/10 万，占全身恶性肿瘤的 1%～3%。脑胶质瘤占所有原发脑肿瘤的 70%，绝大多数胶质瘤起源于星形细胞（约 80%）。

脑胶质瘤根据其肿瘤细胞形态学与正常脑胶质细胞的相似程度，分为星形细胞瘤、少枝细胞瘤、混合胶质瘤、室管膜瘤等。根据其所在部位分为幕上胶质瘤（主要位于大脑半球，额叶最为常见）、幕下胶质瘤（主要位于小脑半球）和脑干胶质瘤（位于脑干）。世界卫生组织（WHO）根据胶质瘤的恶性程度对其分类为低级别星形胶质细胞瘤（WHO I～II 级），并定义为星形细胞瘤，具有高度的细胞分化、增长缓慢并弥漫性渗透相邻脑组织的特性。有局灶性或分散性的间变存在，并伴有明显的细胞多形性、核异型性和有丝分裂活动，则被定义为间变性星形细胞瘤（WHO III 级）。伴有内皮细胞的增殖和坏死，则是多形性胶质母细胞瘤（WHO IV级）的存在标志。本章主要介绍胶质瘤的诊断及其治疗等。

二、胶质瘤的主要特点

恶性细胞瘤是成人最常见、最危险的脑肿瘤之一，50～60 岁为发病高峰期。其平均生存期仅为 9～12 个月。脑胶质瘤在医学上至今没有十分明确的病因。从病理发生学角度而言，胶质瘤是在内部遗传易感因素与外部环境致病因素相互作用下，遗传物质发生了足以致癌的突变，进而驱动细胞持续的进入细胞周期进行有丝分裂、逃避凋亡、躲避细胞的生长接触抑制、躲避免疫抑制等，并使细胞获得与持续增长相适应的能量代谢异常、诱导肿瘤新生血管生长、缺氧与坏死等改变。一些已知的遗传疾病，如神经纤维瘤病（I 型）及结核性硬化疾病等，为脑胶质瘤的遗传易感因素。一些环境的致癌因素也可能与胶质瘤的发生相关。有研究表明，电磁辐射，如手机的使用，可能与胶质瘤的产生相关。但是，目前并没有证据表明，这两者之间存在必然的因果关系。虽然大部分的胶质母细胞瘤患者都曾有巨噬细胞病毒感染，并且在绝大部分的胶质母细胞瘤病理标本都发现有巨噬细胞病毒感染的证据，但是，这两者之间是否存在因果关系，目前也不是十分清楚。最新的观点认为，胶质母细胞瘤是一种多基因异常的疾病。研究人员推测NSC的错误分化/前体细胞变异成癌细胞，能够形成胶质母细胞瘤。

脑胶质瘤对周围组织的挤压以及肿瘤细胞的分泌作用能导致脑组织水肿。其原因一方面是由于肿瘤的占位效应阻碍血液的回流，从而使静脉压升高、水分子从血管内向组织间隙蓄积；另一方面是由于胶质瘤细胞分泌的一些因子使血脑屏障开放，水分子从血管腔隙向组织间隙转移。还有研究表明，胶质细胞能够表达绝大部分参与电冲动的神经递质及受体；并且，胶质细胞与神经电冲动的发生、传递、扩布、调控紧密相关。这些构成一部分胶质瘤患者癫痫发作的分子病理基础。

三、临床表现

胶质瘤所涉及的临床症状非常广泛，其表现主要决定于肿瘤生长的部位和生长的速度，具体可出现如下一种或多种表现。

（一）癫痫

在胶质瘤的发生率约为37%，通常为低级别的胶质瘤的首发表现，具体可表现为各种类型的癫痫发作，常见部位包括额叶、颞叶和顶叶。

（二）局灶性神经功能障碍

患者如果出现局灶性神经功能障碍，多因为肿瘤侵及或压迫功能区所致。高级别的胶质瘤也可表现为癫痫，但是因为其侵蚀性强和生长迅速的特性，更常表现为迅速进展的局灶性神经功能障碍。具体表现为认知障碍、视力障碍、视野缺损、失语、肢体运动感觉障碍等。

（三）颅内压增高

当肿瘤体积增大、脑组织水肿或脑脊液通路堵塞时，可出现颅内压增高的症状和体征，具体表现为头痛、恶心、呕吐。头痛多为清晨加重，而呕吐后多缓解。临床体征包括意识障碍、视乳头水肿和外展神经麻痹等。病情进一步加重时可因脑干受压，出现脑疝的症状，如去脑强直、动眼神经麻痹，甚至中枢性血压呼吸障碍等。

第二节　脑胶质瘤的诊断与治疗

一、诊断

胶质瘤的诊断是在详细询问病史、全面而有重点的神经系统查体的基础上，再通过一些辅助检查来进行定位和定性诊断的。胶质瘤的生物学特性及其患病年龄、性别、好发部位、疾病发展过程对其临床诊断及病理分型都有重要意义，同时还需要与炎性病变、脑血管病和其它神经系统肿瘤进行鉴别诊断。辅助检查主要包括以下 5 个方面。

（一）CT 检查

这是最有诊断价值的检查项目之一，定位诊断准确率几乎 100%，经强化扫描后，可显示肿瘤的形状、大小、部位、钙化情况、水肿范围、周围脑组织和脑室受压程度等。低级别的胶质瘤表现为低密度病变，可伴有占位效应，增强扫描多不强化，容易被误诊为缺血性脑血管病。高级别的胶质瘤多表现为不规则或环形强化，以及明显的周围脑组织水肿。

（二）核磁共振成像（MRI）

MRI 的原理是根据质子在磁场中弛豫时间的变化对肿瘤进行定性定位诊断，可以三维显示肿瘤，经静脉给予对比剂后肿瘤的影像更清楚，对胶质瘤的诊断比 CT 更准确。

（三）核磁共振波谱分析（MRS）

MRS 是活体检测体内物质代谢及生化物质含量唯一的无创性检查技术，近年来发展迅速，已广泛应用于评价人体组织肿瘤的发生及发展。MRS 与 MRI 的基本原理相似，但在信号采集及后续处理方面存在较大的差异。MRI 提供给临床医生直观的解剖图像，而 MRS 提供的是复杂的波谱曲线，是定量的化学信息，如乳酸（Lac）、胆碱（Cho）、*N*-乙酰天冬氨酸（NAA）、肌酸（Cr）和脂质 （Lip）等。Cho/NAA 和 Cho/Cr 比值增高被认为是胶质瘤组织恶性程度的一个重要标志，也是认识肿瘤级别的一个有效的无损伤检查方法。除了 Cho，其他化学成分如 Lac 和 Lip 的浓度对于胶质瘤的诊断也有意义。转移瘤和胶质母细胞瘤的 Lip 和 Lip/Lac 信号增加，而间变性星形细胞瘤的 Lip 信号很弱。MRS 功能性和代谢性的影像对肿瘤恶性程度的判断有指导作用，在脑胶质瘤的定性诊断及鉴别肿瘤复发和治疗反应过程中扮演着重要角色，但也存在着假阳性和假阴性、敏感性和特异性的问题。胶质瘤的最后诊断还不能完全依靠这些检查，而是需要通过病理组织学检查才能明确。

（四）单光子发射计算机断层成像术（SPECT）

SPECT 扫描是利用核医学中的放射性核素，即锝、镓、铊和碘作为血流标记物，探测核素在体内不同脏器和病变组织放射性分布差异的显像设备，可反映肿瘤细胞的活性和存活情况，供肿瘤分级、疗效分析评估、诊断术后残留、鉴别放射性治疗后改变或肿瘤复发。铊对存活肿瘤的检测高度敏感，目前有研究用于星形细胞瘤恶性程度的分级。

（五）正电子发射计算机断层扫描（PET）

PET 是目前唯一可在活体上显示生物分子代谢、受体及神经介质活动的新型影像技术。研究发现葡萄糖摄取和糖酵解增加与肿瘤的恶性程度密切相关。在 PET 的检测过程中利用葡萄糖的类似物 2-氟-2-脱氧-D-葡萄糖（18F-FDG）评估组织对葡萄糖的代谢情况。目前已发现 18F-FDG 的低摄取是胶质瘤预后良好的一个重要指标。

二、治疗

脑胶质瘤目前主要的临床治疗措施是手术、放射治疗和化疗的结合。

（一）手术治疗

手术的主要目的是获得病理组织以明确诊断，这对进一步的治疗至关重要。因为恶性胶质瘤在影像学上可能与其他肿瘤或非肿瘤组织非常相似，如转移瘤、淋巴瘤、脓肿、脑结核、脑梗塞等。手术标本的病理诊断能进一步区分胶质瘤的各种不同类型，如少突胶质细胞瘤或室管膜瘤等，而这对于进一步的辅助治疗如化疗或放射治疗有重要的指导意义。手术还能迅速、明显地降低颅内压，缓解或恢复肿瘤所致的神经功能缺失，如偏瘫等。对于低级别的胶质瘤患者，手术全切肿瘤还可以明显延长生存时间，甚至治愈。而对于高级别的胶质瘤，手术全切或大部分切除的作用仍有争论。目前已有回顾性分析表明手术大部分或部分切除能延长患者的生存时间。具体手术类型包括全切、大部分切除、部分切除和活检。而采取何种类型的手术还取决于各种因素，如患者的一般状态、患者的神经功能障碍程度、肿瘤的大小及部位等。

立体定向活检术是利用立体定向仪通过三维坐标来定位肿瘤的活检部位。这种技术适用于老年患者、有严重神经功能障碍者及一般状态差而不能耐受长时间手术的患者，也适用于肿瘤小、部位深、勉强手术可能导致巨大风险的患者。目前有两种立体定向系统，即有框的和无框的。有框立体定向系统是 19 世纪晚期发展起来的，将定向架固定在患者头部，然后进行 CT 或 MRI 扫描，通过计算机计算获得靶点。无框立体定向仪在 19 世纪 90 年代开始广泛应用，使用更复杂的神经导航系统和软件来完成手术。目前初步的数据表明，在诊断范围、并发症和活检相关死亡率上，两者之间并无显著差别，但使用无框立体定向技术患者的手术时间和住院时间明显缩短。

对于需要开颅手术的恶性胶质瘤患者，手术的目的是在安全的前提下尽可能多地切除肿瘤组织，同时尽可能保持周围正常脑组织结构和功能的完整。在肿瘤侵袭范围广，并且靠近功能区的情况下，尽可能地切除肿瘤有导致患者神经功能障碍的风险。因此，为了保护功能区脑组织，增加手术安全性，各种鉴别脑功能区（运动、感觉和语言功能区）边界的技术发展起来。这些技术包括功能性和术中 MRI、纤维束成像、虚拟现实手术、图像导航手术和清醒的开颅手术。功能性 MRI 能检测反映神经元活性的脑血流和氧代谢的变化，可对大脑在执行任务期间处于活跃状态神经元的区域进行成像。因此，它用于查找控制语言、运动和感觉功能的大脑皮层，使神经外科医生可以避免或减少使这些区域受损伤的危险。虚拟现实手术使用外科模拟器通过多个成像技术（MRI、CT、磁共振动脉造影和静脉造影）采取所需患者特定的数据，建立三维重建扫描的实时视频图像，从而使外科医生对肿瘤与相邻结构之间的关系有更深入的了解。神经导航与图像导航手术是利用计算机软件定位肿瘤部位和范围，通过术中反复获得大脑结构信息来纠正脑组织移位和提高准确性，通过关键结构的可视化可更安全地切除残余肿瘤。清醒开颅手术是手术在患者清醒状态下进行，通过皮层刺激来定位功能区，以避免术中损伤。

（二）药物治疗

多数脑胶质瘤患者需要对瘤周水肿进行治疗，临床上通常应用激素。地塞米松对水肿非常有效，但应注意要根据神经系统的恢复情况逐渐减量，并在肿瘤成功治疗后停用激素。如果症状复发，可能需要再次应用。

肿瘤患者出现癫痫发作症状后抗癫痫药物必须常规预防性应用，脑电图对于潜在癫痫发作的提示作用还非常有限。最近几年多种新的抗癫痫药物进入临床应用。目前最常用的是丙戊酸钠，其他药物如苯妥英钠和卡马西平等也还在临床上使用。对于低级别胶质瘤随着肿瘤缓慢生长，癫痫症状也随之进展，抗癫痫药物的剂量可能需要改变，有时甚至需要联合应用。

（三）放射治疗和化疗

恶性脑胶质瘤的保守治疗还包括放射治疗和化疗。在过去的几十年间，放射治疗仍然是恶性胶质瘤最有效的治疗方式之一。所有的高级别胶质瘤患者在病情可以耐受的情况下，都应在手术切除肿瘤后，常规进行放射治疗，放疗的周期和剂量应根据患者的一般状况进行调整。化疗适用于复发或进展的胶质瘤，不适合再次手术仍残余肿瘤的患者。化疗还可以增强放疗的效果。目前化疗的主要局限是神经系统的血脑屏障限制药物通过、化疗药物的毒副作用以及有些肿瘤的抗药性。传统的化疗方案是基于亚硝基脲化合物的应用，而最新的化疗药物进展是替莫唑胺的应用。研究显示，胶质瘤患者接受替莫唑胺化疗和同步放疗后再行替莫唑胺辅助化疗的治疗组与单纯放疗的治疗组相比，二年生存率明显升高。而且替莫唑胺是口服药物，副作用小，因而目前已被世界很多神经外科治疗中心作为胶质瘤化疗的首选药物。

（四）基因治疗

恶性脑胶质瘤传统治疗措施失败的部分原因是其高度的侵袭性。侵袭生长的脑胶质瘤细胞往往广泛蔓延侵袭相对正常的脑实质，因此基本上不可能通过手术完全切除。此外，辅助治疗策略（化疗、放射治疗）也不能完全杀死手术切除后残余的肿瘤细胞，因为这些治疗方法都并非是专门针对广泛播散的肿瘤细胞，而且辅助治疗手段的毒副作用能导致多种系统疾病和大脑认知功能障碍。因此我们急需发展新的更为有效的治疗策略，使我们有能力治愈这种破坏性极强的肿瘤。

从理论上讲，脑胶质瘤可以进行针对其基因异常的分子靶向治疗。基因治疗的目的是要通过载体转移外源基因到肿瘤细胞中，建立一种异常的细胞功能，从而杀死肿瘤细胞。在胶质瘤分子水平和细胞水平发生发展过程的研究中，通过替换缺陷的肿瘤抑制基因如 p53、p16 和 Rb 等，大大增强了我们对于胶质瘤的发病机制的了解。

研究表明，胶质瘤靶基因有多种，而基因的表达依赖于细胞的长期存活，其中以肿瘤的血管生成作为靶点，通过抑制血管的形成达到基因治疗是最具潜力的方法之一。通过基因工程化的溶瘤病毒，不仅可发挥溶瘤病毒强大的裂解肿瘤细胞的特性，而且能够抑制肿瘤血管的生成，对脑恶性肿瘤的治疗具有重要意义。研究发现，将融合基因工程化的溶瘤病毒融入体外培养的胶质瘤干细胞中，不仅能够显著抑制胶质瘤干细胞的活性，降低肿瘤细胞的侵袭能力，且能表达具有生物活性的内皮细胞抑制蛋白——血管生成抑制蛋白（Endo-Angio）融合蛋白，展示出其良好的治疗前景。而且用基因工程化的溶瘤病毒是在天然 HSV-1 病毒 F 株基础上，将病毒基因组中 ICP34.5 和 ICP6 的双基因敲除，插入人 Endo-Angio 融合基因进行改造，以使该病毒既具有溶解肿瘤干细胞（tumor stem cell，TSC）的溶瘤性质，又能够使肿瘤细胞在溶解前表达 Endo-Angio 外源基因，从而抑制干细胞血管巢内的血管形成。

但在基因治疗应用于临床前，还有一些所需的关键技术问题必须成功解决，如高效的基因传递和细胞移植技术。目前，基因治疗从实验室到临床疾病治疗转换的主要障碍之一是还没有建立一种可被接受的有效载体系统。理想的载体是通过静脉给予后传递到绝大多数目的细胞，而正常细胞不受影响。其他障碍包括机体对载体和种植基因的免疫反应，以及不适当的载体和基因传递导致基因恶变的发生等。此外，动物模型的结果往往不可靠，因为在动物体内有效的病毒载体，可能在人类体内却完全无效。

近年来人们随着对神经干细胞（NSC）的认识及其特征的深入了解，建立了对于恶性脑肿瘤细胞起源的新观念。此外，TSC 的发现也为治疗胶质瘤提供了新的思路。“普通癌细胞”可以被常规疗法（手术、放疗和化疗）摧毁，但这些方法很少对 TSC 有效。因此，我们的目标是开发有效摧毁 TSC 的疗法。最近研究证明了可通过诱导 TSC 重新编程并分化成可以被摧毁的其他有害细胞的新办法。

（五）其他治疗

恶性脑胶质瘤其他治疗方法和药物传递系统正在不断研究中。这些措施包括新的化疗药物、药物的局部传递和免疫治疗等。一些较新的全身化疗药物被证明很有希望用于治疗复发性脑胶质瘤，如拓扑异构酶抑制剂伊立替康、表皮生长因子受体、酪氨酸激酶抑制剂吉非替尼、埃洛替尼和伊马替尼等，以及血管内皮生长因子抑制剂贝伐单抗等。由于胶质瘤复发多局限于原发部位或附近，因而局部杀灭术后残留胶质瘤细胞是预防或延缓肿瘤复发的关键。高级别的胶质瘤可以在手术切除的同时在瘤腔内局部应用药物治疗，再进行光动力治疗。

光动力疗法是通过生物光敏作用杀伤肿瘤或其他病理性增生组织而达到治疗目的。机体在接受光敏剂后一定时间，光敏剂可以相对较高浓度存留在肿瘤组织内，此时以特定波长的光照射肿瘤部位，引起细胞功能障碍和结构损伤，最终导致肿瘤组织消亡，从而起到治疗作用。以上这些治疗策略还有很多局限和缺点，尚需进一步研究改进以在临床上广泛开展。

第三节　神经干细胞移植治疗胶质瘤的动物实验研究

一、NSC 概念的提出和应用

长期以来的观念认为，哺乳动物脑内的神经细胞不具备更新能力，一旦损伤或死亡，细胞就不能再生。神经干细胞（NSC）概念的提出将这一传统观念打破。NSC 被定义为具有自我更新和分化成各种神经细胞类型能力的细胞。研究发现在大脑的一个叫做脑室下层（SVZ）的部位存在一个大的 NSC 池，可在脑室的室管膜细胞层下找到这样一层细胞。在啮齿类动物中，SVZ 的 NSC 会分化成大量嗅球的中间神经元，还可以分化成少突胶质细胞和星形细胞。研究表明，人类大脑中 SVZ 的 NSC 也能生成嗅球的神经元细胞。而且在成人大脑中，NSC 具有星形胶质细胞的免疫细胞化学和超微结构特征。人脑内的 NSC 可以在体外分化成中枢神经系统的星形细胞、少突胶质细胞和神经元。

NSC 在成人大脑中的成功鉴定以及对其在细胞和分子水平表征的深入研究产生了使用这种细胞靶向损毁恶性脑胶质瘤的新策略。迄今为止，已经就 NSC、骨髓间充质干细胞（MSC），以及来源于胚胎干细胞（ESC）的分化细胞等对脑胶质瘤的定向迁移进行了广泛的研究，其中以 NSC 所积累的资料最多。

二、NSC 自身的抗胶质瘤效应

研究显示，神经前体细胞有向脑肿瘤定向迁移的特性，并且将神经前体细胞和瘤细胞共同植入鼠体内后，其存活期较之前有明显改善。在含有神经球（NSC/前体细胞）的条件培养液中进行胶质瘤细胞培养，结果提示含神经球的培养液中存在有某些细胞因子，使 28%～87%胶质瘤细胞的增殖受抑制。还有研究发现，植有胶质瘤细胞和神经球的小鼠存活期明显长于仅植有胶质瘤细胞的小鼠。由于整个实验过程中未转导入任何抗肿瘤基因，推测可能是神经球分泌的某些因子抑制了胶质瘤细胞的增殖活性，或者是诱导了肿瘤细胞的凋亡。研究证明，在大鼠尾状核内多位点注射 NSC，发现与对照组相比能延长荷瘤小鼠的生存，且有 25%的胶质瘤受到完全抑制。细胞在肿瘤植入大鼠体内一周后或与肿瘤细胞共同接种到大鼠体内，可使肿瘤生长延迟。另外，结果显示 NSC 并没激发大鼠的体内免疫。可据此认为，NSC 本身对颅内肿瘤的治疗具有一定效果。还有研究提示，大脑中 NSC 的活性及其代表的人体自身对抗胶质母细胞瘤的保护机制，随着年龄增加而递减。这可以解释为什么肿瘤通常发生在老年人身上，而不是儿童或青年人。

上述研究结果表明，NSC 本身具有一定的抗肿瘤能力，但具体作用机制尚不甚清楚，可能是其自身能够分泌某些未知的抗肿瘤物质所致。

三、NSC 作为外源基因载体治疗胶质瘤

以往由于人们对干细胞的临床期望主要集中在 NSC 的替代治疗上，直到 NSC 的定

向迁移特性被证明，研究者才发现 NSC 作为运送治疗基因的理想载体对胶质瘤进行基因治疗，最有可能解决基因治疗的递送难题。

NSC 在脑内具有广泛的和显著的胶质瘤迁移行为趋向。研究证明，将 NSC 注入大鼠的侧脑室，发现 NSC 在脑内出现对称性迁移并分化成神经元和胶质细胞。研究还发现，将 NSC 移植至有移植胶质瘤生长的大鼠脑内，NSC 很快充满肿瘤，并沿着浸袭的肿瘤细胞而分布，即使将 NSC 接种在肿瘤的远隔部位，甚至把 NSC 接种在对侧大脑半球和侧脑室，它们也可迁移至胶质瘤病灶。小鼠端脑和小脑分泌至细胞外基质一种名为 Reelin 的糖蛋白，在 NSC 的迁移中起重要诱导作用。这些研究说明胶质瘤的生长环境中或胶质瘤细胞本身存在着引导 NSC 迁移的信号物质。植入脑内的 NSC，经修饰后具有化学治疗性质的干细胞，可以被用于追捕和消灭癌细胞。

NSC 作为外源基因载体治疗胶质瘤，与以往应用的载体相比，具有以下优点：能够长期稳定地表达外源性基因；转染率高；容易获得；可在体外长期培养扩增；具有多向分化潜能，能与正常脑组织整合，在脑实质内迁移能力强并可以弥散到较远的距离，免疫排斥反应小，无毒副作用。故可作为运送治疗基因的理想载体，对胶质瘤进行基因治疗。NSC 作为载体可介导多种目的基因治疗，如肿瘤信号转导因子、促凋亡基因、反义基因、抑癌基因、免疫增强基因和肿瘤坏死因子等，并可介导多基因联合治疗胶质瘤。

（一）NSC 胶质瘤的靶向作用

为了能够在体内研究 NSC 的生物学行为，可以利用基因修饰的方法对细胞进行标记。Tang 等将荧光素酶基因转染 NSC 细胞系，然后将其植入左侧大脑半球荷有胶质瘤的裸小鼠右侧大脑半球，利用连续生物荧光成像技术，能够观察到 NSC 通过胼胝体向肿瘤部位迁移，这种迁移在植入细胞 1 周时便可检测到，2～3 周时在肿瘤部位迁移细胞的密度最大，从而证实了 NSC 向病变部位的长距离迁移能力。胶质瘤在生物学行为上具有高度的侵袭性，瘤细胞能够侵袭到周围正常的组织中，分散地存在于肿瘤主体结构的周围，使得常规的外科手术难以彻底切除；术后大剂量的放射治疗虽然可以杀灭残存细胞，但往往造成不可逆的中枢神经系统损伤；残存细胞也是术后肿瘤复发的主要来源。NSC 所具有的强大迁移能力对于胶质瘤的靶向性治疗具有重要意义，使其能够追踪并杀灭残存的肿瘤细胞。

（二）NSC 作为白细胞介素的载体

白细胞介素-4（interleukin-4，IL-4）是近年来分离合成的一种治疗脑胶质瘤的重要细胞因子，是脑胶质瘤免疫治疗的重要组成部分。IL-4 与具有抗肿瘤特性的细胞毒 T 细胞（cytotoxic T lymphocyte，CTL）前体表面的受体相结合后，CTL 前体被活化并迅速增殖，分化为成熟的效应细胞——杀伤性 T 细胞，对增殖期肿瘤细胞有较强的杀伤作用。根据报道，利用逆转录病毒载体将 IL-4 基因转染到新生小鼠的原代 NSC 中，然后将这些细胞移植于荷 C6 脑胶质瘤鼠脑内，发现 NSC 能沿肿瘤细胞侵袭方向迁移，并释放 IL-4。MRI 动态监测发现实验鼠脑部大块肿瘤的肿瘤体积呈进行性缩小。携带 IL-4

的 NSC 能杀伤肿瘤细胞并抑制其生长。

IL-12（interleukin-12）也是一种治疗肿瘤的常见细胞因子。研究者从小鼠 15 天胚胎室管膜前下区收集 NSC 进行原代培养，离体状况下进一步用携带有表达 IL-12 基因的腺病毒载体转染 NSC，同时将脑胶质瘤细胞接种到成年小鼠纹状体内，将上述基因修饰的干细胞移植到胶质瘤接种部位，通过观察胶质瘤生长情况、局部抗肿瘤免疫反应，以及荷瘤小鼠生存时间来评估 IL-12 基因治疗肿瘤的效果。结果发现与对照组相比，接种了经 IL-12 基因修饰的 NSC 的荷瘤小鼠生存期明显延长，而且移植能够明显抑制胶质瘤细胞生长。在侵袭至附近正常组织的瘤组织中以及肿瘤主体周围都能够发现散在的 NSC。另外，动物生存期的延长与肿瘤瘤体内及肿瘤和正常组织交界处有大量 $CD4^+$和 $CD8^+$抗肿瘤免疫 T 细胞侵袭有关，表明由 NSC 分泌的 IL-12 诱导了一个长期的抗胶质瘤细胞免疫反应。将转染 IL-2 基因的 NSC 注入荷瘤鼠体内后发现结果与前者相同，并且 MRI 示肿瘤体积先增大，随后即缩小甚至消失。免疫病理检查表明这是 NK 细胞及 $CD8^+$淋巴细胞作用的结果，可见肿瘤消退是针对肿瘤免疫反应的结果，而这种反应是由不断增多的 NSC 分泌的 IL-2 诱导的。

（三）NSC 作为肿瘤坏死因子相关凋亡配体的载体

通过启动细胞的凋亡程序诱导肿瘤细胞凋亡是利用 NSC 治疗胶质瘤的另一种策略。在哺乳动物细胞，凋亡可被两个主要的相关途径启动。外部途径通过配体结合到胞质膜肿瘤坏死因子（tumor necrosis factor，TNF）受体/神经生长因子受体超家族来诱发凋亡；内部途径涉及细胞内抑制因子活性的丧失，导致细胞色素从线粒体进入细胞液。在后一种途径中，属于 Bcl-2 家族的蛋白质在调控线粒体外膜铁离子通透性中起着关键作用。外部途径和内部途径共同导致胞质天冬氨酸特异性蛋白酶活化，继而细胞解体形成凋亡小体。肿瘤坏死因子相关凋亡配体（tumor necrosis factor related apoptosis inducing ligand，TRAIL）属于肿瘤坏死因子超家族，它能够诱导大多数肿瘤细胞发生凋亡。TRAIL 抗肿瘤机制在于它能选择性作用于肿瘤细胞，诱导细胞凋亡，而对于正常细胞无作用。TRAIL 诱导凋亡是通过抑制胞质内 caspase 断裂，引起凋亡抑制蛋白下调，启动细胞凋亡。有研究小组将 TRAIL 的基因转染 NSC，然后将其接种到人胶质瘤的裸小鼠动物模型中，发现分泌 TRAIL 的 NSC 能够迁移到远离原发病灶的卫星病灶，并在原发病灶与卫星病灶诱发明显的肿瘤细胞凋亡，通过 HE 染色后，平均肿瘤生长最大面积明显小于实验对照组，说明肿瘤生长受到抑制。还有学者构建了一种分泌型 TRAIL（S-TRAIL），将它导入神经前体细胞，并进行实时监测，发现它能够动员和刺激骨髓和淋巴祖细胞、树突状细胞和自然杀伤细胞活化而产生杀肿瘤效应。与 TRAIL 相比，S-TRAIL 能够更有效地诱导胶质瘤细胞产生凋亡。建立表达 S-TRAIL 的 NSC 细胞系是今后胶质瘤治疗研究中有前途的方法。

（四）NSC 作为自杀基因的载体

利用前体药物活化系统选择性地杀伤肿瘤细胞已在胶质瘤的基因治疗中被广泛采

用，NSC 参与自杀基因/前体药物体系是众多基因治疗方案中较有前途的一种治疗方法。目前发现和克隆的自杀基因有多种，包括硝基还原酶基因、细胞色素 P450 基因、胸苷激酶基因，胞嘧啶脱氨酶（cytosine deaminase，CD）基因等。其中以I型单纯疱疹病毒胸苷激酶（herpes simplex virus thymidine kinase，HSV-tk）基因和 CD 基因研究得较多。

CD 是大肠杆菌代谢旁路中发现的一种酶，它只存在于细菌、真菌体内，而哺乳动物不含该酶，其功能是可将 5-氟胞嘧啶（5-flurocytosine，5-FC）转化成 5-氟脲嘧啶（5-fluorouracil，5-FU）。通过基因转染技术将 CD 基因转入哺乳动物细胞内，则该细胞可将原来无毒的原药（抗真菌药）5-FC 转化为有细胞毒性的代谢产物 5-FU，而后者作为一种化学治疗药物，从其产生细胞中扩散出来进入周围的细胞中，并且对快速分裂细胞具有选择性的毒性作用，导致细胞自杀性死亡。5-FC 在高度抗微生物活性的浓度下对哺乳动物无毒性作用，经 CD 脱氨为 5-FU 后，则具有高度细胞毒性。CD 基因作用机理的另一个突出特点是所谓的“旁观者效应”（bystander effect），即 5-FU 对周围未转染 CD 基因的肿瘤细胞亦有很强的杀伤作用。因此 CD/5-FC 系统在肿瘤治疗中有良好的应用前景。

研究者利用 NSC 能在 CNS 内迁移、分化及整合的特性，将 CD 基因转染 NSC，将其与胶质母细胞瘤细胞共培养 2 周，然后给予对细胞无毒原药 5-FC，一方面离体情况下观察培养的脑胶质瘤生长抑制情况，另一方面在体情况下以胶质母细胞瘤裸小鼠模型为研究对象，一侧鼠脑接种肿瘤细胞，对侧移植 CD 基因转染的 NSC，2 周后腹腔注射 5-FC，观察移植 NSC 的迁移和肿瘤抑制情况。他们发现离体情况下脑胶质瘤细胞的克隆形成率明显减少，细胞倍增时间明显延长；荷瘤鼠脑内肿瘤细胞生长活跃区，均有从移植侧迁移过来的能释放 CD 的 NSC 存在，该部位肿瘤缩小了 80%，小鼠的生存期明显延长。结果提示，作为 CD/5-FC 自杀基因治疗脑胶质瘤的试验研究中，NSC 充当“药物泵”的关键作用，可以源源不断地向周围的肿瘤细胞提供具有杀肿瘤效应的药物，并且很好地验证了它在 CNS 内向增生的肿瘤细胞迁移的特性。

条件复制性单纯疱疹病毒（herpes simplex virus，HSV）是一种溶瘤性病毒，它能够在分裂细胞中复制，但是不会在非分裂细胞（如神经元）中复制。因此，在脑组织中，条件复制性 HSV 载体能够选择性地在肿瘤细胞、反应性星形胶质细胞和神经血管内皮细胞等分裂细胞中增殖并将其杀灭。在一项研究中，研究者将 HSV-tk 基因转导入 NSC，即为 NSC-tk，并对其通过缝隙连接介导的旁观者效应对肿瘤细胞的杀伤效能进行评估。结果发现，旁观者效应与未转导 HSV-tk 基因的瘤细胞中连接蛋白 43 的表达相关。HSV-tk 完全通过旁观者效应杀伤肿瘤细胞。还有研究者对体内外 NSC-tk 与大鼠胶质瘤细胞间的旁观者效应作了评估。将 NSC-tk 与大鼠胶质瘤细胞在体外进行共培养，呈现出显著的旁观者效应。进一步将 NSC-tk 注入荷瘤鼠体内，MRI 持续观测发现有 67%的大鼠体内肿瘤消失；而对照组几乎所有大鼠死于肿瘤发生，生存期不超过 21 天。在另一项研究中，将 NSC-tk 与 C6 胶质瘤细胞按照不同的比例混合，并分别在体内外不同情况下对旁观者效应进行评估。结果显示，当 NSC-tk/C6 比例达 1∶16 以上时，体外肿瘤细胞增长完全受到抑制，接种的大鼠脑组织中也未发现有肉眼可见的肿瘤生成，并且所有按该比例接种的大鼠存活期超过了 100 天， 这表明 NSC-tk 和 C6 细胞之间存在强大的旁观者效应，该实验同时也对治疗胶质瘤所需的 NSC-tk 量作了大致的评估。上述结果提示，自杀基因前体药物体系产生旁观者效应对脑肿瘤进行治疗，具有明显的疗效，为胶质瘤的基因治疗提供了一种新的途径。

四、骨髓间充质干细胞

分离 NSC 的伦理道德问题、同种移植的免疫相容问题等使 NSC 的临床应用受到限制。并且，由于人 NSC 来源的限制，至今绝大多数实验数据来自于对鼠类的 NSC 的评估。NSC 这种固有的局限性使人们探索并寻找其他类型的更易于达到临床应用的干细胞作为载体转运递送治疗物质治疗脑肿瘤。骨髓是干细胞可替代的源泉，来源于人骨髓的骨髓基质细胞（MSC）易于从患者自身获得，排除了免疫不相容问题。人骨髓源性间充质干细胞（human bone marrow derived mesenchymal stem cell，hMSC）可在恶性胶质瘤患者体外增殖，然后种植入体内，既没有道德伦理问题，又能使自体移植易于临床实施，引起研究者高度关注。

研究报道，应用来源于小鼠 MSC 的 NSC 样的细胞定向追踪胶质瘤细胞，并将最新发现的 IL-23 转导入 MSC，使 MSC 追踪肿瘤的同时释放 IL-23，可以抑制肿瘤生长。最近报道， hMSC 具有与胚胎来源的 NSC 相似的肿瘤定向迁移能力。发现 hMSC 静脉输入后可以选择性地分布到肿瘤组织中。研究报道，hMSC 可以移入人胶质瘤细胞，而且无论在荷瘤同侧还是对侧颈内动脉将 hMSC 注入，hMSC 都可以在肿瘤中发现，因此学者认为这种现象不是脑内血液流动偶然的结果，而是 hMSC 对胶质瘤具选择性定向迁移。还有研究发现，肿瘤微环境中的各种因子可以趋化并促进 hMSC 增殖。转染外源基因的 hMSC 主要集中于肿瘤的边缘，并稳定表达目的基因。

另外，hMSC 能够穿越血脑屏障进入中枢神经系统网。有多组实验证明，直接输入外周静脉，进入血循环的 hMSC 能够迁移进入脑缺血模型和脑创伤模型的病变区，并分布于损伤部位。除此之外，hMSC 本身可以直接抑制胶质瘤的生长。研究还表明，hMSC 对胶质瘤的趋向性也可能或者至少部分由特殊的生长因子或趋化因子介导。血小板源性生长因子和表皮生长因子增强了 hMSC 的迁移能力。因此，以 hMSC 代替 NSC 作为脑胶质瘤基因治疗的载体成为新的研究方向。

五、胚胎干细胞

胚胎干细胞（ESC）有两个突出特点，即分化的全能性和体外无限的增殖能力，这是其他干细胞所不具备的。在 ESC 基因治疗研究中，人们更加关注的是其增殖能力与分化能力，较少关注其迁移特性。事实上，ESC 具有广泛强烈的迁移性，其机理及深层的意义还不为人们所认识。目前，同 NSC 研究相比，关于人 ESC 向胶质瘤迁移潜力方面的研究资料很少。2003 年，有研究报道了应用 ESC 来源的神经前体细胞作为基因治疗转运递送载体治疗脑胶质瘤的实验研究，体内、体外实验结果均表明 ESC 表现了很强的肿瘤定向迁移能力。还有研究者系统地进行 ESC 诱导分化前后的体外迁移实验，结果表明，诱导分化后的 ESC 来源的前体细胞，对胶质瘤条件培养液产生选择性迁移现象。在 ESC 来源的细胞体外趋化实验中，推测可能的迁移机理仍然为趋化因子的趋化作用。

六、脑胶质瘤干细胞

（一）TSC 概念的提出

解释肿瘤发生机制的学说很多，最为广泛接受的学说认为肿瘤是正常细胞在内外环境因子的作用下基因突变或表达异常逐渐形成的。这种理论建立在肿瘤的发生是细胞遗传物质改变的基础之上，基因、染色体和遗传修饰异常均是导致肿瘤发生及发展的最直接因素。然而，在长达 20 余年的肿瘤相关基因的研究过程中，人类至今尚未发现所有细胞癌变共有的机制。胶质瘤中众多基于基因突变基础的研究始终无法解决肿瘤侵袭性、异质性和耐药性，以及受累基因多样性等诸多难题，曾被寄予厚望的基因靶向治疗也逐步陷入了举步维艰的局面。

关于肿瘤的细胞起源，传统认为是成熟细胞的“去分化”或“逆分化”，或者是干细胞的分化障碍。早在 20 世纪 70 年代，有的学者根据肿瘤细胞与干细胞的增殖和分化特性具有相似性，提出肿瘤发生源于干细胞成熟受阻，而不是体细胞的去分化。长期以来，“二次打击”学说被认为是细胞恶性转化的最基本条件，有研究者认为恶性肿瘤的激发和促进阶段引起了干细胞的分化受阻，干细胞才是被“打击”对象。干细胞起源学说在 20 世纪的研究中获得广泛支持，1967 年，研究者将早期小鼠胚胎细胞植入成年小鼠的睾丸后发展为畸胎瘤的研究，为肿瘤起源于干细胞提供了最直接的证据。TSC 概念的提出最早起源于对白血病的研究。1997 年，Bonnet 等率先在人类急性巨细胞白血病中找到 TSC，研究发现这些细胞类似于成体干细胞，有着分裂增殖、自我更新，以及分化成其他细胞的能力。

研究者通过比较干细胞和肿瘤细胞发现，二者具有相似的生物学特征，提出了 TSC 学说。TSC 学说认为所有的肿瘤组织并不是由一种肿瘤细胞所组成的，在众多的肿瘤组织中，不同的细胞具有不同的增殖、侵袭和转移能力，亦即肿瘤的异质性。在一些肿瘤组织中存在为数不多但担当着干细胞角色的肿瘤细胞，这些特殊的肿瘤细胞具有干细胞的一切基本特性，包括自我更新能力、无限增殖能力和多向分化潜能。在异常的调控机制下，经历了类似在正常组织中干细胞的分化过程，构成终末成熟细胞的肿瘤。TSC 是形成不同类型肿瘤细胞和肿瘤不断扩大的根源。新兴的 TSC 理论的建立，对明确肿瘤发生特异性靶标、诱导分化个体化治疗，以及改进研究及治疗策略具有深远的意义。随后陆续有文献报道从乳腺癌、前列腺肿瘤、非小细胞肺癌、黑素瘤及膀胱癌等实体肿瘤中，分离得到具有干细胞特性的一类细胞。继续研究发现在肿瘤的形成和生长中起着决定性作用的也正是这群特殊的 TSC，而其他大多数肿瘤细胞在经过短暂的分化之后会最终走向死亡。

（二）胶质瘤干细胞与 NSC 的关系

20 世纪 20 年代，有研究者推测胶质瘤源于正常的胶质细胞，二者形态相似，仅仅分化程度不同。后来的研究者利用化学致癌剂诱导产生胶质瘤模型进行验证。数十年后，随着 1992 年实验室在 SVZ 部位以巢蛋白阳性为标记的 NSC 的成功分离，人类开始推测胶质瘤是否来源于恶变的 NSC。有研究者利用同样的 NSC 模型，证实了 NSC 的致瘤性。2003 年研究者从人脑肿瘤组织中分离出 TSC，与正常 NSC 相似，为 $CD133^+$细胞，具有自我更新和增殖能力，并且能分化为与原发瘤相同的表型。随着研究的不断深入，已经有越来越多的学者从脑胶质瘤组织中分离得到极少量但担当着干细胞角色的肿瘤细胞，即脑 TSC 或胶质瘤干细胞（glioma stem cell，GSC），它们在脑胶质瘤的生长与复发中起着关键性的作用。

体内实验为脑 TSC 的存在提供了更有力的证据。有研究者通过基因工程鼠脑瘤模型，发现多种类型脑瘤均起始于两个区域——侧脑室和海马回，该区域正是脑组织干细胞的定位所在。还有研究者将分离得到的 TSC 移植到新生大鼠脑内，可分化为与来源肿瘤表型相同的肿瘤细胞，从神经元和星形细胞肿瘤中分离的 TSC 在分化后仍具有神经元和星形细胞的性状，认为脑 TSC 可能是胶质瘤的起源细胞。大量体内外实验的证据证实了 TSC 在胶质瘤起源中的重要作用。正常 NSC 既有自我更新能力又可进行分化，先产生不定向的祖细胞，然后依次产生限制性定向的先祖细胞谱系，最后分化为星形细胞、少突胶质细胞和神经元这些终末细胞。TSC 也能分化产生各种子代细胞（图 25-1）。

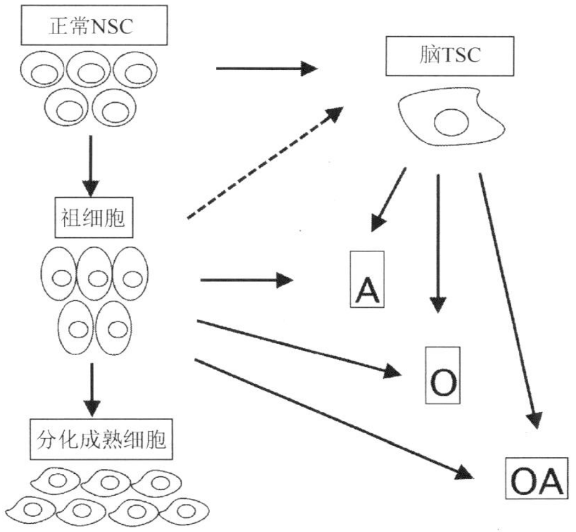

图 25-1　NSC 分化和肿瘤产生的关系（Westphal et al. 2011）

A 代表星形细胞；O 代表少突胶质细胞；OA 代表两种细胞的混合细胞

GSC 和正常的 NSC 有共同的细胞起源的另一个理论基础是二者具有共同的分化增殖调控通路，Wnt、Shh、Notch 和 PTEN 等信号转导通路在保持正常 NSC 的自我更新能力中起重要作用，而脑肿瘤的发生常常与 NSC 信号通路蛋白的异常表达有关。现已证明 Wnt 和 Shh 通路异常与脑肿瘤的发生密切相关，Wnt 通路的 β-连接蛋白突变，可引起一系列脑肿瘤的产生；而 Bmi-1 的过度表达与 Shh 途径活化相关，是导致胶质母细胞瘤与髓母细胞瘤发病的机制之一。应用其信号通路的抑制剂，可以导致小鼠体内的移植瘤衰退，并能诱导手术切除的髓母细胞瘤细胞迅速凋亡；PTEN 编码调控 NSC 增殖的磷酸酶，其突变常发生于较高级别的恶性胶质瘤中。

有学者选择巢蛋白为标记物进行胶质瘤起源细胞的研究，发现小鼠出生后最早 30 天即可在室管膜下区附近的脑实质中出现单个或成团的巢蛋白阳性细胞，随着时间的延长，巢蛋白阳性细胞团逐渐增大，形成实体瘤；而对照组相同部位未发现巢蛋白阳性细胞。尽管这只是一种说明脑胶质瘤来源于 NSC 的间接证据，但进一步研究发现，脑 GSC 与 NSC 的生物学特性非常相似。也有学者认为单一细胞经 4～7 次突变就有可能发生恶性转变，组织更新越快，复制、转录过程中发生基因突变的概率就越高。NSC 是中枢神经系统最活跃的细胞，长期处于分裂、增殖状态，容易发生突变，因此突变的 NSC 就有可能转变为脑 GSC。

从脑肿瘤起源的部位，部分类型肿瘤成分的多样性、复杂性，以及 GSC 与 NSC 功能上、遗传学上、信号转导通路的相似性等方面看来，GSC 和 NSC 在发生学上的确存在密切的关系。NSC 和胶质瘤细胞都有能力自我更新，获得较少突变即有可能恶性转化，而且干细胞存活时间较长，这意味着干细胞比成熟细胞发生细胞复制的错误概率更大，因外界环境的刺激而发生突变的机会更多，最终形成脑 GSC。此外，这两种类型的肿瘤细胞似乎被吸引到相同的分子壁龛，并且都拥有胶质瘤细胞自身或被周围的支持细胞释放的分子信号，这也是支持 NSC 是脑 GSC 来源的一个论据。因此，破解人类大脑内 NSC 的分子特性可能导致治疗的新方法，以及比当前更有选择性和更有效的方法。在脑胶质瘤的实验研究中发现，正常 NSC 与 GSC 拥有的分子和细胞特点，这些相似之处可能提供重要的治疗靶点和大脑肿瘤治疗新策略。

NSC 和神经前体细胞释放一种蛋白质，这种蛋白质属于骨形成蛋白（bone morphogenetic protein，BMP），顾名思义，该蛋白家族成员的显著特点是可以诱导骨骼和软骨组织的形成。不过，BMP 活跃于整个有机体，甚至包括在大脑里。NSC 在脑胶质瘤附近释放 BMP-7，这种蛋白质只对很少但是很关键的一部分细胞有影响，即 TSC。研究人员目前的共识是，这些 TSC 实际上是导致肿瘤不断自我更新的关键。哪怕手术后极其少量的这种细胞存在，都足以诱发肿瘤复发，甚至形成新的肿瘤。BMP-7 诱导 TSC 的信号通路，导致它们继续分化，这意味着，它们分化后不再是 TSC。研究显示 SVZ 的 NSC 在 BMP 的信号分子诱导下，NSC 退出细胞周期，终末分化成星形胶质细胞。由于 NSC 和胶质瘤 TSC 之间的相似之处，有理由相信，BMP 在体内胶质瘤恶性表型上有类似的效果。研究表明，在小鼠移植的模型上 BMP 治疗脑胶质瘤可明显降低特定类型干细胞的致癌潜力。评估 BMP 治疗脑瘤效果的临床试验，目前正在进行规划。

尽管 GSC 和 NSC 之间有许多相似之处，但它们之间的重要差别，也有可能影响治疗策略。首先，不像正常的 NSC，GSC 可能在肿瘤组织中拥有致癌基因突变（如活化原癌基因或抑癌基因丢失）。毫无疑问，这些遗传变异的 DNA 序列水平是 GSC 和 NSC

之间的本质差异。其次，GSC 的遗传变异也是有特定亚群 GSC 与其他 GSC 或正常的 NSC 生物学行为差异的原因。例如，GSC 的某些亚群不能对 BMP 反应后分化，这种差异是由于 BMP 受体的启动子遗传沉默导致的。因此，确定 NSC 和特定的 GSC 亚型之间的差异将在根据 NSC 和 GSC 之间的相似之处设计和实施治疗脑胶质瘤实验中非常重要。

NSC 和 GSC 分别是神经胶质细胞和神经胶质瘤细胞的启动细胞，分化走向的不同是最显著的差异之一。相似性从某种意义上说是一种“表面”现象，差异性才有可能是其“本质”所在。NSC 和 GSC 在含有生长因子的无血清培养条件下，虽然均呈难以区分的球体状悬浮生长，并在去生长因子、加血清条件下均呈贴壁生长和趋向分化，但两者的分化走向截然不同。NSC 在 10～14 天左右分化成熟，失去表达 CD133 和巢蛋白的能力，大部分为 GFAP 阳性的星形胶质细胞，小部分为 NSE 阳性的神经元细胞；而脑 GSC 虽然在不同的时间点上也出现了不同的形态表型的分化趋向，但没有固定规律，而且经过一定时间分化后，总有一部分细胞返回到聚集成团、呈悬浮生长的干细胞状态。这种“返祖”性的分化障碍目前认为是脑 GSC 有别于 NSC 的本质区别。从治疗学角度考虑，诱导分化胶质瘤细胞向良性方向分化，曾经是一个热门话题，在体外的研究中均见到了促分化效应，但因达不到终末分化而疗效有限。促分化后细胞凋亡现象的研究表明，凋亡与肿瘤细胞分化障碍的根本原因未能解除有关。现在看来，凋亡有可能与诱导分化剂对脑 GSC 不敏感有关。

（三）胶质瘤干细胞在脑胶质瘤治疗研究中的意义

“普通癌细胞”可以被常规疗法（手术、放疗和化疗）摧毁，但这些方法很少对 TSC 有效。GSC 的发现为治疗胶质瘤提供了新的思路，其目标是开发有效摧毁 TSC 的疗法。而且，这些研究首先集中在 GSC 对传统化疗及放疗的反应上。GSC 对放疗反应的研究表明，体外培养和体内移植的肿瘤经正常剂量放射线照射后，$CD133^+$细胞有明显的放射抵抗性。这种反应是由于它们更容易启动 DNA 的修复。之后他们又利用抑制修复蛋白的药物处理细胞，从而可使 GSC 恢复对放射性治疗的敏感性。GSC 对化疗的抵抗性也得到了实验支持。研究认为，一些多药耐药蛋白在 $CD133^+$细胞中表达增高。另外，$CD133^+$细胞对一些常用的化疗药物亦具有更强的抵抗性，如紫杉醇、替莫唑胺和依托泊苷等。GSC 对放疗的抵抗性可能源自它们的一些 DNA 修复蛋白的高表达，因而抑制这些修复蛋白可有效地恢复其对放疗的敏感性。另外，环氧化酶-2 也可能参与了 GSC 对放疗的抵抗作用。GSC 对化疗的抵抗性研究目前也有较好发展。现有的证据表明，一些多药耐药蛋白可能成为治疗的靶点用以恢复 GSC 对化疗的敏感性。

CD133 作为 GSC 的表面分子标志，还可能用作有效诊断胶质瘤的恶性程度和评估患者的预后指标。有研究发现，肿瘤复发组织中 CD133 的 mRNA 是明显增加的。GSC 的鉴定可为脑胶质瘤的监测和诊断提供重要指标，假设对 GSC 在脑胶质瘤中所占的比例对脑胶质瘤进行分级，可进一步预测脑胶质瘤的发生、发展和转归。

将来，针对 GSC 的脑胶质瘤治疗方法会更多、更有效。Notch 信号通路在 GSC 形成、维持及胶质瘤患者放化疗耐受中起关键的调控作用。因此，深入研究 GSC 中 Notch 信号通路调控机制对开发以该通路为靶向的治疗药物具有积极意义。阻断 Wnt 通路、Shh 通路等 GSC 的信号通路可终止其增殖和分化过程、携带化疗药物直接杀死 GSC 等。总之，虽然还有很多问题需要探索，但对 GSC 特性的深入研究和以 GSC 为靶向的新的治疗策略为临床治愈胶质瘤提供了很好的前景。

（四）GSC 的分离、培养、分化及鉴定

目前，已从不同级别（低级/高级）、不同类型的脑肿瘤（包括神经胶质瘤、成神经管细胞瘤、星形细胞瘤和室管膜细胞瘤）中分离鉴定出多种类型的 NSC 和 TSC。这些脑 TSC 在体外实验中表现出自我更新能力、高度扩增能力及多谱系分化潜能。GSC 既可以在神经球培养体系中悬浮培养，也可以单层贴壁培养。在神经球悬浮培养过程中，神经前体细胞在促有丝分裂剂的作用下进行有丝分裂，形成的细胞簇称为神经球。相反，单层贴壁培养方法则在培养皿中使用适当的基质，使细胞表面贴附在基质上，而不是细胞间聚集。GSC 研究的首要问题就是，如何从异质性的脑肿瘤细胞群中分离出极少量的 GSC。利用 GSC 体外成神经球生长的特性可进行 GSC 的分选。

研究表明，将脑胶质瘤手术标本制成单细胞悬液后，脑肿瘤细胞在加入含生长因子的无血清 NSC 培养液中培养，其中的 GSC 增殖形成神经球；而脑肿瘤非干细胞则贴壁生长，且在无血清条件下生长速度缓慢。这种培养方法的缺点是得到 GSC 的纯度低，不能很好地满足后期大量研究的需求。GSC 的分选方法还包括荧光活化细胞分选术，通过荧光标记的 CD133 特异性抗体与细胞表面 CD133 分子结合后，能把发出荧光的 GSC 分选出来。通过 DNA 荧光染料 Hoechst 33342 处理细胞，利用 TSC 可将染料泵出细胞不发出荧光的性质，经过分选，可将不被染色或低染色的侧群细胞（SP 细胞）筛选出来。目前，这两种分选方法均存在过程繁琐、时间冗长、可因细胞的制备方法等不同而有所差异、存在一定的误差等缺点。而且经过长时间染色和分选后，细胞的活力会受到影响，进而影响下一步的培养或者生物学特性研究。

目前，GSC 常用的标记物巢蛋白和 CD133 分子均为正常 NSC 的特征性标记物。巢蛋白属于 4 型中间丝蛋白，主要在胚胎期和成年的神经前体细胞表达，自发现以来一直被视为神经前体细胞的标记。在成熟脑组织中，巢蛋白主要表达于 SVZ 区的成体 NSC，此外在脉络丛附近也有少量表达。在未分化的 NSC，巢蛋白表达较强，当分化开始时细胞则下调巢蛋白的表达而上调其他的终末分化标记。在星形细胞瘤和胶质母细胞瘤中都能检测到巢蛋白阳性信号。巢蛋白在一定程度上可以反映肿瘤细胞的分化状态。CD133 是具有 5 个跨膜结构域的大分子糖蛋白，分子质量 120kDa，最初从小鼠的原始神经上皮中分离得到。CD133 为一重要的干细胞标记物。在中枢神经系统肿瘤中，不管是高度恶性的多形性胶质母细胞瘤（glioblastoma multiforme , GBM）和髓母细胞瘤，还是预后较好的毛细胞星形细胞瘤，都含有 $CD133^+$细胞，它与巢蛋白一起，共同成为现阶段 BTSC 分离筛选的主要标记物。

GSC 的分化过程有其特殊性。相对于正常的 NSC，未分化增殖的 GSC 表达分化了的神经细胞系和胶质纤维酸性蛋白（glial fibrillary acidic protein，GFAP）的抗原标记，因此不能使用这些抗原作为 GSC 分化研究的可靠指标。此外，这些肿瘤细胞具有很强的抗细胞死亡特征。即使在分化条件下，一小部分的 GSC 仍然进行活跃的增殖。因此，要正确评估 GSC 的多能诱导和有效分化，需要考虑 GSC 的以下特性。首先，分化培养时必须减少生长因子的使用以最大限度地减少细胞的增殖；其次，必须在无有丝分裂原的培养液中同时加入白血病抑制因子（leukaemia inhibitory factor，LIF）或 BMP-4 来阻止 GSC 增殖，促进其分化；最后，在体外分化的整个时间段应延长到 15～20 天。值得注意的是，分化的 GSC 后代应同时进行神经元和神经胶质标记的检测。

七、胶质瘤对 NSC 的影响

随着 NSC 治疗胶质瘤研究的深入，有学者开始考虑胶质瘤对 NSC 是否存在着影响。实验研究发现，胶质瘤上清液对 NSC 的增殖具有一定的促进作用。与对照组相比，经胶质瘤上清液作用后的 NSC 具有肿瘤细胞的一些形态学特点，推测是胶质瘤上清液作用于 NSC 后致其瘤化的结果。这为 NSC 治疗胶质瘤提出了又一难题。但是该瘤化作用在人体内是否会出现，以及其瘤化的发生时间及程度如何，尚有待进一步明确。胶质瘤对 NSC 的影响还体现在前述 NSC 向胶质瘤迁移的特性中，研究发现，C6 胶质瘤细胞的上清液能明显促进 NSC 球的迁移，提示胶质瘤细胞可能分泌某种因子吸引向其迁移。可见胶质瘤对 NSC 的影响并非单方面的。在利用 NSC 治疗胶质瘤的过程中如何才能充分利用其特点，趋利避害，尚需进一步探讨。

第四节　神经干细胞在治疗胶质瘤中的作用

一、临床实验研究的进展

利用 NSC 作为治疗性基因或蛋白分子的运载工具，在胶质瘤治疗的实验中取得了许多令人鼓舞的结果，但目前实验的多数还处于临床前阶段。一项应用表达胞嘧啶脱氨酶的 NSC 治疗胶质瘤的临床实验正在起步阶段。现有的临床前实验数据强烈提示这样的假设，即以干细胞为基础的传输系统能在临床上将有效的靶向性治疗药物运送到脑内弥漫生长的恶性胶质瘤病灶中。理想的细胞介导基因治疗应该是：NSC 通过靶向迁移桥梁到达病灶，在病变部位增殖或者分化，同时保持其细胞内基因片段的治疗功能。在临床实践中，要获得成功还需要新的知识及几个关键领域的研究进展，包括诱导转移性基因进入细胞的病毒和非病毒载体的设计、引导进入细胞内的转移性基因的能力、引导修饰性干细胞基因或者被分泌的治疗性物质进入疾病组织的能力、在干细胞内的治疗性物质产物的最佳化和调控对基因治疗过程中出现的免疫反应能力等。

二、问题与展望

近年来 NSC 治疗脑胶质瘤的研究取得了很大进展，但是目前仍然存在一些问题：①NSC 的获得仍以原代培养为主，虽建立了永生化的 NSC 系，但肿瘤细胞还存在异源性和遗传不稳定性，潜在的致癌性问题仍没有解决，应用受到限制；②胶质瘤病理机制尚未阐明，因而缺乏特异性靶基因；③NSC 迁移及趋向肿瘤组织内分布的机制仍不十分清楚等；④NSC 运用于胶质瘤基因治疗，目前的研究对象多为大鼠和小鼠，同样的结论是否也适用于人体尚无定论。这些问题是临床应用 NSC 治疗恶性脑胶质瘤必须首先明确并予以解决的。

尽管如此，NSC 作为基因治疗载体有无法比拟的优点：①NSC 易于导入和稳定表达外源的杀伤基因，对肿瘤细胞起到持续的杀伤作用；②NSC 可以和正常脑组织整合，修复由于肿瘤的侵袭作用所受损的脑组织，重建部分环路和功能；③NSC 具有对胶质瘤细胞迁移追踪能力。目前，NSC 治疗胶质瘤的主要策略是在手术或其他疗法后移植 NSC 发挥其基因载体作用和强大的修复作用。NSC 的运用为胶质瘤的治疗带来了极大的希望。

GSC 的发现也为研究胶质瘤的起源、发生和发展的机制提供了新的方向。由于 GSC 与 NSC 在生物学特性和发生部位等方面有很多相似之处，促使研究人员对 NSC 与 GSC 的相关性进行了深入探究，提出了脑胶质瘤可能起源于突变的 NSC 的假说。虽然目前还没有直接临床试验证据证明胶质瘤组织中的 GSC 所起的作用，然而，一系列研究已经检测到临床脑胶质瘤活检标本中 GSC 的阳性标志物 CD133 等分子的存在，而针对 GSC 的治疗策略目前被认为是胶质瘤治疗研究的关键。以 NSC 作为载体，携带治疗基因对恶性脑肿瘤的靶向治疗成为目前研究的焦点。但目前还要对 NSC 向脑肿瘤的定向迁移的内在机制及 NSC 作为载体的有效性和安全性进行全面检测和评估，以更好地发挥其作用。总之，随着 NSC 及 GSC 基础和临床应用研究的进展，必将为脑胶质瘤患者探索出更有效、更特异的治疗手段。

（潘冬生　唐　涛）

主要参考文献

曹培超，王建交，郑永日．2012．骨髓间充质干细胞在胶质瘤治疗中的作用．中国组织工程研究，16（1）：139-142
韩庆芳，徐丁．2012．胶质母细胞瘤和胶质瘤干细胞．四川解剖学杂志，20（3）：21-25
高谋，徐如祥，杨志军．2014．干细胞在胶质瘤治疗中的研究进展．中华神经医学杂志，13（5）：531-533
李密馥，李鹏，黄海燕，等．2014．肿瘤干细胞标记物在胶质瘤临床应用中的研究，中国免疫学杂志，30（7）：1002-1005
刘天助，宁瑜，廖红展，等．2014．一种功能性分离和纯化胶质瘤干细胞的方法，中华神经医学杂志，13（9）：865-869
刘永贵，杨智勇，王廷华．2012．胶质瘤细胞及其干细胞的放疗敏感性差异．四川解剖学杂志，20（3）：1-4，8
王艳阳，折虹．2012．脑胶质瘤干细胞放射抵抗机制研究进展．中华放射医学与防护杂志，32（5）：558-560

杨学军．2012．脑胶质瘤干细胞研究现状与展望．中华实验外科杂志，29（9）：1651-1653
于圣平，张莹，杨学军．2012．靶向清除胶质瘤干细胞在胶质母细胞瘤治疗方面的应用前景．中国神经精神疾病杂志，38（2）：118-121
于士柱，王虔．2012．胶质瘤干细胞研究的新进展及展望．中华病理学杂志，41（4）：217-219
曾令成，万锋，韩林，等．2012．CD133：脑胶质瘤干细胞标志物．中华神经外科杂志，28（7）：744-747
郑克彬．2012．胶质瘤干细胞及相关的信号转导通路．中国肿瘤生物治疗杂志，19（1）：107-110
Aboody K, Capela A, Niazi N, et al. 2011. Translating stem cell studies to the clinic for CNS repair: current state of the art and the need for a Rosetta stone. Neuron, 70(4): 597-613
Aboody KS, Najbauer J, Danks MK. 2008. Stem and progenitor cell-mediated tumor elective gene therapy. Gene Ther, 15(10): 739-752
Baronchelli S, Bentivegna A, Redaelli S, et al. 2013. Delineating the cytogenomic and epigenomic landscapes of glioma stem cell lines. PLoS One, 8(2): e57462
Bulik M, Jancalek R, Vanicek J, et al. 2013. Potential of MR spectroscopy for assessment of glioma grading. Clin Neurol Neurosurg, 115(2): 146-153
Campos B, Wan F, Farhadi M, et al. 2010. Differentiation therapy exerts antitumor effects on stem-like glioma cells. Clin Cancer Res, 16(10): 2715-2728
Capper D, Gaiser T, Hartmann C, et al. 2009. Stem-cell-like glioma cells are resistant to TRAIL/Apo2L and exhibit down-regulation of caspase-8 by promoter methylation. Acta Neuropathol, 117(4): 445-456
Clement V, Marino D, Cudalbu C, et al. 2010. Marker-independent identification of glioma-initiating cells. Nat Methods, 7(3): 224-228
Dahlrot RH, Hansen S, Jensen SS, et al. 2014. Clinical value of CD133 and nestin in patients with glioma: a population-based study. Int J Clin Exp Pathol, 7(7): 3739-3751
Filatova A, Acker T, Garvalov BK. 2013. The cancer stem cell niche(s): the crosstalk between glioma stem cells and their microenvironment. Biochim Biophys Acta, 1830(2): 2496-2508
Holmberg J, He X, Peredo I, et al. 2011. Activation of neural and pluripotent stem cell signatures correlates with increased malignancy in human glioma. PLoS One, 6(3): e18454
Ignatova TN, Kukekov VG, Laywell ED, et al. 2002. Human cortical glial tumors contain neural stem-like cells expressing astroglial and neuronal markers in vitro. Glia, 39(3): 193-206
Kosztowski T, Zaidi HA, Quinones-Hinojosa A. 2009. Applications of neural and mesenchymal stem cells in the treatment of gliomas. Expert Rev Anticancer Ther, 9(5): 597-612
Lee C, Dunn SE, Yip S. 2012. Stem cells in brain tumour development and therapy- two-sides of the same coin. Can J Neurol Sci, 39(2): 145-156
Mapara KY, Stevenson CB, Thompson RC, et al. 2007. Stem cells as vehicles for the treatment of brain cancer. Neurosurg Clin N Am, 18(1): 71-80
Matsko DE. 2008. Papillary glioneuronal tumor is a new nosological entity in the WHO classification of central nervous system tumors (2007). Arkh Patol, 70(4): 45-46
Pan DS, Wei XZ, Liu MP, et al. 2010. Adenovirus mediated transfer of p53, GM-CSF and B7-1 suppresses growth and enhances immunogenicity of glioma cells. Neurol Res, 2010(32): 502-509
Piccirillo SG, Reynolds BA, Zanetti N, et al. 2006. Bone morphogenetic proteins inhibit the tumorigenic potential of human brain tumour-initiating cells. Nature, 444(7120): 761-765
Rathod SS, Rani SB, Khan M, et al. 2014. Tumor suppressive miRNA-34a suppresses cell proliferation and tumor growth of glioma stem cells by targeting Akt and Wnt signaling pathways. FEBS Open Bio, 4: 485-495
Riganti C, Salaroglio IC, Caldera V, et al. 2013. Temozolomide downregulates P-glycoprotein expression in glioblastoma stem cells by interfering with the Wnt3a/glycogen synthase-3 kinase/beta-catenin pathway. Neuro Oncol, 15(11): 1502-1517
Rousseau A, Mokhtari K, Duyckaerts C. 2008. The 2007 WHO classification of tumors of the central nervous system - what has changed. Curr Opin Neurol, 21(6): 720-727
Rutka JT, Kongkham P, Northcott P, et al. 2009. The evolution and application of techniques in molecular biology to human brain tumors: a 25 year perspective. J Neurooncol, 92(3): 261-273

Sasportas LS, Kasmieh R, Wakimoto H, et al. 2009. Assessment of therapeutic efficacy and fate of engineered human mesenchymal stem cells for cancer therapy. Proc Natl Acad Sci USA, 106(12): 4822-4827

Shats I, Gatza ML, Chang JT, et al. 2011. Using a stem cell-based signature to guide therapeutic selection in cancer. Cancer Res, 71(5): 1772-1780

Singh SK, Clarke ID, Terasaki M, et al. 2003. Identification of a cancer stem cell in human brain tumors. Cancer Res, 63(18): 5821-5828

Sonabend AM, Ulasov IV, Tyler MA, et al. 2008. Mesenchymal stem cells effectively deliver an oncolytic adenovirus to intracranial glioma. Stem Cells, 26(3): 831-841

Stupp R, Hegi ME, Mason WP, et al. 2009. Effects of radiotherapy with concomitant and adjuvant temozolomide versus radiotherapy alone on survival in glioblastoma in a randomised phase III study: 5-year analysis of the EORTC-NCIC trial. Lancet Oncol, 10(5): 459-466

Uhl M, Weiler M, Wick W, et al. 2005. Migratory neural stem cells for improved thymidine kinase-based gene therapy of malignant gliomas. Biochem Biophys Res Commun, 328(1): 125-129

Wang J, Sakariassen PO, Tsinkalovsky O, et al. 2008. CD133 negative glioma cells form tumors in nude rats and give rise to CD133 positive cells. Int J Cancer, 122(4): 761-768

Westphal M, Lamszus K. 2011. The neurobiology of gliomas: from cell biology to the development of therapeutic approaches. Nat Rev Neurosci, 12(9): 495-508

Whelan HT. 2012. High-grade glioma/glioblastoma multiforme: is there a role for photodynamic therapy. J Natl Compr Canc Netw, 10 Suppl 2: 31-34

Yuan X, Curtin J, Xiong Y, et al. 2004. Isolation of cancer stem cells from adult glioblastoma multiforme. Oncogene, 23(58): 9392-9400

Zeppernick F, Ahmadi R, Campos B, et al. 2008. Stem cell marker CD133 affects clinical outcome in glioma patients. Clin Cancer Res, 14(1): 123-129

Zong H, Parada LF, Baker SJ. 2015. Cell of origin for malignant gliomas and its implication in therapeutic development. Cold Spring Harb Perspect Biol, Jan 29

第二十六章　神经干细胞移植治疗小儿脑瘫

第一节　概　　述

一、小儿脑瘫的基本概念

小儿脑性瘫痪（cerebral palsy，CP）简称小儿脑瘫，是指患儿从出生前到产后 1 个月内的脑发育早期，由各种原因引起的非进行性的脑损害、发育缺陷所致的中枢性运动障碍及姿势异常，并可伴有智力低下、癫痫、感知觉障碍、语言及精神行为障碍等症状，且需排除进行性疾病所导致的中枢性运动障碍以及正常幼儿暂时性的运动发育落后的一种病症，是当前儿童主要的运动残疾性疾病。在 CP 患病率中，男童（2.24‰）高于女童（1.54‰），其调查结果为 1.70∶1。由于产科及新生儿科医疗技术水平的提高，早产儿的存活率明显升高，新生儿死亡率、死胎、死产率显著下降，但是 CP 发生率不但没有减少，反而有增多或一度下降后又再次上升的趋势。

在 20 世纪 70 年代，CP 的发生率升高较明显，从 1.4‰升高到 2‰。在欧洲，CP 的发生率为 2‰～3‰。2006 年美国 4 个地区的调查发现，CP 的发生率在 2.9‰～3.8‰，平均为 3.3‰。我国 CP 的发生率亦呈上升趋势。1997～1998 年，我国 6 省（自治区）1 岁、2 岁、3 岁、4 岁、5 岁、6 岁年龄组患病率分别为 2.26‰、2.24‰、1.94‰、1.58‰、1.80‰、1.77‰，平均患病率为 1.85‰。2001 年河南省调查发现，CP 的患病率为 1.07‰～2.38‰，平均患病率为 1.58‰。

二、病因

早在 1861 年，CP 就被提出并且认识到新生儿窒息与神经系统不良结局的关系。同时认为，新生儿窒息是 CP 的首要因素。其后的研究发现，CP 常合并智力障碍、癫痫、视力障碍等疾病。因此提出，CP 可能在宫内脑发育早期即开始出现，分娩前因素是 CP 的主要致病因素。CP 发病过程比较复杂，是一种多因素作用的结果，目前尚无一种获得公认的 CP 动物模型，其病因学大多以流行病学为基础。CP 的发生大致分为两类：①先天性脑发育异常，由基因、染色体异常等引起，常合并其他器官的先天性畸形；②脑发育完成之前受到损伤，脑白质损伤、胎儿宫内生长受限（fetal growth restriction，FGR）、新生儿中风、窒息、宫内及新生儿期感染等不良刺激，在胎儿及新生儿脑发育完成之前，损伤脑组织的发育而引起 CP 的发生。脑组织急、慢性缺氧和/或炎症通路是脑损伤的最终共同通路。按照脑损伤发生时间的危险因素，主要集中在以下 3 个方面。

（一）产前因素

产前因素包括社会经济地位（socio-economic statu，SES）、遗传因素、不孕症及辅助生殖技术、孕妇基础疾病及不良嗜好（如甲状腺疾病、吸烟和/或酗酒等）、宫内感染、宫内发育迟缓、发育畸形、妊娠期外伤和多胎妊娠等。

（1）SES 与 CP 的患病率存在线性关系，在低 SES 的家庭中出生的新生儿具有更高的患病风险，要比高 SES 家庭高 50%。可能与低 SES 人群吸烟、酗酒、吸毒和受教育程度低等因素有关。

（2）遗传因素可能在 CP 的发生中有一定作用。染色体异常和基因突变可以引起脑组织代谢障碍和脑发育异常，单核苷酸多态性（single nucleotide polymorphism, SNP）决定的遗传易感性在环境、感染及窒息等因素中也起着重要的作用，可导致脑组织易感性高，对缺氧、炎症刺激等不良因素的抵抗力下降，在相同致病条件下，使 CP 更容易发生。

研究认为，在 70%～80%的病例中 CP 的发生与遗传因素有关：①在 CP 患儿基因组中可以发现单基因突变，至今已发现至少有 6 种可明确与 CP 相关基因异常，包括 GAD1、KANK1、AP4M1、AP4E1、AP4B1 及 AP4Sl；②先天性畸形在 CP 患者中的发生率（11%～32%）远高于正常人群（2%～3%）；③在双胎研究中发现，CP 在单卵双胎的发病率高于异卵双胎的发病率，而单卵双胎及双卵双胎中 CP 的发生率无明显差异；④在近亲结婚的家庭中，CP 的发生率高于非近亲结婚的家庭，而且其中存在一定的家族聚集性；⑤对 17 种基因多态性、2533 例患者的 meta 分析证实，只有白细胞介素 6（IL6）的基因多态性与 CP 的发生有关。

（3）在流行病学调查中发现，辅助生殖分娩和体外受精-胚胎移植新生儿较正常受孕儿 CP 的发生率升高，可能与辅助生殖技术会导致多胎妊娠及早产等因素有关。

（4）流行病学调查显示，母亲患甲状腺功能低下（hypothyroxinemia）与新生儿 CP 的发生有关系。在脑发育的早期，孕妇轻微或短暂的甲状腺功能低下都可能损害胎儿神经系统的发育。在动物实验中证实，在 3 天内大鼠的甲状腺激素水平下降为正常的 70%，83%的幼大鼠在躯体感觉区及海马区的神经元分布和细胞结构存在异常。

胎儿的乙醇作用（fetal alcohol exposure，FAE）可造成不同程度的损伤，如胎儿乙醇综合征（fetal alcohol syndrome，FAS）、乙醇相关出生缺陷（alcohol-related birth defects，ARBD）及乙醇相关神经系统发育异常（alcohol-related neurodevelopmental disorders，ARND），其严重程度与母亲酗酒的份量、频率及持续时间、胎儿的基因易感性等因素有关。研究发现，从 12 例吸烟孕妇及 64 例不吸烟的孕妇中检测到 241 种基因在两组中的表达有显著差异，其中吸烟组孕妇表达增加的基因有 CYP1A1、CYP1B1、CYB5A、COX412、COL6A3、COL1A1、COUA2、F13A1、CD36 和 ADAMTS9 等。这些基因表达的改变可影响胎盘的功能及胎儿的生长发育。早产、低出生体重、低 Apgar 评分等因素可增加 CP 发生的风险。

（5）Meta 分析显示，宫内绒毛膜羊膜炎是 CP 的一个危险因素。孕妇出现发热、阴道异常分泌物、胎膜早破、WBC 升高等，胎儿无明显诱因心率加快，羊水、脐带血和胎盘组织学检查等发现感染征象，孕妇及胎儿体内培养出病原菌，生化检查发现炎症因子升高等，可提示胎儿出现宫内感染，可以通过以下 7 个方面引起 CP。

① 感染导致胎儿早产炎症，以及由血管功能异常导致的胎盘功能异常是早产的两大因素。绒毛膜羊膜炎使局部炎症因子活化，含量升高，导致胎膜早破，引起早产；炎症因子损害胎盘血管功能，胎盘功能异常而诱发早产。

② 感染与呼吸系统疾病。绒毛膜羊膜炎在胎儿引起胎儿炎性反应综合征（fetal inflammatory response syndrome，FIRS）,可使糖皮质激素分泌增加，促进胎肺形成，并降低早产儿呼吸窘迫综合征（respiratong distress syndrome，RDS）的发生。但是胎肺炎症反应抑制肺泡及肺部血管生长发育，使支气管肺发育不良（bronchopulmonary dysplasia，BPD）的发生率增加，新生儿出生后呼吸系统易感性增强。

③ 早产儿脑周围白质软化（periventricular leukomalacia，PVL）CP。宫内感染、细胞因子活化以及促炎因子水平升高不仅引起早产，使胎儿脑组织中早期信号转导通路活化的改变造成长远的神经系统损伤，还可引起 TH1/TH2 酪氨酸氢化酶（tyrosine hydrogenase）途径的活化，促进细胞调亡，改变神经胶质细胞发育而引起 PVL。这是早产儿脑损伤的主要形式，进而引起 CP。

④ 早产儿脑室内出血（intraventricular hemorrhage，IVH）。研究表明，在早产儿中，绒毛膜羊膜炎与严重的 IVH 相关，脐带血中炎症因子含量的升高是胎儿炎症反应的一个重要标志，颅内出血（ICH）与绒毛膜羊膜炎及炎症因子升高相关。

⑤ 新生儿败血症。这是 CP 发生的危险因素，流行病学调查显示绒毛膜羊膜炎是产后新生儿感染（neonatal infection）及新生儿死亡的一个危险因素。而且研究发现，绒毛膜羊膜炎与新生儿败血症有关。

⑥ FGR 及新生儿生长缓慢。研究发现，在 2579 例 28～44 周的新生儿中，绒毛膜羊膜炎与 FGR 显著相关，并且孕龄越小相关性越高，在 28～32 周危险度最高。

⑦ 感染引起发热反应，使胎儿温度也增高，发热可能通过增加机体的新陈代谢率和能量消耗，加重缺氧及酸中毒，脑组织增加缺血缺氧性损伤作用，炎症还可以诱导过氧化物产生和自由基释放等机制引起胎儿脑损害。

（6）宫内生长受限（intrauterine growth restriction，IUGR）又可称为 FGR，这是围产期患病率及死亡率增高的重要因素，也是 CP 的重要危险因素。IUGR 是由众多因素引起的胎儿生长发育异常的一个表现，其致病因素如胎盘宫内不全、CHX、宫内感染等可以增加 CP 的发生风险。

（7）多胎妊娠（multiplepregnancy）是 CP 的危险因素。流行病学调查显示，与单胎妊娠相比，CP 在多胎妊娠中的发生率要高 4～10 倍。多胎妊娠是一种高危妊娠，常并发早产、低出生体重、子痫前期、贫血、IUGR、新生儿患病率高，以及胎儿、新生儿及小儿死亡率，这些危险因素都可造成 CP 的高发病率。

（二）产时因素

产时因素主要是早产（由围产期窒息造成的 CP 占 8%～10%）和难产造成的脑损伤及缺氧所致。

（1）不同孕龄新生儿 CP 的发病率不同，CP 等神经系统发育异常及认知功能障碍在早产儿中的发生率较高。孕龄是单因素中最主要的影响因素。早产儿中随着孕龄的增加，新生儿死亡率及 CP 的发生率逐渐下降。28 周后新生儿死亡率显著降低，34 周后 CP 的发生率显著下降。早产是 CP 的重要原因，主要有以下 3 种：①自然早产（spontaneous labourwith intact membranes），即 37 周之前由宫颈口松驰或宫颈缩短诱发自然规律宫缩而早产；②胎膜早破早产（preterm premature rupture of the membranes，PPRM），即因感染等因素引起胎膜早破而诱发的早产；③治疗性早产（labourinduction or caesarean delivery for maternal or fetal indications）是由于胎儿或者孕妇异常情况，人为终止妊娠而造成的早产。在早产儿中，年龄是 CP 发生的一个重要的因素，孕龄越小，CP 的发病率越高。首先，年龄是一个独立的危险因素，因为早产儿器官发育不成熟，尤其是脑发育不成熟。其次，早产儿常伴有低出生体重、新生儿窒息、新生儿呼吸窘迫综合征（neonatal respiratong distress syndrome，NRDS）和 ICH 等，这些因素都可能引起 CP 的发生。

（2）产时急性缺氧（asphyxia）是 CP 危险因素中研究最多但是仍存在很多争议的因素。窒息包括胎儿窘迫（fetal distress）及新生儿窒息（asphyxia of newborn）。胎儿缺氧的表现：早期为胎动增加，胎心率增快，>160 次/min，晚期出现胎动减少，甚至胎动消失，胎心率减慢<100 次/min。新生儿窒息常是胎儿窘迫的延续。新生儿窒息是指新生儿在出生后 1min 内，没有自主呼吸或者未能建立规律呼吸，导致低氧血症及混合型酸中毒。目前尚无一种手段可以准确预测胎儿可能发生缺氧以及缺氧的程度，严密监护胎儿的情况、早期发现胎儿受损迹象，能够预防围产儿不良结局的发生。

（三）产后因素

可能导致 CP 的新生儿并发症包括缺氧缺血性脑病、高胆红素血症、ICH、感染、低血糖等原因引起的新生儿休克，颅脑损伤及癫痫抽搐等。

（1）新生儿缺氧缺血性脑病（hypoxic ischemic encephalopathy，HIE）是 CP 发生的重要危险因素。围产期窒息是引起 HIE 的主要原因，出生后严重发热、心肺病变和重度贫血亦可以导致 HIE。在新生儿 HIE 中，只有 10%的患儿发展为 CP。

（2）胆红素脑病（bilirubin encephalopathy，BE）是新生儿脑病的重要部分，其流行病学调查显示，新生儿黄疸与 CP 相关。大多数新生儿都会出现黄疸，并且绝大多数是生理性黄疸，预后较好。少数新生儿可能出现重度高胆红素血症，由于胆红素的潜在毒性，进而极少数发展为急性胆红素脑病（acute bilirubin ncephalopathy，ABE），甚至出现核黄疸（kemicterus），并常常出现手足徐动、眼球运动障碍、听觉障碍、牙釉质发育不良、CP、智力发育落后等后遗症。

（3）新生儿 ICH 包括脑室周围-脑室内出血、原发性蛛网膜下腔出血、脑实质出血和硬膜下出血。国内研究发现，ICH 最常见的是脑室周围-脑室内出血、原发性蛛网膜下腔出血和脑实质出血。早产、低出生体重是 ICH 的重要危险因素。ICH 在小于 32 周的早产儿中发病率接近 40%。CP 的发生与出血部位及严重程度相关。

（4）新生儿出生后，生长发育中的大脑尤其是脑周围白质对炎症因子、细胞毒素和缺氧等不良刺激非常敏感。这种白质的损伤可增加新生儿认知及运动功能障碍的风险。新生儿感染是 CP 发生的危险因素。与宫内感染相比，新生儿感染危险度较低。新生儿败血症的临床发病率约为 1.5%，在早产儿的发病率可达 10%。新生儿败血症、坏死性小肠结肠炎（necrotising enterocolitis，NEC）及脑膜炎是最常见的新生儿感染形式。

（5）新生儿低血糖（neonatal hypoglycemia）是新生儿期最常见的代谢紊乱疾病，正常足月儿中的发生率约为 1%～5%。血糖是新生儿脑组织的唯一能源，低血糖可使脑细胞失去基本能量来源，直接影响脑组织的能量代谢，从而影响一系列生理活动。暂时性低血糖一般不会引起严重后果，而持续或反复发生的低血糖有可能引起神经细胞死亡，造成 CP、智能障碍等神经系统后遗症。Meta 分析发现，在血糖水平<4mmol/L 时，新生儿出现神经系统后遗症的相对危险度明显增加，其中约 21%的患儿出现明显的运动、智力障碍等。另有研究认为，血糖<1.0mmol/L 可是低血糖引起脑损伤的阈值。

关于早产儿的调查研究发现，新生儿死亡率、短时期患病率、不良神经系统发育结局等不良事件在男性新生儿中的发病率较高，男婴比女婴更容易出现脑白质损伤及 IVH。流行病学调查显示，男性 CP 患儿在非早产儿中占 57.2%。性别与其他的危险因素具有协同作用，在子痫前期-子痫、小于胎龄儿等危险因素存在时，性别对神经系统发育的影响增加。

三、临床表现

CP 的临床表现多种多样。由于各种类型受损部位的不同而表现各异，即使同一患者，在不同年龄阶段表现也不尽相同。一般均具有以下 4 种表现：①反射改变；②肌张力的改变；③运动发育迟钝、主动运动减少；④姿势的改变。除此之外，CP 患儿常合并智力低下、语言障碍、听觉和视觉异常、癫痫等。

（一）主要的临床表现

（1）身体发软及自发运动减少，这是肌张力低下的症状，在 1 个月时即可见到。如果持续 4 个月以上，则可诊断为重症脑损伤、智力低下或肌肉系统疾病。

（2）身体发硬，这是肌张力亢进的症状，在 1 个月时即可见到。如果持续 4 个月以上，可诊断为 CP。

（3）反应迟钝及叫名无反应，这是智力低下的早期表现。一般认为 4 个月时反应迟钝、6 个月时叫名无反应，可诊断为智力低下。

（4）头围异常，头围是脑的形态发育的客观指标，脑损伤儿往往有头围异常。

（5）体重增加不良、哺乳无力。

（6）固定姿势，往往是由于脑损伤使肌张力异常所致，如角弓反张、蛙位、倒 U

字形姿势等。这些表现在生后 1 个月就可见到。

（7）笑的表现，如果 2 个月不能微笑、4 个月不能大声笑，可诊断为智力低下。

（8）手握拳，如 4 个月还不能张开，或拇指内收，尤其是一侧上肢存在，有重要诊断意义。

（9）身体扭转，3～4 个月的婴儿如有身体扭转，往往提示锥体外系损伤。

（10）头的稳定，如 4 个月俯卧不能抬头或坐位时头不能竖直，往往是脑损伤的重要标志。

（11）斜视，3～4 个月的婴儿有斜视及眼球运动不良时，可提示有脑损伤的存在。

（12）能伸手抓物，如 4～5 个月不能伸手抓物，可诊断为智力低下或 CP。

（13）注视手，6 个月以后仍然存在，可考虑为智力低下。

（二）其他症状

有些脑损伤较轻微的婴儿，在早期往往无明显症状，但在 6～12 个月则出现以下表现。

（1）不能翻身。6 个月以后还不能翻身，有诊断意义。

（2）使用下肢。6～7 个月不能用下肢短暂地支持体重。

（3）用单手。7～10 个月的婴儿不能用单手抓玩。不能完成手的精细动作，如捏小东西、解扣、系腰带不灵活，不协调，在 7～10 个月出现有诊断意义。

（4）不能独坐，7 个月不能独坐。不能抓站，10 个月不能抓站。

（5）不会与人再见，10 个月以后有诊断意义。使用脚尖站立，10 个月还用脚尖站立。

（6）不能迈步，13～15 个月以后还不会迈步。流口水及“吃手”，12 个月以后有诊断价值。

我国对 CP 分型按临床分型分为 6 型：①痉挛型；②不随意运动型；③强直型；④共济失调型；⑤肌张力低下型；⑥混合型。按瘫痪部位分为 5 型：①单瘫；②双瘫；③三肢瘫；④偏瘫；⑤四肢瘫。

CP 患儿早期症状常常被家长忽视，半数以上患儿都在 1 周岁以后就诊，因此时患儿姿势级肌张力异常已固化，给治疗带来更多的困难。患儿半岁以内神经系统正处于迅速生长发育阶段，同时脑损失也处于早期阶段，异常姿势及运动未固定化，此时如能早期发现、早期治疗，可获得较好的预后。

第二节　诊断与治疗

一、诊断

（一）检查

1. 体格检查

CP 患儿常发育迟缓，不能达到同年龄阶段的正常幼儿的发育水平，情绪易波动，原始反射延长消失，出现异常的姿势、过多的肢体不协调动作等。

2. 辅助检查

影像技术的发展为 CP 患儿的诊断提供了新的证据。据国外报道，CP 的病理改变非常广泛，脑干神经核、皮质、灰质核团的神经元结构有明显病变，白质中神经纤维脱髓鞘变。头部 CT 检查可发现脑室扩大、周围白质减少、脑萎缩等发育畸形的异常。在 CP 患儿中，CT 异常表现者达 90%以上。核磁共振成像后期处理技术的迅猛发展，使其在 CP 患儿的诊断中有了明显的优势。其中磁共振扩散张量成像/扩散张量纤维束示踪成像（DTI/DTT）技术，通过评估脑组织纤维束的发育情况，不但可以为 CP 患儿早期诊断提供客观证据，而且可以评估治疗效果。近几年兴起的 PET-CT，从分子水平上可进一步揭示 CP 患儿脑代谢特点。脑电图、超声波检查常需配合临床体格检查，也具有一定的参考价值。

（二）CP 诊断标准

CP 的诊断应符合以下条件：①婴儿时期出现症状（如运动发育落后或各种运动障碍）；②需除外进行性疾病（如各种代谢病）所致的中枢性瘫痪及正常小儿一过性发育落后。目前 CP 诊断尚缺乏特异性的诊断指标，主要依赖于临床诊断，CP 在 1 岁以内，特别是 6 个月以内的小婴儿时期，因症状不明显，诊断比较困难。

CP 的诊断应该遵守以下基本原则：①产前、产时或产后 1 个月内存在有引起脑损伤的原因，即高危因素；②有脑损伤时的发育神经学异常即姿势异常、反射异常、肌张力异常及 Vojta 姿势反射异常；③有脑损伤的症状，即早期症状及临床表现。

同时，诊断 CP 时还必须注意要符合 CP 的 4 个要素：①中枢性脑损伤（中枢性）；②脑组织是在生长发育过程中受到的损伤（发育性）；③脑损伤的病变是非进行性的（非进行性）；④脑损伤后的运动障碍是非一过性（永久性），否则不应当诊断为 CP。

超早期 CP——中枢性协调障碍（ZKS）的诊断标准：①高危因素；②症状包括头后仰等姿势、异常哭闹、少动、惊厥及哺乳困难；③体检三要素，即肌张力异常（高或低）、Vojta 姿势反射异常（5～7 项）、原始反射异常（减弱、亢进、不对称）；④CT 或脑干听觉诱发电位异常。

二、治疗

防治 CP 的关键是减少 CP 患儿的出生，这就要求合理的优生优育，将高危因素调控在最低水平。尽管对该病的病因、病理改变及临床表现已经进行大量的综合研究，但效果仍不满意。当前的治疗原则是早期干预、功能训练、综合治疗、全面康复。常用方法有康复训练、中医治疗、物理治疗、药物治疗、手术治疗、教育治疗和家庭训练等。

（一）一般治疗

1. 康复训练法

康复训练法是以神经发育治疗为主的康复训练，是早期干预的重要手段，长期坚持是该方法的一个重要原则。康复训练法原理是利用患儿早期尚未形成运动性条件反射，通过训练，促使大脑神经细胞部分恢复并建立运动条件反射。目的是通过长期持之以恒的训练，改善轻型患儿的生活质量，使重型患儿具备手术指征。

2. 中医治疗

祖国传统医学在治疗 CP 患儿中常常有明显的改善效果，针灸、推拿、蜡疗、熏蒸等疗法广泛开展，其中一些患儿症状得到明显的改善。

3. 物理治疗

随着对 CP 疾病病理生理的深入探究，高压氧舱、电针刺激、体外反搏等疗法已经开始应用于临床。

4. 药物治疗

近年不断有人报道，通过一些药物治疗来改善 CP 患儿的临床症状。常用的药物有抗肌痉挛剂、抗癫痫剂、脑代谢改善剂及中成药等。但临床观察药物治疗持续时间短，并有一定的副作用等，从而限制了其临床应用。

（二）手术治疗

CP 患儿手术治疗原则：矫正畸形、平衡肌力、重建力线、稳定关节，为功能恢复创造条件，但对改善智力无明显效果。其适应证是：①智力 70 以上，术后可以配合康复训练治疗；②痉挛型；③年龄 3 岁以上，避免畸形加重及影响骨关节畸形发育，也便于患儿早期康复锻炼，以利于在大脑皮层形成新的兴奋灶；④常规测定对抗肌的肌力，对抗肌肌张力正常者效果佳。目前，也逐渐扩大手术的指征，如针对流涎、吞咽障碍等症状的患者也可考虑手术治疗。

1. 基底节及丘脑核团定向毁损术

早期的毁损目标是苍白球，但临床效果并不如意，后期逐渐选择了丘脑腹外侧核及丘脑底核。近几十年有人尝试对内囊内侧、丘脑外侧及壳核毁损术，其相关病例报道效果理想，但未在临床广泛开展应用。对丘脑枕毁损术的研究显示，能够明显缓解运动过度和椎体外系的肌强直，对儿童 CP 的疗效确实可靠。

脑立体定向毁损术可以使 CP 患儿临床症状改善后保持多年，但术后仍要坚持长期规范的康复训练和运动技能的训练。因为 CP 患儿出生时就没有自然的复杂运动行为，脑立体定向毁损术尽管可以改善患儿的精细运动，但不能帮助患儿重建运动条件反射。

2. 小脑齿状核毁损术

该类手术主要用于重型CP患儿，临床效果持续时间短，并发症相对较多。近年来，有人尝试采用脑内立体定向多靶点联合毁损术以提高CP的临床效果。在联合手术中靶点的选择具有多样性；目前趋向于齿状核和丘脑核团联合毁损。Kandel总结了20年间采用脑内立体定向手术的118例病例资料，结果死亡6例（3.6%），术后约50%效果明显，但远期效果较差，约30%患儿保持了长期满意效果，而且后期行联合手术的36例疗效明显。

3. 小脑电刺激术

近期人们发现用刺激小脑的方法可以产生对大脑皮质的抑制作用，动物实验也证实了刺激小脑皮质前叶可引起肌张力的广泛抑制。研究表明，在两组小脑电刺激法治疗的CP患儿中，术后均获得明显效果，特别是对痉挛型的患者症状可得到明显改善。为CP治疗提供了新的途径。但此疗法也有其限制性，如病例的选择、刺激器的质量及置入体内带来的不方便等，特别是使用高持续性的电池能源也是当前急需解决的问题。

4. 选择性脊神经根切断术

该术的意义在于加强从脑至脊髓α和γ运动神经元下行通路的抑制性调控。动物实验证实，当传入脊髓的感觉神经后跟切断后肌痉挛可获得缓解，从而更好地平衡脊髓前角细胞的抑制性。该方法可以显著缓解肢体痉挛，临床资料证明术后痉挛缓解率可达95%，肢体功能改善率为80%。近年来，国内也已经广泛开展该类手术，但手术病例的选择有一定限制性，仅适合于四肢痉挛、保存一定肌力和具有术后康复能力的5岁以上患儿。对脊髓损失导致下肢痉挛和膀胱功能障碍的患者也有一定疗效，但运动过度和软瘫患者不适合此手术。

5. 颈总动脉周围交感神经网剥脱术

这是近年来针对CP患儿流涎症状开展的一项手术。CP患儿发育过程中各种原因引起的缺血缺氧导致的丘脑损伤均可引发流涎。研究表明，颈总动脉周围交感神经网切除后，可使脑部血管扩张，血流量增加，静脉回流通畅，脑组织缺血缺氧症状改善，侧支循环建立，使部分临界状态下的神经元细胞功能得到恢复，提高脑组织的代偿功能，从而通过中枢调节使吞咽运动及口腔括约肌协调功能改善而减少流涎。唾液腺由交感神经和舌咽神经支配，支配唾液的交感神经发自脊髓胸段灰质侧角，在颈上神经节交换神经之后发出节后纤维，攀附在颈总动脉外膜上，向上分布致唾液腺。手术切除颈总动脉外膜，可阻断交感神经的传导，交感神经的直接支配效应减弱，而减少唾液的分泌量。所以该手术既可改善脑组织血流量，又可阻断外周神经对腺体的支配。

临床观察接受颈总动脉周围交感神经网剥脱术的患儿不仅流涎症状可明显改善，而且上肢痉挛、吞咽障碍、智力障碍均有不同程度的改善，术后的超声检查也确切显示受损脑组织供血量的增加。但对下肢痉挛的改善，其临床效果并不理想。

6. 矫形手术

早期痉挛型 CP 患儿接受脊神经后跟切断术、颈总动脉周围交感神经网剥脱术可以缓解大部分肢体痉挛，但对已经形成的挛缩及关节畸形是无效的。术前需认真分析畸形形成的原因，制订个体化方案，特别是要以一个肢体为手术单元，一次完成该肢体需要手术的关节，以避免畸形关节影响手术肢体的矫形关节的功能及术后的康复训练。临床大体概括一般分为上肢畸形矫正手术、下肢畸形矫正手术，而各类手术要根据不同临床表现再次分类。

总体而言，CP 患儿的手术治疗有一定的局限性，手术对象要求患儿保留一定的智力，临床分型为痉挛型。术后配合长期的康复体疗训练，对改善患儿生活质量有非常重要的意义。但上述各种方法都不能改变已经形成的病理损失。

第三节　动物实验研究

CP 患儿不仅自身的生活质量差，同时也影响家庭的生活。为更深入地揭示其发病病理及探索治疗方案，国内外各科研机构通过建立动物模型模拟人类 CP，对其发病机制进行研究。只有有效逼真地模拟人类发病情况，才能真实准确地反映发病机制，针对疾病进行有效的预防及治疗，也才能有助于减少患儿的致残率。

近年大量的临床研究已经表明，CP 患儿的病变是多方面的，但最终的病理基础是脑组织受到缺血、缺氧或外源性毒素、炎性反应的损害而发生脑组织变性，影响了神经元突触的正常建立，不能形成正常条件反射。研究者针对主要的高危因素设计了不同的动物模型，大致包括缺血缺氧、感染及胆红素等神经毒素所致的 CP。

一、动物模型的建立

（一）缺血缺氧因素所致 CP 动物模型的建立

目前国内外比较普遍的做法是将幼小鼠单侧颈总动脉短暂阻断或结扎并切断，再将动物置于用 8% O_2 和 92% N_2 组成的混合气体造成的缺氧环境中一定时间，制作大脑缺血缺氧灶，模拟患者分娩缺血缺氧模型，以模拟胎盘早剥分娩损伤。新生小鼠缺血缺氧后出现的神经病理特征与人类的表现类似，如呈现缺血半球侧感觉皮质纹状体及海马萎缩。人类脑组织缺血缺氧后的表现为多样性，但通常特殊的损伤在大脑中动脉及脑室周围出现白质软化，Weiss 实验使小鼠从出生后到第 3～4 天全天处于亚致死性的缺氧环境中，结果小鼠出现脑室扩大、脑白质减少、少突胶质细胞增生、皮质下白质选择性损伤等与早产导致的脑损伤相似的病理改变，模型动物于出生后 75 天仍表现为行为学明显异常。将出生 4 天小鼠的双侧颈总动脉闭塞，2 天后进行脑病理学检测，发现 90.9%的小鼠内囊周围白质出现凝固性坏死和囊性损伤。由于进入脑内的血液首先流经大脑动脉环，所以单纯结扎单侧颈总动脉后同侧大脑半球的血流量并不减少，然而在联合缺氧条件下该侧半球血流量明显减少并造成缺血性病理损害。很多 CP 患儿在分娩前，因胎盘、脐带或母体本身原因发生宫内缺血缺氧。据此，在猪怀孕 30 天时结扎其一侧子宫动脉，可建立其宫内缺血缺氧模型。同时，也建立了孕兔宫内缺血缺氧的模型。

动物 CP 模型的病理学检查显示，其脑室增大，纹状体缩小，周围细胞排列紊乱，大脑皮质神经元减少，树突及突触生长抑制，神经细胞变性坏死，胶质细胞反应性增生等。

（二）感染因素所致 CP 动物模型的建立

该模型通过将外源性神经毒性物质或活性氧物质注射到脑白质、腹腔或全身，导致内环境紊乱，细胞或细胞器代谢紊乱。其中，细菌的细胞内毒素的脂多糖（lipopolysaccharide，LPS）是常用的一种试剂。通过对孕小鼠腹腔注射 LPS，可提高大脑内 IL-1β的 mRNA 和蛋白质水平，模拟宫内感染引发的炎症反应。在孕小鼠宫腔内注射 LPS 后发现，该方法还可以引起胎小鼠血 pH、SaO_2 明显升高，干扰胎盘血液循环，结果造成供应脑的血流量减少。这成功地模拟了宫内感染，以及宫内缺血缺氧的环境。

20 世纪 90 年代的临床研究证实，胎盘或者羊膜腔内的感染会使胎儿脑组织受到损伤。因此，通过各种方法致模型动物在母体内反复感染导致早产，其结果表明这种早产所引起的神经病理改变类似于 CP。这些方法多为在母体腹腔或宫腔内反复注射 LPS，使体内产生炎症因子，通过刺激其他细胞因子及 NO 合成、中性粒细胞浸润、黏附分子的表达、破坏少突胶质细胞，在发育尚未成熟的脑组织内引起白质损伤。通过 344 只受孕 15 天后的小鼠经阴道宫腔内注射 LPS 1mg/ kg，在自然分娩后 1～21 天内对 2 组幼小鼠进行行为学及组织病理学检查证实，LPS 可导致小鼠脑蛋白质损伤和运动功能障碍。临床中 CP 的病因以早产及低体重儿多见，因此此类模型对 CP 的研究具有较大价值。

（三）胆红素等神经毒素所致 CP 动物模型的建立

此类媒介物主要为胆红素，以模拟新生儿胆红素脑病。该模型是将胆红素、甲基汞、三硝基丙酸等外源性神经毒性物质或活性氧物质注入模型动物脑、腹腔或全身，致中枢神经系统受损引发 CP。通过给幼兔腹腔注射胆红素 300mg/kg，成功制作与人类核黄疸表现相似的 CP 动物模型。该方法致 CP 的机制为新生动物具有自身胆红素生成较多、转运胆红素的能力不足、肝功能发育未完善、较易形成高胆红素血症的特点，高胆红素血症可以增加未成熟脑组织对谷氨酸盐介导的兴奋性中毒的敏感性。经皮质向小鼠脑内立体定向注射鹅膏蕈氨酸（*N*-甲基天冬氨酸受体激动剂），可造成脑室周围白质软化，与早产所致的脑室周围白质软化相似。而且表明，组织型纤维蛋白溶酶原活化剂在脑白质损伤的许多环节中具有作用。该方法采用的立体定向技术使得注射药品更准确地到达指定部位，使模型重复性好，实验动物个体间病理变化相对一致。

急性期过后出现的 CP 动物模型的病理学显示，在丘脑下核和苍白球部位的神经细胞显著减少，脊髓神经纤维亦减少，并有星形胶质细胞增生、肥大以及纤维形成改变等。

（四）其他方法的动物模型

神经毒素联合缺血缺氧的动物模型在幼小鼠脑池内注射 LPS 5μg/只，联合颈内动脉结扎和低氧环境制作 CP 模型，结果明显加重缺血缺氧所致的幼小鼠脑组织损伤。在孕大鼠体内注射 LPS 致宫内感染联合出生后缺血缺氧的造模方法复制的 CP 模型，结果大鼠运动功能明显异常，并且造成双侧大脑半球的皮质、皮质下及其附近白质、豆状核、黑质损伤。该模型相对其他类模型制作方法可更为全面地体现 CP 的多病因联合致病的特点，从病因学角度能更全面地反映 CP 的病理生理学过程。

脑外伤的动物模型主要有自由落体打击法、液压冲击法、 加速致伤法、 机械震荡法及脑组织切除法等，其中以落体打击法及液压冲击法较为成熟，且应用较广泛。该方法所致模型 CP 症状持续时间均相对较短，所以只适合进行急性期的研究。

电毁损锥体束法是沿大鼠颅顶矢状缝作纵行切口，暴露前囟，通直流电 2.5mA，30s/次，通电 2 次则能成功制备稳定性较高而具有痉挛性瘫痪症状的 CP 模型。

二、动物模型的治疗

CP 动物模型成功建立后，为配合临床治疗，已开展大量模拟临床治疗的实验，如针灸、干细胞移植、药物治疗和康复训练治疗等。

1. 针灸

中医学认为 CP 是由先天气血不足、淤血阻络引起，故主张以调理气血、祛瘀通络为治疗原则。针灸作为典型的中医治疗手段在 CP 治疗中起着重要作用。动物 CP 模型常选择缺血缺氧型模型；其治疗的目的多是观察治疗后神经干分化和脑组织内生长因子的变化。研究发现，造模后早期 24h 进行针灸其脑组织碱性成纤维细胞生长因子（bFGF）表达呈明显强阳性，前肢功能明显改善。而且在治疗后，窒息 CP 幼小鼠脑组织提取液中 NF、GFAP 表达明显增强，且呈一定的量效和时效关系。

2. 神经干细胞（NSC）移植

NSC 技术日益受到临床的关注，并已进行大量的临床实验。诊断 CP 动物模型的 NSC 研究包括：针灸或药物刺激 NSC 的增殖和分化，以及直接进行 NSC 移植，或两者联合。通过胎小鼠脑组织获取 NSC，经过体外培养后，注入侧脑室，46 天后行空间学习认知。记忆功能测试、行为学评价均较对照组有明显改善，特别是神经营养因子（NT-3）治疗组的恢复更明显。病理学检查显示，脑的正常组织结构破坏，细胞形态有所改善，囊性病变减少，NT-3 治疗组在损失区可见新生细胞。通过针灸和干细胞瘤联合实验的结果显示，联合治疗组比单纯针刺组能更好地提高 CP 幼小鼠的学习记忆能力，更好地改善其肢体功能，在维持其脑神经细胞数目及抑制脑皮质细胞凋亡方面有更好的作用。

3. 药物治疗

国内开展的药物治疗，主要集中在中医药方法及各种中成药品。通过维生素 B_6 治疗的实验结果显示，此药在对 CP 幼小鼠认知功能障碍、步态异常等方面有改善作用，其效果随治疗时间的延长而增强。

4. 康复训练法

CP 患儿需接受长期规范的康复训练已经成为共识，但鉴于道德原因，该治疗方法确实得有明确的病理结果支持。通过对孕大鼠宫内注射 LPS 制造宫内感染的 CP 幼大鼠模型，开展早期丰富环境刺激等行为疗法，结果可使 CP 大鼠肌力、兴奋性、环境适应能力、记忆能力明显增强，平衡能力、协调能力、学习能力（或得分）明显增强。病理学检查显示，行为干预治疗组仔鼠脑组织各部位（内囊、海马、胼胝体）的髓鞘碱性蛋白较非干预组增多，S-100 蛋白阳性染色强度介于非干预组和盐水对照组之间。该实验从神经行为学、病理生理学方面均揭示了康复训练法的重要性。

随着脑神经基础研究的发展，会有更接近临床实际的 CP 动物模型的出现，将为临床治疗提供更多的基础实验探索。

第四节　神经干细胞对小儿脑瘫治疗作用的研究

一、基本现状

近年来，对干细胞大量的基础研究已获得大量而重大的可喜成就，部分甚至进入临床实验阶段。在脑组织中的 NSC，脐带血干细胞、间充质干细胞等都可以诱导分化成神经元细胞。把诱导分化的神经元细胞用来补充 CP 患儿受损脑组织损失的神经细胞，将为其治疗提供一种新的方法。

NSC 主要分布在成人脑室下层和海马区，可以发育为三种脑细胞：神经元细胞、星形胶质细胞和少突胶质细胞。从中枢神经系统和神经球中，均可以分离培养获得 NSC。神经球是多种异质细胞的集合体，包括真正的干细胞、定向祖细胞和其分化细胞的子细胞。胚胎或者胎儿脑组织也可衍化出 NSC，在无血清培养液中自发分化可以产生神经元、星形胶质细胞和少量的少突胶质细胞，并可以分化为有功能的细胞亚单位，如皮质投射神经元、中间神经元和海马锥体神经元等。

国外的研究表明，NSC 治疗新生儿急性脑损伤的潜力已经在经典鹅膏蕈氨酸致脑损伤的小鼠模型和兴奋毒性脑损伤的狗模型中得到证实。将神经球祖细胞植入 CP 模型，在植入后 4h 和 72h 观察，可显著缩小脑组织病变区域，并且植入细胞可以向病变部位迁移，类似于脑缺氧/局部缺血 CP 模型中 NSC 的长距离迁移。在脑病变部位神经球祖细胞经历短暂过程可分化为神经元和少突胶质细胞，不能分化为星形胶质细胞。

国内对 NSC 移植治疗新生儿 CP 的研究较少，而只有间充质干细胞（MSC）移植治疗 CP 的临床研究。通过脐带血分离获得的 MSC 每隔一周对患儿进行一次移植，4 次为一个疗程（静脉灌注一次，经腰椎穿刺蛛网膜下腔移植 3 次）；治疗一个疗程的患儿出院后 6 个月至 1 年的粗大运动有明显改善。这项研究为干细胞移植积累了宝贵的临床经验。

研究显示，脑室管膜下层的 NSC 在婴儿出生后可以持续产生神经元细胞。在婴儿出生后发育的早期，大脑皮层神经元间的突触连接大量建立。这个过程使生长发育中的大脑具有特别的可塑性和可恢复性，此阶段也正是 NSC 发挥重要作用的阶段。

二、在临床应用方面的研究

早产儿的脑损伤是世界范围的重要公共卫生问题。虽然长期观察早产儿的神经发育致残率有所下降，但是由于普遍早产儿的增加和出生存活率的提高，所以实际上的早产儿神经发育致残率是逐年升高的。围产期中风、脑室内出血、窒息新生儿脑损伤是最常见的原因。脑室周围白质损伤（preventricular white matter injury，PWMI）和 PVL 是脑损伤引起早产儿 CP 的主要原因。伴随或者不伴随全身感染、炎症的脑内缺氧和局部缺血是 PWMI 的主要诱因。CP 的病理学基础是各种原因引起的脑缺血缺氧导致脑组织的损失，包括神经元的缺失及其之间突触建立障碍，进而不能形成有效的神经网络。

干细胞治疗是目前对各种脑损伤和脑性疾病最有希望的治疗手段之一。在过去的 20 年，通过神经和非神经的祖细胞来源的干细胞，移植到脑损伤部位以替代损失的细胞、阻止受损细胞死亡的可行性和治疗效果，都已做大量的评估和研究。尽管这些干细胞在脑损伤动物模型中已大量而广泛的研究，但干细胞的保护和再生作用的应用与围产期脑损伤模型和患儿的研究还很少。

近年来基因技术迅猛发展，研究人员在尝试直接干细胞移植外，还开展了干细胞的基因修饰工程，借助转基因技术将神经营养因子基因导入干细胞，再移植实验对象。在临床研究中，也主要是围绕干细胞自我更新及多向分化两大特点进行。

临床常用的种子干细胞包括 MSC 如脐带血干细胞、骨髓间充质干细胞和脂肪源性干细胞，NSC 如嗅球的 NSC 和脑内室管膜下区的干细胞，通过体外分离培养获得，或诱导病变部位干细胞扩增分化。其移植的方法包括静脉注射、颈动脉注射、腰大池注射、立体定向脑室及脑组织注射等。

三、问题与展望

（一）问题

1. 排斥反应

这一直是同种异体组织器官移植面临的严重问题，考虑 CP 发病年龄轻，日益提倡的脐带血干细胞存储有可能解决干细胞移植的排斥反应问题。

2. 移植细胞的活性

干细胞移植后并非每个干细胞都能发育、分化成正常形态的神经元，尽管体外诱导分化技术日渐成熟，但尚无法模拟脑内微环境。因此，影响干细胞移植后的发育、迁移、分化的因素等仍有很多的未知数，移植干细胞成功分化后与周围既存神经元间能否形成广泛、有效的突触等问题仍需进一步探索。

3. 致瘤性

干细胞特殊的生物学行为决定了其潜在的致瘤性。尽管可以人为调控体外的诱导分化及增殖过程，但脑内环境复杂多变，移植后能否有效地调控干细胞的分化增殖仍有待于进一步的证实。

（二）展望

移植的干细胞可以自我分化并迁移到受损伤的神经部位，通过细胞替代更换机体已经死亡或受损的神经细胞，修复受伤神经网络。而且干细胞可以分泌多种神经营养因子，促进损伤细胞的修复并活化休眠或处于功能抑制状态的神经细胞，从而改善机体的神经功能，增强突触之间的联系，建立新的神经环路。CP 动物模型的 NSC 移植实验取得了可喜的成果，并且结合基因技术已开展少数转基因干细胞移植项目。分子生物学的深度发展、基因研究的系统性完善、更完善的干细胞诱控技术的开发，这些可能将使 CP 患儿在干细胞移植治疗中获得裨益。

（韩　松　董连生　李学彦）

主要参考文献

陈洁，王子才，蒋德禹．2003．32 例小儿脑瘫的临床分型与脑影像学关系研究．中华综合医学杂志，5（8）：19-20
付强，祁岩超，唐纯志，等．2011．针刺和神经干细胞联合治疗脑瘫幼鼠的效果评价．湖南中医药大学学报，31（6）：531-533
洪世欣，李松，王太梅，等．2003．小儿脑性瘫痪的流行病学分布特征．中华儿科杂志，41（6）：468-469
李林，李晓捷．2004．小脑脑性瘫痪病因研究进展．中国康复医学杂志，19（12）：941-944
李雪明，吴建贤．2013．神经干细胞治疗小儿脑瘫现状与进展．安徽医药，17（1）：6-8
李昀，卢光秀．2011．细胞移植治疗脑瘫的研究现状．现代生物医学进展，11（18）：3558-3561
刘建蒙，李松，庆林，等．1999．455 例小儿脑性瘫痪的 CT 表现．中华儿科杂志，37（8）：496
刘乡，柴铁劬，孙娟，等．2010．靳三针疗法对窒息脑瘫幼鼠神经干细胞增殖与分化的实验研究．广州中医药大学学报，27（3）：231-235
刘岩松，王晓东，杨静，等.2012.自体骨髓间充质干细胞移植与康复锻炼对小儿脑瘫患者粗大运动功能影响分析．中国医学工程，20（4）：19-24
庞伟，李晓捷，张士岭．2010．早期行为疗法降低仔鼠脑损伤致脑性瘫痪的实验研究．中国中西医结合儿科学，

2（1）：8-12

孙晋浩，杨琳，高英茂．2002．bFGF 和 EGF 对胚胎神经干细胞分化为神经元及神经胶质细胞的影响．解剖学杂志，25（3）：249-253

孙微．2000．脑性瘫痪患儿神经肌肉的病理研究．中华儿科杂志，38（1）：47-50

王金玉，侯一平，宋焱峰，等．2006．维生素 B_6 对脑瘫幼鼠认知障碍和步态异常的改善作用．营养学报，28（4）：322-325

王琴玉，孙砚辉，靳瑞．2005．不同时窗针刺对窒息脑瘫幼鼠脑组织 bFGF 表达的影响．中国康复医学，20（8）：195-197

王向野，张志友，杨小朋，等．2012．神经干细胞侧脑室内移植治疗脑瘫鼠的实验研究．中国临床神经外科杂志，17（6）：354-357

王晓东，杨静，李敏，等．2013．骨髓间充质干细胞移植对小儿脑瘫患者粗大运动功能的影响．中日友好医院学报，24（6）：337-342

吴景文，贾丹兵，曲超法，等．2011．干细胞移植治疗小儿脑瘫的临床疗效：40 例报告．中华神经外科疾病研究杂志，10（5）：44-427

俞雅珍，邓亚仙，高宝勤，等．2007．电损毁致大鼠痉挛性脑性瘫痪动物模型制备及其鉴定．实用儿科临床杂志，22（12）：928-929

张晓凡，范国光，王志伟，等．2011．磁共振扩散张量成像/扩散张量纤维束踪成像（DTI/DTT）对小儿脑瘫早期诊断及康复评价的临床意义．中国 CT 和 MRI 杂志，9（2）：1-6

张晓英，侯成智．2012．人胚胎神经干细胞移植治疗脑瘫患儿的临床研究．中国优生与遗传杂志，20（7）：119-121

张治元，杨辉．2005．小儿脑瘫与神经干细胞移植治疗．中华小儿外科杂志，26（9）：496-497

张志友，陈刚．2012．神经干细胞治疗小儿脑性瘫痪的研究进展．中国组织工程，16（14）：2629-2632

Basser PJ, Pajevic S, Pierpaoli C, et al. 2000. In vivo fiber tractography using DT-MRI data. Magn Reson Med, 44: 625-632

Bobbi F, Pascale V, Guillot L, et al. 2014. Stem cell therapy for neonatal brain injury. Clin Perinatol, 41(1): 133-148

Chicha L, Smith T, Guzman R. 2014. Stem cells for brain repair in neonatal hypoxia-ischemia. Childs Neru Syst, 30(1): 37-46

Consuelo M, Alma R, Oscar G, et al. 2014. Safety and tolerability of intrathecal delivery of autologous bone marrow nucleated cells in children with cerebral palsy: an open-label phase I trial. Cytotherapy, 16(6): 810-820

Levy-Zaks A, Pollka Y, Ben-Pai H. 2014. Cerebral palsy risk factors and etheri impact on psychopathology. Neurol Res, 36(1): 92-94

Luan Z, Liu W, Qu S, et al. 2012. Effects of neural progenitor cells transplantation in children with severe cerebral palsy. Cell Transplant,21(l): 91-98

Martin S, Manju AK. 2012. The medical management of cerebral palsy. J Paediatr Child Health, 22(9), 372-376

Moon JH, Kim MJ, Song SY, et al. 2013. Safety and efficacy of G-CSF mobilization and collection of autologous peripheral blood stem cells in children with cerebral palsy. Transfus Apher Sci, 49(3) 516-521

Nakano-Doi A, Nakagomi T, Fujikawa M, et al. 2010. Bone marrow mononuclear cells promote proliferation of endogenous neural stem cells through vascular niches after cerebral infarction. Stem Cells, 28 (7): 1929-1302

Riess P, Zhang C, Saatman KE, et al. 2002. Transplanted neural stem cells survive, differentiate, and improve neurological motor function after experimental traumatic brain injury. J Neurosur, 51 (4): 1043-1054

Rodby-Bousquet E, Hägglund G. 2010. Sitting and standing performance in a total population of children with cerebral palsy: a cross-sectional study. BioMcd Center Musculoskeletal Disord, 11 (131): 1-20

Skoff H, Woodbury DF. 1985. Management of the upper extremity in cerebral palsy. J Bone Joint Surg (Am), 67 (3): 500-508

Trivedi R, Gupta RK, Shah V, et al. 2008. Treatment-induced plasticity in cerebral palsy: a diffusion tensor imaging study. Pediatr Neuro,139: 341-349

Wang S, Cheng HB, Dai GH, et al. 2013. Umbilical cord mesenchymal stem cell transplantation significantly improves neurological function in patients with sequelae of traumatic brain injury. Brain Res, 1532: 76-84

Wang X, Cheng H, Hua R, et al. 2014. Effects of bone marrow mesenchymal stromal cells on gross motor function measure scores of children with cerebral palsy: a preliminary clinical study. Cytotherapy, 15(12): 1549-1562

Wang XL, Zhao YS, Wang X. 2014. Umbilical cord blood cells regulate the differentiation of endogenous neural stem cells in hypoxic ischemic neonatal rats via the hedgehog signaling pathway. Brain Res, 1560: 18-26

Wong AM, Hodges H, Horsburgh K. 2005. Neural stem cell grafts reducethe extent of nerromal damage in a mouse model of global ischaemia. Brain Res,1063(2): 140-150

Zhu LH, Bai X, Zhang N, et al. 2014. Improvement of human umbilical cord mesenchymal stem cell transplantation on glial cell and behavioral function in a neonatal model of periventricular white matter damage. Brain Res, 1563: 13-21

第二十七章　神经干细胞移植治疗失语症

第一节　概　　述

一、基本概念

失语症（aphasia）是指与语言功能有关的脑组织的病变，如脑卒中、脑外伤、脑肿瘤、脑部炎症等，造成患者对人类进行交际符号系统的理解和表达能力的损害，尤其是语音、词汇、语法等成分，语言结构、语言内容与意义的理解和表达障碍，以及作为语言基础的语言认知过程的减退和功能的损害。这种损害表现为不同程度的听、说、读、写的功能障碍。由于失语症是对符号语言的理解和表达障碍，因此也包括与符号系统有关的其他系统障碍，如应用手势进行的能力。而且失语症患者也会出现智能改变，如记忆、逻辑思维、计算和注意力的改变。

失语症是由于神经中枢病损导致抽象信号思维障碍，从而丧失口语、文字的表达和领悟能力的临床症候群，但不包括由于意识障碍和普通的智力减退造成的语言症状，也不包括听觉、视觉、书写、发音等感觉和运动器官损害引起的语言、阅读和书写障碍。因先天或幼年疾病引起的学习困难，造成语言机能缺陷者，则不属失语症的范畴。

二、病因与病理

（一）病因

脑部的各种原因引起的语言中枢及传导通路损伤均可导致失语症的发生。其中最常见的原因有高血压脑出血、脑梗死、脑外伤、脑肿瘤、脑血管畸形及动脉瘤、脑部的感染性疾病（病毒性脑炎、脑脓肿、脑膜脑炎、脑部寄生虫病）等。

一些退行性疾病也可以导致语言功能的障碍。脑卒中（高血压脑出血、脑梗死）是失语症最常见的病因，而失语也是脑血管意外的主要症状，有 1/3 的脑卒中患者有失语的表现。脑卒中最常见的部位是基底节、内囊，而基底节及内囊的损伤均可导致失语，特别是脑出血更可因血肿的压迫而影响到皮质语言区，大面积的脑梗死同样可也损伤皮质语言区，从而影响口语、书面语言的表达和理解。

脑外伤是仅次于脑卒中导致失语症的病因。位于语言中枢的严重脑挫裂伤、脑内继发性血肿及脑外血肿压迫是外伤导致失语的主要原因，而弥漫性轴索损伤、胼胝体疝也可导致皮质下传导束损伤而发生皮质下失语。

脑肿瘤是失语症的另一原因，其中胶质瘤是最多见的原因。胶质瘤可侵犯皮质语言区及皮质下与语言区相关的传导束。例如，丘脑肿瘤就可以导致丘脑性失语。

右利手和大部分左利手者，其左半球为语言优势半球，约占 95%。

（二）病因与机制

言语功能受一侧大脑半球支配，称为优势半球。除少数人外，在优势半球受损时常可发生失语症。优势半球不同特定部位受损，可出现不同类型的失语症。第 3 额回后部是口语的中枢，受损时丧失口语表达能力，即运动性失语症；第 1 颞横回后部是听语中枢，损害时出现对别人的语言不能理解，即感觉性失语症；第 3 额回后部是书写中枢，病变时无法用文字书写来表达，即失写症；角回为阅读中枢，受损时读不出文字的字音及不知其意义，即失读症；第 1 颞回与角回之间区域是物体的命名中枢，病损时讲不出所见的人物名称，即命名性失语（anomic aphasia, AA）。引起失语症的疾病以脑血管疾病最为多见，其次为脑部炎症、外伤及变性等。

（三）病理特点

1. Broca 失语

其为 Broca 区及与其密切相关的多部位损伤。除累及额下回外，还可累及附近的白质和尾状核头部、脑岛前部、额顶盖及毗邻大脑，即 Broca 失语的病变可远远超出 Broca 区的范围。

2. Wernicke 失语

Wernicke 失语的病理特点为，颞叶包括角回和缘上回在内的环外侧裂痕下部损伤。

3. 完全（全部）性失语

在 Broca 区和 Wernicke 区，以及两者之间的连接区域呈广泛损伤。常见的病因是左侧颈内动脉和大脑中动脉梗死，也可因出血、肿瘤或其他病变引起，或是癫痫发作后的短暂症状。所有语言功能区的血液灌注来自大脑中动脉，几乎所有因血管梗塞引起的失语性疾患是由大脑中动脉或其分支受累所致。

4. 分离综合征

分离综合征又称为失联系综合征，其主要是指因连接原始语言接受（感觉）区域之间的联系通路受干扰，而并非语言皮质中枢病损所致的某些语言性疾患。

5. 传导性失语

其病理特征主要是左外侧裂上缘的皮质和皮质下白质受损，大多数患者左侧听复合、岛叶以及缘上回也受累，偶尔累及颞叶上部最后区，但 Wernicke 和 Broca 区不受累，受影响的关键结构是弓状束。

6. “纯”词聋

在双侧颞上回中的1/3处损伤，该位置损害可以干扰颞横回的原始听觉皮质和颞叶上后部皮质相关区域之间的联系。在少数病例，病灶仅限于主侧半球，这种位于皮质上的、表浅病灶和皮质下白质损害可由大脑中动脉下部小分支的栓塞性梗阻造成。

7. “纯”词盲

“纯”词盲又称为失读不伴失写或视觉词语失认，其病理特征表现为左侧视觉皮质和皮质下白质损害，特别是膝距束、右侧视觉皮质和主侧半球主要语言区域之间的纤维联系的损伤。病变损坏了胼胝体后部的两个半球的视觉相关区之间的联系，胼胝体辐射线枕部或脑室周围部位的传导通路受影响更常见。

8. “纯”词哑

“纯”词哑也称为运动性失语或Dejerine纯运动性失语，其精确解剖基础尚不明确，有研究显示病变位于Broca区的前上方；有人认为病变局限于中央前回最下部的皮质及相邻的皮质下白质，而前部的Broca区并无损伤。

9. 命名失语

命名失语又称为遗忘性或名称性失语。这种失语典型的病理特征为颞叶病变，其病变位于后部颞叶的极地深部或颞中回，在此中断了感觉性语言中枢和学习、记忆有关海马之间的联系。大的病灶，如肿瘤、疱疹性脑炎或脓肿是最常见的病因，极少数情况下也可见于大脑后动脉颞支的梗阻。

10. 语言中枢分离（经皮质失语）

对皮质性失语病理特征的认识虽然意见不一，但大多数人认为其病变位于分水岭区，即多在顶、颞分水岭区或顶枕、颞枕结合区和这些区皮质下。大脑前、中、后动脉交界区病损的常见病因有长期低血压、一氧化碳中毒或其他缺氧性损伤，这个区域的损伤可以将整个运动和感觉语言中枢全部或部分性从同侧半球的其他皮质分离。

11. 失写症

其病理变化主要来自CT检查，CT扫描示额下回后部（书写中枢）、额叶运动区下的半卵圆中心、角回或角回附近的病变均可导致患者失写。

12. 皮质下失语

皮质下失语又称丘脑和纹状体失语，是由皮质下结构（基底节性和丘脑性）的病变引起的失语。

第二节　分类分级及临床表现

一、分类

20 世纪 60 年代，Geschwind 提出失语症的“流利型”和“非流利型”两种分类方法。其中流利型失语是指发音流畅，不费力，语句较长，语法正常，韵律正常；非流利性失语是指发音费力、缓慢、不清楚或笨拙。失语症的分类也可根据解剖部位分为皮质性失语症和皮质下失语症两大类。尽管如此，对失语症的分类至今仍无一种被一致接受的统一分类方法。下面是国内外比较常用的分类方法。

（一）运动性失语

运动性失语主要表现为表达障碍明显于精神障碍，预后较好。

1. 损伤定位

优势侧半球额下回后部（从前上额叶到前顶叶区域的皮质，包括岛叶和周围 sylvian 皮质上缘）。

2. 症状

1）Broca 失语（主要为运动性失语）
对言语可理解，并非流利性障碍。说话中的连词、代词等减少或缺失（电报语式）。
（1）受损的功能：流利性、命名、复述和书写。
（2）完好的功能：口语、书面理解。
2）在脑卒中晚期的一般表现是：
（1）构音失用
参与构音的运动器官协调障碍，如呼吸（构音不清）、清晰度（构音障碍）、情感性语调（失韵症）、随后失音缄默。
（2）缄默症
无任何语言，理解完好，书写相对保留，偏瘫多见，常见于脑卒中急性期。

（二）感觉性失语

不能理解词语的意义，特点是言语流利，但听不懂他人的话语，听觉是正常的。预后不佳。

1. 损伤定位

主要在颞上回后部，其中包括颞叶、顶叶后部及枕叶侧面。

2. 症状

1）Wernick 失语（主要感觉性失语）

流利而荒谬的语言、对白（乱讲，“语言色拉”）。说话和书写（语法）形式相对保留，内容和意义（语意）错误。

（1）受损的功能：命名、复述、口语和书写理解。

（2）完好的功能：流利性。

（3）错语症：大量错语、新造词混杂在一起，称为杂乱语、奇特语。命名和找词也有明显障碍。语言流畅，但缺乏表达的核心内容，评议空洞，如语音错误及词语概念错误等。

2）纯字聋

听觉理解受损，而说话、阅读理解相对保留。多见于脑血管意外、脑肿瘤及感染，病变涉及单侧或双侧颞叶。

3）失读伴失写

阅读理解、书写受损，而口语较少受影响，预后较好。

（三）传导性失语

在表达方面，自发言语流畅，但多伴音素性错语障碍为其特征。复述与自发言语命名，读词均表现为错语。对文字和音声理解都较好。一般预后较好。

1. 损伤部位

主要在左侧颞叶或顶叶上部，这可能是前后语言区域的联系纤维受损。

2. 症状

复述障碍明显，语言和理解不同程度地相对保留。

（四）完全性失语（球性失语症，complete aphasia，CA）

1. 损伤部位

较大的损害伤及左侧半球多个脑回。

2. 症状

语言功能各个方面受到严重损害，无任何语言，理解力丧失。

（五）AA

突出的特征是在自发言语和视物命名时有明显的找词困难，但言语是相对流利的。

1. 损伤部位

常见病变位于颞中回和角回，局限性损害，如阿尔茨海默病。

2. 症状

物体命名困难，字面错误或语意错误。

（六）丘脑性失语

患者说话流畅，声调低，音量小，但音尚清。

1. 损伤部位

语言区域连接的后丘脑核，常见于脑出血、脑肿瘤。

2. 症状

一般能简单回答问题和叙述病史。复述正常或轻度障碍，有明显的命名障碍，语意性错词较多，对颜色命名较好，名词、动词、短语理解好，执行口头指令较差。预后较好。

（七）混合性失语

1. 损伤部位

由于优势半球运动性及感觉性区域的广泛病变或皮质下病变导致联系通路的中断，损害了 Marie 四边形区域所致。

2. 症状

感觉性失语和运动性失语同时存在。此时诵读和写字完全不可能，既听不懂也不能用言语表达自己的意思，轻者往往给人以精神失常的错觉。

（八）Benson 失语症分类法

1979 年 Benson 在“失语、失写、失读”中，开始应用失语综合征一词，即在某一病灶部位，较高频率地出现一组完全或不完全的临床症状。这一概念在后来的失语症研究和康复中，逐步得到广泛应用，Benson 失语症分类法是近代失语症分类法的代表。其将失语症分为 Broca 失语 、Wernicke 失语、传导性失语、经皮质运动性失语、经皮质感觉性失语、混合性经皮质失语、AA、CA、失读伴失写、失读不伴失写、言语不能、纯词聋。

1. 运动性失语（Broca 失语）

以口语表达障碍突出为特点，无构音肌瘫痪，但言语表达能力丧失或仅能说出个别单字，复述和书写也同样困难。神经系统检查大多有不同程度右侧肢体偏瘫。可出现左手的意向运动性失用。感觉障碍少见，如存在且重则提示深部结构受损。病灶部位大多在优势半球额叶 Broca 区——额下回后部额盖，Brodmann4 区。

2. 感觉性失语（Wernicke 失语）

以严重的听理解障碍为特点，患者语调正常，言语流畅，但用字错误，别人听不懂，也不能正确复述和书写，对言语和书写文字（阅读）的理解能力丧失。神经系统检查常为阴性。亦可有轻的偏身感觉障碍或轻偏瘫，持续时间短。病灶部位大多在优势半球颞上回后部，即 Wernicke 区皮质及皮质下。

3. 传导性失语

以复述不成比例受损突出为特点，患者言语流畅，用字发音不准，复述障碍与听理解障碍不成比例，患者能听懂词和句却不能正确复述。神经系统检查常无阳性体征，但偏身感觉障碍及轻偏瘫亦可见，也可见同向性偏盲和象限盲。病灶部位大多在左侧缘上回。传导性失语（conduction aphasia）亦称传入-运动性失语（afferent motor aphasia）或中央型失语（central aphasia），与患者的口语表达和听理解相比，复述障碍更为严重是这一类失语症患者的特征。复述不成比例地受损是最有诊断意义的特点。其语言缺欠是不能逐字重复别人的句子和不能有效地把音素编成词句而出现音位错误。

4. 经皮质运动性失语

患者有 Broca 失语的特点，但程度较轻，且保留复述能力，神经系统检查大多有右侧偏瘫，初期还可出现同向凝视麻痹。常有意向运动性失用。有些患者有额叶功能障碍，表现为持续性，如执行变换的动作有困难；或在失语检查时，检查刺激改变，仍以前一应答反应。病灶部位大多在优势侧额顶分水岭区。

5. 经皮质感觉性失语

患者有 Wernicke 失语的特点，但复述较好，神经系统查体常为阴性。病灶部位大多为优势半球后部分水岭区和（或）其皮质下。

6. 经皮质混合性失语（mixed transcortical aphasia，MTCA）

除口语复述稍好外，所有语言功能均有严重障碍，神经系统检查大多有偏瘫、偏身感觉障碍，也可有偏盲。病灶部分大多在优势半球分水岭区的大片区域。

7. AA

以命名不能为主要特征，但常可接受选词提示，口语流利、言语理解基本正常，复述好，神经系统检查常为阴性，也可有“三偏”。各型失语恢复期都可表现为以命名障碍为主要特点的失语，似 AA。因此，AA 的病灶可在优势半球的不同部位，但如起病后急性期即表现典型的AA特点，则病灶大多在优势侧颞中回后部或颞枕结合区。

8. CA

这是最严重的一种失语类型，所有言语功能都有明显障碍。常伴有明显的神经系统体征，包括“三偏”。病灶部位大多在优势半球大脑中动脉分布区的广泛区域。

（九）我国汉语失语症分类

我国汉语失语症分类法以Benson分类为基础，将失语症分为Broca失语、Wernicke失语、CA、传导性失语、纯词聋、纯词哑、经皮质运动性失语、经皮质感觉性失语、混合性经皮质失语、AA、皮质下失语、失读症、失写症。

1. 听觉理解障碍

口语的理解能力降低或丧失，字词、短句和文章不同水平的理解障碍。在这种情况下语言及发声功能很少丧失，但可作为知觉和智能损害的一部分而受到干扰。

2. 口语表达障碍

这主要是由于发生肌肉的单纯运动失调造成，可能是由于弛缓或痉挛性瘫痪、强直、反复痉挛或共济失调所致，其表现形式如下。

（1）发音障碍：失语症的发音障碍（articulation disturbance）与周围神经肌肉结构损害时的构音障碍不同，多由于言语失用所致。可见自动随意分离现象，即有意识地随意说话很困难，而说很熟悉的系列语言及下意识说话可改善。

（2）说话费力：一般常与发音障碍有关，表现为说话时费力（laborious speech），言语不流畅，欲说出一个词时，可见患者用力以面部表情、手势、姿势或深呼吸来辅助说出话。

（3）错语：有三种错语（paraphasia），即语音错语（phonetic paraphasia）、词意错语（verbal paraphasia）和新语（neologism）。语音错语是音素之间的置换，如将香蕉（jiao）说成香苗（miao）。词意错语是词与词之间的置换，如将“水瓶”说成“杯子”。新语则是用无意义的词或新创造的词代替说不出的词，如将“报纸”说成“被各”等。

（4）杂乱语：在表达时，大量错语混有新词，缺乏实质词，以致说出的话难以理解，称为杂乱语（jargon）。有的为强迫言语，即讲话滔滔不绝，内容杂乱，常需他人来终止其讲话。有的是语调错语，阴平、阳平、上声、去声的替换。

（5）找词困难：患者在谈话中，欲说出恰当词时有困难或不能（word finding problem），多见于名词、动词和形容词。在谈话中因找词困难常出现停顿，甚至沉默，或表现出重复结尾词、介词或其他功能词。所有患者都有不同程度的找词困难。如果患者找不到恰当的词表明意思，而以描述说明等方式进行表达时，称为迂回现象（circumlocution）。例如，“钢笔：用来吸那个…写…的”。

（6）刻板语言：常见于重症患者，可以是刻板单音，如“塔”、“塔”、“八”、“八”，也可以是单词，如“妈妈”、“妈妈”，“人啊”、“人啊”，这类患者的言语仅限于刻板语言（verbalsterotype），即任何回答都以刻板语言回答，有时会出现无意义的声音。

（7）言语持续现象：在表达中持续重复同样的词或短语，特别是在找不到恰当的表达方式时出现，如有的患者在看图描述时已更换了图片，但仍不停地说前图的内容，此即为言语的持续现象（perseveration）。

（8）模仿语言（鹦鹉学舌）：一种强制性复述检查者的话，称模仿语言（echo 1alia），如检查者询问患者“你多大岁数了”，患者重复“你多大岁数了”。多数有模仿语言的患者还有语言的补完现象，例如，检查者说“1、2”，患者可接下去数数；检查者说“白日依山尽”，患者会接下去说“黄河入海流”。有时补完现象只是自动反应，实际患者并不一定了解内容。

（9）语法障碍。

① 失语法（agrammatism）：表达时用名词和动词罗列，缺乏语法结构，不能很完整地表达意思，类似电报文体，称电报式言语，属语法障碍（loss of grammar and syntax）。

② 语法错乱：指句子中的实意词、虚词等存在，但用词错误，结构及关系紊乱等语法错乱（para- grammatism），属语法障碍的另一种。

（10）言语的流畅性与非流畅性。

（11）复述：在要求患者重复检查者说的词、句时，有复述（repetition）障碍者，不能准确复述检查者说出的内容。

（12）言语失用（apraxia of speech）：语言的执行问题，不能用构音障碍来解释。发音越复杂，错误越多，辅音比元音错误多。

3. 阅读理解障碍

因大脑病变导致阅读理解能力受损，称为失读症。阅读包括朗读和文字的理解，这两者可以出现分离现象。

（1）形、音、义失读：患者既不能正确朗读文字，也不能理解文字的意义，表现为词与图的匹配错误，或完全不能将词与图或实物配对。

（2）形、音阅读障碍：表现为不能正确朗读文字，但却理解其意义，可以将字词与图或实物配对。

（3）形、义失读：能正确朗读，却不理解文字的意义。

4. 书写障碍

书写不仅涉及语言本身，而且还有视觉、听觉、运动觉、视空间功能和运动参与其中，所以在分析书写障碍时，要判断书写障碍是否是失语性质，检查项目应包括自发性书写、系列书写、看图写词、写句、描述书写、听写和抄写。

（1）书写不能：完全性书写障碍，可简单划一或两划，构不成字形，也不能抄写。

（2）构字障碍：所写出的字看起来像该字，但有笔画错误，表现为笔画增添或缺少，或者写出的笔画全错。

（3）镜像书写：见于右侧偏瘫用左手写字患者，即笔画正确，但方向相反，写出的字与镜中所见相同。

（4）书写过多：类似口语表达中的言语过多，书写中混杂一些无关字、词或造字。

（5）惰性书写：写出一字词后，让其写其他词时，仍不停地写前面的字词，与口语的持续现象相似。

（6）像形书写：不能写字，而可以用图表示。

（7）错误语法：书写句子时出现语法错误，常与口语中的语法障碍相同。

（十）语言功能缺损失语症的类型

广义的失语症包括发声障碍和语言障碍，其分类如前所述，而通常所说的失语症是狭义的失语症，即由于脑的获得性损害丧失或损害对口语或书写语言的理解和产生。根据语言功能缺损的不同可分为大致以下 5 种类型。

1. 外侧裂周失语综合征

其主要包括 Broca 失语、Wernicke 失语和传导性失语。此类失语的共同特点是均有复述困难，病变在外侧裂周。

2. 分水岭失语综合征

其包括皮质运动性失语、经皮质感觉性失语和经皮质混合性失语。此类失语的共同特点是复述性相对保留，病灶在分水岭区。

3. CA

CA 曾称为混合性失语，亦称球性失语。患者的所有的语言功能严重受损。口语仅限于刻板言语，以刻板言语回答或表达。听理解仅限于理解 1～2 个简单指令。其他语言功能几乎不能。

4. 皮质下失语

神经影像学证实限于皮质下结构（基底节性和丘脑性）的病变引起的失语。皮质下失语临床表现为复述相对保留，基底节性失语与经皮质运动性失语相似，而丘脑性失语则与经皮质感觉性失语相似。

5. 分离性语言综合征

该综合征是指因连接原始语言接受区域之间的联系通路受干扰，而并非语言皮质中枢病损所致的某些语言性疾病。传导性失语、单词聋（听觉性言语失认）、单词盲（视觉性言语失认或失读）、AA、失读、失写等均可归结为分离性语言综合征。这些失语类型很少单独发生，常常与其他类型的失语症同时发生。

二、失语症严重程度分级

失语症严重程度分级的波士顿失语诊断测验（Boston Diagnostic Aphasia Examination，BDAE）方法如下。

0 级：缺乏有意义的言语或听理解能力。

1 级：言语交流中有不连续的言语表达，但大部分需要听者去推测、询问和猜测；可交流的信息范围有限，听者在言语交流中感到困难。

2 级：在听者的帮助下，可进行熟悉话题的交流，但对陌生话题常常不能表达出自己的思想，使患者与评定者都感到进行言语交流有困难。

3 级：在仅需少量帮助下或无帮助下，患者可以讨论几乎所有的日常问题，但由于言语或理解力的减弱，使某些谈话出现困难或不大可能进行。

4 级：言语流利，但可观察到有理解障碍，思想和言语表达尚无明显限制。

5 级：有极少的可分辨得出的言语障碍，患者主观上可能感到有些困难，但听者不一定能明显察觉到。

三、临床表现

（一）运动性失语症

运动性失语症也称表达性失语症、口语性失语症、皮质运动性失语等，为 Broca 氏区，即第三额回后部的言语运动中枢受损时引起，症状特点为患者能理解他人语言，构音器官的活动并无障碍，有的虽能发音但不能构成语言。

CA 时，患者完全不能用评议表达思维活动，甚至个别的字、词、音节都不能发出。多数患者为不完全性运动性失语，患者能发出个别的语音，但不能由语音构成词句，也不能将语言排列成必要的次序，以致这些评议杂乱无章，不能令人理解。有的患者可能保存下来最熟悉的一个单字、词或句子的片段，通常的如“不”、“好”、“吃”、“坐”、“就是”、“再见”等。但患者无论如何努力也只能说出保留下来的简单词句，由于语言共济运动无障碍，患者说出词句仍有相当抑扬，密切接触者根据其语调可能理解患者表达的意思。更轻的患者往往仍有相当丰富的词汇保持不变，但由于丧失对虚词和冠词的应用，说话只能用几个主要词汇来表达,构成电报式语言。语言重复症也很多见，一个词或音节说出后，强制地、自动地重复，不自主地进入下次语言产生的过程。

较轻的运动性失语症患者，可保留写字和默诵的能力。

（二）感觉性失语症

感觉性失语症又称感受性失语、Wenicke 失语症等。病灶位于 Wenicken 区和听觉联络区，这与言语中枢联系中断后阻碍了听觉性词“图象”的活化有关。临床特点为患者听觉正常，但不能听懂他人评议的意义，虽有说话能力，但词汇、语法错误紊乱，常答非所问，讲话内容无法使人真正了解，但常能正确模仿他人语言。

“口语领悟困难”是最突出的症状，严重时甚至不能理解要求其伸舌、张嘴、闭眼等简单语句，患者模仿能力亦减退。患者自己的言语功能也有重大障碍，用词错误百出，紊乱无序，且语不成句，语法关系混乱，并对自己的言语错误无所觉察，自发性语言常增多。轻症患者能理解日常生活常用词语短句，但不能理解较复杂的句子。患者可保存模仿言语、诵读、写字和口述默写能力。

（三）失读症

病变主要位于角回，临床特点为患者无视力障碍，看到原来认识的文字符号却读不出字音，亦不知其意义，多伴有失写、失算、体象障碍、空间失认等。单纯性失读症的其他语言功能正常，可自动发言、复述口语、理解口语，但不能理解文字，所以朗读默读能力丧失，亦不能抄写。单纯性失读患者，智力及计算能力正常。

（四）失写症

单纯的失写症很少发生，且是否可单独出现至今尚有争论。一般认为是位于额中回后部的 Exner 区受损所致，患者虽能听懂别人语言，但自动书写能力丧失，默写和抄写亦不可能，给予文字的模型碎块也不能拼凑成完整的文字。

（五）AA 症

AA 症又称记忆缺失性失语症，临床特点是患者言语、书写能力存在，但词汇遗忘很多，物体名称遗忘尤为显著。让患者说出指定物品名称则更显困难，经人提示可立即将该物名称说出，但不久又迅速遗忘。AA 症受损部位为枕叶和颞叶交界区，主要是 Brod-mann37 区及 21 区、22 区的后部。

（六）听理解障碍

一般认为言语听理解的过程是声学言语信号的接收，有语言学意义的声音单位，即音素的感知，有特定意义的音素序列的标记即词汇和语义的理解，以及产生多层次意义的语义性单位的复杂相互作用，即句法的理解。

失语症的听理解障碍可以表现在上述某一障碍或多个阶段出现障碍，从而表现出不同的听理解障碍。

1. 纯词聋

颞上回后部（Wernicken 区）是听觉词汇形象的储存仓库，其损害往往引起听力性语言的知觉困难，即完全或部分词聋，但其朗读、阅读、书写及自发语相对正常。他们能够听到并理解非言语性刺激，如汽车喇叭声、下雨声、狗叫声等环境声音。真正的纯词聋极少见，大部分患者表现出轻度失语症的其他特点，如偶尔的音素性错语、轻度命名困难。

2. 语义范畴的选择性损害

有些患者表现出对某些语义范畴词汇的听理解较好，而对另一些范畴词汇听理解较差，如字母、数字、颜色、躯体部位名称可有选择性的损害。通常是基半球外侧裂周围语言区的局限性损害。

3. 语义联系与语义知识部分保留

在临床上，患者虽不能精确地理解词义，但能够把该词归于某一范畴，存在语义性联系。

4. 短时记忆损害

对词汇、语句的理解需要在记忆中对接收到的语音序列进行短暂的储存。患者对于只有一个意义环节的简单句子的理解没有太大的困难，但在理解由几个意义环节组成的信息或复杂的语法结构时就遇到了困难。因短时记忆的破坏，在信息的几个意义中间产生相互干扰，抑制患者很好地记住一个意义中心（信息块），但不能再现其他意义中心。

5. 句法理解损害

一些失语症患者可以理解词的意义，尤其是名词，理解单个词、相近意义也没有困难，他们也能理解简单的句子，但不能理解复杂的语法结构。

（七）言语表达障碍

1. 言语废用症

这是指因脑损害造成的不能将形成的和填充好的语音框架转换成用来执行有目的的言语运动计划。言语运动计划即指定发音器官的运动目标（如圆唇、舌尖抬高）。运动计划的基本单位是音位，每个音位系列有它的空间和时间赋值。

2. 语法缺失

在非流利型失语症患者自发言语中，常可以看到他们的言语表达多为实义词，而缺乏语法功能词，动词相对较少，言语不能扩展，即“电报式”言语。

3. 复述困难

表达言语最简单的形式是复述性言语，其音素、音节、词的简单复述要求精确的听觉，并对音素加以分析。最后形成复述材料的记忆合成表象，变成复述的另一条件是要具有相当精确的发音系统，以及从一个发音单位到另一个发音单位或一个词到另一个词的转换。

4. 命名错误

各种类型失语症患者在命名时均可见命名错误。常见的命名错误有迂回语、语义性错语、音素性错语、无关语词错语、新词错语、否定反应等。

第三节　失语症的检查与诊断

一、失语症的筛查

主要目的是判定患者有无失语症、失语症的类型和轻重程度，了解各种影响患者交流能力的因素，评定患者残存的交流能力，确定治疗目标及制订详细的治疗计划。

通过这项检查从大体上了解患者的言语障碍程度，采用的方法简单明确，做到在尽量短的时间内掌握患者的情况，这种检查适合初诊患者，尤其是急性期患者，检查时间一般为数分钟至十几分钟。检查中应重点观察以下 5 个方面的问题。

（一）言语表达

采取自然会话形式，如询问患者的姓名、年龄、身体、睡眠及饮食等情况。同时观察患者的言语表达为流畅型或非流畅型，以及是否可以复述。另外，还要观察是否伴有构音障碍等。

（二）听觉理解

通过以上的会话检查，对患者会有一个初步的印象。在做这项检查时，可以将 4~5 个日常用品摆放在患者的面前并说出名称，由患者指出所说的物品，来观察对单词的理解。如果患者的理解较好，可以让他按指令摆放物品，另外也可以进行身体部位的理解检查。

（三）阅读和理解

向患者出示以上同样物品的文字或写出文字，由患者读出，随后患者按文字的要求移动物品。进行书写检查时，可以让患者书写自己的名字或物品的名称，检查者应将患者的表现记录下来。

（四）高级皮层机能

失语症患者除了语言障碍的表现，还常常合并有大脑高级皮层机能障碍。所以，在检查中还要观察患者是否伴有失用、失认及注意力是否集中等情况。

（五）其他观察

情绪方面，是否焦躁、易怒、不安、抑郁。还有对周围事物的关心程度，是否能配合检查、训练意欲等。以上各项评价结束后，要结合评价前已掌握的医学情况进行分析（如发病原因、性质、发病时间的长短、既往是否有脑血管病史、癫痫发作史、心血管疾患、视野、听力、CT 和 MRI 结果）。最后判断是否有失语症，轻重程度，可能为哪一种类型。

如果不好判定，可进行标准失语症检查后再定。另外，是否合并高级皮层机能障碍及其他方面的异常。重症患者要尽量发现残存的理解及交往能力，这样不但可以尽量确保和利用目前的交往手段，也有利于训练计划的制订。

二、语言功能的检测评价

语言功能评价应完整地对失语症个体进行评价。通常是对严重度的测量，可用于个体的失语症分类。这种标准化失语症评价包括：波士顿诊断性失语症检查、明尼苏达失语症鉴别诊断测验、西方失语症成套测验以及失语症筛选测验、Frenchay 失语症筛选测验等。还有国内常用汉语失语症检查。

（一）波士顿诊断性失语症检查（BDAE）

BDAE 为目前英语国家普遍应用的标准失语症检查方法，由 27 个分测验组成，分为 5 大项目：①会话和自发性言语；②听觉理解；③口语表达；④书面语言理解；⑤书写。

（二）西方失语症成套测验（NAB）

由 BDAE 演变而来，可对失语性进行鉴别诊断，进行严重度分级。

（三）汉语标准失语症检查

1997 年中国康复研究中心编制，由 30 个分测验组成，分为 9 个大项目，其只适合成人失语症患者。

（四）汉语失语盛大测验

由北京医科大学第一医院神经心理研究室编制，1986 年开始用于治疗。

三、功能性交往能力的评价

在人与人的交往过程中，言语和非言语的交际内容都起着很大的作用，功能性评价着重了解被试者是否能正常沟通，而不是他的缺陷。

四、失语症的综合检查

综合检查总的目的是通过系统全面的语言检查发现患者是否有失语症及程度，鉴别各类失语，制订治疗计划，包括病因学、认知和交往能力方面的研究。听觉理解和口语表达是语言最重要的方面，应视为检查的重点。

（一）国际上常用的失语症检查法

1. 波士顿诊断性失语症检查（Boston diagnostic aphasia examination，BDAE）

BDAE 主要由 27 个分测验组成，分为：①会话和自发性言语；②听觉理解；③口语表达；④书面语言理解；⑤书写。

2. 日本标准失语症检查（standard language test of aphasia，SLTA）

SLTA 包括听、说、读、写和计算 5 个项目，其中有 26 个分测验，并按 6 阶段进行评分。

3. 西方失语症成套测验（The western aphasia battery，WAB）

该测验提供一个总分称失语商（aphasia quotient，AQ），可以分辨出是否为正常语言。WAB 还可以测出操作商（performance quotient，PQ）和皮质商（cortical quotient，CQ），前者可了解大脑的阅读、书写、运用、结构、计算和推理等功能；后者可了解大脑认知功能。这是目前广泛用于失语症检查的方法之一。因其内容受语言和文化背景影响较小，稍做修改即可用于我国。评定项目参照上面 7 项。但对失语类型的评定可借助以下的 4 项内容进行。

1）自发言语

含 2 个亚项：信息量；流畅度、语法能力和错语。

（1）信息量的检查：提出 7 个问题，其中前 6 题就患者本人姓名、住址等简单提问，第 7 个问题则要求描述所示图画内容。根据回答结果评 0~10 分。

（2）流畅度、语法能力和错语检查：根据上述 7 题对这些功能进行评估，0~10 分。

2）听觉理解

包含 3 个亚项：是非题、听词辨认和相继指令。

（1）是非题：包括姓名、性别、住址等简单问答 20 题，每题 3 分，共 60 分。

（2）听词辨认：包含实物、绘出的物体、形状、身体左右部等 10 个内容，最高 60 分。

（3）相继指令：在患者前方桌上按一定顺序摆放几种物品（如笔、梳子和书），然后要求患者完成依次发出的指令，共 80 分。

3）复述检查

让患者复述各项内容，每项可重复 1 次。满分为 100 分。

4）命名检查

包括物体命名、自发命名、流畅度、完成句子和反应命名 4 个亚项。

（1）物体命名：向患者出示 20 件物体让其命名，最高 60 分。

（2）自发命名：让患者在 1min 内尽可能多地说出动物名称，最高为 20 分。

（3）完成句子：让患者完成检查者说出的不完整的分段句子，满分为 10 分。

（4）应答性命名：要求患者用物品名回答问题，满分为 10 分。

（二）国内常用的失语症检查方法

1. 汉语标准失语症检查

亦称中国失语症检查法（China Rehabilitation Research Center Aphasia Examination，CRRCAE），由中国康复中心参考日本标准失语症检查，于 1990 年编制完成，已经正式用于临床。此检查由 30 个分测验组成，分为 9 个大项目，包括听理解、复述、说、出声读、阅读理解、抄写、描写、听写和计算。此检查只适合成人失语症患者。

2. 汉语失语成套测验（aphasia battery of chinese，ABC）

由北京医科大学附属一院神经心理研究室参考西方失语成套测验结合国情编制而成，于 1988 年开始用于临床，由会话、理解、复述、命名、阅读、书写、结构与视空间、运用和计算、失语症总结 10 个大项目组成。

五、鉴别诊断

（一）脑血管疾病（cerebrovascular disease）

急性起病的失语症以脑血管疾病最为多见，大多是大脑中动脉或大脑后动脉分支病变的结果，右利手患者一般伴右侧偏瘫。

1. 短暂性脑缺血发作（transient ischemic attacks，TIA）

其起病年龄多在 50 岁以上，多有动脉硬化病史，常历时数分钟至几小时，一般在 24h 内完全恢复，可反复发作，发作间歇无神经症状。可伴有病灶侧单眼失明，病灶对侧轻偏瘫，偏侧感觉障碍等神经系统症状与体征。常由于动脉硬化斑脱落的微栓塞引起，也可因脑小动脉痉挛、心功能不全、急性血压过低所致。

2. 脑血栓形成（cerebral thrombasis）

发病年龄较高，60 岁以上发病率显著增高，较多伴有高血压、糖尿病动脉硬化及其他器官硬化病史，病前可有短暂性脑缺血发作史。安静时发病较多，常在晨间睡醒后发现症状。症状常在几小时或较长时间内逐渐加重，呈梯形进展。意识保持清晰而有偏瘫等神经局灶功能障碍，发病 6h 后脑脊液一般不含血。脑血管造影和 CT 有助于最后确诊。

3. 脑栓塞（cerebral embolism）

患者年龄多较轻，可有心脏病伴房颤等产生栓子的病因存在，常伴有其他部位动脉栓塞证据，起病急骤，多于起病几秒钟或很短时间内症状发展至高峰，可有短时间意识障碍或局限性、全身性抽搐，脑脊液压力不高，多无红细胞，常规化验正常，脑 CT 检查早期即可见梗塞区。

4. 脑出血（cerebral haemorrhage）

50 岁以上的高血压患者多见，活动状态下起病，诱因多为情绪激动和过度劳累。起病急骤，绝大多数患者出现不同程度的意识障碍，伴头痛、恶心、呕吐等急性颅内压增高症状。急性期有低热，周围血象白细胞增高亦常见。脑脊液压力增高，可呈血性，头颅 CT 扫描可在出血部位见到高密度阴影，病灶周围常有低密度水肿区。

5. 腔隙性脑梗塞（lacumer infarction）

好发于 50 岁以后，有长期高血压、动脉硬化史，起病通常为渐进性，症状数小时到数天达到高峰，临床症状较轻，多无意识障碍、头痛、呕吐等。神经系统体征有明显孤立性质：如纯运动性偏瘫、失语等，多数患者可恢复，预后良好，CT 检查可确诊，但腔隙小于 2mm 则不易发现。

6. 颅内静脉和静脉窦血栓形成（intracranial venous and sinus thrombosis）

以矢状窦、海绵窦、横窦血栓多见。炎性者有颜面、口腔、眼、咽、中耳或颅内感染史，非炎症者病前有全身衰竭、脱水、产褥热、颅脑外伤、血液病等病史。临床表现为发热、头痛，进行性颅内压增高，常有意识障碍、癫痫发作等全脑症状。局灶症状与受累部位有关，可出现眼肌麻痹、局灶性癫痫发作、肢体瘫痪等。常呈进展性中风病程。脑脊液压力增高，出血性梗塞时可为血性或黄变。头部 CT、MRI 和静脉窦造影可助诊断。

脑分水岭梗塞、脑动脉炎、颅内动脉瘤、烟雾病等也可引起失语症状。

（二）脑脓肿（brain adscess）

初起时可有急性发热、头痛、嗜睡和局灶脑症状，周围血中性粒细胞增高，脑脊液中性粒细胞增多和蛋白质增高，脓肿形成和逐渐增大后出现脑占位性损害症状，因耳源性脑脓肿占脑脓肿发病总数 50%以上，且易发生在颞叶，故临床感觉性失语症及 AA 症较为常见。CT 和 MRI 可确定诊断。

（三）颅内肿瘤（intracrainal tumor）

随肿瘤的进行性生长，临床出现逐渐增剧的头痛、呕吐等，查体可见视神经乳并没有水肿。有进行性加重的局灶症状，额、顶、颞叶受累时可出现相应类型失语症。多数患者起病初期的失语症状为暂时性发作，亦有与局部运动性癫痫伴同出现，或构成癫痫大发作先兆症状。临床以 AA 症最为多见。CT 和 MRI 可确诊。

（四）颅脑外伤（craniocerebra trauma）

首先有过颅脑外伤史。视其损伤及部位的不同，失语症状表现各异，如颞叶外伤多出现感觉性失语，并见视野下象限同侧偏盲；角回外伤多表现轻型感觉失语，阅读困难比较突出等。

（五）脑寄生虫痛（cerebral parasitosis）

脑型肺吸虫病以儿童多见，主要表现为头痛、视力障碍、瘫痪和癫痫发作，诊断主要依据流行病学史、肺吸虫病史、痰中肺吸虫卵、脑脊液肺吸虫补体结合试验和颅脑CT、MRI 等。脑囊虫以头痛、呕吐、精神障碍、癫痫发作为主要临床表现，皮下囊虫结节活检、脑脊液嗜酸性粒细胞增多、补体结合试验阳性，以及头颅 CT、MRI 检查可诊断。其他脑型疟疾、脑型血吸虫病也可引起失语。

（六）颅内细菌、病毒感染（intracranial bacterial and virus infeetion）

各种不同原因所致的脑膜炎、脑炎、脑蛛网膜炎也可导致失语，其中脑炎引起的失语常较明显，且恢复困难，根据各种疾病的临床表现，脑脊液改变及各自的特异性检查可分别做出诊断。

（七）Pick 病和阿尔茨海默病

Pick 病初期失语可为 AA，口语语汇日见贫乏，错误逐渐严重，最后完全失语。由于智力同时衰退，所以虽见失语日趋严重而患者不能自觉。阿尔茨海默病多出现感觉性失语症，错语多语比较突出。临床遇有逐步发展的失语症，无卒中开端，也不见偏瘫，且智力同时衰退，应注意排除这两种疾病。

第四节　失语症的治疗

一、目的及适应证

（一）目的

失语症治疗是利用各种方法改善患者的语言机能和交流能力，使之尽可能像正常人一样生活。

（二）适应证

原则上所有失语症都是适应证，但有明显意识障碍，情感、行为异常和精神病的患者不适合。

二、常用的治疗方法

（一）治疗原则

（1）要有针对性地根据患者是否存在失语症、类型及程度，明确治疗方向。

（2）综合训练，注重口语，如果听说读写口语和书写语言有多方面的受损，要进行综合训练，但治疗重点和目标应放在口语康复训练上。

（3）因人施法，循序渐进，要适合患者文化水平及兴趣，先易后难，由浅入深，由少到多，逐步增加刺激量。

（4）配合心理治疗方式灵活多样。当治疗取得进展时，要及时鼓励患者，使之坚定信心。患者精神饱满时，可适当增加难度。

（5）家庭指导和语言环境调整。要经常给患者家属进行必要的指导，使之配合治疗，效果更佳。

（6）对有某种语言障碍的患者，要区别轻重缓急，分别治疗。

（二）以改善语言功能为目的

1. 阻断去除法

根据 Weigl 的理论，失语症患者基本上保留了语言能力，而语言的运用能力存在障碍，通过训练可使患者重新获得语言运用能力。

2. Schuell 的刺激法

刺激训练是多年失语症训练中摸索出的方法，20 世纪 70 年代把刺激法应用到认知心理学研究，而且产生了新的理论。

3. 程序介绍法

这是将刺激顺序分成若干个阶段，对刺激的方法和反应的强化严格限定，使之有再现性并定量测定正答率。

4. 脱抑制法

利用患者本身可能保留的功能，如唱歌等来解除功能的抑制。

5. 功能重组

通过对被抑制的通路和其他通路的训练使其功能重新组合得以开发，以达到语言运用的目的。

（三）以改善日常生活交流能力为目的

（1）交流效果促进法（promoting aphasics' communicative effectiveness，PACE）。
（2）功能性交际治疗。
（3）小组治疗及交流板的应用。
（4）家庭训练和语言环境调整，促进患者语言能力的改善。

（四）药物的治疗

（1）增加脑内去甲肾上腺素类药物，如安非安明，可增高患者警觉性。
（2）增加脑内乙酰胆碱含量类药物，以改善命名和语言理解。
（3）增加脑内多巴胺含量如溴隐亭，以改善言语输出。
（4）促进胆碱和兴奋性氨基酸释放类药物，以改善学习和记忆功能，如脑复康等。

（五）治疗设计的注意事项

（1）应实行个体化的治疗。
（2）利用患者残存的语言功能，所以必须对患者进行失语检查与评估。
（3）训练内容从简单到复杂，从日常生活交流开始，逐渐深入扩展。
（4）训练时间从短到长。
（5）充分刺激及反馈，循序渐进。
（6）注意患者的心理与兴趣，增强信心。

（六）治疗的预后

一般失语症的预后与原发病的预后一致，随着我国老年化步伐加快，也产生了失语症趋向重度化、复杂化。再加上年龄增加带来的脑功能低下，有时会出现症状加重的现象。若再次脑卒中或以进行性疾病为基础，失语症状也会加重。失语症的预后与以下因素有关。

（1）语言训练开始越早越好。
（2）患者年龄越年轻越好。
（3）失语程度：轻度者较好。
（4）原发症状：脑损伤范围小，初次脑卒中，预后好，脑外伤比脑卒中预后好。
（5）合并症：无合并症者比有合并症者较好。
（6）Broca 失语，经皮质性运动性失语、传导性失语、AA 比其他类型失语症的预后好。
（7）脑出血引起失语比脑梗死引起者预后好。
（8）如能长期强化训练比较好。
（9）利手：左利手或双手比右利手预后好。
（10）失语类型：表达障碍为主比理解障碍为主者预后好。

（11）智能水平：患者智商高比低者好。
（12）自训能力：有自训能力和意识者好。
（13）性格：外向性格者好。
（14）对恢复的愿望：患者和家属对恢复训练愿望高者好。

第五节　神经干细胞移植治疗失语症的应用研究

一、研究现状

在有的疾病出现的失语只是一种暂时现象，可通过药物治疗及语言训练而康复。但语言功能区及语言相关部位的严重疾病及损伤使大量的神经元死亡而导致永久性的失语，其治愈有待于这些功能部位神经元及通路的修复与重建。传统观点认为神经元是不可再生的，神经干细胞（NSC）的发现为神经功能的重建带来希望，然而内源性 NSC 数量有限，而且在少数情况下内源性 NSC 的缺乏正是疾病的根源。因此，永久性失语的攻克尚有待于探索新的治疗方法，NSC 移植为失语症的治疗带来了新的希望。

近年来因为中风和创伤性脑损伤引起的失语症患者日渐增多。失语症是这两种疾病常见的症状和后遗症之一。急性脑血管意外的患者中，入院时至少有 1/3 的患者有失语症。虽然大多数失语症患者在自然状态下可以部分或全部恢复，但在脑组织病变较重时，失语往往得不到恢复或恢复很差，要彻底治愈失语症有待于语言功能区神经细胞的再生以及神经网络的重建。

研究显示失语症患者可能通过两种策略来恢复失语：一是病损侧（多为左侧）大脑半球语言网络的结构修补或重建；二是对大脑半球相应代偿区域语言网络的活化。究竟是哪一种策略为主一直以来都有争议。传统观念认为神经细胞死亡后不可能再生，但近年的研究显示脑内从皮质、皮质下白质、纹状体到室管膜等广泛区域均存在 NSC，在神经系统自我修复过程起到至关重要的作用。中枢神经系统干细胞库的异常可以导致各种神经系统疾病，最为典型的是帕金森综合征，由于黑质内多巴胺能神经元凋亡后得不到补充，使多巴胺分泌不足而导致一系列症状。在正常情况下神经系统内源性干细胞数量有限，神经系统受到损伤后自我修复能力有限。

二、存在的问题

失语症患者在多数情况下可以自我恢复，这与患者脑组织病损较轻、受损的语言网络被周围神经细胞代替有关。但病损较重的患者即使经过系统的语言康复训练也会遗留语言功能障碍，因为语言网络的替代不完全，有语言功能区的缺损，也可能存在皮质下联系。这些病损靠自身的内源性 NSC 来修复非常困难。自体或异体 NSC 的移植成为修复这些神经细胞缺损的希望。

NSC 具有如下特征：①有增殖能力；②在整个生命过程中能自我维持或自我更新；

③能通过扩增祖细胞而产生大量的后代；④具有向多细胞系分化的能力；⑤损伤或疾病能刺激干细胞的分化。虽然尚无 NSC 移植治疗失语症患者的临床研究报告，但已有研究显示外源性 NSC 在移植入宿主体内后具有迁移的特征，NSC 可以定向迁移到受损的脑区，并具有为之特异性分化的特征，为 NSC 移植治疗失语提供了理论基础。

在非针对失语病的实验研究中，经标记的 NSC 在移植入受损脑组织后，于 3 周后 NSC 大量出现在受损的脑皮质下。免疫组织化学的研究发现，这些标记细胞部分表达神经元特异性抗原 NSE。而且这些细胞伸出突起，与所在区域宿主神经细胞互相形成网络。而且，大部分的移植细胞表达神经胶质原纤维酸性蛋白。虽然这些研究还很少发现损伤区有功能上的改善，与这些研究的实验设计观察时间都较短，NSC 虽然分化成为具有局部细胞特征的细胞，但其与下一级的神经元尚未形成有效的神经纤维联系或神经纤维联系不够密切。

三、展望

在 NSC 治疗帕金森病的实验研究中发现，经注射移植的 NSC（并非直接注射入黑质纹状体）可以在帕金森模型动物的纹状体及黑质中出现，细胞形态类似原有的多巴胺能神经元。虽然失语症并非单一的脑部损伤，其产生有其复杂性，但有一点是可以肯定的，那就是 NSC 的移植治疗必定为失语症的康复带来希望。

（林　军　李　欣）

主要参考文献

陈灏珠，林果为．2009．实用内科学．第 13 版．北京：人民卫生出版社：2286-2788

陈颂玲，汪洁，吴东宇，等．2012．经颅直流电刺激对失语症合并认知障碍的个案观察．中国康复医学杂志，27（12）：1160-1161

高素荣．2006．失语症．第 2 版．北京：北京大学医学出版社：36-512

郭玉璞．2006．神经病学．北京：人民卫生出版社：302-311

韩书芝，刘素波．2012．急性脑血管病合并失语症的康复体会．河北医药，16（2）：2545-2546

张和振．2005．实用神经内科学．北京：中国科学技术出版社：117-122

赵亚军，陈长香．2012．Schuell 刺激法对脑卒中后皮层下失语患者语言训练效果．河北医药，16（2）：2493-2494

Cherney LR. 2004. Aphasia, alexia, and oral reading. Topics Stroke Rehabilitation, 11(1): 22-36

Fletcher PD, Downey LE, Agustus JL, et al. 2013. Agnosia for accents in primary progressive aphasia. Neuropsychol, 51(9): 1709-1715

Godecke E, Ciccone NA, Granger AS, et al. 2014. A comparison of aphasia therapy outcomes before and after a Very Early Rehabilitation programme following stroke. Int J Lang Commun Disord, 49(2): 149-161

Han SS, Williams LA, Eggan KC, et al. 2011. Constructing and deconstructing stem cell models of neurological disease. Neuron, 70(4): 626-644

Huber P, Gutbrod K, Ozdoba C, et al. 2000. Aphasia research and speech localization in the brain . Schweiz Med Wochenschr, 130(3): 49-59

Jacquin A, Virat-Brassaud ME, Rouaud O, et al. 2014. Vascular aphasia outcome after intravenous recombinant tissue plasminogen activator thrombolysis for ischemic stroke. Eur Neurol, 71(5-6): 288-295

Kreisler A, Godefroy O, Ddlmaire C, et al. 2000. The anatomy of aphasia revisited. Neurol, 54(5): 1117-1123
Marien P, Paghera B, De Deyn PP, et al. 2004. Adult crossed aphasia in dextrals revisited. Cortex, 40(1): 41-74
Mohr JP. 1982. The evaluation of aphasia. Stroke, 13(3): 399-401
Roth HL. 2002. Finding language in the matter of the brain: origins of the clinical aphasia examination. Seminars Neurol, 22(4): 335-348
Somasundaram S, Henke C, Neumann-Haefelin T, et al. 2014. Dysphagia risk assessment in acute left-hemispheric middle cerebral artery stroke. Cerebrovasc Dis, 37(3): 217-222
Tanabe H. 2004. Symptomatology of aphasia. Rinsho Shinkeigaku, 44(11): 837-838

第二十八章　神经源性干细胞移植治疗脱髓鞘疾病

第一节　概　　述

一、基本概念

脱髓鞘疾病是以神经髓鞘脱失为主要或始发的病变，而轴索、胞体和神经胶质受损相对较轻的一种神经系统疾病，可发生于中枢神经系统或周围神经系统。发生于中枢神经系统具有代表性的特发性炎性脱髓鞘疾病有多发性硬化，发生于周围神经系统的脱髓鞘疾病有吉兰-巴雷综合征。脱髓鞘疾病是北欧、北美高加索人种中常见、多发的神经系统疾患，患病率一般在40/10万以上；中国人发病率较低，与日本接近，为（2～3）/10万。由于其具有高致残率和高消耗等特点，对该类疾病的治疗一直是临床治疗的研究热点。

二、发病原因

虽然脱髓鞘病的病因和临床表现各异，但都具有共同的病理特性，即神经纤维的髓鞘脱失而神经细胞相对保持完整。根据髓鞘破坏方式可分为髓鞘形成障碍型和髓鞘破坏型。髓鞘形成障碍型脱髓鞘疾病是遗传代谢缺陷引起的髓鞘形成障碍，主要包括髓鞘磷脂代谢异常引起的脑白质营养不良，如异染性白质脑病、脑白质海绵样变性、肾上腺白质营养不良等；髓鞘破坏型脱髓鞘疾病是后天获得的脱髓鞘疾病。

脱髓鞘病的大多数病因尚未明了，可能主要与以下5个方面有关。

（一）遗传因素

有关此病的遗传概率较低，但大量研究已经得出确切结论：发生在中枢神经系统的多发性硬化具有遗传特性，其家族性聚集主要因为遗传物质的共享所致。

（二）感染因素

目前发现麻疹病毒、风疹病毒、水痘病毒、乳多空病毒、呼吸道感染和EB病毒、巨细胞病毒和支原体合并感染等可引发脱髓鞘病变。

（三）免疫因素

基础及临床研究表明，脱髓鞘病是以髓鞘或髓鞘细胞为靶器官，通过超敏反应而发病的神经系统自身免疫病，可以说自身免疫机制是促多数脱髓鞘疾病发病的关键性因素。

（四）环境因素

高纬度、寒冷地区的多发性硬化发病率高，生活环境、生活方式和毒素等对其发病及复发都有影响。

（五）其他因素

还可能发生于疫苗接种后、长期酗酒和慢性乙醇中毒、尿毒症、血管性肾病、肾移植、糖尿病及电解质紊乱等。

三、发病机制

髓鞘是包裹在髓鞘细胞轴突外面的一层膜，由髓鞘细胞的细胞膜组成。在中枢神经系统形成髓鞘的细胞叫少突胶质细胞，在周围神经系统形成髓鞘的是施万细胞。髓鞘呈节段性分布包裹于神经纤维上，分节之间约 1 μm 没有髓鞘包裹的神经纤维裸露，这个裸露点称为郎飞结。所以神经细胞之间的信号传递方式为跳跃式，从一个郎飞结到下一个郎飞结。髓鞘恰好为神经细胞之间的信号传递提供了高阻抗、低电容的绝缘环境，当髓鞘缺失后将导致异常的信号传递方式，可诱发多种疾病。

四、临床表现

（一）多发性硬化

这是以中枢神经系统白质多发病灶及病程有缓解、易复发为特点的脱髓鞘疾病，多好发于青、中年，女性多见。多为急性或亚急性起病，可有病前感染史，也可发病于预防接种或分娩后。过度疲劳、紧张和情绪波动也可作为起病或复发的诱因。由于病灶多发，所以症状复杂，因病变部位而异。病变位于脊髓、视神经者最多，其次为脑干、大脑半球及小脑。病变位于脊髓时可出现截瘫、束性或节段性感觉障碍；位于视神经时出现单侧或双侧神经炎或球后视神经炎；位于脑干时出现颅神经麻痹、肢体瘫痪；位于小脑时出现共济失调、肢体震颤（意向性震颤）及眼球震颤；位于大脑半球时出现偏瘫、失语、智能及精神障碍等症状。值得注意的是，患者在首次发病时症状和体征可限于单一病灶，还可以出现短暂、一过性的症状，如持续数分钟或数小时的复视，也可以出现短暂、频发的发作性症状，如痛性痉挛、感觉异常等。

（二）视神经脊髓炎

视神经脊髓炎是同时或先后累及视神经和脊髓的脱髓鞘疾病，目前一般认为属于多发性硬化的视神经脊髓型。1894 年，法国医师德维克首先报道此病，故又称德维克氏病（Devic’s disease）。在中国比多发性硬化多见，表现为双眼视力减退，肢体无力、麻木及排尿困难等。

（三）急性播散性脑脊髓炎

急性播散性脑脊髓炎又称急性感染性神经根神经炎（吉兰-巴雷二氏综合征），为急性起病的周围神经炎性、节段性脱髓鞘疾病。多发病于儿童及青年，男性与女性之比约为 2∶1。可全年散发，但夏季较为多见。多数患者有上呼吸道感染、肠道感染或其他感染史。该病以四肢弛缓性瘫痪为主要临床表现，约半数患者合并以运动障碍为主的单侧或双侧多发性颅神经麻痹。严重的病例可发生吞咽、排痰困难及呼吸肌瘫痪。

第二节　脱髓鞘病的诊断与治疗

一、诊断

（一）多发性硬化

1. 检查

共 3 项检查：脑脊液检查、诱发电位和磁共振成像对多发性硬化的诊断具有重要意义。

（1）脑脊液检查：脑脊液检查发现白细胞及蛋白质多轻度或中度增加，但也可正常。寡克隆区带、IgG 鞘内合成率等免疫指标多为阳性。

（2）诱发电位：包括视觉诱发电位、脑干听觉诱发电位和体感诱发电位等，50%～90%的多发性硬化患者可有其中一项或多项诱发电位异常。

（3）磁共振成像检查：磁共振可显示无临床症状的病灶，特别是大脑半球的病变，其典型所见是位于脑室周围及皮质下白质多发大小不一的类圆形 T1 低信号、T2 高信号病灶（图 28-1）。常见于侧脑室前角与后角周围、半卵圆中心及胼胝体，或为融合斑，多位于侧脑室体部；脑干、小脑和脊髓可见斑点状不规则的 T1 低信号及 T2 高信号斑块；多数病程长的患者可伴脑室系统扩张、脑沟增宽等脑白质萎缩征象。

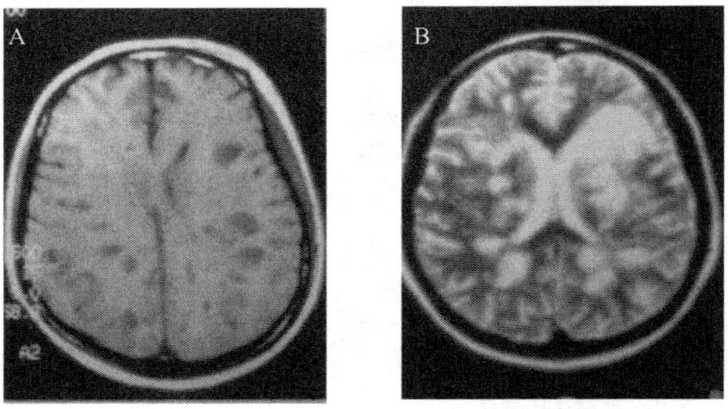

图 28-1　多发性硬化患者的 MR 脑扫描像

侧脑室周围类圆形或融合性斑块，呈长 T1、T2 信号，大小不一，常见于侧脑室前后角周围，融合性斑块多累及体部。A. 斑块在 T1 加权为低信号；B. 病变在 T2 加权为高信号

2. 诊断要点

诊断要点为多发性病灶及缓解、复发的病程。电生理（诱发电位）和影像学检查可发现临床病灶，有助于诊断。脑脊液免疫指标的异常可支持临床诊断。

（二）视神经脊髓炎

1. 检查

血清、脑脊液、神经生理和磁共振成像的检查对诊断具有重要意义。

1）实验室检查

血清视神经脊髓炎-IgG 是视神经脊髓炎的免疫标志物，患者血清视神经脊髓炎-IgG 阳性率为 50%～75%，其可作为鉴别视神经脊髓炎与多发性硬化的重要参考依据之一。40%～60%的视神经脊髓炎患者可伴有其他自身免疫疾病抗体阳性，如抗核抗体、抗 SSA/SSB 抗体、抗心磷脂抗体、甲状腺相关抗体及乙酰胆碱受体抗体等。

2）神经眼科检查

80%以上视神经脊髓炎患者视敏度仅为 20/200 或更差，超过 30%患者无光感，其中 20%的患者为双眼视敏度降低。视神经脊髓炎患者可有中心及外周视野缺损，并且视网膜厚度平均减少 30～40UM，而多发性硬化患者视网膜厚度平均减少 20～30UM。多数患者有视觉诱发电位异常，主要表现为 P100 潜时延长或波幅降低等。

3）磁共振成像（MRI）

视神经脊髓炎最具有特异性的影像表现是脊髓病变，病变常累及 3 个或 3 个以上椎体节段，以颈段或颈胸段同时受累最为多见，多累及大部分灰质和部分白质（图 28-2 和图 28-3）。许多视神经脊髓炎患者有脑部病灶，特征性病灶位于下丘脑、丘脑、三脑室、导水管、桥脑被盖及四脑室周围。急性期可见视神经增粗、肿胀,呈长 T1、长 T2 信号，可见“轨道样”强化。通常双侧视神经均有异常，视交叉及视觉传导通路上可见异常。

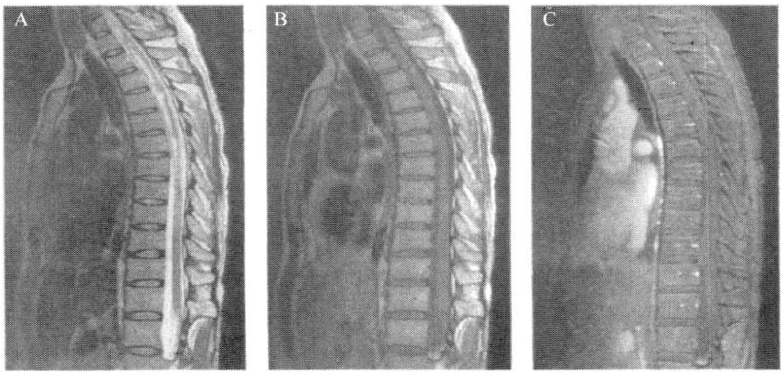

图 28-2　视神经脊髓炎的 MR 脊髓扫描像

T2WI（A）及 T1WI（B）显示脊髓内超过 3 个椎体节段的长病灶；增强扫描（C）见条片状强化

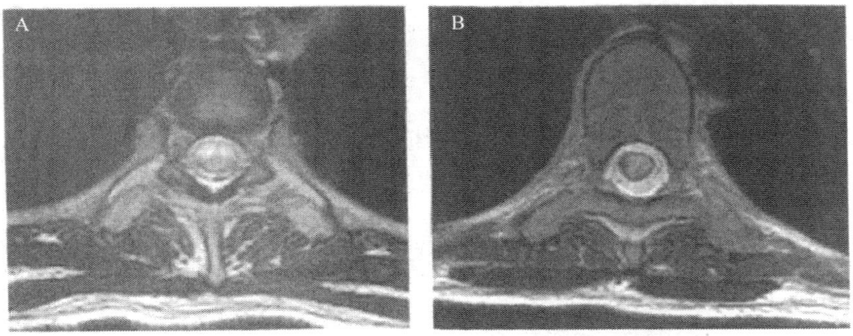

图 28-3　视神经脊髓炎的脊髓横断面扫面

A．显示视神经脊髓炎脊髓病灶以中央灰质受累为主；B．显示胸髓病变范围横贯性>50%脊髓断面

2．诊断要点

（1）必备条件（下列每项至少有 1 次发作）：①视神经炎；②横贯性脊髓炎。

（2）至少有 2 项支持：①MRI，正常或病变不符合多发性硬化影像学诊断标准；②脊髓 MRI，病灶超过 3 个脊椎节段；③血清，视神经脊髓炎-IgG 阳性。

具备全部必备条件和支持条件中的 2 条即可诊断为视神经脊髓炎。

（三）急性播散性脑脊髓炎

1．检查

1）实验室检查

脑脊液正常或表现为细胞、蛋白质增多，病毒 PCR 检测阴性，电泳寡克隆区带多为阴性或一过性阳性，24h 鞘内 IgG 合成率增高。

2）影像学特点

MRI 是最重要的诊断工具，T2 和 FLAIR 相表现为片状边界不清的高信号，多发、双侧不对称。病灶累及广泛，包括皮质下、半卵圆中心、双侧半球的灰白交界、小脑、脑干和脊髓，丘脑和基底节常受累，病灶多不对称。

2．诊断要点

由于缺乏特异性的生物标记，急性播散性脑脊髓炎的诊断建立在临床和影像学特点上。在临床上，双侧视神经受累、皮质症状和体征、周围神经受累、意识状态改变、认知功能障碍、脑脊液细胞数增多、电泳寡克隆区带阴性或阳性后很快转阴，均支持急性播散性脑脊髓炎的诊断。

二、治疗

对于脱髓鞘病的治疗目前缺乏有效手段，主要是对症处理，包括减轻脑组织和脊髓损害、防治并发症和促进功能恢复。

（一）急性期

主要包括 4 个治疗方面：①激素，这是治疗脱髓鞘病变复发的主要药物，有抗炎和免疫调节作用，可促进急性复发的恢复和缩短复发期病程；②静脉注射免疫球蛋白，主要用于复发早期患者；③血浆置换，主要用于对大剂量皮质类固醇治疗不敏感的多发性硬化患者；④对症治疗。

（二）缓解期

主要包括：①β-干扰素治疗，其具有免疫调节作用，可抑制细胞的增殖及抗原提呈，调节细胞因子的产生；②醋酸格拉替雷治疗，本品是人工合成的髓鞘碱性蛋白类似物，其可能的作用机制在于使 T 细胞由 Th1 表型向 Th2 表型转化，促进抗炎性细胞因子的产生，诱导髓鞘反应性 T 细胞的免疫耐受；③那他珠单克隆抗体治疗，此为重组α4-整合素（细胞表面蛋白）单克隆抗体，能阻止活化的 T 细胞通过血脑屏障；④其他药物治疗，包括环磷酰胺和硫唑嘌呤等。

第三节　脱髓鞘疾病的动物实验研究

在骨髓造血组织中存在血液、血管和间充质三种组织的干细胞，分别称为造血干细胞、血管干细胞和间充质干细胞。造血干细胞和血管干细胞又来自共同的干细胞，称原血干细胞或血液血管干细胞。骨髓细胞在不同的诱导条件下，具有向成骨细胞、成软骨细胞、脂肪细胞、成纤维细胞、内皮细胞及神经细胞等分化的能力。

由全骨髓培养诱导分化 NSC 和神经细胞的实验方法为：取 25 日龄 SD 大鼠，雌雄均可，在全麻下分离出股骨，使用含 2ml 生理盐水及 10μg 肝素钠的注射器抽取骨髓细胞，无菌蒸馏水破红细胞后全部接种于培养板，悬浮于“CYTOKINE·NSC 培养液”中，加入含体积分数 5%胎牛血清后，置入饱和湿度、含体积分数 5%CO_2 的孵育箱 37℃培养。第 10 天时可见大量神经球（NSC），此时再添加培养液及血清以促使分化，23～30 天可见分化不同的神经细胞，采用不同的单克隆抗体对这些细胞进行免疫细胞化学法鉴定。

中枢神经系统脱髓鞘的主要病理改变是多发性硬化、脑白质营养不良及脊髓损伤，导致神经系统功能缺失。1984 年，有研究首次将体外培养的自体施万细胞注入人蛛网膜下腔治疗持续性脱髓鞘患者，取得了一定疗效。近年来，随着细胞科学的发展，特别是随着多向分化潜能干细胞研究的不断深入，为细胞移植的发展开拓了广阔道路。

一、施万细胞的移植

众所周知，周围神经系统中神经纤维的髓鞘是由施万细胞产生的。国外已有研究用溴化乙锭注入猫脊髓白质后导致星形胶质细胞及少突胶质细胞死亡，使脱髓鞘的轴突处于星形胶质细胞缺失的环境中，可观察到施万细胞使中枢神经系统轴突广泛复髓鞘。而在该动物蛛网膜下腔中重新导入星形细胞或少突胶质细胞前体细胞和星形细胞的混合物，建立正常的中枢神经系统内环境，复髓鞘过程则被阻断，其原因可能是星形细胞阻碍施万细胞到达脱髓鞘的轴突。

此现象使人们想到，如果去除中枢神经系统中的星形细胞，施万细胞是否可使轴突复髓鞘？于是研究者通过向动物脊髓白质内注射溴化乙锭，同时采用 X 射线照射脊髓以消除内源性复髓鞘过程，再植入外源性施万细胞进行进一步的观察。结果发现，在缺少星形细胞及细胞外基质的情况下，植入的绝大部分施万细胞即使到达脱髓鞘轴突，亦不能产生髓鞘，只在注射部位靠近血管及细胞外基质的部位有少量轴突复髓鞘。这就产生一种矛盾，即星形细胞的存在可损害施万细胞的复髓鞘功能，与此同时，移植细胞的复髓鞘过程亦需要星形细胞产生的细胞外基质。星形细胞和施万细胞这种复杂的相互作用可严重降低施万细胞作为一种临床手段治疗慢性脱髓鞘疾病的实用性。

最新研究发现，施万细胞移植不成功的另一原因是原液中的成纤维细胞对神经纤维有破坏作用，导致胶原蛋白沉积及轴突变性。而通过抗体免疫筛选法将施万细胞纯化后，成纤维细胞的破坏作用明显减弱，实验中可见部分神经纤维完整的轴突复髓鞘。迄今为止，在该领域研究中采用的施万细胞均为从成年动物身上取得或体外增殖的施万细胞，在有丝分裂原的作用下获得体外增殖，提取胚胎神经系统中施万细胞治疗脱髓鞘疾病尚无文献报道。

二、少突胶质细胞移植

（一）成熟少突胶质细胞的移植

有国外学者将同种成熟少突胶质细胞移植入髓鞘缺陷的大鼠中，观察移植前后神经动作电位的传导情况，取得了一定的研究成果。也有将人类中枢神经系统提取的少突胶质细胞植入鼠脑内脱髓鞘部位，移植细胞未产生髓鞘。

（二）少突胶质前体细胞的移植

近年来，人们将更多的关注集中在少突胶质细胞前体细胞上。研究发现，前体细胞主要负责内源性复髓鞘，并且植入脱髓鞘大鼠模型早期的细胞较晚期的细胞能在更大范围产生更多的髓鞘。体外培养亦证实低分化细胞较成熟细胞具有更强的分化和迁移能力。最新的研究结果表明，较 $A2B5^+$前体细胞更原始的细胞具有更强的移植复髓鞘能力，能够自我更新的多潜能 NSC 可以分化为神经细胞、星形细胞及少突胶质细胞。NSC 能够从胚胎或成年动物的脑内分离出来，以细胞系的形式在含有表皮生长因子或成纤维细胞生长因子 2 等营养因子的无血清培养液中增殖扩增。当细胞系增殖到一定数量时，进行更为严格的分化（培养液按照培养成神经细胞瘤的方法配置），一段时间后成为少突胶质细胞球。

实验表明，将少突胶质细胞球移植入髓鞘缺失的大鼠脊髓后，复髓鞘区域远较移植神经球的复髓鞘区域广泛。需要说明的是，由 NSC 分化而来的少突胶质前体细胞在未成熟的神经系统内具有较强的迁移能力，而在成年神经系统内移植细胞的情况大不相同。尽管细胞在体外有迁移的能力，但将大量的少突细胞前体细胞植入成年动物神经系统后不能存活，也不具有迁移能力。不过当 X 射线照射受体消除内源性前体细胞组织时，移植细胞能够在受体神经系统中存活并向正常的白质移动。此发现证明尽管成年中枢神经系统不支持移植少突胶质细胞前体细胞的存活和迁移，但可以通过人工调节而使之成为可能。

（三）嗅鞘细胞的移植

嗅鞘细胞是位于成年动物神经系统中支持轴突再生的另一种神经胶质细胞。自 1984 年国外学者 Doucette 发现，鼻黏膜上的嗅球嗅鞘细胞能够发出轴突进入颅内并与二级神经元形成突触以来，嗅鞘细胞在神经移植治疗方面的潜能得到广泛关注。研究表明，啮齿类动物的嗅鞘细胞能够使脊髓损伤大鼠轴突再生，使再生的神经纤维和脱髓鞘的神经纤维复髓鞘。后来有学者更进一步从成年人类嗅球中提取嗅鞘细胞，在体外进行无血清培养，在多种生长因子的参与下进行体外扩增，BrdU 标记后植入成年大鼠模型的脱髓鞘部位，每天皮下注射免疫抑制剂，6 周后移植区内有广泛复髓鞘现象。

（四）期待解决的问题

尽管大量研究表明少突胶质细胞前体细胞能够使脱髓鞘的轴突复髓鞘，但对于其植入成年慢性脱髓鞘动物后复髓鞘程度的定量描述却非常有限。有关资料的缺乏主要是基于以下三种原因。①尽管对于个体移植实验来说移植细胞总数是确定的，但培养液中的确切细胞组成不明确，一般来讲大多数是少突胶质细胞前体细胞，但无法定量描述。②移植细胞复髓鞘的能力与受体环境状况有关，体外实验显示星形细胞可抑制少突胶质细胞前体细胞的移动，抑制少突胶质细胞突起的形成并减少前体细胞数量。但人类轴突正是存在于星形细胞环境中。③实验证实内源性的复髓鞘是一个长期过程，因此，短暂的动物存活期是远远不够的。

在目前使用的脱髓鞘大鼠模型中，动物大多在实验 2～3 周后被处死，因为大鼠接受溴化乙锭及射线照射后 1 个月内有发生射线照射坏死的可能。由于受体动物接受移植后的存活时间较短，影响了移植效果的进一步观察，导致长期观察结果数据的缺失。国外的研究用出生后 2～8 天、带有增强绿色荧光蛋白（enhanced green fluorescent portein，EGFP）标记的转基因小鼠作为受体，该小鼠为突变鼠，体内髓鞘相关糖蛋白及 Fyn 酪氨酸酶缺乏而不能形成髓鞘，却能正常生存。该模型接受少突细胞前体细胞移植后可观察 6 个月，从而提供了较为理想的动物模型。

第四节　神经源性干细胞移植治疗的临床实验研究

一、研究现状

研究证明，NSC 可分泌多种神经营养因子，促进损伤细胞的修复，增强神经突触之间的联系，建立新的神经环路。研究发现，在成人脑室管膜下区发生脱髓鞘病变时，少量存在的 NSC 会被活化并偏离正常静息状态向病损处迁移，进而分化成少突胶质细胞以促进髓鞘再生。Nakamura 等将 TP 标记的人 NSC 移植到猕猴损伤的脊髓，发现 NSC 可以存活、迁移、分化，促进髓鞘结构的再生和修复。有学者在实验性自身免疫性脑脊髓炎动物模型中证实：神经祖细胞能促进外周 T 细胞活化和增殖，产生免疫抑制作用，从而改善实验性自身免疫性脑脊髓炎症状。Akiyama 等将手术切除的成年人脑组织神经祖细胞植入髓鞘脱失的鼠脊髓中，发现植入细胞可分化并整合入宿主中枢神经系统，促进髓鞘再生，且再生髓鞘部位的神经冲动几乎恢复到正常的传导速度。国内学者将人胚 NSC 移植治疗实验性自身免疫性脑脊髓炎大鼠，发现人胚 NSC 体内外均具有多向分化潜能，可受炎症部位微环境影响而分化成神经元、星形胶质细胞、少突胶质细胞；并且人胚 NSC 移植能有效改善实验性自身免疫性脑脊髓炎动物的神经功能评分，减少病灶数目。Carbajal 等研究发现在脱髓鞘鼠中植入 NSC，其迁移、扩散可能与 CXCL12 介导的 CXCR4 途径有关。

自 20 世纪 80 年代中期开始，国外学者即将干细胞移植技术应用于临床。中枢神经系统产生新神经元及对受损神经元、突起进行修复的功能非常有限，脱髓鞘会引起多种中枢神经系统功能损伤。虽然因脱髓鞘而受损的中枢神经系统内依然还存在部分具有形成髓鞘的干细胞、少突胶质细胞及其前体细胞，但由于疾病的持续作用，具有髓鞘修复能力的细胞数量或功能不足，脱髓鞘疾病多表现为一种反复发作逐渐恶化的趋势，这就需要移植补充具有髓鞘形成能力的细胞（如产生髓磷脂的神经元）来弥补自身的修复能力。目前采用较多的方法不仅限于使用 NSC，更多的实验采用了已高度分化的、具有较强髓鞘形成能力的少突胶质细胞及其前体细胞。

迄今为止，NSC 移植治疗脱髓鞘疾病的研究工作绝大多数处于动物实验阶段，所用于移植的细胞也均为动物细胞。Akiyama 等率先将成年人脑 NSC 植入大鼠脱髓鞘模型中，观察到相当数量的 NSC 转化为少突胶质细胞并使受体广泛复髓鞘。同时也有学者将人类嗅球成鞘细胞植入脱髓鞘大鼠中获得成功。以上这些成果标志着细胞移植治疗脱髓鞘疾病进入了一个新的研究阶段。相信在不久的将来，它必将作为一种崭新的治疗手段应用于临床。

很多学者致力于研究脱髓鞘疾病的细胞替代疗法，并在动物实验上取得了不错的成绩。但是，移植细胞在体内的存活时间、干细胞分化方向等问题仍然很棘手。那么，将两种细胞或更多细胞共培养，取长补短、相互作用、相互影响，其效果是否优于单一细胞呢？

有学者将 NSC 与嗅鞘细胞共培养，观察到嗅鞘细胞能促进 NSC 向神经元分化，部分可以分化为多巴胺能神经元。也有的将施万细胞与 NSC 共培养，发现施万细胞可促进 NSC 增殖并诱导其向神经元分化。实验证实，骨髓间充质干细胞具有明显促共培养造血干细胞增殖分化的作用，有助于维持造血干细胞的自我更新和干细胞池的扩增。用施万细胞与骨髓间充质干细胞共培养的研究发现，施万细胞可诱导骨髓间充质干细胞分化为 NSC 和多巴胺能神经元，这种促进作用可能是施万细胞分泌的多种神经营养因子和活性分子，通过不同的信号转导途径产生叠加的诱导分化效应。

实验结果表明，间充质干细胞和施万细胞联合移植能够治疗脊髓损伤，两种细胞在体内存活良好并具互相协同作用，比单一细胞移植疗效更佳。用异体多能造血干细胞和间充质干细胞共移植治疗小鼠、大鼠甚至猴的研究发现，既没有发生移植物抗宿主反应也没有发生移植失败，提示间充质干细胞联合同种造血干细胞是一种新的有价值的异体移植方法。在一些动物模型中，已证实在造血干细胞移植的同时额外输注间充质干细胞或骨髓基质成分，移植效果优于单一细胞治疗。通过胶质细胞源性神经营养因子联合 NSC 移植治疗脑室周围白质软化的新生大鼠发现，脑白质内髓鞘形成明显增加，提示植入的外源性 NSC 在体内存活并具有良好的迁移能力，移植效果优于单独 NSC 移植。

二、问题与展望

虽然细胞替代治疗脱髓鞘疾病的研究有着极为诱人的前景，但要应用于临床还面临着许多问题。

首先，细胞移植研究还存在很多技术上的难题，例如，要克服免疫排斥反应问题，必须对干细胞及其衍生细胞移植的安全性做出全面、客观、深入的评价；不能排除治疗中出现干细胞致癌或形成组织瘤的可能；迄今，移植细胞在中枢神经系统内的迁移、归巢和锚靠停留机制还没有完全阐明；触发和调控细胞分化的机制仍不完全明了，体外控制干细胞分化方向的技术尚未成熟。

其次，世界各国还对胚胎研究所涉及的伦理、道德、法律等问题持有激烈的争论。

最后，体外培养后的细胞会出现衰老，增殖分化能力下降，如果缺乏充足的营养，移植细胞在移植部位的寿命有限。

（李志清　李学彦）

主要参考文献

陈王灵，冼文光．2014．视神经脊髓炎的临床特点分析．中国实用神经疾病杂志，17（4）：67-68

高展．2013．多发性硬化的诊断．中外健康文摘，10（1）：181-182

侯晓峰．2013．嗅鞘细胞移植修复脊髓损伤．中国组织工程研究，17（31）：5693-5698

贺月秋，陈惠金，钱龙华，等．2009．胶质细胞源性神经营养因子联合神经干细胞移植治疗脑室周围白质软化新生大鼠的疗效观察．临床儿科杂志，27（10）：963-970

李晓涛，路来金，陈雷，等．2009．大鼠雪旺细胞对脊髓源性神经干细胞生长及分化的影响．中华手外科杂志，25（1）：50-53

刘波，滕晓华，段答，等．2011．人胚嗅鞘细胞诱导神经干细胞分化的研究．湖南师范大学学报：医学版，8（2）：5-8

马昌科，沈忆新．2013．嗅鞘细胞移植修复大鼠及人类脊髓损伤的 Meta 分析．中国脊柱脊髓杂志，23（10）：905-911

邱伟，胡学强．2012．多发性硬化人类白细胞抗原易感基因研究进展．中国现代神经疾病杂志，12（2）：127-130

王云，袁宝强，程华，等．2011．儿童急性播散性脑脊髓炎 10 例临床表现及诊疗．徐州医学院学报，31（4）：274-276

张凤娟．2013．急性播散性脑脊髓炎的临床与影像学研究进展．癫痫与神经电生理学杂志，22（6）：374-378

张星虎．2013．多发性硬化的诊断．中国神经免疫学和神经病学杂志，20（2）：79-82

赵启军，刘燕青，张朝．2014．嗅鞘细胞治疗脊髓损伤的现状及移植途径．中国医学创新，7（6）：154-156

赵维纳，孙丽，杨印东，等．2014．多发性硬化患者的临床表现特点探析．中国药物经济学，9（1）：293-294

智晓东，吕刚．2010．雪旺细胞促进大鼠骨髓间充质干细胞分化为神经元样细胞的效应研究．中国医科大学学报，60（9）：737-742

钟晓南，胡学强．2012．视神经脊髓炎诊断进展．中国现代神经疾病杂志，12（2）：131-134

朱玉海，冯世庆，孔晓红，等．2009．人脐带间充质干细胞与自体活化雪旺细胞联合移植修复脊髓损伤的实验研究．中华创伤骨科杂志，11（8）：47-751

Akiyama Y, Honmou O, Kato T, et al. 2001. Transplantation of clonal neural precursor cells derived from adult human brain establishes functional peripheral myelin in the rat spinal cord. Exp Neurol, 167(1): 27-39

Ashrafi MR, Amirkashani D, Hirbod-Mobarakeh A, et al. 2013. Acute disseminated encephalomyelitis mimicking acute meningoencephalitis. Acta Clin Croat, 52(4): 523-528

Ban DX, Ning GZ, Feng SQ, et al. 2011. Combination of activated Schwann cells with bone mesenchymal stem cells: the best cell strategy for repair after spinal cord injury in rats. Regen Med, 6(6): 707-712

Bunge MB, Wood PM. 2012. Realizing the maximum potential of Schwann cells to promote recovery from spinal cord injury. Handb Clin Neurol, 109: 523-540

Cao Q, He Q, Wang Y, et al. 2010. Transplantation of ciliary neurotrophic factor-expressing adult oligodendrocyte precursor cells promotes remyelination and functional recovery after spinal cord injury. J Neurosci, 30(8): 2989-3001

Carbajal KS, Schaumburg C, Strieter R, et al. 2010 . Migration of engrafted neural stem cells is mediated by CXCL12 signaling through CXCR4 in a viral model of multiple sclerosis. Proc Natl Acad Sci USA, 107(24): 11068-11073

Chen J, Zuo S, Wang J, et al. 2014. Aspirin promotes oligodendrocyte precursor cell proliferation and differentiation after white matter lesion. Front Aging Neurosci, 6: 7-13

Elias MD, Narula S, Chu AS. 2014. Acute disseminated encephalomyelitis following meningoencephalitis: case report and literature review. Pediatr Emerg Care, 30(4): 254-256

Gelfand JM, Cree BA, Nolan R, et al. 2013. Microcystic inner nuclear layer abnormalities and neuromyelitis optica. JAMA Neurol, 70(5): 629-633

Gil Alzueta MC, Erro Aguirre ME, Herrera Isasi MC, et al. 2014. Acute disseminated encephalomyelitis as a complication of systemic lupus erythematosus. Neurologia，pii, S0213-4853(14): 26-37

Hu JG, Wang XF, Deng LX, et al. 2013. Cotransplantation of glial restricted precursor cells and Schwann cells promotes functional recovery after spinal cord injury. Cell Transplant，22(12): 2219-2236

Jarius S, Wildemann B, Paul F. 2014. Neuromyelitis optica: clinical features, immunopathogenesis and treatment. Clin Exp Immunol, 176(2): 149-164

Kleinsimlinghaus K, Marx R, Serdar M, et al. 2013. Strategies for repair of white matter: influence of osmolarity and microglia on proliferation and apoptosis of oligodendrocyte precursor cells in different basal culture media. Front Cell Neurosci, 7: 277-285

Lamond R, Barnett SC. 2013 . Schwann cells but not olfactory ensheathing cells inhibit CNS myelination via the secretion of connective tissue growth factor. J Neurosci, 33(47): 18686-18697

Lavdas AA, Papastefanaki F, Thomaidou D, et al. 2008. Schwann cell transplantation for CNS repair. Curr Med Chem, 15(2): 151-160

Levin MH, Bennett JL, Verkman AS. 2013 . Optic neuritis in neuromyelitis optica. Prog Retin Eye Res, 36: 159-171.

Madduri S, Gander B. 2010. Schwann cell delivery of neurotrophic factors for peripheral nerve regeneration. J Peripher

Nerv Syst, 15(2): 93-103

Matsuse D, Kitada M, Kohama M, et al. 2010. Human umbilical cord-derived mesenchymal stromal cells differentiate into functional schwann cells that sustain peripheral nerve regeneration. J Neuropathol Exp Neurol, 69(9): 973-985

Nakamura M, Toyama Y, Okano H, et al. 2005. Transplantation of neural stem cells for spinal cord injury. Rinsho Shinkeigaku, 45: 874-876

Rugole B, Ležaić Z. 2014. Postvaccination acute disseminated encephalomyelitis and guillain-barré syndrome. Can J Neurol Sci, 41(3): 389-391

Sailer M. 2010. Diagnosis and therapy in multiple sclerosis. Anasthesiol Intensivmed Notfallmed Schmerzther, 45(5): 328-334

Sun Y, Xu CC, Li J, et al. 2013. Transplantation of oligodendrocyte precursor cells improves locomotion deficits in rats with spinal cord irradiation injury. PLoS One, 8(2): e57534-57542

Trebst C, Jarius S, Berthele A, et al. 2014 . Update on the diagnosis and treatment of neuromyelitis optica: recommendations of the Neuromyelitis Optica Study Group (NEMOS). J Neurol, 261(1): 1-16

von Glehn F, Jarius S, Cavalcanti Lira RP, et al. 2014. Structural brain abnormalities are related to retinal nerve fiber layer thinning and disease duration in neuromyelitis optica spectrum disorders. Mult Scler, 20(9): 1189-1197

第二十九章　神经干细胞移植治疗小脑萎缩性疾病

第一节　概　　述

一、基本概念

小脑萎缩性疾病（cerebellar atrophy，CA）一般是指临床主要表现为共济失调（ataxia），而病理主要表现为小脑萎缩的一系列疾病，狭义上有时也指遗传性脊髓小脑共济失调，是脊髓和小脑的变性疾病，属于神经系统变性疾病（neurological degenerative diseases）。此病受遗传因素的影响，或者至少在同一家族有一个以上成员患病的倾向，因此称为遗传性变性病（heredodegenerative）更合适。所谓的变性疾病，是指在所有神经系统疾病病因明确以前，那些病因不明、以神经系统某一部分或多部分进行性退行性变为特点，并相互联系的一组疾病的暂时归类。

二、病理学

（一）一般病理改变

CA 是一大类疾病的统称，这类疾病都具有选择性侵犯解剖或生理上相关神经元的特点。其中，有一些进行性共济失调型变性，病变只影响小脑的浦肯野细胞（Purkinje cell）。因此，这些变性疾病曾称为系统萎缩或系统性神经元萎缩。在这类疾病中很多被证明与遗传密切相关；然而，某些神经元系统选择性易患，并非此类疾病独有的特性。已知病因的几种疾病对神经系统的作用也有相同的情况，如浦肯野细胞对高热特别敏感；小脑颗粒细胞对甲基汞化合物易感，但在阿尔茨海默病和部分其他变性病，病理改变则较弥散，似乎没有选择性。该类疾病病理过程的基础为神经元缓慢消耗和脱失，不仅有细胞体的消失，也有其相应的树突、轴突和髓鞘的消失，但不伴有明显的组织反应或细胞反应。另外，因为这些疾病无一例外地导致组织细胞的丧失（不像肿瘤或炎症时有新的组织形成），影像学无改变或显示神经组织容积减小以及相应的脑脊液（cerebrospinal fluid，CSF）成分增加，这些影像学的发现有利于鉴别神经元萎缩和其他神经系统进行性疾病如肿瘤、感染和其他炎性过程。

（二）小脑病理改变

这类疾病多以小脑病理改变明显，肉眼可见小脑萎缩、小脑半球和（或）蚓部沟回变宽，小脑重量减轻。镜下可见小脑皮质浦肯野细胞脱失或同时有颗粒细胞脱失，少见篮状细胞脱失，可伴有 Bergmarm 细胞增生，有时可见齿状核神经细胞脱失。小脑白质纤维脱髓鞘，三对小脑脚均可受累，特别是中、下小脑脚纤维脱髓鞘、萎缩。在常染色体显性遗传性小脑性共济失调（autosomal dominant cerebellar ataxia，ADCA）III型病例中，小脑蚓部萎缩较明显，浦肯野细胞严重脱失。对于共济失调毛细血管扩张症（ataxia telangiectasia，AT）则以小脑弥漫性萎缩为特征，浦肯野细胞、颗粒细胞、篮状细胞均可不同程度的脱失，齿状核也受累，白质纤维脱髓鞘。ADCA I 型中各型脊髓小脑性共济失调（spinocerebellar ataxia，SCA）小脑病理改变轻重不一。

三、分类

目前，临床大多把橄榄体桥脑小脑萎缩症（olivopontocerebellar atrophy，OPCA）和多系统萎缩（multiple system atrophy，MSA）归类于运动障碍性疾病（锥体外系疾病）；其他小脑萎缩病归类于遗传性共济失调疾病。小脑萎缩临床病的分类主要依据常染色体的异常是显性遗传还是隐形遗传，而且分为散发性和遗传性两大类（表 29-1）。

表 29-1　CA 的分类（徐如祥 2006）

散发性	遗传性	
	常染色体显性遗传	常染色体隐性遗传
小脑皮质萎缩症	脊髓小脑共济失调 1～17 型（spinocerebellar ataxia，SCA1～17）	佛里德希共济失调（Friedreich's ataxia，FRDA）
	遗传性周期性共济失调（episodic ataxia type，EA）	共济失调伴选择性维生素 E 缺乏症（AVED）
OPCA	齿状核红核苍白球路易体萎缩症（dentato-rubro-pallidoluysian atro-phy，DRPLA）	小脑结构异常
MSA	其他未归类显性类型	其他类型

第二节　病因、临床表现特点与治疗

一、SCA

SCA 是一大类以小脑功能失调或合并其他神经功能异常为特征的神经系统变性疾病。多于成年发病，病因和发病机制都不清楚。绝大多数为遗传性，少数为散发性。研究发现，SCA 有明显的临床和遗传异质性，从而使这类疾病的临床和基因分型十分困难。随着分子生物学技术的发展，许多型 SCA 的疾病基因相继被定位与克隆，基因诊断及基因型分型已成为可能。

（一）SCA 的临床分型和基因型分型

1. 常染色体显性遗传的 SCA

1）临床表型

常染色体显性遗传的 SCA（autosomal dominant cerebellar ataxia, ADCA） 是一组以共济失调为主的常染色体显性遗传性神经系统变性病。病变部位主要在脊髓、小脑和脑干。其他组织如脊神经、脑神经、交感神经、基底神经节、丘脑、丘脑下部、大脑皮层均可受累，还可有其他系统异常，如骨骼畸形、眼部病症、前庭及听力障碍，心脏、内分泌及皮肤病变。

主要表现为姿势、步态、肢体的共济失调，小脑性构音障碍，小脑性和核上性眼球运动障碍。有些类型还可伴有视网膜病变、视神经萎缩、痉挛状态、锥体外系运动障碍、周围神经病变、括约肌障碍、认知功能损害和癫痫发作。临床表型与基因型的关系复杂，即使在同一家族中亦可表现出不同的表型。其中由三核苷酸重复扩展致病的类型具有以下共同特点：①遗传早现现象（antipation）；②基因组印记（genomic imprinting），CAG重复数在世代传递中父系遗传扩增倾向高于母系遗传；③神经病理表现相似，多有小脑、脑干萎缩。小脑浦肯野细胞丢失、细胞核内包含体（nuclear inclusion，NI）形成是突出的病理特点。

2）临床分型和基因型分型（表 29-2）

表 29-2　ADCA 的分型（徐如祥 2006）

基因型分型	主要靶点	临床表现	平均发病年龄/岁	基因定位	基因及产物	重复序列	正常重复	病理重复
SCA1	小脑、脑干	ADCAI	5～70	6p23	SCA1/ataxin1	CAG	6～44	40～88
SCA2	小脑、脑干	ADCAI、慢眼运动、腱反射消失	9～44	12q24	SCA2/ataxin2	CAG	17～29	34～57
SCA3/MJD	小脑、脑干	ADCAI、肌张力障碍、肌强直、突眼	17～72	14q32	SCA3/ataxin3	CAG	12～41	62～86
SCA4	小脑、脊髓、周围神经	共济失调、深浅反射障碍、腱反射消失	45～72	16q22	?	—	—	—
SCA12	小脑、大脑皮质	躯干上部震颤、腱反射亢进、痴呆	8～55	5q31	PPP2R2B/PP2AB ?	CAG	7～28	66～93
SCA13	小脑、脊髓、大脑皮质	共济失调、精神发育迟滞	儿童期	13q13.3-13.4	?	—	—	—
DRPLA	齿状核、红核、苍白球	进行性肌痉挛、痫性发作、共济失调、痴呆	10～70	12p13	DRPLA/atrophin1	CAG	3～36	49～88
SCA7	小脑、脑干、视网膜	ADCAII	28～50	3p14	SCA7/ataxin7	CAG	7～17	39～130
SCA5	小脑	共济失调	10～68	11p12	?	—	—	—
SCA6	小脑	ADCAIII、偶有迟缓、腱反射异常活动	28～50	19p13	CACNAIA/IA-Ca^{2+}通道蛋白	CAG	4～20	21～31
SCA8	小脑	ADCAIII	28～50	13q21	SCA8/ataxin8	CTG	16～27	100～155
SCA10	小脑、大脑皮质	共济失调、痫性发作	12～45	22q13	SCA10/E46	ATTCT	10～22	>1000
SCA11	小脑	共济失调	17～33	15q14	?	—	—	—

续表

基因型分型	主要靶点	临床表现	平均发病年龄/岁	基因定位	基因及产物	重复序列	正常重复	病理重复
SCA14	小脑、大脑皮质	肌痉挛、共济失调	12～42	19q13.4-qter	?	—	—	—
SCA16	小脑	共济失调、头部震颤	24～55	8q22.1-24.1	?	—	—	—
SCA17	小脑、大脑皮质	共济失调、运动迟缓、痴呆	19～48	6q27	TATA 结合蛋白	CAG/CAA	29～42	47～55
EA1	小脑、大脑皮质、肌肉	共济失调、痫性发作、肌阵挛、发作间期肌纤维颤搐	儿童早期	12p13	KCNNA1/K^+ 通道蛋白	点突变	—	—
EA2	小脑、大脑皮质	共济失调、发作间期	1～30	19p13	CACNAIA/IA-Ca^{2+} 通道蛋白	CAG/点突变	—	—

2. 常染色体隐性遗传的 SCA

1）临床表型

常染色体隐性遗传的 SCA（autosomal recessive cerebellar ataxia，ARCA）是一类较罕见的、具有明显临床和遗传异质性的神经系统退行性疾病，多在 20 岁前发病，根据种族不同其发病率约为 1～4/10 万，病变主要累及脊髓、小脑和脑干，脊神经、脑神经、交感神经、基底节、丘脑、丘脑下部和大脑皮质亦可受累，还可伴有骨骼畸形、听力障碍、眼、心脏、内分泌及皮肤等多系统病变。

2）临床分型和基因型分型（表 29-3）

表 29-3　ARCA 的分型（徐如祥 2006）

基因型分型	主要靶点	主要临床表现	平均发病年龄/岁	基因定位	基因及产物	突变形式	正常重复
FRDA	背根神经节小脑束周围神经血管、皮肤	脊髓进行性共济失调、腱反射消失、心肌病、糖尿病、骨骼畸形、小脑性共济失调、毛细血管扩张	<20 或 3～70	9q13-q21.1	X25/frataxin	GAA 重复	7～22
AT	单核巨噬细胞系统、内分泌系统	感染、对射线杀伤敏感；染色体不稳定、癌症、免疫缺陷	婴儿期-成人	11q22-q23	ATM 蛋白	基因/ATM 缺失突变、剪切突变等	—
AVED	小脑、脊髓	共济失调、腱反射消失、深感觉障碍，构音障碍、维生素 E 缺乏	10～20	8q13.1-q13.3	α-TTP3-TTP 蛋白	基因/α移码突变	—

在小脑萎缩病所属的遗传性共济失调各种类型中，以脊髓小脑共济失调最为多见。国内报道为 35.62%，其中 SCA 基因型分型中 SCA-3/MJD 约占 48.23%；SCA-2 约占 5.88%；SCA-1 约占 4.70%；已有 SCA-6 及 SCA-7 的个案报道；未见 DRPLA 等其他 SCA 基因型的报道。国外的研究也表明 SCA-3/MJD 是全球最常见的遗传性共济失调。

（二）治疗

脊髓小脑共济失调目前尚无特异性治疗方法。由于分子生物学、遗传学检查手段的发展，更多的 SCA 亚型不断出现。目前的研究更注重于基因诊断和发病机制的研究，而临床治疗方面进展稍欠缺，基因治疗可能是发展的方向。药物治疗基本上是对症治疗，减轻症状、减慢病情发展、保持生活自理能力。例如，左旋多巴可缓解强直等锥体外系症状，毒扁豆碱或胞二磷胆碱促进乙酰胆碱合成，氯苯胺丁酸可减轻痉挛，金刚烷胺可改善共济失调，共济失调伴肌阵挛首选氯硝安定，ATP、辅酶 A、肌苷和维生素 B 族等神经营养药可以试用；也可配合理疗及康复治疗，如高压氧治疗及针灸中药治疗。

二、MSA

MSA 是一组原因未明的散发性成年起病的神经系统多部位进行性萎缩的变性疾病，由 Graham 和 Oppenheimer 于 1969 年首次命名，主要累及锥体外系、小脑、自主神经、脑干和脊髓。

这类疾病的病因及发病机制目前尚未明了。病理改变主要累及壳核、尾状核、苍白球外侧部、黑质、篮斑、下橄榄核、小脑、脑桥及脊髓中间外侧柱等区域，表现为这些区域的神经元丢失和胶质细胞增生。临床特点为隐匿起病，缓慢进展，症状相似但各有侧重，主要表现为帕金森综合征，小脑、自主神经、锥体束等功能障碍的不同组合，故临床上可归纳为三种综合征：以锥体外系统功能障碍为主的纹状体黑质变性（striatonigral degeneration，SND）、以自主神经功能障碍为主的特发性直立性低血压综合征（Shy-Drager syndrome，SDS）和以共济失调为主要表现的 OPCA。实际上，这些疾病之间常常难以截然划分，这三种症状可先后出现，有互相重叠和组合，经常以某一系统损害为突出表现，其他系统损害的临床症状相对较轻，或者到晚期才出现，使早期明确临床诊断比较困难。研究表明，这三种综合征是不同作者对神经系统一个独立的变性疾病的分别描述和命名，其中仅存在受累部位和严重程度的差异。而且，神经病理学检查结果证实各个系统受累的程度与临床表现的特征是完全一致的。目前，在 MEDLINE 数据库中，散发型 OPCA、SDS 和 SND 均归类在 MSA 中。

（一）病因及发病机制

MSA 的病因至今未明，目前涉及的有脂质过氧化损伤、酶代谢异常、慢性病毒感染、神经元凋亡、少突胶质细胞胞质内包含体形成等。

1. 少突胶质细胞胞质包含体的形成

少突胶质细胞胞质内包含体（oligodendroglial cytoplasmic inclusion）形成是 MSA 的组织学特点，少突胶质细胞在发病机制中起重要作用。过去多认为在 MSA 病理改变中，神经元变性、脱失是原发性的，是病理改变的基础，而脱髓鞘是继发性的。自发现少突胶质细胞胞质内包含体以来，有些作者对 MSA 的发病机制提出新的观点认为，少突胶质细胞在发病过程中起着与神经元变性同样重要的作用。理由是银染和免疫组化观察显示，少突胶质细胞的细胞内异常改变比神经元本身的改变更明显，更具特征性。而且，少突胶质细胞胞质内包含体的分布部位和密度与疾病变性的严重程度一致。但是，也有作者认为少突胶质细胞胞质内包含体数量的多少与 MSA 病变的严重程度无明显相关性。研究提示，少突胶质细胞密度较高的部位是在初级运动皮质、锥体和锥体外系统、皮质小脑投射纤维、脑干的自主神经网络中枢。少突胶质细胞的主要功能就是维护有髓纤维髓鞘的完整性，当少突胶质细胞内结构异常时，其功能必然受到影响，这可能是导致髓鞘脱失的重要原因。

2. 神经元凋亡

研究提示，MSA 的发病机制与神经元凋亡有关。神经系统存在坏死（necrosis）和凋亡（apoptosis）两种类型的神经元死亡。细胞坏死的特征表现是细胞肿胀、崩解。而发生凋亡时细胞膜保持着完整性，仅表现为细胞体积变小，细胞器结构和形态均存在，溶酶体成分保存，核染色质浓缩，内源性 DNA 内切酶激活，使 DNA 降解产生 DNA 片段和凋亡小体。

3. 生化异常

见下“三、OPCA”。

（二）临床表现

1. 临床表现

MSA 发病年龄多在中年或老年前期，其中 90%在 40～64 岁，明显早于特发性帕金森病，病程一般为 3～9 年。

临床主要表现为自主神经功能障碍、帕金森综合征、小脑性共济失调、锥体外系症状。其中 89%出现帕金森综合征；78%出现自主神经功能障碍；50%出现小脑性共济失调。最常见的组合为帕金森综合征并自主神经功能障碍或小脑性共济失调并自主神经功能衰竭。此外，相当部分病例可有锥体束征、脑干损害（眼外肌瘫痪）、认知功能障碍等。此病临床表现特点为：①隐性起病，缓慢进展，逐渐加重；②由单一系统向多系统发展，各组症状可先后出现，有互相重叠和组合，SND 和 OPCA 较易演变为 MSA；③临床表现与病理学所见相分离。病理所见病变累及范围往往较临床所见为广，这种分离现象除复杂的代偿机制外，还可能与临床检查粗疏或临床表现滞后于病理损害有关。

2. 实验室检查

（1）直立试验：分别测量平卧位、坐位和直立位血压，站立 2～3min 内血压下降大于 30/20mmHg、心率无变化者为阳性。

（2）血液生化检查：血浆去甲肾上腺素含量测定、24h 尿儿茶酚胺含量测定均明显降低。

（3）肌电图（EMG）检查：被检查的肌肉可出现纤颤电位。

（4）脑电图（EEG）检查：背景多为慢波节律。

（5）神经心理检查：患者可有轻度认知功能障碍、抑郁和焦虑因子分增高。

（6）头颅 CT 或 MRI 检查：脑桥、小脑萎缩，严重者可有双侧侧脑室扩大、脑沟变深的广泛性脑萎缩改变。

3. 临床诊断标准

1999 年美国密执根大学 Gilman 等提出 MSA 的 4 种临床特征和诊断标准。

1）临床特征

（1）自主神经功能衰竭和（或）排尿功能障碍。

（2）帕金森综合征。

（3）小脑性共济失调。

（4）皮质脊髓功能障碍。

2）诊断标准

（1）可能 MSA：第一种临床特征加上第二种其他特征。

（2）很可能 MSA：第一种临床特征加上对多巴胺反应不佳的帕金森综合征或小脑性共济失调。

（3）确定诊断 MSA：神经病理检查证实。

（三）治疗

目前尚无特殊疗法，主要为支持治疗和对症治疗。

1. 直立性低血压的治疗

在各种治疗措施中，物理疗法优先。因为这些疗法简单、实用，而且常常能控制症状。如患者平卧时头和躯干高于下肢 15°～20°，这样可以促进肾素释放和刺激自主神经系统；常穿紧身裤和弹力袜，它们可以使直立患者的静脉池减少。目前尚无特效药物。口服拟交感神经药如麻黄素、新福林和酪氨等常无效。可以补充氯化钠增加血浆容量，必要时可用氟氢可的松增加水、盐潴留，但应当警惕过多的水潴留以及血压升高的危险。最近还见报道一种周围性α肾上腺能激动剂甲氧安福林（midodrine）对直立性低血压有效，可以试用。

2. 帕金森综合征的治疗

可给予多巴胺替代治疗、单胺氧化酶抑制剂或多巴胺受体激动剂，但大多数患者反应不佳，或疗效只能维持短时间。

3. 对症治疗

控制感染；对发生呼吸暂停者，应改善通气，必要时可气管切开手术。

4. 其他

维生素 E、ATP、胞二磷胆碱和毒扁豆碱等可能缓解症状。

三、OPCA

OPCA 是一种主要累及脑桥、小脑中脚、部分小脑皮质和橄榄核，以小脑性共济失调和脑干损害为主要临床表现的 CNS 慢性变性疾病。该病属常染色体显性或隐性遗传病，多具有家族遗传史，但散发病例亦不少见。临床上多以小脑性共济失调为首发症状，其病因和发病机制至今不明。

（一）分型

有关 OPCA 病例的最早描述是在 1900 年由 Dejerrine 首次提出，后来又经其他作者将其分为遗传型（menzel type OPCA）和散发型（thomas type OPCA）两种类型。目前，对 OPCA 的临床分型仍然没有统一的标准。在神经病理学分型中，OPCA 被归类于脊髓小脑变性（SCA）中，是一种具有不同临床、遗传类型和生化类型的形态学综合征；而在临床和遗传学的分型中，OPCA 被归类于散发性小脑性共济失调中。

国内根据 OPCA 的神经病理学、临床和遗传学表现，将其分为下列 6 种类型：①menzel 型，常染色体显性遗传；②Fickler-Winkler 型，常染色体隐性遗传；③Schut-Haymaker 型，常染色体显性遗传；④伴有视网膜病变者，常染色体显性遗传；⑤伴有痴呆、眼肌麻痹、锥体外系体征者，常染色体显性遗传；⑥伴有痴呆、眼肌麻痹、锥体外系体征者，常染色体显性遗传和散发型病例。

（二）病因和发病机制

目前，其病因及发病机制尚不清楚，可能的病因及机制主要有以下 4 个方面。

1. 基因缺陷

OPCA 作为一种遗传性疾病，其基因定位已经基本明确。目前寻找到的基因位点有两个，①SCA-1，位于人 6p22～23，D6S274 和 D6S89 之间，编码共济失调蛋白 1（ataxin-1），功能不清；②SCA-2，位于人 12q23～24.1，D12S84 和 D12S79 之间。

虽然 OPCA 的基因定位已明确，但其引起神经系统多系统变性的机制仍不清楚。可能的机制有：SCA-1、SCA-2 基因外显子存在一段扩展的 CAG 三核苷酸密码子重复序列，OPCA 的临床和神经病理改变的严重程度与此重复系列的长度成反比关系。共济失调蛋白 1 通过 CAG 重复序列编码的异常延长的多聚谷氨酰胺序列，选择性作用于某些易损神经元，引起神经细胞变性、萎缩、死亡。目前，多数学者支持这种观点。

2. 生化异常

OPCA 的生化改变涉及氨基酸类神经递质及有关酶、乙酰胆碱及其酶活性、单胺类递质、喹啉酸有关酶，以及嘌呤、甘油磷酸乙醇胺、硫胺等变化。对这些生化改变尤其是兴奋性氨基酸类递质的进一步研究，对揭示该病的病因及发病机制具有重要意义。

研究发现，患者小脑皮质中 *N*-甲基 D-天冬氨酸减少，牛磺酸增多，前者为橄榄-小脑纤维的兴奋性递质，后者为抑制性递质。推测可能某种因素引起代谢障碍，导致某些神经元对氨基酸类神经递质的兴奋毒性损伤敏感。而氨基酸含量减少可能是这种代谢障碍的结果。氨基酸水平降低与神经元脱失存在相关性。因此认为，OPCA 发病机制与兴奋性氨基酸的兴奋毒性有关。

免疫组化研究发现，OPCA 患者浦肯野细胞存在过氧化产物，估计氧化反应在神经元细胞变性过程中充当某种重要角色。部分 OPCA 患者的谷氨酸脱氢酶缺乏，但并不具有特异性，在其他疾病亦有类似变化。而且，神经细胞死亡可能与异常的细胞凋亡有关。这些病理改变还可能与脑内神经递质异常、能量代谢障碍等有关。但均未能提出合理的机制解释。

3. 病毒感染因素

从患者小脑皮质中发现病毒壳核的研究认为，该病的发生与病毒感染有关。可能的原因是慢病毒作用在神经元的核酸而致。

4. 其他

外伤、感染及精神创伤等可能促进该病的发生及发展。

（三）临床表现

多于成年后发病，婴儿型、少年型患者较为少见，发病年龄约在 30 岁左右，男性多于女性。遗传性 OPCA（familial olivopontocerebellar atrophy，FOPCA）多以小脑性共济失调为首发症状，而散发性 OPCA（sporadic olivopontocerebellar atrophy，SOPCA）的首发症状常为锥体外系症状或自主神经功能障碍。

1. 小脑症状群

小脑症状为最常见的起始症状，也是该病最突出的症状，占 73%，其临床特点为进行性的小脑性共济失调。小脑以外的症状多在疾病较晚期才出现。患者主要表现为步态蹒跚、易跌、四肢不灵活、精细动作困难、肌张力低下、意向性震颤、共济失调、构音障碍等。构音障碍最多见，几乎见于每个病例。除小脑病变引起的断续语言或爆音性呐呓外，球麻痹或假性球麻痹亦可引起言语含糊、鼻音重、语调缓慢而单调等。

2. 眼球运动障碍

眼球运动障碍主要表现为眼球活动障碍，“慢动眼活动”是该病特征之一，患者常呈凝视状，晚期眼球几乎固定。眼肌麻痹主要见于 FOPCA，表现为核上性眼肌麻痹，为快速扫视运动障碍。可见视觉障碍，可能与遗传性共济失调、黄斑变性、视网膜色素变性、视神经萎缩、白内障等有关。

3. 锥体外系统症状

帕金森综合征多见，多在疾病较晚期出现，以肌强直及运动迟缓占优势，少部分患者以此为起始症状。早期与帕金森病难以鉴别。病理变化表现为黑质萎缩及嗜酸性包含体（Lewy 小体）形成，而纹状体正常或仅有轻微病变。部分病例出现肢体不自主舞动、手足徐动。

4. 锥体系体征

通常在部分患者的疾病早期即可发现肌张力增高、跖反射亢进、甚至出现痉挛性截瘫。亦有表现为腱反射减弱或消失。

5. 自主神经功能障碍

如直立性低血压、弛缓性膀胱（尿失禁或潴留）、性功能障碍及出汗障碍等。

6. 其他

部分 OPCA 患者可出现智能障碍，球麻痹及假性球麻痹造成的吞咽困难，外展肌麻痹而出现呼吸运动障碍，因缺乏快眼动期（REM）从而出现睡眠障碍等。

（四）影像学检查

由于 CT 在观察后颅窝及脑干、小脑结构中本身固有的局限性，所以 CT 检查对 OPCA 的早期诊断价值远不如 MRI。MRI 是目前诊断 OPCA 最重要的辅助检查方法，MRI 可明显显示脑桥、小脑萎缩，如脑桥前池宽度、第Ⅳ脑室宽度比值及脑桥小脑角池宽度增大，脑桥体部宽度比值缩小，小脑半球和/或蚓部萎缩等。

（五）治疗

目前无特异性治疗措施，主要应用药物改善症状及促进神经营养的作用。

1. 拟胆碱能治疗

可使用水杨酸毒扁豆碱，口服或肌注；胞二磷胆碱加入葡萄糖液中静脉滴注。

2. 多巴胺替代治疗

对于有帕金森综合征的患者可使用左旋多巴制剂。抗胆碱能药（如安坦等）及多巴胺受体激动剂（如溴隐亭和培高利特等）均有一定疗效。

3. 神经营养药和扩血管药

ATP、辅酶 A、细胞色素 C、肌苷、γ-氨基丁酸及血管扩张药（如右旋糖酐-40 和地巴唑等）可促进神经功能恢复。

4. 其他

妊娠可加重病情，因此建议避免妊娠为宜。

四、马查多-约瑟夫病

马查多-约瑟夫病（Machad-Joseph disease，MJD）是以小脑性共济失调、锥体系及锥体外系症状、进行性眼外肌麻痹、远端肌萎缩、面肌搐颤、突眼等为特征的染色体显性遗传性脊髓小脑变性病（SCA-3/MJD），归类于 ADCA Ⅰ型。1972 年最初报道的 MJD 均为葡萄牙后裔，但近年来已证实为全球性疾病。

（一）病因和发病机制

已有的研究结果显示，Machad-Joseph 病基因（MJDⅠ）位于 14 号染色体长臂 14q32.1 区，该基因第 3 外显子靠近 3'端的一段是不稳定的 CAG 重复序列。研究发现，MJD 是由于疾病基因 MJDⅠ蛋白编码区内的 CAG 三核苷酸重复扩增突变所引起的。

MJDⅠ基因由 1776 个碱基（bp）组成，其间含有一个较长的开放读码结构，不稳定的 CAG 重复序列还可以编码产生一段多聚谷氨酰胺（polyglutamine，polyGln）序列。MJDⅠ基因的编码产物共济失调蛋白 3 就是一种含有多聚谷氨酰胺的胞质蛋白，其正常的功能尚不明确。当共济失调蛋白 3 含有异常扩展 polyGln 肽链后，可能获得新的功能，它可整合进入培养的细胞和 MJD 患者脑受损区域的神经元，形成神经细胞核内包含体（neuronal intranuclear inclusion，NII），引起神经细胞变性脱失、转染细胞死亡。目前推测可能的原因是：含异常扩增 polyGln 的突变蛋白在胞质中与某特异性蛋白发生蛋白质-蛋白质相互作用，并最终导致选择性神经元细胞 NII 形成和变性脱失。这种相互作用可能与 polyGln 两侧的功能域（domain）序列有关。

在 CAG 重复序列内部有三处可被两种可变序列（CAA 或 AAG）打断。正常人 MJDⅠ基因 $(CAG)_n$ 结构存在多态性，n 介于 12～41 之间，其中 n 为 14 的频率最高。SCA-3/MJD 患者 MJDⅠ基因的 $(CAG)_n$ 发生了杂合性扩增，通常 n 介于 62～84 之间。正常人和患者之间 $(CAG)_n$ 存在明显差异而无重叠，可作为 SCA-3/MJD 基因诊断和症状前诊断的依据。MJDⅠ基因 CAG 扩增数与患者的临床表现密切相关。

（1）异常扩增的 CAG 重复数大小与患者发病年龄和疾病严重程度呈负相关，即（CAG）$_n$ 重复扩增数越大，发病年龄越早，临床症状越严重。

（2）CAG 重复数存在代间不稳定性，重复数增加的情况多于减少。这可能就是临床上发现 SCA-3/MJD 患者的子代发病提早和病情加重的原因。而且，SCA-3/MJD 存在着明显的父系遗传倾向，即父系遗传时 CAG 重复扩增数目增加的幅度较大。这可能与男性患者减数分裂中扩增的等位基因分离不平衡有关。

（3）CAG 重复数与某些临床症状、体征的出现存在相关性。研究表明，CAG 扩增重复数目与突眼和锥体束征呈正相关；但 CAG 重复数只是疾病的遗传标志，而影响疾病的表型还存在着其他许多的修饰因素。因此，还不能将 CAG 重复数作为 MJD 临床表现的预测指标。

（二）临床表现

MJD 多为中年发病，国外报道平均发病年龄为（37±14.1）岁，但 1～73 岁间均可发病，平均生存年限为 20 年，最终多死于反复肺部感染或延髓功能障碍所致的中枢性呼吸衰竭。国内基因诊断的 MJD 患者平均发病年龄为（33.9±9.5）岁。

MJD 患者主要临床表现有小脑性共济失调、构音障碍、吞咽困难、呛咳、痉挛状态、锥体束征等，可伴有眼球突出、面舌肌搐颤、注视麻痹、慢眼活动、肌萎缩、肌张力障碍、锥体外系体征、自主神经症状等。一般分为三型。Ⅰ型占 15%，发病年龄较早，20～30 岁发病，平均 24.3 岁。小脑症状不明显或较轻。以肌张力障碍、强直性锥体外系症状、锥体束征和进行性眼外肌麻痹为主，进展最快，多于 45 岁左右死亡。Ⅱ型占 38%，30～50 岁左右发病，有明显的小脑及锥体束征，无锥体外系症状，病情较轻，死亡年龄约 60 岁。Ⅲ型占 47%左右，发病年龄较迟，50～60 岁或 60 岁以后发病，表现为小脑症状及远端肌肉无力，感觉减退，深反射低下或消失，病情进展较慢。其他次要症状如进行性眼外肌麻痹、面舌肌搐颤和突眼虽然不常见，但都是 MJD 的特征性表现。CAG 扩展重复数分别为：Ⅰ型 79.4±1.0；Ⅱ型 74.6±0.5；Ⅲ型 72.6±1.1。CAG 重复数与发病年龄呈明显负相关。Rosenberg 补充的第Ⅳ型为老年发病，明显的帕金森征象伴共济失调、远端肌萎缩和感觉消失，部分Ⅳ型患者开始被诊断为帕金森病。当然，并非所有患者均能符合以上三型，另有部分病历确为上述三型的混合型。

头部 MRI 显示小脑、脑干萎缩。特征性改变包括小脑传入、传出纤维以及额叶、颞叶和苍白球萎缩，小脑上脚宽度、苍白球横径、脑桥前后径及横径均减小，小脑蚓部、额叶、颞叶萎缩，半数患者 T2 加权像和质子加权像上脑桥横向纤维可有高信号变，部分患者 T2 加权像的壳核背外侧上可见低信号。MRI 上小脑蚓部及脑干的萎缩程度不仅与发病年龄有关，而且与 CAG 扩增数呈正相关。除小脑、脑干萎缩外，还可发现明显的第四脑室扩大。

（三）治疗

MJD 目前尚无特殊治疗。常用药物有毒扁豆碱、辅酶、胞二磷胆碱、氯硝安定或美多巴等。其中磺胺甲基异嗯唑-甲基苄胺嘧啶、增效磺胺甲基异嗯唑等抗生素能使患者的部分神经功能（腱反射亢进、痉挛状态等）改善，这些药物可能通过增加 MJD 患者脑脊液中生物蝶呤含量而起效。而且，用四氢生物蝶呤（tetrahydrobiopterin, BH_4）治疗 MJD 患者，部分症状可获轻度改善。

第三节　动物实验研究

一、动物模型的制作

大鼠麻醉后参照 Detuch 方法行 3-乙酰吡啶（3-acetylpyridine，3-AP）75mg/kg 腹腔注射，3h 后行第 2 次腹腔注射二氢骆驼蓬碱（4.5mg/ml）15mg/kg；1.5h 后再次腹腔注射烟酸（90 mg/ml）300mg/kg，制成小脑萎缩模型。大鼠清醒后观察其行为学改变，步距明显增宽，行走不稳者可确定为成功模型。

二、神经干细胞（NSC）脑内定向移植

小脑萎缩大鼠模型稳定后 7 天，麻醉固定于立体定位仪上，切开头皮暴露颅骨，按齿状核定位坐标钻孔（前囟 11.0mm，向左侧 4.0mm，深度 5.0mm），分别抽取 10μl 生理盐水（对照组）、标记的 NSC 悬液（标记组）、未标记 NSC 悬液（未标记组）、灭活标记 NSC 悬液（灭活标记组）注射于大鼠左侧齿状核内，均为 10μl（NSC 为 1×10^5 个），15min 内缓慢匀速注入，留针 20 min，拔针后用明胶海绵封孔。

1. 步距行为学检测

分别于移植后 1 周、4 周和 6 周分别进行步距检测，比较术前、术后的行为学变化。与对照组和灭活标记组比较，标记组和未标记组移植后各时间点步距行为明显降低（均 $P<0.05$）；而对照组和灭活标记组步距行为随时间延长，无明显变化。

2. MRI 示踪

大鼠移植后 1 周、4 周和 6 周分别进行 MRI 扫描，可选取磁敏感加权成像（SWI）法进行。移植后 1 周，标记组和灭活标记组大鼠 SWI 序列上可见左侧小脑移植区清晰的类圆形低信号影。移植后 4～6 周，标记组低信号影范围明显扩大，信号强度未见明显变化；灭活标记组低信号影扩大范围明显小于标记组，且颜色较淡，边缘略显模糊。

3. 脑组织切片制备及普鲁士蓝染色

经 MRI 扫描后，大鼠麻醉后开胸，经左心室灌入 4%多聚甲醛溶液固定，断头取脑。切取针道前后各 3 mm 的脑组织块，冷冻后进行冠状切片，厚 40μm。普鲁士蓝染色，观察普鲁士蓝阳性 NSC。标记组脑组织切片可见穿刺道周围有大量普鲁士蓝阳性细胞，

并从穿刺道向周围延伸，阳性细胞距穿刺道中心距离较远。灭活标记组可见穿刺道周围有普鲁士蓝阳性细胞，但范围较标记组集中，阳性细胞距穿刺道中心距离较标记组近。未标记组无普鲁士蓝阳性细胞。

第四节　临床神经干细胞移植治疗的作用

一、概述

NSC 是一种终身具有自我更新能力的细胞，其子细胞能够分化产生神经系统的各类细胞，干细胞经过不对称分裂产生一个祖细胞和另一个干细胞，祖细胞具有有限的自我更新能力，并自发分化产生形成神经元细胞和神经胶质细胞等，从而生成神经元及神经胶质细胞。以往认为，CNS 的神经元再生于出生前或出生后不久则可停止。近年来的一些研究表明，成年哺乳动物的脑组织仍然可不断产生新的神经元，并且证实在人脑组织中同样存在 NSC。因此，对神经系统再生的机理和神经系统疾病的治疗均有新的认识。

NSC 可以用于细胞移植治疗疾病。细胞移植对于修复脑组织是行之有效的治疗方法，NSC 的研究主要是将定向分化或基因工程修饰的 NSC 移植到 CNS 相关部位，或将处于静止状态下相关脑区的 NSC 诱导活化，使其迁移到特定脑区，发育成所需要的神经元，以替代疾病中缺乏的神经细胞，这将对帕金森病、CA、脱髓鞘疾病、脊髓损伤等起到积极治疗作用。

二、治疗的主要机制及植入途径

一般认为 NSC 治疗 CA 的主要机制有以下 5 个方面。

（1）NSC 本身具有复杂、精细的控制系统，存在干细胞对自身组织的保护性反应。研究显示干细胞对于组织异常磷酸化、硝基化、糖基化翻译后修饰存在着相互作用，控制α共核蛋白和 tau 蛋白的调控。

（2）可以防止蛋白质的错构和聚集。例如，分子伴侣促进适当的蛋白质折叠，防止非天然的蛋白质聚集。

（3）医疗控制可以使处于错构的蛋白质被泛素蛋白酶小体系统以及吞噬体溶酶体系统降解，尤以泛素蛋白酶小体系统更为重要，从而阻止疾病病程的进展。

（4）NSC 可以定位包绕在病变组织的周围并发出突起形成网络修复坏损的神经组织，使患者能够恢复丧失的神经功能。

（5）细胞替代。移植细胞可替代变性坏死细胞的功能，产生神经递质以维持身体的需要。如将干细胞或前体细胞进行移植，使其在体内分化为多巴胺能神经元，这些神经元可以与宿主细胞整合，重建黑质纹状体通路。

NSC 治疗 CA 的植入途径有蛛网膜下腔植入、血液途径植入和脑立体定向植入法等。目前，已经能够从发育中的甚至成年的 CNS 中分离出具有多种潜能的祖细胞或干细胞特性的细胞，并可将其在体外培养成永生化的 NSC 系。导入外源性癌蛋白基因是促使其永生化的最常用手段，包括使用 myc、neu、p53、腺病毒 ElA 和 SV40 的大 T 抗原等基因，其中最常用的是 myc 和大 T 抗原基因。永生化 NSC 系最大的生物学特点是能够自我复制，并在体外增殖大量的细胞。而且，在移植入体内后仍可具有多分化潜能，也可转染并稳定地表达外源性基因。

田增民等用 8～10 周龄人胚胎的小脑细胞在体外扩增而得到的 NSC，借助立体定向技术将其植入小脑萎缩患者的小脑齿状核内已取得良好的效果。患者移植术后 3 个月临床症状改善的有效率为 61.9%，术后 6 个月有效率为 85.7%，随访 12～28 个月（平均 18 个月），有效率达 90.4%。

目前，NSC 移植用的细胞多取自胎儿，细胞来源有限，还存在异体免疫排斥作用。成体脑内虽然存在 NSC，但是由于数量极少，诱导分化机制不明，难于发挥治疗作用。用自体非神经组织来源的 NSC 可以克服这些问题，这种自体细胞不仅可在体外大量增殖，而且由于其来源于患者本人。在体外扩增后再移植到病变脑组织，因而可避免免疫排斥反应的发生、因此，这种 NSC 能够成功地培养并诱导向某一表型的细胞分化，这为实验研究和神经移植治疗 CA 可提供丰富的细胞来源。

三、问题与展望

近年来，对骨髓源性干细胞分化潜能的研究已取得令人鼓舞的进展。除造血功能外，体外及体内实验均已证实骨髓源性干细胞具有分化形成内皮细胞、成骨细胞、软骨细胞、成纤维细胞、神经细胞、肌腱和韧带等间充质细胞的能力。研究表明，骨髓源性干细胞诱导分化的神经前体细胞移植治疗脊髓损伤具有明显的疗效。骨髓源性干细胞具有多向分化能力，且这种自体骨髓基质细胞移植不存在免疫排斥，在体外易培养和扩增。因此，骨髓基质细胞已成为自体 NSC 移植治疗的首选靶细胞。

小脑萎缩尚无针对病因的有效治疗措施，目前的治疗主要包括神经营养和神经保护剂的应用。自体 NSC 移植特别是来源骨髓基质细胞的自体 NSC 移植，将为该病的治疗开辟一条新途径。

NSC 还可以作为基因治疗的载体。目前，已经能够从发育及成年 CNS 分离出干细胞，并将这些细胞在体外培养成永生化的细胞系，使之成为体外转基因的载体。NSC 相对于其他载体细胞具有潜在的分化能力，可以分化为神经元细胞和神经胶质细胞，结构上能整合于宿主体内，无免疫原性反应，能在脑组织内弥散较远的距离。目前，已将永生化的神经祖细胞系作为载体用作体外转基因治疗的研究，转入的基因包括大肠杆菌β-半乳糖苷酶基因、神经营养因子基因（如 NGF 和 BDNF）、递质合成酶基因（如酪氨酸羟化酶基因）和代谢酶基因（如β-葡糖苷酸酶基因和β-氨基己糖酶基因）等。

Synder 等已成功地用 NSC 为包装细胞治疗一种典型的遗传性代谢疾病——黏多糖综合征。通过逆转录病毒载体将β-葡萄糖醛酸酶的基因转染到 NSC，然后将其注入患有黏多糖综合征的新生小鼠，结果治疗组的动物能顺利长大成熟，其神经功能全部正常，病理检查可见移植细胞弥散至全脑并能表达β-葡萄糖醛酸酶，对照组动物在成熟前全部死亡。这些表明，NSC 的细胞系可以作为基因转移的多功能载体，植入病变的神经组织，使外源性基因得到表达。

将 NSC 移植到受损或病变脑组织不仅可以补充、替代受损的神经元，而且还可以将外源性基因导入神经组织，使其在体内有效的表达。因此，NSC 移植治疗为基因治疗 CA 具有广泛的应用前景。正常成年个体侧脑室室管膜下层、海马的齿状回等部位均存在着 NSC，这些干细胞在正常情况下处于静止状态。当把这种细胞进行诱导分化后可代替 CA 中丧失或缺乏的细胞，这为 NSC 治疗的应用提供更为广阔的前景。实验表明，连续 6 天向成年小鼠侧脑室注入 EGF 可以使室管膜中静息的干细胞产生对称性分裂，既可增加干细胞数，又可扩大持续繁殖的祖细胞数。但是，目前尚不能诱导 NSC 特异性地、完全地分化为某种特定的神经元。这有待于对胚胎发育机制研究的进一步深入探讨。

目前，CA 还无有效的治疗措施，也无任何根治的药物或特效药物。尽管在现阶段应用 NSC 移植治疗 CA 多数还限于动物实验或体外细胞的研究，但 NSC 的发现为 CA 的治疗带来了希望。无论是作为脑组织移植的供体，或者作为脑内基因治疗的载体，还是作为体内诱导分化的靶细胞，都将会给目前治疗一筹莫展的CA患者带来光明的前景。

（李　欣　林　军）

主要参考文献

安丰新，孙乞岩，刘增胜等．2002．橄榄桥脑小脑萎缩的临床和磁共振分析．医学影像学杂志，3：172-174
陈俊，陈勇，徐俊等．2011．多系统萎缩研究进展．国际神经病学神经外科学杂志，2：149-153
陈涛，田增民，卢旺盛等．2009．SPIO 标记神经干细胞治疗小脑萎缩大鼠的实验研究．中国微侵袭神经外科杂志，14：228-230
陈先文．2011．多系统萎缩研究进展．中国现代神经疾病杂志，1：36-42
陈英．2003．干细胞研究进展与未来．北京：人民卫生出版社
崔海燕，李旭光，朱敏霞，等．2011．脊髓小脑性共济失调的研究进展．医学综述，19：2958-2960
戴启麟．1999．多系统萎缩的临床与ＣＴ及磁共振分析．中国神经精神疾病杂志，6：369-370
顾卫红．2012．多系统萎缩的诊断与治疗．中国现代神经疾病杂志，3：257-260
胡才友，刘卫彬，范玉华，等．2002．橄榄桥脑小脑萎缩的临床观察及随访研究．脑与神经疾病杂志，2：69-71
黄智恒，徐评议，梁秀龄．2001．遗传性脊髓小脑性共计失调 7 型的基因突变及临床特征分析．临床神经病学杂志，5：272-275
黄智恒，徐评议．2000．橄榄-桥脑-小脑萎缩的研究进展．国外医学内科学分册，6：253-256
江泓，唐北沙，梁昌华，等．2001．橄榄桥脑小脑萎缩 SPECT 脑显像和 MRI 对比研究．中华核医学杂志，2：87-89
江泓，唐北沙．2002．脊髓小脑性共济失调的临床及基因诊断进展．国外医学神经病学神经外科分册，4：290-293
李杰，郑丽杰．2011．橄榄桥小脑萎缩的临床研究．中国煤炭工业医学杂志，2：72-73
李雅轩，赵瑞英，宋书娟．2012．汉族正常人群脊髓小脑性共济失调 6 种亚型 CAG 重复次数的研究与分析．广东医学，11：1620-1621
刘建辉．2001．多系统萎缩的研究进展．现代诊断与治疗，6：335-337
刘静，薛梅，朱玲等．2010．脐带间充质干细胞治疗脊髓小脑性共济失调及多系统萎缩小脑型临床分析．组织工

程与重建外科杂志，5：257-260
刘举，周红雨，连志云．2009．多系统萎缩 58 例临床分析．现代预防医学，30：1767-1769
刘泉开．2000．神经干细胞研究进展．现代诊断与治疗，5：257-260
刘卫彬，徐颖琦，胡才友．2002．橄榄桥脑小脑萎缩患者的智能障碍与随访．中国神经免疫学和神经病学杂志，1：35-38
刘玉琴，任民峰．2002．干细胞研究的意义和存在的问题．基础医学与临床，5：404-408
陆钦池，蔡琰．2001．脑组织移植和神经干细胞研究进展．中国神经科学杂志，4：376-380
陆正齐，王万铭，魏丸金，等．2001．MRI 和 BAEP 在多系统萎缩不同类型中的诊断价值．脑与神经疾病杂志，2：95-97
朴钟源，宋琳，江新梅．2008．脊髓小脑性共济失调的分型进展．中风与神经疾病杂志，4：504-506
申丽红，张均田．2001．干细胞研究进展．中国药理学通报，5：485-488
沈璐，唐北沙，肖剑锋，等．1999．马查多-约瑟夫病/脊髓小脑型共计失调III型患者（CAG）n 拷贝数与临床特征．中国神经精神疾病杂志，3；138-141
施建华，蒋景文，王子群，等．2002．多系统萎缩（附 12 例临床分析）．卒中与神经疾病，1：51-52
谭建强，袁志刚．2008．脊髓小脑性共济失调分子遗传学研究进展．医学综述，20：3058-3060
田增民，李志超，尹丰，等．2004．人神经干细胞移植治疗小脑萎缩．第二军医大学学报，25：933-935
王博，张朝东，李昭．2007．多系统萎缩的临床特征及疾病进展的特点．临床神经病学杂志，6：407-410
王发芬，尹宝兰．2011．橄榄脑桥小脑萎缩的临床表现与 MRI 征象分析．中国伤残医学，7：21-22
吴立克，王晓娟，许保磊，等．2009．脐血间充质干细胞移植治疗多系统萎缩 20 例．中国组织工程研究与临床康复，13：8975-8978
吴宗山，李运运，吴俊．2013．橄榄桥脑小脑萎缩临床与 MRI 诊断．中国实用神经疾病杂志，2：30-31
徐恩，张秀丽，殷建瑞，等．2001．Machado-joseph 综合征的临床及影像学特征．临床神经病学杂志，5：287-289
徐如祥．2006．神经干细胞．北京：军事医学科学出版社：600-613
徐如祥，姜晓丹．2002．神经干细胞移植修复颅脑神经功能损害的研究现状及前景．解放军医学杂志，11：941-946
张宝荣，应智林，夏家辉，等．2000．经 DNA 测序证实的脊髓小脑性共计失调 SCA3 基因突变研究．中华神经科杂志，3：162-164
张小宁，汪师贞．2006．脊髓小脑性共济失调的研究进展．新疆医学，5：206-210
周联生，王国相，周永兴．2001．Machado-joseph 病临床神经电生理和分子生物学的研究．临床神经病杂志，2：16-18
邹文，董晓欣，张海鸥．2001．橄榄桥脑小脑萎缩 51 例临床分析．卒中与神经疾病，4：230-231
Boczonadi V, Müller JS, Pyle A, et al. 2014. EXOSC8 mutations alter mRNA metabolism and cause hypomyelination with spinal muscular atrophy and cerebellar hypoplasia. Nat Commun,5: 4287
Boudes M, Uvin P, Pinto S, et al. 2013. Bladder dysfunction in a transgenic mouse model of multiple system atrophy. Mov Disord, 28(3): 347-355
Caspi A, Zivotofsky AZ, Gordon CR. 2013. Multiple saccadic abnormalities in spinocerebellar ataxia type 3 can be linked to a single deficiency in velocity feedback. Invest Ophthalmol Vis Sci, 54(1): 731-738
Craig CG, Tropepe V, Morshead CM, et al. 1996. In vivo growth factor expansion of endogenous subependymal neural precursor cell populations in the adault mouse brain. Neurosci, 16(8) : 2649-2658
Deutch Y, Rosin DL, Goldstein M, et al. 1989. 3-Acetylpyridine-induced degeneration of the nigrostriatal dopamine system: an animal modle of olivopontocerebellar atrophy-associated Parkinsonism. Exp Neurol, 105(1): 1-9
Fischer MD, Synofzik M, Kernstock C, et al. 2013. Decreased retinal sensitivity and loss of retinal nerve fibers in multiple system atrophy. Graefes Arch Clin Exp Ophthalmol, 251(1): 235-241
Fukushima T, Asahina M, Fujinuma Y, et al. 2013. Role of intestinal peptides and the autonomic nervous system in postprandial hypotension in patients with multiple system atrophy. J Neurol, 260(2): 475-483
Goetz SC, Liem KF Jr, Anderson KV. 2012. The spinocerebellar ataxia-associated gene Tau tubulin kinase 2 controls the initiation of ciliogenesis. Cell, 151(4): 847-858
Han YH, Lee JH, Kang BM, et al. 2013. Topographical differences of brain iron deposition between progressive supranuclear palsy and parkinsonian variant multiple system atrophy. J Neurol Sci, 325(1-2): 29-35
Heo JH, Lee ST, Chu K, et al. 2008. The efficacy of combined estrogen and buspirone treatment in olivopontocerebellar

atrophy. J Neurol Sci, 271(1-2): 87-90

Jecmenica-Lukic M, Poewe W, Tolosa E, et al. 2012. Premotor signs and symptoms of multiple system atrophy. Lancet Neurol, 11(4): 361-368

Jellinger KA. 2012. Neuropathology and pathophysiology of multiple system atrophy. Neuropathol Appl Neurobiol, 38(4): 379-380

Kan I, Melamed E, Offen D. 2007. Autotransplantation of bone marrow-derived stem cells as a therapy for neurodegenerative diseases. Handb Exp Pharmacol, (180): 219 -292

Lee PH, Lee JE, Kim HS, et al. 2012. A randomized trial of mesenchymal stem cells in multiple system atrophy. Ann Neurol, 72(1): 32-40

Lirng JF, Wang PS, Chen HC, et al. 2012. Differences between spinocerebellar ataxias and multiple system atrophy-cerebellar type on proton magnetic resonance spectroscopy. PLoS One, 7(10): e-7925

Luo W, Ouyang Z, Guo Y, et al. 2008. Spinal muscular atrophy combined with sporadic olivopontocerebellar atrophy. Clin Neurol Neurosurg, 110(8): 855-858

Metodiev MD, Gerber S, Hubert L, et al. 2014. Mutations in the tricarboxylic acid cycle enzyme, aconitase 2, cause either isolated or syndromic optic neuropathy with encephalopathy and cerebellar atrophy. J Med Genet, 51(12): 834-838

Moretti DV, Binetti G, Zanetti O, et al. 2014. Non-ergot dopamine agonist rotigotine as a promising therapeutic tool in atypical parkinsonism syndromes: a 24 months pilot observational open-label study. Neuropharmacology,85(10): 284-289

Siri C, Duerr S, Canesi M, et al. 2013. A cross-sectional multicenter study of cognitive and behavioural features in multiple system atrophy patients of the parkinsonian and cerebellar type. J Neural Transm, 120(4): 613-618

Srulijes K, Hauser AK, Guella I, et al. 2013. No association of GBA mutations and multiple system atrophy. Eur J Neurol, 20(4): e61-62

Sun QY, Guo JF, Han WW, et al. 2013. Genetic association study of glucocerebrosidase gene L444P mutation in essential tremor andmultiple system atrophy in mainland China. J Clin Neurosci, 20(2): 217-219

Tanji K, Odagiri S, Maruyama A, et al. 2012. Alteration of autophagosomal proteins in the brain of multiple system atrophy. Neurobiol Dis, 29(49): 190-198

Poston KL, Tang CC, Eckert T, et al. 2012. Network correlates of disease severity in multiple system atrophy. Neurol, 78(16): 1237-1244

Xu WH, Wang H, Hu YH, et al. 2013. Supine-to-standing traNSCsranial Doppler test in patients with multiple system atrophy. Parkinsonism Relat Disord, 19(5): 539-542

Yokoyama T, Hasegawa K, Horiuchi E, et al. 2007. Multiple system atrophy (MSA) with massive macrophage infiltration in the ponto-cerebellar afferent system. Neuropathol, 27(4): 375-377

Yoshida M. 2007. Multiple system atrophy: alpha-synuclein and neuronal degeneration. Neuropathol, 27(5): 484-493

第三十章　神经干细胞移植治疗肌营养不良病

第一节　概　　述

一、基本概念

肌营养不良病（muscular dystrophy，MD）是一组由遗传因素所致的神经肌肉变性疾病，表现为不同分布、不同程度和进行性加重的骨骼肌对称性无力和萎缩，也可涉及心肌和其他一些脏器，主要累及肢体的近端肌肉，极少数累及远端肌肉，还有腱反射消失、肌肉假性肥大等症状。

二、发病机制及病理改变

（一）发病机制

遗传是MD发病的重要因素，病变肌细胞膜的通透性失常则是这组疾病的共同发病机制。近些年来，细胞膜缺陷学说得到广泛的支持，因为在电镜下可以看到有些病例的病变肌细胞膜形态上和细胞生化方面存在缺陷。病变肌细胞膜缺陷导致肌浆网对钙离子再摄入能力较正常肌肉明显降低，钙离子流入肌浆。随之而来的线粒体钙超载和三磷酸腺苷合成受阻将激活中性蛋白酶，导致肌结构蛋白变性，而磷脂酶的释放会造成更多的肌细胞膜发生缺陷，导致肌萎缩。由于膜的渗透性异常而使血清酶从患者肌肉坏死纤维内逸出，反映为血液中各种骨骼肌内酶活性增高。

（二）病理变化

MD典型的病理变化包括：①微缩肌纤维与肥大肌纤维镶嵌存在，肌纤维大小不一；②肌纤维呈节段性坏死，并有再生现象；③由于肌纤维萎缩消失，肌膜核相对集中，核排列呈链状；④肌纤维本身出现变性、坏死，如横纹肌消失、玻璃样变性、絮状变形及吞噬现象等；⑤肌束膜间结缔组织增生；⑥在假肥大肌肉中，脂肪也有增加，在其活检标本的免疫组化染色中，可见抗肌萎缩蛋白大量缺失。约50%的病例心肌可有不同程度的萎缩、变性、纤维化以及脂肪浸润等病理改变。

三、临床表现、诊断与鉴别诊断

（一）临床表现

1. Duchenne 型

这是进行性肌营养不良中发病率最高的类型之一，为 X-连锁隐性遗传，绝大多数为男性发病。患儿于出生时既已患病，婴儿期出现运动发育迟缓的迹象，但临床症状往往在 3～6 岁出现隐匿的骨盆带肌肉无力，并逐渐加重。肌无力自躯干和四肢近端开始，逐渐波及到下肢甚于上肢远端。实验室检查可见血清中肌酸磷酸激酶（creatine phosphate kinase，CPK）、丙酮酸激酶、醛缩酶、谷草转氨酶、谷丙转氨酶等均增高，其中 CPK 最为特异。典型心电图变化为 V1 导联 R 波变高、其他导联 Q 波加深。肌电图检查可见动作电位时程缩短、波幅降低、多相波增多，并可有少量心肌纤颤。免疫组织化学方法检测可发现肌纤维膜上抗肌萎缩蛋白完全或严重缺失。

2. Becker 型

该型属伴性隐性遗传病，发病率约为 Duchenne 型的 1/10。该型临床表现与 Duchenne 型相似。发病年龄从 1 岁到中年不等，平均约 12 岁。开始为骨盆带肌和大腿肌肉软弱萎缩，经 5～10 年后可累及肩胛带和上臂。该型进展较缓慢，至平均约 30 岁患者方失去行走能力。患者的病理、肌电图表现、CPK 等指标也似 Duchenne 型，但心肌少有异常，寿命近于常人。

3. 面肩肱型

此型为常染色体显性遗传病，家族性发病多见，发病率约为 1/20 000。发病年龄从儿童到中年不等，大多数为 10～20 岁发病，临床表现变异很大，以选择性侵犯面肌、肩带肌、上臂肌为特征；也可累及肱二头肌、肱三头肌和胸大肌上半，并逐渐侵犯盆带肌、腹肌、足背屈肌等，呈不对称性。该病一般进展缓慢，部分病例有自限性，一般不影响寿命。辅助检查中多数患者的 CPK 增高，心电图多无异常，肌电图及病理检查与其他类型 MD 相似。

4. 眼咽型

此型属常染色体显性遗传病，发病多在中年，男女皆可发病。主要症状为眼睑下垂和吞咽困难。眼睑下垂多为对称性，部分患者可出现眼球活动障碍，上视受限。吞咽困难的患者可出现发音困难、饮食水呛咳，或并发肺部感染致命。该病可以逐渐累及其他眼外肌、面肌、舌肌、咬肌甚至躯干和四肢，进展缓慢。辅助检查中 CPK 正常或稍高，病理检查与其他类型相似。

5．肢带综合征

其主要特征是以上、下肢带肌软弱和萎缩为主，多数在儿童、青少年或成人期发病，发病年龄差别大。符合 MD 范畴者有下列分型：①儿童常隐性 MD。属常染色体隐性遗传，下肢近端肌肉首先受累，然后缓慢地累及上肢近端。病理变化同 Duchenne 型，CPK 明显增高，心电图无异常。②Leyden-Mobius 型。多为散发，从骨盆带累及到肩胛带，通常进展缓慢。实验室检查发现 CPK 可能正常或明显增高。③Erh 型。多为常染色体隐性遗传，亦有散发者。该型病变自肩胛带缓慢地延及骨盆带。CPK 轻度或中度增高。

6．远端型

此型罕见，属常染色体隐性遗传病。成年起病，多见于男性。表现为上肢或下肢远端肌肉首先受侵，出现萎缩、无力，特别是双侧手内肌，下肢胫前肌、腓肠肌，近端肌肉不受累或晚期受累。肌电图检查示肌源性损害。肌肉活检为非特异性肌病改变，或边缘着色性空泡。

7．先天型

其为常染色体隐性遗传。临床表现为出生后即见肌无力和肌张力低下，腱反射减弱或消失，有的关节弯曲或挛缩，常伴有智力发育障碍及痉挛发作。辅助检查提示脑结构异常，血清酶轻度增加，肌活检为典型的 MD 改变。

（二）诊断与鉴别诊断

1．诊断

该疾病可根据以上各型的遗传类型、发病年龄、患肌分布、进展速度、血清肌酶、心电图与肌电图做出诊断。肌肉活体检查虽是最可靠的手段，但仅在必要时采用。临床上 MD 症以缓慢进行性加重的对称性肌无力和肌萎缩为特征，可累及肢体和头面部肌肉，少数可累及心肌。行走时摇摇摆摆即“鸭步”态，挺胸凸腹，容易摔倒，蹲下起立困难呈 Gower 现象，翼状肩胛、肌病面容，腓肠肌、三角肌、肱二头肌假性肥大等。患者血清中多种血清酶活性均可显著增高，可达正常人的 10～100 倍。

2．鉴别诊断

原发性多发性肌炎虽也累及骨盆带和肩胛带，但病情发展较快，并可有波动，中年女性多发，常无家族史。此外，该病特点为无力症状较萎缩更明显，假性肥大和腱反射减弱不明显；实验室检查中可能出现血白细胞升高、血沉加快和 CPK 等肌酶起伏不定，对患者可试行皮质类固醇治疗。儿童型的进行性脊肌萎缩症偶然也会出现肢带软弱和腓肠肌增大，其 CPK 正常或稍高，肌电图提示神经性变化。病理检查有助于鉴别诊断。

第二节　肌营养不良病的治疗及预后

一、药物治疗

目前，该疾病尚无治愈的有效手段。用于治疗 MD 症的药物主要有皮质类固醇激素、嘌呤类、钙拮抗药、联苯双酯等。常用的类固醇药物有泼尼松和地夫可特。此类药物可以改善患者肌力、延长寿命。但由于大剂量应用时会出现严重的不良反应，且有发生类固醇肌病的风险，故需尽量减少用量。嘌呤类药物可以减少肌组织单个核细胞浸润，但具有一定的肝毒性、肾毒性，且少数可诱发肿瘤。常用的钙拮抗药物有地尔硫卓、硝苯地平和维拉伯米，可通过阻止钙离子进入细胞，以减轻肌纤维的变性和坏死，从而使腓肠肌由僵硬变软。联苯双酯能明显降低患者谷丙转氨酶，适用于该病的降酶治疗，相对安全，但疗效并不令人满意。

二、体疗和理疗

适当的体育锻炼，充分的被运动及推拿、按摩等措施，虽然不能治愈该病，但能够起到延缓病程进展、防止关节萎缩的作用。Duchenne 型 MD 症患儿的跟腱有紧张和缩短的现象。父母最好能每天在家中帮助患儿进行跟腱伸缩训练。有时也可在晚上用夹板绑在腿后从足部、后踝直到腓肠肌，使足部与腿保持 90°，从而使跟腱部在晚上不会收缩，始终保持伸展状态。随着肌萎缩严重和跟腱紧张加重，需要加强伸展锻炼，有时通过固定夹板或支架以保持行走能力。当患儿必须坐轮椅时，应尽可能让其坐直，以避免形成脊柱侧凸。此外还需注意饮食，避免肥胖。

支持治疗在 MD 患者的治疗中占有重要地位。常用的措施有：按摩和被动作以减少挛缩的程度；对关节畸形者给予相应的矫形措施；避免患者长期卧床及鼓励患者尽可能参加日常活动；控制体重；鼓励患者常做深呼吸运动以延缓肺活量的减退等。这些措施对于延缓病变的进展、提高患者的生活质量起到了一定的作用。

三、手术矫正

踝、膝和臀部是容易发生挛缩的部位。用足尖、足背走路是由于后踝跟肌腱紧张的缘故，使得走路时足跟不能正确着地。患儿坐轮椅后由于踝周围肌肉紧张，情况尤为明显。如不采取措施，不仅足的前部下垂，整个足部都会转向下，形成马蹄内翻足。当以上症状发展到严重时，则需通过跟腱伸展术矫正。疾病进入坐轮椅期的主要问题是脊柱侧凸。如侧凸明显，必须进行矫正手术，否则可能影响呼吸功能、手臂运动以及穿衣等活动。

四、加强呼吸功能锻炼

疾病早期应鼓励患者经常做深呼吸运动，以延缓肺活量的减退。当进展到疾病晚期，尤其是进入轮椅阶段后，患者的胸肌肌力较弱，难以将呼吸道中的分泌物排出，可能导致肺萎缩或实变。出现慢性呼吸衰竭时，由于缺氧会进一步加重肌肉无力的症状，若能在夜间采取正压换气，不仅可改善白天肌力，且可缓解全身缺氧症状。加强对呼吸道感染的防治，这对延长患者存活时间有非常重要的意义。

五、预后

该病的预后较差。Duehenne 型的患者死亡年龄平均为 17～19 岁，死亡原因常为呼吸衰竭、心力衰竭以及心肺功能不全等。预防该病的重要措施是做好遗传咨询，提倡于产前提取羊水细胞检查染色体，如为患胎应终止妊娠。

第三节　基因与干细胞移植治疗肌营养不良病的应用研究

一、基因治疗

近年来，随着分子生物学、细胞生物学等相关技术的发展和成熟，细胞移植和基因治疗为 MD 的治疗提供了新的途径。基因治疗即向基因发生缺陷的细胞定向注入正常基因，以达到治疗目的，被认为是遗传性疾病的一种根本性的治疗方法。但基因治疗首先必须从数十万的基因中确定缺陷基因，并制备相应的正常基因，然后将正常基因转入细胞内执行正常的表达作用，从而替代缺陷基因的功能。

研究发现，Duchenne 型 MD 的基因位于染色体 Xp21，该基因全长 2500kb，编码 427kDa 的细胞骨架蛋白。Duchenne 型 MD 基因编码的营养不良蛋白质（dystrophin，Dys）及其相关蛋白（Dys associated proteins，DAP）形成复合体，构成了维系肌细胞膜稳定的骨架系统的最主要成分，并介导跨膜信号转导。如果编码这些蛋白质的基因发生缺陷，将导致多种类型的 MD。例如，sarcogly-cans 基因缺陷将可能引起各类肢带综合征；Dys 基因缺陷可能会导致 Duchenne 型 MD；而编码层粘连蛋白α2 的基因缺陷则与先天性 MD 有关。

致病基因的定位及克隆的成功是基因治疗 MD 的关键。现阶段以对 Duchenne 型 MD 的基因治疗研究最多。在多个研究中，人们分别采用了多种不同的基因转移策略，将外源性 Dys 基因导入缺陷细胞，并使其成功表达功能蛋白，从而达到治疗目的。

通过肌内注射和腹腔注射把含有 Dys cDNA、微 Dys 和全长 Dys 的质粒注入 Duchenne 型 MD 的模型动物体内，其肌细胞都可正常表达 Dys 蛋白。但该方法导入的基因表达效率较低，分布也比较局限，而且目的基因与真核细胞的基因组整合较差，故现已很少使用。脂质体介导的体内基因转染的方法，使得转染效率较质粒直接注射提高了 100 倍。通过该方法转染的细胞，在体内分化成肌小管后，其细胞内的钙离子水平显著降低，说明细胞膜的缺陷已得到一定的修复。然而，脂质体介导的基因转染方法的转染效果仍旧不理想，而且分布局限，对肌细胞的靶向作用也较差。

为了提高基因转染的效率，人们逐渐将研究的重点转向病毒载体。逆转录病毒可将外源基因整合于宿主基因中表达，转染效率较高。Dunckley 等将逆转录病毒介导的微 Dys 注入到 mdx 小鼠骨骼肌中，检测到小于 10%的肌细胞中有 Dys 的表达，并持续 6 个月。但是，其对于成熟的肌细胞逆转录病毒转染力较差，而且基因容量小，无法携带全长 Dys 基因。有学者则以复制缺陷的单纯疱疹病毒为载体，介导全长 Dys cDNA 体外转染肌细胞，可得到 Dys 的表达，并可有效减少对肌细胞的毒性。然而，单纯疱疹病毒载体本身的细胞毒性大、安全性较差以及它对成熟细胞转染力依然相对弱的缺点限制了该技术的进一步应用。

由于腺病毒载体具有可携带外源性基因的容量大、能有效转染分裂后的肌细胞、效率较高以及生物毒性小等优点，已成为目前 Duchenne 型 MD 基因治疗最有前途的病毒载体。Yang 等应用腺病毒载体介导 Dys 转染的 mdx 小鼠胫前肌，发现 Dys 表达持续 2 个月，而被注射的肌肉肌力也得到了明显的改善。通过动脉注射腺病毒载体的方法，也可在肌肉中检测到少量 Dys 蛋白的表达，为 Duchenne 型 MD 的全身基因治疗提供了一条新的途径。

虽然在 Duchenne 型 MD 基因治疗的研究上取得了较大的进展，但是由于体内基因治疗本身相对复杂以及目前基因治疗研究仍具有一定局限性，限制了其在临床上的进一步应用。采用的方法也存在一些风险。首先，随机的、非完整的外源 DNA 插入可能会引起被转染细胞的基因突变及原癌基因激活；其次，插入基因的表达并不能完全替代缺失的 Dys 及其相关表达蛋白的功能；同时，表达的外源性蛋白也可能会引起免疫排斥反应；另外，基因治疗只能修复未变性的肌细胞，对于已变性的肌细胞则不能逆转。因此，Duchenne 型 MD 基因治疗真正应用于临床还有很多的工作需要进行。

二、成肌细胞移植治疗

由于目前技术水平仍然不够完善，影响了它们在临床上的进一步应用。而随着细胞技术的发展，干细胞，特别是骨髓来源的干细胞逐渐成为一种治疗 MD 的理想手段。成肌细胞来源于中胚层干细胞，是肌肉组织的前体细胞。在肌肉发育中，成肌细胞分裂后相互融合形成多核肌细胞，最后分化为肌小管。在肌管阶段，有单个核细胞附着其表面，分化为肌卫星细胞，成熟后卫星细胞一般是静止的。而骨骼肌在损伤后有极强的再生功能，在肌肉受损或其他刺激下，肌卫星细胞能与外源性成肌细胞融合并继续分化，填补其受损部位。成肌细胞移植治疗(myoblast transplantation therapy，MTT)是把外来正常的成肌细胞注射到宿主的肌细胞中，使之互相接触，按肌纤维细胞正常发育的成熟程序而相互融合并分化成异核、多核的肌纤维细胞，从而诱导形成健康的 Dys 蛋白阳性的肌纤维。

将新生正常小鼠的肌肉前体细胞注入年龄为5～27天的mdx小鼠的趾长伸肌中，在注射后的20～29天可观察到70只mdx小鼠中有39只的一块或多块肌肉组织中发生了肌前体细胞与宿主细胞的共同融合现象，比例占到30%～40%，正常水平的Dys蛋白在注射侧趾长伸肌中表达，免疫荧光标记证实Dys蛋白大都位于肌细胞膜上。此后，人们利用人体股直肌分离的肌卫星细胞为供体，在1例9岁的Duchenne型MD患者身上进行了MTT治疗，并使用环孢素免疫抑制剂，可检测到供体的成肌细胞在患者肌肉中呈簇状生长并有Dys蛋白的产生。免疫组化法证实其局限于肌膜。自此，MTT逐渐引起了人们的重视。

研究人员通过放射自显影的方法观察到成肌细胞复制、融合入肌小管的全部过程，发现施行MTT后1～30天之间，有1%～74%的肌细胞融合。MTT对mdx小鼠运动后损伤有显著的保护作用，可使运动后mdx小鼠肌细胞坏死率从26.3%降至0%。由于Duchenne型MD是全身性疾病，对一些肌肉如膈肌、呼吸肌的注射比较困难，所以局部、多点注射并不实用。为了解决成肌细胞的全身分布的问题，研究人员经主动脉将成肌细胞注射入mdx小鼠体内，使用免疫组化、RT-PCR方法检测到肌组织中有目的基因的存在和表达，证明了通过注射的成肌细胞可穿过血管，定居于受损肌组织中。这一系列研究为MTT能在临床上方便、有效地应用提供了一定的理论依据。

至今所进行的许多动物实验及部分临床治疗均可显示：MTT可使供体成肌细胞与宿主肌细胞融合，受体大约10%～50%的Dys蛋白转阳性；而且Dys蛋白转阳性的肌纤维对肌纤维膜具有一定保护作用，能避免运动时所造成的肌损伤，甚至肢体肌力也可得到部分改善。然而，有部分研究结果并不支持上述结论。研究显示，对12例Duchenne型MD患者注射供体肌母细胞，每月1次，连续6个月，未发现肌力得到改善，而患病肌肉Dys蛋白的表达和对照侧肢体相比并无显著性差异，环孢素的使用也不能明显改善患者的肌力。因此，MTT在临床实际应用中的作用存在比较大的争议。实际上，回顾所有MTT的研究资料，可以发现，虽然MTT在动物实验中取得的部分成果令人满意，但在临床应用中还只不过出现短暂而轻微的肌力改善，几乎没有成功的病例，远期效果并不理想。

影响MTT成功的因素主要涉及供体成肌细胞的表达和宿主细胞的融合，以及存活等5个方面。①免疫反应：mdx小鼠或Duchenne型MD患者先天缺乏Dys蛋白，Dys蛋白由于充当移植排斥的抗原而产生免疫反应，因此，在进行同种异体移植时，应先使用免疫抑制剂，如环磷酰胺、环孢素等。免疫抑制剂不仅可预防移植排斥反应，而且可以提高Dys蛋白的转阳性率，增加注射侧肢体肌力。②炎症反应：MTT后可能发生急性炎症反应，这也是影响成肌细胞成活的因素之一。③供体成肌细胞特性：由于MTT需要在体外培养大量增殖细胞，但Duchenne型MD患者本身的肌前体细胞增殖能力有限，从而限制了自体移植的发展。对于同种异体成肌细胞的培养，不同发育阶段的肌前体细胞和受体肌细胞的融合效率不同，究竟选用哪个阶段细胞更利融合、存活，以及如何得到该阶段细胞目前仍不清楚。④宿主微环境的影响：有些宿主细胞直接或间接参与对注射的成肌细胞的损害；而病程较长、萎缩较重的肢体，大多为萎缩坏死的小纤维，难以与移植的成肌细胞融合。因此，选择年轻、发病时间短、肌萎缩轻的患者也是促进成肌细胞成活的因素之一。⑤移植技术：Duchenne 型 MD 是一种全身性疾病，在病变的发展过程中往往会累及心肌、呼吸肌、膈肌等骨骼肌之外的肌组织，因此，如何进一步改进移植技术，使移植的成肌细胞能够分布到所有病肌组织，并进一步提高移植后的 Dys 表达率也是一个急需解决的重要问题。

三、骨髓源性干细胞移植治疗 MD

骨髓中主要包含两种干细胞群，即造血干细胞和骨髓基质干细胞（BMSC）。其中，BMSC 是中胚层发育的早期细胞，具有多向分化潜能。研究表明，BMSC 不仅能分化为造血组织细胞支持造血，在一定实验条件下还可以分化为多种造血组织以外的细胞，特别是中胚层和神经外胚层来源的组织细胞，如骨细胞、软骨细胞、肝细胞、肺基质细胞及神经细胞等。

在应用两性霉素 B 和 5-氮胞苷条件下可诱导 BMSC 分化成肌小管，从而为 BMSC 向肌肉方向转化提供了证据。将β-gal$^+$ C57/MlacZ 转基因小鼠的 BMSC 注射到 SCID/BD 小鼠的胫前肌内，在 2～5 周后发现，注射 BMSC 的胫前肌组织化学染色出现β-gal$^+$的细胞核，表明 BMSC 在体内可以分化出肌细胞。另有研究发现，将 C57 雄性小鼠的 BMSC 经尾静脉注入雌性 mdx 小鼠 5～12 周后，小鼠胫前肌的肌细胞显著增多，有 Dys 的表达，并检测到了部分肌细胞遗传物质中有 Y 染色体，证明了这部分肌细胞是由供体 BMSC 分化而来。这表明 BMSC 可以通过血液循环这一全身途径进行移植，并能定向分化为肌细胞，以修复受损的肌组织。这就为临床上利用 BMSC 移植治疗以 Duchenne 型为特例的 MD 症提供了有力的实验依据。同时，由于 Duchenne 型等 MD 症除了累及骨骼肌以外，尚可造成心肌、呼吸肌等全身肌肉组织的功能障碍；而 BMSC 在一定的条件下可以分别向骨骼肌、心肌等肌肉组织分化，所以，通过血液循环进行 BMSC 移植对于治疗 Duchenne 型 MD 这一全身性肌肉疾病具有重要意义。

但是，目前对于 BMSC 静脉移植入 mdx 小鼠后，如何透过血管分布定居并定向分化成肌细胞的机制尚不明确。研究发现，BMSC 经静脉移植与成肌细胞直接移植相比，在受损肌肉中检测到 Dys 表达的时间更长。因此，BMSC 进入体内后可能受到变性的肌肉组织中存在的某种趋化因子的趋化作用，使其与粒细胞、巨噬细胞等一起进入肌组织中，在变性微环境诱导下逐渐分化成肌源性细胞。有的研究提示，移植的 BMSC 首先会成为受体骨髓的一部分，然后再随受体的 BMSC 一起进入多向分化，并最终部分分化为肌纤维。

虽然 BMSC 移植治疗 MD 症目前还处于动物实验研究阶段，而且 BMSC 移植表达的 Dys 的数量未达到临床治疗肌萎缩所需标准，但 BMSC 移植所特有的多种优势及令人振奋的实验结果使其逐渐成为治疗 MD 症的理想手段，并可能在未来获得巨大发展。

BMSC 的优势是：取材方便，易于分离、培养及进行基因操作；同时，BMSC 可以静脉注射的方式进行移植，可产生较广泛的分布范围；而且 BMSC 具有多向分化潜能，对骨骼肌、心肌、神经系统等多种受损组织都可能进行修复。

临床上利用 BMSC 移植治疗 MD 症一般可采取两种方式：一种是自身移植，即抽取患者的骨髓，体外分离纯化生成肌前体细胞，纠正或取代缺失的基因，补充肌祖细胞，再通过静脉回输到患者体内；另一种是同种异体移植，即将组织配型相匹配健康人的供体骨髓 BMSC 在体外培养诱导后直接输入患者体内，供体肌前体细胞通过血液循环弥散到受损的肌组织。

必须要指出，在目前的研究及医疗水平，BMSC 移植面临巨大的风险。在临床上会出现生存率较低而死亡率较高的现象，其主要原因是移植后患者的免疫功能低下而出现各种感染和排异反应，其次是肝静脉阻塞病。

目前，神经干细胞（NSC）移植治疗 MD 病还处于动物实验的初步探索阶段。但是，随着对 BMSC 和 NSC 分化调控机制及其在体内分化为肌细胞等各种影响因素研究的深入，NSC 必将会在 MD 的治疗中发挥积极的作用。

（高　旭　李学彦）

主要参考文献

徐如祥. 2006．神经干细胞．北京：军事医学科学出版社：614-622

喻绪恩，王训，石永光．2012．Duchenne 型肌营养不良的临床和病理及抗肌萎缩蛋白表达．中国临床神经科学，20：153-158

Alexander MS, Casar JC, Motohashi N, et al. 2014.MicroRNA-486-dependent modulation of DOCK3/PTEN/AKT signaling pathways improves muscular dystrophy-associated symptoms.J Clin Invest, 124(6): 2651-2667

Allen RC, Zimmerman MB, Watterberg EA, et al. 2012. Primary bilateral silicone frontalis suspension for good levator function ptosis inoculopharyngeal muscular dystrophy. Br J Ophthalmol, 96: 841-845

Andrikopoulos G, Kourouklis S, Trika C, et al. 2013. Cardiac resynchronization therapy in becker muscular dystrophy. Hellenic J Cardiol, 54: 227-229

Ashwath ML, JacobsIB, Crowe CA, et al. 2014.Left ventricular dysfunction in duchenne muscular dystrophy and genotype. Am J Cardiol, 114(2): 284-289

Consalvi S, Saccone V, Mozzetta C. 2014. Histone deacetylase inhibitors: a potential epigenetic treatment for Duchenne muscular dystrophy. Epigenomics, 6: 547-560

Elsenbruch S, Schmid J, Lutz S, et al. 2013. Self-reported quality of life and depressive symptoms in children, adolescents, and adults with Duchenne muscular dystrophy: a cross-sectional survey study. Neuropediatrics, 44: 257-264

Fairclough RJ, Bareja A, Davies KE. 2011. Progress in therapy for Duchenne muscular dystrophy.Exp Physiol, 96: 1101-1113

Gang EJ, Darabi R, Bosnakovski D, et al. 2009. Engraftment of mesenchymal stem cells into dystrophin-deficient mice is not accompanied by functional recovery. Exp Cell Res, 315:2624-2636

Gao HL,Li C, Nabeka H, et al. 2013.Decrease in prosaposin in the Dystrophic mdx mouse brain. PLoS One, 8(11): e80032

Gautier D, Pénisson-Besnier I, Rivaud-Péchoux S, et al. 2012. Ocular motor deficits in oculopharyngeal muscular dystrophy. Eur J Neurol, 19:e38

Gonçalves MA, de Vries AA, Holkers M, et al. 2006. Human mesenchymal stem cells ectopically expressing full-length dystrophin can complement Duchenne muscular dystrophy myotubes by cell fusion. Hum Mol Genet, 15:213-221

He J, Ma C, Liu W, et al. 2014. On-chip monitoring of skeletal myoblast transplantation for the treatment of hypoxia-induced myocardial injury. Analyst, 139:4482-4490

Hoffman EP, Bronson A, Levin AA, et al. 2011. Restoring dystrophin expression in duchenne muscular dystrophy muscle progress in exon skipping and stop codon read through. Am J Pathol, 179:12-22

Hogrel JY, Zagnoli F, Canal A, et al. 2013. Assessment of a symptomatic Duchenne muscular dystrophy carrier 20years aftermyoblast transplantation from her asymptomatic identical twin sister. Neuromuscul Disord, 23:575-579

Holland A, Dowling P, Zweyer M, et al. 2013. Proteomic profiling of cardiomyopathic tissue from the aged mdx model of Duchennemuscular dystrophy reveals a drastic decrease in laminin, nidogen and annexin. Proteomics, 13:2312-2323

Lebel DE, Corston JA, McAdam LC, et al. 2013. Glucocorticoid treatment for the prevention of scoliosis in children with Duchenne muscular dystrophy: long-term follow-up. J Bone Joint Surg Am, 95:1057-1061

Ottaviani A, Rival-Gervier S, Boussouar A, et al. 2009. The D4Z4 macrosatellite repeat acts as a CTCF and A-type lamins-dependent insulator in facio-scapulo-humeral dystrophy. PLoS Genet, 5:e1000394

Palmieri B, Tremblay JP, Daniele L. 2010. Past, present and future of myoblast transplantation in the treatment of Duchennemuscular dystrophy. Pediatr Transplant, 14:813-819

Perie S,Trollet C, Mouly V, et al. 2014.Autologous myoblast transplantation for oculopharyngeal muscular dystrophy: a phase I/IIa clinical study. Mol Ther, 22(1): 219-225

Poliachik SL, Friedman SD, Carter GT, et al. 2012. Skeletal muscle edema in muscular dystrophy: clinical and diagnostic implications. Phys Med Rehabil Clin N Am, 23:107-122

Popplewell LJ, Koo T, Leclerc X, et al. 2013. Gene correction of a Duchenne muscular dystrophy mutation by meganuclease-enhanced exon knock-in. Hum Gene Ther, 24:692-701

Riisager M, Duno M, Hansen FJ, et al. 2013. A new mutation of the fukutin gene causing late-onset limb girdle muscular dystrophy. Neuromuscul Disord, 23:562-567

Salam EA, Abdel Meguid IE, Shatla R, et al. 2014.Evaluation of neural damage in Duchenne muscular dystrophy patients. Acta Myol, 33(1): 13-18

SatoY, Yamauchi A,Urano M, et al. 2014. Corticosteroid therapy for duchenne muscular dystrophy: improvement of psychomotor function. Pediatr Neurol, 50(1): 31-37

Van Ry PM, Minogue P, Hodges BL, et al. 2014.Laminin-111 improves muscle repair in a mouse model of merosin-deficient congenital muscular dystrophy. Hum Mol Gene, 23(2): 383-96

Wilton SD, Fletcher S. 2011. Novel compounds for the treatment of Duchenne muscular dystrophy: emerging therapeutic agents. Appl Clin Genet, 4:29-44

Wollinsky KH, Kutter B, Geiger PM. 2012. Long-term ventilation of patients with Duchenne muscular dystrophy: experiences at the neuromuscular centre Ulm. Acta Myol, 31:170-178

第三十一章　神经干细胞移植治疗精神障碍

第一节　概　　述

一、基本概念

精神障碍指的是大脑机能活动发生紊乱，导致认知、情感、行为和意志等精神活动不同程度障碍的总称。常见的有情感性精神障碍、脑器质性精神障碍等。致病因素有多方面，其中包括先天遗传、个性特征及体质因素、器质因素和社会性环境因素等。许多精神障碍患者有妄想、幻觉、错觉、情感障碍、哭笑无常、自言自语、行为怪异和意志减退，绝大多数患者缺乏自知力，不承认自己有病，不主动寻求医生的帮助。据国家卫生部门调查，精神疾病在我国疾病总负担中排名居首位，约占疾病总负担的20%，有严重精神障碍患者约 1600 万人。如果不住院系统治疗，20%可能肇事、肇祸，30%的患者可能致残。

二、病因

精神疾病的病因学是一种复杂而又十分重要的课题，也是目前精神医学基本理论中急需研究和解决的主要内容之一。虽然至今的病因尚未完全阐明，但可能主要与以下两种因素有关：一是从个体内的生物学；二是从个体外在环境中的心理-社会因素，两者往往相互作用。精神疾病的病因不是单一的致病因素，而是多种因素共同作用所形成的。

（一）个体因素

1. 体质和性格因素

体质是在遗传的基础上个体发育过程中内外环境相互作用而形成的整个机体的机能状态和躯体状态。性格是先天的禀赋素质和后天的环境影响形成的心理特点。体质和性格与精神疾病的发生有关。从形态、生理和心理学的观点把有关患者的体型分为 4 种类型：①瘦长型，多见于精神分裂症；②肥胖型，往往见于躁狂抑郁症；③力士型，常见于癫痫；④发育异常，可见于精神发育迟滞。

2. 遗传因素

遗传因素决定个体生物学的特征，且与精神疾病的病因有关，如精神分裂症、躁狂抑郁症、人格障碍和精神发育迟滞的某些类型等则具有明显遗传倾向。

据国内的调查资料显示，精神分裂症群体流行病学遗传的总患病率为 5.6‰；家系遗传为 17.5‰。躁狂抑郁症的流行性遗传调查总患病率为 0.37‰。这些虽然说明遗传因素对某些精神病有密切关系，但也不能忽视社会环境的影响。

遗传性是先天的既得性和后天获得性两者相互作用形成的。但这种因素能否显现，还需了解患者病前和发病时社会环境对其的影响。良好的环境或减少心理因素的影响，可降低或避免发病。

3. 性格、性别和发病年龄

（1）性格，病前性格特征与精神疾病的发生有着密切关系，且不同的性格特征易患不同的疾病。

（2）由于机体的发育、生理机能和心理活动特点的差异，性别与精神病的发生有一定关系。其中女性由于性腺内分泌和某些生理过程的特点如月经、妊娠、分娩和产褥的影响，常可出现情感多变、冲动或抑郁和焦虑等。同时女性富于情感、易脆弱和敏感等，往往由于这些心理的应激反应可能引起脑机能障碍，并表现出各种神经症和某些精神病。男性常因饮酒、吸毒、外伤、性病及感染等因素的影响，易患脑动脉硬化性精神障碍、颅脑损伤性精神障碍和神经衰弱等。

（3）发病年龄，不同的年龄可发生不同的精神疾病。儿童期，由于整个精神发育和心理活动尚未达到成熟阶段，处于幼稚情感和原始行为时期。偶可出现儿童期特有的症状或疾病，如行为障碍、神经症或精神分裂症等。青春期，由于分泌系统改变和植物神经机能不稳定，这时若遇心理因素，往往易患神经症或精神分裂症、躁狂抑郁症。中年期，正处于脑力和体力最充沛、最活跃的时期，思维和情感的变化复杂，在心理因素下常易发生妄想状态或抑郁状态及心身疾病等。老年前期或老年期，由于脑和躯体生理机能处于高龄衰老时期，如内分泌系统、神经系统、心脑血管和心理活动等机能出现衰退或老化。如遇生活事件的心理因素，老年前期易患焦虑、抑郁或偏执状态等。老年期往往发生阿尔茨海默病、脑动脉硬化性精神障碍等。

4. 躯体因素

（1）感染，包括急、慢性躯体感染和颅内感染。由于细菌、病毒、原虫、螺旋体的感染和其反应的高热，电解质平衡失调，中间代谢产物蓄积和吸收，维生素缺乏，血管改变等招致脑功能或器质性病变引起精神障碍。

（2）躯体疾病，包括内脏各器官、内分泌、代谢、营养和胶原病等的疾病，由于各种因素招致脑缺氧、脑血流量减少、电解质平衡失调或神经递质改变等引起精神障碍，如肝性、心性、肺性或肾性等脑病和内分泌机能障碍等疾病。

（3）中毒，即精神活性物质所致的精神障碍。由于某些体外毒物中毒，如工业用毒物、食物、药物（包括催眠药及阿片类药等），从不同途径经体内侵入脑部招致精神障碍。

（4）颅脑外伤，由于颅脑被冲击、坠跌和炮弹、炸弹爆破及气浪伤直接招致颅内血液循环障碍和脑脊液动力失去平衡或脑内小出血点，脑水肿等引起短暂的、持续的精神障碍。

（二）心理社会因素

心理因素对某些精神疾病的发生有一定作用。例如，心因性精神障碍、神经症和与文化密切相关的精神障碍等，是心理因素起着主导作用，但不是起病的单一致病因素，主要根据心理因素的性质和强度，对患者反应的程度而定，即个体对心理因素所持的态度。

（1）生活事件，如离婚、丧偶、失败、失恋、失学、家庭纠纷和经济问题等。

（2）自然灾害，是指突然、强烈而急剧的精神应激，如地震、火灾、洪水、爆炸、滑坡、空袭、交通事故，以及亲人突然死亡等重大而骤然事故，心理急剧受致超过限度的应激多急剧诱发短暂的或持久的精神障碍。

三、主要的临床表现

（一）感觉障碍（sensory disturbance）

感觉是指客观刺激作用于感觉器官所产生的对事物个别属性的反映，如颜色和形状等，是知觉的基础。知觉是某一事物的不同属性在脑中进行综合，并结合以往经验，所形成的总的整体印象。如果感觉或知觉体验与外界客观事物或事实不相符，则分别称为感觉障碍或知觉障碍。

1. 感觉过敏（hyperesthesia）

对外界一般强度的刺激，例如，声光的刺激以及躯体上的某些轻微不适感的感受性增强。例如，感到阳光特别耀眼，开关门的响声就好像射击声似的那样强烈。多见于神经衰弱、癔症和感染后的虚弱状态等。

2. 感觉减退（hypesthesia）

与上一症状相反，对外界刺激的感受性减低，如强烈的疼痛或难以忍受的气味，都只有轻微的感觉。严重时，对外界刺激不产生任何感觉。多见于抑郁状态、木僵状态和意识障碍。感觉缺失见于癔症，称转换症状，如失明和失聪等。

3. 内感性不适（senestopathia）

内感性不适是躯体内部产生的各种不舒适和难以忍受的异样感觉，如牵拉、挤压、游走及蚁爬感等。性质难以描述，没有明确的局部定位，可继发疑病观念，多见于神经症、精神分裂症、抑郁状态和躯体形式障碍。

（二）知觉障碍（perceptual disturbance）

客观事物的各种属性通过感觉器官在人脑综合起来，并借助于以往的经验，形成一个完整的印象便是知觉。由 CNST～S～I 引起的知觉障碍主要包括错觉和幻觉。

1. 错觉（illusion）

错觉是指对客观事物歪曲的知觉。病理性错觉常在意识障碍时出现，带有恐怖色彩，多见于器质性精神障碍的谵妄状态。

2. 幻觉（hallucination）

幻觉指没有现实刺激作用于感觉器官时出现的知觉体验，是一种虚幻的知觉。幻觉是一种最常见而且重要的精神病性症状，常与妄想合并存在。

（三）思维障碍（thought disturbance）

思维障碍是指思维联想活动量和速度方面发生异常。思维障碍包括思维形式障碍和思维内容障碍。思维形式障碍包括思维奔逸、思维迟缓、思维贫乏、思维破裂、思维散漫、思维中断、思维不连贯和病理性赘述。思维内容障碍包括妄想、强迫观念和超价观念。

（四）注意障碍（attention disturbance）

注意即在一段时间内，精神活动指向某一事物。注意分为主动注意和被动注意两种。被动注意是没有自觉目的和不加任何努力而不自主地、自然地注意；主动注意是自觉的、有预定目的的，使注意指向一定的对象。而且，为了实现这一目的，在必要时还须做一定的努力。注意障碍主要包括注意增强、注意减弱、随境转移、注意迟钝、注意狭窄和注意固定。

（五）记忆障碍（allomnesia）

记忆障碍指个人处于一种不能记住或回忆信息或技能的状态，有可能是由于病理生理性的或情境性的原因引起的永久性或暂时性的记忆障碍，目前尚无有效的方法治疗记忆障碍，主要是找出原发病，针对原发病进行治疗。

（六）智能障碍（dysgnosia）

智能障碍是指智力明显落后于同龄正常儿童智力水平（智商低于平均值的两个标准差），也就是我们常说智力商数为 70 分以下的人，同时伴有适应能力缺陷。按病理及进展的不同可分为进行性智能障碍和非进行性智能障碍。

（七）自知力障碍（impaired insight）

自知力（insight）是指患者对其自身精神状态的认识和批判能力。神经症（neurosis）患者通常能认识到自己的不适，主动叙述自己的病情，要求治疗，医学上称之为自知力完整。精神病患者随着病情进展，往往丧失了对精神病态的认识和批判能力，否认自己有精神疾病，甚至拒绝治疗，对此，医学上称之为自知力完全丧失或无自知力。凡经过治疗，随着病情好转、显著好转或痊愈，患者的自知力也逐渐恢复。

由此可知，自知力是精神科用来判断患者是否有精神障碍、精神障碍的严重程度，以及疗效的重要指征之一。

（八）定向力障碍（disorientation）

定向力是指对时间、地点、人物及列自己本身状态的认识能力。定向力障碍指持续地缺乏对人、地点、时间或环境的定向力达 3～6 个月以上。定向力是意识障碍的一个重要标志，而精神分裂症的患者常可在意识清晰状态下出现定向力障碍。

（九）情感障碍（afective disorders）

情感障碍是指以心境或情感异常改变为主要临床特征的一组精神障碍，表现为情感高涨、精力旺盛、言语增多、活动增多，称躁狂状态；情感低落、快感缺乏、精力下降、兴趣减少、活动减少，称抑郁状态；严重时伴有幻觉、妄想、紧张症状等精神病性症状。

（十）意志障碍（dysboulia）

意志是人自觉地确定行动的目的并支配自己行动实现预定目的的心理过程。它从人的行为中得到表现，受到人的思维、情感的支持并受社会文化的制约，受到个体人格特征的影响。意志障碍有：意志增强，表现为病态的自信和固执的行动，多见于有妄想的精神病患者。意志减弱，表现为缺乏主动性、进取性，见于精神分裂症和瘾癖。意志缺乏，表现为缺乏要求或打算、生活被动、处处均要别人督促，见于晚期精神分裂症与痴呆。犹豫不决，表现为缺乏决断力、行动上举止不定、忧虑重重，见于焦虑与强迫症。易受暗示，表现为思想和行为易受别人言语、态度的影响，不加批判地按别人的观念行事，见于癔症。

（十一）行为障碍（behavior disorder）

行为障碍可见于各种疾病，可为功能性和器质性。但许多行为障碍无特异性。有的疾病患者为了减轻痛苦而采取一定的强迫体位，如腹膜炎患者取仰卧位，严重呼吸困难的心脏病或肺疾病患者取端坐呼吸体位。步态指行路的姿势，也有助于诊断，如脊髓痨、帕金森病患者都有特殊的步态。许多行为障碍与思维、言语、情感障碍有紧密联系。神经精神科常见各种行为障碍，大致可分为几类。这些障碍常很突出，有助于诊断，且对患者的健康、安全及周围环境、社会秩序有影响。

（十二）意识障碍（conscious disturbance ）

意识是大脑功能活动的综合表现，即对环境的知觉状态。正常人意识清晰，定向力正常，感应敏锐精确，思维和情感活动正常，语言流畅/准确，表达能力良好。意识障碍是指人对周围环境以及自身状态的识别和觉察能力出现障碍，主要分为两种：一种以兴奋性降低为特点，表现为嗜睡、意识模糊、昏睡直至昏迷；另一种是以兴奋性增高为特点，表现为高级中枢急性活动失调的状态，包括意识模糊、定向力丧失、感觉错乱、躁动不安、言语杂乱等。

第二节　诊断与治疗

一、精神障碍的诊断

（一）诊断原则

精神障碍的诊断主要依据精神障碍的临床表现。至今仍未发现有确诊意义的生物学指标，实验室的检查只能是排除其他器质性病因。

在精神障碍的诊断过程中，应综合分析具体病例的发病基础、病因与诱困、起病和病程以及临床表现等，根据多轴诊断的原则做出诊断。

（二）诊断标准

国际上常用的精神障碍分类与诊断标准是由世界卫生组织编写的《国际疾病分类》（第 10 版）（1CD-10）和美国的《精神障碍诊断与统计手册》（第 4 版）（DSM-Ⅳ）：中华精神科学会参考以上两种分类和诊断标准，结合我国的实际情况，制定了中国精神障碍分类和诊断标准，在最新的第 3 版（CCMD-3）中将精神障碍分为以下 10 类。

（1）器质性精神障碍。

（2）精神活性物质或非成瘾物质所致精神障碍。

（3）精神分裂症（分裂症）和其他精神性障碍。

（4）心境障碍（情感性精神障碍）。

（5）癔症、应激相关障碍和神经症。

（6）心理因素相关生理障碍。

（7）人格障碍、习惯与冲动控制障碍和性心理障碍。

（8）精神发育迟滞及童年和少年期心理发育障碍。

（9）童年和少年期的多动障碍、品行障碍及情绪障碍。

（10）其他精神障碍和心理卫生情况。

二、治疗

目前，治疗精神障碍多采取联合治疗的措施（药物治疗和心理治疗），对反应性抑郁及偏执者，经上述治疗效果不佳时，可考虑使用电抽搐或胰岛素昏迷治疗。

（一）药物治疗

精神障碍的治疗药物种类繁多，目前以临床应用为主，一般包括以下 4 类。

1. 抗精神病药

临床上已使用的抗精神病药有 9 大类、40 余种，其中常用的有吩噻嗪类、硫杂蒽类、丁酰苯类、苯甲酰胺类和二苯氧氮平类。双盲对照研究证明，只要剂量合适、疗程足，各种抗精神病药的治疗效果大致相仿。在同一类别中的药物特点，如吩噻嗪类作用和副作用也基本相仿，临床医师在每一类中应熟练掌握 1～2 种药物的特点，如吩噻嗪类的氯丙嗪具有较强镇静作用、中等锥体外系副作用；三氟拉嗪的镇静作用较弱、对淡漠退缩的作用较强，但较易发生锥体外系副作用；硫杂蒽类的泰尔登有较强镇静作用和较弱的锥体外系副作用；丁酰苯类的氟哌啶醇的镇静作用极弱，却易致锥体外系反应，治疗剂量低；二苯氧氮平类的氯氮平和苯甲酰胺类的舒必利均少有锥体外系副反应，前者的镇静作用强，后者则弱，已成为仅次于氯丙嗪的常用药物。

有人根据常用治疗剂量又将抗精神病药分为两类：治疗剂量一般在 100mg/天以上的药物如氯丙嗪、泰尔登等列为高剂量（低效价）类；治疗剂量一般在几十毫克以内的，如氟哌醇、氟奋乃静等列为低剂量（高效价）类。

（1）氟奋乃静：抗精神病作用强于氯丙嗪，锥体外系的副作用也很显著，镇静作用较弱。

（2）硫利达嗪：抗精神病疗效弱于氯丙嗪，但锥体外系反应少，镇静作用强。

（3）哌泊噻嗪：强效抗精神病药，作用维持时间长，主要用于慢性精神分裂症。

（4）氯普噻吨：镇静作用强，其他作用均较弱。另有较弱的抗抑郁作用，适用于伴有焦虑或焦虑性抑郁的精神分裂症，更年期抑郁症等。

（5）氟哌啶醇（haloperidol）：抗精神病及锥体外系反应均很强，镇吐作用强，镇静、降压作用弱，常用于精神分裂症及呕吐。

（6）五氟利多：为长效抗精神病药，每周口服 1 次，尤适用于慢性精神分裂症维持与巩固疗效。

（7）舒必利：对急、慢性精神分裂症疗效好，也可治疗抑郁症。对植物神经系统几无影响，锥体外系反应轻。

2. 抗抑郁药

抗抑郁药是众多精神药物的一个大类，主要用于治疗抑郁症和各种抑郁状态。常见的第一代抗抑郁药物有两种，即单胺氧化酶抑制剂（MAOI）和三环类抗抑郁药（TCA）。

抗抑郁类新药发展很快，层出不穷，如万拉法星、萘法唑酮等，但目前仍以选择性五羟色胺（5-HT）再摄取抑剂为主，临床应用这类药物也最多最广。而某些抗精神病药如舒必利、抗焦虑药阿普唑仑、罗拉、丁螺环酮和中枢兴奋药哌甲酯的抗抑郁作用尚存在争议，故从略。

1）单胺氧化酶

异丙肼是 20 世纪 50 年代问世的第一个抗抑郁药物。异丙肼原是一种抗结核药，因有多说、多动、失眠和欣快感等中枢兴奋作用，1957 年试用于抑郁病患者并获得成功。动物实验证实其可逆转利血平引起的淡漠、少动，同时脑单胺含量升高。推测其中枢兴奋和抗抑郁作用是因为大脑单胺氧化酶受抑制单胺降解减少，使突解间隙单受含量升高的缘故，从而提示了动物行为和大脑单受类递质之间的相互关系，有着重要的理论和实践意义，为精神药理和精神疾病病因学研究奠定了基础。

属于这一类药的还有异卡波肼、苯乙肼、反苯环丙胺等。这些药物曾一度广为应用，不久因陆续出现与某些食物相互作用，引起高血压危象、急性黄色肝萎缩等严惩不良反应而被淘汰。

20 世纪 80 年代后期出现了新一代单胺氧化酶抑制剂，即可逆性单胺氧化酶一个亚型（MAO-A）抑郁剂，它的特点是：①对 MAO-A 选择性高，对另一种同工酶 MAO-B 选择性低，故仍可降解食物中的酪胺，从而减少高血压危象风险。②对 MAO-A 抑制作用具有可逆性，仅 8～10h 即可恢复酶的活性，而早期用的单胺氧化酶抑制剂的抑制时间长达 2 周之久，因而也降低了与食物相互作用的危险。主要产品有吗氯贝胺，剂量 150～450mg/天，分次服。据称其疗效与三环类抗抑郁药相当。

虽比老的半日胺氧化酶抑制剂安全，但仍应注意体位性低血压及潜在的食物、药物间相互作用，一般也不作为首选药。

2）三环类

三环类是紧接单胺氧化酶抑制剂之后的另一类抗抑郁药，以丙咪嗪为代表。

它的化学结构与氯丙嗪相似，原以为可能是一种新的抗精神病药，但临床试验结果大出所料，该药对精神分裂症无效，却能改善抑郁心境。以后又经大量、双盲安慰剂对照研究证实此功效，从而取代单胺氧化酶抑制剂，一跃成为抑郁症治疗的首选药，垄断抗抑郁药市场长达 30 年之久。

三环类抗抑郁药共有产品 10 余种，我国除丙咪嗪外还有阿米替林、多虑平和氯丙咪嗪。马普替林虽为四环结构，但药理作用与三环类抗抑郁药一致。三环类抗抑郁药的适应证为各种类型抑郁症，有效率约 70%～80%，起效时间 1～2 周，剂量范围 50～50mg/天，缓慢加量，分次服。因镇静作用较强，晚间剂量宜大些。治疗范围血药浓度丙咪嗪和阿米替林为 50～250ng/ml。

三环类抗抑郁药临床应用时间最长，药理作用研究得也最多、最充分，简言之，其主要药理作用为：①阻滞单胺递质（主要为肾上腺素和 5-HT）再摄取，使突触间隙单受含量升高而产生抗抑郁作用；②阻断多种递质受体，它与治疗作用无关，却是诸多不良反应的主要原因，如阻滞乙酰胆大碱 M 受体，可能出现口干、视力模糊、窦性心动过速、便秘、尿潴留、青光眼加剧、记忆功能障碍；阻滞肾上腺素 α1 受体，可能出现加强哌唑嗪的降压作用、体位性低血压、头昏、反射性心动过速；阻滞组胺 H1 受体，可出现加强中枢抑制剂作用、镇静、嗜睡、增加体重、降低血压；阻滞多巴胺 D2 受体，可出现锥体外系症状、内分泌改变。

抗抑郁药物副作用较重者，宜减量、停药或换用其他药。一般不主张两种以上抗抑郁药联用。由于该病有较高复发率，应在症状缓解后尚应维持治疗 4～6 个月，以利巩固疗效，防止复发。

3）新型药物

选择性 5-HT 再摄取抑制药（SSRI）是新型抗抑郁药物。此类药物从 20 世纪 70 年代开始研制，已开发有数十种，临床常用的有氟西汀、帕罗西汀、舍曲林、氟伏沙明、西酞普兰等。该类药物镇静作用小，也不损伤精神运动功能，对心血管和自主神经系统功能影响很小。该类药物还具有抗抑郁和抗焦虑双重作用，多用于脑内 5-HT 减少所致的抑郁症。

3. 抗躁狂药

抗躁狂药主要用于治疗躁狂症，包括碳酸锂、酰胺咪嗪等。碳酸锂口服后易于吸收，不进行代谢，主要经肾由尿排出，少量由唾液、汗液、乳汁和粪便排出。

抗躁狂药因对双相患者既有治疗作用又有预防作用，因而又称为情感稳定剂。有些药物虽然其也可用于治疗躁狂症，但并非首选药物，而且习惯上归属其他类别，如氯丙嗪和氟哌啶醇属于抗精神病药，卡马西平和丙戊酸钠则属于抗癫痫药物。

4. 抗焦虑药

抗焦虑药主要用于缓解焦虑紧张，如地西泮。另外，还有中枢神经兴奋剂和脑代谢促进药等。但是，这种分类是相列的，它们之间也有重叠和交叉，如某些抗精神病药兼有较强的抗躁狂作用，而抗抑郁药对焦虑和紧张也有效。

（二）心理治疗

心理治疗是双方互动的一个正式的过程，每一方通常由一个人构成，但有可能由两个或更多的人组成。其目的是经由精通人格源起、发展、维持与改变之理论的治疗者，在专业与法律认可下，使用逻辑上与该理论有关的治疗方法，来改善另一方在下列任一或所有领域的无能或功能不良带来的苦恼，如认知功能（思维异常）、情感功能（痛苦或情绪不舒适）或行为功能（行为的不恰当）。

（三）电抽搐治疗（electroconvulsive therapy，ECT）

此疗法于 1938 年首次创用至今，在历经半个多世纪以来仍为一种快速、有效、安全、便捷的治疗方法，特别对严重抑郁症和精神分裂症的紧张型状群有显著疗效。直至今日，其仍在世界范围内广泛使用，且方法不断进步。ECT 在临床主要用于躁狂抑郁症、更年期忧郁症及反应性精神病，精神分裂症紧张型，或伴有抑郁色彩及自杀企图者经药物和心理治疗无效者。

（四）胰岛素治疗

胰岛素昏迷疗法又称胰岛素休克疗法，属于休克疗法的一种，在 20 世纪 30 年代中期至 50 年代初期曾盛极一时。由于疗效不比精神药物更好，操作技术复杂，治疗期长，费用昂贵，还可能发作严重或致死的并发症，致使此方法的应用已越来越少。

第三节　神经干细胞治疗精神障碍的作用

一、治疗研究的现状

海马是目前认为与学习记忆等高级功能具有密切关系的重要结构。其结构和功能的异常改变，是多种中枢神经疾病如癫痫和老年痴呆等的病理学基础。现已证明，海马齿状回存在神经干细胞（NSC）是成体脑内具有神经生发活动的少数区域之一，且可不断产生神经元持续终生。体外培养的海马 NSC 的分化和增殖受多种信号的调控，体内、体外的因素也可影响或干预体内海马齿状回的神经生发活动，可能为 CNS 损伤与变性疾病的研究与治疗提供新的途径。如果能够明确这些 NSC 分化和增殖的调控因子，则不但可控制其向某一特殊类型的细胞分化的方向，还可丰富神经移植供体的来源，而且在神经变性疾病和神经损伤患者中，可通过向特定脑区移植入某种特定的调控因子，诱导干细胞的分化和修复病灶。目前关于关于 NSC 分化和增殖的调控因子的培养已成为国内外研究的焦点，主要集中在以下两个方面。

（一）体外培养分化影响因素

1. 基因调控

遗传性状在多个水平影响神经发生和细胞分化表型。碱性螺旋-环-螺旋（basic helix-loop-helix，bHLH）转录因子参与 NSC 的分化。在小鼠发育过程中，部分 bHLH 基因在早期有丝分裂期的神经前体细胞中表达，部分在较迟的有丝分裂后细胞表达。根据 bHLH 转录因子在神经分化过程中的先后作用，分为决定因子和分化因子。决定因子基因包括 MASH21、MATH21、MATH24A 和 Ngns，这些基因在小鼠胚胎发育的极早期表达，而且是分化所必需的。最近的研究显示，编码 bHLH 转录因子的 Olig 基因决定少突胶质细胞的分化。同时，Olig2 选择性表达运动神经元的前体细胞，与 Ngn2 共同调控灵长类运动神经元的亚型和特性。N2CoR 基因作为转录抑制因子阻止 NSC 向胶质细胞分化，而且其突变大鼠的胚胎干细胞对 FGF2 的增殖反应降低，可分化成星形胶质样细胞。

2. 外来信号的调控

生长因子在 NSC 和祖细胞分化发育中的作用越来越多地受到关注，其中丝裂原样的生长因子信号在增殖过程中起着相当重要的作用。目前，已用于干细胞特性的丝裂原信号研究主要有表皮生长因子（EGF）和碱性成纤维细胞生长因子（bFGF）。但是，这两种生长因子对 NSC 促增殖作用的时间不同。bFGF2 在 NSC 增殖的早期阶段发挥促有丝分裂的作用，使 NSC 获得对另一作用更强的促有丝分裂因子 EGF 的反应性。EGF 在 NSC 增殖后期发挥作用，主要是促进 NSC 的长期存活。bFGF 和 EGF 对 NSC 分化方向的作用也不相同，其中 bFGF2 和 bFGF 可能对 NSC 向神经元和部分的向胶质细胞分化起到一定的作用，并增加干细胞向神经元分化的比例。EGF 敏感的干细胞生成的神经元常少于 1%，绝大多数是星形胶质细胞。而且，这两种生长因子作用的 NSC 分化形成的神经元多为γ-氨基丁酸（γ-aminobutyricacid，GABA）能神经元。

3. 细胞因子

细胞因子对于神经系统尤其是间脑细胞发育和成熟的作用越来越受到重视。在脑中已先后发现红细胞生成素、集落刺激因子和白细胞介素家族等，且证明这些因子能够影响神经元的发育，以及具有促进神经元树突的生长及神经营养的作用。但是，在单独使用时则不能对 NSC 起到诱导分化和增殖的作用。脑源性神经营养因子（brain derived neurotrophic factor，BDNF）和胰岛素样生长因子可增加 EGF 依赖性的黑质干细胞分化成的神经元的数量，其机制可能是通过上调干细胞后代中转录因子 Brn24 导致的。

另外，BDNF 可使 NSC 分化为 GABA 能神经元的比例达 70%，而神经营养蛋白 23（NT23）则使分化为谷氨酸能神经元的比例高达 96%。白细胞介素-21（IL-21）和淋巴细胞抑制因子（LIF）可显著提高细胞的生长率，IL-26、LIF 和粒细胞集落刺激因子等对少突胶质细胞系的成熟具有诱导作用。LIF 等因子通过 LIF 受体在发育期及成熟神经系统内发挥各种作用，通过 JAKPSTAT 途径决定神经前体细胞向神经元分化还是向胶质细胞分化。

细胞外基质神经细胞黏附分子（neural cell adhesion-molecule，NCAM）是细胞外基质蛋白，参与细胞间的相互作用，并调控 NSC 的增殖、迁移和分化。实验表明，NCAM 可抑制海马前体细胞的增殖，并呈剂量依赖性以及诱导其向神经元方向分化。络丝蛋白（reelin）是细胞外基质中分子质量较大的蛋白质，与神经元细胞膜上的整合素受体 α3 亚单位结合发挥作用。研究证明，在体外培养的人 NSC 膜表面也可检测到络丝蛋白及其受体，将 NSC 移植进侧脑室后，此蛋白质及其受体阳性的干细胞可迁移至皮层。相反，络丝蛋白及其受体阴性的细胞迁移停止而在脑室下区（SVZ）增殖。研究表明，精神病患者正是由于缺乏这种络丝蛋白并抑制 NSC 的正常迁移而发病。

其他天冬氨酸受体的活性、肾上腺糖皮质激素、损伤刺激，以及神经生长因子都可影响海马的神经发生与分化。用 NMDA 受体拮抗剂可刺激 NSC 的增殖作用，齿状回颗粒层内巢蛋白阳性细黏数及 BrdU 阳性细胞数都明显增多，位于颗粒层最内区的多聚唾液酸神经细胞黏附因子（ploysialic acid-NCAM，PSA-NCAM）阳性的新生神经元数也明显增多。

（二）体内的宿主因素

在 NSC 移植后发现，移植区域干细胞的分化信号与宿主邻近区域细胞的结果相似，即使同一来源 NSC 移植到不同部位后的分化结果也不相同，但都与受体细胞相似。例如，皮层区的信号可诱导 NSC 分化为与锥体细胞和星形胶质细胞形态相似的细胞；来自纹状体区域的信号可诱导 NSC 分化为多巴胺能神经元；脱髓鞘白质区域移植祖细胞后可大量向少突胶质细胞分化。这些结果提示，NSC 或祖细胞在发育过程中受外来信号，尤其是接触区域外来信号的影响，使其分化为与移植区域相类似的细胞。

首先，脑内局部的微环境也可影响 NSC 移植后的分化。将 NSC 分别植入大鼠的海马和室管膜下区发现，植入海马的 NSC 迁移到齿状回的内颗粒层，分化为内颗粒层神经细胞；而植入室管膜下区的 NSC 可与大鼠的内源性 NSC 一起迁移到嗅球分化为嗅球球旁层神经元。将扩增的 NSC 分别植入新生大鼠的海马、纹状体和新皮层，4 周后发现植入不同部位的细胞在形态上已有差别。

实验证明，在未应用免疫抑制剂的情况下，将源于胚胎大鼠和人胚的 NSC 分别移植出生后及成年大鼠脑内，以了解 NSC 在脑内移植后的迁移与分化。15 天胚胎大鼠的 NSC 在植入成年大鼠脑内后可连续地分裂、迁移，形成胶质细胞和神经元，表达特异性的神经递质和神经肽。

将来源于下丘脑和小脑的干细胞分别移植于新生小鼠的海马和小脑的实验发现，这些移植细胞不仅能在宿主体内存活，而且可分化为与移植部位相对应的细胞。由于 NSC 在去除丝裂原信号后可分化为神经细胞，不再具有增生能力，移植后不具有致瘤性，因此，NSC 已具备成为理想神经移植的供体条件，为脑组织移植治疗神经退行性疾病提供大量、可靠和方便的细胞来源。

在不同因素影响下，NSC 还具有横向分化潜能。例如，把新生小鼠或成年小鼠前脑 NSC 移植给经亚致死剂量照射破坏造血系统的同种宿主发现，后者出现供者源性的骨髓样细胞、淋巴细胞和早期的造血干细胞；把从人胚胎和成年小鼠快速分离的 NSC 与成肌细胞共培养，结果 NSC 分化为骨骼肌细胞。成年小鼠脑的干细胞能在鸡胚环境中被诱导形成所有的胚层。这些结果显示，环境的指导性信号对 NSC 分化的重要作用，同时也证实 NSC 有着更大的分化潜能，这为 NSC 移植治疗多种不同疾病提供了依据。据相关介绍，海马干细胞疗法已初步应用于临床，效果待定。

二、治疗应用的展望

过去几十年的研究已经使人们对成体神经再生有了较多的了解，并已确信神经再生现象几乎存在于所有的哺乳动物中。而且，从细胞增殖到新生神经元功能性整合的再生过程受复杂的细胞内机制及外源因素的调控和影响。初步的研究表明，脑内神经再生的行为学功能与 CNS 疾病有关。脑内神经再生的研究不仅可能开启 CNS 疾病自身替代修复治疗的新前景，也可为细胞移植治疗提供细胞行为调控的手段，并可能给其他干细胞甚至肿瘤干细胞的生物特征研究提供线索和依据。因为发生在不同脑区、不同微环境的神经再生和胚胎期及生后的神经再生，与其他干细胞包括肿瘤干细胞的病理行为存在一些共同的调控因子和相似的调控机制。

目前，脑内神经再生的研究还处于初步阶段，许多重大甚至基本的理论问题亟待解决：脑内是否存在真正的“神经干细胞”？一般来说，NSC 主要指在组织培养中具有自我更新和多分化潜能的细胞，而这些特征在脑内的可增殖细胞中并没有展现出来。脑内有无 NSC，如何去鉴定和分离这种细胞是具有挑战性的研究课题。目前，对于细胞增殖、分化、存活、成熟和整合调控的分子机制还尚待进一步阐明。而且，许多有关神经再生调控机制的研究都是通过静脉注射某些调控因子或敲除目标基因进行的。因此，为了精确阐明神经再生调控的分子机制，对目标分子采用更为特异的研究手段是必需的。虽有研究试图揭示 SVZ 和 SGZ 的功能，但它们在嗅觉记忆、认知功能或情感行为中的确切作用尚不得而知。

弄清楚这些问题可帮助深入了解嗅球和海马的高级功能，而且有助于发现人类 CNS 疾病治疗的新方法和新策略。随着研究的不断深入，NSC 在未来的生物科学领域将发挥巨大的作用，其研究也定会拥有一个美好的未来。

（陶英群　张佑迁　焦明义）

主要参考文献

高伟东，李晓冬．2010．胚胎 NSCs 对脑损伤治疗作用的实验研究．解剖研究，32（1）：39-42

刘勇，刘建新．2010．脑的神经再生．西安交通大学学报（医学版），31（2）：131-142

张立波，邢华，许宽华，等．2010．NSCs 的研究及前景分析．中国比较医学杂志 ，20（10）：76-77

Aigner S, Heckel T, Zhang J D, et al. 2014. Human pluripotent stem cell models of autism spectrum disorder: emerging frontiers, opportunities, and challenges towards neuronal networks in a dish. Psychopharmacology, 231(6): 1089-1104

Brennand KJ, Landek-Salgado M A, Sawa A. 2014. Modeling heterogeneous patients with a clinical diagnosis of schizophrenia with induced pluripotent stem cells. Biolo Psychiatry, *75*(12): 936-944

Cabungcal JH, Steullet P, Kraftsik R, et al. 2013. Early-life insults impair parvalbumin interneurons via oxidative stress: reversal by N-acetylcysteine. Biol Psychiatry, 73: 574-582

Cabungcal JH, Preissmann D, Delseth C, et al. 2007. Transitory glutathione deficit during brain development induces cognitive impairment in juvenile and adult rats: relevance to schizophrenia. Neurobiol Dis, 26: 634-645

Curtis MA, Low VF, Faull RL. 2012. Neurogenesis and progenitor cells in the adult human brain: a comparison between hippocampal and subventricular progenitor proliferation. Dev Neurobiol, 72: 990-1005

Gonzalez FF, McQuillen P, Mu D, et al. 2007. Erythropoietin enhances long-term neuroprotection and neurogenesis in neonatal stroke. Dev Neurosci, 29(4-5): 321-330

Kubesova A, Bubenikova-Valesova V, Mertlova M, et al. 2012. Impact of psychotropic drugs on adult hippocampal neurogenesis. Neurosci Res, 73: 93-98

Kulak A, Steullet P, Cabungcal JH, et al. 2013. Redox dysregulation in the pathophysiology of schizophrenia and bipolar disorder: insights from animal models. Antioxid Redox Signal, 18: 1428-1443

Merz K, Herold S, Lie DC. 2011. CREB in adult neurogenesis-master and partner inthe development of adult-born neurons. Eur J Neurosci, 33: 1078-1086

Sandu N, Momen-Heravi F, Sadr-Eshkeva HP, et a1. 2012. Molecular imaging for stem cell transplantation in neuroregenerative medicine. Neurodegener Dis, 9(2): 60-67

Shi X, Kang Y, Hu Q, et al. 2010. A long-term observation of olfactory ensheathing cells transplantation to repair white matter and functional recovery in a focal ischemia model in rat. Brain Res, 1317: 257-267

Siniscalco D, Bradstreet JJ, Sych N, et al. 2014. Mesenchymal stem cells in treating autism: Novel insights. World J Stem Cells, 6(2): 173-178

Takeuchi H, Natsume A, Wakabayashi T, et al. 2007. Nntravenously transplanted human neural stem cells migrate to the injured spinal cord in adult mice in an SDF-1-and HGF-dependent manner. Neurosci Lett, 426(2) : 69-74

Walton NM, Shin R, Chen Q, et al. 2013. Derivation of neural stem cells from an animal model of psychiatric disease. Transl Psychiatry, 3(11): 323-338

Zheng T, Marshall Ii GP, Laywell ED, et al. 2009. Transp lantation of neural stem/progenitor cells into develop ing and adult CNS. Methods Mol Biol, 482: 185-197

附录一 《干细胞临床研究管理办法（试行）》解读

引自中华人民共和国国家卫生和计划生育委员会（国卫办科教函[2015]225 号）
2015-03-30

一、为什么要制定干细胞临床研究管理办法？

干细胞是一种有多向分化潜能的细胞，具有再生各种组织器官的潜在功能。干细胞研究是近年来医学前沿重点发展领域，给某些疑难疾病的治疗提供了希望，受到广泛关注。目前在心肌梗死、脊髓损伤、肝硬化、糖尿病等多领域的干细胞研究方兴未艾，展现出了良好的发展前景。我国在“十二五”科技规划中对干细胞研究给予了重点支持，并取得可喜进展。但在干细胞研究和转化的快速发展同时出现了一些不规范的现象，且作为一种正在研究探索中的新治疗方法，干细胞治疗对于人体的安全性、有效性尚待进一步验证，因此，制定《干细胞临床研究管理办法（试行）》（以下简称《办法（试行）》）及相关技术指南，规范干细胞临床研究，充分保护受试者权益势在必行。

《办法（试行）》在对国内外相关制度、规范进行深入调研分析的基础上，组织专家委员会起草，经过反复讨论，修改完善，已形成征求意见稿，现广泛征求意见。

二、《办法（试行）》的适用范围是什么？

《办法（试行）》适用于在医疗机构开展的干细胞临床研究。

《办法（试行）》不适用于已有成熟技术规范的造血干细胞移植，以及按药品申报的干细胞临床试验。《办法（试行）》提出：医疗机构按照《办法（试行）》要求完成干细胞临床研究后，不得直接进入临床应用；如申请药品注册临床试验，可将已获得的临床研究结果作为技术性申报资料提交并用于药品评价。

《办法（试行）》提出自文件发布之日起，干细胞治疗相关技术不再按照第三类医疗技术管理。

三、干细胞临床研究应当遵循的原则是什么？

开展干细胞临床研究须遵循科学、规范、公开的原则，医疗机构必须认真履行干细胞临床研究机构和项目备案、信息公开程序接受国家相关部门监管。

干细胞临床研究必须要符合伦理准则，符合《涉及人的生物医学研究伦理审查办法（试行）》和《人胚胎干细胞研究伦理指导原则》的要求，保证受试者的权益得到充分尊重和保护。

四、干细胞临床研究是否允许收费？

开展干细胞临床研究的机构不得向受试者收取干细胞临床研究相关费用，不得发布或变相发布干细胞临床研究广告。

五、干细胞临床研究项目的总体要求是什么？

干细胞临床研究是指应用人自体或异体来源的干细胞经体外操作后输入（或植入）人体，用于疾病预防或治疗的临床研究。《办法（试行）》提出，研究必须具备充分的科学依据，且预防或治疗疾病的效果优于现有的手段；或用于尚无有效干预措施的疾病，用于威胁生命和严重影响生存质量的疾病，以及重大医疗卫生需求。干细胞临床研究应当符合《药物临床试验质量管理规范》的要求。干细胞制剂应当符合《干细胞制剂质量控制及临床前研究指导原则（试行）》的要求。

六、干细胞临床研究的责任主体是谁？

《办法（试行）》明确规定干细胞临床研究机构是干细胞制剂和临床研究质量管理的责任主体。机构应当对干细胞临床研究项目进行立项审查、登记备案和过程监管，并对干细胞制剂制备和临床研究全过程进行质量管理和风险管控。

七、医疗机构开展干细胞临床研究必须具备哪些条件？

《办法（试行）》提出，开展干细胞临床研究的医疗机构应当具备 7 项条件：①三级甲等医院；②依法获得相关专业的药物临床试验机构资格；③具有较强的医疗、教学和科研综合能力；④具备完整的干细胞质量控制条件、全面的干细胞临床研究质量管理体系和独立的干细胞临床研究质量保证部门；建立干细胞制剂质量受权人制度；具有完整的干细胞制剂制备和临床研究全过程质量管理及风险控制程序和相关文件；具有干细胞临床研究审计体系；⑤干细胞临床研究项目负责人和制剂质量受权人须具有正高级专业技术职称，主要研究人员经过药物临床试验质量管理规范（GCP）培训；⑥具有与所开展干细胞临床研究相适应的学术委员会和伦理委员会；⑦具有防范干细胞临床研究风险的管理机制和处理不良反应、不良事件的措施。

八、干细胞临床研究机构和研究项目如何进行备案和公开？

《办法（试行）》明确机构在开展干细胞临床研究项目前，应当按照要求，对干细胞临床研究项目进行学术、伦理审查，并将有关立项材料报省级卫生计生行政部门会同食品药品监管部门审核后向国家卫生计生委与食品药品监管总局备案，同时，根据信息公开原则，按照我国医学研究登记备案信息系统要求，公开干细胞临床研究机构和项目有关信息，并负责保证登记内容的真实性。

九、干细胞临床研究过程如何管理？

《办法（试行）》要求机构应当监督研究人员严格按照已经审查、备案的研究方案开展研究。在临床研究过程中，所有关于干细胞提供者和受试者的所有资料的原始记录须做到准确、清晰并有电子备份，保存至临床研究结束后30年。干细胞制剂的追踪资料也要从最后处理之日起保存至少30年。

研究过程中，机构应当及时将干细胞临床研究进度报告、研究结果报告以及研究中出现的严重不良反应、差错或事故及处理措施、整改情况等报告国家及省级卫生计生行政部门和食品药品监管部门。

干细胞临床研究结束后，应当对受试者进行长期随访监测，评价干细胞临床研究的长期安全性和有效性。

十、干细胞临床研究中如何有效保护受试者的权益？

《办法（试行）》指出，开展干细胞临床研究的机构应当加强受试者保护。干细胞临床研究人员必须用通俗、清晰、准确的语言告知供者和受试者所参与的干细胞临床研究的目的、意义和内容，预期受益和潜在的风险，并在自愿原则下签署知情同意书。对风险较高的项目，研究机构应当采取有效措施进行重点监管，并通过购买第三方保险，为受试者提供相应保障。

如果受试者在干细胞临床研究过程中出现了严重不良事件，如传染性疾病、造成人体功能或器官永久性损伤、威胁生命、死亡，或必须接受医疗抢救的情况，研究人员应当立刻停止临床研究。

十一、干细胞临床研究专家委员会和伦理专家委员会的职责是什么？

《办法（试行）》提出，国家及省级卫生计生行政和食品药品监管部门应当根据工作需要成立干细胞临床研究专家委员会和伦理专家委员会，并明确专家委员会的职责要求，指出专家委员会应当为干细胞临床研究管理提供技术支撑和伦理指导，对已备案的医疗机构和研究项目进行现场核查和评估，对机构学术、伦理委员会研究项目管理工作进行督导、检查，并将评估、检查结果公示，促进干细胞临床研究规范开展。

十二、干细胞临床研究的主要监管措施有哪些？

《办法（试行）》提出，国家及省级卫生计生行政部门和食品药品监管部门依据《办法（试行）》规定加强对干细胞临床研究的监管，对已备案的干细胞临床研究机构和项目进行抽查、专项检查或有因检查，必要时对机构的干细胞制剂进行抽样检定。如有《办法（试行）》中规定的违规情形，省级卫生计生行政部门和食品药品监管部门将责令其暂停干细胞临床研究项目、限期整改，并依法给予相应处理；整改仍不合格或情节严重的，国家卫生计生委和食品药品监管总局将责令其停止干细胞临床研究工作，给予通报批评，进行科研不端行为记录，情节严重者按照有关法律法规要求，依法处理。未经干细胞临床研究备案擅自开展研究的，以及违反规定直接进入临床应用的机构和人员，按《中华人民共和国药品管理法》和《医疗机构管理条例》等法律法规处理。

附录二　英汉名词对照

2-DE	two-dimensionagel electrophoresis	双向凝胶电泳
3-AP	3-acetylpyridine	3-乙酰吡啶
3-MPA	3-mercaptopropionic acid	3-巯基丙酸
3-NP	3-nitropropionic acid	3-硝基丙酸
5-FC	5-fluorocytosine	5-氟胞嘧啶
6-DMAP	6-dimethylaminopurine	6-二甲基氨基嘌呤
6-OHDA	6-hydroxydopamine	6-羟基多巴胺
7-AAD	7-aminoactinomycin D	7-氨基放射菌素 D
β-gal	β-galactosidase	β-半乳糖苷酶
β-ME	β-mercaptoethanol	β-巯基乙醇

A

AA	anomic aphasia	命名性失语
AA	ascorbic acid	抗坏血酸（维生素 C）
AAV	adeno associated virus	腺相关病毒
ABC	aphasia battery of chinese	汉语失语成套测验
ACD	alsever-citrate-dextrose	柠檬酸-葡萄糖
ACh	acetylcholine	乙酰胆碱
ACRM	American Congress of Rehabilitation Medicine	美国康复医学会
ACSF	artificial cerebrospinal fluid	人工脑脊液
ACTH	adrenocorticotropic hormone	促肾上腺皮质激素
AD	Alzheimer's disease	阿尔茨海默病
ADCA	autosomal dominant cerebellar ataxias	常染色体显性遗传性小脑性共济失调
ADEM	acute disseminated encephalomyelitis	急性播散性脑脊髓炎
ADL	activities of daily living	日常生活活动
ADSC	adipose-derived stem cell	脂肪源性干细胞
AdV	adenovirus vector	腺病毒载体
AED	antiepileptic drug	抗癫痫药物
AF	amniotic fluid	羊水

AFSC	amniotic fluid-derived stem cell	羊水源性干细胞
AHD-2	aldehyde dehydrogenase 2	醛脱氢酶 2
AKP	alkaline phosphatase	碱性磷酸酶
ALS	amyotrophic lateral sclerosis	肌萎缩性脊髓侧索硬化症
ALT	alanine transaminase	谷丙转氨酶
AM	akinetic mutism	无动性缄默
AMPA	α-amino-3-hydroxy-5-methyl-4-isoxazolepropionic acid	*a*-氨基-3-羟基-5-甲基
AMV RT	avian myeloblastosis virus reverse transcriptase	鸟类成髓细胞白血病病毒逆转录
ANA	American Neurological Association	美国神经病学会
aNSC	adult neural stem cell	成体神经干细胞
A-P	anterior-posterior	前侧-后侧
APC	astrocyte precusor cell	星形胶质前体细胞
APO	apomorphine	阿朴吗啡
ApoER2	apolipoprotein E receptor 2	载脂蛋白 E 受体 2
APP	amyloid precursor protein	淀粉样前体蛋白
AQ	aphasia quotient	失语商
ARBD	alcohol-related birth defect	乙醇相关出生缺陷
ARCA	autosomal recessive cerebellar ataxia	常染色体隐性遗传性小脑性共济失调
ARND	alcohol-related neurodevelopmental disorder	乙醇相关神经系统发育异常
ASC	adult stem cell	成体干细胞
ASHA-FACS	American Social Health Association-Fellow of The American College of Surgeons	美国社会卫生协会-美国外科医师学会会员
AT	ataxiatelangiectasia	共济失调毛细血管扩张症
ATFB	AT-binding transcription factor-1	结合转录因子 1
ATP	adenosine triphosphate	三磷酸腺苷
ATRA	all-trans retinoic acid	反义维A酸
AVM	arteriovenous malformation	动静脉畸形
AZT	azidothymidine	叠氮胸腺嘧啶脱氧胸苷
Aβ	amyloid β	淀粉样蛋白

B

BAC	bacteria artificial chromosome	细菌人工染色体
BBB	blood brain barrier	血脑屏障
BCRP	breast cancer resistance protein	乳腺癌耐药蛋白
BDAE	Boston diagnostic aphasia examination	波士顿失语诊断测验
MDMSC	marrow-derived mesenchymal stem cell	骨髓源性间充质干细胞
BDNF	brain derived neurotrophic factor	脑源性神经营养因子
BE	bilirubin encephalopathy	胆红素脑病
BEE	basal energy erpenditure	基础能量消耗
bFGF	basic fibroblast growth factor	碱性成纤维生长因子
BFU-E	burst-forming unit-erythroid	红系瀑布式集落生成单位
BG	Bowman's gland	鲍曼腺
BH4	tetrahydrobiopterin	四氢生物蝶呤
BHA	butyl hydoroxy anisole	丁羟苯甲醚
BHA	butylate hydroxylanisole	羟基茴香醚
bHLH	basic helix-loop-helix	螺旋-环-螺旋转录因子
BIO	6-bromoindirubin-3-oxime	Wnt 信号的激动剂和细胞内 GSK3 的抑制剂
BLBP	brain lipid-binding protein	脑脂质结合蛋白
BM	bone marrow	骨髓
BMI	body mass index	体重指数
BMC	bone marrow mononuclear cell	骨髓单个核细胞
BM-MSC	bone marrow mesenchymal stem cell	骨髓间充质干细胞
BMNC	bone-marrow nucleated cell	骨髓有核细胞
BMP	bone morphogenetic protein	骨形成蛋白
BMP4	bone morphogenetic protein 4	骨形成蛋白 4
BMSC	bone marrow stem cell	骨髓干细胞
BMSC	bone marrow-derived stroma cell	骨髓源性基质细胞
BMSC	bone marrow stromal cell	骨髓基质细胞
bp	base pair	碱基对
BrdU	bromadeoxyuridine	溴脱氧尿苷
BRW	Brown-Roberts-Wells	BRW 系统
BSA	bovine serum albumin	牛血清白蛋白

C

CA	complete aphasia	完全性失语
CAD	concentrated antibody detection	浓缩抗体检测
CADL	communication activities of daily living	日常生活交往活动检查
CASP	computer automated stowage planning	电脑自动化配载计划系统
CAT	chloramphenicol acetyltransferase	氯霉素乙酰转移酶
CB	cytoskeleton buffer	细胞骨架缓冲液
CBF	cerebral blood flow	脑血流量
Cbfa1	core binding factor A1	核心结合因子 A1
CBS	combined behavioral score	联合行为学评分
CBS	cytoskeleton buffer (CB) with sucrose	含蔗糖的细胞骨架缓冲液
CBZ	carbamazapine	卡马西平
CCA	common carotid artery	颈总动脉
CD	cytosine deaminase	胞嘧啶脱氨酶
CDK5	cyclin-dependent kinase-5	周期蛋白依赖性激酶-5
cDNA	complementary deoxyribonucleic acid	互补脱氧核糖核酸
CDNSC	clone-derived neural stem cell	克隆源性神经干细胞
CFC	clone forming cell	克隆（集落）形成细胞
CFSE	carboxyfluoroscein succinimidyl ester	碳氧荧光琥珀酰亚胺酯
CFU-E	colony-forming unit erythroid	红系集落生成单位
CFU-F	colony-forming unit fibroblast	成纤维细胞集落生成单位
CFU	colony forming unit	集落生成单位
CHAT	choline acetyltransferase	胆碱乙酰转移酶
CHI	creatinine height index	肌酐身高指数
CHRD	chordin	腱蛋白
CJD	Creutzfeldt-Jakob disease	亚急性海绵状脑病
CldU	5- chloro -2- deoxyuridine	5-氯-2-脱氧尿嘧啶核苷
cm	centimeter	厘米
CM	conditioned medium	条件培养液
cm^2	square centimetre	平方厘米
CMAP	compound muscle action potential	复合肌肉动作电位
CMV	cytomegalovirus	巨细胞病毒

CNP	2',3'-cyclic nucleotide 3'-phosphodiesterase	2',3'-环核苷酸 3'-磷酸二酯酶
CNS	central nervous system	中枢神经系统
CNS-SC	central nervous system-stem cell	中枢神经系统干细胞
CNTF	ciliary neurotrophic factor	睫状神经营养因子
COC	cumulus oocytes complex	卵丘卵母细胞复合体
CP	cerebral palsy	小儿脑性瘫痪
CPD	citrate-phosphate-dextrose	柠檬酸-磷酸-葡萄糖
CPE	cytopathic effect	细胞病变效应
CPK	creatine phosphate kinase	肌酸磷酸激酶
CRIP	chronic relapsing inflammatory polyneuritis	慢性复发性炎性多发神经炎
CRRCAE	China rehabilitation research center aphasia examination	中国失语症检查法
CRT	cells replace therapy	细胞替代治疗
CS	communication skill	美国言语与听力学会交流能力的功能性评价
CS	glutamine synthetase	谷氨酰胺合成酶
CsA	cyclosporin A	环孢霉素A
CSCS	cervical spinal cord stimulation	颈部脊髓硬膜外刺激
CSF	cerebrospinal fluid	脑脊液
CSF	colony stimulating factor	集落刺激因子
CS-PG	chondroitin sulphate proteoglycans	硫酸软骨素蛋白聚糖
CT	computerized tomography	电子计算机体层扫描
CT-1	cardiotrophin-1	神经营养因子1
CTL	cytotoxic T lymphocyte	细胞毒 T 细胞
CXCR	C-X-C chemokine receptor	C-X-C 家族趋化因子受体

D

d	day	天
DA	dopamine	多巴胺
DAB	3,3'-diaminobenzidine	3,3'-二氨基联苯胺
DABCO	1,4-diazobicyclo(2,2,2)octane	1,4-二氮二环（2,2,2）辛烷
DAP	dystrophy associated proteins	营养不良相关蛋白
DAPI	4,6-diamidino-2-phenylindole	4,6-二脒基-2-苯基吲哚

DAT	dopamine transporter	多巴胺转运蛋白
db-cAMP	dibutyryl-cAMP	双丁酰环腺苷酸
DBM	demineralized bone matrix	脱矿质骨基质
DBS	deep brain stimulation	深部脑刺激
DC	double cortin	双皮质素
DCS	dorsal column stimulation	后索刺激
DACH	double adrenal cortical hormone	双肾上腺皮质激素
DDC	dopa-decarboxylase	多巴胺脱羧酶
DE	distal enhancer	远端增强子
DEPC	diethyl pyrocarbonate	二乙基焦磷酰胺
DG	dentate gyrs	海马齿状回
DHST	delayed hypersensitivity skin test	迟发型超敏皮试
DIF	differentiation inhibiting factor	分化抑制因子
DLX5	distal-less homeobox-5	末端小同源异形核 5
DMEM	Dulbecco's modified Eagle medium	达尔伯克改良伊格尔培养液
DMSO	dimethyl sulfoxide	二甲基亚砜
DNA	deoxyribonucleic acid	脱氧核糖核酸
DN-TRF2	dominant negative TRF2	显性负性 TRF2
DOPAC	3,4-dihydroxyphenacyl chloride	3,4-二羟苯乙酸
D-PBS	Dulbecco phosphate-buffered saline	D-磷酸盐缓冲液
DRPLA	dentato-rubro-pallidoluysian atrophy	齿状核红核苍白球路易体萎缩症
DS	Down's syndrome	先天愚型（唐氏综合征）
DSA	digital subtraction angiography	数字减影血管造影
DTI	diffusion tension magnetic resonance imaging	弥散张量呈像
DTIH	delayed traumatic intracranial hematoma	迟发型外伤性颅内血肿
D-V	dorsal-ventral	背侧-腹侧
DVT	deep vein thrombosis	深静脉血栓形成
Dys	dystrophin	营养不良蛋白

E

E	estrogen	雌激素
EA	episodic ataxia type	遗传性周期性共济失调
EAA	excitatory amino acid	兴奋性氨基酸

EAE	experimental allergic encephalomyelitis	实验性过敏性脑脊髓炎
EB	embryoid body	拟胚体
EBV	Epstein-Barr virus	EB 病毒
ECA	external carotid artery	颈外动脉
ECC	embryonic carcinoma cell	胚胎癌细胞
ECL cell	enterochromaffin-like cell	类肠嗜铬细胞
ECM	extracellular matrix	细胞外基质
EC	escort cell	护卫细胞
ECT	electroconvulsive therapy	电抽搐治疗
ED	embryonic day	胚胎期天数
EDTA	ethylenediaminetetraacetic acid	乙二胺四乙酸
EdU	5-ethynyl-2'-deoxyuridine	5-乙炔基-2'脱氧尿嘧啶核苷
EEG	electroencephalogram	脑电图
EGC	embryonic germ cell	胚胎生殖细胞
EGF	epidermal growth factor	表皮生长因子
EGFP	enhanced green fluorescent protein	增强型绿色荧光蛋白
EGL	embryonal germ-like cell	胚胎生殖样细胞
EGS	ethylene glycol succinate	乙二醇丁二酸酯
EGTA	ethylene glycol tetraacetate	乙二醇四乙酸酯
EK	extracellular signal-related protein kinase	胞外信号相关性蛋白激酶
ELISA	enzyme-linked immunosorbent assay	酶联免疫吸附试验
EM	electron microscopy	电子显微镜
EMA	European Medicines Agency	欧洲药监局
EMG	electromyography	肌电图
EMT	epithelial-mesenchymal transition	上皮-间质转化
EN	endonuclease	核酸内切酶
EN	enteral nutrition	肠道内营养
ENK	enkephalin	脑啡肽
eNOS	endothelial nitric oxide synthase	内皮一氧化氮合酶
ENP	expanded neural precursor	扩增性神经前体细胞
EOFAD	the early onset of familial Alzhemer’s disease	早发家族性阿尔茨海默病
EPC	endothelial progenitor cell	内皮祖细胞

Ephs	ephrins	酪氨酸激酶亚家族
EpiC	epiblast cell	上胚层细胞
EpiSc	epiblast stem cell	上胚层干细胞
EPL	epiblast-like cell	上胚层样细胞
EPO	erythropoietin	促红细胞生成素
EPOR	EPO receptor	EPO 受体
EPSP	excitatory post-synaptic potential	兴奋性突触后电位
ERK	extra-cellular signal receptor kinase	细胞外信号受体激酶
ESC/ES cell	embryonic stem cell	胚胎干细胞/ES 细胞
ESL	embryonal stem cell-like cell	胚胎干细胞样细胞
ESRF	embryonal stem cell renewal factor	胚胎干细胞自我更新因子
ESS	The European Stroke Scale	欧洲卒中量化表评分标准
ESX	ethosuxamide	乙琥胺
ET3	endothelin-3	血管活性肽内皮素-3
EtOH	ethyl alcohol	乙醇
ETR	endothelin-3 receptor	ET3 受体
EZ	ependymal zone	室管膜层

F

Fab	antigen-binding fragment	抗原结合片段，fab 片段
FABP4	fatty acid-binding protein 4	脂肪酸结合蛋白 4
FACS	fluorescence-activated cell sorting	荧光活化细胞分类术
FAM	6-carboxyfluorescein	6-羧基荧光素
FAS	fetal alcohol syndrome	胎儿乙醇综合征
FBM	felbamate	非氨酯
FBS	fetal bovine serum	胎牛血清
FBS/FCS	fetal bovine/calf serum	胎牛血清
FCP	functional communication profile	功能性交际测验
FDA	Food and Drug Administration	美国食品和药品监督管理局
MEFCM	mouse embryonic feeder culture media	小鼠胚胎滋养细胞培养液
FG	fluoro-gold	荧光金
FGF	fibroblast growth factor	成纤维细胞生长因子
FGFR	FGF　receptor	FGF 受体
FGR	fetal growth restriction	胎儿宫内生长受限

FIRS	fetal inflammatory response syndrome	胎儿炎性反应综合征
FITC	fluorescein isothiocyanate	异硫氰酸荧光素
FLIP	Flice-like inhibitory protein	Flice 样抑制蛋白
FLN1	filamin1	细丝蛋白 1
FN	fibronection	纤连蛋白
FRAP	fluorescence recovery after photobleaching	光脱色荧光恢复技术
FSC	forward scatter	前向角散射
FW	the F wave	F 反射

G

g	gram	克
GABA	gamma-aminobutyric acid	γ-氨基丁酸
GALC	galactosylceramidase	半乳糖脑苷脂酶
GALC	galactocerebroside	半乳糖脑苷脂
GAP	growth-associated protein	生长相关蛋白
GAP-43	glyceraldehyde phosphate-43	磷酸甘油醛-43
GAPDH	glyceraldehyde phosphate dehydrogenase	甘油醛磷酸脱氢酶
GBC prog	GBC progenitor cell	GBC祖细胞
GBCs	global basal cell	球形基底细胞
GBP	gabapentin	加巴喷丁
GBS	Guillain-Barre syndrome	吉兰-巴雷综合征
GC	galactocerebroside C	半乳糖脑苷脂
G-CSF	granulocyte-colony stimulating factor	粒细胞-集落刺激因子
GDFll	growth differentiation factor 11	生长分化因子11
GDNF	glial cell line-derived neurotrophic factor	胶质细胞源性神经营养因子
GFAP	glial fibrillary acidic protein	胶质纤维酸性蛋白质
GF-I	growth factor-1	膜岛素样生长因子-1
GFP	green fluorescent protein	绿色荧光蛋白
GGF-2	glial growth factor-2	神经胶质生长因子-2
GH	growth hormone	生长激素
GLAST	glutamate-aspartate transporter	谷氨酸天冬氨酸运载体
GLD	globoid cell leukodystrophy	球样细胞脑白质营养不良

GLT-1	glutamate transporter-1	谷氨酸酯转运体-1
GM⁻	growth medium without selection	无选择性生长培养液
GM-CSF	granulocyte-macrophage colony stimulating factor	粒-巨噬细胞集落刺激因子
GMP	good manufacturing practice	药品生产质量管理规范，良好作业规范
GRID	gadolinium rhodamine-dextran	钆-罗丹明-右旋糖酐
GRP	glia-restricted precursor	胶质定向前体细胞
GSC	germ stem cell	生殖干细胞
GSH	glutathione	谷胱甘肽
GSH-PX	glutathione peroxidase	谷胱甘肽过氧化物酶
GSK-3β	glycogen synthase kinase-3β	糖原合成酶激酶 3β
GUSB	beta glucuronidase	β-葡糖醛酸糖苷酶
GVHD	graft-versus-host disease	移植物抗宿主病

H

h	hour	小时
H3-L4	H3-lysine 4	H3-赖氨酸 4
HBC	horizontal basal cell	水平基底细胞
hBMMSC	human bone marrow mesenchymal stem cell	人骨髓间充质干细胞
HBO	hyperbaric oxygen	高压氧
HBSS	Hank balanced salt solution	Hank平衡盐溶液
HBV	hepatitis B virus	乙型肝炎病毒
hCG	human chorionic gonadotrophin	人绒毛膜促性腺激素
HCN	hyperpolarization-activated and cyclic nucleotide-modulated	超极化活化环
HCV	hepatitis C virus	丙型肝炎病毒
HD	Huntington's disease	亨廷顿病
HDG	Huntington's disease gene	亨廷顿病基因
HEF	homologous embryonic fibroblasts	同源胚胎成纤维细胞
HEPES	4-(2-hydroxyerhyl) piperazine-1-erhaesulfonic acid	4-羟乙基哌嗪乙磺酸
HES	hydroxyethyl starch	羟乙基淀粉
hESC	human embryo stem cell	人胚胎干细胞
HEX	hexachloro fluorescein	六氯-6-甲基荧光素
HGF	hepatocyte growth factor	肝细胞生长因子
HGF/SF	hepatocyte growth factor/scatter factor	肝细胞生长因子/扩散因子

HICH	hypertensive intracranial cerebral hemorrhage	高血压脑出血
HIE	hypoxic-ischemic encephalopathy	缺氧缺血脑病
HIF	hypoxia-induced factor	低氧诱导因子
HIP	human induced pluripotent stem cell	人诱导多能干细胞
HIV	human immunodeficiency virus	人类免疫缺陷病毒
HLA	human leukocyte antigen	人类白细胞抗原
HLA-Ⅰ	human leukocyte antigen-Ⅰ	人类白细胞Ⅰ类抗原
HLA-Ⅱ	human leukocyte antigen-Ⅱ	人类白细胞Ⅱ类抗原
HM	hippocampus	海马
hMSC	human bone marrow derived mesenchymal stem cell	人骨髓源性间充质干细胞
HNF-3β	hepatocyte nuclear factor 3β	肝细胞核因子 3β
hNSC	human neural stem cell	人神经干细胞
HO2	hemoxygenase 2	血红素氧合酶 2
HOM-C	homeotic gene complex	同源异型基因复合体
HOXB1	homeobox B1	同源异形核 B1
hPAP	human placental alkaline phosphatase	人胎盘碱性磷酸酶
HPC-C	hematopoietic progenitor cells- cord cell	造血祖细胞-脐带细胞
HPC	hematopoietic progenitor cell	造血祖细胞
HPLC	high performance liquid chromatography	高效液相层析
HS	horse serum	马血清
HSC	hematopoietic stem cell	造血干细胞
HSV	herpes simplex virus	单纯疱疹病毒
HSV-tk	herpes simplex virus thymidine kinase	单纯疱疹病毒胸苷激酶
HTLV	human T-lymphotropic virus	人类嗜 T 细胞病毒
HUCB	human umbilical cord blood	人脐带血
HUC-MSC	human umbilical cord mesnchymal stem cell	人脐带间充质干细胞
HVA	high vanillic acid	高香草醛酸

I

IAP	intracisternal A type particle	脑池内 A 型粒子
IBO	ibotenic acid	鹅膏氨酸
ICA	internal carotid artery	颈内动脉
ICH	intracranial cerebral hemorrhage	颅内出血
ICM	inner cell mass	内细胞团

ICU	intensive care unit	重症加强护理病房
Id	inhibitor of differentiation	分化抑制因子
ID	internal diameter	内径
IdU	5-2'- deoxyuridine	5-碘-2'-脱氧尿嘧啶核苷
IFAP	intermediate filament associated protein	中间丝结合蛋白
IF-M	intermediate filament associated protein-M	中间丝结合蛋白-M
IFN-γ	interferon-γ	干扰素-γ
IFRM	International Foundation of Regenerative Medcine	国际再生医学基金会
IGLUR	ionotropic glutamate receptor	离子型谷氨酸受体
IGF	insulin-like growth factor	胰岛素样生长因子
IGL	internal granular layer	内颗粒层
I_h	hyperpolarization-activated and cyclic nucleotide-modulated current	超极活化
IL	interleukin	白细胞介素
INP	immediate neuronal precursor	直接神经前体细胞
ip	intraperitoneal	腹腔内注射
iPS	induced pluripotent stem (iPS) cell	诱导多能干细胞/iPS 细胞
IPSC	inhibitory postsynaptic potential	抑制性突触后电位
IRES	internal ribosome entry site	内部核糖体进入位点
ISCT	International Society for Cellular Therapy	国际细胞治疗协会
ISL1	islet-1	岛 1
ISS	image stream system	成像射流分析系统
ITS-S	insulin-transferrin-selenium solution	胰岛素铁转运蛋白硒溶液
IUGR	intrauterine growth restriction	宫内生长受限
iv	intravenous	静脉注射
IVF	*in vitro* fertilization	体外授精法
IVH	intraventricular hemorrhage	脑室内出血
IZ	intermediate zone	中间层

J

JNK	c-Jun NH_2 terminal kinase	c-Jun 氨基末端激酶

K

KAR	kainate receptor	红藻氨酸受体
kg	kilogram	公斤,千克
KSR	knock-out serum replacement	knock-out 血清替代品

L

L	liter	升,公升
LACI	lacunar infarct	腔隙性脑梗死
LCM	laser capture microdissection	激光捕获显微切割
LCT	long-chain triglyceride	长链脂肪乳剂
L-DOPA	3-(3,4-dihydroxyphenyl)-L-alanine	左旋多巴胺
LED	light emitting diode	发光二极管
LEK	leu-enkephalin	亮氨酸脑啡肽
LGE	lateral ganglionic eminence	外侧丘脑神经节
LIF	leukaemia inhibitory factor	白血病抑制因子
LIFRβ	leukemia inhibitor factor receptor beta	白血病抑制因子受体β
LINE-1	long interspersed element-1	长链核苷酸插入因子-1
LN	laminin	层粘连蛋白
LOP	lipid peroxide	脂质过氧化物
LPA	lysophosphatidic acid	溶血磷脂酸
LPL	lipoproteinlipase	脂蛋白脂肪酶
LPO	lipid peroxidation	脂质过氧化
LPS	lipopolysaccharide	脂多糖
LS	low-serum	低血清
LSD	lysosomal storage disease	溶酶体储积病
L-SEZ	lateral part of the SEZ	SEZ 侧区
LTC -IC	long term culture initiating cell	长期培养起始细胞
LTD	long-term depression	长时程抑制
LTG	lamotrigine	拉莫三嗪
LTP	long-term potentiation	长时程增强
LV	lateral ventricle	侧脑室

M

m	meter	米
MACS	magnetic activated cell sorting	磁珠活化细胞分类法
MAG	myelin-associated glycoprotein	髓鞘相关糖蛋白
MAP-2	macrotubule-associated protein 2	微血管相关蛋白 2
MAPC	multipotent adult progenitor cell	多能成体祖细胞
MAPK	mitogen activated kinase	丝裂原活化激酶
MASCs/M-	multipotent adult stem/progenitor cell	多能成体干/祖细胞

APC		
MASH-1	mammalian aehaete-scute homolog-1	哺乳动物无纲毛鳞甲同系物 1
MBP	myelin basic protein	髓鞘碱性蛋白
MCA	middle cerebral artery	脑中动脉
MCAO	middle cerebral artery occlusion	脑膜中动脉阻塞
MCS	minimally conscsious state	最低程度意识状态
M-CSF	macrophage colony stimulating factor	巨噬细胞集落刺激因子
MCT	medium-chain triglyceride	中链脂肪乳剂
MD	muscular dystrophy	肌营养不良病
MEF	mouse embryonic fibroblasts	小鼠胚胎成纤维细胞
MEK	mitogen-activated protein kinase and extracellular signal-regulated kinase kinase	丝裂原活化蛋白激酶和细胞外信号调控激酶
MEK	met-enkephalin	甲硫氨酸脑啡肽
MEMα	minimal essential medium-α	最小基础培养液
MEP	motor evoked potential	运动诱发电位
mESC	mouse embryonic stem cell	小鼠胚胎干细胞
mg	milligram	毫克
MGE	medial ganglionic eminence	内侧丘脑神经节
mGluR	metabotropic glutamate receptor	代谢型谷氨酸受体
MGSC	multipotent germline stem cell	多能种系干细胞
MHC	major histocompatibility complex	主要组织相容性复合物
MHC-Ⅰ	major histocompatibility complex-Ⅰ	主要组织相容性复合体Ⅰ类分子
MHC-Ⅱ	major histocompatibility complex-Ⅱ	主要组织相容性复合体Ⅱ类分子
MION	monocrystalline iron oxide nanoparticle	单晶氧化铁纳米颗粒
MJD	Machad-Joseph disease	马查多-约瑟夫病
ml	milliliter	毫升
MLR	mixed lymohocyte raction	混合淋巴细胞反应
MLV	mouse leukemia virus	小鼠白血病病毒
mm	millimeter	毫米
mm^2	square millimeter	平方毫米
mm^3	cubic millimeter	立方毫米

M-MLV	Moloney murine leukemia virus	莫洛尼小鼠白血病病毒
MNC	mononuclear cell	单个核细胞
mNGF	mouse nerve growth factor	小鼠神经生长因子
MP	methylprednisolone	甲泼尼龙
MPPP	1-methyl-4-phenyl-4-propionoxy piperidine	1-甲基-4-苯基-4-哌啶丙酸酯
MPS VII	mucopolysaccharidosis type VII	黏多糖储积症 VII
MPSS	massively parallel signature sequencing	大规模平行测序技术
MPTP	1-methyl-4-phenyl-1,2,3,6-tetrahydropyridine hydrochloride	1-甲基-4-苯基-1,2,3，6-四氢吡啶酸盐
MR	magnetic resonance	核磁共振
MRI	magnetic resonance imaging	核磁共振成像
mRNA	messenger RNA	信使RNA
MRS	nuclear magnetic resonance spectroscopy analysis	核磁共振波谱分析
MS	mass spectrometry	质谱仪
MS	multiple sclerosis	多发性硬化
MSA	multiple system atrophy	多系统萎缩症
MSC	mesenchymal stem cell	间充质干细胞
MSDS	material safety data sheet	化学品安全说明书
MSX1	msh homeobox 1	msh 同源盒基因 1
MT	melatonin	褪黑激素
MTA	membrane-associated tissue autoantigen	膜相关组织自身抗原
MTCA	mixed transcortical aphasia	经皮质混合性失语
MTT	myoblast transplantation therapy	成肌细胞移植治疗
MZ	marginal zone	边缘区

N

NAC1	*N*-acetyl-L-cysteine	*N*-乙酰-L-半胱氨酸
NADPH	reduced nicotinamide adenine dinucleotide phosphate	还原型烟酰胺腺嘌呤
NASCIS	national acute spinal cord injury study	脊髓损伤研究会
NBM	neural basal media	神经基础培养液
NC	neural crest	神经嵴
NCAM	neural cell adhesion molecule	神经细胞黏附分子
NCC	neural crest cell	神经嵴细胞

NCL	neuronal ceroid lipofuscinosis	神经元性蜡样质脂褐质沉积病
N-CoR	nuclear receptor co-repressor	核受体辅助抑制因子
NCSC	neural crest stem cell	神经嵴干细胞
NCV	nerve conduction velocity	神经传导速度
NDS	normal donkey serum	正常驴血清
NE	neuroepithelium	神经上皮
NEM	neurospheres expansion medium	神经球扩增培养液
NEP	neuroepithilia	神经上皮
NeuN	neuronal-specific nuclear protein	神经元特异性核蛋白
NEUROD	neurogenic differentiation	神经源性分化蛋白
NF	neurofilament protein	神经丝蛋白
NF	neurotrophic factor	神经营养因子
NFT	neurofibrillary tangle	神经元纤维缠结
ng	nanogram	纳克
NG	neutrophil granulocyte	中性粒细胞
NGF	nerve growth factor	神经生长因子
NGFR	nerve growth factor receptor	神经生长因子受体
Ngn1	neurogenin 1	神经原蛋白 1
Ni	neural induction medium	神经诱导培养液
NIIs	neuronal intranuclear inclusions	神经细胞核内包涵体
NK	natural killer cell	自然杀伤细胞
NMDA	*N*-methyl-D-aspartate	*N*-甲基-D-天冬氨酸
NMDAR	*N*-methyl-D-aspartate receptor	*N*-甲基-D-天冬氨酸受体
NMJ	neuromuscular junction	神经肌肉接头
NMO	neuromyelitis optical(Devic's disease)	视神经脊髓炎（德维克氏病）
NNE	non-neuronal enolase	非神经元烯醇化酶
NOD	nonobese diabetic	非肥胖性糖尿病
NOD-SCID	non-obese diabetic/severe combined immune deficiency	非肥胖糖尿病/重症联
NOG	noggin	头蛋白
NP	neural plate	神经板
NPC	neural progenitor cell	神经祖细胞
NPG	*N*-propyl gallate	没食子酸丙酯

NRDS	neonatal respiratong distress syndrome	新生儿呼吸窘迫综合征
NRG	neuregulin	神经调控蛋白
NRP	neuroal-restricted precursor	神经定向前体细胞
NRSE	neuronal restrictive silencer element	神经元限制性沉默因子
NS	nervous system	神经系统
NSAID	nonsteroidal antiinflammatory drug	非甾体抗炎药
NSC	neural stem cell	神经干细胞
NSE	neuron-specific enolase	神经元特异性烯醇化酶
NT	neurotrophin	神经营养蛋白
NTF	neurotrophic factor	神经营养因子
NTR	neurotrophin R	神经营养因子受体
Nurr-1	nuclear related receptor 1	核相关受体 1

O

O-2A	oligodentrocyte-type 2 astrocytes	少突胶质细胞 2 型星形细胞
OCT-4	octamer-binding transcription factor 4	八聚体结合转录因子 4
OD	outside diameter	外径
OL	oligodendrocyte	少突胶质细胞
OPC	oligodendrocyte precursor	少突胶质前体细胞
OPC	oligodendrocyte progenitor cell	少突胶质祖细胞
OPCA	olicopontocerebellar atrophy	橄榄体桥脑小脑萎缩症
OS	oncostatin	抑瘤蛋白

P

P/CNP2	upstream CNP2 promoter	上游 CNP2 启动子
PACE	promoting aphasics communicative effectiveness	交流效果促进法
PACI	partial anterior circulation infarct	部分前循环梗死
PAFAH1B	platelet-activating factor acetylhydrolase isoform 1b	血小板活化因子乙酰 1b
PAR-1	protease-activated receptor-1	蛋白酶活化受体-1
PB	phenobarbital	苯巴比妥
PBNC	peripheral blood nucleated cell	周围血有核细胞
PBS	phosphate-buffered saline	磷酸盐缓冲溶液
PBSC	peripheral blood stem cell	周围血干细胞
PC	pheochromocytoma	嗜铬细胞瘤
PcG	polycomb group	多梳组（蛋白）

PCNA	proliferating cell nuclear antigen	增殖细胞核抗原
PCNP	PEST-containing nuclear protein	PEST 含核蛋白抗体
PCPA	P-chlorophenylalanine	P-氯苯丙氨酸
PCR	polymerase chain reaction	聚合酶链反应
PD	Parkinson disease	帕金森病
PDGF	platelet-derived growth factor	血小板衍化生长因子
PDGFR-α	platelet-derived growth factor receptor-α	血小板衍化生长因子受体α
PDL	poly-D-lysine	多聚赖氨酸
PE	proximal enhancer	近端增强子
PECAMl	platelet endothelial cell adhesion molecule 1	血小板内皮细胞黏附分子 1
PEG	polyethylene glycol	聚乙二醇
PET	positron emission computed tomography	正电子发射断层摄影
PGC	primordial germ cell	原始胚细胞
PGK	phospho-glycerate kinase	磷酸甘油酸激酶
PH	periventricular heterotopias	侧脑室旁异位移植
PHT	phenytoin	苯妥英
PI	pyridine iodide	碘化吡啶
PI3K	phosphatidylinositol-3 kinase	磷脂酰肌醇-3 激酶
PIPES	piperazine-1,4-bisethanesulfonic acid	哌嗪-1,4-二乙磺酸
PKA	protein kinase A	蛋白激酶 A
PKC	protein kinase C	蛋白激酶 C
PLA	processed lipoaspirate cells	脂肪提取细胞
PLC	phospholipase C	磷脂酶 C
PLO	platelet lipoxygenase	血小板脂氧合酶
PLO	poly-L-ornitine	多聚鸟氨酸
PLP	proteolipid protein	蛋白脂质蛋白质
PMD	pelizaeus-merzbacher disease	遗传性髓鞘疾病
PME	progressive myoclonic epilepsy	进行性肌阵挛性
PMSC	placental-derived mesenchymal stem cell	胎盘源性间充质干细胞
PMSG	pregnant mare serum gonadotropin	孕马血清促性腺激素
PN	parenteral nutrition	胃肠外营养
PNI	peripheral nerve injury	周围神经损伤

PNS	peripheral nerve system	周围神经系统
PNS-SC	peripheral nerve system-stem cell	周围神经系统干细胞
POCI	posterior circulation infarct	后循环梗死
PP	preplate	前板
PPARr2	peroxisome proliferation-activated receptor r2	过氧化物酶增殖活化受体 r2
PQ	primaquine	伯氨喹,伯氨喹啉
PS	presenilin	早老蛋白
PSA-NCAM	polysialic acid neural cell adhesion molecule	唾液酸神经细胞黏附分子
PSC	primitive stem cell	原始干细胞
PSP	progressive supranuclear paralysis	进行性核上性麻痹
PTEN	phosphatase and tensin homolog deleted on chromosome ten	人第 10 号染色体缺失的磷酸酶及张力蛋白同源基因
PTX	pertussis toxin	百日咳毒素
PVDF	polyvinylidene difluoride	聚偏氟乙烯
PVL	periventricular leukomalacia	脑周围白质软化
PVS	persistent vegetative state	持续性植物状态
PWMI	preventricular white matter injury	脑室周围白质损伤

Q

QA	quinolinic acid	喹啉酸
qPCR	qualitative polymerase chain reaction	定量 PCR

R

r/min	revolution per minute	转/分，每分钟转数
RA	retinoic acid	维 A 酸
RAM	rabbit anti-mouse immunoglobulins	兔抗小鼠免疫球蛋白
RBC	red blood cell	红细胞
RDA	Friedreich's ataxia	佛里德希共济失调
RDS	respiratong distress syndrome	呼吸窘迫综合征
RE	rostral extension	嘴侧延伸区
RECA	rat endothelial cell antigen	大鼠内皮细胞抗原
RG	radial glia	放射状胶质
rhEPO	recombinant human EPO	重组人 EPO
RhoB	ras homologous B protein	ras 同源蛋白 B

RIP	ribosome-inactivating protein	核糖体失活蛋白
RM	regenerative medicine	再生医学
RMS	rostral migratory stream	头向迁徙流
rMSC	rat mesenchymal stem cell	大鼠间充质干细胞
RNA	ribonucleic acid	核糖核酸
R-NSC	rosette-neural stem cell	结神经干细胞
ROCK	rho-associated kinase	rho 相关激酶
ROM	range of motion	关节活动范围
ROS	reactive oxygen species	活性氧自由基
R-SEZ	rostral extension of the SEZ	SEZ 的嘴侧延伸
RT	reversed trascript	逆转录
RTK	receptor tyrosine kinase	受体酪氨酸激酶
RT-PCR	reerse transcription-polymerase chain reaction	逆转录-聚合酶链反应

S

SAGE	serial analysis of gene expression	基因表达串联分析
SAH	subarachnoid hemorrhage	蛛网膜下腔出血
SC	stem cell	干细胞
SCAs	spinocerebellar ataxia	脊髓小脑共济失调
SCBF	spinal cord blood flow	脊髓血流
SCCI	single cell calcium imaging	单细胞钙成像
SCDF	stromal cell-derived factor	基质细胞源性因子
SCF	stem cell factor	干细胞因子
SCI	spinal cord injury	脊髓损伤
SCID	severe combined immunodeficiency	重症联合免疫缺陷
SCNT	somatoplasm cell nucler transpleter	体细胞核移植
SC	Scwann cell	施万细胞
SCZ	subcallosal zone	胼胝体下区
SDF-1	stromal cell derived factor 1	基质细胞衍化因子 1
SDS	Shy-Drager syndrome	特发性直立性低血压综合征（希-德二氏综合征）
SDS-PAGE	sodium dodecyl sulfate-polyacrylamide gel electrophoresis	十二烷基硫酸钠-聚丙烯酰胺凝胶电泳
SE	succinimide ester	琥珀酰亚胺酯
SEP	somatosensory evoked potential	皮层体感诱发电位

SEZ	subepen-dymal zone	室管膜下层
SF	serum-free	无血清
SFEB	serum-free embryoid body	无血清拟胚体培养技术
SFM	serum-free medium	无血清培养液
SGL	sub grnular layer	颗粒细胞下层
SGZ	subgranular zone of the dentate gyrus	海马齿状回颗粒下层
SGZ	subgranular zone	颗粒下层
SHH/Shh	sonic hedgehog	音猬因子
SKY	spectral karyotype	光谱核型
SKY	spectral karyotyping	光谱核型分析法
SLTA	standard language test of aphasia	标准失语症检查
SMA	spinal muscular atrophy	脊髓性肌萎缩
SN	substantia nigra	黑质
SNAP	sensory nerve action potential	感觉神经动作电位
SND	striatonigral degeneration	纹状体黑质变性
SNSC	spinalcord derived neural stem cell	脊髓源性神经干细胞
SOCS-2	suppressors of cytokine signaling 2	细胞因子信号抑制因子 2
SOD	superoxide dismutase	超氧化物歧化酶
SOP	standard operating procedure	标准操作规程
SOX2	solid oxygen	固态氧
SP	subplate	底板
SPECT	single-photon emission computed tomography	单光子发射计算机断层成像术
SPIO	superparam agnetic iron oxide	磁性纳米材料超顺磁性氧化铁
SPM	superparamagnetic	超顺磁
SPs	senile plaques	老年斑
sRANKL	soluble osteoclastic dissimilation factor	可溶性破骨细胞异化因子
SRC	SCID repopulating cell	SCID 小鼠再植细胞
SSC	standard saline citrate	标准柠檬酸盐
SSC	somatic stem cell	成体干细胞
SSEA-4	stage-specific embryonic antigen-4	阶段特异性胚胎抗原-4
SSRI	selective serotonin reuptake inhibitor	5-羟色胺再摄取抑制剂
STAT	signal transducers and activators of transcription	信号转导及转录活化因子

STO	SIM-6-thiogunanie-oualiain	SIM 小鼠成纤维细胞系耐硫代鸟嘌呤和耐乌苯苷亚系
SUS	sustentacular cell	支持细胞
SV40	simian virus 40	猿猴空泡病毒 40
SVF	stromal-vascular fracton cells	基质血管成分细胞
SVZ	subventricle zone	脑室下层
SYP	synaptophysin	突触蛋白

T

T3	triiodothyronine	三碘甲状腺原氨酸
T3	thyroid hormone	甲状腺激素
TACI	total anterior circulation infarct	完全前循环梗死
TAG-1	transient axonal glycoprotein-1	瞬变轴突糖蛋白-1
TALEN	transcription activator-like effector nuclease	转录活化因子样效应物核酸酶
TALP	Tyrode's albumin-lactate-pyruvate	台氏白蛋白-乳酸-丙酮酸（培养液）
TAP	trnsitory amlifying progenitor	短暂性扩增祖细胞
TBA	thiobarbituric acid	硫代巴比土酸
TBE	tetrabromoethane	四溴乙烷
TCF3	transcription factor-3	转录因子 3
TE	tissue engineering	组织工程
TEE	total energy erpenditure	总能量消耗
TERT	telomere reverse transcriptase	端粒逆转录酶
TET	tetrachloro fluorescein	四氯-6-羧基荧光素
TF	transcription factor	转录因子
TG2	transglutaminase2	转谷氨酰胺酶 2
TGFRI	transforming growth factor-β receptor I	转化生长因子受体I
TGF-α	transforming growth factor-α	转化生长因子α
TGF-β	transforming growth factor-β	转化生长因子β
Th	helper T cell	辅助性 T 细胞
TH	tyrosine hydroxylase	酪氨酸羟化酶
TIA	transient ischemic attacks	短暂性脑缺血发作

TMB	3,3'5,5'-tetramethyl benzidine dihydrochloride	3,3'5,5'-四甲基联苯胺二盐酸
TNAP	tissue non-specific alkaline phosphatase	组织非特异性碱性磷酸酶
TNF	tumor necrosis factor	肿瘤坏死因子
TOPO	trioctyl-phosphine oxide	氧化三辛基膦
TPM	topiramate	托吡酯
TPRT	target-primed reverse transcription	目标引物逆转录
TR	RNA template	RNA 模板
TRAIL	tumor necrosis factor related apoptosis inducing ligand	肿瘤坏死因子相关凋亡诱导配体
TRAP	telomere repeat amplification protocol	端粒重复序列扩增程序
TRF	telomere repeat factor	端粒重复序列结合因子
TRH	thyrotropic releasing hormone	促甲状腺激素释放激素
TSC	tumor stem cell	肿瘤干细胞
TSF	triceps skinfold thickness	肱三头肌皮褶厚度
TSP	thrombospondin(s)	血小板反应蛋白
TTBS	Tween-Tris brffered saline	三羟甲基氨基甲烷-吐温缓冲盐溶液
TTC	triphenyltetrazolium chloride	氯化三苯基四氮唑
TUJ1	neuronal class III β-tubulin	神经元特异性微管蛋白
TUNEL	terminal deoxynucleotidyl transferase-mediated dUTP nick end labeling	末端脱氧核苷酰基转移酶介导性 dUTP 切口末端标记

U

U	unit	单位
UCB	umbilical cord blood	脐带血
UC-MSC	umbilical cord mesenchymal stem cell	脐带间充质干细胞
UDCA	ursodeoxycholic acid	熊脱氧胆酸
USPIO	ultrasmall superparamagnetic iron oxide	超小型超顺磁性氧化铁颗粒
USSC	unrestricted somatic stem cell	非定向成体干细胞
UTR	untranslated region	非编码区
UUCC	umbilical unrestrictive cord cell	脐带血来源的非定向干细胞

V

VA	vertebral artery	椎动脉
VCAM	vascular cell adhesion molecule	血管细胞黏附分子
VEGF	vascular endothelial cell growth factor	血管内皮细胞生长因子
VGB	vigabatrin	氨己烯酸
VLDLR	very-low-density lipoprotein receptor	极低密度脂蛋白受体
VM	ventral midbrain	中脑腹侧
VP	vasopressin	血管加压素
VPA	valproato	丙戊酸钠
VS	vegetative state	植物状态
VSEL	very small embryonic like stem cell	极小胚胎样干细胞
VSEL-DS	very small embryonic like stem cells-derived spheres	极小胚胎样干细胞源性神经球
VSV-G	vesicular stomatitis virus G protein	疱疹性口炎病毒 G 蛋白
VZ	ventricular zone	室管膜层

W

WHO	World Health Organization	世界卫生组织

X

XBF-2	xenopus brain factor-2	非洲爪蟾脑因子-2
XCI X	X chromosome inactivation	X 染色体灭活
XLAP	X-linked inhibitor of apoptosis protein	X 染色体连锁凋亡抑制蛋白
X-SCID	X-linked severe combined immunodeficiency	X 连锁重症联合免疫缺陷

Y

YFP	yellow fluorescin protein	黄色荧光蛋白

Z

ZFN	zinc finger nuclease	锌指核酸酶
ZFX	X-linked zinc finger protein	伴 X 染色体锌指蛋白

（郝广志　任丽楠）